MATHEMATICAL BIOLOGY
II: Spatial Models and Biomedical Applications

マレー数理生物学 応用編
パターン形成の数理とバイオメディカルへの応用

James D. Murray	著

三村昌泰	総監修

河内一樹　池田幸太　関村利朗　上田肇一 中口悦史　森下喜弘　昌子浩登　本多久夫 梯　正之　瀬野裕美　柴田達夫　稲葉　寿 川崎廣吉　出原浩史	監修

勝瀬一登　吉田雄紀　青木修一郎 清田正紘　半田剛久　宮嶋　望	訳

丸善出版

Mathematical Biology II
Spatial Models and Biomedical Applications
3rd edition

by

James D. Murray

Translation from the English language edition:
Mathematical Biology II: Spatial Models and Biomedical Applications by James D. Murray
Copyright © Springer New York 2003
Springer New York is a part of Springer Science+Business Media
All Rights Reserved. Without limiting the rights under copyright reserved above, no part of this book may be reproduced, stored in or introduced into a retrieval system, or transmitted, in any form or by any means (electronic, mechanical, photocopying, recording or otherwise) without the written permission of both the copyright owner and the author of the book.

Japanese translation rights arranged with Springer-Verlag GmbH through Japan UNI Agency, Inc., Tokyo. Japanese Copyright © 2016 by Maruzen Publishing Co., Ltd.
本書はSpringer-Verlag GmbHの正式翻訳許可を得たものである．

Printed in Japan

40 年以上前に結婚して以来，
幸福な人生を共にした妻 Sheila と，
私達の 2 人の子ども Mark と Sarah へ．

...que se él fuera de su consejo al tiempo de la
general criación del mundo, i de lo que en él se
encierra, i se hallá ra con él, se huvieran producido
i formado algunas cosas mejor que fueran hechas,
i otras ni se hicieran, u se enmendaran i corrigieran.

──カスティーリャ国とレオン国の王
アルフォンソ 10 世（賢王），1221〜1284
の言葉とされる

If the Lord Almighty had consulted me
before embarking on creation I should
have recommended something simpler.

もしも全知全能の主が，
天地創造に取り掛かる前に私に相談してくれていたなら，
私はもう少しシンプルなものを作るように勧めただろう．

日本語版への序文

　自著 "*Mathematical Biology*" の初版から 24 年が経った．それ以来，この分野は大きく変化したが，私が 1960 年代に，数学，生物学，そして医学の学際分野における研究を始めたときからみれば，その変化はなおいっそう大きなものである．1960 年代後半から 1970 年代前半にかけては，この新しい分野の黎明期であった．私はその時期にオックスフォードに戻ってきたが，世界的にみてもその分野で研究している人々はごくわずかであった．その中には，日本の重要な研究者であり，日本数理生物学会の創立者でもある寺本英教授がいた．彼に影響を受けた重定南奈子教授もまた，この新たな分野に進んだ．1975 年に初めて日本を訪れた際，彼らに出会えたのは幸運であった．また，この訪問では，私の下でポスドクとして最初に働くことになった研究者である，三村昌泰氏との出会いにも恵まれた．彼はいまや，この分野における著名な国際的人物であり，当時から同僚であるだけでなく，家族ぐるみの友人である．現在では，もちろん，日本やその他世界で数理生物学の研究に勤しむ人々は数多い．彼らが何千人にもおよぶことは，この分野に向けられた学会，大規模な会議，雑誌，書籍の数からも明らかである．

　昔であれば，興味あるどのような分野でも，ほんの少し論文を読めば，最新の情報を完全に手に入れることができるというのが普通だった．すなわち，ある分野から別の分野へと容易に移ることができるということは，興味深くて挑戦的だと思った問題であれば何であっても研究できる状況を享受することができたということである．また，特定の分野で誰が，何を研究しているのかについては，大体において全てわかっていたものだった．

　オックスフォードで初版を執筆していたとき，数理生物学分野で研究している大学院生は数人しかいなかった．現在，オックスフォードで数理生物学を研究しているのは，50 名を超える大人数である．1983 年に，オックスフォード大学に数理生物学センター（現在の Wolfson 数理生物学センター）が設立された．この 15 年間，Philip Maini 教授がセンター長を務めた．彼は，最も影響力のある重要な国際的数理生物学者の一人で，真に学際的な科学を目指している．1980 年代のセンターは，数理生物学分野において重要な研究者たちが訪れたため，信じられないほど興奮に満ちた場所であった．訪問者には，George Oster 教授（カリフォルニア大学バークレー校），James Sneyd 教授（オークランド大学），そして他にも大勢の研究者がいた．センターの雰囲気は信じられないほどフレンドリーで，オープンで，たいへんに知的に興奮するものであった．数理生物学センターは，幅広い生物学分野の研究者を惹きつけた．センター設立後，最初の 3 年間に，そこを訪れた研究者によって出版された共同論文の数は，90 前後の部門を有するオックスフォード大学数学研究所で同期間に出版された全論文とほぼ同じ数であった．

　数学の生物学への応用は，いまやほとんどあらゆる分野にわたっており，特に，医科学においてその進展の速さは著しい．そして，社会科学においても数理モデルからの研究は，学際的成長を遂げた新しい学問になりつつあることは明らかであろう．ここ 5 年間ほどで，数理生物学者と実験研究者との協働がますます増えている．私は，それこそが，この領域で本当になされるべきことであると常に確信していた．この営みはまた，実際の生物学とのつながりが限られているとはいえ，新たな挑戦的な解析学の領域を拓くことで，数学に重要な影響を与えてきた．

数理生物学が，それがどのような名前で呼ばれようとも，将来において最も刺激的で，革新的で，科学的啓蒙性のある領域の1つだということは疑いない．自分のアカデミックキャリアのうち，そのほとんどの期間において，このような学際的世界で研究できたことはたいへん幸運なことであると思う．

2013年5月

James D. Murray

第3版序文

　本書の初版を上梓してから 13 年の間，数理生物学の発展，および，多様な分野への応用には目を瞠るものがある．数理生物学が，注目に値する学問分野として確立したのは，もはや疑う余地がない．そのことは実際に，世界中で，学術研究や臨床医学，産業界における求人の増加，そして学会員の急増として現れている．いまや，数理生物学の研究者は数千人に達しており，数理モデリングは生物医学のあらゆる主要分野に応用されている．とりわけ，様々な対人関係，（知人による）レイプへのエスカレート，そして離婚予測のモデリングなどを含む心理学の分野への応用は，非常にユニークであり驚くほど成功している．

　数理生物学は巨大な学問分野になってしまったため，生体流体力学や理論生態学といった事実上独立した分野として，専門領野が発展してきたのは不可避であった．それゆえ，「*Mathematical Biology* と呼ばれてきた本を，どうして改訂しなければならないと思ったのですか」というのは鋭い質問である．各々の分野の重要な部分だけでさえも，1 冊の本で全てをカバーしようと考えるのは現実的でなく，この新版を作成する際にはそれを試みさえしなかった．それでも，私は，生物学で誕生した心躍る問題のいくつかを初学者にわかりやすく説明でき，モデリングが扱うことのできる幅広いトピックを指し示せるような本を作成しようとするのは，正当化されるだろうと感じていた．

　多くの分野において，基本はそれほど変化していないものの，この 13 年に渡る発展は，最新のアプローチおよび分野の状況を，1980 年代後半のときと同程度に網羅的に記述することを不可能にしてしまった．当時でさえ，確率論モデルや生体流体力学などの重要な分野を含めることはできなかった．そういうわけで，この新版では，生態学や（扱う範囲は小さいものの）疫学などに関しては，基本的なモデリングの概念を議論するにとどめたが，読者がより詳細な情報を得られるよう，参照文献を記載した．その他の分野に関しても例えば，夫婦間相互作用（入門編），腫瘍の増殖（応用編），温度に依存する性決定（入門編），そしてオオカミの縄張り（応用編）などの，モデリングの新たな応用とともに，最近の進歩を議論している．その他にも，できれば本書に含めたかった，興味をそそる新たな発展が数多く存在したのではあるが，スペースの都合上それは不可能であり，厳しい選択を余儀なくされた．私は，様々な新たな発展に対する見解を概説しようと努力してきたが，その取り上げ方に偏りが生じるのは避けられなかった．

　一般的なアプローチに関して何か言うことがあるとすれば，多くのモデルがもっている，実験や臨床データ，実際のパラメータ値の評価との密接な関係がより強調されている点で，初版に比べてずっと実用的である．いくつかの章については，まだ数理モデルを，特定の実験，あるいは生物学的な実体にさえ結びつけることができていない．しかしながら，そのようなアプローチが，研究されている実際のメカニズムだけではなく，モデリングのアプローチにも基づいた数多くの実験を生み出してきた．生物学との関連がそれほど直接的ではないような，より数学的な部分については，一部削除した．数学的に，もしくは，技術的に見て教育的な意義をもつものは残したが，それらはいずれも生物医学的な問題への応用という内容の中で取り上げられている．私は，良い数理生物学を構成するものについて，初版序文で掲げた数理モデリングの理念を，以前よりさらに強く確信している．本書に新たに含めた章に関する，最も刺激的な側面の 1 つは，それらのもつ真に学際的で協調的な性格である．数理生物学，あるいは，理論生物学は，疑いなくずば抜けて際立った (*par excellence*) 学際的科学なのである．

生物医学における，理論モデリングと実験的研究の統合的な目標は，観察される特定の現象——発生におけるパターン形成や，疫学における相互作用個体群のダイナミクス，神経の接続と情報処理，腫瘍の増殖，夫婦間相互作用など——の根底にある生物学的プロセスを解明することである．しかしながら，生物学的現象を数学的に記述することは，生物学的な説明を与えることにはならないことを，強調しなければならない．いかなる理論であっても，そのおもな用途は予測にある．異なるモデルがともに似た時空間的挙動を生じることがありうるが，大抵の場合は，それらのモデルが指し示す異なる実験を行うことによって，そしてもちろん，それらが現実の生物学とどの程度密接な関連を有するのかによって，区別される．本書には，そうした数多くの例が示されている．

　ではなぜ，発生や血管新生，創傷治癒，相互作用する個体群動態，制御ネットワーク，そして夫婦間相互作用などのような，本質的に複雑で理解の困難な対象を研究するために，数学を用いるのだろうか．根底にあるメカニズムを理解することから，予測的な科学へと，本当の意味で，そして現実的に発展させたいと望むのであれば，数学，より正確に言えば，理論的なモデリングを用いなければならないことを，我々は示唆していく．我々の知識の大部分が蓄積しているレベル（発生生物学であれば，細胞あるいはそれよりも微細なレベル）と，パターンが観察される巨視的なレベルとの隔たりを埋めるためには，数学が必要である．例えば，創傷治癒および瘢痕形成については，数学的なアプローチを用いることにより，修復プロセスの論理を探究できるようになる．（もちろん現段階では，決して理解されているとはいえないが）仮にそのメカニズムがよく理解されていたとしても，任意のシナリオの下で，様々なパラメータを操作したときの結果を調べるためには，数学が必要となるだろう．創傷治癒や腫瘍の増殖——さらに最近では，癌の治療との関連を有する血管新生——などの状況においては，治療を実行に移す前に特定の治療プロトコルのシミュレーションを行う方法を見つけない限り，創傷や癌を扱う者にとって利用できるようになりつつある治療法の選択肢は，とてつもない数になってしまうだろう．このシミュレーションは，既に，脳腫瘍（膠芽腫）における様々な治療シナリオの有効性，そして皮膚癌に対する新たな2段階治療法 (two step regimes) の有効性を理解するために用いられている．

　これらの応用における目標は，全てのプロセスを欠かすことなく考慮に入れた数理モデルを導くことではない．なぜなら，仮にそれが可能であったとしても，結果として得られたモデルが，系の内部にある本質的相互作用に対する洞察を与えることはほとんど（あるいは全く）ないからである．むしろ目標は，そのモデルから得られる結果をより完全に理解できるようにしてくれる様々な相互作用の本質を捉えたモデルを開発することなのだ．生物システムからより多くのデータが現れてくるに従って，モデルはより洗練されたものとなり，用いるべき数学もますます興味をそそるものとなる．

　例として発生学を考えると，モデルと理論が大量に氾濫しているにもかかわらず，実際の生物学的発生を正確にシミュレーションできるようになるには程遠いのは確かである．概して言えば，未だに重要なプロセスがよくわかっていないのだ．このような限界にもかかわらず，私は，たとえ現段階の少ない知識量の下であっても，パターン形成の論理を探究することには価値がある，いや，それどころか不可欠である，と感じている．その探究により，仮説的なメカニズムを構築することができるようになる．そして我々は，数理モデルという形でその結果を調べ，予想を立て，さらにはモデルの真偽を確かめられるような実験を示唆できるようになる．それでさえも，生物学に光を当てることが可能である．まさに数理モデルを構築するプロセスそれ自体が，有用となりうるのだ．我々は，特定の1つのメカニズムに全力を傾けなければならないばかりか，そのプロセス，および主要な役割を果たす要素（変数），さらにはそれらを展開させるメカニズムにとって，本当に重要なことは何であるのかも考察しなければならない．このように，我々は理解するための枠組みを構築することにも携わる必要がある．モデル方程式や数学的解析，それに引き続く数値シミュレーションは，その論理構造の帰結を，定性的にのみならず定量的にも，明らかにしてくれる．

この新版は，2冊に分けて刊行される．入門編（第1分冊）は，この分野への導入である．その数学は，主に常微分方程式，および，いくつかの偏微分方程式モデルを含んでおり，様々なレベルの大学学部課程，大学院課程に適している．応用編（第2分冊）では，偏微分方程式に関するより詳細な知識が必要とされ，大学院課程，あるいは参考図書としてよりふさわしい．

本書の初版を刊行して以来，私に手紙を書いてくださった数多くの人々（ニューイングランドの囚人もその中に含まれるが）の励ましと寛容さに感謝申し上げたい．彼らの多くは，わざわざ本書の誤りや誤植，いくつかのモデルの拡張，さらには共同研究の提案などを送ってくださった．それらの助言は，数多くの学際的研究計画を成功させ，いくつかはこの新版で議論されている．原稿を丁寧に読み，助言をくださった私の同僚 Mark Kot と Hong Qian，そして私のかつての学生たち，特に Patricia Burgess, Julian Cook, Tracé Jackson, Mark Lewis, Philip Maini, Patrick Nelson, Jonathan Sherratt, Kristin Swanson, Rebecca Tyson 諸氏に感謝したい．また，献身的で，思慮深く，細部へも配慮しながら原稿の大半を LaTeX ソースに直してくれ，さらには世に知られていない膨大な数の文献と資料を見つけ出してくれた，私のかつての秘書 Erik Hinkle 氏にも感謝したい．

ワシントン大学心理学科の John Gottman 教授には，たいへん感謝している．彼は夫婦間および家族間相互作用の臨床研究の世界的なリーダーであり，私は10年近くにわたって彼と共同研究するという幸運に恵まれた．周囲の人々をも夢中にさせる彼の熱意と，数理モデルを用いるのだという彼の強い信念，初めは懐疑的だった私への我慢，そして対人関係に対する彼の実用的な洞察力がなければ，私は，彼と一緒に夫婦間相互作用の一般理論を発展させることに夢中になることはなかっただろう．それとともに私は，ワシントン大学神経病理学科長の Ellsworth C. Alvord, Jr. 教授にも感謝したい．私は彼と過去7年にわたって，脳腫瘍の増殖と制御のモデリングを共同研究した．モデリングに対する私の一般的なアプローチ——それは実用的なアプローチでもあってほしいと望んでいるが——に関しては，1956年私の初の訪米でハーバード大学をたずねたとき，私に大いなる影響を与えてくださった George F. Carrier 教授に最も感謝しなければならない．私は生涯を通じて，彼のもつ驚くべき洞察力と，複雑な問題から重要な要素を引き出しそれを現実的で有用なモデルに組み込む力を，獲得しようとしてきた．最後に，名前を挙げることはできないが，この分野で私を励まし続けてきた私のかつての学生たち，ポスドクたち，数多くの同僚たちおよび共同研究者にとても感謝している．

数学と生物医学に過去30年近く携わってきた私の人生を振り返ると，非常に後悔することがある．もう何年か早くこの分野の研究を始めていればよかったのに，と．

2002年1月

ワシントン州ベインブリッジ島より，James D. Murray

監修者・訳者一覧

総監修

三村　昌泰　明治大学 先端数理科学インスティテュート 所長

監　修

河内　一樹　灘中学・高等学校 数学科 教諭（1）
池田　幸太　明治大学 先端数理科学研究科 講師（2）
関村　利朗　中部大学大学院 応用生物学研究科 教授（3）
上田　肇一　富山大学大学院 理工学研究部 准教授（4）
中口　悦史　東京医科歯科大学 教養部 准教授（5）
森下　喜弘　理化学研究所 生命システム研究センター ユニットリーダー（6）
昌子　浩登　京都府立医科大学大学院 医学研究科 講師（7）
本多　久夫　神戸大学 医学研究科 研究員（8）
梯　正之　広島大学 医学部 教授（9）
瀬野　裕美　東北大学大学院 情報科学研究科 教授（10）
柴田　達夫　理化学研究所 生命システム研究センター チームリーダー（11, 12）
稲葉　寿　東京大学大学院 数理科学研究科 教授（13）
川崎　廣吉　同志社大学 文化情報学部文化情報学科 教授（14）
出原　浩史　宮崎大学 工学教育研究部 准教授（付録）

訳　者

勝瀬　一登　JR東京総合病院 医師（第3版序文, 1, 5, 6 後）
吉田　雄紀　東京大学大学院 新領域創成科学研究科（2, 9 後, 12）
青木　修一郎　東京大学医学部附属病院 医師（日本語版序文, 3, 6 前, 10 後）
清田　正紘　東京大学医学部附属病院 医師（7, 8, 10 前, 13）
半田　剛久　東京医科歯科大学大学院 医歯学総合研究科（4）
宮嶋　望　日立総合病院 医師

(2016年11月現在)

　括弧の中の数字は，担当した章を表す．全章を通じた訳語の統一，校正は，勝瀬，吉田，青木，清田の4名が行った．また，第9章前半，第11章，第14章に関しては訳者全員が担当した．

　訳者が原書の誤植を無断で修正した箇所や，読者への分かりやすさを優先して言葉を補って訳した箇所があることをご了承いただきたい．原文と訳文とを見比べる熱心な読者のために，訳者が発見した原文の誤植をまとめて，ウェブサイト (http://murray.umin.jp/) に掲載したので，是非ダウンロードしてご利用いただきたい．今後気づいた訳文の修正点や，演習問題の解答などの読者に有用と思われる資料に関しても，順次このウェブサイトに掲載する予定である．

　なお，本文中の「入門編」は，James D. Murray, *Mathematical Biology I: Introduction*, 2002【邦訳：『マレー数理生物学入門』三村昌泰総監修，丸善出版，2014年】を指す．

目 次

第1章　複数種の波動とその実用　　1
- 1.1　直観によるアプローチ　　1
- 1.2　捕食者—被食者系における追跡逃避波　　4
- 1.3　イギリスのハイイロリスに関する空間的拡散の競争モデル　　10
- 1.4　遺伝子組換え生物の広がり　　17
- 1.5　BZ反応のフロント進行波　　28
- 1.6　興奮性媒体における波　　33
- 1.7　振動の機構を有する反応拡散系における進行波列　　40
- 1.8　螺旋波　　43
- 1.9　λ-ω反応拡散系の螺旋波解　　50
- 演習問題　　55

第2章　反応拡散系による空間パターン形成　　57
- 2.1　生物学におけるパターンの役割　　57
- 2.2　反応拡散メカニズム（チューリングメカニズム）　　61
- 2.3　拡散誘導不安定性が生じる一般的な条件：線形安定性解析，空間パターンの発展　　65
- 2.4　反応拡散メカニズムによるパターン形成の初期段階の詳細な解析　　73
- 2.5　分散関係，チューリング領域，スケール，領域の形状がパターン形成に及ぼす効果　　84
- 2.6　モード選択と分散関係　　93
- 2.7　1種モデルによるパターン形成：トウヒノシントメハマキのモデルにおける空間的非一様性　　98
- 2.8　対流を伴う単一個体群相互作用拡散系による空間パターン：生態制御戦略　　102
- 2.9　反応拡散系において空間パターンが形成されない条件　　107
- 演習問題　　112

第3章　動物の体表パターンを始めとする反応拡散メカニズムの応用例　　115
- 3.1　哺乳類の体表パターン——「ヒョウの斑点はどうしてできたか」　　116
- 3.2　奇形：体表パターン異常の例　　127
- 3.3　チョウの翅に見られるパターン形成　　131
- 3.4　アセタブラリア属における輪生パターンのモデリング　　147

第4章　成長する領域でのパターン形成：アリゲイターとヘビ　　157
- 4.1　ワニの縞パターン形成：実験　　158
- 4.2　モデリングのコンセプト：縞模様形成の時期の決定　　160

4.3	アリゲイターの縞とシャドウストライプ	163
4.4	アリゲイターの歯牙原基の空間パターン形成：背景と関連事項	167
4.5	歯牙誘導の生物学	168
4.6	歯牙原基形成のモデリング：背景	171
4.7	ワニの歯牙パターン形成のモデルメカニズム	174
4.8	結果および実験データとの比較	181
4.9	数値予測による実験	183
4.10	アリゲイターの歯牙の空間パターン形成の結語	187
4.11	ヘビの色素パターン形成	189
4.12	細胞走化性モデルメカニズム	191
4.13	ヘビの単純または複雑なパターン要素	194
4.14	細胞走化性系によるパターン形成の伝播	199

第5章　バクテリアのパターン形成と走化性　203

5.1	背景と実験結果	203
5.2	大腸菌の半固体培地実験におけるモデルメカニズム	208
5.3	液体培地モデル：パターン形成の直観的解析	214
5.4	解析結果と数値解の解釈	219
5.5	ネズミチフス菌の半固体培地実験におけるモデルメカニズム	224
5.6	基本的な半固体培地モデルの線形解析	226
5.7	非線形解析に関する簡潔な概要とその結果	230
5.8	シミュレーションの結果，パラメータ空間，基本的なパターン	234
5.9	実験に沿った初期条件に対する数値解析の結果	239
5.10	半固体培地モデルメカニズムによるスウォームリングパターン	240
5.11	枯草菌における分枝パターン	246

第6章　パターン・形態を生み出す力学理論　251

6.1	導入と問題意識，生物学的背景	251
6.2	間葉組織の形態形成に対する力学モデル	256
6.3	線形解析，分散関係，パターン形成の可能性	266
6.4	簡単な力学モデル：複雑な分散関係をもつ空間パターンの形成	269
6.5	羽原基の周期的パターン	279
6.6	肢発生における軟骨凝集と形態形成則	282
6.7	指紋のパターン形成	288
6.8	表皮組織のメカノケミカルモデル	296
6.9	微絨毛の形成	302
6.10	複雑なパターン形成と組織間相互作用モデル	307
	演習問題	318

第7章　進化，形態形成の規則，発生拘束と奇形　319

7.1	進化と形態形成	319
7.2	脊椎動物の肢の軟骨形成における進化と形態形成の規則	324

7.3	奇　形	*328*
7.4	発生拘束，形態形成則と進化の行く末	*330*

第 8 章　　血管網形成の理論　　***335***

8.1	生物学的背景と動機	*335*
8.2	脈管形成における細胞―基質間相互作用	*336*
8.3	パラメータの値	*342*
8.4	モデル方程式の解析	*344*
8.5	網状パターン：数値シミュレーションと結論	*349*

第 9 章　　表皮の創傷治癒　　***355***

9.1	創傷治癒の小史	*355*
9.2	生物学的背景：表皮の創	*357*
9.3	表皮の創傷治癒モデル	*359*
9.4	モデルの無次元型，線形安定性，パラメータ値	*362*
9.5	表皮の創傷治癒モデルの数値解	*363*
9.6	表皮モデルの進行波解	*363*
9.7	表皮創傷治癒モデルからの臨床的示唆	*370*
9.8	胎児の表皮の修復メカニズム	*375*
9.9	胎児の創におけるアクチンの整列：力学モデル	*377*
9.10	2 次元における，アクチン線維の応力による整列の力学モデル	*386*

第 10 章　　真皮の創傷治癒　　***393***

10.1	背景と動機――一般論と生物学	*393*
10.2	創傷治癒の仕組みと最初のモデル	*396*
10.3	その後の発展の概説	*400*
10.4	線維芽細胞駆動性の創傷治癒モデル：残留歪みと組織再構築	*402*
10.5	モデル方程式の解と，実験との比較	*406*
10.6	Cook (1995) の創傷治癒モデル	*407*
10.7	基質の生成と分解	*412*
10.8	向き付けられた環境中における細胞運動	*414*
10.9	組織構造をもつ真皮創傷治癒のモデル	*416*
10.10	病的瘢痕の構造についての 1 次元モデル	*421*
10.11	創傷治癒についての未解決問題	*423*
10.12	結語：創傷治癒について	*426*

第 11 章　　脳腫瘍の増殖と制御　　***429***

11.1	医学的背景	*431*
11.2	神経膠腫の増殖と浸潤の基本的な数理モデル	*433*
11.3	*in vitro* での腫瘍の拡散：パラメータの評価	*439*
11.4	ラットの脳における腫瘍の浸潤	*446*
11.5	ヒトの脳における腫瘍の浸潤	*449*

11.6	治療のシナリオのモデリング：総評	460
11.7	均一な組織における腫瘍切除のモデリング	461
11.8	切除後の腫瘍の再発に対する解析的解法	465
11.9	脳組織が不均一である場合の外科的切除のモデリング	468
11.10	化学療法が腫瘍増殖に及ぼす影響のモデリング	473
11.11	腫瘍の多クローン性と細胞の変異のモデリング	481

第12章　パターン形成の神経モデル　489

12.1	シンプルな活性化―抑制モデルによる，神経発火の空間パターン形成	489
12.2	視覚野における縞形成のメカニズム	495
12.3	幻視パターンを生み出す脳機構のモデル	500
12.4	殻のパターンに関する神経活動モデル	508
12.5	シャーマニズムと岩絵	524
	演習問題	528

第13章　地理的拡散と防疫　529

13.1	流行の空間的拡散の単純モデル	529
13.2	1347〜1350年のヨーロッパにおける黒死病の蔓延	531
13.3	狂犬病の略歴	535
13.4	狂犬病のキツネへの蔓延I：背景と単純モデル	538
13.5	狂犬病のキツネへの蔓延II：3種(SIR)モデル	545
13.6	未流行地帯への伝播に基づく制御戦略	556
13.7	狂犬病バリアの幅についての解析的な近似	559
13.8	2次元流行波とキツネの空間依存的な個体密度の影響	562
13.9	狂犬病の空間的拡散におけるキツネの免疫の効果	567
	演習問題	576

第14章　オオカミの縄張り，オオカミとシカの相互作用と生存　577

14.1	序論，オオカミの生態学	577
14.2	オオカミの群れの縄張り形成モデル：単一の群れの行動圏モデル	583
14.3	複数の群れのオオカミの縄張りモデル	586
14.4	オオカミとシカの捕食者―被食者モデル	596
14.5	オオカミの縄張り形成とシカの生存に関するまとめ	600
14.6	コヨーテの行動圏パターン	602
14.7	チペワ族とスー族の部族間抗争（1750〜1850年頃）	603

付録A　有界領域におけるラプラシアン作用素に関する一般的結果　605

監修者あとがき　609

参照文献　611

索引　633

マレー数理生物学入門　目次

- 第1章　連続型単一種個体群モデル
- 第2章　離散型単一種個体群モデル
- 第3章　相互作用する個体群のモデル
- 第4章　温度に依存する性決定：ワニの生存戦略
- 第5章　夫婦間相互作用の動態のモデリング：離婚予測と夫婦仲修復
- 第6章　反応速度論
- 第7章　生物学的振動子とスイッチ
- 第8章　ベロウソフ—ジャボチンスキーの振動反応
- 第9章　振動子の摂動，結合とブラックホール
- 第10章　感染症のダイナミクス：流行モデルとAIDS
- 第11章　反応拡散，走化性，非局所メカニズム
- 第12章　振動子が生み出す波動現象と中枢パターン発生器
- 第13章　生物学的波動：単一種モデル
- 第14章　フラクタルの利用と濫用
- 付録A　相平面解析
- 付録B　ラウス—フルビッツの条件，ジュリーの条件，デカルトの符号法，3次方程式の厳密解

第1章
複数種の波動とその実用

1.1 直観によるアプローチ

　入門編では，単一種の反応物や種が空間を分散する場合にフロント進行波解が存在しうることを確かめた．そのような解は，空間非依存的な系における2つの定常状態の間を滑らかに遷移する．例えば，フィッシャー—コルモゴロフ方程式（入門編式 (13.4)）の場合には，入門編図 13.1 の伝播する波に示されているように，フロント波解は2つの定常状態 $u=0$ と $u=1$ を結ぶ．入門編 13.5 節ではトウヒノシントメハマキの空間的拡散に関するモデルを考察し，空間非依存的なダイナミクスの任意の2つの定常状態を結ぶフロント進行波がどのように求められるのかを見た．本章と以降の章では，主に入門編 11.2, 11.4 節で導出したタイプの反応拡散走化性機構に焦点を当て（それだけを扱うわけではないが），複数の種——細胞や反応物，個体群，バクテリアなど——からなる系を考察する．反応拡散系（入門編式 (11.8)）は

$$\frac{\partial \boldsymbol{u}}{\partial t} = \boldsymbol{f}(\boldsymbol{u}) + D\nabla^2 \boldsymbol{u} \tag{1.1}$$

と表される．ただし，$\boldsymbol{u}$ は反応物ベクトル，$\boldsymbol{f}$ は非線形の反応速度，D は拡散行列を表す．ここでは D は定数行列とする．

　この系を解析する前に，求めようとしている解がどのようなものであるかを直観的に考えてみよう．これから見ていくように，解の種類はきわめて多様であるとわかる．非線形反応拡散走化性方程式系の研究では，解析が困難であり計算も複雑なので，直観によるアプローチが研究を開始し求めたい解を求めるのにしばしば重要である．モデリングや解析のプロセスにおいて，そのような直観はきわめて重要であり，本書の哲学に沿っている．ここでいつも通りの警告をしておくと，（必ずしもそうとは限らないものの）主たる関心は安定な進行波解にある．特に空間多次元の系においては，進行波解の安定性に関する研究は通常困難で，未だ着手されていないものが多い．

　まず，入門編 13.5 節で議論したような，多定常状態をもつ空間 1 次元（x 軸）の単一種モデルを考える．その際に議論した系は，空間的に一様な状況において 3 つの定常状態 u_i ($i=1,2,3$) をもち，そのうち u_1 と u_3 が安定であった．最初に，あらゆる x について，u はある定常状態——例えば $u=u_1$——にあったとしよう．ここで突然 $x<0$ において u を u_3 に変化させる．u_3 が支配的な (dominant) 状況下では，拡散の効果によってフロント進行波が開始する．これにより $u=u_1$ であった領域へと波が伝播していき，最終的には至る所で $u=u_3$ となる．既に見てきたように，この（空間的に一様な）状況に拡散を含めることにより，反応拡散方程式に対する滑らかなフロント進行波解が得られるのであった．$\boldsymbol{f}$ がいくつかの定常状態をもつような複数種系においても，その定常状態のうちの2つを結ぶような同様の進行波解があると予想してよいだろう．数学的には多様な解がありうるが，ここではもちろん非負の解のみに関心がある．そのような複数種系のフロント波解は，単一種の場合よりも解析的に求めることが大抵難しいものの，関連する重要な概念はおおよそ共通している．しかし，興味深い相違点も存在する．その1つは，拡散によって空間分散する場合の，相互作用する捕食者—被食者モデルに見られる．この場合のフ

ロント進行波とは，捕食者が追跡し被食者が逃避するような波である．1.2 節では，そのような場合を 1 つ議論する．1.5 節では，BZ 反応におけるフロント進行波のモデルを考察し，解析結果と実験結果とを比較する．さらに実例として，遺伝子組換え生物が空間を拡散するときの競争波 (competition wave)，そしてキタリスとハイイロリスに関する競争波についても議論する．

入門編第 1 章では，単一種モデルにおいて，モデルが遅延効果を含まない限り，リミットサイクル周期解が存在しないことを調べた．ここでは遅延効果を考慮しないことにする．一方，複数の反応物の速度論 (動力学) や相互作用する生物種のモデルでは，入門編第 3 章で調べたように，あるパラメータ (γ としよう) が分岐値 γ_C よりも大きくなると，安定定常状態から分岐して安定なリミットサイクル周期解が現れることがある．反応拡散系 (1.1) がそのような反応速度論に従う場合を考えよう．初めに，あらゆる x について $\gamma > \gamma_C$ である，すなわち系が振動しているとする．いま，振動している系に対して，小さな領域 $0 < |x| \leq \varepsilon \ll 1$ で短時間局所的な摂動を与えると，その領域の振動は周囲の媒質とは異なる位相をもつようになる．その領域は一種の局所的な「ペースメーカ」となり，拡散の効果はこのペースメーカと周囲の媒質との位相のずれをならす方向に働く．先ほど述べたように，u を突然変化させることで，波の伝播を開始させることができる．したがって，この場合，小さな円領域の中で u が外側の領域と比較して規則的に変化すると，このペースメーカ領域から規則的に進行波が開始するような格好になる．このようにして，いま扱っている反応拡散の状況では，媒質を介して，化学物質の濃度変化が**進行波列 (travelling wave train)** として伝播することが期待されるだろう．そのような波列解については 1.7 節で議論する．

入門編第 3 章で指摘したように，3 つ以上の方程式からなる系ではカオス的な振動解が存在しうる．実は単一種であっても，入門編第 1 章で扱った遅延型方程式ならば存在しうる．規則的な振動に対して，例えば小さなカオス的な振動領域を導入すると，非常に複雑な波動現象が生じる可能性がある．このような複雑な波動解は，空間が 1 次元でも生じうる．空間が 2, 3 次元の場合には，解の挙動はさらに奇妙なものになる．興味深いことに，カオス的な振舞いはカオス的なペースメーカがなくとも生じうる．1.9 節の図 1.23 を参照されたい．

いま，空間 2 次元の場合を考える．周囲の媒質とは異なる振動数で振動しているような，小さな円領域を導入する．すると，ペースメーカ中心から同心円状に伝播する進行波列が生じることが期待され，この波列はしばしば，文字通り**ターゲットパターン (target pattern)**[†1]と呼ばれる．そのような波列は，Zaikin and Zhabontinskii (1970) により，元々 BZ 反応において実験的に発見された．図 1.1(a) はその一例である．Tyson and Fife (1980) は，我々が入門編第 8 章で詳細に議論した BZ 反応のフィールド—ノイズモデル (Field-Noyes model) で見られるターゲットパターンについて議論している．彼らの解析手法は，他の系にも応用することができる．

振動子は円環の周りを連続的に動き回るペースメーカとみなせる．このアナロジーを反応拡散系に対して用いれば，「ペースメーカ」は，中心の小さな円環 (core ring) の周りを動き回るにつれて，円上の各点から周囲の領域へと伝播するような波を絶えず作り出す．この場合，ターゲットパターンではなく，「核 (core)」をリミットサイクルペースメーカとする螺旋波が生じる．ターゲットパターンと同様に螺旋波も，やはり BZ 反応において発見されている．図 1.1(b) や Winfree (1974), Müller et al. (1985), Agladze and Krinskii (1982) などの文献を参照されたい．螺旋波を扱った 1.8 節中の，印象的な実験例である図 1.16〜1.20 も参照されたい．例えば Kuramoto and Koga (1981), Agladze and Krinskii (1982) では，カオス的な波動パターンが発生する様子を例証している．図 1.23 を参照されたい．そのような波を空間 3 次元において考察すると，その位相幾何学的な構造は注目に値する．基礎となる「2 次元」螺旋の各部分もまた螺旋をなすのだ．実際の 3 次元の波の写真は Winfree (1974), Welsh et al. (1983) などを，位相幾何学的な側面の議論は Winfree and Strogatz (1983), Winfree (2000) などを参照されたい．球面波

[†1] (訳注) ターゲットパターン (target pattern) とは，ダーツの的のような同心円状のパターンのこと．

1.1 直観によるアプローチ

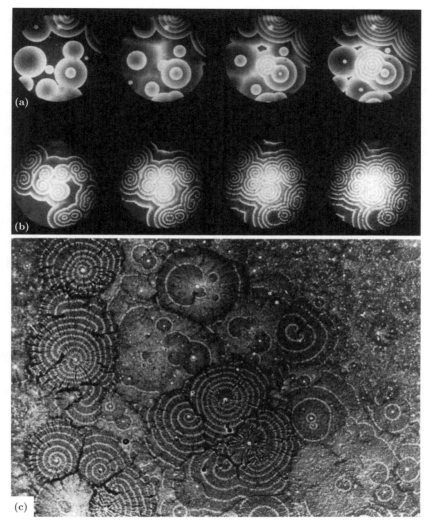

図 1.1 (a) BZ 反応において，ペースメーカ核から生じるターゲットパターン（円形の波）．写真は約 1 分ごとに撮影したものである．(b) 試薬を穏やかに撹拌させて開始させた螺旋波．螺旋は，およそ 2 分の周期で回転する (A. T. Winfree の許可を得て複製)．(c) キイロタマホコリカビ (*Dictyostelium*) の集団発生時に，ある特定の状態にある細胞たちは，誘引物質である環状アデノシン一リン酸 (cAMP) を周期的に放出する．そしてペースメーカ細胞はターゲット様の螺旋波を開始する．アメーバの移動時と静止時における光学的性質の違いにより，明暗のバンドが生じる．移動するアメーバは明るく見え，静止したアメーバは暗く見える (P. C. Newell より提供 (Newell 1983))．

(spherical wave) に関する（解析的・数値的な）多くの研究は，Mimura とその共同研究者によっても行われている．例えば，Yagisita et al. (1998) やその中の参照文献を参照されたい．

以上で述べたターゲットパターンや螺旋波は生物学でよく見られる．とりわけ螺旋波は様々な医学的状況——特に心臓病学や神経生物学——において，実用上大変重要である．後でそのような状況をいくつか扱う．キイロタマホコリカビ (*Dictyostelium discoideum*) は生物学での好例で (Newell 1983)，図 1.1(c) に描かれている．図 1.18 も参照されたい．

入門編 3.8 節や，ホジキン—ハクスリーモデルの神経活動電位の伝播に関するフィッツヒュー—南雲 (FHN) モデルを扱った 7.5 節で議論したように，安定な定常状態を唯一つもつが，十分な摂動を加えると

閾の挙動を示す動力学が存在する．そのような反応速度論に従う反応拡散系を考えよう．最初，空間上の全領域で安定定常状態をとっていると仮定し，その中の小さな領域に摂動を与えて，局所的に閾の挙動が開始するようにする．摂動は最後には消失するが，それまでに相空間内を大きく周遊 (excursion) するだろう．そのため，拡散によりフロント進行波を開始させるような2つの異なる状態が存在するという，前述の状況に一時的に似通ってくるだろう．このように，系の閾値性はパルス進行波が生じる根拠になる．そのような閾の波 (threshold wave) を，1.6 節で議論する．

　複数の波を横方向に結合させると，基本的な興奮性のモデル系を解析することができ，Gáspár et al. (1991) は実際に解析した．彼らは，中でも，相互作用する円形波から螺旋波が生じ，複雑な平面波のパターンが発展する様子を示した．Petrov et al. (1994) も，3次の自己触媒性を有する反応拡散モデル系を研究しており，波の反射や分裂といった現象を調べている．Pascual (1993) は，空間的な勾配に沿った拡散を含む標準的な捕食者―被食者モデルにおいて，空間内に固定された1点で時間的なカオスが生じうることを数値計算により示し，拡散の増加に伴いカオスへと近づいていく準周期的経路の証拠も提示した．Sherratt et al. (1995) は空間1次元における捕食者―被食者系のモデルを研究し，侵入波に続いてカオスが現れうることを示した．それまで，カオス的に見える振舞いが現れるのは，波の伝播の研究に用いられる数値計算スキームが生み出す人為的な結果だと考えられてきた．Merkin et al. (1996) も，3次の反応項を含む2種系モデルを用いて，波から誘導されるカオスを調べている．Epstein and Showalter (1996) は，非線形の化学動力学で生じうる振動や波のパターン，カオスの複雑さについて，興味深い概説を与えている．Maini (1995) が編纂した論文集では，創傷治癒や腫瘍増殖，発生学，個体群内での個体の移動，そして細胞間相互作用などの例を挙げて，生物医学の分野において時空間的な波動現象がどこにでも見られ，かつ実に多様であることを示している．

　キイロタマホコリカビ (*Dictyostelium*) に対して提示されたような走化性機構のモデル（入門編 11.4 節を参照）でも，あるパラメータ領域において進行波が現れる．例えば，Keller and Segel (1971) や Keller and Odell (1975) を参照されたい．準定常状態の空間パターンが後方に残されるようなより複雑なバクテリアの増殖波は，Tyson et al. (1998, 1999) により記述されており，そのうちのいくつかを第5章で詳細に議論する．

　複数種の反応拡散走化性機構では，単一種のモデルに比べて，現れる空間的波動現象が非常に多様なのは明白だろう．カオス的ペースメーカ (chaotic pacemakers) や遅延動力学などを認めれば，さらに多様な現象が現れる．数多くの研究がなされてきた（これまでに言及したものはそのうちほんのわずかにすぎない）が，未だに研究されていない実用的な波動の問題は数多く，劇的で斬新な時空間的現象を生じるに違いないだろう．本章では，以下でより詳細に調べる予定の，少数の問題しか考察することができない．他には，第13章で流行病の空間伝播を議論する際に，狂犬病の事例を調べることにする．

1.2　捕食者―被食者系における追跡逃避波

　捕食者と被食者が空間内に分布している場合，捕食者が被食者を追跡し，被食者が捕食者から逃避するに従って，個体群の時空間的な変動が見られるのは明白である．少し例を挙げるだけでも，海洋プランクトン，海洋小生物 (Wyatt 1973)，動物の移動 (migration)，そして菌類や植物（例えば Lefever and Lejeune (1997), Lejeune and Tlidi (1999) など）で，進行帯 (travelling bands) が観察されている．さらには，栄養源へと押し寄せる原始的生物の運動にもよく見られる．これらのモデルのいくつかと，走化性物質に反応してバクテリアが示す複雑な空間的波動や空間的な現象を，第5章でいくらか詳細に議論する．本節では主に解析の手法を紹介するために，単純な捕食者―被食者系に拡散を加えた系を考察し，どのようにしてフロント進行波解が生じるのかを示す．これから調べる具体的なモデルは，ロトカ―ヴォルテラ系（入門編 3.1 節を参照）を修正したもので，被食者はロジスティック型に増殖し，捕食者と被食者

1.2 捕食者—被食者系における追跡逃避波

ともに拡散により空間を分散する．このモデルは Dunbar (1983, 1984) によって詳細に議論された．考察するモデルメカニズムは，

$$\frac{\partial U}{\partial t} = AU\left(1 - \frac{U}{K}\right) - BUV + D_1 \nabla^2 U,$$
$$\frac{\partial V}{\partial t} = CUV - DV + D_2 \nabla^2 V \tag{1.2}$$

である．ここで，U は被食者を，V 捕食者を表す．A, B, C, D および被食者の環境収容力 K は正の定数である．D_1, D_2 は拡散係数を表す．系を無次元化するために

$$u = \frac{U}{K}, \quad v = \frac{BV}{A}, \quad t^* = At, \quad x^* = x\left(\frac{A}{D_2}\right)^{1/2},$$
$$D^* = \frac{D_1}{D_2}, \quad a = \frac{CK}{A}, \quad b = \frac{D}{CK}$$

とおく．ここでは空間 1 次元の問題のみを考える．表記を簡単にするためアスタリスク ($*$) を省略すると，系 (1.2) は

$$\frac{\partial u}{\partial t} = u(1 - u - v) + D\frac{\partial^2 u}{\partial x^2},$$
$$\frac{\partial v}{\partial t} = av(u - b) + \frac{\partial^2 v}{\partial x^2} \tag{1.3}$$

のようになる．ここではもちろん，関心があるのは非負の解のみである．

空間非依存的な系の解析は，入門編第 3 章の手続きを直接適用する，すなわち，相平面解析を行うだけである．すると，3 つの定常状態が存在することがわかる：

(i) $(0, 0)$.
(ii) $(1, 0)$. 捕食者が不在で，被食者数が環境収容力に等しい．
(iii) $(b, 1-b)$. $b < 1$ のとき，捕食者と被食者が共存する．

以下では $b < 1$ のときを考える．$(0, 0)$ と $(1, 0)$ は常に不安定で，$(b, 1-b)$ は $4a \leq b/(1-b)$ なら安定結節点，$4a > b/(1-b)$ なら安定渦状点である．これを示すのは読者への演習問題とする．$\partial/\partial x \equiv 0$ とすれば，(u, v) 平面の第 1 象限において，系 (1.3) は

$$L(u, v) = a\left[u - b - b\ln\left(\frac{u}{b}\right)\right] + \left[v - 1 + b - (1-b)\ln\left(\frac{v}{1-b}\right)\right]$$

で与えられるリアプノフ関数をもつ．すなわち $L(b, 1-b) = 0$ が成り立ち，かつ $(u, v) \neq (b, 1-b)$ をみたす全ての第 1 象限の点 (u, v) について $L(u, v) > 0$ かつ $dL/dt < 0$ が成り立っている（リアプノフ関数とその利用に関する明快な解説は Jordan and Smith (1999) などを参照）．したがって，(u, v) 平面の第 1 象限において，$(b, 1-b)$ は実は大域的に安定な定常状態である．入門編 3.1 節の議論から，最も単純なロトカ—ヴォルテラ系，すなわち (1.2) から被食者の飽和項を除いた系では，非零の共存定常状態が中立安定であり，実用に耐えなかったのを思い出されたい．修正を加えた系 (1.2) のほうが，より現実的である．

では，いつものように

$$u(x, t) = U(z), \quad v(x, t) = V(z), \quad z = x + ct \tag{1.4}$$

とおいて，系 (1.3) の形状が一定なフロント進行波解を見つけよう（入門編第 13 章を参照）．ここで c は正の波の速度を表し，これを求める必要がある．式 (1.4) の形の解が存在するならば，それは x 軸負方向

に移動する進行波を表す．式 (1.4) を (1.3) に代入すれば，常微分方程式系

$$\begin{aligned} cU' &= U(1-U-V) + DU'', \\ cV' &= aV(U-b) + V'' \end{aligned} \quad (1.5)$$

が得られる．ただしプライム ($'$) は z に関する微分を表す．

系 (1.5) の解析は，4次元相空間の解析となる．ここではより単純な場合，すなわち被食者の拡散 D_1 が捕食者の拡散 D_2 に比べて十分小さい場合を考え，$D (\equiv D_1/D_2) = 0$ と1次近似する．この近似は，例えばプランクトン—草食動物系（移動できるのは草食動物のみ）を考える場合に相当するだろう．$D \neq 0$ とした系の解の定性的な挙動が $D = 0$ の場合に多少なりとも類似するだろうと予想するのはもっともであろう．そして実際にその通りである (Dunber 1984)．(1.5) において $D = 0$ として，元の系を連立1階常微分方程式系

$$U' = \frac{U(1-U-V)}{c}, \quad V' = W, \quad W' = cW - aV(U-b) \quad (1.6)$$

として表す．(U, V, W) 相空間には，2 つの不安定定常状態 $(0,0,0)$, $(1,0,0)$ と，1 つの安定定常状態 $(b, 1-b, 0)$ が存在する[†2]．ただし，先述のように，関心があるのは $b < 1$ の場合のみである．入門編 13.2 節で詳細に議論したフィッシャー—コルモゴロフ方程式の解析結果から類推すると，$(1,0,0)$ から出て $(b, 1-b, 0)$ へと入るような解軌道と，$(0,0,0)$ から出て $(b, 1-b, 0)$ へと入るような解軌道の可能性がある．そこで，境界条件を

$$U(-\infty) = 1, \quad V(-\infty) = 0, \quad U(\infty) = b, \quad V(\infty) = 1-b \quad (1.7)$$

または

$$U(-\infty) = 0, \quad V(-\infty) = 0, \quad U(\infty) = b, \quad V(\infty) = 1-b \quad (1.8)$$

と定めて，系 (1.6) の解 $(U(z), V(z))$ を見つけることにする．

ここでは境界条件 (1.7) の下で境界値問題 (1.6) を考えるのみにする．まず，特異点 $(1,0,0)$，すなわち定常状態 $U = 1, V = 0$ の周りで線形化し，入門編第 3 章に詳細に記した通常の方法で線形化系の固有値 λ を求める．固有値は固有方程式

$$\begin{vmatrix} -\lambda - \dfrac{1}{c} & -\dfrac{1}{c} & 0 \\ 0 & -\lambda & 1 \\ 0 & -a(1-b) & c-\lambda \end{vmatrix} = 0$$

の解であり，すなわち

$$\lambda_1 = -\frac{1}{c}, \quad \lambda_2, \lambda_3 = \frac{1}{2}\left(c \pm \sqrt{c^2 - 4a(1-b)}\right) \quad (1.9)$$

と求まる．よって，任意の正の c について実部が正である固有値 λ_2, λ_3 に対応する固有ベクトルが定める不安定多様体が存在する．さらに $c^2 < 4a(1-b)$ なら，$(1,0,0)$ の近傍で解は振動しながら不安定化する．したがって，U, V が非負であるフロント進行波解が存在しうるのは，

$$c \geq \sqrt{4a(1-b)}, \quad b < 1 \quad (1.10)$$

の場合のみである．この条件をみたす波の速度 c においては，c にある下界が存在し，それよりも大きい範囲で，$\lim_{z \to -\infty}(U, V) = (1, 0)$ をみたすような現実的な解が存在する可能性がある．この状況は，入門編第 13 章に記したフロント進行波解を連想させる．

[†2] （訳注）$(u, v) = (b, 1-b)$ は，空間非依存的な系では安定であったが，$(U, V, W) = (b, 1-b, 0)$ は (1.11) と図 1.2 に示すように鞍点であり，正確には安定でないことに注意されたい．ただし安定曲線をもつので，この定常状態に入るようなフロント波解は存在しうる．

1.2 捕食者—被食者系における追跡逃避波

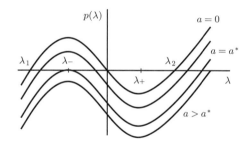

図 1.2 a が変化したとき，(1.11) により与えられる固有多項式 $p(\lambda)$ のグラフの様子を示す．臨界値 a^* が存在して，$a > a^*$ に対して，正の実数根は 1 つのみで，残り 2 つの根は実部が負の共役複素数となる．

しかし，ここでの解は入門編第 13 章で扱った解と定性的に異なるかもしれない．というのは，ここでは解 (U, V) が定常状態 $(b, 1-b)$ へと入る場合を考察しているからである．系 (1.6) を特異点 $(b, 1-b)$ の周りで線形化すると，固有値 λ は

$$\begin{vmatrix} -\lambda - \dfrac{b}{c} & -\dfrac{b}{c} & 0 \\ 0 & -\lambda & 1 \\ -a(1-b) & 0 & c-\lambda \end{vmatrix} = 0$$

で定まる．すなわち，3 次方程式

$$p(\lambda) \equiv \lambda^3 - \lambda^2 \left(c - \frac{b}{c}\right) - \lambda b - \frac{ab(1-b)}{c} = 0 \tag{1.11}$$

の解である．この方程式の解の，パラメータの変化に伴う挙動を調べるために，実数 λ に対して $p(\lambda)$ のグラフを考え，λ 軸と交わる場所を見てみよう．$p(\lambda)$ を微分すると，極大値と極小値を与える λ は，それぞれ

$$\lambda_M, \lambda_m = \frac{1}{3}\left[\left(c - \frac{b}{c}\right) \pm \sqrt{\left(c - \frac{b}{c}\right)^2 + 3b}\right]$$

であり，これらは a に依存しない．$a = 0$ のとき，方程式 (1.11) の解は

$$\lambda = 0, \quad \lambda_1, \lambda_2 = \frac{1}{2}\left[\left(c - \frac{b}{c}\right) \pm \sqrt{\left(c - \frac{b}{c}\right)^2 + 4b}\right]$$

であり，図 1.2 に描かれたようになる．これで，a の変化に伴う解の変化を見ることができる．方程式 (1.11) から，a を 0 から増やすと，その結果曲線 $p(\lambda; a=0)$ 全体が単に $ab(1-b)/c$ だけ p 軸負方向に平行移動する．極値を与える λ の値は a に依存しないので，図のような状況が得られる．$0 < a < a^*$ のとき，負の解が 2 つと正の解が 1 つ存在する．$a = a^*$ のとき，負の解は重解である．$a > a^*$ のとき，これらは負の実部をもつ共役複素数解で，このことは a が a^* よりわずかに大きい場合でも連続性から正しい．a^* の値は解析的に定めることができる．ラウス—フルビッツの条件（入門編付録 B を参照）を用いても同じ結論が得られるが，ここではその判定条件を使うと結論が直観的に理解しづらくなる．

臨界値 a^* が存在するということは，$a > a^*$ のとき，境界条件 (1.7) の下で式 (1.6) のフロント波解 (U, V) は振動しながら定常状態 $(b, 1-b)$ へと収束していくことを意味する．一方 $a < a^*$ なら，単調に収束する．それぞれの場合の解の挙動を，図 1.3 に図示する．

捕食者と被食者の両方が拡散する場合の完全な捕食者—被食者系 (1.3) でもやはり，振動様の振舞いを示しうるフロント進行波解が現れる (Dunbar 1983, 1984)．これらの波の存在を証明するには，相平面系を丁寧に解析して，関連する 2 つの特異点を結ぶ解軌道が第 1 象限にあることを示さなければならない．図 1.3 に示した解からは，被食者は黙々と再生産を行う他，捕食されるのをただ待っているだけであるから，逃避する様子はほぼ見られない．それでもなお，これらの波はしばしば「追跡逃避波 (waves of pursuit and evasion)」と呼ばれている．

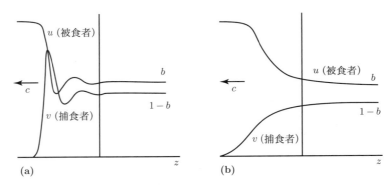

図 1.3 被食者の拡散を無視した場合の捕食者 (v)—被食者 (u) 系 (1.3) について，フロント波解によって与えられる 2 種類の追跡波の典型例．波は，速度 c で左方向に移動する．(a) $a > a^*$ のとき，振動しながら定常状態 $(b, 1-b)$ へと収束する．(b) $a \leq a^*$ のとき，単調に $(b, 1-b)$ へと収束する．

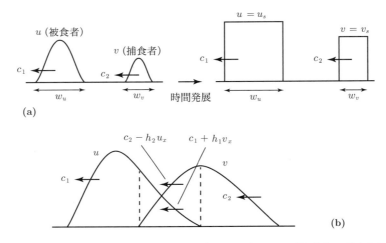

図 1.4　(a) 被食者と捕食者は，それぞれ空間的に離れており，それぞれ独自のダイナミクスに従う．すなわちそれぞれは相互作用せず，単に各々の独立な速度 c_1, c_2 で移動している．どちらの個体群も，各々のダイナミクスによって決まる定常状態 (u_s, v_s) になるまで増殖する．個体群の分散 (dispersion) はないため，「波」の空間的な幅 w_u, w_v は一定であることに注意されたい．(b) 被食者と捕食者が重複すると，被食者は捕食者から逃げるために $h_1 v_x$ ($h_1 > 0$) だけ速度を増し，一方捕食者は被食者を追いかけるために $-h_2 u_x$ ($h_2 > 0$) だけ速度を増す．これらの項の意味については，本文で議論する．

捕食者—被食者の対流的な追跡逃避モデル

　先ほどとは全く異なる種類の「追跡逃避」捕食者—被食者系を考える．捕食者と被食者が相互作用した場合にのみ，被食者は捕食者から逃避しようとし，捕食者は被食者を追跡しようとするモデルである．この場合，本質的に異なる種類の空間的相互作用が生じる．ここでは，実例として，考えられるモデルを空間 1 次元で手短に記述する．いま，被食者 (u) と捕食者 (v) とがそれぞれ速度 c_1, c_2 で移動していると仮定しよう．また，個体群の分散において拡散の効果は無視でき，さらに各個体群は（独自の定常状態をもつ）独自のダイナミクスに従うとする．ここで図 1.4 を参照し，初めに図 1.4(a) の状況を考察する．この場合個体群は相互作用をせず，拡散による空間分散も存在しないので，空間内のどの地点でも，個体数は定常状態に至るまで単純に増減する．すると，系の動態は図 1.4(a) のようになり，このとき両個体群は

1.2 捕食者―被食者系における追跡逃避波

各々の速度 c_1, c_2 で独立に移動しているにすぎない．また空間分散が存在しないので，u, v が定常状態に収束する間，個体群の存在する領域の幅は一定に保たれる．ここで，捕食者が被食者に追いつくと，被食者は捕食者から逃げようとし，捕食者の個体数の勾配に比例する速度増加が生じるとしよう．言い換えれば，図 1.4(b) のように波が重複する場合に，被食者は，増加しつつある捕食者から逃げようとする．同様にして捕食者は被食者を追跡するので，増加しつつある被食者の方に向かって入り込もうとする．基本的ではあるが非自明なレベルとして，我々はこの状況を，対流 (convection)[†3]効果を含む保存方程式（入門編第 11 章を参照）によってモデリングすることができる：

$$u_t - [(c_1 + h_1 v_x)u]_x = f(u,v), \tag{1.12}$$
$$v_t - [(c_2 - h_2 u_x)v]_x = g(v,u). \tag{1.13}$$

ただし f, g は個体群のダイナミクスを表す．また h_1, h_2 はそれぞれ，個体群間相互作用の結果として現れる正のパラメータであり，被食者の逃避，捕食者の追跡に関連する．式 (1.12), (1.13) は u, v に関する保存則であるから，方程式系の左辺の項は発散型でなければならない．ここで，方程式系に各々の項が現れる理由を考えてみよう．

相互作用項 f, g は，考察しているいかなる捕食者―被食者関係に関するものであってもよい．典型的には，$f(u,0)$ は個体数が単調に増加ないしは減少して非自明の平衡状態に収束するような被食者自身のダイナミクスを表す．捕食者は被食者と遭遇すると，被食者の定常状態の個体数を減少させるので，$f(u,0) > f(u, v > 0)$ である．同様に，$g(v, u > 0)$ によって生じる捕食者の定常状態は，$g(v,0)$ によって生じる定常状態よりも大きくなる．

対流項の物理的な効果を調べるために，式 (1.12) において $h_1 = 0$ としてみよう．このとき

$$u_t - c_1 u_x = f(u,v)$$

で，速度 c_1 で等速運動する座標軸から見たときの，被食者のダイナミクスを表しているだけである．これは，t を独立変数として座標変換 $z = x + c_1 t$ を行うと，方程式が $u_t = f(u,v)$ とシンプルに表されることからわかる．$c_2 = c_1, h_2 = 0$ なら，捕食者の方程式は $v_t = g(v,u)$ となる．このようにして，変化する個体群の進行波を得る．図 1.4(a) に示したように，これらはいずれ定常状態に達し，その後は形状不変の（シルクハット型の）進行波となる．

次に，より複雑な場合，すなわち h_1, h_2 が正で，かつ $c_1 \neq c_2$ の場合を考えよう．図 1.4(b) の，捕食者の波と被食者の波が重複している領域を参照すると，$v_x > 0$ から (1.12) 式の $h_1 v_x$ 項が正となるので，左方向に向かう被食者の波の速度は局所的に増加する．一方 $u_x < 0$ なので，(1.13) 式の $-h_2 u_x$ 項も正となり，捕食者の対流は局所的に増加する．相互作用の複雑な性質は，解の形（特に v_x, u_x の形）や，パラメータ c_1, c_2, h_1, h_2 の相対的な大きさ，そして相互作用のダイナミクスに依存する．対流項（とダイナミクス）により，方程式は非線形なので，u, v が不連続的にジャンプするようなショック様の解 (shock solution) が現れる可能性がある．例えば，Murray (1968, 1970, 1973) や，特に反応拡散の例については入門編 13.5 節を参照されたい．

このトピックを離れる前に，モデル系 (1.12), (1.13) を異なる形で書き下してみると面白い．左辺の微分を計算すると，方程式系は

$$\begin{aligned} u_t - (c_1 + h_1 v_x)u_x &= f(u,v) + h_1 u v_{xx}, \\ v_t - (c_2 - h_2 u_x)v_x &= g(v,u) - h_2 v u_{xx} \end{aligned} \tag{1.14}$$

となる．この形において，右辺の h_1, h_2 の項は**交差拡散 (cross diffusion)** を表し，一方が正，もう一方が負であることがわかる．交差拡散はもちろん複数種系モデルにしか現れず，入門編 11.2 節で定義され

[†3] （訳注）移流 (advection) とも呼ばれる．

た．交差拡散は拡散行列が対角行列でない場合に出現する．すなわち，ある生物種に関する拡散項が，別の種に関する方程式に現れているような場合である．例えば u の方程式において，$h_1 u v_{xx}$ は，$h_1 u$ を「拡散」係数とする，v についての拡散項のようなものである．u の方程式において，交差拡散は典型的には $\partial(D v_x)/\partial x$ の形で表される．上述の問題は，交差拡散が実際のモデリングで現れる例の1つである――とはいえよくあるわけではない．

(1.12)–(1.14) のような系を数学的に解析するのは難しく，その研究はまだまだ発展途上である．解析的な研究として，特に $h_1 = h_2 = 0$ の場合は Hasimoto (1974) や Yoshikawa and Yamaguti (1974)，$h_1, h_2 \neq 0$ の場合は Murray and Cohen (1983) が挙げられる．Hasimoto (1974) は，系 (1.12), (1.13) において $h_1 = h_2 = 0$, $f(u,v) = l_1 uv$, $g(v,u) = l_2 uv$（l_1, l_2 は定数）とした特別な場合の解析解を求め，ある特定の状況下でどのように解の爆発 (blow up) が生じるのかを示した．系 (1.12)–(1.14) の一般形では，興味深い新たな解の挙動がきっと見られるだろう．

対流的な追跡逃避に関する2次元の問題は，生態学的に非常に重要であるが，特に難しい問題でもあるので，研究は進んでいない．例えば本書の初版では，個体群の生息域が特に関わってくるような捕食者―被食者の状況をモデリングできたら非常に興味深いだろう，と予想した．カナダにおけるオオカミとムース[†4]の捕食者―被食者関係では，無狼地帯が被食者ムースにとっての部分的な避難場所となる様子が観察される．そして，オオカミの縄張りの境界の効果をモデルに組み込んで，その様子が現れるかどうかを調べることができるはずだと示唆した．そのように推測できる直観的な根拠は，オオカミが隣接する領域にそれほど出ていかない傾向があることである．ムースがオオカミの縄張りに沿って移動する証拠もいくらか存在するようだ．これらの話題に沿った研究が行われており，第14章で詳細に議論する．

以上と関連する種類の波動現象は，例えば生化学的なイオン交換カラムのように，対流と動力学とが合わさった場合に現れる．単一種の反応速度方程式が対流過程と合わさった場合は，Goldstein and Murray (1959) により詳細に調べられている．この場合，滑らかな初期データから興味深いショック波解が発展する．その際に開発された数学的技法は上記の問題に直結している．この対流のある状況で複数のイオン交換が同時に行われる場合，クロマトグラフィー (chromatography) と呼ばれる生化学における強力な分析手法が存在する．

1.3　イギリスのハイイロリスに関する空間的拡散の競争モデル

導　入

20世紀初期，北アメリカが原産地のハイイロリス (*Sciurus carolinensis*; grey squirrel) が，イギリス南東部を始めとする様々な場所で放たれた．それ以来ハイイロリスは首尾よく分散することに成功し，北はスコットランド低地 (Scottish Lowlands) にまでイギリス本島のほぼ全域に広がると同時に，それらの地域ではイギリスの固有種であるキタリス (*Sciurus vulgaris*; red squirrel)[†5]が絶滅した．

Lloyd (1983) は，これまでキタリスが暮らしていた地域にハイイロリスが流入すると，それから数年間は両者の分布が重なり，その後キタリスが減少しそして絶滅すると指摘している．

イギリスにおけるリスの分布記録によれば，ハイイロリスがキタリスに明らかな悪影響をもたらしているようだ (Williamson 1996)．MacKinnon (1978) は，キタリスの減少を説明すると考えられた3つの仮説 (Reynolds 1985)――すなわちハイイロリスとの競争説，ハイイロリスには依存しないような環境変化説，そして「リスインフルエンザ」のようなキタリスに伝染する病気説――のうち，競争説がもっともら

[†4]（訳注）シカ科ヘラジカ属に分類され，角は最大で2mにも達するシカ科最大種である．中でも北アメリカのヘラジカをムース (moose) と呼ぶ．

[†5]（訳注）原文では red squirrel「アカリス」とあるが，*Sciurus vulgaris* の和名である「キタリス」に統一して訳出した．

1.3 イギリスのハイイロリスに関する空間的拡散の競争モデル

しいと考えられる理由をいくつか挙げている．もちろん，これらの仮説は互いに排反するものではない．

ハイイロリスが放たれるまで，キタリスは種間競争を経ないまま進化を続けており，自然淘汰の結果，増殖率があまり大きくなくても個体数の減少は小さくおさえられた．一方ハイイロリスは，アメリカアカリスやキツネリスとの強い種間競争の下で進化してきたため，自然淘汰の結果，増殖率の大きい個体が生き残った．キタリスとハイイロリスはどちらも年に 2 回繁殖を行うが，体のより小さなキタリスは，1 回あたり 2, 3 匹より多くの子を産むことはめったにない一方で，ハイイロリスは度々 4, 5 匹の子を産む (Barkalow 1967)．

北アメリカでは，キタリスとハイイロリスとが別々のニッチをもち，両者にはほとんど重複が見られない．ハイイロリスが広葉樹混交林を好むのに対し，キタリスは寒帯針葉樹林を好む．しかしイギリスでは，ハイイロリスが不在の環境下で，イギリス固有のキタリスは針葉樹林にも広葉樹林にも生息できるように適応するような進化をしてきたに違いない．Holm (1987) による研究も，これまでにハイイロリスが固有のキタリスにほぼ取って代わってしまった落葉樹林地帯では，ハイイロリスが競争上有利である可能性が高いだろうという仮説を支持しているようだ．さらに北アメリカのハイイロリスは，体が大きくたくましく，体重はキタリスのおよそ 2 倍である．2 種類のリスたちは異なる生息域にいるとき，似たような社会を形成し似たような採食・遊動を示す．しかし，生息域が同一の場合には，資源利用の方法はさらに似ていると予想される．それゆえ必然的に，性質を大きく共有する 2 つの種が共通の資源を分け合って共存するのは不可能であると考えられる．

以上をまとめると，両種のリス間相互作用の大部分は，共通資源を巡る間接的な競争であると考えられるが，追跡などの直接的相互作用もいくらかあるだろう．これらの相互作用は，ハイイロリスの生存に対して有利に働き，イギリスの落葉樹林からキタリスを駆逐してしまったと推察してよいだろう．Okubo et al. (1989) は，ハイイロリスがキタリスに取って代わる様子を調べ，以上の事実に基づいて，競争モデルを提示しその研究を行った．本節では彼らの研究を辿る．また彼らはそのモデルを用いて，キタリスの生息域にハイイロリスをランダムに放つシミュレーションを行い，コロニー形成が伝播する様子を示している．そして，モデルの結果を入手可能な観察記録と比較している．

競争モデル系

位置 $\boldsymbol{X}$，時刻 T におけるハイイロリスとキタリスの個体群密度をそれぞれ $S_1(\boldsymbol{X},T)$, $S_2(\boldsymbol{X},T)$ と表す．2 種類のリスたちは，互いに共通の食料資源を巡って競争するとしよう．すると考えられるモデルは，ロトカ―ヴォルテラの競争系（入門編第 3 章を参照）に拡散の効果を含めたモデル，すなわち

$$\frac{\partial S_1}{\partial T} = D_1 \nabla^2 S_1 + a_1 S_1(1 - b_1 S_1 - c_1 S_2),$$
$$\frac{\partial S_2}{\partial T} = D_2 \nabla^2 S_2 + a_2 S_2(1 - b_2 S_2 - c_2 S_1)$$
(1.15)

のように表される．ここで $i = 1, 2$ について，a_i は正味の出生率，$1/b_i$ は環境収容力，c_i は競争係数，D_i は拡散係数をそれぞれ表し，これらは全て非負である．相互作用（動力学）の項は，競争を含むロジスティック型増殖を単に表している．先に議論した理由により，ハイイロリスはキタリスとの競争に勝利するので，

$$b_2 > c_1, \quad c_2 > b_1$$
(1.16)

が成り立つと仮定する．

いま，ハイイロリスがキタリスを駆逐するような，侵入進行波 (travelling waves of invasion) が生じう

るのかどうかを調べたい．まず，

$$\theta_i = b_i S_i \ (i=1,2), \quad t = a_1 T, \quad \boldsymbol{x} = \sqrt{a_1/D_1}\, \boldsymbol{X},$$
$$\gamma_1 = \frac{c_1}{b_2}, \quad \gamma_2 = \frac{c_2}{b_1}, \quad \kappa = \frac{D_2}{D_1}, \quad \alpha = \frac{a_2}{a_1} \tag{1.17}$$

とおくことで，モデル系を無次元化する．すると系 (1.15) は，

$$\frac{\partial \theta_1}{\partial t} = \nabla^2 \theta_1 + \theta_1(1 - \theta_1 - \gamma_1 \theta_2),$$
$$\frac{\partial \theta_2}{\partial t} = \kappa \nabla^2 \theta_2 + \alpha \theta_2(1 - \theta_2 - \gamma_2 \theta_1) \tag{1.18}$$

となる．ただし，不等式 (1.16) から

$$\gamma_1 < 1, \quad \gamma_2 > 1 \tag{1.19}$$

が成り立つ．

　この競争モデル系 (1.18) について，拡散がない場合を入門編第 3 章で解析した．いつもの相平面解析により，拡散がない場合の系には空間非依存の定常状態が 3 つ存在することがわかり，それぞれ $(0,0)$ は不安定結節点，$(1,0)$ は安定結節点，$(0,1)$ は鞍点である．したがって，拡散を含めると，いまやおなじみの手続きによって，$(0,1)$ から $(1,0)$ へと向かうような解軌道，すなわちこれらの臨界点を結ぶ進行波が存在する可能性がある．これは，ハイイロリス (θ_1) がキタリス (θ_2) を駆逐する生態学的状況に対応する．この状況は，競争排除に分類される（入門編第 3 章を参照）．

　空間 1 次元の場合 ($\boldsymbol{x} = x$) を考える．系 (1.18) における

$$\theta_i = \theta_i(z) \ (i=1,2), \quad z = x - ct \ (c > 0) \tag{1.20}$$

の形の進行波解を見つけたい．ここで c は波の速度を表す．$\theta_1(z), \theta_2(z)$ は，一定の波形のまま速度 c で x 軸正方向に進行する波を表す．この下で方程式系 (1.18) は，

$$\frac{d^2\theta_1}{dz^2} + c\frac{d\theta_1}{dz} + \theta_1(1 - \theta_1 - \gamma_1 \theta_2) = 0,$$
$$\kappa \frac{d^2\theta_2}{dz^2} + c\frac{d\theta_2}{dz} + \alpha \theta_2(1 - \theta_2 - \gamma_2 \theta_1) = 0 \tag{1.21}$$

となり，境界条件は

$$\theta_1 = 1, \quad \theta_2 = 0 \quad (z = -\infty)$$
$$\theta_1 = 0, \quad \theta_2 = 1 \quad (z = \infty) \tag{1.22}$$

である．すなわち，波が速度 c で伝播するに従って，漸近的にハイイロリス (θ_1) がキタリス (θ_2) を駆逐していく．いま，この波の速度 c を求める必要がある．

　Hosono (1988) は，(1.19), (1.22) と，パラメータ値に関するある条件の下で，系 (1.21) の進行波が存在するかどうかを調べた．一般には，常微分方程式系 (1.21) を解析的に解くことはできない．ところが，$\kappa = \alpha = 1, \gamma_1 + \gamma_2 = 2$ とした特別な場合には，解析的な結果が得られる．(1.21) の 2 つの方程式の辺々を加えると，

$$\frac{d^2\theta}{dz^2} + c\frac{d\theta}{dz} + \theta(1-\theta) = 0, \quad \theta = \theta_1 + \theta_2 \tag{1.23}$$

が得られる．これは，入門編第 13 章で詳細に議論した有名なフィッシャー—コルモゴロフ方程式で，$z = \pm\infty$ における適切な境界条件の下で進行波解をもつことは既知である．しかしここで考える境界条件は，古典的なフィッシャー—コルモゴロフ方程式のそれとは異なり，式 (1.22) より

$$\theta = 1 \ (z = \pm\infty) \tag{1.24}$$

1.3 イギリスのハイイロリスに関する空間的拡散の競争モデル

である.すなわちこれは,あらゆる z について

$$\theta = 1 \quad \Rightarrow \quad \theta_1 + \theta_2 = 1 \tag{1.25}$$

が成り立つことを意味する.これを (1.21) の第 1 式に代入すれば,

$$\frac{d^2\theta_1}{dz^2} + c\frac{d\theta_1}{dz} + (1-\gamma_1)\theta_1(1-\theta_1) = 0 \tag{1.26}$$

が得られる.これもまた,θ_1 に関するフィッシャー―コルモゴロフ方程式(境界条件は式 (1.22))である.波の速度についての結果より,ハイイロリスのフロント波の速度はフィッシャー―コルモゴロフ方程式 (1.26) の波の最小速度に等しいか,それよりも大きくなると推論できる.すなわち

$$c \geq c_{\min} = 2(1-\gamma_1)^{1/2}, \quad \gamma_1 < 1 \tag{1.27}$$

である[†6].同様にして,式 (1.25) の下で (1.21) の第 2 式は

$$\frac{d^2\theta_2}{dz^2} + c\frac{d\theta_2}{dz} + (\gamma_2-1)\theta_2(1-\theta_2) = 0 \tag{1.28}$$

であり,境界条件は (1.22) で与えられる.これより,キタリスの波の速度は

$$c \geq c_{\min} = 2(\gamma_2-1)^{1/2}, \quad \gamma_2 > 1 \tag{1.29}$$

をみたす.

いま,$\gamma_1 + \gamma_2 = 2$(かつ $\kappa = \alpha = 1$ も思い出されたい)の場合を考えているので,これら 2 つの最小速度は等しい.これを次元付きパラメータで表せば,次元付き最小速度 $C_{\min}$ は

$$C_{\min} = 2\left[a_1 D_1 \left(1 - \frac{c_1}{b_2}\right)\right]^{1/2} \tag{1.30}$$

となる.

パラメータの評価

ここで,以上の解析を,イギリスで起こっている実世界での競争の状況に関連づけねばならない.進行波の速度はモデル系 (1.15) の中のパラメータ値に依存するので,理論上の波の速度と入手可能なデータとを比較するためにパラメータ値の推定が必要である.何度も繰り返すように,これは現実的なモデリングにおいて不可欠な部分である.

まず,正味の内的増殖率 a_1, a_2 を考えよう.Okubo et al. (1989) は,Williamson and Brown (1986) により詳細に記述された,修正版レスリー行列を利用した.原則的には,内的増殖率の推定は,個体群密度が 0 のときに行わなければならないが,実際の個体群動態のデータは,個体群密度が平衡付近にある個体群に対してとられることが多い.さて,正味の内的増殖率の推定では,3 つの要素――具体的には,性比,出生率,そして死亡率――を考慮する.性比は 1:1 であるとする.しかしながら,出生率と死亡率を定めるのは容易ではない.出生率と死亡率は,1 回の出産における産子数や出産頻度,それらの年齢依存性,年齢分布,食料源の種類,そして平均寿命,さらにはいつどこでデータが得られたのか,といった要素に依存するのだ.Okubo et al. (1989) の記事では,どの要素が関連するかを示している.ときには相容れないこともある数多くの情報源を丁寧に解析したのち,彼らは,親リス 1 匹に対して子リスが 3 匹存在するような安定年齢分布を仮定して,ハイイロリスの内的出生率を $a_1 = 0.82\,/\text{年}$ と推定し

[†6] (訳注)入門編式 (13.32) を参照されたい.$c \geq c_{\min} = 2\sqrt{f'(u_1)}$($u_1$ は $f(u)$ の最大根)が成り立つ.

表 1.1 ハイイロリスの 2 次元の拡散係数を，森林地帯間の距離 l km の関数として示す．ここで $a_1 = 0.82$ /年 であり，最小速度は $C_{\min} = 2(a_1 D_1)^{1/2}$ である (Okubo et al. (1989) より).

l km	1	2	5	10	15	20
D_1 km^2/年	0.179	0.714	4.46	17.9	40.2	71.4
$C_{\min}$ km/年	0.77	1.53	3.82	7.66	11.5	15.3

た．同様にキタリスについては，親リス 1 匹に対して子リスが 2 匹だけ存在するような年齢分布の下で，$a_2 = 0.61$ /年 と推定した．

環境収容力 $1/b_1$, $1/b_2$ の推定も同様に，入手可能な文献を詳細に調べる必要があり，これも Okubo et al. (1989) によって行われた．ハイイロリスとキタリスの環境収容力はそれぞれ $1/b_1 = 10$ /ha, $1/b_2 = 0.75$ /ha と推定された．

残念ながら，競争係数 c_1, c_2 に関して，定量的な情報は得られていない．しかしモデルによれば，進行波の最小速度を推定するためには，比 $c_1/b_2 = \gamma_1$ と $c_2/b_1 = \gamma_2$ の値さえ得られればよい．ハイイロリスの波の伝播速度に関していえば，必要なのは γ_1 の推定値のみである．ここで $0 < \gamma_1 < 1$ であることを思い出されたい．γ_1 は最小速度に関する式中の項 $(1 - \gamma_1)^{1/2}$ に現れるため，γ_1 の値が小さいときには，γ_1 の変動に対して速度はそれほど敏感ではない．実際，γ_1 の値がおよそ 0.6 を超えない限り，そうである．さて，ハイイロリスに対するキタリスの競争係数 c_1 は小さいと期待される．したがって，これと環境収容力 $1/b_2$ が小さいことを考えれば，γ_1 の値はほぼ 0 に等しく，ゆえに式 (1.30) より，ハイイロリスの進行波の最小速度 $C_{\min}$ は近似的に $2(a_1 D_1)^{1/2}$ で与えられるだろう．我々が先に行ってきた解析では，解析ができるような特定の γ の値を対象としてきたため，Okubo et al. (1989) の数値シミュレーションでは様々な γ の値が用いられている．

では，拡散係数 D_1, D_2 について考えよう．これらは波の伝播に関するきわめて重要なパラメータであると同時に，推定が困難であることで悪名高い．（拡散の推定に関する同様の問題が，本書の以降の部分に再度登場する．キツネ個体群内の狂犬病の空間的伝播や，バクテリアのパターン，そして脳の腫瘍細胞について議論する際，再びこの問題に触れる．）生物種の分散を直接観察するのは困難であり，また短期間で行われることが多い．遊動 (movement) に関して報告されている値のばらつきは大きい．さらには，森林地帯間の移動も存在する．

ハイイロリス個体の移動に基づいて，1 次元の拡散係数の最大値 $1.25\,\mathrm{km}^2$/年 と，2 次元の拡散係数の最大値 $0.63\,\mathrm{km}^2$/年 が得られた．しかし，これは森林地帯間のハイイロリスの移動に対しては当てはまらないかもしれない．もしハイイロリスが毎年，1 つの森林地帯の中にとどまらず，主に複数の森林地帯間を分散するならば，これらの拡散係数の値は小さすぎるので，典型的な値とは考えられない．Okubo et al. (1989) は，ハイイロリスの拡散係数が $1\,\mathrm{km}^2$/年 のオーダーではなく，$10 \sim 20\,\mathrm{km}^2$/年 のオーダーであってもおかしくないだろう，と推測した．彼らは，以下のような発見的な議論を行い，拡散係数がこのようなずっと大きな値をとることを裏付けている．

森林地帯からなるパッチを考える．各々の森林地帯は等しい面積 A ヘクタール (ha) をもち，各々距離 l だけ離れた隣接する 4 つの森林地帯に囲まれているとする．ハイイロリスの環境収容力を 10 /ha とし，いまある 1 つの森林地帯がハイイロリスで満たされていると仮定する．すなわちこれは，その森林地帯内におよそ $n = 10A$ 匹のハイイロリス個体が存在することを意味する．内的増殖率は $a_1 = 0.82$ /年 なので，($e^{0.82} = 2.27$ より) 次の年にその森林地帯には $22.7A$ 匹の個体が存在することになり，ゆえに $12.7A$ 匹の個体は他の森林地帯に分散しなければならない．ハイイロリスが隣接する森林地帯に分散すると仮定すると，$12.7A/4 = 3.175A$ 匹の個体が各森林地帯に分散する．すると，その森林地帯は $\tau = 1.4$ 年

1.3 イギリスのハイイロリスに関する空間的拡散の競争モデル

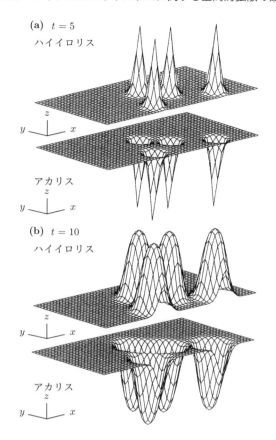

図 1.5 4.9×2.4 の長方形領域における，無次元モデル方程式 (1.18) の 2 次元版の数値解．長方形領域の境界では，ゼロフラックス境界条件が成り立っている．初期分布はキタリスからなり，その密度は 1 に正規化されている．その状態に対して，点 $(1.9, 0.4)$, $(3.9, 0.4)$, $(2.9, 0.9)$, $(2.4, 1.4)$ に密度 0.1 のハイイロリスからなる小領域を導入した．(a) 時刻 $t = 5$ における解の 3 次元プロット．ハイイロリスの密度の基線には 0.0 を，キタリスには 1.0 をとった．(b) 時刻 $t = 10$ のとき．

$(10A = 3.175Ae^{0.82\tau})$ の後にハイイロリスで満たされ，この森林地帯からも分散し始める．言い換えれば，ハイイロリスは平均 $\tau = 1.4$ 年 ごとに隣接する森林地帯に分散していく．このようにして，ハイイロリスの 2 次元の拡散係数は

$$D_1 = \frac{l^2}{4 \times 1.4} \text{km}^2/\text{年} = \frac{l^2}{5.6} \text{km}^2/\text{年} \tag{1.31}$$

と推定できる．表 1.1 に，式 (1.31) を用いて計算された拡散係数 D_1 (l の関数) を示す．Williamson and Brown (1986) はハイイロリスの分散速度を $7.7 \text{km}/\text{年}$ と推定した．この推定値を用いると，表より $D_1 = 17.9 \text{km}^2/\text{年}$ を得る．それゆえ，隣り合う森林地帯間を平均 10km ——これはもっともらしい——とすることで，データとよく一致する進行波の最小速度が得られるだろう．

実際のデータと理論上の分散との比較

イギリス内のハイイロリスの広がりに関する最良の情報源の 1 つは，Reynolds (1985) の文献である．彼は 1960〜1981 年に，イースト・アングリアでこれを詳細に研究した．ハイイロリスがイースト・アングリアに棲みついたのは，比較的最近である．1959 年当時ハイイロリスは全く見られず，1959 年と 1971 年の両方の調査で，ノーフォーク州全域にわたって多かれ少なかれキタリスがまだ生息していたことがわかっている．しかし 1971 年までには，ノーフォーク州のおよそ半分以上の地域でハイイロリスも記録されるようになった．

Reynolds (1985) は，生息域を $5 \text{km} \times 5 \text{km}$ の正方格子に区切り，1960〜1981 年にかけて毎年，ハイイロリスとキタリスの個体数分布を表す地図を作成した．Williamson and Brown (1986) は，これらの地図を用いて，1965〜1981 年の間にハイイロリスが広がる速度を計算し，5〜10 km/年 という結果を得た．

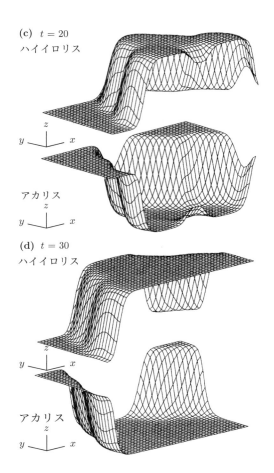

図 1.5　(続き) (c) 時刻 $t = 20$ のとき．(d) 時刻 $t = 30$ のとき．系の時間発展に伴い，ハイイロリスの密度は増加し，外側に広がっていくのに対し，キタリスの密度は減少していく．最終的に，ハイイロリスはキタリスを駆逐する．パラメータの値には，$\gamma_1 = 0.2, \gamma_2 = 1.5, \alpha = 0.82/0.61, \kappa = 1$ ($D_1 = D_2 = 0.001$) を用いた (Okubo et al. (1989) より).

それゆえ，ハイイロリスの平均分散速度は 7.7 km/年 と計算され，これをフィッシャー—コルモゴロフ方程式の波の最小速度とみなせば，上で述べたようにハイイロリスの拡散係数はおよそ $D_1 = 17.9\,\mathrm{km^2/年}$ と推定できる．このことは，我々がいま行った拡散係数の発見的な推定に対する，実データによる信頼できる正当化となっている．

$\gamma_1 + \gamma_2 = 2$ をみたさない一般の γ_1, γ_2 の場合，無次元モデル系 (1.18) の解は数値的にしか求められない．1 次元の場合，$\gamma_1 + \gamma_2 \neq 2$ の場合でも，波は定性的に境界条件と方程式の形から予想されるように振舞う．ハイイロリスの場合，典型的なフィッシャー—コルモゴロフの波と定性的に同様の先行波 (a wave of advance) が，そしてキタリスの場合はそれに対応する退行波 (a wave of retreat) が現れる (実際はほとんど互いに鏡に映したようになる) ことが，Okubo et al. (1989) によって示された．実際のコロニー形成はもちろん 2 次元であるため，伝播するフロント波が解析解としては得られず，非常に難しい問題となる．ハイイロリスが放射対称に分散する特殊な場合には，(ラプラス作用素の中に $(1/r)(\partial\theta_1/\partial r)$, $(1/r)(\partial\theta_2/\partial r)$ の項が現れるので) 侵入波の速度は，それに相当する 1 次元の場合よりも遅くなるとわかる．一方で，数値計算による解は比較的容易に求めることができる．最初に，大部分がキタリスであり，その中にハイイロリスが小さく散らばった状態から始めてみる．するとハイイロリスは，その生息域を初めの小領域から外側へと広げていき，他の生息域と合体しながら，最終的にはキタリス個体群を完全に駆逐した．パラメータ値の組の代表例を与えて得られる典型的な数値解を図 1.5 [†7] に示す．

フィッシャー—コルモゴロフモデルのような，拡散と増殖による個体群の広がりについての基本的なモ

[†7]　(訳注)　図の説明文中のゼロフラックス境界条件は，ノイマン境界条件 (Neumann condition) とも呼ばれる．

1.4 遺伝子組換え生物の広がり

デルでは，1 箇所の湧き出し点から始まった波が，放射状に広がり，最終的には $r \to \infty$ で $(1/r)(\partial \theta_1/\partial r)$ の項が 0 に収束するので，事実上 1 次元の波となる．我々がいま議論してきたモデルに対しても同じことが当てはまるが，先行する競争波はそれより遅い．それは，ハイイロリスの有効出生率が単純なロジスティック型増殖に比べて小さいからであり，驚くべきことではない．1930 年にまで遡って，イギリスにおけるハイイロリスの先行とキタリスの退行を表した多数の地図が作られている（Okubo et al. (1989) に挙げられた参照文献を参照せよ）．図 1.5 に示した挙動は，観察される主なパターンをきれいに表している．その際に用いられたパラメータ値は Reynolds (1985) による詳細な研究に基づいている．しかし，パラメータと（パラメータに基づく）競争の経過が，天候や木の密度，木の種類などによって変化するのは避けられない．ハイイロリスがキタリスにとって代わる際の大まかな特徴は，このシンプルな競争モデルで再現され，また入門編第 3 章で議論した競争排除則の実例の 1 つであると考えられる．

1.4 遺伝子組換え生物の広がり

今日では，植物（や動物）に農畜産業上特別な機能をもつよう DNA 組換え技術を用いる機会が急増している．しかし，そのような遺伝子組換え生物の導入や放出により，生態系，さらには気候系が破壊されるのではないかという懸念も増大しつつある．自然環境内での，遺伝子組換え生物の時空間的なダイナミクスの研究は，明らかにますます重要になっている．遺伝子組換え生物の危険性や封じ込めに関しては，科学者も未だに全く合意に達していない．草花は，遺伝子組換え樹木に比べて，初期の拡散のタイムスケールが短い．例えば果樹では，葉に寄ってくる害虫を退治するような改良がなされた．汚染された土地を木々に浄化させるような方法も研究が進んでいる．植物の交配はもちろん大昔から広く行われてきたが，それは遺伝的設計を行って直接組み込んだものではない．また，さらに物議を醸している遺伝子組換え動物（あるいはクローン動物）は，他にも深刻な危険性がつきまとう．人間の臓器移植という目的で遺伝子組換え動物を発生させるのなら，様々な疫学的問題も考慮しなければならない．異議を唱える人々の言動に関係なく，植物そして（ヒトを含めた）動物ともに，遺伝子操作は既に我々の生活に定着している．

遺伝子組換え生物が放出されると，様々な生態学的シナリオと管理計画の下で，それらがどれほど遠くまで，そしてどのくらいの速さで広がっていくのかが主に懸念されている．そのような生物の放出に伴うリスクを公平な評価することで，大発生を効果的に封じ込めるための戦略が立てられるはずである．しかし，分散速度の推定や，考えうる封じ込め戦略の解析に資するような情報で，信頼に足る定量的なものは未だにほとんど存在しない．それでも，これらの話題に関する部分的な初期研究が，Cruywagen et al. (1996) により行われている．

遺伝子組換え細菌は，連続的に増殖し，あまり複雑な挙動を示さず，またシンプルなモデルでうまく記述される個体群動態を示すため，とりわけ数学的な解析に適している．そのような細菌の一例はシュードモナス・シリンゲ *Pseudomonas syringae*（霜害防止菌）である．農作物の葉をこの菌が埋め尽くすことで，霜害を引き起こす別の *Pseudomonas syringae* 株を排除し，霜害が防止できる (Lindow 1987)．

本節では，空間的に非一様な環境の中で，遺伝子組換え生物がどのように時空間的に広がっていくのかについて，定量的な結果を得られるようなモデルを立ち上げる．そのために，Cruywagen et al. (1996) の研究を辿っていく．ここでは，遺伝子組換え生物とその競争種の空間分散や増殖率の観点から，遺伝子組換え生物が放出地点から大発生するか否かを調べる．遺伝子組換え生物の分散においては，生息環境の性質が重要な役割を担う．我々が特に焦点を当てるのは，例えば異なる農作物を植えたり，水域や痩せた土地を配置したり，といった地理的障壁を設けることで，生物の封じ込めを保証できるのかどうかである．

基本的なモデルとして，競争し拡散する 2 生物種系から始めよう．すなわち，前節でイギリス内のハイイロリスの空間分散に対して用いたのと同様のモデルである．このモデルは前節で見たように，外部から導入されたハイイロリスが，どのように侵入していき，競争の結果，固有種キタリスを駆逐し絶滅に至ら

しめるのかを説明するモデルであった．

ほとんどの侵入モデルは，一様な環境の中で進行波が伝播していくような侵入を扱っている．しかし（自然環境であれ人工的な環境であれ）環境は変動するため，一様であることはほぼありえない．空間の非一様性は，自然界において最も明瞭な特徴の1つであるのみならず，個体群動態に影響を与える最も重要な要素の1つであると思われる．

非一様かつ非有界の生息域におけるフロント波の伝播について，初めて解析を行ったのは Shigesada et al. (1986) である（Shigesada and Kawasaki (1997) の本も参照）．彼女らは，ロジスティック型増殖と空間分散を行う単一種の動態を記述するフィッシャー—コルモゴロフ方程式を用いた．ここでは我々は，拡散を含むロトカ—ヴォルテラの競争モデルを再び用いて，野生型細菌と（それと競争する）遺伝子組換え細菌の個体群動態をモデリングする．ただし，空間的に非一様な環境を表現できるように，モデルを修正する．すなわち，好適パッチ (good patch) と不適パッチ (bad patch) とからなる空間周期的に変動する環境を仮定する．好適パッチは，細菌がよく分散するような有利な領域のことを表し，一方不適パッチは，細菌の広がりを抑制する不利な障壁があるような領域を表す．我々が特に関心があるのは，遺伝子組換え生物の侵入条件と封じ込め可能な条件である．

この議論は元々遺伝子組換え生物が広がる条件を求めるために行っていたが，このモデルと解析は，その他の外来種の導入に際して，封じ込めやときには故意に伝播させることを目標とする場合にも適用される．

遺伝子組換え細菌数を $E(x,t)$，野生型細菌数を $N(x,t)$ とする．以下では1次元の場合のみを考える．まず，古典的なロトカ—ヴォルテラのダイナミクスを用いて，遺伝子組換え細菌と野生型細菌間の競争を表す．さらに，生息環境の非一様性を反映させるために，重要なモデルパラメータは空間に依存して変動するものとする．すると，系のダイナミクスは

$$\frac{\partial E}{\partial t} = \frac{\partial}{\partial x}\left(D(x)\frac{\partial E}{\partial x}\right) + r_E E\bigl(G(x) - a_E E - b_E N\bigr), \tag{1.32}$$

$$\frac{\partial N}{\partial t} = \frac{\partial}{\partial x}\left(d(x)\frac{\partial N}{\partial x}\right) + r_N N\bigl(g(x) - a_N N - b_N E\bigr) \tag{1.33}$$

とモデリングされる．ここで $D(x), d(x)$ は空間に依存する拡散係数を，r_E, r_N は各種の内的増殖率を表す．これらは，各々の環境収容力の値を決める関数 $G(x), g(x)$ の最大値が 1 になるようにスケーリングしている．また，a_E, a_N は種内競争の効果を，一方 b_E, b_N は種間競争の効果を測る正のパラメータである．

本節では，拡散係数 $D(x), d(x)$ と環境収容力（の逆数）$G(x), g(x)$ とが空間周期的であると見なして，環境の非一様性をモデリングする．l を環境の空間変動の周期として，

$$D(x) = D(x+l), \quad d(x) = d(x+l), \quad G(x) = G(x+l), \quad g(x) = g(x+l) \tag{1.34}$$

とする．

最初，遺伝子組換え細菌は存在しない，すなわち $E(x,0) \equiv 0$ とする．すると野生型細菌数 $N(x,0)$ は，方程式

$$\frac{\partial}{\partial x}\left(d(x)\frac{\partial N}{\partial x}\right) + r_N N\bigl(g(x) - a_N N\bigr) = 0 \tag{1.35}$$

をみたす．その後，遺伝子組換え細菌を導入し，その導入地点を原点にとる．遺伝子組換え細菌 $E(x,t)$ の初期分布を，初期条件

$$E(x,0) = \begin{cases} H > 0 & (|x| \leq x_c) \\ 0 & (|x| > x_c) \end{cases} \tag{1.36}$$

で表す．ただし H は正の定数である．

1.4 遺伝子組換え生物の広がり

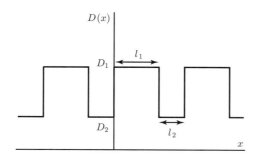

図1.6 空間周期的な環境において，遺伝子組換え細菌の拡散係数 $D(x)$ がなす空間パターン．パッチは2種類あり，好適パッチ1（幅 l_1）における拡散係数は，不適パッチ2（幅 l_2）におけるそれよりも大きい．

パッチの有利・不利を組み込むために，環境は2種類の一様なパッチからなるとしよう．好適パッチ（パッチ1）の幅を l_1，不適パッチ（パッチ2）の幅を l_2 とし，各々は x 軸上を交互に並んでいると仮定する（$l = l_1 + l_2$）．不適パッチでは，好適パッチよりも拡散係数と環境収容力が小さい．このような状況は，不適パッチが個体数を制限，ないしは分散を妨げる敵対的な環境であるような場合に生じうる．以上により，関数 $D(x), d(x), G(x), g(x)$ は x に関する周期関数となる．そして，パッチ1 ($ml < x < ml + l_1$, $m = 0, \pm 1, \pm 2, \ldots$) では，

$$D(x) = D_1 > 0, \quad d(x) = d_1 > 0, \quad G(x) = 1, \quad g(x) = 1 \tag{1.37}$$

が成り立ち，一方パッチ2 ($ml - l_2 < x < ml$, $m = 0, \pm 1, \pm 2, \ldots$) では，

$$D(x) = D_2 > 0, \quad d(x) = d_2 > 0, \quad G(x) = G_2, \quad g(x) = g_2 \tag{1.38}$$

が成り立つとする．ただし，パッチ1のほうが有利であるから，

$$D_1 \geq D_2, \quad d_1 \geq d_2, \quad 1 \geq G_2, \quad 1 \geq g_2 \tag{1.39}$$

が成り立つ[†8]．遺伝子組換え細菌の拡散が，どのように空間に依存して変動するのか，例を図1.6に示す．

パッチの境界の座標を $x = x_i$ とすると，これらは

$$x_{2m} = ml, \quad x_{2m+1} = ml + l_1 \quad (m = 0, \pm 1, \pm 2, \ldots) \tag{1.40}$$

で与えられる．境界で，個体群密度と流束密度が連続であるから，

$$\lim_{x \to x_i^+} E(x,t) = \lim_{x \to x_i^-} E(x,t), \quad \lim_{x \to x_i^+} N(x,t) = \lim_{x \to x_i^-} N(x,t),$$

$$\lim_{x \to x_i^+} D(x) \frac{\partial E(x,t)}{\partial x} = \lim_{x \to x_i^-} D(x) \frac{\partial E(x,t)}{\partial x}, \quad \lim_{x \to x_i^+} d(x) \frac{\partial N(x,t)}{\partial x} = \lim_{x \to x_i^-} d(x) \frac{\partial N(x,t)}{\partial x}$$

が成り立つ．

これで，数学的問題が定式化された．解決したい重要な問題は，以下のようである：

(i) どのような状況の下で，ごく少数侵入してきた遺伝子組換え細菌が侵入に成功するか．
(ii) また侵入に成功したとして，その際に遺伝子組換え細菌が野生型細菌を駆逐して侵入者が占領するのか，それとも両種の共存状態に至るのか．

以降では，Shigesada et al. (1986) の研究を辿る．非有界領域においてこの問題を考え，拡散と環境収容力はパッチのタイプによって異なるとする．ごく少数の遺伝子組換え細菌が存在する状態から始めた場合に，その侵入に対して系が安定かどうかに焦点を当てる．数学的には，定常状態解の周りの時空間的摂動に関して線形安定性解析を行うことを意味する．

[†8] （訳注）これらの条件に加え，$G_2 < g_2$ が必要であると考えられる．後に $g_2 = 1$ かつ (1.65) 直後で $G_2 < 1$ とおく際，暗に $G_2 < g_2$ を用いる．生物学的な意味は，パッチ2において，遺伝子組換え細菌の環境収容力が，野生型細菌のそれよりも大きいことである．

無次元化

系を無次元化するために，

$$e = a_E E, \quad n = a_N N, \quad t^* = r_E t, \quad x^* = x\left(\frac{r_E}{D_1}\right)^{1/2},$$
$$d^*(x) = \frac{d(x)}{D_1}, \quad D^*(x) = \frac{D(x)}{D_1} \quad \left(D_2^* = \frac{D_2}{D_1}, \quad d_1^* = \frac{d_1}{D_1}, \quad d_2^* = \frac{d_2}{D_1}\right),$$
$$r = \frac{r_N}{r_E}, \quad \gamma_e = \frac{b_E}{a_N}, \quad \gamma_n = \frac{b_N}{a_E},$$
$$l^* = l\left(\frac{r_E}{D_1}\right)^{1/2}, \quad l_1^* = l_1\left(\frac{r_E}{D_1}\right)^{1/2}, \quad l_2^* = l_2\left(\frac{r_E}{D_1}\right)^{1/2} \tag{1.41}$$

とおく．便宜上アスタリスク $(*)$ を省略すると，無次元化したモデル方程式は，

$$\frac{\partial e}{\partial t} = \frac{\partial}{\partial x}\left(D(x)\frac{\partial e}{\partial x}\right) + e(G(x) - e - \gamma_e n), \tag{1.42}$$

$$\frac{\partial n}{\partial t} = \frac{\partial}{\partial x}\left(d(x)\frac{\partial n}{\partial x}\right) + rn(g(x) - n - \gamma_n e) \tag{1.43}$$

となる．ただし，

$$D(x) = \begin{cases} 1 & (ml < x < ml + l_1 \text{のとき}) \\ D_2 & (ml - l_2 < x < ml \text{のとき}), \end{cases}$$
$$d(x) = \begin{cases} d_1 & (ml < x < ml + l_1 \text{のとき}) \\ d_2 & (ml - l_2 < x < ml \text{のとき}) \end{cases} \tag{1.44}$$

である．また，関数 $G(x), g(x)$ は以前と同様である（式 (1.37)–(1.39) を参照）．

パッチ間の境界 $x = x_i$ は，$m = 0, \pm 1, \pm 2, \ldots$ として，$i = 2m$ のとき $x_i = ml$，$i = 2m + 1$ のとき $x_i = ml + l_1$ である．この境界上では，無次元境界条件は，あらゆる整数 i について

$$\lim_{x \to x_i^+} e(x,t) = \lim_{x \to x_i^-} e(x,t), \quad \lim_{x \to x_i^+} n(x,t) = \lim_{x \to x_i^-} n(x,t), \tag{1.45}$$

および

$$\lim_{x \to x_i^+} D(x)\frac{\partial e(x,t)}{\partial x} = \lim_{x \to x_i^-} D(x)\frac{\partial e(x,t)}{\partial x},$$
$$\lim_{x \to x_i^+} d(x)\frac{\partial n(x,t)}{\partial x} = \lim_{x \to x_i^-} d(x)\frac{\partial n(x,t)}{\partial x} \tag{1.46}$$

である．

空間的に一様な場合の封じ込め条件

全ての領域が好適パッチである，すなわち不適パッチの幅が $l_2 = 0$ であるような場合を考えよう．このとき，あらゆる場所で $D(x) = 1, d(x) = d_1, G(x) = 1, g(x) = 1$ が成り立つ．その場合は，前節で考察したような，拡散を含んだロトカ-ヴォルテラの競争モデルに帰着される．

初期定常状態は $e_1 = 0, n_1 = 1$ であり，以下ではこれを野生型占領定常状態と呼ぶ．この他に，2つの重要な定常状態が存在する．遺伝子組換え細菌が野生型細菌を駆逐してしまった状態である，侵入者占領定常状態 $e_2 = 1, n_2 = 0$ と，共存定常状態

$$e_3 = \frac{\gamma_e - 1}{\gamma_n \gamma_e - 1}, \quad n_3 = \frac{\gamma_n - 1}{\gamma_n \gamma_e - 1} \tag{1.47}$$

1.4 遺伝子組換え生物の広がり

である．もちろん，3つ目の定常状態（共存定常状態）は，正のときにのみ重要である．これはすなわち，どちらの生物種に関しても種間競争が弱いとき（$\gamma_e < 1$ かつ $\gamma_n < 1$），あるいは，どちらの生物種に関しても種間競争が強いとき（$\gamma_e > 1$ かつ $\gamma_n > 1$），のいずれかを意味する．個体数が 0 である自明な定常状態はここでは重要でない．このような特定の競争相互作用の下では，Turing の意味（すなわちゼロフラックス境界条件下）でその他の定常状態解は存在しない．

ハイイロリスとキタリスの競争と同様に，野生型占領定常状態 (e_1, n_1) と侵入者占領定常状態 (e_2, n_2)，あるいは共存定常状態 (e_3, n_3) とを接続する進行波解が存在しうることがわかる．そのような解は細菌の侵入の波を表し，それぞれ野生型を駆逐して侵入者が支配的となる場合と，双方が共存する新たな定常状態に落ち着く場合とに対応している．

野生型支配的初期定常状態 (e_1, n_1) の周りで，いつもの線形安定性解析を行って，侵入が成功するための条件を求める．線形化系で，$e^{ikx+\lambda t}$ の形の解を探すことで，分散関係

$$\lambda(k^2) = \frac{1}{2}\left(-b(k^2) \pm \sqrt{b^2(k^2) - 4c(k^2)}\right) \tag{1.48}$$

が得られる（導出は読者への演習問題とする）．ここで $b(k^2)$, $c(k^2)$ はそれぞれ

$$\begin{aligned} b(k^2) &= k^2(d_1 + 1) + (\gamma_e - 1) + r, \\ c(k^2) &= d_1 k^4 + (\gamma_e - 1 + r)k^2 + r(\gamma_e - 1) \end{aligned} \tag{1.49}$$

である．$\operatorname{Re}\lambda(k^2) > 0$ なる k^2 が存在するとき，野生型占領定常状態は線形不安定である．$\gamma_e > 1$ ならば，$b(k^2)$, $c(k^2)$ が常に正なので，分散関係により初期定常状態は常に線形安定であるとわかる．一方 $\gamma_e < 1$ ならば，定常状態が不安定であるような k が存在し，遺伝子組換え細菌 e の侵入が成功するだろう．

その他の定常状態についても，その周りで線形化を行って，同様に安定性を決定できる（読者への演習問題）．侵入者占領定常状態 (e_2, n_2) は，$\gamma_n > 1$ のとき安定，$\gamma_n < 1$ のとき不安定である．共存定常状態 (e_3, n_3) は，$\gamma_n < 1$ かつ $\gamma_e < 1$ のとき安定，$\gamma_n > 1$ かつ $\gamma_e > 1$ のとき不安定である．$\gamma_e < 1 < \gamma_n$ もしくは $\gamma_n < 1 < \gamma_e$ のときは，式 (1.47) で表される e_3, n_3 のどちらかが負になるので，共存定常状態はもはや重要ではない．元々どちらの個体も存在しないときは，野生型細菌と遺伝子組換え細菌のどちらか，あるいは両方ともに侵入するので，自明な定常状態は常に線形不安定である．

前節で我々は既に，このような状況における侵入進行波を考察したので，ここでは繰り返さない．以下に簡単に要約する．野生型占領定常状態が不安定，すなわち $\gamma_e < 1$ なら，$\gamma_n > 1$ のときにのみ，野生型占領定常状態と侵入者占領定常状態とを接続する進行波解が存在する．一方 $\gamma_e < 1$ であり，かつ $\gamma_n < 1$ のときにのみ，野生型占領定常状態と共存定常状態とを接続する進行波解が存在する．$\gamma_e < 1$ かつ $\gamma_n < 1$ の場合の数値解は，図 1.5 に似たようなものになる．

野生型占領定常状態が不安定であるための必要条件 $\gamma_e < 1$ は，(1.41) で定義された元の次元付き変数で表せば，遺伝子組換え細菌 e に対する野生型細菌 n の種間競争の効果が，野生型細菌の種内競争の効果に比べて小さいことを意味する．

また $\gamma_n > 1$ なら，野生型細菌は侵入者によって駆逐されるが，次元付き変数で表せば，この状況は，遺伝子組換え細菌の個体群密度の増加によって，自身の増殖よりも野生型細菌の増殖が減少する場合に起こることがわかる．一方 $\gamma_n < 1$ を次元付き変数で表すと，同様に式 (1.41) と照らし合わせることによって，その真逆の状況になることがわかる．

一方野生型占領定常状態が安定，すなわち $\gamma_e > 1$ なら，$\gamma_n > 1$ のとき，同時に，侵入者占領定常状態も安定であるとわかる．これらの条件は共存定常状態が不安定であるための条件でもある．この場合，野生型占領定常状態にとどまり続けるかどうかは初期条件 (1.36) に依存する．（初期条件）H が $e = 0$ の周りの微小な摂動である限りは，野生型占領定常状態が最終的な定常状態解となる．しかし，Cruywagen et al. (1996) は数値的な実験により,野生型細菌 e の大量導入に対応する非常に大きな摂動を初めに与えると,進行波解が現れ,侵入者占領定常状態が最終的な解になることを見出した.したがって,最初にどのように侵入者が放出されたとしても封じ込めが保証されるのは,$\gamma_e > 1$ かつ $\gamma_n < 1$ のときに限られる.

全領域が有利な場合 ($l_2 = 0$) の代わりに,全領域が不利な場合 ($l_1 = 0$) を考えても,類似する結果が得られる.しかしこの場合は,非零の定常状態が異なる.野生型占領定常状態は $e_1 = 0, n_1 = g_2$,一方侵入者占領定常状態は $e_2 = G_2, n_2 = 0$,共存定常状態は

$$e_3 = \frac{\gamma_e g_2 - G_2}{\gamma_e \gamma_n - 1}, \quad n_3 = \frac{\gamma_n G_2 - g_2}{\gamma_e \gamma_n - 1} \tag{1.50}$$

である.

この場合安定性は,γ_e と G_2/g_2 との大小,そして γ_n と g_2/G_2 との大小によって決まる.例えば $\gamma_e < G_2/g_2$ かつ $\gamma_n < g_2/G_2$ のとき,共存定常状態は安定で,その他の定常状態は不安定である.

拡散が空間非一様な場合

先ほどと同様に,再び様々な定常状態の周りで線形安定性解析を行うが,以下では拡散が空間的に変動する場合,すなわち拡散係数がパッチの種類の関数になる場合を考える.ここでは,拡散係数の空間的非一様性が遺伝子組換え生物の侵入可能性に与える影響のみを調べる.

侵入の条件

初期の野生型占領定常状態は (e_1, n_1) である.e_1 は再び 0 であるが,n_1 は関数 $g(x)$ に依存して,$n_1 = 1$ もしくは,パッチの幅に関連した周期をもつ x の周期関数となる.

しかし,まず $g(x) = 1$ であり n_1 が x に依存しないと仮定してみよう.これで,問題はかなりシンプルになる.Cruywagen et al. (1996) は,$g(x)$ が x の周期関数であるような,はるかに入り組んだ場合を考察している.

野生型支配的初期定常状態の安定性を定めるために,$(e_1, n_1) = (0, 1)$ の周りで線形化を行うと,

$$\frac{\partial e}{\partial t} = \frac{\partial}{\partial x}\left(D(x)\frac{\partial e}{\partial x}\right) + e(G(x) - \gamma_e), \tag{1.51}$$

$$\frac{\partial n}{\partial t} = \frac{\partial}{\partial x}\left(d(x)\frac{\partial n}{\partial x}\right) + r(-n - \gamma_n e) \tag{1.52}$$

が得られる.ここで e, n ($|e|, |n| \ll 1$) は,定常状態 (n_1, e_1) からの小さな摂動を表す.

いま,遺伝子組換え細菌に関する方程式 (1.51) は n に依存しないので,その方程式に着目するだけで,系の安定性が求められる.これにより,線形安定性の問題は

$$\text{パッチ 1:} \quad \frac{\partial e}{\partial t} = \frac{\partial^2 e}{\partial x^2} + e(1 - \gamma_e), \tag{1.53}$$

$$\text{パッチ 2:} \quad \frac{\partial e}{\partial t} = D_2 \frac{\partial^2 e}{\partial x^2} + e(G_2 - \gamma_e) \tag{1.54}$$

の解析に帰着される.$e(x, t) = e^{-\lambda t} f(x)$ をこれらの方程式に代入すると,

$$\frac{d}{dx}\left(D(x)\frac{df}{dx}\right) + (G(x) - \gamma_e + \lambda)f = 0 \tag{1.55}$$

なる固有方程式が得られる.この方程式はヒル方程式 (Hill's equation) の名で知られている.先の定義に従えば,$G(x) - \gamma_e$ と $D(x)$ はともに周期 l の周期関数である.ヒル方程式の解の挙動に関しては,確立された理論があり,常微分方程式に関する数多くの本に記されている.

1.4 遺伝子組換え生物の広がり

周期的な係数をもつヒル方程式の理論から，方程式 (1.55) には，単調に増加する実固有値 λ の無限列

$$-\infty < \lambda_0 < \tilde{\lambda}_1 \leq \tilde{\lambda}_2 < \lambda_1 \leq \lambda_2 \leq \tilde{\lambda}_3 \leq \tilde{\lambda}_4 \leq \cdots \tag{1.56}$$

が存在し，これらの固有値に対して (1.55) は非零の解をもつことがわかる．解 $f(x)$ が周期 l の周期解であるためには，$\lambda = \lambda_i$ が必要十分であり，一方周期 $2l$ の周期解であるためには，$\lambda = \tilde{\lambda}_i$ が必要十分である．さらに，$\lambda = \lambda_0$ に対応する解は実根をもたず，$\lim_{|x|\to\infty} f(x) = \infty$ であり（空間的な意味で）大域的に不安定である．この事実は Shigesada et al. (1986) によって詳しく議論されている．また詳細な理論については，例えば Coddington and Levinson (1972) の本を参照されたい．

さて，偏微分方程式系 (1.53), (1.54) の野生型占領定常状態の安定性は λ_0 の正負で定まる．(1.55) の自明な解 $e_0 = 0$ は，$\lambda_0 < 0$ のとき時間的に不安定であり，一方 $\lambda_0 > 0$ のとき動的に安定である．Cruywagen et al. (1996) は，λ_0 の範囲を得て，それにより求めるべき封じ込め成功の条件を得た．以下でその条件を導く．

関数 $Q(x)$ を

$$Q(x) = G(x) - \frac{l_1 + G_2 l_2}{l} \tag{1.57}$$

により定めると，方程式 (1.55) は

$$\frac{d}{dx}\left(D(x)\frac{df}{dx}\right) + \left(Q(x) + \frac{l_1 + G_2 l_2}{l} - \gamma_e + \lambda\right)f = 0 \tag{1.58}$$

のように書ける．

これを解くための準備として，方程式

$$\frac{d}{dx}\left(D(x)\frac{du}{dx}\right) + (\sigma + Q(x))u = 0 \tag{1.59}$$

に関する結果を導く．ただし，$D(x), Q(x)$ は周期 l の周期関数で，$D(x) > 0$，また $\int_{\zeta l}^{(\zeta+1)l} Q(x)\,dx = 0$ （ζ は任意の整数）が成り立つ．ヒル方程式に関して先ほど述べた結果から，最小固有値 $\sigma = \sigma_0$ に対応する周期解 $u(x) = u_0(x)$ （周期 l）は実根をもたない．任意の実数 x に対して $u_0(x) > 0$ が成り立つと仮定してよく，積分因子 $h(x)$ を

$$h(x) = \frac{d}{dx}\ln u_0(x) \tag{1.60}$$

と定める．すると $h(x)$ も周期 l の周期関数であり，

$$\frac{d}{dx}(D(x)h(x)) + D(x)h(x)^2 = -\sigma_0 - Q(x) \tag{1.61}$$

の解になる．いま，1 周期の区間（幅 l）で両辺を積分すると，$D(x), h(x), Q(x)$ が周期関数であることより，

$$\int_{\zeta l}^{(\zeta+1)l} D(x)h(x)^2\,dx = -l\sigma_0 \quad \text{（ζ は実数）} \tag{1.62}$$

を得る．これと $D(x) > 0$ とから，$h(x)^2$ の定積分が 0 に等しいとき $\sigma_0 = 0$ が，その他の場合は $\sigma_0 < 0$ が成り立つ．

いま

$$\int_{\zeta l}^{(\zeta+1)l} Q(x)\,dx = 0 \quad \text{（ζ は任意の整数）} \tag{1.63}$$

が成り立ち，方程式 (1.58) と (1.59) とを比較して，いま導いた結果を用いることにより，

$$\frac{l_1 + G_2 l_2}{l} - \gamma_e + \lambda_0 \leq 0 \tag{1.64}$$

を得る．このようにして，$\lambda_0 < 0$ すなわち系 (1.53), (1.54) が不安定であるための十分条件

$$(1 - \gamma_e)l_1 > (\gamma_e - G_2)l_2 \tag{1.65}$$

を得る．考慮すべき重要な状況は次の 3 つである．$G_2 < 1$ に注意されたい．

$\gamma_e > 1 > G_2$ の場合，好適パッチと不適パッチのどちらにおいても，個々のパッチのみを取り出して考えると，野生型占領定常状態は安定である．有利・不適パッチの各々の場合の安定性条件に関する，先ほどの詳細な議論を再び参照されたい（ここでは $g_2 = 1$ とおいたことに注意せよ）．この結果は一見妥当に思われるが，不等式 (1.65) は不安定であるための十分条件にすぎないので，(1.65) が成り立たないからといって，完全な問題に対して，野生型占領定常状態が安定であると結論づけることはできない．

次に $1 > G_2 > \gamma_e$ の場合，どちらのパッチにおいても，そのパッチのみを取り出して考えると，野生型占領定常状態は不安定である．それのみならず，予想通り，不等式 (1.65) がみたされるので，いま考察している完全な領域の問題においても，野生型占領定常状態は不安定であることがわかる．ゆえに，不適パッチ（パッチ 2）における遺伝子組換え細菌の環境収容力 G_2 が，野生型細菌との種間競争の効果 γ_e による個体数減少を上回るならば，遺伝子組換え細菌は常に侵入可能である．

一方 $1 > \gamma_e > G_2$ の場合，野生型占領定常状態は，個々のパッチのみを取り出して考えると，好適パッチにおいては不安定であるものの，不適パッチにおいては安定である．2 つのパッチのうちどちらが，実際の野生型占領定常状態の安定性を支配するのかという問題は，不等式 (1.65) からわかるように，これらパッチの相対的なサイズに依存する．好適パッチの幅 l_1 が増加し，(あるいは) 不適パッチの幅 l_2 が減少すれば，野生型占領定常状態は不安定化し，侵入が生じるだろう．条件 (1.65) は不安定性に関する必要条件ではなく，野生型占領定常状態が安定であることを保証する必要十分条件を与えるものではない．

ではまず，2 種類のパッチの各々に関して，方程式 (1.53) または (1.54) の変数分離形の解を導くことから始めよう．周期解を求めたいことから思いつくのは，フーリエ級数展開を用いて解を求める方法である．

パッチ 1 について，少々計算すると，

$$e(x,t) = \sum_{i=0}^{\infty} A_i e^{-\lambda_i t} \cos\left[\left(x - \frac{l_1}{2} - ml\right)\sqrt{1 - \gamma_e + \lambda_i}\right] \tag{1.66}$$

を得る．一方パッチ 2 については，

$$e(x,t) = \sum_{i=0}^{\infty} B_i e^{-\lambda_i t} \cos\left[\left(x + \frac{l_2}{2} - (m+1)l\right)\sqrt{\frac{G_2 - \gamma_e + \lambda_i}{D_2}}\right] \tag{1.67}$$

を得る．A_i, B_i は定数である．

連続性に関する条件 (1.45), (1.46) から，以下の等式が成り立つ：

$$\sqrt{1 - \gamma_e + \lambda_i} \tan\left(\frac{l_1}{2}\sqrt{1 - \gamma_e + \lambda_i}\right)$$
$$= -D_2 \sqrt{\frac{G_2 - \gamma_e + \lambda_i}{D_2}} \tan\left(\frac{l_2}{2}\sqrt{\frac{G_2 - \gamma_e + \lambda_i}{D_2}}\right) \quad (i = 0, 1, 2, \ldots). \tag{1.68}$$

根号の中身の式が負ならば，恒等式

$$\tan iz = i \tanh z, \quad \arctan iz = i \operatorname{arctanh} z \tag{1.69}$$

を用いる必要がある．

いま関心があるのは，もちろん最小の固有値 $\lambda = \lambda_0$ の符号である．λ_0 についても以上の等式が成り立つ．根号の中身 $1 - \gamma_e + \lambda_0$ と $G_2 - \gamma_e + \lambda_0$ の符号が異なることが，λ_0 が負であるための必要十分

1.4 遺伝子組換え生物の広がり

条件であることを示すのは容易である．$G_2 < 1$ と定めたので，これが成り立つためには $\gamma_e < 1$ が必要である．そして，これは空間的に一様な係数の問題に対しても成り立つので，野生型占領定常状態が不安定，すなわち遺伝子組換え細菌が侵入可能であるためには，遺伝子組換え細菌に対する野生型細菌の種間競争の効果 b_E が，野生型細菌の種内競争の効果 a_N よりも小さいことが必要であるとわかる．無次元化 (1.41) を参照されたい．

先ほど議論したように，$G_2 \geq \gamma_e$ ならば λ_0 は負で，他のパラメータ値やパッチ幅によらず侵入が成功する．一方 $G_2 < \gamma_e < 1$ の場合，λ_0 の正負は様々なパラメータの値に依存する．ここでは，そのような場合，すなわち野生型占領定常状態が，好適パッチでは不安定であり，不適パッチでは安定であるような場合を，さらに詳しく調べていくことにする．先ほど見てきたように，ここではパッチ幅の相対的な大きさが重要になる．

臨界点 $\lambda_0 = 0$ においては，

$$\sqrt{1-\gamma_e}\tan\left(\frac{l_1}{2}\sqrt{1-\gamma_e}\right) = D_2\sqrt{\frac{\gamma_e - G_2}{D_2}}\tanh\left(\frac{l_2}{2}\sqrt{\frac{\gamma_e - G_2}{D_2}}\right) \quad (1.70)$$

が成り立ち，これよりパッチ 1 の幅の臨界値 l_1^* が

$$l_1^* = \frac{2}{\sqrt{1-\gamma_e}}\arctan\left[\sqrt{\frac{D_2(\gamma_e - G_2)}{1-\gamma_e}}\tanh\left(\frac{l_2}{2}\sqrt{\frac{\gamma_e - G_2}{D_2}}\right)\right] \quad (1.71)$$

と求まる．$l_1 < l_1^*$ ならば λ_0 は正なので，野生型占領定常状態は安定になるだろう．一方，逆に $l_1 > l_1^*$ ならば λ_0 は負なので，その定常状態は不安定になるだろう．したがって，本節の始めのほうで示したように，好適パッチが不利なパッチよりも十分大きければ侵入は成功するだろう．

また，$l_2 \to \infty$ の極限をとると，その境界曲線は

$$\lim_{l_2 \to \infty} l_1^*(l_2) = l_1^c = \frac{2}{\sqrt{1-\gamma_e}}\arctan\sqrt{\frac{D_2(\gamma_e - G_2)}{1-\gamma_e}} \quad (1.72)$$

に漸近する．これより，$l_1 \geq l_1^c$ ならば，不適パッチ幅の値によらず常に侵入が成功するだろう．さらに

$$l_1^c < l_1^m = \frac{2\arctan\infty}{\sqrt{1-\gamma_e}} = \frac{\pi}{\sqrt{1-\gamma_e}} \quad (1.73)$$

が成り立つので，$l \geq l_1^m$ ならば，$l_2, G_2(<\gamma_e), D_2$ の値によらず侵入は成功するだろう．この $G_2 < \gamma_e$ の場合に，l_1, l_2 で表した安定領域を図 1.7(a) に示す．

同様にして，l_2, γ_e に関する安定性曲線を描くこともできる．これまでに，$\gamma_e < G_2$ であれば，パッチ 2 の幅 l_2 によらず侵入は必ず成功することを示した．しかし γ_e が G_2 よりも大きくなると，ある臨界値 $\gamma_e = \gamma_e^c$ が存在して，それを超えると無限遠から安定性曲線が現れる．安定性曲線の漸近線 $\gamma_e = \gamma_e^c$ は，非線形な関係

$$\frac{D_2(\gamma_e^c - G_2)}{1-\gamma_e^c} = \tan^2\left(\frac{l_1}{2}\sqrt{1-\gamma_e^c}\right) \quad (1.74)$$

で与えられる．この安定領域を図 1.7(b) に示す．ここで，l_1 が増加し l_1^c に近づいていくにつれ，安定性曲線が現れる臨界値 γ_e^c はますます大きくなり，$l_1 \geq l_1^c$ になると，安定性曲線は出現しなくなることに注意されたい．

l_2, G_2 に関する安定性曲線のグラフは，l_2, γ_e のそれと同様の性質を有する．$G_2 > \gamma_e$ のとき侵入は成功するが，一方 G_2 の値が γ_e を下回ると，臨界値

$$G_2^c = \gamma_e + \frac{\gamma_e - 1}{D_2}\tan^2\left(\frac{l_1}{2}\sqrt{1-\gamma_e}\right) \quad (1.75)$$

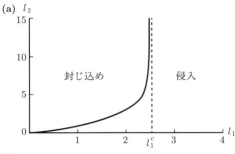
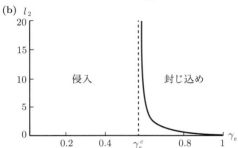
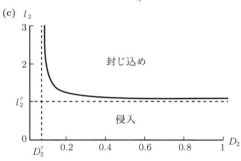

図 1.7 遺伝子組換え個体群が，空間周期的な拡散係数をもち，かつ空間周期的な環境収容力をもつ場合，条件 (1.70) で規定される野生型占領定常状態の安定領域の概略図．境界曲線は実線で，漸近線は点線で表されている．(a) $D_2 = 0.5$, $\gamma_e = 0.75$, $G_2 = 0.5$ の場合，(l_1, l_2) 平面上の安定領域．(b) $D_2 = 0.5$, $l_1 = 1.0$, $G_2 = 0.5$ の場合，(γ_e, l_2) 平面上の安定領域．(c) $\gamma_e = 0.75$, $l_1 = 1.0$, $G_2 = 0.5$ の場合，(D_2, l_2) 平面上の安定領域．漸近値を与える条件式は，本文に与えられている（Cruywagen et al. (1996) より）．

において，無限遠から安定性曲線が現れる．

$l_1 < l_1^*$ のとき，不適パッチ（パッチ 2）における遺伝子組換え細菌の拡散係数もまた，野生型占領定常状態の安定性を定める上で重要な役割を果たす．D_2 が十分小さければ，l_2 の値によらず侵入が成功する．これを生物学的に説明すると，不適パッチにおける拡散が非常に小さいため，好適パッチに対する効果が最小限になることを意味している．しかし D_2 が増加すると，臨界値

$$D_2^c = \frac{1-\gamma_e}{\gamma_e - G_2} \tan^2\left(\frac{l_1}{2}\sqrt{1-\gamma_e}\right) \tag{1.76}$$

なる $D_2 = D_2^c$ において，無限遠から安定性曲線が現れる．

一方 $D_2 \to \infty$ とすると，安定性曲線は臨界値 l_2^c での漸近線に漸近する．式 (1.70) より，

$$l_2 = 2\sqrt{\frac{D_2}{\gamma_e - G_2}} \operatorname{arctanh}\left[\sqrt{\frac{1-\gamma_e}{D_2(\gamma_e - G_2)}} \tan\left(\frac{l_1}{2}\sqrt{1-\gamma_e}\right)\right] \tag{1.77}$$

が成り立ち，これにロピタルの定理を用いると，

$$\lim_{D_2 \to \infty} l_2(D_2) = l_2^c = \frac{2\sqrt{1-\gamma_e}}{\gamma_e - G_2} \tan\left(\frac{l_1}{2}\sqrt{1-\gamma_e}\right) \tag{1.78}$$

が得られる．したがって，$l_2 < l_2^c$ のとき，遺伝子組換え細菌は拡散係数の値によらず侵入する．図 1.7(c) に，D_2, l_2 に関する安定性曲線を示す．

1.4 遺伝子組換え生物の広がり

以上から，$\gamma_e < 1$ のとき，封じ込めが成功するための必要条件は，$G_2 < \gamma_e$ かつ

$$l_1 < l_1^c, \quad l_2 > l_2^c, \quad \gamma_e > \gamma_e^c, \quad G_2 < G_2^c, \quad D_2 > D_2^c \tag{1.79}$$

と結論づけることができる．これらの不等式は，l_1, G_2 を減少させるか，あるいは γ_e, D_2, l_2 を増加させることで，封じ込めが保証されうることを示す．先ほど述べたように，$\gamma_e < 1$ ならば，好適パッチにおいて野生型占領定常状態が不安定となるものの，かつ $G_2 < \gamma_e$ ならば，不適パッチにおいて安定になることを思い出されたい．とはいえ，野生型占領定常状態が安定であることを保証するための最もシンプルな戦略は，先ほど議論したように $\gamma_e > 1$ とすることである．

ここで，パッチ状の領域全体での線形安定性を議論してきたことは特筆すべきである．全領域のうちどこかで侵入が成功したとしても，初期条件によっては，侵入が局所的にとどまり，事実上あるパッチの中に封じ込められる場合もあろう．例えば，$G_2 < \gamma_e < 1$ の場合である．そのような場合，完全な問題に対しては野生型占領定常状態が安定になるだろうが，好適パッチでは局所的に不安定である．このように，好適パッチにおける e の非零かつ微小な初期摂動により，場合によってはそのパッチにおける局所的な侵入が生じうる．Cruywagen et al. (1996) はそのような例を考察している．

ここまでで我々は，野生型占領定常状態 (e_1, n_1) に関する安定性条件を得た．その他に可能性がある3つの定常状態は，零の定常状態 (e_0, n_0)，侵入者占領定常状態 (e_2, n_2)，そして共存定常状態 (e_3, n_3) である．いま，解がこれら定常状態のいずれかに発展していくのかどうかの判定とそのための条件を求めることができる．もちろんこれらの場合には，不安定な野生型占領定常状態とそれ以外の定常状態とを接続する進行波解が存在することが期待される．Cruywagen et al. (1996) は，野生型占領定常状態以外の定常状態についても，上述と同様の方法で調べ，初めに導入される微生物密度の値によらず常に封じ込めが成功するような戦略は唯一 $\gamma_e > 1$ かつ $\gamma_n < 1$ であることを示した．この結果を初めに我々が得た結果と比較すると，拡散が（空間依存的に）変動する場合も，安定性条件には影響を及ぼさないことがわかる．

Cruywagen et al. (1996) は，$G(x)$ と $g(x)$ が空間周期的である，その結果非零の定常状態解が3つとも全て空間周期的である場合を考えて，環境収容力が（空間依存的に）変動する際に及ぼす効果も考察した．それらの定常状態の安定性を定めることは困難であり，彼らは近似的な安定性条件を得るために摂動解析を用いた．

Cruywagen et al. (1996) のモデルはとても単純すぎて現実的ではないが，そのモデルにより，競争系において非一様な環境が侵入に及ぼす効果について，いくつかの重要なシナリオが特定されている．比較的単純なモデルにもかかわらず，詳細な解析は複雑であり，相当の帳付け作業を要した．Cruywagen et al. (1996) は，拡散や空間変動する環境収容力，そしてパッチの大きさに関する様々なパラメータの値や関数形により場合分けして，野生型細菌と競争する遺伝子組換え細菌が絶滅するのか侵入するのか，はたまた両者が共存するのかを大まかに予想したものを，かなり複雑な表にまとめた．まず，内側の有利な生息環境（島 (island)）の周囲を囲む不利な「堀 (moats)」が大きい場合には侵入があまり生じにくいが，いったん内側の好適パッチが十分大きくなれば，周囲を取り囲む不利な領域がいかに大きくても，侵入を防ぐことはできなくなる．一般には，野生型支配のパッチが相対的に小さくなれば，外来種が侵入する可能性は増加する．おそらく最も興味深いシナリオは，侵入が局所的に（1つのパッチ内で）は成功するものの，大域的には成功しないような状況であろう．結果が直観的に明らかではなく，数理モデルがとりわけ有用になるのは，まさにそのような状況である．

対流輸送 (convective transport) を含むモデルや，定住的か移住的かという違いを含むモデルに関するさらに進んだ研究が，Lewis et al. (1996) によってなされている．Lewis and Schmitz (1996) も参照されたい．この研究では，微生物が，例えば植物の根や，様々な宿主，地下水，風といった，様々な移動性・非移動性の区画に侵入していくという事実を考慮に入れている．Lewis (1997) の論文，そして Tilman and Kareiva (1997) によって編纂された論文集の内容は，特に侵入種の空間的拡散に関連している．最

後に，これまで考察してきた基本的なモデルのどの研究・拡張も，実地予測を確かなものとするために，種間競争のパラメータを推定して，フィールド研究と関連づけなければならない (Kareiva 1990).

1.5 BZ 反応のフロント進行波

BZ 反応 (Belousov-Zhabotinskii reaction) の化学波を研究する理由の 1 つは，いまや似たような波動現象・パターン形成現象を示す数多くの反応のうちの 1 つであるということにすぎない．これら数多くの反応は生物学的パターン形成系のパラダイムとして用いられ，研究が進むに伴い胚発生における数々の実験が行われるようになり，心臓やその他の臓器における複雑な波動現象の理解が大いに進んできた．これらの化学波に関する研究もそれ自体興味深いのではあるが，ここではむしろ生物学的パターン形成メカニズムへの理解を深めるという教育上の目的で議論する．

図 1.1(a) に示す波は BZ 反応における化学物質濃度の進行帯である．それらは局所的なペースメーカによって生成される．本節ではそのような波の**フロント**が伝播するモデルを導出および解析する．中心から離れた場所では本質的に平面になるので，ここでは 1 次元の問題を考え，部分的には Murray (1976) の解析を辿っていく．BZ 反応という具体的な問題を調べるのは，フロント波の速度が鍵となる化学物質である亜臭素酸 $HBrO_2$ と 臭化物イオン Br^- の濃度（それぞれ x, y とおく）に主に依存すると仮定しているからである．モデルの反応速度論の詳細に関しては入門編第 8 章，特に 8.1 節を参照されたい．ただし本節では，以下の (1.80) の反応スキームから始めるので，入門編とは独立に読むことができる．ここでは，これらの反応物が拡散係数 D に従って拡散すると仮定する．フロント波は反応の段階 I によって支配されていると考えられ，すなわち以下の一連の反応を含む：

(i) 臭化物イオンの濃度が減少し，非常に小さな値をとる．
(ii) 亜臭素酸が増加し，その濃度が最大値をとる．
(iii) 触媒であるセリウムイオンが Ce^{3+} の状態をとる．

入門編 8.1 節では Ce^{4+} 濃度を z とおいたので，(iii) は $z=0$ を意味する．単純化された一連の反応は，入門編の式 (8.2) に対して，$z=0$ としてセリウムの反応を無視すれば，

$$A+Y \stackrel{k_1}{\to} X+P, \quad X+Y \stackrel{k_2}{\to} 2P, \quad\quad\quad (1.80)$$
$$A+X \stackrel{k_3}{\to} 2X, \quad 2X \stackrel{k_4}{\to} A+P$$

と書ける．ただし X, Y はそれぞれ亜臭素酸と臭化物イオンを表し，k は反応速度定数である．以降の解析では，P (HBrO) は現れず，また A (BrO^{3-}) の濃度は一定とする．

X, Y の濃度を，その小文字 x, y で表す．この反応スキームに対して質量作用の法則（入門編第 6 章）を用い，さらに X, Y の拡散を含めると，

$$\frac{\partial x}{\partial t} = k_1 ay - k_2 xy + k_3 ax - k_4 x^2 + D\frac{\partial^2 x}{\partial s^2},$$
$$\frac{\partial y}{\partial t} = -k_1 ay - k_2 xy + D\frac{\partial^2 y}{\partial s^2} \quad\quad\quad (1.81)$$

を得る．ただし，s は空間変数である．この場合の適切な無次元化は

$$u = \frac{k_4 x}{k_3 a}, \quad v = \frac{k_2 y}{k_3 ar}, \quad s^* = \left(\frac{k_3 a}{D}\right)^{1/2} s,$$
$$t^* = k_3 at, \quad L = \frac{k_1 k_4}{k_2 k_3}, \quad M = \frac{k_1}{k_3}, \quad b = \frac{k_2}{k_4} \quad\quad (1.82)$$

である．ここで r は，フロント波のずっと前方において，臭化物イオン濃度が実験的に変動しうることを反映したパラメータである．(1.82) を用い，さらに，表記を簡単にするためにアスタリスク ($*$) を省略す

1.5 BZ反応のフロント進行波

れば,系 (1.81) は

$$\frac{\partial u}{\partial t} = Lrv + u(1-u-rv) + \frac{\partial^2 u}{\partial s^2},$$
$$\frac{\partial v}{\partial t} = -Mv - buv + \frac{\partial^2 v}{\partial s^2} \tag{1.83}$$

となる.それぞれの速度定数とパラメータに対して,入門編第 8 章の式 (8.4) の評価を用いれば,

$$L \approx M = O(10^{-4}), \quad b = O(1)$$

が得られる.パラメータ r はおよそ 5〜50 の範囲をとる.

(1.82) による無次元化を行うと,現実的な定常状態は

$$(u, v) = (0, 0), \ (1, 0) \tag{1.84}$$

となるので,u, v は高々 $O(1)$ 程度の大きさであると期待される.系 (1.83) において $L \ll 1, M \ll 1$ より,1 次近似として L, M を含む項を無視してよく,BZ反応の進行波の先端 (the leading edge) に関するモデルを得る:

$$\frac{\partial u}{\partial t} = u(1-u-rv) + \frac{\partial^2 u}{\partial s^2},$$
$$\frac{\partial v}{\partial t} = -buv + \frac{\partial^2 v}{\partial s^2}. \tag{1.85}$$

ここで,r, b はオーダー $O(1)$ の正のパラメータである.このモデル近似により,新たな定常状態 $(0, S)$ (ただし $S(>0)$ は任意の値をとりうる) が加わったことに注意されたい.これはなぜなら,このモデルがパルス波全体ではなく,波の片側でのみ $v \to 0$ となるようなフロント波のモデルだからである.

では系 (1.85) のフロント進行波解を見つけよう.それは,臭化物イオン濃度を減少させながら,亜臭素酸濃度の高い領域から低い領域へと進行するような波である.フロント進行波解を求めるために,式 (1.84) より境界条件

$$u(-\infty, t) = 0, \quad v(-\infty, t) = 1, \quad u(\infty, t) = 1, \quad v(\infty, t) = 0 \tag{1.86}$$

の下で解を見つけよう.波は負方向に進行するものとする.

進行波解を見つける前に注意を促す.問題をフィッシャー—コルモゴロフ方程式に簡約化できるような,特別な場合がある.

$$v = \frac{1-b}{r}(1-u), \quad b \neq 1, \quad r \neq 0 \tag{1.87}$$

と仮定すると,系 (1.85) は

$$\frac{\partial u}{\partial t} = bu(1-u) + \frac{\partial^2 u}{\partial s^2},$$

すなわち,入門編のフィッシャー—コルモゴロフ方程式 (13.4) に簡約化される.これは,$u = 0$ から $u = 1$ へと入り速度 $c \geq 2\sqrt{b}$ で進行する,単調なフロント進行波解をもつ.ここでは u, v が非負の場合のみを考えているので,式 (1.87) において $b < 1$ が必要である.初期条件を

$$s \to \infty \quad \text{のとき} \quad u(s, 0) \sim O(\exp[-\beta s])$$

ととると,入門編第 13 章でみたように,得られるフロント進行波の速度は漸近的に

$$c = \begin{cases} \beta + \dfrac{b}{\beta}, & 0 < \beta \leq \sqrt{b} \\ 2\sqrt{b}, & \beta > \sqrt{b} \end{cases} \tag{1.88}$$

で与えられる．しかし，先ほど u, v が境界条件 (1.86) ($s \to -\infty$ で $(u,v) = (0,1)$, $s \to \infty$ で $(u,v) = (1,0)$) をみたすことを要請したので，v を式 (1.87) とおいたときのフィッシャー—コルモゴロフ方程式のフロント波解は，$1-b = r$ をみたさない限り，実際に役には立たない．$1-b = r, 0 < r \leq 1$, および $v = 1-u$ の下で，ふさわしい初期条件

$$\begin{cases} s < s_1 \\ s_1 < s < s_2 \\ s_2 < s \end{cases} \quad \text{のとき} \quad u(s,0) = \begin{cases} 0 \\ h(s) \\ 1 \end{cases} \tag{1.89}$$

(ただし $h(s)$ は正の単調な連続関数であり，$h(s_1) = 0$, $h(s_2) = 1$ をみたす) における適切なフィッシャー—コルモゴロフ方程式の解は，式 (1.88) から，波の速度 $c = 2\sqrt{b} = 2\sqrt{1-r}$ で進行する．

放物型方程式の最大値原理を用いることで，フィッシャー—コルモゴロフ方程式の結果をさらに利用できる．初期条件 (1.89) の下で，$u_f(s,t)$ は

$$\begin{aligned} \frac{\partial u_f}{\partial t} &= u_f(1-u_f) + \frac{\partial^2 u_f}{\partial s^2}, \\ u_f(-\infty, t) &= 0, \quad u_f(\infty, t) = 1 \end{aligned} \tag{1.90}$$

をみたす唯一の解であるとする．すると，漸近的なフロント進行波解は波の速度 $c = 2$ で進行する．いま，

$$w(s,t) = u(s,t) - u_f(s,t)$$

とおいて，$u(s,t)$ が u_f と同じ初期条件 (1.89) をもつとしよう．(1.85) によって与えられる u の方程式から方程式 (1.90) を引き，w に関するいまの定義を用いれば，

$$w_{ss} - w_t + [1 - (u + u_f)]w = ruv$$

を得る．解を $0 \leq u \leq 1$ に制限すると，$0 \leq u_f \leq 1$ ゆえ $1 - (u + u_f) \leq 1$ を得るが，このとき通常の最大値原理を即座に用いることはできない．そこで $W = w \exp(-Kt)$ (ただし $K > 0$ は有限の定数) とおけば，直前の方程式は

$$W_{ss} - W_t + [1 - (u + u_f) - K]W = ruv \exp(-Kt) \geq 0$$

となる．$K > 1$ とすれば，$1 - (u + u_f) - K < 0$ を得るので，W に関する方程式に対して最大値原理を用いることができるようになる．つまり W (ゆえに w) が，$t = 0$ あるいは $s = \pm\infty$ において最大値をとる[†9]．いま $t = 0$ あるいは $s = \pm\infty$ のとき $w_{\max} = (u - u_f)_{\max} = 0$ であることより，

$$\text{任意の } t > 0, s \text{ に対して} \quad u(s,t) \leq u_f(s,t)$$

が成り立つ．これは (1.85) の解 u が初期条件 (1.89) の下でのフィッシャー—コルモゴロフ方程式の解 u_f にあらゆる点 (s,t) において等しいか，それよりも小さくなることを表す．これより，方程式 (1.85) が，境界条件 (1.86) と初期条件 (1.89) の下で進行波解をもつならば，波の速度 c はフィッシャー—コルモゴロフ方程式の波の速度によって抑えられ，上界 $c(r,b) \leq 2$ をもつことがわかる．方程式 (1.85) のどの進行波解の速度も，$c \leq 2$ をみたすことは，直観的にも予想できる．それは，$uv \geq 0$ より，(1.85) の第1式の中には，動力学 $u(1-u)$ の他に $-ruv$ という吸い込みの項があるからである．この吸い込みは，フィッシャー—コルモゴロフ方程式と比較してどの点でも u の増加を抑制するため，解 u と波の速度が，フィッシャー—コルモゴロフ方程式のそれらによって上から抑えられるだろうと予想できる．

方程式系 (1.85) に対して，r, b の関数である波の速度 c の様々な極限値が得られる．しかし，一様極限でないため，導出には注意を要する．これらに関しては適切な場所で指摘する．

[†9] (訳注) $t = +\infty$ のときも，$-1 \leq w \leq 1$ から $W \to 0$ であることに注意されたい．

1.5 BZ 反応のフロント進行波

$b = 0$ なら, (1.85) の v に関する方程式は基本的な拡散方程式 $v_t = v_{ss}$ となり, これは波動解をもたない. したがって, (1.85) の u に関する方程式も波動解をもたない. 系 (1.85) が波動解をもつならば, u, v はそれぞれ同一速度で伝播しなければならないからである. すなわち $r > 0$ のとき, 極限値 $c(b \to 0, r) = 0$ が得られることが示唆される. 一方 $b \to \infty$ の極限では, 方程式 (1.85) より $v = 0$ が得られ (ただし自明解 $u = 0$ を除く), その場合任意の $r \geq 0$ に対して $c(b \to \infty, r) = 2$ が成り立つ. さて, $r = 0$ ならば u, v の方程式は独立であり, u に関する方程式は基本的なフィッシャー—コルモゴロフ方程式 (1.90) (初期条件 (1.89)) となり, 波の速度 $c = 2$ で伝播するフロント波解が得られる. これは, 関連する v の解も同一の速度 2 で伝播することを意味する. これより $b > 0$ に対して, 極限値 $c(b, r \to 0) = 2$ が予想される. $r \to \infty$ のとき, $u = 0$ もしくは $v = 0$ が成り立ち, どちらの場合も波動解は存在せず, $c(b, r \to \infty) = 0$ を意味する. $v \neq 0$ の下で $r \to \infty$ としたときと $v = 0$ の下で $r \to \infty$ としたときとで全く状況が異なるので, この場合一様極限でないことに注意されたい. 後者の場合, u はフィッシャー—コルモゴロフ方程式によって支配され, r は無関係である. しかし先ほど述べたように, ここでは u, v のどちらも恒等的には 0 にならない進行波にのみ関心がある. このことに注意して以上をまとめると,

$$c(b \to 0, r) = 0, \quad r > 0; \qquad c(\infty, r) = 2, \quad r \geq 0$$
$$c(b, r \to 0) = 2, \quad b > 0; \qquad c(b, \infty) = 0, \quad b \geq 0 \tag{1.91}$$

を得る. なお, 後述するように $c(b \to 0, 0) = 2, b > 0$ は, b が十分小さい場合には必ずしも成立しない.

系 (1.85) のフロント進行波解を求めるために,

$$u(s, t) = f(z), \quad v(s, t) = g(z), \quad z = s + ct$$

のように座標変換を行うと, 系 (1.85) と境界条件 (1.86) は

$$f'' - cf' + f(1 - f - rg) = 0, \quad g'' - cg' - bfg = 0,$$
$$f(\infty) = g(-\infty) = 1, \quad f(-\infty) = g(\infty) = 0 \tag{1.92}$$

となる. Murray (1976) では, 系 (1.92) (ただし $f \geq 0, g \geq 0$) の単調な解に対して, 上界, 下界や評価に関する種々の方法を駆使して, c のとりうる大まかな範囲をパラメータ r, b で表すことができた:

$$\left(\sqrt{r^2 + \frac{2b}{3}} - r\right) \frac{1}{\sqrt{2(b + 2r)}} \leq c \leq 2. \tag{1.93}$$

初期条件 (1.86) と境界条件 (1.89) の下で, 系 (1.85) は数値的に解析された (Murray 1976). その結果の一部を図 1.8 に示す. 図 1.8(b) に示したように, $b = 0, c^2 = 4b, c = 2$ で囲まれた領域の中には, 非負の解が存在しないことに注意されたい. 境界曲線 $c^2 = 4b$ は, $v = 1 - u, b = 1 - r \; (r < 1)$ とおいた特別な場合の解を求めることによって得られる. モデル系 (1.85) のより完全な数値解析は, Manoranjan and Mitchell (1983) により行われた.

それでは実験的な状況に戻ろう. 図 1.8(a) からわかるように, b を固定したまま r を増加させる (無次元化 (1.82) と比べるとわかるように, これは上流の臭化物イオン Br^- 濃度を増加させることと等価) と, v に関する曲線は平坦化する. すなわち, フロント波の傾斜はゆるくなる. 一方 r を固定しながら b を増加させると, フロント波の傾斜は険しくなる. 正確とはいえないものの, 数値計算で得られたフロント波の幅——ω としよう——から, 実際のフロント波の幅を推定できる. 次元付きパラメータによって表した実際の幅を ω_D とすると, (1.82) から

$$\omega_D = \left(\frac{D}{k_3 a}\right)^{1/2} \omega \approx 4.5 \times 10^{-4} \omega \, \text{cm}$$

である. ここで D には, (いま我々が考えているような) おおむね小さな分子に関する典型的な値 $D \approx 2 \times 10^{-5} \, \text{cm}^2/\text{秒}$ を用い, $k_3 a$ には, 第 8 章式 (8.4) のパラメータ値から得られる $k_3 a \approx 10^2/\text{秒}$ を

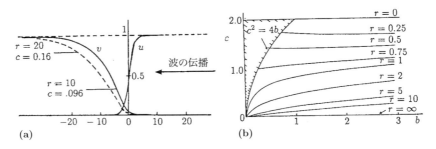

図 1.8 (a) u, v に関する BZ モデル系 (1.85) について，数値的に得られた典型的なフロント波解．b の値は $b = 1.25$ であり，upstream bromide パラメータ r が 2 種類の値をとる場合のそれぞれを示す．r がどちらの値をとるときも，u に関する曲線はほとんど区別できない．(b) r が様々な値をとるとき，b の関数で表したフロント波解の速度 c (Murray (1976) より)．

用いた．図 1.8(a) から ω はおよそ 10 であるとわかるので，ω_D のオーダーは 10^{-3} cm となる．これは実験的に得られたオーダーと一致する．フロント波の幅は非常に狭いのである．

図 1.8(b) から，もう 1 つ実用的な予測を行うことができる．すなわち b がおよそ 2 よりも大きい場合，r を固定すると，波の速度が b にあまり依存しなくなると考えられる．様々な b の値 (b がおよそ 50 以下) を用いて計算を行うと，この様子を確かめることができる．これは実験的にも観察されている．

無次元化 (1.82) より，次元付き波の速度 c_D は

$$c_D = \sqrt{k_3 a D}\, c(r, b)$$

により与えられる．ここで r は上流の臭化物イオン濃度の指標，また $b = k_2/k_4$ であった．入門編第 8 章の方程式 (8.4) で与えられるパラメータの評価から，$b \approx 1$ が得られる．r の値を指定するのはそれほど易しくなく，実験から得られる妥当な値は 5〜50 である．r の値を $O(10)$ 程度，b の値をおよそ 1 とすると，図 1.8(b) から，無次元の波の速度は $O(10^{-1})$ と求められる．c の正確な値はモデル系から計算できる．前述の $D, k_3 a$ の値を用いると，$O(4.5 \times 10^{-3}\,\mathrm{cm}/秒)$ すなわち $O(2.7 \times 10^{-1}\,\mathrm{cm}/分)$ が得られ，これも実験的に観察される範囲に一致する．実験結果とフロント波の伝播を模倣したモデルから得られた結果とを定量的に比較して妥当な結果が得られたため，BZ フロント波の伝播速度が，後端ではなく先端によって主に定まることが示唆される．

最後に，反応拡散によるフロント波の伝播速度について，単純拡散のそれと比較しながら述べる．反応拡散の場合には，フロント波が 1 cm だけ移動するのに要する時間が $O(10/2.7\,分)$（およそ 4 分）であるのに対し，単純な拡散の場合には，$O(1\,\mathrm{cm}^2/D)$ すなわち $O(5 \times 10^4\,秒)$（およそ 850 分）である．これより，化学物質濃度の変化を介した情報伝達の手段としては，情報を伝達する距離が非常に短い場合以外は，単純拡散に比べて反応拡散のほうが何百倍も効率がよいといえる．後に我々は胚発生学的な内容でパターン形成の問題を詳細に議論するが，その際の関心のある距離は細胞の直径のオーダーであり，再び拡散が重要な情報伝達メカニズムとなる．しかし後でわかるように，胚発生学的な内容であっても，拡散が唯一考えられるメカニズムというわけではない．

モデル系 (1.85) は様々な研究者によって研究されてきた．例えば Gibbs (1980) は進行波の存在とその単調性を証明した．ステファン問題 (Stefan problem) のような進行波現象の興味深い定式化，そして r, b が両方とも大きいような場合の Murray のモデル (1.85) に関連したステファン問題の特異摂動解析が，Ortoleva and Schmidt (1985) により与えられている．

Showalter と彼の共同研究者は，この進行波の分野に大きな貢献をしてきたが，その研究は実験との重要な関連性をもち，中でも BZ 反応に関わるものが多い．例えば Merkin et al. (1996) は，化学的フィードバックを含む単純な 3 次自己触媒モデルに基づいた，波動誘起カオス (wave-induced chaos) に着目し

た．彼らのモデルは，
$$A + 2B \to 3B, \quad 反応速度 = k_1 ab^2$$
で表される 3 次の自己触媒的フィードバック，および，それと結合した
$$B \to C, \quad 反応速度 = k_2 b$$
で表される分解のステップを含んでいる．ここで a, b はそれぞれ A, B の濃度を表す．実験装置はゲルの反応帯からなり，その片側には（A の交換が可能で）A が一定濃度 a_0 に保たれているような貯留層があり，もう片側には（B の交換が可能で）B が一定濃度 b_0 に保たれているような貯留層がある．そのとき，反応拡散系は

$$\frac{\partial a}{\partial t} = D_A \nabla^2 a + k_f(a_0 - a) - k_1 ab^2,$$
$$\frac{\partial b}{\partial t} = D_B \nabla^2 b + k_f(b_0 - b) + k_1 ab^2 - k_2 b$$

によって与えられる．ここで k_f は反応物の流出入に関する定パラメータであり，D_A, D_B は各物質の拡散係数を表す．これらの方程式系は，（反応の詳細を除けば）これまでに研究されてきた数々の方程式とそれほど違わないように見えるが，興味深い種類の解を生じる．例えば Merkin et al. (1996) は，進行波に関する線形解析，そして（1 次元と 2 次元の場合の）線形数値解析によって，無次元パラメータ $\mu = k_1 a_0^2 / k_f$, $\phi = (k_f + k_2)/k_f$ がある範囲の値をとるとき，フロント進行波やパルス進行波，ホップ分岐，そして興味深いことに（進行波の後方で誘起される）カオス的な振舞いを生じることを示した．

1.6 興奮性媒体における波

興奮性の振舞いに関して最も広く研究されている系の 1 つは，電気的信号を介した神経細胞間の情報伝達である．我々は入門編第 7 章において，重要なホジキン—ハクスリーモデルを議論し，それを数学的に簡略化したフィッツヒュー—南雲 (FHN) 方程式を導出した．ここではまず，（ほんの一例として）時空間的な FHN モデルを考察し，摂動がある閾値を超えたときにのみ伝播するパルス進行波が存在することを示す．ここでパルス波とは，水面の孤立波のように，定常状態から大きく周遊した後再びその定常状態に戻るような波を指す．例えば図 1.10 を参照されたい．ある具体的なクラスの関数 f, g に対し，動力学

$$u_t = f(u, v), \quad v_t = g(u, v)$$

をもつようなモデルを考えよう．これから我々がとるアプローチは非常に一般的であり，ヌルクラインの概形が定性的に図 1.9(a) に似ていれば，興奮性媒体に関する幅広いクラスのモデルに対してこのアプローチを適用できる．以下の方程式系 (1.94) を，単に興奮性媒体に関する具体的なモデルの一例と考えるのであれば，本節は実際の生理学的状況を鑑みなくとも読めるようになっている．

入門編 7.5 節で見たように，いかなる空間分散も存在しない，すなわち空間固定された状況であれば，FHN 方程式は規則的に，入門編図 7.12 に示したような閾の挙動を示す（入門編 3.8 節も参照されたい）．膜へ加する電流がなく（$I_a = 0$），かつ膜電位が空間的に「拡散」する場合の FHN 系は，

$$\frac{\partial u}{\partial t} = f(u) - v + D \frac{\partial^2 u}{\partial x^2}, \quad \frac{\partial v}{\partial t} = bu - \gamma v, \quad (1.94)$$
$$f(u) = u(a - u)(u - 1)$$

のように表される．ただし本章全体における表記の一貫性のために，入門編とは少し異なる文字を用いた．ここで u は膜電位（入門編 7.5 節では V）に直接関連しており，v は Na^+, K^+ などのイオンが膜電

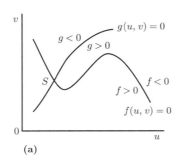 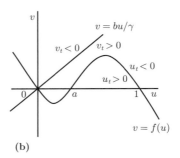

図 1.9 (a) 興奮性の機構における典型的なヌルクライン．動力学は，1 つの定常状態 S のみをもち，系は興奮性をもつが大域的には安定である．(b) 興奮性をもつフィッツヒュー—南雲系 (1.94) のヌルクライン．原点が唯一の定常状態である．

流に与える影響に関連する，複数の変数の効果を表している．「拡散」係数 D は軸索を流れる軸索電流に関連しており，膜電位 V の空間分散は右辺に $(d/4r_i)V_{xx}$ 項を加えることによって表される．ここで，r_i は抵抗を，d は軸索の直径を表す[†10]．パラメータ a, b, γ は全て正で，$0 < a < 1$ をみたす．(u, v) 平面に「動力学」のヌルクラインを描いたものを，図 1.9(b) に示す．

本節では，興奮性の機構を有する反応拡散系から，どのようにして進行波解が現れるのかを示したい．FHN モデルでモデリングされた神経活動電位の伝播への応用に加えて，いくつか重要な生理学的応用が

[†10] (訳注) 電流保存の方程式（あるいはケーブル方程式）に関して以下に補足する（詳細は Keener and Sneyd (1998) を参照）．軸索を直径 d の円柱と見なす．電位は軸索の長軸方向にのみ依存し，半径や角度方向に依存しないと仮定する．軸索を長さ dx の膜片に分割し，回路の微小部分を考える．長軸方向の電流は，細胞内成分 I_i と細胞外成分 I_e をもつ．両方ともオーム的であれば，細胞内抵抗を R_i，細胞外抵抗を R_e とすると，$V_i(x+dx) - V_i(x) = -I_i(x)R_i\, dx$, $V_e(x+dx) - V_e(x) = -I_e(x)R_e\, dx$ より，

$$\frac{\partial V_i}{\partial x} = -R_i I_i, \quad \frac{\partial V_e}{\partial x} = -R_e I_e \tag{S1.1}$$

が成り立つ．キルヒホッフの法則より，長軸方向の電流変化は膜を横切る電流 I_t に等しいので，$I_i(x) - I_i(x+dx) = I_t dx = I_e(x+dx) - I_e(x)$ である．ゆえに

$$I_t = -\frac{\partial I_i}{\partial x} = \frac{\partial I_e}{\partial x} \tag{S1.2}$$

となる．いま，膜電位を $V \equiv V_i - V_e$，膜抵抗率を R_m とおく．膜を横切る電流は，コンデンサーを通過する電流 $C_m \partial V/\partial t$ と，膜抵抗を通過する電流の和であると考えると

$$I_t = p\left(C_m \frac{\partial V}{\partial t} + \frac{V}{R_m}\right) \tag{S1.3}$$

が成り立つ（$p \equiv d\pi$ は軸索外周の長さ）．式 (S1.1) の辺々を引き，x で偏微分し，式 (S1.2) を用いることにより，

$$\frac{\partial^2 V}{\partial x^2} = -R_i \frac{\partial I_i}{\partial x} - R_e \frac{\partial I_e}{\partial x} = (R_i + R_e)I_t$$

を得る．これを式 (S1.3) に代入し，整理することで

$$\frac{R_m}{p(R_i + R_e)} \frac{\partial^2 V}{\partial x^2} = R_m C_m \frac{\partial V}{\partial t} + V$$

を得る．$\lambda^2 \equiv R_m/[p(R_i+R_e)]$（空間定数），$\tau_m \equiv R_m C_m$（時定数）とすれば

$$\lambda^2 \frac{\partial^2 V}{\partial x^2} = \tau_m \frac{\partial V}{\partial t} + V \tag{S1.4}$$

となり，これを**ケーブル方程式**と呼ぶ．R_i は細胞質の抵抗率 R_c と電線の横断面積 $S \equiv d^2\pi/4$ を用いて，$R_i = R_c/S$ と書けること，および一般に $R_e \ll R_i$ が成り立つことより，$\lambda^2 = dR_m/(4R_c)$ とすることもある．$r_i \equiv R_c/R_m$ とおき，移項すると

$$\tau_m \frac{\partial V}{\partial t} = \frac{d}{4r_i} \frac{\partial^2 V}{\partial x^2} - V \tag{7.38'}$$

となる．

1.6 興奮性媒体における波

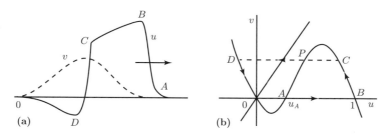

図 1.10 (a) 興奮系 (1.94) に関する典型的なパルス進行波（孤立波）解．(b) (u,v) 平面上の，対応する相軌道．ヌルクラインに閾の性質が存在することに注意されたい．原点から $u < u_A$ をみたす点へ摂動を加えたとき，その後常に $u < u_A$ をみたしながら単調に原点に戻る．一方 $u > u_A$ をみたす点へ摂動を加えると，定性的には $ABCD0$ のような大きな周遊を開始する．点 C の位置は，本文で説明する解析によって得られる．

存在する．そのような重要な応用の 1 つは筋組織，とりわけ心筋において生じる波に関するものである．2 次元あるいは 3 次元におけるそれらの興奮波 (excitable wave) は，心房粗動や心房細動の問題と密接に関連している（例えば Winfree (1983a, b) を参照されたい）．別の例は，反射する皮質拡延性の抑制波である (Shibata and Bureš 1974)．2 次元や 3 次元の興奮波は BZ 反応などにも現れる．これらの応用については，後に再訪して述べる．系 (1.94) はいくらか詳細に研究されており，以下に挙げる文献は，増加し続ける数々の文献のうちのごく一部にすぎない．Rinzel (1981) の総説はとりわけ神経生物学のモデルについて議論している．Rinzel and Keller (1973) は $\gamma = 0$ とおいた場合の (1.94) の区分線形モデル (piecewise linear caricature) を考察し，パルス進行波や周期的進行波列に関する解析結果を得た．いまから取り上げる解析手法は適用範囲がより広く，またこの種の非線形問題を解析的に調べる方法が他にはないこともよくある．関数 $f(u)$ を区分線形近似 $f(u) = H(u-a) - u$（ただし H はヘビサイド関数であり，$x < 0$ のとき $H(x) = 0$, $x > 0$ のとき $H(x) = 1$）に置き換えたモデルは McKean (1970) により研究されてきた．また Feroe (1982) はそのモデルの多重パルス解の安定性に着目した．Ikeda et al. (1986) はホジキン―ハクスリー系を考察し，ある種の遅い波動解が不安定であることを示した．系 (1.94) において，$v = bu/\gamma$ が u のヌルクラインと 3 点で交わり，3 つの定常状態が存在するような，パラメータ b と γ の組の場合は，Rinzel and Terman (1982) により研究された．興奮性媒体における波についての一般的な議論と総説は，例えば Keener (1980), Zykov (1988) や Tyson and Keener (1988) に，そして興奮性膜における周期的バースト現象については，Carpenter (1979) に与えられている．Keener and Sneyd (1998) の著書では，この周期的バースト現象についても議論されている．その本で挙げられている他の文献も参照されたい．

系 (1.94) の進行波解は，u, v が進行座標変数 z のみの関数であることから，進行座標を用いて表された系

$$Du'' + cu' + f(u) - v = 0, \quad cv' + bu - \gamma v = 0, \quad z = x - ct \tag{1.95}$$

をみたす．ここで，プライム $(')$ は z に関する微分を表し，波の速度 c はこれから求める．孤立パルス波に対応する境界条件は，

$$|z| \to \infty \quad \text{のとき} \quad u \to 0, \quad u' \to 0, \quad v \to 0 \tag{1.96}$$

であり，パルス波は典型的には図 1.10(a) に描かれたようである．(u, v) 平面において対応する相軌道の概略図は図 1.10(b) のようである．

パルス進行波が存在するかどうかは，初期条件に決定的に依存する．その理由は直観的に理解できる．初めに (u, v) が 0 の静止状態 (rest state) に落ちているような空間領域を考える．その後，その中の小領域において，図 1.11(a) のように $v = 0$ のまま u を増加させる方向に局所的に摂動を与える．摂動の最

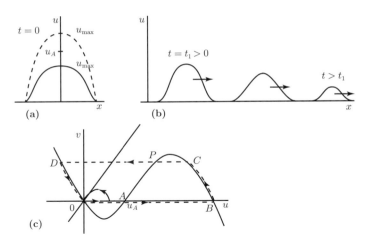

図 1.11　(a) u_A を図 1.10(b) における閾値とすると，実線で表された摂動は，$u_{\max} < u_A$ をみたしている．そのとき解は (b) に示すように，単調に減衰する過渡電流となる．一方初期条件として破線のような摂動を与えると，u の最大値は閾値 u_A を超えるので，図 1.10(a) のようなパルス進行波が開始する．(c) u の初期値が u_A よりも大きい場合と小さい場合の各々について，(u,v) に関する典型的な相軌道．軌道の後端 CD の位置に関しては，本文で議論する．

大値 u が図 1.10(b)（と図 1.11(c)）に示す閾値 u_A よりも小さければ，動力学によって u は原点へと戻り，空間的な摂動は単調に減衰する．一方摂動が閾値 u_A よりも大きければ，図 1.11(c) の $0BCD0$ に示すように，動力学によって (u,v) は大きく周遊し始める．波が開始すると，相平面上で波の後端 (trailing edge) は CD で表される．波の先端が $0B$ のように表されるのは直観的に明らかだが，CD の位置はそれほど自明ではない．いまから，パルス進行波に関するこの重要な側面を考察していく．

b, γ が十分小さいときの系 (1.94) の挙動を調べるのは，解析的にはもっと容易である．そこで

$$b = \varepsilon L, \quad \gamma = \varepsilon M, \quad 0 < \varepsilon \ll 1$$

とおくと，系 (1.94) は

$$u_t = D u_{xx} + f(u) - v, \quad v_t = \varepsilon(Lu - Mv) \tag{1.97}$$

となる．ここで図 1.10(a) に戻り，波の前面 $0AB$ を考えよう．$\varepsilon \to 0$ の極限をとると，(1.97) 第 2 式は $v \approx$ 一定 となることを意味し，図 1.10(a), (b) よりこの定数は 0 に等しい．すると (1.97) の u に関する方程式は，

$$u_t = D u_{xx} + f(u), \quad f(u) = u(a-u)(u-1) \tag{1.98}$$

となる．ここで $f(u)$ を u の関数として図示すると図 1.10(b) のようになる．この方程式は 3 つの定常状態 $u = 0, a, 1$ をもつ．(1.98) について，拡散項がない場合，$u = 0$ と $u = 1$ は線形安定で，$u = a$ は不安定である．これより，(1.98) には $u = 0$ と $u = 1$ とを結ぶような進行波解が存在しうるだろう．方程式 (1.98) は入門編 13.5 節で調べた方程式 (13.83) の具体例である．方程式 (13.83) の厳密な解析解は式 (13.88) で，波の速度は式 (13.87) で与えられるのであった．それらから，波動解は

$$u = u(z), \quad z = x - ct; \quad c = \left(\frac{D}{2}\right)^{1/2}(1 - 2a) \tag{1.99}$$

をみたす[†11]．したがって，波の速度が正になるのは $a < 1/2$ の場合に限られる．入門編の式 (13.80) に

---

†11　(訳注) 式 (13.87) とは $f(u) = A(u-u_1)(u-u_2)(u-u_3)$ の場合の波の速度の式であり，$c = \sqrt{AD/2}\,(u_1 - 2u_2 + u_3)$ である．

1.6 興奮性媒体における波

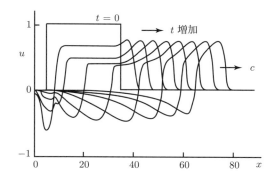

図 1.12　興奮系 (1.97) について，（図のような）矩形型の初期値から始めたときの，パルス進行波解の時間発展の様子．ただし $f(u) = H(u-a) - u$, $a = 0.25$, $D = 1$, $\varepsilon = 0.1$, $L = 1$, $M = 0.5$ とする．波は右方向に伝播していく（J. Rinzel の許可を得て Rinzel and Terman (1982) より複写）．

示した，速度の正負を決定する条件

$$c \gtreqless 0 \quad \Leftarrow \quad \int_0^1 f(u)du \gtreqless 0$$

を式 (1.98) の $f(u)$ に対して用いても，同一の条件を得られる．再び図 1.10(b) を参照するとわかるように，OA と曲線 $v = f(u)$ で囲まれる領域の面積は AB と曲線 $v = f(u)$ で囲まれる領域の面積よりも小さい．これより $c > 0$ である．実際に定積分を計算しても，$a < 1/2$ をみたす任意の a について $c > 0$ であることがわかる．

式 (1.97) の ε の項を無視することで，パルス波前面に関する方程式系が得られた．これは，図 1.10(b) の OAB に対応する部分のパルス波に寄与していた．その後 BC に沿って v も変化する．式 (1.97) から $v_t = O(\varepsilon)$ なので，v の変化には長時間（実際 $O(1/\varepsilon)$ 程度）を要する．パルス波全体のうちのこの部分の解を得るには特異摂動解析を行わねばならない（例えば Keener (1980) を参照されたい）．その結果，v は変化するが u は変化しないような緩慢な遷移期間が得られる．これはパルスの一部分で，図 1.10(a)，(b) の BC の部分に相当する．

そして，きわめて重要な問題が即座に現れる．それは，次の速いダイナミクスはどこで生じるのか，すなわち点 C は相軌道上でどこにあるのか，という問題である．いま我々は，形を保って進行するパルス解が存在するのかどうかを調べていることを思い出されたい．そのようなパルス解が存在するためには，波の後端の伝播速度，すなわち図 1.10(a)（と図 1.11(c)）において $C \to P \to D$ へと移動する部分のフロント波解の速度が，波の先端 OAB の伝播速度と同じでなければならない．解軌道のうちこの部分では $v \approx v_C$ が成り立つので，後端のフロント波に関する方程式は式 (1.97) より

$$u_t = Du_{xx} + f(u) - v_C \tag{1.100}$$

で与えられる．この方程式のフロント進行波解は

$$u = u(z), \quad z = x - ct; \quad u(-\infty) = u_D, \quad u(\infty) = u_C$$

をみたさなければならない．解析解とその唯一の波の速度は，これも入門編 13.5 節の解析で求まり，u_C, u_P, u_D で表される．波の速度は

$$c = \left(\frac{D}{2}\right)^{1/2} (u_C - 2u_P + u_D) \tag{1.101}$$

である．(1.98) の $f(u)$ の式から，$f(u) = v_C$ の根 u_C, u_D, u_P は v_C の値で決まる．よって，式 (1.101) で与えられる波の速度 c は v_C の関数 $c(v_C)$ である．いま v_C の値を求めるために，波の速度 $c(v_C)$ が以前計算したパルス波前面の速度，すなわち (1.99) から $c = (1 - 2a)\sqrt{D/2}$ に等しいことを要請する．v_C は多項式の解であるため，このようにして v_C の値を求めることが原理的に可能である．

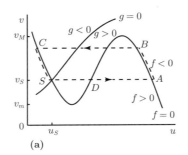 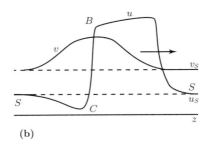

図 1.13 (a) 興奮系 (1.102) における，ヌルクライン $f(u,t)=0, g(u,t)=0$ の概形．パルス進行波解は，点線の軌道に対応する．(b) u, v の典型的なパルス解．

パルス波の解析を完成させるために，図 1.10 の解の一部，図 1.11(c) の相軌道 $D0$ について考察しよう．BC の部分と同様に，この部分においても，v は時間 $O(1/\varepsilon)$ の間に $O(1)$ 程度変化する．この期間は**不応期 (refractory phase)** と呼ばれる．系 (1.94) の，3 次関数 $f(u)$ を区分線形関数 $f(u) = H(u-a) - u$ で近似した系に対する，数値計算の例を図 1.12 に示す．

より一般的な興奮性媒体のモデルにおいても，同様の閾の波 (threshold wave) が得られる．解析的な概念に注目するために，2 種系のモデルでそのうち 1 つの反応が速いようなものを考えよう．解析を容易にするために，反応拡散系

$$\varepsilon u_t = \varepsilon^2 D_1 u_{xx} + f(u,v), \quad v_t = \varepsilon^2 D_2 v_{xx} + g(u,v) \tag{1.102}$$

を考える．ここで $0 < \varepsilon \ll 1$ であり，動力学 f, g は図 1.13(a) のようなヌルクラインをもつ．以下では ε が十分小さいことを用いる．$f(u,v)=0$ の定性的な形状で大切なのは，3 次関数のグラフのようになっていることである．この形は，活性化と抑制とが関与する数多くの反応でよく見られる（入門編 6.6 節，6.7 節を参照）．

系 (1.102) は，拡散が存在しないとき興奮性を示す．入門編 3.8 節で述べた閾の機構は相当あいまいであった．その際は，適切な種類の十分大きな摂動が与えられると，反応物が相平面上で大きく周遊するような系のことを指した．それよりもずっと正確で優れた定義を述べると，十分大きな刺激が，媒質中を伝播するパルス進行波を開始させうる場合に，反応機構は興奮的であるという．

$0 < \varepsilon \ll 1$ のとき，系 (1.102) の $O(1)$ の項は $f(u,v)=0$ でこれを解いて u を v の多価関数で表せると仮定する．図 1.13(a) から，$v_m < v < v_M$ をみたす任意の v に対して，$f(u,v)=0$ は u に関して 3 つの解をもつことがわかる．それらの解は直線 $v=$ 定数 とヌルクライン $f(u,v)=0$ の交点である．FHN 系に関する上述の議論と同様にして，S と A とを結ぶようなフロント波解，そして B から C へと向かう（後面）フロント波解，さらに両者のフロント波解の間の遅いダイナミクスが得られる．点 S から A へと u 座標が変化する時間は早い．これが $f(u,v)=0$ の意味するところである．というのも図 1.13(a) において u の値が D の座標よりも大きくなるように摂動を与えると，u は $f(u,v)$ が再び 0 になるまで移動し，その値は即座に A の座標に等しくなるからである．実際，この遷移に要する時間は $O(\varepsilon)$ のオーダーである．一方で，解曲線の AB, CS の部分を移動するのにかかる時間はもっと長く，$O(1)$ のオーダーである．BC を移動する時間は再び短く，$O(\varepsilon)$ のオーダーである．

パルス波の解析的研究は相当複雑であり，この一般的な問題に関する詳細な解析は Keener (1980) が行っている．ここではその例として，波の前面に関する解析にどのように取り掛かるのかを考察する．すなわち，図 1.13(a), (b) で解が点 S から点 A に遷移する部分を考察する．この遷移は $O(\varepsilon)$ のオーダーで素早く起こる．また図 1.13(b) を見ればわかるように，空間的にもこのフロント波の傾斜は険しく，幅は $O(\varepsilon)$ のオーダーである．これらのスケールは，方程式 (1.102) に対する特異摂動解析の評価から示さ

1.6 興奮性媒体における波

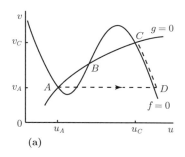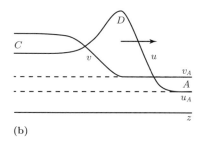

図 1.14 (a) 3つの定常状態を有するヌルクライン $f(u,v) = 0$, $g(u,v) = 0$. このような動力学の下では，A, C は線形安定であり，一方 B は不安定である．(b) 初めに A から与えた摂動が十分大きく，ε が十分小さいときに，A から C へと移行する典型的な進行波．

れる．これを受けて，変数変換によって新たな独立変数

$$\tau = \frac{t}{\varepsilon}, \quad \xi = \frac{x - x_T}{\varepsilon\sqrt{D_1}} \tag{1.103}$$

を導入する．ここで x_T は遷移する前線 (transition front) の位置を表すが，いまの解析の段階では必要ない．x_T を導入する理由は単に，パルス波の先端の位置を ξ 軸の原点 $\xi = 0$ とするためである．式 (1.102) に代入し，通常の特異摂動解析のように τ, ξ を固定したまま $\varepsilon \to 0$ の極限をとる (Murray (1984) や Kevorkian and Cole (1996) を参照)．すると，$O(1)$ の系は，

$$u_\tau = u_{\xi\xi} + f(u,v), \quad v_\tau = 0 \tag{1.104}$$

のようである．直線 SA を考えると，2番目の方程式は単に $v = v_S$ となるので

$$u_\tau = u_{\xi\xi} + f(u,v_S) \tag{1.105}$$

を解けばよいことになる．方程式 (1.105) は単に u に関するスカラー方程式で，関数 f は 3 つの定常状態 u_S, u_D, u_A をもち，これは入門編第 13 章で調べた方程式と定性的に同じである．実質的には入門編 13.5 節で詳細に議論した方程式 (13.83) と同様である．拡散項が存在しないとき，定常状態 S, A は安定であり，定常状態 D は不安定である．図 1.13(b) のように u_S と u_A を結び，唯一定まる波の速度で進行する単調な進行波解がどのようにして現れるのかを，入門編 13.5 節で既に示している．

完全な解を得るためには，波の速度，そしてパルス波のその他の部分 AB, BC, CS を定め，それら全てが一貫して接続するようにしなければならない．これは興味深い特異摂動解析である．それを行ったのが Keener (1980) である．彼は空間 2 次元において，閾の波の解析および数値解も提示している．

実用上関心のある他のタイプの閾の波は，ヌルクライン $f(u,v) = 0$, $g(u,v) = 0$ が図 1.14(a) のように交わる場合に現れる．すなわち，3 つの定常状態が存在する．式 (1.103) のようにスケール変換すれば，この場合も本質的には先ほどと同様の A から D へと向かう険しいフロント波と，D から C へ向かうより遅いダイナミクスを得る．波の速度の符号に関しても，入門編 13.5 節で述べたのと同様の方法で得られる．いま，C は線形安定な定常状態なので，波には尾（テイル）が存在する．図 1.14(b) はそのような閾のフロント波の典型例である．このような系では，一様な定常状態 C に摂動を与えると A に遷移するような波が得られることもある．Rinzel and Terman (1982) は FHN 系の文脈でそのような波を研究した．

閾の波は現実世界の非常に幅広い系に存在する――実際のところ，閾の動力学を示しうるあらゆる系において閾の波が存在する．例えば Britton and Murray (1979) は，基質阻害振動子のうちのあるクラスに見られる閾の動力学を研究している (Britton (1986) の著書も参照されたい)．新たな波動現象とそれ

らの実用可能性が，Showalter の研究グループによる記事 (Steinbock et al. 1996) に記述されており，その記事では，興奮系における化学波論理ゲートという新たな概念も記されている．そして（このグループが執筆するほとんどの記事と同様に），それらの着想と解析を，独創的かつ啓発的な実験が裏付けている．

1.7 振動の機構を有する反応拡散系における進行波列

リミットサイクルの動力学を有する一般的な反応拡散系に対する波列解は広範に研究されてきた．例えば，Kopell and Howard (1973) や Howard and Kopell (1977) による数学の論文はきわめて独創性に富んでいる．Field and Burger (1985) 編の著書に掲載された数本の総説は，本節の内容に適切である．その他の参照文献は，後に適切な箇所で紹介する．

我々の関心のある一般的な発展方程式は式 (1.1) であるが，都合上空間 1 次元に制限する．また，計算上の便宜のために，新しくスケーリングされた空間変数 $x \mapsto x/D^{1/2}$ に拡散係数の効果を含める．すると方程式系は

$$\frac{\partial \boldsymbol{u}}{\partial t} = \boldsymbol{f}(\boldsymbol{u}) + \frac{\partial^2 \boldsymbol{u}}{\partial x^2} \tag{1.106}$$

となる．空間的に一様な系

$$\frac{d\boldsymbol{u}}{dt} = \boldsymbol{f}(\boldsymbol{u};\gamma) \quad (\gamma \text{ は分岐パラメータ}) \tag{1.107}$$

が，$\gamma < \gamma_c$ のとき安定定常状態をもち，ホップ分岐 (Hopf bifurcation)（例えば Strogatz (1994) を参照）を経て，$\gamma > \gamma_c$ のとき安定リミットサイクル解に発展すると仮定する．このとき，$\gamma = \gamma_c + \varepsilon$ $(0 < \varepsilon \ll 1)$ の場合，小さな振幅で振動する安定リミットサイクル解が存在する．

進行平面波列解 (travelling plane wavetrain solution) は

$$\boldsymbol{u}(x,t) = \boldsymbol{U}(z), \quad z = \sigma t - kx \tag{1.108}$$

の形で表される．ここで，$\boldsymbol{U}$ は「位相」z に関する周期 2π の周期関数である．また，$\sigma > 0$ は振動数を，k は波数を表し，波長は $w = 2\pi/k$ である．波は速度 $c = \sigma/k$ で伝播する．この形は入門編第 13 章と先ほど扱った一般的な進行波の形をわずかに変更したものにすぎず，時刻をスケール変換すれば先ほどの形式に帰着される．式 (1.108) を方程式 (1.106) に代入すると，$\boldsymbol{U}$ に関する常微分方程式系

$$k^2 \boldsymbol{U}'' - \sigma \boldsymbol{U}' + \boldsymbol{f}(\boldsymbol{U}) = 0 \tag{1.109}$$

が得られる．ただし，プライム $(')$ は z に関する微分を表す．この方程式の解 $\boldsymbol{U}$ が周期 2π の周期関数となるような σ と k を求めたい．

一般的な状況（Kopell and Howard (1973) と以下のコメントを参照）を考察するよりも，例として，入門編 7.4 節で詳述した，方程式 (7.30) の λ-ω モデル系の解析について論じるのが教育的であり，かつ計算もより単純である．その後で，このモデル系を，現実の生物学的状況に現れる一般的な反応拡散系に関連づけることにする．2 種系 (u,v) に関するこのモデルを表す方程式は

$$\frac{\partial}{\partial t}\begin{pmatrix} u \\ v \end{pmatrix} = \begin{pmatrix} \lambda(r) & -\omega(r) \\ \omega(r) & \lambda(r) \end{pmatrix} \begin{pmatrix} u \\ v \end{pmatrix} + \frac{\partial^2}{\partial x^2}\begin{pmatrix} u \\ v \end{pmatrix} \quad (r^2 = u^2 + v^2) \tag{1.110}$$

である．ここで $\omega(r)$, $\lambda(r)$ は r の実関数である．ある正の数 $r_0 \, (> 0)$ が $\lambda(r)$ の孤立した実根であり，$\lambda'(r_0) < 0$ かつ $\omega(r_0) \neq 0$ が成り立つならば，空間的に一様な系，すなわち $\partial^2/\partial x^2 = 0$ とおいた系はリミットサイクル解をもつ（入門編 7.4 節，または後述の式 (1.113) を参照されたい）．

いま，変数を (u,v) から

$$u = r\cos\theta, \quad v = r\sin\theta \tag{1.111}$$

1.7 振動の機構を有する反応拡散系における進行波列

で定まる極座標変数 (r,θ)（θ は位相）に変換すると便利で，これを用いると，系 (1.110) は

$$r_t = r\lambda(r) + r_{xx} - r\theta_x^2,$$
$$\theta_t = \omega(r) + \frac{1}{r^2}(r^2\theta_x)_x \tag{1.112}$$

となる．$\lambda(r)$ が孤立した実根 $r_0 > 0$ をもち，かつ $\lambda'(r_0) < 0$ ならば，この動力学における漸近安定なリミットサイクル解は，即座に

$$r = r_0, \quad \theta = \theta_0 + \omega(r_0)t \tag{1.113}$$

で与えられる．ここで θ_0 は任意位相を表す．これを式 (1.111) に代入すれば，リミットサイクル解 (u,v) は

$$u = r_0 \cos(\omega(r_0)t + \theta_0), \quad v = r_0 \sin(\omega(r_0)t + \theta_0) \tag{1.114}$$

と求まり，これは振動数 $\omega(r_0)$ と振幅 r_0 をもつ．

では，極座標表示

$$r = \alpha, \quad \theta = \sigma t - kx \tag{1.115}$$

の形で，(1.108) のタイプの進行平面波解を見つけよう．式 (1.112) に代入すると，これらが進行波解であるための必要十分条件

$$\sigma = \omega(\alpha), \quad k^2 = \lambda(\alpha) \tag{1.116}$$

が得られる．したがって，便利なパラメータ α を用いて，(1.110) の進行波列解の 1 パラメータ族

$$u = \alpha \cos\left(\omega(\alpha)t - x\sqrt{\lambda(\alpha)}\right), \quad v = \alpha \sin\left(\omega(\alpha)t - x\sqrt{\lambda(\alpha)}\right) \tag{1.117}$$

が得られる．また波の速度は

$$c = \frac{\sigma}{k} = \frac{\omega(\alpha)}{\sqrt{\lambda(\alpha)}} \tag{1.118}$$

で与えられる．

$r = \alpha \to r_0$ の場合，すなわち λ-ω ダイナミクスにおけるリミットサイクル解が存在するとき，平面波の波数は 0 に収束する．これは，リミットサイクル近傍において進行平面波列解を見つけなければならないことを示唆する．Kopell and Howard (1973) は，その一般的な方法を提示している．ここでは進行波列解を導くために，シンプルかつ非自明な，ある特定の例を考察する．すなわち，$\lambda(r), \omega(r)$ の動力学がホップ分岐に関する要請 (1.107) をみたし，シンプルに解析が行えるような場合である．以下では，主に Ermentrout (1981) の解析を辿る．

いま，

$$\omega(r) \equiv 1, \quad \lambda(r) = \gamma - r^2 \tag{1.119}$$

を仮定する．すると系 (1.110) におけるダイナミクスは定常状態 $(u,v) = (0,0)$ をもち，この定常状態は $\gamma < 0$ のとき安定，$\gamma > 0$ のとき不安定である．$\gamma = 0$ は分岐値 γ_c で，分岐値において $(u,v) = (0,0)$ の周りで線形化を行うと，固有値は $\pm i$ である．これは標準的なホップ分岐の要請 (Strogatz (1994) を参照) であり，これより，十分小さい正値 $\gamma = \gamma_c + \varepsilon$ ($0 < \varepsilon \ll 1$) に対し，小さな振幅を有するリミットサイクル解が存在すると期待される．$r = \sqrt{\gamma}$ のとき $\lambda = 0$ であるから，前述した一般解 (1.117) を用いて，これらのリミットサイクル解は

$$u_\gamma(t) = \sqrt{\gamma}\cos t, \quad v_\gamma(t) = \sqrt{\gamma}\sin t, \quad \gamma > 0 \tag{1.120}$$

で与えられる．また，極座標変数では

$$r_0 = \sqrt{\gamma}, \quad \theta = t + \theta_0 \tag{1.121}$$

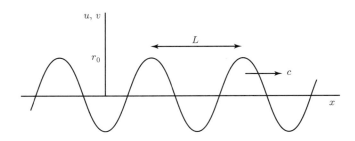

図 1.15 λ, ω が式 (1.119) で与えられる場合, λ-ω 系 (1.110) における, 小さな振幅をもつ進行波解の様子. 波の速度 $c = \sigma/k = (\gamma - r_0^2)^{-1/2}$ と, 波長 $L = 2\pi(\gamma - r_0^2)^{-1/2}$ は, 振幅 r_0 $(0 < r_0 < \sqrt{\gamma})$ に依存する.

と表され, θ_0 は任意位相を表し, これを 0 とできる.

では, λ, ω が式 (1.119) で表される場合の反応拡散系 (1.112) を考えよう.

$$r = r_0, \quad \theta = \sigma t - kx$$

の形の進行平面波解を代入すると, 式 (1.116) から予想できるように

$$\sigma = 1, \quad k^2 = \gamma - r_0^2, \quad 0 < r_0 < \sqrt{\gamma}$$

となる. これにより, 小さい振幅をもつ進行波列解

$$\begin{aligned} u &= r_0 \cos\left(t - x\sqrt{\gamma - r_0^2}\right), \\ v &= r_0 \sin\left(t - x\sqrt{\gamma - r_0^2}\right) \end{aligned} \tag{1.122}$$

が得られる. これらの解を図 1.15 に示す. 解の振幅は $r_0 < \sqrt{\gamma}$ であり, 波長は $L = 2\pi/\sqrt{\gamma - r_0^2}$ である.

このような進行波列は安定である場合, 図 1.1 のターゲットパターンぐらいにしか実のところ関連しない. 線形安定性解析は, この特定の系に対しては行えても, 一般には全く自明ではない. これは, 解析が非常に容易な稀な例なのである.

周期的挙動を示す反応動力学においては, 拡散の効果により周期的な進行波列解が生じる. 先ほどの λ-ω 系の例に現れた特定の非線形性 $\lambda(r) = \gamma - r^2$ は, ホップ分岐問題において典型的である. すなわち, 反応動力学単独でホップ分岐を経て周期的リミットサイクル挙動を示すような反応拡散機構は, どうやら同時に周期的波列解も生じるようである. これを示すには, この性質を有する一般的な反応拡散系が, ホップ分岐点近傍で λ-ω 系に似た挙動を呈することを証明すれば十分である.

2 種系

$$u_t = F(u, v; \gamma) + D\nabla^2 u, \quad v_t = G(u, v; \gamma) + D\nabla^2 v \tag{1.123}$$

を考える. ここで F, G は反応動力学を表す. 計算上の便宜のために, 系 (1.123) は $(u, v) = (0, 0)$ において定常状態をもつとし, 拡散のない $(D = 0)$ 系は分岐値 γ_c でホップ分岐を経てリミットサイクルを呈すると仮定する. いま, (u, v) を定常状態 $(0, 0)$ の周りの摂動とすると,

$$\boldsymbol{T} = \begin{pmatrix} u \\ v \end{pmatrix}, \quad M = \begin{pmatrix} F_u & F_v \\ G_u & G_v \end{pmatrix}_{u=v=0}, \quad P = \begin{pmatrix} D & 0 \\ 0 & D \end{pmatrix}$$

と書ける. ここで M の成分は分岐パラメータ γ の関数である. すると, (1.123) の線形化系は

$$\boldsymbol{T}_t = M\boldsymbol{T} + P\nabla^2 \boldsymbol{T} \tag{1.124}$$

となり，完全な系 (1.123) は

$$\boldsymbol{T}_t = M\boldsymbol{T} + P\nabla^2\boldsymbol{T} + \boldsymbol{H}, \quad \boldsymbol{H} = \begin{pmatrix} f(u,v,\gamma) \\ g(u,v,\gamma) \end{pmatrix} \tag{1.125}$$

と書ける．ここで f, g は F, G のうち，$(u,v) = (0,0)$ 近傍における u, v の非線形な効果を表す．

 動力学は $\gamma = \gamma_c$ でホップ分岐を生じるので，行列 M の固有値——例えば σ としよう——は，$\gamma < \gamma_c$ のとき $\operatorname{Re}\sigma(\gamma) < 0$，$\gamma = \gamma_c$ のとき $\operatorname{Re}\sigma(\gamma) = 0, \operatorname{Im}\sigma(\gamma) \neq 0$，$\gamma > \gamma_c$ のとき $\operatorname{Re}\sigma(\gamma) > 0$ をみたす．$\gamma = \gamma_c$ のとき，

$$\operatorname{tr} M = 0, \quad \det M > 0 \quad \Rightarrow \quad \sigma(\gamma_c) = \pm i(\det M)^{1/2} \tag{1.126}$$

となる．

 方程式系 (1.125) より，定数行列 N と非定ベクトル $\boldsymbol{W}$ を

$$\boldsymbol{T} = N\boldsymbol{W}$$

のように導入すると，(1.125) より

$$\boldsymbol{W}_t = N^{-1}MN\boldsymbol{W} + N^{-1}PN\nabla^2\boldsymbol{W} + N^{-1}\boldsymbol{H} \tag{1.127}$$

が得られる．いま，$k = \sqrt{\det M|_{\gamma=\gamma_c}}$ として，$\gamma = \gamma_c$ で

$$N^{-1}MN = \begin{pmatrix} 0 & -k \\ k & 0 \end{pmatrix}$$

が成り立つように N を選ぶ．これより，座標変換後の系 (1.127) における，線形化行列の成分は，

$$N^{-1}MN = \begin{pmatrix} \alpha(\gamma) & -\beta(\gamma) \\ \beta(\gamma) & \delta(\gamma) \end{pmatrix} \tag{1.128}$$

ただし

$$\alpha(\gamma_c) = \delta(\gamma_c) = 0, \quad \beta(\gamma_c) \neq 0 \tag{1.129}$$

により与えられる．すなわち，定常状態においてホップ分岐を生じるような一般の系 (1.123) を，分岐値 γ_c の近傍で λ-ω 系（式 (1.110) を参照）の形に変換することができた．この結果は，λ-ω 系について有効な解析が，多くの場合，現実の反応拡散系に対しても行えることを示すので，いくらか重要であると考えられる．またこの結果は u と v の拡散係数が異なる場合にも有効であることが，Duffy et al. (1980) により示された．彼は，次節で議論する主題である，螺旋波に対する意義を論じている．

 振動動力学に関連して進行波列が生じるのであれば，周期倍化やカオスを呈する動力学からは，さらにもっと複雑な波動現象が現れるに違いない，と期待されるかもしれない．先ほど簡単に述べた，Merkin et al. (1996) により発見されたタイプのカオスは，周期倍化型のカオスではない．

1.8 螺旋波

 回転螺旋波 (rotating spiral wave) は，様々な生物学的，生理学的，化学的な状況で自然発生する．そのうち広範に研究されてきたのは，BZ 反応で発生する螺旋波である．生理学の状況で発生する螺旋波は，BZ 反応と異なり内在するメカニズムが詳細にはわかっておらず，それに比べると BZ 反応系はずっと単純な系だからである．BZ 反応の螺旋波解に関する実験的研究を手がけてきた人は大勢いる．螺旋波の初期研究を行い，螺旋波の考え方を心臓の問題に応用した第一人者 Winfree (1974) や，Krinskii et al. (1986)，そして Müller et al. (1985, 1986, 1987) などである．Müller らの斬新な実験手法では，光吸収を用いて実際の濃度のレベルが定量的に明示されるようになっている．図 1.16，図 1.19，図 1.20 は，BZ

図 1.16 興奮的な BZ 反応を生じる薄層 (1mm) における螺旋波. 図は, 実際には 1 辺 9mm の正方形である (T. Plesser の厚意により, Müller et al. (1986) から引用).

反応の実験で観察される螺旋波を表している. 図 1.1(b) も参照されたい. これらの図において螺旋波は対称的であるが, このパターンしかないというわけでは決してない. 特に Winfree (1974) や Müller et al. (1986) などでは, 複雑な螺旋波に関する印象的な例の数々が示されているので参照されたい. 螺旋波や, とりわけ FKN モデル系に拡散を加えた系に関しては, 数学的な研究が数多く存在する. Keener and Tyson (1986) は一般的な興奮性の機構を有する反応拡散系における螺旋波を解析した. 彼らは自らの技法を拡散を含む FKN モデルに応用し, 実験結果によく一致する結果を得た. 状況は異なるが, 対称的な螺旋波と非対称的な螺旋波の他の例に関して図 1.18 を参照されたい. Keener and Sneyd (1998) の著書に, 螺旋波の数多くの例が掲載されている. 螺旋波の一般的な議論は, 例えば, 幾何の理論を提示した Keener (1986) や, 自身の著書の中で興奮性媒体における波動プロセスを議論した Zykov (1988), そして Grindrod (1996) の著書でなされている.

化学螺旋波 (chemical spiral wave) に関しては, Showalter と彼の共同研究者により, 数多くの斬新で独創的な研究がなされてきた. 例えば, Amemiya et al. (1996) の記事では, 興奮性の機構をもつ, BZ 反応の FKN モデル系 (入門編第 8 章で調べたものに類似している) を用いて, 3 次元螺旋波を調べ, さらに関連実験を行って彼らの解析を裏付けた. 彼らの文献中の引用文献も参照されたい.

螺旋波はその他数多くの重要な現象に現れる. 脳組織は大脳皮質を拡散する電気化学的な「拡延性抑制 (spreading depression)」波を生じる. この波には神経細胞膜の脱分極と神経活動の減少という特徴がある. Shibata and Bureš (1972, 1974) はこの現象を実験的に研究し, ラットの大脳皮質から取り出した脳組織病変の周囲を回転する螺旋波の存在を示した. 彼らが観察した波の振舞いの概形を図 1.17(a) に示す. Keener and Sneyd (1998) は波の移動全般を扱い, とりわけホジキン—ハクスリー方程式とその縮約系であるフィッツヒュー—南雲方程式に見られるタイプの波の伝播について議論している. 彼らは心臓の周期的運動と波の伝播, カルシウム波についても記述している. そこで議論されている波動現象の中には, 波の曲率効果 (curvature effects) などの, 本書で扱った波動現象とは全く異なるものも含まれている. とりわけ曲面の曲率効果も考慮に入れるための, アイコナール法に基づく一般的な手続きは, Grindrod et al. (1991) により与えられている.

反応拡散モデルと螺旋波に関する新たな現象や応用は, 現在も発見され続けている. Winfree による記事とその中の参照文献から始めるのがよいだろう. 例えば, Winfree et al. (1996) は, 進行波を「興奮性」を有する心筋運動と神経の諸側面と関連づけている. 彼らは, 中心を形成しつつある渦輪 (vortex rings) から放射状に発せられる渦巻きに似たような, 複雑な周期的進行波を得ている. Winfree (1994b) は, 興奮的な一般の反応拡散系を用いて, これら渦線 (vortex lines) の全体的な構造が「乱れたもつれ

1.8 螺旋波

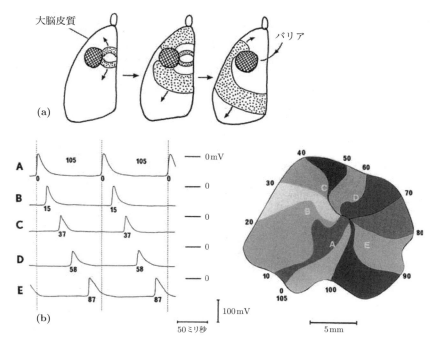

図 1.17 (a) ラット右大脳半球の皮質における，病変部（熱凝結バリア (a thermal coagulation barrier)) 周囲の皮質拡延性抑制が呈する螺旋反射波の時間発展．波は化学的に開始された．網掛けの領域は，他の部分の組織とは異なる電位を有する．(Shibata and Bureš (1974) より．) (b) ウサギ心筋（左房）に実験的に導入された回転螺旋波．図中の数字はミリ秒を表す．右図に示すアルファベットに対応する各心筋領域を，波は 10 ミリ秒かけて横切った．さらに右図は，等時刻線，すなわち波が通過する間の等電位線も示している (M. A. Allessie と米国心臓協会の厚意により，Allessie et al. (1977) より複製).

(turbulent tangle)」であることを示した．彼が用いた一般の系は

$$\begin{aligned}
\frac{\partial u}{\partial t} &= \nabla^2 u + \frac{1}{\varepsilon}\left(u - \frac{u^3}{3} - v\right), \\
\frac{\partial v}{\partial t} &= \nabla^2 v + \varepsilon\left(u + \beta - \frac{v}{2}\right)
\end{aligned} \tag{1.130}$$

である．

　心筋線維の協調的な収縮が途絶することにより死亡することがある．しばしば，心臓の細動がその原因となる．細動している心臓では，心筋の各小領域が全く独立に収縮を行っている．その際の心臓は，以前に述べたように，一握りの身悶えする虫のようであり，ぴくぴくする組織の塊である．このような途絶が数分以上続くと死に至ることが多い．例えば，Krinskii (1978) や Krinskii et al. (1986) は，心不整脈の数理モデルにおける螺旋波を議論している．Winfree (1983a, b) は心臓突然死に対する数理モデルの適用可能性を考察した．彼らはその中で，心臓細動の前兆として電気的なインパルスの回転波が現れることを示唆している．Allessie et al. (1977) に記された，ウサギ心筋組織において誘導されるそのような波を図 1.17(b) に示す．彼らはさらに，心筋での回転波の伝播について広範な実験プログラムも実行した (Allessie et al. (1973, 1976), Smeets et al. (1986)).

　Winfree (1994a, 1995) が提唱した興味深い仮説は，心筋の厚さがある臨界値を超えると突然不安定化するような，電気的に活動する 3 次元回転子（螺旋タイプの波）に心臓突然死が関与する，というものである．この分野全般に関して，これらの文献の中の他の参照文献も参照されたい．Winfree は過去 20 年

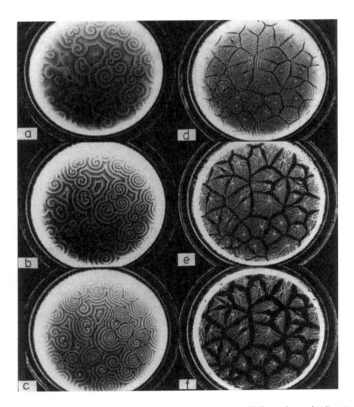

図1.18 キイロタマホコリカビ (*Dictyostelium discoideum*) の螺旋シグナル伝達パターンであり，増加中の化学誘引物質 (cAMP) のシグナリングを表す．写真は10分おきに撮影された．それぞれの写真には，5×10^7 のアメーバが存在する．シャーレの直径は 50 mm である．アメーバは周期的に移動し，暗視野照明下では明暗のバンドが出現する．バンドの明暗は，運動しているアメーバと静止しているアメーバの光学的性質が異なることに起因する．移動している細胞は明るく見え，一方静止している細胞は暗く見える．最終的にパターンは，細菌の生存域を形成する（P. C. Newell の厚意により，Newell (1983) から引用）．

以上にわたり，筋組織における複雑な波動現象の研究を広範に行ってきた．例えば電気的側面 (electrical aspects), 活動面 (activation fronts), 異方性 (anisotropy) などは心臓生理学の重要な概念であるが，これらに関して Winfree (1997) は反応拡散の枠内で詳細な議論を行ってきた．彼はさらに，電位の拡散や電気的乱れ，活動面の曲率，そして異方性について，それぞれの心筋における役割，心不全の際に果たすであろう役割も議論している．さらに彼の研究は，心室細動などの重症心不全に対して，考えうる治療のシナリオを提示している．心筋組織の活動をモデリングした Winfree の一連の論文により，心臓突然死への我々の理解は大いに深まり，さらに以前信じられてきた（医学的）概念が根本的に変化したのだ．

キイロタマホコリカビ (*Dictyostelium discoideum*) のシグナル伝達のパターンにおいて現れる螺旋波もまた，図 1.18 に示すように印象的である．この現象に対するモデルが Tyson et al. (1989a, b) により提示されたが，そのモデルは実験から動機づけられた動力学スキームに基づいている．

実に（そして一般的に）重要なことであるが，図 1.1(b) と図 1.18 とが驚くほど似ていても，BZ 反応に対するモデルは，キイロタマホコリカビのパターンに対しても適切なモデルであると仮定しようとしてはならない――両者のメカニズムは大きく異なっているからだ．正しい種類のパターンを生み出せることは，良いモデリングであるために重要かつ不可欠の要素ではあるが，最終的な目的は根本的なメカニズムを理解することにある．

1.8 螺旋波

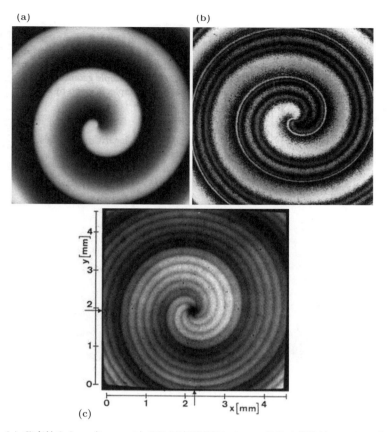

図 1.19 (a) 興奮性をもつ（1 mm の）BZ 反応液薄層において生じる螺旋波のスナップショット（4.5 mm 四方）．白黒写真によって，透過光の明暗度を測ることができた（7 段階で測定された）．この明暗度は，反応物（のうちの 1 種類）に関する等濃度線に対応している．(b) 白黒の濃淡の度合は，BZ 反応の反応物（のうちの 1 種類）に関する，等濃度線の幾何学的な詳細を表している．(c) 3 秒間隔のスナップショットを重ねた写真（4.5 mm 四方）((a) の写真も含まれている）．この写真は，螺旋のおよそ 1 回転分を含んでいる．ここでは，6 段階で明暗度を計測した．小さな中核領域に注目されたい（T. Plesser とアメリカ科学振興協会の厚意に基づき，Müller et al. (1985) から引用 (Copyright 1985 AAAS))．

相互作用集団における大域的な螺旋波が存在するかどうかは，実用の観点から考察されてきたのではないようだ．しかし，モデルに含まれる反応拡散の性質を鑑みれば，螺旋波は理論の上では確実に存在する．

数学的な観点からすると，螺旋波は何を意味するのだろうか．例えば BZ 反応の場合の螺旋波は，回転しつつ時間周期的に変動する，反応物濃度の空間構造である．図 1.17 や図 1.20 を参照せよ．時間を固定したときのスナップショットは典型的な螺旋パターンを示す．一連の過程を動画で見ると，螺旋パターン全体が時計のぜんまいが回転するような形で動くのが見られる．図 1.19 に，そのようなスナップショットと，パターンを一定の時間間隔で重ね撮りした写真を示す．険しいフロント波は等濃度線（化学物質濃度が一定となるような曲線）を表す．

ここで，螺旋中心の周りを回転する螺旋波を考えよう．媒質中の固定された位置に立って観察すると，螺旋が回転する度にその場所をフロント波が通過するので，局所的には周期的波列が通過していくように見えるだろう．

入門編第 9 章で見たように，反応物の状態や濃度は位相 ϕ の関数で表せる．螺旋波について議論する

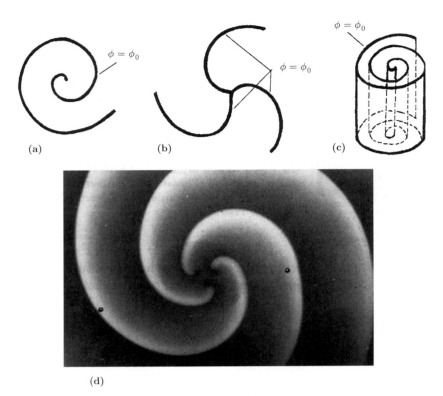

図 1.20 (a) 1 つの腕をもつ典型的なアルキメデス螺旋．実際の螺旋は等位相 ϕ を結ぶ曲線である．すなわち，等濃度を結ぶ線である．(b) 3 つの腕をもつ典型的な螺旋．(c) 3 次元の螺旋．これらは渦巻き状の性質をもつ．Welsh et al. (1983) は，BZ 反応においてこれらの螺旋が見られることを実験的に示した．(d) BZ 反応において実験的に示された，3 つの腕をもつ螺旋．(V. Krinskii の厚意より，Agladze and Krinskii (1982) から引用．)

際には，明らかに極座標 (r,θ) を用いるのが適切である．シンプルな回転螺旋波は，

$$\phi = \Omega t \pm m\theta + \psi(r) \tag{1.131}$$

で表される位相 ϕ の周期関数として記述される．ここで Ω は振動数を，m は螺旋の腕の数を表す．$\psi(r)$ は螺旋のタイプを表す関数である．$m\theta$ の項の符号 $\pm$ は回転方向を定める．図 1.20 に，1 つの腕をもつ螺旋と 3 つの腕をもつ螺旋の例，さらに後者の実験例を示す．例えば $\phi = 0$ とおいて定常状態の状況を調べよう．式 (1.131) より，螺旋の単純な幾何学的表現が得られる．1 つの腕をもつ螺旋を例にとれば，$\theta = \psi(r)$ により与えられる．$\psi(r)$ の具体的な形には

$$\theta = ar, \quad \theta = a\ln r \quad (a > 0) \tag{1.132}$$

などがありうる．それぞれ，アルキメデス螺旋と対数螺旋を表す．中核 $r = r_0$ の周りの螺旋であれば，対応する問題はそれぞれ

$$\theta = a(r - r_0), \quad \theta = a\ln(r - r_0) \tag{1.133}$$

である．図 1.20(a) に典型的なアルキメデス螺旋を，また図 1.20(b) に $m = 3$ とした例を示す．

反応物の螺旋構造 u は，数学的に

$$u(r,\theta,t) = F(\phi) \tag{1.134}$$

のように記述できよう．ここで $F(\phi)$ は式 (1.131) で定まる位相 ϕ の周期 2π の周期関数である．時刻 t を固定すると螺旋のスナップショットが得られ，その螺旋の形が，式 (1.131) 中の $\psi(r)$ に対する条件と

1.8 螺旋波

図 1.21 2次元のフィッツヒュー—南雲モデル機構 (1.94) における，螺旋波の時間発展の様子．これは興奮性を有する神経活動電位に関するモデルであり，$u_t = u(a-u)(1-u) - v + D\nabla^2 u$，$v_t = bu - \gamma v$ の形で表される．パラメータの値は，$D = 2 \times 10^{-6}$，$a = 0.25$，$b = 10^{-3}$，$\gamma = 3 \times 10^{-3}$ とした．黒線は $u \geq a$，すなわち u が興奮状態であるような部分である（M. Mimura の厚意により，Tsujikawa et al. (1989) から引用）．

なる．式 (1.132) の ar と $a\ln r$ は，単にシンプルな 2 つの例にすぎない．例えば，その 2 種類を重ね合わせる (mixed) と，$\psi(r) = ar + b\ln r$ (a, b は定数) のような形になる．式 (1.134) において，ϕ を式 (1.131) のようにとり，r と t を固定して，中心の周りを一周すると，m 回回転対称性 (m は腕の数) が存在する．$m = 3$ の場合の例を，図 1.20(b), (d) に示す．後者は Agladze and Krinskii (1982) により実験的に得られたものである．ここで r, θ を固定する，すなわちある固定された点から観察すると，先ほども述べたように，一連のフロント波が通過していくように見える．1 つ目のフロント波——対応する位相を，例えば $\phi = \phi_0$ としよう——が $t = t_0$ のときに通過するとすれば，位相 $\phi = \phi_0 + 2\pi$ に対応するその次の波は時刻 $t = t_0 + 2\pi/\Omega$ に通過する．

螺旋波のスナップショットを，中心を通る直線に沿って遠ざかりながら観察すると，螺旋波に伴う波長が存在することを直観的に見てとれる．とはいえ，中心からの距離に依存して波長は変化するのだが．r_1 の位置で 1 つ目のフロント波が現れ，次に中心からさらに離れて r_2 の位置で 2 つ目のフロント波が現れるとすると，波長 λ は

$$\lambda = r_2 - r_1, \quad \theta(r_2) = \theta(r_1) + 2\pi$$

により定められる．式 (1.131) において t を固定すれば，等位相線 $\phi = $ 一定 上で

$$\phi_\theta + \phi_r \left(\frac{dr}{d\theta}\right)_{\phi=\text{一定}} = 0$$

が成り立つ．例えば，(1.131) の $m\theta$ の符号を $-m\theta$ ととれば，

$$\left.\frac{dr}{d\theta}\right|_{\phi=\text{一定}} = -\frac{\phi_\theta}{\phi_r} = \frac{m}{\psi'(r)}$$

が得られる．これより，波長 $\lambda(r)$ は

$$\lambda(r) = \int_{\theta(r)}^{\theta(r)+2\pi} \left.\frac{dr}{d\theta}\right|_{\phi=\text{一定}} d\theta = \int_{\theta(r)}^{\theta(r)+2\pi} \left(\frac{m}{\psi'(r(\theta))}\right) d\theta$$

により与えられる．ここで，r は θ の関数であり，式 (1.131) の t と ϕ を一定にすることによって得られ，いま t と ϕ の値を 0 にとってよい．アルキメデス螺旋 $r = \theta/a$ の場合は，$\psi' = a$ であり，波長は $\lambda = m/a$ である．

螺旋のピッチは

$$\left.\frac{dr}{d\theta}\right|_{\phi=\text{一定}} = \frac{m}{\psi'(r)}$$

により定められる．アルキメデス螺旋の場合，$\psi'(r) = a$ ゆえ，ピッチは m/a（一定）である．一方対数螺旋の場合，$\psi'(r) = a/r$ ゆえ，ピッチは mr/a である．後者の場合，r が大きければピッチも大きく，すなわち巻きはゆるくなる．一方 r が小さければピッチも小さく，すなわち螺旋はきつく巻かれる．

具体的な反応拡散系の解析解を議論する前に，Krinskii et al. (1986) と Tsujikawa et al. (1989) によって行われた，螺旋波が生じるいくつかの数値解析の研究を書きとめなければならない．Tsujikawa et al. (1989) は興奮性をもつフィッツヒュー—南雲系の機構 (1.94) を考察し，有界な空間領域における興奮波の伝播を数値解析した．図 1.21 は進行興奮波の時系列を表し，螺旋波の時間発展を示している．類似する時間発展の図が，螺旋波の時間発展をいくらか詳細に議論した Krinskii et al. (1986) により与えられている．本図における時間発展のパターンは BZ 反応の実験で観察された螺旋の時間発展に類似している．

1.9 λ-ω 反応拡散系の螺旋波解

一般的な反応拡散モデルにおける螺旋波解は，Cohen et al. (1978), Duffy et al. (1980), Kopell and Howard (1981) や Mikhailov and Krinskii (1983) などの数多くの研究者によって調べられてきた．具体的な例に関する研究として，Keener and Tyson (1986) の論文は BZ 反応を，Tyson et al. (1989a, b) はキイロタマホコリカビ (*Dictyostelium*) を扱っている．その解析は大抵の場合，漸近的な手法を駆使したかなり入り組んだものである．先ほど 1.7 節で調べたように，λ-ω 系は波列解をもつのであった．この系は解析に伴う計算が比較的単純なので，螺旋波解に対するモデル系としても用いられてきた．λ-ω 系の螺旋波解は，例えば Greenberg (1981), Hagan (1982), Kuramoto and Koga (1981) や Koga (1982) によって調べられてきた．この分野の参照文献のリストはかなり広範に及んでおり，関連するその他の参照文献はこれらの論文，あるいは Keener and Sneyd (1998) の本の中で与えられている．本節では λ-ω 系に対する解を構成する．

2 種類の反応物に関する λ-ω 反応拡散機構は

$$\frac{\partial}{\partial t}\begin{pmatrix} u \\ v \end{pmatrix} = \begin{pmatrix} \lambda(a) & -\omega(a) \\ \omega(a) & \lambda(a) \end{pmatrix}\begin{pmatrix} u \\ v \end{pmatrix} + D\nabla^2\begin{pmatrix} u \\ v \end{pmatrix}, \quad a^2 = u^2 + v^2 \tag{1.135}$$

によって表される．ここで $\omega(a), \lambda(a)$ は a の実関数である．（式 (1.110) の表記を変更したのは，文字 r を通常の極座標変数として用いることがあるため．）リミットサイクル振動を生じるような動力学を仮定すると，λ と ω にいつもの束縛条件が加わる．すなわち，$\lambda(a)$ が孤立根 $A_0 > 0$ をもち，$\lambda'(A_0) < 0$ かつ $\omega(A_0) \neq 0$ をみたすとき，空間的に一様な系，すなわち $D = 0$ とした系は，角振動数 $\omega(A_0)$ の安定なリミットサイクル解 $u^2 + v^2 = A_0^2$ をもつ（入門編 7.4 節を参照）．

$w = u + iv$ とおくと，系 (1.135) は複素数上の単一の方程式

$$w_t = (\lambda + i\omega)w + D\nabla^2 w \tag{1.136}$$

となる．この方程式の形から，

$$w = A\exp(i\phi) \tag{1.137}$$

の形の解が示唆される．ここで，A は w の振幅を，ϕ は w の位相を表す．式 (1.137) を式 (1.136) に代入し，方程式の実部と虚部をそれぞれ取り出すことで，A と ϕ に関する方程式系

$$\begin{aligned} A_t &= A\lambda(a) - DA|\nabla\phi|^2 + D\nabla^2 A, \\ \phi_t &= \omega(a) + 2A^{-1}D(\nabla A \cdot \nabla\phi) + D\nabla^2\phi \end{aligned} \tag{1.138}$$

が得られる．これは λ-ω 系の極座標表示である．極座標 (r, θ) は螺旋波を解析するのに適切な座標系である．式 (1.131) と前節の議論より，

$$A = A(r), \quad \phi = \Omega t + m\theta + \psi(r) \tag{1.139}$$

1.9 λ-ω 反応拡散系の螺旋波解

の形の解を見つけよう．ここで，Ω は振動数（未知）を，m は螺旋の腕の数を表す．これらを式 (1.138) に代入して，A, ψ に関する常微分方程式系

$$DA'' + \frac{D}{r}A' + A\left(\lambda(a) - D\psi'^2 - \frac{Dm^2}{r^2}\right) = 0,$$

$$D\psi'' + D\left(\frac{1}{r} + \frac{2A'}{A}\right)\psi' = \Omega - \omega(a) \tag{1.140}$$

が得られる．ただしプライム ($'$) は r に関する微分を表す．2 つ目の方程式に rA^2 をかけて積分すると，

$$\psi'(r) = \frac{1}{DrA^2(r)}\int_0^r sA^2(s)\{\Omega - \omega(A(s))\}ds \tag{1.141}$$

が得られる．式 (1.140), (1.141) は解析上便利な形をしており，これに基づいて，λ-ω 系の螺旋波に関する数多くの論文が，漸近法や不動点定理，相空間解析などを用いて書かれてきた．

系 (1.140) を解析する前に，適切な境界条件を定めなければならない．解が原点において正則で $r \to \infty$ のとき有界であることを要請する．A, ψ' に関する方程式系の形とから，前者の要請は

$$A(0) = 0, \quad \psi'(0) = 0 \tag{1.142}$$

が必要であることを意味する．$r \to \infty$ のとき $A \to A_\infty$ とすれば，式 (1.141) より

$$\psi'(r) \sim \frac{1}{DrA_\infty^2}\int_0^r sA_\infty^2(\Omega - \omega(A_\infty))ds = \frac{(\Omega - \omega(A_\infty))r}{2D}$$

が得られ，ゆえに ψ' は $\Omega = \omega(A_\infty)$ の場合に限り有界である．(1.140) の第 1 式から，$\psi'(\infty)$ は $\sqrt{\lambda(A_\infty)/D}$ として定まる．これより，分散関係

$$\psi'(\infty) = \sqrt{\frac{\lambda(A_\infty)}{D}}, \quad \Omega = \omega(A_\infty) \tag{1.143}$$

が得られ，$r \to \infty$ のときの振幅が定まれば振動数 Ω も定まることがわかる．

$r = 0$ の近傍において

$$r \to 0 \quad \text{のとき} \quad A(r) \sim r^c \sum_{n=0}^\infty a_n r^n \quad (a_0 \neq 0)$$

とおく．これを (1.140) の第 1 式に代入し，いつものように r に関する同次の項を比較する．最低次 r^{c-2} に関する係数が 0 に等しいので，

$$c(c-1) + c - m^2 = 0 \quad \Rightarrow \quad c = \pm m$$

が得られる．$r \to 0$ のとき $A(r)$ が非特異であるためには，$c = m$ でなければならず，これより

$$r \to 0 \quad \text{のとき} \quad A(r) \sim a_0 r^m$$

が得られる．ここで，a_0 は未知の非零の定数である．数学的には，$r \to \infty$ のとき $A(r)$ と $\psi'(r)$ とが有界であるように a_0, Ω の値を求めることが問題である．式 (1.137), (1.139) と直前の式から，$r = 0$ の近傍における u, v の挙動は，

$$\begin{pmatrix} u \\ v \end{pmatrix} \propto \begin{pmatrix} r^m \cos[\Omega t + m\theta + \psi(0)] \\ r^m \sin[\Omega t + m\theta + \psi(0)] \end{pmatrix} \tag{1.144}$$

として得られる．

Koga (1982) は，条件

$$\lambda(a) = 1 - a^2, \quad \omega(a) = -\beta a^2 \quad (\beta > 0) \tag{1.145}$$

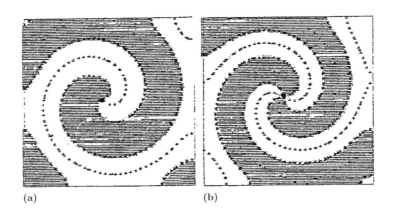

図 1.22 λ と ω が式 (1.145) で与えられている λ-ω 系 (1.135)（ただし $\beta = 1$）に関して，数値的に得られた螺旋波解．螺旋の腕数が (a) 1 つの場合，(b) 2 つの場合の数値解．正方形領域の境界ではゼロフラックス境界条件が成り立っている．網掛け領域は $u > 0$ である領域を表す（S. Koga の厚意により，Koga (1982) から引用）．

を与えた λ-ω 系に対して，位相の特異点と複数の腕をもつ螺旋を解析的・数値的に研究した．螺旋の腕が 1 つの場合と 2 つの場合の数値解を，図 1.22 に示す．

解を見つけるための基本的な出発点として，関数 u, v の形が

$$\begin{pmatrix} u \\ v \end{pmatrix} = \begin{pmatrix} A(r)\cos[\Omega t + m\theta + \psi(r)] \\ A(r)\sin[\Omega t + m\theta + \psi(r)] \end{pmatrix} \tag{1.146}$$

で与えられると仮定する．$A(r)$ が定数で $\psi(r) \propto \ln r$ が成り立つとき，既に示したように，式 (1.146) は回転螺旋波を表す．Cohen et al. (1978) は，あるクラスの関数 $\lambda(a), \omega(a)$ に対して，系 (1.136) が，アルキメデス螺旋や対数螺旋に漸近するような境界条件（$r \to \infty$ のとき $\psi \sim cr$ あるいは $\psi \sim c\ln r$）の下で，(1.146) の形の回転螺旋波解をもつことを示した．Duffy et al. (1980) は，リミットサイクルの動力学をもち，かつ u と v とで拡散係数が等しくないような，一般的な反応拡散系を，Cohen et al. (1978) が解析した場合に帰着させる方法を示した．

Kuramoto and Koga (1981) は，

$$\lambda(A) = \varepsilon - aA^2, \quad \omega(A) = c - bA^2 \quad (\varepsilon, a > 0)$$

で与えられる特定の λ-ω 系を数値解析した．これらを用いると，系 (1.136) は

$$w_t = (\varepsilon + ic)w - (a + ib)|w|^2 w + D\nabla^2 w$$

となる．

$w \mapsto we^{ict}$ とおくことで，c の項を消去できる（代数的には $c = 0$ とおくことと等価である）．さらに，

$$w \mapsto \sqrt{\frac{a}{\varepsilon}}w, \quad t \mapsto \varepsilon t, \quad \boldsymbol{r} \mapsto \sqrt{\frac{\varepsilon}{D}}\boldsymbol{r}$$

により，w, t や空間変数 $\boldsymbol{r}$ をスケール変換すると，より単純な方程式

$$w_t = w - (1 + i\beta)|w|^2 w + \nabla^2 w \quad (\beta = b/a) \tag{1.147}$$

が得られる．（方程式 (1.147) から，拡散の項を省いた）空間非依存的な方程式は，リミットサイクル解 $w = \exp(-i\beta t)$ をもつ．

1.9 λ-ω 反応拡散系の螺旋波解

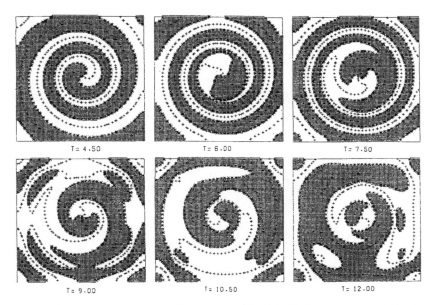

図 1.23 λ-ω 系 (1.147) におけるカオス的パターンの時間発展の様子. ただし T は時刻を表す. また $\beta = 3.5$ とおいた. 境界ではゼロフラックス条件が成り立っている (Y. Kuramoto の厚意により, Kuramoto and Koga (1981) から引用).

Kuramoto and Koga (1981) は, $|\beta|$ の値を変化させたときの式 (1.147) の螺旋波解を数値解析した. 彼らの発見によると, $|\beta|$ が小さいとき, 図 1.22(a) や式 (1.144) のような形をした, 絶えず回転し続ける螺旋波が出現した. $|\beta|$ が増加していくと, これらの螺旋波は不安定となり, $|\beta|$ が十分大きいとカオス的な様子になった. $|\beta| = 3.5$ の場合の結果を, 図 1.23 に示す.

Kuramoto and Koga (1981) は, 入門編第 9 章で議論したような「無位相 (phaseless)」点, すなわちブラックホールが現れ始め, カオス的不安定性をもたらすことを示している. 式 (1.147) を (1.136) と比較すると, $\lambda = 1 - a^2, \omega = -\beta a^2$ であるから, β は局所的なリミットサイクルの振動数がどの程度振幅 A に依存するかを表す指標である. A は空間座標 r の関数であるから, 適切に同期した結合振動子の並びに似た状況になる. $|\beta|$ が増加すると振動子のばらつきも増加する. 回転波が安定であるためにはある種の同期性が必要なので, 局所的な「振動子」のばらつきが大きくなれば同期性が失われやすくなり, 無位相点やさらにはカオスがもたらされる. 反応拡散機構のフロント波におけるカオスや乱れ (turbulence) は, Kuramoto (1980) によって詳細に考察されている. 空間カオスというこの興味深い問題に関しては, その文献の中の他の参照文献を調べるとよい.

本節の締めくくりとして, 1 次元における螺旋波の類似物, すなわち原点に存在する中核から, 周期的に, 中核の正負の方向に交互に放出されるパルス波を考える. 仮にパルス波が対称的に放出されたとしたら, ターゲットパターンの類似物が得られるだろう. さて, 系 (1.138) において $\nabla^2 = \partial^2/\partial x^2$, $\lambda(a) = 1 - a^2, \omega(a) = qa^2$ とおいた系を考察する. いま,

$$x \mapsto \frac{x}{\sqrt{D}}, \quad A = A(x), \quad \phi = \Omega t + \psi(x)$$

とおくと, A, ψ に関する方程式系

$$\begin{aligned} A_{xx} + A(1 - A^2 - \psi_x^2) &= 0, \\ \psi_{xx} + \frac{2A_x \psi_x}{A} &= \Omega - qA^2 \end{aligned} \tag{1.148}$$

が得られる．境界条件は

$$x \to 0 \text{ のとき } A(x) \sim a_0 x, \quad \psi_x(0) = 0,$$
$$x \to \infty \text{ のとき } A(x), \psi_x(x) \text{ は有界}$$

で与えられる．ここで考えるべき問題を要約すると，時間依存的な方程式系に関する初期値問題の解が有界であるような，q の関数 a_0 と Ω を見つけることである．そのような解の1つは，

$$A(x) = \sqrt{\frac{\Omega}{q}} \tanh(x/\sqrt{2}),$$
$$\psi_x(x) = \sqrt{1 - \frac{\Omega}{q}} \tanh(x/\sqrt{2}), \quad \Omega^2 + \frac{9}{2q}\Omega - \frac{9}{2} = 0 \quad (1.149)$$

であり，容易に示すことができる．これらの解は原点において周期的に発生し，正負の方向に交互に広がっていく．

進行波，特に螺旋波の安定性を解析的に示すのがかなり難しいことがしばしばある．興奮的な FHN 波の安定性に関する Feroe (1982) の論文が，このことを十分に示している．しかし，λ-ω 系の波列解の場合には，長ったらしい複雑な解析を行わなくとも，安定性に関する結果がいくらか得られることがある．数値計算から多くの螺旋波が確かに安定であると示唆されてはいるが，一般には，その安定性が解析的に完全に求まっているとは未だにとても言えない．先ほど簡単に言及したように，Yagisita et al. (1998) は興奮性をもつ反応拡散系における球面の螺旋波を研究した．彼らは特に，螺旋の先端が回転することを示した．さらに彼らは，一様な媒質と非一様な媒質の両方における伝播を考察した．

生物学的波動には，反応拡散系以外のモデル機構の解であるものも存在する．例えば，パターンや形を生み出すメカノケミカルモデルのいくつかを第6章で議論するが，これらにおいても進行波解が生じる．通過後に空間パターンを残していくような波も非常に重要であり，後の章で調べることになる．本章を締めくくるにあたり，生物学において波動現象がどれほど重要であるかを再度述べておくのがよいだろう．本章の内容だけからもその重要性は明らかだが，胚発生過程の組織間情報伝達においてはさらに重要であろう．定常状態としての空間パターンや形をいかに形成するのかという問題もまた，同様に重要なトピックであり，引き続く章で詳細に議論していく．

演習問題

1 捕食者が被食者に比べて，拡散により十分速く分散するような，修正版のロトカ－ヴォルテラ捕食者－被食者系を考える．この場合の無次元方程式系は，

$$\frac{\partial u}{\partial t} = u(1-u-v),$$
$$\frac{\partial v}{\partial t} = av(u-b) + \frac{\partial^2 v}{\partial x^2}$$

である．ここで，$a > 0, 0 < b < 1$ が成り立ち，u, v はそれぞれ被食者，捕食者を表す．新たな進行波変数 $x + ct$ をとる．その下で，定常状態 $(u,v) = (0,0)$ と $(u,v) = (b, 1-b)$ とを結ぶような，速度 c で進行する現実的なフロント進行波解が存在するかどうかを調べよ．そして，c が $0 < c < \sqrt{4a(1-b)}$ をみたすならばその波動解が存在せず，一方 $c \geq \sqrt{4a(1-b)}$ をみたすならば波動解が存在することを示せ．さらに，十分大きい $x + ct$ に対して，$a > a^*$ ならば，(u,v) は指数関数的に減衰振動しながら $(b, 1-b)$ へと収束する，そのような a^* が存在することを示せ．

2 修正版のロトカ－ヴォルテラ捕食者－被食者系

$$\frac{\partial U}{\partial t} = AU\left(1 - \frac{U}{K}\right) - BUV + D_1 U_{xx},$$
$$\frac{\partial V}{\partial t} = CUV - DV + D_2 V_{xx}$$

を考える．ここで U, V は，それぞれ被食者と捕食者の個体群密度を表す．A, B, C, D, K は正の定数である．K は被食者の環境収容力を，D_1, D_2 はそれぞれ捕食者と被食者の拡散係数を表す．捕食者の分散が被食者のそれに比べて十分遅い場合に，1次近似 $D_2/D_1 \approx 0$ の下で，適切な無次元化系は

$$\frac{\partial u}{\partial t} = u(1-u-v) + \frac{\partial^2 u}{\partial x^2},$$
$$\frac{\partial v}{\partial t} = av(u-b)$$

であることを示せ．また，フロント進行波解が存在するかどうかを調べよ．

3 ある化学反応における，2次および3次の自己触媒反応段階は，それぞれ

$$A + B \to 2B, \quad \text{反応速度} = k_q ab,$$
$$A + 2B \to 3B, \quad \text{反応速度} = k_c ab^2$$

により表せる．ここで，a, b はそれぞれ A, B の濃度を，k_q, k_c は反応速度定数を表す．A, B に関する拡散係数が等しいとき，

$$\frac{\partial a}{\partial t} = D\nabla^2 a - k_c ab^2 - k_q ab,$$
$$\frac{\partial b}{\partial t} = D\nabla^2 b + k_c ab^2 + k_q ab$$

の形の反応拡散系が得られる．まず，系を無次元化し，多項式の反応項からなる単一のスカラー方程式の研究に帰着できることを示せ．

次に，3次の自己触媒反応項のみが存在する場合 ($k_q = 0$, $k_c \neq 0$) と，2次の自己触媒反応項のみが存在する場合 ($k_q \neq 0$, $k_c = 0$) を考える．空間1次元の場合に，c を波の速度として進行座標変数 $z = x - ct$ を導入し，進行波が存在するかどうかを調べよ．

4 モデル方程式

$$\frac{\partial u}{\partial t} = -uv + D\frac{\partial^2 u}{\partial x^2}, \quad \frac{\partial v}{\partial t} = uv + \lambda D \frac{\partial^2 v}{\partial x^2}$$

により表される，原始的な捕食者－被食者系を考える．$\lambda > 0$, $u(-\infty, t) = v(\infty, t) = 0$, $u(\infty, t) = v(-\infty, t) = K$ (K は正の定数) の下で，現実的なフロント進行波解が存在するかどうかを調べよ．あらゆる特別な場合も考慮されたい．またこの系はどのような状況をモデリングしているのかを考えよ．

5 走化的に誘導される微生物の進行帯 (travelling bands) が，食料源へと移動しそれを消費する場合を考える．この状況に対するモデルは，

$$b_t = \frac{\partial}{\partial x}\left(Db_x - \frac{b\chi}{a}a_x\right), \quad a_t = -kb$$

により与えられる．ここで $b(x,t)$, $a(x,t)$ はそれぞれ細菌密度と栄養濃度を表す．D, χ, k は正の定数である．境界条件 $\lim_{|z|\to\infty} b = 0$, $\lim_{z\to-\infty} a = 0$, $\lim_{z\to\infty} a = 1$ の下で，変数 $z = x - ct$ (ただし c は波の速度) の関数として進行波解を求めよ．そして，$a(z), b(z)$ が，

$$a' = \frac{kb}{c}, \quad b' = \frac{b}{cD}\left(\frac{kb\chi}{a} - c^2\right)$$

をみたすことを示し (ただしプライム ($'$) は z に関する微分を表す)，$a(z)$ と $b(z)$ の間に成り立つ関係を求めよ．

また，$\chi = 2D$ であるような特別な場合に

$$a(z) = \left(1 + Ke^{-cz/D}\right)^{-1},$$
$$b(z) = \frac{c^2}{kD}e^{-cz/D}\left(1 + Ke^{-cz/D}\right)^{-2}$$

が成り立つことを示せ．ここで K は正の任意定数である．これは線形変換と等価で，$K = 1$ とおいてよい．波動解の概略図を描き，生物学的な状況を説明せよ．

6 BZ 反応におけるフロント波の空間変動に対する，2種簡約化モデル (1.85) を考える．パラメータは

$r = b \gg 1$ とする．すなわち，考察する系は
$$u_t = -\frac{uv}{\varepsilon} + u(1-u) + u_{xx},$$
$$v_t = -\frac{uv}{\varepsilon} + v_{xx}, \quad 0 < \varepsilon \ll 1$$
である．ε のべき乗の形
$$\begin{pmatrix} u \\ v \end{pmatrix} = \sum_{n=0}^{\infty} \begin{pmatrix} u_n(z) \\ v_n(z) \end{pmatrix} \varepsilon^n$$
の進行波解（$O(\varepsilon)$ の項まで計算せよ）を求めることにより，u_0, v_0 に関する方程式が
$$u_0 v_0 = 0,$$
$$u_0'' + cu_0' + u_0(1 - u_0) = v_0'' + cv_0'$$
であることを示せ．

これより，波に関する問題は，2つの部分に分けられることが推測される．1つ目は $u_0 \neq 0, v_0 = 0$ の場合であり，もう1つは $u_0 = 0, v_0 \neq 0$ の場合である．波の遷移が起こる場所を点 $z = 0$ とせよ．予想される解の形の概略図を描け．

$v_0 = 0$ の領域では，u_0 に関する方程式はフィッシャー―コルモゴロフ方程式となるが，境界条件が異なっている．いま，$u(-\infty) = 1, u_0(0) = 0$ が成り立つ．任意の $z \geq 0$ において $u_0 = 0$ が成り立つが，一般に $u_0'(0)$ は 0 にはならない．$u_0'(0) \neq 0$ が成り立つことは，$z > 0$ の領域への u_0 の流束があることを意味し，任意の $z \geq 0$ において $u_0 = 0$ が成り立つという制約を破ることになるので，不一致が生じる．この問題は，**ステファン問題 (Stefan problem)** と呼ばれる．物理的に整合させるためには，$z > 0$ の領域への u_0 の流束がないように，境界条件を拡張させなければならない．以上より，u_0 に関する完全な定式化は，フィッシャー―コルモゴロフ方程式に境界条件 $u_0(0) = u_0'(0) = 0, u(-\infty) = 1$ を加えたものになる．これにより，先ほど描いた解の形を修正する必要が生じるだろうか．また，このような波は，フィッシャー―コルモゴロフ方程式の波よりも進行が速いだろうか/遅いだろうか．数学的，物理的な根拠も示せ．【$b \neq r$ の場合のこの漸近形は，Schmidt and Ortoleva (1980) により詳細に研究された．彼はここで記した方法で問題を定式化し，波の特徴に関する解析的な結果を得た．】

7 FHN モデル (1.94) に対する区分線形モデルは，
$$u_t = f(u) - v + Du_{xx}, \quad v_t = bu - \gamma v,$$
$$f(u) = H(u - a) - u$$
の形で表される．ここで，H はヘビサイド関数 ($s < 0$ のとき $H(s) = 0, s > 0$ のとき $H(s) = 1$) である．また a, b, D, γ は全て正の定数であり，$0 < a < 1$ が成り立つ．b, γ が十分小さく，唯一の静止状態 (rest state) が $u = v = 0$ である場合，進行パルス波が存在するか否か，そして存在する場合には波の形と速度を，定性的に調べよ．

8 区分線形 FHN モデルは，
$$u_t = f(u) - v + Du_{xx}, \quad v_t = \varepsilon(u - \gamma v),$$
$$f(u) = H(u - a) - u$$
の形で表される．ここで，H はヘビサイド関数 ($s < 0$ のとき $H(s) = 0, s > 0$ のとき $H(s) = 1$) である．また $a, \varepsilon, D, \gamma$ は全て正の定数であり，$0 < a < 1$ が成り立つ．ヌルクラインを図示し，さらに3つの定常状態が存在しうるような，パラメータ a, γ に関する条件を定めよ．

$\varepsilon \ll 1$ が成り立ち，かつ a, γ が3つの定常状態が存在するようなパラメータ領域に存在するとき，零静止状態 (zero rest state) から出て別の安定静止状態へと入るような，闞のフロント進行波が存在するか否かを示せ（ただし初めに零定常状態に落ちているとする）．ε が十分小さいとき，そのようなフロント波の唯一の波の速度を $O(1)$ のオーダーで定めよ．また波動解を描き，そのようなフロント進行波を生じうるような初期条件の定性的なサイズと形状に関して重要と思われることを指摘せよ．さらに，初めに u, v があらゆる点において非零の定常状態に落ちている場合に，その定常状態から出て零静止状態へと入るような波が存在するか否かを議論せよ．

【演習問題 **7**, **8** は，Rinzel and Terman (1982) により解析的に詳しく研究されてきた．】

第2章
反応拡散系による空間パターン形成

2.1 生物学におけるパターンの役割

発生学とは，受精から出生までにおける胚の形成と発生に関する，生物学の一分野である．胚発生は一続きの過程からなり，グランドプランに従って進んでいく．グランドプランは，胎生のきわめて初期段階のうちに完了する場合がほとんどであり，例えばヒトの場合，およそ5週目には完了する．このテーマに関する文献は多数存在する．例えば Slack (1983) は，卵から胚までの発生初期段階に関する読みやすい文献である．発生学のなかでも我々の関心の中心である形態形成 (morphogenesis) は，パターンや形態の発生のことを指す．発生過程においてグランドプランが確立される仕組みについても，また，様々な器官を特異化するために必要となる空間パターンが形成されるメカニズムについても，我々はわかっていない[*1]．

本章の大部分，およびその先の章では，空間パターンや形態を形成するメカニズム，および，実際の発生中の様々な状況において起こりうるパターン形成プロセスとして提唱されたメカニズムについて扱う．波動現象はもちろん，空間パターンを形成するのであるが，それは時空間パターンであった．一方ここでは，定常状態としての非一様な空間パターンの形成について考える．本章では，主に発生生物学を念頭においた上で，反応拡散パターン形成メカニズムを導入し，その解析を行う．しかしながら，2.7節では，パターン形成の生態学的な側面を扱い，害虫の制御戦略に対して示唆を与える．そこで行われる数学的解析は他節とは異なるものの，多くの発生学的状況と直接的に関連している．

我々が解決したい，せめて何か教訓を引き出したい，と思う問題は，多数存在する．例えば，複雑なパターンを生成しうるバクテリアと，縄張りを定める際のオオカミの群れに共通して見られるような，パターン形成の一般原理は存在するだろうか？ 空間パターンは，生物医学に普遍的に見られ，それらがどのように形成されるのかを理解することは，基礎的にして大きな科学的挑戦に違いない．本書の残りの部分では，それぞれ多種多様な分野でパターンを形成する，様々なパターン形成メカニズムについて学んでいく．

受精後，細胞分裂が始まる．発生胚が十分な回数の細胞分裂を経た後に重要な問題となるのは，いかにして一様な細胞集団が空間的に組織化されて，一連の発生過程が進行しうるのか，ということである．細胞たちは，空間的に組織化された胚の中のどこに位置するかに従って（生物学的な意味で）分化する．ま

[*1] Jean-Pierre Aubin 教授は著書 *Mutational and Morphological Analysis* の中で，形容詞 morphological はゲーテ (1749～1832) が由来であると記している．ゲーテは長い間を，生物学について考えを巡らせたり筆を執ったりして過ごした（「生物学」(biology) という学問が登場したのは1802年のことであるが）．Aubin はさらに，ゲーテの植物進化論について述べている．それは，ほぼ全ての植物は単一の原型植物から進化した，という仮説を述べたものであった．奇形学，もしくはモンスター（第7章参照）に関して広範に著作を出した19世紀初期のフランスの優れた生物学者 Geoffroy St. Hilaire を除き，その仮説に真面目に取り合う者はいなかった．ゲーテはそのことを非常に苦々しく思っていたようであり，自身の学問以外の学問分野で仕事をすることの困難さに対して不満をこぼしていた（このことはいまでも問題であるが）．ゲーテの仕事は20世紀になって，主に科学史家たちから再評価を受けている（例えば，Lenoir (1984), Brady (1984) や，それらの参照文献を参照されたい）．

た，細胞たちは胚の中を移動する．後者の現象は，形態形成において重要な要素であり，パターンや形態の形成に対する新たなアプローチをもたらしている．この新たなアプローチに関しては，第6章で詳細に論じる．

生物学におけるパターンがもつ豊かさ，多様さ，そして美しさには，魅了されずにはいられないであろう．図2.1は，それらのうちのほんの4つの例にすぎない．ショウジョウバエ胚の初期のパターン形成，粘菌の空間パターン形成，そして第5章で論じるバクテリアのパターン形成など，いくつかの異なる分野の前線においては顕著な進展があったものの，図2.1のパターンやその他無数のパターンが，いかにしてでき上がるのかは未だに不明である．図2.1に示した少数のパターンだけからも，パターン形成に関する非常に様々な問題が提起されるのである．

図2.1(c)については，ガの触角に注目されたい．この触角は，ボンビコールと呼ばれるフェロモン（オスを誘引するためにメスが発する匂い分子）を，非常に効率的に捕集する．カイコガの場合，飛ぶことのできないオスは，1 km ほど離れた場所のメスが発したフェロモンをも検出することができ，メスの方へと濃度勾配を上っていくことができる．ボンビコール分子を捕集してカウントできる触角におけるフィルターの効率性は，本書で論じるものとは非常に異なる，興味深い数理生物学的なパターン形成問題を提示する．それは，このような触角が最も効率的なフィルターになるためにはどのような設計がよいか，という問題である．興味深い流体力学と拡散作用が関わるこの具体的問題について，Murray (1977) は詳細に論じている．

生物学におけるパターンや形態の根本的重要性は，いまさら言うまでもない．しかしながら，我々が動物界において何かパターンを見つけたとすれば，ほとんどの場合，それを生み出したプロセスについて我々は未だに何も知らない．我々の理解は，その程度なのである．パターン形成に関する研究は，モデルに遺伝子が含まれていないという理由によりしばしば批判を受ける．しかしそれならば，その批判は，複雑な系をシンプルな系でモデリングする際のいかなる抽象化に対しても向けられるべきものだといえる．パターンや形態の形成，特に発生におけるそれは，大抵はゲノムのレベルからかけ離れていることを忘れてはならない．もちろん，遺伝子はパターン形成に不可欠な役割を果たしているし，パターン形成メカニズムは遺伝的に制御されているに違いない．しかしながら，遺伝子そのものだけではパターンを生み出せない．遺伝子は，パターン形成のための青写真，あるいはレシピを提供しているにすぎない．発展するパターンの多くは，遺伝情報だけからはとても予想できないものである．もう1つ別の大きな生物学的問題は，遺伝情報がいかにして必要なパターンや形態へと物理的に翻訳されるか，という問題である．発生生物学では，パターンや形態を生み出す基礎にある発生初期段階でのメカニズムを決定するために，実験，理論ともに多大な研究がなされている．以下に続く何章かでは，提唱されてきたいくつかのメカニズムが詳細に論じられ，また，形態形成の基礎にあるメカニズムの解明における，数理モデリングの役割が示される．

位置情報 (positional information) と呼ばれる，パターン形成および分化に関する現象論的な概念は，Wolpert (1969)（1971, 1981年の総説を参照されたい）によって提唱された．細胞は，化学物質（モルフォゲン）の濃度に反応し，それに応じて様々な種類の細胞——例えば軟骨細胞——へと分化するように，あらかじめプログラムされている，と彼は提唱した．一般的で入門的な Wolpert (1977) の論文では，動物のパターンや形態の発生について，および彼が提唱した位置情報仮説とその応用について，専門的な言葉を使わずに非常に明快な説明が与えられている．これは現象論的なアプローチであり，実際のメカニズムを含むものではなかったものの，このアプローチは莫大な数の啓蒙的な実験研究をもたらした．その多くは，ヒヨコの胚の肢軟骨パターンやその他の鳥類（ウズラやホロホロチョウなど）の胚の羽模様パターンの発生に関連したものであった（例えば Richardson et al. (1991) やその参照文献を参照されたい）．発生における位置情報に関する文献の検索を行えば，夥しい数の文献が出てくることであろう．位置情報という概念は，シンプルで魅力的であり，発生について，ある側面に関する我々の知識を顕著に前

2.1 生物学におけるパターンの役割

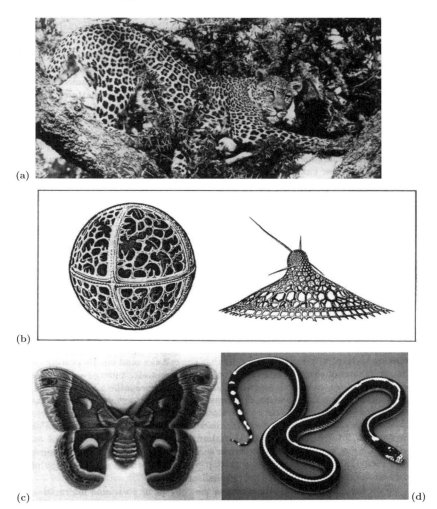

図 2.1 (a) タンザニア，セレンゲティ国立公園のヒョウ (*Panthera pardus*). 個々の斑点がもつ構造に注目されたい. （写真は Hans Kruuk の厚意による.) (b) 放散虫類 (*Trissocyclus spaeridium* と *Eucecryphalus genbouri*). これらは海洋微生物——原生動物——であり，その体長はミリメートルのオーダーである. (Haeckel (1862, 1887) によれば,) 放散虫類がもつ構造は，驚異的なまでに多様である. （例えば，Dover Archive Series (Haeckel 1974) に見られる Haeckel のスケッチの複写を見てみるとよい. ただし，6.1 節で述べる，Haeckel にまつわる歴史的な余談も参照されたい.) (c) ガ (*Hyalophora cecropia*). 翅の模様のみならず，体部の縞模様，および触角の構造にも注目されたい. (d) カリフォルニアキングヘビ. backstripe ではなく crossband からなるパターンが見られることもある（写真は Lloyd Lemke の厚意による).

進させた. しかしながら，それはメカニズムではない.

　化学的プレパターンの視点で胚発生を考えると，発生過程は以下のいくつかのステップに分けられる. 非常に重要な最初のステップは，モルフォゲン濃度がなす空間パターンの形成である. なお，形態形成 (morphogenesis) に影響を与える化学物質であるため「モルフォゲン (morphogen)」と呼ばれるのである. 細胞たちが応答する化学物質があらかじめプログラムされており，それに従って，各細胞が化学的な濃度の座標における自身の位置を知り，それに応じて分化したり，適切な細胞形態変化を経たり，あるいは遊走したりする，というのが，位置情報のアイデアである. したがって，一度プレパターンが確立してしまえば，形態形成はそれに隷属するプロセスとなる. 位置情報仮説は，モルフォゲン濃度がなす空間的

プレパターンを作り上げる具体的なメカニズムに依存したものではない．本章では，生物学的パターンを形成する可能なメカニズムとして，反応拡散モデルに関心がある．形態形成に関する基本的な化学理論や反応拡散理論は Turing (1952) による古典的な論文で提唱された．いまでは文献が膨大に存在する反応拡散理論は，それ自体で一研究分野となっている．

　動物の形態の複雑さからして，位置情報というアイデアは，細胞による「モルフォゲン地図 (morphogen map)」の解釈の仕方が非常に洗練されていることを必然的に意味している．とはいえ，個々の細胞——位置情報に応答する（あるいは単に，化学的な濃度の微小な差に何らかの方法で応答する）細胞であろうとなかろうと——がどれほど非常に複雑であるかを思い出してみれば，このことは，いかなる問題にもならない．反応拡散によって形成されるパターンのスケールは，実験によって観察された図 2.11 のパターンに見られるように，非常に小さなこともありうる．細胞の複雑性に関しては，細胞の DNA 分子（デオキシリボ核酸）がもつ情報 1 ビットあたりの重量，約 10^{-22} を，電子線によるイメージングのそれ（約 10^{-10}）や磁気テープによるイメージングのそれ（約 10^{-5}）と比較すれば，非常に大雑把に理解できる．最も洗練された，最もコンパクトなコンピュータチップであっても，細胞と同じレベルには全く立てないのである．

　理論モデルから得られる重要な点は，いかなるパターンも，それ自身の履歴を含んでいる，ということである．生物学的プロセスを理解しようとする我々の（社会的）役割のアナロジーとして，以下のような，シンプルな工学的アナロジー (Murray et al. 1998) を考えてみよう．まず，橋を建設するためには千トンの鋼鉄が必要なのであるが，不足があれば構造は弱すぎるものとなり，そして多すぎれば過剰剛性となってしまう．また，その一方で，部品を組み上げる最良の方法を労働者に指導する必要がある．例えば形態形成においては，組織の形成や変形に関わる細胞は十分にノウハウを心得ており，適切な原料と最初の指導を与えてやれば，必要となるあらゆるものを構築させることができる，と考えられる．これは，完全な理解，予知的な理解を求める多くの者が，そうあってほしいと願っていることである．しかしながら，あらゆるこのような洗練された細胞活動による大域的な効果は，発生過程に生じるイベントの系列に対してきわめて敏感であると思われる．科学者として我々は，労働者たちと話し合う限られた機会をいかに利用して，許容範囲の最終成果に繋がる実験を唱導できるか，について考えるべきであろう．

　いかなる生物学的なパターン形成過程に対して提案されてきたいかなるモデルも，また，それら全てを組み合わせたモデルも，完全なモデルと見なすことはできない．ただし，広範に研究されているいくつかの問題（例えば肢芽の発生におけるパターン形成）に関しては，個々のモデルたちによってパターン形成過程の様々な側面が明らかにされ，いまでは，完全なモデルに含まれるべき重要な概念要素が何であるかがようやくわかってきている．これらの研究は，我々の知識が不十分な箇所を目立たせ，そして，実りある実験によって我々がどのような方向へ向かうべきかを提案している．実際，これらの理論研究が実験屋たちにどれほどの影響を与えるかこそが，その理論の生死の分かれ目といえる[*2]．

　本節の終わりに，パターン形成現象に対して数学的記述（現象論的記述も含む）を与えたからといって，決してそれは現象の説明とはいえない，ということを再び強調しておこう．このことは一般に受け入れられているものの，しばしば忘れられがちである．

[*2] 後の章で論じる力学的パターン形成理論に関しては，次のような話がある．いくらかの議論の末，力学的パターン形成理論を信じていなかった（長年にわたる友人であり共同研究者でもある）Lewis Wolpert が，とりわけこの理論を反証することを目的とした実験を設計した．結果，その実験で理論を破ることはできなかったのであるが，その代わりに彼は，自身が研究していた生物学的プロセス——ヒヨコの肢芽におけるパターン形成——に関してある発見を得た．このように，この理論は，それを信じない生物学者たちに対しても大きなインパクトを与えるものであった．彼が率直に認めているように，この理論にかくの如く刺激を受けて（より正確には，挑発させられて）いなければ，彼は決してその後の実験を行ってはいなかったであろう．

2.2 反応拡散メカニズム（チューリングメカニズム）

Turing (1952) は，ある条件の下で，化学物質の反応と拡散によって，化学物質の，もしくはモルフォゲンの濃度が定常状態にある非一様な空間パターンを形成することを示唆した．我々は入門編第 11 章において，反応拡散メカニズムを支配する方程式 (11.16) を導出したのであった．この方程式を，ここでは

$$\frac{\partial \boldsymbol{c}}{\partial t} = \boldsymbol{f}(\boldsymbol{c}) + D\nabla^2 \boldsymbol{c} \tag{2.1}$$

と表そう．ここで，$\boldsymbol{c}$ はモルフォゲン濃度からなるベクトルを表し，$\boldsymbol{f}$ は反応動力学を表す関数である．また D は，正定数の拡散係数を成分にもつ対角行列である．本章では主に，2 種の化学物質 $A(\boldsymbol{r},t)$，$B(\boldsymbol{r},t)$ からなるモデルに関心があり，その方程式系は

$$\begin{aligned}\frac{\partial A}{\partial t} &= F(A,B) + D_A \nabla^2 A, \\ \frac{\partial B}{\partial t} &= G(A,B) + D_B \nabla^2 B\end{aligned} \tag{2.2}$$

と書ける．F, G は動力学関数であり，これらはどのモデルにおいても非線形であろう．

Turing (1952) のアイデアは，シンプルながらも意味深いものである．彼によると，拡散が起きない場合に（すなわち $D_A = D_B = 0$ の場合に）A, B が線形安定で一様な定常状態へと収束するのであれば，$D_A \neq D_B$ のとき（以下で導出する）ある条件の下で，**拡散誘導不安定性 (diffusion driven instability)** によって空間的に非一様なパターンが発生する．拡散は，大抵の場合には安定化プロセスとして考えられるものであり，そのため，彼の考えは奇抜なものだといえる．拡散が不安定化をもたらす様子を直観的に理解するために，以下のようなアナロジーを考えることにしよう．このアナロジーは，非現実的ではあるものの，参考にはなる．

枯れ草の原野にたくさんのバッタが棲んでいる．バッタは暑いと汗をかき，野に水分をもたらす．いま，この原野の中のある地点で出火が起き，火炎が野に広がり始めたとしよう．このとき我々は，バッタと炎をそれぞれ抑制因子と活性因子として考えることができる．もし炎を抑える水分が存在しなければ，火はただただ燃え広がり，原野全体は一様に焼き尽くされるだろう．しかし，もしもバッタが暑くなって汗をかき，野を潤すと，そこに炎が到達しても野が焼けることはない，とすればどうだろう．この場合，空間パターンが形成されるまでのシナリオは，以下のようなものである．まず，炎が広がり始める．炎 (Fire) は「反応物」の一方である活性因子であり，その「拡散」係数を D_F とおこう．かたや，もう一方の「反応物」，抑制因子であるバッタ (Grasshopper) は，火炎面がこちらに迫ってくるのを感じると，火炎面より遠ざかる方向へ素早く逃げてゆく．すなわち，バッタもまた「拡散」係数 D_G をもち，しかもこれは D_F よりもずっと大きい．また，バッタは大量に汗をかき，その水分によって潤った場所には炎が拡散しなくなる．こうして，焼失区域は有界な範囲に限定される．焼失区域は，2 つの反応物（炎とバッタ）の「拡散」係数，および「反応」の様々なパラメータに依存して決まる．もしも炎が単一地点からではなく，ランダムにまき散らされたような状態から開始する場合には，それぞれの炎の周囲ごとに上述のシナリオが進行し，その結果，このプロセスによって，焼失区域と非焼失区域からなる空間的に非一様な定常分布，およびバッタの空間的分布が形成される．このような空間パターンは，もしもバッタと炎の「拡散」の速度が等しい場合には出現しない．以上とは別のアナロジーを考えることもできる．例えば，以下の 2.3 節でいくつかの例を与える．*Scientific American* の論文 Murray (1988) には，さらに他の例が見られる．

次節にて，反応拡散するモルフォゲンに関してこのプロセスを記述し，（拡散誘導不安定性が生じるために必要な）反応動力学や拡散係数の条件を導出する．また，出現すると考えられる空間パターンのタイ

プについても導出する．本節では，後で用いられる，特にシンプルな 2 つの仮説的な系，および実験上実現可能な 1 つの例について手短に述べる．これらは，パターン形成系に関するチューリングの条件をみたすことができる系である．いまでは，他にも多数の系が，空間パターン形成の研究に用いられている．それらの系の中には，実験的妥当性の高いものも低いものも存在する——入門編第 8 章および前章で行った BZ 反応に関する広範な議論にちなんで，このことを特に述べておく．実在する反応系が多数見つかってきているものの，BZ 反応系は，依然として重要な実験系なのである．

最もシンプルな系は，入門編第 7 章で論じた Schnakenberg (1979) の化学反応であり，この系では，式 (2.2) における動力学関数が

$$F(A,B) = k_1 - k_2 A + k_3 A^2 B,$$
$$G(A,B) = k_4 - k_3 A^2 B \tag{2.3}$$

となっている．k_i は，いずれも正の速度定数である．$F(A,B)$ 中の項 $k_3 A^2 B$ によって，A は自己触媒的に産生される．この系は，反応拡散系の原型の 1 つともいえる例である．別の例としては，Gierer and Meinhardt (1972) によって提案された活性因子—抑制因子系がある．こちらは有名であり，提案されて以来，幅広く研究，利用されてきた．彼らの系

$$F(A,B) = k_1 - k_2 A + \frac{k_3 A^2}{B}, \quad G(A,B) = k_4 A^2 - k_5 B \tag{2.4}$$

に関しては，入門編第 6 章で議論した．A は活性因子であり，B は抑制因子である．先ほどと同様に，項 $k_3 A^2/B$ は自己触媒的である．Gierer-Meinhardt 反応拡散系の，生物学的な複雑な構造のパターン形成への応用に関しては，Koch and Meinhardt (1994) の総説がある．彼らは，このモデルやその変種をパターン形成へ応用することを扱った文献からなる，広範なリストを与えている．

Thomas (1975) によって実験研究が行われた，経験的な基質阻害系もまた，入門編第 6 章で詳細に述べたものであり，こちらは

$$F(A,B) = k_1 - k_2 A - H(A,B), \quad G(A,B) = k_3 - k_4 B - H(A,B),$$
$$H(A,B) = \frac{k_5 AB}{k_6 + k_7 A + k_8 A^2} \tag{2.5}$$

となっている．ここで A, B はそれぞれ，基質である酸素と，酵素であるウリカーゼの濃度を表す．$H(A,B)$ 中の項 $k_8 A^2$ より，基質阻害が起こることがわかる．F, G の式中の項 $-H(A,B)$ は負であるので，A, B の減少に寄与するが，この減少の速度は，A が十分大きなときには A によって阻害される．フィールド—ケレシュ—ノイズ (FKN) モデル速度論（入門編第 8 章を参照）に基づいた反応拡散系は，実験によって理論を検証できる可能性を秘めているという点で，特に重要な例である．この系に関する参照文献は，後に適切な箇所で述べる．

パターンを形成する反応動力学の様々な種類について述べる前に，まずは（式 (2.3)–(2.5) のような動力学関数をもつ）系 (2.2) を無次元化しなくてはならない．例として，F, G が式 (2.3) で与えられる場合について，詳細を見ていこう——式が簡潔であり，また入門編第 7 章で詳細に解析を行ったため，系 (2.3) を選ぶことにする．典型的な長さのスケールを L とおくことにして，

$$u = A\left(\frac{k_3}{k_2}\right)^{1/2}, \quad v = B\left(\frac{k_3}{k_2}\right)^{1/2}, \quad t^* = \frac{D_A t}{L^2}, \quad \boldsymbol{x}^* = \frac{\boldsymbol{x}}{L},$$
$$d = \frac{D_B}{D_A}, \quad a = \frac{k_1}{k_2}\left(\frac{k_3}{k_2}\right)^{1/2}, \quad b = \frac{k_4}{k_2}\left(\frac{k_3}{k_2}\right)^{1/2}, \quad \gamma = \frac{L^2 k_2}{D_A} \tag{2.6}$$

とおく．すると，無次元化された反応拡散系は，以下のようになる（簡単のために，アスタリスク ($*$) を省略した）：

$$u_t = \gamma(a - u + u^2 v) + \nabla^2 u = \gamma f(u,v) + \nabla^2 u,$$
$$v_t = \gamma(b - u^2 v) + d\nabla^2 v = \gamma g(u,v) + d\nabla^2 v. \tag{2.7}$$

2.2 反応拡散メカニズム（チューリングメカニズム）

なお，関数 f, g はこの式で定義した．さて，長さ r および時間 t のスケールを，新たに $\gamma^{1/2} r$ および γt へと変更すれば，それらに γ を組み入れることができる．これはすなわち，$\gamma = 1$ となるように長さのスケール L をとる（つまり $L = (D_A/k_2)^{1/2}$ とする）ことと同値である．しかしながら，間もなく明かされるある理由により，また，次節での解析，および以降の章での応用のためにも，あえて式 (2.7) の形を保持することにする．

式 (2.4) や (2.5) で与えられる反応動力学の場合には，適切な無次元化を行うと

$$f(u,v) = a - bu + \frac{u^2}{v}, \quad g(u,v) = u^2 - v,$$
$$f(u,v) = a - u - h(u,v), \quad g(u,v) = \alpha(b-v) - h(u,v), \quad (2.8)$$
$$h(u,v) = \frac{\rho u v}{1 + u + K u^2}$$

となる（演習問題 1 を参照）．a, b, α, ρ, K は正のパラメータである．上式 1 行目の活性因子―抑制因子系に，活性因子阻害の効果を加えると，f と g は

$$f(u,v) = a - bu + \frac{u^2}{v(1+ku^2)}, \quad g(u,v) = u^2 - v \quad (2.9)$$

となる．ここで k は阻害の尺度を表す．この系に関しては，入門編 6.7 節も参照されたい．Murray (1982) は，これらの系をそれぞれ詳細に議論し，これらの系の，パターン発生器としての相対的な利点に関する結論を導き出した．その際に彼は，あらゆる 2 種反応拡散系の研究に対する体系的な解析法を提示している．この研究により，反応拡散系によるパターン形成の（解析的な）ほぼ全ての例のうち，最もシンプルなもの，すなわち系 (2.7) が，最もロバストであり，かつ幸運なことに，最も研究しやすいということがわかった．

これらの反応拡散系は，いずれも無次元化することができ，一般形

$$u_t = \gamma f(u,v) + \nabla^2 u, \quad v_t = \gamma g(u,v) + d \nabla^2 v \quad (2.10)$$

のように表すことができる．ここで d は拡散係数比であり，また γ に関しては，以下のいずれの解釈も行うことができる．

(i) $\gamma^{1/2}$ は，空間領域の（1 次元的な）線形サイズに比例する．特に空間が 2 次元の場合には，γ は面積に比例する．このことは，後に 2.5 節や第 3 章で見るように，著しく重要な意味をもつ．

(ii) γ は，反応項の相対的な大きさを表している．例えば，反応系列における律速段階の活性の上昇は，γ の増加によって表されうる．

(iii) γ の増加は，拡散係数比 d の減少と同値だと考えることもできる．

この一般形 (2.10) は，以下の点で特に都合がよい：(a) 無次元パラメータ γ, d は，次元付きパラメータよりも幅広い生物学的解釈が可能であり，(b) ある特定の空間パターンが出現するようなパラメータ空間内の領域を考えるときに，その結果を (γ, d) 空間に表示することができて便利である．Arcuri and Murray (1986) では，これらの利点が活用されている．

系 (2.2) がチューリング型の空間パターンを形成できるかどうかは，反応動力学 f, g，および γ, d の値に大きく依存している．ヌルクラインの詳細な形を見れば，反応初期における本質的な情報が得られる．式 (2.7)–(2.9) の各場合における f, g の典型的なヌルクラインを，図 2.2 に示す．

これらの機構は，それぞれ化学的動機や導出方法が異なるにもかかわらず，いずれも何らかの活性因子―抑制因子的な解釈と等価であり，反応物の拡散係数が異なる場合には，いずれも空間パターン形成能をもつ．なお，空間的な活性因子―抑制因子の概念に関しては，既に入門編 11.5 節で詳細に議論しており，そこでは積分方程式を用いて系を導出したのであった――入門編の方程式 (11.41) を参照されたい．次節

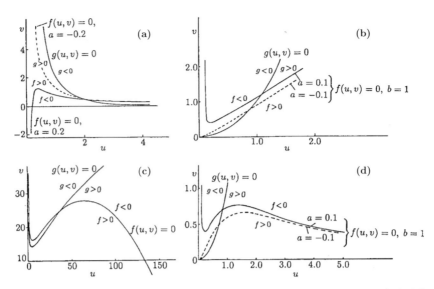

図 2.2　ヌルクライン $f(u,v) = 0$, $g(u,v) = 0$ を示す．(a) Schnakenberg (1979) の無次元系 (2.7) ($a = 0.2$, $b = 2.0$)．なお，$a < 0$ なる場合の典型例として，$a = -0.2$ の場合を破線で示した．(b) Gierer and Meinhardt (1972) の無次元系．($a = \pm 0.1$, $b = 1$．活性因子阻害は考えていない．) (c) 式 (2.8) (の 2, 3 行目) によって定義される Thomas (1975) の経験的な基質阻害系 ($a = 150$, $b = 100$, $\alpha = 1.5$, $\rho = 13$, $K = 0.05$)．(d) 系 (2.9) ($a > 0$, $b > 0$, $k > 0$)．活性因子阻害を考慮に入れている．破線は $a < 0$ の場合である．

で見るように，ヌルクラインの形状，および，定常状態の近傍におけるそれらの交わり方には，パターン形成に関する動力学がもつ重大な側面が現れている．図 2.2 には，2 種類の大まかなタイプが描かれている．図 2.2(b), (c), (d) におけるヌルクラインの定常状態近傍での様子は類似しており，それらは 1 つのタイプに属する．一方，図 2.2(a) は別のタイプに属する．

上に挙げた他にも重要なヌルクラインのクラスが存在することに触れておくべきであろう．例えば，入門編第 7 章で扱ったような正の定常状態が 2 つ以上存在するような場合が考えられるが，そのような動力学をもつ反応拡散系は，さらにもっと複雑な空間パターンを形成する．またこの場合には，初期条件が特に重要となる．その他には，拡散係数が空間依存的な系や，濃度あるいは個体数に依存的な系も考えられるが，そのような場合もここでは議論しない（遺伝子組換え生物の広がりに関する第 1 章の議論を思い出されたい）．ただし，密度依存的に拡散する場合については，入門編第 11 章で手短に検討したのであった．また本書の後半では，拡散係数が空間依存的である場合の重要な応用例である，脳腫瘍が（解剖学的に現実的な）脳組織内を広がっていく様子のモデリングについて議論する．

考えているメカニズムの動力学を，模式図で表現する――ある慣習に従って，自己触媒，活性化，阻害，分解，拡散係数の不一致などを書き記す――ことは，モデルの設計の際にはしばしば有益であり，直観的理解の助けとなる．例えば，(2.8) の 1 行目によって f, g が与えられる場合の活性因子―抑制因子系 (2.10) の模式図を描くと，図 2.3(a) のようになる．

$d > 1$ の下では，拡散係数は相異なり，その結果，図 2.3(b)，図 2.4(b) に示す局所的活性化や側抑制といった基本となる空間的概念が示される．これらの一般的な概念は，以前に入門編第 11 章で導入した．このような一般的な空間的振舞いこそが，空間パターン形成には不可欠である．上述したバッタと炎のアナロジーは，炎が局所的活性化を担い，バッタが長距離抑制をもたらす，という，わかりやすい例である．抑制因子の拡散係数が活性因子よりも大きくなければならないことは，直観的に明らかであろう．

局所的活性化および側抑制の概念は，かなり昔から存在し，少なくとも Ernst Mach が 1885 年にマッ

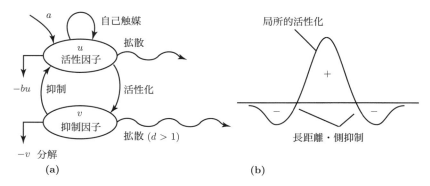

図 2.3 (a) 活性因子—抑制因子系 $u_t = a - bu + (u^2/v) + \nabla^2 u$, $v_t = u^2 - v + d\nabla^2 v$ の模式図. (b) 局所的活性化と長距離抑制を空間的に表現した図.

ハの帯を発見する頃まで遡る．マッハの帯とは，暗い帯と明るい帯が並置された状況において生じる錯視である．図 2.4 は，マッハの帯に基づいた錯視であるハーマン錯視を用いて，何が起こっているかを図解したものである．

2.3 拡散誘導不安定性が生じる一般的な条件：線形安定性解析，空間パターンの発展

　拡散がない状況下では一様定常状態が小さな摂動に対して安定であるものの，拡散が起きる状況下ではそれが小さな空間的摂動に対して不安定となるような反応拡散系は，拡散誘導不安定性を呈すると呼ばれる．これはチューリング不安定性と呼ばれることもある．生物学における不安定性の概念は，生態学の文脈でよく登場する．すなわち，一様定常状態が，小さな摂動に対して不安定なものへと変化し，そうして個体数は典型的に時間周期的な変動を呈するようになるのである．一方，我々がここで考えようとしている不安定性とは，これとは全く別種のものである．空間的に非一様な不安定性をもたらす主なプロセスは拡散であり，そのメカニズム次第で，発展する空間パターンが決まる．いかにしてパターンあるいはモードが選択されるか，は，解析の際の重要な側面であり，本章（および先の章）で我々が議論するテーマの 1 つである．

　ここでは，一般の系 (2.10) において定常状態が拡散誘導不安定性をもつ必要十分条件，および，空間パターン形成が開始するための必要十分条件を導出する．問題を数学的に定式化するためには，境界条件と初期条件を定める必要がある．境界条件としては，ゼロフラックス境界条件を考えよう．また，初期条件は与えられているものとしよう．すると，考えるべき数学的問題は

$$u_t = \gamma f(u,v) + \nabla^2 u, \quad v_t = \gamma g(u,v) + d\nabla^2 v,$$
$$(\boldsymbol{n} \cdot \nabla)\begin{pmatrix} u \\ v \end{pmatrix} = 0, \quad \boldsymbol{r} \in \partial B; \quad u(\boldsymbol{r},0), v(\boldsymbol{r},0) \text{ は与えられる}$$
(2.11)

と定式化される．ここで，∂B は反応拡散領域 B の閉じた境界を表し，$\boldsymbol{n}$ は ∂B に対する外向き単位法線ベクトルを表す．ゼロフラックス境界条件を採った理由はいくつかあるが，最大の理由は，我々はパターンの自己組織化に興味があるからである——ゼロフラックス条件は，外部からの入力が存在しないことを含意している．以下の 2.7 節で生態学の問題を扱う際に見るように，u, v に対して固定境界条件を課す場合には，境界条件が空間パターン形成に直接的な影響を与えうる．2.4 節では，空間が 1 次元および 2 次元なる具体的状況において式 (2.7) の動力学を解析する．

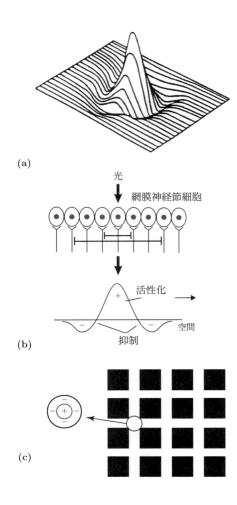

図 2.4 (a) 整列した網膜神経節細胞たちの 1 つに光が差し込むと，光の近傍の細胞たちは局所的活性化を受け，それらよりも光から離れた細胞たちは側抑制を受ける．その結果，局所的活性化と側抑制が組み合わさって (b) のようになる．(c) ハーマン錯視．（丸印のついた白い領域を担当する）細胞は，他の白い領域を担当する細胞よりも，細胞の周囲の抑制性の領域に光を多く受けるため，より強力に抑制を受け，その結果，（丸印の白い領域はその他の白い領域よりも）暗く見える．

いま考えたい，系 (2.11) の一様定常状態 (u_0, v_0) は，

$$f(u,v) = 0, \quad g(u,v) = 0 \tag{2.12}$$

の正の解である．我々は拡散誘導不安定性に関心をもっているので，この定常状態の空間的にのみ依存した線形不安定性に興味がある．そこで，空間変動が存在しない状況下では，一様定常状態は線形安定でなければならない．まずは，これが成立する条件を決定しよう．そのような条件については入門編第 3 章で導出したのであったが，それらを思い出すために，また，ここでの表記に完全に合わせるために，以下で手短にそれらを再び導出することにする．

空間変動が存在しない状況では，u, v は

$$u_t = \gamma f(u,v), \quad v_t = \gamma g(u,v) \tag{2.13}$$

をみたす．入門編第 3 章で行ったのと全く同様の方法で，定常状態 (u_0, v_0) に関して線形化を行うべく

$$\boldsymbol{w} = \begin{pmatrix} u - u_0 \\ v - v_0 \end{pmatrix} \tag{2.14}$$

とおくと，系 (2.13) は，$|\boldsymbol{w}|$ が小さい状況下で

$$\boldsymbol{w}_t = \gamma A \boldsymbol{w}, \quad A = \begin{pmatrix} f_u & f_v \\ g_u & g_v \end{pmatrix}_{u_0, v_0} \tag{2.15}$$

2.3 拡散誘導不安定性が生じる一般的な条件：線形安定性解析，空間パターンの発展

となる．A は安定性行列である．これ以降，特に断りがない限りは，f, g の偏微分係数は，その定常状態 (u_0, v_0) における値を考えるものとする．さて，ここで

$$\boldsymbol{w} \propto e^{\lambda t} \tag{2.16}$$

なる形の解を求めよう．ここで λ は固有値である．定常状態 $\boldsymbol{w} = 0$ は，$\operatorname{Re}\lambda < 0$ であるときには線形安定である．なぜなら，$t \to \infty$ において $\boldsymbol{w} \to 0$ となるためである．式 (2.16) を式 (2.15) に代入することにより，固有値 λ は，方程式

$$\begin{aligned}|\gamma A - \lambda I| &= \begin{vmatrix} \gamma f_u - \lambda & \gamma f_v \\ \gamma g_u & \gamma g_v - \lambda \end{vmatrix} = 0 \\ \Rightarrow \quad &\lambda^2 - \gamma(f_u + g_v)\lambda + \gamma^2(f_u g_v - f_v g_u) = 0\end{aligned} \tag{2.17}$$

の解であることがわかり，ゆえに

$$\lambda_1, \lambda_2 = \frac{1}{2}\gamma\Big[(f_u + g_v) \pm \big\{(f_u + g_v)^2 - 4(f_u g_v - f_v g_u)\big\}^{1/2}\Big] \tag{2.18}$$

となる．線形安定性，すなわち $\operatorname{Re}\lambda < 0$ が成り立つ条件は，

$$\operatorname{tr} A = f_u + g_v < 0, \quad |A| = f_u g_v - f_v g_u > 0 \tag{2.19}$$

で与えられる．(u_0, v_0) は，動力学のパラメータの関数であるため，これらの不等式は，パラメータに対するある制約条件となる．ここで，定常状態の近傍にて，図 2.2 の全ての状況において $f_u > 0, g_v < 0$ であり，図 2.2(a) の状況では $f_v > 0, g_u < 0$ であるのに対し，図 2.2(b)–(d) では $f_v < 0, g_u > 0$ となっていることに注意されたい．したがって，どの状況においても，$\operatorname{tr} A$ および $|A|$ は正にも負にもなりうる．そして我々は，不等式 (2.19) がみたされるようなパラメータの条件，および値の範囲にのみ関心がある．

では今度は，完全な反応拡散系 (2.11) を検討しよう．定常状態（式 (2.14) の下で $\boldsymbol{w} = 0$）に関して，再び線形化を行うと，

$$\boldsymbol{w}_t = \gamma A \boldsymbol{w} + D\nabla^2 \boldsymbol{w}, \quad D = \begin{pmatrix} 1 & 0 \\ 0 & d \end{pmatrix} \tag{2.20}$$

となる．この方程式系を境界条件 (2.11) の下で解くために，まず，$\boldsymbol{W}(\boldsymbol{r})$ を，空間的固有値問題

$$\nabla^2 \boldsymbol{W} + k^2 \boldsymbol{W} = 0, \quad (\boldsymbol{n} \cdot \nabla)\boldsymbol{W} = 0 \quad (\boldsymbol{r} \in \partial B \text{ について}) \tag{2.21}$$

の時間非依存的な解として定義しよう．ここで固有値は k である．例えば，考えている領域が 1 次元領域 $0 \le x \le a$ であるときには，$\boldsymbol{W} \propto \cos(n\pi x/a)$ となる（n は整数）．この解は，点 $x = 0$ および $x = a$ においてゼロフラックス条件をみたしている．この場合の固有値は $k = n\pi/a$ である．すなわち，$1/k = a/n\pi$ が波状パターンの尺度となる．k は**波数 (wavenumber)** と呼ばれ，$1/k$ は波長 ω に比例する――この例では，これらは $\omega = 2\pi/k = 2a/n$ という関係にある．これ以降，この文脈において k といえば波数を指すものとする．n が整数であるため，有界領域を考えるときには，波数としてとりうる値は離散的に存在する．

波数 k に対応する固有関数を $\boldsymbol{W}_k(\boldsymbol{r})$ としよう．各固有関数 $\boldsymbol{W}_k$ は，ゼロフラックス境界条件をみたしている．いま考えている問題 (2.20) は線形なので，解 $\boldsymbol{w}(\boldsymbol{r}, t)$ として

$$\boldsymbol{w}(\boldsymbol{r}, t) = \sum_k c_k e^{\lambda t} \boldsymbol{W}_k(\boldsymbol{r}) \tag{2.22}$$

の形をしたものを探すことにしよう．定数 c_k は，初期条件を $\boldsymbol{W}_k(\boldsymbol{r})$ でフーリエ級数展開することによって決定できる．固有値 λ は，時間的成長を規定する．式 (2.22) を式 (2.20) に代入し，式 (2.21) を

用いた上で各 $e^{\lambda t}$ の項を打ち消すことで，各 k について

$$\lambda \boldsymbol{W}_k = \gamma A \boldsymbol{W}_k + D\nabla^2 \boldsymbol{W}_k$$
$$= \gamma A \boldsymbol{W}_k - k^2 D \boldsymbol{W}_k$$

を得る．$\boldsymbol{W}_k$ の非自明解を得たいので，特性方程式

$$|\lambda I - \gamma A + k^2 D| = 0$$

の解として λ が定まる．行列 A, D はそれぞれ式 (2.15), (2.20) で与えられる．これらを用いて上式左辺の行列式を計算すると，方程式

$$\begin{aligned}&\lambda^2 + \lambda[k^2(1+d) - \gamma(f_u + g_v)] + h(k^2) = 0,\\ &h(k^2) = dk^4 - \gamma(df_u + g_v)k^2 + \gamma^2|A|\end{aligned} \quad (2.23)$$

の解として，波数 k に対応する固有値 $\lambda(k)$ が得られる．

定常状態 (u_0, v_0) は，式 (2.23) の解 λ がともに $\mathrm{Re}\,\lambda < 0$ をみたすとき線形安定である．我々は既に，空間効果が存在しないときには定常状態は安定である，という制約を課したのであった．すなわち，$\mathrm{Re}\,\lambda(k^2 = 0) < 0$ である．$k = 0$ の場合には，2 次方程式 (2.23) は式 (2.17) となり，$\mathrm{Re}\,\lambda < 0$ となるための条件は (2.19) で与えられる．一方，定常状態が空間的擾乱に対して不安定であるためには，ある $k \neq 0$ に対して $\mathrm{Re}\,\lambda(k) > 0$ でなければならない．このような状況が起こるのは，式 (2.23) の λ の係数，もしくは $h(k^2)$ が，ある $k \neq 0$ に対して負となるような場合である．条件 (2.19) より $f_u + g_v < 0$ であり，また任意の $k \neq 0$ に対して $k^2(1+d) > 0$ であるため，λ の係数は常に

$$[k^2(1+d) - \gamma(f_u + g_v)] > 0$$

である．ゆえに，$\mathrm{Re}\,\lambda(k^2)$ が正となるのは，ある k に対して $h(k^2) < 0$ となるような場合のみである．このときに $\mathrm{Re}\,\lambda(k^2)$ が正となることは，式 (2.23) の解，すなわち

$$2\lambda = -[k^2(1+d) - \gamma(f_u + g_v)] \pm \{[k^2(1+d) - \gamma(f_u + g_v)]^2 - 4h(k^2)\}^{1/2}$$

を見ても直ちに明らかである．条件 (2.19) より $|A| > 0$ であるので，式 (2.23) の $h(k^2)$ が負となりうるのは，$df_u + g_v > 0$ である場合のみである．条件 (2.19) より $f_u + g_v < 0$ であったため，$d \neq 1$ であり，かつ f_u, g_v の符号は異なる必要がある．こうして，条件 (2.19) に加えてさらに

$$df_u + g_v > 0 \quad (\text{特に} \quad d \neq 1) \quad (2.24)$$

という条件が必要であることがわかった．図 2.2 に描かれたヌルクラインを与える反応動力学においては $f_u > 0, g_v < 0$ であったため，(2.19) の第 1 条件および不等式 (2.24) より，拡散係数比が $d > 1$ をみたす必要がある．上述したように，例えば (2.8) 1 行目の活性因子―抑制因子メカニズムにおいては，このことは抑制因子が活性因子よりも高速に拡散しなくてはならないことを意味する．

不等式 (2.24) は $\mathrm{Re}\,\lambda > 0$ となるための必要条件ではあるが，十分条件ではない．ある 0 でない k に対して $h(k^2)$ が負となるためには，最小値 $h_{\min}$ が負であることが必要である．式 (2.23) より，k^2 に関して簡単な微分を行うことで，

$$h_{\min} = \gamma^2 \left[|A| - \frac{(df_u + g_v)^2}{4d}\right], \quad k^2 = k_m^2 = \gamma \frac{df_u + g_v}{2d} \quad (2.25)$$

がわかる．したがって，ある $k^2 \neq 0$ に対して $h(k^2) < 0$ となる条件は

$$\frac{(df_u + g_v)^2}{4d} > |A| \quad (2.26)$$

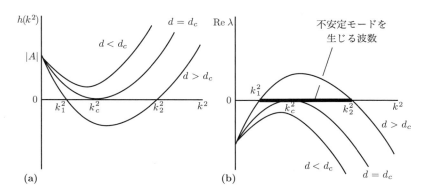

図 2.5 (a) 図 2.2 に示した典型的な動力学に対して，式 (2.23) の $h(k^2)$ をグラフに表した．拡散係数比 d が臨界値 d_c を超えると，ある有界区間内の $k^2(>0)$ に対して $h(k^2)$ は負の値をとるようになる．(b) 固有値 $\lambda(k^2)$ の実部の最大値を，k^2 の関数としてグラフに示した．$d > d_c$ のとき，線形不安定化する波数の範囲 $k_1^2 < k^2 < k_2^2$ が存在する．

となる．分岐が起こる $h_{\min} = 0$ のときには $|A| = (df_u + g_v)^2/4d$ であり，ゆえに，動力学のパラメータが固定されている状況では，この式は拡散係数比の臨界値 $d_c\,(>1)$ を定める．それは，方程式

$$d_c^2 f_u^2 + 2(2f_v g_u - f_u g_v)d_c + g_v^2 = 0 \tag{2.27}$$

の適切な解によって与えられる．臨界波数 k_c は，(式 (2.25) を用いて)

$$k_c^2 = \gamma \frac{d_c f_u + g_v}{2d_c} = \gamma \left[\frac{|A|}{d_c}\right]^{1/2} = \gamma \left[\frac{f_u g_v - f_v g_u}{d_c}\right]^{1/2} \tag{2.28}$$

となる．図 2.5(a) は，$h(k^2)$ が k^2 の関数として変動する様子を，様々な d の値に対して示したものである．

$h(k^2) < 0$ であるときには必ず，式 (2.23) は正の解 λ をもつ．式 (2.23) において $d > d_c$ であるとき，不安定化する波数の範囲 $k_1^2 < k^2 < k_2^2$ は，$h(k^2) = 0$ の解 k_1^2, k_2^2 を求めることで

$$\begin{aligned}k_1^2 &= \frac{\gamma}{2d}\left[(df_u + g_v) - \{(df_u + g_v)^2 - 4d|A|\}^{1/2}\right] < k^2 \\ &< \frac{\gamma}{2d}\left[(df_u + g_v) + \{(df_u + g_v)^2 - 4d|A|\}^{1/2}\right] = k_2^2\end{aligned} \tag{2.29}$$

となる．図 2.5(b) は，k^2 に対する $\lambda(k^2)$ の典型的なグラフを描いたものである．式 $\lambda = \lambda(k^2)$ は，**分散関係 (dispersion relation)** と呼ばれる．分散関係の重要性およびその利用法については，次の 2 つの節でより詳細に論じる．$d > d_c$ のとき，不安定化する波数の範囲内で，波数 k が式 (2.25) の k_m であるときに $\operatorname{Re}\lambda(k^2) > 0$ が最大値をとることに注意されたい[†1]．このことは，解 $\boldsymbol{w}$ を考えるために式 (2.22) で足し合わせたもののうちに，最も急速に成長するモードが存在することを示唆している——この性質を，以下の議論で利用する．

式 (2.22) で与えられる解 $\boldsymbol{w}$ の形を考えると，t が増加するにつれ，$\operatorname{Re}\lambda(k^2) > 0$ なるモードの寄与が支配的となってくることがわかる．なぜなら，その他の全てのモードは指数関数的に 0 へ収束するためである．図 2.5 より，あるいは式 (2.29) より解析的に，$h(k^2) < 0$，それゆえ $\operatorname{Re}\lambda(k^2) > 0$ となるよう

[†1] (訳注) 式 (2.25) から得られる k_m は，$h(k^2)$ を最小たらしめる k の値であり，これは $\operatorname{Re}\lambda(k^2) > 0$ を最大たらしめる k の値とは一般に一致しない．なお，後者の k の値は式 (2.68) で求める．

な k の範囲 $k_1^2 < k^2 < k_2^2$ を決定することができ，すると式 (2.22) より

$$\boldsymbol{w}(\boldsymbol{r},t) \sim \sum_{k_1}^{k_2} c_k e^{\lambda(k^2)t} \boldsymbol{W}_k(\boldsymbol{r}) \quad (\text{大きな } t \text{ について}) \tag{2.30}$$

となる．このように，分散関係は，いずれの固有関数（すなわち空間パターン）が線形不安定化して時間に対して指数関数的に成長するのか，を直接的に物語るものであり，そのため，その解析およびグラフ化はきわめて有益なことである．なお，有界領域についての固有値問題の場合には，波数は離散的であり，したがって，範囲 (2.29) に含まれる k のうち，いくつかの k のみについて考えればよい．このことの意義は，後に議論する．

式 (2.30) に見られる，時間に対して指数関数的に成長する，線形不安定化する固有関数たちは，やがて反応拡散方程式の非線形部分のために成長を制限され，最終的には，空間的に非一様な安定な定常状態が出現する．これは重要な仮定であり，また実際に起こることでもある．この仮定における重要な点は，動力学が閉じ込め集合（境界上の任意の点で速度ベクトルが領域の内側を向いているような領域）をもつ，という点である（入門編第 3 章を参照されたい）．もし動力学が閉じ込め集合をもつのであれば，拡散をモデルに含めた場合にも，解はやはりその閉じ込め集合の内側に含まれ続けるのではないか，と直観的に思われるだろう．これは，まさにその通りであり，厳密に証明を与えることもできる（Smoller (1983) を参照されたい）．そういうわけで，具体的なメカニズムを解析する際には，第 1 象限内に閉じ込め集合の存在を示すステップが含まれる．有限振幅をもつ定常状態空間パターンの出現に対する一般的な非線形解析法は現在のところ存在しないものの，d が分岐値 d_c に近い場合には，特異摂動解析によって空間的に非一様な解を実際に得ることができる（例えば Lara-Ochoa and Murray (1983), Zhu and Murray (1995) を参照）．分岐値に近いパラメータが 1 つ存在すれば，特異摂動解析を行うことができる．現在では，様々な具体的な反応拡散メカニズムにおいて，多数の空間的に非一様な解が数値的に求められている．数値解法は，現在ではきわめてスタンダードとなっている．次章では，形成されるパターンの豊富さを垣間見るような結果を提示する．

要約すると，我々は，(2.11) の形をした 2 種反応拡散メカニズムによって空間パターンが形成されるための条件を得たのである．便宜を図って，その条件をここに再び記すことにすると，式 (2.19), (2.24), (2.26) より

$$\begin{aligned} & f_u + g_v < 0, \quad f_u g_v - f_v g_u > 0, \\ & df_u + g_v > 0, \quad (df_u + g_v)^2 - 4d(f_u g_v - f_v g_u) > 0 \end{aligned} \tag{2.31}$$

となる（微分係数は全て，その定常状態 (u_0, v_0) における値を考えることを思い出されたい）．特に，微分係数 f_u, g_v の符号は逆でなければならない．さらに，図 2.2 に示した反応動力学においては $f_u > 0$, $g_v < 0$ であるため，(2.31) の第 1 条件および第 3 条件より，拡散係数比が $d > 1$ をみたす必要がある．

交差項 f_v, g_u の符号については，制約条件は $f_v g_u < 0$ のみであるため，2 通りの可能性，すなわち $f_v < 0$ かつ $g_u > 0$ の場合およびそれとは反対の場合が考えられる．両者に対応する反応は，定性的に異なる．図 2.6 にそれらを模式的に示した．（他方の反応物の）増加を促進する反応物が活性因子であり，阻害する反応物が抑制因子であることを思い出されたい．図 2.6(a) の場合には，u が活性因子であり，u は自身をも活性化する．一方，抑制因子 v は，u のみならず自身をも抑制する．パターン形成が起こるためには，抑制因子が活性因子よりも高速に拡散しなければならない．図 2.6(b) の場合には，v が活性因子ではあるが，図 2.6(a) と同様に自身を抑制し，また u よりも高速に拡散する．これら 2 つの場合の間には，もう 1 つ別の違いがある．正の固有値に対応する不安定多様体に沿って，パターンは成長する．このことは，図 2.6(a) の場合には，パターンが成長していく際に，図 2.6(c) のように 2 種が両者とも同じ領域で高密度や低密度になることを意味する．一方，図 2.6(b) の場合には，図 2.6(d) のように，v が低密度である領域では u は高密度であり，またその逆も成り立つ．これら 2 つの場合における（反応項のみ

2.3 拡散誘導不安定性が生じる一般的な条件：線形安定性解析，空間パターンの発展　　　71

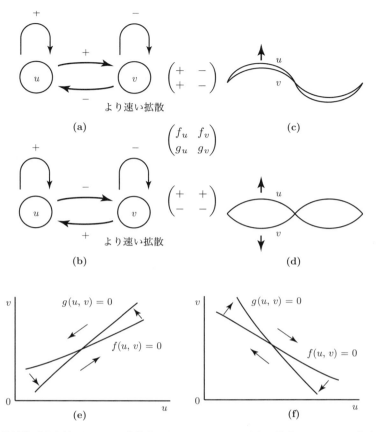

図 2.6 拡散誘導不安定性を呈する，定性的に異なる 2 種類の反応の模式図．(a) u は自身および v を活性化し，v は両者を抑制する．このとき，最初に成長するパターンは (c) のようになる．(b) u は自身を活性化するが，v を抑制する．その一方で，v によって活性化される．このとき，最初に成長するパターンは (d) のようになる．定常状態における f_u, f_v, g_u, g_v の符号を，行列に示した．(e), (f) これらの反応における，定常状態近傍の相平面の様子．矢印は（拡散がない状況下での）反応の進行による状態の変化を表す．(e) は (a), (c) に示した相互作用の場合であり，(f) は (b), (d) に示した相互作用の場合である．

に関する）相平面について，その定常状態近傍における定性的特徴を図 2.6(e), (f) に示した．このようにパターンが同位相または逆位相となる，という事実は，生物学的応用を考える際に根本的な意義をもつ．

　これら 2 つの場合を直観的に理解するために，捕食者－被食者に関する，異なる 2 つの生態学的シナリオを考えよう．前者，すなわち図 2.6(e) の場合には，u, v はそれぞれ被食者，捕食者を表すとしよう．捕食者密度が高いときには被食者数は減少するが，低いときには増加する．定常状態付近では，被食者同士は互いに恩恵を受け，その増加は一時的に増幅される．一方，捕食者は，被食者に対する捕食者の割合が大きいときには減少するが，そうでないときには増加する．これとは別に，寄生虫学的な例も存在する．v は寄生虫であり，運動性の宿主を介して分散する．一方，u は比較的定住性の宿主であり，寄生虫によって深刻な害を被る．これらのシナリオにおいて，定常状態付近での相互作用の様子は図 2.6(a) のようになっており，また，局所的なヌルクラインおよび定性的な増殖の様子は図 2.6(e) のようになっている．

　この捕食者－被食者シナリオにおいて拡散誘導不安定性が見られるためには，捕食者が被食者よりも高速に分散することが必要である．このとき，形成されるパターンは図 2.6(c) のようになる．いま，ある

領域で被食者密度が増加したとしよう．拡散がない場合には，捕食者が一時的に増加することによって定常状態へと状態が引き戻されるため，被食者密度は元に戻る．しかし，捕食者が拡散する場合には，（被食者の増加によって）局所的に増加した捕食者が，部分的に分散し，被食者数を平衡点へ戻すほどの強さには及ばなくなることがある．一方，分散した捕食者によって，近傍の被食者密度は減少する．こうして，捕食者―被食者の両者ともに多数の個体からなる群れの中に，両者の個体数がともに少ない領域が散在したようなパターンができ上がると考えられる．寄生虫の例の場合には，定住性の被食者（宿主）の群れと，寄生虫密度の高い領域が一致する．しかし寄生虫は，近傍の（このようなタイプの宿主がほとんどいない）「デッドゾーン」へと分散していくため，宿主は高密度で生き続けることができる．形成されるパターンのスケールは，拡散係数比 d に依存する．

次に，図 2.6(b), (d), (f) に示された，2 番目のタイプの相互作用について検討しよう．捕食者―被食者を再び考えるのであるが，ここでは u を捕食者，v を被食者としよう．こちらのシナリオでは，捕食者は「自己触媒的」である．なぜなら，定常状態付近において，捕食者密度の増加が一時的に増幅されるためである．このような状況は，珍しいものではない．例えば，捕食者密度が増加することで，狩猟や生殖の効率が向上しうる．さらに，こちらのシナリオと前述のシナリオにはもう 1 つ相違点がある．それは，今回は被食者のほうが分散速度が大きいという点である．

先ほどと同様に，被食者密度の高い領域がある状況を考えよう．拡散がない場合には，捕食者数が増加し，最終的に両者の個体数は定常状態へと戻る．しかし今回は，増加した捕食者によって，被食者数が定常状態値よりも低いレベルまで減少することが考えられる（被食者の一時的な増加は，捕食者の自己触媒的増加を引き起こすに十分であるとする）．その結果，近傍の領域からの被食者の正味の流入が起き，それに伴って今度は，近傍の領域の捕食者密度が減少し（自己触媒の逆が起きる），すると被食者密度は増加して，定常状態値を超える．こうして，低捕食者―高被食者領域が，その外の低被食者―高捕食者領域にいる被食者を供給するようなパターンができ上がると考えられる．要するに，自己触媒的な捕食者は，局所的に高密度な領域にいることによって恩恵を受けており，また，付近に存在する低捕食者領域から余分な被食者が常に供給される，という点においても恩恵を受けている．被食者は，拡散のランダム性に従って，高捕食者領域へと流動し続ける．

条件 (2.31) が成り立つとき，スケール (γ) に依存して定まる波数帯 (2.29) に含まれるモードたちが線形不安定化する．したがって，初期段階で（指数関数的に）成長する空間パターンは，式 (2.29) より定まる k_1 以上 k_2 以下の波数 k に対応する固有関数 $\boldsymbol{W}_k(\boldsymbol{r})$，すなわち，式 (2.30) に現れている固有関数である．スケールパラメータ γ は，これらの式中で決定的な役割を果たしており，それに関しては次節でさらに検討する．一般に，動力学および拡散係数は固定されているものとして考える．そのため，胚発生の場合には，自然に変動するパラメータは，考察している胚――より正確には胚領域（例えば発生中の肢芽）――のサイズを反映する γ のみである．

無限領域における拡散誘導不安定性：連続的な固有値スペクトル

有界領域においては，生じうるパターンの波数 k およびそれに対応する空間波長は離散的に存在し，またそれらは，ある程度境界条件に依存する．発生生物学においては，空間パターンが形成される時期の胚のサイズは，形成されるパターンと比較して十分に大きい場合が多く，そのような場合，「境界」が特定の波長の孤立化に大きな役割を果たすことはない．例えば，先の章で論じる，体毛，鱗，羽毛原基のパターン形成は，そのような場合にあたる．このように，実用上の目的からすると，パターン形成の場となる領域は，事実上無限である．そこで，無限領域を扱う場合に，不安定化する固有値のスペクトルを決定する方法を述べることにしよう――これは，有界領域の場合よりも簡単である．

まず，線形化系 (2.20) から始め，その解として

$$\boldsymbol{w}(\boldsymbol{r},t) \propto \exp[\lambda t + i\boldsymbol{k}\cdot\boldsymbol{r}]$$

なる形をしたものを探そう．ここで $\boldsymbol{k}$ は波数ベクトルであり，その大きさは $k = |\boldsymbol{k}|$ である．上式を式 (2.20) に代入して，再び

$$|\lambda I - \gamma A + Dk^2| = 0$$

が得られ，したがって波数 k で λ を表す分散関係式は，再び式 (2.23) となる．$\mathrm{Re}\,\lambda(k^2) > 0$ なる固有値の範囲は，再び式 (2.29) となる．無限領域の場合の，有界領域の場合との決定的な違いは，式 (2.29) において $0 < k_1^2 < k_2^2$ ならば必ず空間パターンが存在する，という点である．なぜならば，固有値問題 (2.21) によって定まる離散的な k^2 の値に制約されることがないためである．そして，分岐時，すなわち式 (2.28) で与えられる k_c^2 が線形不安定化するときには，そのメカニズムによって臨界波長 $\omega_c = 2\pi/k_c$ の空間パターンが発展する．こうして，図 2.5(b) において指数関数的成長が最も速い波長は，一般的に，1 次元以上の方向に広がるパターンとなって現れるであろう．ただし，常に成り立つというわけではなく，不安定化するモードの数や初期条件に依存して決まる．次章で生物学的応用を扱う際に，有界領域の場合と事実上の無限領域の場合の相違点が，重要な生物学的意義をもつことを見る——有界領域では，許容可能なパターンが著しく制限される．

2.4 反応拡散メカニズムによるパターン形成の初期段階の詳細な解析

ここでは，一例として，ある特定の 2 種反応拡散系を考え，それを詳細に解析することにしよう．本節では，現実の生物学的パターン形成問題への応用に向けて，その基礎を築き上げる．固有関数の計算を行い，空間パターンの形成のために必要となるパラメータの条件を求め，そして，初期段階で指数関数的に成長する空間的攪乱の波数と波長を決定する．

最もシンプルな反応拡散メカニズム (2.7) について，まず空間次元が 1 の場合，すなわち

$$\begin{aligned} u_t &= \gamma f(u,v) + u_{xx} = \gamma(a - u + u^2 v) + u_{xx}, \\ v_t &= \gamma g(u,v) + dv_{xx} = \gamma(b - u^2 v) + dv_{xx} \end{aligned} \quad (2.32)$$

なる場合を調べてみよう．動力学のヌルクライン $f = 0, g = 0$ は，図 2.2(a) の通りである．正の一様な定常状態 (u_0, v_0) は

$$u_0 = a + b, \quad v_0 = \frac{b}{(a+b)^2}, \quad b > 0, \quad a + b > 0 \quad (2.33)$$

で与えられ，この定常状態において

$$\begin{aligned} f_u &= \frac{b-a}{a+b}, \quad f_v = (a+b)^2 > 0, \quad g_u = \frac{-2b}{a+b} < 0, \\ g_v &= -(a+b)^2 < 0, \quad f_u g_v - f_v g_u = (a+b)^2 > 0 \end{aligned} \quad (2.34)$$

である．f_u, g_v の符号が異なる必要があったため，$b > a$ でなくてはならない．以上の式より，条件 (2.31) は

$$\begin{aligned} f_u + g_v &< 0 \iff (0 <) b - a < (a+b)^3, \\ f_u g_v - f_v g_u &> 0 \iff (a+b)^2 > 0, \\ df_u + g_v &> 0 \iff d(b-a) > (a+b)^3, \\ (df_u + g_v)^2 &- 4d(f_u g_v - f_v g_u) > 0 \\ &\iff [d(b-a) - (a+b)^3]^2 > 4d(a+b)^4 \end{aligned} \quad (2.35)$$

となる．これらの不等式によって定義される (a,b,d) パラメータ空間上の領域は，パターン形成領域（あるいはチューリング領域）と呼ばれ，パラメータの値がこの領域内であるときには，ある波数 k に対応する空間的攪乱に対して系は不安定となる．以下では，そのような波数 k を決定する．

いまの状況と関連深い固有値問題 (2.21) を考えよう．領域は $x \in (0,p)$ としよう ($p>0$)．すなわち

$$\bm{W}_{xx} + k^2 \bm{W} = 0, \qquad \bm{W}_x = 0 \quad (x = 0, p) \tag{2.36}$$

であり，その解は

$$\bm{W}_n(x) = \bm{A}_n \cos(n\pi x/p), \quad n = \pm 1, \pm 2, \ldots \tag{2.37}$$

となる（$\bm{A}_n$ は任意定ベクトル）．固有値は，離散的な波数 $k = n\pi/p$ である．条件 (2.35) がみたされ，かつ式 (2.29) の範囲に含まれる波数 $k = n\pi/p$ が存在するとき，それに対応する固有関数 $\bm{W}_n$ は線形不安定化する．したがって，波長 $\omega = 2\pi/k = 2p/n$ の固有関数 (2.37) は，初期段階において時間 t に対して $\exp[\lambda\{(n\pi/p)^2\}t]$ のオーダーで成長する．式 (2.29) より，そのような波数帯は，式 (2.34) を用いて

$$\begin{aligned}
\gamma L(a,b,d) &= k_1^2 < k^2 = \left(\frac{n\pi}{p}\right)^2 < k_2^2 = \gamma M(a,b,d), \\
L &= \frac{[d(b-a)-(a+b)^3] - \{[d(b-a)-(a+b)^3]^2 - 4d(a+b)^4\}^{1/2}}{2d(a+b)}, \\
M &= \frac{[d(b-a)-(a+b)^3] + \{[d(b-a)-(a+b)^3]^2 - 4d(a+b)^4\}^{1/2}}{2d(a+b)}
\end{aligned} \tag{2.38}$$

となる．波長 $\omega = 2\pi/k$ を用いるならば，不安定化するモード $\bm{W}_n$ がもつ波長の範囲は

$$\frac{4\pi^2}{\gamma L(a,b,d)} = \omega_1^2 > \omega^2 = \left(\frac{2p}{n}\right)^2 > \omega_2^2 = \frac{4\pi^2}{\gamma M(a,b,d)} \tag{2.39}$$

と表される．

式 (2.38) において，スケール γ の重要性に注目されたい．波数の最小値は，$n=1$ のときの π/p である．パラメータ a,b,d が固定されている状況において，γ が十分に小さければ，式 (2.38) の範囲内に許容可能な k が 1 つも存在しなくなり，すなわち，拡散によって不安定化するモード $\bm{W}_n$ が，1 つも存在しなくなる．このことは，式 (2.30) に記した解 $\bm{w}$ の全てのモードが指数関数的に 0 に収束し，定常状態は安定である，ということを意味している．スケールが果たすこの重要な役割について，以下でさらに詳細に論じよう．

式 (2.30) より，出現する空間的に非一様な解は，不安定化するモードの和，すなわち

$$\bm{w}(x,t) \sim \sum_{n_1}^{n_2} \bm{C}_n \exp\left[\lambda\left(\frac{n^2\pi^2}{p^2}\right)t\right] \cos\frac{n\pi x}{p} \tag{2.40}$$

である．λ は，2 次方程式 (2.23)（各微分係数には式 (2.34) の値を用いる）の正の解である．n_1 は pk_1/π 以上の最小の整数であり，n_2 は pk_2/π 以下の最大の整数である．$\bm{C}_n$ は定ベクトルであり，これは $\bm{w}$ の初期条件をフーリエ級数解析すると決定できる．いかなる生物学的背景においても，初期条件には何らかの偶然性が伴い，したがって，フーリエスペクトルには必然的にあらゆるモードが含まれる．すなわち，あらゆる $\bm{C}_n$ が 0 でない．ここでは，γ は十分に大きいとして，不安定化する波数 k の範囲内に許容可能な波数が必ず存在するものとしよう．出現するパターンについて論じる前に，空間が 2 次元の場合の結果を得ることにしよう．

長方形の形をした 2 次元領域 $0<x<p, 0<y<q$ を考え，その境界を ∂B で表す．解くべき空間的固有値問題は，式 (2.36) の代わりに

$$\nabla^2 \bm{W} + k^2 \bm{W} = 0, \qquad (\bm{n} \cdot \nabla)\bm{W} = 0 \quad ((x,y) \in \partial B) \tag{2.41}$$

2.4 反応拡散メカニズムによるパターン形成の初期段階の詳細な解析

となり，その解である固有関数は

$$\boldsymbol{W}_{p,q}(x,y) = \boldsymbol{C}_{n,m}\cos\frac{n\pi x}{p}\cos\frac{m\pi y}{q}, \quad k^2 = \pi^2\Big(\frac{n^2}{p^2} + \frac{m^2}{q^2}\Big) \tag{2.42}$$

となる（n, m は整数である）．2次元モード $\boldsymbol{W}_{p,q}(x,y)$ のうち線形不安定化するものは，その波数 k（式 (2.42) により定まる）が，a, b, d によって定まる，不安定化する波数帯 (2.38) の中に含まれるものである．ここでも再び，γ は十分大きく，不安定化する波数の範囲内に適切なモードが少なくとも1つ存在するものとしよう．さて，不安定化する空間パターン解は，式 (2.30), (2.42) より

$$\begin{aligned}\boldsymbol{w}(x,y,t) &\sim \sum_{n,m}\boldsymbol{C}_{n,m}e^{\lambda(k^2)t}\cos\frac{n\pi x}{p}\cos\frac{m\pi y}{q}, \\ \gamma L(a,b,d) &= k_1^2 < k^2 = \pi^2\Big(\frac{n^2}{p^2} + \frac{m^2}{q^2}\Big) < k_2^2 = \gamma M(a,b,d)\end{aligned} \tag{2.43}$$

となる．ここで第1式のシグマ記号は，第2式（不等式）をみたす全ての組 (n,m) についての総和を表すものとする．また，これまでと同様に，L, M は式 (2.38) で定義されるものであり，$\lambda(k^2)$ は式 (2.23)（f, g の微分係数には式 (2.34) の値を用いる）の正の解である．t が増加するにつれて，(初期段階では) 式 (2.43) 中のモードたちによって構成される空間パターンが展開される．

では，不安定化する解 (2.40), (2.43) から予測される空間パターンのタイプについて検討しよう．まず，不安定化する波数の範囲 (2.38) の中に $n=1$ に対応する波数しか含まれないような場合——領域のサイズの指標である γ が，そのような値である場合——を考える．このとき，$\omega = 2p/n$ と λ の関係を表す分散関係は，図 2.7(a) のようになっている．このときの唯一の不安定化するモードは，式 (2.37) より $\cos(\pi x/p)$ であり，成長する不安定化解は，式 (2.40) より

$$\boldsymbol{w}(x,t) \sim \boldsymbol{C}_1\exp\Big[\lambda\Big(\frac{\pi^2}{p^2}\Big)t\Big]\cos\frac{\pi x}{p}$$

と書ける．λ は2次方程式 (2.23)（f_u, f_v, g_u, g_v は式 (2.34) 参照．また $k^2 = (\pi/p)^2$ である）の正の解である．その他のモードは，時間に対して指数関数的に減衰する．初期条件を用いれば，$\boldsymbol{C}_1$ を決定することができる．何が起こっているかを直観的に理解するため，$\boldsymbol{C}_1$ をシンプルに $(\varepsilon, \varepsilon)$ とおいて（ε は小さな正の数）モルフォゲン u について考える．このとき，上式および $\boldsymbol{w}$ の定義式 (2.14) より

$$u(x,t) \sim u_0 + \varepsilon\exp\Big[\lambda\Big(\frac{\pi^2}{p^2}\Big)t\Big]\cos\frac{\pi x}{p} \tag{2.44}$$

である．この不安定化するモードは，t が増加するにつれて現れてくる支配的な解であり，その様子を図 2.7(b) に示す．言い換えると，図 2.7(a) の分散関係からこのパターンを予測することができる，ということである．

指数関数的に成長する解が全時間にわたって有効である場合には，明らかに $t \to \infty$ のとき $u \to \infty$ となる．しかし，式 (2.32) のメカニズムの動力学は，第1象限内に閉じ込め集合をもつため，解の範囲は限られる．ゆえに，方程式 (2.32) の解は有界であり，第1象限内に存在する．この成長する解が，最終的には図 2.7(b) のような単一の余弦関数からなるモードに類似した空間パターンへと落ち着く，と仮定することにしよう．既に述べたように，あるパラメータの分岐値——例えば，単一の波数のみが不安定化するような，領域サイズ γ の臨界値，あるいは，拡散係数比の臨界値 d_c ——の近傍において特異摂動解析を行うことによって，完全な非線形方程式系についての多数の数値シミュレーションと同様に，上述の仮説を確証することができる．図 2.7(c) では，反応拡散メカニズムによって形成された空間パターンの結果を表示するのに有用な方法を用いており，網掛けの領域は，反応物の濃度が定常状態値を超える領域であり，網掛けでない領域は，濃度が定常状態値未満の領域である．いずれ見るように，このシンプルな

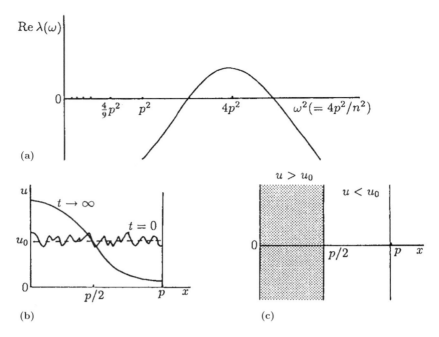

図 2.7 (a) 成長速度 $\mathrm{Re}\,\lambda$ と波長 ω の関係を表す,分散関係の典型例.分散関係は,定常状態において系を線形化することによって得られる.線形不安定化するモードは $n=1$ のみであり,その他のモードは全て $\mathrm{Re}\,\lambda < 0$ をみたす.(b) ランダムな初期条件から一時的に成長しつつある線形モード.成長を始めたこのモードは,最終的には (c) に示されたような有限振幅をもつ空間パターンに落ち着く.(c) において,網掛けの部分は,反応物の濃度が定常状態値 u_0 よりも大きい領域を表し,網掛けでない部分は,定常状態値よりも小さな領域を表す.

パターン表示方法は,化学的なプレパターンの理論を発生生物学におけるパターン形成問題へ応用する際にも,きわめて有用である——発生生物学の問題では,あるモルフォゲンの濃度がある閾値を上回る(もしくは下回る)ときに細胞は分化する,という仮定が用いられる.

では次に,領域のサイズが 2 倍になったとしよう.スケールの指標 γ の定義を考えると,これは,γ を元の 4 倍にすることに相当する.なぜならば,1 次元空間において $\sqrt{\gamma}$ は領域のサイズ(長さ)に比例するためである.このとき,分散関係,および不安定化する波数の範囲は,k^2 軸方向へ(もしくは ω^2 軸方向へ)ただ移動するだけである.領域のサイズが 2 倍になる前の元々の γ の値を γ_1 としよう.不等式 (2.38) より,不安定化するモードの波長 $\omega(=2\pi/k)$ は,式 (2.39),すなわち

$$\frac{4\pi^2}{\gamma_1 L(a,b,d)} > \omega^2 > \frac{4\pi^2}{\gamma_1 M(a,b,d)} \tag{2.45}$$

となるのであった.いま,図 2.7(a) のような状況になっているものとし,図 2.7(c) のパターンが生み出されるとしよう.さて,領域のサイズを 2 倍にしてみよう.このとき,領域は図 2.7 と全く同一であり,ただし γ が 4γ に増加したような場合を考えればよい.これは,γ の値が γ_1 のまま領域が図 2.7 の 4 倍になったような場合と等価である.ここでは,スケールの変化を,前者の方法で表すことにしよう.このとき,分散関係は図 2.8(a) のようになる.これは,図 2.7(a) に描かれた元々の曲線がシンプルに横に移動して,励起したモード(不安定化するモード)の波長が $\omega = p$(すなわち $n=2$)へと変化した,ということである.したがって,このときの空間パターンは,図 2.8(b) のようになる.後に続く応用の章で見るように,スケールを γ の変化のみに含ませるこの方法は,空間パターン解を表示する際に,特に便利である.

2.4 反応拡散メカニズムによるパターン形成の初期段階の詳細な解析

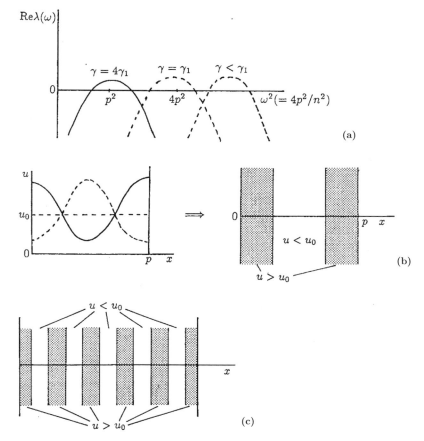

図 2.8 (a) 波長 ω と $\mathrm{Re}\lambda$ の関係を表す分散関係の一例．ここでは，領域のスケール γ が $4\gamma_1$ に一致するとき，$n=2$ のモードのみが不安定化する．一方，破線は $\gamma=\gamma_1$ および $\gamma<\gamma_c<\gamma_1$ のときの分散曲線を表す．γ_c は領域のスケール γ の臨界値であり，これを通過すると，いかなる非一様パターンも許容されなくなる．(b) (a)（の実線）の分散関係から予想される，モルフォゲン濃度 u の空間パターン．実線のパターンと $u=u_0$ に関して鏡像の関係にある破線のパターンも，また解である．どちらのパターンが出現するかは，初期条件によって決定される．(c) 領域が広く，$n=10$ なるモードが不安定化するような場合に，得られる空間パターン．網掛けの領域は，モルフォゲン濃度 u が一様定常状態の濃度 u_0 よりも大きいような領域である．

この例を通じて，どのようにしてパターン形成のプロセスがもたらされるのかを，領域のサイズという観点で理解することができる．いま，$\gamma=\gamma_1$ なる状況において，解析によって求まる基本波長（先ほどの例では $n=1$ に対応）が1つ存在するとしよう．このとき，領域が大きくなっていくと，やがて $n=2$ に対応するパターンが見られるようになり，さらに領域が大きくなっていくにつれて，図 2.8(c) のような高次のモードが，次第に見られるようになっていく．同様にして，領域が十分に小さくなっていく場合には，ある γ の値 γ_c が明らかに存在し，その値を γ が下回ると，図 2.8(a) 上で分散関係が右方に移動することによって，ついに $n=1$ に対応するモードさえも許されなくなる．このとき，いずれのモードも不安定化せず，そのため空間パターンは形成されない．空間パターンが存在するための臨界領域サイズという概念は，発生生物学においても，後で述べる空間依存的生態学的モデルにおいても，重要な概念である．

図 2.8(b) において，ある一組のパラメータの値，およびゼロフラックス境界条件の下で，2つの解が生じることに注目されたい．これらのうちのどちらが出現するかは，初期条件に含まれるバイアスに依存する．発生生物学的見地に立てば，このように解が2つ存在することは，位置情報というアイデアが幾分

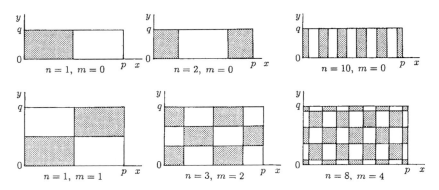

図 2.9 様々な波数が不安定帯に含まれるときの線形不安定解 (2.43) が示す，典型的な 2 次元空間パターン．網掛けの領域は $u > u_0$ をみたす領域である（u_0 は一様定常状態）．

困難なものであることを表している．もしモルフォゲン濃度がある閾値よりも高ければ細胞が分化する，というルールなのであれば，2 つの解それぞれに対応する細胞の分化パターンは，明らかに異なったものとなってしまう．しかしながら，発生は一続きの過程からなり，自身の履歴を保持しながら進行していくため，一般に，以前の段階が次の段階にキュー（手掛かり）を送っている．反応拡散モデルの文脈では，以前の過程によって，次の過程の初期条件に，パターンの 1 つへと向かうようなバイアスを与えることを意味している．

では次に，2 次元の問題を考えよう．その分散関係より，不安定化するモードは式 (2.43) によって与えられる．今回の状況は，それほど単純というわけではない．なぜなら，スケールの指標 γ が与えられても，実際に不安定化するモードは，今回は領域の形状（長さ p，幅 q）にも依存するためである．式 (2.43) について，まず，幅 q が十分に小さな場合には，$m = 1$ なる最初のモードさえも不安定領域内に収まらないことに注意しよう．このような場合には，この問題は，上述した 1 次元の問題と等価である．そこから幅 q が増加していくと，やがて $\pi^2(n^2/p^2 + m^2/q^2)$ が不安定化する波数の範囲内に収まるようになり，真の 2 次元モード（$n \neq 0$ かつ $m \neq 0$）が不安定化する．図 2.9 は，様々な $n \neq 0$ および m の値に対して，時間に伴って成長する，式 (2.43) の典型的な空間パターンを図示したものである．

正平面充填パターン

図 2.9 に描かれている線形なパターンは，式 (2.41) をみたす最も単純な 2 次元固有関数から得られたものである．領域がこれほどシンプルでない場合には，方程式

$$\nabla^2 \psi + k^2 \psi = 0, \qquad (\boldsymbol{n} \cdot \nabla)\psi = 0 \quad (\boldsymbol{r} \in \partial B) \tag{2.46}$$

の解はどうなるであろうか．領域の形状がシンプルな場合を除いては，解析は相当複雑になってしまう．円形の領域の場合でさえも，固有値は数値的に決定するしかないのである．しかしながら，平面を充填する対称的な形状の領域，すなわち，正方形，正六角形，菱形，および（これらの分割によって現れる）三角形に対しては，Christopherson (1940) によって初等的な解が見つけられている．平面充填とは，言い換えると，例えば正六角形のタイルを用いて，平面を完全に被覆することができる，ということである（正多角形からなる基本的な対称グループには，正六角形，正方形，菱形，およびそのサブユニットである三角形が含まれる）．いずれ見るように，六角形状パターンは，多くの発生学的状況において実際によく見られる．例えば，鳥類の皮膚における羽毛の分布は，そのほんの一例にすぎない（羽毛をむしられた（調理前の）鶏の皮膚をちょっと観察してみよ）．また，実験によって得られた様々なパターンを示した図 2.11 も参照されたい．では，領域が正平面充填の単位図形となっている（その境界では，ゼロフラックス

2.4 反応拡散メカニズムによるパターン形成の初期段階の詳細な解析

条件をみたさなければならない）ような場合に，解 ψ を求めたい．すなわち，**セル (cell)** を周期とするような解を求めたい．ここで「セル」とはもちろん，充填の単位図形のことを指している．

領域が正六角形の場合，方程式 (2.46) の解は

$$\psi(x,y) = \frac{\cos k\left(\frac{\sqrt{3}y}{2}+\frac{x}{2}\right)+\cos k\left(\frac{\sqrt{3}y}{2}-\frac{x}{2}\right)+\cos kx}{3}$$
$$= \frac{\cos\{kr\sin(\theta+\frac{\pi}{6})\}+\cos\{kr\sin(\theta-\frac{\pi}{6})\}+\cos\{kr\sin(\theta-\frac{\pi}{2})\}}{3} \quad (2.47)$$

である．方程式 (2.46) は線形であるため，ψ は任意定数倍してもやはり解であるが，上式では，原点において $\psi=1$ となるようにしてある．$k=n\pi, n=\pm1,\pm2,\ldots$ のとき，解 (2.47) は，正六角形領域の対称的な境界上においてゼロフラックス境界条件をみたしている．図 2.10(a) は，この解がなす空間パターンのタイプを示したものである．

極座標表示を用いると，正六角形の回転（$\pi/3$ 回転）に対する解 ψ の不変性を示すことができる．すなわち，

$$\psi(r,\theta) = \psi(r,\theta+\frac{\pi}{3}) = H\psi(r,\theta) = \psi(r,\theta)$$

が成り立つことがわかる（正六角形の回転を行う作用素を H とおいた）．

領域が正方形の場合，解は

$$\psi(x,y) = \frac{\cos kx + \cos ky}{2}$$
$$= \frac{\cos(kr\cos\theta)+\cos(kr\sin\theta)}{2} \quad (2.48)$$

である $(k=\pm\pi,\pm2\pi,\ldots)$．$\psi(0,0)=1$ である．この解は

$$\psi(r,\theta) = \psi(r,\theta+\frac{\pi}{2}) = S\psi(r,\theta) = \psi(r,\theta)$$

をみたすため（正方形の回転を行う作用素を S とおいた），正方形の回転に対して不変である．図 2.10(b) に，この解の典型的なパターンを示す．

領域が菱形の場合には，解は

$$\psi(x,y) = \frac{\cos kx + \cos\{k(x\cos\phi+y\sin\phi)\}}{2}$$
$$= \frac{\cos\{kr\cos\theta\}+\cos\{kr\cos(\theta-\phi)\}}{2} \quad (2.49)$$

である $(k=\pm\pi,\pm2\pi,\ldots)$．ここで ϕ は菱形の 1 つの内角である．この解は，菱形の回転に対して不変である．すなわち，

$$\psi(r,\theta;\phi) = \psi(r,\theta+\pi;\phi) = R\psi(r,\theta;\phi)$$

が成り立つ（菱形の回転を行う作用素を R とおいた）．パターンの例は，図 2.10(c) を参照されたい．

セルを周期とするようなもう 1 つの解は，正方形領域における 1 次元的な解，すなわち，x のみに依存して変動する解である．その解は

$$\psi(x,y) = \cos kx, \quad k=n\pi, \quad n=\pm1,\pm2,\ldots \quad (2.50)$$

であり，図 2.10(d) のような起伏のパターンを示す．これらの解はもちろん，1 次元の場合の解 (2.37) と単に同じものである．

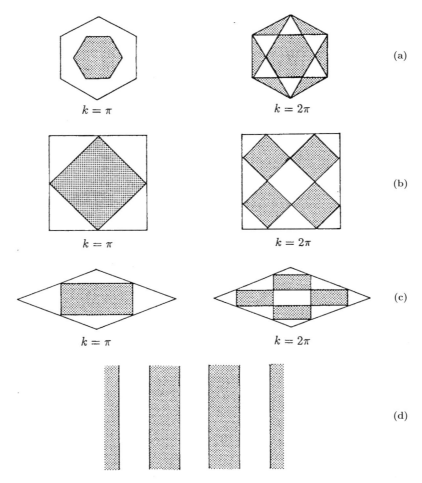

図 2.10 (a)（正六角形領域における）解 (2.47) にて，$k = \pi$ および $k = 2\pi$ のときに得られるパターン．網掛けの領域では $\psi > 0$ であり，網掛けのない領域では $\psi < 0$ である．(b)（正方形領域における）解 (2.48) にて，$k = \pi$ および $k = 2\pi$ のときに得られるパターン．(c)（菱形領域における）解 (2.49) にて，$k = \pi$ および $k = 2\pi$ のときに得られるパターン．(d) 解 (2.50) から得られる，1 次元的な起伏パターン．

　定常状態からのランダムな小さな摂動を初期条件として与えた上で，完全な非線形方程式系を数値的に解くと，空間が 1 次元の場合には，線形理論が最終的な定常状態をよく予測していることがわかる．特に不安定化するモードの波長が大きい，すなわち波数が小さな場合に，この予測は確かなものとなる．一方，不安定化するモードの波数が大きな場合は，予測精度は低くなり，空間が 2 次元の場合はなおさらである．我々が調べている方程式系は線形であり，解の定数倍もまた解であるため，直線 $u = u_0$ に関して鏡像となるような解が出現することもある（図 2.8(b) を参照）．どちらのパターンが出現するかは，初期条件に依存する．そして，最終的なパターンは，初期条件に最も近いパターンになる傾向がある．言わば，初期条件に関して空間パターンは吸引域をもつのである．そしてここでも再び，分岐近傍における特異摂動解析によって，非線形パターンが線形理論による予測と近いことが示される．しかしながら，分岐境界から離れると，一般に線形理論による予測は精度が悪くなる．次章に登場する，数値的に求めたパターンの図を参照されたい．空間が 2 次元や 3 次元のときは，最も単純な部類のパターンを扱う場合を除いては，線形理論はメカニズムから生じうるパターンの豊富さを知るための目安にしかならない，と考

2.4 反応拡散メカニズムによるパターン形成の初期段階の詳細な解析

えたほうが良い．しかしながら線形理論は，パターン形成が起こるパラメータの範囲を与えてくれる．

図 2.10 には，線形理論の下で，反応拡散方程式系から生じうる規則的なパターンがいくつか示されている．ここで数学上（もちろん実験上も）重要となる問題は，与えられた初期条件から一体どのパターンが形成されるのか，という問題である．あるパターンが形成されるとき，どのようにパラメータを変化させると別のパターンが形成されるようになるのだろうか？ 六角形状，菱形状，正方形状，起伏，など様々なパターンの候補のうち，どれが安定となるかを決定するためには，線形理論では間に合わず，弱非線形解析を行わなければならない．すなわち，一様状態が不安定化する分岐境界にパラメータが近接している状況を考える必要がある．このような非線形解析を行えば，図に示したような空間的に非一様な定常状態解たちの安定性について，パラメータに関する条件を求めることができる．反応拡散方程式系に対しては，Ermentrout (1991) や Nagorcka and Mooney (1992) が，複スケール特異摂動解析を用いてこのような解析を行っている．他のパターン形成メカニズム，すなわち，細胞走化性や力学的メカニズムに対しては，Zhu and Murray (1995) が解析を行っている．後者は，走化性を考えた系およびそのパターン形成能を，反応拡散系と比較している．また Zhu and Murray (1995) は，安定な縞模様，斑点模様，正方形状パターン，六角形状パターンが形成されるようなパラメータ領域，および，それらの模様の空間的特性（波長など）とパラメータ値との関係性の決定に，特に関心がある．

斑点模様の場合には，彼らはさらに，斑点の配置を表す平面充填パターンのいずれが安定となるかの決定も行っている．彼らは，様々なモデルがもつロバストネスと感受性を比較し，方程式系の大規模な数値シミュレーションによってそれらを確認した．この手の解析手法は十分に確立されているものの，その詳細はかなり複雑なものとなっている．Zhu and Murray (1995) は，数値的研究により，縞模様から斑点模様，そして六角形状パターンへと，パターンがどのように遷移していくのか，また逆に，いかにして六角形状パターンが不安定化し，最終的に縞模様へと落ち着くのか，を明らかにした．すなわち，六角形は伸長して菱形へと変化し，やがて斑点が一直線上に並び，最後にそれらが融合する——実に直観的である．ここで述べてきたような分岐値周りにおける解析手法は，弱非線形安定性解析と呼ばれ，これに関する広範な総説は Wollkind et al. (1994) を参照されたい．一般に，相互作用動力学の形は，どのようなパターンが生じるかに対して大きな影響力をもつ．3 次式的な相互作用は，縞模様を生み出す傾向があるのに対し，2 次式的な相互作用は，斑点模様を形成する傾向がある．さらに，境界条件を（ゼロフラックス条件と異なるものに）変更すると，生み出されるパターンが非常に異なったものとなり，より予測不能となる場合がある．Barrio et al. (1999) は，これらの効果を調査し，生み出されるパターンにおける非線形性の役割を研究した．彼らは，大規模な数値シミュレーションによって，このような反応拡散メカニズムが魚に見られる複雑なパターンの一部を形成するのに役立っている可能性を提示した．

ここまで議論してきたパターンは，縞模様にしても，斑点模様，六角形状パターンにしても，主に規則的なものであった．しかし，いくつかの実例を議論する次章において見るように，反応拡散系は，膨大な種類の不規則なパターンを形成することもできる．最近の論文である Meinhardt (2000)（および，その参照文献も参照）は，複雑なパターンを論じており，とりわけ，遺伝子活性化パターンに対する反応拡散メカニズムの応用を論じている（このテーマは本書では扱わない）．また彼は，植物形態学における分枝構造など，本書で扱わないその他の重要な応用に関して概説している．

反応拡散系のパターン形成能についてここまで行ってきた解析によると，反応物（モルフォゲン）たちの拡散係数が異なっている必要がある．多くの発生過程では，同一のモルフォゲンが異なる方向に対して異なる拡散係数をもつ，すなわち拡散が非等方的であり，ある特定の方向に拡散しやすい，という状況がしばしば生じる．本章ではそのような場合は扱わないのであるが，予想される通り，拡散の非等方性もまた，一様状態からチューリング不安定性によってもたらされるパターンに対して著しい影響を及ぼす場合がある（演習問題 10 を参照されたい）．

反応拡散系が定常状態にある有限振幅の空間パターンを形成しうることは，様々な数値的研究により，

実に1970年代の頃から長きにわたって知られていた．しかし，そのような定常状態パターン——ときにチューリング構造やチューリングパターンとも呼ばれる——が実験によって発見されたのは，高々10年以内のことである．実験研究におけるブレイクスルーは，1989年に始まった．これに関しては，Ouyang et al. (1990, 1993), Castets et al. (1990), Ouyang and Swinney (1991), Gunaratne et al. (1994), De Kepper et al. (1994)，および，これらの文献に記載された参照文献を参照されたい．最後の2つの総説は，これらの研究の進展を俯瞰するのに適している．特にその後者は，チューリング構造が進行波と相互作用するときに生じる複雑な構造に関しても記述している．この構造は，より入り組んだパターンを生み出す，時空間における間欠性やスポットの分裂といった現象を伴っており，非常に複雑となりうる．Ouyang and Swinney (1991) は，一様状態から六角形状パターン，そして縞模様への遷移を実験によって実現した．この遷移の様子は，Zhu and Murray (1995) によって発見された，反応拡散，および細胞走化性によるパターン形成メカニズムが呈する遷移の様子と類似している．これらの初期の実験研究の頃から，チューリングパターンは，全く異なるいくつかの反応系において発見されていた．それらの化学反応や実験装置の詳細に関しては，各文献に詳述されている．図2.11は，Gunaratne et al. (1994) による亜塩素酸塩―ヨウ化物―マロン酸反応拡散系から実験的に得られた，化学的チューリングパターンを示している．その領域のサイズが小さいこと，および，パターンの波長がきちんと定められることに注目されたい．パターンの波長は0.11〜0.18 mmであり，それは，形態形成の際の様々な状況において期待される値の範囲に確かに含まれている．また，このことは，反応拡散メカニズムやその他のパターン形成メカニズムによって（後者はZhu and Murray (1994) の理論的研究による），精密なパターン設計が可能であることを示唆している．発達中のヒヨコの肢の場合，軟骨形成に関わるパターン形成の時期における肢芽の幅は2 mmのオーダーであり，すなわち前述したパターンの波長は，形態形成のスケールと合致している（第6章で行われる，肢芽におけるパターン形成に関する議論を参照されたい）．Wollkind and Stephenson (2000a, b) は，図2.11の黒目パターンを含む様々なパターン間の遷移に関して，綿密にかつ総合的に論じている．彼らは，実験に用いられた亜塩素酸塩―ヨウ化物―マロン酸反応系を特に研究し，研究の結果を実験結果と比較している．また彼らは，化学系における対称性の破れた構造たちの間のこのような遷移を，全く異なる科学的文脈における遷移現象と比較している．

反応拡散系によるパターン形成を特定の発生生物学的問題に応用する際には，細胞は自身の場所を知るためにモルフォゲンの濃度を用い，その濃度に応じて分化を行う，というプレパターンの理論を，背景に据えることが多い．上述したように，もしも，空間パターンの濃度勾配が比較的大きくパターンが非常に明瞭な場合には，パターンの変動，濃度勾配が小さな場合よりも，細胞が定められた役割を果たすために必要となる感度は低くて済む．したがって，異なるメカニズムを比較する際に，生物学的意義をもつ空間的非一様性を定量的に測ることは，有益だといえるだろう．なお，生物学的に重要なその他の手法について，次節で論じる．

ゼロフラックス境界条件の下で反応拡散系によって形成された空間パターンに対して，Berding (1987) は「非一様性」関数を導入した．一般的なメカニズム (2.10) を1次元空間において考えることにし，この系が拡散に対して不安定であり，その解は $t \to \infty$ に対して非一様定常状態 $U(x), V(x)$ へ収束するものとしよう．領域の長さの2乗に比例する γ の定義式 (2.6) より，γ を領域のサイズの指標として用いることができるので，領域は $(0,1)$ であるものとしてよい．すると，(U, V) がみたす無次元の方程式は

$$U'' + \gamma f(U, V) = 0, \quad dV'' + \gamma g(U, V) = 0,$$
$$U'(0) = U'(1) = V'(0) = V'(1) = 0 \tag{2.51}$$

となる．ここで，非負の値をとる非一様性関数を

$$H = \int_0^1 (U'^2 + V'^2) dx \quad (\geq 0) \tag{2.52}$$

2.4 反応拡散メカニズムによるパターン形成の初期段階の詳細な解析

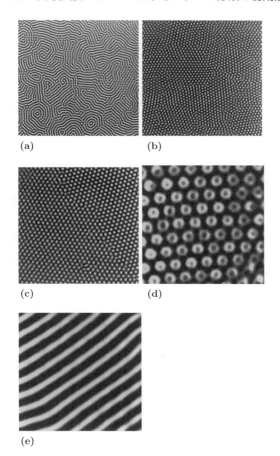

図 2.11 亜塩素酸塩―ヨウ化物―マロン酸反応拡散系から得られた化学的パターン (Gunaratne et al. 1994). 領域のサイズは $6\,\mathrm{mm} \times 6\,\mathrm{mm}$ である. (a) 波長 0.11 mm の縞状パターンをもつ, 多数の小領域が組み合わさっている. (b) 異なる配向の六角形状パターンからなる多数の領域が組み合わさっている. 波長は 0.12 mm である. (c) 再び六角形状パターンであるが, ここでは正六角形格子の配向が変化する境界は 1 本だけである (波長は 0.18 mm). (d) 発展しきった, 複雑な黒目パターン. ここでは, 領域のサイズは $1.6\,\mathrm{mm} \times 1.6\,\mathrm{mm}$ である. (e) 六角形状パターン (d) が不安定化すると, 菱形状パターンへと変形し, やがて斑点は一列に並ぶようになり, 最終的には縞模様となる (その遷移の様子は Zhu and Murray (1995) に述べられているものと類似している). 実験の詳細については Gunaratne et al. (1994) を参照されたい (写真は Harry Swinney の厚意による複写).

で定義する. H の値は, 系のパラメータ, および領域のスケール γ のみに依存している. H は「エネルギー関数」である. 部分積分を行い, 式 (2.51) のゼロフラックス境界条件を用いると

$$H = -\int_0^1 (UU'' + VV'')dx$$

となり, 式 (2.51) から得られる U'', V'' の式を代入すると

$$H = \frac{\gamma}{d}\int_0^1 [dUf(U,V) + Vg(U,V)]dx \tag{2.53}$$

となる. なお, 空間パターンが出現しない場合には, U, V は, 方程式 $f(U,V) = g(U,V) = 0$ をみたす一様な定常状態解にすぎず, そのため $H = 0$ となる. このことはもちろん, H の定義式 (2.52) からもいえることである.

式 (2.53) より, スケールパラメータおよび拡散係数比が, 非一様性の定義式の中にどのように出現するのかがわかった. 例えば, $\gamma = \gamma_1$ のとき――次元量を用いて言えば, 領域の長さが $L = L_1$ のとき――, 単一の波のみが領域中に許容されるとしよう. ここで領域のサイズを $2L_1$ に変更すると, 2 つの波が収まるようになり, このとき式 (2.52) より直観的に, 非一様性 H は増加することがわかる. $\gamma \propto L^2$ であったため, 式 (2.53) の H の値は 4 倍になる. 発生学的観点からすると, 例えばこのことより, 胚が成長するに従って構造が複雑化していくことが考えられる. 成長していく領域において構造の複雑性が増加していく一例が, 図 2.18 に示されている. Berding (1987) は, 非一様性を生み出す能力の観点から, 具体的な応用例を論じ, いくつかの具体的な反応拡散メカニズムを比較している.

2.5 分散関係，チューリング領域，スケール，領域の形状がパターン形成に及ぼす効果

　まず，分散関係に関するある一般的な性質に着目し，そして，それを前節で解析した具体例に対してさらに活用する．いかなる形態形成モデルによる空間パターンの形成も，その大部分は非線形的な現象である．しかしながら，ここまでで述べた通り，単純な線形解析を用いるだけで，1次元パターンに関する有用な情報を得ることができた．我々は，空間パターンが形成されるためには2つの条件が同時に成り立っている必要がある，ということを学んだ．第1に，空間的に一様な定常状態が小さな摂動に対して安定である必要がある．すなわち，式 (2.23) の $\lambda(k^2)$ が $\text{Re}\,\lambda(k^2=0)<0$ を（2解とも）みたさなければならない．第2に，特定の空間的な量をもつパターン，つまり波数 k が特定の範囲内であるようなパターンのみが，$\text{Re}\,\lambda(k^2\neq 0)>0$ をみたし，成長していく必要がある．これらの条件は，分散関係，すなわち λ と k^2 の関係（例えば図 2.5(b)）あるいは λ と ω^2 の関係（例えば図 2.7(a)）に対する条件であるといえる．例えば後者の図の場合には，k^2 が大きい，すなわち波長が非常に小さいような空間的攪乱パターンに対しては，定常状態は再び線形安定となる，ということもわかる．要するに，分散関係とは，様々なサイズのパターンが成長，減衰する初期速度を直ちに与えるものである．分散関係は，一般的なパターン形成メカニズムの発展方程式から求めることができる．Oster and Murray (1989) では，パターン形成モデルに関して，一般的，非技術的な，生物学指向の議論がなされている．

　式 (2.36) のような線形な固有関数方程式の解は，正弦関数や余弦関数からなるため，様々な空間パターンの「サイズ」は，それらの三角関数の波長によって測ることができる——例えば $\cos(n\pi x/p)$ の波長は $\omega = 2p/n$ である．したがって，成長する空間パターンの探索は，与えられた領域にいくつの正弦波や余弦波が「フィット」することができるか，を調べることへと帰着される．なお，空間が2次元の場合は，1次元の場合と状況は似通っているが，1次元の場合よりも波が自在に領域にフィットできる．

　分散関係式を用いると，パターンが成長するかどうか，および，成長するのであれば，そのパターンのサイズを直ちに知ることができる．このことは，分散関係式の利用法として非常に重要である．図 2.5(b) および図 2.7(a) の曲線は，空間パターンを形成するような分散関係の「基本形」ともいえるものである．後で，これとは異なる形の曲線でもパターン形成が可能であることを示し，それによって，ここまでで述べたものとは異なるパターン形成シナリオが存在することを暗示する．しかし，そのようなシナリオはそれほど普通とはいえず，出現するパターンに関しては，多くのことが依然としてわかっていない．第6章で詳細に論じるメカノケミカルモデルが生み出す分散関係は，実に驚くほど多岐にわたり（Murray and Oster (1984) を参照），それらのほとんどは，2種や3種からなる反応拡散モデルからは生み出されえないものである．

　分散関係の基本形には，既に述べた通り，非常に重要な特徴が2つある：(i) 空間的に一様な状態 ($k=0, \omega=\infty$) は安定である．すなわち，波長のきわめて大きな波の成長速度は負である．(ii) 成長する波の波長は，小さな範囲（窓）の内部に限られる．（すなわち，不安定化するモード $\cos(n\pi x/L)$ たちの範囲が有界である——有界領域の場合には，それらは有限個の整数 n に対応するモードである．）成長するこれらのモードのうち，分散関係を表す曲線（分散曲線）のピークに位置するモードは，最も急速に成長する．すなわち，このモードの波数を k_m とおくと，

$$\frac{\partial \lambda}{\partial k^2}=0 \quad\Rightarrow\quad \max[\text{Re}\,\lambda]=\text{Re}\,\lambda(k_m^2)$$

である．ただし有界領域の場合には，波数がちょうど k_m なるモードは存在しないかもしれない．その場合は，上式から求まる k_m の値に最も近い波数をもつモードが最も急速に成長する．

　つまり，上述の分散曲線は以下のことを示している：この系において，空間的に一様な状態は安定なの

2.5 分散関係，チューリング領域，スケール，領域の形状がパターン形成に及ぼす効果

であるが，特定の非一様な空間パターンがいくつか存在し，それらはいずれも，生命システムに遍在するランダムなゆらぎや発生過程における過去の段階のパターンからのキュー（手掛かり）によって励起されれば，時間とともに増幅してしまうのである．一般に，モデル中のパラメータの１つが「調節」されることにより，分散曲線が定性的に上述のような形となる．例えば図 2.5(b) において，拡散係数比 d が臨界値 d_c よりも小さなときは任意の k^2 に対して $\mathrm{Re}\,\lambda < 0$ であるが，d の増加に伴い曲線の位置は上昇していき，d が d_c を超えると，曲線が k^2 軸の上側に頭を出すようになる．頭が出始める位置の波数は k_c である（対応する波長は $\omega_c = 2\pi/k_c$）．このとき，波数 k_c の余弦波が仮に固有関数である場合には，それは成長を開始する．なお，臨界波数 k_c は式 (2.28) で与えられるのであった．したがって，臨界波長は

$$\omega_c = \frac{2\pi}{k_c} = 2\pi \left\{ \frac{d_c}{\gamma^2 (f_u g_v - f_v g_u)} \right\}^{1/4}. \tag{2.54}$$

と表される（ただし，d_c は式 (2.27) で与えられる）．

ここまで実例として用いてきた系 (2.32) には，無次元パラメータが４つ存在する．すなわち，動力学のパラメータ a, b，および，拡散係数比 d，そして，スケールパラメータ γ である．我々は，分散関係が d の値に応じてどのように変化するかに注目し，一様な定常状態が不安定となる分岐値 d_c がどのように定まるか，および，そのときのパターンのサイズが上式の k_c, ω_c により定まることを示した．パターン形成が起こるような全てのパラメータ値の組からなるパラメータ領域を知ること，そして，あるパラメータ——どのパラメータでもよく，複数個のこともある——を変化させていくときに，そのパターン形成領域へどのように進入していくのかを知ることは，非常に有益なことである．当然，パラメータの個数が多いほど，そのようなパラメータ領域（チューリング領域）は複雑となる．ではこれから，モデル (2.32) の場合における，このパラメータ領域を（解析的に）決定してみよう．ここでは，入門編第 7 章にて振動解が生じるパラメータ領域を決定する際に扱った，媒介変数法を用いる．この手法は Murray (1982) によって開発された．彼はこの手法を，いくつかの反応拡散モデルに対して適用した．この手法は，他のパターン形成メカニズムに対しても適用可能な，一般性をもつ手続きである．また，Zhu and Murray (1995) によって開発されたものを初めとする様々な数値解法も用いられることがある．

メカニズム (2.32) が空間パターンを形成するためのパラメータ a, b, d の条件は，空間領域が十分に広い場合には，式 (2.35) で与えられる．なお γ は，不安定化するモードの範囲 (2.38) を通して現れてくる．(2.35) の不等式たちは，任意の反応拡散メカニズムに対して，空間パターンが形成される条件を，最も単純かつ実用的な形で表したものだといえるだろう．しかし，それでもなお，代数的にかなり扱いづらい．考えている動力学が極端に単純でない限り，類似の方法で系を解析的に調べることは不可能である．そこで，まず入門編 7.4 節で用いた表示，すなわち，式 (7.24) の形で定常状態を表すことにしよう．つまり，u_0 を非負の媒介変数として扱う．すなわち，式 (7.24)（入門編）あるいは上述の式 (2.33) より，v_0, b の値を a, u_0 によって次式のように表す：

$$v_0 = \frac{u_0 - a}{u_0^2}, \quad b = u_0 - a. \tag{2.55}$$

不等式 (2.35) は，空間パターンが成長するためのパラメータの条件であって，（矢印の左辺の段階では）f_u, f_v, g_u, g_v からなるが，これらは上式より

$$\begin{aligned} f_u &= -1 + 2u_0 v_0 = 1 - \frac{2a}{u_0}, \quad f_v = u_0^2, \\ g_u &= -2u_0 v_0 = -\frac{2(u_0 - a)}{u_0}, \quad g_v = -u_0^2 \end{aligned} \tag{2.56}$$

と表せる．

では，拡散誘導不安定性の条件 (2.31) を，媒介変数 u_0 を用いて表そう．こうすることで，パターン形成領域の境界曲線が求まる．まず，第 1 式を変形すると

$$\begin{aligned} f_u + g_v < 0 \quad &\Longleftrightarrow \quad 1 - \frac{2a}{u_0} - u_0^2 < 0 \\ &\Rightarrow \quad a > \frac{u_0(1-u_0^2)}{2}, \quad b = u_0 - a < \frac{u_0(1+u_0^2)}{2} \end{aligned} \tag{2.57}$$

となる（上式第 2 行にて，我々は境界曲線に興味があるので，b を u_0 のみで表したく，そこで $b = u_0 - a$（式 (2.55)）と表した上で，u_0 のみからなる左式右辺を a に代入した）．上式から，(a,b) 平面内の領域を定める曲線が得られる．すなわち，式 (2.57) の第 2 行の式の不等号を等号に置き換えたものが，境界曲線の媒介変数表示となる（u_0 は正の値全体を動く）．以下では，式 (2.31) の各条件に対してこの手続きを行う．

式 (2.31) の第 2 条件は，式 (2.56) より

$$f_u g_v - f_v g_u > 0 \quad \Longleftrightarrow \quad u_0^2 > 0 \tag{2.58}$$

となる．この条件は自動的にみたされる．次に，第 3 条件は

$$df_u + g_v > 0 \quad \Longleftrightarrow \quad a < \frac{u_0(d-u_0^2)}{2d}, \quad b = u_0 - a > \frac{u_0(d+u_0^2)}{2d} \tag{2.59}$$

となる（不等号を等号に置き換えると，境界曲線の媒介変数表示となる）．

最後に，式 (2.31) の第 4 条件は

$$\begin{aligned} &(df_u + g_v)^2 - 4d(f_u g_v - f_v g_u) > 0 \\ &\Rightarrow \quad [u_0(d-u_0^2) - 2da]^2 - 4du_0^4 > 0 \\ &\Rightarrow \quad 4a^2 d^2 - 4adu_0(d-u_0^2) + [u_0^2(d-u_0^2)^2 - 4u_0^4 d] > 0 \end{aligned}$$

となり，他よりやや複雑である．最後の式の左辺を因数分解すると，

$$a < \frac{u_0}{2}\left(1 - \frac{2u_0}{\sqrt{d}} - \frac{u_0^2}{d}\right) \quad \text{または} \quad a > \frac{u_0}{2}\left(1 + \frac{2u_0}{\sqrt{d}} - \frac{u_0^2}{d}\right)$$

を得る．ゆえに，この不等式からは，2̈つの境界曲線

$$\begin{aligned} a &= \frac{1}{2}u_0\left(1 - \frac{2u_0}{\sqrt{d}} - \frac{u_0^2}{d}\right), \quad b = u_0 - a = \frac{1}{2}u_0\left(1 + \frac{2u_0}{\sqrt{d}} + \frac{u_0^2}{d}\right), \\ a &= \frac{1}{2}u_0\left(1 + \frac{2u_0}{\sqrt{d}} - \frac{u_0^2}{d}\right), \quad b = u_0 - a = \frac{1}{2}u_0\left(1 - \frac{2u_0}{\sqrt{d}} + \frac{u_0^2}{d}\right) \end{aligned} \tag{2.60}$$

が得られる．

式 (2.57)–(2.60) から媒介変数表示が得られる．これらの曲線に囲まれた領域こそが，パターン形成領域，もしくは**チューリング領域 (Turing space)** であり（Murray (1982) を参照），この領域内では，定常状態は拡散誘導不安定性をもち，空間パターンが形成される．2.4 節でも述べた通り，式 (2.35) の第 1 条件および第 3 条件より f_u と g_v の符号は異なる必要があり，ゆえに $b > a$ および $d > 1$ が必要である．

後は，式 (2.57)–(2.60) から得られる曲線をプロットする簡単な演習題を行うのみである．すなわち，d が与えられている下で u_0 が正の値全体を動くとき，対応する a, b の値を計算し，プロットするだけである．式 (2.57)–(2.60) より，一般的には 5 つの曲線が境界を定める．しかし，よくあることではあるが，それらのうちいくつかは，一方が他方に含まれる，という意味で冗長である．例えば，(2.60) の第 1 式（の元となった不等式）より

$$a < \frac{1}{2}u_0\left(1 - \frac{2u_0}{\sqrt{d}} - \frac{u_0^2}{d}\right) < \frac{1}{2}u_0\left(1 - \frac{u_0^2}{d}\right)$$

2.5 分散関係，チューリング領域，スケール，領域の形状がパターン形成に及ぼす効果

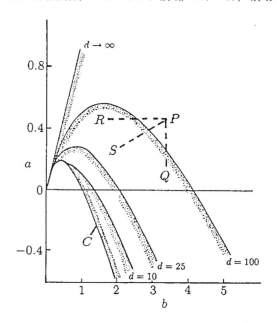

図 2.12 反応拡散系 (2.32) に対するチューリング領域 ((非一様) 空間パターンが生じうるパラメータ領域).例えば，$d = 25$ のとき，図中の $d = 25$ と書かれた曲線と曲線 C を境界とする領域内の任意の (a, b) に対して，系は拡散誘導不安定性を呈する．さらに，領域のスケール (の指標 γ) が十分に大きく，許容可能な k^2 が式 (2.38) (2 次元の場合は式 (2.43) 第 2 行) の不安定波数帯に含まれるならば，空間パターンが出現する．

であり ($u_0 > 0$ を用いた)，したがって，(2.60) の第 1 式 (の元の不等式) が成り立つならば，不等式 (2.59) は自動的に成り立つ．また，$d > 1$ より

$$\frac{1}{2}u_0\left(1 - \frac{u_0^2}{d}\right) > \frac{1}{2}u_0(1 - u_0^2)$$

であるため，式 (2.57) から定まる曲線は，式 (2.59) から定まる曲線の下方に位置する．すなわち，前者は下限を定める境界曲線であるが，上限を定める境界曲線は，(2.60) の第 1 式から定まる曲線である．さらに

$$\frac{1}{2}u_0\left(1 - \frac{u_0^2}{d}\right) < \frac{1}{2}u_0\left(1 + \frac{2u_0}{\sqrt{d}} - \frac{u_0^2}{d}\right)$$

より，不等式 (2.59)，および (2.60) の第 2 式 (の元の不等式) が同時に成立する領域は存在しない．

以上の議論より，このメカニズムの場合には，媒介変数表示された曲線のうち，必要なものは 2 つだけ，すなわち，式 (2.57) より定まる曲線と (2.60) の第 1 式より定まる曲線だけである．こうして，チューリング領域が以下の式で定まることがわかった：

$$\begin{aligned} &a > \frac{1}{2}u_0(1 - u_0^2), \quad b = \frac{1}{2}u_0(1 + u_0^2), \\ &a < \frac{1}{2}u_0\left(1 - \frac{2u_0}{\sqrt{d}} - \frac{u_0^2}{d}\right), \quad b = \frac{1}{2}u_0\left(1 + \frac{2u_0}{\sqrt{d}} + \frac{u_0^2}{d}\right). \end{aligned} \quad (2.61)$$

$d = 1$ のときにはチューリング領域，すなわち空間パターンが形成されるようなパラメータ領域が，存在しないのであった．実際 $d = 1$ のとき，式 (2.61) の 1 行目の条件と 2 行目の条件は互いに矛盾するため，チューリング領域は存在しない．では，d が 1 より大きな値をとる場合を考えよう．ある臨界値 d_c を d が超えると，チューリング領域が現れ，その後 d の増加に伴って領域の範囲は広がっていく．d_c の値は，具体的には $3 + 2\sqrt{2}$ である．これは，式 (2.61) が規定する 2 つの曲線が $b = 1$ において $a = 0$ となるような値であり，2 つの不等式が互いに矛盾しなくなる直前の d の値として求めることができる．メカニズム (2.32) が空間パターンを形成するようなパラメータ領域は，実際には (a, b, d) 空間内の 2 つの曲面によって定義されるのであるが，図 2.12 は，その (a, b) 平面に関する断面図を示したものである．

$d > 1$ かつ，(a, b) がチューリング領域内に存在する場合であっても，このメカニズムが空間パターンを生み出すとは限らない．なぜなら，今度は，スケールと領域の形状の問題が立ちはだかるためである．γ の大きさや，メカニズムが実際に動作する空間領域の形によっては，不安定化する固有関数（モード）が許容されない場合もありうる．ここで，分散関係の詳細な形が再び重要となる．具体的に，1 次元の有界領域の場合（式 (2.36)）を考えよう．固有値，すなわち波数 $k = n\pi/p$ ($n = \pm 1, \pm 2, \ldots$) は離散的である．ゆえに，分散関係がもつ不安定化モード——図 2.5(b) に示されているような——の範囲内に，それらの離散的な固有値が 1 つ以上含まれない限りは，パターン構造が成長することはない．したがって，図 2.12 のチューリング領域に，スケールパラメータ γ を表す新たな軸を設けなければならない．もし γ をチューリング領域のパラメータに加えるとなると，それはもはや単連結とも限らなくなる．なぜなら，γ が変動していくとき，不安定化するモードの固有関数を分散関係が 1 つも許容しなくなると，パターンが出現しなくなるためである．このことについて，より詳細に検討を行い，分散関係に関してさらに吟味することにしよう．

チューリング領域を表すために用いていたパラメータは，いずれも無次元であり，それらは，元のモデルの次元付きパラメータを適切にまとめたものであった．図 2.12 に登場するパラメータ a, b, d は，式 (2.6) によって

$$a = \frac{k_1}{k_2}\left(\frac{k_3}{k_2}\right)^{1/2}, \quad b = \frac{k_4}{k_2}\left(\frac{k_3}{k_2}\right)^{1/2}, \quad d = \frac{D_B}{D_A}$$

と定義されていた．例えば，いま $d = 100$ であり，a, b の値は図 2.12 中の点 P に対応する値であるものとしよう．すなわち，いまの段階では，このメカニズムはパターンを形成しない．そして，ここからパターン形成領域へと進入する方法は，何通りも存在する．例えば，a あるいは b を減少させて，それぞれ点 Q あるいは点 R へ向かう方法が考えられる．次元量に言及するならば，例えば，k_1, k_2, k_3 のいずれか——あるいは全部——を適切に変化させることによって，a を減少させることができる．k_1 以外を変化させると，b にも影響が及ぶため，そちらにも絶えず注意していなくてはならない．k_2 のみを変化させる場合，チューリング領域への進入経路は，定性的に線分 PS のようになる．もし d を変化させることができる，すなわち D_A または D_B を変化させられる状況であれば，d を増加させるだけで，点 P がパターン形成領域内に取り込まれるようにできる．これらの成り行きを生物学的な観点で解釈するならば，これらは，複数の効果のオーケストレーション（調和のとれた統合）によるパターン形成の実現といえる．パターン形成領域へ進入するためには，複数のパラメータのうち 1 つを変化させればよかった．つまり，このようなオーケストレーションもまた複数存在する．そして，領域内のある点に到達する方法は，明らかに複数存在する．パラメータの変動の効果が等価であれば同じパターンが形成される，という発想は，いかなるモデルに関する実験をデザインしたり解釈したりする際にも，重要なものである．しかしこの発想は，生物学においてはあまり広く認識されていないようである．引き続く章では，無次元グループの実践的な利用法を生物学に応用したいくつかの重要な事例について議論する．

簡潔に要約すると，一般の反応拡散系 (2.10) に関する分散関係式は，方程式 (2.23) の解 $\lambda(k^2)$（のうち実部の大きなほう）によって与えられる．不安定化するモードが存在するか否かは，ある $k^2 \neq 0$ なる範囲にて，関数

$$h(k^2) = dk^4 - \gamma(df_u + g_v)k^2 + \gamma^2(f_u g_v - f_v g_u) \tag{2.62}$$

が負となるか否か，によって決まる——図 2.5(a) を参照されたい．f, g の微分係数は，その ($f(u_0, v_0) = g(u_0, v_0) = 0$ なる) 定常状態 (u_0, v_0) における値を考えることを思い出されたい．$h(k^2)$ は k^2 についての 2 次関数であり，その係数は，動力学のパラメータ，拡散係数比 d，およびスケールパラメータ γ のみの関数である．$h(k^2)$ が $k = k_m$ にて最小値 $h_{\min}$ をとるものとすると，k_m に対応する λ は Re λ の

2.5 分散関係，チューリング領域，スケール，領域の形状がパターン形成に及ぼす効果

最大値を実現し，それゆえ，k_m に対応するモードは最大の成長乗数 $\exp[\lambda(k_m^2)t]$ をもつ．式 (2.25)，もしくは式 (2.62) より，$h_{\min}$ は

$$\begin{aligned} h_{\min} &= h(k_m^2) = -\frac{1}{4}\gamma^2 \Big[df_u^2 + \frac{g_v^2}{d} - 2(f_u g_v - 2f_v g_u)\Big], \\ k_m^2 &= \gamma \frac{df_u + g_v}{2d} \end{aligned} \quad (2.63)$$

で与えられる．

安定な状況から不安定な状況への分岐は，$h_{\min} = 0$ において生じる．式 (2.28)，もしくは再び式 (2.62) より，分岐状態であるのは，パラメータが次の条件をみたすときである：

$$(df_u + g_v)^2 = 4d(f_u g_v - f_v g_u). \quad \left(\Rightarrow \quad k_c^2 = \gamma \frac{df_u + g_v}{2d}\right) \quad (2.64)$$

チューリング領域の周辺でパラメータたちの値を動かすことを考える．このとき，いずれか 1 つのパラメータだけを動かして分岐値を通過させると，その他の全てのパラメータを固定したまま，方程式 (2.64) をみたすようにすることができる．例えば前節および図 2.5(b) の状況においては，動かすパラメータとして d を選び，与えられた a, b に対して分岐値 d_c を求めたのであった．この分岐状態，すなわち $h_{\min} = h(k_m^2) = 0$ である状態から，$d = d_c + \varepsilon$ $(0 < \varepsilon \ll 1)$ へと変化すれば，波数 k_c の空間パターンだけが不安定化する．式 (2.64) より，臨界波数は $\sqrt{\gamma}$ に比例するので，γ を変化させることによって，出現開始する空間パターンを変更することができる．これは**モード選択 (mode selection)** と呼ばれ，後に見るように，応用の際に重要となる．

領域が有界である場合には，不安定波数帯をうまく設定することで，ある特定のモードのみを単独で励起させる（不安定化させる）ことができる．すなわち，不安定化させたいモード k を中心として，波数帯の幅が十分狭くなるように γ をとればよい．いま，動力学のパラメータは固定されているものとし，$d = d_c + \varepsilon$ $(0 < \varepsilon \ll 1)$ であるとしよう．この状況，すなわち，動力学が分岐状態——ときに**動力学の限界的状態 (marginal kinetics state)** と呼ばれる——にあって，そのパラメータが式 (2.64) をみたすとき，励起させたい特定の k に対して，適切な γ は

$$\gamma \approx \frac{2d_c k^2}{d_c f_u + g_v} \quad (2.65)$$

となる．つまり，γ を変化させることによって，いかなるモードをも単独で励起させることができるのである．図 2.13(a) は，その典型的な場合を図示したものである．Arcuri and Murray (1986) は，このような状況に関して，はるかに複雑な Thomas (1975) のメカニズムに対するチューリング領域を詳細に解析した．図 2.13(a) において，γ が増加するとともに $h_{\min}$ が負へと減少していくことに注意されたい．これは，式 (2.63) からわかることである．

では今度は，γ および動力学のパラメータを固定し，d を分岐値 d_c から増加させていくことを考えよう．式 (2.63) より，d が大きいとき $h_{\min} \sim -(d/4)(\gamma f_u)^2$ であるため，d の増加に伴って $\lambda \to \infty$ となる．不安定化するモード帯の波数の下限，上限は，式 (2.62) の $h(k^2)$ の根 k_1, k_2 によって与えられるのであった．それらは式 (2.29) より，あるいは式 (2.62) より直ちに

$$\begin{aligned} k_1^2 &= \frac{\gamma}{4d}\Big[(df_u + g_v) - \{(df_u + g_v)^2 - 4d(f_u g_v - f_v g_u)\}^{1/2}\Big], \\ k_2^2 &= \frac{\gamma}{4d}\Big[(df_u + g_v) + \{(df_u + g_v)^2 - 4d(f_u g_v - f_v g_u)\}^{1/2}\Big] \end{aligned} \quad (2.66)$$

であり，これより

$$d \to \infty \text{ において} \quad k_1^2 \sim 0, \quad k_2^2 \sim \gamma f_u \quad (2.67)$$

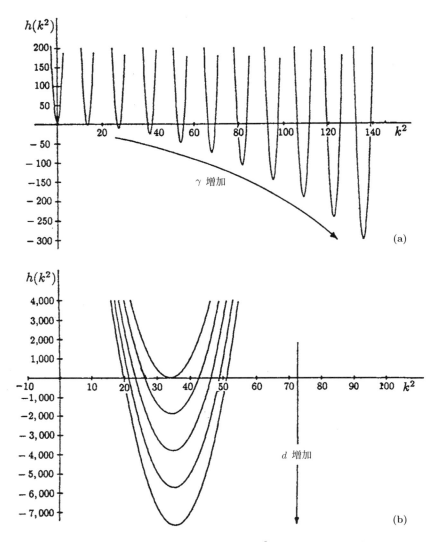

図 2.13 (a) 不安定化するモード (式 (2.23) において $h(k^2) < 0$ なるモード k) の分離. Thomas (1975) の動力学 (式 (2.8) 2, 3 行目) において, 拡散係数比を $d = d_c + \varepsilon \, (0 < \varepsilon \ll 1)$ とし, γ を変化させた. ($a = 150, b = 100, \alpha = 1.5, \rho = 13, K = 0.05, d = 27.03, d_c = 27.02$). (b) (a) の状態から, d を増加させていく様子 (他のパラメータは固定したまま). $d \to \infty$ としても, 不安定モード帯は $0 < k^2 < \gamma f_u$ の範囲に含まれる.

である. ゆえに, スケールが固定されている状況においては, 不安定化するモードの波数に上限が存在する. すなわち, 成長しうる空間パターンの波長に下限が存在する. 図 2.13(b) は, 式 (2.8) (の 2, 3 行目) によって与えられる Thomas (1975) の系について, 典型的な場合を図示したものである.

動力学のパラメータが全て固定されている状況下では, パラメータの組 (d, γ) によって放物線 $h(k^2)$ (式 (2.62)) が一意に定まり, それによって不安定化するモードの集合が決定される. そこで, (d, γ) 平面を, 各点が定める拡散誘導不安定なモード——あるいはモードの組——に応じて, いくつかの領域に分割することを考えてみよう. 不安定化するモードがいくつも存在するような分散関係の形の場合——例えば図 2.5(b) のような場合——には, それらのうち成長速度が最大となるモードが存在する. なぜなら,

2.5 分散関係，チューリング領域，スケール，領域の形状がパターン形成に及ぼす効果

$k^2 = k_m^2$ にて $\text{Re}\,\lambda$ が最大値をとるためである．式 (2.23) より，正の固有値 $\lambda_+(k^2)$ は

$$2\lambda_+(k^2) = \gamma(f_u + g_v) - k^2(1+d) + \{[\gamma(f_u + g_v) - k^2(1+d)]^2 - 4h(k^2)\}^{1/2}$$

で与えられ，これが最大値をとるときの波数 k_m は

$$k^2 = k_m^2 = \frac{\gamma}{d-1}\left\{(d+1)\left(-\frac{f_v g_u}{d}\right)^{1/2} - f_u + g_v\right\} \tag{2.68}$$

で与えられる．既に述べたように，最も高速に成長するモード k_m が，支配的となって，最終的に定常状態非線形パターンへと発展するモードとなる，ということが予想される．しかしこの予想は，低次のモードに対してしか適切な予想だといえない．なぜなら，非線形性によって生じる高次のモードの間での相互作用は，より低次のモードのみが線形不安定化する場合よりも複雑であるからである．そこで，式 (2.68) を用いて，特定のモード，すなわちパターンが出現すると予想される領域ごとに，(d,γ) 平面を分けてみよう——Arcuri and Murray (1986) を参照されたい．図 2.14(a), (b) は，空間が 1 次元の場合の Thomas (1975) の系に関して，それぞれ線形理論，および完全な非線形系を用いて計算し，得られた結果を示したものである．図 2.14(c) には，図 2.14(b) 内の各数字に対応するモルフォゲンの空間パターンが示されている．

このようなパラメータ領域の地図の重要な利用法として，ランダムなパラメータ変動に対するそのメカニズムのロバストネスを測ることができる，というものがある．例えば，生物学的条件によってパラメータの組 (d,γ) が図 2.14(b) 内の点 P に位置していたとしよう．点 P は，モード 4 が発展する領域内にある．現実世界に存在する不可避的なランダムな摂動に対して，系がどれだけ敏感なのかは，いかなるモデルを扱う際にも重要である．仮に発生過程においてモード 4 のパターンが不可欠であるとしたときに，図 2.14(b) より，どれほどの摂動が許容されるのかがわかる．ただし，いかなるメカニズムにも，その他のパラメータが存在するため，(d,γ) 平面は考えるべき重要な空間の 1 つにすぎない．よって，ロバストネス，もしくはモデルの感受性を評価したい場合には，動力学のパラメータが全て関わるようなチューリング領域を考え，その大きさと形状を考慮しなければならない．おそらく (d,γ) 平面の様子は，定性的には，反応拡散系ごとにそれほど異なったものにはならないであろう．しかしながら，チューリング領域の大きさと形状は確実に異なっており，それは，モデルのロバストネスを比較する際に有用な，もう 1 つ別の規準となる．Murray (1982) は，この問題に関して研究し，この問題を念頭においた上で様々な反応拡散メカニズムを比較した．そして，それらのメカニズムのロバストネスに関して，ある結論を得た．それによると，Thomas (1975) や Schnakenberg (1979) の系（それぞれ，式 (2.8)（の 2, 3 行目），(2.7) により定義される）は比較的大きなチューリング領域をもつ一方，Gierer and Meinhardt (1972) の活性因子—抑制因子系（式 (2.9)）のチューリング領域は非常に小さく，ゆえにパラメータの小さな変動に対してパターンが著しい感受性をもつと考えられる．次章にて，生物学におけるいくつかのパターン形成問題を扱う際に，分散関係の形や無次元化の形から示唆されるような，その他の重要なモデルの性質についても触れる．

一様な定常状態に対するランダムなゆらぎが初期条件として与えられる場合に関して，特定のパターンに対応するパラメータ領域を全て決定できることがわかった．低次のモードでさえも，その極性 (polarity) は，初期条件に含まれるバイアスによって明確に影響を受ける．例えば，図 2.8(b) のように，領域の中央に最大点をもつ単一の山なりのパターン，または領域の中央に最小点をもつ単一の谷なりのパターンが生み出される．すなわち，特定のモードだけを分離できたとしても，初期条件が極性に対して強い影響を与える可能性が残っている．また，複数のモードが励起され，その中の 1 つが分散関係上支配的である状況であったとしても，適切な初期条件を与えてやることにより，最終的なパターンに影響を及ぼすことがまだ可能なのである．もしも初期条件の中に不安定帯内のモードが含まれており，さらにその

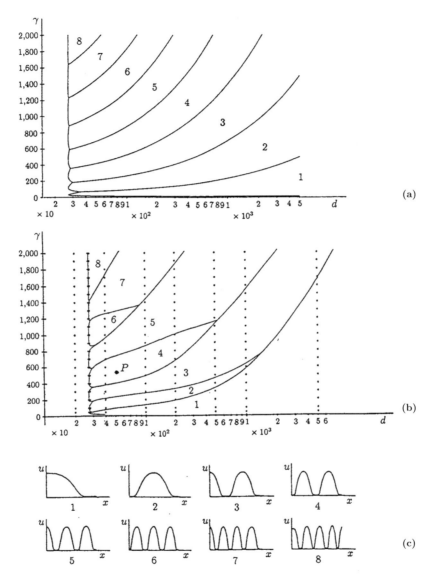

図 2.14 (a) 線形理論によって予測された，パラメータ領域の地図．ゼロフラックス境界条件の下で，Thomas (1975) の系（式 (2.8) 2, 3 行目）（の線形化系）において最速で成長するモードを示している．パラメータ値は図 2.13 と同じである．(b) Thomas の系について，完全な非線形系を数値シミュレーションすることによって得られた地図．パラメータ値および境界条件は (a) と同じである．点の描かれた場所の (d, γ) に対して，シミュレーションを実際に行った．(c) (b) における各領域ごとに，そこでの d, γ の値から得られる濃度の空間パターンを示した．なお，これらの空間パターンを図示するのに，濃度の閾値 u^* を定めて，$u > u^*$ なる領域を網掛けで表示する，という方法もある．例えば最初の 2 つのモルフォゲン分布は，この方法で図示すると図 2.9 の最初の 2 つの図のようになる (Arcuri and Murray (1986) より)．

振幅が十分に大きな場合，そのモードは非線形効果の中で存続し続け，他の不安定化するモードを制し，最終的なパターンにも定性的にそのモードの波長が現れることが多い．この現象に関しては，次節でさらに詳細に論じる．これらの事実はまた，生物学的応用に際して非常に重要な意義をもっている．

2.6 モード選択と分散関係

典型的な，分散関係の「基本形」，すなわち波数 k または波長 ω に対して成長速度 λ が図 2.5(b) のような関数関係にあり，線形不安定化する波数帯が存在する，という状況を考える．ここではさらに，領域は有界であるものとし，そのため固有値スペクトルは離散的であるものとしよう．前節にて，線形理論によるパターンの予測に対して，領域の形状とスケールがいかにして重要な役割を果たすかを我々は学んだ．そしてこの予測は，非線形系の数値シミュレーションによって裏付けられた——次章の結果も参照されたい．また我々は，出現するパターンの極性や，ある特定のパターンが出現するか否か，といったことに対して，初期条件が影響を与えうることを指摘した．一様な定常状態からの小さなランダムなゆらぎが初期条件である場合，線形成長速度が最も大きなパターンが，最も発展する可能性が高い．しかし，発生学的問題の多くにおいては，パターン形成開始の引き金となるのはスケールである．このような例は，引き続く章，特に第 4 章にいくつか登場する．また，さらに後の章にも登場する．他の発生学的状況としては，一様な定常状態からのゆらぎが空間領域の一端において始まり，そこから空間パターンが発展してゆき，最終的に領域全体へと広がっていく，という状況がある．この状況では，出現するパターンは，不安定性がどのように開始したかに決定的に依存する．本節では，この点をさらに研究し，与えられた分散関係の下で，ある重要なパラメータが分岐値を通過する際に，どのような初期条件からどのようなパターンが発展するか，という問いに対して示唆を与える．どのパターンが発展するのかという問題，すなわちモード選択の問題は，ことあるごとに生じてくるものである．なお，以下で行う議論は非常に一般的であり，ここでの動機である反応拡散パターン形成系のみならず，類似の分散関係を生じるいかなるパターン形成モデルに対しても適用可能なものである．

図 2.15(a) のような，基本的な分散関係 $\lambda(\omega^2)$ を考えることにしよう（k は波数，$\omega = 2\pi/k$ は波長を表す）．領域は 1 次元であるものとし，いま，図 2.15(b)–(d) のような 3 種類のパターン形成開始方法を順に考えてみよう．

まず，図 2.15(b) について検討しよう．この場合は，最初の摂動を固有関数に関して展開するとあらゆるモードが含まれているため，それらのうち図 2.15(a) の不安定波長帯に含まれる全てのモードが励起される．最大の λ をもつモード ω_2 は，最も急速に成長し，最終的には場を支配する．ゆえに，存続する非一様な定常状態パターンは，波長 ω_2 なるパターンとなる．

次に，図 2.15(c) では，空間パターン形成よりも遅い速度で領域そのものが成長していく状況を考えている．なお本節の後のほうにて，領域の成長が遅くないモデル系についても扱う．第 4 章にて，領域の成長がパターンに対して及ぼす重大な影響に関して，さらに詳細に取り扱う．そこでは，相互作用が肝心となる．さて，領域サイズ $L(t)$ が小さなときには，いかなる波長のモードも不安定帯に含まれることはない．やがて領域サイズの臨界値 L_c に到達すると，波長最小のパターン，すなわち波長 ω_1 なるパターンを保持することができるようになる．ここから，$L(t)$ が十分に増加して次の波数のモードが成長できるようになるまでの間に，波長 ω_1 のパターンは非線形な段階を支配するまでに十分に確立される．したがって，最終的に出現するパターンは，基本波長 ω_1 をもつパターンとなる．

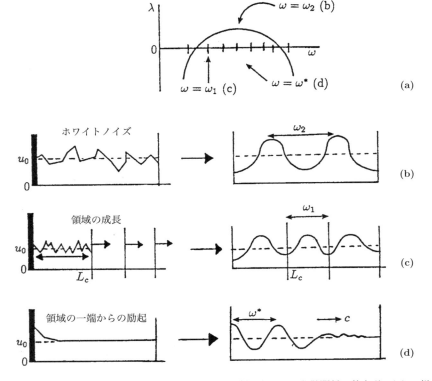

図 2.15 (a) 空間パターンの波長 ω と成長速度 λ の関係を与える, 分散関係の基本形. (b) 一様な定常状態 u_0 に対して, 最初の攪乱としてランダムな摂動（ホワイトノイズ）を与える. このとき発展するパターンの波長は, (a) の ω_2, すなわち成長速度最大のモードの波長である. (c) 成長する領域におけるパターンの発展. 最初に励起する不安定化モード ω_1 が, 最後まで支配的であり続ける. (d) 最初の攪乱が領域の一方の端でのみ起こり, 攪乱が領域内を伝播していくにつれてパターンが形成されていく場合. 発展するパターンの波長 ω^* は, 不安定波長帯に含まれている.

進行波によるパターン形成開始

図 2.15(d) のように, 領域の一方の端からパターン形成が開始する状況を検討しよう. これは, 前よりも微妙な問題である. 最終的なパターンがもつ波長は, 分散関係から予測される不安定帯の中に入っているのではないかと考えられる. 一般に波数を求める方法を見るために, まずは, 1 次元の無限領域上で, 一般的な線形系

$$\mathcal{J}\bm{w} = 0 \quad (\bm{w}(x,t) \propto \exp(ikx + \lambda t) \quad \Rightarrow \quad \lambda = \lambda(k)) \tag{2.69}$$

を考える. ここで $\mathcal{J}$ は, 反応拡散方程式の線形化によって得られる線形作用素を表す. 例えば, 線形化系 (2.20) の場合には $\mathcal{J} = (\partial/\partial t) - \gamma A - D\nabla^2$ である. 分散関係 $\lambda(k)$ としては, 図 2.5(b), あるいは図 2.15(a) （ただし ω を k に変換したもの）のような形のもの——つまり, 典型的な形——を考える. 線形系 (2.69) の一般解 $\bm{w}$ は

$$\bm{w}(x,t) = \int \exp[ikx + \lambda(k)t]\bm{A}(k)\,dk \tag{2.70}$$

で与えられる. ここで $\bm{A}(k)$ は, 初期条件 $\bm{w}(x,0)$ をフーリエ変換することによって定めることができる. ここでは最終的な構造に興味があり, 途中の過程には興味がないため, $\bm{A}(k)$ の評価を行う必要は

2.6 モード選択と分散関係

ない.

初期条件 $w(0)$ が $x=0$ 近傍の小さな有界領域のみに限定されており,この領域から全体へパターンが成長していく,という状況を考えよう.我々は,図 2.15(d) の右図のような,波状のパターン形成に興味がある.これは,原点から遠く離れた場所における解の形式に注目しなければならないことを意味する.すなわち,x, t が大きく,かつ x/t が $O(1)$ であるような場所,時刻に対する漸近解に注目すべきである.そのためには,速度 $c = x/t$ で移動し,波の「前線 (front)」の近傍,つまり図 2.15(d) 右図中の矢印(先端に c の記述あり)の付近にとどまる座標系に注目するとよい.一般解 (2.70) を変形して

$$w(x,t) = \int \exp[\sigma(k)t] A(k)\, dk, \quad \sigma(k) = ikc + \lambda(k), \quad c = \frac{x}{t} \tag{2.71}$$

と書く.被積分関数を k の複素平面上へ解析接続し,最急降下法を用いる(Murray (1984) の本の第 3 章を参照)ことにより,この積分を $t \to \infty$ に関して漸近評価することができ,

$$w(x,t) \sim \left[\frac{2\pi}{t|\sigma''(k_0)|}\right]^{1/2} \exp\{t[ik_0 c + \lambda(k_0)]\} J(k_0)$$

が得られる.ここに,J は定ベクトルであり,k_0(複素数)は

$$\sigma'(k_0) = ic + \lambda'(k_0) = 0 \tag{2.72}$$

をみたす.こうして,解の漸近形は

$$w(x,t) \sim \exp\{t[ick_0 + \lambda(k_0)]\}\frac{K}{t^{1/2}} \tag{2.73}$$

となる(K は定ベクトル).

t が大きな状況において,波の「前線」は,およそ,形成されるパターンの先端部から,摂動が開始する先端部までの間,すなわち,w が成長も減衰もしないような場所に存在している.それはつまり,

$$\mathrm{Re}[ick_0 + \lambda(k_0)] \approx 0 \tag{2.74}$$

をみたす場所である.「前線」における波数は $\mathrm{Re}\, k_0$ であり,解の振動数 ω は

$$\omega = \mathrm{Im}[ick_0 + \lambda(k_0)]$$

である.「前線」の後ろに隠れたパターンの波数を,k^* と表すことにする.ここで,「前線」の前後において節の数が保存される,すなわち

$$k^* c = \omega = \mathrm{Im}[ick_0 + \lambda(k_0)] \tag{2.75}$$

が成り立つものと仮定する.こうして得られた 3 つの方程式 (2.72), (2.74), (2.75) より,k_0,および,我々が関心のある c(パターン形成速度),k^*(定常状態パターンの波数)を求めることができる.しかし変数が複素数であるため,見かけほど単純にはいかない.Myerscough and Murray (1992) は,細胞走化性系(第 5 章も参照)に対して上述の技法を用い,まねごと的な分散関係を立てた上で 3 つの方程式を解析的に解いた.そして解析解を,数値シミュレーションによる解と比較し,結果は良好であった.また,もちろん,解析解が得られたことは,定性的にも有用であったといえる.Dee and Langer (1983) もまた,ある反応拡散メカニズムに対して,上述の技法を(数値的に)用いている.

成長する領域におけるパターン形成ダイナミクス

　領域の成長速度が空間パターンの形成速度に匹敵する場合や，空間次元が 2 以上であるような場合においては特に，成長する領域内におけるパターンが非常に複雑な時間発展を呈する．第 6 章にて，発生中の肢の軟骨形成を例として考える際に学ぶように，スケール γ が増加していく際の分散関係の形の変化には，非常に重要な生物学的意義を伴うことがある．ここでは，ある現象を紹介し，γ の増加に対する分散関係の振舞いとして 2 種類の具体的な形のものを考え，それらの意義についていくらか論じることにしよう．

　成長する領域における反応拡散方程式の導出は，注意深く行わなければならない．この導出は，パターン形成問題，および形成されるパターンに対して領域の成長が及ぼす影響について主に考える，第 4 章にて行われる．ここでは，まねごと的なモデルのみを考えて，領域の成長がもたらす時間依存的な効果の存在を示すことにする．単純化したモデルを用いる場合，生じうるあらゆる時系列的空間パターンが観察されることは期待できないし，実際，観察されない．Crampin et al. (1999) は，成長する 1 次元領域における反応拡散系を解析的および数値的に広く調べ，発展する時系列的パターンを分類した．彼らは，領域の成長の仕方として複数の異なる場合を考察した．彼らは，自己相似性に関する議論により，領域の成長が指数関数的である場合に振動数倍化が起こることを予測した．そして，領域の成長がどのようにしてパターンのロバストネスを増加させる機構となりうるのかを示した．Kulesa et al. (1996a, b)（第 4 章も参照）は，歯原基（歯の前駆体）の時系列的な配置が，顎領域の成長——実験的に測定された——と密接に関連していることを示した．歯原基が現れてくる正しい順番は，パターン形成プロセスと領域の成長ダイナミクスの間の相互作用に決定的に依存している．一方，Murray and Myerscough (1992) によるヘビのパターン（第 4 章にて詳述）の研究においては，上述のものとはやや異なったアプローチを用いて，領域の変化を考慮に入れている．彼らは，定常状態方程式（ここでは細胞走化性に関する方程式）の解が起こす分岐に注目している．

　図 2.8(a) にて，スケール γ の増加に伴い，分散曲線が水平に移動していき，より短い波長をもつモードが励起するように次々と変化していく様子を見た．図 2.16(a) は，この振舞いの例を再掲したものである．図 2.16(b) は，スケール γ が増加していく際の分散関係の振舞いとして，別の例を示したものである．これらは，成長する領域におけるパターン形成に関して，異なるシナリオが存在することを示している．

　まず図 2.16(a) の状況を考えよう．$\gamma = \gamma_1$ のときには，波長 ω_1 のモードは励起し，成長を始める．領域が拡大し，$\gamma = \gamma_2$ となると，不安定帯にはモードが存在せず，そのため非一様パターンは減衰し，空間的に一様な定常状態へ落ち着く．さらにスケールが増加し $\gamma = \gamma_3$ となると，波長 ω_2 のパターンが形成される．つまり，γ の増加に伴って次々と新たな構造が出現するのであるが，それらの合間に，一様な定常状態パターンを呈する状況も存在する，といった，事実上離散的なプロセスとしてパターン形成が進んでいく．図 2.17(a) は，γ の増加に伴って起こる，上述した一連のイベントを図解したものである．

　では次に，分散関係のスケール依存性が図 2.16(b) のようである状況を検討しよう．この状況では，スケールの増加は不安定化するモード帯をただ拡大する効果をもたらす．支配的なモードは γ に伴って変化するため，例えば $\gamma = \gamma_1$ のときに支配的なモードから，例えば $\gamma = \gamma_3$ のときに支配的となる別のモードへと，連続的に時間発展していく様子が見られる．この動的なパターン発展の様子は，図 2.17(b) のようになる．後に 6.6 節にて，図 2.16 および図 2.17 が発生中の肢の軟骨パターン形成に関してどのような直接的な意義をもつのかを見る．

　相異なるいくつかのモデルを，実験によって比較する際に，パターン形成という観点で常に最適な実験時刻を選び出すことができるとは限らない．なぜなら，一般に，胚発生のどの段階でパターン形成が起

2.6 モード選択と分散関係

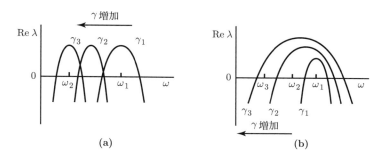

図 2.16 (a) 図において，スケール γ が γ_1 から γ_3 まで増加していくとき，分散関係は特定のモードを選択していくが，(どのモードも選択されておらず) パターンが出現しえないような段階が途中に存在する．(b) 図において，γ が増加していくと，不安定化するモードの個数も増加していく．それに伴い，成長速度が最大のモードも変化していく．$\gamma \geq \gamma_1$ ならば，不安定化するモードが常に存在する．

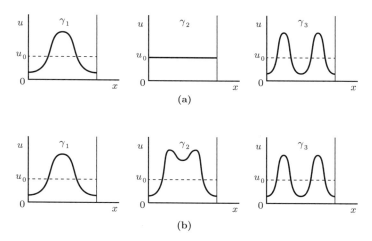

図 2.17 (a) 図 2.16(a) に示したような分散関係の (γ を介した) スケール依存性の下で，γ が変化していく際に見られる，空間パターンの時系列的な発展．(b) 図 2.16(b) の分散関係の下で，γ が変化していく際に見られる，パターンの時系列的な発展．

こっているのか正確には知られていないためである．もしそれが可能である場合には，パターンの類似性を確かめることが，理論との比較の際に不可欠な最初のステップであるし，もし不可能である場合にも，そのパターンの動的な振舞いは，どのメカニズムがより適切であるかを決定する際に鍵となりうる，重要な要素である．以上のことは，第 4 章や第 6 章で思い出すことになろう．

図 2.18 は，スケール γ が増加していく際の動的なパターン形成を，計算によって示した例である．

このシミュレーションにおいて，メカニズムのパターン形成に要した時間は，代表的な成長時間よりも短時間であった．これは，一連のパターンが，次に出現するパターンの形成開始によって破壊される前に，明確に形成を完了していたためである．このシミュレーションは，分散関係の振舞いが図 2.16(b) のような場合の一例であり，すなわち，途中で一様な定常状態パターンを呈することのないような例である．図 2.18(c) に示されたような周期倍化の傾向は，興味深い現象であり，まだ解明されていない．Arcuri and Murray (1986) は，成長する領域におけるパターン形成に関して，上述の点，およびその他の側面について検討を行っている．後者の研究が，成長する領域における反応拡散系モデルに関する研究であることは，記憶にとどめておかなければならない——領域の指数関数的な成長の正確な定式化に関しては，第 4 章を参照されたい．また，総合的な議論に関しては，Crampin et al. (1999) を参照されたい．

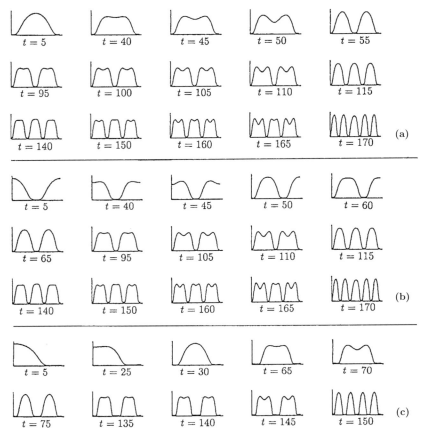

図 2.18 式 (2.8) 2, 3 行目によって動力学が与えられる場合の系 (2.10) に関して,数値計算を行って得られた,1 次元空間パターンの時系列的変化.計算にはゼロフラックス境界条件を用い,また,領域の成長をモデルに組み入れるため,スケールパラメータを $\gamma(t) = s + 0.1t^2$ (s は定数) と変化させた.γ は長さの 2 乗に比例するので,この式は,反応拡散領域が時間に対して線形に成長していく様子をモデリングしている.動力学のパラメータ値は,d を除いて図 2.13(a) と同様である.(a), (b) ではともに $d = 30$ ($d_c \approx 27$), $s = 100$ であり,最初のランダムな摂動のみが (a), (b) で異なる.t が増加するにつれて,両者の図のパターンが一致していく様子に注目されたい.(c) では $d = 60$, $s = 50$ である.d が大きな値であるほど,多くのモードがパターンの時系列に出現しなくなり,振動数倍化へと向かう傾向がはっきりと見られるようになる (Arcuri and Murray (1986) より).

2.7 1 種モデルによるパターン形成:トウヒノシントメハマキのモデルにおける空間的非一様性

領域のサイズが十分に大きくないとき,すなわち γ が十分小さなときには,ゼロフラックス境界条件を課された反応拡散モデルは空間パターンを形成しないのであった.ゼロフラックス条件は,反応拡散領域が外部環境から孤立している,ということを意味する条件である.本節では,反応拡散領域の外部の領域による影響を考慮に入れた,異なる境界条件を検討する.具体的には,1 種の反応拡散方程式

$$u_t = f(u) + D\nabla^2 u \tag{2.76}$$

を,ある生態学的な状況に関するモデルとして考える.すなわち,u は種の個体群密度を表し,$f(u)$ は種のダイナミクスを表す.ゆえに,$f(0) = 0, f'(0) \neq 0$ と仮定し,また $f(u_i) = 0$ とする──(正の)

2.7 1種モデルによるパターン形成：トウヒノシントメハマキのモデルにおける空間的非一様性

定常状態が 1 つのみの場合は $i = 1$ に対して，3 つ存在する場合は $i = 1, 2, 3$ に対してそのようにおく．後に，個体群動態 $f(u)$ がトウヒノシントメハマキに関するものである場合を検討する．この個体群動態は入門編 1.2 節にて詳細に扱ったものであり，図 1.5(b)（入門編）のように，3 つの定常状態をもつものであった．拡散係数 D は，考えている種の分散効率を表す指標である．

まずは，最初の例として，1 次元領域 $x \in (0, L)$ の場合について考えることにし，その外部は，種にとって完全に不適であるものとしよう．このとき，領域の境界では $u = 0$ であると考えればよい．よって，この問題の数学的定式化は以下のようになる：

$$\begin{aligned}
&u_t = f(u) + Du_{xx}, \\
&u(0, t) = 0 = u(L, t), \quad u(x, 0) = u_0(x), \\
&f(0) = 0, \quad f'(0) > 0, \quad f(u_2) = 0, \quad f'(u_2) > 0, \\
&f(u_i) = 0, \quad f'(u_i) < 0, \quad i = 1, 3.
\end{aligned} \quad (2.77)$$

ここに，u_0 は初期個体群分布を表す．さて，このようなモデルは，空間パターンを形成しうるだろうか？

空間的に一様な状態について考えると，$u = 0, u = u_2$ は不安定であり，$u = u_3$ は安定な定常状態である．今回のダイナミクスの下で，拡散の非存在下では，u は 2 つの安定定常状態の一方に向かい，いずれに向かうかは初期条件に依存する．したがって，空間を伴う今回の状況においては，領域の境界上を除いて，$u(x, t)$ が $u = 0$ から成長していく様子が期待される．境界において $u_x \neq 0$ であるため，拡散の効果はすなわち，領域 $(0, L)$ の外部への u の流束が存在することを意味する．ゆえに，u が小さなときには，ダイナミクスに従った成長，および，境界からの損失，という 2 つの効果が競合する．まずは最初のステップとして，$u = 0$ に関して線形化を行い，それによって得られる線形な問題を考えよう．式 (2.77) より，それは

$$\begin{aligned}
&u_t = f'(0)u + Du_{xx}, \\
&u(0, t) = u(L, t) = 0, \quad u(x, 0) = u_0(x)
\end{aligned} \quad (2.78)$$

となる．

我々は，以下のような形の解を求めたい：

$$u(x, t) = \sum_n a_n e^{\lambda t} \sin(n\pi x/L).$$

この解が $x = 0, L$ における境界条件をみたしていることはわかる．この式を式 (2.78) に代入し，$\sin(n\pi x/L)$ の係数を比較することにより，$\lambda = f'(0) - D(n\pi/L)^2$ が得られ，ゆえに解は

$$u(x, t) = \sum_n a_n \exp\left\{\left[f'(0) - D\left(\frac{n\pi}{L}\right)^2\right]t\right\} \sin\frac{n\pi x}{L} \quad (2.79)$$

となる．係数 a_n は，初期条件 $u_0(x)$ をフーリエ級数展開することによって求めることができるが，この解析では a_n の値は不要である．式 (2.79) より，u の式中で支配的なモードは，λ が最大なモードであり，それは

$$\text{任意の } n \geq 2 \text{ について} \quad \exp\left\{\left[f'(0) - D\left(\frac{n\pi}{L}\right)^2\right]t\right\} < \exp\left\{\left[f'(0) - D\left(\frac{\pi}{L}\right)^2\right]t\right\}$$

より，$n = 1$ のモードである．したがって，この支配的なモードが $t \to \infty$ のとき 0 へ収束するならば，残りの全てのモードもまた 0 へ収束する．ゆえに，$u = 0$ が線形安定である条件は

$$f'(0) - D\left(\frac{\pi}{L}\right)^2 < 0 \quad \iff \quad L < L_c = \pi\left[\frac{D}{f'(0)}\right]^{1/2} \quad (2.80)$$

となる．

次元量に触れておくと，D の単位は cm^2/秒（考えたいスケールによっては km^2/年 など）であり，一方 $f'(0)$ は線形出生率を表し（u が小さなとき $f(u) \approx f'(0)u$ である），したがってその単位は 1/秒 である．ゆえに，L_c の単位は cm である．さて，領域のサイズ L が臨界サイズ L_c よりも小さなときには，$t \to \infty$ に対して $u \to 0$ となり，空間構造は出現しない．拡散係数が大きくなればなるほど，領域サイズの臨界値は大きくなる．このことは，D が増加するにつれて領域外への流束も増加する，という観察と一致している．

成長する領域において空間構造が出現するシナリオは，以下のようになる．すなわち，領域が成長していき，そのサイズ L が臨界値 L_c を超えると，$u = 0$ は不安定化し，最初のモード

$$a_1 \exp\left\{\left[f'(0) - D\left(\frac{\pi}{L}\right)^2\right]t\right\} \sin\frac{\pi x}{L}$$

が時間経過とともに成長していく．最終的には，非線形な効果が入ってくるため，$u(x,t)$ は空間的に非一様な定常状態解 $U(x)$ へと収束する．これは，式 (2.77) より

$$DU'' + f(U) = 0, \quad U(0) = U(L) = 0 \tag{2.81}$$

をみたすものとして定まる（プライム (′) は x に関する微分を表す）．$f(U)$ は非線形であるため，解 U を明示的に得ることは一般にはできない．

式 (2.77) や式 (2.81) に見られる空間対称性，すなわち，x を $L - x$ に置換しても方程式が変化しないという対称性より，領域の中点 $x = L/2$ について，定常状態解が対称となることが予想される．境界上では $u = 0$ であるため，中点で最大値 u_m をとり，$U' = 0$ であるものと仮定しよう——図 2.19(a) を参照されたい．式 (2.81) に U' を掛け，x について，任意の x から $L/2$ まで積分を行うと，

$$\frac{1}{2}DU'^2 + F(U) = F(u_m), \quad F(U) = \int_0^U f(s)ds \tag{2.82}$$

を得る（$U = u_m$ のとき $U' = 0$ となることを用いた）．ここで，原点を $L/2$ に変更して，$U'(0) = 0$, $U(0) = u_m$ となるようにしたほうが都合がよい．すなわち，$x \mapsto x - L/2$ と変換を行う．すると上式は

$$\left(\frac{D}{2}\right)^{1/2} \frac{dU}{dx} = [F(u_m) - F(U)]^{1/2}$$

となり，これを積分すると

$$|x| = \left(\frac{D}{2}\right)^{1/2} \int_{U(x)}^{u_m} [F(u_m) - F(w)]^{-1/2} dw \tag{2.83}$$

が得られる．この式は，解 $U(x)$ を陰に与えている．図 2.19(b) に，典型的な解を示した．$x = \pm L/2$ における境界条件 $u = 0$ を用いると，上式より

$$L = (2D)^{1/2} \int_0^{u_m} [F(u_m) - F(w)]^{-1/2} dw \tag{2.84}$$

がわかり，この式は，u_m を L の関数として陰に与えている．実際に u_m の L への依存性を求めたい場合には，数値的手法に頼らざるをえない．なお，被積分関数が $w = u_m$ に特異点をもつものの，平方根のおかげで可積分であることに注意されたい．典型的には，図 2.19(b) に示されているように，u_m は L の増加に伴って増加していく．

トウヒノシントメハマキの空間パターン形成

さて，入門編第 1 章で導出した，トウヒノシントメハマキの動態モデルを考えることにしよう．式 (1.8)（入門編）で定義された $f(u)$ を用いると，方程式 (2.77) は

$$u_t = ru\left(1 - \frac{u}{q}\right) - \frac{u^2}{1+u^2} + Du_{xx} = f(u) + Du_{xx} \tag{2.85}$$

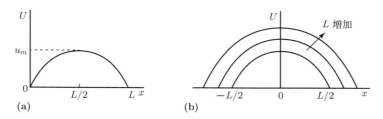

図 2.19 (a) 系 (2.77) について，定常状態 0 が不安定となる臨界領域サイズ L_c よりも領域サイズ L が大きなときの，個体数 u による典型的な定常状態パターン．$x = L/2$ に関して対称であることに注意されたい．(b) 定常状態解の模式図．ただし，対称軸上に原点をとり直した．$x = 0$ において，$u = u_m, u_x = 0$ である．

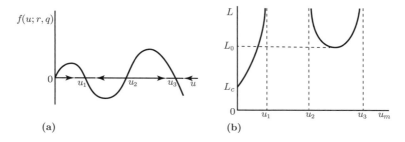

図 2.20 (a) 式 (2.85) で定義される，トウヒノシントメハマキの典型的な動力学 $f(u; r, q)$．(b) 個体数の最大値 u_m を，領域サイズ L の関数として示した．$u_m < u_1$ のときは，個体数は隠れ家のレベルにある．一方，$L > L_0$ のときには $u_m > u_2$ となりえ，このとき個体数は大発生のレベルにある．

となる．正のパラメータ r, q は，モデル式 (1.7)（入門編）に含まれる，次元付きパラメータから定義された無次元量である．q は環境収容力に比例し，r は線形出生率に比例，および捕食の程度に反比例するパラメータである．正の定常状態が u_1, u_2, u_3 の 3 つ存在し，さらに u_1, u_3 が線形安定で u_2 が不安定であるとき（そのようなパラメータ値であるとき），個体群動態 $f(u)$ の概形は図 2.20(a) のようになっている．式 (2.82) で定義される $F(u)$ を求め，それを式 (2.84) へ代入すると，u_m を領域サイズ L の関数として表すことができる．Ludwig et al. (1979) は，数値的にこの計算を行い，図 2.20(b) に示すグラフを得た．このグラフ中には，もう 1 つ別の臨界サイズ L_0 が見られ，$L > L_0$ のときには，解 u_m が複数存在することがわかる．以下では，この現象に関して解析を行う．

生態学的観点で言うなれば，最大個体数が大発生のレベル (outbreak regime) となりうる——すなわち，図 2.20(a) において $u_m > u_2$ となりうる——領域の臨界サイズ L_0 を求めたい．この値は，式 (2.84) より数値積分を行うことで求めることができ，その結果は図 2.20(b) のようになる．$L > L_0$ のとき，図 2.20(b) より，u_m の異なる 3 つの解が考えられることがわかる．それらのうち，u が隠れ家のレベル (refuge regime) および大発生のレベルにある 2 つの解は安定であり，残りの 1 つ，すなわち中央の解は，不安定である．どちらの解が得られるかは，初期条件に依存している．トウヒノシントメハマキの制御における，このモデルの生態学的活用法について，後で検討を行う．その前に，以下では，L_0 の近似値を解析的に得る際に有用な手法について述べる．

臨界領域サイズと最大個体数を決定する解析的方法

与えられた L に対して u_m が 3 通り考えられる状況下において，$u_m(L)$ を数値的に評価することは，全く自明というわけではない．大発生のレベルを維持できるような領域の臨界サイズ L_0 は，現実へ応用

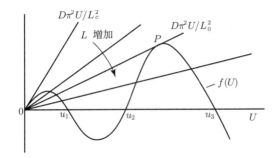

図 2.21 隠れ家,大発生のレベルを個体群が維持できるようになる臨界領域サイズ L_c, L_0 を,近似的に決定する方法.$f(U)$ は個体群動態を与える関数である.このとき L_c は,直線 $D\pi^2 U/L^2$ が曲線 $f(U)$ と $U=0$ で接するときの L の値として求まる.また L_0 は,直線 $D\pi^2 U/L^2$ が曲線 $f(U)$ と点 P で接するときの L の値として求まる.

する際に重要かつ有益となる値の 1 つである.そこで,以下では,Lions (1982) によるアイデアを活用して,L_0 の近似値を求める特別な手法を導出する.

定常状態に関する方程式は (2.81) である.まず,変換 $x \mapsto x/L$ によってスケールを変更し,領域が $x \in (0,1)$ となるようにする.このとき,$U(x)$ がみたす方程式は

$$DU'' + L^2 f(U) = 0, \quad U(0) = U(1) = 0 \tag{2.86}$$

となる.図 2.19 より,解は定性的には正弦曲線に類似している.スケールの変更により,いま領域は $x \in (0,1)$ であるため,解は定性的に $\sin(\pi x)$ に類似している.これはすなわち,$U'' \approx -\pi^2 U$ であることを意味しており,上式にこれを用いると

$$-D\pi^2 U + L^2 f(U) \approx 0 \quad \Rightarrow \quad \frac{D\pi^2 U}{L^2} \approx f(U) \tag{2.87}$$

が得られる.我々は,この方程式が解 U を 3 つもつような L の値に興味がある.これは,図 2.20(b) において $L > L_0$ なるときに対応する.したがって,L_0 の近似値を求めるためには,図 2.21 のように,上の方程式の両辺のグラフを描き,両者が 3 点で交わるような L の値を求めればよい.

拡散係数 D が一定であるとき,L の値に応じて解 U はどのように変化するであろうか.$L \approx 0$ から L を増加させていくとき,最初に訪れる臨界値 L_c の値は,直線 $D\pi^2 U/L^2$ が曲線 $f(U)$ と共有点をもち始めるときの値として求まる.それはすなわち $D\pi^2/L^2 = f'(0)$ のときであり,これは式 (2.80) に一致する.次に,L をさらに増加させていくとき,第 2 の臨界値 L_0 の値は,図 2.21 において直線 $D\pi^2 U/L^2$ が曲線 $f(U)$ と点 P で接するときの値として求まる.そのためには,方程式

$$\frac{D\pi^2 U}{L^2} = f(U)$$

が正の重解をもつような L を求めればよい.$f(U)$ が式 (2.85) のように与えられるとき,L_0 を r, q, D の関数として表すのは,演習問題としよう(演習問題 7).以上の方法では,与えられた L に対する u_m をも近似的に得ることができる.その結果が図 2.20(b) のような概形となることは,図 2.21 より容易にわかるであろう.ここで述べた単純な方法は,零定常状態から構造が出現する際の分岐を考える場合にしても,複数の定常状態をもつ個体群ダイナミクスにおいて個体数のより大きなほうの定常状態が維持可能になり始める際の分岐を考える場合にしても,領域の臨界サイズを決定する際においてきわめて一般的なものである.

2.8 対流を伴う単一個体群相互作用拡散系による空間パターン:生態制御戦略

上述のようなモデルを現実に応用する際には,2 次元の領域を考えたい場合がほとんどであり,そのため方程式 (2.76) を考えなくてはならない.また,害虫を念頭において考えると,一般には領域の外部が

2.8 対流を伴う単一個体群相互作用拡散系による空間パターン：生態制御戦略

完全に不適であることはなく，したがって境界条件 $u = 0$ は限定的でありすぎるといえる．本節では，領域の外部が完全に不適というわけではなく，さらに卓越風が存在する状況に関して，空間が 1 次元，および 2 次元の場合を手短に考察する．卓越風は，昆虫が分散していく様々な状況においてよく見られるものであり，これによって個体群の空間的分布が大きく変化することもある．

計算を単純にするために，2 次元領域として，面積 A の長方形領域 B $(0 \leq x \leq a, 0 \leq y \leq b)$ を考えることにしよう．領域の外部が完全に不適な場合には，問題は

$$u_t = f(u) + D\left(\frac{\partial^2 u}{\partial x^2} + \frac{\partial^2 u}{\partial y^2}\right),$$
$$u = 0 \qquad ((x, y) \in \partial B \text{ において}) \tag{2.88}$$

のように定式化される．u が小さなときに関しては，前節と同様の手順を行うことにより，線形化系における解として

$$u(x, y, t) = \sum_{n,m} a_{mn} \exp\left\{\left[f'(0) - D\pi^2\left(\frac{n^2}{a^2} + \frac{m^2}{b^2}\right)\right]t\right\} \sin\frac{n\pi x}{a} \sin\frac{m\pi y}{b} \tag{2.89}$$

を得る．ゆえに，領域の臨界サイズ（a, b の組合せ）は，

$$\frac{a^2 b^2}{a^2 + b^2} = \frac{D\pi^2}{f'(0)}$$

をみたす任意の a, b の組である．ここで，一般に

$$a^2 + b^2 \geq 2ab = 2A \quad \Rightarrow \quad \frac{a^2 b^2}{a^2 + b^2} \leq \frac{A}{2}$$

が成立するため，空間パターンが出現するための必要条件

$$A \geq \frac{2D\pi^2}{f'(0)} \tag{2.90}$$

が得られる．一般の 2 次元領域に対するこのような評価は，Murray and Sperb (1983) によって行われている．明らかにこれは，数学的には，与えられた空間領域に対する最小の固有値を求める問題に他ならない．

これまでに検討した 1 種モデルから得られた空間パターンは，いずれも単一の極大点をもつようなものであった．領域の外部を完全に不適とする境界条件の下では，そのようなパターンしか出現しない．しかし，2 種反応拡散系では，もっと多様なパターンが生成されるのを既に見た．では，1 次元領域内の 1 種系において，そのような複数のピークをもつパターンが出現することがあるかどうか，考えるのは自然なことであろう．以下では，そのようなパターンがどのように生じるのかを示そう．

いま，一定の卓越風 $\boldsymbol{w}$ が吹いているものとしよう．これは，対流による流束 $(\boldsymbol{w} \cdot \nabla)u$ として，個体数 $u(\boldsymbol{r}, t)$ の保存則へ寄与する．その一方で，領域の外部の環境は，完全に不適というわけではないとしよう．このとき，境界条件は

$$(\boldsymbol{n} \cdot \nabla)u + hu = 0 \qquad (\boldsymbol{r} \in \partial B \text{ において}) \tag{2.91}$$

とおくとよいであろう．ここで $\boldsymbol{n}$ は，領域の境界 ∂B に対する外向き単位法線ベクトルである．パラメータ h は，不適度の指標である．$h = \infty$ のときは，外部環境が完全に不適である状況を表す境界条件となる．一方 $h = 0$ のときは，閉じた環境，すなわちゼロフラックス境界条件となる．後者の場合に関しては，後に簡潔に検討する．さて，この問題の数学的定式化は，境界条件 (2.91)，初期条件 $u(\boldsymbol{r}, 0)$ の下で

$$u_t + (\boldsymbol{w} \cdot \nabla)u = f(u) + D\nabla^2 u \tag{2.92}$$

となる．ここでは，1次元領域の場合を考えることにして，Murray and Sperb (1983) が行った解析を追うことにしよう．なお彼らは，2次元の場合，および，このような問題のさらに一般的な側面をも取り扱っている．

以下では，このような1次元系に関して，空間的に非一様な定常状態解 $U(x)$ を決定する問題をしばらく考える．1次元系では

$$(\boldsymbol{w} \cdot \nabla)u = w_1 u_x,$$
$$(\boldsymbol{n} \cdot \nabla)u + hu = 0 \quad \Rightarrow \quad u_x + hu = 0 \quad (x = L), \quad u_x - hu = 0 \quad (x = 0)$$

となるため（ただし w_1 は風ベクトル $\boldsymbol{w}$ の x 成分を表す），式 (2.91), (2.92) より，$U(x)$ がみたす方程式は

$$\begin{aligned} DU'' - w_1 U' + f(U) &= 0, \\ U'(0) - hU(0) &= 0, \quad U'(L) + hU(L) = 0 \end{aligned} \tag{2.93}$$

となる．

ここでは

$$U' = V, \quad DV' = w_1 V - f(U) \quad \Rightarrow \quad \frac{dV}{dU} = \frac{w_1 V - f(U)}{DV} \tag{2.94}$$

とおき，相平面解析を用いてこの問題を調べよう．式 (2.93) 中の境界条件より，我々が見つけたい相軌道は，以下の2直線のうち前者の上の点から開始し，後者の直線上の点に終止するようなものである：

$$V = hU, \quad V = -hU. \tag{2.95}$$

相平面の様子は，以下で示すように，図 2.22(a), (b) のようになる．

まず，図 2.22(a) に注目されたい．式 (2.94) より，各点 (U, V) における dV/dU の符号が得られる．曲線 $V = f(U)/w_1$ 上では $dV/dU = 0$ である．そして，（$V > 0$ のとき）点 (U, V) が曲線よりも上方にある場合には dV/dU は正となり，下方にある場合には負となる．したがって，図中の境界直線 $V = hU$ 上の点 P から開始すると，常に $dV/dU < 0$ であるため，解軌道は定性的に T_1 のようになる．一方，点 S から開始した場合には，最初は $dV/dU < 0$ であるため軌道は右下がりであるが，やがて軌道が曲線 $dV/dU = 0$ と交わると，その後は $dV/dU > 0$ なる領域へと進入するため，軌道は右上がりとなる．その後は，軌道の始点や系のパラメータ次第で，T_2, T_3, T_4 のいずれの軌道となる可能性もある．しかし T_3, T_4 は，系 (2.93) の解軌道としては適さない．なぜなら，境界直線 $V = -hU$ 上に終点をもたないためである．一方，T_1, T_2 は解軌道として適する．そして，これらのどちらの軌道にしても，直線 $V = 0$ との交点において，U は単一の極大値をとる．

さて，これらの解軌道に対する領域のサイズ L を求めなくてはならない．具体的に，ここでは軌道 T_2 に注目しよう．解曲線のうち $V > 0$ なる部分を $V^+(U)$ と表し，$V < 0$ なる部分を $V^-(U)$ と表すことにする．このとき，(2.94) の第1式を U_Q から $U_{Q'}$ まで（すなわち，軌道 T_2 の始点の U の値から終点の U の値まで）積分すると，解軌道 T_2 に対応する領域のサイズが

$$L = \int_{U_Q}^{U_m} [V^+(U)]^{-1} dU + \int_{U_m}^{U_{Q'}} [V^-(U)]^{-1} dU \tag{2.96}$$

と得られる．こうして，解軌道に対して，それに対応する領域のサイズを求めることができる．上式によって領域サイズを求められ，また解軌道上の各点における U, U' の値がわかっているので，解軌道に対応する空間パターン $U(x)$ の定性的な形（x の関数としての）もわかる．図 2.22(a) の状況においては，$U(x)$ は単一の極大点しかもたない．しかしながら，風による対流項のため，前節 2.7 節で見られたような解の対称性はもはや見られない．

2.8 対流を伴う単一個体群相互作用拡散系による空間パターン：生態制御戦略

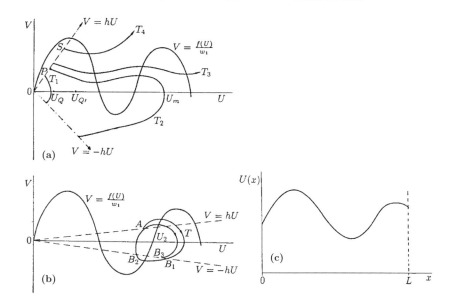

図 2.22 (a) h が十分に大きいとき，$V = hU$ 上の点から $V = -hU$ 上の点への様々な軌道のうち解軌道として適するもの（T_1, T_2 など）は，単一の極大値 U_m しかもたない．(b) h が十分に小さいとき，例えば解軌道 T のような，より複雑なパターンが実現可能となる．(c) (b) の相軌道 T に対応する解 $U(x)$．

では，領域外部の不適度 h が減少し，境界直線が図 2.22(b) のようになった状況を考えよう．図 2.22(a) の解軌道に対して行ったのと同様に考えると，軌道 T に対応するような空間パターンが考えられることがわかる．この空間パターン $U(x)$ を描いてみると，図 2.22(c) のようになり，領域内に 2 つの極大点が存在することがわかる．しかしながら，これは，複数の解を繋ぎ合わせたものであるといえる．図 2.22(b) において，軌道 T のうち A から B_1 までの部分もまた，解なのである．この解に対応する空間パターンは，単一の極大点をもち，領域のサイズ L_1 は，式 (2.96) と同様の式によって求まる．そういうわけで，もし実際の領域のサイズ L がちょうど L_1 である場合には，この解がまさに適切な解である．しかし，もし L をもっと大きく，しかも自由にとれる場合には，先程の解軌道に B_1 から B_2 までの部分を付け足した軌道 AB_1B_2 もまた，ある空間パターンに対応する．さらに L を大きくすることにより，点 B_3 まで続く軌道の残りの部分をも付け足すことができる．つまり，領域が十分に大きければ，多峰性の解が出現するのである．なお，解軌道 T に対応する領域サイズ L もまた，式 (2.96) と同種の式を用いて，全く同様に求めることができる．

このように h の値が十分に小さなときには，(U,V) 相平面上の点 $(u_2, 0)$ の周囲に解軌道が巻き付けば巻き付くほど，ますます構造が豊かになりうる．そのような解が存在するためには，もちろん，$w_1 \neq 0$ であることが不可欠である．$w_1 = 0$ のときには，解は U 軸に関して対称となり，螺旋状の解 (spiral solutions) は生じえない．つまり，複雑なパターンが生じるために卓越風は必須である．卓越風はまた，パターン形成が起こるような領域の臨界サイズに対しても影響を与える．一般的な結果，および，さらなる解析に関しては，Murray and Sperb (1983) が与えている．

害虫の制御戦略

ここでは，害虫の制御の問題を考えよう．森林に生息するトウヒノシントメハマキの問題は，まさに 2 次元の領域に関する問題である．入門編 1.2 節で指摘したように，良い制御戦略とは，個体数を隠れ家の

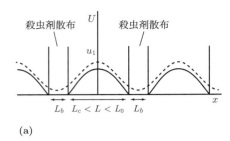 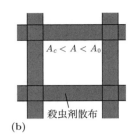

図 2.23 (a) 害虫の大発生を生じさせず，隠れ家のレベルを維持するために考えうる制御戦略．とびとびの土地——昆虫の「断絶」となる——に殺虫剤を散布し，有効領域サイズが $L < L_0$ となるようにする（L_0 は大発生が生じる臨界領域サイズ）．破線は，より現実的な（個体群分布の）模式図である．(b) (a) の戦略の 2 次元版．有効領域サイズ A は，隠れ家のレベルを維持できるように——すなわち $A > A_c$ に——しながらも，大発生に至るには不十分な大きさ——すなわち $A < A_0$ ——に定める．

レベルに保つような戦略である．また，入門編 1.2 節で述べたように，動態のパラメータ r, q を変化させて，正の定常状態が 1 つだけ存在するような状況にすることができれば，戦略的に有利である．生態学的に考えて，そのようなことは実行できそうにはない．しかしながら，害虫の個体数を隠れ家のレベルに保つために考えられる別の手段として，空間領域のサイズを制限することによって個体数が大発生のレベルになりえないようにする方法が，より現実的に，空間に関する問題として考えられる．以下の議論は 2 次元領域の場合にも通用するものであるが，説明のため，ここではまず 1 次元の場合を考えることにしよう．

図 2.20(b) に着目されたい．空間領域を $L < L_0$ なるサイズの小領域へと分断すれば，各小領域における個体数の最大値 u_m は u_1 以下，すなわち隠れ家のレベルとなるため，我々の目標は達成できるであろう．そこで，図 2.23(a) のように殺虫剤を縞状に散布し，散布されずに残った小領域の有効サイズが $L < L_0$ となるようにする，という戦略が考えられる．図中，散布領域を分け隔てる垂直の実線は，完全に不適な外部との境界を表している．

もちろん，非散布領域から散布領域へと迷い込んできた全ての害虫を排除することは現実的ではない．そこで，非散布領域の外部においてもある程度昆虫が生存できる，という状況を考慮した境界条件 (2.91) を用いれば，モデルはより現実的となるであろう．ここで重要となる数学的問題は，昆虫の「断絶」(break) の臨界幅 L_b の決定である．もしも L_b が小さすぎる場合，隣接した非散布領域同士が，散布帯を越えた昆虫の拡散によって十分数の昆虫を送り合い，その結果，臨界サイズ L_0 よりも各小領域のサイズ L が小さいにもかかわらず，隣接した小領域たちの間で昆虫の大発生が起きてしまう．散布帯の幅 L_b は，そのようなことが起きないように定めなくてはならない．図 2.23(a) 中の破線は，典型的な個体群分布の概形を示したものである．

さて，領域が 2 次元である場合にも，1 次元の場合と同様の戦略が考えられることは明らかであろう．しかしながら，解くべき最適化問題の解は，1 次元の場合よりも複雑となる．まず，害虫の大発生が維持可能となり始めるような領域の臨界面積 A_0 を，境界条件 (2.91) の下で求めなければならない．そして次に，散布帯の幅を定める必要がある．それは簡単には求められないが，決して不可能ではない．Ben-Yu et al. (1986) は，これらの問題に対する予備調査を行っている．

ここまでトウヒノシントメハマキの問題に専念してきたわけであるが，これらの解析技法および制御戦略は，他の害虫に対しても同様に適用することができる．昆虫の分散現象に関しては，生態学的に非常に重要な問題がいくつも存在する．例えば，アメリカ西部を北上中のアフリカナイズドミツバチの制御に関する問題（例えば Taylor (1977) を参照されたい）や，アフリカにおける蝗害問題などである．Levin（例えば 1981a, b を参照）は，空間的に非一様な生態学的モデルが関わる，これらの問題，およびその他

の問題たちについて，現実的，実践的な研究を行った．病気の流行の空間的拡散を抑止するための制御戦略，というコンセプトは，第 13 章にて狂犬病の蔓延を論じる際に，やや詳しく議論する．そこで論じられる戦略は，現在実際に用いられているものである．

拡散誘導不安定性を生態学へ応用した興味深い例の 1 つに，Hastings et al. (1997) が行った，ウェスタンタソックモス (western tussock moth) の大発生に関する研究がある．この大発生は，ガと寄生昆虫の間の捕食者—被食者間相互作用によって生じていると考えられていた．彼らは，被食者が移動しない 2 種系のモデルを立て，それを定性的に解析した．我々は入門編 13.7 節において，固着性をもつ被食者が一部存在するときに，非直観的な結果がもたらされる，ということを学んだのであった．Hastings et al. (1997) もまた，典型的な捕食者—被食者間相互作用をもつ非常に一般的な系において被食者が拡散しない状況を考察し，直観に反する結果を得ている．彼らが行った新たな解析は，とてもシンプルながら，非常に啓蒙的なものである．彼らのアプローチは，興奮波に関する 1.6 節で行った議論を思い起こさせる．1.6 節では，パルス波に対応する相平面上の閉軌道が生じる条件（とりわけ波の速度），および，相軌道が（空間上の各点における）3 つの定常状態の周りをいかに周回するかを決定した．2 つの定常状態は安定であり，それらの間を解がジャンプする——より正確には，2 つの定常状態の間を繋ぐ急激な特異解が存在する——のであった．彼らは，被食者の密度が大発生領域の境界部で最大となることを示した．このような非直観的な現象は，ウェスタンタソックモスの大発生において，なんと実際に観察されている．理論による非直観的な振舞いの予測，および，引き続く実験や観察によるその振舞いの確認は，多くの観察事実が啓蒙的でなく理解に苦しむような状況下では（よくあることではあるが），とりわけ重要となる．Kareiva (1990) の論文は，特に理論とデータのこのような関係性に関するものである．

2.9　反応拡散系において空間パターンが形成されない条件

ゼロフラックス境界条件をもつ 1 次元領域上のスカラー反応拡散系は，典型的に

$$u_t = f(u) + u_{xx}, \quad x \in (0,1), \quad t > 0$$
$$u_x(0,t) = u_x(1,t) = 0, \quad t > 0$$
(2.97)

のように書き表すことができる．この方程式の安定な解は，空間的に一様な定常状態解 $u = u_0$（ただし u_0 は $f(u) = 0$ の解）のみであることが，直観的にわかるであろう（$f(u) = 0$ の安定解が複数存在する場合には，初期条件に依存してどの解が得られるかが決まる）．実際，いかなる空間的に非一様な定常状態解も，不安定であることが証明される（この解析は，本書の初版で行われており，固有値の評価を利用したものである）．しかしこの結果は，2 次元以上の空間におけるスカラー方程式の場合にそのまま成り立つわけではない．例えば Matano (1979) は，$f(u)$ が 2 つの線形安定な定常状態をもつときに，そのような反例が存在することを示している．しかしながら，出現する空間パターンは，領域の境界の形状に依存しており，具体的には，領域の形状が凸でないときにパターンが出現しうる．例えば，持ち手部分が十分に細いダンベル状の領域が，その一例である．持ち手部分が細いと，持ち手を通した拡散による物質の流動が起こりづらくなり，それによって，一方の定常状態から他方の定常状態へと状態が変化することで全体が一様になろうとする傾向が阻まれる．生じるパターンは，このような物質の流動の生じにくさに依存している．

2.3 節および 2.4 節にて，ゼロフラックス境界条件をもつ反応拡散系が，そのパラメータや動力学が適切な条件をみたすときに，いかに豊富な空間パターンを形成するかを学んだのであった．とりわけ重要なこととして，2 つの反応物の拡散係数が異なることが必要なのであった．さて，ここでは，複数種からなる一般の系において，拡散が十分に速い場合にパターンが破壊されうることを示す．このことは直観通りに思われるかもしれないが，拡散係数が反応物間で異なる場合には，自明なことではない．それを，以下

で証明するのである．以下で示すように，この解析はまた，動力学の緩和時間に関する新たな条件を導出するものでもある．これもまた，決して自明な結果ではない．

複数種が関わる 2 次元以上の領域における系について論じる前に，教育上の便宜のため，まずは，1 次元領域における一般の 2 種反応拡散系

$$\begin{aligned} u_t &= f(u,v) + D_1 u_{xx}, \\ v_t &= g(u,v) + D_2 v_{xx} \end{aligned} \tag{2.98}$$

を考えることにしよう．ゼロフラックス境界条件，および初期条件は

$$\begin{aligned} u_x(0,t) &= u_x(1,t) = v_x(0,t) = v_x(1,t) = 0, \\ u(x,0) &= u_0(x), \\ v(x,0) &= v_0(x) \end{aligned} \tag{2.99}$$

で与えられる（$u_0'(x), v_0'(x)$ は $x = 0,1$ にて 0 であるものとする）．このとき，エネルギー積分 E を

$$E(t) = \frac{1}{2} \int_0^1 (u_x^2 + v_x^2) dx \tag{2.100}$$

で定義する．これは，1/2 倍してあることを除けば，式 (2.52) で定義した非一様性関数と同じものである．この E を t に関して微分すると，

$$\frac{dE}{dt} = \int_0^1 (u_x u_{xt} + v_x v_{xt}) dx$$

が得られ，式 (2.98) を x で微分したものをこの式へ代入すると

$$\begin{aligned} \frac{dE}{dt} &= \int_0^1 [u_x (D_1 u_{xx})_x + u_x(f_u u_x + f_v v_x) \\ &\quad + v_x(D_2 v_{xx})_x + v_x(g_u u_x + g_v v_x)] dx, \\ &= \left[u_x D_1 u_{xx} + v_x D_2 v_{xx} \right]_0^1 - \int_0^1 (D_1 u_{xx}^2 + D_2 v_{xx}^2) dx \\ &\quad + \int_0^1 [f_u u_x^2 + g_v v_x^2 + (f_v + g_u) u_x v_x] dx \end{aligned}$$

が得られる（途中で部分積分を行った）．ゼロフラックス条件より，積分された項[*3]は 0 であることがわかる．

ここで，変数 d, m を

$$d = \min(D_1, D_2), \quad m = \max_{u,v}(f_u^2 + f_v^2 + g_u^2 + g_v^2)^{1/2} \tag{2.101}$$

で定義する．ただし $\max_{u,v}$ は，解に含まれるような全ての値を u, v がとるときの最大値を表す．m を，f, g の微分係数から定義される何らかのノルムとして定義することも可能であるが，このことは我々の結果にとって重要ではない．dE/dt に関する方程式，および上述の定義式より，

$$\begin{aligned} \frac{dE}{dt} &\leq -d \int_0^1 (u_{xx}^2 + v_{xx}^2) dx + m \int_0^1 (u_x^2 + v_x^2) dx \\ &\leq (2m - 2\pi^2 d) E \end{aligned} \tag{2.102}$$

が得られる．ただし，

$$\int_0^1 u_{xx}^2 dx \geq \pi^2 \int_0^1 u_x^2 dx \tag{2.103}$$

[*3] 上式第 3 辺第 1 項のこと．

2.9 反応拡散系において空間パターンが形成されない条件

および，v に関する同様の不等式を用いた．不等式 (2.103) の導出に関しては，付録 A を参照されたい．

不等式 (2.102) より，拡散係数の小さなほうの値 d（式 (2.101) で定義された）が $2m - 2\pi^2 d < 0$ をみたすときには，$dE/dt < 0$ が常に成立することがわかり，また $t \to \infty$ に対して $E \to 0$ となることがわかる（$E(t) \geq 0$ に注意）．E の定義式 (2.100) より，このとき $u_x \to 0$ かつ $v_x \to 0$ が成立することがわかり，すなわち，$t \to \infty$ のとき，解 u, v は空間的に一様な状態へと収束する．m の適切なとり方には他にも多数存在しており——式 (2.101) はその一例にすぎない——，そのため，この不等式評価は緩いものである．いずれにせよ，この結果から，拡散によってあらゆる空間的非一様性が排除されうることを示す，という目的が達成されたことがわかる．この結果の生物学的意義に関しては，後で簡潔に述べる．

では，一般の反応拡散系の場合に，類似の結果を証明しよう．系

$$\boldsymbol{u}_t = \boldsymbol{f}(\boldsymbol{u}) + D\nabla^2 \boldsymbol{u} \tag{2.104}$$

を考える．ここで $\boldsymbol{u}$ は濃度または個体数のベクトルを表し，その成分を u_i $(i = 1, 2, \ldots, n)$ と表すことにする．また D は，正の拡散係数 D_i $(i = 1, 2, \ldots, n)$ からなる対角行列を表す．$\boldsymbol{f}$ は非線形な動力学を表す．以下で証明する結果は，拡散行列が交差拡散項をある程度含む場合にも成り立つのであるが，簡単のため，ここでは式 (2.104) の場合のみを扱うことにする．$\boldsymbol{u}$ に関するゼロフラックス境界条件，および初期条件は，

$$(\boldsymbol{n} \cdot \nabla)\boldsymbol{u} = 0 \quad (\boldsymbol{r} \in \partial B), \qquad \boldsymbol{u}(\boldsymbol{r}, 0) = \boldsymbol{u}_0(\boldsymbol{r}) \tag{2.105}$$

で与えられる．ここで $\boldsymbol{n}$ は，∂B（領域 B の境界）に対する外向き単位法線ベクトルを表す．以前までと同様，全ての解 $\boldsymbol{u}$ は全時間 $t \geq 0$ にわたって有界であるものと仮定しよう．現実的には，反応動力学に閉じ込め集合が存在するならば，この仮定は事実上保証されているといえる．

いよいよ，前述の解析を一般化しよう．各ステップごとに，前述の解析における対応ステップを参照すれば，理解の助けになるであろう．エネルギー $E(t)$ を

$$E(t) = \frac{1}{2}\int_B \|\nabla \boldsymbol{u}\|^2 d\boldsymbol{r} \tag{2.106}$$

で定義する．ただし，ノルムは

$$\|\nabla \boldsymbol{u}\|^2 = \sum_{i=1}^n |\nabla u_i|^2$$

で与えられるものを考える．d を，行列 D の最小の固有値とする．ここでは D は対角行列であるため，d は単に，全ての種の拡散係数のうち最小のものである．次に，m を

$$m = \max_{\boldsymbol{u}} \|\nabla_{\boldsymbol{u}} \boldsymbol{f}(\boldsymbol{u})\| \tag{2.107}$$

で定義する．ここで最大値は，解の中に含まれるあらゆる値（ベクトル）にわたって $\boldsymbol{u}$ が動くときの最大値を考えるものとする．また $\nabla_{\boldsymbol{u}}$ は，$\boldsymbol{u}$ に関する勾配作用素を表す．

式 (2.106) の $E(t)$ を微分し，部分積分を行い，さらに境界条件 (2.105) および系の方程式 (2.104) を用いると，以下を得る（$\langle \boldsymbol{a}, \boldsymbol{b} \rangle$ は $\boldsymbol{a}, \boldsymbol{b}$ の内積を表す）：

$$\begin{aligned}\frac{dE}{dt} &= \int_B \langle \nabla \boldsymbol{u}, \nabla \boldsymbol{u}_t \rangle d\boldsymbol{r} \\ &= \int_B \langle \nabla \boldsymbol{u}, \nabla D\nabla^2 \boldsymbol{u} \rangle d\boldsymbol{r} + \int_B \langle \nabla \boldsymbol{u}, \nabla \boldsymbol{f} \rangle d\boldsymbol{r} \\ &= \int_{\partial B} \langle \boldsymbol{n} \cdot \nabla \boldsymbol{u}, D\nabla^2 \boldsymbol{u} \rangle d\boldsymbol{r} - \int_B \langle \nabla^2 \boldsymbol{u}, D\nabla^2 \boldsymbol{u} \rangle d\boldsymbol{r} + \int_B \langle \nabla \boldsymbol{u}, \nabla_{\boldsymbol{u}} \boldsymbol{f} \cdot \nabla \boldsymbol{u} \rangle d\boldsymbol{r} \\ &\leq -d \int_B |\nabla^2 \boldsymbol{u}|^2 d\boldsymbol{r} + 2mE.\end{aligned} \tag{2.108}$$

ここで，付録 A の結果を用いる．すなわち，境界 ∂B 上で $(\boldsymbol{n}\cdot\nabla)\boldsymbol{u}=0$ であるならば，

$$\int_B |\nabla^2\boldsymbol{u}|^2 d\boldsymbol{r} \geq \mu \int_B \|\nabla\boldsymbol{u}\|^2 d\boldsymbol{r} \tag{2.109}$$

が成立する．ここに μ は，スカラー ϕ に関する方程式

$$\nabla^2\phi + \mu\phi = 0, \quad (\boldsymbol{n}\cdot\nabla)\phi = 0 \quad (\boldsymbol{r}\in\partial B)$$

の正の固有値の最小値を表す．不等式 (2.109) を式 (2.108) に対して適用すると，

$$\frac{dE}{dt} \leq (2m - 2\mu d)E \quad \Rightarrow \quad m < \mu d \text{ ならば } \lim_{t\to\infty} E(t) = 0 \tag{2.110}$$

を得る．こうして，最小の拡散係数が十分に大きければ，$t\to\infty$ に対して $\nabla\boldsymbol{u}\to 0$ となり，空間パターンが 0 へ収束する，ということが今回の場合にも示された．

Othmer (1977) が指摘したように，式 (2.101) や (2.107) で定義されたパラメータ m は，$\boldsymbol{u}$ の変化に対する反応速度の感受性を表す指標と見なすことができる．というのは，$1/m$ は動力学の緩和時間の最小値であるためである．一方，$1/(2\mu d)$ は最長の拡散時間の指標である．(2.110) の最後の式は $1/m > 1/(2\mu d)$ と同値であり，ゆえに式 (2.110) は，動力学の最短緩和時間が最長拡散時間よりも長ければ，$t\to\infty$ に伴って空間パターンが減衰する，ということを示している．このような場合，やがてメカニズムは動力学のダイナミクスだけによって支配されるようになる．後者の解にはリミットサイクル振動が含まれうることを思い出されたい．

発生学において典型的な関心対象である，$L = O(1\,\mathrm{mm})$ なる 1 次元領域を考えてみよう．$d = O(10^{-6}\,\mathrm{cm^2/秒})$ であるため，式 (2.110) より，動力学の最短緩和時間 $1/m$ が $1/m > L^2/(2\pi^2 d)$ をみたすとき，すなわち $O(500\,秒)$ 程度であるとき，一様な定常状態へと収束することがわかる．

長さのスケールを 1 に変換し，拡散係数を D_1 を基準にスケール変換した，一般的な系 (2.104) を考えよう．ここでは，以前に式 (2.10) などで行った定式化に立ち戻り，スケール γ を動力学の中に $\gamma\boldsymbol{f}$ という形で含ませることにしよう．このとき，一様な定常状態へと収束するための十分条件 (2.110) は，$\gamma m - 2\mu < 0$ となる．この式より，ある γ の臨界値が存在し，γ がそれ以下のときには構造が生じえない，ということが直ちにわかる．なお，γ は領域の面積——1 次元領域の場合は，領域の長さの 2 乗——に比例するパラメータであることに注意されたい．言うまでもなく，この結果は 2.3 節や 2.4 節で示した結果と類似のものである．

ここで述べた結果は，モデルメカニズムに含まれる様々なパラメータについて，あくまで値の範囲を定性的に与えるものであり，値を評価するものではない，ということを再び強調しておく．適切な m の評価を与えるのは，容易ではない．2.3 節および 2.4 節では，ある特定のクラスに属する動力学に対して，空間的に構造をもった解が出現するための条件であるパラメータ間の定量的な関係を，具体的に導出したのであった．一方，本節で導出した一般的な結果は，振動を呈する動力学であれその他の動力学であれ，解が有界なる動力学でありさえすれば，あらゆる種類の動力学に対して適用可能である．

本章で主に扱ってきた反応速度論や個体群相互作用の動力学は，考察の対象とした限定されたパラメータ空間内において，拡散の非存在下では振動を呈さないものであった．では，振動を呈する動力学と拡散とが結合すれば，果たしてどのような空間構造が現れるだろうか．領域が無限である場合には，この結合によって進行波列が現れる，ということを，我々は第 1 章で学んだのであった．領域が有界である場合には，規則的に跳ねるある種のものが出現すると予想できるのだが，これは空間的，時間的に不安定化するモードの存在を反映しているのである．実際のところ，このようなことは起こるのであるが，必ずというわけではない．特筆すべき一例としては，古典的なロトカ–ヴォルテラ系において両種とも同一の拡散係数で拡散するような状況が挙げられる．Murray (1975) は，領域が有界のとき，いかなる空間的非一様性も排除されてしまうことを示した（演習問題 8 を参照されたい）．

2.9 反応拡散系において空間パターンが形成されない条件

反応拡散走化性系以外にも，いくつかのパターン形成メカニズムがいまでは知られている．発生における自己組織化のモデルに関する，最も批評的かつ徹底的な総説の 1 つとして Wittenberg (1993) が挙げられる．彼は各モデルの詳細を説明した上で，反応拡散走化性系，メカノケミカルメカニズム，セルオートマトンモデルなど多様なメカニズムのいくつかを取り上げ，比較，批評している．

次章では，実際に見られる生物学的パターン形成に関する問題をいくつか論じることにしよう．さらに後の章では，これまでとは異なる空間パターン形成メカニズムについて説明する．広範に研究されてきた重要な系の 1 つに，バクテリアや粘菌の凝集パターンを形成する，反応拡散走化性メカニズムがある．このメカニズムのモデルの 1 つは，入門編 11.4 節で既に導出している．拡散誘導不安定性に関してここまで論じてきたことと全く同様に解析を行えば，このモデル方程式系からいかにして空間パターンが出現するか，そしてパターンが出現するためのパラメータに関する条件を求めることができる（演習問題 9 を参照されたい）．上述したように，このような走化性系は，バクテリアのパターンに対する関心の急激な高まりに伴い，ますます重要となりつつある．そのようなわけで，以下の第 5 章を執筆したのである．また第 4 章では，細胞走化性メカニズムのさらに別の応用を見ることになる．そこでは，ヘビで観察される複雑なパターン形成などに見られる，領域の成長がパターン形成に及ぼす効果を論じる．

演習問題

1 反応動力学 (2.4), (2.5) を，式 (2.8) が得られるように，適切に無次元化せよ．

2 無次元の活性因子—抑制因子反応拡散系
$$u_t = \frac{u^2}{v} - bu + u_{xx}, \quad v_t = u^2 - v + dv_{xx}$$
を考える (b, d は正の定数)．u, v のどちらが活性因子，抑制因子であるか答えよ．（一様な）正の定常状態を求めよ．線形安定性解析を行い，固有値を求め，$b < 1$ のとき反応動力学が振動解を呈さないことを示せ．

定常状態が拡散によって不安定となる（拡散誘導不安定性をもつ）ための条件を求めよ．拡散誘導不安定性が見られるようなパラメータ領域は，不等式 $0 < b < 1$ および $db > 3 + 2\sqrt{2}$ によって与えられることを示し，また，この (b, d) パラメータ領域を図示せよ．さらに，この不安定性が生じ始める際の分岐における臨界波数 k_c は，$k_c^2 = (1 + \sqrt{2})/d$ によって与えられることを示せ．

3 活性因子阻害の効果を含む活性因子—抑制因子反応拡散系
$$u_t = a - bu + \frac{u^2}{v(1 + Ku^2)} + u_{xx},$$
$$v_t = u^2 - v + dv_{xx}.$$
を考える．ここで K は阻害の指標であり，a, b, d は定数である．様々な $K > 0$ の値に対してヌルクラインを図示せよ．ただし b は正とし，a は正または負とする．

拡散誘導不安定性が見られる (a, b) パラメータ領域（チューリング領域）は，式
$$a = bu_0 - (1 + Ku_0^2)^2$$
に 4 つの式
$$b > 2[u_0(1 + Ku_0^2)]^{-1} - 1, \quad b > 0,$$
$$b > 2[u_0(1 + Ku_0^2)]^{-2} - \frac{1}{d},$$
$$b < 2[u_0(1 + Ku_0^2)]^{-2}$$
$$\qquad - 2\sqrt{2}[du_0(1 + Ku_0^2)]^{-1/2} + \frac{1}{d}$$
の各々を組み合わせて得られる媒介変数表示によって定義される，4 つの曲線によって囲まれる領域となることを示せ（ただし媒介変数 u_0 は区間 $(0, \infty)$ を動く）．(i) $K = 0$ の場合，(ii) $K \neq 0$ の場合についてそれぞれ，様々な d の値についてチューリング領域を図示せよ (Murray 1982)．

4 半径 R の円形の領域において，
$$\nabla^2 \boldsymbol{W} + k^2 \boldsymbol{W} = 0, \quad \frac{d\boldsymbol{W}}{dr} = 0 \ (r = R \ \text{にて})$$
をみたす，軸対称な固有関数 $\boldsymbol{W}$ および固有値 k^2 を決定せよ．

反応拡散メカニズム (2.7) において，線形不安定化する波数 k^2 の範囲は
$$\gamma L(a, b, d) < k^2 < \gamma M(a, b, d)$$
によって与えられる（L, M は式 (2.38) で定義される）．このとき，空間パターンが出現しなくなるような領域の半径 R_c の臨界値を求めよ．R が R_c よりもわずかに大きなとき，出現すると予想される空間パターンを図示せよ．

5 反応拡散メカニズム
$$u_t = \gamma \left(\frac{u^2}{v} - bu \right) + u_{xx},$$
$$v_t = \gamma(u^2 - v) + dv_{xx}$$
を考える (γ, b, d は正の定数)．領域は $0 \leq x \leq 1$ とし，境界条件はゼロフラックス条件とする．一様定常状態に対する非一様な摂動の波数 k の関数として，分散関係 $\lambda(k^2)$ を求めよ．このメカニズムにおいて，うまくパラメータを調節することによって，連続したモードから 1 つのモードを分離することはできるだろうか？ b, γ を固定したまま $d \to \infty$ としたとき，励起されるモードに上限，下限は存在するか？

6 ある国では，海岸線（直線）から H km の領域でのみ漁業を行える．また，この領域の外では，過度の乱獲により，魚が事実上存在しない．ここで，魚はロジスティック型増殖を行い，拡散によって広がり，また漁業可能な領域内では努力量 E の下で収穫されるものとしよう．魚の個体数 $u(x, t)$ に関する，以下のモデルが妥当であることを確かめよ：
$$u_t = ru \left(1 - \frac{u}{K} \right) - Eu + Du_{xx},$$
$$u = 0 \quad (x = H), \quad u_x = 0 \quad (x = 0).$$
ただし $r, K, E (< r), D$ は正の定数である．

魚が尽きてしまわないためには，漁業可能な領域のサイズ H が $\frac{\pi}{2}[D/(r - E)]^{1/2}$ km より大きくなければならないことを示せ．また，このことの生態学的な意味について簡潔に論じよ．

7 2.7 節で述べた近似手法を用いて，トウヒノシントメハマキの個体群モデル
$$u_t = ru \left(1 - \frac{u}{q} \right) - \frac{u^2}{1 + u^2} + Du_{xx},$$
$$u = 0 \quad (x = 0, 1)$$

演習問題

において大発生が起こりうるようになる臨界領域サイズ L_0 を, r, q, D の関数として解析的に求めよ. また, $L = L_0$ のときの最大個体数 u_m を求めよ.

8 捕食者—被食者モデルであるロトカ—ヴォルテラ系（入門編 3.1 節参照）に拡散を組み入れた系

$$u_t = u(1-v) + Du_{xx},$$
$$v_t = av(u-1) + Dv_{xx}$$

を考える．領域は $0 \le x \le 1$ とし，境界条件はゼロフラックス条件とする．第 1 式に $a(u-1)$ を掛け，第 2 式に $v-1$ を掛けることによって

$$S_t = DS_{xx} - D\sigma^2$$

ただし $S = au + v - \ln(u^a v)$,

$$\sigma^2 = a\left(\frac{u_x}{u}\right)^2 + \left(\frac{v_x}{v}\right)^2 \ge 0$$

が成り立つことを証明せよ．u, v が任意の値を動くとき，S の最小値を求めよ．$t \to \infty$ のとき $\sigma \to 0$ となることを，σ^2 が 0 でない下限をもつと仮定して矛盾を導くことにより証明せよ．このことより，ゼロフラックス境界条件を課した有界領域上の本モデルにおいて，空間パターンが形成されえないことを証明せよ．

（この結果は，最大値の原理を用いて厳密に証明することもできる．解析の詳細は Murray (1975) を参照されたい．）

9 キイロタマホコリカビ（*Dictyostelium discoideum*）（密度を $n(x,t)$ と表そう）は，化学誘引物質 cAMP を産生することによって，空間的な凝集パターンの形成を開始する．この過程に対するモデルの 1 つ（入門編 11.4 節にて論じた）は，（空間が 1 次元の場合）以下の方程式系からなる：

$$n_t = D_n n_{xx} - \chi(na_x)_x,$$
$$a_t = hn - ka + D_a a_{xx}.$$

ただし a は cAMP の濃度を表し，h, k, χ および拡散係数 D_n, D_a は全て正の定数である．この系を無次元化せよ．

(i) ゼロフラックス境界条件をもつ有界領域の場合, (ii) 無限領域の場合, を考える．定常状態の線形安定性を検討し（ここで新たなパラメータを導入すべきであろう），分散関係式を求め，様々なパラメータグループが果たす役割を論じよ．この系から空間的に非一様な解が出現するための，パラメータや領域サイズに関する条件を決定せよ．

実験によれば，キイロタマホコリカビの生活環において，走化性パラメータ χ は次第に増加していく．χ を分岐パラメータとして，無限領域において空間的に非一様な解が見られるようになる（系が分岐する）ときの臨界波長を求めよ．また，領域が有界である場合について，領域サイズが増加していく際に系がいかに不安定化するかを検討せよ．

起こっている物理的過程を簡潔に述べた上で，空間的凝集がいかに生じるかを直観的に説明せよ．

10 非等方的拡散を含めた，無次元の反応拡散系

$$\frac{\partial u}{\partial t} = \gamma f(u,v) + d_1 \frac{\partial^2 u}{\partial x^2} + d_2 \frac{\partial^2 u}{\partial y^2},$$
$$\frac{\partial v}{\partial t} = \gamma g(u,v) + d_3 \frac{\partial^2 v}{\partial x^2} + d_4 \frac{\partial^2 v}{\partial y^2}$$

を考える．拡散の非存在下では，定常状態 $\boldsymbol{u} = (u_0, v_0)$ は安定である（としよう）．定常状態周りの線形解析を行いたい．まず $\boldsymbol{u} - \boldsymbol{u_0} \propto e^{\lambda t + i(k_x x + k_y y)}$ (k_x, k_y は波数）の形をした解を探し，そして

$$H(k_x^2, k_y^2) = d_1 d_3 k_x^4 + p_1 k_x^2 k_y^2 + d_2 d_4 k_y^4$$
$$- \gamma p_2 k_x^2 - \gamma k_y^2 p_3 + \gamma^2 (f_u g_v - f_v g_u)$$

ただし $p_1 = d_1 d_4 + d_2 d_3, \quad p_2 = d_3 f_u + d_1 g_v,$
$$p_3 = d_4 f_u + d_2 g_v$$

とおくとき，ある k_x^2, k_y^2 ($k_x^2 k_y^2 \ne 0$ とする）について $H < 0$ となるならば，空間的摂動に対してこの系は拡散誘導不安定性をもつことを示せ．（モード (k_x^2, k_y^2) の）線形成長速度が最大となるような k_x^2, k_y^2 は，$H(k_x^2, k_y^2)$ の最小値を与える k_x^2, k_y^2 に一致する．そのような k_x^2, k_y^2 は

$$\begin{pmatrix} k_x^2 \\ k_y^2 \end{pmatrix} = -\gamma \frac{d_1 d_4 - d_2 d_3}{(d_1 d_4 - d_2 d_3)^2} \begin{pmatrix} -d_4 f_u + d_2 g_v \\ -d_1 g_v + d_3 f_u \end{pmatrix}$$

によって与えられることを示せ．空間パターンが出現するためには，k_x, k_y は実数でなくてはならず，そのため上式より

$$(d_1 d_4 - d_2 d_3) \begin{pmatrix} -d_4 f_u + d_2 g_v \\ -d_1 g_v + d_3 f_u \end{pmatrix} < \begin{pmatrix} 0 \\ 0 \end{pmatrix}$$

が必要である．$d_1 d_4 - d_2 d_3 < 0$ のときと $d_1 d_4 - d_2 d_3 > 0$ のときに場合分けを行い，H の最小値を与える (k_x^2, k_y^2) が k_x^2-k_y^2 平面上の第 1 象限に存在しない状態から，拡散係数比 $d_3/d_1, d_4/d_2$ を増加させていくと，やがて (k_x^2, k_y^2) が第 1 象限の境界に達して拡散誘導不安定性が初めて生じることを示せ．

H の定義式中の k_x^2, k_y^2 の片方ずつに 0 を代入することにより，拡散誘導不安定性が生じる条件は

$$d_4 f_u + d_2 g_v > 0, \quad d_3 f_u + d_1 g_v > 0,$$
$$(d_4 f_u - d_2 g_v)^2 + 4 d_2 d_4 f_v g_u > 0,$$
$$(d_3 f_u - d_1 g_v)^2 + 4 d_1 d_3 f_v g_u > 0$$

によって与えられ，したがって

$$d_c = -\frac{1}{f_u^2} \big[(2f_v g_u - f_u g_v)$$
$$+ [(2f_v g_u - f_u g_v)^2 - f_u^2 g_v^2]^{1/2} \big]$$

とおくとき，$d_3/d_1 > d_c$ または $d_4/d_2 > d_c$ が成り立つときに拡散誘導不安定性が生じることを示せ．

さて，ゼロフラックス境界条件の下で，長方形領域 $0 < x < a, 0 < y < b$ (a, b は定数）を考える．た

だし a は b より十分大きく,細長い領域であるものとしよう.片方の方向の拡散係数比が臨界値を超えたとき,モード2が最初に不安定化する分岐が起こり,長方形に平行な縞状パターンが出現しうることを示せ.(この結果は直観的には妥当である.なぜなら,例えば d_4/d_2 のみが d_c を超えた場合, x 軸方向の拡散係数比は臨界値未満であるため,空間変動は y 軸方向にしか生じないと考えられ,それゆえ縞状パターンが出現すると考えられる.この問題について非線形解析を行うと,この縞状パターンは安定であることがわかり,さらに,拡散係数比が両者とも臨界値を超えたとき,長方形に平行に,波打つ縞状パターンの安定な解が出現することもわかる.)

11 サイズ L の1次元領域における,2種 u, v の反応拡散メカニズム(境界 $x = 0$, $x = L$ ではゼロフラックス条件 $u_x = v_x = 0$ を課す)において,定常状態空間パターン $U(x), V(x)$ が形成されるとしよう.非一様性に関わる関数として

$$H_G(w) = \frac{1}{L}\int_0^L w_x dx,$$
$$H_S(w) = \frac{1}{L}\int_0^L [w_x - H_G(w)]^2 dx$$

を考えよう.生物学的には,前者の関数はシンプルに勾配の平均を測っており,後者の関数は,勾配の分散を測っている.非一様性積分(エネルギー積分)に関して,

$$H(t) = \frac{1}{L}\int_0^L (U'^2 + V'^2)dx$$
$$= [H_G(U)]^2 + [H_G(V)]^2 + H_S(U) + H_S(V)$$

が成り立つことを証明せよ(Berding 1987).

12 反応拡散メカニズム

$$\boldsymbol{u}_t = \boldsymbol{f}(\boldsymbol{u}) + D\nabla^2 \boldsymbol{u}$$

(ただし濃度ベクトル $\boldsymbol{u}$ は n 成分からなり, D は対角成分 d_i ($i = 1, 2, \ldots, n$) のみからなる拡散行列, $\boldsymbol{f}$ は非線形動力学関数である)について,正の定常状態周りで線形化を行うと,

$$\boldsymbol{w}_t = A\boldsymbol{w} + D\nabla^2 \boldsymbol{w}$$

となることを示せ.ただし A は,定常状態における $\boldsymbol{f}$ のヤコビ行列とする.
k を,固有値問題

$$\nabla^2 \boldsymbol{W} + k^2 \boldsymbol{W} = 0,$$
$$(\boldsymbol{n} \cdot \nabla)\boldsymbol{W} = 0 \quad (\boldsymbol{r} \in \partial B)$$

の固有値とする. $\boldsymbol{w} \propto \exp[\lambda t + i\boldsymbol{k}\cdot\boldsymbol{r}]$ とおき,分散関係 $\lambda(k^2)$ が特性方程式

$$P(\lambda) = |A - k^2 D - \lambda I| = 0$$

の解によって与えられることを示せ.拡散がある状況とない状況における $P(\lambda)$ の根を,それぞれ λ_i^+, λ_i^- とおこう.このとき,任意の $i = 1, 2, \ldots, n$ について $\text{Re}\,\lambda_i^- < 0$ かつ,ある $k^2 \neq 0$, i について $\text{Re}\,\lambda_i^+ > 0$ であるとき,系は拡散誘導不安定性をもつ.

線形代数によれば,次をみたす変換行列 T が存在する:

$$|A - \lambda I| = |T^{-1}(A - \lambda I)T| = \prod_{i=1}^n (\lambda_i^- - \lambda).$$

いま任意の i について $\text{Re}\,\lambda_i^- < 0$ であるものとし,上述の命題を用いて,任意の i について $d_i = d$ であるとき,任意の i について $\text{Re}\,\lambda_i^+ < 0$ となることを示せ.またそれゆえ,少なくとも1つの拡散係数が他の拡散係数と異なることが拡散誘導不安定性のための必要条件であることを示せ.

13 反応拡散メカニズムを,正の定常状態周りで線形化すると

$$\boldsymbol{w}_t = A\boldsymbol{w} + D\nabla^2 \boldsymbol{w}$$

となる(A は定常状態における反応動力学関数のヤコビ行列).

行列 $A + A^T$ (T は転置を表す)が安定行列であるとしよう.すなわち,その全ての固有値 λ は負の実数であるものとしよう.ある $\delta > 0$ について $\boldsymbol{w} \cdot A\boldsymbol{w} < -\delta \boldsymbol{w}\cdot\boldsymbol{w}$ が成立することを証明せよ.【ヒント:まず $\boldsymbol{w}_t = A\boldsymbol{w}$ であるとし, $(\boldsymbol{w}^2)_t = 2\boldsymbol{w}A\boldsymbol{w}$ を示せ.次に, $\boldsymbol{w}_t^T\cdot\boldsymbol{w} = \boldsymbol{w}^T A^T \boldsymbol{w}$ と $\boldsymbol{w}^T\cdot\boldsymbol{w}_t = \boldsymbol{w}^T A\boldsymbol{w}$ より $(\boldsymbol{w}^2)_t = \boldsymbol{w}^T(A + A^T)\boldsymbol{w}$ を示せ.これらより, $\boldsymbol{w}A\boldsymbol{w} = (1/2)\boldsymbol{w}^T(A^T + A)\boldsymbol{w} < -\delta \boldsymbol{w}\cdot\boldsymbol{w}$ (ある $\delta > 0$ について)を導け.】

k^2 を,固有値問題

$$\nabla^2 \boldsymbol{w} + k^2 \boldsymbol{w} = 0$$

の固有値とする.

$$E(t) = \int_B \boldsymbol{w}\cdot\boldsymbol{w}d\boldsymbol{r}$$

(B は空間領域)に対して, dE/dt を考え, $t \to \infty$ のとき $\boldsymbol{w}^2 \to 0$ となることを示し,それゆえ,ヤコビ行列が今回のような特別な条件をみたすときには,反応拡散系が空間パターンを形成しえないことを証明せよ.

第3章
動物の体表パターンを始めとする
反応拡散メカニズムの応用例

　本章では，現実に見られる生物学的パターン形成の問題を議論し，特に前章で論じたようなモデリングがどのように応用されているのか紹介する．既に述べた理論を応用する章という位置づけのため，数学よりもきわめて生物学寄りの内容となっている．空間パターン形成のモデルは必ず非線形なので，使い物になる解析解は求められないし，存在しそうにもない．ゆえに，実際の応用においては数値解が必要である．しかし，予備的な線形解析はいつでも有用であるし，実は一般的に不可欠である．本章でみる応用例のいずれにおいても，生物学に基づいたモデリングを詳細に議論する．これらのモデルによって作られる有限振幅パターンのほとんどは方程式の数値解であり，具体的な生物学的状況にそのまま適用される．

　3.1節では，反応拡散メカニズムによって（シマウマ，ヒョウなどの）動物の体表模様のパターンがどのようにして生じるのかを示そう．残りの節ではその他のパターン形成の問題について説明する．すなわち，3.3節ではチョウの翅のパターンについて，3.4節では重要な海藻であるアセタブラリア属の再生における，輪生毛状枝形成に先がけて生じる空間パターンについて説明する．

　パターン形成という観点から，反応拡散理論は現在非常に多くの生物学的事例に応用されている．例えば Kauffman et al. (1978) では，初期の実用の1つとして，キイロショウジョウバエ (*Drosophila melanogaster*) の胚の初期体節形成に対する応用が示された．初期発生の理解が非常に進んだ現在では，このモデルはもはや妥当でないとはいえ，当時は有用であった．昆虫の初期発生に関連して提案される反応拡散モデルは，近年さらに増えてきており，これらのモデルが遺伝子発現とどのように関連するのかという点についても，様々なモデルが考えられている．特に参照すると良い記事は，Hunding and Engelhardt (1995), Meinhardt (1999, 2000), Hunding (1999) である．また，その中で挙げられている参照文献も参照されたい．非常に優れた総説として Maini (1997, 1999) などがある．Bunow et al. (1980) の初期の論文は本章の内容と関連しており，特にパターンの感受性について議論している．Meinhardt (1982) の著書は，活性因子—抑制因子系の反応拡散モデルに基づく多数の例を紹介している．反応拡散モデルが応用される生物学的問題は広範囲にわたっている．これについては，Othmer et al. (1993) や Chaplain et al. (1999), Maini and Othmer (2000) 編の著書に掲載されている論文を参照されたい．

　Turing (1952) の形態形成理論を応用する上で，モルフォゲンを同定するという困難を避けて通ることはできない．発生における本質的な過程の1つとして形態形成が受け入れられる際にも，これは大きな障害であったが，その状況は現在でも変わらない．ある化学物質が発生に不可欠であるからといって，それが必ずしもモルフォゲンであるとは限らない．**パターン形成**過程におけるその役割を同定することが必要なのだ．3.4節でアセタブラリア属における毛状枝発生を議論する理由の1つはその点にある．そこでは，現実のモルフォゲンの例としてカルシウムイオンが挙げられ，理論上および実験上の根拠によってこの仮説が支持される．Turing の古典的論文から50年近くが経過したというのに，発生において反応拡散

メカニズムが果たす役割の大部分に関しては，未だ状況証拠しか存在しない．とはいえそのような証拠は大量にあるため，発生における必須の要素として，その重要性は受け入れられつつある．もちろん，生態学において反応拡散メカニズムが受容されているのは疑うべくもない．主として状況証拠しかないという事実は，多くの発生過程に対する我々の理解が進歩する上で，反応拡散メカニズムが何の役割も果たしてこなかったなどということを決して意味しない．本書の残りで，数多くの具体的な成果を詳細に説明する．その他の成果についても参照文献に記されている．この理論が多くの応用において（我々の理解に良い影響を及ぼしたという意味で）成功したという印象以外に，我々に言えることはない．

3.1 哺乳類の体表パターン──「ヒョウの斑点はどうしてできたか」

哺乳類には豊かで多様な体表パターンが見られる．図 3.1 にその典型的な模様を示す．Jonathan Kingdon が 1971 年以降に著した全 7 巻に及ぶ *East African Mammals*（例えば，食肉動物は 1978 年，そして体の大きい哺乳類は 1979 年に出版）は，全ての絵が美しく描かれており，動物の多様な体表パターンが最も網羅的かつ正確に記された文献である．Portmann (1952) の文献には，動物の形態とパターンに関する興味深い（中にはかなり荒っぽい）観察が見られる．しかしながら，ほとんど全ての生物学的パターン形成の問題には常であるように（そして本書ではお題目として繰り返されているように），そのメカニズムを発見することはまだできていない．Murray (1980, 1981a, b) では動物の体表パターンというこの特別な問題が詳しく追究されており，本節で議論するのは主にこの研究である．*Scientific American* の一般向け記事である Murray (1988) も参照されたい．とりわけ，Murray が主張するところによると，よく観察される体表パターン全ての生成原因たりうるような，単一のメカニズムが存在する．Murray の理論は Searle (1968) による化学物質濃度仮説に基づくものである．Searle はチューリングメカニズムの可能性について，最初に言及した 1 人であった[*1]．そのような可能性は当時ほとんど無視され，この後再び真剣に取り上げられることはなかったが，1970 年代から，まぎれもない学問領域となった．Murray (1980, 1981) は（拡散誘導不安定性を示しうる）反応拡散系を，ほとんどの縞模様を作り出すメカニズムとして考えている．これらは，動物の体表模様の基になるモルフォゲンのプレパターンである．基本的な仮定は，後に起きる細胞分化がメラニンを産生し，その分化の仕方がモルフォゲン濃度の空間パターンを反映するということである．

前章で，反応拡散メカニズムによって空間パターンがいかにして生み出されるのかを示した．本節ではまず，(i) 動物学的問題に関連した幾何学的形状をもつ領域上で反応拡散系を考え，これを数値的にシミュレーションした結果を提示する．次に，(ii) 多くの動物に観察されるそのようなパターンと比較した上で，(iii) これらが形成されるには単一のメカニズムだけでおそらく必要十分であるという仮説を実証するような，状況証拠を最後に提示する．Bard (1981) および Young (1984) もまた，反応拡散論の観点から動物の体表パターンを調べている．Cocho et al. (1987) は，細胞間相互作用とエネルギーの視点を考慮した全く異なるモデルを提案しており，これは本質的にセルオートマトンのアプローチである．Savic

---

[*1] 動物の体表パターンに対する最も古い言及は，旧約聖書の創世記の記載であると思われる．これは，搾取，欺瞞，陰謀，姦淫，忍耐，不信，そして復讐を描いた代表的な物語である．体表パターンへの言及は，ラバンとその 2 人の娘レアとラケル，そして，ラケルと結婚できるという約束の下に 7 年間働いたヤコブの物語に出てくる．ラバンは最初ヤコブにレアとの結婚を強い，そしてヤコブとの取引を破り続けた．最終的に，ヤコブがこれまでの働きの代償としてどの動物を手に入れるかということで，ラバンとヤコブは合意に至った．ラバンはヤコブに，ぶちやまだらのヒツジを労働の報酬として全てもっていってもよいと言った．このときヤコブは，自分に有利なようにヒツジの頭数をごまかした．ヒツジに体表パターンが生じるヤコブのメカニズムについての正確な言及（欽定訳聖書・創世記，第 30 章, 38, 39 節）を，以下に引用する：「そしてそのようにはいだ枝を群が飲みに来る水槽，すなわち水鉢の中に立たせて，群の前においた．群は水を飲みに来るときにちょうどさかりがついた．すなわちその枝に相い対して発情したので，群はただしまのもの，ぶちのもの，まだらのものを生んだ」（岩波文庫『創世記』より該当箇所を引用）．これらがよく知られた「ヤコブのヒツジ」で，もちろんまだら模様であり，農家になりたいと願うものに愛されている．この物語を今日の有名な学術誌に公表するのは，理論として少し難があるかもしれない．

3.1 哺乳類の体表パターン——「ヒョウの斑点はどうしてできたか」

図 3.1 動物の体表パターンの典型．(a) ヒョウ (*Panthera pardus*)，(b) シマウマ (*Equus grevyi*)，(c) キリン (*Giraffa camelopardis tippelskirchi*)（以上の写真は Hans Kruuk 博士の厚意による），(d) トラ (*Felis tigris*).

(1995) は，上皮極性細胞が上皮（皮膚の表面）で作るプレパターンを出発点とした，メカノケミカルモデル（第6章を参照）を用いている．近年提示されたモデルには，コンピュータグラフィックスのアプローチに基づいたものもある．その1つは Walter et al. (1998) であり，この領域一般と，昨今の発展についても概観している．彼らの「クローナルモザイクモデル」は（具体的な規則からなる）細胞間相互作用に基づいており，細胞分裂も考慮している．彼らはこれを用いてキリンや大型のネコ科動物がもつ斑点や縞模様を生み出すことに成功した．それらは実際の動物で見出される模様に細かな点までそっくりである．彼らはこのモデルを近年行われた色素細胞の実験に関連づけている．グラフィックを利用した彼らの手法は，体表面が複雑な場合や成長する場合にも用いることができる．いまや，現実に観察されるパターンの多くを（モデルを用いて）生み出せることは疑いない事実であり，動物の体表パターンを作り出すことの

できる様々なモデルが十分に存在する．次なる進展は，モデルによって示唆される実験がどのようなものであるか，そして，その結果がモデリングの観点からどのように解釈できるか次第である．第 4 章で詳しく議論するワニの体表パターンと歯列パターンについての研究は，このような意味において発展が見られた事例である．

哺乳類の外皮すなわち皮膚の色調パターンが発達するのは，胚発生の終わり頃である．とはいえ，その色調パターンは，もっと早期に作られているプレパターンを反映していると考えられる．哺乳類において，プレパターンが形成されるのは胚発生の早期（妊娠から数週の間）である．例えばシマウマの場合，これは妊娠から 21〜35 日の間である．また，その妊娠期間は約 360 日間である．ワニの縞模様の場合，そのプレパターンが形成されるのは妊娠の中頃（妊娠から 65 日程度）である．第 4 章を参照されたい．

遺伝的に運命づけられているメラノブラストという細胞が胚の表面へと遊走し，そこでメラノサイト (melanocyte) という色素産生細胞に分化して，表皮の基底層にとどまる．こうして皮膚の色調パターンが作り上げられる．髪に色がついているのは，メラノサイトが毛包においてメラニンを産生し，これが髪へと引き継がれるからである．Prota (1992) の著書では，メラノサイトの発生プロセス全体が議論されている．メラノサイトがメラニンを産生するか否かは，何らかの化学物質に依存するということで，意見は大体一致している．これは移植実験の結果である．とはいえ，その化学物質が何であるのかは，依然としてわかっていない．まとめると，体表の色調パターンはその基礎にある化学的なプレパターンを反映している．メラノサイトのメラニン産生は，そのプレパターンへの応答として起きる．

パターン形成メカニズムを当てはめることができるためには，そのパターンが実際に見られるサイズが，細胞の直径に比べて大きくなければならない．例えば，ヒョウの斑点パターンが初めて生じるとき，斑点の直径はおそらく 0.5 mm 程度である．つまり，100 個程度の細胞からなる．そこにどのような反応拡散メカニズムが関与するのか我々にはわからない．ただ，そのような系はいかなるものでも，前章で述べたように数学的には同じように扱えるので，いま必要なのは，数値的に研究するための具体的な系だけである．Murray (1980, 1981a) では，説明をわかりやすくするために Thomas (1975) の系が選ばれている．その動力学は前章の式 (2.5) で与えられている．この系が選ばれているのは，これが実際の反応速度論と関連した，現実的な実験系だからである．同じくらい妥当な系もいまとなっては他にいくつか存在するが，パターン形成メカニズムが実際にどのようなものかわかるまでは，この系を用いれば十分である．式 (2.5) の無次元系は式 (2.8) の下で方程式 (2.7) として与えられる．すなわち

$$\frac{\partial u}{\partial t} = \gamma f(u,v) + \nabla^2 u, \quad \frac{\partial v}{\partial t} = \gamma g(u,v) + d\nabla^2 v,$$
$$f(u,v) = a - u - h(u,v), \quad g(u,v) = \alpha(b-v) - h(u,v), \tag{3.1}$$
$$h(u,v) = \frac{\rho uv}{1 + u + Ku^2}$$

であり，a, b, α, ρ, K は正のパラメータである．拡散係数比である d は，拡散誘導不安定化が可能であるように $d > 1$ でなければならない．また，前章でスケール因子 γ が領域の大きさを測る尺度であったことを思い出そう．

哺乳動物の胚の外皮を念頭においた場合，領域は閉曲面であり，シミュレーションのための適切な条件は，妥当な初期条件（すなわち定常状態周りのランダムな摂動）および周期的境界条件である．また，パターン形成過程は，発生過程の中でもある特定の時期に活性化するものと考える．これは，反応拡散領域の大きさと幾何学的形状がそのとき既に与えられているということを意味する．パターン形成開始のスイッチは，例えば胚の表面を伝播する波で，この波が反応拡散メカニズムの分岐パラメータ値に影響を与え，拡散誘導不安定化を引き起こす，という場合も考えられる．何がどのようにしてパターン形成の過程を開始させるのか，という問題はここで我々が取り組むことではない．我々はここで，反応拡散メカニズムがパターンを形成する可能性のみを考える．そうして生み出されたパターンを，動物の体表に観察され

3.1 哺乳類の体表パターン——「ヒョウの斑点はどうしてできたか」

る模様（ただしその模様が現れる身体部位の幾何学的制約条件は，胚においても類似であるとする）と比較することで，そのような系が実在することの証拠が得られたのかどうかを吟味するというわけである．

2.4 節および 2.5 節で，反応拡散領域のスケールと幾何学的形状が，モルフォゲン濃度の実際の空間パターンを決定する上でいかに重要であるかをみた．系が拡散誘導不安定になるチューリング領域内にパラメータの組があれば，そのような空間パターンは成長し始めるのであった．図 2.8 および図 2.9 も参照されたい．（以下では，2.1～2.6 節における解析と議論を記憶にとどめておくことが役に立つであろう．）

非線形系 (3.1) から作られる空間パターンが幾何学的形状やスケールによってどのように変わるのかを調べるために，我々は数値シミュレーションを行った．その領域としては，胚の外皮という幾何学的制約条件を反映するような一連の 2 次元領域が選ばれた．

最初に，動物の尾や脚に見られる典型的な模様を考えることにしよう．これらは先細りの円柱として表現できる．その表面が反応拡散領域である．2.4 節および 2.5 節の解析でみたように，反応拡散メカニズムが拡散誘導不安定化に至るとき，不安定化するモード k^2 の範囲が，線形理論を用いることで系のパラメータを含む形で与えられる．2 次元の領域 $0 < x < p, 0 < y < q$ の場合，その範囲は式 (2.43) によって

$$\gamma L = k_1^2 < k^2 = \pi^2 \left(\frac{n^2}{p^2} + \frac{m^2}{q^2} \right) < k_2^2 = \gamma M \tag{3.2}$$

と与えられる．L, M は反応拡散メカニズムの速度論パラメータだけの関数である．ゼロフラックス境界条件の下で，一様な定常状態の周りに指数関数的に成長するモードがこの線形問題の解に含まれる．この解は式 (2.43) によって

$$\sum_{n,m} \boldsymbol{C}_{n,m} \exp[\lambda(k^2)t] \cos\frac{n\pi x}{p} \cos\frac{m\pi y}{q}, \quad k^2 = \pi^2 \left(\frac{n^2}{p^2} + \frac{m^2}{q^2} \right) \tag{3.3}$$

と表される．定数 $\boldsymbol{C}$ は，初期条件をフーリエ級数展開して得られる（が，ここでは必要ない）．式中の和は式 (3.2) をみたす全ての組 (n, m) にわたる．

では，先細りの円柱の表面を考え，その長さを $s (0 \le z \le s)$，角度変数を θ としよう．式 (2.41) に対応する線形固有値問題は，$\boldsymbol{W}(\theta, z; r)$ を求めるために

$$\nabla^2 \boldsymbol{W} + k^2 \boldsymbol{W} = 0 \tag{3.4}$$

を解くことである．ただし，$z = 0$ および $z = s$ においてゼロフラックス条件を，また θ についての周期性を仮定する．ここでは表面にだけ関心があるので，半径 r は，どの位置でも本質的に「パラメータ」であって，所与の z における円柱の太さを反映するものと考えられる．式 (3.3) に対応する解は，

$$\sum_{n,m} \boldsymbol{C}_{n,m} \exp[\lambda(k^2)t] \cos(n\theta) \cos\frac{m\pi z}{s}, \quad k^2 = \frac{n^2}{r^2} + \frac{m^2 \pi^2}{s^2} \tag{3.5}$$

となる．式中の和は式 (3.2)，すなわち

$$\gamma L = k_1^2 < k^2 = \frac{n^2}{r^2} + \frac{m^2 \pi^2}{s^2} < k_2^2 = \gamma M \tag{3.6}$$

をみたす全ての組 (n, m) にわたる．r がパラメータとして現れていることに注意されたい．

では，線形系の下で成長する空間パターンに関して，それが意味するところを考えてみよう．そこから，簡単なものについては，最終的に得られる有限振幅空間パターンを予測できることを我々は知っている．先細りの円柱が至る所で非常に細い場合は，r が微小であることを意味する．これは，式 (3.5) の $n = 1$ で表される最初の角度方向のモードも含めて，$n > 1$ のときの角度方向のモードも全てが，不安定化する範囲 (3.6) の外にあるということを意味する．この場合，不安定化するモードには z 方向の変化し

か含まれない．言い換えれば，図 2.8 のような 1 次元的（縞模様）パターンだけを伴う 1 次元系の状況に等しい．図 3.2(a) も参照されたい．一方で，r が片方の端近くで大きく，$n \neq 0$ が不安定な範囲 (3.6) に含まれる場合には，θ 方向の変化が現れる．したがって，状況としては，太い端の方では z と θ で表される 2 次元的パターンが，細い端へ向かうにつれて 1 次元的パターンへと徐々に変化することになる．系 (3.1) に対し領域の大きさを様々に変え，それらを数値的手法（有限要素法）で計算した解を，図 3.2 に示す．図 3.2(a) と (b) の間ではスケールパラメータ γ だけが異なり，これは分岐パラメータとなっている．実際，図 3.2〜3.6 に示したような非線形系 (3.1) の数値解全てにおいて，スケールと幾何学的形状を変化させているだけで，メカニズムにおけるパラメータは固定しているのである．分岐パラメータはスケール γ であるが，幾何学的形状は決定的役割を果たしている．

図 3.2 に描いたような尾の体表パターンは，斑点を有する多くの動物に典型的なものであり，特にネコ科 (*Felidae*) によく見られる．チーターやジャガー，ジェネットはこのようなパターンをもつ好例である．ヒョウ (*Panthera pardus*) の場合，斑点はほとんど尾の先端にまで及ぶ．他方，チーターには縞模様の部位がはっきりと見られ，ジェネットでは全体が縞模様になっている．こうした事実は，これらの動物の胚においてパターン形成メカニズムが活性化すると考えられる時期における，尾の原基の構造とつじつまが合っている．ジェネット胚の尾の原基は，きわめて一様な直径をもち，比較的細い．図 3.2(h) は成熟したジェネットの尾の写真である（その典型的なものには毛羽立ちを認める）．図 3.2(g) の左に描いたのは胎児期のヒョウの尾で，先が鋭く，比較的短い．一方，成体のヒョウの尾（図 3.1(a) および図 3.2(g) の右を参照）は長いが，脊椎の個数は同じである．その斑点模様がほとんど先端まで見られるという事実は，縞模様が（しばしば不完全な形で）先端にしか見られないということを考え合わせても，胎児期の尾の先細りが急峻であることとつじつまが合っている．出生後における尾の延長は，尾の基部や他の身体部位に比べて尾の下部の斑点が大きくなっていることにも現れている．図 3.1(a) および図 3.2(g) を参照されたい．

さて，今度は図 3.1(b) および図 3.3(a), (b) のような，シマウマの典型的な縞模様について考察しよう．図 3.2(a) に示したシミュレーションからもわかるように，反応拡散メカニズムで縞模様を生み出すのは容易である．シマウマの縞模様は Bard (1977) によって詳しく研究された．そこでは，妊娠 3 週目から 5 週目にかけてその縞模様が生み出されると主張している．彼は現実のいかなるパターン形成メカニズムについても議論していないが，本節で得られる結果からすれば，このことは問題ではない．シマウマはその種によって，異なる縞模様をもつ．したがって，彼によれば，縞模様は妊娠中の異なる時期に作られるという．図 3.3 には，妊娠中の異なる発生段階において仮説的に作られた縞模様と，それが成長した結果を模式的に示した．

成体がもつ縞の本数に注目し，さらには，パターンが胚の時期に規則的な縞として作られたとすれば，それが成長によりどのように変形したのかに注目することで，Bard (1977) は胚で作られる縞の間の距離が約 0.4 mm であることを導いた．彼はまた，縞模様が作られる妊娠中の時期も導いた．図 3.3(c) は，成長によって縞模様が歪んで図 3.3(d) および (e)[†1] のようになるが，これは，図 3.3(b) に示すシマウマの一種 *Equus burchelli*[†2] の縞模様ともよく一致している．図 3.1(b) の写真も参照されたい．図 3.3(a) に示すグレビーシマウマ (*Equus grevyi*) では，もっと多くの縞模様があるが，それは図 3.3(e)——縞の間隔はやはり 0.4 mm としている——に示したように，妊娠のより遅い時期（5 週前後）に作られる．

さて，図 3.4(a) に示すような，シマウマの肩甲部の縞模様に目を向けると，Murray (1980, 1981a, b) が論じるようなパターン形成メカニズムを検討する必要がある．その数学的な問題は，直線状の縞模様領域がもう 1 つの縞模様領域と直角に連結した部分に関する問題であることがわかる．そのような領域に対して反応拡散メカニズムを適用した場合に，予測されるパターンを図 3.4(b) に示す．図 3.8(e) は実験的

[†1] （訳注） (e) は，すぐに本文でも述べられるように，グレビーシマウマ胚における縞模様生成時の図であって，*Equus burchelli* の胚に生成した縞模様が成長によって変形した結果の図ではない．

[†2] （訳注） *Equus burchelli* は旧名であり，現在は *Equus quagga* と呼ばれている．

3.1 哺乳類の体表パターン——「ヒョウの斑点はどうしてできたか」　　　　　　　　　　　　　　　　　　　　　*121*

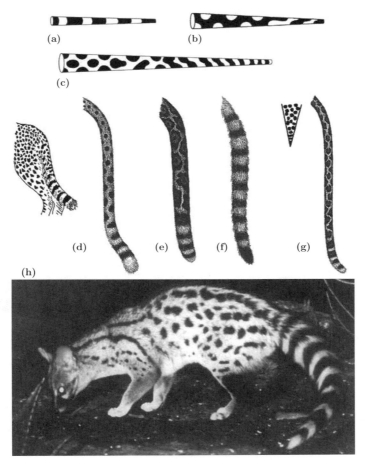

図 3.2　非線形な反応拡散系 (3.1) の解を（ゼロフラックス境界条件および，定常状態周りのランダムな摂動の初期条件の下で）計算した．黒い領域は定常状態 u_s よりもモルフォゲン濃度が大きい場所を表す．パラメータ値は $\alpha = 1.5$, $K = 0.1$, $\rho = 18.5$, $a = 92$, $b = 64$（これにより定常状態は $u_s = 10$, $v_s = 9$），$d = 10$ である．幾何学的形状はいずれも同じで，スケール因子は (a) $\gamma = 9$, (b) $\gamma = 15$ である．γ が大きくなるにつれてパターンが複雑なものへといかに分岐していくかに注目されたい．(c) では $\gamma = 25$ であり，斑点模様から縞模様への移行がはっきりと描かれている．ただし黒い領域では $u < u_s$ である．(d) 成体のチーター (*Acinonyx jubatis*) がもつ典型的な尾の模様．(e) 成体のジャガー (*Panthera onca*) の場合．(f) 出生直前の雄のジェネット (*Genetta genetta*) の場合 (Murray (1981a, b) の複写)．(g) 成体のヒョウの場合（右側の図）．尾の先の方まで斑点模様が続いており，縞模様は先端に数本しかないことに注意されたい．図 3.1(a) では良い具合にヒョウの尾が垂れており，この特徴がはっきりと示されている．胎児期のヒョウの尾（左側の図）は非常に短く，成体のパターンが右側のようになる所以を明らかにしている．(h) 普通のジェネット (*Genetta genetta*)．斑点模様の体から，縞模様の尾がはっきりと区別される（写真は Hans Kruuk 博士の厚意による）．

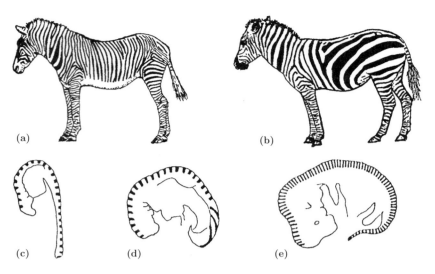

図 3.3 シマウマの典型的な体表パターン．(a) グレビーシマウマ (*Equus grevyi*). (b) サバンナシマウマ (*Equus burchelli*). (c) および (e) は，0.4 mm 間隔で縞模様を描いたシマウマ胚である．(c) 12 日胚，(d) (c) の 3〜4 日後の結果．(e) 満 5 週の胚に作られる類似のパターン ((c)–(e) は Bard (1977) の複写)．

図 3.4 (a) ケープヤマシマウマ (*Equus zebra zebra*) の肩に典型的に見られる縞模様．(b) 反応拡散メカニズムから予測される空間パターン．図 3.8(e) も参照されたい (Murray (1980, 1981a) より)．

に得られたパターンであり，この数学的予測を裏付けるものである．

　シマウマの模様はきわめて多様性に富んでおり，依然として縞模様一般のテーマの範囲にとどまっている．ほぼ完全に黒で白い斑点が列状に混じるものもいれば，その逆のものもいる（例えば，Kingdon (1979) を参照）．3.2 節において，体表模様の奇形学について論じるが，ここでパターン異常の問題に戻る．

　さて，図 3.1(d) に示したような，トラ (*Felis tigris*) に通常見られる模様を考えた場合，その縞模様がどのように形成されうるのかを，シマウマとの類推によって理解することができよう．トラの妊娠期間は 105 日間前後である．したがって，そのプレパターンは妊娠後数週間といった非常に早期に作られるということ，また，そこで起きるパターン形成メカニズムは規則的な縞模様を生み出すものであるということが予想される．成長によりシマウマの縞模様が歪むと述べたが，それと類似のことはトラの縞模様にも当てはまる．多くのトラは成体になると，縞模様に類似の変形をきたすのである．

　では次にキリンを考えよう．キリンは，斑点模様をもつ中で最も大きな動物の 1 つである．図 3.5(a) はキリンの 35〜45 日胚を描いたものである．妊娠期間が約 457 日間に及ぶにもかかわらず，既にこの時期にはキリンの体形がはっきりと見てとれる．キリンの体表パターンに対するプレパターンが，この時期までに作られることはほぼ疑いない．図 3.5(b) にはアミメキリンに典型的な頸部の模様をスケッチした．

3.1 哺乳類の体表パターン——「ヒョウの斑点はどうしてできたか」

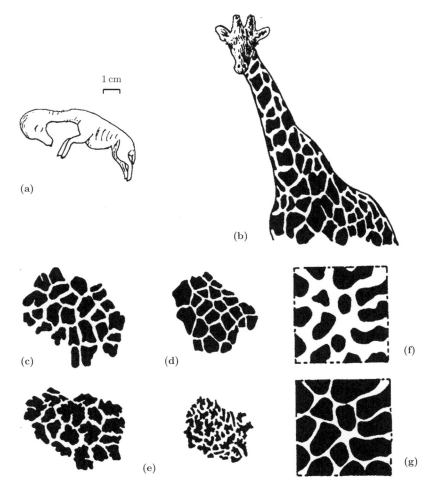

図 3.5 (a) キリン (*Giraffa camelopardis*) の 35〜45 日胚．(b) アミメキリン (*Giraffa camelopardis reticulata*) に見られる典型的な頸部の模様．(c)–(e) キリンの胴体の斑点模様を（同じスケールで）トレーシングしたもの (Dagg (1968) の複写)．*Giraffa camelopardis* (c) *rothschildi*（ウガンダキリン），(d) *reticulata*（アミメキリン），(e) *tippelskirchi*（マサイキリン）．(f) 速度論パラメータを図 3.2 と同じにした際に，モデル (3.1) から得られた空間パターン．(g) (f) を与えたのと同じシミュレーションにおいて，メラニン産生が始まる閾値を (f) より低くした場合に得られる空間パターン (Murray (1981b, 1988) より)．

図 3.5(c)–(e) は，主なキリン種の胴体に見られる斑点模様を（ほぼ同じスケールで）トレーシングしたものである．さらに，図 3.2 と同じ速度論パラメータ値で反応拡散メカニズム (3.1) から計算して得られた典型的なパターンを，図 3.5(f) に示す．

　メラノサイトがメラニンを産生する閾値として，一様な定常状態を任意に採用した．それは図の黒い領域として表されている．もちろんこのような閾値を，一様な定常状態より低く，あるいは高く選ぶことも可能である．例えばより低い閾値を選ぶと，異なるパターンを得る：図 3.5(g) は，図 3.5(f) を与えたシミュレーションにおいて，より低い閾値を選んだ例である．これによって色素沈着領域は広くなる．もしメラノサイトがより低い閾値のモルフォゲン濃度に対して反応するようにプログラムされていると考えれば，キリンの模様が種によってどうして異なっているのかが，こうして理解される．Murray (1988) に掲載されているキリンの写真は，このことを特にはっきりと示している．

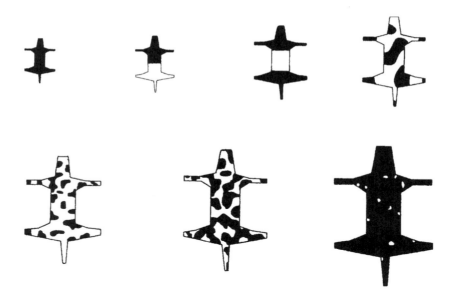

図 3.6　反応拡散メカニズム (3.1) によって形成される空間パターンに対して，体表のスケールがもつ効果．パラメータ値は $\alpha = 1.5$, $K = 0.125$, $\rho = 13$, $a = 103$, $b = 77$（定常状態は $u_s = 23$, $v_s = 24$），$d = 7$ である．領域の大きさは γ と直接に関係している．上段より，左から右へ順番に，$\gamma < 0.1$, $\gamma = 0.5$, $\gamma = 25$, $\gamma = 250$, $\gamma = 1250$, $\gamma = 3000$, $\gamma = 5000$ である．全てのシミュレーションにおいて，同じサイズかつ同じ形状の領域が用いられた．ここにはサイズを変えて載せているが，それは説明をわかりやすくするためである（Murray (1980, 1981a) に基づく Murray (1988) より）．

　スケールがもたらす劇的な効果は，図 3.6 にはっきりと示されている．これらの図について，スケール因子 γ の値のみがそれぞれ異なっている．なお，プレパターン形成時における胚の外皮が，典型的にこのような形をしているとは限らない．計算結果を図示し，形成されるパターンに対してスケールがもつ驚くべき効果を強調するために，非自明な見本を描いたにすぎない．領域のサイズ γ が小さすぎると，空間パターンは全く生成されない．前章でも詳しく述べたが，これは例えば，不安定なモードの範囲，すなわち式 (3.6) の m および n を考えてみれば明らかであろう．領域，すなわち γ が十分に小さい場合，m および n が 0 でない最小値をとる場合でも，モードは不安定化範囲の外に出てしまう．この結果は，きわめて小さい動物の色調は大体において一様であるということを意味するが，ほとんどの場合，それは事実である．サイズが大きくなるに従い，γ は一連の分岐値を通過する．この間に，様々な空間パターンが生み出される．だが，図 3.6 の最後の図に示したように，きわめて大きな領域については，モルフォゲン濃度の分布は再びほぼ一様になる．ただし，非常に細かい構造を認める．これは一見すると，やや意表をつかれる結果である．このようなことが起きる理由は，領域，すなわち γ が大きいと，式 (3.3) から導き出される線形不安定な解にも m および n の大きいものが存在することになり，それは非常に細かいパターンが生み出されることを意味するからである．非常に細かいので，本質的にはいかなるパターンも見られないというわけである．したがって，ゾウのように巨大な動物の多くでは，色調がほぼ一様になることが示唆されるが，これもまた多くの場合には事実である．

　図 3.6 の 2 番目に示したような，一様な体表パターンからの最初の分岐について考察しよう．図 3.7(a)–(c) は，白と黒が半分ずつの体表パターンが見られるラーテルすなわちミツアナグマ (*Mellivora capensis*) と，バレー地方のヤギ (Valais goat) の驚くべき例のスケッチと写真である．次の分岐は，より長く，やはり細い胚から生じ，それは図 3.7(d) に見事に描かれている．これは図 3.6 の 3 番目の図に対応している．図 3.7(e) は別の例で，ベルテッドギャロウェイ牛 (Belted Galloway cow) の写真である．これは（著者が育った）南スコットランドではありふれた動物で，「belties」と呼ばれている．

3.1 哺乳類の体表パターン——「ヒョウの斑点はどうしてできたか」

図 3.7 動物に見つかるうちで最もシンプルな体表パターンの例．(a) ラーテルすなわちミツアナグマ (*Mellivora capensis*)．(b) 成体のバレー地方のヤギ (*Capra aegragrus hircus*) (Herán (1976) を複写)．(c) 若いバレー地方のヤギ (写真は Avi Baron および Paul Munro の厚意による)．(d) アリクイ (*Tamandua tetradactyl*) のいずれも 19 世紀初頭の絵．(e) 南スコットランドにおけるベルテッドギャロウェイ牛 (Belted Galloway cow) の写真 (Allan Wright, Castle Douglas, Scotland から許可を得て複製)．いずれも，2 回目のパターン分岐が劇的に，かつエレガントに示されている．

最も簡単な（図 3.6 の最初の 3 つのような）パターンの場合を除いて，あらゆる数値シミュレーションにおける最終的なパターンは初期条件に依存するという結果を得た．しかしながら，パラメータと幾何学的形状およびスケールが与えられれば，生じるパターンはどのような初期条件に対しても定性的に類似したものとなっている．動物の体表パターンを生み出すメカニズムとして応用可能かという観点からみると，初期条件に対するこのような依存性はこのモデルがもつ大きな利点である．というのも，個々の動物について初期条件はランダムであり，その動物に固有のものであるから，体表パターンも固有のものになり，それでいて各パターンの定性的特徴はその種の一般的な範疇にとどまるからである．したがって，あらゆるヒョウは斑点模様をもつが，斑点の分布は各個体に固有のものとなる．例えば，トラやシマウマについては縞模様は非常に多様でありうるが，それでいて一般的な特徴には沿ったものとなる．

これまで，動物の体表に見られる具体的ないくつかの模様だけを考えてきた（さらなる議論は，Murray (1981a, b, 1988) を参照）が，このモデルが生み出すパターンと，様々な動物に見られるパターンとの間には，驚くべき類似があることがわかる．シミュレーションのパラメータに制限を課したにもかかわらず，作れるパターンの豊富さは注目に値する．生み出されるパターンは反応領域の幾何学的形状とスケールに強く依存する——成長によって初期のパターンが変形を受ける場合もあるが．

総じて，動物のいかなる体表パターンも，単一のメカニズムによって生み出すことができると仮定する．拡散誘導性の空間パターンを生成できるどのような反応拡散メカニズムも，妥当なモデルであろう．生じるパターンは，メカニズムが活性化される時期によって決定される．というのもこの時期は，胚の外皮の幾何学的形状とスケールに直接関わるからである．活性化波（図 2.15(d) に示したような），あるいは活性化スイッチが発生する時期は遺伝する．妊娠期間の短い，小さな動物の多くは，体の色調が一様になると予想され，それは一般的に事実である．活性化の時期において表面の外皮がそれより大きいと，最初の分岐によって，体の半分が黒，半分が白の動物になる．図 3.7 を参照されたい．活性化の領域をさらに大きくするにつれ，ある種のアリクイ，シマウマ，大型のネコ科動物といった次第で，ますます様々な構造をもつパターンが出現する．シンプルなパターンほど非常に安定である．すなわち，それらはメカニズムが活性化された時期における諸条件に対してきわめて鈍い．サイズの大きな動物種においては，密な斑点模様をもつキリンにおいて見られるように，模様の一般的な範疇の中に収まりながらも，より多様性に富んだ模様が見られる．そして前述のように，非常に大きな動物については，体の色調が一様であると予想され，実際それは大体において事実である．ゾウ，サイ，カバはその典型例である．

既に述べたように，反応拡散メカニズムが活性化される時期は遺伝すると予想される．つまり，少なくとも体表パターンが生存にとって重要であるような動物においては，胚がある所与のサイズになったときにパターン形成が開始される．もちろん，活性化時における胚の表面の条件は，ある種のランダム性を伴うのが自然である．これによって，初期条件，幾何学的形状およびスケールに固有の仕方で依存するようなパターンが生じるのである．このようなメカニズムには非常に重要な性質がある．すなわち，幾何学的形状とスケールが所与であれば，ランダムな初期条件で生じる様々なパターン同士は定性的に類似するということである．例えば斑点模様については，異なるのは本質的には斑点の分布だけである．この個性は結果として，血縁関係や集団を認識する際に重要になる．動物の生存に体表パターンがほとんど重要でない場合，例えば家庭で飼われているネコの場合には，活性化の時期はそれほど慎重に制御される必要はない．したがって，パターンの多型性，すなわちパターンの変化はより大きくなる．

観察されるあらゆる哺乳類に対して，その体表パターンを生成できるような単一のメカニズムが存在するという考えは魅力的である．反応拡散モデルや，細胞の走化性モデル，そして後に第 6 章で扱うような，強力なメカノケミカルモデルは，そのようなパターン形成メカニズムがもつべき性質の多くを有している．最後に挙げたモデルは，実は反応拡散メカニズムよりも豊かなパターンを生み出せる可能性がある．

モデルから生み出されたパターンと動物の体表パターンの具体的な特徴とを比較することで，数多くの状況証拠が得られており，これは頼もしいことである．哺乳類の体表パターンの一般的，具体的特徴の多

くがこのシンプルな理論で説明できるという事実は，この理論が正しいことをもちろん意味するわけではないが，いまのところ，これらの特徴全てに対して満足のいく説明を与える他の一般理論は存在しない．やはり，上述の結果は，動物の体表パターン形成に対する，包括的な単一メカニズムの存在を支持する．

　ここで，興味深い数学的補足をしたい．反応拡散メカニズムによる空間パターン形成の初期段階（一様な状態からの変化がまだ小さい段階）に現れる固有値問題は，薄板や太鼓の表面における振動を記述する際の問題と同じタイプのものである．それらの振動モードもまた，式 (3.4) に従う．ただし，W はここでは振動の振幅を表すのである．太鼓表面の振動という数学的に類似した現象を調べることによって，幾何学的形状とスケールが空間パターンに対していかに決定的であるかを，実験的に示すことができる．太鼓表面のサイズが小さすぎると，振動は当然続かない．すなわち，摂動は非常に速やかに消失する．何らかの持続的な振動を引き起こすためには，表面に最低限のサイズが必要である．太鼓表面として，図 3.6 と似た形の領域を考えよう．（いままで考察してきたモデルにおいて，これは反応拡散領域であった．）そのサイズを大きくするにつれて，可能な振動モードはますます複雑になっていく．

　この振動現象に対して，反応拡散シミュレーションで用いたのと同じ境界条件を課すことは簡単ではないが，数学的に考えれば，現れるパターンの一般的特徴は定性的に似たものであるに違いない．振動する板の問題において，γ に相当するものは，強制振動の振動数である．ゆえに，与えられたある振動数で振動している板にパターンが形成されている場合，（同じ振動数で振動している）より大きな相似の板で見られるパターンは，その分だけ大きな振動数で振動している元の板に見られるパターンと同じである．すなわち線形振動理論によれば，例えば板のサイズを 2 倍にすることは，元の板で振動数を 2 倍にすることと等価である．図 3.2(c) や図 3.4，そして図 3.6 に示したような幾何学的形状に対して，そのような実験が行われた．その結果を図 3.8 に示す（さらなる詳細については，Xu et al. (1983) を参照されたい）．

3.2　奇形：体表パターン異常の例

　前節で議論したモデルによって，動物における様々なパターン異常を説明できるようになる．ある種の状況の下では，パラメータの 1 つの値が変化しただけで，発生するパターンが甚だしく異なるという結果になりうる．パターン形成メカニズムが早く活性化した場合，例えばシマウマは真っ黒になるだろうし，逆に活性化が遅れた場合，黒い背景の斑点模様になるだろう．これら両方の例は，例えば Kingdon (1979) において観察記録がある．

　パラメータの変化によってパターンが大きく変わるかどうかは，そのパラメータ値が分岐値のどのくらい近くにあるかによる（図 2.14 と 2.5 節の議論を思い出そう）．分岐の境界近くでパラメータが変化すれば，パターンに比較的大きな変化が生じうる．第 7 章で示すように，この事実は進化論にとって重要な意義をもつ．

　通常のパターン形成メカニズムに対する障害が，メカニズム開始のタイミング，あるいはその過程に関与するパラメータの 1 つが変化することでもたらされるということは明らかである．そのような体表パターンにおける奇形の例は数多く存在する．例えば，パターン形成メカニズムの遅れによって，（シマウマでは）縞模様というより斑点模様に近い動物が生まれる．これは，パターンが生成された時期の領域のサイズが大きいためである．このような逸脱したパターンが出現することで，これまでに「新種」が頻繁に生み出されてきた．体表パターンが発生過程でどのように形成されるかなど，我々はほとんど知らないのだから，珍しいパターンを発見した際に「新種」に仕立て上げてしまったとしても驚くことではない．事実，1926 年にジンバブエ（当時の Rhodesia）の Umvukwe area で，あるチーターが捕獲された．これはロンドン自然史博物館に報告され，1927 年にはその写真が英国誌 *The Field* に掲載された．図 3.9(a) は Pocock (1927)（Ewer (1973) も参照）によるその描写である．当時，著名な生物学者であった Pocock は，これがチーター (*Acinonyx*) の新種であることを強く信じて疑わなかった．その理由は主

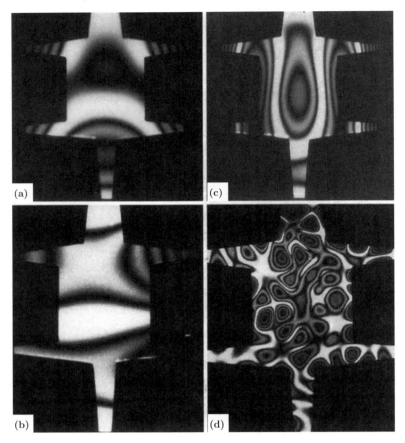

図 3.8 音波で励起された板を，ホログラフィ干渉法により画像化（時間平均）したもの．音波は (a) から (d) に向かうほど振動数が大きい．振動のパターンは，図 3.6 のパターンに大まかには似ている．振動数を大きくすることは，振動数を保ったまま板のサイズを大きくすることと等価である．

に体表パターンの違いだったが，他にも普通のチーターとは異なる解剖学的特徴（かぎづめの長さなど）があると確信していた．そこで彼はこれを新種であると断言し，Acinonyx rex と名付けた．体表パターンを生み出すメカニズムの活性化時期の小さなずれのみによって，大きく体表パターンが変化しうることを知っている我々からすると，このケースはまさにそれが起きた例であろうと思われる．図 3.9(b) は，南アフリカで最近撮られたチーターの写真であるが，類似のパターン異常が見られる．面白いことに，この新種に他の発見例があまりにも少ないのは驚くべきだと Pocock は述べている．むろんこのことは，逸脱パターンを生じる原因がパターン形成メカニズムにおけるわずかな変化にすぎないという仮説を支持する．実際，比較的安定した多形性が見られる場合というのはほとんどないのである．

興味深いことに，図 3.9 の動物に見られる異常な体表パターンは互いによく似ており，いずれも背中に沿って縞模様が見られるが，腹にかけては斑点が現れている．そのようなパターンがどうして生じうるのかを推測できる．上で述べたパターン形成メカニズム（あるいは，幾何学的形状とスケールに対する依存性が類似している他のメカニズム）がこの例にも当てはまるならば，そのメカニズムの活性化は，正常な活性化の時期よりも胚が非常に小さい早期に起きたのだろうと考えられる．そのような条件で生じたパターンはあまり複雑にはならず，縞模様になる可能性がより高いだろう．後に第 6 章において，動物の背中に生える毛の先駆体を始めとして，背中の正中線から左右に延びているパターンを数多く目にすることになる．そのようなより複雑な体表パターンの形成においても，同様の話が成り立つだろう．パターンを

3.2 奇形：体表パターン異常の例

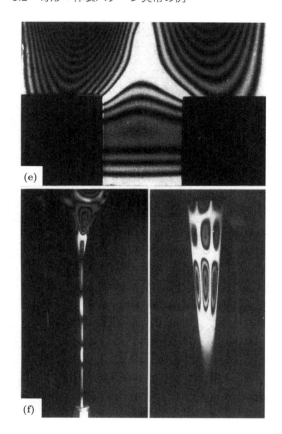

図 3.8 （続き）(e) 図 3.4(b) で予想されたパターンに非常によく似た振動パターン．(f) 先細りの形状における斑点模様から縞模様への移行が，はっきりと実証されている．

形成するメカニズムの活性化する時期が，正常な動物と異常な動物との間で大体同じである場合には，複雑なパターンを維持するのに十分広い領域ではそれだけ複雑な（斑点模様の）パターンが形成され，チーターがもつ通常の斑点模様のようになるだろう．ただし，これもまた予想されるように，どちらの場合でも正常な動物より斑点模様はあまりはっきりせず，より大きくなるだろう．

体表パターン形成メカニズムに異常が生じるような，興味深い例は他にも存在する．図 3.10 はほぼ完全に黒いシマウマの写真である．この例から，シマウマの本来の色が黒であることは明らかであり，したがってシマウマは，黒い縞のある白色の動物というよりは，白い縞のある黒色の動物である[*2]．

シマウマの本来の色は黒なので，この例に対しては次のような説明が可能である．つまり，パターン形成メカニズムが活性化した時期は正常だったが，パターン形成に使える時間が短かった結果，パターンが十分に形成されず，縞模様が細くなったのである．このシマウマは他の点については正常のようだったが，自分が他のシマウマと違うことをはっきりとわかっており，やや仲間外れにされてグループの端のほうで過ごすことが多かった．

パターンの異常が見られる別の例は，シマウマのような縞模様をもつヒツジである．図 3.11 にこれを示した．このヒツジはオーストラリアで普通のヒツジの群れの中に現れた．かつてヒツジの本来の色は黒であったが，白い羊毛のほうが好まれたため，黒いヒツジは交配しないように群れから排除された[*3]．こ

[*2] 私はそれほど真面目ではないあるささやかな調査を長年にわたって行ってきた．それによれば，シマウマを白い縞のある黒色の動物だと思うか，それともその逆だと思うかを聞き手に訪ねたところ，驚くべきことに，黒人は例外なく前者だと思うと答え，逆に，白人は後者だと思うと答えた．

[*3] 図 3.11 に写っている男の同級生だったという，私の友人のオーストラリア人共同研究者の話によれば，この縞模様の羊毛を買いたがる人々がいて，非常に強い関心をもっているという．ヒツジを飼育している男は，様々な交配戦略によってこれを増やそうとしているらしいが，いまのところ成功していないようである．「ドリー」のようなクローンによって，正確に同じとまではいかなくとも，類似のパターンを生み出せるかどうか試みるのも面白いだろう．

図 3.9 (a) 異常な体表パターンをもつチーター．1926 年にジンバブエで発見された．最初はチーターとヒョウの混種と考えられたが，後に新種とされ，Acinonyx rex と呼ばれた (Pocock (1927) より)．(b) 南アフリカのクルーガー国立公園で最近撮影された，類似のチーターの写真 (Anthony Bannister 撮影，ABPL image library, Parklands, South Africa の許可を得て複製).

図 3.10 サバンナシマウマ (Equus burchelli) の体表パターン異常．クルーガー国立公園にて撮影された．

の場合，パターン形成メカニズムは，ある意味でヒツジを白くするものであり，これが活性化する時期の胚が小さいので，ヒツジの体は一様に白くなるのである．メカニズムが働くときに胚がもっと大きければ，縞模様のパターンが生じる．

ヒツジの本来的な色が黒であることについて，1880 年に Nature で Charles Darwin が述べている：「暗い色，あるいはまだら模様のヒツジが現れるのは，種がもつ原始的な色への回帰によるものである」．その傾向は「完全に排除することが非常に難しく，選択がなければすぐにその力を取り戻す」．続いて彼は Sanderson なる人物からの手紙を引用している．その手紙は，オーストラリアの牧羊業者による（間違いなく進化的発展を加速させるような）選択によって，まだらの，あるいは黒いヒツジの割合が減っていることについて述べたものである：「柵でヒツジが囲われる前，かつて牧羊者がきわめて大きな群れ（ときには，4000 頭から 5000 頭）を育てていた頃には，他から容易に見分けのつくヒツジが数頭いることが非常に重要でした．したがって，（一部が黒のまたは）黒いヒツジは貴重とされ，注意深く飼われていました．群れの中に混じっているそのようなヒツジを 10 頭かその程度数えるのは簡単なので，そのうちの 1 頭が見つからない場合には，多くのヒツジがそれと一緒に群れからはぐれてしまっていると間違いなく結論することができました．そのため，牧羊者は群れの中で色のついたヒツジを数えることで，群れの頭数を保っていたのです．柵が設置されると，飼育できる群れは小さくなり，色のついたヒツジがいる必要

3.3 チョウの翅に見られるパターン形成

図 3.11 オーストラリアに現れた，縞模様パターンの奇形をもったヒツジの写真 (The Canberra Times, Australia の許可を得て複製).

性はなくなりました」．

　現在我々にいえることは，これらの変異体全てにおいて，体表パターン形成のメカニズムが何らかの形で障害されているということであろう．野生の動物においては，その見た目の模様が生存と密接に結びついているので，パターン形成メカニズムの活性化する時期が堅固に定まっていることは大切である．メカニズム自体とその遺伝子制御は重要な遺伝形質であり，そこから逸脱すると，図 3.10 に示した黒いシマウマの場合のように，パターン形成は一般的にうまくいかない．体表パターンが重要でないような環境では，そのパターンはきわめて多様になると予想される．これは，例えば家庭で飼われているネコやイヌにおいて認められる．

3.3　チョウの翅に見られるパターン形成

　チョウやガの翅における目を見張るような色彩はもちろんのこと，その多様なパターンには驚くべきものがある．図 3.12(a) と (b) に示すのはそのうちの 2 つの例にすぎない（後に出てくる図 3.22 も参照されたい）．チョウおよびガには無数ともいえるほど様々な種類が存在する．チョウの翅の色やパターンに関する研究には長い歴史があり，才能のあるアマチュア学者たちによって特に 19 世紀に進められたが，20 世紀になると科学的活動が盛んになった．鱗翅目がもつ翅のパターンを構成する主要な要素については，Nijhout (1978; 1985a, 1991 も参照) の総説や French (1999) に述べられている．Sekimura et al. (1998) は翅のパターン形成を，鱗粉のレベルという異なる観点から概説している．翅のパターンは様々で，一見するとその幅広さに戸惑ってしまうが，Schwanwitsch (1924) や Suffert (1927) が示したところでは，タテハチョウの場合，比較的わずかなパターン要素 (pattern elements) しかない．例えば，総説 Nijhout (1978) を参照されたい．図 3.12(c) に示すのは，タテハチョウの翅に見られるパターンの基本プラン (basic groundplan) である．各パターンには個別に名前がついている．本節では，いつでも頻繁に見られるこれらのパターンの一部を生み出すモデルメカニズムを議論し，その結果を具体的なチョウのパターンや実験と比較する．

　大雑把にいえば，チョウの翅のパターンとして研究されているものには 2 種類ある．すなわち，本章で議論する大まかな色彩パターンと，翅の上にある細胞の配列パターンである．これらのパターンは 2 つの異なる空間的スケールにわたって生じる．前者においては，細胞間相互作用が大きな距離にわたって起きるが，後者では細胞スケールの距離を介して起きる．後者ではまた，これらの鱗粉細胞となるべき前駆細胞は，表皮全体へと 1 層に広がり，体軸と 50 μm 程度離れて前後軸方向に並ぶ列へと遊走する．Sekimura et al. (1999) は，発生源依存的な差次的細胞間接着 (differential origin-dependent cell adhesion) に基づいて，鱗翅目の翅の上に平行に並ぶこれらの細胞配列を生み出すためのモデルを作り上げた．とりわけ彼らは，生物学的に現実味のある細胞間接着の性質によって，これらの列を正しい方向に生み出せることを

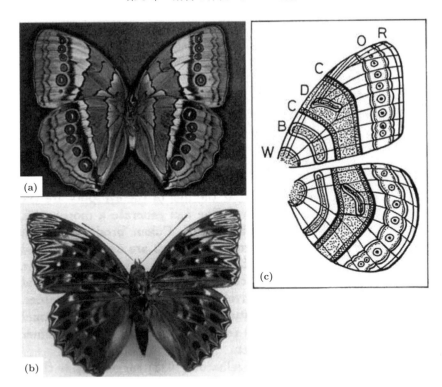

図 3.12 チョウの翅の多様で複雑なパターンの例を示す．(a) ムラサキワモンチョウ (*Stichophthalma camadeva*)（写真は H. F. Nijihout の厚意による）．(b) スミナガシ (*Dichorragia nesimachus*)．(c) タテハチョウ (nymphalids) における前翅と後翅の基本的なパターン要素 (Schwanwitsch (1924), Suffert (1927) より)．各ローマ字が示すものは以下の通り．R: 辺縁帯 (marginal bands), O: 辺縁部眼状紋 (border ocelli), C: 中央部対称帯 (central symmetry bands), D: 中央斑点 (discal spots), B: 基底帯 (basal bands), W: 翅根斑 (wing root spots)．(a) のチョウにはこれらの基本的なパターン構成要素のほぼ全てが見られる．(b) に見られる矢じり型のパターンを説明することは，いかなるパターン形成メカニズムにとっても大きな難問である．

示した．

　哺乳類の体表パターンの発生と同様，鱗翅目（チョウやガ）の翅のパターンは形態形成が終わる頃にかけて現れる．しかしこうしたパターンは，もっと早い時期に作られたプレパターンを反映しているのである．鱗翅目のプレパターンは，蛹期の初期に作られると考えられるが，それより前に始まる場合もおそらくあるのだろう (Nijhout 1980a)．

　本節において，翅のパターンを説明するために Murray (1981b) により提案されたモデルメカニズムを説明し，これを分析する．そして，蛹期の微小焼灼が翅のパターンに与える影響を調べた，「決定流仮説 (determination stream hypothesis)」に関連する実験 (Kuhn and von Engelhardt 1933) や，眼状紋の形成に関連する移植実験 (Nijhout 1980a) の結果に，これらのモデルを適用する．これらの実験については全て後で説明する．このモデルの重要な特色は前節と同様，パターンはそれが作られた時点で翅がもつ幾何学的形状と大きさに，決定的に依存するということである．翅のパターンが多様であることは，複数のメカニズムが必要であることを示しているのかもしれない．しかし，ここでとりわけ示したいのは，異なってみえるパターンを，同一のメカニズムによっていかにして生み出せるかということなのである．

　先ほど述べたように，比較的少ないパターン要素の組合せによって，翅のパターンを構成できる．中央部対称パターン (central symmetry pattern)（図 3.12(c) を参照）はその中でも，特にガにおいてはあり

3.3 チョウの翅に見られるパターン形成

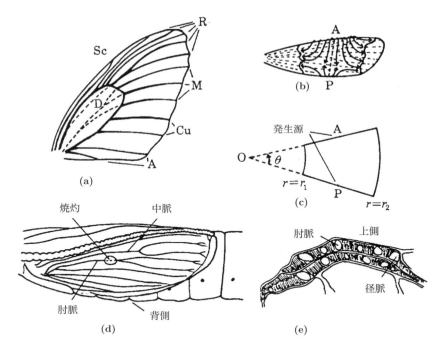

図 3.13　(a) 基本的な翅脈の用語とともに，一般化して描いた鱗翅目の前翅を示す．A: 臀脈 (anal)，Cu: 肘脈 (cubitus), M: 中脈 (media), R: 径脈 (radius), Sc: 亜前縁脈 (subcostal), D: 中室 (discal). 翅脈の間には翅室 (wing cell) が存在する．点線は，サナギでは存在しているが，後に萎縮する翅脈を表す．(b) 中央部対称パターンを形成する仮説上の「決定流」(Kuhn and von Engelhardt (1933) より). (c) 理想化されたサナギの翅．A と P は，前後の決定流（モルフォゲン）発生源を表す．(d) 形成されてから 6〜12 時間経過後のサナギ，右翅の模式図（Kuhn and von Engelhardt (1933) より). (e) 焼灼部位を通るような垂直切断面の模式図．表裏の上皮と翅脈が見えている．

ふれたものである．これは翅の中央に引いた前後軸に関して，鏡像のパターンをなしている（例えば，図 3.12(a) を参照）．小さなガの一種であるスジコナマダラメイガ (*Ephestia kuhniella*) の翅に見られるパターン形成を理解する試みの中で，Kuhn and von Engelhardt (1933) はこのパターンについて広範な研究を行った．彼らが提唱した現象論的なモデルによると，「決定流」が翅の前後端にある発生源から生じ，それが波となって翅を横切って進行することで，前後に延びる色素領域が作られるという．図 3.13(b) を参照されたい．彼らはサナギの翅に対する微小焼灼実験を行ったが，その結果は彼らが立てたモデルと矛盾しないものであった．マイマイガ (*Lymantria dispar*) の「spreading field」に関する Henke (1943) の研究も，この仮説を支持している．本節で議論するモデルメカニズムから導かれる結果は，彼の実験とも関連するであろう．我々のモデルは，蛹期かそれ以前に作られるプレパターンに，上皮の鱗粉形成幹細胞が応答することを拠り所としている．Goldschmidt (1920) は，実際に観察できるよりも前の段階で最初のパターンが作られているのかもしれないと示唆しているが，これはより最近の実験的研究によって裏付けられているように思われる．

　目玉模様，あるいは眼状紋 (eyespots, ocelli) は多くのチョウの翅において重要な要素である．図 3.12(a) の例を参照されたい．Nijhout (1980a, b) はタテハチョウ科のアメリカタテハモドキ (*Precis coenia*) に関する実験から，眼状紋にある「焦点」と呼ばれる小さな中心領域が，そのパターン形成における影響因子であるという証拠を示した．Carroll et al. (1994) および French and Brakefield (1995) も眼状紋の発生について論じているが，後者の論文はシグナルとしての焦点の役割を扱ったものである．焦点はモルフォゲンを生成し，その濃度如何によって色素特異的酵素が活性化される．アメリカタテハモド

キの色素産生，すなわちメラニン産生において，全ての色素が同時に産生されるわけではない (Nijhout 1980b). 他の研究として，Sibatani (1981) がプレパターンに基づく別のモデルを提案しており，眼状紋の形成過程には相互に作用し合う変数が関与していることを示唆している．これら 2 つのモデルは互いに排他的とは限らない．なぜなら「位置情報」モデル (Wolpert 1969) は，モルフォゲンの濃度に特定の仕方で細胞が反応することを拠り所にしているからである．

Kuhn and von Engelhardt (1933) により行われた焼灼実験の研究では，スジコナマダラメイガのパターン形成には少なくとも 2 つのメカニズムが関わっていることが示唆されている．なぜなら，蛹化後に焼灼を行う時期によって異なる結果が得られたからである．Schwanwitsch (1924) や Suffert (1927) でも示唆されているように，パターン形成には複数の独立したシステムが動いているのかもしれない．一方，本節で論じるような同一のメカニズムが異なる時期において働いているだけかもしれない．そのような場合，全く異なるパターンが生じるのは，パラメータ値や領域の幾何学的形状およびスケールが異なる結果である，ということを意味する．現れている色素の種類を数えることによって，必要なメカニズムがいくつか並行して動いていると仮定するのも，不合理ではないだろう．

鱗翅目がもつ翅のパターンを研究する主な理由は，その生成メカニズムを発見するという視点でパターン形成を理解しようとすることにあるのだが，もう 1 つの理由は，現在のところ発見されている最大の範囲である 100 細胞数（約 0.5 mm）より大きな拡散場が存在するという証拠を示すことにある．チョウの翅のパターンに関していえば，5 mm のオーダーの拡散場が存在するように思われる．モデリングの観点から言えば，パターンの発展が本質的に 2 次元的であるようにみえることは興味深い側面である．したがって，やはり領域の幾何学的形状と大きさの両方が果たす役割を考察しなければならない．前節同様に，活性化が起きる時期，およびそのときの幾何学的形状と大きさが異なるだけで，一見異なるパターンが同じメカニズムによって生成されるのをみる．

モデルメカニズム：モルフォゲンの拡散——遺伝子活性化システム

最初に，中央部対称パターン（図 3.12(c) を参照）を簡単に議論する．というのもこのパターンに関する実験が，今回のモデルメカニズムを考える動機づけとなるからである．これらの縞模様は，一般的に翅の前後方向に走っており，パターンとしては最も広く認められるものかもしれない．この縞模様は翅室（すなわち翅脈および翅の端で囲まれる領域）に沿って位置をずらすことにより，きわめて変化に富んだパターンを生じる（例えば，Nijhout (1978, 1991) を参照）．図 3.12(a) はその好例である．図 3.13(a) は鱗翅目がもつ前翅を一般化した図式であり，典型的な翅脈が描かれている．その中でも，中室 (D) の内部にある翅脈は後に萎縮し，事実上消失する．

Kuhn and von Engelhardt (1933) は，蛹期のスジコナマダラメイガに微小焼灼法を用いて一連の実験を行い，その前翅に中央部対称パターンがどのようにして生じるのかを理解しようとした．その結果の一部を図 3.15(a)–(c) に示す．これらは，「決定流」仮説，すなわち翅の前後端（図 3.13(b) の A および P）から発生する波によりパターンが形成されるという仮説と一致しているようである．この波の前線は，中央部対称パターンの縞が出現する場所と関係がある．別のガを対象とした Schwartz (1962) の研究も，中央部対称パターンを生み出す決定波の存在を確証している．では，この具体的パターン（および後で説明するその他のパターン）を生み出しうるメカニズム（これは蛹化のすぐ後に働くと考えられる）を構築し，その結果を実験と比較することにしよう．

仮定として，翅の前後端上の A および P に，モルフォゲン（濃度 S）の発生源があるとしよう．計算を簡単にするため（必要だからではない），図 3.13(c) に示すように，翅は中心角 θ の扇形のうち，半径 r_1 から r_2 の範囲であるとしよう．遺伝的に決定された（と仮定する）蛹期のある時期において，ある量のモルフォゲン S_0 が放出され，翅上を拡散するとしよう．翅の表裏には上皮層が存在し，その翅室と翅脈

3.3 チョウの翅に見られるパターン形成

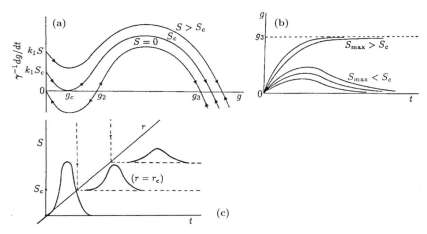

図 3.14 (a) 2つの安定定常状態をもつ ((3.12) のような) 典型的な動力学によってできる生化学的スイッチ機構．グラフは g に対する $\gamma_{-1}dg/dt$ を示している．k_1, k_2, k_3 は適切な値にし，いくつかの S に対してグラフを描いている．$S < S_c$ において2つの安定な定常状態をもち，$S > S_c$ において $g = g_3$ のような1つの安定な定常状態をもつように，臨界値 S_c を定義する．(b) S の様々なパルス ($S = 0$ から増大し，最大値 $S_{\max}$ をとり，再び $S = 0$ まで減少する) に対して，方程式 (3.12) の g の振舞いを，時間の関数として模式的に描く．長い時間が経過した後の最終的な g の値は，$S_{\max}$ が臨界閾値 $S_{th} (> S_c)$ を超える際に，$g = 0$ から $g = g_3$ へと不連続的に変化する．(c) モルフォゲン放出地点からの距離 r の関数として，モルフォゲン濃度 S に対する解 (3.16) を模式的に示す．

は，図 3.13(d) および (e) に描いたようになる．翅のパターンは表と裏で独立に決定される．拡散したモルフォゲンは，1次速度論に従って分解されるとしよう．拡散場は翅の表面であり，翅の端ではモルフォゲンについてゼロフラックス境界条件が成り立つ．よって，モルフォゲン濃度 $S(r, \theta, t)$ は方程式

$$\frac{\partial S}{\partial t} = D \left(\frac{\partial^2 S}{\partial r^2} + \frac{1}{r}\frac{\partial S}{\partial r} + \frac{1}{r^2}\frac{\partial^2 S}{\partial \theta^2} \right) - KS \tag{3.7}$$

に従う．$D\,(\mathrm{cm}^2/秒)$ は拡散係数，$K\,(秒^{-1})$ は分解速度定数である．

S が翅の表面を拡散すると，局所的なモルフォゲンレベルに細胞が反応し，遺伝子 G を活性化してその産物 g が作られるとする．遺伝子産物 g の動力学は，生化学的スイッチとして振舞うと仮定する．生物学的スイッチについては入門編第1章で，その詳細を同第6章 (特に演習問題3を参照) で議論した．図3.14(a) および (b) も参照されたい．これから示すように，このようなスイッチ機構の結果として，遺伝子産物レベルに永続的な変化が生じる．(同様な動力学をもつモデルとして，局所的なモルフォゲン濃度に依存して色素特異的酵素が活性化されるというメカニズムも考えられる．) 生化学的に妥当と思われるスイッチ機構は，現在いくつか存在する (例えば Edelstein (1972) を参照)．産物 g に対してどのようなスイッチ機構を用いるかということは，いまの時点では重要ではない．だが話を具体的にするため，標準的な3次関数様の式

$$\frac{dg}{dt} = K_1 S + \frac{K_2 g^2}{K_4 + g^2} - K_3 g \tag{3.8}$$

を用いる．K は正のパラメータである．g はモルフォゲン S に比例した活性化を受けるが，自らによって非線形な正のフィードバックを受け，自らの濃度に比例した速度で分解されるとする．$g(t; r, \theta)$ は位置の関数である．他の例を作るのも容易で，例えば3つの根をもつ3次多項式を式 (3.8) 最後の2項の代わりにしてもよい．

このモデルでは，図 3.13(c) のように形状を理想化した翅の境界 A および P において，モルフォゲン

S_0 が放出される．モルフォゲン S は領域

$$r_1 \leq r \leq r_2, \quad 0 \leq \theta \leq \theta_0 \tag{3.9}$$

において式 (3.7) をみたし，さらにゼロフラックス境界条件をみたす．S_0 は時刻 $t = 0$ において，$A(r = r_A, \theta = \theta_0)$ および $P(r = r_P, \theta = 0)$ からデルタ関数として放出される．最初は至る所 $S = 0$ である．また最初は遺伝子産物を 0 とする．すなわち $g(0; r, \theta) = 0$ である．したがって，適切な境界条件と初期条件は，

$$\begin{aligned}
&S(r, \theta; 0) = 0, \quad r_1 \leq r \leq r_2, \quad 0 < \theta < \theta_0, \\
&S(r_P, 0, t) = S_0 \delta(t), \quad S(r_A, \theta_0; t) = S_0 \delta(t), \\
&\frac{\partial S}{\partial r} = 0, \quad 0 \leq \theta \leq \theta_0, \quad r = r_1, \quad r = r_2, \\
&\frac{\partial S}{\partial r} = 0, \quad r_1 \leq r \leq r_2, \quad \theta = 0, \quad \theta = \theta_0, \\
&g(r, \theta; 0) = 0, \quad r_1 \leq r \leq r_2, \quad 0 \leq \theta \leq \theta_0
\end{aligned} \tag{3.10}$$

と表される．$\delta(t)$ はディラックのデルタ関数である．条件 (3.10) の下で，方程式 (3.7) と (3.8) によって S および g が全ての $t > 0$ において一意に定まる．

常にそうであるが，無次元量を導入して重要なパラメータを抜き出し，様々な項の相対的重要性を示すことは役に立つ．基準となる長さを L (cm)，翅の長さ（ここでは $r_2 - r_1$ が妥当）を a (cm) とおく．無次元量を以下のように導入する：

$$\begin{aligned}
&\gamma = \left(\frac{a}{L}\right)^2, \quad S^* = \frac{S}{S_0}, \quad r^* = \frac{r}{a}, \quad t^* = \frac{D}{a^2}t, \\
&k = \frac{KL^2}{D}, \quad k_1 = \frac{K_1 S_0 L^2}{D\sqrt{K_4}}, \quad k_2 = \frac{K_2 L^2}{D\sqrt{K_4}}, \quad k_3 = \frac{K_3 L^2}{D}, \quad g^* = \frac{g}{\sqrt{K_4}}.
\end{aligned} \tag{3.11}$$

するとモデル系 (3.7), (3.8) は，簡単のためにアスタリスク ($*$) を省略すると，

$$\begin{aligned}
&\frac{\partial S}{\partial t} = \frac{\partial^2 S}{\partial r^2} + \frac{1}{r}\frac{\partial S}{\partial r} + \frac{1}{r^2}\frac{\partial^2 S}{\partial \theta^2} - \gamma k S, \\
&\frac{dg}{dt} = \gamma \left(k_1 S + \frac{k_2 g^2}{1 + g^2} - k_3 g\right) = \gamma f(g; S)
\end{aligned} \tag{3.12}$$

と表される．最後の式により $f(g; S)$ を定義した．

スケールパラメータ γ を導入するのは，スケール変化を容易に行うためであることを前節の議論から思い出してほしい．いま考えているこの「規格化された」翅の長さが，$a = L$（すなわち $\gamma = 1$）であったとする．大きさがその 2 倍の翅は $a = 2L$ すなわち $\gamma = 4$ であるが，$\gamma = 1$ の場合と同じ大きさの図で表現できる（この性質を利用した図 3.6 を思い出してほしい）．

初期条件および境界条件 (3.10) を無次元量で表記したものは，

$$S(r, 0; 0) = \delta(r - r_P), \quad S(r, \theta_0; 0) = \delta(r - r_A) \tag{3.13}$$

であることを除けば，代数的に全く同じである．

(3.12) の第 2 式で表される，遺伝子産物の動力学の機構がもつスイッチ的かつ閾の性質は，g の関数として $\gamma^{-1} dg/dt$ のグラフを考えればわかる．様々な S と適当な k たちに対してこれを描くと，図 3.14(a) のようになる．

スイッチ機構をもつ動力学になるための，k の範囲を求めよう．まずは $f(g; 0)$ を考える．図 3.14 を参照されたい．$\gamma^{-1} dg/dt = f(g; 0)$ が 2 つの正の定常状態をもつことが必要とされる．したがって，

$$f(g; 0) = 0 \quad \Rightarrow \quad g = 0, \quad g_2, g_3 = \frac{k_2 \pm \sqrt{k_2^2 - 4k_3^2}}{2k_3} \tag{3.14}$$

より，g_2, g_3 が実数でなければならない．$k_2 > 2k_3$ であればこれは成り立つ．$S > 0$ の場合，曲線 $f(g; S)$ はただ上に移動するだけであり，S が十分に小さければ，3 つの定常状態が存在して，そのうち 2 つは安定である．g に対し $\gamma^{-1} dg/dt$ をプロットすると S 字形になるのは，スイッチ機構に特有である．

さて，$t = 0$ においてあらゆる場所で $g = 0$ であり，このときモルフォゲン S がパルス的に放出されたと考えよう．$S > 0$ であれば $dg/dt > 0$ であるから，S の拡散により各位置で遺伝子産物 g が産生される．その典型的な増大の様子を図 3.14(b) に示したが，これらの曲線は，与えられた各 S に対して定まる時刻 t の関数 g を表す．S が臨界閾値 S_{th} $(> S_c)$ に達しなければ，S および g は長い時間経てば再び 0 まで減少する．一方，S が S_c を十分な時間にわたり超えていれば，g は十分に増大し，g_3 に対応する局所的な定常状態に最終的に収束する．このように，$g = 0$ から $g = g_3$ へのスイッチが引き起こされる．S に閾値が存在することは直観的に明らかだが，さらに明らかなのは，図 3.14 に示すような閾値特性をもつ限りにおいて，(3.12) の第 2 式で表されている動力学の詳細な形は重要ではないということである．

(3.12) の第 1 式が表す（適当な境界条件および初期条件 (3.10) をもつ）S についての偏微分方程式は線形だが，これに対し実用的な形の解析解を求めるのは難しい．ただ，S の定性的な形としては，図 3.14(c) のように，各 r に対して異なる最大値をとることがわかる．また，与えられた $S(r, t)$ に対する g の解は，数値的に見つけなければならない．スイッチが起きる臨界閾値 S_{th} を解析的に求めるのも，容易なことではない．Kath and Murray (1986) は，動力学が非常に急速な場合のスイッチについて，この問題に対する特異摂動による解を与えている．後に，眼状紋の形成および翅脈依存パターンと呼ばれるものを考察するが，これらの問題に対しては近似的な解析結果を導出するつもりである．ただし中央部対称パターンに関しては，モデルに対する数値的シミュレーションに頼ることにする．

さて，式 (3.12) によって表されるメカニズム（最初に有限量のモルフォゲン S_0 が A および P から放出される）によって，遺伝子産物（あるいは色素特異的酵素）量の空間パターンがどのように形成されうるかを直観的に理解できる．パルス状に放出されたモルフォゲンは翅表面を拡散しながら分解されるが，この過程において遺伝子 G を活性化することで産物 g が作られる．ある領域において $S > S_{th}$ であった場合，g は $g = 0$ から十分に増大して，最終的に S が減少しても $g = 0$ には戻らずに g_3 へと向かう．式 (3.12) に従って g は増大するが，これは即座に起きるわけではない．したがって，臨界閾値 S_{th} は図 3.14(a) の S_c より大きい．拡散と遺伝子の転写という 2 つの過程を組み合わせることは，事実上，（遺伝子産物の産生に）時間的なずれを導入するということなのである．こうして，パルス状に放出されたモルフォゲンが波のように（図 3.14(c) を参照）拡散すると，0 でない値 (g_3) を g が永続的にとる領域が生み出される．そしてその境界をなす曲線から外側，すなわち S が十分に減少 ($S < S_{th}$) したところでは，g は g_3 まで増大し続けることなく $g = 0$ に戻る．このスイッチオン領域（活性化領域）を求めることが我々の関心である．Kath and Murray (1985) は，やはり急速に起きるスイッチについてこの問題に対する解を求めている．ではこのメカニズムを，いくつかの具体的なパターン要素に当てはめよう．

中央部対称パターン，スケールと幾何学的形状の効果，実験との比較

まず，中央部対称パターンにこのモデルをどのように当てはめられるかを考えよう．具体的には，Kuhn and von Engelhardt (1933) の実験に当てはめることを考える．図 3.13(c) に示したように，モルフォゲン S はその発生源 A および P から放出されると仮定する．モルフォゲンの「波」が翅に沿って進み，分解されていく．そして S が臨界閾値 S_{th} を下回ったところでは，上述したように，遺伝子活性化の動力学において，産物 g が 0 でない値 g_3 を永続的にとることはない．さて，2 つの定常状態に対応した遺伝子産物レベルの空間的境界，すなわち閾のフロント (threshold front) を，Kuhn and von Engelhardt (1933) の決定流フロント (determination front) と関連づけよう．最終的な色素分布を体現するのは細胞であり，これらの細胞は閾のフロントの近傍で異なる応答を示すものと考える．モルフォゲン濃度の明白

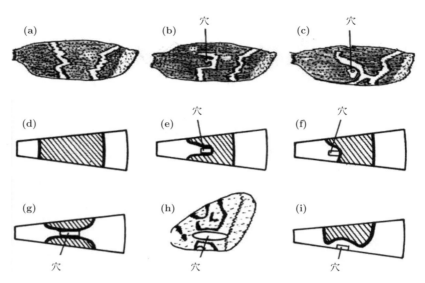

図 3.15 中央部対称パターンに対する焼灼の効果．(a)–(c) は，蛹化後第 1 日のスジコナマダラメイガに対する Kuhn and von Engelhardt (1933) の実験結果からとったものである．(a) 正常な翅，(b)，(c) 焼灼により穴を開けられた翅．(d) 正常な翅を理想化したモデル．「決定流」が翅前後端上の A および P にある発生源から出てくる．影の領域は遺伝子産物が存在する定常状態を表す．(e), (f), (g), (i) は焼灼に相当する穴を開けたモデルに対して計算で得られた解を示す．(h) 蛹化後第 1 日のマイマイガ前翅の cross-band に対して，焼灼を行った結果を示す (Henke (1943) より)．実際の実験結果と比較するために，モデルによるシミュレーション「実験」を行った．その対応は (a)–(d), (b)–(e), (c)–(f), (g)–(h) である．翅後端にあるモルフォゲン発生源を焼灼によって取り除いた場合，モデルにより予測されるパターンは (i) のようになる．(d)–(g) および (i) において，方程式 (3.12) を計算するのに用いたパラメータ値は以下の通りである．$k_1 = 1.0 = k_3$, $k_2 = 2.1$, $k = 0.1$, $\gamma = 160$, $r_1 = 1$, $r_2 = 3$, S の単位発生源の位置 $\theta = 0$ および $\theta = 0.25 \,(\mathrm{rad})$ (Murray (1981b) による)．

な境界において細胞が異なる応答を示すというアイデアは，Meinhardt (1986) によるショウジョウバエ (*Drosophila*) 胚の初期分節モデルにおいても示唆されている．

　我々は遺伝子産物 g の最終的な定常状態を求める必要がある．そのためには完全に非線形で，しかも時間・空間依存的な問題である (3.12)（ただし条件は (3.10) の無次元化版および (3.13)）を解く必要がある．以下に示す数値的な結果は有限差分スキームを用いて得たものである．変化しうる重要なパラメータは k たちと γ であるが，パターン形成メカニズムの定性的振舞い，そしてその際に幾何学的形状とスケールが果たす決定的な役割をまざまざと示すには，計算の全過程においてパラメータを選ばれた適切な値に固定するのが最もよい．その結果を図 3.15 から図 3.18 に示す．ただしパラメータの値を慎重に選ぶ必要はない．また，行ったシミュレーションの全てにおいて，翅の前後端の中央にある A および P から放出されたモルフォゲンの量は同じである．

　スジコナマダラメイガ (*Ephestia kuhniella*) を用いた実験をまず考察しよう．その翅は非常に小さく，小指の爪程度である．図 3.15(a) は典型的な模様のある正常な翅を描いたものだが，(b) および (c) は蛹期における微小焼灼の結果を示している (Kuhn and von Engelhardt 1933)．(d) は正常の翅を理想化したものである．影の領域は，モルフォゲンの決定波によって生み出された遺伝子産物の存在を表す．

　理想化された翅に対して熱焼灼に相当する穴が開けられたとき，その穴内部のモルフォゲン濃度は 0 であると仮定する．すなわち，穴の中に拡散したモルフォゲンは分解されると考えて，穴の境界において $S = 0$ と定める．実験で見られた幾何学的形状に対応する数値計算の結果を，図 3.15(e) および (f) に示す．これらはそれぞれ実験結果 (b) および (c) に対応している．(g) の例はより広い焼灼に対応する．(h)

3.3 チョウの翅に見られるパターン形成

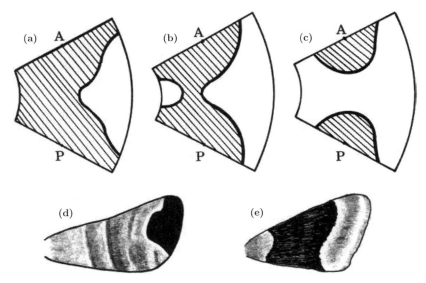

図 3.16 メカニズム (3.12) によって生じる空間パターンに対して，スケールが与える影響を示す．モルフォゲンは発生源である点 A と点 P から放出される．(a)–(c) で用いられているパラメータは図 3.15 と同様，$k_1 = 1.0 = k_3$, $k_2 = 2.1$, $k = 0.1$ であり，翅は $r_1 = 1$, $r_2 = 3$, $\theta = 1.0\,(\text{rad})$ で定まっている．各翅のサイズは次のように異なる：(a) $\gamma = 2$, (b) $\gamma = 6$, (c) $\gamma = 40$．$\gamma = \gamma_2 (> \gamma_1)$ の翅は，$\gamma = \gamma_1$ の翅に比べて $\sqrt{\gamma_2/\gamma_1}$ 倍だけ大きい．影のついた領域は遺伝子産物が産生された場所を表す．(d) *Psodos coracina* および (e) *Clostera curtula*．ガの翅によく見られるパターンの例として示した（Murray (1981b) による）．

は実際にそのような焼灼を行ったマイマイガ (*Lymantria dispar*) の翅である (Henke 1943)．(i) は，翅後端のモルフォゲン発生源を焼灼によって取り除く場合のパターンを，モデルにより予測した結果であるが，決定流の発生する場所を証明するための（この予測に対応するような）現実の実験は，行われていないようである．

さて，幾何学的形状とスケール（大きさ）のもたらす効果を考察しよう．このようなシンプルなモデルでありながら，様々なパターンが生み出されるということには大きな感銘を受ける．図 3.16(a)–(c) においては，式 (3.12) 中の速度論パラメータ k, k_1, k_2, k_3 の値を同じくしており，さらに幾何学的形状を固定した上で，**スケール**の違いが空間パターンにもたらす効果が示されている．これらは，定性的には直観から予想される通りである．上述したように，中央部対称パターンはガの翅において特によく見られる．図 3.16(d) および (e) はそのうち 2 つの例を示すにすぎない．それぞれ，*Psodos coracina* および *Clostera curtula* である．これらを図 3.16(a) および (b) と比較されたい．

幾何学的形状がもたらす効果もまた重要であり，モルフォゲンが翅の端の定点から放出される状況下で，そのような一般的効果を直観的に予測できる．そのパターンを図 3.17 に示すが，これらは扇形の中心角を変化させるだけで得られたものである．

適切な領域におけるこのモデル系の方程式の解を，実験で得られたものと比較した結果は素晴らしい．このモデルの解として，モルフォゲンが遺伝子産物 g に，零定常状態から非零定常状態へとスイッチを引き起こすような領域が生み出される．もし別の遺伝子産物に関してもこのような過程が存在し，しかもこれよりわずかに少ない量のモルフォゲン放出に対して活性化領域が定まるとすれば，（これら 2 つの遺伝子に対する応答により）分化した細胞からなる単一の鋭いバンド領域が形成されるのは明らかである．

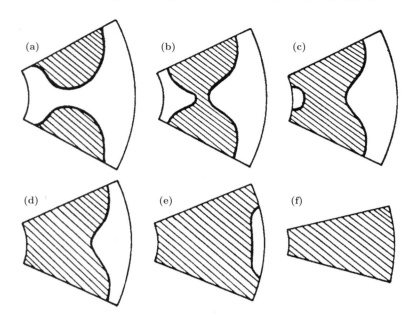

図 3.17 形状が空間パターンに与える影響はシンプルである．モデル (3.12) を用いており，モルフォゲンは図 3.16 の場合と同様に放出される．パラメータ k の値も同じであり，$r_1 = 1, r_2 = 3$ としている．スケールパラメータは $\gamma = 10$ に固定した．扇の中心角（ラジアン）を変えることによって形状を変化させている．(a) $\theta = 1.0$, (b) $\theta = 0.975$, (c) $\theta = 0.95$, (d) $\theta = 0.9$, (e) $\theta = 0.8$, (f) $\theta = 0.5$.

翅脈依存パターン

翅脈依存パターンを考えよう．この模様もまた非常によく見られ，色素沈着が翅脈の周辺に限られているものをいう．翅脈の位置に依存するので，この名前で呼ばれるのである．ここでは，モルフォゲンは翅室の境界である翅脈から放出されると考える．したがって，遺伝子産物 g が翅脈周辺で産生される．色素産生細胞によって作られるのはこのパターンである．翅室が（上で議論した例における翅のように）扇形でモデリングされると考えれば，モルフォゲンは（翅の外側端を除く）翅脈の境界に沿って放出されることになる．この場合，翅室が非常に長いために問題を 1 次元として扱えるならば，（与えられた S_{th} に対して）遺伝子産物の空間パターンに対する解析解を導くことが可能になる．

1 次元の問題を考え，ある量のモルフォゲンが $x = 0$ で放出されるとしよう．これを数学的に理想化すると，問題は次のように定義される：

$$\frac{\partial S}{\partial t} = \frac{\partial^2 S}{\partial x^2} - \gamma k S, \\ S(x, 0) = 0 \quad (x > 0), \quad S(0, t) = \delta(t), \quad S(\infty, t) = 0. \tag{3.15}$$

これに対する解は

$$S(x, t) = \frac{1}{2\sqrt{\pi t}} \exp\left(-\gamma k t - \frac{x^2}{4t}\right), \quad t > 0 \tag{3.16}$$

である．この解を定性的に描くと図 3.14(c) のようになる．ある与えられた x に対して，S の最大値 $S_{\max}$ は次のような時刻 t_m において与えられる：

$$\frac{\partial S}{\partial t} = 0 \quad \Rightarrow \quad t_m = \frac{-1 + \sqrt{1 + 4\gamma k x^2}}{4\gamma k}. \tag{3.17}$$

3.3 チョウの翅に見られるパターン形成

これを式 (3.16) に代入して

$$S_{\max}(x) = \left[\frac{\gamma k}{\pi(z-1)}\right]^{1/2} \exp\left(-\frac{z}{2}\right), \quad z = \sqrt{1+4\gamma k x^2} \tag{3.18}$$

を得る．さて，機構 (3.12) により，$S_{\max} = S_{\text{th}}$ のレベルにおいて，図 3.14(a) に示す $g=0$ から $g=g_3$ へのスイッチが引き起こされる．式 (3.18) に代入することで，$g=g_3$ となるような翅脈 ($x=0$) からの距離 x_{th}（ゆえに我々のモデルでは，色素沈着領域）を計算できる．したがって，x_{th} は

$$S_{\text{th}} = \left[\frac{\gamma k}{\pi(z_{\text{th}}-1)}\right]^{1/2} \exp\left(-\frac{z_{\text{th}}}{2}\right), \quad x_{\text{th}} = \sqrt{\frac{z_{\text{th}}^2 - 1}{4\gamma k}} \tag{3.19}$$

の解である．x_{th} に関するこの方程式は，

$$z_{\text{th}} + \ln\left[\frac{S_{\text{th}}^2 \pi(z_{\text{th}}-1)}{\gamma k}\right] = 0, \quad x_{\text{th}} = \sqrt{\frac{z_{\text{th}}^2 - 1}{4\gamma k}} \tag{3.20}$$

とも書ける．次元量で表すために式 (3.11) を用いれば，臨界距離 x_{th} (cm) はモルフォゲンパルスの強さ S_0，拡散係数 D (cm^2/秒) および速度定数 K (秒$^{-1}$) により表される．一方，式 (3.12) における速度論パラメータは，臨界閾値 S_{th} の決定に影響する．遺伝子活性化の動力学がきわめて急速な場合に S_{th} を解析的に推定する問題は，Kath and Murray (1986) で扱われている．これは非自明な特異摂動問題である．

さて，翅脈依存パターンを考察しよう．これは，ここまで議論してきたメカニズムを，理想化された形状をもつ領域上で考えることにより生み出される．その領域の境界（翅脈）からは，与えられた量のモルフォゲンがパルス状に放出されるとする．図 3.18 を参照されたい．以上の解析より，遺伝子産物 g の量が 0 でない帯状の領域は，翅脈の両側に現れると予想される．中央部対称パターンと同様，モデルのパラメータを与えた場合，最終的に生じるパターンを決定する上では，幾何学的形状とスケールが重要な役割を果たしていると期待される．したがって，解の定性的な振舞いを直観的に予測できる．

では，モデルメカニズム (3.12) を理想化された翅室に適用する．その境界（翅脈）では，単位長さあたり ρ のモルフォゲンが放出されるとする（図 3.13(a) も参照されたい）．図 3.16 や図 3.17 のときと同じパラメータ値で，やはり同じように有限差分スキームを用いて方程式 (3.12) を数値的に解いた．ただしモルフォゲンが放出された後は，翅脈を表す 3 本の境界に沿ってゼロフラックス条件を仮定した．図 3.18(a) および (d) は計算で得られた解を示す．それぞれの結果として翅全体で生じるおおよそのパターンを，(b) および (e) に示す．生じるパターンの決定に翅室の形状が果たす役割は，予想される通りである．図 3.18(c) および (f) には具体例として，それぞれ典型的なサビモンキシタアゲハ (*Troides hypolitus*) およびヘリブトキシタアゲハ (*Troides haliphron*) の前翅を示す．アゲハチョウ科においてこのような翅脈依存パターンはよく見られる．

さて，次にスケールの効果を考えよう．図 3.19(a) および (b) によってそれが直接的に示されている．ただし，翅脈を近似的に平行であるとみなしている．図 3.19(c) および (d) には例としてそれぞれブルキシタアゲハ (*Troides prattorum*) および *Iterus zalmoxis* の前翅を示す．翅脈から色素パターンが広がる距離は，パラメータと放出されるモルフォゲン量に非線形的に依存する．これらの値が固定されれば，この幅はスケールに依存しない．すなわち，このメカニズムの示すところでは，翅室内の色素沈着領域の幅は翅脈の大きさに依存して変化する．このことは Schwanwitsch (1924) の観察と一致するものであるし，図 3.19 の結果も例証になっている．

これらの結果は Schwanwitsch (1924) によるタテハチョウ科およびその他の科に対する観察ともつじつまの合うものである．翅室内の縞（我々のモデルでは，翅脈に挟まれた $g=0$ となる領域）の幅には種依存性が見られるが，翅脈に沿って見られる色素沈着領域の幅は種によらず同じであるということに，彼は気づいている．いくつかの種では中室（図 3.13(a) の D）にパターンが見られるが，これは後に萎縮し

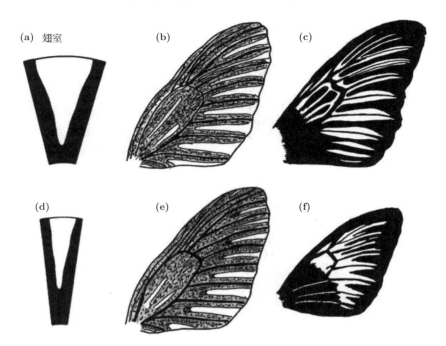

図 3.18 翅脈依存パターンを示す．(a), (d) メカニズム (3.12) に対する数値解．パラメータ値は以下の通りである：$k = 0.1$, $k_1 = 1.0 = k_3$, $k_2 = 2.1$, $\gamma = 250$，前後の翅脈で生じるモルフォゲンの強さは単位長あたり ρ とし，(a) $\rho = 0.075$，(b) $\rho = 0.015$，また横切る翅脈の上では $\rho = 0$ とした．(b), (e) (a) および (d) の翅室パターンを図 3.13(a) の一般化された前翅に適用した場合に予想されるパターン（模式図）．影付きの領域は遺伝子産物 g が産生されていることを示す．(c), (f) アゲハチョウ科の前翅に見られる翅脈依存パターン：(c) *Troides hypolitus*, (f) *Troides haliphron*.

てしまった翅脈の存在を反映している．図 3.18(c) や，メスのブルキシタアゲハの前翅（図 3.19(c)）を参照されたい．

眼状紋

　眼状紋はきわめて一般的なパターンである．例えば図 3.12(a) を参照されたい．Brakefield and French (1995, その中の参照文献も参照) は，眼状紋の発生に対する表皮性の損傷への応答を研究した．Carroll et al. (1994) は，何らかの勾配によって遺伝子発現が制御され，それによってチョウの翅における眼状紋が決定されることを示唆している．Nijhout (1980b) はアメリカタテハモドキ（*Precis coenia*）に対して移植実験を行った．彼は初期の眼状紋を，正常では眼状紋が形成されない別の位置に移動させた．その結果，新たなその位置において眼状紋が形成された．この実験から，モルフォゲンの発生源が眼状紋の中心におそらく存在し，そこから外に向かって拡散したモルフォゲンが細胞を活性化することで，観察されるような円形パターンを生じさせるのだろうと考えられる．それゆえ，上述したメカニズムをこれらの実験結果に当てはめられるかどうかを調べるのは理にかなったことだと思われる．

　眼状紋の中心において，中央部対称パターンのときと全く同じように，モルフォゲンがパルス状に放出されると仮定する．数学的問題としてこれを理想化すれば，モルフォゲンについての (3.12) 第 1 式を軸対称な極座標系で表すことになり，その初期条件および境界条件は (3.10), (3.13) から与えられる．すな

3.3 チョウの翅に見られるパターン形成

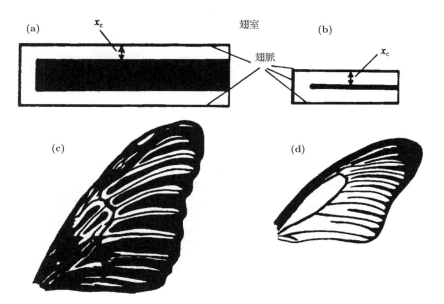

図 3.19 (a), (b) 理想化された翅室．スイッチオン領域については解析解 (3.20) に基づいている．スケールの効果は一目瞭然である．パターン（この場合は白い領域）の幅は，パラメータ値が決まれば一定となる．(c), (d) アゲハチョウ科の翅脈依存パターンの例：(c) *Troides prattorum*, (d) *Iterus zalmoxis*.

わち，

$$\frac{\partial S}{\partial t} = \frac{\partial^2 S}{\partial r^2} + r^{-1}\frac{\partial S}{\partial r} - \gamma k S,$$
$$S(r,0) = 0 \ (r > 0), \quad S(0,t) = \delta(t), \quad S(\infty, t) = 0 \tag{3.21}$$

と表される．その解は

$$S(r,t) = \frac{1}{4\pi t}\exp\left(-\gamma kt - \frac{r^2}{4t}\right), \quad t > 0 \tag{3.22}$$

となる．これは図 3.14(c) の関数と似た形をしている．

前と同じように，図 3.14(a) における $g = 0$ から $g = g_3$ への遷移を引き起こす臨界閾値 $S_{\rm th}(> S_{\rm c})$ が与えられれば，遺伝子活性化領域の大きさを計算できる．式 (3.20) を得るために用いたのと全く同じ方法で，r が与えられたときの式 (3.22) における S の最大値 $S_{\rm max}$ が，

$$S_{\rm max} = \frac{\gamma k}{2\pi(z-1)}e^{-z}, \quad z = \sqrt{1 + \gamma k r^2}$$

と得られる．したがって活性化領域の半径 $r_{\rm th}$ は，この式において $S_{\rm max} = S_{\rm th}$ として，

$$z_{\rm th} + \ln\left[\frac{2\pi(z_{\rm th}-1)S_{\rm th}}{\gamma k}\right] = 0, \quad z_{\rm th} = \sqrt{1 + \gamma k r_{\rm th}^2} \tag{3.23}$$

によって与えられる．

眼状紋の多くには，同心円状の複数の色素沈着領域が見られる．いま考えている眼状紋の状況にふさわしい条件の下で系 (3.12) を解いた際に，パターンがどのようになるかは，これまでの経験でわかる．このメカニズムが 2 回働き，そのときに放出されるモルフォゲンの量がわずかに異なるとすれば，重複する 2 つの領域が別々に得られるだろう．そのような場合の数値計算結果を，図 3.20(a) に示す．(b) は遠位の

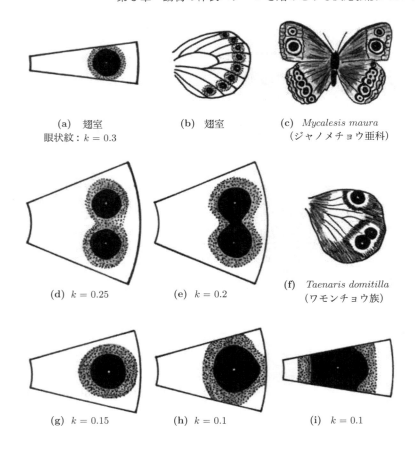

図 3.20 (a) 翅室においてモルフォゲンが 2 回放出され，それぞれに別の遺伝子産物が応答することで生み出された眼状紋．パラメータ値は同じだが，黒い領域は影のついた領域よりも拡散したモルフォゲンの量が少ない．$k = 0.3$ だが，その他 k_1, k_2, k_3 は図 3.12〜3.16 と同じである．(b) 各翅室に眼状紋が存在した場合，翅全体のパターンの予測はこのようになる．(c) はその典型的な実例 (*Mycalesis maura*)．(d) および (e) は 2 つの場合の k について融合した眼状紋を示しており，(f) はその実例である (*Taenaris domitilla*)．(g)–(i) は形状の違いがもたらす効果を示している．

各翅室に眼状紋があった場合に予測されるパターンである．この予測と似たパターンを示す具体的なチョウの例を図 3.20(c) に示す．

本節で提案したシンプルなモデルにより，鱗翅目に見られる主なパターン要素を生み出せることは明らかである．ただしこのことは，本書において何度も繰り返し述べるように，こうしたメカニズムが必ず起きていると主張するには十分でない．とはいえ，実験との比較によるこれらの証拠は，拡散に基づくモデルを示唆している．第 2 章で詳細に議論した内容からも想像されるように，このようなパターンは，拡散誘導によるパターン形成が可能な反応拡散系に，適当に手を加えることにより生み出すこともできる．本節で論じたモデルメカニズムが現実に起きているとするならば，パラメータ値を評価し，さらには制御された実験的状況下においてそれらの変化をみることが必要になる．そこで，Nijhout (1980a) の実験結果に，このモデルが定量的にどのように当てはまるのかを考えよう．彼は，拡大していく眼状紋の直径を時刻の関数として測定した．その結果が図 3.21 に示されている．

この実験に，モデルの解析結果を結びつけることにしよう．$S(r, t)$ に対する解は (3.22) で与えられている．$S = S_{\text{th}}$ となるような r の値を求めたい．これを R と表すが，それは時刻 t の関数である．式

3.3 チョウの翅に見られるパターン形成

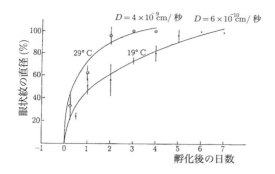

図 3.21 アメリカタテハモドキ (*Precis coenia*) の眼状紋の直径の増加を，蛹化後の時間の関数として示す．実験は Nijhout (1980a) により異なる 2 つの温度，29°C および 19°C で行われた．連続的な曲線は，(シンプルなモルフォゲン拡散モデル (3.21) から得られる) 解析的表示 (3.25) を最適にフィッティングさせたものである．

(3.22) で $S = S_{\text{th}}$ とすることで，

$$S_{\text{th}} = \frac{1}{4\pi t} \exp\left[-\gamma k t - \frac{R^2}{4t}\right], \quad t > 0$$

を得る．これにより R は

$$R^2(t) = -4t\left(\gamma k t + \ln[4\pi t S_{\text{th}}]\right) \tag{3.24}$$

と求まる．実験結果と比較するには，次元量の直径 $d(=2R)$ が必要となる．無次元化 (3.11) で用いた基準長さと同じ直径 L をもつ眼状紋を，実験のコントロールとみなす．眼状紋が正常な大きさとなることに関心があるので，これは $a = L$，すなわち $\gamma = 1$ とすればよいことを意味する．時間変化する直径 $d(t)$ は $2R(t)$ であり，ゆえに，これに R を表す式 (3.24) および無次元化の式 (3.11) を用いれば，

$$\begin{aligned} d^2(t) &= -16Dt\left(Kt + \ln\left[\frac{4\pi S_{\text{th}} tD}{S_0 a^2}\right]\right) \\ &= -16Dt(Kt + \ln t + C) \end{aligned} \tag{3.25}$$

を得る．$C = \ln\left[4\pi S_{\text{th}} D/(S_0 a^2)\right]$ は単なる定数であり，$D\,(\text{cm}^2/\text{秒})$ および $t\,(\text{秒})$ は次元量である．式 (3.25) より，

$$t \to 0 \quad \text{のとき} \quad d(t) \sim O\left([t \ln t]^{1/2}\right) \tag{3.26}$$

であることに注意されたい．翅脈依存パターンに対する遺伝子活性化領域を (具体的には (3.20) として) 求めたときと同様にして，眼状紋の直径の最大値 d_m を得ることができる．すなわちそれは，

$$z + \ln\left(\frac{z-1}{2K}\right) + C = 0, \quad z = \left(1 + \frac{Kd_m^2}{4D}\right)^{1/2} \tag{3.27}$$

によって与えられる．

式 (3.25) と図 3.21 に示す実験で得たデータ点を用いれば，最適にフィッティングさせることによって D, K, C を求めることができる．モルフォゲンの正体がわからない以上，実験条件の操作によって，分解定数 K がどのように変化するのかを予測するのは難しい．一方，拡散係数が温度とともにどのように変化するのかについては手がかりがある．よって，拡散係数 D についてはその値を導くことができ，ひとまず利用可能である．図 3.21 の実験結果およびその (3.25) による最適なフィッティングから，パラメータ値について 29°C では $D = 4 \times 10^{-9}\,\text{cm}^2/\text{秒}$，19°C では $D = 6 \times 10^{-10}\,\text{cm}^2/\text{秒}$ を得た．まだ同定されていないモルフォゲンの拡散係数を独立に測定することはできないが，これらの値のオーダーや，D の温度依存的な変化は，不合理なものではない．

式 (3.25) から，眼状紋の拡大速度 $v(t) = dd(t)/dt$ を得る：

$$v(t) = -2D \frac{(Kt + \ln t + C) + t(K + t^{-1})}{\sqrt{-Dt(Kt + \ln t + C)}}. \tag{3.28}$$

これにより

$$t \to 0 \quad \text{のとき} \quad v(t) \sim 2\left(-D\frac{\ln t}{t}\right)^{1/2} \tag{3.29}$$

が導かれる．Nijhout (1980a) の発見したところでは，波の速度の平均値は 29°C において 0.27 mm/日，19°C において 0.12 mm/日 であった．最適なフィッティングにより得た上記のパラメータ値を用いれば，波の速度は（時刻 t の関数として）式 (3.28) により与えられる．また，初期の増大がいかに速いかということも，式 (3.29) によって示される．上で導いた拡散係数の評価を用いて，29°C と 19°C の波の初期速度の比は式 (3.29) より $(D_{29°}/D_{19°})^{1/2} = (4 \times 10^{-9}/6 \times 10^{-10})^{1/2} \approx 2.58$ となる．これは実験的に得られた波の速度の平均値に対する比 $0.27/0.12 = 2.25$ にとても近い．この結果も，拡散により制御されるこのようなパターン形成メカニズムに対する証拠となる[*4]．

動物の色調パターンに温度が影響することは知られている．季節による体色の変化はその1つの例にすぎない．Etchberger et al. (1993) は，カメ（具体的にはミシシッピアカウミガメ (*Trachemys scripta elegans*)）の色素沈着に温度，二酸化炭素，酸素，産卵期が及ぼす影響を研究した．彼らは定量的な結果を得ており，例えば，孵化するときのパターンには二酸化炭素レベルが温度よりも大きな影響をもつことを示した．これらは発生の経過に対する効果ではなく，実際のパターン形成メカニズムに対する効果であると彼らは主張している．この問題に関しては，興味深いモデリングをする機が熟していると思われる．

本節で論じたようなメカニズムが現実に起きているとすれば，パターン形成における拡散場の面積は数mmのオーダーであるということになる．これは，他の胚発生の事例で発見されているものよりもずっと大きい値である．このメカニズムが実際には起きないと考えられてしまう理由の1つとして，拡散を介するパターン形成は，その距離がミリメートルを超えるようであれば，一般的に時間がかかりすぎてしまうだろうということがある．この間に成長および発生が十分に進んでしまうから，パターン形成はきわめて失敗しやすいということになる．しかし，蛹の翅の場合は状況が異なる．翅のスケールと幾何学的形状はほとんど変化しないので，パターン形成に何日間もかけることができるのである．前章までで知ったことを踏まえれば，そのような元の心配すらもはや妥当ではない．というのも，反応拡散メカニズムを取り入れることによって，複雑なパターンが形成できるだけでなく，生化学的な情報をただの拡散に比べてずっと速く伝達できるからである．眼状紋に関係する最後の論点としては，眼状紋の中心を配置することは反応拡散モデルによって容易に達成できるし，モルフォゲンの放出は翅の上を伝わる波や，神経の活性化，遺伝子スイッチにより容易に引き起こせる．神経のモデルについては第 12 章で論じる．

複数のメカニズムが——おそらく異なる発生段階において——独立に働く結果として多様なパターンが生じているという可能性は非常に高い (Schwanwitsch (1924), Suffert (1927))．モデリングの第一歩として，関与しているメカニズムの個数が，見られる色素の種類の数に等しいという仮定は筋が通っている．タテハチョウの一種であるアメリカタテハモドキの場合，4 種類の異なる色素が存在する (Nijhout 1980b)．

Suffert (1927) の基本プランに示されているような（実在する様々な数多くのパターンと比べた場合の）パターン要素の少なさを考えると，ここで議論したような妥当性の高い生化学的拡散モデルでパターン形成を説明できる可能性の範囲を，さらに探究するのは価値があることにも思われる．一方，図 3.22 に示

[*4] 一般的に，温度は翅のパターンに大きな影響を及ぼす．オックスフォードの近くに住んでいたあるアマチュアの昆虫学者が，森の中で見つけたチョウの蛹を定期的に羽化させていた．彼は，低温ショック（蛹を様々な期間にわたって冷蔵庫の中に置いたにすぎないが）を与えた後の翅のパターンに興味があったのだが，その結果起きる現象について驚くべき事実を得た．数年前の5月，ごく短い気まぐれな降雪の翌朝，彼は地面に蛹を見つけたのだが，その蛹の下面には雪が接していなかった．それ（ヒョウモンチョウ）を羽化させたところ，その翅のパターンは一方の側では正常で，もう一方の側ではきわめて不規則だった．ロンドンで開かれたアマチュア昆虫学者の会議でこのチョウを発表したところ，彼はそこでの反応に驚いた．聴衆が魅了されるだろうという予想とは裏腹に，皆から怒りをもって迎えられた．そのような（特殊な）例をものにすることなど彼らにはできないというのがその理由であった．

3.4 アセタブラリア属における輪生パターンのモデリング

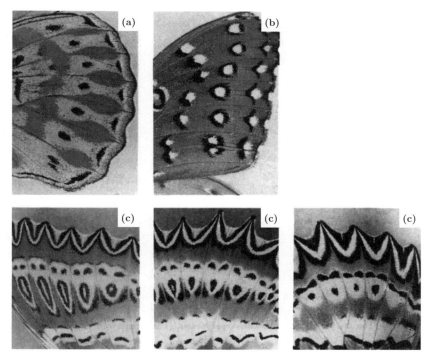

図 3.22 まだモデリングされていないチョウの翅のパターンを写真で示す．(a) ウスムラサキタテハ (*Crenidomimas concordiae*), (b) ホシボシタテハ (*Hamanumida daedalus*), (c) ハレギチョウ属 (*Cethosia*) の例を3つ示す．左側で縦に伸びている形が右側では平たくなっているという点で，これら3つのパターンは位相幾何学的にみると類似していることに注目されたい（H. F. Nijhout 教授の提供）．

すのは，そのような反応拡散メカニズムによって作り出すことができていない，ずっと複雑な翅のパターンの例である．このようなパターンに対しては，拡散に異方性（すなわち，拡散が方向依存的である）を導入することにより，図 3.12(b) および図 3.22 に示す矢じり型パターンのような，さらに多くのパターンを生み出すことが可能である（第2章の演習問題10を参照）．

パターン形成に関する問題を裏返しにして，こう尋ねるべきなのかもしれない．「このようなシンプルなメカニズムでは，どのようなパターンを生み出すことができないのだろうか？」魚類やヘビのパターンはこの範疇に入る．次章ではそれらの一部を議論し，これを十分に生み出せるようなモデルの修正についても論じる．チョウの翅のパターンは，パターン形成の問題において特に適した研究対象であるように思われる．というのも，翅のパターンは発生のかなり遅い時期に発達するように思われるし，興味深い移植実験 (Nijhout 1980a) や焼灼によるパターン誘導 (Nijhout 1985b)，温度ショックによるパターン変化（例えば Nijhout (1984) を参照）が実現可能だからである．

3.4 アセタブラリア属における輪生パターンのモデリング

緑色海藻 (green marine alga) に分類されるアセタブラリア属 (*Acetabularia*) は巨大な単細胞生物であり（図 3.23 の美しい写真を見ていただきたい），海洋の食物連鎖の一部をなす魅力的な植物である (Bonotto 1985)．その特徴のうちで我々の関心をとりわけ引くのは，その非常に効率的な自己再生能力であり，これを利用すれば，研究の際にその成長を制御することが可能である．アセタブラリア属をテーマとして，いくつかの会議が開かれている．例えば，Bonotto et al. (1985) 編の論文集を参照されたい．本

図 3.23 カサノリ (*Acetabularia ryukyuensis*) (写真は I. Shihira-Ishikawa 博士の厚意による).

節では Goodwin et al. (1985) により提案されたモデルを説明する．このモデルは，再生する頂部で輪生体をなす毛状枝の周期的配列を制御するメカニズムに対するものである．このメカニズムの解析的，定量的帰結を裏付ける実験的証拠が得られており，さらに重要なことには，毛状枝の開始が（発生過程において捕えがたいモルフォゲンの 1 つかもしれない）カルシウムイオンによって制御されるということまでも示唆している．より完全な生物学的詳細は Goodwin et al. (1984) によって与えられている．

アセタブラリア属は，4〜5 cm 程度の細い茎とその頂点にある直径約 1 cm の傘状部からなる．図 3.24(a) を参照されたい．茎は薄い円筒状をした細胞質の殻である．これを切断した際に，カルシウムイオン (Ca^{2+}) が輪生毛状枝の周期的分布，そして最終的には傘状部の再生に決定的な役割を果たす．模式図 3.24(b)–(d) に示したように，再生の途中には様々な段階がある．切断後にはまず茎が延長し，次にその頂部が平坦化し，そして輪生体が形成される．別の輪生体形成に伴って，茎はさらに延長しうる．図 3.24(e) は成長領域における茎の切断面の模式図であり，我々のモデルで考える空間領域でもある．

これから構成するモデルとそのメカニズムは，輪生毛状枝が周期的に分布するための目印となるような空間パターンに関するものである．実験 (Goodwin et al. (1984) を参照) の示すところでは，媒質中の Ca^{2+} 濃度には輪生体形成が起きるような明確な範囲が存在する．図 3.25 にその実験結果を示す．媒質の Ca^{2+} 濃度が約 2 mM 以下，あるいは約 60 mM 以上では，輪生体は形成されない．人工海水に含まれる Ca^{2+} 濃度の基準値は 10 mM である．約 5 mM では，輪生体は 1 つだけ作られ，その後傘状部が形成される．

実験結果が示唆するところによると，媒質に含まれるカルシウムイオンが茎の外壁から流入する速度が，茎の成長の決定や輪生体の形成開始に深く関与している．アセタブラリア属において，カルシウムイオンがモルフォゲンの正体として挙げられている理由はこれである．カルシウムイオンが本当にモルフォゲンであれば，それは毛状枝の分布の決定において，すなわちそれら毛状枝の間隔の平均，いわば毛状枝波長の決定において，何らかの役割を果たしているはずである．これに関して行われた実験は，媒質の Ca^{2+} 濃度が毛状枝波長に与える効果を調べるものであった．図 3.28，さらには図 3.25 も参照されたい．以下で議論するモデルメカニズムの解析によっても，このスペーシング仮説 (the spacing hypothesis) は裏付けられる．

反応拡散メカニズムが関与しているという証拠の一部について考察してみよう．チューリング型の反応拡散系によって作られる空間的構造の個数はスケール不変ではないという，第 2 章の内容を思い出していただきたい．例えば，1 次元領域において，モルフォゲン濃度に複数の波（山と谷）が現れているとしよう．パラメータを固定する限り，大きさが 2 倍の領域においては，作られる波の個数はその 2 倍である．第 2 章で論じたような類の反応拡散モデルがもつ空間的性質として，これは本質的な特徴であった．ここで，Pate and Othmer (1984) により提案された，パターン形成に関してスケール不変であるような反応拡散モデルが存在することを注意しておくべきかもしれない．スケール不変性にまつわるこの問題は，例

3.4 アセタブラリア属における輪生パターンのモデリング

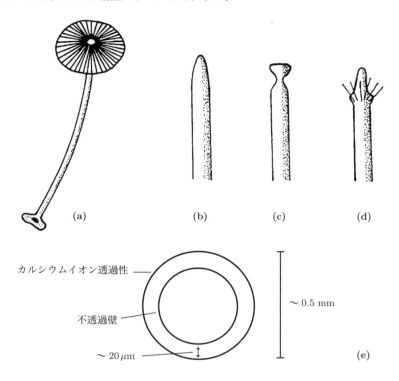

図 3.24 (a) 成体のアセタブラリア属．(b)–(d) 輪生体の成長における諸段階：(b) 茎の延長，(c) 頂部の平坦化，(d) 輪生体の形成．(e) 茎成長部の横断面．典型的な寸法に注意されたい．

えば Hunding and Sørensen (1988) も取り上げている．パラメータを適当に変化させれば，いかなるモデルでもスケール変化に整合させることが可能である．

輪生体をなす毛状枝の総本数は，5〜35 本と様々である．同一の条件下で育てられたものについては，その毛状枝間隔 w がほとんど一定となること，すなわち，毛状枝の本数は茎の半径に比例するということが，実験によって示されている．したがってそのメカニズムは，この植物本体の大きさには関係なく，毛状枝の間隔を制御しているのである．スケールとパターンの数との間に成り立つこのような関係は，反応拡散系について前章で我々が証明したような性質の 1 つである．実をいうと，空間変数を類似の仕方で含む他のパターン形成メカニズムについても，この性質は成り立つ．（こうした他のメカニズムは，後に第 6 章でメカノケミカルパターン発生機構という全く別の例を論じる際に出てくる．）したがってこのような性質は，決定的証拠というわけでは全くない．

Harrison et al. (1981) が示したところによると，毛状枝の間隔 w は，環境の温度 T に依存し，その関係は $\ln w \propto 1/T$ である．このアレニウス型の温度依存性は，反応速度論的な要因を示唆し，やはり反応拡散理論との結びつきをみてとれる．言い換えれば，毛状枝間隔は速度論パラメータに依存する．

いまから作り上げるモデルは，（カルシウムイオンであることが同定されている）モルフォゲンの空間的分布を生み出すためのものであるが，この分布が輪生毛状枝の空間的分布に反映されるわけである．毛状枝の発生は，2 つの成分 u, v の全反応に支配されているとしよう．v は Ca^{2+} 濃度，u は未知のモルフォゲンであるとする．考える空間領域は，図 3.24(e) に描くような茎の環状横断面である．いかなる具体的な速度論についても，それが今回の反応拡散系に含まれているという証拠は十分に得られていない．そこで，最も単純な 2 種系メカニズムであり，入門編第 7 章で詳細に調べた Schnakenberg (1979) の系，

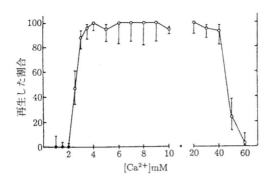

図 3.25 周囲媒質のカルシウムイオン濃度が茎切断後の輪生体形成に与える影響を示す．再生の起きるカルシウムイオン濃度の範囲には上限と下限が存在することに注意されたい（Goodwin et al. (1984) より）．

特にその無次元版 (2.10) を選ぼう．それは

$$u_t = \gamma(a - u + vu^2) + \nabla^2 u = \gamma f(u,v) + \nabla^2 u, \tag{3.30}$$

$$v_t = \gamma(b - vu^2) + d\nabla^2 v = \gamma g(u,v) + d\nabla^2 v \tag{3.31}$$

である．$f(u,v), g(u,v)$ はこの式によって定義される．また a, b, γ, d は正のパラメータである．環状領域においては，u および v は r, θ, t の関数となり，この領域は

$$R_i \leq r \leq R_0, \quad 0 \leq \theta < 2\pi \tag{3.32}$$

と定義される．R_i および R_0 はそれぞれ領域の内径と外径を表す無次元量である．ラプラス作用素については

$$\nabla^2 = \frac{\partial^2}{\partial r^2} + \frac{1}{r}\frac{\partial}{\partial r} + \frac{1}{r^2}\frac{\partial^2}{\partial \theta^2} \tag{3.33}$$

である．そしてここでは，スケールパラメータ γ が R_i^2 に比例する．

ここでさらなる無次元化を導入し，既に無次元の変数 r を

$$r^* = \frac{r}{R_i}, \quad \delta = \frac{R_0}{R_i}, \quad R^2 = R_i^2 \gamma \tag{3.34}$$

のように再定義する．表記を簡単にするためにアスタリスク (*) を省略すれば，系 (3.30)–(3.32) は

$$u_t = R^2(a - u + vu^2) + \frac{\partial^2 u}{\partial r^2} + \frac{1}{r}\frac{\partial u}{\partial r} + \frac{1}{r^2}\frac{\partial^2 u}{\partial \theta^2} \tag{3.35}$$

$$v_t = R^2(b - vu^2) + d\left(\frac{\partial^2 v}{\partial r^2} + \frac{1}{r}\frac{\partial v}{\partial r} + \frac{1}{r^2}\frac{\partial^2 v}{\partial \theta^2}\right) \tag{3.36}$$

と表され，反応拡散領域は

$$1 \leq r \leq \delta, \quad 0 \leq \theta < 2\pi \tag{3.37}$$

のように与えられる．

生物学的に茎の内壁はカルシウムイオンに透過性をもたないので，u および v 両方に対して $r = 1$ におけるゼロフラックス条件を仮定する．カルシウムイオンは，正味で環状領域に流入している．しかし，カルシウムイオンの細胞内濃度は $O(10^{-4}\,\text{mM})$ のオーダであり，一方細胞外濃度は 1〜100 mM である．よってカルシウムイオンの流入量は，細胞内カルシウムイオン濃度とは本質的に独立である．環状領域の占める面積に関する計算から，δ の値はおよそ 1.05 から 1.1 の間にあることがわかる．これは，幾何学的形状としては 1 次元に近似してもよいほど，この領域が薄いことを意味する．よって，カルシウムイオンの流入量は，v の方程式 (3.36) 中の湧き出し項 b によって反映させることができる．そうすれば，外側の境界 $r = \delta$ においても，$r = 1$ と同様にゼロフラックス条件を課すことができる．こうして，我々が関心を抱く系 (3.35), (3.36) は領域 (3.37) をもち，その境界条件は

$$r = 1, \delta \quad \text{のとき} \quad u_r = v_r = 0 \tag{3.38}$$

3.4 アセタブラリア属における輪生パターンのモデリング

で与えられる．

このような反応拡散メカニズムにより生成される拡散誘導性の空間パターンを前章では詳細に論じ，パラメータがみたすべき様々な条件を得た．今回は解析の概略を与えるにとどめるが，その原則は同じである．系 (3.35), (3.36) について，一様定常状態 (u_0, v_0) 周りの小さな摂動を考える．ここで定常状態は

$$u_0 = a + b, \quad v_0 = \frac{b}{(a+b)^2} \tag{3.39}$$

で与えられ，摂動は

$$\boldsymbol{w} = \begin{pmatrix} u - u_0 \\ v - v_0 \end{pmatrix} \propto e^{\lambda t} \psi(r, \theta) \tag{3.40}$$

とおける．ここで，$\psi(r,\theta)$ はゼロフラックス境界条件 (3.38) をみたすような，環状領域 (3.37) 上のラプラス作用素に対する固有関数である．すなわちこれは，

$$\nabla^2 \psi + k^2 \psi = 0 \quad \text{かつ}, \quad r = 1, \delta \quad \text{において} \quad (\boldsymbol{n} \cdot \nabla)\psi = 0 \tag{3.41}$$

をみたす．上式が成り立つような k，すなわち波数固有値を求める必要があるが，第 2 章と同じく，$\mathrm{Re}\,\lambda(k^2) > 0$ をみたすような k に興味がある．今回の場合と前章との違いは，この固有値問題に対して必要な解析が異なるということだけである．

固有値問題

環状領域すなわちアセタブラリア属の茎の断面積に関する計算より $\delta \sim 1$ が示されたので，1 次近似として r の変化を無視でき，固有値問題は 1 次元となり，また θ について周期的となる．このような次第で式 (3.41) の r 変化を無視 $(r \sim 1)$ すれば，固有値問題は

$$\frac{d^2\psi}{d\theta^2} + k^2\psi = 0, \quad \psi(0) = \psi(2\pi), \quad \psi'(0) = \psi'(2\pi) \tag{3.42}$$

となり，その解は整数 $n \geq 1$ に対して

$$k = n, \quad \psi(\theta) = a_n \sin n\theta + b_n \cos n\theta \tag{3.43}$$

で与えられる．ただし a_n および b_n は定数である．一方，方程式 (3.41) が与える正確な問題は

$$\frac{\partial^2 \psi}{\partial r^2} + \frac{1}{r}\frac{\partial \psi}{\partial r} + \frac{1}{r^2}\frac{\partial^2 \psi}{\partial \theta^2} + k^2\psi = 0 \tag{3.44}$$

であり，その境界条件等は

$$\begin{aligned} &\psi_r(1,\theta) = \psi_r(\delta,\theta) = 0, \\ &\psi(r,0) = \psi(r,2\pi), \quad \psi_\theta(r,0) = \psi_\theta(r,2\pi) \end{aligned} \tag{3.45}$$

である．方程式 (3.44) は以下のように変数を分離することで解ける：

$$\psi(r,\theta) = R_n(r)(a_n \sin n\theta + b_n \cos n\theta). \tag{3.46}$$

これを式 (3.44) に代入すれば

$$R_n'' + r^{-1}R_n' + \left(k^2 - \frac{n^2}{r^2}\right)R_n = 0, \quad R_n'(1) = R_n'(\delta) = 0 \tag{3.47}$$

が得られ，その解は

$$R_n(r) = J_n(k_n r) Y_n'(k_n) - J_n'(k_n) Y_n(k_n r) \tag{3.48}$$

となる．ここで，J_n および Y_n は n 次のベッセル関数であり，固有値 $k^2 = k_n^2$ は境界条件によって求められる．式 (3.48) は条件 (3.45) の第 1 式を自動的にみたすが，第 2 式については

$$J_n(k_n\delta)Y_n'(k_n) - J_n'(k_n)Y_n(k_n\delta) = 0 \tag{3.49}$$

が必要である．

式 (3.49) の各 n について無限個の解 k_n^j $(j = 1, 2, \ldots)$ が存在するが，これらの値は Bridge and Angrist (1962) により数値的に推定されている．$\delta \to 1$ のときこの問題が 1 次元になり，$k_n \to n$ となることを我々はもちろん知っている．したがって $\delta \to 1$ のとき $k_n^j(\delta) \to n$ と予想される．（実際，式 (3.49) で $\delta = 1 + \varepsilon$ とおき，$\varepsilon \to 0$ における漸近解析を行うことによって，このことを解析的に示すことが可能である．）これにより，この固有値問題に関する我々の議論は完全なものとなる．

前章の特に 2.5 節で，パターン形成における分散関係の役割について議論し，パラメータのチューリング領域，つまり式 (3.39) の一様定常状態 (u_0, v_0) 周りの空間的摂動が，特定の波数をもつものに関して不安定化するようなパラメータの範囲を得た．すなわち，式 (3.40) の λ がある範囲の波数に対して Re $\lambda(k^2) > 0$ をみたすような範囲である．このような波数の範囲は 2.5 節の一般的な表示 (2.66) から得られる．ただし，表記は少し異なり，γ に対して (3.35), (3.36) では R^2 が使われている．今回の表記で波数の範囲を与えると

$$\begin{aligned} K_1^2 &< k^2 < K_2^2, \\ K_2^2, K_1^2 &= R^2 \frac{(df_u + g_v) \pm \{(df_u + g_v)^2 - 4d(f_u g_v - f_v g_u)\}^{1/2}}{2d} \end{aligned} \tag{3.50}$$

となる．本章ではこれ以降，（偏）微分係数は式 (3.39) で与えられる定常状態 (u_0, v_0) における値を計算するものとする．1 次元近似の成り立つ状況における固有値問題は式 (3.42) で与えられ，その固有値 k は単なる正の整数 $n \geq 1$ となる．式 (3.50) および式 (3.34) より，線形不安定な空間パターンの範囲は，環状領域の半径 R_i に比例する．

式 (3.50) をみたす（離散的な）固有値 k のそれぞれについてある Re $\lambda(k^2) > 0$ が対応し，それらの中で最大値 Re λ = Re λ_M = Re $\lambda(k_M^2)$ が存在する．k_M は，2.5 節の特に式 (2.68) として得られるが，それは今回の表記では

$$\begin{aligned} k_M^2 &= \frac{R^2}{d-1} \left\{ (d+1) \left[\frac{-f_v g_u}{d} \right]^{1/2} - f_u + g_v \right\} \\ &= \frac{R^2}{d-1} \left\{ -\frac{b-a}{b+a} - (b+a)^2 + (d+1) \left[\frac{2b(b+a)}{d} \right]^{1/2} \right\} \end{aligned} \tag{3.51}$$

となる．ただし（偏）微分係数は式 (3.39) で与えた (u_0, v_0) における値とした（式 (2.34) に結果がある）．

第 2 章でも議論したように，少なくとも 1 次元においては，最速で成長するモードが最終的な定常状態において有限振幅で表される空間パターンの良い指標となる．すなわち，1 次元近似した今回の状況におけるパターン波長（毛状枝波長）w も，無次元化された長さで $w = 2\pi/k_M$（ただし，k_M は式 (3.51)）と与えられる．基準の長さを環状領域の半径 R_i にとると，次元付きの波数は式 (3.34) から $k_{Md} = k_M/R_i$ となり，ゆえに次元付きのパターン波長は

$$w_d = R_i w = \frac{R_i 2\pi}{R_i k_{Md}} = \frac{2\pi}{k_{Md}}$$

と表される．これは半径 R_i に依存しない．したがって我々のモデルにおいては，毛状枝の間隔は茎の半径に依存しない．第 2 章の経験からすれば，これは当然のことながら全く期待通りの結果である．

図 3.25 に示す実験結果との定性的な比較をするためには，外部の（媒質中に含まれる）カルシウムイオン濃度 b の変化が，形成されるパターンに及ぼす効果を考えねばならない．重要な実験的事実（Goodwin et al. (1984) を参照）は次の 3 つである：

3.4 アセタブラリア属における輪生パターンのモデリング

(i) 輪生体が形成されるためには，媒質中のカルシウムイオン濃度がある範囲に収まっていることが必要である．すなわち，b が大きすぎても小さすぎても，毛状枝は発生しない．

(ii) この範囲内では，カルシウムイオン濃度が上昇すると毛状枝の間隔は狭くなる．狭くなる速さは濃度が低いところでは急激であるが，濃度が高くなるにつれてより緩やかになる．

(iii) カルシウムイオン濃度がこの範囲の上端または下端に近づくにつれて，パターンの振幅は 0 まで減少する．

さて，モデルから関連する量を導き，これらの基礎的な実験事実と比較したい．

メカニズムにより形成されるパターンにおいて，その振幅に関する何らかの分析上の尺度を導く必要がある．実際の問題として，要求されるパターンが生み出されるための時間は有限である．反応拡散モデルにおいて，その定常状態におけるパターンは，数学的観点からいうと $t \to \infty$ としなければ得られない．しかしながら，パターン形成を通常支配する，最速で成長するモードの情報を線形理論によって得ることで，定常状態におけるモルフォゲン濃度の最終的な定性的分布を首尾よく予測することができる．モルフォゲン理論が正しいとすれば，モルフォゲンのレベルが何らかの閾値に達したところで毛状枝発生への分化が起きるであろう．したがって，最大線形成長率 $\mathrm{Re}\,\lambda(k_M^2)$ が実際に観察されるモルフォゲンの振幅を示すものであると考えるのは理にかなっている（$\lambda_M = 0$ であれば間違いなく振幅は 0 のはずである）．我々は，$\mathrm{Re}\,\lambda(k_M^2)$ をモルフォゲンの振幅の指標として用いることにする．その値は式 (3.51) の k_M を λ の表示（式 (2.23) の大きいほうの解）に代入することによって得られる．すなわち，

$$2\lambda_M = \gamma(f_u + g_v) - \frac{k_M^2}{d+1} + \left\{ \left[\gamma(f_u + g_v) - \frac{k_M^2}{d+1}\right]^2 - 4h(k_M^2) \right\}^{1/2},$$

$$h(k_M^2) = dk_M^4 - \gamma(df_u + g_v)k_M^2 + \gamma(f_u g_v - f_v g_u)$$

となる．これに速度論の式 (3.35)，(3.36) および k_M を表す式 (3.51) を用いると，少々退屈な計算により，最大線形成長率として

$$\lambda_M = \lambda(k_M^2) = \frac{1}{d-1}\left\{ d\frac{b-a}{b+a} + (b+a)^2 - \sqrt{2bd(b+a)} \right\} \tag{3.52}$$

を得る．

系 (3.30)，(3.31) のチューリング領域 (a,b) を様々な拡散係数比 d について描いたものは，図 2.12 に与えられている．参考までに，曲線のうち 1 組を図 3.26(a) として複写する．パラメータ b はカルシウムイオン濃度と関連づけられるとしよう．この図において，a を例えば $a_1(>a_m)$ に固定し，カルシウムイオン濃度 b を 0 から大きくしていくと，下側の閾値 $b_{\min}$ に達して初めてパターンが現れる．さらに b を大きくしていけば，パラメータの組はパターン形成が可能なパラメータ領域の中に入っていく．図 3.26(b) に示すのは，1 次元近似した状況において数値的計算により得られた典型的なパターンである．このような近似は，茎が十分薄いとき，すなわち式 (3.37) において $\delta \approx 1$ であるゆえ，式 (3.35)，(3.36) の r 方向の変化が無視できるときに成り立つ．図 3.26(c) は (b) に対応して環状領域にできるパターンを示したもので，黒い部分は濃度の閾値を上回る領域である．このように，濃度が閾値を上回った場合に毛状枝が発生すると仮定しよう．仮に環状領域が分厚い場合，すなわち δ が大きい（$\delta > 1.2$ 程度）ために r 方向の変化を考慮しなければならない場合，生み出される空間パターンはより 2 次元的な様相を呈する．図 3.26(d) に示すのはその一例で，$\delta = 1.5$ としている．

b が $b_{\max}$ を超えると，パラメータの組はチューリング領域から出てしまうため，もはや空間パターンが生み出されることはない．このような結果は上記 (i) の実験事実と整合し，同じことだが図 3.25 に示した定性的な実験結果によっても例証されている．図 3.26(a) からわかることだが，このような定性的挙動が起こるのは，a が $a > a_m$ であり大きすぎない値に固定されている場合だけである，ということに注意

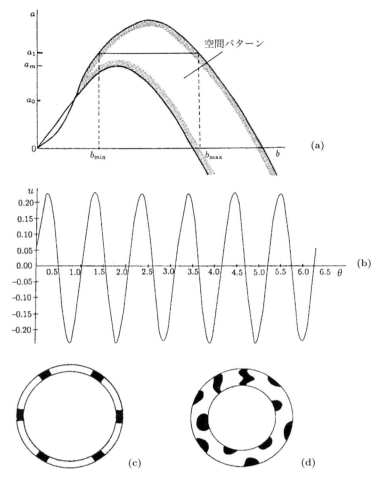

図 3.26 (a) メカニズム (3.30), (3.31) に対する典型的なチューリング空間．パラメータ a および b が示された領域内にあれば，空間パターンが生じうる．(b) 式 (3.35)–(3.37) の u (定常状態との差) に対する数値解を θ の関数としてグラフで示す．$\delta \approx 1$ とした準 1 次元的状況 (すなわち，$\partial/\partial r = 0$ とする) で考えている．パラメータ値は $a = 0.1, b = 0.9, d = 9, R = 3.45$ (定常状態 $u_0 = 1.9$, $v_0 \approx 0.25$) である．(c) 解に対応する茎のパターン．黒い部分は，定めた閾値以上のカルシウムイオン濃度になっている領域を表す．(d) 円環領域の幅が増大すればパターンは 2 次元的になり，規則性が崩れていく．

されたい．a が $a_0 < a < a_m$ の範囲に固定されている場合には，b を 0 から大きくするにつれて，パターン形成の起きうる領域が 2 つ存在することがわかる．

図 3.26(a) において，例えば $a = a_1$ とすると，最大線形成長率 λ_M は $b = b_{\min}$ および $b = b_{\max}$ において 0 となる．これは式 (3.52) から解析的に導くことができる．$b_{\min} < b < b_{\max}$ において成長率は $\lambda_M > 0$ である．最大成長率 λ_M に関する解析的表示 (3.52) を用いて，b が $b_{\min}$ から $b_{\max}$ まで増えていく際の λ_M の変化を計算できる．既に議論したように，最大成長率は最終的に生じるパターンの振幅に結びつくものである．計算の結果を図 3.27 に掲げる．

外部のカルシウム濃度変化が毛状枝波長 w に与える効果も，実験で測定されている．そこで，b が変化するときに上述の解析から予想される w の振舞いについて検討しよう．a と d を固定すれば，式 (3.51) は，k_M の，したがってパターン波長 $w = 2\pi/k_M$ の，b に対する依存性を与える．式 (3.51) からわかるように，適切な $a (> a_m)$ においては，図 3.26(a) のパターン形成領域を通過するよう b を増大させると，

3.4 アセタブラリア属における輪生パターンのモデリング

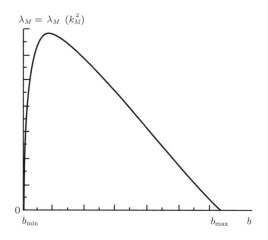

図 3.27　式 (3.52) の最大成長率 λ_M を b の関数として計算した．ただし $a(>a_m)$ および b は空間パターンを生じるパラメータ範囲（図 3.26(a) を見よ）にあるものとする．λ_M は定常状態におけるカルシウムイオン濃度の定在波の振幅に直接関わる．このグラフの形を，図 3.25 の実験結果と比較してみよう．$b_{\min}$ および $b_{\max}$ はそれぞれ図 3.25 の 2 mM および 60 mM に対応している．

パターン波長は減少する．図 3.28 に掲げるのは，式 (3.51) の k_M を用いて計算された次元付き波長の振舞いを，Goodwin et al. (1984) の実験結果と比較したものである．パラメータ a, d, R が最適なフィッティングを与えるように調節されているとはいえ，b が変化したときの振舞いは，定性的に似ているとするのが妥当である．

ここで紹介した題材は，モデルメカニズムと実験計画とをどのようにして直接的に結びつけ，一緒に発展させることができるかということを示す一例である．カルシウムイオンが反応拡散系におけるモルフォゲンの 1 つかもしれないという仮説を探究した一方で，実験から要請される条件（毛状枝パターンが形成しうるようなカルシウムイオン濃度の範囲が存在することなど）の一部をみたすような，具体的なメカニズムを提案した．こうした振舞いを示す反応拡散メカニズムばかりでないことは間違いない．

我々は，重要な生物学的事実を組み込んだシンプルな 2 種系をメカニズムとして選び，さらにモルフォゲンの一方をカルシウムイオンと同一視した．ここで，もう一方のモルフォゲン u として何がありうるかという疑問が生じる．候補の 1 つとして，細胞の代謝において重要な役割をもつサイクリック AMP (cAMP) が考えられていた．cAMP はミトコンドリアからのカルシウムイオン流出を引き起こし，その一方でカルシウムイオンは cAMP の産生を抑制する．ところが，空間的構造が生じるのに必要な $d>1$ という条件，つまりカルシウムイオンよりも cAMP のほうが速やかに拡散しなければならないという条件は，(cAMP の分子量のほうが大きいので) 成り立たない．もう 1 つの候補はプロトン (H^+) である．カルシウムイオンおよびプロトンポンプ活性，そして pH は，アセタブラリア属の形態形成において密接に関わり合っているという証拠が存在するのである．とはいえ，現在の知見に鑑みて言えば，これらのどちらをモルフォゲンと考えるのも未だ憶測にすぎない．

カルシウムイオン濃度の空間パターン形成を，ここでは毛状枝発生のプレパターンとみなしてきた．力学的な変形を伴う実際の毛状枝成長は，このプレパターンを利用・反映する形で後に続く過程である．しかし，カルシウムイオンによるパターン形成は，茎を作っている細胞質の力学的性質と直接結びついている可能性がある．このような結びつきは，後に第 6 章で詳しく論じるような形態形成のメカノケミカル理論の中に組み入れることができる．実際，そこで提示するメカニズムでは，毛状枝発生に先んじたプレパターンを必要とせず，プロセス全体が同時に起きるのである．

より複雑なプロセスの必要性

反応拡散モデルによって生み出されるパターンに対して，領域の成長が及ぼす効果に関しては，前章で手短に述べるにとどめた．しかし，明らかなことだが，パターン形成が静的な領域で起きるとは限らない．それだけでなく，ゼロフラックス境界条件までもが必ずしも適当とは限らない．これらの側面を考慮

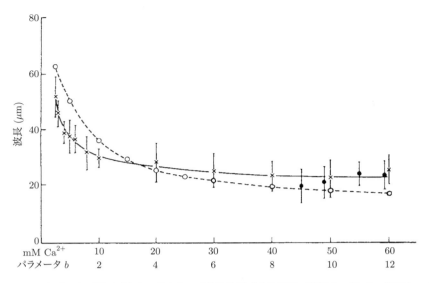

図 3.28 アセタブラリア属で再生する輪生体の毛状枝波長(毛状枝間の距離 (μm)) を, 媒質中のカルシウムイオン濃度の関数として表した実験結果 (×) および理論的結果 (○). カルシウムイオン濃度はモデルメカニズム (3.35), (3.36) における b と関係している. 縦棒は各個体ではなく, 全個体の毛状枝間隔からの標準偏差を表す. 黒丸の部分は, 毛状枝が完全に形成されなかったので大きな誤差が生じた箇所であるが, 正常に形成された部分の毛状枝の平均間隔は, 同じ濃度下で完全な輪生体をもつ個体のそれらと同じであった (Goodwin et al. (1984) より).

すれば, 成長する領域におけるパターン形成メカニズムを考察することや, メカニズムにより形成される最終的なパターンに対して, 異なる境界条件が及ぼす効果を考えることが必要となる. パターン形成メカニズムや発生におけるモルフォゲンの正体が依然として明らかでないという事実以外に, より複雑な系に向けて理論的研究を進めるべきずっと重要な理由がある. それは, パターン形成プロセスの様々な段階においてパラメータを非現実的にいじったりしない限り, 反応拡散系によって生み出せないように思われるパターンが数多く存在することである. 斑点の列を伴う 13 本の縞が背中に走っているシマリスは, 哺乳類の体表パターンの例だが, 魚類に見られるパターンの詳細な研究 Aragón et al. (1988) において, 同じ特定のパターンが得られている. 次章では, 領域の成長がもつ効果と, ここで議論しなかった自然に生じる複雑なパターンを考察しよう.

第 4 章
成長する領域でのパターン形成：
アリゲイターとヘビ

　入門編第 4 章ではアリゲイター（とその仲間のワニ類）の性がどのように決定されるかを議論し，ワニが驚くほど長期間にわたり繁殖してきたことに関して，性決定機構が果たしたかもしれない重要な意義を議論した．ワニは他にも，例えば，代謝，独特の生理，そしてもちろん獲物を襲う恐ろしい技術などに関して特筆すべき特徴を有しており，それらは全て生存に寄与している[*1]．本章では，特にアリゲイター (*Alligator mississippiensis*) に関連した空間パターン形成の問題を議論する．これまで論じてきたパターン形成問題と異なり，ここでは，胚の成長とそれが実際のパターン形成過程に及ぼす影響についての様々な側面を考慮に入れる．今回我々が議論するのは，素晴らしい実験データのある 2 つの実際のパターン形成，すなわち，皮膚の縞模様形成と歯牙原基（歯の前駆体）の空間パターン形成である．ここでは，場の成長が発生過程においてきわめて重要な役割を果たすことがわかるだろう．

　アリゲイターの胚は，研究し操作を加える上でとりわけ都合がよい（ワニの側からすればこの限りではないが）．というのも，哺乳類の胚とは異なり，ワニ胚の発生は親の体外にある卵の中で進行するので，直接胚を取り扱えるからである．卵殻と胚膜についての広範な研究 (Ferguson 1981a, b, c, 1985) により，卵殻を一部外した状態で胚を培養し，培養期間のいつでも胚を操作できる技術が発達した．卵の組成，特にカルシウム機構のため，アリゲイターの胚は卵殻がなくても通常通り発生する．それだけでなくワニには，ヒトの頭蓋顔面発生を研究する上で重要となるような，哺乳類に似た性質をもつという特徴もある (Ferguson 1981c, d)．この点については後に歯牙の空間パターン形成を論じる際に説明する．本章で記述する実験データは全て，卵殻と卵殻膜を切り取って開けた窓から様々な発生段階の胚を直接観察したり，あるいは歯牙の空間パターン形成においては外科的操作による効果を直接観察したりすることにより得られた．理論と実験を非常に効率よく関連づけることができたのは，この操作のしやすさのおかげである．最初のトピックであるアリゲイターの縞模様形成においては，理論的知見から具体的な実験が提案され，理論的な仮説が裏付けられた．第 2 のトピック，すなわち非常に規則正しく順序だった歯牙原基の空間パターン形成においては，発生生物学の現存の知見から発展させた理論により，この現象の背後にある生物学的パターン形成メカニズムのさらなる理解の一助となるような人為的操作実験の結果が予測された．

[*1] 7 頭のワニの 1 カ月の摂食量は約 100 ポンドで，大型犬 1 頭の 95 ポンドと比較されたい．ワニは，体温維持のために高い温度を生み出す．Edwards Topsell が『四足動物の博物学 (1607)』で描いているような，一部の人々のワニの扱い方：「左目を閉じて，右目でワニをじっと見つめればワニを追い払うことができるだろうとする人たちもいる」を実際に確かめるのは，おそらくあまり容易でないだろう．

4.1 ワニの縞パターン形成：実験

　これまで本書で空間パターン形成に関して繰り返し述べてきたように，実際の発生過程上のメカニズムについては全くわかっていない．パターン形成メカニズムの候補として，反応拡散，走化的拡散，力学的機構などが研究されてきたが，どれか特定のメカニズムを支持する実験的証拠はまだ不足している．大きな壁の1つは，発生上のどの時期に，パターン形成メカニズムが働いているのかわかっていないことだ．我々は結果を観察するにすぎない．第3章で論じたシマウマの縞形成の場合では，おそらく発生上のある特定の時期にパターン形成メカニズムが働くと推測した．その時期は，縞を数え，胚の大きさに対する相対的な縞の大きさと数を計測することで定められる．しかしながら，シマウマの発生胚のデータが少ないため，実験による確たる証明はできていない．ワニは胚の操作が比較的容易で生育データも信頼性できることから，Murray et al. (1990) はワニの縞パターン形成を研究することで，パターン形成メカニズムが開始する時期を特定しようとし，体の大きさが色素の縞模様パターンへ与える影響を定量することにした．これから記述する内容の一部はその研究である．そして，遺伝的要因がパターンの決定に果たす役割という発生学では定番の問題を，ワニの縞パターンにおいて解決するために，いかに理論的研究 (Murray 1989) が実験的研究 (Deeming and Ferguson 1989a) を提案したのかを，その研究結果を用いて示そう．興味深いことに，それまでしばしば唱えられてきた説とは異なり，遺伝的要因は詳細な縞形成には重要でないという結果となる．

A. mississippiensis の縞の数に対する温度の影響に関する実験結果

　孵化した仔ワニの体は，典型的には図4.1に示されているように，暗褐色ないし黒色（メラニン産生による）であり，背側には首筋から尾の先端にかけて数本の白い縞がある．それぞれの仔ワニにおいて，暗色領域の黒さや胴から尾に沿った縞の数には個体差がある (Deeming and Ferguson 1989a)．やや不規則な「シャドウストライプ」がしばしば体の側面に存在する．これらのシャドウストライプは，図4.1に見られるように，主要な縞と嚙み合っている．このシャドウストライプについては後に議論する．入門編第4章では，卵を温める温度でワニの性別が定まり，低温ではメスが，高温ではオスが生まれることを学んだ．30°Cで孵化するメスは，33°Cで孵化するオスよりも一般的に色が薄く白い縞が少ない (Deeming and Ferguson 1990)．発生過程で縞模様が出現するのはステージ23であり，発生41〜45日に相当する．詳細はFerguson (1985) による重要な総説を参照されたい．孵化までの期間は65〜70日ほどである．

　アリゲイターでは，発生中の温度が33°Cの場合，30°Cの場合に比べて胚の成長や分化が速い．孵化前のどの時点においても，あるいはどの発生段階においても，33°Cで保温したほうが胚はより重くなる (Ferguson 1985; Deeming and Ferguson 1989b)．入門編第4章で指摘したように，オスとメスのどちらにとっても最適な温度はおよそ32°Cである．

　初めの3つの節で，個体ごとの胚の大きさと体色パターンとの関連を調べるとともに，発生上のどの時期に実際のパターン形成メカニズムが作用しているのかという重要な問題を扱う．もし，実際の生物学的パターン形成メカニズムを実験により発見しようとするならば，その仕組みを見つけるために，発生過程のいつ（そしてもちろんどこで）それが働くのかを知ることが不可欠なのは明らかである．パターンが見えるようになってからでは，もう見つけるには遅すぎるのだ．それらの節では，基本的には数学は登場しないものの，数理モデリングの概念を用いることで，実証可能な（そして既に実証された）生物学的な示唆を得ることになる．

　Murray et al. (1990) は，孵化したアリゲイターの首筋から尾の先まで背側の白い縞の数を数えた（頭部には縞はない）．胴体（首から臀部）の縞の数と尾（臀部から尾の先）の縞の数を尾の先端の色ととも

4.1 ワニの縞パターン形成：実験

図 4.1 孵化直後のアリゲイターの典型的な縞模様．大抵の場合，頸部から臀部にかけて 8 本，臀部から尾端にかけて 12 本の白い縞がある．胴体の腹側に向かってシャドウストライプがあることと，メインの縞とシャドウストライプとの相対的な位置関係に注意されたい．この胚はステージ 25 で発生 51〜60 日頃に相当する．目盛幅は 1 mm を表す（写真は M. W. J. Ferguson 教授の厚意による）．

に記録した．発生過程の様々な時期における体の全長，首から臀部の長さ，臀部から尾の先の長さもまた 0.1mm の精度で測定した．30°C で保温した卵と 33°C で保温した卵から生まれた仔ワニが調査対象となった．（それぞれ，全てがメス，全てがオスである．また，これらのワニは Deeming and Ferguson (1989a) で調べられたのと同じ個体である．）

体色パターン（特に縞の数）に対する性の影響を調べるために，2 回シフトパルス実験 (Deeming and Ferguson 1988) で処理した卵からの仔ワニを解析した．この 2 回シフトパルス実験では，卵を当初 33°C で保温しておき，7 日目から 14 日目の間のみは 30°C で保温した．この処理により，残りの期間はオスが生まれるはずの 33°C で保温していたにもかかわらず，23 匹のオスと 5 匹のメスが生まれた (Deeming and Ferguson 1988)．処理により一部がメスとなったということは，この処理の間のある時期とその温度によってメスへの分化決定がなされたということである．

2 つ目の実験では，30°C ないし 33°C で保温した胚について，10 日目から 50 日目にかけて様々な測定を行った．測定項目には，全長，首から臀部の長さ，臀部から尾の先の長さが含まれる (Deeming and Ferguson 1989b)．そして，各々の胚が発生のどのステージにあるのかを対応づけた (Ferguson 1985)．2 種類の温度条件における，胚の成長の回帰推定値を計算した．第 3 のグループの胚でも，32, 36, 40, 44, 48, 52 日目に同様の形態計測を行った．これらの胚も発生のステージに対応づけられ，解剖用顕微鏡を用いた観察により初期の体色パターンが巨視的に見られるかどうか調べられた．

白色と黒色の両方の縞を含んだ皮膚のサンプルを，ステージ 28 のアリゲイターの尾から切り取った．ステージ 28 とは，縞模様パターンがはっきりと見られるようになってから十分に後の段階である．これらのサンプルには，神経細胞とメラノサイトを際立たせる手法が用いられた．

温度は，孵化したワニの体色パターンに明らかに影響を及ぼしていた（Murray et al. (1990) の表 1 を参照）．33°C で保温された個体には，30°C で保温されたものと比べて縞の数が多かった．いずれの温度でも，尾の先端が白色の個体は，黒色のものよりも平均して縞の数が 1 本多かった．多くの場合には胴体に 8 本の縞があり，尾には 12 本の縞がある．温度は仔ワニの体長には有意に影響しなかった．また体長と縞の数の間にも直接の関係は見られなかった．縞の数は性とは関連がなかった．33°C で保温し 7 日目から 14 日目のみ 30°C で保温した卵から孵化したオスの縞の数の平均は 19.96 (±1.15) であったのに対し，同じ温度条件で生まれたメスの縞の数の平均は 20.00 (±0.71) であったのだ．

30°C ないし 33°C において，発生の経過時間と尾や胴体の長さとの関係についての回帰推定をそれぞれ次節の図 4.3 と図 4.4 に示す．両条件での成長を比較しやすいように図 4.5 に示す．高い温度条件のほうが胚は速く成長した．成長曲線データによる予測では，胴の長さと尾の長さの比が 8：12 となる日数は，温度による影響を受けていた．すなわち，30°C では 46.5 日であり，33°C では 36.5 日であった．これらの発生経過日数は，ステージ 23 に達するまでに要した日数とほぼ同じであった (Ferguson 1985)．胚の全長も，温度と相関した（図 4.6(a)）．回帰分析の結果，33°C の胚は 30°C の胚に比して，いかなる時刻においても体長は長いものの，どの発生ステージでも体長に差はないことがわかった（図 4.6(b)）．

胚の体色パターンが顕わになる時期は，33°C で保温したほうがはるかに早く訪れた（33°C では 36 日目，30°C では 44 日目）．また胚の胴体の体色パターンのほうが，尾部よりも先に顕わになった．

メラノサイト（メラニン産生細胞）はワニ胚の表皮の基底層に見られたものの，メラニンや細胞の分布は，白色の縞と黒色の縞では異なっていた．黒色の縞では，メラノサイトが豊富でメラニン濃度が高かった．白色の縞では，メラノサイトは存在するものの稀で，メラニンも多少は産生されるが細胞内とその直近に限られていた．皮膚の黒い縞の部分と白い縞の部分，つまりメラニンの多い部分と少ない部分には，非常に明瞭な境界が認められた．実験の詳細とデータについては Murray et al. (1990) を参照されたい．

4.2 モデリングのコンセプト：縞模様形成の時期の決定

実際のパターン形成メカニズムは不明だが，あらゆるパターン形成モデルの基礎となる概念は，第 2 章で述べたような短距離の活性化と長距離の抑制の観点から直観的には説明できる．第 2 章では反応拡散走化性機構について詳細に議論したが，本書の後の章では，神経ネットワークモデルや生物学的パターン形成に関する Murray-Oster メカノケミカル理論といった他のパターン形成メカニズムを紹介する．現段階の我々の生物学的過程に関する理解では，上述のメカニズムのいずれもが，ワニの縞パターン形成メカニズムの候補となりうる．しかしながら，先にも簡潔に説明した Murray et al. (1990) での皮膚の組織切片による実験的証拠から，細胞自身が走化性物質を産生する細胞走化性拡散系が幾分支持される．（あくまで可能なメカニズムの一例にすぎないが）．このような機構によっていかにして細胞の空間的非一様性が生じるのかについては，第 2 章で詳しく議論したが第 5 章でもより詳細に扱う．凝集効果（走化性）が分散効果（拡散）よりも大きいとき，パターンが発展する．しかしながら，ここで特に関連深いのは，2.6 節で扱った進行波によるシンプルな縞模様パターンの順次的な生成である．なぜなら，観察によるとワニ胚の縞模様パターンはまず頸部に現れ，波のように胴体を尾側へと進んでいくからである．

モデルメカニズムが特定のパターンを形成できるからといって，そのモデルが検討中の生物学的問題に関連しているとは限らない．しかし，異なるモデルからはしばしば異なる実験が提案される．いかなる理論においてもそれを検証する際の大きな障壁は，実験家が一般にはパターン形成が実際に起こる時期を知らないことである．ワニの場合，孵化までの期間である約 70 日間のうち，図 4.1 のような実際のパターンが目に見えるようになるのは 40 日頃からである．それよりもずっと前にパターン自体ができ上がっているのはほぼ間違いない．このように，実際にいかなるパターン形成メカニズムが働いているのかを明らかにするためには，まずその機構が発生中のどの時点で働くのかを知る必要であるのは明白である．

色素の蓄積は，その領域の細胞の数に依存するだろう．白色の縞を説明するのに 3 通りの考え方がある．すなわち，(i) メラノサイトが存在しない，(ii) 全てのメラノサイトは同程度のメラニンを産生するが，ある領域では産生細胞の密度が低いために色が薄く見える，(iii) メラノサイトのメラニン産生量は，産生細胞自身の数に依存する（例えば，ある領域でメラニンが産生されるためには，その領域のメラノサイト数が閾値に達さなければならない，というように）．アリゲイターの胚では白い縞は，メラノサイト自体の数が少なく，かつ多量のメラニンを産生したりはしないために生じるようである (Murray et al. 1990)．

発生は一般に胚の前端から始まり，胚の頭側の分化は常に尾部の分化よりも進んでいる．そのため，メラニンの蓄積の過程でも，色素化が最初に強く見られるのは頭部である．白色の縞のパターンは，まず胴体で見られ，徐々に尾へと下っていく．

皮膚に色素化された領域が現れるかどうかは，色素細胞がメラニンを十分量産生するかどうかに依存する．細胞走化性拡散モデルの例では，細胞濃度が高い領域の縞模様や，形状やスケールによっては斑点を確かに生み出すことができる．そこで，パターン形成メカニズムがパターンを形成すべく活性化しているとき，胚を長くて細い実質的に 1 次元の領域と想定し，メカニズムが一方の端，つまり首筋から始まると，

4.2 モデリングのコンセプト：縞模様形成の時期の決定

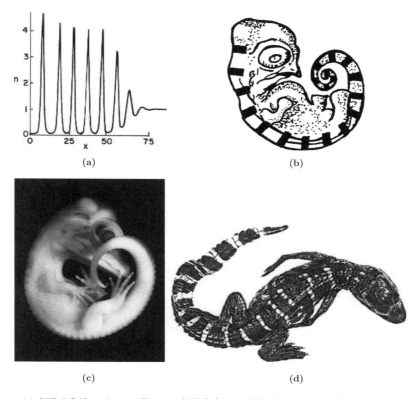

図 4.2 (a) 細胞走化性モデルから得られる細胞密度 n の定常状態パターンの典型的な発展. このモデルは方程式系 (4.31)，つまり $\partial n/\partial t = D(\partial^2 n/\partial x^2) - \alpha(\partial/\partial x)(n(\partial c/\partial x))$, $\partial c/\partial t = (\partial^2 c/\partial x^2) + s(n/n+1) - c$ である. ただし c は走化性因子であり，パラメータ値はそれぞれ $D = 0.25$, $\alpha b/\mu = 2$ である. これを，一様な定常状態 $n = 1$, $c = 0.5$ の周りで，$t = 0$ のとき $x = 0$ に微小な摂動を与えた下で解いた. パターン形成のフロント波は，規則的な波状パターンを残しながら右方向へと移動する. $x = 0$ はワニの首筋に対応する (Murray et al. (1990) より). (b) このパターン形成メカニズムによりパターンが生み出されるとき，胚上に細胞の密度の違いにより生じる等間隔の縞模様パターンが形成されると考えられる. (c) *Alligator mississippiensis* のステージ 21 の胚 (発生 31 日目頃). パターンが決定される頃である. (d) 規則的な縞模様を示すアリゲイターの孵化直後のワニ (写真は M. W. J. Ferguson の厚意による).

波状パターン生成機構により図 4.2(a) のように縞は順次的に形成されていき，図 4.2(b) のように見えるようになると考えてみる. この波は，基本的な (無次元型) 細胞走化性拡散系の 1 次元の解 (Myerscough and Murray 1992) である. この系とパラメータ値は図 4.2(a) の説明文に与えられている. このモデルについては，本章の後のほうで詳しく議論する. ここで，n は細胞数を示し，細胞は係数 D (走化性因子の拡散係数との相対値) に従って拡散する. また細胞は自身の走化性因子 c を産生し，これもまた拡散する. α の項は，濃度 c の高いほうへと細胞が動くのを誘導する走化性の寄与である. 細胞は b の項に従って c を産生し，c は 1 次速度論に従って分解する. 初期状態は定常状態である一様な細胞分布からなり，それに対して一方の端 (すなわち頸部) で細胞密度をわずかに増加させるような摂動を与えた. すると，波状の定常状態パターンが尾の先端まで背中を移動し，細胞密度の規則的で非一様な縞パターンを生み出した. 前述の組織切片での実験的証拠とあわせると，パターン形成に関わる細胞はメラノサイトのみで，黒色の縞はメラノサイトの密度が高いことのみに起因するものであると言えよう. もっとも，これはほぼ推測である.

実際のメカニズムによらず，何らかの機構によるパターン形成に要する時間 (1 つには波状のパターン

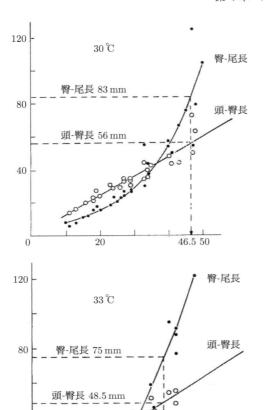

図 4.3 30°C で発生した A. mississippiensis 胚の頭-臀長と臀-尾長の相対的成長．この温度では，全ての胚がメスとなる．時間軸は発生の経過日数を表す（Murray et al. (1990) より）．

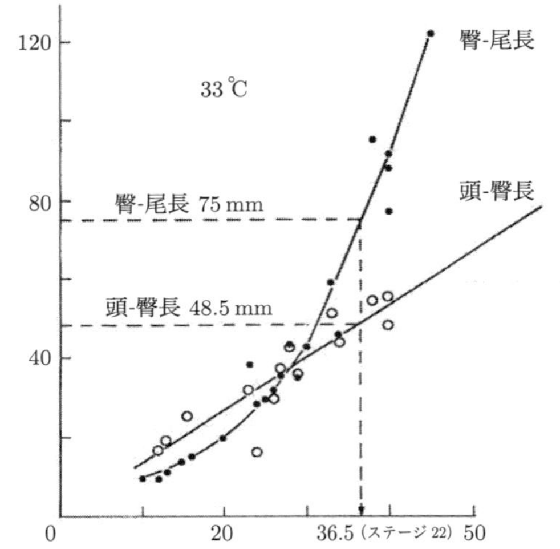

図 4.4 33°C で発生した A. mississippiensis 胚の頭-臀長と臀-尾長の相対的成長．この温度では全ての胚がオスとなる．時間軸は発生の経過日数を表す（Murray et al. (1990) より）．

であることから数時間のオーダー）は，胚の有意な成長にかかる時間よりも短いことを，いくつかの証拠を以て仮定した．その場合には，このメカニズムによって図 4.1 のような等間隔の規則的な縞パターンがアリゲイターの背に形成されるだろう．

実験データなくしては，発生過程のどの時点でパターンが生み出されるのかという生物学的問題を解き進めることはできない．パターン形成メカニズムが縞を生み出すのにかかる時間に関する前述の仮定によれば，パターン形成の時期については，胚発生中に頭部から臀部までの長さ（頭-臀長）と臀部から尾の先端までの長さ（臀-尾長）の比が，成体でのそれぞれの部位の縞の数の比と一致するような時期であることだけが必要条件である．驚くべきことに，いつも決まってこの比は 8 : 12 である．このような発生中の胚の成長データは様々な動物でも稀であるが，幸運なことに，ワニに関してはデータがあり（Deeming and Ferguson 1990），形式を変えて Murray et al. (1990) にも掲載されている．図 4.3 と図 4.4 に，我々のモデルに必要な成長データの比較を示す．

図 4.3 と図 4.4 の結果から，発生中に頭-臀長と臀-尾長の比が 8 : 12 となる時期を即座に読み取れる．すなわち，30°C で発生した胚では約 46.5 日目であり，33°C で発生した胚では約 36.5 日目である．これにより実験的な観点から，パターン形成メカニズムがおそらく実際に働いているであろう時期を推測できるため，より焦点を合わせて実際のメカニズムを実験的に探すことができる．発生過程は連続的に進行し，時期によって異なるメカニズムが働くため，発生中のどの時期に注目するかについて，何らかの確固

4.3 アリゲイターの縞とシャドウストライプ

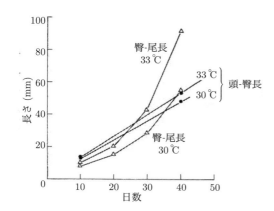

図 4.5 30°Cと33°CでのA. mississippiensis胚の発生経過日数の関数としての頭-臀長と臀-尾長の比較（Murray et al. (1990)より）．

とした考えが不可欠なのだ．アリゲイターの場合，パターンが見えるようになる直前の時期に注目するのでは遅すぎる．

4.3 アリゲイターの縞とシャドウストライプ

前述のように，色素化はまず頭側で始まり，尾部へと進んでいく．そのためにはまず，パターン形成メカニズムは，頭から縞パターン形成の進行波を生み出すことができるものである必要がある．前述の細胞走化性の数理モデルの適切なパラメータ値の下で数値シミュレーションを行うと，そのような規則的な縞模様を順次的に生成できる．図 4.2(a) は典型例を示しており，$x = 0$ がワニの頭部に対応し，パターン尾へ向かって，つまり x 軸正方向へ向かって進行する．

図 4.2(a) では，細胞密度にピークのある縞パターンが見られる．走化性因子の濃度にも定性的に類似のパターンが生じる．観察される白色の縞を，細胞密度の谷になぞらえる．つまりこの領域では，メラノサイトが少なく色素化として観察するには不十分である．これは，より多くの縞があるとき，尾端はしばしば白いという観察（Murray et al. (1990) の表 1）と一致する．この仮説から導かれる帰結は，胚のデフォルト色は色素化された暗い色であるというものである．というのも，パターン形成メカニズムが働かなければ，皮膚全体にわたって一様な密度でメラノサイトが存在し，皮膚全体がメラニンを産生することができるようになり，おそらく，通常の状況で白い縞同士の間にある黒い縞の色よりも薄い色になると考えられるからである．このパターン欠失によって非常に低い頻度で見られる暗体色が生じるのかもしれない (Ferguson 1985)．

もし，パターン形成メカニズムによってパターンが生成されるのに必要な時間が数時間のオーダーであり，胚の有意な成長にかかる時間に比べて短いと仮定するならば，そのメカニズムによってワニの背に図4.2(b) や図 4.7(a) に模式的に示したような等間隔の規則的なパターンが生じるだろう．一方で，パターン形成メカニズムが数日間にわたって働き，その間に細胞のパターン形成能が徐々に低下するとすると，縞はより不規則になりうる．我々は，これらのパターンは観察される体色パターンのプレパターンであると考える．実際の波長，すなわち縞と縞の間の距離は，パラメータによって定まる．図 4.2(a) の波状パターンの驚くべき点は，その鋭さであり，これは A. mississippiensis で見出されたものと一致する．これまでに言及した他のメカニズムでも順次的なパターン形成を生み出すことはできるが，このような鋭いピークを得にくい．

パターン形成メカニズムが発生中の特定のステージで活性化すると考えるのは合理的である．パラメータ値が一定であれば，縞の数は，主にそのステージでの胚の全長によって決まる．胚の全長によってそこに入り込める波長の数が決まるため，パターン形成メカニズムが働く際に胚が長ければ縞の数も多くな

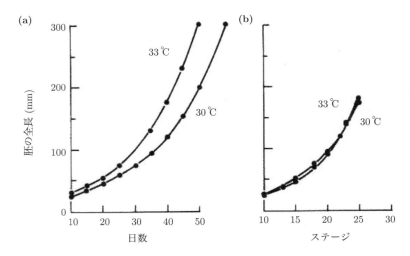

図 4.6 (a) 2 種類の異なる温度，30°C と 33°C での *A. mississippiensis* の胚の全長を発生の経過日数の関数として表した．(b) 30°C と 33°C での胚の全長を発生ステージの関数として表した．

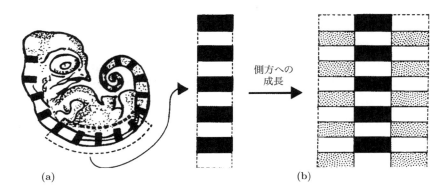

図 4.7 (a) パターン形成メカニズムによりパターンが生じる時期の胚で生じる等間隔の縞として提案されたもの．図 4.2(a) の細胞密度の縞と関連づけたものである．(b) パターン形成中に胚の体幹が側方へと成長する結果として，モデルから予想されるシャドウストライプ（図 4.1 と比較されたい）の見た目（Murray et al. (1990) より）．

る．このようにして，パラメータ値と胚の大きさが縞の数を決定する．

さて，これらの数学的結果を前節の実験的結果に関連づけよう．まず思い出したいのが，より高い温度では胚の成長が速く，特定のステージに到達するのが早いということである．そのため温度が高いほど，パターン形成メカニズムが働く時点で胚は大きくなっている．パターン形成メカニズムのパラメータ値も温度の影響を受ける可能性があるが，わずか3°Cの違いでは，あまり有意な差は生じないと考える．この点については，後にまた議論する．

図 4.2 や図 4.7(a) のように細胞の分布パターンがひとたび生じた後，色素化の過程，つまり縞模様が見えるようになるには，一定の時間を要する．そのため，縞模様パターンの発生のための鍵となる時期は，縞が見える時期よりも前に違いない．色素パターンが見えるようになる時期には，それぞれの温度で保温した胚の間で約8日の差が見られる．また，これも前述したように，パターンが判別可能になるのに先んじて，33°C で保温した胚は 30°C で保温された胚よりも有意に大きかった．そのためオス（33°C で保温）がメス（30°C で保温）よりも多くの縞をもち，これが性ではなく体長による違いであるということは，こ

4.3 アリゲイターの縞とシャドウストライプ

こまで議論してきたパターン形成メカニズムとつじつまが合う．また，既に述べたように，遺伝子の数は限られており，それを例えばオスとメスのワニ胚の縞の厳密な位置と数をコードするために使ってしまうのは，信じがたく非効率的であり無駄遣いであろう．

ここで説明した理論的な予測と実験による実証の結果により，縞の数が単純にパターン形成が働く際の胚の長さと大きさの問題であることが明確に示される．これは，1次元領域での縞の数は領域の長さと直接関係するという第2章での結果をそのまま適用したにすぎない．言い換えれば，メカニズムが反応拡散や反応走化性，力学的，いずれであろうと，典型的なパターン形成メカニズムによってある領域で例えば2本の縞が生じるとき，その2倍の長さの領域では4本の縞が生じるだろうということだ．

L を

$$L = \frac{(パターン形成開始時の) 頭-臀長 + 臀-尾長}{孵化時の縞の数}$$

とすると，パターン形成の時期に，縞（白い縞の前側から次の白い縞の前側までと定義する）の形成が，胴体と尾で平均 L mm ごとに起こることになる．

孵化時の縞の大きさは均一ではなく，尾端へいくほど広いが，これは単に胚発生中に胴体と尾部の成長率が大きく異なることにより説明できる．縞パターン形成は，胚の成長に比して急速であるとし，パターン形成メカニズムが，パターンが見えるようになる直前に働くとすると，Murray et al. (1990) の表2のデータ（ここから図 4.3〜4.6 が得られる）から，各温度の胚における L の値は，

$$33°C : 32 日目の L = (56.25 + 39.50)/20.35 = 4.71 \text{ mm}$$
$$30°C : 40 日目の L = (53.60 + 37.20)/18.55 = 4.89 \text{ mm}$$

のようになる．

この発生段階での 33°C と 30°C の間での 7.75 mm の胚の全長の違いが，平均して 1.64 (= 7.75/4.71) 本多くの縞をオスの胚にもたらしているのだろう．これは Murray et al. (1990) での孵化した仔ワニの観察と定性的に合致する．

また，形成時の縞の大きさが，オスではメスよりもわずかに細いことに注意したい．このわずかな大きさの違いは有意ではないかもしれないが，モデルパラメータに対する温度の影響による可能性がある．

色素パターンに対する温度の影響としては，大きく異なる状況のものではあるが，Nijhout (1980a) がチョウの一種であるアメリカタテハモドキ (*Precis coenia*) の翅の眼状紋の広がりについて報告している．彼の実験では，10°C の温度の差があった．第3章では，反応拡散モデルを用いてこの温度効果を調べ，眼状紋の大きさの違いが，そのような温度変化の際に生化学物質の拡散係数や反応速度定数に期待される変動と矛盾しないようなパラメータの変動によって説明できることをみた．同じく第3章で議論した Harrison et al. (1981) によるアセタブラリア属 (*Acetabularia*)（カサノリ）の再生における毛状枝の分布に対する温度の影響も，この仮説に真実味を与えているだろう．彼らもまた反応拡散モデルを用いた．

シャドウストライプ

我々は，縞パターン形成にかかる時間は胚の有意な成長にかかる時間よりも短いと仮定した．この仮定を緩めると，成長しつつある領域でパターン形成が起こることになる．つまり，細胞は分泌効率こそ減少していくものの走化性因子を長い間分泌し続けることができ，パターン形成能をより長い期間保持するだろうと示唆される．この場合，パターン形成メカニズムが働く皮膚は縦に長く，そして特に胴体では横にも伸びると考えられる．数理モデルから，メインの縞が形成された後に，細長い領域が少し太くなるときに生じるパターンは，不明瞭な「シャドウストライプ」がメインの縞の間に位置するような縞パターン（図 4.1 と図 4.7(b) を参照）となることが示唆される．これは，領域のスケールと形状がパターンに与える影響に関する我々の理解（第2章）から予想されることである．パターン形成にかかる時間が長くなる

ことによるさらなる結果として，パターン形成は頭部から始めるため，尾部に向かっていくにつれて縞の色の境界は明瞭でなくなる．これはしばしば観察される特徴である．このように，パターン形成メカニズムから，またはそれらの機構がパターンを生み出す方法に関する知識のみからでも，$A.\ missisippiensis$ のさらに複雑なパターンの特徴を説明できる．

先にも触れたが，前述したモデルのいずれによっても同様のパターンを生成できる．つまり，実際のパターン形成メカニズムの如何によらず，比較的速やかにパターンを生成できるものであれば結論は変わらない．したがって，反応拡散モデルや，メカノケミカルモデルも実際のパターン形成メカニズムの候補である．また，これも既に述べたが，ある機構と別の機構を区別するのは，各々のモデルが提案する実験である．本節で用いたモデルや Murray-Oster メカノケミカルモデルでは，実際の生物学的な量である細胞が直接モデルに関わっている．（ここでの重要なパラメータである）胚の細胞密度を操作することは，反応拡散理論において未知の化学物質を操作するよりも格段に容易である．一般的に，細胞や組織を直接組み込んだ理論は反証されやすいが，その過程で，パターン形成への理解は深まる．その一例は，後の章で詳細に議論する脊椎動物の肢の軟骨パターン形成である．

以上を要約すると，我々は $A.\ mississippiensis$ の胚の保温温度が，仔ワニの背側の縞の数に有意に影響し，30℃ での保温では 33℃ に比べて縞の数が少なくなることを示した．我々は，細胞が細胞自身を誘引する走化性因子を分泌するという考えに基づいたパターン形成モデルを用いたが，このモデルを支持する証拠は全く決定的ではない．パターン形成メカニズムに要請される条件は，同様にパターンを生み出すことができ，形状とサイズの拘束を受けることである．パターン形成メカニズムが働く時期，つまり縞のパターンが確立する時期は，33℃ では 30℃ よりも早く訪れる．この機構が働く発生ステージもまた高温のほうが早く訪れるが，時間と発生ステージの対応関係から，パターン形成メカニズムが 33℃ で活性化しているとき，30℃ の胚よりも 33℃ の胚の体長が長いためにより多くの縞を生じる．縞のパターンとワニの性は，温度を介してのみ関連する．すなわち，パターンは性と直接的には関連していない．ここで発見した結果はどれも，パターン形成の詳細な機構には依存しない．この実例は，オスのワニにメスよりも多くの縞がある理由をモデリングによって説明した例である．上述の実験はモデルの仮説，つまり縞の数の違いを説明するのは性ではなく単純に体長であるという仮説を検証するために開発された．かくしてこの理論的な予測は実証された．

エンジェルフィッシュ (*Pomacanthus*) の稚魚の縞形成

シャドウストライプとして形成されると思われるもう 1 つの例は，エンジェルフィッシュ (*Pomacanthus*) の稚魚の成長に伴って現れる．図 4.8 にその例を示す．この小さな魚は，最初は 3 本の縞をもつが，成長に従って既にある縞の間に新しい縞が加わる．これは徐々に進行するプロセスで，その魚が完全に成長しきるまで繰り返される．しかしながら，ワニのシャドウストライプとは異なり，この魚のシャドウストライプは，既にある縞と縞の間に，非常に狭い不明瞭な縞として生じる．もしも，新しい縞が単に魚の成長による領域の拡大によって生じるという Kondo and Asai (1995) の説明に従うならば，既にある縞と同じ大きさの縞ができるはずであり整合しない．反応拡散モデルを修正することで，この現象を説明しようとする様々な試みがなされたが，この観察された順次的な縞の形成における独特な特徴を説明できたものはなかった．Painter et al. (1999) は，現存する実験から成長率を求め，色素細胞を含む皮下組織の全ての種類の細胞が分裂していると結論づけた．彼らは，拡散と走化性による細胞の移動の方程式を含むモデルを提案し，そのモデルでは走化性は独立した反応拡散系のモルフォゲンによって制御されるとした．彼らは，新しい縞のゆっくりした成長を生み出すのは走化性だと示した．彼らが 2 次元で得た順次的な縞形成は，実際のエンジェルフィッシュで観測されたものと定量的によく似ている．魚のパターン形成に関する難題は，動物やヘビ（後述する）の体表パターンのものとは異なる問題を突き付ける．Aragón

4.4 アリゲイターの歯牙原基の空間パターン形成：背景と関連事項

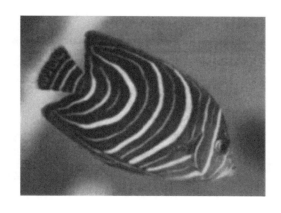

図 4.8 エンジェルフィッシュ (*Pomacanthus circulatis*) の生後 12 カ月の稚魚の典型的な縞模様パターン．縞の数は生後 2 カ月で 3 本であり 6 カ月で 6 本，12 カ月で 12 本になる（写真はワシントン D. C. の国立水族館より許可を得て複製）．

et al. (1998) は，境界条件，領域の成長，反応拡散モデルの結合系が，形成されるパターンへと及ぼす役割を調べた．彼らはその結果を数種類の海洋魚の色素パターンと比較した．

Denton and Rowe (1998) の興味深い論文によれば，サバ (*Scomber scombus L.*) の背中の縞模様には通常考えられている単なるカムフラージュ（仲間の中に紛れること）の他にとても実用的な意義があるという．縞が魚の動きの情報を群れの仲間に正確に伝えるのに使われていると彼らは主張する．魚の両側の背側表面にある暗い縞と明るい縞の中心には反射板の薄い層がある．Denton and Rowe (1998) は，これらの反射板と縞の配置がいかに情報伝達を大いに促進しているかを示している．魚が周囲に対して向きや速度を変えるとき，背側表面の明るさのパターンが変化する．彼らはわずかな旋回により，観測されるパターンにはっきりした変化が即座に生じることを説得力をもって示し，これが縞模様の主要な役割であると提案した．魚の群れが，その動きをきわめて素早く協調させることはよく知られているが，縞模様の反射がそのための手段なのかもしれない．

4.4 アリゲイターの歯牙原基の空間パターン形成：背景と関連事項

入門編でワニ類の驚くべき長期にわたる生存を論じた際，ワニを研究する一般的な理由については既に述べた．本章の前の節で，ワニの縞パターン形成の研究がいかに我々の生物学的理解を高めているかをみた．歯に関しては，教育上の目的以外にも，*A. mississippiensis* の歯牙発生を研究する数多くの理由がある．

ワニの顎での歯牙原基の発生は，きわめて規則的なパターンが動的に形成される例の 1 つである．細胞が，歯牙の前駆体である歯牙原基を形成するべく協調し，これが歯牙原基の厳密な時空間パターンと適合する．この過程は，顎が動的に成長している間に起こり，成長とパターン形成の相互作用が各歯牙原基の最終的な配置と出現する順番を定めるのに重要である．歯牙原基の最終的なパターンが機能的な歯牙発生の土台を形作る．

歯牙形成の進化につきまとってきた時折生じる問題がある．先天的な形態形成不全，例えば唇裂や口蓋裂は世界中の子どもたちに起こり，摂食，呼吸，発話の困難をもたらしうる[*2]．現在でも，頭蓋顔面発生[*3]における生物学的事象の詳細は，哺乳類の胚発生を *in vivo* で研究することの難しさも手伝ってあま

[*2] 口唇裂や口蓋裂は古くから（一応の）治療がされてきた．古くは Galen（130〜200 AD）がこれらの疾患に言及しており，イングランドのウォーリックの歯科医 James Cooke（1614〜1688），1764 年のフランスの歯科医 LeMonier や他の者たちが実際に手術を行い，これらの問題を解決しようとした．結果は概して悲惨なものであった．口蓋裂を正すために連結のためのワイヤーを顎に通したり，George Washinton の義歯に用いたようなリードサポートを用いたりした．

[*3] 1920 年に，アメリカ合衆国の陸軍省が興味深い統計を「徴兵された男性にみつかった障害」という報告に発表している．この広範なレポートの中には，口唇口蓋裂の被徴兵者の数が掲載されている．また，州ごとに各障害の相対的頻度をリストしている．驚くべきことに，バーモント州とメイン州での頻度（1000 人あたり約 1.5 人）は合衆国全体の約 3 倍であり，第 3 位の州の 1.5 倍であった．これは優生学が流行った頃であり，このレポートは優生学者によってその過激な考えを正当化する

りわかっていない．ワニは爬虫類だが，歯や顎についてはある程度哺乳類と似た特性をもっており，特定の生物学的過程について実験的観察を行うことができた．*A. mississippiensis* では侵襲的のみならず非侵襲的に *in vivo* 研究を行うこともできるため，胚発生の様々な段階を詳細に解析でき，胚の顎において口蓋の発生と歯牙の誘導が同時に起こる様子を観察できる．そのため，正常または異常な発生プロセスを起こす生物学的メカニズムの研究に取り掛かることができる．歯牙原基の発生におけるパターン形成の研究は，口蓋の研究を補完するもので，頭蓋顔面発生の重要な側面である．アリゲイターでの歯牙発生と口蓋閉鎖の研究は，ヒトでのこれらの発生プロセスを決定したり，先天的形態形成異常の予防法に関して少なくとも手がかりを得たり，ヒトの口蓋裂を胎児期に矯正した場合の効果を予測したりすることに役立つだろう (Ferguson 1981c, 1994)．胎児期の傷修復を成人の傷修復と比べることの有益性を考えると（これらについてはいずれも後の章で傷修復を論じる際に扱う），アリゲイターの研究による恩恵は重要かもしれない．そのため，基礎的なレベルでワニの歯牙や口蓋発生を集中的に研究する意義が理解できるだろう．

図 4.9 はワニとヒトの顎と歯列の（他の哺乳動物の顎と比較した）類似性を示している．他にも類似点はあり，もちろん多数の相違点もある．双方が二次口蓋をもち，1 列の歯と類似の口蓋構造をもつが，ヒトは二生歯（一生のうちに 2 セットの歯）で 3 種の歯をもつのに対し，ワニは多生歯（一生の間に多セットの歯）で 1 種だが様々な大きさの歯をもつ．

Westergaard and Ferguson (1986, 1987, 1990) による実験研究では歯牙原基の誘導と空間パターン形成を詳細に調べたデータベースを提供している．このデータベースにより，実験的な観察と仮説を理論的モデリングの枠組みに組み込むことができる．本章では，歯牙原基の誘導とパターン形成における 2 つの根本的な問題に取り組む．すなわち第 1 に，（長年の問題であるが）個々の歯牙原基の誘導に関わる機構は何であるか，そして第 2 に，これらの歯牙原基の正確な空間的配置はどのようにして決まるのか，という問いである．利用可能な生物学的データを用いて，我々は歯牙原基誘導のモデルメカニズムを組み立てる．ここでは，反応拡散モデルを用いるが，これまで研究してきたものとは根本的に異なる．4.8 節で，広範なシミュレーションの結果を示し，実験結果と比較する．そして，実験結果をモデルを用いて予測する．この予測はさらなる実験を導く手助けとなるかもしれない．歯牙原基誘導のありうる機構について，またこの機構によって実際にどのようにして歯牙原基誘導が成し遂げられるかについて理解を深めることで，上述したヒトの頭蓋顔面奇形の形成のヒントが得られれば望ましい．

4.5 歯牙誘導の生物学

脊椎動物の歯牙の大きさや形は様々だが，全て同様の発生の段階を辿る．脊椎動物の顎には，2 種類の基本的な細胞層がある．シート状の上皮と，その下にある間葉である．間葉は運動性の細胞，結合組織，コラーゲンからなる集塊である．図 4.10 に歯牙誘導の初期の様子を模式的に示す．歯の構造の発生において最初に見られる徴候は，歯牙原基である．歯牙原基は初め，プラコードの形成により出現する．このプラコードは局所的に口腔の上皮が厚くなった部位である．顎の成長中に起こる上皮と間葉（真皮）の一連の複雑な相互作用により，これらの上皮の塊は間葉へと陥入し，間葉細胞の局所的な凝集（乳頭）を引き起こして歯蕾 (tooth bud) を形成する．一部の脊椎動物では，初期の歯牙原基は間葉に退化し，再吸収されるか消散してしまうものの，その他の脊椎動物では，初期の歯牙原基も機能する歯に発達する．後に続く歯牙原基も同様に形成され，ワニの場合もそうだが，非常に安定で正確な時空間的順番で形成される．そして歯牙の形成が続く．よく似た過程が羽毛原基の誘導でも起こる（第 6 章を参照されたい）．ここでは，図 4.11 のようなプラコードの空間パターン形成に興味がある．

ために広く研究され使用された．

4.5 歯牙誘導の生物学

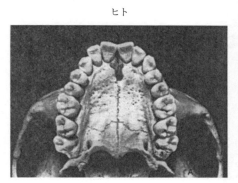
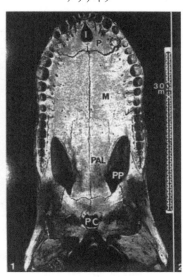

図 4.9 ヒトの顎の歯列とアリゲイター (13 フィート = 4 m) の顎の歯列の比較 (Ferguson (1981d) より).

これは，第 6 章で議論する組織間相互作用とそのモデリングの問題を提起する．そのようなモデルは歯牙形成に直接関係し，また，各組織のパターン発生器同士が結合したシステムを 1 つのものと捉えて研究する必要があるため，必然的に複雑となる．真皮/間葉—表皮間相互作用やプラコードと乳頭の形成（図 4.10）と関連して，Cruywagen (1992) や Cruywagen and Murray (1992) は組織間相互作用モデルや完全な系の様々なモデル (caricature) を提出し，いくばくかの解析を行った．Cruywagen (1992) はまた，組織間相互作用に関する綿密な総説を与えている．乳頭期を経る歯牙形成の研究は，組織間相互作用モデルを必要とし，それは 2 つの複雑なパターン形成メカニズム同士が相互作用するため，間違いなく非常に複雑であろう．

歯牙誘導も口蓋の形成も胚発生の事象であるため，詳細を正確に実験的に探究するのは $in\ vivo$ での観察の難しさによって妨げられてきた．これらの過程に関わるメカニズムを理解するためには，発生ステージについての詳細な研究が必要である．そのためには実験家が，発生中を通して胚を観察し続け，また外科的操作ができるようになる必要があるが，これらはいずれも，胚発生が体外の卵で起こる動物であれば可能である．既に指摘したように，ワニの場合，実験家は外科的操作や詳細な観察を全ての発生期間にわたり行うことができる（卵殻とその膜に窓を開けることによる）．

これらの側面は，ワニ類の生殖生物学 (Ferguson 1981d)，卵殻と胚膜の成分と構造 (Ferguson 1981a)，本章で議論した縞パターン形成などの研究において存分に利用されてきた．そして歯牙と関連深いものでは口蓋と歯牙形成の頭蓋顔面研究 (Ferguson 1981c, d, 1988) にも利用されてきた．ワニ類には前述の通り他の爬虫類一般にはない形態的特徴が数多くあり，ヒトの歯列発生と比較するのに有用なモデルである．全てのワニ類の中で，アリゲイターは最も哺乳類様の口先と二次口蓋をもつ (Ferguson 1981b, c, d).

歯牙原基誘導の時間的順序と空間的順列

Westergaard and Ferguson (1986, 1987, 1990) はアリゲイター ($A.\ missipiensis$) の発生中の歯牙原基の誘導の厳密な時空間的進行を実験で調べた．最初の歯牙原基対（歯牙決定基 (dental determinant) と呼ばれる）は下顎の前部に形成される．ただしその後，これより前方にも歯牙原基は形成される．歯牙

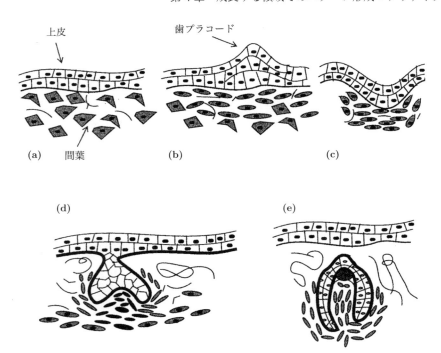

図 4.10 歯牙の誘導に関わる初期の発生のイベントの模式図．(a) 歯牙原基誘導に先立つ細胞層構造．(b) 上皮層が肥厚し，歯牙原基の位置が見えるようになる．(c) 間葉への陥入．(d) 間葉中の歯牙乳頭．(e) 細胞が分化し，象牙質とエナメル質を形成（Kulesa (1995) より）．

原基形成は，歯牙決定基から顎の前方と後方の両方に進行していく．原基同士の隙間が十分な箇所には，より成熟した原基寄りにさらなる歯牙原基が形成される．歯牙原基が出現する正確な位置と順番については図 4.11 に模式的に，実際のワニ胚の例は図 4.13(a) に，成体ワニの例は図 4.18 に示す．

Westergaard and Ferguson (1986, 1987, 1990) らの実験から得られる主な結論は，歯牙原基形成は顎の成長と直接関連し，そのため成長する領域上での動的なパターン形成をモデリングする必要がある．

Westgaard and Ferguson (1986) によれば，先に形成された原基に挟まれた成長する領域に新たな歯牙原基が形成されていく形で，初期の歯牙原基は顎の前方と後方へと形成されていく．このような初期歯牙原基の数と顎の成長との関係を，Kulesa ら (Kulesa (1995), Kulesa et al. (1993, 1995a, b), Kulesa and Murray (1995), Murray and Kulesa (1996)) はさらに研究した．歯牙の数を発生過程の経過日数ごとに数えると，発生過程の初期にははっきりした指数関数的関係（図 4.12(a)）が，発生過程全体でみるとゴンペルツ型成長（図 4.12(b)）が見出される．このような指数関数からゴンペルツ型成長への移行は細胞の増殖によく見られる特徴であり，Murray and Frenzen (1986) のモデリングにより説明されてきたものである．この実験的証拠から我々は，初期の顎領域は，発生の時間ごとに一定の成長率に従って指数関数的に成長しているに違いないと仮定した．この仮定を，次節での数理モデルの立式の際に取り入れることにする．

顎の四半部で起こる歯牙原基形成の初期の段階では，最初の 7 つの原基が 1 つおきの順番で形成される．しかし，8 番目の原基から 1 つおきではない形成順となり，11 番目からは再び 1 つおきとなる．その後に続く原基形成は，既に形成された原基の再吸収もあるため複雑である．例えば，歯牙 9a は最初の原基が再吸収された跡に形成される．図 4.12 や図 4.13 にあるような最初の数個の原基の空間的形成順は，モデリング上の大きな課題の 1 つである．孵化までの全 65〜70 日の間，約 19 の初期歯牙原基（消失群）が機能的になる前に再吸収されるか脱落する．7 つの歯牙（移行群）は短期間（2 週間以下）機能するが，

4.6 歯牙原基形成のモデリング：背景

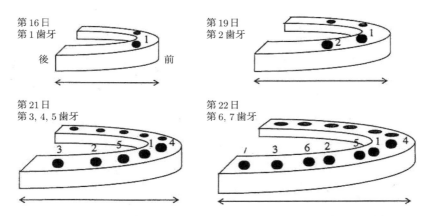

図 4.11　*A. mississippiensis* の下顎において，最初の 7 つの歯牙の出現する時間と順番 (Westergaard and Ferguson (1986) より)．最初の歯牙原基が形成される際には顎は約 0.6 mm に，4 番目の歯牙原基ができるまでに約 3.8 mm になる．

機能せずに再吸収または脱落する場合もある．機能的な歯牙の群は 36 の歯牙からなり，胚の時期に形成が始まり，比較的長期間機能する．下顎の実験データ (Westgaard and Ferguson 1987) によると 17 番目の歯牙原基形成開始の後，残っているプラコードの多くは以前に形成された原基が再吸収されてできた空間の周囲に形成されている．これは顎の成長が遅く，新しい歯牙原基を形成するほどの成長ではなくなったことを意味するのだろう．これらのことから，初期の歯牙原基の役割は，将来の歯牙原基の場所に関する標識を定めることのようだ．

歯牙プラコードの目印となる細胞の局所的凝集の始まりは，上皮で起こるが，その正確な誘導シグナル機構はわかっていない．歯牙誘導に関するシグナル伝達の研究は，上皮成長因子とその受容体の局所的発現 (Thesleff and Partanen 1987, Partanen et al. 1985, Kronmiller et al. 1991)，組織間相互作用 (Mina and Kollar 1987)，ホメオボックス遺伝子の局所的発現 (MacKenzie et al. 1991, 1992) に焦点をあててきた．マウスでの研究では，Thesleff and Partanen (1987) が上皮成長因子が歯牙上皮の増殖を起こすことを発見した．そして Kronmiller et al. (1991) は，上皮成長因子を化学的に阻害すると歯牙誘導が起こらないことを示し，歯牙誘導におけるこの上皮成長因子の必要性を明らかにした．

より最近の実験研究は，歯牙原基の誘導と形成に関わる分子メカニズムの探索に焦点を当てている．簡潔な総説として Ferguson (1994) を参照されたい．ホメオボックス遺伝子 Msx1, Msx2 が歯牙形成の局所領域で発現するものとして同定された (MacKenzie et al. 1991, 1992)．そしてこれらは上皮と間葉の相互作用の結果として発現する (Jowett et al. 1993, Vainio et al. 1993)．そのため，歯列の完全な形成は，組織のシグナル伝達と物理的な相互作用によって調節された一連の過程である．様々な発見やモデル，仮説（その一部は 1894 年までさかのぼる）に対する批判的で網羅的な総説は，Kulesa (1995) に与えられている．

4.6 歯牙原基形成のモデリング：背景

爬虫類の歯列発生に関する初期胚発生学的研究 (Röse 1894, Woerdeman 1919, 1921) は，歯牙形成の記述的モデルの基盤となった．これらの記述的モデルは概して，プレパターンモデルと動的モデルのどちらかに分類できる．プレパターンモデルは第 2 章で詳しく議論したモルフォゲンを特徴とするモデルで，位置情報の概念に基づく (Wolpert 1969)．簡単に要約すると，組織内のモルフォゲンの反応と拡散により，モルフォゲン濃度の非一様な地形が生み出され，それに従って細胞が反応し分化する．歯牙誘導過程

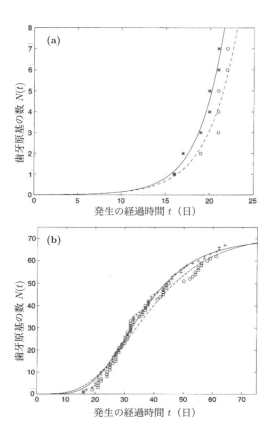

図 4.12 A. mississippiensis において，(a) 上顎（*）と下顎（○）の最初の 7 個の歯牙原基の時間的順序（Westergaard and Ferguson (1986, 1990) より作成）．データを指数関数曲線：$N(t) = N_0 \exp(rt)$ にフィッティングした．上顎（実線）：$N_0 = 0.0047$, $r = 0.3442$/日，下顎（点線）：$N_0 = 0.0066$, $r = 0.3077$/日である．(b) 胚発生中の上顎（+）と下顎（○）の歯牙原基の数 $N(t)$ と発生の経過時間 t（日）(Westergaard and Ferguson (1986, 1987, 1990) より作成)．それぞれのデータをゴンペルツ型曲線：$N(t) = N_1 \exp[-N_2 \exp(-rt)]$ にフィッティングした．上顎：$N_1 = 69.6$, $N_2 = 12$, $r = 0.082$/日 下顎：$N_1 = 71.8$, $N_2 = 8.9$, $r = 0.068$/日 である（Kulesa and Murray (1995) より）．

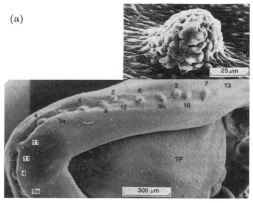

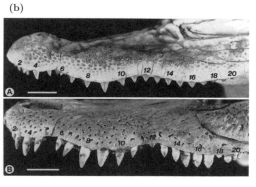

図 4.13 (a) 発生 26 日目の A. mississippiensis の下顎の右半分の歯牙原基．写真はこの時期に最も突き出た歯牙原基がどのように見えるかを示している．(Westergaard and Ferguson (1986) より．) (b) 若い成体 (A) と老いた成体 (B) ワニの上顎と下顎．数字は歯牙の位置と順番を表す．(A) では，歯列は出生直後のアリゲイターと同じ 20 の機能的な歯牙からなる．スケールバーは (A) では 5 mm, (B) では 20 mm である（写真は M. W. J. Ferguson 教授の厚意により，Westergaard and Ferguson (1990) より）．

4.6 歯牙原基形成のモデリング：背景

において，プレパターンモデルでは，細胞がモルフォゲン濃度勾配に反応する際に歯牙原基が形成されると仮定するため，モルフォゲン濃度の適切な空間パターンを生み出すメカニズムを定めることが課題となる．通常のモルフォゲンプレパターンモデルは動的ではない．すなわち，一度パターンが決まると系の動的振舞い（例えば領域の成長）によってパターンが変化することはない．

Woerdeman (1919, 1921) の研究では，爬虫類の *Gongylus ocellatus* と *Crocodylus porosus* を用い，最初の歯牙原基が顎の最も前部にできることが示された．後に続く歯牙原基は，全て顎に沿って形成された．このデータを用いて，Edmund (1960a, b) は歯牙原基の形成過程は，波のような刺激が顎の前部から後部へと通過していくようなものではないかと提案した．波が，あらかじめ決定された，もしくは既にプレパターン形成された歯牙の位置を通ることで，歯牙プラコードの形成が始まるというのだ．刺激は顎の前部からの化学伝達因子による．この仮説上の誘導パルスが通過する度に，1列の歯牙が形成されていく．この一連の波は（ドイツ語の歯 (Zhan) と列 (reihe) から）Zahnreihe と呼ばれ，最初にこの現象を報告した Woerdeman (1919) から Edmund (1960a, b) によって受け継がれた．Zahnreihe 仮説は当時の多くの研究者に受け入れられたが，胚の歯牙発生において Zahnreihe 仮説に適合するパターンが見つからないこと，および実は Edmund (1960a, b) が Woerdeman (1921) のデータを自分のモデルに合うように再構成していたことが Osborn (1970, 1971) により示され，否定された．Zahnreihe 仮説は実験データに合致しないことが示されてきたが，現在でも化学物質の波状のパルスが歯牙原基を誘導すると広く考えられている．

従来のプレパターンモデルとは対照的に動的モデルは，パターンの発生を，自己生成的すなわち動的成長する系で起こり，その系のダイナミックな成長に大きく依存する動的なプロセスとして記述する．既に前節でワニのシャドウストライプを扱った際に，成長が重要な役割を果たすことみた．歯牙原基はモルフォゲン勾配によって誘導されるかもしれないが，パターン形成メカニズムはその背後にある系の成長にも反応するだろう．動的パターン形成の概念は，2つのモデルを導いた．すなわち，クローンモデル (Osborn 1978) とメカノケミカルモデル (Sneyd et al. 1993) である．

Osborn (1978) は初めて，顎の成長の動的過程を歯牙形成の記述的モデルへと組み込もうと試みた．彼のクローンモデルでは，歯牙原基は上皮直下の間葉に存在する神経堤細胞の1つまたは複数のクローンから形成開始されると仮定する．歯牙原基のパターンはクローンの動的な成長によって形成される．彼のモデルでは，クローンの源は進行帯と呼ばれる両端をもち，進行帯は顎の前方と後方のどちらにも拡大する．クローンの拡大に伴い，細胞分裂によって，細胞の成熟度の勾配を伴った分化能をもつ組織が生じる．一連の細胞増殖ののち，クローンの辺縁には十分な空間ができる．成長していくクローン内で，成熟組織が十分になり，利用可能な空間も十分になると，新たな歯牙原基が形成され始める．新たな歯牙原基は，両側の歯牙原基のうちの古いほうの近くに形成されやすいという実験的証拠 (Osborn 1971) に基づき，Osborn (1978) は，新しい歯牙原基は近傍におけるさらなる原基誘導を抑制するような領域を生み出すのではないかと提案した．そのモデルでは，顎に形成される原基の総数は，クローンが成長する大きさと，抑制領域（帯）の大きさに依存する．

Sneyd et al. (1993) によるメカノケミカルモデルは，細胞と関連する組織の力学的な移動が，いかにして歯牙原基の構造と形態を生み出しうるのかを記述している．このモデルは，反応拡散機構とメカノケミカル機構の両方を取り入れている．歯牙決定基（最初の歯牙原基）の形成は，顎の成長，成長する顎における上皮細胞の成熟度構造 (age structure)，上皮での成熟度依存的な細胞接着因子（CAM; cellular adhesion molecule，例えば Chuong and Edelman (1985), Obrink (1986) を参照されたい）の産生によって制御される過程として提示されている．彼らの数値シミュレーションによる予測では，歯牙決定基の形成が適切な位置で起こるためには，形成されつつあるプラコードの近隣でプラコードの発達の直前にCAM濃度の急速な上昇があることが必要とされた．そのため，顎前部でのCAM産生が顎の成長よりもずっと速い時間スケールで起こらない限り，不正確なパターンが形成されるだろう．モデルシミュレー

ションによりたどり着いたこの重要な結論は，固定された領域におけるモデルから導かれた結果を，成長する領域でのパターン形成に外挿するのは危険であることを指摘するものである．

しかし，これらの理論にはいずれも重大な問題点がある．A. mississippiensis の上顎と下顎の歯牙の胚発生の詳細な調査 (Westergaard and Ferguson 1986, 1987, 1990) により，胚発生 1 日目から 75 日目までの正確な歯牙形成データが得られた．これは歯牙の形成開始と置換の明瞭な順番を記録し，個々の歯牙の発達を 65 日間記録したものである．この実験研究は，胚発生中の非常に正確な歯牙パターンを十分明らかにできる最初の詳述であり，これまでに紹介したモデルの定量的および定性的な不十分さを浮き彫りにした．モデリングの観点からの主要な発見は，歯牙形成は，(1) 顎の成長，(2) 既に存在する歯牙同士の距離，(3) 歯牙の大きさと発生的な成熟度と関連深いことである．

この実験データは，Zahnreihe 仮説の不十分さを確認するとともに，拡大するクローンのモデルから予測される順番とは異なる順番で新たな歯牙が発生することから，クローンモデル (Osborn 1978) をも棄却した (Westergaard and Ferguson 1986)．Osborn (1993) は，ワニ胚の顎の四半部で発生する歯牙は複数のクローンから発生するかもしれないと提案したが，それぞれのクローンの初期位置と成長動態については具体的に触れていない．メカノケミカルモデル (Sneyd et al. 1993) は，ある制約の下で歯牙決定基の位置を正確に予測できるが，最も有用なのは顎領域の成長をモデルに組み込む必要性を示している点である．しかし，このモデルもまた，後に続く原基の形成順を説明できない．Westergaard and Ferguson (1986, 1987, 1990) は，歯牙原基の空間パターンが一度にでき上がるのではなく，顎の成長に従って動的に発展していくことを明確にした．歯牙形成のパターン形成メカニズムがどのようなものであれ，そのモデルは最初に出現するいくつかの歯牙原基の空間的・時間的の両方の順序を実験データ通りに再現できるものでなければならない．このことは，理論的モデルにとって，取るに足らない挑戦ではない．我々はこの後の 4 つの節で，生物学的データに基づいて，顎の成長を含み，かつ A. mississippiensis の歯牙原基における順次的出現についての基準に合致するような，歯牙原基形成と空間的位置決定の動的モデルメカニズムを開発し解析する．

4.7 ワニの歯牙パターン形成のモデルメカニズム

ワニ胚における歯牙発生からは，歯牙形成の様々な側面を研究するためのモデル系が立てられる．これまで述べたように，ここでは歯牙原基の誘導の過程のみに焦点を当てる．我々は，歯牙原基の誘導と空間パターン形成を記述するための数理モデルを立てる指針として，既知の生物学的事実を用いる．ひとまずの目標は，A. mississippiensis の顎に発生する最初の 7 対の歯牙原基の空間パターンを観測結果通りに再現することである．7 対としたのは，それ以降これらの歯牙の再吸収が起こり始めるからである（もっとも前述通りこの再吸収も体系的に生じる）．

まず，生物学的データから，モデルを構成する定量的な仮定をいかに導くのかを議論することから始めよう．Westergaard and Ferguson (1986, 1987, 1990) による独創的な実験研究が，モデルメカニズムを開発するための土台となる．マウスでの最近の生物学的調査と実験研究が，生物学的データベースを補完する．それらの実験結果の中には，ワニではまだ示されていないものもあるが，同様の特徴がワニにも当てはまると仮定してよいだろう．既知の生物学的データをできるだけ多くモデルに組み込むことを試みる．

既知の生物学的データに基づいて顎の成長を組み込むことは，モデルメカニズムにきわめて重要である．最初の 7 個の歯牙原基は，ワニ胚の発生過程の初め 3 分の 1 の期間に誘導が起こる．前述の通り，歯牙原基の数は最初のいくつかの原基については指数関数的な関係に従い（図 4.12(a)），発生中に誘導される歯牙原基全体についてはゴンペルツ型成長に従う（図 4.12(b)）と考えられる．

まず，顎の成長を定量的に記述し，それをモデル方程式系に組み込まなければならない．その次に，生

4.7 ワニの歯牙パターン形成のモデルメカニズム

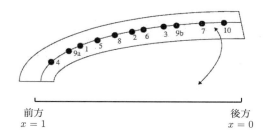

図 4.14 顎の後-前軸の 1 次元近似直線．この軸に沿って歯牙原基が形成される．

物学的機構によって歯牙原基の誘導とそれに引き続く原基の空間パターン形成が生じるそのプロセスは，化学物質に基づいたモデル方程式ではどのように捉えられるのかを説明する．化学的な系，すなわち以前の章の反応拡散系については，これまで多く扱ってきた．そのため，化学的な系がいかにして非一様な空間パターンを生成するのか——今回は，非一様な空間パターンが上皮の細胞凝集（プラコード）を引き起こし，それが歯牙が誘導される位置の指標となると仮定する——については，簡潔な記述にとどめる．

モデルにおける仮定

いくつかの生物学的仮定を行うが，今回のモデルの目標は，生物学的メカニズムとできるだけ多くの既知の生物学的データに関して，その本質的な要素を捉えることである．Westergaard and Ferguson (1986) の実験研究から，*A. mississippiensis* の同一個体または他個体同士において，歯牙誘導の順番と場所を左右で比較し，有意な差はないことを示している．そのため我々は，顎の左右で対称的な歯牙誘導プロセスが働いていると仮定する．図 4.13(a) から明らかなように，原基が形成される顎の領域は，その長さに比べて横幅が非常に薄いので，歯牙原基は 1 次元列上に形成されるものとみなす．顎の後部から前部へと向かって軸を設定する（図 4.14）．歯牙誘導位置が，顎上皮の後方から前方へ引いた仮想上の線から側方へはわずかにしかずれないことを示す実験結果 (Westergaard and Ferguson 1986, 1987, 1990) からも，後方から前方へと向かうこの 1 次元の軸は正当化される．

生物学的に，歯牙誘導を開始するためのシグナルがどのようにしてスイッチオンになるのかはわかっていない．このシグナルは，間葉の神経堤細胞が上皮に何らかの方法で，凝集を開始させるための情報を伝達することによって制御されると考えられている．

上皮での細胞凝集は，歯牙原基が誘導される位置の標識となる．これを誘導する起点も不明なので，顎の後端に化学物質の湧き出しがあり，誘導プロセスを開始させていると仮定する．この湧き出しがどのようにスイッチオンになるのかは，生物学的知識の不足と相まって特定されていない．最初の歯牙原基が形成されると，この化学物質の湧き出しは急速にその役割を失うものとする．

歯牙の誘導と形成に関わる因子を実験的に同定することにより，上皮成長因子，BMP-4 (bone morphologenetic protein)，ある種のホメオボックス遺伝子 (Msx1, Msx2) が明らかになっている．このことは，原基が誘導される際に，ある化学物質の濃度がその領域のプラコード形成を刺激するといった化学的な機構があることを示唆する．したがって，我々は反応拡散機構を考えるが，これは以前の章で扱った反応拡散機構とは大きく異なるいくつかの特徴を有する．

モデル方程式

次の目標は，Kulesa (1995), Kulesa and Murray (1995), Murray and Kulesa (1996), Kulesa et al. (1996a, b) に従って，いま我々が構築している歯牙原基誘導メカニズムが，*A. mississippiensis* の歯牙形成位置パターンを説明するのに十分であることを示すことである．動的なパターン形成系を構築するため，パターンを生成できる系に顎の成長を組み込まなければならない．そのために，調節能をもった化学

物質を介した静的なパターン形成メカニズムと，顎領域の成長とを組み合わせる．それにより動的なパターン形成メカニズムができ上がる．

実験的な証拠から，歯牙パターンは歯牙誘導位置のプレパターンの結果ではなく，顎の成長の結果として動的に生じるものでなくてはならないため，メカニズムにおいて顎の成長は重要な要素である．顎が指数関数的に成長するという実験的な証拠（図 4.12(a)）から，顎の長さ $L = L(t)$ は，一定の歪み率 r で

$$\frac{dL}{dt} = rL \quad \Rightarrow \quad L(t) = L_0 e^{rt} \tag{4.1}$$

に従って成長すると仮定する．ここで，我々が用いる無次元化では $L_0 = 1$ である．パラメータは，実験データから推定値を得ることができる．基本的には，成長している領域では化学物質濃度は薄まっていく．

成長領域上のスカラー反応拡散方程式

$$c_t = Dc_{\xi\xi} + \gamma f(c) \tag{4.2}$$

を考える．ここで，拡散係数 D とスケール因子 γ は定数であり，反応項 $f(c)$ は濃度 c の関数である．また，

$$s = \text{距離 } l \text{ に含まれる反応物の量} \quad \Rightarrow \quad c = s/l$$

とおく．すると，ある時間間隔 $(t, t+\Delta t)$ において，

$$l \to l + \Delta l, \quad c = \frac{s}{l} \to \frac{s + \Delta s}{l + \Delta l}$$

となるので，濃度の変化は

$$\Delta c = \frac{s + \Delta s}{l + \Delta l} - \frac{s}{l} = \frac{s + \gamma l f(c) \Delta t}{l + rl\Delta t} - \frac{s}{l} = \gamma f(c)\Delta t - rc\Delta t$$

となり，これは

$$\lim_{\Delta t \to 0} \frac{\Delta c}{\Delta t} = \gamma f(c) - rc$$

となることを意味するため，式 (4.2) は

$$c_t = Dc_{\xi\xi} + \gamma f(c) - rc \tag{4.3}$$

となる．$-rc$ は希釈項である．

いま，領域は指数関数的に成長する．モデルの数値シミュレーションを簡単にするためには，変数を置き換えて方程式系が固定領域にあるようにするのが最も容易である．そこで，

$$x = \xi e^{-rt} \Rightarrow \quad c_t = De^{-2rt}c_{xx} + \gamma f(c) - rc \quad (x \in [0, L], \ L: \text{固定}) \tag{4.4}$$

とおく．これにより，成長する領域上の反応拡散方程式 (4.3) は，拡散係数が時間経過に伴い指数関数的に減少していくような，固定領域上の非自励的反応拡散方程式になる．

我々は，化学的パターン形成メカニズムの例として基本的な無次元型反応拡散系，すなわち第 2 章の系 (2.32) を用いる．この系については，2.4 節と 2.5 節である程度深く扱った．これを先に述べた生物学的議論に従って修正し，基質 u を単純な抑制によって制御する化学物質 c の方程式と組み合わせることで，

$$\begin{aligned}
\frac{\partial u}{\partial t} &= \gamma(hc - u + u^2 v) + \frac{\partial^2 u}{\partial x^2}, \\
\frac{\partial v}{\partial t} &= \gamma(b - u^2 v) + d\frac{\partial^2 v}{\partial x^2}, \\
\frac{\partial c}{\partial t} &= -\delta c + p\frac{\partial^2 c}{\partial x^2}
\end{aligned} \tag{4.5}$$

4.7 ワニの歯牙パターン形成のモデルメカニズム

を得る．ここで，$u(x,t)$ と $v(x,t)$ はそれぞれ基質と活性因子の濃度を表し，これまでと同様に γ はスケール因子（第3章参照）である．また，b, h は定数で，δ は1次速度論に従う c の減衰係数である．d は活性因子と基質の拡散係数比，p は c と基質 u の拡散係数比である．

u の産生は，上皮成長因子（EGF）に関連した抑制因子 c によって制御されるとする．つまり，EGF 濃度の上昇によって濃度が下がり，EGF 減少によって濃度が上昇するような抑制因子が存在するとする．その抑制因子 c は顎の後端の湧き出しに由来する．

式 (4.4) でのスケール変換と無次元化によって領域の大きさを1に固定すると，基質 u，活性因子 v，抑制因子 c の無次元化方程式が得られ，スケール変換された領域 $0 \leq x \leq 1$ で，

$$\frac{\partial u}{\partial t} = \gamma(hc - u + u^2 v) - ru + \left(e^{-2rt}\right)\frac{\partial^2 u}{\partial x^2}, \tag{4.6}$$

$$\frac{\partial v}{\partial t} = \gamma(b - u^2 v) - rv + d\left(e^{-2rt}\right)\frac{\partial^2 v}{\partial x^2}, \tag{4.7}$$

$$\frac{\partial c}{\partial t} = -\delta c - rc + p\left(e^{-2rt}\right)\frac{\partial^2 c}{\partial x^2} \tag{4.8}$$

となる．方程式 (4.6)–(4.8) はそれぞれ，顎の成長による希釈項と，x 上のスケール化された領域に座標変換したことで生じる時間依存的な拡散係数とをもつ．これらの方程式は成長する顎の領域上の変数を支配しており，Kulesa (1995) によって深く研究された．妥当な境界条件は，

$$u_x(0,t) = u_x(1,t) = 0 = v_x(0,t) = v_x(1,t), \tag{4.9}$$

$$c_x(1,t) = 0, \ c(0,t) = c_0(t) \tag{4.10}$$

であり，$c_0(t)$ は前述した後端の抑制因子の湧き出しの項に対応する減少関数である．条件 (4.9) は領域の両端では u と v の流束密度が零であることを意味し，条件 (4.10) は c の流束が前端においてのみ零であることを意味する．大きさ1のスケールになるように変換したのは顎の半分のみであるため前端では対称な条件となり，それにより，(4.10) における $x = 1$ での条件が生じることを思い出されたい．

第2章，特に 2.4 節と 2.5 節での解析から，領域の大きさが何らかの最小値よりも大きいとき，あるパラメータ範囲において，その下では系 (4.5) の第1式と第2式が与える反応拡散方程式系は c が定数のとき，u, v に関する定常状態の空間パターンを生成しうる．この方程式においてパラメータの1つまたは複数を動かすことで，系は安定な非一様状態，すなわち特定の規則的な空間パターンをとることができる．式 (4.6) の第1項の抑制因子 c が閾値よりも大きいときには，u, v に関するパターン形成は阻害される．c がこの閾値よりも低いときは，拡散誘導不安定性によってパターン形成メカニズムがスイッチオンになり，領域中で閾値を下回る場所が十分広ければ，u, v に関する空間パターンが形成される．パターンが生じうる空間において，形成される特定のパターンを決定するのには，パラメータと領域のスケールとの相互の関係が重要である．具体例として図 4.21 では，ここで必要なこぶ状 (hump-like) のパターンを与える特異的なパラメータ領域が与えられている．その解析は，hc（そこでは a に相当する）が定数パラメータであり，領域の大きさを固定した場合のものである．今回考える状況では，領域の大きさは変化し，c は時空間的に変動する．この場合，同様の解析は容易ではない．しかしながら，以下にみるように，系の振舞いに関する直観を得られる．

生物学的研究から，歯牙原基の表出した場所が抑制因子 $c(x,t)$ の湧き出しとなることが強く示唆されている．実験研究 (Westergaard and Ferguson 1986, 1987, 1990, Osborn 1971) から，新しく形成された歯牙の周囲には引き続く歯牙原基が近傍に形成されるのを抑制する場があると想定される．Westergaard and Ferguson (1986) は，既存の歯牙原基の間に新たな原基が形成される際には，その新たな原基は既存の原基のうちより古いほうの近くに形成されることを記述した．我々は，この抑制的な領域を数学的に特徴づけるために，新たな歯牙原基それぞれが化学的成長因子の湧き出しとなり，その成長因子が近傍での歯牙原基形成を抑制するとする．新しく歯牙のできる場所を，$0 \leq x \leq 1$ 領域上で，基質 $u(x,t)$ が閾値

を超える領域と定める．それによりこの領域で，抑制因子 c を産生する「歯牙における湧き出し/歯牙源 (tooth source)」$\bar{c}_i$ ができ，抑制的な領域が再現される．この歯牙源における濃度を，ロジスティック型

$$\frac{d}{dt}\bar{c}_i = k_1 \bar{c}_i \left(1 - \frac{\bar{c}_i}{k_2}\right) \tag{4.11}$$

によりモデリングする．ここで，k_1, k_2 は正定数であり，$t \geq t_i$ において $c(x_i, t) = \bar{c}_i(t)$ とする．また，下付きの i は i 番目の歯牙を表す．

これらの抑制因子の新たな歯牙源は，数学的には時空間的にデルタ関数とみなせる．すなわち，時間的には u が閾値を超えたときに，空間的には u が閾値を超えた場所で歯牙源がスイッチオンになる．新たな歯牙源のスイッチオンとは，歯牙形成位置で抑制性物質 c が式 (4.11) に従って増加することと定義する．これらの加算的な歯牙源は，

$$\sum_{i=1} \delta(x - x_i) H(u - u_{\text{th}}) F(t - t_i) \quad (i = i \text{ 番目の歯牙}) \tag{4.12}$$

の形で式 (4.8) の右辺に組み込める．ここで，$\delta(x - x_i)$ は通常のディラックのデルタ関数，$H(u - u_{\text{th}})$ はステップ関数であり，それぞれ

$$\delta(x) = 0 \, (x \neq 0), \quad \int_{-\infty}^{\infty} \delta(x) \, dx = 1, \quad H(u) = \begin{cases} 1 & (u > 0 \text{ のとき}) \\ 0 & (u < 0 \text{ のとき}) \end{cases} \tag{4.13}$$

により定義される．$t \geq t_i$ のとき常に，$H(u - u_{\text{th}}) = 1$ であるという制約条件を加え，u が u_{th} を下回っても H は 1 であり続けることとする．それにより，新たな歯牙源では，いったんスイッチオンになるとその状態が維持されることが保証される．関数 $F(t)$ は式 (4.11) の右辺である．

メカニズムがどのように作用するか

パターン形成過程 (4.6)–(4.8) がいかにして働くのかを直観的に理解するために，まずは基本的な系 (4.5) を考え，$c = a$（定数）とすると，

$$\begin{aligned}
\frac{\partial u}{\partial t} &= \gamma(ha - u + u^2 v) + \frac{\partial^2 u}{\partial x^2}, \\
\frac{\partial v}{\partial t} &= \gamma(b - u^2 v) + d \frac{\partial^2 v}{\partial x^2}
\end{aligned} \tag{4.14}$$

を得る．ここで，領域の長さは $1 - L_c$ とし，L_c は後で定義する．我々は 2.4 節から，γ, b, d, ha が適切なパラメータ領域内にあるとき，パターンを生じるために必要な領域の長さの最小値が存在し，それよりも長いときには，領域の長さに（もちろん他のパラメータにも）依存したモードのパターンが形成されることを知っている．また，その内部ではパターン形成が可能であるような，（パラメータ数と同じ次元をもつ）パラメータ領域があることもみた．今回のモデル系においても，そのパラメータ領域を解析的に決定できないことを除けば，第 2 章と同様である．実際のパラメータ領域の 2 次元横断面を図 4.21 に再現した．

さて，横軸に，あるパラメータグループを，縦軸の別のパラメータグループをプロットして，仮説上のパラメータ空間を模式的に示した図 4.15(a) を考えよう．そのパラメータ空間には，十分に大きな領域上ではモード 1 型のパターンやモード 2 型のパターンがそれぞれ成長し始めるようなサブ領域 (subspace) がある．次に図 4.15(b) は，$x = 0$ に c の湧き出しがあり，$x = 1$ においてゼロフラックスであるときの，系 (4.5) の第 3 式の典型的な解を示している．c が減少（式中の $-\delta c$ 項による）していくことで，パラメータたちが適切なサブ領域に存在すれば，c の平均（というよりは大まかな平均）に対してある L_c の値が存在して，$L_c < x < 1$ において系 (4.14) が空間パターン，特にモード 2 型のパターンを生じう

4.7 ワニの歯牙パターン形成のモデルメカニズム

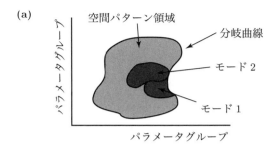

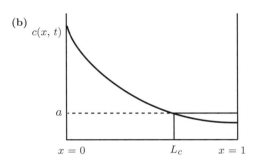

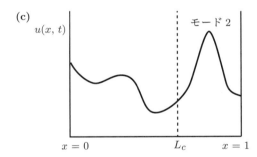

図 4.15 (a) パラメータ空間の模式図. パラメータが適切な領域にあるとき, パターンが成長する. また, パラメータがそれぞれのサブ領域に存在するとき, 特定の支配的なパターンが生じる. (b) 系 (4.5) の第 3 式で抑制因子の湧き出しが $x=0$ にあるとしたときの, 典型的な定性的な解 c. (c) ある臨界値 L_c に対する完全な系 (4.5) のモード 2 型の解の模式図.

る. $c = a$ (一定) とすれば, モード 2 のパターンが形成されるような臨界値 L_c を第 2 章の方法で確かに計算できる. 反応拡散方程式 (系 (4.5) の第 3 式) の解 $c(x,t)$ については, 完全な系を解かなければならず, 容易ではない. しかしながら, 完全な系 (4.5) では, ある長さ L_c において, 図 4.15(c) のようなモード 2 型の解が形成され始め u が増加していくだろうことは直観的に明らかである. また, 同じく直観的に, 成長する領域でのモデル系 (4.6)–(4.8) でも, 何かしら類似するパターン形成のシナリオが見られるだろうことや, ある臨界値 L_c が存在して $L_c < x < 1$ の範囲でモード 2 型パターンの形成が始まるだろうことも明らかである. これらの挙動はいずれも, 後にみていくような完全な系の数値シミュレーションによって確かめられている.

さて, 固定領域 $0 < x < 1$ における方程式 (4.6)–(4.8), (4.9), (4.10) からなる完全なモデルに戻る. スケール変換をしたことによって, 領域は固定されていることを思い出そう. 顎の後端 ($x=0$) には, 上皮成長因子と関連した抑制因子 c の初期の湧き出しがあると仮定する. この化学物質は, 式 (4.8) に従って顎の上皮を拡散し, 分解され, さらに顎の成長によって希釈される. 顎の成長につれて, c は前端 ($x=1$) に近づくほど低下していき, 十分大きなサブ領域 $L_c < x < 1$ において臨界的閾値を下回るようになると基質-活性因子系の不安定化を引き起こす (程度の差はあれ, いつものように拡散誘導不安定性による). 成長し始めるパターンのモードは, パラメータに依存する. 我々は, 単一のこぶ (hump) ができる空間パターン (モード 2) が第 1 の不安定モードになるようなパラメータ値を選ぶ. そのため, c が閾値を下回るサブ領域が十分大きく成長したとき, u, v に関する単一のモードからなる空間パターンが, 図 4.15(c)

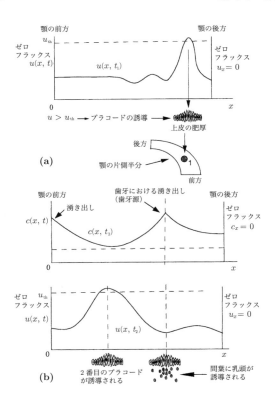

図 4.16 (a) 最初の歯牙原基の形成の再現．$t = t_1$ は $u = u_{\text{th}}$ となる時刻である．この時期の顎の長さはおよそ 0.6 mm である．(b) 2番目の歯牙原基の形成の再現．$t = t_2$ は再び $u = u_{\text{th}}$ となる時刻である．図 4.10 に示したプラコード発生のシナリオに基づくと，基質 u によって誘導されるプラコード，間葉での細胞凝集，乳頭は同じ場所に現れる．

に示すモード 2 型のように成長し始める．ついには，基質濃度 u は，プラコード（歯牙原基）誘導の引き金となる閾値を上回り，第 1 歯牙（すなわち歯牙決定基）の位置が決定する．図 4.16(a) を参照されたい．

前述の通り，実験的証拠 (Westergaard and Ferguson 1986) から，歯牙決定基と引き続く各々の歯牙原基は，抑制因子の湧き出しとなり，抑制的な領域を再現することが示唆されている．そのため，我々のモデルでは，u がある閾値を超えたとき，u のピークの位置に抑制因子 c の湧き出しが現れるとした．これは数学的には，それぞれの歯牙についての内部境界条件に相当し，$x = x_i$ で $t > t_i$ のとき

$$c(x_i, t) = \bar{c}_i(t) \tag{4.15}$$

と表される．ここで，$\bar{c}_i(t)$ は式 (4.11) の解である．そのため，歯牙決定基が出現すると，c の湧き出しが 2 つ存在することになる．すなわち，1 つは顎の後端，もう 1 つは歯牙決定基の位置 x_1 である．すると，顎の成長によって，結果的に c は 2 つの抑制因子の湧き出しの間で臨界的な閾値を下回り，u の 2 つ目のこぶ状パターンが顎の後方に現れ始める．2 つ目の歯牙原基も，u が再び閾値を超える箇所に形成され，そこに誘導される歯牙が新たな c の湧き出しとなる（図 4.16(b)）．このようにして，歯牙の発生が進行する．すなわち，$c(x,t)$ が閾値の下に落ち込み，その領域が十分広くなると局所パターンの形成が引き起こされる．パターン形成の際には，u が閾値を超え，新たな c の湧き出しが生み出され，それにより新たな歯牙原基が形成されたことになる．後に続く歯牙も同じ様式で現れる．図 4.10 に示した歯牙形成シナリオに基づいて，u が閾値を超えた箇所にできると想定したプラコードは，間葉において細胞凝集（乳頭）を誘導する．プラコードと乳頭のどちらが厳密に先に形成されるかは，一般には決着がついていない．現段階では，我々のモデリングではこの問題には言及しない．これについては，第 6 章でパターン形成における力学理論を議論する際に考える．

方程式系がどれほど複雑であっても，直観的に解がどのようなものになりうるのかを理解しようとすることは常に有用である．

4.8 結果および実験データとの比較

　以上の発見的なシナリオから，いよいよ完全なモデルメカニズムをシミュレーションし，最初に出現する 7 個の歯牙原基の時間的順序と空間的順列のパターンを解く準備ができた．数値解析と結果の考察の詳細は，Kulesa (1995), Kulesa and Murray (1995), Kulesa and Murray (1995), Murray and Kulesa (1996) そして Kulesa et al. (1995, 1996a, b) に与えられている．我々はまず，モデルパラメータ値の組合せを評価しなければならない．中には実験データから得られるものもあるが，他のものは u が適切な空間パターンを確かに示すように定めなければならない．重要なパラメータである成長率 r は，Westergaard and Ferguson (1986, 1990) のデータにより評価できる．拡散係数 p は上皮成長因子に関連づけられるので，現実的な生物学的推定値を得られる．同様に分解定数 δ も上皮成長因子に関わるため，生物学的推定値を得られる．それ以外のパラメータに関しては，方程式と，得ようとする最終的なパターンを用いて定めなければならない．これは，系 (4.6), (4.7) の単純化系である系 (4.14) を用いて，シンプルな線形解析によってなされた．その解析は，この単純化された系におけるパターン形成空間を導出した 2.4 節，2.5 節において詳しく扱ったものと全く同じであるため，繰り返すことはしない．今回はシンプルに，系に拡散誘導不安定性が生じる際に，u に関する適切なモード 2 型パターンが生成されるようなパラメータ値の組合せを選んだ．パラメータ値の組合せは解析的に定めるのがより模範的ではあるが，それが不可能な場合には，パターン形成メカニズム一般において，特定のパターンに対応するパラメータ値の組合せを定めるための体系的で使いやすい論理的数値的解法 (Bentil and Murray 1991) がある．境界条件は式 (4.9), (4.10) によって与えられ，初期条件は

$$u(x,0) = u_0 = h + b, \quad v(x,0) = v_0 = \frac{b}{(u_0)^2}, \quad c(x,0) = a\exp(-kx) \tag{4.16}$$

である．ここで，a, k は正のパラメータである．顎の後端にある抑制因子の湧き出しにおける，時間についての連続関数の代表的なものとして，

$$c(0,t) = c_0(t) = -m\tanh(t-f)/g + j \tag{4.17}$$

とおいた．ここで，m, f, g, j は定パラメータである．この式は，パターン形成過程の初期のスイッチオンを表す滑らかなステップ関数を与える．次に，ランダムな小さな空間的摂動を u_0, v_0 に与え，完全な非線形モデル系 (4.6)–(4.8) を数値的に解き，下顎の最初の 7 個の歯牙原基の時間的順序と空間的順列を求めた．クランク・ニコルソン法に基づく有限差分法を，$\Delta x = 0.01, \Delta t = (\Delta x)^2$ として用いた．全てのパラメータの値を，実験結果との比較を示した図 4.19 の説明文に与える．

　図 4.17 は，最初の 5 個の歯牙原基が形成されるまでの時刻について，u の数値シミュレーションを抑制因子 c の解とともに示している．時刻 t_1 で u が閾値 u_{th} に達し，それにより x_1 で歯牙原基の形成が誘導され，x_1 での抑制因子 c の産生がオンになる．そのため，x_1 がゼロフラックス境界となる．この段階で，最初の計算による u, v, c の分布を用い，それに x_1 における抑制因子 c の新たな湧き出しを加えて，$0 < x < x_1$ と $x_1 < x < 1$ の 2 つの領域で新たなシミュレーションを開始した．このシミュレーションは，c が十分広い領域において再び閾値を下回り，2 つの領域のいずれかのどこかの位置 x_2 において，u の空間パターンが再び u_{th} に達する時刻 t_2 まで行われる．2 番目の歯牙の位置は，x_2 に定まる．すると，同様にして次のシミュレーションが開始される．ここでは，3 つの領域 $0 < x < x_2, x_2 < x < x_1, x_1 < x < 1$ でシミュレーションを行い，u が次に u_{th} に達する時刻 t_3 とその位置 x_3 が定まる．こうして，シミュレーションを繰り返し，各歯牙原基が形成される位置と時刻を定めた．図 4.17 に示した結果は全て領域 $[0, 1]$ 上にプロットされているが，実際の領域の大きさは，パラメータ r を顎の成長率として $[0, \exp rt]$ である．

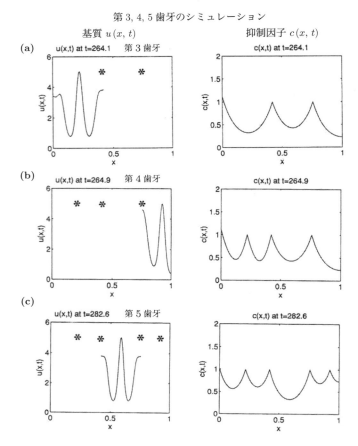

図 4.17 (a)–(c) 歯牙形成時刻 t_i まで，基質 u と抑制因子 c について数値的に計算された濃度プロファイル．i は i 番目の歯牙を表す．1 番目の歯牙は歯牙決定基である．歯牙原基の空間的配置は x_i で与えられ，この場所で u が閾値 u_{th} を上回る．解は区間 $[0, 1]$ 上に示されているが，各時刻での実際の領域の大きさは $[0, \exp rt]$ である．全てのシミュレーションに使われたパラメータ値は，図 4.19 の説明文に与えられている．

図 4.17 の結果を図 4.18 のように表すことで，顎の成長に伴って各歯牙原基の形成が決定された位置と時刻をより明確にすることができる．図 4.18(a) に，顎上での位置（顎は長さ 1 に正規化してある）と時間（日数）の関数として，基質濃度 u の 3 次元的発展を示す．シミュレーションにおける無次元化された時間は，図 4.12 にグラフで示した実験データにより評価された指数関数的な成長率 r を介して，実際の日数と関係している．パラメータの値は図 4.19 に記した．図 4.18(b) は発生経過日数をシミュレーション上の顎の長さに対してプロットしたものであり，歯牙原基の形成順とともに示している．

Westergaard and Ferguson (1990) は $A.\ mississippiensis$ の上顎と下顎，双方の歯牙形成の順番の実験データを与えており，図 4.12 に示したものもこれに由来する．図 4.12(a) から，上顎では最初のいくつかの原基の順番が異なっており，すなわち原基 6 と原基 7 の空間的順列に違いがあることがわかる．下顎のデータと比べて，（図 4.12(a) から）上顎のほうがやや成長率が大きいこともわかる．前述のシミュレーションにおいて，上顎と下顎では，成長率を除いて全く同じパラメータ値を用いた．具体的には，上顎の成長率 $r = 0.34/$日 が下顎の成長率 $r = 0.31/$日 をわずかに上回るようにした．図 4.19 の説明文に書かれているように，実験データにより，シミュレーション上の時間 T を実際の時間 t に直接関連づけることができる．

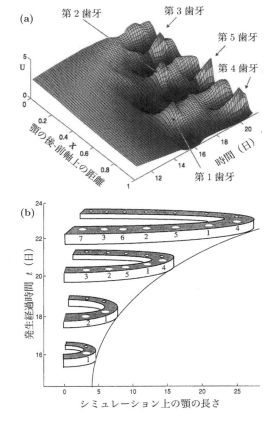

図 4.18 (a) 時間と顎上の位置の関数としての基質 u のシミュレーション上の濃度プロファイル．歯牙原基の位置は，顎上で u が閾値に達した位置として定まる．(b) 発生経過日数に関連した顎の長さと歯牙原基の出現．全てのパラメータ値は，図 4.19 の説明文に記載されている（Kulesa (1995) より）．

上顎と下顎，双方の歯牙の形成順に関して，各パラメータ値の組合せによる数値シミュレーションを，実験データとの比較とともに図 4.19 に示す．モデルメカニズムによって，下顎では最初の 8 個の歯牙が，上顎では最初の 6 個の歯牙が，正しい時間的順序と空間的順列で再現された．この結果は勇気づけられるものである．

Kulesa et al. (1996a) はまた，数値シミュレーションの結果を，実際の顎における歯牙原基の出現と比べたところ，これもまた非常によく一致していた．彼らは図 4.13(a) に x-y デカルト座標系を当てはめ，実験データから歯牙原基の空間的配置を得た．この図の歯牙原基に沿った放物線 $f(x)$ について，実験データに対してカーブフィッティングを行った（$f(x) = b_1 x^2 + b_2 x + b_3$; $b_1 = -0.256$, $b_2 = 0$, $b_3 = 7.28$）．空間的位置を数値化するにあたり，$x = 0$ から $x = x^*$（ただし $f(x^*) = 0$ とする）までの $f(x)$ の長さ l を用いて，彼らのシミュレーションの後-前軸上の無次元長とした．

4.9 数値予測による実験

実際の生物学的問題に直接関連する理論モデルメカニズムを構築することの主な利点の 1 つであり，またそれを正当化するのは，予想のための道具としてモデルを使用できる点である．モデルの数値シミュレーションにより，観測される実験データをモデルメカニズムが再現できるかどうかを確かめることができる．また，考えうる実験のシナリオを数値的にシミュレーションできる点も重要である．これらの仮想実験はコンピュータ上で行うことができ，実際の実験よりもはるかに広範なシナリオをずっと短時間で扱える．さらに，シミュレーションでは，実験室で再現可能な，もしくは場合によっては困難か不可能であるような，パラメータや条件の変更も許される．モデルによる予測の結果は，モデルメカニズムの挙動に

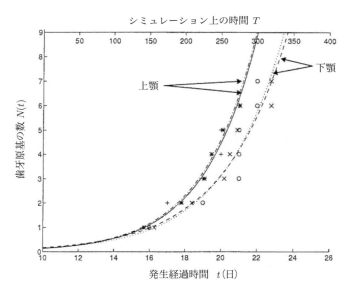

図 4.19 *A. mississippiensis* の上顎と下顎の歯牙原基誘導の順番に関する数値シミュレーションの結果と実験データの比較．上顎：(∗) と実線はシミュレーション結果を示し，$N(t) = N_3 \exp(r_3 t)$; $N_3 = 0.0042$, $r_3 = 0.35$/日である．(+) と破線は実験データを示し，$N(t) = N_4 \exp(r_4 t)$; $N_4 = 0.0047$, $r_4 = 0.34$/日である．下顎：(×) と破線はシミュレーション結果を示し，$N(t) = N_1 \exp(r_1 t)$; $N_1 = 0.012$, $r_1 = 0.28$/日である．(○) と点線は実験データを示し，$N(t) = N_2 \exp(r_2 t)$; $N_2 = 0.0066$, $r_2 = 0.31$/日である．時刻 t (日) は，時刻 T (シミュレーション) のスケールに $T = a_1 t + a_2$; $a_1 = 27.06$, $a_2 = -286.6$ を用いてあわせた．式 (4.6)–(4.11), (4.16), (4.17) に対応するモデルのパラメータ値は以下の通り：$h = 1$, $b = 1$, $d = 150$, $r = 0.01$, $p = 0.5$, $\gamma = 40$, $\sigma = 0.2$, $k_1 = 0.3$, $k_2 = 1.0$, $a = 2.21$, $k = 0.9$, $c_0(t) = c(0, t) = -m \tanh[(t-f)/g] + j$, ただし $m = 0.65$, $f = 200$, $g = 34$, $j = 1.5$ (Kulesa et al. (1996a) より)．

とって重要な生物学的過程を同定し，さらなる啓発的実験へと導くのに役立つかもしれない．これらの仮想実験を行う他の理由として，当然ながら，モデルにおける仮説のいくつかを検証する目的もある．

これまで，モデルによって主要な実験データが再現できることがわかったので，介入実験を考案し，歯牙の誘導される順番に関して予測される結果が得られるのかを数値シミュレーションするのは妥当である．我々は，ワニ胚の顎に対して行うことのできる様々な実験を見出した．歯牙プラコードの除去と口腔上皮切片による置換，そして歯牙プラコードの移植について記述する．また，拡散過程を妨げるような物理的障壁を顎の上皮に挿入することも行う．本章で記述したモデルやシミュレーションの方法は，いくつかの異なるシナリオを模倣するのにも使えるが，ここでは，歯牙の誘導順に関するシミュレーションで得られた，いくつかのより興味深い予測結果を示すにとどめる．参照のために，*A. mississippiensis* の上顎と下顎の歯牙の正常な配列を図 4.20(a) に示す．

原基の除去と口腔組織による置換

最初の歯牙原基が形成された直後に，その原基を除去することを考えよう (Murray and Kulesa 1996)．これにより，抑制的な成長因子が後端に存在するかどうかを検証する．実験的には，細胞凝集により最初の原基の位置が標識されると，プラコードを除去し，他の口腔上皮切片に置換することを想定する．これは，モデル系 (4.6)–(4.8) の数値シミュレーションにおいて，$u(x, t)$ が閾値を超えて最初の歯牙原基の位置が定まったとき，新たな抑制因子の湧き出しを加えないことに対応する．代わりに，原基 1（歯牙決定基）が取り除かれたかのようにシミュレーションを続ける．図 4.19 に示すパラメータ値の組合せを用い

4.9 数値予測による実験

て，この実験のシミュレーションが行われた．そのモデルによる予測では，古い歯牙原基が取り除かれた位置に新たな歯牙原基が形成される（言い換えれば古い歯牙原基が再生する）ことが示される．この歯牙原基が取り除かれた小区画では，抑制因子 $c(x,t)$ は閾値以下のままである．歯牙原基の除去と口腔組織による置換は，その位置での歯牙原基形成を単に遅らせただけなのである．同様の予測が，2番目の歯牙原基を除去して新たな口腔組織に置換した場合にも得られる．残りの歯牙原基の形成順は，どちらのシミュレーションでも変化しない．同様に，どの歯牙原基を除去しても，原基は同じ場所に再生する．この予測は，直観的に予想される通りのものである．

原基の移植

Murray and Kulesa (1996) は次に，歯牙原基を口腔上皮の様々な位置に移植する一連の実験を考案した．その結果の1つとして，歯牙決定基を $x = 0.9$ に移植した場合を図 4.20 に示す．実験的には，歯牙原基が形成されたとき，その原基を他の位置に移植し，元の位置は口腔上皮で置換するなどと想定する．まず，シミュレーション上の実験を最初の歯牙原基について行い，歯牙決定基の重要性を検証した．

我々は，いったん歯牙決定基が形成された際に，そのプラコードを顎領域 ($0 \leq x \leq 1$) 上の異なる位置（元の位置より前でも後ろでも良い）に移植する数値シミュレーションを行った．歯牙決定基を顎領域 ($0 \leq x \leq 1$) 上の $x = 0.25, 0.5, 0.9$ へ移植するシミュレーションを行った．$x = 0.9$ に移植する場合を図 4.20(b) に示す．これも予想通りに，全ての場合において数値シミュレーションによる予測では，歯牙原基の誘導される順序が変化した．この移植が後に続く歯牙の配列をどのように変化させるのかは，それほど自明ではない．原基1を $x = 0.25$ や $x = 0.5$ に移植した際の順序の変化は，図 4.20(b) の説明文に与える．

最初の歯牙原基を $x = 0.9$ に移植する場合が，おそらく最も啓発的である．数値シミュレーションによる予測では，歯牙決定基の移植の後，引き続く7つの歯牙が全て後方に形成される．すなわち，図 4.20(b) に示すように，少なくとも次の7つの歯牙が形成されるまでの間，移植された部分と顎の前端の間の領域 $0.9 \leq x \leq 1$ は歯牙原基を形成するのに十分な大きさに成長しないということである．このとき，4番目の歯牙も1番目の歯牙よりも後方に形成される．歯牙決定基は，明らかに重要である．もとより後方に歯牙決定基を移植する効果については，図 4.20(b) の説明文に記した．別の歯牙原基を移植する数値予測実験もシミュレーションでき，最も大きな変化が起こると予測されたのは顎領域末端の移植である．

顎内への障壁の導入

おそらく，歯牙の誘導順序に影響を与える最も単純な方法は，顎上皮に物理的な障壁を置くことである．障壁には物理的な侵襲性を伴うが，顎上皮への障壁の挿入による実験的な干渉は最小限にできるかもしれない．これらの障壁は，モデルメカニズムにおいて重要な役割を果たす化学的な拡散を妨げる．

ここでは，領域 $0 \leq x \leq 1$ 内の様々な位置に障壁を設置した．その際，歯牙決定基の誘導時刻を基準として，障壁挿入時刻を表した．この場合も，障壁を設置する時刻と空間的配置の両方が重要である．我々は，顎領域上の $x = 0.25, 0.5, 0.9$ の位置に障壁を設置した場合について，数値シミュレーションを行った．障壁は数学的には，歯牙位置における内部ゼロフラックス境界条件と同様に

$$u_x(x_b, t) = v_x(x_b, t) = c_x(x_b, t) = 0 \quad (t > t_b) \tag{4.18}$$

と表される．ここで，$x = x_b$ は障壁の位置であり，$t = t_b$ は障壁挿入の時刻である．この場合もまた，最も驚くべき結果が得られたのは，顎領域の前方の領域がまず影響されるような場合であった．$x = 0.9$ に物理的障壁を設置した場合，最初の歯牙における湧き出しが顎前部 ($0.9 \leq x \leq 1$) に及ぼす効果が阻害される．これにより，歯牙原基（この場合，3番目の原基）の早まった誘導が起こる．なぜなら，図 4.20(c)

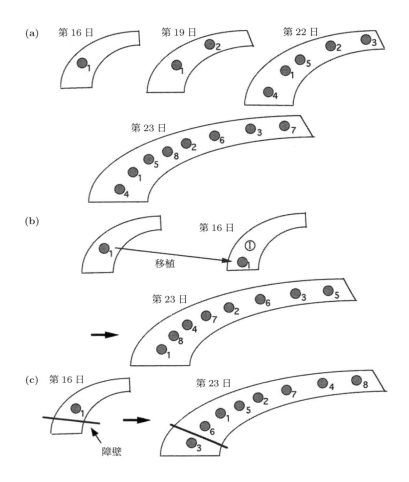

図 4.20 (a) アリゲイター ($A.\ mississippiensis$) における最初の 8 つの歯牙原基の正常な形成順. 顎の後端である $x = 0$ から数えると, 出現の順番は 7-3-6-2-8-5-1-4 である. 16 日目の顎の大きさは約 0.6 mm で, 4 番目の歯牙が形成されるまでには 3.8 mm となる. (b) 最初の歯牙原基を $x = 0.9$, つまり元の位置よりも前方に移植すると, 引き続き生じる歯牙原基の形成順は正常と異なり, 図のように 5-3-6-2-7-4-8-1 と変化した. 最初の歯牙原基を $x = 0.5$ に移植すると, 形成順は 5-3-6-1-4-2-7 となり, $x = 0.25$ に移植すると, 形成順は 1-3-5-2-4 となった. (c) $x = 0.9$ に障壁を挿入した効果: 形成順は 8-4-7-2-5-1-6-3 と変化した. $x = 0.25$ に障壁を挿入した場合は, 4-2-3-1-5 となり, $x = 0.5$ では 5-2-3-1-4 となった (Murray and Kulesa (1996) より).

に示すように, 領域 $0.9 \leq x \leq 1$ で上皮成長因子と関連した抑制因子 $c(x, t)$ の濃度勾配がより速く閾値を下回るからである. 障壁を $x = 0.25$ に挿入した場合と 0.5 に挿入した場合における初めの数個の歯牙形成順の結果を, 図 4.20(c) の説明文に示す.

ロバストネス

歯牙形成に関する考察の最後に, パターン形成のロバストネス (頑健性) とそのタイミングの問題を扱わなければならない. Kulesa (1995) はこの問題を深く調査し, 完全なモデルメカニズム (4.6)–(4.8) について広範なパラメータ値を用いた計算で, パターンを形成するようなパラメータ空間中のサブ領域を求

めた．方程式中のパラメータは，$h, b, \delta, p, d, \gamma$ からなるので，空間的パターン形成を引き起こすパラメータ空間領域は 6 次元空間である．2.5 節では，系 (4.5) の第 1 式と第 2 式で $c = a$ (定数) とした系の 3 次元パラメータ領域，あるいはチューリング領域を詳しく検討した．Kulesa (1995) の最初の目標は，最初の 7 個の歯牙に関して適切な誘導順序を与えるようなパラメータの組合せがあるかを調べることであった．図 4.21(a) は，u, v に支配的な空間的モード n のパターンが形成されるようなパラメータ領域を，γ-d 平面における 2 次元横断面に示したものである ($n = 2$ は図 4.15 での単一のこぶに対応する)．このモデル系は，最初の 7 個の歯牙を与えるパラメータ領域が狭くないという点で，非常にロバストであることは明白である．ロバストネスは，実際の発生で一般に起こるようなパラメータのランダムな小さい変動と直接的に関連する．例えば，もしも図 4.21(b) に示す 7 の範囲にパラメータ値の組合せが存在すれば，p や δ の小さな変動があっても，正しい空間パターンが得られる (ただし，パラメータの組合せが分岐境界の近傍にあれば，もちろんこの限りではない)．いかなる空間パターン形成メカニズムであれ，パラメータ領域が非常に小さければ，現実世界では避けられないような小さな変動がパラメータに加わった際に同種のパターンを生成し続けることはきわめて起きづらいといっても，おそらく間違いないだろう．

4.10 アリゲイターの歯牙の空間パターン形成の結語

本章で議論してきた，アリゲイター (*A. mississippiensis*) に関する 2 つの問題は，モデリングの観点からは著しく対照的であるが，それぞれが現実の生物学的現象をモデリングする上での基本的な原則を浮き彫りにする．縞模様 (とシャドウストライプ) の形成時期についての議論では，例示のための拡散走化性モデル以外には特定のモデルを含まなかった．実験家にとって有用であったのは，実際のモデル自体よりもモデリングの考え方であった．数学的な解析は，大したことがなく非常にシンプルである．もちろん，もしもある特定のメカニズムを妥当な生物学的な後ろ盾をもって提案できるならば，あるいは生物学的状況として考えうる仮想実験によってそのメカニズムの妥当性を検証できるならば，それは大変興味深く有用であろう．一方で，歯牙形成の節では，提案したメカニズムは歯牙原基形成について既に知られている生物学的事実に基づいていた．そちらのほうが，一般的に必要とされるモデリングであり，そしてはるかに複雑性が増すのは当然である．

ここで，より複雑なほうのモデルである歯牙形成のモデリングによって達成されたことを要約し，そしてその他の結果について言及しておくことが有用かもしれない．我々は，既知の生物学を土台とし，動的な反応拡散機構に基く定量的なモデルを発展させた．顎の成長を組み込んだモデルである点が重要である．このモデルメカニズムにより，アリゲイターの顎の最初の 7 個の歯牙の時間的順序と空間的順列を再現でき，実験結果によく合致する結果が得られたことを示した．

Kulesa (1995) は，モデルパラメータの変動に対するロバストネスを検証し，パラメータ空間上に最初の 7 つの歯牙原基の正しい順番を維持できるような十分広い領域があることを示した．パラメータ γ, b, d の広い範囲について，u と v についての 1 つのこぶをもつ空間パターンを維持することができ，歯牙原基形成位置の正しい順番が得られたという点で，このパターン形成メカニズムはパラメータの変化に対して非常にロバストである．ただし，モデルメカニズムのこの部分は，以前に解析されたロバストな系に基づいているため，この結果は予想外ではなかった．

数値シミュレーションによって，歯牙原基の正確な時空間パターン形成にとって顎の成長が重要であるという実験的な仮説が立証された．歯牙原基の正しい順番を得る上で，顎の成長率 r の変動は最も敏感なパラメータであった．上顎のシミュレーションでは，下顎と同じモデルパラメータを用いたが，下顎と異なる上顎独自の歯牙の形成順序を再現するのに必要なのは，顎の成長率 r を大きくすること (これは実験記録から得られた) のみであった．

モデルを構築する際，基質-活性因子によるパターン形成メカニズムに顎領域の成長を取り込んだ．こ

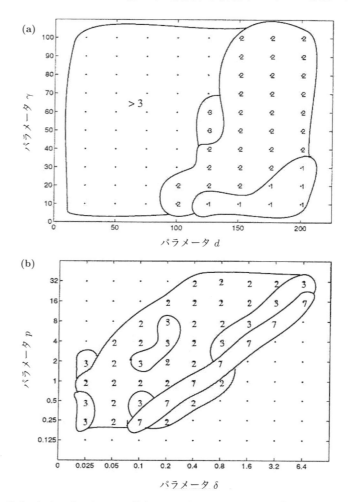

図 4.21 (a) 系 (4.6)–(4.11) において，特定のモード n のパターンが形成されるような，2 次元 γ-d 空間のパラメータ領域．$n = 2$ では 1 つのこぶを生じる．パラメータ γ はスケール因子であり，d は基質 u の活性因子 v に対する拡散係数比である．他のパラメータ値は図 4.19 に掲載した通りだが，b については検討した範囲のうち $b = 2.0$ を代表値として用いた．図中の各点は，これらのパラメータ値を用いてシミュレーションしたことを表す．(b) 代表的な p-δ パラメータ領域．p は抑制因子 c の活性因子 v に対する拡散係数比であり，δ は c の 1 次分解率である．r は $r = 0.01$（r の検討した範囲のおよその中央値）とした．その他のパラメータ値は図 4.19 の通り．数字は正しい順番で出現した歯牙原基の数である（Kulesa (1995) より）．

のパターン形成メカニズムは，抑制因子 $c(x, t)$ によって媒介される．Kulesa (1995) は，基質，活性因子，抑制因子のみからなり，顎の成長を考慮しないパターン形成メカニズムでは，抑制因子なしでは正しい歯牙原基の形成順序を再現できないことを示した．彼はまた，基質と活性因子のみの系に顎の成長を組み込んでも，形成順序を再現できないことを示した．我々は，モデルの各要素，すなわち顎の成長と基質-活性因子-抑制因子系の両方が，歯牙形成の順番を決めるのに必要であると結論づける．最初の 7 つの歯牙原基の正確な時間的順序と空間的順列を生み出すことができるのは，完全なモデルメカニズムに全ての要素を組み込んだときのみである．

我々は予測実験から，歯牙原基の移植により，歯牙の形成順を大きく変化させることができると示した．歯牙原基を顎の端に移植した場合，歯牙の順番に最も大きな変化が生じる．また，ゼロフラックス条件を

与える物理的障壁を顎上皮へと挿入する場合を研究し，歯牙形成の順番がどのように変化するのかを示した．障壁を顎領域の端においた場合に，歯牙形成順序により大きな変化を引き起こすことがわかった．

さらなる実験によって，実際の化学因子やより正確な成長データを組み込むことで，歯牙原基誘導機構をより厳密に定めることができるかもしれない．特定の遺伝子発現と歯牙原基誘導における生物学的現象を結びつけるような分子レベルの実験結果があれば，理論的なモデリングを行う上で，さらなる情報が得られる．今後の新たな実験は，組織間相互作用を組み込んだ，より詳細な歯牙形成のモデルを立てる手助けとなるだろう．また，そのモデルには，今回のモデリングから得られた定性的な結果を用いることもできよう．そのようなモデルの解析は非常に複雑になるかもしれない．

もちろん，歯牙原基の実際の生物学的パターン形成メカニズムが，あるいはその現実的な模式化でさえも，この反応拡散の類のものかどうかはわからない．しかし我々に言えることは，成長がパターン形成に連続的で不可欠な役割を果たす可能性が高いということ，そして各々の歯牙の位置があらかじめ指定されている可能性はほぼないだろうということだ．しかしながら，モデルの生物学的関連性を最終的に判断するためには，より詳細な分子レベルでの実験が必要である．また，ここで扱った2つのトピックにおける実験研究と理論的モデリングの相互作用が，背景にある生物学のよりよい理解へと繋がったといえる．

4.11　ヘビの色素パターン形成

生物学的背景

ヘビ（有鱗目に属する）は——実は一般の爬虫類や両生類にも当てはまることだが——種類が多く，形態的，生理学的な多様性に非常に富んでいる．ヘビやトカゲは特に多様なパターンを呈し，その多くはヘビに特有である．Greene (2000) による魅力的で見た目も美しい書籍は入門に適している．彼は，ヘビの進化，多様性，保存性，生物学，毒，社会的行動などを論じている．Klauber (1998) も非常に良い書籍で，より具体的なガラガラヘビの百科事典である．

同じ種内であっても，しばしばパターンの著しい多型がある．身近なカリフォルニアキングヘビ (*Lampropeltis getulus californiae*) は非常に良い例である (Zweifel 1981)．図 4.22(e), (f) に示すように，1匹のヘビ個体上でさえ，変則的なパターンが生じることがある．どのような野外ガイドをめくってみても，横縞や縦縞や単純な斑点のような単調なパターンだけでなく，他の動物には見られないような様々な複雑なパターン要素からなる幅広いパターンをみることができる．図 4.22 にヘビのパターンとして規則的なものと不規則的なものの両方を示す．第3章でチョウの翅のパターン形成を議論した際に，一見複雑なパターンも比較的少数のパターン要素から生み出されることをみた．一方で，ヘビによく見られるパターンの多くは，異なる境界条件を用いたり，領域を成長させたり変化させたり，空間的に変化するパラメータを用いたりするなどの修正を加えない限り，反応拡散モデルで生成されうる通常のパターンの類型には分類されそうにない．空間的に変化するパラメータを用いると，そのモデルから得られた結果を生物学に関連づけるのは困難である．

爬虫類の皮膚はその体内で最も大きな臓器であり，発生に関する数多くの興味深い問題を提起する（例えば Maderson (1985) を参照されたい）．皮膚は，本質的には外側の表皮と，その下層の真皮からなる．パターン形成メカニズムはわかっていないが，パターンは真皮に固定されることがわかっている．周期的に起こる表皮の置換——ヘビやトカゲで見られる，いわゆる脱皮——の後も，基本的な皮膚の色素パターンは残る．色素細胞の前駆細胞である色素芽細胞は，発生中に神経堤から遊走し，真皮にほぼ一様に分布する．動物の皮膚の模様に関して言えば，皮膚において色素化された斑模様が発展するのかどうかは，（その存在が推定される）色素細胞が色素を産生するか，静止状態でいるかの違いによる．上述のワニの縞の議論で考えたように，これらの色素前駆細胞同士の相互作用とおそらくは細胞の方向付けられた運動

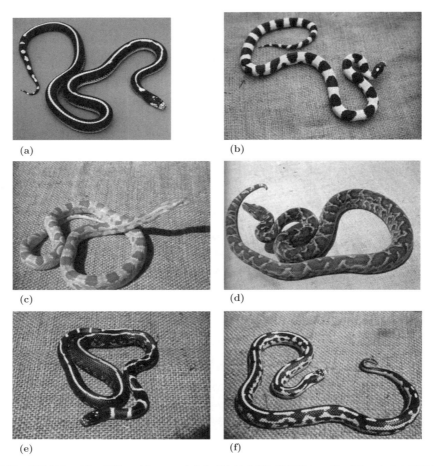

図 4.22 典型的なヘビの皮膚のパターン．(a) と (b) は非常に規則正しいが，(a) のような単純な縞パターンの中にさえ破格がある．(e) と (f) では基本的な縞パターンが混ざっている（写真は Lloyd Lemke の厚意による）．

によって，色素化された細胞とされていない細胞がそれぞれ別々の領域に集合し，縞や斑点を生み出すのかもしれない (Bagnara and Hadley 1973)．色素芽細胞が，いつ色素の産生に寄与し始めるのかはわかっていない．ワニの発生の研究による証拠から考えると，細胞は色素が実際に見えるようになるよりもずっと前から色素を産生できるのかもしれない．また，色素産生に寄与する細胞はしばらくの間分裂することもある．

色素の発生と色素芽細胞の移動についての実験研究は，前述したようにワニに関しては数多くの研究がなされているものの，ほとんどは両生類，哺乳類，鳥類に限られる．一方で，爬虫類の皮膚のパターンに焦点を当てた研究は，前述のワニの研究以外ではほとんどなされていない．その根底にある仮定は，移動や分裂，分化の基本的なプロセスは，ヘビや他の爬虫類でも，他の動物と同じだろうというものだ．ヘビの胚発生学（一部の研究のリストが Hubert (1985) に与えられている，この論文が登場する爬虫類に関して編集されたシリーズの残りの巻も参照されたい），生態学や進化生物学（前述の Greene (2000) の本が最も信頼できる）については比較的少数の研究しかない．もちろん既に述べたように，ワニについては広範な発生学的研究がなされてきた（Ferguson (1985), Deeming and Ferguson (1989a) や，それらの文献にある以前の参照文献も参照されたい）．

Hubert and Dufaure (1968) はアスプクサリビ (*Vipera aspis*) の発生を描いた．色素化は，胚が約

4.12 細胞走化性モデルメカニズム

106 mm の時期にまず体部の鱗で観察され，発生が進行するにつれて頭部へと進展した．ワニの場合でそうだったように，パターンは，それが最初に目に見えるようになるよりも前の発生段階で，ほぼ間違いなく既に決定されている．Zehr (1962) による身近なガーターヘビ (*Thamnophis sirtalis sirtalis*) の発生の観察からは，同様の発生過程が示唆される．彼は，色素パターンが最初に目に見えるようになるときには，パターンはまだはっきりと形成されていないが，発生が進行するにつれてよりはっきりしてくると書きとめている．（発生に伴い進行性に最終パターンができ上がっていく同様の現象は，多くのチョウの翅のパターンでも起こる．）Treadwell (1962) は，ブルスネーク (*Pituophis melanoleucus sayi*) の胚で，29 日目に 3 列の斑点が胚の両側に出現し，31 日目に斑点が背側正中線に出現すると書きとめている．ヘビの発生速度は，卵を保温する温度や，卵胎生種の場合母親の体温に大きく影響されるので，ヘビの発生上のイベントのタイミングについては注意を払う必要がある．例えば，アスプクサリヘビの場合，発生日数は 90 日から 110 日と観察されている．アリゲイターの場合には，発生中のどの時期に縞模様のパターンが決定されるかを推定でき，それはパターンが目に見えるようになるよりもだいぶ前であった．そこで考えた細胞走化性拡散機構は，ここで我々が用いるものと同じである．アリゲイターの胚の皮膚の組織学的な切片から，暗い縞模様の間の白色の領域にもメラノサイトが存在するが，メラニンを産生していないようだと示されたことを思い出されたい．我々は，それらの細胞でメラニンが産生されないことの，ありうる説明の 1 つとして，メラノサイトの密度が閾値を超えることが，メラニン産生が起こる前に必要かもしれないと提案した．我々はこれが，アリゲイターの体にできる比較的明るいシャドウストライプを説明できると述べた．これらのシャドウストライプは，体の腹側へ向かって走り，背側でははっきりとした暗い縞の間を走っている．同様に互いに噛み合った縞模様が，ある種の魚，具体的には Aragón et al. (1998), Painter et al. (1999), Painter (2000) により研究されたエンジェルフィッシュ (*Pomacanthus*) でも見つかっている．ヘビの皮膚のパターンに関連して，2 つの重要であろう示唆がワニの研究から浮かび上がってくる．1 つは，パターン形成過程の間に有意な成長が起こると，潜在的に全く異なるパターンが生じうるということである．もう 1 つは，色素細胞（として存在が推定される細胞）のパターンは，それらが色素を産生し始め，パターンが目に見えるようになるよりも前に生成されているかもしれないということである．

4.1〜4.4 節で述べたように，ここではパターン形成過程の間に皮膚領域が成長するときに，パターン形成メカニズムによって形成されうるパターンに興味がある．その場合の空間的に非一様な解は，固定された領域でのパターン形成メカニズムから得られる解と比べて全く異なり，ずっと複雑になりうることがわかる．胚発生におけるパターン形成メカニズムの多くは，胚の成長と同程度の時間スケールで働くだろう．Maini と彼の共同研究者（例えば，Aragón et al. (1998), Painter et al. (1999), Crampin et al. (1999)) は反応拡散系におけるパターン形成と成長の相互作用について詳細な研究を行った．

領域が成長する結果として，この基本的な系により生み出される新たなパターンの驚くべき新規性と複雑性は，他のあらゆるパターン形成メカニズムにおいても生じるだろう．

現段階では，ヘビの発生学における形態学的データが限られているため，ヘビの胚発生のどの時点でパターン形成メカニズムが働くかを推定することはできない．Murray and Myerscough (1991) の目的は，ヘビの皮膚の多様で複雑なパターンのいくつかがどのように生み出されるかを提案することであった．これは，考えうるいかなる機構についても，大抵の場合最初に求められることである．

4.12 細胞走化性モデルメカニズム

ここで考えるモデルは，実際の細胞の移動を組み込んだものである．細胞を直接的に含むパターン形成モデルは，関連する実験的調査のデータをより考慮に入れやすい．前述の組織切片で観察された色素細胞の密度変化に関する証拠からの，実験的な裏付けも存在する．また，Le Douarin (1982) は，走化性が色

素細胞を皮膚へと移動させる要因かもしれないと推測した．縞や斑点が形成され明瞭になる際，走化性がいかに大きな役割を果たすのかを，発見的にみてとれる．本モデルでは，色素芽細胞が走化性因子に応答し，かつ自身もそれを産生することを提案する．そのような機構は，分化した細胞が皮膚の特定の領域に局在するのを促進する．我々は，その局在をヘビの皮膚で観察されるパターンに対応するものと考える．また，細胞は化学誘引物質に反応しかつ拡散すると仮定する．空間的非一様性は，細胞分裂，拡散，走化性の相互作用に起因する．我々が提案する比較的シンプルなメカニズムは，

$$\frac{\partial n}{\partial t} = D_n \nabla^2 n - \alpha \nabla \cdot (n \nabla c) v - rn(N - n), \tag{4.19}$$

$$\frac{\partial c}{\partial t} = D_c \nabla^2 c + \frac{Sn}{\beta + n} - \gamma c \tag{4.20}$$

である．ここで，n は細胞密度，c は走化性因子濃度であり，D_n と D_c はそれぞれの拡散係数である．N を初期の均一な細胞密度，r を一定の線形分裂率とし，細胞は単純なロジスティック型増殖に従うものとした．走化性パラメータ α は走化性の強さを表す指標である．S, γ はそれぞれ化学因子の最大分泌率と自然分解率の指標である．β は走化性因子産生に関連したミカエリス定数に相当するものである．このモデルは，Oster and Murray (1989) により発生拘束に関連して議論されたものである．モデルは比較的シンプルだが，とりわけパターン形成過程の間に走化性因子への反応性や増殖率の変化を認めると，非常に複雑な空間パターンの発展を示しうる．まず，

$$\begin{aligned} &\boldsymbol{x}^* = [\gamma/(D_c s)]^{1/2} \boldsymbol{x}, \quad t^* = \gamma t/s, \quad n^* = n/\beta, \\ &c^* = \gamma c/S, N^* = N/\beta, \quad D^* = D_n/D_c, \\ &\alpha^* = \alpha S/(\gamma D_c), \quad \gamma^* = r\beta/\gamma \end{aligned} \tag{4.21}$$

とおき，系を無次元化する．ここで，s はスケール因子である．$s = 1$ を基本的な表皮の大きさと考え，大きさの固定された領域上でシミュレーションを行い，その後 s を増加させてより大きな表皮のシミュレーションを行う．前章でこの手続きを用いた．式 (4.21) による無次元化方程式は，表記を簡便にするためアスタリスク (*) を省略すると

$$\begin{aligned} \frac{\partial n}{\partial t} &= D \nabla^2 n - \alpha \nabla \cdot (n \nabla c) - srn(N - n), \\ \frac{\partial c}{\partial t} &= \nabla^2 c + s \left(\frac{n}{1+n} - c \right) \end{aligned} \tag{4.22}$$

である．

横幅よりも縦の長さのほうが十分大きいような単純な長方形領域上で，また細胞や走化性因子はゼロフラックス境界条件に従うものとして，これらの（成長を含む）方程式の数値シミュレーションを行った．詳細な数値シミュレーションと，パラメータの変化によって生じうる一連の複雑な分岐パターンは Winters et al. (1990), Myerscough et al. (1990), Maini et al. (1991) に与えられている．

縦長の長方形領域を考える理由は，皮膚のパターンはおそらく胚が既にはっきりとヘビのような形になっている時期に決定されるだろうからである．すなわち，胚はパターン形成時には，とぐろを巻いているかもしれないが，既に長く円筒のようになっていると考えられる．アスプクサリヘビ (*Vipera aspis*) の胚の詳細は，例えば，Hubert and Defaure (1968) や Hubert (1985) に与えられている．もしとぐろを巻いた円筒形領域上でのモデルメカニズムを研究できれば，そちらのほうが現実に近いだろうが，平面領域上でさえ数値シミュレーションは相当困難であった．ここでは主にこのパターン形成メカニズムにより形成されうる多様なパターンに関心があるので，円筒形のヘビの表皮を平面に切り開いて考える．平面上のパターンに対応する円筒領域上のパターンも，主要な特徴は同じであろう．もちろん，周期的境界条件を考えてもよかっただろう．方程式 (4.22) は，1 つの正の一様定常状態

$$n_0 = N, \quad c_0 = \frac{N}{1+N} \tag{4.23}$$

4.12 細胞走化性モデルメカニズム

をもつ.

この定常状態の周りで，いつも通りのやり方で

$$n = N + u, \quad c = c_0 + v, \quad |u| \ll 1, \quad |v| \ll 1$$

とおくことで，線形化系

$$\begin{aligned}
\frac{\partial u}{\partial t} &= D\nabla^2 u - \alpha N \nabla^2 v - srNu, \\
\frac{\partial v}{\partial t} &= \nabla^2 v + s\left(\frac{u}{(1+N)^2} - v\right)
\end{aligned} \tag{4.24}$$

を得る．ここで，領域 D の境界 ∂D における境界条件は

$$\boldsymbol{n} \cdot \nabla u = \boldsymbol{n} \cdot \nabla v = 0, \quad \boldsymbol{x} \in \partial D \tag{4.25}$$

である．ここで $\boldsymbol{n}$ は，D の境界における外向きの単位法線ベクトルである．いつものように

$$\begin{pmatrix} u \\ v \end{pmatrix} \propto \exp[i\boldsymbol{k} \cdot \boldsymbol{x} + \lambda t]$$

の形の解を探す．これを式 (4.24) に代入することで，波数 $k = |\boldsymbol{k}|$ の関数である分散関係 $\lambda(k^2)$ に関する特性多項式

$$\lambda^2 + \{(D+1)k^2 + rsN + s\}\lambda + [Dk^4 + \{rsN + Ds - (sN\alpha)/(1+N)^2\}k^2 + rNs^2] = 0 \tag{4.26}$$

を得る．波数ベクトル $\boldsymbol{k}$ で表される解は，境界条件 (4.25) をみたす必要がある．2.3 節で詳細に記述したのと全く同じ手続きに従って，空間的不安定性が生じるための条件を定める．

L_x と L_y を 2 辺とする 2 次元領域で，$k_x = m\pi/L_x, k_y = l\pi/L_y$ (m, l は整数) なる波数ベクトル $\boldsymbol{k} = (k_x, k_y)$ を考える．それらの形は，ゼロフラックス境界条件と線形固有関数 $\cos(m\pi x/L_x)\cos(l\pi y/L_y)$ とから得られる (2.3 節参照)．いま，この長方形領域においてパターンを生み出すような k^2 の値は，$\lambda(k^2) > 0$ をみたす．ここで

$$\boldsymbol{k} \cdot \boldsymbol{k} = k^2 = \pi^2 \left(\frac{m^2}{L_x^2} + \frac{l^2}{L_y^2}\right) \tag{4.27}$$

である．単一の波数ベクトルが不安定化するように，パラメータ D, a, s, r, N を選択することができる．このモード選択により，特定のパターンを最初に成長させることができる．選択されたモードの波数ベクトルのパターンは，$\lambda(k^2) = 0$ のときに生じる．それはすなわち，k^2 が

$$Dk^4 + \left(srN + Ds - \frac{sN\alpha}{(1+N)^2}\right)k^2 + s^2rN = 0$$

をみたすときである．

この方程式が k^2 について唯一の解をもつことが必要であり，さらに重根の条件を用いる．すなわち

$$\left(srN + Ds - \frac{sN\alpha}{(1+N)^2}\right)^2 - 4Ds^2rN = 0 \tag{4.28}$$

である．臨界的な波数ベクトルの絶対値は

$$k_c^2 = \left(s^2 rN/D\right)^{1/2} \tag{4.29}$$

で与えられる．D, s, r, N を適切に選ぶことで，式 (4.27) における k^2 を式 (4.29) をみたすように求めることができ，また式 (4.28) を α について解くことができる (α が正になるように根の大きいほうをとる)．これにより，パラメータ空間 (N, D, r, s, α) 上で，モード (4.29) が分離される点が定まる．そのため，適切なパラメータの下で，方程式の解は空間的に非一様となる．

r や N を減少させると，臨界波数が減少しパターンの間隔は大きくなり，さらに r や N が十分小さくなるとパターンは消滅することに注意されたい．これはモデルの予測であり，初期の細胞密度を操作するなどして，原理的には実験により検証可能である．系のパラメータ（特に細胞密度）を実験的に変化させることで，空間的構造をもつ解への分岐がどのように影響を受けるのかは，第 7 章の肢の発生の例で詳しく議論する．そこでは理論が非常に正確な予測を与える．

いま我々は，この細胞走化性機構 (4.19), (4.20) がヘビの皮膚のパターン形成メカニズムの候補であること，および皮膚で観察されるパターンはその背後の細胞密度の空間パターンを反映していることを提案する．既に述べたように，発生過程のどの時点でパターン形成が起こるのかや，胚の皮膚領域の有意な成長（方程式における空間領域に関わる）に比してどの程度の時間でパターン形成が起こるのかについては，わかっていない．第 3 章の解析で示したように，領域の大きさはもちろん重要なパラメータである．いくつかのパラメータのうちの 1 つが分岐値を通過し，一様定常状態が不安定化することで，パターンが発展し始められる．次節で，この方程式系が生成しうるパターンのいくつかを紹介し，具体的なヘビのパターンと関連づける．

ここでの数値シミュレーションは，チョウの翅や動物の体表パターンのために開発したものとは全く異なる方法で行われた．細胞分化の割合と，ヘビ胚の発生速度は，色素パターンが固定されるときまでに細胞走化性系が定常状態に達する（またはほとんど達する）ような値であると仮定した．Murray and Myerscough (1991) は，定常状態における式 (4.24)，すなわち

$$D\nabla^2 n - \alpha\nabla.(n\nabla c) + srn(N - n) = 0,$$
$$\nabla^2 c + s\left(\frac{n}{1+n} - c\right) = 0 \tag{4.30}$$

を解いた．

これらの方程式を，細長い 2 次元長方形領域上で，各パラメータを様々に変化させながら，ENTWIFE パッケージを用いて数値的に解いた．その手続きは，Winters et al. (1990) にいくらか詳しく記述されている．それは，パラメータが様々に変化する際の分岐解を求める手続きである．ここでの主な関心は，解のもつ生物学的な関連性とその意味である．ENTWIFE のパッケージにより，様々な定常状態解から枝分かれする様々な分岐経路を導ける．空間 1 次元で $s = 0$ とおいた際の式 (4.30) の有限振幅定常状態解に関する解析的な研究が，Grindrod et al. (1989) により行われた．

4.13 ヘビの単純または複雑なパターン要素

Murray and Myerscough (1991) は，細胞の分裂率 r と走化性パラメータ α の値を変えることで，規則的な斑点パターンのみならず様々な縞模様のパターンが形成されうることを示した．横（短軸）方向の基本的な縞パターンについての例を，図 4.23(a) に示す．横方向の縞は，自然のヘビによく見られるパターン要素である[*4]．例の 1 つとして，バンディバンディ (*Vermicella annulata*) を図 4.23(b) に描いた．他の例として，サンゴヘビである *Micrurus* 類，マルオアマガサ (*Bungarus fasciatus*)，カリフォルニアキングヘビ (*Lampropeltis getulus californiae*) のリング型（図 4.23(d)）がある．

横方向の縞は，第 3 章の議論からもはや予測される結果であろう．より興味深いのは，このモデルから図 4.24(a) に示すような領域の長辺に沿った縦（長軸）方向の平行な縞も生み出されたことである．このタイプの縞は例えば，図 4.24(b) のようなリボンヘビ (*Thamnophis sauritus sauritus*)，ガーターヘビ

[*4] 猛毒をもつウミヘビは，このタイプの縞をもつのが典型的である．関連はないものの興味深い特徴として，驚くべきことに彼らは減圧症になることなく，海の非常に深いところから急速に海面まで上昇することができる．これは未だに解明されていない興味深い生理学的特徴である．

4.13 ヘビの単純または複雑なパターン要素   *195*

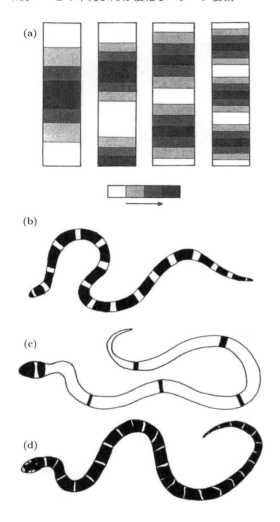

図 4.23 (a) 横縞を与えたコンピュータシミュレーション結果の例．矢印は細胞密度の増加を示す．式 (4.30) のパラメータの値は，$D = 0.25, N = s = 1$ はいずれの例でも共通だが，r, s は 4 つの例でそれぞれ， $= 1.52, \alpha = 12.31; r = 1.52, \alpha = 13.4; r = 24.4, \alpha = 128.68, r = 1.52, \alpha = 29.61$ である．(b) バンディバンディ (*Vermicella annulata*) の横縞．(c) *Pseudonaja modesta* の細くて疎な縞模様．(d) カリフォルニアキングヘビ (*Lampropeltis getulus californiae*) の横縞をもつもの．

(*Thamnophis sirtalis sirtalis*)，タイリクシマヘビ (*Elaphe quatuorilineata*) で見られる．まず驚くべきなのは，あるパラメータ値の組合せでは，領域の大きさやパラメータ値の比較的小さな変化だけで，このモデルで生じる横縞を縦縞に変化させたり，その逆を起こすことが可能なことであった．このパターンは決してロバストではないのだ．これは，横縞と縦縞が同一種の異なる個体でそれぞれ生じうるという点で，生物学的に重要な示唆である．これは，例えば，横縞（図 4.23(d)）と，縦縞（図 4.24(c)）の両方を取りうるカリフォルニアキングヘビ (*Lampropeltis getulus californiae*) に当てはまる．図 4.22(a) の写真も参照されたい．

パラメータ値を適切に選ぶことで，系 (4.30) からは規則的な斑点のパターンを示す解も得られる．いくつかを図 4.25 に示す．多くのヘビでは，パターンの一部に規則的な斑点が含まれる．例えばベルクアダー (*Bitis atropos atropos*) では，このモデルによって生み出されるパターンに似た交互の半円パターンが見られる．

この細胞走化性モデルで斑点や縞が形成されるかどうかは，初期条件や領域の形や大きさ，そしてパラメータ α, D, r, N の値に依存する．Murray and Myerscough (1991) は，走化性パラメータ α の変化のみを考えたが，他のパラメータも議論をわかりやすくするのに用いることができる．初期条件や領域の大きさがいかなるものであろうと，走化性応答 α が小さければ縞はより形成されやすい（例えば Maini et al. (1991) の分岐図を参照）．無次元化の式 (4.21) から，次元付きの系では，これは走化性因子の産生

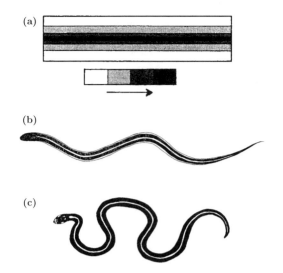

図 4.24 (a) 縦縞を与えるコンピュータシミュレーション解．矢印は細胞密度の増加を示す．式 (4.30) のパラメータの値は，$D = 0.25$, $N = s = 1, r = 389.6, \alpha = 1782$. (b) リボンヘビ (*Thamnophis sauritus sauritus*) では総じて縦縞が見られる．(c) 縦縞を示すカリフォルニアキングヘビ (*Lampropeltis getulus californiae*) (Murray and Myerscough (1991) より).

が遅いこと，拡散や分解が速いことに対応する．このようなことが起こる理由は，いくつか直観的に考えつく．もし走化性応答が弱ければ，走化性因子の十分急な濃度勾配を生み出すためには，十分量の走化性因子を産生するために，細胞は大きな領域にわたって高密度で存在しなくてはならない．この濃度の急な勾配は，ロジスティック型の損失を釣り合わせるだけの十分な細胞をクラスターへと誘引するのに必要である．走化性因子に急な濃度勾配が存在するためには，細胞密度の低い，つまり走化性因子の産生量が少ない領域と，細胞密度の高い領域とが近接している必要がある．以上から，α が小さい場合には，その近くに少数の細胞からなる領域が隣接する，多数の細胞から構成される縞模様のほうが，斑点に比して現れやすいのだろう．細胞の走化性因子への反応が強い場合には，走化性因子の濃度勾配がそれほど急である必要はない．そのため，少数の細胞でも他の細胞を誘引してクラスターを形成するのに十分な走化性因子を産生でき，そのようなクラスターは斑点になりやすい．

走化性因子のパラメータ α の変化について考察することは，第 5 章で詳しく議論するバクテリアのパターンの研究から，実験的にも正当化される．ここでは我々は，最も単純な形の走化性項をモデル方程式に組み込んだ．バクテリアのパターンの場合には，走化性が走化性因子濃度に依存するため，パターン形成の間に有意に変化する．ヘビのパターン形成においても，細胞走化性が実際に関わっているとすれば，細胞の走化性応答がパターン形成の間に変化することは大いにありうるだろう．

いったん定常状態パターンが形成されると，α の増加は，既存のパターンをより明瞭なものにするか，またはある場合には後述するようにパターンに定性的な変化をもたらす．縞模様が斑点に分かれる場合はみつからなかったが，縞が 2 つの縞に分かれる例がいくつか見られた (Maini et al. (1991) や Myerscough et al. (1990) も参照されたい)．これらの例は，細胞分裂を全く起こらなくしたときに見られた．α の増加により，確立した縞パターンでは非常に鋭く明瞭な筋が見られた．このような色素細胞の明瞭な狭い筋は，図 4.23(c) に示すようなリング模様のブラウンスネーク (*Pseudojata monesta*) でよく観察される．反応拡散機構によってこのような鋭い筋が形成されるためには，色素産生のための閾値がきわめて微調整 (fine tuning) されていなければならないだろう．しかし対照的に走化性機構の場合であれば，必要なのは α/D が大きいことのみである．斑点パターンの場合，α の増加は大抵，より鋭い小さな斑点群を生じるが，ある例ではパターンに定性的な変化が見られたので，それについて議論する．

この (非線形ではあるが) 一見シンプルなモデル系により形成されうるパターンは，縞や斑点などの単純なパターン要素だけには限られない．しかし，得られる複雑なパターンを予測するのは容易ではない．例えば，規則的な斑点が生じるような状態をとり，細胞の動きのうち走化性による要素 α を増加させな

4.13 ヘビの単純または複雑なパターン要素

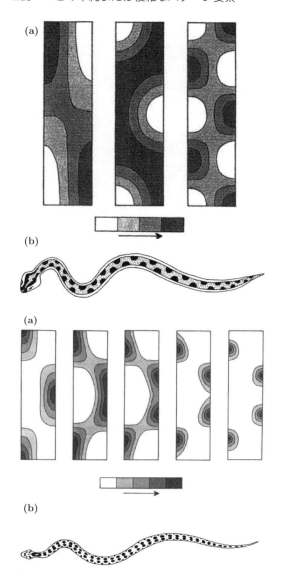

図 4.25 (a) 規則的な斑点のパターンを与えるような系 (4.30) の解．矢印は細胞密度の増加を示す．パラメータの値は，$D = 0.25$, $N = s = 1$ で，図中の3種類のパターンのそれぞれについて，$r = 28.22$, $\alpha = 135.16$; $r = 28.05$, $\alpha = 135$; $r = 1.52$, $\alpha = 27.06$. (b) *Bitis atropos atropos* の規則的な斑点パターン（Murray and Myerscough (1991) より）．

図 4.26 (a) 走化性パラメータ α を増加させると，1対の斑点からなるパターンへと変化する．矢印は細胞密度の増加を示す．式 (4.30) のパラメータの値は，$D = 0.25$, $N = s = 1$, $r = 1.52$, α は，$\alpha = 19.92$ から $\alpha = 63.43$ まで増加させた．(b) ヒョウヘビ (*Elaphe situla*) ではペアの斑点が見られる．(Murray and Myerscough (1991) より．)

がら（領域の形は変えずに）方程式を解いていくと，パターンは変化しその性状が変わる．α が十分大きいときには，図4.26(a) に示すような1対の斑点からなるパターンを得た．これは，例えば図4.26(b) のようなヒョウヘビ (*Elaphe situla*) で見られる．さらにこのヘビには，1対の斑点ではなく単一の斑点からなるパターンを示す時期もある．

　発生中のパターン形成における重要な側面は，パターン形成過程の間の成長の結果として皮膚領域の変化が起こることであろう．本章でヘビのパターンについて議論するのは，この成長という見地のためである．もはや予想できることだが，領域の形の変化もまた，より複雑なパターンを生み出すことが見出された．横縞の領域が単純に縦方向に成長する際，既に確立された縞の間に新しい縞が形成される．これは，以前議論したワニの皮膚パターンの例でみたものと全く同様である．領域に横方向の成長が起きた際に得られるパターンの例として2つを，図4.27と図4.28に示した．最初の例である図4.27(a) では，横方向の成長によって，色素細胞の密集域が領域の中央へと移動することで，非対称な斑点のパターンは対称的なものへと変化する．このような中央に位置する斑点のパターンは，自然のヘビでよく見られる．図4.27(b) に描かれたアカダイショウ (*Elaphe guttata*) や多くのクサリヘビの仲間もその例であ

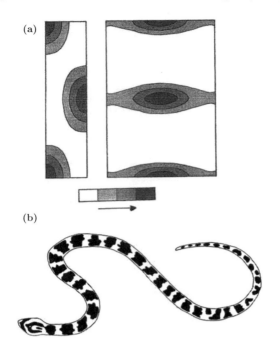

図 4.27 (a) 側方への領域の成長により，中央に斑点をもつパターンが生じうる．矢印は細胞密度の増加を示す．領域の幅は，左 (i) 1 単位，右 (ii) 2.7 単位である．式 (4.30) のパラメータの値は，$D = 0.25$, $N = s = 1$, $r = 1.52$, $\alpha = 20.5$. (b) アカダイショウ (*Elaphe guttata*) は中心の斑点パターンをもつのが典型的である (Murray and Myerscough (1991) より).

る．これとはわずかに異なる斑点パターンから成長を始めると，横方向の成長により，図 4.28(a)(i) のようなダイヤモンド型パターンが生じうる．そして領域をわずかに狭くすると，図 4.28(a)(ii) のような波状の縞パターンが形成された．ダイヤモンド型パターンは，図 4.28(b) に描かれたヒガシダイヤガラガラヘビ (*Crotalus adamanteus*) のような多くのガラガラヘビの仲間に特有の特徴である．バテイレーサー (*Coluber hippocrepis*) もまた，このようなダイヤモンド型パターンを呈する．体幅の狭い尾の近くでは，数理的解析から予測される通り，ダイヤモンド型パターンが波状の縞に変化することがある．これは，第 3 章で発生拘束の一例として指摘した特徴である．これらの結果は，色素パターンが決定される間に生じる領域の成長が，最終的に発展するパターンにおそらく重要な役割を果たしているであろうことを示唆する．

走化性は，その他の発展系において重要であるという観点から，最初に考慮するのに妥当なメカニズムであるとして選ばれた．バクテリアのパターンを扱う第 5 章では，走化性が直接生物学的重要性をもつことに疑いの余地はない．細胞を直接的に含むようなメカニズムに関するさらなる証拠は，Murray et al. (1990) により報告されたワニの実験研究からも得られ，これについては本章で扱った．

以前の章での経験からも様々な複雑なパターンを予想することができるだろうが，Murray and Myerscough (1991) は，ヘビでしばしば見られるような，1 対の斑点や，波状の縞，ダイヤモンド型パターンなどの，多くの予想外のパターンも見出した．

多くのヘビやトカゲでは，著しく先細りする尾の先端でさえ，体表パターンがほぼ変化することなく連続している．例えば，図 4.27(b) にはその一例が示されている．多くの哺乳類において，尾のパターンが主に斑点であるとき，領域が先細るに従って，パターンが横縞に変化する場合がほとんどであるのとは，対照的である．もしかすると，強力な走化性による凝集効果のために，細い領域でも斑点を形成することが可能なのかもしれない．これを確かめるためには，さらなる数値計算が必要である．もちろん究極的には，パターン形成過程の間に領域が十分に細い場合，斑点は全て縞になると予想される．一方他の可能性としては，多くのヘビの尾の先細り方は，尾の先端に向かって斑点が縞に崩れていくチーターやヒョウなどの動物のものと比べると，かなり緩やかであるという可能性もある．

4.14 細胞走化性系によるパターン形成の伝播   *199*

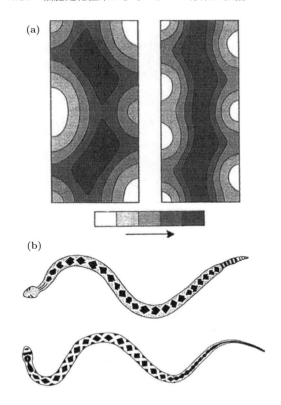

図 4.28 (a) 横方向への領域の成長が，ダイヤモンド型パターンや波状の縞を生み出す．矢印は細胞密度の増加を示す．領域の幅は，(i) 1.84 単位，(ii) 1.74 単位である．式 (4.30) のパラメータの値は，$D = 0.25$, $N = s = 1$, $r = 38.05$, $\alpha = 177.7$. (b) ヘビのダイヤモンド型パターンの例．(i) *Crotalus adamanteus*, (ii) *Coluber hippocrepis*. (ii) の領域が先細っていく結果生じたパターンにも注意されたい (Murray and Myerscough (1991) より).

　実際のヘビのパターンと我々の走化性モデルにより生成される複雑なパターンとが現象的に似ていることは勇気づけられることであり，走化性や細胞密度，領域の大きさが色素パターン形成に果たしうる役割を探究するためのさらなる理論的研究，またさらなる実験を行う意欲を与える．

　色素パターン形成に対するこの細胞走化性モデルメカニズムは，もちろんこれまでのモデルと同様に推測的なものである．しかしながら，細胞走化性モデルは単純な反応拡散モデルとは異なり，ケミカルメディエーターによる細胞運動や細胞間相互作用といった，多くの生物学的証拠のある要素を陽に含む．我々は，この比較的シンプルなモデルが，様々なヘビで観察される単純・複雑な色素パターンの多くを生成しうることを示した．

4.14　細胞走化性系によるパターン形成の伝播

　ワニの縞模様の場合，縞パターンが頭から出現し始め，背中を尾側へ進行性に移動していくことを 4.2 節で述べた．4.12 節では，細胞走化性系 (4.30) のパラメータが適切なパラメータ領域内にあれば，様々な空間パターンを生み出せることを示した．これまでの図におけるパターンは，特定の初期状態から生じうる．直観的には，領域の片方の端で定常状態に対して摂動を与えて開始すると，領域に沿って進行していくような空間パターンの解が生じるだろうと考えられる．Myerscough and Murray (1992) は，細胞分裂がない，すなわち式 (4.22) において $r = 0$ とした状況において，この問題を研究した．その系は

$$\frac{\partial n}{\partial t} = D\nabla^2 n - \alpha \nabla \cdot (n \nabla c),$$
$$\frac{\partial c}{\partial t} = \nabla^2 c + s\left[\frac{n}{1+n} - c\right] \tag{4.31}$$

により与えられる．彼らは，パラメータが規則的な縞パターンを生み出すような領域にあるときは，一方の端での初期の空間的摂動が，規則的な縞の定常状態空間パターンを残していく進行波を引き起こすこと

を見出した．系 (4.31) における，そのような典型的なパターンの発展を図 4.2 に示す．2.6 節で述べた手法により，漸近的な手技を用いて，パターンの波長や進行速度を解析的に評価することができる．我々は，一部 Myerscough and Murray (1992) の研究に従い，その途中で，2.6 節で一般の場合を議論した方法を，より具体的な例とともに再度取り上げる．

1 次元での問題を考え，付近での伝播していく摂動のその先端部（そこでパターンがまさに形成され始めている）での振舞いに注目する．その先端における摂動の振幅は小さいため，パターンの振舞いは方程式の線形化形，すなわち (4.24) を $r = 0$ として得られる

$$\frac{\partial u}{\partial t} = D\nabla^2 u - \alpha N \nabla^2 v,$$
$$\frac{\partial v}{\partial t} = \nabla^2 v + s\left[\frac{u}{(1+N)^2} - v\right] \quad (4.32)$$

により支配されると示唆される．これは，

$$\begin{pmatrix} u \\ v \end{pmatrix} \propto \exp[i\boldsymbol{k}\cdot\boldsymbol{x} + \lambda t] \quad (4.33)$$

で与えられる形の解をもつ．ここで，波数 k の関数である分散関係 $\lambda(k^2)$ は

$$\lambda^2 + [(D+1)k^2 + s]\lambda + \left[Dk^2(k^2+s) - \frac{sN\alpha}{(1+N)^2}\right]k^2 = 0 \quad (4.34)$$

の正の解として与えられる．この線形近似を用いると，波の先端における (4.32) の解は，フーリエモードの積分

$$n(x,t) = \int_{-\infty}^{\infty} A(k)\exp[ikx + \lambda(k^2)t]\,dk \quad (4.35)$$

と書ける．ここで，$\lambda(k^2)$ は式 (4.34) で与えられる分散関係である．

我々は，初期摂動から十分な時間が経った後の遠く離れた解に興味がある．摂動が領域上を伝播する際に，摂動の先端に沿って調べるので，(4.35) は妥当であり，この式を

$$n(Vt,t) = \int_{-\infty}^{\infty} A(k)\exp[tg(k)]\,dk \quad (4.36)$$

と書き直す．ここで，$A(k^2)$ は線形系の初期条件（ここでは重要ではない）と $g(k) = ikV + \lambda(k^2)$（$V$ は有限の「進行速度」であり，先端における伝播速度である）から得られる．式 (4.36) への変形は，x と t が同じオーダーの大きさであること，v を定数とみなせるほどに波パターンの前線が初期摂動地点から十分に離れていることを含意している．ここで，最急降下法（例えば，Murray (1984) の本を参照されたい）を用いて，$V = O(1)$ の下で，大きな t に対して，すなわち大きな x に対してこの積分式を漸近的に評価でき，

$$n \approx \frac{F(k^*)}{\sqrt{t}}\exp\left[t(ik^*V + \lambda(k^{*2}))\right] \quad (4.37)$$

を得る．ここで，F は k の関数だが，以下の解析においては重要でない．ここでは，k^* は複素平面 k 上で $g(k)$ の鞍点であり，$\text{Re}[ik^*V + \lambda(k^{*2})] > \text{Re}[ik + \lambda(k^2)]|_{k\in K}$（ただし K は平面上の k^* を除く全ての k の集合）となるように選ばれた．

$g(k)$ の鞍点は，

$$\frac{dg}{dk} = iV + \frac{d\lambda}{dk} = 0 \quad (4.38)$$

の解である．数値解から，図 4.2 に典型例を示したように，パターンエンベロープは，初期摂動から遠い位置では実質的に一定の形をしていることがわかる．そのため $g(k)$ に

$$\text{Re}[g(k^*)] = \text{Re}[ik^*V + \lambda(k^{*2})] = 0 \quad (4.39)$$

の形の制約を課す．これは，臨界安定性仮説 (marginal stability hypothesis) であり，式 (4.38) とあわせると，波数 k^* と波パターンの速度 V について解くことが（原理的には）可能である．

パターンエンベロープの速度で動く座標系上のパターンを考えると，エンベロープの先端で始まる振動パターンがわかる（図 4.2 を参照されたい）．このパターンの振動数は

$$\Omega = \text{Im}[g(k)] \tag{4.40}$$

で与えられる．エンベロープの前線に形成されるこぶは，この振動数をもつ．ピークが保存されれば，すなわちピーク同士が合体しなければ，エンベロープの速度で動く座標系において，Ω は先端から離れた振動の振動数でもある．k' を先端からずっと後方のパターンの波数とする．すると，$\Omega = k'V$ と書け，

$$k' = \text{Re}[k^*] + \text{Im} \frac{\lambda(k^{*2})}{V} \tag{4.41}$$

によって，最終的な定常状態のパターンの波数が定まる．

もちろんこの方法は，摂動の先端の近くにおける系の線形的な挙動に依存する．これは，先端の周辺では方程式系の非線形性が弱いと仮定し，その場合，解をフーリエモードの積分系 (4.35) の形で表せるとした．しかし，解が一様定常状態から遠い場合，非線形性が弱いというこの仮定は，非線形系 (4.31) に対しては必ずしも成り立たない．この方法は，解の振舞いが先端での挙動により支配されることを示すが，これは厳密には正しくないだろう．そのため，このアプローチは数値計算による解法で得られる波長 $w = 2\pi/k'$ や V の値と定量的にはそれほど一致しないだろう．しかしながら，V や w を予想するために用いうるような，もっともらしい定性的一致は期待できるかもしれない．

波パターンの解析

この方法を，(4.34) で与えられる分散関係 $\lambda = \lambda(k^2)$ とともに，系 (4.31) に用いるのは容易ではない．k と V について解くために，$\lambda(k^2)$ を式 (4.38), (4.39) に代入しなければならない．そのようにして得られる方程式系は，式 (4.34) により与えられる分散関係の形ゆえに非常に複雑であり，単純には必要な情報を解析的に得られない．この問題を避けつつも，進行波によるパターン形成の誘導について理解を得るため，Myerscough and Murray (1992) は分散関係もどき

$$\lambda(k^2) = \Gamma k^2 (k_0^2 - k^2), \quad \Gamma > 0$$

を考え，式 (4.34) による厳密な分散関係への最良のフィッティングを与える Γ と k_0^2 を選んだ．パラメータ Γ と k_0^2 はそれぞれ，2 次近似の係数と k^2 軸切片を指す．λ が正であるような重要な領域にあるとき，この分散関係もどきは式 (4.34) より与えられる分散関係と定性的に同じである．Myerscough and Murray (1992) は詳細な解析（最急降下法を含む）を行い，近似による結果と，完全な非線形系 (4.31) の数値計算から得られる結果とを比較した．両者は非常に近いというわけではなかったが，そのような解析的な手続きはパラメータへの定性的な依存関係を与えるため重要である．2 つのパラメータだけでは，特別によいフィッティングは期待できず，いかなる方法によっても，フィッティングの不正確さによる何らかの誤差が生じる．しかし，興味深いことに，Myerscough and Murray (1992) は，誤差が，分散関係もどきにおけるフィッティングではなく，線形化の過程に起因することを示した．

この近似法は，波の速度と最終的なパターンの波長が，線形理論を用いることのできる先端の挙動により定まると暗に仮定している．しかし，これらの比較結果から，w や V を定める上で先端の挙動は重要であるものの，走化性系では先端より後方での非線形な挙動も有意な影響を及ぼしていることが示唆される．Myerscough and Murray (1992) は，このようなことがどのようにして起こるかを提示している．

先端よりも後方で発展する細胞密度のピークにより，走化性因子濃度のピークが生み出される．すると，この濃度勾配がピークの先端側の細胞に働き始め，それらの細胞が，先端で生成されつつある次の

ピークへと移動するのを抑制する．これは，線形過程であれば新たなピークに動員されたであろう細胞が，既に形成された細胞群に加わるか，もしくは，より緩徐に先端のピークへと動員されるかのどちらかであることを意味する．前者は，波長の数値解が，解析的手法で得られた波長よりも長い理由を説明する．後者は，進行速度の数値解が，解析解よりも遅い理由を説明する．これらの効果は，反応拡散系によってではなく，走化性による細胞の動員の過程によって生じる．しかしながら，ピーク同士が先端よりも後方で合体しないと仮定すれば，この解析的手法を系 (4.31) から提起される高度な非線形問題に用いることで，摂動の進行速度や最終パターンの波長の有用な評価を得ることができる．その評価のためには，線形系の分散関係に対する妥当な近似がわかれば十分である．

第 5 章
バクテリアのパターン形成と走化性

5.1 背景と実験結果

　バクテリアの研究には，それを必要とする明白な理由が存在する．バクテリアは，例えば数多くの病気を引き起こし，また現在実施されている多くの資源再生利用技術においても重要な役割を担っている．バクテリアの複雑な生物学がますます明らかになるにつれ，その他の分野におけるバクテリアの利用も確実に増加している．本章では，バクテリア個体群の大域的なパターンがいかにしてその局所的相互作用から生じるのか，という問題に関心がある．様々な実験条件下で，様々な株 (strain) のバクテリアは凝集し，安定（あるいは一時的に安定）な巨視的パターンを形成する．そのパターンは，驚くほど複雑であると同時に，非常に規則的でもある．これらのパターンがどのように形成されるのかを，実験のみから説明することは容易でないが，既知の生物学に基づいた数理モデルを用いればその大部分を説明できる．実験的に研究されてきた全てのパターンを議論することはできないので，我々は大腸菌 (*Escherichia coli*) とネズミチフス菌 (*Salmonella typhimurium*) [†1]において Berg と彼の共同研究者により観察された多種多様のパターンに焦点を当てる (Budrene and Berg (1991, 1995) やその中の参照文献を参照されたい)．

　大腸菌とネズミチフス菌はありふれたバクテリアである．例えば，大腸菌はヒトの腸に数多く存在し，ネズミチフス菌は鶏肉など食肉の加熱が不十分であるときに生じうる．これらのバクテリアは運動性をもち，髪の毛のような長い鞭毛 (flagella) による推進力によって移動する (Berg 1983)．また，Berg はバクテリアの運動を経時的に測量し，その運動がランダムウォークに近似でき，ゆえにそのランダムな運動をフィックの法則による通常の拡散で記述できることも見出した．その拡散係数は実験的に計測されている．

　多くのバクテリアがもつ重要な性質の 1 つは，化学誘引物質 (chemoattractant) が存在するとき，その濃度が高いほうへと選択的に移動し，逆に忌避物質 (repellent) が存在するとき，その濃度が低いほうへと移動することである．そのような濃度勾配に対する感受性は，しばしば濃度の大きさに依存する．以下のモデリングでは，走化性とその感受性の問題に気を配る．走化性（と拡散）についての基本的な概念は，入門編 11.4 節および（より詳細には）前章で議論した．大筋では，パターンが形成されるか否かは，バクテリア個体群と化学動力学との間の適切な相互作用，および拡散による散開と走化性による凝集との間の競合に依存する．

　Budrene and Berg (1991, 1995) は，大腸菌やネズミチフス菌が生成するパターンに関する一連の実験研究を行った．彼らは，バクテリアがクエン酸回路の中間体（特にコハク酸塩とフマル酸塩）を摂食しあるいはそれに曝露されると，バクテリアコロニーが，非常に規則的な興味深いパターンをなすのを示した．彼らは 2 種類の実験手法を用いて，3 つのパターン形成メカニズムを得た．2 種類の実験手法とは，液体培地の中でバクテリアを培養する方法と，半固体培地 (0.24% 素寒天培地) で培養する方法である．そして 3 つのメカニズムのうち，1 つは液体培地で発見され，残る 2 つは半固体培地で発見された．いずれの

[†1]　（訳注）サルモネラ属の細菌の 1 つで，ネズミや家畜により媒介され，腸炎を引き起こす．

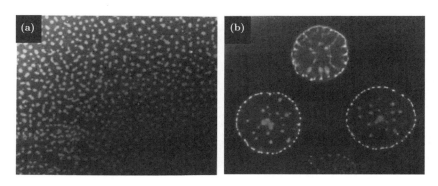

図 5.1 液体培地において，ネズミチフス菌により形成されるパターン．(a) 一様に分布しているバクテリアに対して，少量の TCA を添加した．(b) 一様に分布しているバクテリアに対して，少量の TCA を局所的に添加した（H. Berg と E. O. Budrene による未発表の結果．写真は Howard Berg 博士と Elena Budrene 博士の厚意に基づく．彼らの許可を得て複写）．

実験でも，バクテリアは強力な化学誘引物質であるアスパラギン酸塩を分泌することがわかっている．

液体培地における実験

　液体培地における実験では，比較的シンプルなパターンが生じる．そのパターンは数分のオーダーで速やかに現れ，30 分ほどで完全に消失する．パターンは 2 種類観察され，そのどちらが現れるのかは初期条件によって決まる．2 種類のうちよりシンプルなパターンは，液体培地の中に，バクテリアと少量の TCA サイクルの中間体とが一様に分布しているときに現れる．このときバクテリアは，液体培地の表面全体にわたって，ほぼ同じ大きさの凝集体をいくつも形成する．ただし，パターンはしばしばどこか 1 つの領域から始まり，そこから周囲へと広がっていく（図 5.1(a)）．

　2 つ目のパターンは，初期バクテリア密度が一様な状態に対して，ある特定の点（この点を原点とする）に TCA サイクルの中間体を局所的に添加した場合に現れる．その結果，バクテリアは，原点を中心とするリングの上に，およびそのリングの内部でランダムに，凝集体をなすのが観察される（図 5.1(b)）．

　液体培地におけるこれらの実験では，バクテリアの増殖に要する時間よりも短いタイムスケールでパターンが形成されるので，増殖がパターン形成過程に寄与しないということは重要である．またバクテリアは，刺激物質 (stimulant) を含め，培地中に最初から存在するいかなる化学物質に対しても，走化性を示さない．観察されたパターンが流体力学的な効果によるものではないことも，実験者らにより確認されている（H. C. Berg との私信 1994）．

半固体培地における実験

　最も興味深いパターンが観察されるのは半固体培地であり，特に大腸菌を用いた実験である．これらの実験では，半固体培地（0.24% 素寒天培地）に刺激物質が一様に分布しているシャーレの上に，高密度のバクテリアを接種した．ここで，刺激物質はバクテリアの主な食料源としての役割も果たすので，バクテリアの密度は液体培地の実験時よりもはるかに高くなる．2, 3 日も経つと，既にバクテリアの個体群は 25〜40 世代ほど重ねており，その間にバクテリアは接種点から広がってシャーレの表面全体を覆うようになる．シャーレの表面には，細胞密度がほぼ 0 に等しい領域によって隔てられたいくつもの高密度凝集体からなる，静止したパターンができ上がる．最終的なパターンの典型例を図 5.2 と図 5.3 に示す．ネズミチフス菌によるパターンは連続的かあるいはスポット状に途切れたリングによる同心円状であるのに対し，大腸菌によるパターンはより複雑であり，個々の凝集体の間により高次の空間的対称性が見られ

5.1 背景と実験結果

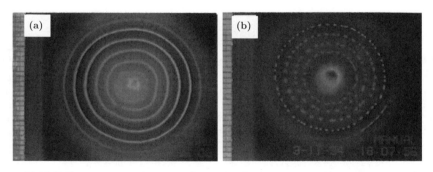

図 5.2　半固体培地において，ネズミチフス菌により形成されるパターン（散光により可視化）．実験は，Budrene and Berg (1991, 1995) に記された方法を用いて，Howard Berg と Elena Budrene により行われた．初めに，およそ 10^4 個のバクテリアをコハク酸塩とともに，10 mL 軟寒天培地を含むシャーレの中心に接種した．本文の記述のように，(a) では少なからず連続的なリングパターンをなすのに対し，(b) ではリングが途切れている．接種からの時間は，(a) 48 時間，(b) 70 時間である．各々の図の左側には，1 mm 格子が示されておりパターンのスケールがわかる（Woodward et al. (1995) より．実験の詳細や結果も与えられている）．

る．多種多様のパターンが観察されてきたが，最もよく見られるパターンはヒマワリ型螺旋 (sunflower type spirals) や放射状ストライプ (radial stripes)，放射状スポット (radial spots)，そして雁木パターン (chevrons) である．微速度撮影法 (time-lapse videography) を用いた実験により，大腸菌とネズミチフス菌がこのようなパターンを形成する際の，全く異なる運動学が明らかになった．

ネズミチフス菌によるシンプルなパターン（図 5.2）は，バクテリアが最初の接種点から広がり，非常に低密度のバクテリア叢 (bacterial lawn) を形成するところから始まる．やがて，バクテリア叢よりも小さな半径をもつ高密度のバクテリアリング (bacterial ring) が形成され，しばらくすると，バクテリア叢はより遠くまで広がっていき，1 つ目より大きな半径をもつ 2 つ目の高密度バクテリアリングが出現する．いったん形成されると，リングはその場にとどまる．バクテリアリングは，図 5.2 (a) のように連続的であるか，あるいは図 5.2(b) のようにスポット状に途切れてしまうかのどちらかになる．どのリングにおいても，そのリング内の高密度凝集体は，それと隣接する 2 つのリング内の凝集体との間に，明らかな位置的な関連性は見られない．

大腸菌では，図 5.3 のようにより劇的なパターンが見られるが，動径方向あるいは角度方向に隣り合う凝集体同士の間に明確な位置関係が見られる．このような位置関係は，既に形成された凝集体が，その次の凝集体形成を誘導する結果として生じるようだ (Budrene and Berg 1995)．最初にバクテリア叢が形成されるのではなく，代わりに高い運動性を有するバクテリアからなるスウォームリング (swarm ring)[†2] が形成され，接種点から外側に向かって広がっていく．スウォームリングのバクテリア密度が十分増加すると，リングが不安定化し，一部のバクテリアがリングの後方に凝集体として取り残される．少しの間，これらの凝集体は明るく見え続け，その中のバクテリアは高い運動性を保持している．しかし，この凝集体はやがて分解し，その一部のバクテリアが元のスウォームリングに再結合する[†3]．元々凝集体のあった場所に取り残されるのは，何らかの未知の原因で運動性を失ったバクテリアの塊である．パターンを描いているのは，これら動かなくなったバクテリアである．

[†2]　（訳注）　スウォーム (swarm) とは「群れ」のこと．
[†3]　（訳注）　大腸菌の場合には，まずスウォームリングと呼ばれるリングが中心から外側に向かって広がっていく（図 5.3 には示されていない）．このリング内のバクテリア密度が上昇すると，リングは不安定化して，その一部が凝集体としてリングの内側に取り残される．一度はリングの内側に取り残された凝集体は，分解し，その一部が外側に流れ出して，再び元のスウォームリングに結合する．リングは再び密度を上昇させながら外側に広がっていき，再び不安定化し，というようにこのプロセスが繰り返される結果，図 5.3 に描かれるパターンが得られる．詳細は Budrene and Berg (1995) を参照されたい．

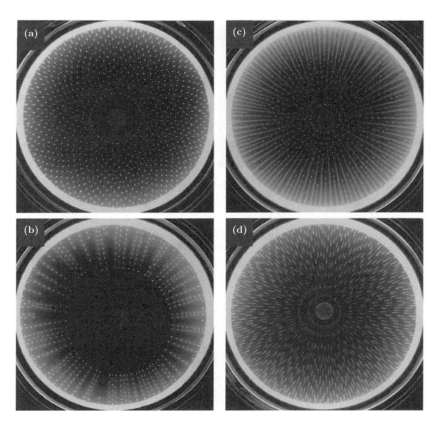

図 5.3 半固体培地において，大腸菌により形成されるパターンを示す．非常に規則的なパターンが見られることに注目されたい．明るい領域は，高密度のバクテリアが存在することを示す．それぞれのパターン (a)–(d) については，それぞれ本文で議論されている (Budrene and Berg (1991) より．写真は Howard Berg 博士の許可を得て複写).

　図 5.3 のうちのどのパターンが形成されるのかについては，スウォームリングの広がる速度と，凝集体の分解するタイミングのどちらか，あるいはその両方が，重要な役割を果たすようだ．分解が速い[†4]場合，図 5.3(c), (d) のように，凝集体がスウォームリングに引きずられるように見え，運動性を失ったバクテリアは放射状の条 (radial streak) として取り残される．一方，分解がもう少し遅い場合，分解した凝集体由来のバクテリアが再び元のリングに加わって，その位置で新たな凝集体の形成を誘導し，その結果放射状スポットが生じる．分解がさらに遅い場合，凝集体由来のバクテリアが再びリングに加わる前に，スウォームリングが不安定化する．するとリングは，既に凝集体が存在している場所の間に凝集体を形成するようになり，その結果ヒマワリ型螺旋が生じる[†5]．

　液体培地における実験と全く同様に，シャーレの中のいかなる化学物質も化学誘引物質ではないことに注意されたい．しかし，この場合のパターンのタイムスケールは大腸菌が何回か分裂できるくらいに長く，ゆえに増殖が重要になる．また，特にスウォームリングパターンの中では刺激物質の消費も無視できなくなる．

　培地に用いた基質はいずれも化学誘引物質ではないので，図 5.3 のような大腸菌のパターンを何らかの外因性の化学誘引物質により説明することはできない．しかし，バクテリア自身が強力な化学誘引物

[†4] （訳注）この部分は Budrene and Berg (1995) に書かれている内容とは異なる．本文では (c) は分解が「速い」と書かれているが，Budrene and Berg (1995) によると最も「遅い」．分解の速い順に，(b) → (a) → (c), (d) であるようだ．

[†5] （訳注）原文には明示されていないが，図 5.3(a) がヒマワリ型螺旋，(b) が放射状スポットである．

5.1 背景と実験結果

質（アスパラギン酸塩）を産生する (Budrene and Berg 1991) ので，化学誘引物質は大きな役割を担っている．それまでのところ，大腸菌とネズミチフス菌に見られる走化性現象は，バクテリアを食料源へと向かわせるものにすぎないと考えられてきた．バクテリアがシグナル伝達機構の 1 つとして化学誘引物質を産生・分泌するという証拠は，Budrene and Berg (1991, 1995) によるこれらの実験でようやく発見されたのだ．それは，キイロタマホコリカビ (*Dictyostelium discoideum*) が走化性凝集 (chemotactic aggregative) のシグナル伝達機構として化学物質 cAMP を産生することを彷彿とさせる．したがって，我々のモデリングにおいても，拡散の過程と，バクテリアによって内因的に産生される化学誘引物質に対する走化性の過程，およびそれらの過程がどのように相互作用してパターンを生み出すのか，ということに主に焦点を当てていく．

これらのパターンはいずれも，シャーレの 2 次元領域上に形成されたものであることを思い出されたい．2 次元の場合でも多様なパターンが見られるのだから，培地が 3 次元であれば生じるパターンははるかに複雑だろうことは明らかである（それを実験的に撮影するのはかなり困難だろうが）．本章では，2 次元のパターンのみをモデリングし，生物学的な事実を反映させたそのモデルが，実験的に観察されるパターンを生成しうることを示す．

走化性現象によって，複雑かつ多様な幾何学的パターンが現れうることは明らかである．個々のバクテリア間の相互作用からいかにしてこれらの複雑な幾何学的パターンが生じるのか，という問題を実験のみから直観的に解決するのは容易でない[*1]．このように，生物学的な直観によっては適切な説明が得られないような場合には，数理モデリングがきわめて重要かつ決定的な役割を果たしうる．パターンを理解するためには，しばしば詳細な生物学的仮定やパラメータの評価に関する，数多くの問題を解決しなければならない．例えば，拡散と，内因的に産生される化学誘引物質に対する走化性は，これらのパターンの形成を説明するのに十分だろうか．また，化学誘引物質は定量的にはどのような役割を担っており，どの程度の速度で産生されるのだろうか．さらに，他のパターンとしてどのようなものが生じ得，そのパターンが生じるためには実験におけるどの要素を変更する必要があるだろうか．バクテリアの生物学，モデリングの方法，およびモデル方程式系のシミュレーションに用いた数値計算法に関する総説は，Tyson (1996) により与えられている．

我々が詳細に考察していく題材のほとんどは，これらの具体的なパターンに関する一連の理論研究 (Woodward et al. (1995), Tyson (1996), Murray et al. (1998), Tyson et al. (1999)) に基づく．彼らは，既知の生物学を精密に模倣できるような数理モデルを提示した．Woodward et al. (1995) の記事は，実験研究者である Berg 博士と Burdrene 博士との共同研究だが，ネズミチフス菌によって形成されるよりシンプルなパターンを考察し，ネズミチフス菌において観察される自己組織化に対する説明を提示した．Ben-Jacob と彼の共同研究者 (Ben-Jacob et al. (1995, 2000) とその中の参照文献を参照されたい) もまた，様々なバクテリアを理論と実験の両面から考察した．彼らが得た多数のパターンも，非常に複雑かつ劇的である．もちろんそれらのパターンは，パラメータ値や実験条件に依存する．しかし実際には，バクテリアは様々な状況に――それが好ましいものであれ好ましくないものであれ――対処しなければならない．多様な環境要因に適応するために，バクテリアはそのような状況に対処するための様々な戦略を進化させてきた．これらの戦略には協働的な情報伝達も含まれ，それは形成されるパターンの種類に影響を及ぼす．Ben-Jacob (1997) （その中に挙げられている参照文献も参照されたい）は，走化性フィードバックのような情報伝達過程の効果を研究してきた．そのような協働性を走化性モデル系に含めることによりパターンの複雑性の幅がいっそう広がることは，予想通りである．Mimura と彼の共同研究者により行われた解析的研究と広範な数値的研究（例えば Mimura and Tsujikawa (1996), Matsushita et

---

[*1] だからこそ，Howard Berg は初めに私に連絡してきたのだった．彼と初めて共同でモデリングを試みた結果 (Woodward et al. 1995)，生産的で興味深い実験的・生物学的問題が顕になった．

al. (1998, 1999), Mimura et al. (2000) やその中に挙げられている参照文献を参照されたい）は，反応拡散走化性系が呈しうる複雑な解の挙動に焦点を当てている点で特に重要である．例えば，Mimura et al. (2000) は様々なパターンを5種類に分類し，1種類の例外を除いてその多様な形態が，反応拡散モデルによって生成されうることを示した．Mimura and Tsujikawa (1996) は，個体群増殖を含む場合の拡散走化性系を考察し，拡散と走化性が弱い場合に，凝集パターンの時間発展に関する方程式を導出した．本章では，大腸菌とネズミチフス菌に見られる特定のパターンを議論し，さらに非常に手短ではあるが枯草菌 (*Bacillus subtilis*) に見られる全く異なるパターンについても議論する．

これらのバクテリアのパターンは，誘引物質でもある栄養分を含む培地において，走化性を示すバクテリア株を増殖させた際に観察されるパターン（例えば Agladze et al. (1993)）よりもはるかに精巧である．また，大腸菌とネズミチフス菌により形成される構造は，例えば，一時的にのみ安定である点でキイロタマホコリカビの凝集細胞による進行波とも異なる．

走化性による空間パターンの可能性は，これまでに様々な生物学的背景の下で開拓されてきた．走化性に関する数理モデルは（反応拡散モデル（第2，3章），メカノケミカルモデル（第6，7章）とともに），空間パターン発展に関する積分微分方程式モデルという一般分野の一部分にすぎない．キイロタマホコリカビのパターン形成に関する基本的な Keller-Segel 連続体モデルは，Keller and Segel (1970) により提唱され，入門編 11.4 節で議論した．（その後発見された新たな生物学的洞察の結果，）凝集時の適切な細胞シグナル伝達に関する，より生物学的知識に基づいた離散型モデルが Dallon and Othmer (1997) によって与えられている．Othmer and Schaap (1998) は，キイロタマホコリカビの発生における振動的な cAMP シグナル伝達についての広範で完全な総説である．Keller and Segel (1970, 1971) の先駆的な研究以来，これらのパターンをモデリングしようとする数多くの試みがなされてきた．例えば，Ben-Jacob et al. (1995) は，アスパラギン酸塩産生における閾の挙動と，細胞によって分泌される排泄物の領域とを組み込んだモデルを考察している．彼らはそれにより，実験的に観察された大腸菌のパターンに類似する空間パターンを得ている．Brenner et al. (1998) は，半固体培地における大腸菌のスウォームリング形成モデルメカニズムに対して 1 次元解析を行った．彼らは，パターン形成の観点から方程式に現れる各項の相対的な重要性を調べ，解析的な結果を得た．彼らは例えば，与えられた領域におけるバクテリア塊 (clumps) の数を，モデルパラメータを用いた式として導出した．

走化性は，創傷治癒（第 10 章）や腫瘍増殖（第 11 章），そして細菌性の炎症応答に伴う白血球遊走（例えば Lauffenburger and Kennedy (1983) や Alt and Lauffenburger (1987) を参照）などの幅広い実際の現象において，重要な役割を果たす．細胞数が一定でないような場合は，最近まであまり研究がなされて来なかった．唯一の例外は，バクテリアの運動に加え，増殖と死亡を含めた Kennedy and Aris (1980) の進行波モデルであった．走化性や（第 6 章で議論する，パターン形成の力学理論における類似の細胞誘導現象である）走触性 (haptotaxis) が存在すると，例えば反応拡散のみを含むモデルよりも，幅広い種類のパターンを生み出せるようだ．そしてもちろん，パターン形成過程の間に有意な増殖が起こる場合には，いっそう広範な種類のパターンが見られるようになる．

ここで，多数のバクテリアによって形成される特定のパターンは，実験により得られるパラメータ値や（初期条件を含む）条件に敏感に依存することを述べておくのが適切だろう．バクテリアのパターン形成に関する実用として，汚染の定量的な測定がありうるかもしれない．

5.2 大腸菌の半固体培地実験におけるモデルメカニズム

我々の目標は，基本的には，Budrene and Berg (1991, 1995) の実験におけるバクテリアパターン形成過程を支配するような生物学的メカニズムを構成することである．まず，大腸菌を用いた半固体培地実験に対するモデルを考察する．この実験において重要となる要素は，（もちろん）バクテリア，化学誘引物

5.2 大腸菌の半固体培地実験におけるモデルメカニズム

質（アスパラギン酸塩），そして刺激物質（コハク酸塩とフマル酸塩）なので，3つの変数を考える．細胞数密度，化学誘引物質濃度，そして刺激物質濃度を，それぞれ n, c, s とおく．バクテリアは拡散し，走化性により化学誘引物質濃度の勾配を上昇し，増殖し，運動性を失う．このモデリングの目的では，運動性を失った細胞は死んだとみなしてよい．また，化学誘引物質も拡散し，これはバクテリアにより産生されたり取り込まれたりする．一方，刺激物質は拡散し，バクテリアにより消費される．始める上で，起こっていると考えられることをシンプルに言葉の式 (word equation) に書き下してみることは，有用であることが多い[*2]．前節で記述した生物学的プロセスを踏まえると，3つの保存則からなるモデルを立てることができる：

$$\text{細胞数密度 } n \text{ の変化率} = n \text{ の拡散} + n \text{ の } c \text{ に対する走化性} + n \text{ の増殖（生死）}, \tag{5.1}$$
$$\text{化学誘引物質濃度 } c \text{ の変化率} = c \text{ の拡散} + n \text{ による産生} - n \text{ による摂取}, \tag{5.2}$$
$$\text{刺激物質濃度 } s \text{ の変化率} = s \text{ の拡散} - n \text{ による摂取}. \tag{5.3}$$

モデリングにおける最も重要な部分は，これらの方程式の各々の項をいかにして定量するのかである．Tyson (1996) は，モデリングに関する完全な議論を与えており，さらに広範な文献検索から現れる様々なパラメータを評価している．これから議論していくのは，主に Tyson (1996) と Tyson et al. (1999)，および Murray et al. (1998) における彼女の研究である．

拡散

方程式 (5.2), (5.3) における化学誘引物質と刺激物質の拡散項は素直である．これらの化学物質は，単純なフィックの拡散に従って拡散する．その拡散係数をそれぞれ D_c, D_s とおく，

$$D_c \approx D_s \approx 9 \times 10^{-6} \, \text{cm}^2/\text{秒}$$

と評価される (H. C. Berg との私信 1993)．パラメータの推定値は全て表 5.1 にまとめられている．

個体群としてのバクテリアもまた，フィックの法則に従って拡散するとしよう．しかし，その拡散係数 D_n を評価するのはそれほど単純ではない．Berg (1983) は自身の著書で，個々の細胞の運動からバクテリアの拡散係数に関する式を導出し，推定値 $D_n \approx 2 \times 10^{-6} \, \text{cm}^2/\text{秒}$ を与えている．Phillips et al. (1994) は，過去10年にわたり文献に報告された拡散係数の値をまとめている．それによれば D_n は，最も大きな評価 $1.9 (\pm 0.9) \times 10^{-4} \, \text{cm}^2/\text{秒}$ から，最も小さな評価 $1 \sim 10 \times 10^{-7} \, \text{cm}^2/\text{秒}$ まで様々であった．しかし，最新の測定によれば，$D_n \approx 1 \sim 3 \times 10^{-6} \, \text{cm}^2/\text{秒}$ の範囲に収まるようであり，これは Berg (1983) により定められた理論値に一致している．

モデルにおける適切な拡散係数を定めるにあたり，測定を行う際に細胞が運動できる空間の次元数に注意しなければならない．以下でモデリングする実験では，シャーレ内の液体・寒天培地の深さは 1.8 mm 程度である．細胞の運動を 10 mm 大のキャピラリーアレイに制限すると大腸菌の拡散係数は $5.2 \times 10^{-6} \, \text{cm}^2/\text{秒}$, 50 mm 大のキャピラリーアレイに制限すると拡散係数は $2.6 \times 10^{-6} \, \text{cm}^2/\text{秒}$ であるとわかった (Berg and Turner 1990)．より大きなキャピラリーで拡散がより遅くなるのは予想通りである．

細胞やバクテリアなど，化学物質以外のいかなるものであれ，その拡散係数の評価は常に難題である（第 9, 10, 11, 13, 14 章も参照されたい）．拡散係数を評価するために，様々な理論的アプローチが用いられてきた．Sherratt et al. (1993b) による真核細胞の運動に関する研究は，その1つである．Ford and Lauffenburger (1991) や Sherratt (1994) は，解析する上で，受容体レベルの動力学から始めてモデルを開発し，バクテリアの拡散係数を定めた．

[*2] そして，数理モデリングの経験がほとんどない実験科学者たちと議論する際には，不可欠である．

実験研究者は，化学誘引物質の絶対的な濃度が，バクテリアの拡散係数に影響を及ぼすことはないと確信しているので，我々の目的のためにはそのような受容体レベルの詳細を含める必要はない．したがって，細胞は一定の拡散係数 $D_n = 2 \sim 4 \times 10^{-6}\,\mathrm{cm}^2/$秒 に従って拡散すると仮定する．

走化性

入門編第 11 章で調べたように，走化性とは，生物がある物質の濃度勾配を上昇するような方向性のある運動のことであり，ゆえに負の拡散のようである．しかし，細胞の拡散はその密度勾配にのみ依存しているのに対して，走化性は細胞間相互作用や化学誘引物質とその濃度勾配にも依存している．保存則の中の走化性項は，一般に走化性流束密度 (chemotactic flux) の発散型で書ける：

$$\nabla \cdot \boldsymbol{J}_c = \nabla \cdot [\chi(n,c)\nabla c]. \tag{5.4}$$

ここで，$\boldsymbol{J}_c$ は走化性流束密度を，$\chi(n,c)$ は細胞数密度 n と化学誘引物質濃度 c に対する（未知の）走化性応答関数 (chemotaxis response function) を表す．生物学的に正しい走化性応答関数 $\chi(n,c)$ の形を定めるために，数多くの研究がなされてきた．Ford and Lauffenburger (1991) は，これまでに提案されてきた主な関数形を概説している．拡散項の場合と同様に，細胞の挙動を微視的に記述するか，あるいは細胞個体群の実験からの巨視的な結果に対して曲線当てはめ (curve fitting) を行うことによって，$\chi(n,c)$ に対する様々な形が提案されてきた．様々なアプローチを統合することにより，Lapidus and Schiller (1976) による巨視的な形，すなわち

$$\chi(n,c) = \frac{n}{(k+c)^2} \quad (k\text{ はパラメータ})$$

が驚くほど良い形であることが示される．この形は様々な実験データ，特に走化性応答の関数形の決定に的を定めて考案された Dahlquist et al. (1972) の実験データと比較すると，非常に良い結果を与える．興味深いことに，受容体レベルのあらゆる複雑性を含めた他の研究者による研究では，得られた結果が Lapidus and Schiller (1976) のそれに比べて有意に改善することはなかった．受容体モデルの主な（かつ，もちろん重要な）強みは，実験的に観察されるバクテリアの物理化学的な性質に対して，パラメータを直接当てはめることができる点である．しかし，個体群レベルの研究ではそのような詳細を含める必要はない．今回のモデリングと解析では，主に大腸菌とネズミチフス菌の個体群全体としての振舞いを記述することに関心があるので，巨視的に導出された走化性係数が最も適している．上述の形に基づいて，

$$\chi(n,c) = \frac{k_1 n}{(k_2 + c)^2} \tag{5.5}$$

の形 (Woodward et al. 1995) を選ぶ．パラメータ k_1, k_2 は，Dahlquist et al. (1972) による実験結果から定めることができ，$k_1 = 3.9 \times 10^{-9}\,\mathrm{M\,cm}^2/$秒, $k_2 = 5 \times 10^{-6}\,\mathrm{M}$ である．

細胞の増殖

増殖項は，バクテリアの増殖と死亡の両方を含んでいる．Budrene and Berg (1995) によれば，細胞は一定の増殖率で増殖し，その増殖率はどれだけコハク酸塩を利用できるのかに依存している．液体培地実験では栄養が際限なく与えられ続けるのに対し，半固体培地実験では刺激物質であるコハク酸塩とフマル酸塩がバクテリアの主要な炭素源（栄養）である．以上より，増殖項の形を

$$\text{細胞の増殖と死亡} = k_3 n \left(k_4 \frac{s^2}{k_9 + s^2} - n \right) \tag{5.6}$$

と仮定する．ただし k_3, k_4, k_9 はパラメータである．

5.2 大腸菌の半固体培地実験におけるモデルメカニズム

この形は，利用可能な栄養量 s に依存する環境収容力をもつロジスティック型増殖を表し，直観的にも妥当である．バクテリア密度 n が環境収容力よりも小さい場合，式 (5.6) は正であり，バクテリア個体数は増加する．一方 n が環境収容力よりも大きい場合，式 (5.6) は負であり，個体群密度は正味で減少する．この形は，細胞あたりの死亡率が n に比例することを暗に仮定している．この形に比べると説得力に欠けるかもしれないが，その他の形として，細胞あたりの死亡率がシンプルに一定であるような場合もありうる．

化学誘引物質と刺激物質の産生と消費

半固体培地モデルは，産生の項を 1 つ（化学誘引物質）と，消費の項を 2 つ（化学誘引物質と刺激物質）含む．入手可能な実験データが不足しているため，化学誘引物質の産生と摂取の形としてどのようなものが合理的なのかを定めるためには，直観に頼らざるをえない．

栄養の消費に関しては，細胞の増殖に比例する速度で，培地から栄養が失われることが期待される．細胞の線形増殖率は $k_3 k_4 s^2/(k_9 + s^2)$ なので，細胞による栄養の消費は

$$\text{栄養の消費} = k_8 n \frac{s^2}{k_9 + s^2} \tag{5.7}$$

のような形に書ける．ただし k_8, k_9 はパラメータである．この形は S 字型曲線様の性質をもつ．

細胞による化学誘引物質の消費も，同様の S 字型曲線様の性質をもつだろう．一方，化学誘引物質は増殖に必要ではないので，実験中に作られるのはごくわずかであるようだ．したがって，シンプルに，細胞がアスパラギン酸分子に接触した場合にそれを取り込むと仮定する．すなわち，化学誘引物質の消費は，

$$\text{化学誘引物質の消費} = k_7 nc \tag{5.8}$$

のような形に書ける．ただし k_7 はパラメータである．

化学誘引物質の産生項についても，ほとんど詳細には測定されていない．我々が知っているのは，栄養濃度が増加すると化学誘引物質の産生量も増加し，時間が経つとおそらく飽和する (H. C. Berg との私信 1993) ことだけである．それは，産生の項が飽和関数 (saturating function) であることを示唆するが，様々な形が考えられる．ここでは，具体的に

$$\text{化学誘引物質の産生} = k_5 s \frac{n^2}{k_6 + n^2} \tag{5.9}$$

のような形を選ぶ．ただし k_5, k_6 はパラメータである．これの代わりに，飽和しないような関数

$$\text{化学誘引物質の産生} = k_5 s n^2 \tag{5.10}$$

も考えられる．

実際，どちらの形でも目的のパターンを生成できるので，両者を区別したり何か別の関数形を見つけたりするためには，より詳細な実験が必要である．最も重要な特徴は n が小さいときの振舞いであり，そのとき産生関数の微分係数は正でなければならない．

半固体培地におけるバクテリアパターン形成の数理モデル

以上の様々な関数形を，先ほどの言葉の式 (5.1)–(5.3) に代入すると，

$$\frac{\partial n}{\partial t} = D_n \nabla^2 n - \nabla \cdot \left(\frac{k_1 n}{(k_2 + c)^2} \nabla c \right) + k_3 n \left(\frac{k_4 s^2}{k_9 + s^2} - n \right), \tag{5.11}$$

$$\frac{\partial c}{\partial t} = D_c \nabla^2 c + k_5 s \frac{n^2}{k_6 + n^2} - k_7 n c, \tag{5.12}$$

$$\frac{\partial s}{\partial t} = D_s \nabla^2 s - k_8 n \frac{s^2}{k_9 + s^2} \tag{5.13}$$

が得られる．ここで，n, c, s はそれぞれ細胞数密度，化学誘引物質濃度，刺激物質濃度を表す．モデル系は，3 つの拡散係数と，3 つの初期条件（$t=0$ における n, c, s の値），そして 9 個のパラメータ k を含む．これらのパラメータの中には，推定値が存在するものも，ある程度の信頼性をもって評価できるものもある．しかし，現在の生物学的知識では全くわからないものもいくつかある．パラメータの評価に関しては後で議論する．

液体培地におけるバクテリアパターン形成の数理モデル

化学誘引物質の産生と細胞の走化性応答は，それぞれ液体培地と半固体培地のどちらにおいても同一の関数で書けると仮定するのが合理的であろう．2 種類の実験で異なる部分は，むしろそのタイムスケールや刺激物質の果たす役割である．先ほど指摘したように，液体培地実験の場合には，タイムスケールが短いため時間内に細胞が増殖できず，モデルの中に増殖項は含まれない．また，液体培地の場合には，刺激物質が細胞にとっての主な食料源にならない（栄養分は外部から供給されている）ので，刺激物質の消費は無視できる．このことは，液体培地実験モデルが単に半固体培地実験モデルの特殊な場合にすぎないことを示している．細胞増殖，化学誘引物質の分解，刺激物質の消費の項を取り除くと，先ほどよりもシンプルな 3 つの方程式からなるモデル

$$\frac{\partial n}{\partial t} = D_n \nabla^2 n - \nabla \cdot \left(\frac{k_1 n}{(k_2 + c)^2} \nabla c \right), \tag{5.14}$$

$$\frac{\partial c}{\partial t} = D_c \nabla^2 c + k_5 s \frac{n^2}{k_6 + n^2}, \tag{5.15}$$

$$\frac{\partial s}{\partial t} = D_s \nabla^2 s \tag{5.16}$$

が得られる．この場合には，半固体培地のモデル系よりも，未知のパラメータの数が少なくなる．また方程式 (5.16) は他の方程式と独立である．刺激物質が培地の中に一様に分布しているような最もシンプルな液体培地実験の場合には，さらに 3 つ目の方程式 (5.16) を省くことができる．

パラメータの評価

先ほど述べたように，パラメータの中には，既に値がわかっているものや入手可能な文献から評価できるものもある．パラメータを組み合わせた式に対して評価が得られている場合もある．積 $k_3 k_4$ は最大瞬間増殖率 (the maximum instantaneous growth rate) であり，一般に世代間隔 (generation time) t_gen の値から

$$瞬間増殖率 = \frac{\ln 2}{t_\text{gen}}$$

5.2 大腸菌の半固体培地実験におけるモデルメカニズム

表 5.1 大腸菌とネズミチフス菌の実験に関するモデル方程式 (5.11)–(5.16) の次元付きパラメータについて，文献から得られた推定値を示す．表に示した以外のパラメータ k については，この段階では未知である．

パラメータ	値	出典
k_1	$3.9 \times 10^{-9} \, \mathrm{M \, cm^2/秒}$	Dahlquist et al. (1972)
k_2	$5 \times 10^{-6} \, \mathrm{M}$	Dahlquist et al. (1972)
k_3	$1.62 \times 10^{-9} \, 時間/(\mathrm{mL \, cell})$	Budrene and Berg (1995)
k_4	$3.5 \times 10^{-8} \, \mathrm{cell/mL}$	Budrene and Berg (1995)
k_9	$4 \times 10^{-6} \, \mathrm{M^2}$	Budrene and Berg (1995)
D_n	$2 \sim 4 \times 10^{-6} \, \mathrm{cm^2/秒}$	Berg and Turner (1990); Berg (1983)
D_c	$8.9 \times 10^{-6} \, \mathrm{cm^2/秒}$	Berg (1983)
D_s	$\approx 9 \times 10^{-6} \, \mathrm{cm^2/秒}$	Berg (1983)
n_0	$10^{-8} \, \mathrm{cell/mL}$	Budrene and Berg (1991)
s_0	$1 \sim 3 \times 10^{-3} \, \mathrm{M}$	Budrene and Berg (1995)

として定まる．大腸菌を用いた実験では世代間隔が 2 時間程度なので，瞬間増殖率は 0.35/時間 と求まる．パラメータの組合せ $k_3 k_4 / k_8$ は収率 (yield coefficient) と呼ばれ，実験研究者により

$$Y = \frac{増殖したバクテリアの重量}{消費された培地の重量}$$

として計算される．同様に，$k_3 k_4 / k_7$ は化学誘引物質（窒素源）に関するバクテリアの収率である．パラメータ k_1, k_2 は，Dahlquist et al. (1972) による細胞流動速度と走化性勾配の計測から計算される．

Budrene and Berg (1995) は，彼らの実験における増殖率を計測した．それを用いて曲線当てはめを行うことで，パラメータ k_3, k_4, k_9 の値をかなり正確に定めることができる．彼らはまた，半固体培地実験におけるリングの半径を時刻の関数として測定した．既知のパラメータの推定値をその出典とともに表 5.1 に掲載した．その他のパラメータには推定値が存在しない．とはいえ，無次元化された方程式系を解析するので，特定のパラメータの組合せに対する評価が得られれば十分である．それらの評価は，方程式の数値解に関する図の説明文に与えられている．

パターン形成メカニズムに対する直観的な説明

生物学的問題に関するいかなるモデルであっても，それを解析する前に，いくつかの具体的な状況の下で何が起こるのかを直観的に理解しようとするのは，常に有用である．関心のある領域は，実験に用いるシャーレ内の領域であり，有界であることに注意されたい．完全なモデル (5.11)–(5.13) を考察する．方程式 (5.13) において，摂取の項は拡散方程式における吸い込み (sink) を表すので，$t \to \infty$ のとき栄養濃度 s は 0 に収束する．結局これは，(5.11), (5.12) より，最終的には細胞増殖項と化学誘引物質産生項も 0 に収束することを示す．一方，化学誘引物質の消費と細胞の死亡については，その後も起こり続ける．したがって，時刻を $t \to \infty$ とすると，細胞数密度と化学誘引物質濃度についても 0 に収束することがわかる．すなわち，このモデルの定常状態は至る所で $(n, c, s) = (0, 0, 0)$ となるもののみである．しかし，これはもちろん我々にとって関心のある状態ではない．そして，一様な非零の定常状態周りの摂動に対する典型的な線形解析を行えないことを意味する．その代わりに，方程式の動的な解を調べる必要がある．

さて次に，液体培地実験に関するモデル方程式系 (5.14)–(5.16) を考察する．方程式 (5.16) は単なる古典的な拡散方程式であり，いかなる空間的非一様性も時間とともに均質化されてしまうので，刺激物質は

最終的には空間的に一様になるだろう．少し調べると，一様な定常状態 $(n, c, s) = (n_0, 0, 0)$ が存在することがわかる．ここで，n_0 は初期細胞数密度を表し，実験的に変化させることのできるもう 1 つのパラメータである．方程式 (5.15) より，湧き出しの項は常に正なので，c は際限なく増加するだろう．この場合，最終的にはこの濃度 c が十分大きくなるので，方程式 (5.14) の中の走化性応答の項は著しく減少し，ついには単純拡散が支配的となり，解は時間非依存的で空間的に一様となる．ゆえに，液体培地実験の場合も同様に，解の動的な発展を調べなければならない．ここで，いかなる n_0 に対しても定常状態 $(n, c, s) = (n_0, 0, 0)$ に対する摂動は，化学誘引物質濃度を持続的に増加させる．以上より，モデルの解析から興味深い結果を得るためには，一様な初期条件に摂動を加えてから走化性応答が飽和するまでの時間枠のどこかで，パターンを見つけなければならない．

液体培地モデルに対する物理的な拡散走化性系 (5.14)–(5.16) から，いかにして細胞密度の高い凝集体が出現したり消失したりするのかを知るのは容易である．$t = 0$ において，細胞は化学誘引物質を分泌し始め，また細胞は初めランダムに分布しているので，一部の領域では別の領域よりも化学誘引物質濃度が高くなる．これらの細胞密度のより高い領域では，走化性により近傍の細胞が引きつけられるので，局所的な細胞密度が増加し，その周囲の領域では細胞密度が減少していく．（密度の高い）細胞塊に新たに加わった細胞も化学誘引物質を分泌するので，化学誘引物質の局所的な濃度は，より細胞密度の低い周囲に比べて，より大きな速度で増加していく．このようにして，細胞密度と化学誘引物質濃度の山と谷 (peaks and troughs) が際立ってくる．しかし，細胞と化学物質の拡散も関与しており，その拡散は凝集を引き起こす走化的なプロセスに拮抗して，これらの山と谷をならすかあるいはそもそも初めに山と谷ができ上がるのを妨げる分散効果をもつので，そのような単純な話で完結するわけではない．これこそが，局所的活性化と側抑制という古典的な状況であり，凝集と分散のどちらのプロセスが支配的になるのかは，様々なパラメータと初期条件 n_0 との密な関連性に依存する．

5.3 液体培地モデル：パターン形成の直観的解析

液体培地における実験とそのモデル系に関する前節の議論から，液体培地実験では，スポットがランダムに並んだようなパターンが，おそらく短いタイムスケールで現れ，最終的にそれらの凝集体は消失し，再び空間的に一様になることがわかった．凝集体が消失していくのは，おそらく走化性応答が飽和するためであることが示唆された．基本的には，細胞が化学誘引物質を生産する一方，その分解（や阻害）は全く起こらないので，シャーレ内の化学誘引物質濃度は増加し続ける．その結果，走化性応答は最終的に飽和し，拡散が支配的になる．

また，パターン形成のダイナミクスを調べる上で，一様定常状態に対する通常の線形解析を行うことはできないので，異なる解析手法を編み出す必要があることも指摘した．我々が開発した方法 (Tyson et al. 1999) は，厳密というよりはむしろ非常に直観的ではあるが，これから見ていくように有益であり定性的な予測を与えてくれる．またこの方法により，走化性モデルや実験において，ランダムあるいは円環状に配置されたスポットからなる過渡的なパターンがどのようにして現れうるのかを説明できる．さらに，解析的な予測と比較するために，いくつかの数値解も与える．解析やシミュレーションの全てにおいて，実験的な状況を反映してゼロフラックス境界条件を仮定する．

さて，液体培地実験に対する最もシンプルなモデルから始めよう．そのモデルは，半固体培地実験のモデルに対して，細胞増殖と化学誘引物質分解を 0 とし，かつ刺激物質 s の消費・分解がなく，一様に分布していることを仮定したモデルである．したがって，s は単なるもう 1 つのパラメータにすぎない．これ

5.3 液体培地モデル：パターン形成の直観的解析

表 5.2 大腸菌とネズミチフス菌の液体培地モデル (5.20), (5.21) で用いられた変数と無次元パラメータについて，既知の値あるいは推定値を示す．

変数	値	パラメータ	値
u_0	1.0	α	80〜90
w_0	1.0	d	0.25〜0.5
v_0	0.0	μ	未知

らの状況下で，(5.14)–(5.16) は

$$\frac{\partial n}{\partial t} = D_n \nabla^2 n - k_1 \nabla \cdot \left(\frac{n}{(k_2+c)^2} \nabla c \right), \tag{5.17}$$

$$\frac{\partial c}{\partial t} = D_c \nabla^2 c + k_5 s \frac{n^2}{k_6 + n^2} \tag{5.18}$$

のようになる．ここで，n, c はそれぞれ細胞数密度と化学誘引物質濃度を表す．

簡単のために，1 次元の場合に対してのみ解析を行うことにし，$\nabla^2 = \partial^2/\partial x^2$ とする．とはいえ，1 次元領域における解析結果は，(第 2 章で反応拡散によるパターン形成を調べた際と同様に) わずかに修正を加えるだけで 2 次元の場合に拡張できる．ここで，

$$u = \frac{n}{n_0}, \quad v = \frac{c}{k_2}, \quad w = \frac{s}{s_0}, \quad t^* = \frac{k_5 s_0}{k_2} t, \quad x^* = \left(\frac{k_5 s_0}{D_c k_2} \right)^{1/2} x,$$
$$d = \frac{D_n}{D_c}, \quad \alpha = \frac{k_1}{D_c k_2}, \quad \mu = \frac{k_6}{n_0^2} \tag{5.19}$$

とおいて方程式を無次元化し，簡単のためにアスタリスク ($*$) を落として，無次元方程式系

$$\frac{\partial u}{\partial t} = d \frac{\partial^2 u}{\partial x^2} - \alpha \frac{\partial}{\partial x} \left(\frac{u}{(1+v)^2} \frac{\partial v}{\partial x} \right), \tag{5.20}$$

$$\frac{\partial v}{\partial t} = \frac{\partial^2 v}{\partial x^2} + w \frac{u^2}{\mu + u^2} \tag{5.21}$$

を得る．

（本質的には，実験的に変化させることのできるパラメータである）n_0, s_0 は，それぞれ初期平均細胞数密度と初期平均刺激物質濃度を表す．刺激物質 s は分解も消費もされないので，$w = 1$ である．さらに，液体培地における実験では細胞個体群の増殖・死亡がないため，保存則

$$\int_0^l u(x,t)dx = u_0 l$$

が得られる．ここで，u_0 は無次元初期平均細胞数密度を表し，それは 1 に等しい．無次元パラメータの値は表 5.1 に示した次元付きパラメータの値を用いて計算でき，それらを表 5.2 にまとめた．パラメータ μ は未知である．実験における初期条件は，細胞数密度が一様かつ非零であり，そして化学誘引物質濃度が 0 であるような状態である．方程式系 (5.20), (5.21) の解のうち，空間的に非一様で，かつ初めは成長しやがて減衰するようなものを探す．

初期条件 $u(x,0) = 1, v(x,0) = 0$ の下で，方程式系 (5.20), (5.21) の非自明（すなわち $u_0 \neq 0$）かつ空間非依存的な解は，

$$u(x,t) = 1 \tag{5.22}$$

である．

ここで，初期細胞数密度に対して，$O(\varepsilon)$ の微小かつランダムな摂動が与えられた初期条件を考え，

$$u(x,t) = 1 + \varepsilon \sum_k f_k(t) e^{ikx}, \quad v(x,t) = \frac{t}{\mu+1} + \varepsilon \sum_k g_k(t) e^{ikx} \tag{5.23}$$

のような形の解を探す．ここで，$0 < \varepsilon \ll 1$ であり，k はランダムな初期条件のフーリエ級数展開における波数を表す．実際の実験の状況においては，初期化学誘引物質濃度が厳密に 0 に等しいので，それに近づけるため $g_k(0) = 0$ とおく．また，例示のために $f_k(0) = 1$ とおく．ここで，空間的に変動する解に時間的に成長する解を重ね合わせた形の解を見つける．

いま，ゼロフラックス境界条件の下で有界領域における解を探しているので，整数モード m（2.4 節を参照）で添え字づけられた三角関数からなる解を得る．このモード m は，波数 k と以下の関係を有する：

$$k^2 = \frac{m^2 \pi^2}{l^2}. \tag{5.24}$$

ここで，l は無次元の領域幅を表す．式 (5.23) を式 (5.20), (5.21) に代入し，いつものように（ε について）線形化することにより，各 k に関して $O(\varepsilon)$ の方程式系

$$\frac{dF(\tau)}{d\tau} = -dk^2 F(\tau) + \alpha(\mu+1)^2 \frac{k^2}{\tau^2} G(\tau), \tag{5.25}$$

$$\frac{dG(\tau)}{d\tau} = -k^2 G(\tau) + \frac{2\mu}{(\mu+1)^2} F(\tau) \tag{5.26}$$

を得る．ここで，$\tau = \mu + 1 + t$（$\tau_0 = \tau|_{t=0} = \mu + 1 > 0$ に注意されたい）かつ $F(\tau) \equiv f_k(t)$, $G(\tau) \equiv g_k(t)$ とおいた．方程式 (5.25) の右辺第 2 項の係数は，走化性パラメータ α に依存する唯一の係数である．

ここで，解析上の問題は，解 $F(\tau)$, $G(\tau)$ の挙動をどのように定めるのかということである．方程式 (5.25) より，$\tau \to \infty$ の極限をとると，$G(\tau)$ の係数が 0 に収束し，解 $F(\tau)$ が減衰する指数関数に帰着することは明らかである．いったんこのようになってしまうと，方程式 (5.26) の解も減衰する指数関数になる．したがって，このメカニズムの下で，式 (5.23) の形の解に関しては，やがて時間とともにパターンが消失することがわかる．では，初めの攪乱から，空間パターンがいかにして成長するのかを考察しよう．

τ が τ_0 の近傍にある（すなわち t が小さい）とき，さらに洞察を深めるために，方程式 (5.25) と (5.26) とを連立すると，細胞数密度パターンの振幅 $F(\tau)$ に関する単一の 2 階微分方程式

$$\frac{d^2 F}{d\tau^2} + \left\{ k^2(d+1) + \frac{2}{\tau} \right\} \frac{dF}{d\tau} + k^2 \left(dk^2 + \frac{2d}{\tau} - \frac{2\alpha\mu}{\tau^2} \right) F = 0 \tag{5.27}$$

が得られる．この方程式の厳密解は，合流型超幾何関数を用いて表せる．しかし，我々が求めたいのは結局のところ解の挙動がどのようなものかであり，それを調べるという観点からは厳密解は全く有用でない．我々は，厳密解の代わりに，発見的かつ定性的な推論を用いる．それを行わない限り，仮に最初から系を単に数値的に解く場合でも，実際に何が起こっているのかを知ることは困難だろう．考察を始める上で，2 階常微分方程式 (5.27) の係数たちは，その関数自体やその導関数と比べて変化が非常に緩慢であることを仮定する．これにより，τ の微小区間において，(5.27) を定係数からなる 2 階微分方程式と比較検討できる．その係数を $D(\tau)$, $N(\tau)$ とおくと，方程式 (5.27) は

$$\frac{d^2 F}{d\tau^2} + D(\tau) \frac{dF}{d\tau} + N(\tau) F = 0, \tag{5.28}$$

$$N(\tau) = k^2 \left(dk^2 + \frac{2d}{\tau} - \frac{2\alpha\mu}{\tau^2} \right), \quad D(\tau) = k^2(d+1) + \frac{2}{\tau} \tag{5.29}$$

のようになる．以前に指摘したように，$N(\tau)$ の最後の項は，（走化性パラメータに関する）無次元パラメータ α が現れる唯一の項である．パラメータ μ が陽に現れるのもこの項のみであるが，μ は τ の式に

5.3 液体培地モデル：パターン形成の直観的解析

も含まれているので，その効果をそれほど簡単には分離できない．任意の $\tau > 0$ に対して $D(\tau)$ は正であるのに対し，$N(\tau)$ は $\tau_0 = 1 + \mu$（次元付き時間では $t = 0$）近傍の τ に対して，正の値，0，負の値のいずれもとりうる．τ が十分大きければ，$N(\tau) > 0$ が成り立つ．当面は $N(\tau)$ と $D(\tau)$ が定数であるとみなすと，(5.28) の解 $\tilde{F}$ は形式的に

$$\tilde{F} = L_1 e^{\lambda_+ \tau} + L_2 e^{\lambda_- \tau}, \quad \lambda_\pm = \frac{1}{2}\left(-D(\tau) \pm \sqrt{D(\tau)^2 - 4N(\tau)}\right) \tag{5.30}$$

と書ける．ここで L は積分定数である．τ の微小区間において，$N(\tau)$ と $D(\tau)$ は近似的に定数とみなせる．解 $\tilde{F}$ に着目すると，任意の τ について $D(\tau) > 0$ ゆえ $\mathrm{Re}(\lambda_-) < 0$ が成り立つ．一方，$\mathrm{Re}(\lambda_+)$ の符号は，$N(\tau)$ の符号に依存して変化する．

この段階での我々の主な関心は，走化性係数 α と波数 k（あるいはモード m）を変化させたときに，解がどのように変化するのかということである．α を増加させたときの効果を考えてみよう．α が十分大きければ，τ_0 近傍の十分小さい τ に対して，$N(\tau)$ は負になるだろう．τ が増加すると，$N(\tau)$ は増加して，0 を通り越え正値をとるようになる．ゆえに固有値 λ_+ の実部は，十分小さな τ に対して正，十分大きな τ に対して負になる．$\lambda_+ = 0$ となる τ の値を $\tilde{\tau}_{\mathrm{crit}}$ とおくと，それは $N(\tau) = 0$ となる τ に等しい．よって，τ が小さいとき $\tilde{F}$ の一方の項が指数関数的に増大するのに対し，τ が大きいとき $\tilde{F}$ の指数関数はどちらも減衰する．したがって，α は不安定化効果をもつことが予想される．すなわち，$\tau < \tilde{\tau}_{\mathrm{crit}}$ をみたす τ に対して，α が増加すると，$N(\tau)$ はより絶対値の大きな負の数になるため，パターンの成長はより起こりやすくなるだろう．もちろん，α のもつ不安定化効果を式 (5.20) から予想することもできたかもしれない．以下で解析する必要があるのは，不安定化効果の定量化である．

さて，モード m は，$m^2 = k^2 l^2 / \pi^2$ であることを思い出そう．十分大きな k^2 に対して，式 (5.29) における $N(\tau)$ は任意の τ に対して正になるので，解は単調に減衰することが示唆される．これより，小さな振動数モードたちが最も不安定であると予想され，$N(\tau_0) = 0$ を解いて得られる

$$K^2 = \frac{2}{d(1+\mu)}\left(\frac{\alpha\mu}{1+\mu} - d\right) \tag{5.31}$$

よりも大きな振動数モードは見られないだろうと期待される．時間が経てば経つほど不安定なモードの数は少なくなり，$\tau \to \infty$ のとき不安定なモードは 0 のすぐ近傍のモードのみとなる．最も速く成長する波数[†6]を例えば K_{grow} とおくと，任意の時間において単に $\lambda(k^2) = 0$，すなわち $N(\tau) = 0$ とおき，それを k^2 について解くことによってこれを定めることができる：

$$K_{\mathrm{grow}}^2 = \frac{2}{\tau}\left(\frac{\alpha\mu}{d\tau} - 1\right).$$

方程式 (5.28) において各係数を定数とおいた近似が，τ の微小だが有限の幅においておおよそ妥当であるならば，区間幅 $\Delta\tau$ ごとに計算した近似解をつなげたものは，最大値に達するまで増加し，それ以降の全ての τ において単調減少するような解を与えるだろう．λ_+ が正である間は，解が増加し続けるだろう．方程式 (5.28) の解を数値的に計算すると，確かに期待される挙動を示すことが裏付けられた．そのようなシミュレーションの1つを，用いたパラメータの値とともに図 5.4 に示す．

$F(\tau)$ が最大値 $F_{\max}$ をとる真の位置 $\tau = \tau_{\mathrm{crit}}$ は，

$$N(\tilde{\tau}_{\mathrm{crit}}) = 0 \quad \Longleftrightarrow \quad \tilde{\tau}_{\mathrm{crit}} = \frac{1}{k^2}\left(-1 + \sqrt{1 + \frac{2\alpha\mu k^2}{D}}\right) \tag{5.32}$$

[†6] （訳注）原文では「最も速く成長する波数 (the fastest growing wavenumber)」とあるが，次式は時刻 τ において不安定であるモードの最大値を求めているにすぎず，「最大の波数 (the largest growing wavenumber) K_{largest}」とするのが正しいと考えられる．なお，後に 5.4 節で現れる $K_{\mathrm{grow}} = 5.47$ の K_{grow} は「最も速く成長する波数」の意味で使われている．

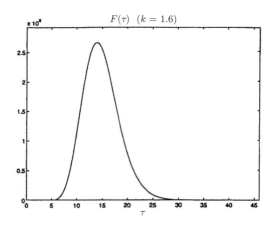

図 5.4 一様な初期細胞数密度に対して，波数 $k = 1.6$ の攪乱を与えたときの振幅 $F(\tau)$ の様子．式 (5.24) とパラメータの値とから，これはモード $m = 5$ の場合に相当する．その他のパラメータの値は，$d = 0.33$, $\alpha = 80$, $\mu = 1$, $u_0 = 1$, $w = 1$, $l = 10$ である（Tyson (1996) より）．

で解析的に与えられる $\tilde{\tau}_{\text{crit}}$ の値に近いだろう．Tyson et al. (1999) は，この値と数値計算により得られた τ_{crit} とを比較したところ，近似の精度は非常によく，(m^2 に比例する) モード k^2, そしてパラメータ α が増加するほどいっそう良い近似となった．

$\tilde{\tau}_{\text{crit}}$ と τ_{crit} との差から，τ_{crit} における $d^2F/d\tau^2$ の大きさに対する目安が得られる．定義より，τ_{crit} は $dF/d\tau = 0$ なる時刻であったから，このとき方程式 (5.28) は

$$\left.\frac{d^2F}{d\tau^2}\right|_{\tau_{\text{crit}}} = -N(\tau_{\text{crit}})F$$

に簡約化される．最大値における 2 階微分係数の符号は負であるから，このとき $N(\tau_{\text{crit}})$ は正であることがわかる．このように，F が最大値をとるとき，τ は既に $N(\tau)$ の符号が変化する点を通り過ぎるところまで増加しており，$\tilde{\tau}_{\text{crit}}$ は τ_{crit} の下からの評価を与えることがわかる．$\tilde{\tau}_{\text{crit}}$ と τ_{crit} の値はかなり近いので，このことは $N(\tau_{\text{crit}})$ がほぼ 0 に等しいだろうことを示す．さらに，それは最大値 F_{max} における $d^2F/d\tau^2$ の値が小さいだろうことを示す．

これより，方程式 (5.28) から 2 階微分の項を除いた方程式を解くことを試みたい．単純な計算を少し行うことにより，2 階微分の項を取り除いた 1 階常微分方程式の解として

$$F_1(\tau) = \left(\frac{(d+1)k^2\tau_0 + 2}{(d+1)k^2\tau + 2}\right)^{\alpha\mu k^2 - \frac{2d(d-1)}{(d+1)^2}} \left(\frac{\tau}{\tau_0}\right)^{\alpha\mu k^2} \exp\left(\frac{dk^2(\tau_0 - \tau)}{d+1}\right) \quad (5.33)$$

を得る．これは確かに $F_1(\tau_0) = 1 (= f(0))$ をみたす．2 階微分方程式，1 階微分方程式それぞれの解 $F(\tau)$, $F_1(\tau)$ のグラフを図 5.5，図 5.6 に図示する．

2 種類の関数の高さが大きく異なっていることは一目瞭然である．しかし，この高さの違いを除けば両者の関数は多くの共通点をもつ．極大値をとるときの τ の値はほぼ等しく，また $F(\tau) > F(\tau_0)$ をみたす時間として定義されるピークの幅も，特に振動数が小さいときにはほぼ一致している．さらに，両者の曲線はどちらも左側に歪んでいるように見える．α が増加すると，F_{max} と $F_{1\text{max}}$ の値はどちらも大きく増加する．またこの 2 つの解は，調べられたその他のモードにおいても互いに類似する挙動を示す．k^2 の値が大きければ，τ_{crit} に達するのはより速くなり，また F, F_1 の値が初期値 F_0 よりも大きいような期間はより短くなる．

$F(\tau)$, $F_1(\tau)$ に関する記録について，区間 $[0,1]$ の値をとるように正規化すると，図 5.6 のように 2 種類の解がほぼぴったり重なり合う様子を見てとれる．よって，近似解と数値解の主な違いは，単に倍率の違いであることがわかる．この倍率は大きく，それは最大値の近傍以外では 2 階微分の項が小さくないことを示唆する．

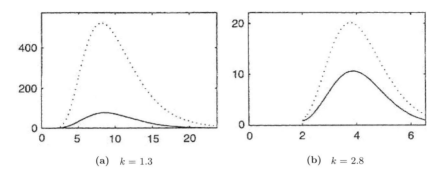

図 5.5　$F(\tau)$（実線）と $F_1(\tau)$（点線）のグラフを τ に対して図示する．パラメータ α の値は，$\alpha = 30$ である．(a) 波数は $k = 1.3$ であり，モード $m = 4$ に対応する．(a) 波数は $k = 2.8$ であり，モード $m = 9$ に対応する．その他のパラメータ値は，図 5.4 のそれに等しい（Tyson (1996) より）．

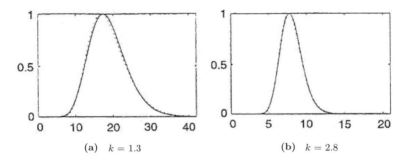

図 5.6　$F(\tau)$（実線）と $F_1(\tau)$（点線）のグラフを τ に対して図示する．各グラフは，0 と 1 の間の値をとるように正規化されている．(a) 波数は $k = 1.3$ であり，モード $m = 4$ に対応する．(a) 波数は $k = 2.8$ であり，モード $m = 9$ に対応する．その他のパラメータ値は，図 5.4 のそれに等しい（Tyson (1996) より）．

現段階で，方程式 (5.28) の解 $F(\tau)$ の振舞いを直観的に理解することができた．また，近似的な解析解として，(5.33) により表される $F_1(\tau)$ を得ることもできた．この $F_1(\tau)$ を用いることにより，様々なパラメータを変化させたときの効果を予測できる．

5.4　解析結果と数値解の解釈

我々にとって特に関心があるのは，形成される凝集体の数や，それら凝集体が観測できる期間（すなわち $F(\tau)$ が十分大きくなる時間）に関する，モデルの予測である．非線形効果がそれほど強くないときには，様々なモードに対応する解の複合効果によって，凝集体数が定まるだろうと期待される．

いくつかの数値計算の結果を図 5.7 に示す．図において，最大の振幅に到達するような波数（モード）が 1 つあることに注目されたい．この波数を $k_{\max}$ とおく．この図では $k_{\max} = 2.20$ が成り立つ．また，$k_{\max}$ よりも大きな波数 k は，いずれも初めは $k_{\max}$ よりわずかに大きい成長率をもつことにも気をつけよう．しかし，これらの高振動数のモードが減衰し始めるときも，$k_{\max}$ のパターンの振幅はまだ急速に成長を続けている．$k_{\max}$ のモードは，完全な非線形偏微分方程式系の解を最初に支配するモードだろうと推測できる．

モード $k_{\max}$ の解が減衰し始めると，それよりも小さな波数に対応する解が，大きいものから順に最大となる．$k < k_{\max}$ をみたす各モード解の振幅は，その解が次に最大のモード解を超えたときにはもはや

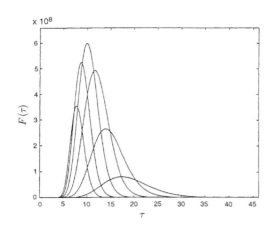

図 5.7 $m = 4\sim9$ のときの $F(\tau)$ の様子を示す．$k = m\pi/l$ であったから，このとき k は 1.26〜2.83 の離散値をとる．モード $m = 9$ の曲線は最も速く減衰し，その次に $m = 8$ の曲線が減衰していく．モード $m = 7$ に対応する曲線のピークが，最も大きい．パラメータの値は，$d = 0.33, \alpha = 80, \mu = 1, u_0 = 1, w_0 = 1, l = 10$ をみたす．また式 (5.31) より，波数の最大値は $K = 10.9$ である（Tyson (1996) より）．

必ず減衰し始めている．このように，時刻 t が大きくなるにつれて，観察されるパターンを生じる波数は連続的に減少すると同時に，パターンの振幅も減少していくことが見てとれる．これは，生物学的にも観察される，凝集体の融合とパターンの最終的な消失に対応する．これらの図において，最も速く成長する波数は，$K_{\text{grow}} = 5.47$ であるので，$k_{\max}$ は K_{grow} の半分以下である．Tyson (1996) と Tyson et al. (1999) により観察された数値解は，いずれも常に $k_{\max}$ が K_{grow} よりも相当小さくなっていた．

1 次元数値シミュレーションの結果

ここで，線形理論から得られた予測と，偏微分方程式系の実際の解の振舞いとを比較できる．どのシミュレーションにおいてもゼロフラックス境界条件が用いられた．また，初期化学誘引物質濃度は全領域で 0 であり，初期細胞数密度は $u_0 = 1$ の周りでランダムな摂動を与えたものとした．液体培地モデルでは増殖も死亡も起こらないので，どの解に対しても，特にバクテリア密度の保存則を表す積分（(5.21) 直後の式）と整合しているかが入念に確認された．

$\alpha = 80$ の場合の代表的な時系列を図 5.8 に示す．この時系列は，細胞数密度のピーク数がほとんど変化しなくなり，パターンの振幅の単調な減少が観察された時刻で，打ち切られた．図 5.8 の左側の列は様々な時刻 τ における細胞数密度であり，右側の列はそれらに対応するパワースペクトル密度である．右側の列における縦軸は，$\tau = \tau_0$ における初期パワースペクトル密度の平均値よりも大きい部分のみを切り出しており，これにより成長していくパターンのモードのみを強調している．

式 (5.31) から予測されるように，パワースペクトル密度のグラフは，$K = 10.9$ よりも大きなモードのパターンが成長しないことを示している．さらに，時間発展に伴って「非零」のモードの広がりは減少していく．実際の細胞数密度の分布においても，初めに観察されるパターンでは数多くのピークがあるものの，ピークの数は時間発展とともに減少していく．$k_{\max}$ が，解を支配するような空間パターンのモードであるという我々の予測は，これらの図と比べると 2 倍だけずれている．予測値 2.2 に対して，実際に解を支配しているモードは $k_{\max} \approx 1.1$ である．

2 次元数値シミュレーションの結果

2 次元の場合にも，1 次元の場合と同様の挙動が得られる．この場合も，細胞が一様に分布している状態に対して，微小かつランダムな摂動を与えた初期状態から始めると，図 5.9(a) に示すようなスポットがランダムに並んだパターンが形成される．図 5.9(b) の 3 次元プロットからは，凝集体とそれらの間の領域における細胞数密度の違いがはっきり見てとれる．初めはスポットの数が多いものの，時間発展に伴っ

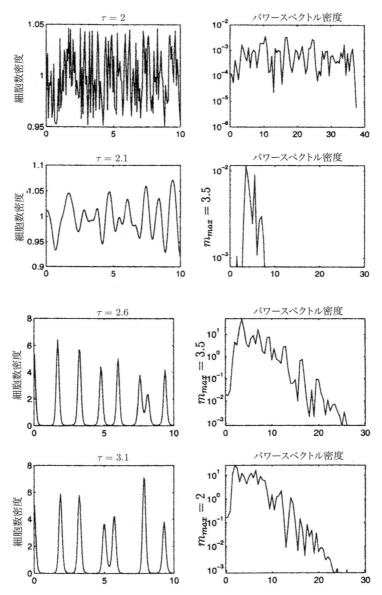

図 5.8 液体培地モデル方程式系 (5.20), (5.21) の 1 次元の数値解．左側のグラフは，様々な時刻 τ において，バクテリアの細胞数密度を空間（横軸）に対して図示したものである．また右側のグラフに，左側のグラフに対応するパワースペクトル密度関数を示す．初めに細胞は 1 次元領域に一様に分布しており，それに対して $O(10^{-1})$ の小さな摂動を加えた．パラメータの値は図 5.7 のそれに等しく，$d = 0.33, \alpha = 80, \mu = 1, u_0 = 1, w_0 = 1, l = 10$ である（Tyson (1996) より）．

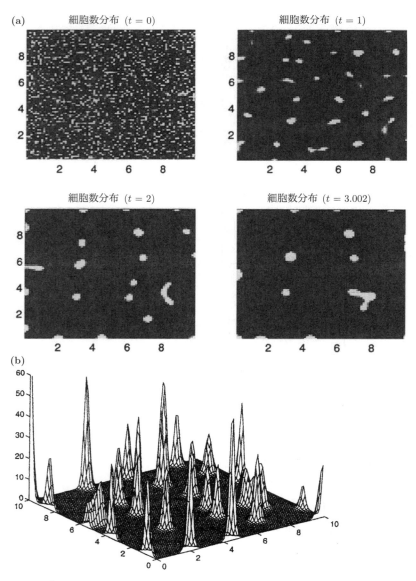

図 5.9 (a) 平面領域に刺激物質が一様に分布した状態から生じる，2次元細胞数密度パターンの時間発展．白色領域では細胞数密度が大きく，黒色領域では小さい．$t=0$ (初期条件)，$t=1$, $t=2$, $t=3.002$ の場合をそれぞれ示す．(b) $t=2$ の場合の3次元プロット．高密度の凝集体と，凝集体間の低密度領域が見られる．パラメータの値は，$d=0.33$, $\alpha=80$, $\mu=1$, $u_0=1$, $w_0=1$, $l=10$ である (Tyson (1996) より).

5.4 解析結果と数値解の解釈

て近傍の凝集体同士が融合し，徐々に減少していく．最終的には全てのスポットが消失する．

以上はまさに，バクテリアの実験でも観察されることである，ということを思い出そう．実験ではまず，一様濃度のコハク酸塩を含むシャーレにバクテリアを接種する．この混合液を十分撹拌し，その後静置する．この段階におけるシャーレ内の混合液の状態は，モデルにおける初期条件，すなわち，細胞密度とコハク酸塩濃度の一様分布に対して微小な摂動を与えた状態によって模倣される．それから 20 分ほど経過すると，生きているバクテリアは凝集し，互いに区別することのできる多数の小さな細胞集団が生じる．こうした振舞いは，モデルの解から観察されるような，細胞密度がほぼ 0 に等しい領域によって隔てられた，スポットのランダムに並んだパターンに対応する．実験的には，バクテリア凝集体が結合していき，より少数の大きな集団をなすのが観察される．この状況は，数理モデルにおいても当てはまり，特に，時刻を少しずつ進ませながらパラパラ漫画のように解の様子を見ていくことにより，はっきりと見てとれる．モデルにおいても実験においても，スポットは最終的に消失し，再形成を誘導することはできなかった．このことも数理モデルを用いれば，化学誘引物質の産生が持続的に増加するにつれて走化性応答が飽和して効果を失う状況として説明される．

刺激物質が非一様に分布している場合

これまでは，刺激物質 w が空間的に一様に分布した状態から現れる細胞数密度パターンを考察してきた．上述の解析は，そのような場合に実験的に観察される挙動を定性的にうまく捉えている．一方，先ほど言及したように，刺激物質を培地に局所的に添加した実験では，別のパターンが観察されるのであった．もし，これまでのモデルが本質的に正しいならば，それらのパターンも再現できるはずである．以下ではそれを手短に調べる．

刺激物質が非一様に分布する場合，モデルに刺激物質の拡散を含めなければならない．したがって，方程式系 (5.20), (5.21) で与えられるモデルに対して，刺激物質の方程式を含むように拡張しなければならない．すなわち，モデルは系 (5.14)–(5.16) の無次元型である．その結果，より一般化されたモデルは

$$\frac{\partial u}{\partial t} = d\nabla^2 u - \alpha \nabla \cdot \left(\frac{u}{(1+v)^2} \nabla v \right), \tag{5.34}$$

$$\frac{\partial v}{\partial t} = \nabla^2 v + w \frac{u^2}{\mu + u^2}, \tag{5.35}$$

$$\frac{\partial w}{\partial t} = d_s \nabla^2 w \tag{5.36}$$

と書ける．ここで，d_s は無次元パラメータ $d_s = D_s/D_c$ である（式 (5.19) を参照）．この定式化に加えて，全時間にわたり $u(\boldsymbol{x},t), w(\boldsymbol{x},t)$ の平均値が 1 に等しいことを要請する．

このモデルのシミュレーションによる数値的な結果を図 5.10 に示す．図 5.1 で実験的に観察されたように，刺激物質を添加した点の周囲に高密度バクテリアリングが形成される．また，（これも図 5.1 で実験的に観察されたことであるが，）リングの内部には複数の凝集体が形成される．しかし，これら凝集体の細胞数密度はリングの細胞数密度と比べてずっと小さい．その理由は，リングはその外側から細胞を補充できるので，リングの中心にある凝集体に比べて加わることのできる細胞の数がはるかに多いからである．

シミュレーションにより，時間とともにリングの半径は減少することが示される．最終的に半径は非常に小さくなるので，リングは実質的に一点になる．この挙動も実験的に観察されるのかどうかを調べられれば，非常に面白いだろう．

半固体培地実験におけるより複雑なパターンのモデリングを議論する前に，本節までに行ってきたことを要約するのは有用かもしれない．これまでに，実験を再現した走化性モデルから，いかにしてランダムあるいは円環状に並んだスポットが一時的に現れるのかということを，比較的シンプルかつ直観的に理解

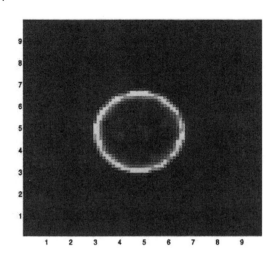

図 5.10 正方形領域に刺激物質が非一様に分布している場合に生じる，2次元細胞数密度パターン．刺激物質は，単峰関数 (single-humped function) として，正方形領域の中心に添加された．パラメータの値は，図 5.9 のそれに等しい（Tyson (1996) より）．

できるような解析によって説明する方法を提示した．中心となる考え方は，短い時間区間にわたって各々のモードの成長率を考察し，それを基に，任意の攪乱振動数による複合効果を推測するというものである．一様な解に対する小さなモードの摂動は不安定であり大きく成長していくが，最終的には大きなモードから順に安定化し減衰していく．これは，実験的・数値的に観察されること——凝集体形成，より大きな凝集体への融合，そしてパターンの最終的な消失——に，定性的にのみならず定量的にも十分合致する．

5.5　ネズミチフス菌の半固体培地実験におけるモデルメカニズム

5.1節で議論したように，Budrene and Berg (1991) は，半固体培地実験において2つの全く異なるパターン形成メカニズムを観察した．ネズミチフス菌の場合には，薄いバクテリア叢が接種点から広がっていき，その後バクテリア叢の縁のはるか後方で，より高密度なバクテリアリングが形成されるのであった．図 5.2 に示したように，各々のリングはいつかはスポット状に途切れてしまうかもしれないが，大抵の場合はそれまでに，より大きな半径をもつリングがもういくつか形成されている．2つ目のパターン形成メカニズムは大腸菌の場合に観察されるもので，初めにスウォームリングと呼ばれる，外側に拡大していく高密度バクテリアリングが形成される．このスウォームリングが広がっていくにつれ，より小さなバクテリア凝集体が後方に取り残され，それらの凝集体が図 5.3 に示す印象的なパターンが形成する．

ネズミチフス菌の場合，パターンの形成よりもはるか以前にバクテリア叢が形成されることは，時空間的に一様な定常状態がまず確立した後，その上にパターンが形成されることを示唆する．前述のように，半固体培地実験モデルには非零の定常状態が存在しない．しかし，栄養の消費が十分遅ければそれを無視できるので，必然的な定常状態をもつような2つの方程式からなる系にモデルを簡約化できる．したがって，以下では，1つ目のパターン形成メカニズムに関しては栄養の消費を無視できると考える．実験的にも，飽和時の細胞数のレベルに比べると，食料ははるかに多く存在することがわかっているので，この仮定はさらに支持される．

2つ目のパターン形成メカニズムでは，栄養が勢いよく消費されているようである (Budrene and Berg 1995)．拡大するスウォームリングの後方には，栄養がほとんど残っていない．この場合には，半固体培地モデルの方程式3つが全て重要となる．

5.5 ネズミチフス菌の半固体培地実験におけるモデルメカニズム

表 5.3 表 5.1 にまとめた次元付きパラメータの値から計算された，既知の無次元パラメータの値．

パラメータ	値
d_u	0.2〜0.5
d_w	0.8〜1.0
α	87
δ	3.5

半固体培地実験に対するモデル方程式系 (5.11)–(5.13) を無次元化することから始める．

$$u = \frac{n}{n_0}, \quad v = \frac{c}{k_2}, \quad w = \frac{s}{\sqrt{k_9}}, \quad t^* = k_7 n_0 t, \quad \nabla^{*2} = \frac{D_c}{k_7 n_0}\nabla^2,$$

$$d_u = \frac{D_n}{D_c}, \quad d_w = \frac{D_s}{D_c}, \quad \alpha = \frac{k_1}{D_c k_2}, \quad \rho = \frac{k_3}{k_7}, \quad \delta = \frac{k_4}{n_0}, \quad (5.37)$$

$$\beta = k_5 \frac{\sqrt{k_9}}{k_7 k_2 n_0}, \quad \kappa = \frac{k_8}{k_7 \sqrt{k_9}}, \quad \mu = \frac{k_6}{n_0^2}$$

とおき，表記の簡便さのためにアスタリスク ($*$) を省略すると，無次元モデル

$$\frac{\partial u}{\partial t} = d_u \nabla^2 u - \alpha \nabla \cdot \left(\frac{u}{(1+v)^2}\nabla v\right) + \rho u \left(\delta \frac{w^2}{1+w^2} - u\right), \quad (5.38)$$

$$\frac{\partial v}{\partial t} = \nabla^2 v + \beta w \frac{u^2}{\mu + u^2} - uv, \quad (5.39)$$

$$\frac{\partial w}{\partial t} = d_w \nabla^2 w - \kappa u \frac{w^2}{1+w^2} \quad (5.40)$$

が得られる（各パラメータの推定値は表 5.3 に与えられている）．

ネズミチフス菌の実験では，パターン形成のプロセスに関して異なる 2 つの段階が存在することを思い出そう．最初の段階では，薄い円盤状のバクテリア叢が形成され，それは，時空間的に一様な定常状態が一時的に存在することを示唆する．次の段階では，バクテリア叢の先端のはるか後方で，高密度のバクテリア集団がリングをなし，それは，中間的な定常状態の上にリングパターンが形成されることを示唆する．バクテリア叢が確立して長い時間経ってからでもなお，パターンが形成され続けているので，バクテリア叢における栄養消費は無視できるはずである．よって，食料源の消費によるダイナミクスを無視することによって完全な系を近似できる．さらに，栄養濃度は大きいのに対して細胞数密度は小さいので，単純化された 2 方程式モデル

$$\frac{\partial u}{\partial t} = d_u \nabla^2 u - \alpha \nabla \cdot \left(\frac{u}{(1+v)^2}\nabla v\right) + \rho u \left(\delta \frac{w^2}{1+w^2} - u\right), \quad (5.41)$$

$$\frac{\partial v}{\partial t} = \nabla^2 v + \beta w \frac{u^2}{\mu + u^2} - uv \quad (5.42)$$

を調べればよい．この方程式系には，u, v のどちらも 0 でないような一様定常状態があるので，その解析は 5.3 節の解析に比べるとはるかに容易である．すなわち，その定常状態が不安定なのかどうか，そして空間パターンが形成されうるのかどうかを定めるために，通常の線形解析を用いることができる．さらに，完全な非線形解析も行った．その結果の一部は，生成される特定の空間パターンと密接に関連しているので，後で議論する．

5.6 基本的な半固体培地モデルの線形解析

ここで行う線形解析は，第 2 章で詳細に議論したものと同一なのでもはや簡単である．系 (5.41), (5.42) を，

$$(u^*, v^*) = \left(\delta \frac{w^2}{1+w^2}, \beta w \frac{u^*}{\mu + u^{*2}}\right) \tag{5.43}$$

で与えられる非零の定常状態 (u^*, v^*) の周りで線形化する．

以下では，モデル方程式 (5.41), (5.42) の各項に対して，一般形を用いるほうが計算がよりシンプルになる．ここでは，w は実質的にもう 1 つのパラメータとして扱える．したがって，我々が考察する系は

$$\frac{\partial u}{\partial t} = d_u \nabla^2 u - \alpha \nabla \cdot (u \chi(v) \nabla v) + f(u, v), \tag{5.44}$$

$$\frac{\partial v}{\partial t} = d_v \nabla^2 v + g(u, v) \tag{5.45}$$

である．系 (5.41), (5.42) と比較するとわかるように，それぞれの関数を

$$\chi(v) = \frac{1}{(1+v)^2}, \quad f(u,v) = \rho u \left(\delta \frac{w^2}{1+w^2} - u\right),$$

$$g(u,v) = \beta w \frac{u^2}{\mu + u^2} - uv \tag{5.46}$$

と定めた．

ここで，

$$u = u^* + \varepsilon u_1, \quad v = v^* + \varepsilon v_1, \quad 0 < \varepsilon \ll 1 \tag{5.47}$$

とおくことで，いつものように定常状態の周りで系を線形化する．$f^* = 0, g^* = 0$ であることに注意し，それらを (5.44), (5.45) に代入することで，線形化方程式系

$$\frac{\partial u_1}{\partial t} = d_u \nabla^2 u_1 - \alpha u^* \chi^* \nabla^2 v_1 + f_u^* u_1 + f_v^* v_1, \tag{5.48}$$

$$\frac{\partial v_1}{\partial t} = d_v \nabla^2 v_1 + g_u^* u_1 + g_v^* v_1 \tag{5.49}$$

が得られる．ここで，上付きのアスタリスク $(*)$ は定常状態における値を意味する．以上の線形化系をベクトルの形で表すと

$$\frac{\partial}{\partial t} \begin{pmatrix} u_1 \\ v_1 \end{pmatrix} = (A + D\nabla^2) \begin{pmatrix} u_1 \\ v_1 \end{pmatrix} \tag{5.50}$$

と書ける．ここで，行列 A, D は

$$A = \begin{pmatrix} f_u^* & f_v^* \\ g_u^* & g_v^* \end{pmatrix}, \quad D = \begin{pmatrix} d_u & -\alpha u^* \chi^* \\ 0 & d_v \end{pmatrix} \tag{5.51}$$

によって定められる．

さて，いつものように

$$\begin{pmatrix} u_1 \\ v_1 \end{pmatrix} = \begin{pmatrix} c_1 \\ c_2 \end{pmatrix} e^{\lambda t + i \boldsymbol{k} \cdot \boldsymbol{x}} \tag{5.52}$$

とおき，解を見つけよう．ここで，$\boldsymbol{k}$ は波数ベクトルであり，c_1, c_2 は定数である．いま，成長率を与える分散関係 $\lambda(\boldsymbol{k})$ を求めることが問題である．式 (5.52) を行列方程式 (5.50) に代入すると，

$$(\lambda I + D|\boldsymbol{k}|^2 - A) \begin{pmatrix} u_1 \\ v_1 \end{pmatrix} = \begin{pmatrix} 0 \\ 0 \end{pmatrix}$$

5.6 基本的な半固体培地モデルの線形解析

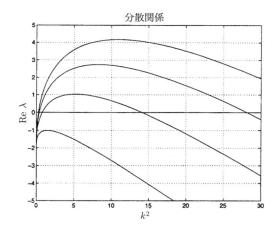

図 5.11 分散関係 $\lambda(k^2)$. パラメータの値は，$d_v = 1.0$, $d_u = 0.3$, $\alpha = 80$, $\beta = 2$, $\mu = 4, 6, 8, 10$, $\delta = 2$, $\rho = 1$, $w = 10$ である．一番下の曲線が，$\mu = 4$ に対応する．

が得られる．これが非自明の解をもつための必要十分条件は，係数行列の行列式が 0 になる，すなわち $|\lambda I + D|\boldsymbol{k}|^2 - A| = 0$ となることである（第 2 章を思い出そう）．ゆえに，分散関係 $\lambda(k^2)$ ($k^2 = |\boldsymbol{k}|^2$) は，特性方程式

$$\lambda^2 + \lambda\left\{(d_u + d_v)k^2 - (f_u^* + g_v^*)\right\} + \left\{d_u d_v k^4 - (d_u g_v^* + d_v f_u^* + \alpha u^* \chi^* g_u^*)k^2 + f_u^* g_v^* - f_v^* g_u^*\right\} = 0$$

により与えられる．これの 2 解をそれぞれ λ^+, λ^- とおく．

我々にとって関心があるのは，正の成長率を少なくとも 1 つ有するような，パターンのモード解を定めることである．すなわち，少なくとも 1 つの解について $\mathrm{Re}\,\lambda > 0$ が成り立つので，大きいほうの解

$$\lambda^+ = \frac{1}{2}\left(-b(k^2) + \sqrt{b(k^2)^2 - 4c(k^2)}\right) \tag{5.53}$$

に焦点を当てる．ここで，

$$\begin{aligned}b(k^2) &= (d_u + d_v)k^2 - (f_u^* + g_v^*), \\ c(k^2) &= d_u d_v k^4 - (d_u g_v^* + d_v f_u^* + \alpha u^* \chi^* g_u^*)k^2 + f_u^* g_v^* - f_v^* g_u^*\end{aligned} \tag{5.54}$$

である．第 2 章の議論を思い出すと，$\mathrm{Re}\,\lambda^+$ の符号が正であれば，定常状態の周りの摂動は成長し，負であれば減衰するのであった．いま，空間的に一様な摂動 ($k^2 = 0$) に対しては安定 ($\mathrm{Re}\,\lambda^+ < 0$) だが，少なくとも 1 つの空間モードに対しては不安定 ($\mathrm{Re}\,\lambda^+ > 0$) であるような解を見つけたい．これはすなわち，純粋に拡散のみに誘導される不安定性を意味する．数学的には，ある k_1, k_2 がとれて

$$\begin{aligned}&\mathrm{Re}\,\lambda^+(0) < 0, \text{かつ} \\ &0 \le k_1^2 < k^2 < k_2^2 \text{ をみたす任意の } k \text{ に対して } \mathrm{Re}\,\lambda^+(k^2) > 0\end{aligned} \tag{5.55}$$

が成り立つようなパラメータの範囲を求めたい．(5.55) の第 1 式をみたす条件は，

$$b(0) = f_u^* + g_v^* < 0, \quad c(0) = f_u^* g_v^* - f_v^* g_u^* > 0 \tag{5.56}$$

である．$\mathrm{Re}\,\lambda^-$ が常に負なので，これらの条件は暗に $\mathrm{Re}\,\lambda^+$ のみに着目すればよいことを示すことに注意されたい．これらの条件の下で，分散関係 $\lambda(k^2)$ のグラフは上に凸の放物曲線になり，$k^2 = 0$ の右側で最大値をとる．ゆえにこれは，第 2 章で詳細に議論した拡散走化性誘導不安定性 (diffusion-chemotaxis-driven instability) を与えるような，最も基本的な分散関係である．典型的な分散関係を図 5.11 に図示する．図 5.11 は，例としてパラメータ μ の値を変化させたときにグラフがどのように変化するのかを示している．μ が十分小さいときには，不安定であるような k^2 の範囲が存在しない．

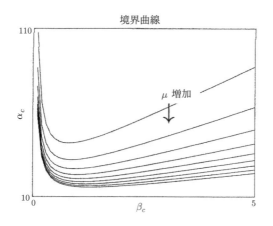

図 5.12 パターンが生じる領域と生じない領域とを分かつ境界曲線を，(α_c, β_c) パラメータ空間に図示する．各曲線より上側にある点におけるパラメータ値の組 (α, β) に対してはパターンが生じ ($\lambda > 0$)，下側にある点におけるパラメータ値の組に対してはパターンが生じない．パラメータ値は，$d_{uc} = 0.3$, $d_{vc} = 1.0$, $\delta_c = 2$, $\rho_c = 0.5$, $w_c = 5$ である．μ については，$\mu_c = 4$（一番上側の曲線）から 0.5 刻みに，$\mu_c = 8$（一番下側の曲線）まで増加させた（Tyson (1996) より）．

いま，k_1^2, k_2^2 の値を与える．この分散関係曲線と $\lambda = 0$ との交点に関心がある．式 (5.54) より，これらの交点は

$$d_u d_v k^4 - (d_u g_v^* + d_v f_u^* + \alpha u^* \chi^* g_u^*)k^2 + f_u^* g_v^* - f_v^* g_u^* = 0 \tag{5.57}$$

の 2 解として与えられる，パラメータ空間の境界に対応する．一般にパラメータ値の各組に対して，式 (5.57) をみたすような k^2 の値は 0, 1, 2 つのうちのどれかになる．分岐点では，そのような k^2 の値が 1 つ存在し，そのとき

$$k_c^2 = \frac{d_u g_v^* + d_v f_u^* + \alpha u^* \chi^* g_u^*}{2 d_u d_v} \tag{5.58}$$

かつ

$$(d_u g_v^* + d_v f_u^* + \alpha u^* \chi^* g_u^*)^2 - 4 d_u d_v (f_u^* g_v^* - f_v^* g_u^*) = 0 \tag{5.59}$$

が成り立つ．ここで，k_c を臨界波数と呼ぶ．式 (5.59) を α について解き，式 (5.58) に代入することにより，臨界値

$$\alpha = \frac{-(d_u g_v^* + d_v f_u^*) + 2\sqrt{d_u d_v (f_u^* g_v^* - f_v^* g_u^*)}}{u^* \chi^* g_u^*}, \quad k_c^2 = \sqrt{\frac{f_u^* g_v^* - f_v^* g_u^*}{d_u d_v}} \tag{5.60}$$

が得られる．これらの値は，式 (5.46) によって定義される関数 χ, f, g の定常状態における値やそれらの微分係数を介して現れる，モデル系のその他のパラメータに対して，拡散走化性誘導空間不安定性をもたらすようなパラメータ領域を与える．

これらの結果に対して，2 次方程式（固有方程式）の正の解が選ばれた．方程式 (5.60) より，λ[†7]の正負を分かつ臨界境界集合 (critical boundary set) がパラメータ空間内に定義される．その曲線 (5.59) は $\lambda^+ = 0$ となる分岐曲線を表し，その曲線上の点では波パターンは成長も減衰もしない．μ が様々な値をとるときの，これら一連の分岐曲線を図 5.12 に示す．これらの曲線の上側では $\lambda^+ > 0$ が成り立ち，不安定パターンを生じる任意のモード，すなわち (5.57) により与えられる k_1^2, k_2^2 に対して $k_1^2 < k^2 < k_2^2$ をみたす任意の k^2 に対応するモードが成長する．目下のところ，どのようなパターンが期待されるのかはわからないが，空間パターンが存在しうることだけはわかっている．さらに考察を進め，どのようなパターンが生じるのかを定めるのは，非線形問題である．これまでのところ，生じるパターンを定める唯一の解析手法は，いわゆる弱非線形解析 (weakly nonlinear analysis) によるものである．これは，空間的に一様な解から非一様な解へと分岐するような，分岐点近傍における解析を意味する．反応拡散方程式に対して行われてきた弱非線形解析に関するいくつかの参照文献は，第 2 章で与えられている．いま扱っているタイプの方程式についても，全く同じ手続きが用いられるが，少しばかり複雑である．Zhu

---

[†7]（訳注）厳密には，この段落全体にわたって，λ の代わりに Reλ とすべきである．

5.6 基本的な半固体培地モデルの線形解析

and Murray (1995) は非線形解析を行い，反応拡散系と拡散走化性系の両方について，そのパラメータ空間を解析的に評価し，空間パターンを生み出しうるのかどうかという観点から比較した．既に言及したように，Tyson (1996) はこの方法を用いて，これまで議論してきたモデル方程式系を解析した．

我々は（かなり込み入った）非線形解析を行うことはしない（完全な議論に関しては Zhu and Murray (1995), Tyson (1996) を参照せよ）．ここでは，その手続きに関する概略を説明し，その結果を与えるにとどめる．まず，線形解析によりパターンが生じうるようなパラメータ領域を定める．実際には，生成されるパターンの種類を与えてくれるのは，非線形解析である．その解析は，パラメータが，パラメータ空間における分岐曲線に近いところに位置している，という仮定に基づいている．ここでは，（とりわけ興味深い）1つのパラメータに基づく漸近解析を行う．そのパラメータとは，例えば走化性パラメータ α であり，いまその値が分岐曲線上の分岐値 α_c に近く，分岐値を通過して，パターンを生成するパラメータ領域へと入っていく状況を考える．境界値問題に対する線形解から始めよう．例えば，1次元の場合には，k を不安定波数帯に含まれる波数として，$e^{\lambda(k)t}\cos kx$ を含むような解が得られる．線形理論に基づくと，この解は成長率 $e^{\lambda(k)t}$（$\lambda(k)$ は分散関係）に従って時間とともに指数関数的に成長し始めるだろう．直観的には，方程式系 (5.38)–(5.40) における微分のない項を調べただけでは，解が成長して無限大に発散するようには見えない．弱非線形解析ではまず，$k^2 = k_c^2$ の線形解が線形境界値問題をみたすとする．$k^2 = k_c^2$ であるとはすなわち，パラメータ値が，パターンの有無を分かつ分岐曲線に近いことを意味する．その後，解の大きさ（あるいは振幅）が，時間についてゆっくりと変化する関数であるような解を調べるために，漸近摂動法を用いる．それにより，$t \to \infty$ のとき，振幅が有界であるための条件を求められる．以上の手続きは，様々な解の候補の中でどれが安定な解として発展しうるのかを定めてくれる．さらなる詳細を与えて一般的な手続きをより深く説明するのは，境界値問題に関してありうる線形解の形を議論してからにしよう．

線形境界値問題

非線形解析を行うためには，あらかじめそれに関連する線形境界値問題を解くことが必要である．生じうるパターンの種類は，境界条件から許される波数ベクトル $\boldsymbol{k}$ の個数に依存する．我々の観点からは，実験領域を反復的なパターンによって充填することに関心がある．数値シミュレーションでは，簡単のために正方形領域を考えることにしたので，ストライプ（縞）やスポット（斑点）を与えるような正方形・長方形タイルに関心がある．そして，各々の正方形・長方形タイルは周期的境界条件に依存する．一般には，第2章で議論したように，規則正しく充填するためのタイルとして正方形，縞模様，正六角形などがありうる．

$0 \leq x \leq l_x, 0 \leq y \leq l_y$ によって定義される長方形領域 S を考える．長方形領域の4辺は，S_1: $x = 0$, $0 \leq y \leq l_y$, S_2: $x = l_x$, $0 \leq y \leq l_y$, S_3: $y = 0, 0 \leq x \leq l_x$, S_4: $y = l_y, 0 \leq x \leq l_x$ である．周期的境界条件の下で，空間変数に関する固有値問題は

$$\nabla^2 \psi + k^2 \psi = 0, \quad \begin{cases} \psi|_{S_1} = \psi|_{S_2} \\ \psi|_{S_3} = \psi|_{S_4} \end{cases} \tag{5.61}$$

である．偏微分方程式 (5.61) の固有解 (eigensolutions) として

$$\psi = A\cos(\boldsymbol{k}_n \cdot \boldsymbol{x}) + B\sin(\boldsymbol{k}_n \cdot \boldsymbol{x}) \tag{5.62}$$

がありうる．ここで，$\boldsymbol{k}_n$ は許容される固有ベクトルを表し，後で議論する．解 (5.62) を境界条件 (5.61)

に代入することにより，

$$\begin{aligned}\cos(\bm{k}_n\cdot(0,y))&=\cos(\bm{k}_n\cdot(l_x,y)),\\ \sin(\bm{k}_n\cdot(x,0))&=\cos(\bm{k}_n\cdot(x,l_x)),\\ \cos(\bm{k}_n\cdot(0,y))&=\cos(\bm{k}_n\cdot(l_y,y)),\\ \sin(\bm{k}_n\cdot(x,0))&=\cos(\bm{k}_n\cdot(x,l_y))\end{aligned}$$

が得られる．三角関数に関する公式（加法定理）を用いると，これらは

$$\begin{aligned}\cos(k_n^y y)\bigl(1-\cos(k_n^x l_x)\bigr)+\sin(k_n^y y)\sin(k_n^x l_x)&=0,\\ \sin(k_n^y y)\bigl(1-\cos(k_n^x l_x)\bigr)-\cos(k_n^y y)\sin(k_n^x l_x)&=0,\\ \cos(k_n^x x)\bigl(1-\cos(k_n^y l_y)\bigr)+\sin(k_n^x x)\sin(k_n^y l_y)&=0,\\ \sin(k_n^x x)\bigl(1-\cos(k_n^y l_y)\bigr)-\cos(k_n^x x)\sin(k_n^y l_y)&=0\end{aligned} \quad (5.63)$$

のように書ける．ここで $\bm{k}_n^T=(k_n^x,k_n^y)$ とおいた．(5.63) の一般解は，m, n, p, q を全て整数として

$$\bm{k}_1=\begin{pmatrix}0\\2m\pi/l_y\end{pmatrix},\quad \bm{k}_2=\begin{pmatrix}2n\pi/l_x\\0\end{pmatrix},\quad \bm{k}_3=\begin{pmatrix}2p\pi/l_x\\2q\pi/l_y\end{pmatrix}$$

である．

いま，パラメータが分岐曲線近傍の値をとるような場合に関心があるので，特に $|\bm{k}_n|^2=k_c^2$ をみたす解 $\bm{k}_n$ に関心がある．

式 (5.63) をみたすような解ベクトル (solution vectors) の個数は，l_x と l_y との間の関係に依存している．ここで，領域 S は正方形領域 $l_x=l_y=l$ であって，かつ $k_c^2=(2M\pi/l)^2$ がみたされることを仮定する．例えば $M=1$ の場合，とりうる解ベクトルは 2 つあり，それは

$$\bm{k}_1=\begin{pmatrix}0\\2\pi/l\end{pmatrix},\quad \bm{k}_2=\begin{pmatrix}2\pi/l\\0\end{pmatrix} \quad (5.64)$$

である．一方 $M=5$ の場合，とりうる解ベクトルは 4 つあり，それは

$$\begin{aligned}\bm{k}_1&=\begin{pmatrix}0\\2\cdot 5\pi/l\end{pmatrix},\quad \bm{k}_2=\begin{pmatrix}2\cdot 5\pi/l\\0\end{pmatrix},\\ \bm{k}_3&=\begin{pmatrix}2\cdot 3\pi/l\\2\cdot 4\pi/l\end{pmatrix},\quad \bm{k}_4=\begin{pmatrix}2\cdot 4\pi/l\\2\cdot 3\pi/l\end{pmatrix}\end{aligned} \quad (5.65)$$

である．これらの解ベクトルは非線形解析において重要である．

5.7 非線形解析に関する簡潔な概要とその結果

これまでに線形解析を用いて定めることができたのは，定常状態が空間的に非一様な摂動によって不安定化したとき，その一様定常状態近傍における（小さな振幅をもつ）解 (u,v) の初期の振舞いのみであった．これらの空間的に非一様な解は，初めに指数関数的に成長するため，明らかに，全時間にわたって妥当というわけではない．ここで扱うような種類の問題に対しては，非線形漸近解析を行って，全時間にわたって有効であるような $O(\varepsilon)$ の解を得られる（原理的にはより高次のオーダーについても得られるが，計算が大変で手が出せない）．前述のように，拡散走化性を含むいくつかのパターン形成メカニズムの解析に関する手続きの詳細は，Zhu and Murray (1995) により与えられている．また，より複雑な走化性メカニズムに対する解析が Tyson (1996) により行われてきた．ここで，方程式系 (5.41), (5.42)（その一般形は系 (5.44), (5.45)）について，全時間にわたって有効な微小摂動解を定めるために，その解析的な手続きである複スケール漸近解析 (multi-scale asymptotic analysis) 法の概略を説明する．まず，

$$\begin{aligned}u&=u^*+\hat{u}=u^*+(\varepsilon u_1+\varepsilon^2 u_2+\varepsilon^3 u_3+\cdots),\\ v&=v^*+\hat{v}=v^*+(\varepsilon v_1+\varepsilon^2 v_2+\varepsilon^3 v_3+\cdots)\end{aligned} \quad (5.66)$$

5.7 非線形解析に関する簡潔な概要とその結果

のように書く．ここで，(u^*, v^*) はモデルパラメータに依存する空間的に一様な定常状態である．また，前節で調べたように，あるパラメータが分岐値を通過するとこの定常状態は不安定化し，その結果空間的に不安定な解が生じる．我々は

$$T = \hat{\omega} t \quad (\hat{\omega} = \varepsilon \omega_1 + \varepsilon^2 \omega_2 + \cdots) \tag{5.67}$$

のように，時間の単位をとり直す．ここで，ω_i ($i=1,2,\ldots$) の値を定めることが問題である．

方程式 (5.44) を考える．べき級数展開 (5.66), (5.67) をそれぞれの項に代入すると，

$$\begin{aligned}
\frac{\partial u}{\partial t} &= \hat{\omega}\frac{\partial \hat{u}}{\partial T}, \quad \nabla^2 u = \nabla^2 \hat{u}, \\
\alpha \nabla \cdot (u\chi(v)\nabla v) &= \alpha \nabla \cdot \left[(u^* + \hat{u})\left(\chi^* + \chi_v^*\hat{v} + \frac{1}{2}\chi_{vv}^*\hat{v}^2 + \cdots\right)\nabla \hat{v}\right] \\
&= \alpha\Big[u^*\chi^*\nabla^2\hat{v} + (u^*\chi_v^*\nabla\hat{v} + \chi^*\nabla\hat{u})\cdot\nabla\hat{v} \\
&\quad + \left\{\frac{1}{2}u^*\chi_{vv}^*\nabla(\hat{v}^2) + \chi_v^*\nabla(\hat{u}\hat{v})\right\}\cdot\nabla\hat{v} + \cdots\Big], \\
f(u,v) &= f^* + (f_u^*\hat{u} + f_v^*\hat{v}) + \frac{1}{2}(f_{uu}^*\hat{u}^2 + 2f_{uv}^*\hat{u}\hat{v} + f_{vv}^*\hat{v}^2) \\
&\quad + \frac{1}{6}(f_{uuu}^*\hat{u}^3 + 3f_{uuv}^*\hat{u}^2\hat{v} + 3f_{uvv}^*\hat{u}\hat{v}^2 + f_{vvv}^*\hat{v}^3) + \cdots
\end{aligned} \tag{5.68}$$

が得られる．ここで，第 1 式と第 2 式は $\hat{u}$ について線形であるのに対し，第 3 式と第 4 式は $\hat{u}, \hat{v}$ に関する 1 次，2 次，3 次などの高次の項をもつ．また，定常状態に関する定義より，$f^* = 0$ が成り立つ．これにより，方程式 (5.44) を，$\hat{u}, \hat{v}$ についての 1 次，2 次，高次の項を含む方程式に書き換えることができた．同様に方程式 (5.45) も書き換えられる．一般に，方程式系 (5.44), (5.45) は，式 (5.67), (5.68) より

$$\hat{\omega}\frac{\partial \hat{\boldsymbol{u}}}{\partial T} = (D^*\nabla^2 + A^*)\hat{\boldsymbol{u}} + \mathcal{Q}^*(\hat{\boldsymbol{u}}) + \mathcal{C}^*(\hat{\boldsymbol{u}}) + \cdots, \quad \hat{\boldsymbol{u}} = \begin{pmatrix} \hat{u} \\ \hat{v} \end{pmatrix} \tag{5.69}$$

のような形に書き換えられる．ここで，アスタリスク ($*$) は定常状態 (u^*, v^*) における値であることを表す．

$A\hat{\boldsymbol{u}}, \mathcal{Q}(\hat{\boldsymbol{u}}), \mathcal{C}(\hat{\boldsymbol{u}})$ はそれぞれ，走化性と反応の関数に関する定常状態周りの級数展開における 1 次，2 次，3 次の項を表す．行列 A と D は以前の線形解析において定められている．我々は，モデルパラメータの組が $\lambda = 0$ を与えるような特定の値をとる場合に関心がある．それが生じるのは，パラメータの組が式 (5.60) によって与えられる場合であり，そのような組のことを臨界パラメータ集合 (a critical parameter set) と呼ぶことにする．それは大まかには，空間的に非一様な解が成長するのか，それとも一様な解に落ちるのか，という境界付近に，パラメータの組が存在することを意味する．

いま，ある臨界パラメータ集合をとり，その下でパラメータの 1 つである a に対して摂動を与える．摂動を与えるパラメータ a は，系 (5.44), (5.45) におけるパラメータのどれであってもよい．臨界パラメータ a_c の定義より，$\lambda(a_c) = 0$ がみたされているので，時間的成長に関する固有値は

$$\begin{aligned}
\lambda(a) &= \lambda(a_c) + \left.\frac{\partial \lambda}{\partial a}\right|_{a_c} \Delta a_c + \cdots \\
&= \left.\frac{\partial \lambda}{\partial a}\right|_{a_c} \Delta a_c + \cdots
\end{aligned}$$

である．パラメータに与える摂動は

$$\left.\frac{\partial k_c^2}{\partial a}\right|_{a_c} = 0$$

をみたすものとし，摂動が解 $\exp(\lambda t + i\boldsymbol{k}\cdot\boldsymbol{x})$ に及ぼす影響は，時間成長率 λ の変化のみに限定されるとしよう．このとき，a が a_c から変化して $\operatorname{Re}\lambda(a)$ が正になると，k_c^2 に対応するモード解は線形理論に

従って成長することが予想される．パラメータに依存して，空間的に非一様な解は安定にも不安定にもなりうる．もしこの成長が十分遅ければ，それが時間的に安定なパターンへと発展するのかどうか，そしてさらには，どのような特徴をもつパターン（スポットやストライプといった）が成長するのかを予想できる．定常状態モデル (5.69) において，臨界パラメータ集合に対して摂動を与えることから始めよう．解析をシンプルにするために，摂動を与えるのは 1 つのパラメータのみであるとし，また解析を一般的なものにするために，そのパラメータを a と呼ぶ．Tyson (1996) は，モデル方程式に由来する実際のパラメータに対して解析を行っており，以下では彼女の結果を与える．

べき級数展開

$$a = a_c + \hat{a} = a_c + (\varepsilon a_1 + \varepsilon^2 a_2 + \cdots) \tag{5.70}$$

を考える．これを式 (5.69) に代入することにより，系

$$\hat{\omega}\frac{\partial \hat{u}}{\partial T} = \left(D^{*c}\nabla^2 + A^{*c}\right)\hat{u} + \mathcal{Q}^{*c}(\hat{u}) + \mathcal{C}^{*c}(\hat{u}) \\ + \hat{a}\left(D_a^{*c}\nabla^2 + A_a^{*c}\right)\hat{u} + \hat{a}\mathcal{Q}_a^{*c}(\hat{u}) + \text{高次の項} \tag{5.71}$$

が得られる．ここで，上付きの c は臨界集合を表す．臨界パラメータ a の変化は $\hat{a}$ のみに現れるので，解析においてその効果は分離されている．

小さな値を表す変数 $[\hat{\cdot}]$ に関する級数展開を代入して整理し，ε について同次の項を比較することにより，ε の各次数に関する方程式系が得られる．以下では，表記を簡単にするために上付きの c を省略するが，残りの解析においても，任意のパラメータの値は臨界パラメータ集合からとったものであることに注意されたい．実際に非線形解析を行うためには，$O(\varepsilon^3)$ の系まで得る必要があるが，それは計算がきわめて複雑であるため，$O(\varepsilon)$ と $O(\varepsilon^2)$ の系を与えて，これらの方程式がどのようなものかを示すにとどめる．手続きの概略を説明するためには，$O(\varepsilon^3)$ の方程式は必要ない．$O(\varepsilon)$ の線形方程式系は

$$\begin{pmatrix} 0 \\ 0 \end{pmatrix} = \begin{pmatrix} d_u\nabla^2 + f_u^* & -\alpha u^*\chi^*\nabla^2 + f_v^* \\ g_u^* & d_v\nabla^2 + g_v^* \end{pmatrix}\begin{pmatrix} u_1 \\ v_1 \end{pmatrix} = L\begin{pmatrix} u_1 \\ v_1 \end{pmatrix} \tag{5.72}$$

である．ここで，係数行列を線形作用素 L と定めた．$O(\varepsilon^2)$ の方程式系は，

$$L\begin{pmatrix} u_2 \\ v_2 \end{pmatrix} = \omega_1\frac{\partial}{\partial T}\begin{pmatrix} u_1 \\ v_1 \end{pmatrix} + \begin{pmatrix} -\alpha(\chi^*\nabla u_1 + u^*\chi_v^*\nabla v_1)\cdot\nabla v_1 \\ 0 \end{pmatrix} \\ - \begin{pmatrix} \frac{1}{2}f_{uu}^*u_1^2 + f_{uv}^*u_1v_1 + \frac{1}{2}f_{vv}^*v_1^2 \\ \frac{1}{2}g_{uu}^*u_1^2 + g_{uv}^*u_1v_1 + \frac{1}{2}g_{vv}^*v_1^2 \end{pmatrix} - a_1\begin{pmatrix} (f_u^*)_a & -(\alpha u^*\chi^*)_a\nabla^2 + (f_v^*)_a \\ (g_u^*)_a & (g_v^*)_a \end{pmatrix}\begin{pmatrix} u_1 \\ v_1 \end{pmatrix} \tag{5.73}$$

のようになる．

$O(\varepsilon^3)$ の方程式系が必要となる以下の解析では，これらの線形方程式系の解が必要である．この解析は Tyson (1996) によってなされた（それと等価な解析が Zhu and Murray (1995) によってもなされた）．その計算は身の毛がよだつほどであるが，$O(\varepsilon)$ に関する（全時間にわたって）一様に有効な解を得て，どのような具体的なパターンが安定であるかを定めるためにはやむをえない．

解析結果を与え，その非線形解析から何が得られるのかを説明するためには，$O(\varepsilon)$ の系 (5.72) に対する解が必要である．その解を得るために，

$$\begin{pmatrix} u_1 \\ v_1 \end{pmatrix} = \sum_{l=1}^{N} \boldsymbol{V}_l A_l \tag{5.74}$$

の形で表される解を見つけよう．ここで，解の正弦部分は

$$A_l = a_l(T)e^{i\boldsymbol{k}_l\cdot\boldsymbol{x}} + \bar{a}_l(T)e^{-i\boldsymbol{k}_l\cdot\boldsymbol{x}} \tag{5.75}$$

5.7 非線形解析に関する簡潔な概要とその結果

である．この形を式 (5.62) と比較すると $\bar{a}_l(T) - a_l(T) \propto B$ を得る．式 (5.74) を式 (5.72) に代入すると，任意定数の掛かった $\boldsymbol{V}_l$ に関する式が得られる．任意定数は通常，ベクトルの大きさが 1 になるように選ぶので，

$$\boldsymbol{V}_l = \begin{pmatrix} V_{l1} \\ V_{l2} \end{pmatrix} = \frac{1}{\sqrt{(d_v|\boldsymbol{k}_l|^2 - g_v^*)^2 + (g_u^*)^2}} \begin{pmatrix} d_v|\boldsymbol{k}_l|^2 - g_v^* \\ g_u^* \end{pmatrix} \tag{5.76}$$

である．臨界パラメータ集合のみを考えているので，任意の l について $|\boldsymbol{k}_l|^2 = k_c^2$ が成り立ち，ゆえに $\boldsymbol{V}_l = \boldsymbol{V}$ である．

この段階では，$O(\varepsilon)$ の解の複素振幅 $a_l(T), \bar{a}_l(T)$ の形はわからない（複素振幅は，式 (5.67) で定義される緩慢な時間 T の関数である）．解の振幅は $2|a_l(T)|$ と書ける．この非線形解析で最も重要なのは，振幅を定めることである．そのためには $O(\varepsilon^2)$ の方程式系を解かなければならない．これらの線形方程式系は，同一の作用素 L をもち，微分のない項を右辺に含むので，永年項 (secular terms) を含む解をもちうる．この永年項とは，$x \sin x$ のように大きな x について発散するような式を含む項のことである．

$u(x)$ に関するシンプルな方程式

$$u'' + u = -\varepsilon u', \quad 0 < \varepsilon \ll 1$$

を考えれば，永年項がどのようにして生じるのかを見るのは容易である．ここで，プライム ($'$) は x に関する微分を表す．$u(0) = 1, u'(0) = 0$ を要請する．$u = u_0 + \varepsilon u_1 + \cdots$ とおき，全ての $u_i (i = 1, 2, \dots)$ がオーダー $O(1)$ であることを仮定する．この式を方程式に代入して ε について整理すると，$u_0(x) = \cos x$ が得られる．これより，u_1 に関する方程式と境界条件（すなわち $O(\varepsilon)$ の系）

$$u_1'' + u_1 = \sin x, \quad u_1(0) = u_1'(0) = 0$$

が得られ，この解は $u_1(x) = (\sin x - x \cos x)/2$ である．$x \cos x$ の項があるため，その解 $u_1(x)$ は全ての x について $O(1)$ になるわけではないので，$u = u_0 + \varepsilon u_1 + \cdots$ は一様に有効な解ではないことになる．$x \cos x$ のような項は，永年項である．この種の方程式において，一様に有効な解を得るための漸近論の手続きは，Murray (1984) の漸近解析に関する著書の中で詳細に教育的に説明されている．

$O(\varepsilon^2)$ の方程式系に関する先ほどの議論に戻ると，この方程式系からは永年項が現れないことがわかるので，このオーダーでは振幅関数 $a_l(T), \bar{a}_l(T)$ を定めることができない．一方，$O(\varepsilon^3)$ の系には永年項が現れる．振幅に対する方程式が定まるのは，この段階においてである．つまり，実際にオーダー $O(\varepsilon^3)$ の解を見つけるわけではないとしても，$O(\varepsilon^3)$ の解に永年項が現れないように方程式を選べばよい．ランダウ方程式 (Landau equations) として知られるこれらの方程式を得る際の計算こそが，非常に複雑で込み入っている部分である．それらの方程式は，式 (5.74) における N，すなわち $|\boldsymbol{k}_l|^2 = k_c^2$ としたときの解のモード数に決定的に依存する．前節における境界値問題の議論では，この数 N によって解や固有ベクトルがどのように変化するのかを調べた．

例として $N = 2$ の場合を考えよう．この下で Tyson (1996) は，振幅方程式あるいはランダウ方程式が

$$\frac{d|a_1|^2}{dT} = |a_1|^2 (X_A|a_1|^2 + X_B|a_2|^2) + Y|a_1|^2, \tag{5.77}$$

$$\frac{d|a_2|^2}{dT} = |a_2|^2 (X_B|a_1|^2 + X_A|a_2|^2) + Y|a_2|^2 \tag{5.78}$$

と表されることを示した．ここで，X_A, X_B, Y は元の系 (5.44), (5.45)（あるいは (5.41), (5.42)）のパラメータに関する錯雑な関数である．$|a_1|, |a_2|$ は時間の関数であることを除けば，方程式 (5.62) における A, B に直接関連している．空間的に非一様な安定解が存在するかどうかは，これら振幅方程式についての $T \to \infty$ なる極限をとったときの解に依存する．それらの方程式は，定数係数をもつ常微分方程式

表 5.4 臨界波数ベクトル k_l の個数が $N=2$ であるような場合に，4つの定常状態について生じるパターンの安定性条件．

定常状態 $(|a_1|^2, |a_2|^2)$	パターン	安定性条件
$(0,0)$	なし	$Y<0$
$(0, -Y/X_A)$	水平ストライプ	$Y>0, X_B/X_A > 1$
$(-Y/X_A, 0)$	鉛直ストライプ	$Y>0, X_B/X_A > 1$
$\left(-\dfrac{Y}{X_A+X_B}, -\dfrac{Y}{X_A+X_B}\right)$	スポット	$Y>0, X_A \pm X_B < 0$

にすぎず，以下のような定常状態解をもちうる：

$$
\begin{aligned}
(1) \quad & |a_1|^2 = 0, & |a_2|^2 &= 0, \\
(2) \quad & |a_1|^2 = 0, & |a_2|^2 &= -\frac{Y}{X_A}, \\
(3) \quad & |a_1|^2 = -\frac{Y}{X_A}, & |a_2|^2 &= 0, \\
(4) \quad & |a_1|^2 = -\frac{Y}{X_A+X_B}, & |a_2|^2 &= -\frac{Y}{X_A+X_B}.
\end{aligned}
\tag{5.79}
$$

実際に定常状態解が存在するか否かは，係数の符号に依存する．

1つ目の定常状態は，零振幅パターン，すなわちパターンなし，に対応している．2つ目と3つ目の定常状態は，1つの方向に関しては振幅が0であり，もう1つの方向に関しては非零の振幅をもつような場合に対応しており，ストライプを与える．4つ目の定常状態は，両方の方向に関して非零の振幅をもち，ゆえにスポットを与える．これらの定常状態がいずれも安定でない場合，生成されるパターンの種類をこの解析により定めることはできない．そのような場合を，以下に示すパラメータプロットにおける，パターン不定領域 (undetermined region) と呼ぶ．これらの定常状態の安定性条件を表 5.4 にまとめた．与えられたパラメータ空間にわたって X_A, X_B, Y の値を計算することにより，表 5.4 を用いて，パターンなし，あるいはスポット，ストライプ，不定パターンが現れうるような領域，にその空間を分割できる．いま調べている系に関しては，Tyson (1996) によりこれらのパラメータ空間に対する計算がなされ，より単純な反応拡散走化性系に関しては，Zhu and Murray (1995) により計算された．

5.8 シミュレーションの結果，パラメータ空間，基本的なパターン

本節では，方程式系 (5.41), (5.42) と，適度に単純化された方程式系，という2つのモデルに関するシミュレーション結果を与える．これらのシミュレーションでは，解析に厳密に関連する初期条件が用いられた．すなわち，時空間的に一様な定常状態解に対して（オーダー ε の）小さな摂動を与え，さらにパラメータの1つに対してそれよりも小さな（オーダー ε^2 の）摂動を与えたところから，シミュレーションを始める．境界条件は周期的であることを思い出されたい．

単純化されたモデル

まず，モデル (5.41), (5.42) を単純化したモデル

$$
\begin{aligned}
\frac{\partial u}{\partial t} &= d_u \nabla^2 u - \alpha \nabla \cdot \left(\frac{u}{(1+v)^2}\nabla v\right) + \rho u (\delta - u), \\
\frac{\partial v}{\partial t} &= \nabla^2 v + \beta u^2 - uv
\end{aligned}
\tag{5.80}
$$

5.8 シミュレーションの結果，パラメータ空間，基本的なパターン

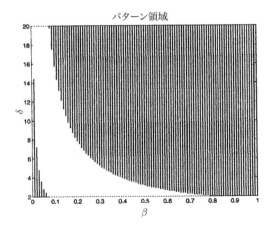

図 5.13 単純化されたモデル (5.80) に関するパターン領域．パラメータの値は，$d_u = 0.25$, $\rho = 0.01$, $\mu = 1.0$, $w_0 = 1.0$ である．β が変化すると，(5.80) の直後の別行立て式により，それに対応する α の値も決まる．ここで，摂動パラメータは β である．X_A, X_B, Y の値を計算して表 5.4 と照らし合わせることにより，ストライプを与えるパターン領域（斜線）と，スポットを与えるパターン領域（白）を得た (Tyson (1996) より)．

を考える．このモデルはパラメータを 5 つしか含まないので，元の方程式系 (5.41), (5.42) に比べて，パラメータ空間を調べるのは少し容易になる．d_u, ρ を固定すると，δ, β を変数として，(5.60) の第 1 式より（分岐点に対応する）α の値を定めることができる．これより，(δ, β) 平面における各点は臨界パラメータ集合に対応しており，それを用いて X_A, X_B, Y を定めることができる．このアプローチにより，図 5.13 に示すような，各パターンを生み出すパラメータの領域が得られる．このグラフにおいて，α が定数であるような曲線は，

$$\beta = \frac{(\sqrt{d_u} + \sqrt{\rho d_v})^2}{\alpha} \frac{(1+\delta)^2}{\delta}$$

で与えられる双曲線である[†8]．

2 種類のパラメータの組に対して，数値解が得られている．1 つ目の組は上側のストライプ領域から，2 つ目の組はスポット領域からとったものである．シミュレーションは，パターンの完全な 1 周期をちょうど含むような大きさの正方形領域上で行われた．すなわち，

$$l_x = l_y = \frac{2\pi}{\sqrt{k_c^2}}$$

が要請される．したがって，ストライプを与えるようなパラメータの組に対しては 1 本のストライプが，スポットを与えるようなパラメータの組に対しては 1 つのスポットが得られると期待される．実際にこれらのパターンが観察され，細胞数密度に関する典型的な結果を図 5.14 に示す．各々のシミュレーションにおいて，初期条件と定常状態パターンを表す 2 種類のプロットが与えられている．

境界条件は周期的なので，領域内のあらゆる場所で，スポットやストライプの最大値をとりうることに注意されたい．また，特にストライプについては，正方形領域を扱っているので，この解析からストライプの方向を定めることはできない．ストライプは，ランダムなある初期条件の組に対して鉛直方向になり，別の組に対しては水平方向になるかもしれない．

[†8]（訳注）この式は系 (5.80) の下では成立しない．この系においては，$(u^*, v^*) = (\delta, \beta\delta)$, $\chi^* = 1/(1+\beta\delta)^2$, $f_u^* = -\rho\delta$, $f_v^* = 0$, $g_u^* = \beta\delta$, $g_v^* = -\delta$, $d_v = 1$ であり，式 (5.60) に代入すると $\alpha = (\sqrt{d_u} + \sqrt{\rho d_v})^2 \cdot (1+\beta\delta)^2/(\beta\delta)$ となるため β を分離できない．

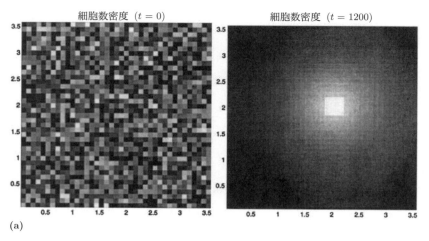

図 5.14 単純化されたモデルにおいて，図 5.13 でスポットを与えると予想されたパラメータ領域から取り出したパラメータを用いて行った，シミュレーションの結果．初期状態と定常状態のそれぞれにおいて，細胞数密度のパターンをプロットした．細胞数密度の結果は，パターンが確かに定常状態に至ったことを示している．$\varepsilon = 0.1$ として摂動を与えた．グラフに示す時間の単位は，無次元化されている．白色領域は細胞数密度が高い領域を，黒色領域は低い領域を表す．パラメータ値：(a) $d_u = 0.25$, $\alpha = 1.50$, $\beta = 0.1$, $\delta = 15.0$, $\rho = 0.01$, $w = 1.0$, $u_0 = u^* = 15.0$, $v_0 = v^* = 1.50$, $k_c^2 = 3.0$, $l_x = l_y = l = 3.6276$（振動の位相変化がちょうど 2π だけ含まれる大きさの領域）．このときスポットが得られる．

完全なモデル

ここでは，より生物学的に正確なモデル

$$\begin{aligned}
\frac{\partial u}{\partial t} &= d_u \nabla^2 u - \alpha \nabla \cdot \left(\frac{u}{(1+v)^2} \nabla v \right) + \rho u \left(\delta \frac{w}{1+w} - u \right), \\
\frac{\partial v}{\partial t} &= \nabla^2 v + \beta w \frac{u^2}{\mu + u^2} - uv
\end{aligned} \tag{5.81}$$

を考えよう．このモデルは，w を含む 7 つのパラメータをもち，パラメータ α, d_u, δ については実験による推定値が存在する．残りの 4 つのパラメータのうちの 1 つは，分岐条件 (5.59) により定めることができる．単純化されたモデルの場合は，α 以外の全てのパラメータ値を仮定することにより，α の臨界値について解いた．一方，いまは α の値が既にわかっているので，α の値を固定し，未知のパラメータの 1 つについて解きたい．最もシンプルに解けるパラメータは ρ であり，

$$\rho = \left(\frac{\sqrt{\alpha \beta \delta (\mu - \delta^2)}}{\mu + \delta(\beta + \delta)} - \sqrt{d_u} \right)^2 \tag{5.82}$$

で与えられる．すると，残りの未知のパラメータは μ, β, w なので，$(\beta, \mu), (\mu, w), (\beta, w)$ パラメータ平面のそれぞれを調べる必要がある．すなわち，我々は 4 次元パラメータ空間を扱っているが，ρ の値を与えるとそれは 3 次元となる．ここで，

$$\bar{\delta} = \frac{\delta w^2}{1 + w^2}, \quad \bar{\beta} = \beta w \tag{5.83}$$

5.8 シミュレーションの結果，パラメータ空間，基本的なパターン

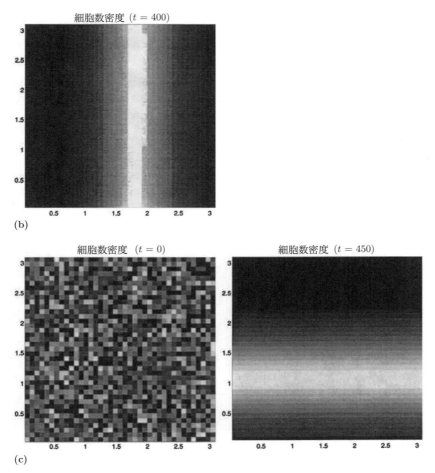

図 5.14 （続き）(b), (c) $d_u = 0.25$, $\alpha = 2.25$, $\beta = 0.2$, $\delta = 20.0$, $\rho = 0.01$, $w = 1.0$, $u_0 = u^* = 20.0$, $v_0 = v^* = 4.0$, $k_c^2 = 4.0$, $l_x = l_y = l = 3.1416$（振動の位相変化がちょうど 2π だけ含まれる大きさの領域）．このときストライプを与える．ランダムな初期条件を与えるために，(a) と (b) では同一の乱数の種が用いられたが，(c) ではそれとは異なる乱数の種が用いられた．(b) と (c) では，同じ振幅・サイズのストライプが得られているが，(b) では鉛直方向，(c) では水平方向のパターンが得られている（Tyson (1996) より）．

とおき，モデルを

$$\frac{\partial u}{\partial t} = d_u \nabla^2 u - \alpha \nabla \cdot \left(\frac{u}{(1+v)^2} \nabla v \right) + \rho u \left(\bar{\delta} - u \right),$$
$$\frac{\partial v}{\partial t} = \nabla^2 v + \bar{\beta} \frac{u^2}{\mu + u^2} - uv \tag{5.84}$$

のように書き直すことにより，系を少し単純化できる．これにより，計算は大幅に単純化されるが，(5.83) を用いて点 (β, δ) から $(\bar{\beta}, \bar{\delta})$ への写像を考えることにより，依然 w の増減による効果を定めることができる．w を増減させると，各点 (β, δ) は $(\bar{\beta}, \bar{\delta})$ 平面において S 字型曲線に写像される．

この定式化において，未知のパラメータは $\bar{\beta}, \bar{\delta}, \mu$ である．μ の値を，u^2 に比べて十分大きな値に固定すると，先ほど考察した単純化されたモデル (5.80) に帰着できる．驚くべきことに，パターン領域が先ほどのものと同じになるために，必ずしも $\bar{\beta}$ の値が β に比べて非常に大きい必要はない．μ の値がより小さくなると，パターン領域は異なるものになる．例の 1 つを図 5.15 に示す．

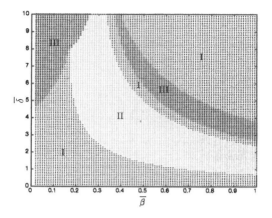

図 5.15 w を消去した，完全なモデルに対するパターン領域．パラメータの値は，$d_u = 0.25$，$\alpha = 90.0$，$\mu = 1000.0$ である．(式 (5.83) によって定義される) $\bar{\beta}$ と $\bar{\delta}$ の値を変化させると，その値に対応する ρ の値が，方程式 (5.82) により定まる．摂動パラメータは β である．各パターン領域は，それぞれストライプ (I)，スポット (II)，不定パターン (III) を与える (Tyson (1996) より)．

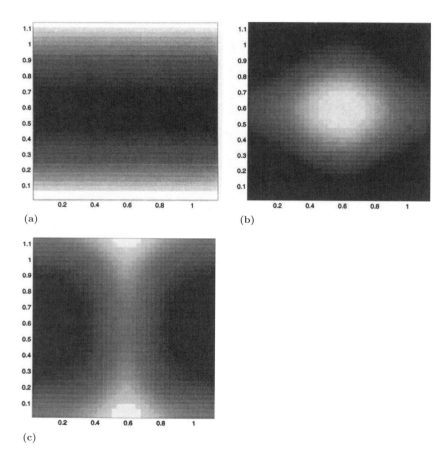

図 5.16 各々のパターンを与えると予想されるパターン領域から得られたパラメータを用いて，完全なモデル方程式のシミュレーションを行った．明るい領域は細胞数密度が高いことを示す．各々の場合について，振動の位相変化がちょうど 2π だけ含まれる大きさの領域が選ばれた．摂動は $\varepsilon = 0.1$ として与えられた．パラメータの値は $d_u = 0.25$，$\alpha = 90.0$，$\beta = 10.0$，$\mu = 100.0$ であり，さらに (a) $\bar{\delta} = 4.6$，$\rho = 8.5133$，$u_0 = u^* = 4.6$，$v_0 = v^* = 0.3797$，$l_x = l_y = l = 1.213$ のときストライプを，(b) $\bar{\delta} = 5.1$，$\rho = 7.797$，$u_0 = u^* = 5.1$，$v_0 = v^* = 0.4747$，$l_x = l_y = l = 1.177$ のときスポットを，(c) $\bar{\delta} = 5.5$，$\rho = 7.139$，$u_0 = u^* = 5.5$，$v_0 = v^* = 0.4233$，$l_x = l_y = l = 1.159$ のとき不定パターンを与える (Tyson (1996) より)．

Tyson (1996) は，ストライプ，スポット，不定領域から得られるパラメータを用いてシミュレーションを行い，（空間的に一様な）定常状態に対して微小かつランダムな摂動を与えた微小振動領域において，どの種類のパターンが現れるのかに関する解析的な予測を裏付けた．興味深いことに，彼女は，生じるパターンを未だに解析的に予測することのできていない不定領域の少なくとも一部において，定常状態パターンが存在することも発見した．これを説明することは興味深い解析的問題である．そのようなパターンの例を図5.16に示す．

5.9 実験に沿った初期条件に対する数値解析の結果

以上で議論してきた半固体培地に対する非線形解析は，一様な正の定常状態に対して微小かつランダムな摂動が与えられた場合にのみ当てはまるものであった．一方，5.1節で述べたように，実験における初期条件は全く異なるものである．初め化学誘引物質は存在せず，小さな領域に局所的に接種された細胞のみが存在し，それは一様な零定常状態からの比較的大きな摂動である．また，小さな領域における周期的境界条件ではなく，大きな領域におけるゼロフラックス境界条件が成り立つ．パターンに先行するバクテリア叢は，非線形的な振舞いに関連する条件を規定する．したがって，実験的な初期条件の下では，ストライプを与えるパラメータの領域ではリングが，スポットを与えるパラメータ領域では途切れ途切れの（スポット状）リングが生じることが期待される．Tyson (1996) は，1次元と2次元領域の両方で，スポットとストライプを与える様々なパラメータの領域において，広範なシミュレーションを行った．以下では，彼女の得た結果と，Tyson et al. (1999) に提示されている結果の一部を与える．

1次元における，単純化された半固体培地モデル (5.80) から始めよう．図5.14のときと同じパラメータ値（ストライプを与える）を用いると，今度は一連の同心円状リングが得られる．スポットを与えるパラメータの値を用いた場合，初期摂動の近傍に，小さなパルスが数個生じるのみで，その摂動はゆっくりと減衰していった．実験的に得られるスポット状リングパターンは，非線形解析におけるストライプ領域，あるいは非線形解析の予想とは全く異なる領域のどちらかからしか現れないようだ．非線形解析によって，完全なパターン形成の状況を説明することは全くできなかった．

パラメータ空間を大雑把に調べるだけでも，パラメータの変化に伴ってパターンがどのように変化するのかを見たり，興味深いパターンを見つけたりするために，非線形解析から得られた領域のパラメータに限定する必要はないことがわかる．例えば，走化性係数 α を増加させると，ストライプの波長と振幅は両方とも増加していく．栄養濃度 w をわずかに増加させると，伝播速度が増加し，フロント波後方のパルスは減衰していく．w をさらに少し増加させるだけでも，細胞数密度は急速に一様な正の定常状態に収束していくので，パルスはすっかり消失してしまう．w が減少してもパルスは依然生成されるが，パターンの伝播はより遅くなる．増殖率 ρ も，栄養濃度と全く同じようにして，パターンに対して影響を及ぼす．化学誘引物質の産生 β の値を半分に減少させると，パルスの振幅と振動数はどちらも増加する．環境収容力 δ は，パターンの振幅とパターン形成に要する時間に直接関連している．変化のさせ方にはきりがない．

2次元領域上で，非線形解析においてストライプを与えるパラメータに対してシミュレーションを行うと，同心円状リングが得られた．放射状パターンの波長は，1次元の場合よりも2次元の場合のほうが小さく，振幅はほぼ同様であった．図5.17に示すように，リングの半径が大きくなっても，リング間の間隔は変化しなかった．

2次元領域において，走化性パラメータを $\alpha = 2.25$ から $\alpha = 5$ に増加させると，一連の同心円状のスポット状リングが得られた．図5.18に，パターン発展の時系列と，$t = 70$ における解の3次元プロットを示す．1次元の場合と同様に，走化性係数を増加させると，パターンの波長と振幅はどちらも増加する．また，重要なこととして，栄養の消費があっても，スポットからストライプへと変化することはなく，波

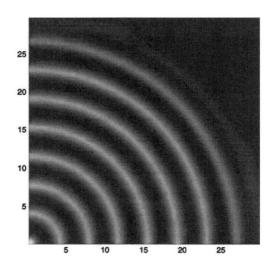

図 5.17 モデル系 (5.80) に対するシミュレーションの結果．パラメータ値は図 5.14(b) のそれに等しいが，初期条件としては半固体培地実験に即した初期条件を用いた．パラメータの値は，$d_u = 0.25$, $\alpha = 2.25$, $\beta = 0.2$, $\mu = 1.0$, $\delta = 20.0$, $\rho = 0.01$, $w = 1.0$ である．左下の隅において $u_0 = u^* = 5.0$ をみたす．また，$v_0 = v^* = 0.0$ をみたす．

長が変化することもないことがわかった．

では，完全なモデル系 (5.84) を考察していこう．この場合にはもう 1 つのパラメータ，すなわち化学誘引物質産生の飽和の程度の指標であるパラメータ μ が導入される．単純化されたモデルでは，パラメータ $\alpha, \beta, \rho, \delta, \kappa$ を変化させると，同心円状リングのパターンも変化しうることが見出された．完全なモデルも，おおむね単純化されたモデルと同一のパターンを与えるが，予想通りある定性的な相違が存在する．化学誘引物質産生の飽和の程度 μ が十分大きく，栄養の消費が十分小さいとき，完全なモデルは実質的に単純化されたモデルに簡約化され，全く同様の振舞いを見せるのは自明である．それよりも重要なのは，アスパラギン酸産生曲線の中間から飽和にかけての部分を与えるようなパラメータを用いて，シミュレーションを行った場合にも，図 5.19(a), (b) に示すように，連続的なあるいはスポット状のリングが観察されることである．モデルに食料の消費を含めた場合であっても，中心から外側に向かって徐々にパターンが消失していくことを除けば，リングパターンの性質は変化しない．

シミュレーションと実験との関係

シミュレーションの結果は，5.1 節で述べたネズミチフス菌の実験結果と非常によく似ていた．パターンに先行して低密度バクテリア叢が現れる．各リングは，1 つ前のリングから，半径方向にある離散的な距離だけ離れたところに形成され，その後静止したままになる．スポット状リングは，初めに連続的なリングとして生成された後，スポット状に途切れてできる．モデルメカニズムから得られたこれらの特徴の全ては，ネズミチフス菌のパターンにおいても見られる．

図 5.19(b) におけるパラメータ値をとると，

$$k_7 = \frac{k_3}{\rho} = 1.6 \times 10^{-9}\,\mathrm{mL/(cell\,時)}, \quad x = x^* \sqrt{\frac{D_c}{k_7 n_0}}$$

が得られる．このとき，等しい間隔 $x^* = 10$ で 4 つのリングが形成された．この値は $x = 1.4\,\mathrm{cm}$ に対応し，実験的に得られた値 $x \approx 1\,\mathrm{cm}$ に近い (Woodward et al. 1995)．

5.10 半固体培地モデルメカニズムによるスウォームリングパターン

Budrene and Berg (1991) により観察された最も劇的なパターンは，スウォームリングと呼ばれる，拡大する高密度バクテリアリングから現れてくる．これらのパターンについては 5.1 節で述べた．初期条件

5.10 半固体培地モデルメカニズムによるスウォームリングパターン

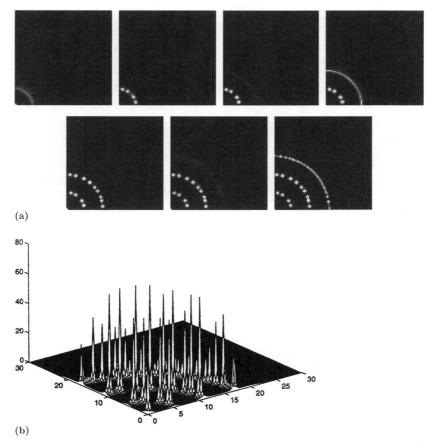

図 5.18 モデル系 (5.80) に対して，図 5.16(b)（と図 5.14）と同一のパラメータ値を用いて（ただし α のみ $\alpha = 5$），半固体培地実験に沿った初期条件から始めて，シミュレーションを行った場合の結果を示す．この場合も先と同様に，原点における細胞が最大密度 5 で接種された小さな領域を除けば，初期細胞数密度はあらゆるところで 0 である．初期化学誘引物質濃度はあらゆるところで 0 であり，初期栄養濃度はあらゆるところで 1 である．時刻については，$t = 5$ 刻みで，$t = 40$ から $t = 70$ まで増加させた．(b) に，最後の画像に対応する $t = 70$ のときに得られた記録に対する 3 次元プロットを表す (Tyson (1996) より).

は，食料が一様に分布し，化学誘引物質が含まれないシャーレに対して局所的に細胞が接種された状態である．また，ゼロフラックス境界条件をみたす．

パターンの生成は連続的なスウォームリングから始まり，その後初めて角度方向に非一様なパターンが後方に取り残されるので，まず 1 次元領域において進行波あるいはパルスを調べるのが自然である．初めは，食料濃度が一様で，バクテリアが 1 箇所に高密度に接種されている．化学誘引物質は存在しない．

化学誘引物質の産生がない場合，最もシンプルなスウォームリングが生じうる．時間が経つにつれて，バクテリアは食料を消費し外側に拡散していく．中央に残された細胞は運動性を失う．拡散しつつある細胞塊の外縁 (outer edge) では，細胞密度が低く食料濃度が高いので，結果的に細胞が増殖し，局所的な細胞密度は増加していく．その一方で，最初に細胞が接種された点では，食料が消費され続けているので，その濃度は減少して細胞の死亡が支配的になる．その結果，初期接種点においては細胞数が減少し，拡散しつつあるフロントにおいては細胞数が増加する．この状況が発展し，パルス進行波 (travelling pulse) が生じる．

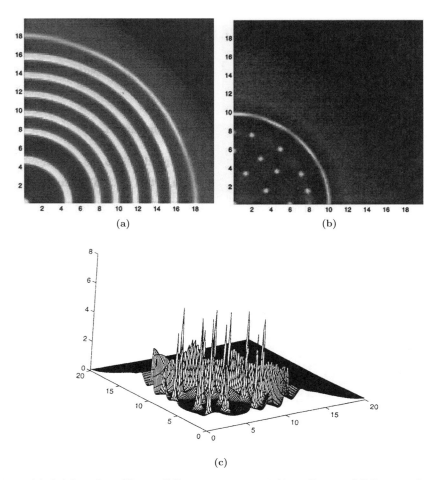

図 5.19 (a) 完全なモデルに対して，数値シミュレーションを行って得られた連続的なリング．パラメータの値は，$d_u = 0.25, \alpha = 7.0, \beta = 10.0, \mu = 250, \delta = 10.0, \rho = 0.1, w = 5.0$ である．(b) スポット状リング．パラメータの値は，$d_u = 0.25, \alpha = 30.0, \beta = 10.0, \mu = 50, \delta = 10.0, \rho = 1.0, w = 0.8, \kappa = 0.1$ である．隣り合うリングにおいて，スポットが交互に咬み合っていることに注意されたい．(c) (b) におけるスポット状リングパターンに対する3次元プロット（Tyson (1996) より）．

化学誘引物質を加えると，滑らかなスウォームリングは不安定になりうる．その不安定性を核にして，(1次元領域においても，2次元領域ではいっそう) 複雑な幾何学的パターン，とりわけ実験で観察されるような，スウォームリングの後方に引きずられるスポットが生じる，と考えるのは妥当である．

我々は，この現象を解析的に詳しく研究した．単純化されたモデルにおいて，1次元パルス進行波解を見つけるところから始め，進行波座標 $z = x - ct$ によって表される解を見つけた．ここで，c はパルスの伝播速度を表し，その値を定めることが問題である．半固体培地モデル方程式 (5.38)–(5.40) から始め，$u(x,t) = U(z), v(x,t) = V(z), w(x,t) = W(z)$ とおくと，進行波解の波形に関する方程式は，

$$\begin{aligned}
& d_u U'' + cU' - \alpha \left(\frac{U}{(1+V)^2} V' \right)' + \rho U \left(\delta \frac{W^2}{1+W^2} - U \right) = 0, \\
& V'' + cV' + \beta W \frac{U^2}{\mu + U^2} - UV = 0, \\
& d_w W'' + cW' - \kappa U \frac{W^2}{1+W^2} = 0
\end{aligned} \quad (5.85)$$

5.10 半固体培地モデルメカニズムによるスウォームリングパターン

のようになる．ここで，プライム ($'$) は z に関する偏微分を表す．方程式系 (5.85) は，U, U', V, V', W, W' に関する 6 元連立 1 階微分方程式として書け，定常状態は

$$(U, U', V, V', W, W') = (0, 0, 0, 0, 0, 0) \tag{5.86}$$

と

$$(U, U', V, V', W, W') = (0, 0, 0, 0, W_0, 0) \tag{5.87}$$

である．

1 つ目の定常状態はパルスの後方に存在し，2 つ目の定常状態はパルスの前方に存在する．現実的な解 (U, V, W) は非負かつ有界でなければならないので，2 つの定常状態を調べるにあたっては，振動が起こらないように固有値は実数になるはずである．方程式系 (5.85) を各定常状態 (5.86), (5.87) の周りで線形化し，固有値を求めることにより，1 つ目の定常状態が常に安定結節点であることがわかる．2 つ目の定常状態が同様に安定結節点であるためには，

$$c \geq c_{\min} = 2\sqrt{d_u \rho \delta W_0^2 / (1 + W_0^2)} \tag{5.88}$$

が必要である．

入門編第 13 章で詳細に調べたように，フィッシャー—コルモゴロフ方程式は，適切な（すなわちコンパクト台をもつ）初期条件から，速度 $c_{\min}$ で伝播する安定な進行波解へと発展する．実験からも，そのような初期条件が示唆されるので，方程式系 (5.85) のパルス進行波解も，$c_{\min}$ あるいはそれに近い速度で進行するだろうと考えられる．興味深いことに，食料消費 κ と走化性係数 α は，どちらも $c_{\min}$ に対して影響を及ぼさない．線形解析によれば，パルスの伝播速度を決めているのは，拡散・増殖する細胞の動力学のみであるようだ．

スウォームリングの安定性

いったんスウォームリングが形成され，シャーレ内を広がり始めると，スポットパターンを後方に残しながら，リングが周期的に途切れる様子が実験的に観察されてきた．このことは数学的には，動径方向の摂動に対しては局所的に安定で，かつ角度方向の摂動に対しては局所的に不安定であるような，スウォームリング解を見つけなければならないことを示唆する．

以下では，これらのスウォームリングの安定性に関する情報がどのようにして得られるのかについて，その概略を説明する．解析が実験の条件を反映できるように，（解析を容易にするために）一辺の長さ l の長方形領域を考え，初期条件として細胞はその一辺に沿って接種されるものとする．その辺に対して垂直方向に進行するような，パルス進行波解が期待される．(x, y, t) 座標系における 2 次元モデルを，進行パルス座標 z と，波面（フロント）に平行な座標 y を用いて書き直すと，方程式系 (5.38)–(5.40) は

$$\begin{aligned}
\frac{\partial u}{\partial t} - c\frac{\partial u}{\partial z} &= d_u\left(\frac{\partial^2 u}{\partial z^2} + \frac{\partial^2 u}{\partial y^2}\right) \\
&\quad - \alpha\left(\frac{\partial}{\partial z}, \frac{\partial}{\partial y}\right) \cdot \left(\frac{u}{(1+v)^2}\left(\frac{\partial v}{\partial z}, \frac{\partial v}{\partial y}\right)\right) + \rho u\left(\delta\frac{w^2}{1+w^2} - u\right), \\
\frac{\partial v}{\partial t} - c\frac{\partial v}{\partial z} &= \left(\frac{\partial^2 v}{\partial z^2} + \frac{\partial^2 v}{\partial y^2}\right) + \beta\frac{wu^2}{\mu + u^2} - uv, \\
\frac{\partial w}{\partial t} - c\frac{\partial w}{\partial z} &= d_w\left(\frac{\partial^2 w}{\partial z^2} + \frac{\partial^2 w}{\partial y^2}\right) - \kappa\frac{uw^2}{1+w^2}
\end{aligned} \tag{5.89}$$

のようになる．

ここで，z 軸方向に進行波解 $U(z,y) = U(z), V(z,y) = V(z), W(z,y) = W(z)$ $(y \in [0,l])$ が存在することを仮定する．すると，定義より

$$-c\frac{\partial U}{\partial z} = d_u \frac{\partial^2 U}{\partial z^2} - \alpha \frac{\partial}{\partial z}\left(\frac{U}{(1+V)^2}\left(\frac{\partial V}{\partial z}\right)\right) + \rho U\left(\delta \frac{W^2}{1+W^2} - U\right),$$
$$-c\frac{\partial V}{\partial z} = \frac{\partial^2 V}{\partial z^2} + \beta \frac{WU^2}{\mu + U^2} - UV, \qquad (5.90)$$
$$-c\frac{\partial W}{\partial z} = d_w \frac{\partial^2 W}{\partial z^2} - \kappa \frac{UW^2}{1+W^2}$$

が得られる．この解が z に関する摂動に対して安定であれば，（そしてそれはパラメータがある範囲に存在するとき成り立ちそうだが，）空間座標 y のみに関する時空間的摂動を調べることによって，波に対して垂直な摂動の効果に関する何らかの着想を得られるだろう．そこで，そのような安定性解析に対する最初の試みとして

$$u(z,y,t) = U(z) + \bar{u}\exp(\lambda t + iky),$$
$$v(z,y,t) = V(z) + \bar{v}\exp(\lambda t + iky), \qquad (5.91)$$
$$w(z,y,t) = W(z) + \bar{w}\exp(\lambda t + iky)$$

のような形の解 (u,v,w) を考察する．ここで，$\bar{u}, \bar{v}, \bar{w}$ は微小の定数である．これらの形の解を方程式系 (5.89) に代入し，$O(\bar{u}), O(\bar{v}), O(\bar{w})$ の項にについて整理すると，

$$A\begin{bmatrix}\bar{u}\\\bar{v}\\\bar{w}\end{bmatrix}\exp(\lambda t + iky) = \mathbf{0} \qquad (5.92)$$

の形の線形方程式系が得られる．ここで，行列 A は

$$A = \begin{bmatrix} \lambda + d_u k^2 - H_1 & H_2 & -\rho\delta \dfrac{2UW}{(1+W^2)^2} \\ -\beta\mu \dfrac{2WU}{(\mu+U^2)^2} + V & \lambda + k^2 + U & -\beta \dfrac{U^2}{\mu + U^2} \\ \kappa \dfrac{W^2}{1+W^2} & 0 & \lambda + d_w k^2 + \dfrac{2\kappa UW}{(1+W^2)^2} \end{bmatrix} \qquad (5.93)$$

で与えられ，

$$\begin{aligned}H_1 &= \rho\left(\frac{\delta W^2}{1+W^2} - 2U\right) - \alpha\left(\frac{V'}{(1+V)^2}\right)',\\ H_2 &= -\frac{\alpha U k^2}{(1+V)^2} - 2\alpha\left(\frac{UV'}{(1+V)^3}\right)'\end{aligned} \qquad (5.94)$$

である．

いつものように，摂動 $(\bar{u}, \bar{v}, \bar{w})$ に対して非零の解が存在する必要十分条件は $|A| = 0$ であり，この条件が分散関係 λ に関する特性方程式を与える．$|A| = 0$ とおくと，λ に関する

$$\lambda^3 + A\lambda^2 + B\lambda + C = 0 \qquad (5.95)$$

の形の3次方程式が得られる．ここで，A, B, C はパラメータと波数 k の関数であり，また，進行波解 (U,V,W) とその導関数を介して間接的に z の関数でもある．いましばらく，A, B, C が定数であると仮定すると，$\mathrm{Re}\,\lambda < 0$ が成り立つことを保証するラウス―フルビッツの条件（入門編付録 B）は，

$$A > 0, \quad C > 0, \quad AB - C > 0 \qquad (5.96)$$

と書ける．

5.10 半固体培地モデルメカニズムによるスウォームリングパターン

ゆえに，摂動が不安定であるためには，すなわちある $k^2 \neq 0$ に対して $\mathrm{Re}\,\lambda > 0$ が成り立つためには，これらの条件のうち少なくとも 1 つがみたされないことが必要である．いま，式 (5.93) の係数行列 A を

$$\begin{bmatrix} \lambda + c_1 & c_4 & -c_5 \\ c_6 & \lambda + c_2 & -c_7 \\ +c_8 & 0 & \lambda + c_3 \end{bmatrix} \tag{5.97}$$

と書き直す．ここで，常に負であるような項の前には負符号を，一方常に正であるような項の前には正符号を明示した．この書き方の下で，(5.95) に現れる係数は

$$\begin{aligned} A &= c_1 + c_2 + c_3, \\ B &= c_1 c_2 + c_1 c_3 + c_2 c_3 - c_4 c_6 + c_5 c_8, \\ C &= c_1 c_2 c_3 - c_4 (c_6 c_3 + c_7 c_8) + c_5 c_2 c_8 \end{aligned} \tag{5.98}$$

のようになる．

では，摂動が安定であるための 3 つの必要条件を考察しよう．A において，負になりうる項は c_1 のみであり，負になるのは式 (5.94) における H_1 が十分大きい場合に限られる．しかし，それが成り立つかどうかは z，すなわちフロント進行波上の位置に依存する．その他の安定性条件に対しても，同様の議論が成り立つ．ゆえに，フロント進行波，すなわちスウォームリングが，横軸 (y 軸) 方向の摂動に対して不安定であるかどうかが，進行波座標変数 z に依存するのは明らかである．もし仮に，少なくとも 1 つの z がとれて，その z については，条件 (5.96) が常に成立するため，非零の波数のモードに対して必ず $\mathrm{Re}\,\lambda < 0$ となり，スウォームリングが途切れてスポットが生じることを示唆する横軸方向の空間不安定性が決して現れない，というようなことがあるならば，実に驚くべきことだろう．走化性パラメータ α は，H_1, H_2 に現れているので，またしても走化性が重要な役割を果たすことは明らかである．これらのスウォームリングの安定性に関する完全な解析は，困難だがやりがいのある未解決問題である．

Tyson (1996) は 1 次元方程式系を解き，栄養の消費を無視しない完全なモデルから，様々なパラメータ値に対して，単一のパルス進行波，あるいは 2 つから 4 つのパルス進行波からなる波列解を得た．モデルパラメータ $\alpha, \beta, \mu, \delta, \rho, w$ が進行するパターンに及ぼす効果は，先ほど議論した静止パターンに及ぼすパラメータの効果に類似している．パルス波列における波長は，主に走化性係数 α の影響を受ける．

予測された波の速度と，数値的に計算された波の速度は，とても近かった．計算された波の速度は，予測された波の速度の最小値 $c_{\min}$ よりも常に 5〜10% ほど大きかった（これは妥当である）．境界条件は必然的に有界領域に課されなければならないので，シミュレーションにおける波の速度は，$c_{\min}$ ほど小さくはないことが期待される．

2 次元スウォームリングに関する数値解析の結果

2 次元の場合，パルス進行波列はスウォームリングとなり，それに引き続いて 1 つあるいは 2 つのスポット状リングが現れる様子が見出された．スポットは，角度方向の不安定性を呈した後スポット状に途切れていく，内側のリングから現れる．異なる時刻における，十分に発展したスウォームリングパターンのイメージプロットを，図 5.20 に示す．

大腸菌とネズミチフス菌に関するこの数理モデルの開発と解析は，いかなる外因性の生物学的活動も仮定しないで，スポットを与えるスウォームリングを生成する初めての例であった．Woodward et al. (1995) は，化学誘引的な栄養の存在を仮定することにより，興味深いパターンを得た．ネズミチフス菌の実験は，化学誘引的な栄養が存在する状況の下で行われてきたが，大腸菌の実験ではそのような栄養が存在しない．我々はこのモデルを用いて，細胞自身によって産生されるアスパラギン酸に対する走化性と食料消費との連動が，実験的に観察される挙動を生み出すのに十分であることを示してきた．これは，実験者の直観とも一致している．

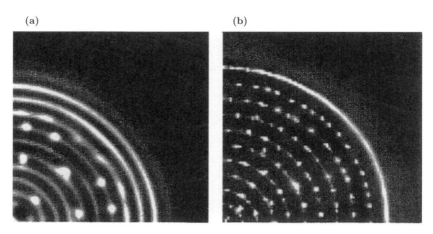

図 5.20 完全な系 (5.38)–(5.40) に対して数値シミュレーションを行って得られた，ネズミチフス菌のスウォームリングパターン．(a) 同心円状リングが，連続的なリングからスポット状リングへと移行しつつある様子を示す．パラメータの値は，$d_u = 0.25$, $d_w = 0.8$, $\alpha = 40$, $\beta = 10$, $\delta = 70$, $\rho = 1$, $\kappa = 4.5 \times 10^{-3}$, $\mu = 10^2$ である．(b) 同心円状のスポット状リングを示す．パラメータの値は，$d_u = 0.26$, $d_w = 0.89$, $\alpha = 88.9$, $\beta = 8$, $\delta = 7$, $\rho = 1$, $\kappa = 10^{-3}$, $\mu = 10^2$ である (Tyson (1996) より)．

5.11 枯草菌における分枝パターン

これまでに議論してきたパターンは，複雑ではあるが，スポットとリングによって構成されるかなり規則的なパターンであった．一方，枯草菌 (*Bacillus subtilis*) と呼ばれるバクテリアを，栄養分をほとんど含まない寒天培地に接種すると，これまでとは全く異なるフラクタル様のパターンを呈することがある．それらのパターンは，拡散律速凝集 (diffusion-limited aggregation) において見出されるパターンに似る (例えば Matsuyama and Matsushita (1993) などを参照)．一方，寒天培地が半固体である場合，枯草菌によって形成されるバクテリアコロニーは，滑らかな外膜によって包まれた密集分枝パターン (dense-branching pattern) を呈する．培地の固さが，形成されるパターンに影響を及ぼしている．Shigesada と彼女の共同研究者 (Kawasaki et al. 1997) は，この特徴的な細菌を研究し，実験的に観察される数多くの特徴を再現するような，比較的シンプルな反応拡散モデルを構築した．また，彼らはモデルの結果と実験結果とを比較している．ここでは，彼らのモデルを手短に記述し，その結果の一部を示す．彼らのモデルも反応拡散モデルではあるが，我々がこれまでに研究してきたような反応拡散系とは本質的に異なり独特である．彼らのモデルもまた，そのような比較的シンプルな系であっても豊富なパターンを形成されうることを浮き彫りにする．

彼らは，バクテリア細胞と栄養に関する保存則からなるようなモデル

$$\frac{\partial n}{\partial t} = D_n \nabla^2 n - \frac{knb}{1 + \gamma n}, \tag{5.99}$$

$$\frac{\partial b}{\partial t} = \nabla \cdot (D_b \nabla b) + \theta \frac{knb}{1 + \gamma n}, \quad D_b = \sigma nb \tag{5.100}$$

を提示した．ここで，n, b はそれぞれ栄養濃度とバクテリア細胞数密度を表す．また，関数 $knb/(1 + \gamma n)$ (k, γ は定数) はバクテリアによる栄養の消費速度を表し，$\theta knb/(1 + \gamma n)$ (θ は変換速度因子) は細胞の増殖率を表す．D_n, D_b はそれぞれ，栄養と細胞に関する拡散係数を表す．いまから，D_b の形に関する根拠を与える．

5.11 枯草菌における分枝パターン

$D_b = \sigma n b$ の形の論拠は Ohgiwara et al. (1992) の研究に基づいており，彼らは細胞の詳細な運動を観察し，広がっていくコロニーの内部では栄養が少なく細胞があまり運動しないこと，一方コロニーの周辺部では栄養がずっと多く細胞が活発に運動していることを見出した．彼らはまた，コロニーの最外側のフロントにおいては，細胞密度が非常に小さく，細胞が再びかなり不活発になることも書きとめた．これにより，Kawasaki et al. (1997) は，栄養 n とバクテリア密度 b のどちらかが小さくなるときに，バクテリアが運動性を失うのだろうと議論している．彼らは，バクテリアの拡散が nb に比例する（比例定数は σ）ものとして，これらの効果をモデリングした．また，各細胞は典型的にはランダムに運動するものの，中には確率的揺動を示す細胞があったことも観察されている．彼らは，通常のランダムな拡散からの確率的変動を表す指標をパラメータ Δ として，$\sigma = 1 + \Delta$ とおくことにより，その効果を定量化した．

Kawasaki et al. (1997) は，初期条件

$$n(\boldsymbol{x}, 0) = n_0, \quad b(\boldsymbol{x}, 0) = b_0(\boldsymbol{x}) \tag{5.101}$$

の下で，これらの 2 次元モデル方程式からパターンが生成されるのか否かを研究した．ここで，n_0 は一様に分布している初期栄養濃度を，$b_0(\boldsymbol{x})$ は接種された初期バクテリア密度を表す．実験における栄養濃度は比較的小さいので，γn 項によって表される飽和効果は無視できるとすると，栄養の消費は近似的に knb により表せる（以下では，実際にこの関数形 knb を用いる）．

方程式系を無次元化するために，

$$n^* = \left(\frac{\theta}{D_n}\right)^{1/2} n, \quad b^* = \left(\frac{1}{\theta D_n}\right)^{1/2} b, \quad \gamma^* = \left(\frac{D_n}{\theta}\right)^{1/2} \gamma, \tag{5.102}$$

$$t^* = k(\theta D_n)^{1/2} t, \quad \boldsymbol{x}^* = \left(\frac{\theta k^2}{D_n}\right)^{1/4} \boldsymbol{x} \tag{5.103}$$

とおく．さらに，$\gamma = 0$ とおいて栄養の消費に関する前述の近似を用い，表記を簡単にするためにアスタリスク ($*$) を省略すると，これらの下でモデルメカニズムは

$$\frac{\partial n}{\partial t} = \nabla^2 n - nb, \tag{5.104}$$

$$\frac{\partial b}{\partial t} = \nabla \cdot (\sigma n b \nabla b) + nb \tag{5.105}$$

となる．この系は唯一のパラメータ σ をもつ．初期条件は

$$n(\boldsymbol{x}, 0) = \left(\frac{\theta}{D_n}\right)^{1/2} n_0 \equiv v_0, \quad b(\boldsymbol{x}, 0) = \left(\frac{1}{\theta D_n}\right)^{1/2} b_0(\boldsymbol{x}) \equiv \beta_0(\boldsymbol{x}) \tag{5.106}$$

である．

Kawasaki et al. (1997) は，様々な異なる状況の下でこの系を解き，その解が驚くべき豊富なパターンを示すことを見出した．そのいくつかの例を図 5.21 に示す．

Kawasaki et al. (1997) は，確率的なパラメータ Δ が $\Delta = 0$ をみたすときに生成されるパターンも調べた．その場合でもパターンは生成され，分枝分枝様パターンが生じるものの，異方性がないのでパターンはずっと規則的で対称的である．Kawasaki et al. (1997) により指摘されたように，現実ではもちろん，栄養と細胞密度に生じる微小かつランダムな摂動のために，決してそのような規則的なパターンが生じることはないだろう．

パターンは 2 次元領域上で発展するものの，分枝時を除けば，各々の枝の先端は本質的に 1 次元領域上を成長する．これより，1 次元版モデル方程式系

$$\frac{\partial n}{\partial t} = \frac{\partial^2 n}{\partial x^2} - nb, \tag{5.107}$$

$$\frac{\partial b}{\partial t} = \frac{\partial}{\partial x}\left(\sigma n b \frac{\partial b}{\partial x}\right) + nb \tag{5.108}$$

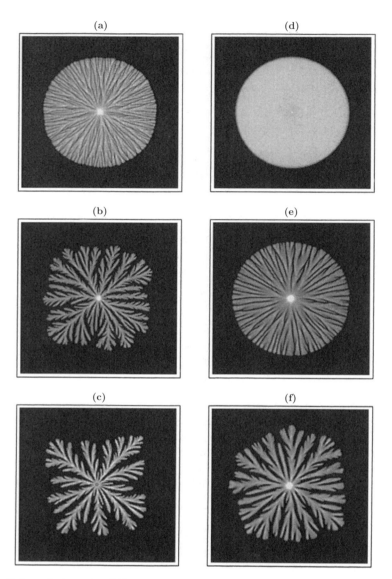

図 5.21 系 (5.104), (5.105) の数値シミュレーションにより得られた,枯草菌モデルの典型的なバクテリア密集分枝パターン. パラメータ σ の摂動は,平均値 σ_0 の周りにランダム変数 Δ を加えることにより与えられた. パラメータの値と時刻はそれぞれ, (a) $\sigma_0 = 1$, $\nu_0 = 1.07$, $t = 396$; (b) $\sigma_0 = 1$, $\nu_0 = 0.71$, $t = 2828$; (c) $\sigma_0 = 1$, $\nu_0 = 0.35$, $t = 19233$; (d) $\sigma_0 = 4$, $\nu_0 = 1.07$, $t = 127$; (e) $\sigma_0 = 4$, $\nu_0 = 0.71$, $t = 566$; (f) $\sigma_0 = 4$, $\nu_0 = 0.35$, $t = 4525$ である. 実際の時間にすると,およそ 2 日後に非常に密集したパターンが得られた (N. Shigesada 博士の許可を得て, Kawasaki et al. (1997) より複写).

5.11 枯草菌における分枝パターン

を用いて，先端の成長，そしてコロニーの成長に対する近似的な解析結果が得られる．これらの1次元方程式系の数値シミュレーションから得られる増殖率は，2次元方程式系から得られるそれとよく比較検討された．彼らは，方程式 (5.108) 中の $\sigma n b$ と $n b$ に対して，それぞれ $\sigma_0 \nu_0 b, \nu_0 b(1 - b/K)$ を代入することにより，モデルに対するさらなる近似を行い，b に関するスカラー方程式

$$\frac{\partial b}{\partial t} = \frac{\partial}{\partial x}\left(\sigma_0 \nu_0 b \frac{\partial b}{\partial x}\right) + \nu_0 b \left(1 - \frac{b}{K}\right) \tag{5.109}$$

を得た．ここで，バクテリアの増殖は，栄養により制限され，バクテリアの飽和が K であるような典型的なロジスティック型増殖に従うものとした．方程式 (5.107), (5.108) について拡散のない場合を考えると，2つの方程式を足し合わせて積分して $n + b = \nu_0$ とおき，バクテリアに関するロジスティック型 $db/dt = \nu_0 b(1 - b/\nu_0)$ が得られるので，K と ν_0 とを関連づけることができる．すると，方程式 (5.109) の形は，入門編 13.4 節で詳細に議論した方程式の形と同一であり，式 (5.109) は

$$v_{\text{コロニー増殖}} = \left(\frac{\sigma_0 \nu_0^3}{2}\right)^{1/2} \tag{5.110}$$

により与えられる速度 $v_{\text{コロニー増殖}}$ で伝播する，進行波の厳密解をもつ．この速度は（わずかに過大評価であるものの），方程式 (5.107), (5.108) から得られるコロニー増殖速度に対する非常に良い近似である．

栄養濃度が小さくない場合，$\gamma \neq 0$ の下で，完全なモデル (5.99), (5.100) を用いなければならない．Kawasaki et al. (1997) はそのような状況を考察し，γ が増加するにつれて，枝の幅が増加し，複雑性の程度が減少することを見出した．確率的な要素を含めるために彼らが用いた方法は，通常そのような研究に付随する複雑性を回避しながら，何らかの確率性を導入することを可能にするため，非常に興味深く重要である．その考え方は明らかに，本書で研究した数多くのモデルに対して非常に幅広く応用できるものである．

第6章
パターン・形態を生み出す力学理論

6.1 導入と問題意識，生物学的背景

　生物学の様々な領域で，ゲノムマッピングやクローン動物といった，一見したところ無尽蔵にも思えるような胸の高鳴る新発見が相次いでいる．それにもかかわらず，発生生物学における重要な問題は本質的なところで未解決のままである．1994 年に *Science* が行った興味深い調査では，発生における現在最も重要な未解決の問題と，今後の 5 年間で最大のブレイクスルーが生じる分野は何かについて，100 人以上の先導的な発生生物学者が回答を求められた．

　得られた 66 の回答の中で，最も重要と考えられていた（最も回答として多かった）未解決の問いは，特定の臓器や組織がどのようにして形成されるのか，というものであった．発生学において構造が形作られるプロセスは形態形成として知られている．形態形成問題の次に多かった回答は，実際の形態形成メカニズムがどのように発達したのか，そして，進化がどのようにそのメカニズムを変化させて新たな種を生み出すに至ったのか，という問題であった．さらには，今後 5 年間で著しい進歩が期待される分野の一覧を作ったところ，形態形成が第 2 位の座を得た．また，「発生」の最も大きな未解明の謎に関して行われた投票では，「形態形成の分子メカニズムは何か？」が圧倒的多数の票を獲得した．「初期胚の中でパターンはどのように作られるのか？」も，そのリストの上位であった．

　この調査から 5 年以上が経ち，21 世紀の始まりを迎えたいま，形態形成に関する新たな発見が次々になされているのは確かだが，発生中の胚に空間パターンを生み出す実際のメカニズムについては，未だにわかっていない．動物のボディプランを生み出すメカニズムの謎は，依然として未解決のままである．「今後の 5 年間においてホットな 12 の分野」の調査で，形態形成メカニズムは第 2 位の分野となった．形態形成は，発生初期の細胞の塊でしかないものを最終的な身体の形態へと導くパターン形成を包括する．生物学的パターン・形態の生成メカニズムに関する研究を，わざわざ正当化するまでもないことは明らかである．これが現在でも（そして当分の間は）発生学における中心的問題であることは疑いない．

歴史に関する余談

　19 世紀後半に広く流布していたある科学的見解について思い起こすことは興味深い．すなわち，ある動物の発生を理解すれば，それを他の動物にも拡張できるという見方である．これは，ショウジョウバエやサンショウウオなどを真剣に研究することを正当化する今日の考え方と，一般の意味において全く異なるものではない．19 世紀後半から 20 世紀初頭にかけて，非常に大きな影響力をもち，また物議をかもした偉大な博物学者，Ernst Haeckel（1834〜1919）は，発生上の並行した段階にある（と彼自身が主張したところの）数多くの胚を描くことで，それらの類似性を示し，また特に「個体発生は系統発生を繰り返す」という彼の学説を証明する助けとした．この文言を言い換えると，生物は発生途上で自身の進化史を辿るという意味である．例えばヒトでは，鰓(えら)に相当する溝が初期の胚に見られるが，これは魚類からの進化的な出自の反映を意味する．この学説はもちろん誤りだが，Haeckel の名を未だによく知られたものに

している理論の1つである．現在でもなお，この理論は完全に否定されたわけではない．彼の描いた絵を図6.1に示す．非常に才能豊かな技巧的芸術家であった Haeckel は，いくつかの図をあっさりと偽造した．多くの場合，現実の標本を参考にして胚を描いてはいたが，一部の例では肢芽などの重要な要素を故意に省くことで，彼がその存在を示すと主張した発生段階において肢の痕跡はないと言う場合もあった．

Haeckel の欺瞞を知る科学者は当時から多かったが，1990年代半ばより彼への関心が再び高まっている．生物学的資料を不誠実に操作したことだけでなく，優等人種についての考え（20世紀前半，優生学者らによって強く支持された見方）など，彼がもっていた他の思想について強い興味がもたれるようになった．Haeckel に関する一般記事の中で，Gould (2000) は彼の悪評の一部を論じ，それを科学的・歴史的文脈の中に据えている．Richardson and Keuck (2001) による簡潔な記事とその参照文献も読むとよい．

パターン形成モデルは，一般に，形態形成モデルとして一括りにされる．これらのモデルは，どのようにパターンが生まれ，胚の形態が作られるのかに関する筋書きを発生学者に与えるものである．パターン形成の制御において，遺伝子が決定的な役割を果たしているのはもちろんだが，遺伝学は，そこに関与する実際のメカニズムについて何も言わないし，我々が目にする膨大な種類のパターンや形態が，一様な細胞の塊からどのようにして発展するのかについても，何も語ってくれない．

大まかに言うと，パターン形成に関する一般的な見方は2つあり，それらが過去20年間における発生学者の考え方を支配してきた．その1つは，Turing による化学的プレパターンという積年のアプローチ（すなわち反応拡散走化性メカニズムであり，これまでの章で詳細に論じたもの）であり，もう1つは，G. F. Oster と J. D. Murray，また彼らの共同研究者によって押し進められた Murray-Oster のメカノケミカル（力学化学的）アプローチである（例えば，Odell et al. (1981), Murray et al. (1983), Oster et al. (1983), Murray and Oster (1984a, b), Lewis and Murray (1991)）．力学的アプローチの一般的記述は，例えば Murray and Maini (1986), Oster and Murray (1989), Murray et al. (1988), Bentil (1991), Cruywagen (1992), Cook (1995), Maini (1999) に与えられている．具体的な構成要素の研究も，例えば Barocas and Tranquillo (1994, 1997a, b), Barocas et al. (1995), Ferrenq et al. (1997), Tranqui and Tracqui (2000) により行われている．この理論とその実用に関する参照文献は膨大な数にのぼり，それらは本章とそれに続く4つの章の適切な箇所で紹介する．

本章では，生物学的パターン形成に対する Murray-Oster のメカノケミカルアプローチを詳しく説明する．このアプローチは特に，形態形成に関わるパターンの形成において物理的な力が果たす役割を検討するものである．また，発生学において現在広い関心が寄せられている発生上の特定の問題に対して，このアプローチを適用する．細胞レベルのパターン発展に力学的アプローチが必要であることは，Wolpert (1977) の以下の引用を推察することで，強く正当化されるといえよう：「卵の有しているものが成体の記述ではなく，成体を作るためのプログラムであることは明らかであり，このプログラムは成体の記述より簡潔かもしれない．細胞のもつ比較的単純な力学的作用から，形態の複雑な変化が生じると考えられる以上，複雑な形の作り方を指定するほうが，形そのものを記述するよりも簡単であるように思われる」．

形態形成プロセスを考える際に力学的作用を考慮すべきであるという主張に対し，反駁が生じないようにしておくことは重要だと考えられる．次に示すのは，本来，著者とその友人であり共同研究者でもある George Oster が，生物学的パターン形成のメカノケミカル理論に関する著書（1980年代半ば）のために記した前書きである．その著書の中で詳細に論じた他のモデルやメカニズムを否定するつもりは決してない（それらには重要な役割がある）．むしろこの前書きの意図は，形態形成における根本的な問いとは何かについての大局的な見通しを与えることにある．

　　　細胞や発生胚の経時的変化を映像で見るときに圧倒されるのは，その絶え間ない動きである．細胞の運動や，胚の躍動は決して止まることがない．実のところ，形態形成 (morphogenesis) (morpho = 形, genesis = 変化) とは動き——胚を形作る動きを意味している．

6.1 導入と問題意識，生物学的背景

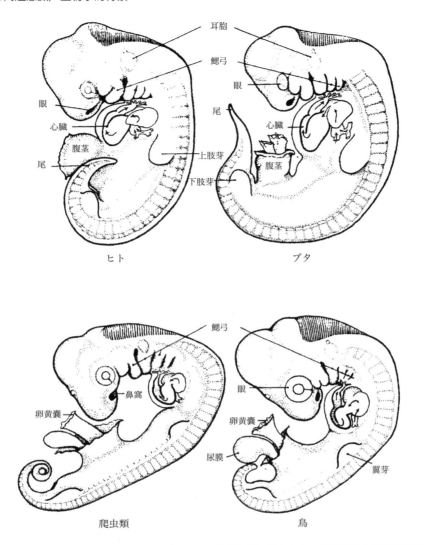

図 6.1 Ernst Haeckel (1814〜1919) によって 19 世紀中頃に描かれた，類似の発生段階の表現をもくろんだ各生物の胚．彼は発生における同一段階の胚が互いによく似ていることを指摘しようとした（もちろん，そのようなことはない）．

　動きを生み出すには力を必要とする．この根本的な自然法則が発生学者や細胞生物学者から大いに無視されてきたのは驚くべきことである．発生学に関するほとんどの書物では，力というものに言及すらしていない．これは無理のないことかもしれない．細胞や組織のレベルにおける物理的な力の測定は，近年になってやっとできるようになった．確実な見返りのある化学や遺伝学が手招きしているというのに，測定できない量についてあれこれ考えて何になるというのだろうか．

　力学をあえて無視しようとも，胚の躍動は全てニュートンの法則に支配されている．化学や遺伝学が胚発生においてどのような役割を果たしていようとも，そのプログラムを最終的に実行する際にはニュートン力学に基づかなければならない．そこで，形態形成が（少なくとも根本的には）力学的現象である以上，そのプロセスを生み出す力の考察から分析を始めて，そこから考えを逆に辿り，必要なときに化学と遺伝学を後付けするのが妥当である，という考え方を我々は採用した．

　個人的な偏見や，理論の審美的な簡潔さといった事柄を抜きにしても，形態形成を力学的観点から

眺めることには，より深い理論的根拠があると考える．この根拠は，発生の安定性と，進化における経済性から来るものである．

生物が次のように構築されると考えることは確かに可能である．すなわち，先に化学的プレパターンが作られ，その後詳細な化学的手順に則って，細胞に内在する（例えば形状の変化といった）力学的振舞いのためのプログラムを実行する．この見方では，力学とは化学の支配下にあるプロセスでしかない．実際，胚発生がこのような仕組みで起きていると考える生物学者は大勢いる．

しかし，このような生物の作り方は，確実性と安定性に欠けた計画であろう．化学的，力学的な攪乱に胚は直面せざるをえないが，それに対して発生プロセスをどのように補正するというのだろうか？いったんプレパターンが生じると，いかなる不測の事態が生じようとも，細胞はそれらのプログラムの指示を実行せざるをえなくなる．制御理論の用語では，このような系は「開ループ」系であり，組織の力学的状態から化学的状態へ向かうフィードバックが存在しない．こうした制御系は，外界からの攪乱を補正して相殺することができないため，不安定なことでよく知られる．この枠組みによれば，攪乱に対する防御手段は，遺伝子系があらゆる可能な力学的・化学的攪乱を見込んで，それらをコードすることに尽きる．これは遺伝子制御系に複雑性という巨大な負荷を与えるに違いなく，そのようなうまい仕掛けがいかにして発達しえたのかを理解するのは困難である．

我々の意見では，もっと理にかなった代案がある．すなわち，自然（つまり進化）は「ループを閉じた」のであり，細胞や組織の力学的状態が化学的状態に影響を与えることができる．それゆえ，力学的攪乱は相殺することができ，実行される遺伝子プログラムも，開ループ系に必要とされたオーバーヘッド[†1]のプログラムを背負わなくて済む．

この見方によれば，胚発生の主たる問題は化学的プレパターンの詳細を明らかにすることではない．むしろ，メカノケミカルプロセスを考えることにより，「パターン形成」を「形態形成」から切り離して考えることの人為性が明らかになる．力学と化学は，協働することで直接に空間パターンを創造し，一方が他方に支配されることなく，調和したフィードバックという図式に参与する．

この見方を受け入れると，モデリングの指針が明確になる．化学反応速度論の法則が課す束縛は著しく少ない．反応の個数に制限がないため，ほとんどの場合，望み通りの動的振舞いを実現する化学ネットワークを作ることは容易である．一方，ニュートン力学と物理化学の法則はそれほど柔軟にできておらず，可能性を非常に厳しく制限する．これらの束縛は，特定の胚発生系について想定されるメカニズムのうち，余計な可能性を取り除くために，まさに必要とされるものである．

メカノケミカルモデルにおいて，我々はこの方針を採用し，胚発生現象の分析を始めた．観察される挙動を引き起こす力学的作用に注目し，その事実にできるだけシンプルに当てはまる化学的解釈を与えた．結果的に導かれたメカノケミカルモデルは，現実のパターンを安定して再現できた．

自然がいつも可能な限り単純に振舞うなどと主張したいわけではない．倹約とは人間の構成概念であるし，また進化とはありあわせの材料を基にしたご都合主義のプロセスであり，全体が最適化されるような計画に従ってはいない．とはいえモデルを作る際には，単純なモデルで間に合うところを，込み入ったものにするような気まぐれは慎むべきである．

2つ以上のモデルが競合している場合，どちらを選ぶかは実験によって決めるのが最上の方法である．我々が思うに，モデリングを行う者に課せられた仕事の1つは，観察と整合するのみならず，既知の物理化学的法則に従う様々な可能性の一覧を，実験生物学者に提示することである．これらのモデルは行うべき実験を示唆し，さらなるモデル構築へと導く役割を果たす．（我々のモデルで化学と力学が互いにフィードバックをもたらすように，）モデリングと実験は協力してフィー

[†1] （訳注）オーバーヘッド (overhead) とは，目的を達成するのに必要ではあるが，それ自体が本来の目的ではない処理のための負荷のこと．

6.1 導入と問題意識，生物学的背景

ドバックループを成していると捉えることができ，このような連携によって，一方が独立して働くよりも効率的な研究手段になると考えられる．

モデルはどのくらい複雑でなければならないだろうか．時計の仕組みを説明するという課題を考えてみよう．もちろん，歯車やレバーの力学について理解しているとすればそれも一助となるだろうが，時計を理解するのにはそれが動く様子を単純に言葉にしていかなければならないだろう．すなわち，この歯車があの歯車を回す，といったように説明しなければならない．

だが，これは現象を理解する上であまり満足のいく方法ではない．例えば1マイルに1マイルが対応した道路地図を手にしているようなものである．「理解する」ことには，詳細や副次的現象を省いた上で現象の本質的特徴を捉え，それを単純化して概念的に表現することを伴うのが普通である．これこそが，モデルの構成要素の中でその最良の定義を与える．

現実の重要な側面を捉えたまま，モデルをどれだけ単純化できるのかという問題に対する答えは，その現象自体のみならず，モデルの用途にも依存する．形態形成の力学的側面を論じる以降の章では数理モデルのみを扱う．すなわち，特定の方程式の型にはまるような現象のみを扱う．

数理モデルを用いれば，(既に見たように)系の将来の振舞いを詳細に予測することができる．これが可能となるのは，現象がとても単純な場合に限られる．複雑系においては，求めるべきパラメータの数が多すぎて，曲線のフィッティングという作業に還元される．本書で扱うモデルは異なる目標に向かっている．我々は単に現象を記述するのではなく，現象の説明を試みるのである．

目標が記述ではなく説明である場合，別の基準を当てはめる必要がある．我々の観点からすると，最も重要な基準は，Einstein によって明確に述べられている：「モデルはできる限り単純であるべきだが，単純すぎてはならない」．すなわち，モデルによって現象の根底にある原理を説明するよう努めるべきだが，それより多くを目指すべきではない．我々は，データのフィッティングや定量的な予測を試みるのではなく，むしろ理解しようと努める．ゆえに，我々が問うべきことは，モデルが定性的な特徴をできる限り単純に記述できているかどうかに尽きる．

不運なことに，このような謙虚な（あるいは野心的な）目標をもってしても，多くの物理学者にさえ馴染みのない込み入った方程式を扱うことになるだろう．それは，説明を企てている現象がほとんどの物理系よりも一般に複雑であることによるが，もしかすると，背後の単純性に気づくことができない我々自身の能力不足を反映しているのかもしれない．

反応拡散（走化性）アプローチは，力学的アプローチと基本的な点で全く異なる．化学的プレパターンのアプローチでは，パターン形成と形態形成は順番に起こる．まず化学物質の濃度パターンが作られ，次に細胞がそのプレパターンを解釈し，それに応じた分化をする．したがって，このアプローチにおける形態形成とは，化学的パターンが一度構築されれば決定される，本質的に従属的な過程である．発生中の力学的形状変化という現象は，この化学的形態形成理論において扱われないのである．化学的モルフォゲンの正体がよくわからないため，このような形態形成理論を受け入れるのに大きな障壁があるとわかってきた．とはいえ，化学物質が発生において著しく重要な役割をもつことに，疑問の余地は全くない．

メカノケミカルアプローチにおいて，パターン形成と形態形成は単一の過程として同時に進行するものとみなされる．細胞がパターンおよび形を作るために運動し，これと胚組織とが絶え間なく相互作用して，観察される空間パターンを生み出すのである．このアプローチのもう1つの重要な側面は，モデルが測定可能な量（細胞密度，力，組織の変形など）で定式化されているということである．すなわち，形態形成のプロセス自体に注意を向けているため，原則として，実験研究をより行いやすい．繰り返すように，理論の主たる用途は予測にあり，似たようなパターンを生み出せる理論がいくつあったとしても，それらは主として，理論の示唆する様々な実験によって区別される．力学理論に関連した実験の一部は，本章とそれに続く4つの章で論じられる．血管形成と皮膚の創傷治癒に関する章は，本章で展開された概念

に拠って立つところが大きい．

　パターンと形態の発生が同時に起きるという考えを支持する特に強い論点は，そのようなメカニズムが自己修正能力を備えているということである．通常，発生はとても安定な過程であり，胚は多くの外的な攪乱に順応する能力をもっている．プレパターンが存在した上で，それから形態形成が起きるというプロセスは，事実上の開ループ系である．これは潜在的に不安定な過程であり，発生途上の攪乱に対して，胚が必要な順応を起こすのは難しい．

　本章では，細胞集団による調和のとれた運動・パターン形成が関わる形態形成プロセスを議論する．我々が関心をもつ早期の胚細胞には2種類存在し，線維芽細胞（真皮細胞，または間葉細胞）および表皮細胞（上皮細胞）である．線維芽細胞は自律的な運動能力をもち（糸状仮足または葉状仮足と呼ばれる長い指状の突起が他の細胞を含む接着部位を掴むことによる），自分の体を引っ張っていく（小さなタコのようなものと考えられる）．この細胞の空間的凝集パターンは，細胞密度の空間的変化として現れる．線維芽細胞はまた，細胞がその中を運動する細胞外基質 (ECM; extracellular matrix tissue) 組織を構成する，線維性物質を分泌することもできる．一方，表皮細胞は大抵の場合運動せず，層状に敷き詰められている．この細胞集団の空間パターンは，細胞の変形として現れる．これら2種類の細胞の重要な性質を，図 6.2 に模式的に整理した．細胞の種類や運動特性，胚発生における役割については，例えば Walbot and Holder (1987) の教科書に良い説明が与えられている．専ら細胞のみ記述した教科書で決定版といえるものが，Alberts et al. (1994) により書かれている．これらの文献は特に本章の題材に関連がある．

　最初に，胚発生早期における間葉（線維芽）細胞のパターン形成を検討する．動物の発生において，基本的なボディプランはおよそ最初の数週間で作られる．妊娠期間が約280日のヒトでは最初の4週間がその期間であるが，例えば妊娠期間が460日近くあるキリンの場合でもさほど長くない．我々がここで提案するような，パターン・形態の生成メカニズムが働いていると予想されるのは，この決定的な初期の期間においてである．妊娠のきわめて早い時期におけるワニの胚が，小さなワニに非常に似ていることは第4章で見た．今回論じるモデルは，これまで検討してきた多くのモデルに比べて，非常にたくさんの生物学的事実を考慮に入れている．これは，当然のことながらモデルをより複雑にする．だが，現実の生物学に真の関心をもつ数理生物学者にとって，生物学の複雑さを正しく認識することは不可欠である．したがって，パターン・形態形成の，より複雑かつ現実的な側面——それは実験研究との具体的な関連づけが可能である——に関するメカニズムのモデリングについていま議論しようとするのは妥当である．本章で提案するモデルの全ては，実験で測定可能な巨視的変数と，胚細胞について一般的に受け入れられている性質とに堅固に基づいている．多くの理論家や実験家は，非現実的なくらいに単純なモデルを求めて夢中になるが，それはしばしば逆効果なのである．

　次節では，かなり一般的なモデルを導出した後で，それを簡約化したモデルを導く．これはいままで我々が採ってきたアプローチとは相当異なるものであり，発生学における実際のモデリングの複雑さを反映した部分と，読者がそれまでのアプローチにいまや精通していると想定した部分とがある．

　ここで付け加えておくべきことは，これらのモデルが，まだ詳細に研究されていない数多くの困難な解析的・数値的な数学的問題や生物学的なモデリング上の問題を提起する，ということである．

6.2　間葉組織の形態形成に対する力学モデル

　間葉細胞 (mesenchymal cell) の運動には複数の因子が影響している．それらには次のようなものがある：

(1) 対流．基質の変形に伴って細胞が受動的に運ばれる．
(2) 走化性．化学的勾配により，細胞が濃度勾配を昇る，あるいは降りる方向に運動する．

6.2 間葉組織の形態形成に対する力学モデル

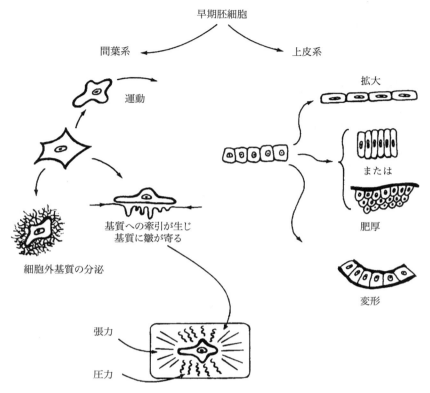

図 6.2　初期の胚細胞の模式図．間葉細胞は運動能を有し，大きな牽引力を生み出す．また，組織の一部として細胞運動の足場をなす細胞外基質 (ECM) を分泌する．この細胞を薄いシリコーンゴムでできた基質の上に置くと，牽引力によってゴム板が変形する．図 6.3 を参照のこと．上皮細胞は運動しないが，力を受けると厚さが変化する．この変形は細胞分裂に影響を与える（例えば Folkman and Moscona (1978) を参照）．

(3) 接触誘導 (contact guidance)．細胞が運動する場である基質により，運動方向が選択される．
(4) 細胞による接触抑制 (contact inhibition)．隣接する細胞の密度が高いと，運動が抑制される．
(5) 走触性 (haptotaxis)．後述するが，細胞が接着性の勾配を昇る方向へ運動する．
(6) 拡散．細胞がランダムに運動し，一般に細胞密度が低いほうへと移動する．
(7) 走電性 (galvanotaxis)．胚内に存在することが知られている電位から生じる電場によって，選択的な運動方向が与えられる．

これらの効果は全て，実験によってよく実証されている．走触性には化学的プロセスが伴いうるため，ここで含意されているよりやや複雑な場合もある．ECM を介した走化性に基づく運動が実際に細胞移動を妨げることは，最近 Perumpanani et al. (1998) により示された．

　モデルを表すために本節で提案する場の方程式は，細胞外環境での細胞運動に影響する重要な機構を要約したものである．我々はいましがた述べた効果のうち全てを取り入れるつもりなどないし，化学的作用に関係するその他の効果を取り入れるつもりもない．しかし，それらの効果を組み込む方法や，十分な実験上の知見によってその結果を定量化する方法が明らかになるだろう．以下で示されるように，場の方程式を解析することで，いかにして規則的な細胞凝集パターンが作られるかが明らかになるだろう．本章の後のほうで，このモデルの実用的な応用をいくつか説明する．それらは，羽や鱗の原基のような高度に組織化された表皮パターンや，発生時の肢の軟骨パターンや指紋パターンを反映した細胞凝集などである．

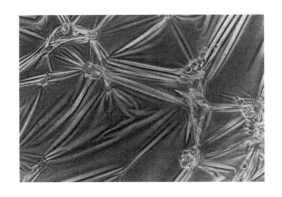

図 6.3 弾性基質に置かれた間葉細胞．強い牽引力によって基質は変形し，圧縮と引張による皺を生じている．張力線の長さは細胞径の何百倍もの距離に達する（写真は Albert K. Harris の厚意による）．

基本的な力学モデルは，*in vivo* の間葉細胞に関して実験で同定された 2 つの重要な性質に依拠している．すなわち，(i) 細胞は，線維性の細胞外基質（しばしば ECM と呼ばれる）と他の細胞からなる組織内を移動する (Hay 1981)．(ii) 細胞は大きな牽引力を生み出せる (Harris et al. (1981), Ferrenq et al. (1997), Tranqui and Tracqui (2000))．図 6.3 は，薄いシリコーン基質上にある細胞の写真である．細胞が生み出す引張と圧縮の方向がはっきり見える．Harris et al. (1980) も参照されたい．これから展開する基本メカニズムでは，運動能を有する細胞と，その運動の場である弾性基質との間の，力学的相互作用をモデリングする．

間葉細胞は，周囲の環境に力を及ぼすことで移動する．細胞突起，すなわち糸状仮足 (filopodia) または葉状仮足 (lamellapodia) をあらゆる方向に伸ばし，利用できるものなら何でも掴んで引っ張る．このような突起の生物学については Trinkaus (1980) で議論されているし，Trinkaus (1984) の文献も参照されたい．形態形成のモデリングに役立つ背景が書かれている．Oster (1984) は特に，個々の細胞が移動するメカニズムを論じている．ECM の中を進む際，細胞はその牽引力によって ECM を変形させる．こうした変形は空間に異方性をもたらし，それが今度は細胞の運動に影響を与える．いま述べた効果を始めとして，様々な効果が結果的に協調することにより，空間的に組織立った細胞凝集が起きる．基本的モデルは，本質的には Murray et al. (1983) および Murray and Oster (1984a, b) で提案されているものであり，その詳しい生物学的説明は Oster et al. (1983) でなされている．

我々が立てるのは連続体モデルであり，次の条件を表す 3 つの方程式からなる．すなわち，(i) 細胞密度に対する保存則，(ii) 細胞と ECM との間で生じる力の釣り合い，(iii) ECM に対する保存則，である．$n(r,t)$ と $\rho(r,t)$ をそれぞれ，位置 r，時刻 t における細胞密度（単位体積あたりの細胞数）および ECM 密度とする．$u(r,t)$ を ECM の変位ベクトルとする．すなわち，初期に位置 r にあった基質中の物質点は，$r+u$ へと変位する．それでは，これらの各方程式の形を導こう．

細胞の保存則

保存則の一般形は（入門編第 11 章を思い起こすと）

$$\frac{\partial n}{\partial t} = -\nabla \cdot \boldsymbol{J} + M \tag{6.1}$$

と表される．$\boldsymbol{J}$ は細胞の流束密度，すなわち単位面積を単位時間あたりに通過する細胞数である．M は細胞分裂すなわち細胞増殖の速度であるが，この段階において具体的な式の形は重要でない．簡単のため，細胞増殖についてはロジスティック型モデルのみを用いる．すなわち，r を細胞の初期増殖率，N を他の効果が存在しない場合における細胞密度の最大値として，$rn(N-n)$ で与えられる．以下では，細胞運動に影響を及ぼす上述の因子の一部を，$\boldsymbol{J}$ の中に取り入れる．

対　流

$\boldsymbol{u}(\boldsymbol{r},t)$ が ECM の変位ベクトルであるから，対流の流束密度の寄与 $\boldsymbol{J}_c$ は

$$\boldsymbol{J}_c = n\frac{\partial \boldsymbol{u}}{\partial t} \tag{6.2}$$

となる．基質の変形速度は $\partial \boldsymbol{u}/\partial t$ なので，運ばれる細胞の量はこの速度を単純に n 倍したものである．対流の流束密度が，細胞輸送におけるおそらく最も重要な寄与であろう．この表式は，組織全体の運動を考慮していないことに基づいている．より正確な表式に関する第 10 章の議論を参照されたい．

ランダムな分散

均質な等方的基質中に存在する場合，細胞はランダムに分散する傾向がある．古典的拡散（入門編第 11 章を参照）では，流束密度に $-D_1 \nabla n$ という項が寄与する．これは，細胞密度の局所的な変動に応答して，細胞が正味で密度勾配を降りる傾向にあるという，ランダムな運動をモデリングしている．これによって，保存則に対する通常の拡散による寄与 $D_1 \nabla^2 n$ が現れ，局所的，すなわち近距離のランダム運動が表現される．

発生中の胚における細胞密度は比較的高いため，希薄系に当てはまる古典的拡散が十分に正確でないかもしれない．細胞が伸ばす長い糸状仮足は，隣接する最も近い細胞を超える範囲の密度変化を感知できるので，拡散に対して非局所的な効果を含めなければならない．というのも，細胞はより遠くの密度を感知し，したがって隣近傍領域の平均に対しても応答するからである．図 6.4 は，このような長距離にわたる感知が意味をもつ理由を模式的に説明している．この長距離拡散そのものはあまり重要ではないだろうが，しかしその考え方は，少なくとも走触性においては重要である．

関数に働くラプラス作用素は，位置 $\boldsymbol{r}$ における関数の値とその局所的平均との差を反映している．そのことは，最も単純な有限差分化近似の形で書いた場合にもわかる通りである．あるいは，ラプラス作用素を

$$R \to 0 \quad \text{のとき} \quad \nabla^2 n \propto \frac{n_{av}(\boldsymbol{r},t) - n(\boldsymbol{r},t)}{R^2} \tag{6.3}$$

という形に書くことができる．n_{av} は，$\boldsymbol{r}$ を中心とする半径 R の球内の平均細胞密度であり，

$$n_{av}(\boldsymbol{r},t) = \frac{3}{4\pi R^3} \int_V n(\boldsymbol{r}+\boldsymbol{s},t) d\boldsymbol{s} \tag{6.4}$$

と定義される．V は球の体積である．式 (6.4) の被積分関数をテイラー展開し，n_{av} を式 (6.3) に代入すれば，その比例定数は 10/3 となる．入門編第 11 章における議論と解析を再度思い起こされたい．

したがって，細胞の（ランダムな分散に由来する）流束密度は

$$\boldsymbol{J}_D = -D_1 \nabla n + D_2 \nabla(\nabla^2 n) \tag{6.5}$$

と与えられる．$D_1 > 0$ は通常のフィックの拡散係数であり，D_2 が長距離の拡散係数である．長距離の寄与は，式 (6.1) において重調和項を生じさせる．我々が検討する形態形成の状況においては，拡散による効果は比較的小さいものと期待される．非局所的な拡散は Othmer (1961) により検討されている．彼の研究は，細胞スケールの状況において特に適切である．Cohen and Murray (1981) は，生態学的な文脈において関連するモデルを導出し，考察している．

$D_2 > 0$ の場合，この長距離拡散が安定化効果をもつということを，入門編 11.5 節の内容から思い出そう．このことは即座にわかる．式 (6.5) を式 (6.1) に代入し，さらに分裂の項 M を除くことで得られる長

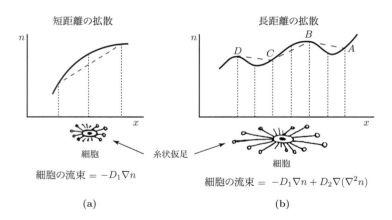

図 6.4 (a) では糸状仮足が直近の密度のみを感知することで濃度勾配（破線）を判定し，細胞は古典的な仕方でランダムに，すなわち流束密度 $-D_1\nabla n$ で拡散する．(b) の状況では，長い糸状仮足が直近の密度だけでなく近傍領域の平均密度をも感知することによって，長距離の拡散流束項 $D_2\nabla(\nabla^2 n)$ を与える．これにより，短距離拡散勾配（これも (b) において破線で示す）によって示されるのと必ずしも同じではない向きに分散が起きる．長距離拡散では，細胞が全体として A から D へと移動するのに対して，短距離拡散では D から C，または B から C，または B から A へと移動が起きる．

距離拡散方程式を考えると，次式を得る：

$$\frac{\partial n}{\partial t} = -\nabla \boldsymbol{J}_D = D_1 \nabla^2 n - D_2 \nabla^4 n.$$

さて，$n(\boldsymbol{r},t) \propto \exp[\lambda t + i\boldsymbol{k}\cdot\boldsymbol{r}]$ の形の解を探そう．$\boldsymbol{k}$ は通常の波数ベクトルである．最後の式に代入すれば，全ての波数 $k(=|\boldsymbol{k}|)$ について分散関係 $\lambda = -D_2 k^4 - D_1 k^2 < 0$ を得る．ゆえに $t \to \infty$ で $n \to 0$，すなわち $n=0$ は安定である．重調和項が $D_2 < 0$ であるとすれば，$n=0$ は $k^2 > -D_1/D_2$ となる波数について不安定であろう．実際のところ，拡散による寄与がどのようであるべきかという問いは，もっと複雑である．第 10 章では他の表式を導く．

走触性，すなわち力学走性

細胞が基質を牽引することで，基質密度 $\rho(\boldsymbol{r},t)$ に勾配が作られる．我々は基質の密度を，細胞の糸状仮足が掴める接着部位の密度と関連づけることにする．接着点の密度勾配（接着勾配）の中を自由に動ける細胞は，密度の高い基質に対しより強く接着できるので，その勾配を昇るほうへ運動する傾向がある．細胞の正味の流束密度は，結果的に接着勾配を昇る向きということになり，最もシンプルに仮定すれば，それは $n\nabla\rho$ に比例する．これは走化性によく似ている（入門編 11.4 節を思い出されたい）．既に述べたように，これがさらに複雑な場合もある (Perumpanani et al. 1998)．上述のような基質の物理的性質に加え，細胞の感知特性は非局所的であるために，式 (6.5) で重調和項を与えたものと類似の長距離効果をも取り入れるほうがよい．この場合，走触性流束密度は

$$\boldsymbol{J}_h = n(a_1 \nabla \rho - a_2 \nabla^3 \rho) \tag{6.6}$$

で与えられる．ただし $a_1 > 0$ かつ $a_2 > 0$ である．ここで長距離効果を導入することは，長距離拡散を導入することよりもずっと正当化される．

$\boldsymbol{J}$ への流束密度の寄与として式 (6.2), (6.5), (6.6) を，また細胞分裂 M としてわかりやすいロジス

6.2 間葉組織の形態形成に対する力学モデル

ティック型を考えると，細胞の保存則 (6.1) は

$$\frac{\partial n}{\partial t} = -\underbrace{\nabla \cdot \left[n \frac{\partial \boldsymbol{u}}{\partial t}\right]}_{\text{対流}} + \underbrace{\nabla \cdot [D_1 \nabla n - D_2 \nabla(\nabla^2 n)]}_{\text{拡散}} - \underbrace{\nabla \cdot n[a_1 \nabla \rho - a_2 \nabla^3 \rho]}_{\text{走触性}} + \underbrace{rn(N-n)}_{\text{増殖}} \quad (6.7)$$

となる．ただし D_1, D_2, a_1, a_2, r, N は正のパラメータである．

式 (6.7) には走電性や走化性を含めなかったが，そのような寄与の基本的な形がどのようになるかは容易に推論できる．ϕ を電位とすれば，走電性流束密度は

$$\boldsymbol{J}_G = gn\nabla\phi \quad (6.8)$$

と書ける．ただしパラメータ g は $g > 0$ をみたす．c を走化性物質の濃度とすれば，走化性流束密度の表式は

$$\boldsymbol{J}_C = \chi n \nabla c$$

となる．ただし $\chi > 0$ は走化性のパラメータである．重要かもしれないがここで含めるつもりのないもう1つの効果として，ECM の配向に由来するガイダンスキュー (guidance cue) がある．例えば，基質の歪みは線維を配向させることで，歪み方向に交差する運動を抑え，歪み方向に沿った運動を促進する，という実験的証拠がある．この効果は，拡散と走触性の係数を ECM の弾性歪みテンソルの関数にすることで，n に関する方程式の中に組み込める（例えば Landau and Lifshitz (1970) を参照）．このテンソルは

$$\boldsymbol{\varepsilon} = \frac{1}{2}(\nabla\boldsymbol{u} + \nabla\boldsymbol{u}^T) \quad (6.9)$$

と定義される．原理的には，例えば $D_1(\boldsymbol{\varepsilon})$ や $D_2(\boldsymbol{\varepsilon})$ の $\boldsymbol{\varepsilon}$ に対する依存性を表す定性的な形は，実験から推定される．これに関する詳細は第10章で，また，これがパターン形成にもたらす効果については第8章で議論する．しかし，以下では D_1, D_2, a_1, a_2 を定数としよう．

式 (6.7) では，細胞分裂すなわち細胞増殖速度を，線形成長率 r のシンプルなロジスティック型増殖でモデリングした．この項の詳細な形は，定性的に類似している限り重要でない．分裂速度が細胞の形に依存することは，いまや実験（例えば Folkman and Moscona (1978)）でよく知られている．したがって，我々の連続体モデルの枠組みでは，r が変位 $\boldsymbol{u}$ に依存するはずである．ECM およびそれが細胞の形，増殖，分化にもたらす効果についての簡潔な総説が，Watt (1986) で与えられている．とはいえ現段階では，重要となりうるこの効果も含めないことにする．

本節の目的の1つは，考えられる効果をどのようにすればモデルに組み込めるかを示すことである．保存則 (6.7) が，可能な限り一般化された形でないことは明らかであるけれども，生物学的パターン形成のためのより現実的なモデルメカニズムに何が期待されるかを示すには十分である．

このようなモデルを分析することで，パターン形成の可能性という点に関して様々な効果を比較することができる．このようにして，パターンを生み出すこともでき，なおかつ実験的検証も可能な，最も単純で現実的なモデルを見つけることができる．より簡単な系を後に 6.4 節で議論する．細胞の保存則に対流を含めることのみが本質的であるということを，ここで言及しておくべきかもしれない．少なくとも輸送の効果については，このことは直観的に予想できたことかもしれない．

細胞—基質間の力学的相互作用方程式

細胞は線維性細胞外基質 (ECM) の中を移動する．その組成は複雑である上に，構成成分も発生が進むにつれ変化する．その力学的特性は，未だにうまく特徴づけられていない．とはいえ，ここで我々が興味のあることは，細胞と基質との間の力学的相互作用のみである．機械的変形もまた小さい．したがって，

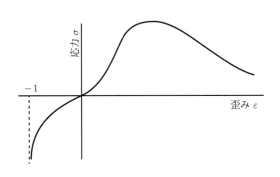

図 6.5 細胞外基質が歪むことで，線維は配向し組織は堅くなる．1 次元的状況を考えると，歪みは (6.9) より $\varepsilon = \partial u/\partial x$，体積歪みは $\theta = \partial u/\partial x$ である．有効弾性係数 E は応力-歪み曲線の勾配によって与えられる．応力テンソルは降伏点に達するまで歪みとともに上昇するが，その後横ばいとなり，十分大きな歪みに対しては組織が引き裂かれるため低下する．ECM は $\varepsilon < 0$ ($\theta < 0$) のとき圧縮されている．与えられた組織（細胞と基質の総体）の量を圧縮して 0 にすることはできないため，応力テンソルが $-\infty$ に発散するとき ε はその下限 -1 に収束する（θ もまた -1 以上である）．

穏当な 1 次近似として，細胞と基質の混合物を，応力テンソルを $\sigma(r,t)$ とする線形等方粘弾性体としてモデリングする．

胚発生における運動のタイムスケールは非常に長く（数時間のオーダー），空間的スケールはきわめて小さい（1, 2 mm 以下）．つまり非常に小さいレイノルズ数をもつ現象（Purcell (1977) を参照）を見ているので，細胞—ECM 間相互作用を表す力学的方程式において，慣性の影響を無視することができる．それゆえ，細胞が生み出す牽引力は基質に生じる弾性復元力と釣り合っていると仮定する．これにより細胞—基質の力学的方程式は（例えば Landau and Lifshitz (1970) 参照）

$$\nabla \cdot \boldsymbol{\sigma} + \rho \boldsymbol{F} = 0 \tag{6.10}$$

となる．$\boldsymbol{F}$ は（質量あたりの）基質に働く外力であり，$\boldsymbol{\sigma}$ は応力テンソルである（おもりのついたばねに適用した場合，加わった外力が伸びたばね由来の弾性復元力と釣り合うということをこの方程式は表しているにすぎない）．$\boldsymbol{\sigma}$ および $\boldsymbol{F}$ に対する様々な寄与を，以下でモデリングする必要がある．

まずは応力テンソル $\boldsymbol{\sigma}$ を考えよう．これは ECM および細胞の寄与からなるので，

$$\boldsymbol{\sigma} = \boldsymbol{\sigma}_{\text{ECM}} + \boldsymbol{\sigma}_{\text{cell}} \tag{6.11}$$

と書ける．線形な粘弾性体に対する通常の表現 (Landau and Lifshitz 1970) では，応力-歪み関係を表す構成則 (stress-strain constitutive relation) が次のように与えられる：

$$\boldsymbol{\sigma}_{\text{ECM}} = \underbrace{[\mu_1 \boldsymbol{\varepsilon}_t + \mu_2 \theta_t \mathbf{I}]}_{\text{粘性}} + \underbrace{E'[\boldsymbol{\varepsilon} + \nu' \theta \mathbf{I}]}_{\text{弾性}}, \tag{6.12}$$
$$\text{ただし} \quad E' = E/(1+\nu), \quad \nu' = \nu/(1-2\nu).$$

添字 t は偏微分を，$\mathbf{I}$ は単位テンソルを，μ_1 および μ_2 は ECM のずり粘性係数 (shear viscosity) および体積粘性係数 (bulk viscosity) を表す．$\boldsymbol{\varepsilon}$ は前の式 (6.9) で定義した歪みテンソル，$\theta (= \nabla \cdot \boldsymbol{u})$ は体積歪み (dilation)，E と ν はそれぞれ，ヤング率 (Young's modulus) およびポアソン比 (Poisson ratio) である．

等方性は間違いなく重要な仮定である．ECM は細胞の牽引がなければ等方的かもしれない（これさえ疑わしい）が，細胞による力が加わればもはや等方的ではないだろう．異方的モデルを本章で特に検討することはないが，より込み入ったモデルで導入されるかもしれない異方性の種類については知っておいたほうがよい．線維性物質が歪む場合，線維は主応力の方向へ整列する傾向をもつため，歪み方向の弾性係数 (elastic modulus) が増大する．線維整列のもたらす重要な巨視的効果が，その歪み方向に物質を強化することであると考えると，これをモデリングするには，弾性係数 E を（少なくとも体積歪み θ が小さい部分では）θ の増加関数にすればよい．物質は最終的に降伏するため，当然，弾性係数が無限に増大す

6.2 間葉組織の形態形成に対する力学モデル

ることはない．図 6.5 は典型的な応力-歪み曲線である．ν もまた θ の関数でかまわないが，ここでは定数としよう．

線維は，ECM 中の非常に離れた場所の間で応力を伝え合うことができる．そのため線維性物質は，非局所的な弾性的相互作用によっても特徴づけられる．細胞の保存則 (6.7) に重調和項をもたらしたのと類似の議論によって，（細胞と基質の）混合物の弾性応力に，長距離効果を取り入れることができる．直前の段落で議論した異方的効果およびいま述べた非局所的効果は，式 (6.12) の弾性による寄与を，次のように書くことでモデリングされる：

$$\boldsymbol{\sigma}_{\text{ECM}}|_{\text{弾性}} = E'(\theta)[\boldsymbol{\varepsilon} + \beta_1 \nabla^2 \boldsymbol{\varepsilon} + \nu'(\theta + \beta_2 \nabla^2 \theta)\mathbf{I}], \\ \text{ただし} \quad E' = E(\theta)/(1+\nu), \quad \nu' = \nu/(1-2\nu). \tag{6.13}$$

β は長距離効果の強さを定めるパラメータである．とはいえ現段階のモデリングでは，$\beta_1 = \beta_2 = 0$ とし，$E(\theta)$ を定数とするのが理にかなっている．異方性については第 8 章で詳しく検討し，さらに詳細な検討を第 10 章でも行う．

さて，応力テンソルに対する細胞牽引の寄与，すなわち $\boldsymbol{\sigma}_{\text{cell}}$ を考えよう．細胞の多いところではより大きな牽引力が生じる．しかしながら，細胞密度が十分大きくなると牽引力が減少していくという，細胞間接触抑制を示す実験的証拠がある．これを平易にモデリングするには，細胞の牽引力（基質の単位質量あたり $\tau(n)$）が n とともに初めは増大し，n を十分大きくしていくと最終的に減少すると仮定すればよい．いま，簡単に

$$\tau(n) = \frac{\tau n}{1 + \lambda n^2} \tag{6.14}$$

としよう．ただし，τ (dyne cm/gm) は 1 個の細胞が生み出す牽引力の大きさであり，λ は隣接する細胞によって牽引力がどれだけ減少するかという尺度である．これについては後で戻ってくる．実験による τ の値は細胞の辺縁において 10^{-3} dyne/μm のオーダーで，これはきわめて実質的な大きさの力である (Harris et al. 1981)．細胞あたりに生じる力を表す式 $\tau(n)/n$ も，Ferrenq et al. (1997) が行ったように，細胞密度の関数として実験から求められる．

発生のパターン形成において，細胞の牽引がこのような中心的役割を果たしているにもかかわらず，細胞―基質間の相互作用が複雑であることや，現実の生体組織における様々な力学的効果を分離することが困難なために，関与している牽引力を定量化するのは非常に難しいことがわかっている．Ferrenq et al. (1997) では，細胞外基質上の内皮細胞が生み出す力を定量化するための，新たな実験手法と一般的な方法論が説明されている．彼らはまず初めに数理モデルを立てたが，それは本章で詳細に説明する Murray-Oster のメカノケミカル理論に基づくものであり，細胞が生み出す応力として様々な表式を提案している．次にそれらを基盤として，斬新な実験装置を作成した．彼らは，両脇からホルダー（その片方は可動で，力を感知するセンサーに接続している）に挟まれた，フィブリン含有のバイオゲル（基質）に細胞を撒いた．モデルの式から計算されたゲルの変位を，可動ホルダーを通して記録された実験データと比較することで，彼らは細胞の牽引応力に対する具体的な表式の正しさを示すことができた．彼らは同じことを様々な実験的設定の下で行った．その後，細胞の牽引応力を定量化する，様々なもっともらしい解析上の式を互いに比較し，さらにその結果を，様々な種類の細胞について類似のあるいは異なる装置で行われた実験や他の測定結果と比較することができた．彼らは，実験によって正当化可能な細胞―ゲル間牽引応力の表式の導出方法を示し，関連する各パラメータの推定値を与えている．彼らが明らかにしたところによると，その表式は

$$\boldsymbol{\sigma}_{\text{cell}} = \tau \rho n (N_2 - n) \mathbf{I}$$

である．ただし τ は細胞の牽引であり，パラメータ N_2 は細胞密度の増大に伴う牽引力の抑制を制御する．この効果は実験的に立証されており，またパラメータの推定値も与えられている．この論文は，その

成果を出すのに理論と実験のそれぞれが重要な役割を果たしている，真に学際的な数理生物学研究の優れた実例である．このような学際的アプローチは Tranqui and Tracqui (2000) による血管新生の力学的シグナリングの研究でも用いられている．彼らもやはり力学理論を利用しており，そこでは粘性応力テンソルとして式 (6.12) が，弾性応力テンソルとして長距離の弾性効果を含む式 (6.13) が用いられている．

細胞が ECM に付着するための糸状仮足がすぐ隣接した細胞を超える範囲に伸びるとすれば（おそらくそうなのだが），細胞の保存則において導入したような長距離拡散効果と似た非局所的効果を導入しても不合理ではない．今回の分析では，応力テンソルに対する寄与 $\boldsymbol{\sigma}_\text{cell}$ を

$$\boldsymbol{\sigma}_\text{cell} = \frac{\tau n}{1 + \lambda n^2}(\rho + \gamma \nabla^2 \rho)\mathbf{I} \tag{6.15}$$

としよう．ただし $\gamma > 0$ は細胞—ECM 間の非局所的な長距離相互作用に関する尺度である．この長距離効果は，細胞の保存則における長距離拡散効果や長距離走触性効果よりもおそらく重要である．

細胞が密に寄り集まっている場合，非局所的効果は主として細胞間に存在するため，式 (6.15) のより適切な形は次式のようになるかもしれない：

$$\boldsymbol{\sigma}_\text{cell} = \frac{\tau n}{1 + \lambda n^2}(n + \gamma \nabla^2 n)\mathbf{I}. \tag{6.16}$$

細胞の牽引に対する表式として様々な形を考えることができ，そのいずれも妥当である可能性がある．この問題を解決する方法の 1 つは，胚の創傷治癒に関与するアクチンにより生成される力を導くために，Sherratt (1993) が開発した分子的な手法を用いることかもしれない．彼の手法は第 9 章で論じる．

最後に，式 (6.10) の体積力 $\boldsymbol{F}$ について考えよう．我々が念頭においている（そして後に議論する）応用を考えると，基質は，支え綱とでも言うべき物によって，その基礎をなす組織の基底層（または表皮）に結びついている．これらの拘束力を，ECM 密度，および歪み 0 の位置からの基質変位に比例する体積力としてモデリングする．すなわち

$$\boldsymbol{F} = -s\boldsymbol{u} \tag{6.17}$$

としよう．ただし $s > 0$ は，基質との結合を特徴づける弾性パラメータである．

これから分析していくモデルにおいて，ここまで論じてきた効果の全てを取り入れるべきではない．現段階においてより本質的であると考える効果のみを考慮するべきである．したがって，細胞と ECM との力の釣り合いを表す方程式は，（具体的に書くと）式 (6.11)–(6.17) の下での式 (6.10) であり，

$$\nabla \cdot \left[\underbrace{\mu_1 \boldsymbol{\varepsilon}_t + \mu_2 \theta_t \mathbf{I}}_{\text{粘性}} + \underbrace{E'(\boldsymbol{\varepsilon} + \nu' \theta \mathbf{I})}_{\text{弾性}} + \underbrace{\tau n(1 + \lambda n^2)^{-1}(\rho + \gamma \nabla^2 \rho)\mathbf{I}}_{\text{細胞牽引}} \right] - \underbrace{s\rho \boldsymbol{u}}_{\text{外力}} = 0 \tag{6.18}$$

と与えられる．ただし

$$E' = \frac{E}{1+\nu}, \quad \nu' = \frac{\nu}{1-2\nu} \tag{6.19}$$

である．

基質の保存則

基質 $\rho(\boldsymbol{r}, t)$ に対する保存則は，

$$\frac{\partial \rho}{\partial t} + \nabla \cdot (\rho \boldsymbol{u}_t) = S(n, \rho, \boldsymbol{u}) \tag{6.20}$$

と表される．ここで，基質の流束密度は主に対流を介するとしている．$S(n, \rho, \boldsymbol{u})$ は細胞による基質の分泌率である．基質の分泌と分解は，間葉細胞の組織化が関与するある種の状況において役割をもつと考え

6.2 間葉組織の形態形成に対する力学モデル

られており，第10章で議論される重要な応用，すなわち創傷治癒においては間違いなくそうである．しかし，ここで考えている細胞運動のタイムスケールにおいて，この効果は無視できるため，今後 $S = 0$ と仮定しよう．実験的証拠 (Hinchliffe and Johnson 1980) が示すところによると，軟骨形成および皮膚の器官原基のパターン形成の間は $S = 0$ である．

線維芽細胞によるパターン形成のモデルメカニズムを表す場の方程式は，式 (6.7), (6.18), そして $S = 0$ とした式 (6.20) によって構成され，これらをいまから考察していく．3つの従属変数が存在し，それらは密度場 $n(\boldsymbol{r},t)$ および $\rho(\boldsymbol{r},t)$ と，変位場 $\boldsymbol{u}(\boldsymbol{r},t)$ である．モデルには14個のパラメータ，すなわち D_1, D_2, a_1, a_2, r, N, μ_1, μ_2, τ, λ, γ, s, E, ν が含まれる．これらは全て原則的に測定可能であるが，実験的に調べられたものもあれば，現在研究途上のものもある．

いつものように，様々な効果の相対的重要性を評価するために，また分析を簡単にするために，方程式を無次元化する．一般の長さおよびタイムスケール L, T を用い，初めの一様な基質密度を ρ_0 として，以下のように定める：

$$\boldsymbol{r}^* = \frac{\boldsymbol{r}}{L}, \quad t^* = \frac{t}{T}, \quad n^* = \frac{n}{N}, \quad \boldsymbol{u}^* = \frac{\boldsymbol{u}}{L}, \quad \rho^* = \frac{\rho}{\rho_0},$$
$$\nabla^* = L\nabla, \quad \theta^* = \theta, \quad \boldsymbol{\varepsilon}^* = \boldsymbol{\varepsilon}, \quad \gamma^* = \frac{\gamma}{L^2}, \quad r^* = rNT,$$
$$s^* = \frac{s\rho_0 L^2(1+\nu)}{E}, \quad \lambda^* = \lambda N^2, \quad \tau^* = \frac{\tau\rho_0 N(1+\nu)}{E}, \quad (6.21)$$
$$a_1^* = \frac{a_1\rho_0 T}{L^2}, \quad a_2^* = \frac{a_2\rho_0 T}{L^4},$$
$$\mu_i^* = \frac{\mu_i(1+\nu)}{TE}, \quad i=1,2, \quad D_1^* = \frac{D_1 T}{L^2}, \quad D_2^* = \frac{D_2 T}{L^4}.$$

無次元化によって，14個のパラメータが12個のパラメータグループに落とせた．どのようなタイムスケールに特に関心があるのかによって，12個のパラメータをさらに減らすことができる．例えば，T を細胞分裂の時間 $1/rN$ に選べば，$r^* = 1$ となる．これは，細胞分裂のタイムスケールにおけるパターンの発展に興味があるということを意味する．また代わりに，$\gamma^* = 1$ となるように，あるいは $i = 1$ または $i = 2$ について $\mu_i^* = 1$ となるように T を選ぶこともできる．同様にして適切な長さスケールを選び，パラメータグループの数をさらに減らすことができる．

無次元化 (6.21) を用いると，モデルメカニズム (6.7), (6.18), 基質の分泌を $S = 0$（基質の湧き出し項 S が以下の分析にもたらす効果については，目下研究中である）とした (6.20) は，表記を簡略化してアスタリスク（*）を省くと

$$n_t = D_1\nabla^2 n - D_2\nabla^4 n - \nabla \cdot [a_1 n\nabla\rho - a_2 n\nabla(\nabla^2\rho)] - \nabla \cdot (n\boldsymbol{u}_t) + rn(1-n), \quad (6.22)$$
$$\nabla \cdot \left\{(\mu_1\boldsymbol{\varepsilon}_t + \mu_2\theta_t\mathbf{I}) + (\boldsymbol{\varepsilon} + \nu'\theta\mathbf{I}) + \frac{\tau n}{1+\lambda n^2}(\rho + \gamma\nabla^2\rho)\mathbf{I}\right\} = s\rho\boldsymbol{u}, \quad (6.23)$$
$$\rho_t + \nabla \cdot (\rho\boldsymbol{u}_t) = 0 \quad (6.24)$$

となる．無次元のパラメータは全て正であり，細胞の特性に関連するもの，すなわち a_1, a_2, D_1, D_2, r, τ, λ と，基質の特性に関係するものすなわち μ_1, μ_2, ν', γ, s に分けられることに注目されたい．

モデル系 (6.22)–(6.24) は解析の上で手に負えないが，その概念的枠組みは，図6.6で説明されているようにきわめて明白である．既に指摘したように，このモデルは，基質の分泌や，歪み依存的な拡散や接触誘導といった，重要かもしれない効果を全て含んでいるわけではない．後に著しく簡単な系を導出することになるだろうが，生物学者が重要だと感じるかもしれない多くの特性を組み入れたモデルがどのような形になるのかについては知っておくほうがよい．上述したように，このようなモデリングとそれに続く分析が果たす重要な役割の1つは，パターン形成にとってどのような特性が本質的であるかを示すことなのである．そこで，これから行う手始めの線形解析では，モデル (6.22)–(6.24) のあらゆる項を残し，そ

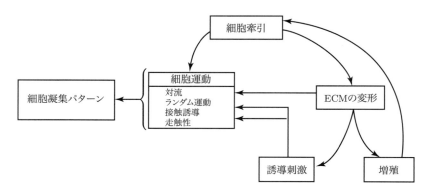

図 6.6 力学モデルの概念的枠組み．細胞牽引力がパターン形成に向けて各要因を統御する中心的役割を果たしている．

の一般的な結果に対して様々なパラメータを 0 にすることによって，どの効果が余分なのか，すなわち他の効果と比べて小さくなるのかをみることにする．

6.3 線形解析，分散関係，パターン形成の可能性

　胚発生で観察される空間的性質をモデリングするためには，方程式系 (6.22)–(6.24) が空間的に非一様な解を許容するものでなくてはならない．この系の複雑さを考慮した上で，これまでの章におけるパターン形成モデルの研究から得た経験をもってすると，現段階では，このような非線形系について有用な解析解を見出せる望みなどほとんどない．とはいえ，一様な定常状態周りの線形解析により，そのパターン形成能の多くを予想できることがわかっている．また，そのような線形的予測が絶対に正しいわけではなく，空間一様な解から大きく外れた有限振幅をもつ構造が知りたい場合には，数値シミュレーションにより補完しなければならないこともわかっている（以下では，第 2 章，特に 2.3～2.6 節の空間パターン形成に関連した題材および議論の詳細を思い出すことが助けになるだろう）．

　線形解析を行う前に，（例えば羽や鱗，歯といった）皮膚の器官原基の形成を伴うパターン形成過程は，この理論の応用対象の 1 つになるということを指摘しておく (6.5 節を参照されたい)．真皮（鱗や羽の起点となる表皮のすぐ下にある層）に見られる初期の細胞凝集は，細胞密度が周囲の組織と少し異なるにすぎない．したがって，場の方程式について詳細な線形解析を行うことは，生物学的応用の観点で価値のあることである．というのも，モデルによって空間パターンが形成される可能性を示唆し，数値解析へと導くための第一歩としてのみならず，パターン自体が，実際に線形理論の枠組みに入る解を含むかもしれないからである．事実，非線形理論から，そのようなパターンは一様状態から分岐したものに近いパターンであることが多い．詳しい生物学的応用については後述する．

　式 (6.22)–(6.24) がもつ一様な定常状態の解は

$$n = \boldsymbol{u} = \rho = 0; \quad n = 1, \boldsymbol{u} = \rho = 0; \quad n = \rho = 1, \boldsymbol{u} = 0 \tag{6.25}$$

である．$\rho = 0$ は生物学的状況として不適切なため，最初の 2 つの解は妥当でない．3 つ目の解は適切である（ここでは無次元化によって ρ が 1 に規格化されている）．この解の線形安定性は，(6.22)–(6.24) を線形化した方程式の解を求めることにより，通常のやり方で得られる（特に 2.3 節を思い出されたい）．そこで $n-1$, $\rho-1$, $\boldsymbol{u}$ を微小とし，これらを非線形系に代入して $n-1$, $\rho-1$, $\boldsymbol{u}$ およびその微分の線形

6.3 線形解析，分散関係，パターン形成の可能性

項だけを残せば，線形化系

$$n_t - D_1\nabla^2 n + D_2\nabla^4 n + a_1\nabla^2\rho - a_2\nabla^4\rho + \theta_t + rn = 0, \tag{6.26}$$

$$\nabla\cdot[(\mu_1\boldsymbol{\varepsilon}_t + \mu_2\theta_t\mathbf{I}) + (\boldsymbol{\varepsilon}+\nu'\theta\mathbf{I}) + (\tau_2 n + \tau_1\rho + \tau_1\gamma\nabla^2\rho)\mathbf{I}] - s\boldsymbol{u} = 0, \tag{6.27}$$

$$\rho_t + \theta_t = 0 \tag{6.28}$$

が得られる．表記を簡便にするため $n-1, \rho-1$ をそれぞれ n, ρ と書いた．ここで，

$$\tau_1 = \frac{\tau}{1+\lambda}, \quad \tau_2 = \frac{\tau(1-\lambda)}{(1+\lambda)^2} \tag{6.29}$$

である．$\lambda > 1$ すなわち $\tau_2 < 0$ のとき，（非負の）λ は細胞間接触抑制の尺度であることに注意されたい．

さて，これらの線形化方程式の解を

$$(n, \rho, \boldsymbol{u}) \propto \exp[\sigma t + i\boldsymbol{k}\cdot\boldsymbol{r}] \tag{6.30}$$

として求めよう．ここで $\boldsymbol{k}$ は波数ベクトル，σ は線形成長率である（応力テンソルと混同しないこと）．通常のやり方（第 2 章参照）で，式 (6.30) を式 (6.26)–(6.28) に代入すれば，分散関係 $\sigma = \sigma(k^2)$ を得る．それは以下の行列式で与えられた σ の多項式の解になっている：

$$\begin{vmatrix} \sigma + D_1 k^2 + D_2 k^4 + r & -a_1 k^2 - a_2 k^4 & ik\sigma \\ ik\tau_2 & ik\tau_1 - ik^3\tau_1\gamma & -\sigma\mu k^2 - (1+\nu')k^2 - s \\ 0 & \sigma & ik\sigma \end{vmatrix} = 0.$$

ここで $k = |\boldsymbol{k}|$ とした．少々計算すると，$\sigma(k^2)$ が次式の解として与えられる：

$$\begin{aligned}
&\sigma[\mu k^2\sigma^2 + b(k^2)\sigma + c(k^2)] = 0, \\
&b(k^2) = \mu D_2 k^6 + (\mu D_1 + \gamma\tau_1)k^4 + (1 + \mu r - \tau_1 - \tau_2)k^2 + s, \\
&c(k^2) = \gamma\tau_1 D_2 k^8 + (\gamma\tau_1 D_1 - \tau_2 D_2 + D_2 - a_2\tau_1)k^6 \\
&\qquad + (D_1 + sD_2 - \tau_1 D_1 + \gamma\tau_1 r - a_1\tau_2)k^4 \\
&\qquad + (r + sD_1 - r\tau_1)k^2 + rs.
\end{aligned} \tag{6.31}$$

ここで，$\mu = \mu_1 + \mu_2$ としており，$\tau_1/(1+\nu'), \tau_2/(1+\nu'), \mu/(1+\nu'), s/(1+\nu')$ をそれぞれ τ_1, τ_2, μ, s に置き換えている．分散関係は式 (6.31) の解 σ のうち最大の実部 $\mathrm{Re}\,\sigma \geq 0$ をもつものであるため，

$$\begin{aligned}
\sigma(k^2) &= \frac{-b(k^2) + \{b^2(k^2) - 4\mu k^2 c(k^2)\}^{1/2}}{2\mu k^2}, \\
&\text{特に } c(k^2) = 0 \text{ のとき} \quad \sigma(k^2) = \frac{-b(k^2)}{\mu k^2}
\end{aligned} \tag{6.32}$$

である．

線形系の空間的に非一様な解は，分散関係 $\sigma(k^2)$ が $\mathrm{Re}\,\sigma(0) \leq 0$ をみたすこと，かつ，$k^2 \neq 0$ に対して $\mathrm{Re}\,\sigma(k^2) > 0$ となるような不安定なモードの範囲が存在することによって特徴づけられる．式 (6.31) より，$k = 0$，すなわち空間的に一様な場合，全てのパラメータが正なので $b(0) = s > 0$ かつ $c(0) = rs > 0$ となり，それゆえ $\sigma = -c/b < 0$ より安定である．よって，少なくともある $k^2 \neq 0$ に対して $\mathrm{Re}\,\sigma(k^2) > 0$ となることが必要条件である．これが成り立てば，こうした k に対応する式 (6.30) の解は全て線形不安定であり，指数関数的に増大する．いつものように，これらの非一様な不安定線形解は，空間構造をもつ有限振幅解に発展すると期待される．非線形系 (6.22) から発見的にわかることだが，このような指数関数的に増大する解が無限に大きくなることはない——ロジスティック型増殖の 2 次の項によって妨げられるのである．細胞増殖率を 0 としないモデルでは，式 (6.23) の接触抑制項が解の有界性を保証する．例えば Perelson et al. (1986), Bentil (1990), Cruywagen (1992) による完全な系の数値シミュレーションによってこのことが実証されている．

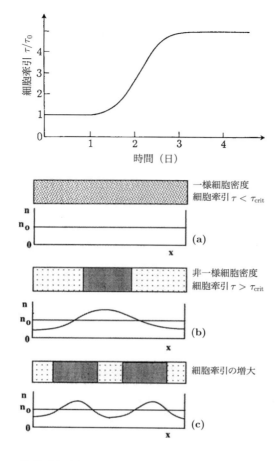

図 6.7 *in vitro* において培養皿に線維芽細胞を乗せたときの牽引力の定性的振舞いを経時的に示す．τ_0 は基準値であり，典型的には細胞の縁で $10^{-2}\,\mathrm{N\,m^{-1}}$ のオーダーである．

図 6.8 力学的パターン形成過程の仕組みを示す．(a) 細胞牽引力が ECM の弾性抵抗力に打ち勝てないため，細胞密度のゆらぎは必ず消退する．(b) 細胞牽引力が臨界値を超えると，一様定常状態が線形不安定となり，パターンが形成される．発展する具体的パターンは分散関係に依存する．ここでは，そのパターンが基本モードであると仮定している．(c) 細胞牽引力がさらに増大すれば，より複雑なパターンがもたらされる．やはり一般に，その形は分散関係によって決定される．

線形不安定解により，有限振幅解の定性的特徴に関して若干の予測が可能である．とはいえ予測可能なケースは，やはり波数が小さい 1 次元的状況に限られているように思われる．第 2, 3 章でみたように反応拡散系においては，いつもではないが大抵の場合にそうなのであった．

式 (6.32) の分散関係より，$\mathrm{Re}\,\sigma(k^2) > 0$ なる解が存在しうるのは，$b(k^2) < 0$ または $c(k^2) < 0$ であるときのみである．負の項たちのみが，τ_1 と τ_2 として現れている牽引パラメータ τ を含むので[†2]，メカニズムが空間的非一様解を生み出すための必要条件は，細胞牽引が $\tau > 0$ をみたすことである．式 (6.29) より τ_2 が負の場合もあることに注意しよう．細胞牽引力が力の釣り合いの式 (6.23) の凝集プロセスに対する唯一の寄与であるため，τ が正でなければならないことも，メカニズムを考えれば発見的に明らかである．よって $\tau > 0$ であり，空間的構造をもつ解が存在するためには，ある $k^2 > 0$ に対し $b(k^2) < 0$ または $c(k^2) < 0$ となることがパラメータにより保証されれば十分である．細胞牽引が中心的役割をもつので，τ を分岐パラメータとして用いよう．分岐パラメータに τ を選ぶことには生物学的理由もある．*in vitro* において，典型的には図 6.7 のように，（ある期間の間）時間とともに細胞牽引力が増大するということが知られているのである．

細胞牽引を分岐パラメータとして用いれば，パターンが起きる過程の仕組みが直観的にわかる．図 6.8 を参照されたい．図 6.8(a) において細胞牽引は分岐の臨界値に及ばず，ECM の弾性抵抗に打ち勝つことができない．そのため細胞密度のいかなる非一様な変動も平坦化してしまう．牽引が大きくなって臨界値を超えると，細胞の生み出す力が ECM の抵抗力を上回り，図 6.8(b) のように非一様な空間パターンが

[†2] （訳注） c の第 1 項は正の項だが，τ_1 を含む．

作られ始める．さらに細胞牽引が大きくなると，図6.8(c)に示すような成長し始めるパターンを求めるために分散関係を用いる必要がある．また方程式の形が示唆するように（第2章の議論を思い出そう），領域が大きいほど複雑なパターンが可能になるという意味で，この系にも第2章でみたのと類似のスケール・形状効果が存在する．

$b(k^2)$や$c(k^2)$の式を見るだけで，モデルの様々な項がパターン形成能という点でどのような効果を定性的にもっているのか推察できる．初めのランダムな細胞密度から空間パターンが発展するためには，bまたはcが負であることが必要とされる．したがって例えば，sにより定量化されている束縛が大きくなると，それはbとcの両方を正にする傾向があるので，解を安定にする傾向がある．パラメータγにより定量化されている基質に対する細胞の長距離効果も，安定化作用をもつ．粘性係数も同様である．一方，a_2で表された長距離の走触性は，必ず不安定化作用をもつ．分散関係という多項式の係数だけからも，多くの定量的情報が得られるのである．それらの多くは，もちろん直観的に明らかである．とはいえパラメータが結合しているような状況では，生物学的な結果を引き出すのにさらなる解析が必要である．その実例は後の節で与えられる．

式 (6.32) の $\sigma(k^2)$ および式 (6.31) の $b(k^2)$, $c(k^2)$ の表式によって，空間的に非一様な線形不安定解が存在するパラメータ空間内の領域が決定される．これらはパラメータ空間内の分岐曲面，すなわち，一様解を非一様解から分かつ曲面をも与える．一般に，これらの曲面を求めるのは代数学的にかなり複雑な問題である．いずれにせよパラメータ空間の次元が高いため，パターン形成プロセスの基本的特性を理解する着想を得るための助けとなることはまずないだろう．それより，様々な特殊な場合を検討するほうが有益である．つまり，細胞運動や基質変形に影響を与える様々な要因のうち，1つ以上を無視できると仮定するのである．その結果，空間パターンを生み出すことができ，なおかつ初めよりずっと簡単なモデルメカニズムをいくつも導くことができる．所与の生物学的状況に対してどのメカニズムが最もふさわしいかを決めるのは，生物学でなければならない．

式 (6.32) の分散関係 $\sigma(k^2)$ に含まれる多項式 $b(k^2)$ および $c(k^2)$ が複雑であることを考えると，線形成長の振舞いもまた複雑であることが予想できる．次節で検討する特殊な場合のモデルは，全て空間パターンの発展が可能なものである．これらの比較的平易なメカニズムに力学モデルがもたらす，著しく多様な分散関係を見ていくことにしよう．

6.4 簡単な力学モデル：複雑な分散関係をもつ空間パターンの形成

本節では，式 (6.22)–(6.24) の特別な場合を検討し，細胞運動や力学的平衡に影響を与えている要因の1つ以上を無視できると仮定する．それぞれの仮定により，別の新しい事実に焦点を当てる．これらを導き出すには，様々なパラメータを0にし，その結果導かれる式 (6.32) の分散関係 $\sigma(k^2)$ を調べるだけでよい．これはもちろん，でたらめな方法ではない．$b(k^2)$ および $c(k^2)$ に対する効果を吟味し，可能性の高い結果を事前に求めるのである．

(i) $D_1 = D_2 = a_1 = a_2 = 0$，すなわち細胞拡散と走触性がなく，さらに $r = 0$，すなわち細胞分裂がない場合を考える．

一般的なモデル (6.22)–(6.24) から，メカニズムは

$$\begin{aligned}
& n_t + \nabla \cdot (n\boldsymbol{u}_t) = 0, \\
& \nabla \cdot \left\{ (\mu_1 \boldsymbol{\varepsilon}_t + \mu_2 \theta_t \mathbf{I}) + (\boldsymbol{\varepsilon} + \nu' \theta \mathbf{I}) + \frac{\tau n}{1 + \lambda n^2}(\rho + \gamma \nabla^2 \rho)\mathbf{I} \right\} = s\rho\boldsymbol{u}, \\
& \rho_t + \nabla \cdot (\rho \boldsymbol{u}_t) = 0
\end{aligned} \quad (6.33)$$

となる．n と ρ のシンプルな保存則は，細胞および基質が基質の対流によってただただ運ばれるということを含意している．6.3節で述べたように，これは主要な輸送過程と考えられる．これは特にネットワー

ク形成において明らかである（第8章を参照されたい）．このモデルメカニズムを1次元にしたものは

$$
\begin{aligned}
&n_t + (nu_t)_x = 0, \\
&\mu u_{xxt} + u_{xx} + \left[\frac{\tau n}{1+\lambda n^2}(\rho + \gamma\rho_{xx})\right]_x = s\rho u, \\
&\rho_t + (\rho u_t)_x = 0
\end{aligned}
\tag{6.34}
$$

である．ここで $\mu = (\mu_1 + \mu_2)/(1+\nu')$, $\tau = \tau/(1+\nu')$, $s = s/(1+\nu')$ とおいた．この系を線形化すると

$$
\begin{aligned}
&n_t + u_{tx} = 0, \\
&\mu u_{xxt} + u_{xx} + [\tau_1\rho + \tau_2 n + \tau_1\gamma\rho_{xx}]_x = su, \\
&\rho_t + u_{tx} = 0
\end{aligned}
\tag{6.35}
$$

となる．ここで式 (6.29) を再掲して

$$\tau_1 = \frac{\tau}{1+\lambda}, \quad \tau_2 = \frac{\tau(1-\lambda)}{(1+\lambda)^2}$$

である．ただし，先述したように τ が $\tau/(1+\nu')$ に取って代わっている．

系 (6.33) に対しては，式 (6.31) より $c(k^2) = 0$ なので，式 (6.32) の分散関係は

$$\sigma(k^2) = \frac{-b(k^2)}{\mu k^2}, \quad b(k^2) = \gamma\tau_1 k^4 + (1-\tau_1-\tau_2)k^2 + s \tag{6.36}$$

となる．$\mathrm{Re}\,\sigma > 0$ なる σ が存在するのは（この場合当然 σ は実数である），ある $k^2 > 0$ に対して $b(k^2) < 0$ となる場合のみである．このためには $\tau_1 + \tau_2 > 1$ かつ，(6.36) の第2式より

$$b_{\min} = s - \frac{(\tau_1+\tau_2-1)^2}{4\gamma\tau_1} < 0 \tag{6.37}$$

が必要である．τ, λ, γ, s を用いて表すと，

$$\tau^2 - \tau(1+\lambda)^2[1 + \gamma s(1+\lambda)] + \frac{1}{4}(1+\lambda)^4 > 0 \tag{6.38}$$

である．この式は，空間パターンが発展するために

$$\tau > \tau_c = \frac{1}{2}(1+\lambda)^2 \left[1 + \gamma s(1+\lambda) + \{[1+\gamma s(1+\lambda)]^2 - 1\}^{1/2}\right] \tag{6.39}$$

が必要であることを意味している．式 (6.38) のもう1つの根の場合，$\tau_1 + \tau_2 < 1$ であるため式 (6.36) よりあらゆる k に対し $b(k^2) > 0$ となる．よってこの根は不適切である．曲面 $\tau = \tau_c(\lambda, \gamma, s)$ は，空間的一様性と非一様性とを分ける分岐曲面である．細胞牽引の中心的役割や，図 6.7 の時間-牽引曲線の形を考慮すれば，τ を分岐パラメータにとるのが適当である．τ が増大して臨界値 τ_c（最初に $b(k^2)$ が 0 になる値）を上回るとすぐに，一様定常状態は空間的に不安定な状態へと分岐する．$\tau/(1+\lambda)^2$ と $\gamma s(1+\lambda)$ を自然にグループ化できて，$\tau/(1+\lambda)^2$ 対 $\gamma s(1+\lambda)$ の分岐曲線はとりわけシンプルな単調曲線になる．

式 (6.39) がみたされる場合，分散関係 (6.36) は典型的な基本形（図 2.5(b) を参照）であり，それにより開始する空間パターンは，本節末尾に与える図 6.10(a) のようになる．$\sigma(k^2) > 0$ となる領域内のあらゆる波数 k が線形不安定であり，それはここで $b(k^2) < 0$ となるような k^2 の範囲のことであるから，式 (6.36) より

$$
\begin{aligned}
&k_1^2 < k^2 < k_2^2, \\
&k_1^2, k_2^2 = \frac{(\tau_1+\tau_2-1) \pm \{(\tau_1+\tau_2-1)^2 - 4s\gamma\tau_1\}^{1/2}}{2\gamma\tau_1}, \\
&\tau_1 = \frac{\tau}{1+\lambda}, \quad \tau_2 = \frac{\tau(1-\lambda)}{(1+\lambda)^2}
\end{aligned}
\tag{6.40}
$$

6.4 簡単な力学モデル：複雑な分散関係をもつ空間パターンの形成

と与えられる．ここで τ, γ, λ, s は式 (6.39) をみたさなければならない．最速で成長する線形モードが存在しており，ランダムな初期条件下の 1 次元モデルにおいては，やはりこれが非線形系における最終的な空間パターンを予測するものである (2.6 節を参照)．初期の不安定化を他の方法で与えれば，優先的なモードは様々に変わる．モデルの非線形的側面については後で論じるとし，その際に，具体的な生物学的応用の文脈で，完全な非線形モデルをシミュレーションした結果を示す．

次の例を検討する前に，細胞の保存則 (6.35) の形に注意しよう．細胞分裂がないことを考えると，式 (6.7) のロジスティック最大値 N と関連した自然な細胞密度というものは存在しない．したがってここでは，いつも通り N（状況の違いを強調するためにここでは n_0 としてもよい）を無次元化のために用いることもできるものの，もう 1 つの任意のパラメータとして変化させてもよいことになる．式 (6.21) で定義された無次元のパラメータグループに N は当然現れているため，モデルを検証する実験操作の可能性がさらに増えることになる．初期細胞密度が減少した場合の実験結果を後で述べよう．式 (6.21) をみれば，N に依存する無次元パラメータがどのように変化するかわかるので，分散関係を吟味することにより，その帰結をパターン形成の見地から予測できる．細胞増殖の全くないあらゆるモデルが，この性質を有している．このようなモデルのもう 1 つの特徴は，最終的な解が初期条件に依存することである．細胞密度が保存されるので，様々な初期条件（したがって様々な総細胞数）に応じて様々なパターンが引き起こされる．とはいえランダムな摂動が小さいときには，最終的な解の差異は小さいであろう．いかなる 2 つのパターンも正確に同じことなどないため，このことは生物学的にも現実味がある．

(ii) $D_2 = \gamma = 0$，すなわち長距離拡散および長距離細胞—基質間相互作用がなく，かつ $a_1 = a_2 = 0$，すなわち走触性がなく，かつ $r = 0$，すなわち細胞増殖がない，という場合を考える．

一般的なモデル (6.22)–(6.24) より，細胞の方程式は拡散および対流を含むので，モデルメカニズムは

$$n_t = D_1 \nabla^2 n - \nabla \cdot (n u_t),$$
$$\nabla \cdot \left\{ (\mu_1 \boldsymbol{\varepsilon}_t + \mu_2 \theta_t \mathbf{I}) + (\boldsymbol{\varepsilon} + \nu' \theta \mathbf{I}) + \frac{\tau \rho n \mathbf{I}}{1 + \lambda n^2} \right\} = s \rho \boldsymbol{u}, \quad (6.41)$$
$$\rho_t + \nabla \cdot (\rho \boldsymbol{u}_t) = 0$$

となる．式 (6.31), (6.32) より分散関係は

$$\sigma(k^2) = \frac{-b \pm [b^2 - 4\mu k^2 c]^{1/2}}{2\mu k^2},$$
$$b(k^2) = \mu D_1 k^4 + (1 - \tau_1 - \tau_2) k^2 + s, \quad (6.42)$$
$$c(k^2) = D_1 k^2 [k^2 (1 - \tau_2) + s]$$

である．既に指摘したように，このモデルにおいて一様な定常状態での細胞密度は $n = N$ であり，N は単なるもう 1 つのパラメータにすぎない．

$b(k^2)$ の最小値が 0 となるような τ の臨界値は，τ_1, τ_2 が式 (6.29) で定義されているので

$$\begin{aligned} b_{\min} = 0 \quad &\Rightarrow \quad \tau_1 + \tau_2 = 1 + 2(\mu s D_1)^{1/2} \\ &\Rightarrow \quad \tau_{b=0} = \tau_c = (1 + \lambda)^2 \left[\frac{1}{2} + (\mu s D_1)^{1/2} \right] \end{aligned} \quad (6.43)$$

と表される．$\tau_2 > 1$ のとき，$c(k^2)$ はある範囲の k^2 において負となる．すなわち

$$\tau_{c=0} = \tau_c = \frac{(1+\lambda)^2}{1-\lambda}, \quad \lambda \neq 1 \quad (6.44)$$

である（$\lambda = 1$ となる特殊な場合はちょうど $\tau_2 = 0$ であるが，こうした特別な場合に生物学的関心はないだろう）．さて，τ が大きくなる際に b と c のどちらが先に 0 になるかは，他のパラメータグループに

左右される．b の最小値が先に 0 になる場合，そのときの臨界波数は，$b(k^2)$ の式 (6.42) に式 (6.43) を用いて得られ，

$$[k]_{b=0} = \left(\frac{s}{\mu D_1}\right)^{1/4} \tag{6.45}$$

となる．τ の値が，$c(k^2)$ を先に 0 にするようなものである場合，式 (6.42) より

$$\text{全ての}\quad k^2 > \frac{s}{\tau_2 - 1}\quad \text{に対して}\quad c(k^2) < 0 \tag{6.46}$$

である．線形解および非線形解の振舞いは，$b(k^2)$ と $c(k^2)$ のどちらが先に 0 になるか，すなわち $\tau_{c=0}$ と $\tau_{b=0}$ との大小に，決定的に依存する．τ が 0 から増大していくとき，$b = 0$ が先に来るとしよう．分散関係 (6.42) より，$\tau_c = \tau_{b=0}$ において σ は複素数であるから，τ_c よりほんの少し大きな τ について，解は

$$n, \rho, \boldsymbol{u} \sim O(\exp[\operatorname{Re}\sigma(k_{b=0}^2)t + i\operatorname{Im}\sigma(k_{b=0}^2)t + i\boldsymbol{k}_{b=0}\cdot\boldsymbol{r}]) \tag{6.47}$$

と表される．これらの解は指数関数的に増大する進行波を表しているため，これに基づく予測では，有限振幅の定常状態解が全く発展しない．

一方，$\tau_{c=0}$ が先に来る場合，少なくとも臨界波数 k^2 の近くでは σ が実数のままなので，空間的構造が通常のように発展するだろう．現実の生物学的応用に関わるどのようなシミュレーションにおいても，分散関係や用いるパラメータ値に細心の注意を払って分析することが，絶対不可欠な手順に含まれる．なぜなら，正常に発展する空間パターンが不安定な進行波となり，再び空間的なパターン形成に移行するという場合もあるからである．我々が扱っているような非標準的タイプの偏微分方程式の場合，そのような挙動が数値シミュレーションによる人為的な結果であると考えられてしまうかもしれない．

このモデルをさらに単純化して，$D_1 = 0$ としても，依然として空間的構造が生み出される．この場合の系は，式 (6.41) より

$$\begin{aligned}
&n_t + \nabla\cdot(nu_t) = 0, \\
&\nabla\cdot\left\{(\mu_1\boldsymbol{\varepsilon}_t + \mu_2\theta_t\mathbf{I}) + (\boldsymbol{\varepsilon} + \nu'\theta\mathbf{I}) + \frac{\tau\rho n\mathbf{I}}{1+\lambda n^2}\right\} = s\rho\boldsymbol{u}, \\
&\rho_t + \nabla\cdot(\rho\boldsymbol{u}_t) = 0
\end{aligned} \tag{6.48}$$

である．いま，式 (6.31) より $c(k^2) \equiv 0$ であるので，

$$\sigma(k^2) = \frac{-b(k^2)}{\mu k^2},\quad b(k^2) = (1 - \tau_1 - \tau_2)k^2 + s$$

となる．そこで，τ および λ は

$$\begin{aligned}
\tau_1 + \tau_2 > 1 \quad&\Rightarrow\quad \tau > \frac{(1+\lambda)^2}{2} \\
&\Rightarrow\quad \text{全ての}\quad k^2 > \frac{s}{2\tau(1+\lambda)^{-2} - 1}\quad \text{に対して}\quad \sigma(k^2) > 0
\end{aligned} \tag{6.49}$$

をみたさなければならない．

本節末尾の図 6.11(a) に載せたこの場合の分散関係は，図 6.10(a) の分散関係と根本的に異なっており，不安定な波数の範囲が有界ではない．すなわち，非常に短い波長に対応する大きな波数をもった摂動が不安定になっている．これはモデル (6.48) に長距離効果が含まれていないためである．すなわちそのような長距離効果は短波長のパターンをならす傾向にあるということである．ランダムな初期条件からどのパターンが発展するのかは明らかでない．最終的な空間構造は初期条件に密接に依存する．このような分散関係をもつ系に対しては，漸近解析は十分には行われていない．

(iii) $D_1 = D_2 = 0$，すなわち細胞拡散がなく，かつ $a_1 = a_2 = 0$，すなわち走触性がなく，かつ $\mu_1 = \mu_2 = 0$，すなわち ECM の粘性効果がない，という場合を考える．

6.4 簡単な力学モデル：複雑な分散関係をもつ空間パターンの形成

いま，系 (6.22)–(6.24) は

$$
\begin{aligned}
& n_t + \nabla \cdot (n u_t) = rn(1-n), \\
& \nabla \cdot \left\{ (\boldsymbol{\varepsilon} + \nu'\theta \mathbf{I}) + \frac{\tau n}{1+\lambda n^2}(\rho + \gamma \nabla^2 \rho)\mathbf{I} \right\} = s\rho \boldsymbol{u}, \\
& \rho_t + \nabla \cdot (\rho \boldsymbol{u}_t) = 0
\end{aligned}
\tag{6.50}
$$

となる．これは1次元の場合

$$
\begin{aligned}
& n_t + (n u_t)_x = rn(1-n), \\
& [u_x + \tau n (1+\lambda n^2)^{-1}(\rho + \gamma \rho_{xx})]_x = s\rho \mu, \\
& \rho_t + (\rho u_t)_x = 0
\end{aligned}
\tag{6.51}
$$

と書ける．ここでまた，$(1+\nu')$ を τ および s の中に取り込んでいる．この場合の分散関係は式 (6.31), (6.32) を用いて

$$
\begin{aligned}
& \sigma(k^2) = -\frac{c(k^2)}{b(k^2)}, \\
& b(k^2) = \gamma \tau_1 k^4 + (1-\tau_1-\tau_2)k^2 + s, \\
& c(k^2) = \gamma \tau_1 r k^4 + r(1-\tau_1)k^2 + rs
\end{aligned}
\tag{6.52}
$$

となる．いま τ が大きくなると $b(k^2)$ が先に 0 になり，その際の牽引の分岐値は $b(k^2)=0$ となる値 τ_c で与えられる．この $b(k^2)$ の表式は式 (6.36) のものと同じであるため，臨界値 τ_c は式 (6.39) で与えられる．ところが，ここでは $c(k^2)$ が恒等的に 0 でないので，τ が τ_c を上回ってからの分散関係は全く異なる．$\tau_2 = \tau(1-\lambda)/(1+\lambda)^2$ より，$\lambda > 1$ であれば全ての $k^2 > 0$ に対し $c(k^2) > 0$ である．ただし我々の議論の目的上，$c(k^2)$ が負にもなりうるように $\lambda < 1$ と仮定する．$b(k^2)$ および $c(k^2)$ が初めに 0 になる臨界値 τ_c をそれぞれ $\tau_c^{(b)}$ および $\tau_c^{(c)}$ としよう．ここでは $\tau_c^{(b)} < \tau_c^{(c)}$ である．この場合に，τ が大きくなるときの $\sigma(k^2)$ の挙動を図 6.9 に載せた．これまで議論してきたものとは全く異なる分散関係が現れている．

図 6.9 を見て，まず不安定な波数の範囲が有限であり，牽引パラメータ τ について 2 つの分岐値が存在することに注意しよう．このような分散関係の系がパターン形成に関してもっている可能性は，図 6.10(a) の標準的分散関係がもつ可能性よりもずっと豊かである．線形成長率が無限大の場合，もちろん線形理論は正しくない．したがって，解析的な見地からすると，$\sigma(k^2)$ の不連続性を実質的に丸めるその他の効果を取り入れなければならない．これはつまり，特異摂動問題が存在することを意味する．このような問題をここでは検討しないが，直観的には，このような大きな線形成長率をもつ分散関係の下では，優先的な波数をもつモードからなるパターンへと速やかに集中していくことがわかる．例えば，図 6.9(e) において，左側の範囲の左端および，右側の範囲の右端にある波数のモードが，支配的なモードになると予想できる．非線形理論においてどのモードが最終的に支配的になるのかは，初期条件に決定的に依存する．

線形成長率が大きいことを考えると，完全な非線形系における細胞間抑制がいかに必要かがわかる．優先的な波数への急速な集中化が起きた場合，例えば細胞密度が際限なく成長する可能性がある．スパイク状の解が出現することをこれは含意している．だからこそ，λ を尺度とする抑制項の効果は不可欠なのである．これらの急速集中化モデルには，潜在的に興味深い解析的性質がある．

いまや，複雑な基本モデル (6.22)–(6.24) を単純化した様々なモデルを調べる方法は明らかである．他の例は演習問題として残しておく．

図 6.10 および図 6.11 は，力学モデル (6.22)–(6.24) のクラスに対する分散関係の種類が豊富であることを表すものである．図 6.10 は，不安定モードの範囲が有界であるような分散関係のうち，ほんの一部の例を示している．一方，図 6.11 は不安定モードの範囲が非有界であるような分散関係であるが，これら

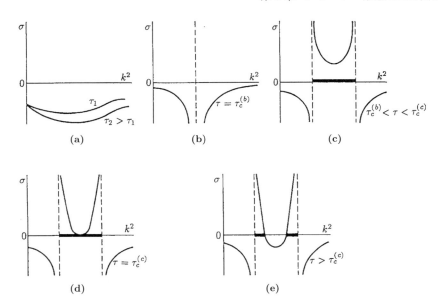

図 6.9 細胞牽引力のパラメータ τ を増大させると，モデル系 (6.50)（および (6.51)）に対する分散関係 (6.52) の $\sigma(k^2)$ には様々な定性的パターンが現れる．分岐値 $\tau_c^{(b)}$ および $\tau_c^{(c)}$ は，それぞれ $b(k^2)=0$ または $c(k^2)=0$ となるときの τ の値を表す．不安定モードの波数の範囲を k^2 軸上に太線で示した．

表 6.1 基本の系 (6.22)–(6.24) から導かれる種々の力学モデルのうち，不安定な波数の範囲が有界であるような分散関係をもつモデルのパラメータ条件を一覧にした．ただし正のパラメータであることを ● で表す．また $\tau_1 = \tau_2 = \tau$, $\lambda = 0$ としている．対応する分散関係のグラフを図 6.10 に示す．

図 6.10	D_1	D_2	a_1	a_2	r	μ	s	γ	λ	τ に関する条件
(a)	○	○	○	○	○	●	●	●	○	$\tau > \{1 + \gamma s + [(1+\gamma s)^2 - 1]^{1/2}\}/2$
(b)	●	○	○	○	○	○	○	●	○	$1/2 < \tau < 1$
(c)	●	○	○	○	○	○	○	●	○	$1/2 < \tau < 1$
(d)	●	○	○	○	○	○	○	●	○	$1 < \tau$; $D_1 > (2\tau-1)/(\tau-1)$
(e)	●	●	●	●	●	●	●	●	○	$1/2 > \tau$; $[\tau(D_1+a_1) - D_1 - sD_2]^2$
		○		●						$> 4sD_1[D_2 + \tau(a_1a_2 - D_2)]$
(f)	○	○	○	○	●	●	●	●	○	$1/2 < \tau < 1$; $4s\gamma\tau < (2\tau-1)^2$
(g)	○	○	○	○	●	●	●	●	○	$1 < \tau$; $4s\gamma\tau < (\tau-1)^2$

もやはりほんの一部の例にすぎない．例えば Maini and Murray (1988) によってなされたような，空間的非一様性に至る分岐の近傍における非線形解析を，図 6.10(a) に載せたような形の分散関係をもつメカニズムに対して用いることができる．無限大の成長率をもつモードが現れるような分散関係（図 6.10(b)，(e)–(g)）についても言えることだが，不安定モードの範囲が有界でない図 6.11 のような分散関係をもつモデルに対して，既に指摘したように非線形理論は十分には整備されていない．この場合のパターンは，不安定モードの範囲が有限であるような状況よりもなおさら初期条件に決定的に依存するであろうと予想されるものの，これはまだ確立した見解ではない．

既に指摘したように，力学モデルは進行波を生み出すこともできる．これは分散関係の σ が複素数となるケースにより示唆されている．表 6.3 は，そのような解を許容するモデルの例を与えている．

生物学的応用の見地からは，もちろん 2 次元や 3 次元のパターンが非常に興味深い．反応拡散走化性や

6.4 簡単な力学モデル：複雑な分散関係をもつ空間パターンの形成

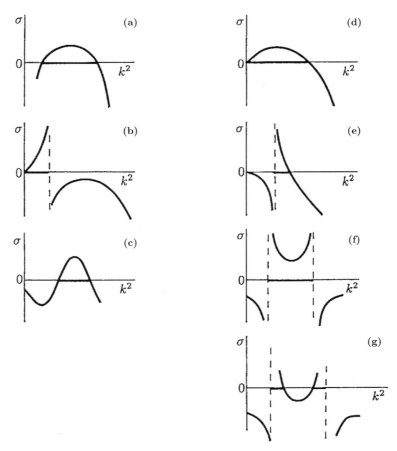

図 6.10　メカニズム (6.22)–(6.24) に基づいて得られる力学モデルに対し, (6.31), (6.32) により得られる分散関係 $\sigma(k^2)$ の例. 各分散関係は, 表 6.1 に示した条件にそれぞれ対応している. 成長率が無限大であるような分散関係をもつモデルは, 実際には特異摂動問題として扱う必要がある. 無視されていた適切なパラメータが微小な値をとるものと考え, 線形成長率を大きくても有限の値にとどめなくてはならない.

表 6.2　基本の系 (6.22)–(6.24) から導かれる種々の力学モデルのうち, 不安定な波数の範囲が有界でないような分散関係をもつモデルのパラメータ条件を一覧にした. 正のパラメータであることを ● で表す. ただし $\tau_1 = \tau_2 = \tau$, $\lambda = 0$ としている. 対応する分散関係のグラフを図 6.11 に示す. なお, (b) の τ に関する条件 $\tau < 1/2$ は 1 つの可能性にすぎず, $c(k^2)$ の形とその根に依存する.

図 6.11	D_1	D_2	a_1	a_2	r	μ	s	γ	λ	τ に関する条件
(a)	○	○	○	○	○	●	●	○	○	$1/2 < \tau$
(b)	●	○	○	○	○	○	●	○	○	$\tau < 1/2$
(c)	●	●	●	●	○	○	●	○	○	$1/2 < \tau$, かつ τ が 2 次方程式をみたす
(d)	●	○	●	○	○	○	●	○	○	$1/2 < \tau < D_1/(D_1 + a_1)$
(e)	○	○	○	○	●	○	●	○	○	$1/2 < \tau < 1$
(f)	●	○	○	○	○	○	○	○	○	$1/2 < \tau < 1$

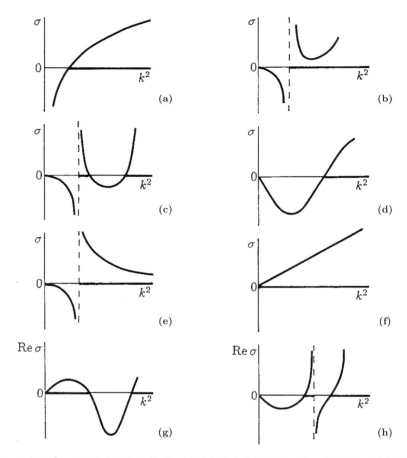

図 6.11 メカニズム (6.22)–(6.24) に基づいて得られる力学モデルに対し，(6.32) により得られた分散関係 $\sigma(k^2)$ の例．不安定モードの範囲は有界でない．表 6.2 に示した条件によって，モデルからそれぞれのグラフが得られる．(g) および (h) において，σ の虚部は非零である．

表 6.3 基本の系 (6.22)–(6.24) から導かれる種々の力学モデルのうち，不安定な波数の範囲が有界でなく，かつ時間依存的振動を呈しうる分散関係をもつモデルのパラメータ条件．正のパラメータであることを ● で表す．ただし $\tau_1 = \tau_2 = \tau$，$\lambda = 0$ としている．対応する分散関係のグラフを図 6.11 に示す．

図 6.11	D_1	D_2	a_1	a_2	r	μ	s	γ	λ	τ に関する条件は代数的に複雑
(g)	●	○	○	○	○	●	●	○	○	
(h)	○	○	○	○	●	●	●	○	○	

神経モデルを本書の中で多数調べて得られた経験からすると，今回の完全な非線形モデルをシミュレーションして得られるパターンは，基本モデル方程式 (6.26)–(6.28) の線形解析がもつ定性的特徴をある程度反映していると予想される．これを動機として，解の中に対称性を探そう．そのために，線形化された力の釣り合いの式 (6.27) の発散をとる．恒等式

$$\mathrm{div}\,\boldsymbol{\varepsilon} = \mathrm{grad}(\mathrm{div}\,\boldsymbol{u}) - \mathrm{curl}\,\mathrm{curl}\,\boldsymbol{u}$$

6.4 簡単な力学モデル：複雑な分散関係をもつ空間パターンの形成

を用いれば，式 (6.26), (6.28) とあわせて

$$n_t - D_1 \nabla^2 n + D_2 \nabla^4 n + a_1 \nabla^2 \rho - a_2 \nabla^4 \rho + \theta_t + rn = 0, \tag{6.53}$$

$$\nabla^2[(\mu\theta_t + (1+\nu')\theta + \tau_2 n + \tau_1 \rho + \tau_1 \gamma \nabla^2 \rho)] - s\theta = 0, \tag{6.54}$$

$$\rho_t + \theta_t = 0 \tag{6.55}$$

となる．ここで $\tau_1 = \tau/(1+\lambda)$, $\tau_2 = \tau(1-\lambda)/(1+\lambda)^2$, $\mu = \mu_1 + \mu_2$ である．この方程式系をみたす解の全貌を大まかにでも決定することは容易でない．しかし，例えば平面を隙間なく充填するような周期解を探すことはできる．そのような解（第2章および第12章参照）は，

$$\Gamma(\boldsymbol{r} + m\boldsymbol{\omega}_1 + l\boldsymbol{\omega}_2) = \Gamma(\boldsymbol{r}) \tag{6.56}$$

をみたさなければならない．ここで $\Gamma = (n, \boldsymbol{u}, \rho)$ であり，m, l は整数で，$\boldsymbol{\omega}_1, \boldsymbol{\omega}_2$ は独立なベクトルである．線形系 (6.53)–(6.55) がもつこのような周期解の最小の集合は，少なくとも次式に対する固有関数を含む：

$$\nabla^2 \psi + k^2 \psi = 0, \quad \partial B \text{ 上の } \boldsymbol{r} \text{ に対して} \quad (\boldsymbol{n} \cdot \nabla)\psi = 0. \tag{6.57}$$

$\boldsymbol{n}$ は領域 B の境界 ∂B 上の単位法線ベクトルである．これらの境界条件によって解は周期的となる．2.4節や第12章でみるように，規則的な平面充填には，正六角形，正方形（長方形も含む），菱形の解といった基本的な対称グループがあり，これらの解はそれぞれ式 (2.47), (2.48), (2.49) によって与えられる．便利なように，極座標形式 (r, ϕ) の解を再掲すると

$$\text{Hexagon:} \quad \psi(r,\phi) = \frac{1}{3}\left[\cos\left\{kr\sin(\phi+\frac{\pi}{6})\right\} + \cos\left\{kr\sin(\phi-\frac{\pi}{6})\right\} + \cos\left\{kr\sin(\phi-\frac{\pi}{2})\right\}\right], \tag{6.58}$$

$$\text{Square:} \quad \psi(r,\phi) = \frac{1}{2}[\cos\{kr\cos\phi\} + \cos\{kr\sin\phi\}], \tag{6.59}$$

$$\text{Rhombus:} \quad \psi(r,\phi;\delta) = \frac{1}{2}[\cos\{kr\cos\phi\} + \cos\{kr\cos(\phi-\delta)\}] \tag{6.60}$$

となる．ただし δ は菱形の角度である．これらの対称性をもつ解を図 6.12 に載せた．

微小歪み近似：2次元パターンに対する戯画的力学モデル

多くの発生学的状況において，パターン形成過程の間の歪み，細胞密度，ECM 密度の変動は小さい．このような仮定により，線形モデル系 (6.26)–(6.28) に至ることができる．ところが，線形系は長期的な安定性に関して若干の問題を引き起こしてしまう．微小歪み近似を利用することで，ある程度の重要な非線形性を保った単純なスカラー方程式モデルを導くことができ，これにより，2次元的状況において非線形解析を行い，生物学的に意味のある安定な非線形解を得ることが可能となる．

これを説明するために，無次元化された非線形系 (6.33) を考える．そこで意味をなす定常状態は $n = \rho = 1, \boldsymbol{u} = 0$ であった．歪みが微小なので，細胞と基質の保存則（(6.33) の第1式と第3式）を線形化すると，体積歪みについて $\theta = \nabla \cdot \boldsymbol{u}$ より

$$\begin{aligned} n_t + \nabla \cdot \boldsymbol{u}_t = 0 &\Rightarrow n_t + \theta_t = 0, \\ \rho_t + \nabla \cdot \boldsymbol{u}_t = 0 &\Rightarrow \rho_t + \theta_t = 0 \end{aligned}$$

を得る．t について積分し，$\theta = 0$ のとき $n = \rho = 1$ であることを用いると，

$$n(\boldsymbol{r}, t) = 1 - \theta(\boldsymbol{r}, t) = \rho(\boldsymbol{r}, t) \tag{6.61}$$

を得る．θ は微小なので確かに $\theta < 1$ で，n および ρ は必要とされる通り正のままである．

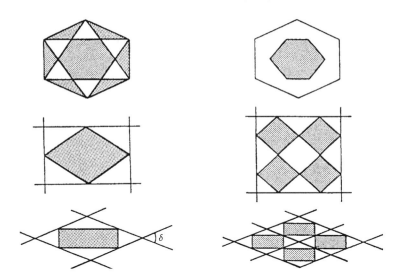

図 6.12 平面を充填する周期的固有関数 (6.58)–(6.60) は平面を充填する．網掛けは高密度領域を表す．

式 (6.61) にしたがい，いま，(6.33) の第 2 式，すなわち力の釣り合いの式における外力 $s\rho\boldsymbol{u}$ を，線形近似 $s\boldsymbol{u}$ で置き換える．さて，n および ρ を体積歪みへと関係づける線形の式 (6.61) を (6.33) の第 2 式に代入し，その発散をとり，テンソルに関する恒等式

$$\nabla \cdot \boldsymbol{\varepsilon} = \operatorname{grad}(\operatorname{div}\boldsymbol{u}) - \operatorname{curl}\operatorname{curl}\boldsymbol{u}$$

を用いれば，体積歪み θ についてスカラー方程式

$$\mu\nabla^2\theta_t + \nabla^2\theta + \tau\nabla^2[(1-\theta)^2 - \gamma(1-\theta)\nabla^2\theta] - s\theta = 0 \tag{6.62}$$

を得る．ここで μ, τ, s を再定義して $1+\nu'$ を取り込み，計算を簡単にするため $\lambda = 0$ とした．$\lambda \neq 0$ とした場合の結果は，式 (6.62) の大括弧 [ ] の中に項 $1 + 2\lambda\theta/(1+\lambda)$ が乗じられ，τ が $\tau/(1+\lambda)$ となるだけである．

Maini and Murray (1988) はこの戯画的モデル (6.62) に非線形解析を行い，長方形および正六角形の周期解を得た．次節ではモデルの生物学的応用として皮膚器官の形態形成を扱うが，そこで後者の解の重要性を論じる．

ここで述べておくべきことがあるとすれば，メカニズム (6.22)–(6.24)，そしてそれを単純化した多くの系で生じうる空間パターンの種類は，反応拡散系（3 種系であろうと）と比べて桁外れに多いということだろう．Penrose (1979) の論文が含意するところでは，テンソル系の解はベクトル系の解に比べて幅広いクラスの特異点をもつ．細胞—基質方程式はテンソル方程式であるため，その解に含まれる特異点のクラスは反応拡散系（ベクトル系）よりも広いはずである．線形系 (6.26)–(6.28) においてさえ，まだ研究されていない解析的な，また数値的な問題が数多く残されているのである．

以降の節では，生物学的に重要で幅広く研究されているパターン形成問題を，力学的パターン形成モデルを用いて検討していく．毎度のことであるが，その実際のメカニズムは不明であると繰り返しておく．しかし我々の提案では，力学モデルは間違いなく大きな候補であり，少なくとも重要な構成要素の一部を含むメカニズムなのである．

6.5 羽原基の周期的パターン

胚発生初期の状況において，規則的なパターン形成が多く見られる．羽や鱗の原基形成など，皮膚器官の形態形成におけるこうした規則的パターンは特に明瞭であり，広く研究されている（例えば，Sengel (1976) や Davidson (1983) を参照）．原基の発生初期において，羽の形成は鱗の形成と多くの共通点をもつ．ここでは特にニワトリおよび鳥類一般に関して，羽の原基形成に注目する．羽原基 (feather germ) の構造は，動物の体表に沿って，特徴的な規則正しい六角形の配列で分布する．羽原基に対する Murray-Oster の力学理論の応用は，最初 Murray et al. (1983) および Oster et al. (1983) により進められた．ここで説明するのはそれらの方法である．また羽原基は，組織間相互作用モデルを用いて Cruywagen et al. (1992, 2000) によって研究されてもいるが，このモデルについては 6.10 節で論じる．まずは，力学モデルの有用性を示唆している生物学的背景知識から述べていこう．

脊椎動物の皮膚は本質的に 2 層からなる．上皮性の表皮が，ずっと分厚い間葉性の真皮の上を覆っており，この 2 つは線維性の基底膜で隔てられている．6.1 節で述べたように，上皮細胞は通常運動することはなく，層全体は変形しうる．真皮細胞は疎に分布し，運動能があり，前述したように細胞外基質 (ECM) の中を動き回れる．最初期に観察される発生段階は，羽原基と鱗原基において同じように開始する．ここでは，背側羽域——ニワトリの背面の羽形成領域——における，羽原基の開始と出現に的を絞る．

ニワトリの羽原基が初めて見えるようになるのは，卵の受精から約 6 日後である．それぞれの羽原基は，1 層または複数層の円柱上皮細胞からなる表皮の肥厚，すなわちプラコード (placode) と呼ばれるものからなる．その下には真皮細胞（間葉細胞）が凝集しており，乳頭 (papilla) と呼ばれる．乳頭およびプラコードの素晴らしい写真が Davidson (1983) に掲載されている．真皮細胞の凝集は主に細胞運動の結果であり，局所的増殖の役割は副次的である．プラコードが乳頭に先だって形成されるのか，あるいはその逆かについて，未だ一般的合意はない．その順番を決定するために，また，実のところ表皮と真皮との相互作用によってパターンが同時に生み出されている可能性を調べるために，多くの実験研究が進行している．空間パターン形成を規定しているのは——表皮・真皮の組織再結合実験 (Rawles (1963), Dhouailly (1975)) で示されているように——真皮であるように思われる．このことに関しては，後で組織間相互作用系を説明する際に戻ってくる．ここで論じるモデルは真皮乳頭の形成に対するものである．とはいえ，その後に続く発生は，表皮層と真皮層の両方が関与する調和のとれた過程である (Wessells (1977), Sengel (1976), Cruywagen et al. (1992))．

Davidson (1983) は，ヒナの羽原基が段階的に出現することを実証した．背側羽域の中央に真皮細胞の索が形成され，続いてそれが分裂して乳頭の列となる．乳頭ができると，細胞の凝集中心を結ぶように張力線が発達する．上記の力学モデルを考えると，これは細胞が ECM を配向しようとすることと矛盾しない．次に，中央の索から側方に向かって——腹側に向かって——乳頭の列が順に形成される．ところがこれらの乳頭は，前の列の乳頭と互いに噛み合うような位置にできる．図 6.13(a)–(d) を見るとよい．これら両側の乳頭列は，パターンを開始させる波のように正中線から広がる．Davidson (1983) による実験はこの波動仮説を裏付けているようである．後で，我々のモデルによってこれらの結果がどのように説明できるのかということ，さらにはそれを確証する計算結果を示す．

これらの観察から，まず行うこととして，最初に作られる乳頭列のパターン形成プロセスを 1 次元の細胞索によってモデリングし，これを生み出す空間的不安定性の条件を求めるのが妥当であると思われる．これがステージ 1 であり，図 6.13(a)–(d) に，その一連の流れが示されている．

力学モデル (6.22)–(6.24)，そしてそこから導出された 6.4 節の単純なモデルについて，細胞牽引パラメータ τ が臨界値 τ_c を上回ると一様な定常状態が空間的に不安定化する様子を見てきた．図 6.10(a) のような標準的な分散関係を考えると，特定の波数 k_c，波長 $2\pi/k_c$ を伴うモード (6.30) が最初に不安定化

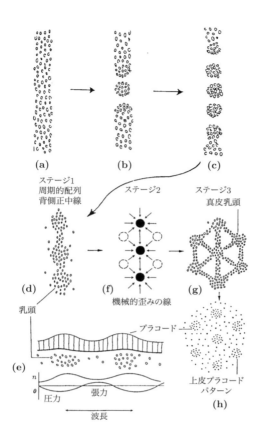

図 6.13 (a)–(d) 間葉（真皮）細胞の一様分布状態が順番に崩れ，規則的な細胞凝集体を形成するまでの，予想される一連の流れ．その波長はモデルメカニズムのパラメータにより決定される（ステージ 1）．これらの細胞凝集体が羽や鱗の乳頭原基となる．(e) 垂直断面で見る羽原基．上皮プラコードの下層に乳頭が位置し，応力場を作り出す．(f) 続く凝集体は両側に形成される．最初の凝集体列からの圧縮応力を受けて歪み場が偏りを生じさせるため，隣の乳頭列は最初の乳頭列と互い違いに形成される（ステージ 2）．こうして，乳頭の周期的配列は六角形型となり，その基本単位は (g) のようになる（ステージ 3）．(h) 真皮パターンを反映してできる上皮プラコードパターン．

することで，空間パターンが発展し始める．これが真皮乳頭の規則的パターンを生み出す．

完全な非線形力学モデル (6.22)–(6.24) の 1 次元版のシミュレーションは，例えば Perelson et al. (1986), Bentil (1990), Cruywagen (1992) によって行われている．ただし走触性の長距離効果を無視し ($a_2 = 0$)，細胞分裂が稀であるという生物学的状況を反映して $r = 0$ としている．Perelson et al. (1986) は，多数のパラメータを含むモデルにおけるモード選択問題を特に扱っており，特定の波長パターンを分離して「成長」させるパラメータ条件を決定するためのシンプルな枠組みを提案している．Bentil and Murray (1991) はさらに単純で使いやすい枠組みを作っている．図 6.14(a) に，典型的な定常状態における細胞凝集体（乳頭）および ECM の変位・密度変化を示す．直観的に予想されるように，細胞密度は ECM 密度 ρ の変動と位相が合っており，その両者とも ECM の変位 u と位相がずれている．この理由は，細胞凝集体が基質を細胞密度の高い領域に引っ張り，基質をその間で伸張させるからである．この現象の物理は図 6.13(e) に図解されている．

図 6.14(a) のようなパターンが生じるのは，細胞牽引パラメータが特定の臨界値（6.4 節を参照）より大きい場合のみである．それゆえ，背側正中線に沿って起きるパターン形成について，細胞索から広がっていくパターン開始の波が見られ，またこの波は組織齢と関連しているかもしれない，という仮説が考えられる．これについては，in vitro の実験で細胞牽引パラメータの増大が示されている（図 6.7 を参照）．細胞の牽引が強くなると τ が臨界値 τ_c を超え，パターンが開始するのである．モデルでは 1 次元のパターンが一斉に形成されるのに対し，実験では中央を起点とする逐次的形成が示されていることに注意されたい．これは第 2 章図 2.15(d) に載せたパターン形成の仕方を思わせる．

では，乳頭によって形作られる典型的な六角形状の 2 次元パターンを検討しよう．パターン開始の波が背側正中線から広がっていくように見える様子については上述した．それによれば，第 1 の乳頭列によって築かれた基質の歪みパターンが第 2 の凝集体形成を偏らせ，これを最初の列から半波長だけずれた位置

6.5 羽原基の周期的パターン

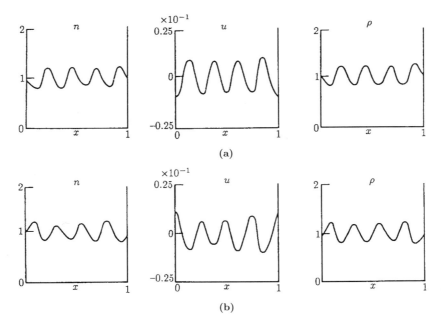

図6.14 細胞密度 n,ECM 変位 u,ECM 密度 ρ を変数とする1次元非線形力学モデル (6.22)–(6.24) に対する定常状態解.(a) 周期的境界条件および,初期条件として一様定常状態 $n = \rho = 1, u = 0$ 周りのランダムな摂動を用いた.(b) (a) の変位パターンを初期条件として用いた場合の非一様定常状態解.パラメータ値は $D_1 = a_1 = \gamma = 10^{-3}, \lambda = 0.12, \tau = 1.65, \sigma = 400, \mu = 1$ である.n と ρ が同位相なのに対し,u はこれらと位相がずれていることに注意されたい.

に形成させるのだと考えられる.図 6.14(b) はこのような筋書きに基づいて適当な数値シミュレーションを行った結果を示している.同図 (a) のパターンとの位相のずれに注目されたい.ここで図 6.13(f) および (g) を見れば,こうしたシナリオによって規則的な六角形パターンが背側正中線から波のように順次生み出されていく様子が理解できる.

とはいえ,この「波」は通常の意味の波ではない.というのも,真皮層が背側正中線に平行な線に沿って切断されても,波は切断部分を超えた所でもう一度初めから開始するからである.これは Davidson (1983) の実験的観察と矛盾しない.とりわけ彼は,表皮の伸張や切断が乳頭の間隔に与える定性的な影響を研究している.

この準1次元的なシナリオは,線形理論によって示唆されたものであるにせよ,非線形シミュレーションによってある程度その妥当性が確認されている.2次元モデルのシミュレーションを行えば,より確証が得られるであろう.とはいえ,我々のシナリオを用いることによっても,実験パラメータの変化に伴う波長変化に関する予測が可能となる.例えばあるモデルでは,細胞総数 N が減少すると乳頭の間隔が広くなることを予測できる.これは実験的観察と一致する (Duncun Davidson 博士との私信 1983).

無次元解析の最も有用な側面の1つは,パラメータを無次元量となるようグループ化することによって,(各パラメータにより定量化された) 様々な物理的効果がどのようにして互いにバランスし合っているのかを評価できる点にある.例えば無次元量のグループ (6.21) を考えると,無次元化された細胞牽引のパラメータの定義,すなわち $\tau^* = \tau\rho_0 N(1+\nu)/E$ から,モデル (6.22)–(6.24) に関して細胞牽引 τ の減少が細胞密度の減少や弾性係数 E の増大と同じ効果をもつということがわかる.完全に等価であるかどうかを明確に捉えるためには,パラメータ空間の分岐曲面を考えなければならない.実験操作の結果を解釈する際に注意すべき重要な点は,細胞や基質の非常に様々な変化が代償することにより,同じ結果が生じてしまうことがあるということである.このような注意はどのようなモデルメカニズムについても当

てはまるが，力学モデルの関わる実験法に対してとりわけ適切な注意となる．なぜなら形態形成の変数は疑いなく実際の量に対応しているからである．

ここで，反応拡散理論に基づく別のモデルが提案されていることに言及しておくべきかもしれない．Nagorcka (1986) と Nagorcka and Mooney (1985) では，鱗や羽の原基の開始と発生に関して，Nagorcka and Mooney (1982) では，毛髪線維の形成に関して，反応拡散理論に基づくモデルが提案されている．Nagorcka and Adelson (1999) は，とりわけ実験による検証について議論しており，この文献やその参照文献もみるとよい．

ここで行ったモデリングは，プラコードと乳頭の形成順序に関する論争に光を当てるものではない．とはいえ，真皮細胞が非常に大きな牽引力を生み出す場合があるため，このモデルは，真皮がパターンを開始しないとしても，それを支配しているという見方を支持している．現在の考えは，パターンの開始に真皮と表皮の組織間相互作用が必要であるという見解に向かっている．力学的変形が細胞分裂に影響を与えることはよく知られているため，組織間相互作用に力学モデルを用いるのは自然であるように思われる．Oster et al. (1983) の議論も参照されたい．Nagorcka et al. (1987) は，複雑な鱗パターンを特に念頭において組織間相互作用メカニズムを研究している．これらの複雑なパターンの一部とそのモデルについては 6.10 節で述べる．また本章の後のほうで，組織間相互作用モデルとそれらの研究から帰結することについて吟味するつもりである．Nogawa and Nakanishi (1987) による実験論文は，上皮に見られる分枝状形態に対して間葉の力学的作用が重要であることを裏付けている．

6.6 肢発生における軟骨凝集と形態形成則

脊椎動物の肢 (limb) は扱うのが容易であり，広く研究されてきた発生系の 1 つであるため，その研究は発生学において主要な役割を担ってきた．例えば，Hinchliffe and Johnson (1980) による著書や，Thorogood (1983) の論文，Tickle (1999) による総説を参照されたい．Tickle は位置情報の化学的プレパターン説に賛同しており，この総説はそのようなアプローチを支持する最近の生化学的証拠について述べている．次章では肢発生の進化的側面について議論するつもりである．本節では，力学モデルによって，発生中の肢芽 (limb bud) で見られる細胞凝集体のパターンが，どのようにして形成されうるのかを示そう．これらの細胞凝集体が最終的に軟骨 (cartilage) になる．このモデルは，Murray et al. (1983) および Oster et al. (1983) によって最初に生み出された．関連するメカノケミカルモデルが後に Oster et al. (1985a, b) により提示されている．

発生中の肢芽において，最終的な軟骨パターン——この軟骨が後に骨化する——を決定づけるプレパターンには，我々が考えてきた間葉細胞の一種，すなわち軟骨細胞の凝集が関与する．軟骨細胞パターンは基本的に，遠位端における肢芽の成長に伴って順番に展開する．図 6.15 は，幾何学的形状とスケールを分岐パラメータとして，軟骨形成がどのように進行するのかを説明している．図 6.15(c) にニワトリ肢発生におけるパターン形成の実際の順序を示す．図 6.15(d) は成体の正常な肢の写真である．力学的メカニズムに基づく詳細な説明を以下で行う．

遠位端にある外胚葉性頂堤 (AER; apical ectodermal ridge) で細胞が増殖することにより，肢芽が成長する．このとき ECM と間葉細胞とを含む組織領域の切断面は，ほぼ円形だが，楕円に偏っている．これを力学モデルの 2 次元領域とみなそう．ただし細胞 n および基質 ρ についてゼロフラックス境界条件を課す．u に対する条件は，上皮（すなわち肢芽の袖部分）に由来する拘束力である．このような領域をもつメカニズムの分散関係は，第 2 章特に 2.5 節で詳しく論じたような類似の形状をもつ反応拡散メカニズムの分散関係を思い起こさせる．図 6.7 に示すように，細胞の牽引力は齢とともに増大し，最終的に臨界値 τ_c を超えるものとしよう．適当なパラメータ空間においてこの最初の分岐が起こり，周囲の組織から細胞が取り込まれ，凝集中心が 1 つ生まれる．分散関係の詳細な形は，このようなパターン形成の条件

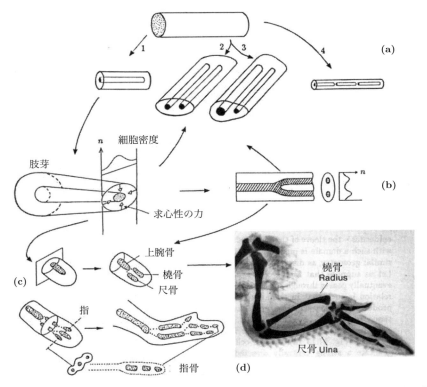

図 6.15 (a) 軸性凝集体のパターンは肢断面の形による影響を受ける．初めに，単一の凝集体（経路1）が形成されるだろう（例えば (c) の上腕骨）．断面がより扁平になれば 2 つの凝集体が形成され（経路 2），特に断面が翼状の形をしている場合には大きさの異なる凝集体が生じる（経路 3，例えば (c) の橈骨と尺骨）．長細い柱状構造の場合，軸性凝集体が分節単位を形成する（経路 4，例えば (c) の指節骨）．(b) 力学的なメカニズムによって，切断面が形を変え，それによって適切な軟骨パターン形成が起きる様子を表す．中心部に細胞凝集体が作られると，その牽引力によって肢が変形し，その断面は楕円形になる．扁平の度合が臨界状態に達すると，パターン分岐が起きて凝集体が 2 個形成される．3 個の凝集体が形成される仕組みは重要であり，本文で説明されている．図 6.18(d) も参照されたい．(c) 軟骨（間葉）細胞凝集に関する一連の分岐の模式図．これらの凝集体がニワトリ肢発生時の軟骨形成の原型となる．(d) 10 日目ニワトリ肢の正常軟骨パターン（写真は L. Wolpert および A. Hornbruch の厚意による）．

をみたすようになっているものとする．

図 6.15(a) に示すように，軸性の細胞凝集は断面の形に影響される．細胞が凝集して 1 個の凝集体になるとき，図 6.15(b) のように，細胞は中心に向かう強い応力を生み出す．この放射状の力は，既に少し楕円になっていた断面を変形させ，さらに歪みの増した楕円形にする．断面が平たくなるこの形状変化によって 2 番目の分岐が引き起こされ，2 つの凝集体が生じる．断面が翼状の場合，図 6.15(a) の経路 3 のような，異なる大きさの 2 つの凝集体がもたらされる．これらは，例えば図 6.15(d) の写真にある前肢の橈骨と尺骨に関連づけられる．

ここで差し挟んでおくべきことがある．この振舞いは，図 2.14(c) や図 2.17 で説明したような反応拡散（走化性）メカニズムによって生み出されるパターンの状況と直接対応している．反応拡散モデルにより軟骨形成のプレパターンが順々に作られるという類似の筋書きも，同じように当てはまる．しかし根本的な違いは，力学モデルにおいては細胞凝集が領域の形に影響を与え，図 6.15(c) に示されたような分岐を実際に引き起こしうるという点である．

2個の凝集体をもつ状態が得られた後，さらなる成長と扁平化によって，より遠位のパターンが生み出される．肢芽が十分平たくなるまでの間に，細胞の取り込みによって指のパターンが効果的に分離してくる．さて，これ以降の成長は，領域が（今度は事実上一次元的に）増大するにつれて，長さ方向の，すなわち分節的な分岐を引き起こし，より多くの凝集体を作る．こうして，例えば図 6.15(c) の指骨のような単純な分節が生じる．これは図 6.15(a) の経路 4 で予想されているものである．

一連のパターン分岐が形状変化によって生み出される必要はないということを，ここで繰り返し述べておくのが重要である．分岐は，モデルにおける他のパラメータの変動によりもたらされる場合もある．また，非対称的な細胞凝集は，肢横断面に沿ったパラメータの空間的変動や非対称性によってもたらされる場合もある．こうした凝集の非対称的性質を支持する文献上の実験的根拠は十分にあるが，このような非対称性は，もちろん図 6.15(d) の橈骨と尺骨といったような，肢の骨の形状や大きさの差異に反映される．肢の近位から遠位へという方向で考える際には，何によって分岐が引き起こされようと，図 6.15(c) のように，1 個の凝集体から 2 個の凝集体へ，そして多数の凝集体へと至るのが自然な順序である．図 6.18 も参照されたい．

軟骨形成に関する広範な実験研究には，組織を移植して生じる軟骨形成パターンを調べたものが多い．ヒナの肢に関する重要な研究が Lewis Wolpert とその共同研究者によってなされたが，これは，ヒナだけでなく他の動物も対象とした現在の研究を方向付ける，主たる刺激剤としての役割を果たしてきた．例えば，Wolpert and Hornbruch (1987) や Smith and Wolpert (1981)，より総説的な記事としては Wolpert and Stein (1984) をみるとよい．実験研究の 1 つの流れには，ある肢芽の一部分から取ってきた組織を，図 6.16(a) のように，他の肢芽に移植するというものを含む．提供側の肢から取られた領域のことを，極性化活性域 (ZPA; zone of polarizing activity) と呼ぶ．この実験の結果，図 6.16(b) のような重複肢が生じる．

では図 6.16(b) の重複肢を我々のモデルの見地に立って検討し，どのようにしてこれが生じるのかを考察しよう．具体的にするために，形状とスケールを分岐パラメータとする．組織移植は，外胚葉頂堤すなわち翼芽の遠位端における細胞分裂を増加させることによって，肢断面の幅を大きくする効果をもつ (Smith and Wolpert 1981)．これは，移植後の各段階において，領域が十分大きいために細胞凝集体が 2 組形成され，それゆえ図 6.16(b) に示すような重複肢が生まれるということを意味している．あらゆる移植組織が重複肢を生じさせるわけではない．様々な重複肢のパターンが得られるが，それは移植組織を挿入する場所と時期に依存する．図 6.16(c) は生まれつきの重複肢の実例である．しばしば遺伝形質として，6 本指の人々は珍しくない．（Henry VIII 世の妻の 1 人，Anne Boleyn は，6 本の指をもっていた．残念なことに，そのあってはならない付属物を切り取られてしまったが．）すると，モデルから予想されることとしては，組織移植された肢芽が仮に，単一の肢と同等なスケールを保つように幾何学的制限を受けるとすれば，重複肢形成に必要な重複分岐系列を経ることはできないであろう．Walbot and Holder (1987) による著書では，このような移植実験について優れた記述が与えられており，化学的プレパターンを背景とした位置情報によるアプローチの見地からの結果が議論されている．

肢の軟骨発生に対する新しいモデルが，Dillon and Othmer (1999) により提案されている．彼らはそのモデルにおいて，ZPA（極性化活性域）と AER（外胚葉性頂堤）の間でのモルフォゲンの相互作用を取り入れている．彼らはこの相互作用の重要性を証明し，また肝心なことに，成長を明示的に導入している．彼らが作った数値的手法は，様々な実験的介入の効果を調べるのに用いることができる．

レチノイン酸を封入した小さなビーズを肢に注入し，発生中の肢芽をレチノイン酸にさらすことにより，移植実験の結果の多くが得られることを示す興味深い実験が行われている．レチノイン酸は組織中で緩徐に放出される．その効果の定量的分析を Tickle et al. (1985) が与えている．Tickle (1999) も参照されたい．軟骨形成のプロセスが化学物質や薬物によって阻害されることはよく知られている．サリドマイド事件はその悲劇的な例である．この研究は，軟骨形成に関与するメカニズムの解明に役立ちうるあらゆ

6.6 肢発生における軟骨凝集と形態形成則   285

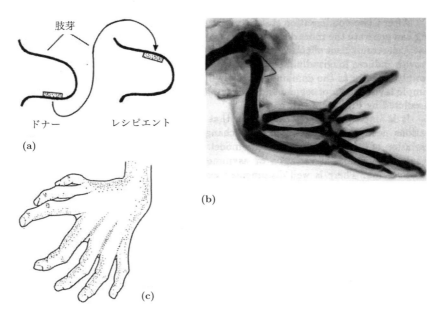

図6.16 (a) 移植実験では，肢芽から組織片を切り取り，これを別の肢芽に移植する．このような移植により細胞増殖が促進され，その後の肢のサイズは大きくなる．結果として，凝集体が重複して形成するに足る大きな領域が各成長段階で確保されたため，重複肢ができるに至った．(b) (a) のごとく別の肢の後側にある極性化活性域 (ZPA) を前肢に移植してできた，10日目ニワトリの重複肢の写真．移植組織が適切な対称性を生み出し，結果として肢は互いに鏡像をなしている（Wolpert and Hornbruch (1987) より．写真は L. Wolpert および A. Hornbruch の厚意による）．(c) あるボストンの男性に見られた重複手．親指の欠損と鏡像対称性に注意されたい（Walbot and Holder (1987) より）．

る理論がもつ重要な一用途に光を当てるものである．発生時のプロセスを理解しない限り，薬物や化学物質がそのプロセスをどのようにして阻害するのかを理解することはできそうもない．

初めのパターンが生じた後にできる軟骨のパターンを見ると，図6.15(c) のように，分岐の間には隙間が存在する．例えば上腕骨と橈骨および尺骨との間である．1個の凝集体から2個の凝集体にパターンが分岐した際，細胞凝集に隙間があるかどうかは，分散関係に左右される．これらは，第2章の図 2.17(a) および (b) に関して議論したのと同じ可能性である．非常に多数の動物に関する肢軟骨のパターン形成を対象とした実験により，分岐は図6.17 に見られるような，はっきりとした枝分かれの過程であることが示されている．実際のところ，力学モデルに関して分岐は連続的なのだが，分岐部分における軟骨の分離は，その後になって細胞が両側へと取り込まれて隙間ができることに由来する．この分岐的パターン形成は，許容される分散関係にある程度の制約を課すことになるが，それはつまり，いかなるモデルメカニズムもみたさなければならない制約であることを意味する．

肢軟骨形成の形態形成則

完全な対称的形状と組織等方性をもつ場合では，凝集体が1個の状況から2個，3個の状況などへとパラメータの分岐空間を横切って変化することが可能である．反応拡散メカニズムに関しては，第2章で検討したように，パラメータ空間における道程を選んでこれを引き起こすことが可能である．具体例として図 2.14(b) を参照されたい．力学モデルでもこれは可能である．ところが，胚組織は本来的に異方性をもっているため，そのような等方性は存在しない．すると，2個の凝集体から3個の凝集体パターンへの連鎖がどのように影響を受けるかに関して疑問が起こる．我々の信じるところでは，2個の凝集体のうち

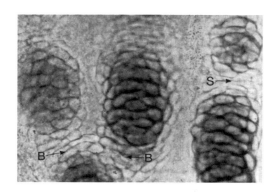

図 6.17 サンショウウオ (Ambystoma mexicanum) の肢芽の縦断面．細胞凝集体が枝分かれ分岐を起こしていることに注意されたい．Y字の枝部分は，より後期の段階において細胞を端から引き寄せ，主幹と分離した（記号 B で示す）．分節的分岐が S で始まっているのもわかる（写真は P. Alberch の厚意による）．

片方の枝自体から枝分かれ分岐が起きる一方で，他方の枝の近くで 1 つの局所的な凝集体が現れるか，あるいはそこに分節的分岐が起きる，という過程であるに違いない（図 6.18 を見ていただきたい）．ここで，軟骨形成の間に細胞分裂がほとんど起きないようであるという，別の実験による観察事実を指摘しておこう (Hinchliffe and Jonson 1980)．この事実は，主として近くの組織由来の細胞を取り込むことにより凝集体が形成される，ということを意味している．したがって，肢芽成長の際，枝分かれ分岐に続いて起こるパターン分岐は，図 6.18(c) に示したようになる．図 6.18(a) および (b) は，発生中の肢において細胞凝集パターンが確立される際の，その他 2 つの基本的な凝集要素を示している．

いま，図 6.18(a)–(c) の分岐パターン要素を，細胞凝集として許される 3 つのタイプであるとした場合，図 6.18(a)–(c) の基本凝集要素を繰り返し用いることで，肢のあらゆる軟骨パターンを構成することができる．図 6.18(e) はサンショウウオの前肢であるが，この手順を説明するほんの一例である．そこで，具体的メカニズムを全く検討することさえせずに，脊椎動物の肢発生における軟骨の一連のパターン形成に対して，**形態形成則の集合 (set of morphogenetic rules)** という重要な仮説を考えたい．この仮説は，Murray et al. (1983a) や Oster et al. (1983) により進められた理論に含まれており，Oster et al. (1988) がその妥当性を示す幅広い実験的証拠を提示した．

上記の議論においては，間葉細胞のパターン形成に対する力学モデルを念頭においてきた．我々が推論した形態形成則は，パターン形成の反応拡散モデルにも同じように当てはまる．それどころか，この規則はモデルによらないものであり，むしろ，軟骨パターン形成に対するいかなるモデルメカニズムも，そのような一連の分岐パターンを生み出すことができなければならないと提案したい．

モデルからの予測と生物学的意義

図 6.17 における細胞凝集体の分岐を見ると，分岐は連続的であり，本質的には図 6.18(b) に示したようになっていることがわかる．このことにより，軟骨パターン形成に対して提案されるあらゆるモデルメカニズムには制約が課される．パラメータが変化するに伴って，図 6.19(a) のように分散関係が変化するようなパターン形成メカニズムを考えよう．領域のサイズをそのパラメータとすれば，パターンの発展について予想される結果は図 6.19(a) の 2 番目と 3 番目の図のようになる．すなわち，肢芽が成長するにつれて最初の凝集体は予想通り分岐するものの，最初の凝集体と Y 字型の分岐とを，一様な領域が隔てている．次に図 6.19(b) のように分散関係が変化するモデルを考えると，その生物学的な意義として，1 つの凝集体から 2 つの凝集体への分岐は連続的になる．これはモデルメカニズムに対して，明らかに発生拘束を課すものである[*1]．

[*1] 図 16.7 を知る以前に私は，肢芽の軟骨パターン形成について数十年の経験と専門知識をもった 2 人の高名な発生生物学者に対して，上腕骨が橈骨と尺骨に分岐するときに何が起きているのだろうかと別々に尋ねてみた．図 6.19(a) のようになるだろうか，それとも (b) のようになるだろうか，と．2 人とも答えるのに躊躇せず，完全に確信した様子だったが，初めに尋

6.6 肢発生における軟骨凝集と形態形成則

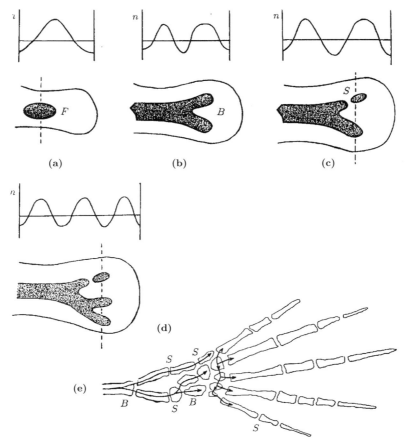

図 6.18 (a)–(c) 脊椎動物の肢発生過程における軟骨パターンを生み出す，細胞凝集の 3 つの基本的な型を示す．これらは，あらゆる脊椎動物における肢の軟骨パターン形成に関わる形態形成則であると仮定された．(a) フォーカル凝集，F，(b) 枝分かれ分岐，B，(c) 分節的凝集，S．(d) 分枝やフォーカル凝集をさらに起こすことによって，さらに多くのパターンが形成される．(e) 順序立った軟骨パターン分枝の例．サンショウウオの肢軟骨パターンが，分岐 F, B, S をどのように組み合わせて得られるかを示している．

両生類に関する実験からは，浸透圧を生み出す ECM の性質が形態形成において重要であることを示唆する証拠が得られている．ヒアルロン酸は ECM の主要な構成要素であり，浮腫の起きている高浸透圧状態の中でも存在しうる．軟骨細胞の凝集が始まると，細胞はヒアルロニダーゼと呼ばれる酵素を分泌し，これがヒアルロン酸を分解する．すると基質の浸透圧が低下し，それによって細胞同士が十分近づいて能動的収縮を始め，細胞凝集体が形成される．この筋書きでは細胞の運動性はおそらく重要ではないだろう．これらの化学的側面や浸透圧により生じる力を取り入れるように力学モデルを修正することは Oster et al. (1985b) によって提案され，また解析がなされた．彼らはこのようなメカノケミカルモデルが，発生中の肢に対する類似の軟骨形成パターンを生み出すであろうことを示している．

肢の軟骨発生に関する新たなモデルが，Dillon and Othmer (1999) によって提案されている．彼らは

ねたほうは図 6.19(a) のようになるに決まっていると言い，別のほうは同じくらいきっぱりと，(b) のようになるはずだと言った（こちらが正答である）．興味深いことに，図 6.17 の写真を撮ったときより少し遅れて肢芽の発生を見ると，細胞の凝集体が (b) の切れ目ない分岐領域から細胞を引き寄せ，(a) のような一様な（隙間の）領域を作るのがわかる．1 人目の学者は，肢芽で短時間のうちに起きているこの現象を単に観察していなかったにすぎない．

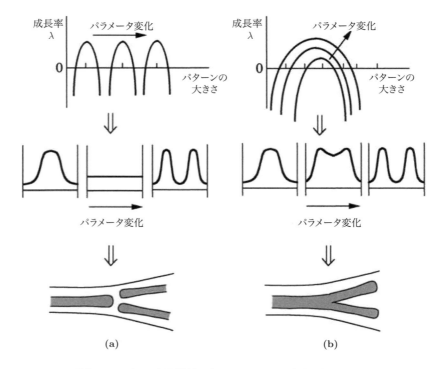

図 6.19 パターン形成メカニズムの分散関係が臨界パラメータの変動に伴って (a) のように変化する場合，後続する分枝については，Y 字型分枝の手前に一様領域が現れると予想される．一方 (b) のような分散関係の場合，分岐は連続的に起きると示唆される．これらの結果は，発生肢についてのきわめて具体的な生物学的意義をもつ．

そのモデルにおいて，ZPA（極性化活性域）と AER（外胚葉性頂堤）との間のモルフォゲン相互作用を取り入れている．彼らはこの相互作用の重要性を示し，肝心なことに，成長を明示的に導入している．彼らが開発した数値的手法は，様々な実験的介入の効果を調べるのに用いることができる．肢の発生の仕方に関する Riddle and Tabin (1999) による興味深い一般記事では遺伝的な側面が紹介されているが，遺伝的側面はメカニズムの制御にもちろん重要な役割を果たしている．

　形態形成において理論が果たす重要な役割は，肢の軟骨形成において観察される適切な一連のパターンを生み出すことのできる様々なモデルがあるときに，それらを識別するための実験を提案することである．化学的モルフォゲンが実験的に捉えづらい反応拡散モデルに比べて，力学モデルは実験的な検証が容易である．次章では，こうした一般則の適用例がさらに与えられるが，これらの一般側からどのようにして，ある種の実際的予測を可能にする発生拘束が生じてくるのかをみることになろう．これはまた，ある種の発生上の奇形が存在するのか否かということにも関連性がある．これらの予想に基づいて，実験結果を部分的に述べることにしたい．脊椎動物の肢発生に関して，これらの結果は重要な進化的意義をもっている．これらの形態形成則は，ワニの縞模様の場合のように，具体的なモデルの概念から生まれたにもかかわらずモデルに依存しない生物学的に有用な結果の，もう 1 つの例となっているのである．

6.7　指紋のパターン形成

　指紋パターンの分類と研究——皮膚紋理学 (dermatoglyphics) とも呼ばれる——は長い歴史をもち，(手相占いは言うまでもなく) 遺伝学や臨床応用，病理学，発生学，人類学，法医学の研究におけるその幅

6.7 指紋のパターン形成

広い応用に関して，広範な文献が提出されてきた．図 6.20(a)（図 12.5(c) も参照せよ）はヒトの指紋の写真であり，よく見られる様々な特徴が示されている．指紋を記述する手法には，大まかには，連続変形に対して変化しない性質を調べるのに関連した位相幾何学的な手法 (Penrose 1979) と，統計学的な手法 (Sparrow and Sparrow 1985) があり，どちらを用いるのかはどの学問分野に応用するかによる．指紋の隆線 (ridges) は，胚発生時には個体ごとに決まったパターンとして現れ，成長期には連続変形に対してその基本的なパターンが変化しないので，遺伝学や診断学の目的では位相幾何学的な手法が非常に有用であると認められてきた (Elsdale and Wasoff (1976), Loesch (1983), Bard (1990))[*2]．

Elsdale and Wasoff (1976) は，正常線維芽細胞のコンフルエントな[†3]ディッシュの上に形成された 2 次元パターン，および霊長類の手掌足底の皮膚紋理を研究し，どちらのパターンも，平行に整列した要素群からなる場の中に，様々な種類の断絶・不連続性が見られることを観察した．その不連続性は剛体運動のみならず塑性変形に対しても不変なので，皮膚紋理の発生を理解するためには細胞の振舞いの解析に加えて位相幾何学的な考察も必要あると彼らは結論づけた．しかしながら，位相幾何学的な分類は，パターンの特徴を定量化するための規則体系を採用しており，指紋の形そのもの (geometry) の大部分を無視し指紋同定技術のみに焦点を当てている点で，限定的である．ヒトの皮膚には弾性があるので，位相幾何学的な記述と統計学的な記述を組み合わせることが必要だと考える研究者もいる．ただし，連続的な回転指紋[†4]は，ある程度の相対的な歪み（並進，回転，伸縮）に大抵悩まされるので，洗練されたパターンを生じさせる物理的環境の変化によって引き起こされる，塑性変形の有害な影響に惑わされないような，位相幾何学的な体系が求められているとも考えられる．指紋パターンの照合に際して，そのようなアプローチが米国規格基準局 (National Bureau of Standards) によって採用され，成功を収めた．常に手軽に実行できる回転指紋を対象とする，多数の比較アルゴリズムが開発された（Sparrow and Sparrow (1985) を参照）．それ以来，指紋の分類には，より洗練された新しい計算機指向のパターン認識技術がいくつか用いられている．

一般的な隆線パターンの発生に関して，組織培養や顕微鏡を用いた数多くの研究がなされてきた（例えば Cummins and Midlo (1943), Schaumann and Alter (1976), Green and Thomas (1978), Elsdale and Wasoff (1976), Okajima (1982), Okajima and Newell-Morris (1988), Bard (1990) や，それらの中の参照文献を参照されたい）．Loesch (1983) の観察によれば，例えばヒトの場合，在胎 3 カ月頃から表皮の隆線パターンの発生が開始するようだ．最終的なパターンは，非対称性の度合に依存し，中でも指球の形成にかなり依存する．指球が対称であれば渦状紋 (whorls) が生じ，一方非対称であれば蹄状紋 (loops), あるいは指球発生の様式が異なる場合には弓状紋 (arches) が生じる．

皮膚紋理がどのようにして形成されるのか，あるいはどのようなメカニズムによりパターンが形成されるのかという問題について，一般的な合意はほとんど得られていない．その他の皮膚付属器についても同様だが，鍵となる問題は，真皮と表皮のいずれかだけでも特定の種類の派生物を生成しうるのかどうかである．様々な移植実験（例えば Davidson (1983) など）は，羽原基などのパターンの形成において，真皮と表皮とが同時に相互作用するという見方を支持している．マウス足底（足の裏）の真皮に，別の皮膚領域由来の表皮を異種組織間で再結合させる実験，およびその逆の実験 (Kollar 1970) の結果によれば，毛包の欠如と皮膚紋理の出現は，表皮ではなく真皮により決定されるかもしれない．

Okajima (1982) の実験により，露出させた真皮に現れる皮膚紋理を調べるための方法が開発され，隆

[*2] 古い文献は，興味深い研究に満ちている．ある 19 世紀の本では，自傷が（その著者の）指紋に対して及ぼした結果について詳細に記述されている．彼は，手の全ての指を傷つけ尽くしてしまうと，今度は足の指を傷つけ始めた．40 年にも及ぶ自傷行為の結果は全く要領をえないものであったが，彼には多くの興味深い傷痕が残されたのである．

[†3]（訳注）コンフルエント (confluent) とは，細胞を培養して増殖させる際，培養器の底面が細胞で一杯になった状態のこと．

[†4]（訳注）回転指紋 (rolled impression) とは，指を左右に転がしてとる指紋のこと．

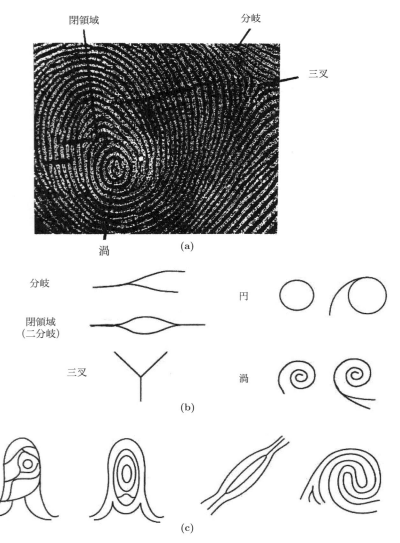

図 6.20 (a) 分岐や三叉といった典型的に見られる特異点を示した，ヒトの指紋写真．図 6.22 も参照されたい．(b) 皮膚紋理形成に関連する独特な分岐パターン．これらに共通する特徴として，分岐して 2 つ以上の隆線が生じたり，隆線たちが「融合」して単一の隆線が生じたりする．(c) 染色体欠失 (21 トリソミー) の患者に見られることが知られている分岐パターン (K. de Braganca 博士との私信 1991)．

起した構造がまず真皮に出現することが確認された．これらの隆線は，細胞集団が互いに逆方向に移動する結果として現れる．隆線は，より深い細胞層からはじき出された細胞により形成されるのかもしれない．隆線の形はしばしば特定の領域における細胞の集積を示唆し，隆線の不連続性はその領域の曲率と形状に依存しうる．時系列順に並べた写真 (Green and Thomas 1978) からわかるように，短い隆線はしばしばより長い隆線と融合するようだ．長い隆線は，一様に側方へ変位することも，あるいは局所的に変位して弓状になることもありうる．図 6.21(a) を参照されたい．弓状の隆線はときに曲がって渦状になることがあり，これは弓の両側における「抵抗性」が等しくないことを示唆する．渦の大きさは組織化のための場のサイズによって定まり，皮膚紋理形成のプロセスが (1) 隆線の形成，(2) これらの隆線が湾曲し渦状や蹄状などになる，という 2 つの段階に分けられることを裏付ける．以上から，これらのパターンは，

6.7 指紋のパターン形成

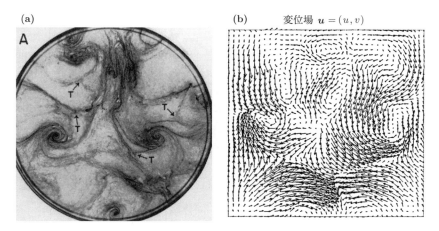

図 6.21 (a) 隆線パターンの発生．反時計回り/時計回りの多数の渦が見られる．場はしばしば，異なるパターンからなる領域に分けられる．そのパターンには，互いに約 120° の角をなして放射状に合流する 3 本の線が見られる．(Green and Thomas (1978) より．写真は Howard Green の厚意による．) (b) 正方形領域，一様境界条件の下で，細胞密度に関するランダムな初期摂動を与えたときの，モデル系の非一様定常状態解の数値シミュレーション．ここに示す ECM の受動的な運動に関する変位場は，初期の真皮のパターン形成開始における典型的なシナリオを反映したものである．パラメータ値：$\tau = 1.1$, $\mu = \mu_1 + \mu_2 = 0.7$, $D = 0.002$, $a_1 = 0.003$, $s = 140.0$, $\gamma = 0.02$, $m = r = 0$, $\eta_i = \mu_i/2(1+\nu')$, $\eta_1 = \eta_2 = 1.0$.

真皮における以下の細胞運動のプロセスを経て発生するのだろう．すなわち，まず隆線が形成され，その後これらの隆線が曲がって，複雑性を増した分岐パターン (bifurcating patterns) となり，最終的に渦状，蹄状，三叉状 (triradii) を呈する．遺伝病においても，図 6.20(c) に示す独特なパターンが形成されうる．

皮膚紋理のモデリングにおいて特に興味のそそられる側面は，いかにして通常のパターンが生成されるのかだけでなく，いかにして図 6.20(b) のような独特な隆線分岐パターンが生成されるのかということである．これらの分岐パターンは，しばしば何らかの遺伝子疾患に関連し（例えば Karev (1986) や Okajima (1982) を参照），特に染色体異常 (21 トリソミー[†5]) の患者に見られることが知られている (K. de Braganca 博士との私信 1991)．de Braganca の研究では，指先の真皮のパターンにおいて隆線の方向が突然変化すること（分岐）が言及されている．2 本以上の隆線が分岐し，その後でともに「融合」する結果，図 6.20(b) に見られるような特徴点 (minutiae) が 1 つ生成される場合があり，発生の際の指骨の短小化により説明される．これらの分岐の仕方は，パターン形成の基盤をなすメカニズムが，絶えず対流する細胞外基質上の細胞の力学的運動に由来する可能性を示唆する．

初期の皮膚紋理形成が開始する際，細胞外基質上の細胞の力学的運動によって分岐パターンが形成される可能性を考慮し，Daniel Bentil と私 (Bentil (1990) も参照されたい) は，力学的なメカニズムが同様の皮膚紋理様のパターンを生成しうるか否かを調べるために，力学的なアプローチを用いることにした．すなわち，完全な 2 次元系には，ECM と細胞牽引力に関する応力テンソルが含まれる．

実験的な証拠により，隆線の形成には，真皮とそれに引き続く表皮の力学的変形とが関与することが示されているので，真皮に関する物理的な力と，真皮に沿って折れ曲がるという表皮の性質とに基づいた隆線形成モデルを調べる．以下では，細胞運動の際に起こる 2 つの重要なプロセスを考慮する．そのプロセスとはすなわち，細胞および接着部位の対流と細胞外基質 (ECM) の拡がり，および，皮膚紋理形成の間の組織と細胞の成長である．我々が提示する皮膚紋理形成の完全なモデルは，細胞密度と基質密度に依存

[†5] （訳注）21 番染色体が 3 本あることにより，ダウン症候群 (Down syndrome) が引き起こされる．

するECMの湧き出しの項 (source term) を含む．以下で，細胞運動と細胞牽引力，および細胞の増殖によって，ECM連続体と細胞密度に関する分岐パターンが生成されうることを示す．細胞は，組織基質によって運ばれながら，分岐パターンに沿って移動する．さらに我々は，細胞—基質間相互作用の方程式に非局所的な（長距離の）牽引力項を含める．以前に調べたように，この非局所的な項を導入することにより，安定な空間パターン形成が保証される．以上を考慮に入れ，式 (6.7) に対して $D_2 = a_2 = 0$ とおき，また細胞密度は一般に小さいので，式 (6.18) に対して $\tau n/(1+\lambda n^2)$ の代わりに τn とおき，式 (6.20) に対して $S(n, \rho, \boldsymbol{u}) = mn\rho(\rho_0 - \rho)$（$m, \rho_0$ は定数）とおけば，モデルメカニズムは

$$\frac{\partial n}{\partial t} = \underbrace{D_1 \nabla^2 n}_{\text{拡散}} - \underbrace{\nabla \cdot (n\boldsymbol{u}_t)}_{\text{対流}} - \underbrace{a_1 \nabla \cdot (n\nabla \rho)}_{\text{走触性}} + \underbrace{rn(N-n)}_{\text{細胞分裂}}, \tag{6.63}$$

$$\nabla \cdot \left\{ \underbrace{\mu_1 \boldsymbol{\varepsilon}_t + \mu_2 \theta_t \mathbf{I}}_{\text{粘性}} + \underbrace{E'(\boldsymbol{\varepsilon} + \nu'\theta \mathbf{I})}_{\text{弾性}} + \underbrace{\tau n(\rho + \gamma \nabla^2 \rho)\mathbf{I}}_{\text{細胞牽引}} \right\} - \underbrace{s\rho \boldsymbol{u}}_{\text{外力}} = 0, \tag{6.64}$$

$$\frac{\partial \rho}{\partial t} + \underbrace{\nabla \cdot (\rho \boldsymbol{u}_t)}_{\text{対流}} = \underbrace{mn\rho(\rho_0 - \rho)}_{\text{基質の分泌}} \tag{6.65}$$

となる．分岐が生じるためには，おそらく基質の湧き出し項が不可欠であろう．

以前の節における議論から，パラメータの組がある適切な範囲の値をとるとき，(6.63)–(6.65) で与えられるこの系が，多様な複雑な空間パターンを生成しうることがわかる．式 (6.21) を用いて系を無次元化し，考えたい定常状態 $\boldsymbol{u} = 0, n = \rho = 1$ の周りで線形化を行い，$\exp(\sigma t + i\boldsymbol{k}\cdot\boldsymbol{x})$ に比例する解を探すと，分散関係（6.3節を参照）が得られる．この分散関係は，式 (6.31) に似ているものの，式 (6.65) には基質分泌の項による追加の寄与があるため，特性方程式は以下の3次方程式になる：

$$\begin{aligned}
& a(k^2)\sigma^3 + b(k^2)\sigma^2 + c(k^2)\sigma + d(k^2) = 0, \\
& a(k^2) = \mu k^2, \quad b(k^2) = (\mu D_1 + \gamma \tau)k^4 + [1 + \mu(r+m) - 2\tau]k^2 + s, \\
& c(k^2) = \gamma \tau D_1 k^6 + [(1 + m\mu - \tau)D_1 + (\gamma r - a_1)\tau]k^4 \\
& \qquad\quad + [r + m + sD_1 + m\mu r - (r+m)\tau]k^2 + (r+m)s, \\
& d(k^2) = m[D_1 k^4 + (r + sD_1)k^2 + rs].
\end{aligned} \tag{6.66}$$

この場合，6.3節とは異なり，$\sigma = 0$ は解とは限らない．ここでは，線形安定性を議論するために，3次方程式に関するラウス—フルビッツの条件を用いる必要がある（入門編付録Bを参照）．この場合，$k^2 \neq 0$（このとき $a(k^2) \neq 0$ が成り立つが）である任意の k^2 に対して (6.66) における係数が不等式

$$H(k^2) = \frac{1}{(a(k^2))^2}\Big(b(k^2)c(k^2) - a(k^2)d(k^2)\Big) < 0 \tag{6.67}$$

をみたすならば，定常状態は不安定である．ラウス—フルビッツ条件 (6.67) は，k^2 といくつかのパラメータに関する高次多項式からなるため，解析的に扱うのは困難である．そこで，以下のような最適化法とグラフを用いた方法によって，モデルの解析を行った．まず，分散関係に現れるパラメータのうち，パターン形成を引き起こす分岐パラメータとして細胞牽引 τ を選ぶ．$\tau = 0$ であれば，任意の波数 k について $b(k^2) > 0, c(k^2) > 0$ が成り立つので，系 (6.63)–(6.65) は空間的な構造を生成することができない．細胞牽引の臨界値 τ_c は，2次式の根として現れる．次に，我々の欲しい分散曲線を与えるようなパラメータの組を生成するために，Bentil and Murray (1991) により開発された論理パラメータ探索 (LPS) 法を使用した．LPS法とは，与えられたパラメータの範囲を走査して，与えられたいくつかの論理条件（すなわち，不安定化して空間パターンを生じる条件）をみたすようなパラメータの組を生成するためのオンライン探索法であり，この手法は容易に高次元の問題に拡張できる．特定の自然数モードを分離する

6.7 指紋のパターン形成

ために，問題となっている各々のパラメータに対して，（現在我々の有する生物学の知識の下で，可能な限り）生物学的に現実的なパラメータ範囲が選択された．我々は，そのパラメータ範囲に対して反復法を用いた．そして，ニュートン法によって分散関係式の根を評価し，数値アルゴリズムを用いて (6.67) の不等号を等号に変えた方程式の根を見つけた．ここで LPS 法が用いられ，パラメータ空間内の様々なパラメータ値の組に対して，その特定のモードに関する不安定性条件，すなわち空間パターンを生成する条件がみたされているか否かの確認がなされた．パラメータ範囲の全てが調べ尽くされるまで，この探索は続けられた．この手法は，細胞牽引 τ が $\tau = \tau_c$ をみたすような，臨界分岐値におけるパラメータの組を探索する際に，とりわけ有用であるようだ．

線形解析による予想 (Bentil and Murray 1993) に一致して，生成されたいかなる組であっても，我々の望む非一様な空間パターンを示す数値解析の結果が得られることが裏付けられた．初期条件は，定常状態の値に，定常状態細胞集団に対するランダムな摂動を加えた状態である．最初のステップとして，手掌足底を表す領域として正方形・長方形領域を考えた．

数値解析の結果と *in vitro* 実験結果との比較

ここでは，空間 2 次元のモデル方程式を直接解くことにより得られたいくつかのパターンについて述べ，それらを特定の *in vitro* 実験結果と実際の皮膚紋理に関連づける．

いままで見てきたように，これらの真皮の力学的メカニズムによって，従属変数に関する空間パターンが生成されうる．細胞—基質の混合物上での細胞の変位パターンの大きさと方向に対応する変位ベクトル（歪み）場が得られる．変位ベクトル u は，細胞密度に関してランダムな初期摂動を与えた後に現れる，任意の点の近傍における細胞—基質組織の配向を表す．以下では，我々の行ったシミュレーションの結果を，具体的な実験結果に関連づける．

(i) **ヒト表皮培養細胞から湾曲した隆線が発生する．** Green and Thomas (1978) による *in vitro* の実験により，培地の中に致死量放射線照射線維芽細胞 (3T3 細胞がよく用いられる) を含めることで，ヒト表皮角化細胞の継代培養の効率を高められることが示されている．3T3 細胞の存在下では，表皮細胞コロニーが成長し，最終的に融合して，約 21 日後にコンフルエントな細胞層が形成された．その後の段階では (30〜40 日頃)，いくつかの細胞群は弓状，蹄状，渦状に似た，肥厚した隆線を形成し始めた．このようにして，バラバラのヒト表皮細胞からなる培養物が，コンフルエントな細胞層へと成長し，引き続いてヒトの皮膚紋理に似たパターンが出現した．これらの細胞は真皮細胞ではないものの，とりわけパターン形成のプロセスにおいて細胞分裂が重要であることを強調している．図 6.21(a) は，形成が進んだ後のヒト角化細胞の隆線パターンを表している．比較のために，正方形領域における真皮のパターン形成に関するモデル系 (6.63)–(6.65) の数値解を，図 6.21(b) に示す．以上から，対流により受動的に運ばれる ECM 上における細胞の運動と，対流やその他の効果によって生じる最終的な変位・歪みの場が，真皮のパターン形成を開始させることを提案する．

(ii) **培養線維芽細胞から湾曲した隆線が発生する．** Elsdale and Wasoff (1976) は，密に充填された細胞がどのように組織化するのかを調べた．教育的な議論が，Bard (1990) により与えられている．正常ヒト 2 倍体肺線維芽細胞を培養して，微速度顕微鏡撮影により細胞の運動とパターン形成について調べた．すると，細胞は拡散し，最終的に培地がコンフルエントへと近づくにつれて，整列した線維芽細胞からなる密なパッチワーク（継ぎはぎのパターン）を形成しながら安定化した．結果的に，コンフルエントな培地において，多数の平行な細胞の列からなるパッチワークが形成された．隣り合う 2 つの細胞列は，角度差がおよそ 20° 以内の同一の方向を向いている場合，合流点において融合した．細胞列の方向が大きく異なる場合は，融合が阻害され，隆起した細胞塊間の空溝とし

て独特の形をした不連続点が現れた．Erickson (1978) による実験は，Elsdale and Wasoff (1976) の実験を補完し，細胞が互いに小さな角度で接触する場合に，糸状仮足の突出のうち少数のみが阻害され，隣り合う細胞は互いに滑って接着することを示した．大きな角度で接触する場合には，細胞が互いに這い回るか，あるいは互いから離れていってしまうかもしれない．この特徴を生み出す，接触する際の角度に関しては，異なる組織においても示唆されている．例えば，胎児の肺線維芽細胞は，20° 以下の角度であれば再整列する．Edelstein-Keshet and Ermentrout (1990) による平行な細胞列の形成についての研究も，これらの研究に関連している．

Elsdale and Wasoff (1976) は，幾何学的トポロジーの手法を用いて線維芽細胞の組織化を調べた．彼らは，パターン要素のトポロジー指数 (topological index) を計算し，その指数に応じてパターン要素を幾何学的に特徴づけた．

Penrose (1979) の論文は，隆線パターン一般と，それらの指数を計算する方法の詳細を論じている．彼は多数の例を与えている．注意すべき重要な点は，隆線パターンはベクトル場ではないということである．例として，図 6.22(a), (b) （これらは入門編付録 A の図 A.1(d), (f) を再掲したもの）のような，ベクトル場の古典的な渦心点やスターを考えてみよう．まず，特異点の周りに円を描き，その円周上のある 1 点から始めて円周上を反時計回りに回転していく．それに伴ってベクトルの方向は変化していき，始めの点まで戻ると 2π だけ回転する．トポロジー指数は，ベクトルの回転角度を 2π で割ることにより得られる．これらの 2 つの場合について，ベクトルは 2π だけ回転するので，これらの特異点の指数はどちらも $+1$ である．一方，図 6.22(c) に描かれた鞍点を考えると，角度は -2π だけ変化するので指数は -1 である．例えば，図 6.22(a) のような特異点を 2 つ並べた双極子特異点 (dipole singularity) の場合，指数は $+2$ である．複数の特異点がある場合にそれらの周りに円を描くと，その指数は円の中に含まれる各特異点の指数の和になることがわかる．

以下では，図 6.22(d)–(f) に描かれた特異点のように，線が方向をもたないような隆線パターンを考えよう．いずれのパターンもベクトル場で生成されるものではない．よって隆線は，力の場によって，あるいは（非圧縮性非粘性流における流線のような）何かしらの量が一定になる等量線として，生成されるものではないと推察される (Penrose 1979)．Penrose (1979) は，これらの特異点がおそらく，「応力や歪み，あるいはひょっとすると表面の曲率などの，何かしらのテンソルの性質」により形成されるだろうと結論づけた．指紋パターンに対して我々が提案したモデルメカニズムも，まさにその通りである．第 12 章図 12.5(c) の指紋は，図 6.22(f) に示す二重蹄状紋特異点 (double loop singularity) の特に明瞭な例である．

さて，図 6.22(d)–(f) の特異点を考察しよう．例として，図 6.22(d) の特異点を囲む円の周りを一周すると，元の点に戻るまでに π だけ回転するので指数は $+(1/2)$ である．図 6.22(e) のような三叉の場合，特異点の指数は $-(1/2)$ である．一方，図 6.22(f) のように複数の特異点が存在する場合，指数は $1 = +(1/2) + (1/2)$ である．

図 6.22(d), (e) の特異点は，隆線特異点 (ridge singularity) のうち最もシンプルなタイプのものである．他の場合も本質的にはこれらの組合せからなる．例えば，図 6.22(f) は 2 つの蹄状紋（ループ）からなる．以上のように指数を分数として定める代わりに，これらの特異点をベクトル場の特異点と区別するために，2π ではなく π の何倍かによってトポロジー指数を定義することもできる．それを N とおく．すると，三叉の場合には指数が $N = -1$，蹄状紋の場合には $N = +1$，そして図 6.22(f) のように蹄状紋が 2 つ並んだ複雑な場合には $N = +2$ となる．閉領域中の L 個の蹄状紋と T 個の三叉から作られる隆線パターンの場合，指数は $N = L - T$ である．

Penrose (1979) は以上の着想を，多数の蹄状紋と三叉（と図 6.22 に示すその他の特異点）をもつ正常なヒトの手に応用した．いま，手を隆線を有する平面と考え，その境界は，指の先端では隆線と平行だが，それ以外の部分では隆線と直交するような，シンプルなパターンをなしていると考える．（すなわち，

6.7 指紋のパターン形成

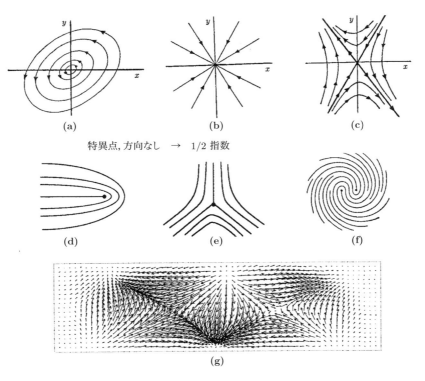

特異点, 方向なし → 1/2 指数

図 6.22 典型的なベクトル場の特異点. (a) 渦心点：指数は +1. (b) スター：指数は +1. (c) 鞍点：指数は −1. (d) 隆線特異点：指数は +(1/2). (e) 隆線特異点, 三叉：指数は −(1/2). (f) 複数の隆線特異点. すなわち, (d) のような特異点を 2 つ含む. 指数は +1. (g) 長方形領域と一様境界条件下における, 変位場に対するモデル方程式系の解. 先ほど述べたように, ECM の受動的な運動に関連した変位場は, 初期の真皮パターン形成において典型的である. シミュレーションにより, 四叉に似た, 指数 $N = -1$ のパターンが得られた. パラメータ値：$\tau = 0.76$, $\mu = \mu_1 + \mu_2 = 0.04$, $D = 0.08$, $a_1 = 0.005$, $s = 100$, $m = r = 0.0$, $\gamma = 0.042$, $\eta_i = \mu_i/2(1 + \nu')$, $\eta_1 = \eta_2 = 1.0$.

指の先端を一回りする際には角度変化がない.) 1 本の指の境界を回転する際, 角度は指の間の裂け目においてのみ変化し, その変化は $-\pi$ である. ゆえに, 手全体をぐるっと 1 回転すれば, 指の数を D として $N = -(D - 1)$ と書ける. 指紋パターンは蹄状紋と三叉のみから構成されると仮定すれば, 先ほどの式 $N = L - T$ を用いることより, 指の数と特異点との関係式 $D + L - T = 1$ が得られる. 正常な手であれば, $T - L = 4$ である. しかしながら, 通常の指紋には, 図 6.20 や図 6.22 に描かれたようなより複雑な特異点も存在する.

図 6.22(g) は, 長方形領域におけるモデル方程式の典型的な解を描いたものである. 数値解析の観点から述べると, 再整列は領域の形状の影響を受ける. 初めに, 細胞は ECM の中をランダムに散らばっていたが, いくらか時間が経つと, 細胞–基質間相互作用により細胞–基質の変位場が形成された. これらのタイプのパターンは, Elsdale and Wasoff (1976) の実験によるパターンに酷似している. これに関しては Bard (1990) も参照されたい.

初期皮膚紋理のパターン形成とその振舞いを理解するための準備段階として, 本節では, 真皮の ECM において生成される変位場に焦点を当てた. というのは前述のように, 実験的な証拠によれば, 皮膚紋理は真皮において形成され (Okajima 1982), 真皮は基底膜を介して表皮へと, 形態形成のためのシグナル (messages) を伝達することが示唆されているからだ[*3]. 力学的なモデルメカニズム (6.63)–(6.65) は, 培

[*3] オックスフォードの巡査長の一人（指紋の専門家）と指紋について議論した際, 溺死体の身元を同定する方法の 1 つは, 真皮

養線維芽細胞から得られるパターンのいくつかと類似する特徴をもつような，安定な変位場を生成しうる．その解は，例えば反応拡散モデルメカニズムの解にはないような特徴を示す．細胞分裂と基質の増殖が，モデルにより生成されるパターンに対してどのような定量的な効果をもたらすのかを調べることができれば面白いだろう．我々のモデルでは，特異点以外の場所の組織基質においては，変位場の方向が秩序だった方法で連続的に変化しうる．Elsdale and Wasoff (1976) は，特異点を生じる，細胞—基質の連続体モデルが有するべき基本的な特徴を指摘した．その基本的な特徴とは，パターンが適切な対称性を有することを保証するために，そのパターンが π だけ回転しても不変でなければならないことである．

境界の形状に関して言えば，霊長類の手掌足底に類似する半円と指の形状を組み合わせた領域においてモデルメカニズムを研究すると，より現実的になるだろう．その他のタイプの境界条件と，それが皮膚紋理形成に与える影響を研究するのも興味深いだろう．

なお，最終的なパターンは（in vivo においては常に確率的要素を含む）初期条件に依存するので，本章の内容から判断すると，いかなる2人の人間も——一卵性双生児であっても——決して同一の指紋をもたないのは当然である．

6.8　表皮組織のメカノケミカルモデル

これまでの節で考察したモデルは，内部の組織，すなわち真皮や間葉に関するものであった．上皮 (epithelium)，あるいは表皮細胞 (epidermal cell) のような外部の組織は，初期胚において，胚発生を制御する際に重要な役割を果たすもう1つの主要な組織である．これまでに，皮膚の器官原基形成において，真皮—表皮組織間相互作用が重要であることを述べた．第4章における歯原基のパターン形成に関する議論を思い出されたい．多くの主要な器官は組織間相互作用に依存しているので，その重要性をどれほど強調してもしすぎることはない．例えば，特に力学的効果を調べた Nogawa and Nakanishi (1987) の研究を参照されたい．真皮—表皮間相互作用を理解するためには，表皮に対するモデルを立てることが必要不可欠である．いまから，上皮に関するモデルを記述しよう．前述のように，上皮を構成する細胞はこれまでに考察した線維芽細胞とは全く異なる．表皮の細胞は能動的に移動 (migrate) するわけではなく，層状あるいはシート状に配置されており，そのシートが胚発生の間に湾曲・変形する．図 6.2 を参照されたい．これらの変形の最中であっても，細胞は最近傍の細胞との接触を維持する傾向がある．さらに，重要なこととして，真皮細胞とは異なり通常の状況下では牽引力を生み出すことができない．よく知られた例外がいくつかあり，その1つは第9章で表皮の創傷治癒に関するモデルを考察する際に議論する．

Odell et al. (1981) は，基底膜に接着している離散的な細胞からなるシートとして，上皮をモデリングした．彼らは細胞内部の収縮機構に関するモデルを用い，組織を構成する細胞間の力学的相互作用から，どのようにして上皮シートの数々の形態形成運動が生じうるのかを示した．彼らのモデルの根底をなすのは，細胞の内部にある細胞質基質のメカノケミストリー（力学化学）であり，それにより収縮を引き起こす細胞の性質が説明される．本節で記述する連続体モデルは，Murray and Oster (1984a) により提示されたもので，Odell et al. (1981) の離散型モデルを基盤としている．

上皮細胞の運動に関して，我々のものとは異なるが関連するモデルが，Mittenthal and Mazo (1983) により提示されている．彼らは上皮を，細胞の再整列を可能にする，流動性のある弾性的な殻としてモデリングした．細胞密度の空間的非一様性により，殻の形状を変化させることのできる張力が生み出される．

の指紋を用いる方法であると教えていただいた．長時間にわたって死体が水中に置かれると，明らかに表皮は剥げ落ちてしまい，残った真皮だけが，生前のヒトの正確な指紋を与えてくれるのだ．

6.8 表皮組織のメカノケミカルモデル

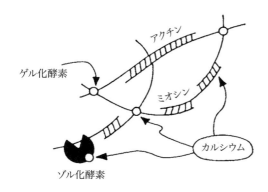

図 6.23 微視的なレベルの記述．細胞質基質は，牽引力を生み出すアクチンとミオシンからなる．ゾル化酵素とゲル化酵素は，ゲルの結合性，すなわちその粘弾性を制御する．実際には多数の化学物質からなる複合体が関与するものの，我々のモデルにおいては，遊離カルシウムがゾル化因子とゲル化因子の活性，すなわち収縮装置を制御していると考える．粘性係数と弾性係数，そして活性牽引力 τ とからなる粘弾性連続体として，細胞質基質の巨視的な性質をモデリングする．

細胞質基質に関する生物学的事実

 細胞質は，その大部分が粘弾性ゲル——主にミオシン架橋により結びつけられたアクチン（これらの要素は筋収縮にも関連している）からなる高分子線維ネットワーク——から構成される．このネットワークは数々の複雑な応答を生じ，ダイナミックな構造をなしている．細胞は，線維の架橋の重合と脱重合を制御することで，能動的に収縮し，様々な形状の変化を達成できる．細胞質は，線維が強く結合しているとゲル化し，弱く結合しているとゾル化する傾向がある．ここでは，鍵となる 2 つの力学的性質のみに焦点を当てる．その性質により，複雑なプロセスがメカノケミカルな構成関係の中に組み込まれる．

 細胞の収縮性の化学的制御は，ゾル—ゲル転移やアクトミオシン架橋の程度に関連しており，それは主に細胞質基質内の局所的な遊離カルシウム濃度に依存している．カルシウムは，ゾル化因子とゲル化因子，そして収縮機構の活性を制御する．図 6.23 は，収縮装置の主要な要素をイラストにまとめたものである（この図の通りに詳細にモデリングするわけではないが）．

 カルシウム濃度が低い場合，カルシウムはゲルにおける架橋を促進し，（筋収縮における）滑り説の下でより多くの架橋が作用するようになる．それは，線維が短くなりゆえにより強くなる傾向があることを意味する．これは，筋の収縮時には伸張時よりも力が増すことに似ている——腕を伸ばしたときよりも曲げたときのほうが，重いものを持ち上げられるのを思い出そう．結局，遊離カルシウム濃度が上昇すると，ゲルはまず能動的収縮を開始する．しかし，カルシウム濃度が高すぎる場合には，ゲルがゾル化し始め（すなわちネットワークがバラバラになり始め），応力を全く支えられなくなる．よって，収縮活性にとって最適なカルシウム濃度の「窓」が存在する．以上から，遊離カルシウム濃度と，細胞質基質に関する物理的な力とが，我々の力学モデルにおいて重要な変数となる．

細胞質基質の収縮性に関する力の釣り合いの式

 我々は，上皮細胞シートを細胞質基質の粘弾性連続体としてモデリングする．間葉細胞に関するモデルと同様に，慣性力は無視できるとすれば，力の釣り合いの式は

$$\nabla \cdot (\boldsymbol{\sigma}_V + \boldsymbol{\sigma}_E) + \rho \boldsymbol{F} = 0 \tag{6.68}$$

と書ける．ここで，$\boldsymbol{F}$ は細胞質基質の単位密度あたりの外的な体積力を，ρ は細胞質基質の密度（定数と仮定する）を表す．また応力は，粘性応力 $\boldsymbol{\sigma}_V$ と弾性応力 $\boldsymbol{\sigma}_E$ の和であり，それぞれ

$$\begin{aligned}\boldsymbol{\sigma}_V &= \mu_1 \boldsymbol{\varepsilon}_t + \mu_2 \theta_t \mathbf{I}, \\ \boldsymbol{\sigma}_E &= \underbrace{E(1+\nu)^{-1}(\boldsymbol{\varepsilon} + \nu'\theta\mathbf{I})}_{\text{弾性応力}} + \underbrace{\tau \mathbf{I}}_{\text{能動的収縮応力}}\end{aligned} \tag{6.69}$$

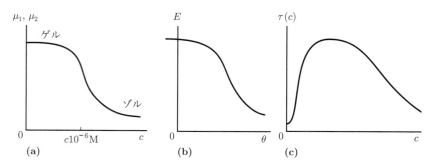

図 6.24 式 (6.69) の応力テンソルに含まれる構成パラメータが，従属変数に非線形的に依存する典型的な例．(a) と (b) では，ゲルがゾル化したときに，それぞれ粘性係数とアクトミオシンネットワーク弾性係数とが著しく減少する様子が示されている．(c) アクトミオシン牽引を c の関数として描いたもの．

で与えられる（式 (6.12) を参照）．ここで，τ は弾性応力に対する細胞質基質の能動的牽引の寄与を表し，また $\varepsilon, \theta, \mathbf{I}, \mu_1, \mu_2, E, \nu, \nu'$ はそれぞれ，6.2 節の真皮モデルにおける細胞—基質方程式 (6.18) のものと同様の意味をもつ．しかし，ここではパラメータの従属変数への非線形的な依存性は異なる．

これら 2 つのモデルには関連がある．間葉のモデルでは，細胞—基質組織を，その中に運動性・収縮性をもつ構成単位（すなわち真皮細胞）が埋め込まれた弾性連続体として捉えた．本節のモデルも，弾性連続体である細胞質基質の中に，収縮性をもつ構成単位——すなわちアクトミオシン架橋が含まれている．しかし，ゲルのシートそのものの変形のみを考えればよく，収縮性をもつ各構成単位の運動に対して，それ以外の説明を与える必要はない．上皮に関する我々のモデルでは，細胞の果たす役割が，収縮の化学的引き金，すなわち遊離カルシウム濃度（これを $c(\mathbf{r},t)$ と書く）によって果たされていると考える．以上から，式 (6.69) の応力テンソルに現れる構成パラメータ μ_1, μ_2, E, τ を以下のようにモデリングする．実のところ我々は，6.2 節で行ったように，以下で実際に調べるものよりも一般的なモデルを立てる．その理由は，完全さの追求のためだけでなく，完全なモデルが興味深くかつ現時点では未解決の数学的問題を提起するからである．

(i) **粘性パラメータ** μ_1, μ_2．カルシウムによってゲルネットワークが断ち切られることにより，見かけの粘性係数が顕著に減少する．そこで，図 6.24(a) に示すような典型的な S 字型曲線として $\mu_i(c)$ $(i=1,2)$ をモデリングする．

(ii) **弾性係数**．アクトミオシン線維に特徴的な性質として，アクチン線維の重なりが増すにつれて架橋の数も増加するため，収縮時に線維はより強くなる．また，線維性物質が引き伸ばされる際に，線維は応力の方向に整列する傾向があるので，有効弾性係数が増加する．このことは，完全な真皮のモデルと同様に，組織が異方的であることを意味する．これらは非線形効果であり，弾性係数 E を体積歪み θ の関数とすることでモデリングできる．図 6.24(b) に描かれたように，$E(\theta)$ を体積歪みに関する減少関数として選ぶのが，最初のステップとしては合理的だろう．

(iii) **能動的牽引 (active traction)**．いったんアクトミオシン機械の収縮が引き起こされると，細胞質基質の線維性物質は収縮力を生み出し始める．遊離カルシウム濃度が μM レベルになると，収縮が開始する．カルシウム濃度が高くなりすぎると，線維性物質はもはや収縮応力を生じることが全くできなくなる．以上から，能動的応力の寄与 $\tau(c)$（カルシウム濃度の関数）が，図 6.24(c) のようになるようモデリングを行う．

(iv) **体積力**．上皮層の運動は，上皮と間葉とを分かつ基底膜への接着によって阻害される．これは拘束によるものであり，真皮のモデルにおける「支え綱」に相当する．細胞質基質の単位密度あたりの

6.8 表皮組織のメカノケミカルモデル

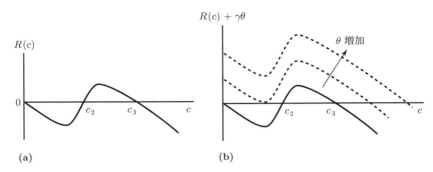

図 6.25 (a) カルシウム誘発性カルシウム放出の動力学関数 $R(c)$ の定性的な概形. カルシウムの増加によって, カルシウムの放出が引き起こされる. これは零定常状態から $c = c_3$ へのスイッチである. (b) 式 (6.72) の中の動力学関数 $R(c) + \gamma\theta$ (θ は体積歪みを表す) に基づいた, 歪みにより誘発されるカルシウム放出, あるいは伸展刺激性化 (stretch activation). $\gamma\theta$ がある閾値を超えることにより, この効果が現れる.

この拘束力は, $\boldsymbol{F} = s\boldsymbol{u}$ とおけることを仮定する. ここで, s は接着の強さを反映する係数, $\boldsymbol{u}(\boldsymbol{r}, t)$ は細胞質基質中の物質点の変位を表す. この形は, 真皮のモデルで用いたものに類似している.

以上の効果を応力テンソルの式 (6.69) に代入すると, 細胞質基質に関する力の釣り合いの式 (6.68) は

$$\nabla \cdot \left[\mu_1(c)\boldsymbol{\varepsilon}_t + \mu_2(c)\theta_t\mathbf{I} + E(\theta)(1+\nu)^{-1}(\boldsymbol{\varepsilon} + \nu'\theta\mathbf{I} + \tau(c)\mathbf{I}) \right] - s\rho\boldsymbol{u} = 0 \tag{6.70}$$

と書ける.

以下では計算が簡単になるように——というよりは複雑になりすぎないようにするために——粘性係数 μ_i ($i = 1, 2$) と弾性係数 E を定数とする. 粘性係数と弾性係数を変数として含む場合の解析も, モデルから波の伝播が現れる可能性を議論する際には特に興味深いだろう.

カルシウムに関する保存則

初めに, 細胞質基質に関する化学的な側面を記述しなければならない. カルシウムは, 細胞質基質の中に分散した膜小胞 (membranous vesicles) の中に隔離されている. そして, カルシウム誘発性カルシウム放出として知られる自己触媒的なプロセスにより, 小胞から放出される. これはすなわち, 小胞の外側の遊離カルシウム濃度がある閾値を超えることにより, 蓄えられたカルシウムが小胞から放出されるというものである (トイレの流れる原理に似ている). この側面を, 閾の動力学によってモデリングできる. カルシウムの再隔離が 1 次速度論に従うと仮定すると, 以上の各プロセスを

$$R(c) = \frac{\alpha c^2}{1 + \beta c^2} - \delta c \tag{6.71}$$

により表される動力学関数 $R(c)$ の中に含めることができる. ここで α, β, δ は正の定数である. $R(c)$ のグラフの概形は, 典型的には, 図 6.25(a) に示すような S 字型曲線である. 特に $4\beta\delta^2 < \alpha^2$ の場合, 2 つの線形安定な定常状態 ($c = 0, c = c_3$) と, 1 つの不安定な定常状態 ($c = c_2$) が存在する.

カルシウムの放出は細胞質基質の歪みによっても引き起こされ, この現象は「伸展刺激活性化 (stretch activation)」として知られている. この現象は, 動力学 $R(c)$ に $\gamma\theta$ の項を含めることによってモデリングできる. ここで, γ は単位歪みあたりの放出を, θ は体積歪みを表す. 図 6.25(b) は, そのような項の効果を示しており, 歪みがある閾値を超えた際にいかにしてカルシウム放出が誘発されうるのかを示している. (ある昆虫の飛翔筋では, 筋の伸長が局所的なカルシウム放出を引き起こすことにより収縮を誘導するので, この現象が見られる.)

もちろん，カルシウムは拡散もするので，カルシウムに関する保存則は

$$\begin{aligned}\frac{\partial c}{\partial t} &= D\nabla^2 c + R(c) + \gamma\theta \\ &= D\nabla^2 c + \frac{\alpha c^2}{1+\beta c^2} - \delta c + \gamma\theta\end{aligned} \quad (6.72)$$

で与えられる．ここで D はカルシウムの拡散係数を表す．我々は既に 3.3 節（第 6 章演習問題 3 も参照されたい）においてこの方程式を詳細に議論し，興奮性の機構を生じることを示した．ここで，式 (6.72) における動力学が，単にカルシウム機構の定性的な特徴を捉えているにすぎないことを強調しなければならない．このプロセスの生化学の詳細は，まだ完全に理解されているわけではない．

細胞質基質に関するメカノケミカルモデルは，力学的な均衡を表す方程式 (6.70) と，カルシウムに関する保存則 (6.72) とからなる．これらの方程式は，式 (6.70) のカルシウム誘発性の牽引力項 $\tau(c)$ と，式 (6.72) の歪み活性化項 $\gamma\theta$ を介して連立される．以降の解析では，$E(\theta)$ と粘性 $\mu_i\ (i=1,2)$，および密度 ρ を定数とする．

方程式を無次元化するために

$$\begin{aligned}&r^* = \frac{r}{L}, \quad t^* = \delta t, \quad c^* = \frac{c}{c_3}, \quad \boldsymbol{u}^* = \frac{\boldsymbol{u}}{L}, \\ &\theta^* = \theta, \quad s^* = \frac{\rho s L^2(1+\nu)}{E}, \quad \mu_i^* = \frac{\mu_i\delta(1+\nu)}{E} \quad (i=1,2), \\ &\boldsymbol{\varepsilon}^* = \boldsymbol{\varepsilon}, \quad \tau^*(c^*) = \frac{(1+\nu)\tau(c)}{E}, \quad R^*(c^*) = \frac{R(c)}{\delta c_3}, \\ &\alpha^* = \frac{\alpha c_3}{\delta}, \quad \beta^* = \beta c_3^2, \quad \gamma^* = \frac{\gamma}{\delta c_3}, \quad D^* = \frac{D}{L^2\delta}\end{aligned} \quad (6.73)$$

とおく．ここで，L は何らかの適切な特徴的な長さスケールであり，図 6.25(a) に示すように，c_3 は $R(c)$ の最大根である．これらを式 (6.70), (6.72) に代入して，表記の簡便のためにアスタリスク (*) を省略すると，細胞質基質連続体に関する無次元方程式系は

$$\begin{aligned}&\nabla\cdot[\mu_1\boldsymbol{\varepsilon}_t + \mu_2\theta_t\mathbf{I} + \boldsymbol{\varepsilon} + \nu'\theta\mathbf{I} + \tau(c)\mathbf{I}] = s\boldsymbol{u}, \\ &\frac{\partial c}{\partial t} = D\nabla^2 c + \frac{\alpha c^2}{1+\beta c^2} - c + \gamma\theta = D\nabla^2 c + R(c) + \gamma\theta\end{aligned} \quad (6.74)$$

となる．境界条件は，いま考えている生物学的問題に依存する．典型的には，カルシウム濃度に対してはゼロフラックス条件を，そして力学的な方程式に対しては周期的境界条件あるいは零応力条件を用いる．

系 (6.74) の一様定常状態解，すなわち

$$\boldsymbol{u} = \theta = 0, \quad c = c_i, \quad i = 1,2,3 \quad (6.75)$$

の線形安定性は，通常の方法によって解析することができ，読者への演習問題として残しておく（ただし c_i は $R(c)$ の根）．

組織間相互作用を考えると，いかにしてこのモデルに対して，真皮に関する力学モデルからの力学的効果を含むように修正できるのかがわかる．その効果は，カルシウムに関する方程式の中の，体積歪みに対する真皮の寄与 θ_D に比例する真皮からの入力として現れるだろう．モード $k^2 > 0$ に対して，定常状態 $c = c_3,\ \boldsymbol{u} = 0$ が不安定になるほどには，歪み活性化パラメータ γ が十分大きくないとき，真皮の入力 θ_D による効果が，カルシウムに関する方程式（(6.74) の第 2 式）に現れる $\gamma\theta$ の項を大きくして，表皮の不安定性を引き起こしうる．そのような項を含めることにより，とりうる定常状態も変化し，今度は

$$R(c) + \theta_D = 0, \quad \boldsymbol{u} = 0$$

となる．θ_D を例えば定数とすると，これの定性的な効果は図 6.25(b) から容易に見てとれる．θ_D の値を十分大きくとったときに，閾値効果が現れるのは明白だろう．

6.8 表皮組織のメカノケミカルモデル

組織間相互作用が，これら力学モデルからの自然な帰結である理由は明らかである．非一様な真皮細胞の分布が引き金となって，上皮シートのプラコード形成が開始しうる．このシナリオは，乳頭がプラコードに先立って形成されることを示唆するだろう．一方，表皮のモデルもまた，空間パターンを独自に生成でき，歪みを伝達することによって今度は真皮のメカニズムに影響を及ぼし，結果的に真皮のパターンに影響を与えることもありうる．さらに，表皮のモデルでは，（おそらく反応拡散系からの）カルシウムの流入を引き金にして，その一様状態が不安定化することもありうるだろう．したがって，より詳細な実験データのないこの段階では，これらのモデルの研究のみから，プラコードと乳頭がどの順番で現れるのかに関するいかなる結論も引き出すことはできない．しかしながら，真皮—表皮組織間相互作用が非常に自然な形で組み込まれる点は，本モデルの魅力的な特徴である．

細胞質基質モデルの進行波解

Odell et al. (1981) のモデルにおける興味深い特徴の 1 つは，上皮組織の中で収縮波 (contraction wave) が伝播しうることである．直観的には，本節の連続体モデルも似たような振舞いを示すことが期待されるだろう．収縮波の出現は，胚発生の間によく見られる現象なのであった．例えば入門編 13.6 節で，受精後の卵に生じる波を議論したのを思い出されたい．

1 次元の進行波問題は，数値計算により解くこともできるが，パラメータの関数として解の挙動を定めるためには，基本的な定性的振舞いを維持しつつ解析解を得られるように単純化した形の方程式系を考えることもできる．

系 (6.74) の 1 次元版は

$$\mu u_{xxt} + u_{xx} + \tau'(c)c_x - su = 0, \\ c_t - Dc_{xx} - R(c) - \gamma u_x = 0 \tag{6.76}$$

である．ここで，$\mu = \mu_1 + \mu_2$ とおき，μ と s を再定義して $(1+\nu')$ をそれらの中に組み込んだ．いま，波の速度を V とおき，

$$u(x,t) = U(z), \quad c(x,t) = C(z); \quad z = x + Vt \tag{6.77}$$

の形で表される進行波解を探すことができる（入門編 13.1 節を参照）．$V>0$ であれば，それらは x 軸負方向へ進行する波を表す．(6.77) を系 (6.76) に代入すると，

$$\mu V U''' + U'' + \tau'(C)C' - sU = 0, \\ VC' - DC'' - R(C) - \gamma U' = 0 \tag{6.78}$$

が得られる．ここで，$R(C), \tau(C)$ の概形は，定性的にはそれぞれ図 6.25(a)，図 6.24(c) のようである．この系は 4 次元相空間を与えるが，所与の $R(C)$ と $\tau(C)$ に対してその解を求めるためには数値計算に頼らざるをえない．

解析的に進めるために，フィッツヒュー—南雲系（1.6 節を参照）で現れる波に対して Rinzel and Keller (1973) により提案された手法を用いることができる．それには，非線形関数 $R(C), \tau(C)$ に対する区分線形近似が含まれる．この手法により，元の完全な非線形問題において鍵となる定性的特徴を維持しつつ，z の異なる範囲において各々定められた線形系に簡約化できる．その手続きには，各領域の境界における解の接続も含まれている．適切な区分線形関数は，

$$\tau(C) = H(C) - H(C - c_2), \\ R(C) = -C + H(C - c_2) \tag{6.79}$$

の形で表されるだろう．ここで，$H(C-c_2)$ はヘビサイド関数であり，$C<c_2$ のとき $H=0$，$C>c_2$ のとき $H=1$ である．これらの関数形は，$R(c)$ と牽引力 $\tau(c)$ の非線形関数形がもつ主要な定性的特徴

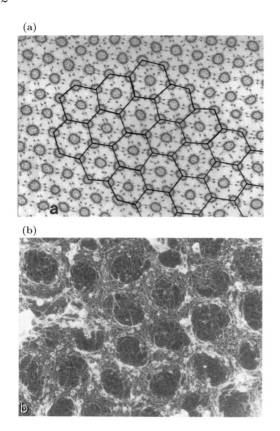

図 6.26 (a) 微絨毛（襞）が削ぎ取られた後に見られる，細胞表面の六角形の配列を示す顕微鏡写真．六角形の配列を強調するために印が付けられている（写真は A. J. Hudspeth の厚意による）．(b) 細胞質側（細胞の内側）から見た，微絨毛の写真．アクチン密度が疎な領域の周りを，帯状の整列したアクチン線維が包み込んでいることに注意されたい（顕微鏡写真は D. Begg の厚意による）．

を保持している．Lane et al. (1987) が関連する問題において用いた解析的・数値的な手続きを，この問題にも適用できるかもしれない——まだなされてはいないが．

Lane et al. (1987) は，フロント進行波 (travelling wave*fronts*) のみを調べた．彼らの解析的なアプローチは，フロント波の後面の解 (wave*back* solution) を考察するのにも用いることができよう．計算は非常に厄介であろうが，原理的にはパルス波解を構成することが可能である．

このモデルの応用の 1 つは，脊椎動物の卵に現れる受精後の波 (post-fertilization waves) に対するものである．これに関しては，入門編 13.6 節でいくらか詳細に議論した．そのときは，とりわけ卵の表面を伝わっていくカルシウム波を扱った．その際，カルシウム波が歪み波に付随して起こることに言及し，本章の研究を示唆した．Lane et al. (1987) は，卵の表面に対応する球面において，本節で記述した細胞質基質のモデルを考察し，受精後の波を念頭におきつつ表面波を調べた．入門編図 13.12 を参照されたい．完全なメカノケミカル細胞質基質モデルと，本節で提示した解析を踏まえて，もう一度入門編 13.6 節を読み直してみると有益である．

6.9 微絨毛の形成

顕微鏡下で細胞表面を観察すると，しばしば微絨毛の群が見てとれる．微絨毛は，細胞膜表面を覆う襞であり，図 6.26 に示すように正六角形に充填されて整列している．Oster et al. (1985a) は，これらのパターンを説明するために 6.8 節のモデルの修正版を提示した．以下で議論するのは彼らのモデルである．

このモデルは，以下の一連のイベントに基づく．まず，おそらくカルシウム濃度の上昇が引き金となって細胞質基質が収縮し始め，それにより一様定常状態が不安定化する結果，空間パターンが生じる．彼らは，観察される規則的な六角形状パターンが本質的には，生成される張力のパターンに関する六角形周期

6.9 微絨毛の形成

解であることを提案した．このようにして確立したパターンは，アクトミオシンの密度が周囲よりも小さな，ずらりと並んだ間隙 (lacunae) あるいは空間 (spaces) の配列を作り出す．この段階になると，浸透圧がこれらの間隙を外側に向かって広げてゆき，微絨毛の形成が開始する．本モデルにおける新たな要素の1つは，この浸透圧を含める点である．

モデルの基礎となる生物学的仮定は，以下のようである：

(i) 細胞の頂端膜の真下にある皮質下領域は，主にアクチンの密なゲルからなる．
(ii) 前述した上皮のモデルと同様に，ミオシン架橋がアクチン線維を連結させる滑り説に基づいて，ゲルは収縮しうる．図 6.23 を参照されたい．

アクチンシートが必ずしも空間的に一様にならず周期的なアクチン線維列を形成しうることが保証されるためには，これらの仮定が十分であることを示そう．アクチン線維のこの再配列は，浸透圧力 (osmotic forces) が微絨毛を成形するための骨格となる．

ここで，Nogawa and Nakanishi (1987) は真皮細胞が最も高い収縮活性をもつと記していることを言及しておく．

いまからモデルを簡単に記述し，1次元の場合の解析のみを与える．多次元への拡張は，以前の節のモデルと同様に行うことができる．ゾル―ゲル転換とカルシウム機構を含む，細胞質基質のメカノケミカルモデルを考察する．この動力学は，保存則と，ゲルに作用する様々な力の釣り合いの式をみたす．しかし，このモデルが有する最も重要な違いは，浸透圧による追加の力が存在することである．このような力は，発生の間によく見られるものである．

細胞質基質は，ゾル $S(x,t)$ とゲル $G(x,t)$ という2つの要素を含む粘弾性連続体からなると考える．その状態はカルシウム $c(x,t)$ によって制御される．ゲルとゾルは可逆的に転移可能である．アクトミオシンのゲルは架橋された線維要素からなり，一方ゾルは架橋されていない線維要素からなる．細胞質基質のとる状態は，ゾル，ゲル，カルシウムの濃度分布と，ゲルにおける歪みの力学的状態 $\varepsilon (= u_x(x,t))$ によって一意に定まる．

ゾル，ゲル，そしてカルシウムは拡散するものと考える．ただし，ゲルには架橋が存在するため，その拡散係数はゾルやカルシウムのそれに比べて十分小さいと考える．さらに合理的に，ゲルとゾルに関する保存則には，対流の流束による寄与（6.2節を思い出されたい）が含まれることを仮定する．

以前のメカノケミカルモデルの研究からの経験に基づけば，S, G, c に関する保存則は

$$\text{ゾル}: \quad S_t + (Su_t)_x = D_S S_{xx} - F(S,G,\varepsilon), \tag{6.80}$$

$$\text{ゲル}: \quad G_t + (Gu_t)_x = D_G G_{xx} + F(S,G,\varepsilon), \tag{6.81}$$

$$\text{カルシウム}: \quad c_t = D_c c_{xx} + R(c,\varepsilon) \tag{6.82}$$

と書ける．ここで，各 D は拡散係数を表し，$R(c,\varepsilon)$ は定性的には式 (6.71) の動力学 $R(c)$ と歪み活性化項（図 6.25 を参照）との和に類似する．式 (6.80), (6.81) における具体的な動力学項の形は，ゾル―ゲル系の保存を反映している．例えば，ゾルの喪失はゲルの増加によって直接補償される．これら2つの方程式系は，1つの微分方程式と，1つの代数方程式（すなわち $G + S = $ 定数）に簡約化できる．関数 $F(S,G,\varepsilon)$ には，あらゆる詳細とゾル―ゲル反応動力学の歪み依存性とが含まれ，

$$F(S,G,\varepsilon) = k_+(\varepsilon)S - k_-(\varepsilon)G \tag{6.83}$$

と書ける．速度定数 $k_+(\varepsilon), k_-(\varepsilon)$ の概形を図 6.27(a) に示す．これらの形はゾル―ゲルの振舞いに一致している．すなわち，ゲルが膨張（ε が増加）すると，ゲルの密度が減少し，ゲル化に関する質量作用（速度定数）が増加する．一方，逆にゲルが収縮すると，ゲルの密度は上昇し，ゾル化に関する速度定数が増加する．このようにして，歪みを増加させながら，ゲル濃度は増加していく可能性がある．図 6.27(b) は，

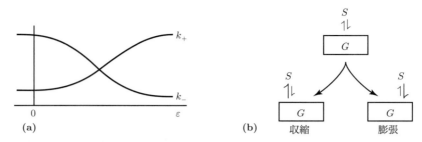

図 6.27 (a) ゲル化速度定数 $k_+(\varepsilon)$ とゾル化速度定数 $k_-(\varepsilon)$ のグラフの定性的な形．(b) 応力のない状態において，ゲル (G) はゾル (S) と化学的平衡にある．ここで，ゲルが収縮するとその密度が上昇し，化学的平衡はゾル相へとシフトする．一方，ゲルが膨張するとその密度は減少し，化学的平衡はゲル相へとシフトする．このように，平衡状態におけるゲルの割合は，歪みに関する増加関数である．矢印の大きさは，収縮・膨張下における相対的な速度定数の変化を表している．

ゾル—ゲルの平衡状態を表している．

物理的な力の釣り合いにおいて，浸透圧は，ゲルに作用する主要な力であり，歪みに関する減少関数である．歪みの定義より $\varepsilon \geq -1$ が示される（例えば，伸びていないときの長さ L_0，伸縮によって長さが L になったゲル片を考えると，歪みは $(L - L_0)/L_0$ で表される．L の最小値は 0 に等しいので，歪みの最小値は -1 である）．$\varepsilon \to -1$ のとき浸透圧は無限大に発散し（正の長さのゲルを空間のないところに閉じ込めることはできないが），一方歪みが大きいと浸透圧の効果は小さくなる．以上から，応力テンソルの寄与

$$\sigma_o = \frac{\pi}{1+\varepsilon}$$

によって，浸透圧力を定性的にモデリングすることができる．ここで π は正のパラメータである．

弾性力は，応力・歪みに関する古典的な線形則に基づくだけでなく，ゲルのもつ長い紐状の性質による長距離効果も含んでいる（6.2 節を参照）．このことは，応力テンソル

$$\sigma_E = GE(\varepsilon - \beta\varepsilon_{xx})$$

によってモデリングできる．ここで，E は弾性係数を表し，$\beta > 0$ は長距離弾性効果の尺度である．6.2 節における長距離効果の議論を思い出されたい．G が含まれているのは，弾性力はゲルの線維を通して作用するので，ゲルの量が多くなればなるほど力も大きくなるからである．弾性力は浸透圧に拮抗する．

ゲルの能動的収縮による寄与は，カルシウム濃度と歪みに依存する．これは

$$\sigma_A = \frac{G\tau(c)}{1+\varepsilon^2}$$

によりモデリングされる．ただし，$\tau(c)$ は能動的牽引の強さを表す尺度であり，カルシウム濃度 c に依存するが，少なくとも c の値が小さいときは c に関する増加関数である．ε に対する依存は，ゲルが膨張する（すなわち ε が大きくなる）と，収縮力がより小さくなるという事実により示唆されている．牽引力もゲル線維を通して作用するので，この場合にも係数 G を掛ける必要がある．

最後に，ゲルは実効的な粘性をもち，それは粘性応力として

$$\sigma_V = G\mu\varepsilon_t$$

となる．ここで μ は粘性係数である．この力もまたゲル線維を通して作用する．

6.9 微絨毛の形成

以上の全ての力が釣り合っているので，連続体に作用する物理的な力の釣り合いの式

$$\sigma_x = [\sigma_o + \sigma_E + \sigma_A + \sigma_V]_x = 0,$$
$$\sigma = \underbrace{\frac{\pi}{1+\varepsilon}}_{\text{浸透圧力}} - \underbrace{GE(\varepsilon - \beta\varepsilon_{xx})}_{\text{弾性力}} - \underbrace{\frac{G\tau(c)}{1+\varepsilon^2}}_{\text{能動的応力}} - \underbrace{G\mu\varepsilon_t}_{\text{粘性応力}} \tag{6.84}$$

が得られる．ここでは，ゲルを拘束する外的な体積力は存在しない．ゲルを膨張させる傾向をもつのは，浸透圧のみであることに注意されたい．

細胞質基質シートに関するこのメカノケミカルモデルは，方程式系 (6.80)–(6.82), (6.84) と，$F(S, G, \varepsilon)$, $R(c, \varepsilon)$ に関する構成関係，そして適切な境界条件と初期条件とからなる．

単純化されたモデル系

この非線形偏微分方程式系がパターン形成能をもつかどうかを示すために，線形理論の下で解析を行う．その方法はこれまで何度も行ってきたのと同様である．しかし，単にこのメカニズムの強力なパターン形成能を示したいだけであれば，その計算は割に合わないほど煩雑・錯雑である．また，完全な系は，数値シミュレーションを行うにしても相当の困難が伴う．したがって，モデルのパターン形成能に焦点を当てるために，主要な物理的特徴を保持した，単純化したモデルを考える．

カルシウムの拡散のタイムスケールが，ゲルの拡散とゲルの粘性応答に比べて非常に速いことを仮定する（すなわち $D_c \gg D_G, \mu$ が成り立つ）．すると式 (6.82) より，(D_c が相対的に大きいので) c は一定と仮定できる．これにより，c は単なるパラメータとなり，$\tau(c)$ の代わりに τ と書ける．ゾルとゲルの拡散係数が等しいと仮定すると，方程式 (6.80), (6.81) から $S + G = S_0$（定数）が導かれ，それゆえ $S = S_0 - G$ が成り立つ．

力の釣り合いの式 (6.84) を積分すると，

$$G\mu\varepsilon_t = GE\beta\varepsilon_{xx} + H(G, \varepsilon) \tag{6.85}$$

が得られる．ここで

$$H(G, \varepsilon) = \frac{\pi}{1+\varepsilon} - \frac{G\tau}{1+\varepsilon^2} - GE\varepsilon - \sigma_0 \tag{6.86}$$

であり，σ_0 は定応力を表す．(6.84) の慣例に従い，その符号は負とする．

方程式 (6.85) は，「反応拡散」方程式の形をしており，$H(G, \varepsilon)$ が「反応項」，歪み ε が「反応物」の役割を果たしている．「拡散」係数は，ゲル濃度と弾性定数 E, β に依存している．

$S = S_0 - G$ の下で，ゲルの方程式 (6.81) は

$$G_t + (Gu_t)_x = k_+(\varepsilon)S_0 - [k_+(\varepsilon) + k_-(\varepsilon)]G + D_G G_{xx} \tag{6.87}$$

となる．無次元量として

$$G^* = \frac{G}{S_0}, \quad \varepsilon^* = \varepsilon, \quad x^* = \frac{x}{\sqrt{b}}, \quad t^* = \frac{tE}{\mu},$$
$$k_+^* = \frac{k_+\mu}{E}, \quad k_-^* = \frac{k_-\mu}{E}, \quad \sigma_0^* = \frac{\sigma_0}{S_0 E}, \tag{6.88}$$
$$D^* = \frac{D_G\mu}{\beta E}, \quad \tau^* = \frac{\tau}{E}, \quad \pi^* = \frac{\pi}{S_0 E}$$

を導入し，表記の簡便のためにアスタリスク ($*$) を省略すると，系 (6.85)–(6.87) は

$$\begin{aligned} G\varepsilon_t &= G\varepsilon_{xx} + f(G, \varepsilon), \\ G_t + (Gu_t)_x &= DG_{xx} + g(G, \varepsilon) \end{aligned} \tag{6.89}$$

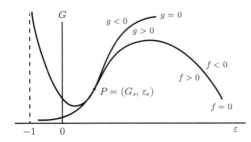

図 6.28 歪み-ゲル「反応拡散」系 (6.89)（動力学関数は (6.90)）に関するヌルクライン $f(G,\varepsilon) = 0$, $g(G,\varepsilon) = 0$. パラメータ値には, G と ε に関する空間非一様な定常状態パターンを生成できるような値を用いた.

となる. ここで,

$$f(G,\varepsilon) = -\sigma_0 + \frac{\pi}{1+\varepsilon} - \frac{G\tau}{1+\varepsilon^2} - G\varepsilon,$$
$$g(G,\varepsilon) = k_+(\varepsilon) - [k_+(\varepsilon) + k_-(\varepsilon)]G \tag{6.90}$$

であり, $k_+(\varepsilon)$, $k_-(\varepsilon)$ の定性的な形は, 図 6.27(a) に示したようである.

「反応拡散」系 (6.89)（動力学関数は (6.90)）は, 第1〜3章において詳細に研究した系に類似しており, この系が幅広いパターンを生成しうることは既知である. これらの解析の大部分において対流は存在しなかったが, 対流が存在すれば, この系が定常状態パターンと波パターンを生成する可能性は増加する. 典型的なヌルクライン $f = 0$, $g = 0$ は, 図 6.28 に描かれたようである. 非自明な定常状態 (ε_S, G_S) が存在することに注意されたい. また,「反応物」である歪み ε は負にもなりえ, 下限 $\varepsilon = -1$ によって抑えられていることにも注意せよ.

いつものように, 系を定常状態の周りで線形化するために

$$(w, v) = (G - G_S, \varepsilon - \varepsilon_S) \propto \exp[\lambda t + ikx] \tag{6.91}$$

と書き, これを (6.89) の線形化系

$$G_S v_t = G_S v_{xx} + f_G w + f_\varepsilon v,$$
$$w_t + G_S v_t = D w_{xx} + g_G w + g_\varepsilon v \tag{6.92}$$

に代入する. ここで f, g の偏微分は, 定常状態 (G_S, ε_S) における値である. これにより, 波数 k の関数として分散関係 $\lambda(k^2)$ が得られる. その分散関係は,

$$G_S \lambda^2 + b(k)\lambda + d(k) = 0 \tag{6.93}$$

の根で与えられる. ただし

$$b(k) = G_S(1+D)k^2 - (f_\varepsilon + G_S g_G - G_S f_G),$$
$$d(k) = G_S D k^4 - (D f_\varepsilon + G_S g_G)k^2 + (f_\varepsilon g_G - f_G g_\varepsilon) \tag{6.94}$$

である. 空間的に非一様な構造を得るためには,

$$\begin{aligned}\operatorname{Re}\lambda(0) &< 0 \iff b(0) > 0, \quad d(0) > 0 \\ \operatorname{Re}\lambda(k) &> 0 \iff \begin{cases} b(k) < 0 \\ b(k) > 0, \quad d(k) < 0 \end{cases} \quad \exists k \neq 0 \end{aligned} \tag{6.95}$$

が必要である. 1つ目の条件から, 定常状態における f, g の偏微分係数に対する条件

$$-(f_\varepsilon + G_S g_G - G_S f_G) > 0, \quad f_\varepsilon g_G - f_G g_\varepsilon > 0 \tag{6.96}$$

が得られる. 一方, 図 6.28 より

$$f_\varepsilon > 0, \quad f_G < 0, \quad g_\varepsilon > 0, \quad g_G < 0 \tag{6.97}$$

であることが見てとれ，条件 (6.96) は，(6.90) の中の f, g に含まれるパラメータに関する条件を与える．いま，空間的な不安定性が生じるためには，(6.95) の2つ目の条件がみたされなければならない．(6.96) の第1式より，(6.94) の $b(k)$ が負になることはないので，パターンが生じうるのは，$d(k)$ が負になりうる場合に限られる．これは，k^2 の係数が負であり，かつ $d(k)$ の最小値が負のときにのみ成り立つ．これより，空間的に不安定なモードが存在するためのパラメータの条件は，

$$Df_\varepsilon + G_S g_G > 0,$$
$$(Df_\varepsilon + G_S g_G)^2 - 4G_S D(f_\varepsilon g_G - f_G g_\varepsilon) > 0 \tag{6.98}$$

と (6.96) とを連立させたものである．G, ε の関数としての f, g の形には，これらの条件がみたされるようなものをとる．

第2章の議論から，このような反応拡散系は，様々な1次元パターンを生み出し，2次元の場合には六角形構造を生成しうることがわかっている．ここでは1次元のモデルのみを考察してきたが，空間2次元の系では確かに六角形状パターンが形成されうる．六角形状パターンを生成するもう1つのシナリオは，6.5節で議論した羽原基の形成のように，パターンが順番に形成される場合である．その際には，各々の列が最初の列から半波長だけずれた位置に形成されるのであった．そのシナリオは，規則的な2次元パターンを生成するという観点からはより安定なプロセスである．

では，微絨毛の形成と図 6.26 に話を戻そう．アクトミオシン線維によって生成された張力は，応力の方向に沿ってゲルを整列させる．このようにして，収縮するゲルは，六角形に整列された線維からなる張力構造を作り出す．すると，隣り合う密な領域の間の領域では，ゲルが使い果たされ，細胞の内部に常に存在している浸透圧膨張にあまり耐えられなくなる．本節の始めに言及したように，これらの場所では，この圧力がシートを押すことで初期の微絨毛形成を促すことが示唆される．こうしてできるパターンを図 6.26 に示す．これらが，モデルメカニズムから生成される定常状態パターン解である．

6.10 複雑なパターン形成と組織間相互作用モデル

多くの爬虫類動物では，表皮性の鱗とその下層の皮骨板 (osteoderm)（骨様の皮膚板）のそれぞれにおいて，複雑な空間パターンが見られる．両者のパターンは高い相関性を有するものの，サイズに関する単純な一対一対応の関係は見られない．いくつかの具体例を図 6.29 に示す．図 6.30 の例が示すように，互いに異なる基本波長をもつ2つのパターンの重ね合わせから構成されるように見える，規則的な鱗のパターンも存在する．

多数の真皮―表皮組織再結合研究（例えば Rawles (1963), Dhouailly (1975), Sengel (1976) など）によって，皮膚パターン形成の際における，上皮層と間葉層の間の教示的な相互作用 (instructive interaction) の重要性が，明確に示されている．Dhouailly (1975) は，哺乳類（マウス），鳥類（ニワトリ），爬虫類（トカゲ）という脊椎動物の3つの綱に対して，異種間の表皮組織と真皮組織とを連結させることにより，組織間相互作用を調べた．彼女の組織再結合実験の結果は，真皮から発せられた情報が，表皮において形成されるパターンに影響を及ぼすことを示唆している．例えば，ニワトリの真皮は，いかなるタイプの表皮に移植してもその表皮特異的な付属器官を生成するが，その典型的な形，サイズ，および分布は羽原基形成に見られるものと同様である．

6.5節では，真皮乳頭を生成するための力学的メカニズムを提示した．また，6.8節のモデルを用いることにより，プラコードを連想させる空間パターンを生成することも可能である．Nagorcka (1986) は，毛髪線維などの付属器官そのものを形成させるメカニズム (Nagorcka and Mooney (1982, 1992), Nagorcka and Adelson (1999)) だけではなく，原基の形成開始と発生に関する反応拡散メカニズムも提案した (Nagorcka (1988), Nagorcka and Mooney (1985, 1992) も参照されたい)．

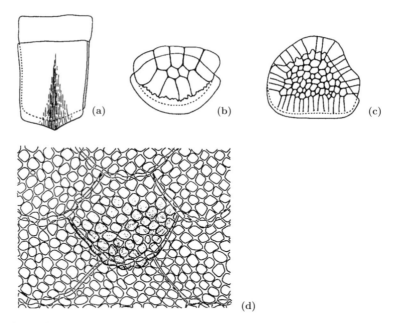

図 6.29 皮骨板（骨質の皮膚板）とその上層にある表皮性の鱗板との間に見られる，様々な関係の例．(Otto (1908) より．) (a) ヨロイトカゲ (*Zonurus cordylus*) の背部．(b) スキンク（小さなトカゲ）*Scincidae* 科 *Chalcides* (*Gongylus*) *ocellatus* の背尾部．(c) クスリトカゲ (*Scincus officinalis*) の排泄腔（肛門）部．(d) 広く観察されるヤモリ (*Tarentola mauritanica*) の腹部．大きな表皮性の鱗の１つが，網掛けで示されている．小さな構造が皮骨板である (Nagorcka et al. (1987) より)．

組織間相互作用のモデルが開発されるまで，古典的な反応拡散メカニズムは図 6.29 や図 6.30 に描かれたような複雑な空間パターンを生成できないと考えられていた．（パラメータを空間依存的にするのは満足できる方法ではない——それはパターンの存在を最初に決めてしまうからである．）図 6.30 のパターンは，隣り合う小さな鱗間の長さ λ_s と隣り合う大きな鱗間の長さ λ_l を比べるとわかるように，波長が少なくとも２倍以上異なるような２つのパターンの重ね合わせとみなせるかもしれない．

これらの複雑なパターンが示しているのは，表皮と真皮に関するメカニズムを結合させた相互作用メカニズムによって生成されうるパターンを調べる必要があることである．Nogawa and Nakanishi (1987) の研究はまさにこれを実証している．

1990 年代初頭から，相互作用を考慮に入れたいくつかの研究がなされてきた．Nagorcka (1986) は，皮膚の器官原基の形成開始を説明するための組織間相互作用のメカニズムを初めて提案した．彼のモデルは，真皮における化学スイッチのメカニズムによって制御される，表皮の反応拡散系からなる．モルフォゲン濃度の空間的なプレパターンが表皮において形成されると，それはその後表皮細胞のパターン形成に対する位置情報として寄与し，真皮細胞の凝集を引き起こす．Nagorcka and Mooney (1982, 1985, 1992 など) により，モデルに修正が施され，関連するモデルが開発された．Nagorcka et al. (1987) は，真皮の力学的細胞牽引モデルと，表皮を起源とする反応拡散メカニズムとが相互作用するような，統合メカニズムによるパターン形成の性質を考察した．彼らのモデルでは，表皮におけるモルフォゲン濃度が，真皮における何らかの力学的な性質を制御する．同様に真皮細胞は，表皮におけるモルフォゲン産生を引き起こす因子を分泌する．彼らは，その組織間相互作用モデルから，統合メカニズムによる単一のパターンとして図 6.30 に似た規則的で複雑な空間パターンが形成されうることを，数値計算により示した．これは，Shaw and Murray (1990) により行われた，類似する系の詳細な解析的研究でも裏付けられた．これらの複合モデルでは，各々のサブモデルが目的とする任意の波長の空間パターンを生成しうる．ゆえに，それ

6.10 複雑なパターン形成と組織間相互作用モデル

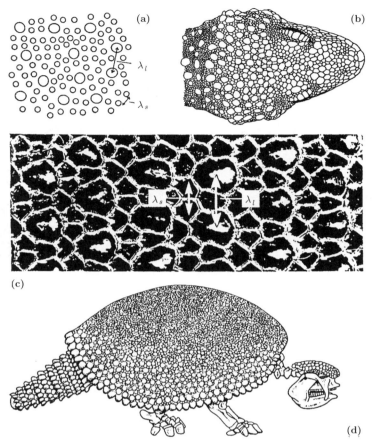

図 6.30 (a) 抱卵 12 日後に，（広く観察される）オオバン (*Fulic atra*) の嘴の下の皮膚領域に見られるような，小さな長さと大きな長さという 2 つの基本単位によって構成される羽パターンの例．2 つの波長，すなわちそれぞれ小さな羽嚢間の長さ λ_s と大きな羽嚢間の長さ λ_l が，パターンに関連している (Gerber (1939) より)．(b) トカゲ（ヤモリ科 *Cyrtodactylus fedschenkoi*) の背頭部に見られる，典型的な小さな鱗と大きな鱗 (Leviton and Anderson (1984) より)．部位による配列のばらつきは，比 λ_s/λ_l により定量化できる．(c) この例では，小さな表皮性鱗と大きな表皮性鱗が，その下層にあり二次真皮性甲を形成する骨質の鱗甲（皮骨板）に対して，一対一対応の関係にある．これは少なくともアルマジロのいくつかの種において見られ，ここで示したのは *Dasypus novemcinctus* のものである．(d) アルマジロの祖先にあたる *Glyptodon* の甲羅に見られる骨質の鱗甲 (Romer (1962) より)．（以上は Nagorcka et al. (1987) より引用．）

らを適切に結合した完全なモデルは，2 つの異なる波長のパターンを重ね合わせたものを生成しうる．その結果，図 6.30 に示す爬虫類の鱗パターンが形成される．

統合メカニズムにおける分散関係は，各々が不安定な波数の組をもつがその波数帯は異なるような，2 つの独立な分散関係を含んだものとみなせる．結合が弱い場合，複合メカニズムは，2 つのメカニズムのそれぞれを独立に特徴づける波長であるおよそ λ_s と λ_l に等しい波長をもつ摂動に対して不安定化する，と考えるのが妥当である．各々のメカニズムに固有の波長が互いに大きく異なれば，得られるパターンは図 6.30 のそれに類似したものとなる．観察されるパターンは，2 つの異なる不安定波数帯により特徴づけられる分散関係をもつような，いかなる 2 つのメカニズムからも形成されうるかもしれない．力学モデルも，そのような分散関係を与えることがある．例えば，図 6.9(e) を参照されたい．

さて，従属変数ベクトルを m とし，$F(m) = 0$ で記述される一般的な系を考える．この系には，一様

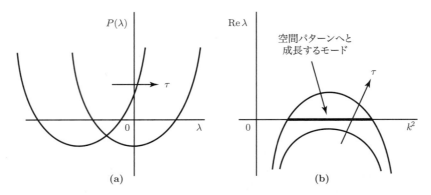

図 6.31 力学的メカニズムの場合に，我々が用いた分岐パラメータの1つは，細胞牽引 τ であった．細胞牽引が増加すると，典型的な特性多項式 $P(\lambda)$（λ の関数）は，最終的に (a) のように軸を横切り，これは，(b) に示すように，λ が正の実部をもつような空間的に非一様な解が存在することを示す．分散関係 $\lambda(k^2)$ は，線形不安定な波数帯を与え，また1次元の状況においては，しばしば最終的な定常状態解に関する予想を与える．その最終的な定常状態解とは，最速で線形成長するモードによるパターンであることが多い．

定常状態 $m = m_0$ があると仮定する．いつものように，この系の線形化系における一様な解の周りで

$$w = m - m_0 \propto \exp(\lambda t + i\bm{k} \cdot \bm{x})$$

の形で表される摂動を探す．ここで，$\bm{k}$ は線形の撹乱の波数ベクトルを表す．これにより，λ に関する特性方程式 $P(\lambda) = 0$ が得られ，これの解が分散関係 $\lambda(\bm{k}, \bm{p})$ を与える．ただし，$\bm{p}$ は系のパラメータの組を表す．系のメカニズムが空間パターンを生成しうる場合，ある波数 $\bm{k}$ の範囲と適切なパラメータの組をとることができて，その下で $\mathrm{Re}\,\lambda > 0$ が成り立ち，これらの波数のモードが時間とともに指数関数的に成長することがわかる．図 6.31 に典型的な状況の一例を示す．このメカニズムにおける非線形的な寄与を考慮に入れた場合でも，これらの線形不安定なモードは空間非一様な定常状態解へと発展していく．我々は既に，空間的に非一様なパターンが生成されるような，特性多項式，分散関係，パラメータ空間を多数見てきた．

単一パターンの形成メカニズムの場合の基本的なシナリオでは，規則的な平面充填パターンが生じるか，あるいは領域が十分大きければ，ランダムな初期条件から非常に不規則なスポットパターンへと発展することもありうる．1次元の場合，最終的なパターンの波長あるいは波長帯は，一般的には，分散関係から予想される不安定波長帯の中に含まれる．いま，皮膚の器官原基の形成が，真皮と表皮との間の相互作用のプロセスであることを理解するために，2 つのパターン発生器を結合させることによる効果を考えよう．どちらの組織も，単独で空間パターンを生成しうることを仮定する．

表皮と真皮におけるパターン形成のメカニズムを，それぞれ $\bm{F}_E(\bm{m}_E) = 0$, $\bm{F}_D(\bm{m}_D) = 0$ と書く．各メカニズムは，パターン形成を起こす分散関係を与えうるとする．いま，各組織による生成物が，相互に影響を及ぼし合うことを仮定する．例えば，表皮は反応拡散メカニズムを，真皮は力学的メカニズムをもつと仮定しよう．真皮のモデルにおける細胞牽引は，表皮から拡散するモルフォゲンによる影響を受ける．一方，真皮は，モルフォゲン産生に影響を及ぼすような，組織の収縮を引き起こす．ここで，相互作用の強さのパラメータを δ, Γ と書くと，真皮−表皮結合系は

$$\bm{F}_E(\bm{m}_E, \bm{m}_D; \delta) = 0, \quad \bm{F}_D(\bm{m}_D, \bm{m}_E; \Gamma) = 0$$

により表される．この系は一様定常状態をもち，その定常状態の周りで線形解析を行うことができて，それにより組織間相互作用の効果を強調できる．典型的なパターン形成系，とりわけ Nagorcka et al.

6.10 複雑なパターン形成と組織間相互作用モデル

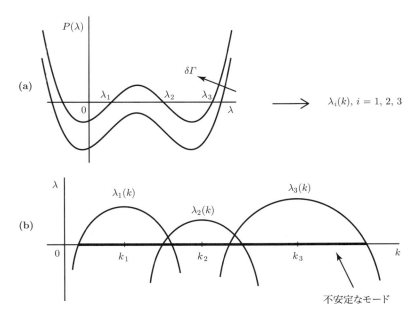

図 6.32 (a) 組織間相互作用モデルメカニズムにおける,典型的な複合特性多項式.対応する分散関係を (b) に示す.相互作用パラメータ δ と Γ を増加させると,線形不安定なモードをもつ様々な $\lambda(k)$ が励起され,より複雑な空間パターンが生成されうることに注目されたい.

(1987) により研究された系では,結合系の特性方程式は

$$P(\lambda) = P_D(\lambda)P_E(\lambda) - \delta\Gamma I(\lambda) = 0 \tag{6.99}$$

の形で表される.ここで,$I(\lambda)$ は λ に関する多項式であり,$P_D(\lambda), P_E(\lambda)$ はそれぞれ 2 種類の組織の単独でのメカニズムにおける特性多項式を表す.この多項式 $P(\lambda)$ は,少なくとも 4 次以上になることが多く,その根は相互作用モデルの分散関係を与える.相互作用の強さは,積 $\delta\Gamma$ によって定量される.典型的な特性多項式と,それに対応する分散関係の概形を,図 6.32 に示す.

各々の $\lambda_i(k)$ に関する支配的なモードを k_i とおくと,線形化系の解は

$$\begin{pmatrix} \boldsymbol{m}_E - \boldsymbol{m}_E(0) \\ \boldsymbol{m}_D - \boldsymbol{m}_D(0) \end{pmatrix} \sim e^{\lambda(k_1)t + ik_1 x}\boldsymbol{a}_1 + e^{\lambda(k_2)t + ik_2 x}\boldsymbol{a}_2 + \cdots \tag{6.100}$$

に従う.ここで,$\boldsymbol{m}_E(0), \boldsymbol{m}_D(0)$ は結合系の一様定常状態である.これより,解は図 6.32 におけるいくつかの支配的な不安定モードの重ね合わせであることがわかり,さらに波数 k_1 と k_3 のモードの成長が,波数 k_2 のそれよりも大きいので,最終的なパターンは,波長が $2\pi/k_1$ と $2\pi/k_3$ であるような 2 つのパターンの重ね合わせになることが示唆される.Nagorcka et al. (1987) によって研究された完全な非線形系,すなわち反応拡散メカニズムと力学的メカニズムを結合させた系,に対して数値シミュレーションを行った結果,パターン形成系の状態が,一様な状態から空間的な構造が現れる分岐点近傍にあるとき,確かに以上が成り立つことが示された.真皮のモデルに関して,彼らが用いた具体的な力学的な系は,モデル (6.22)–(6.24) の修正版,すなわち

$$\begin{aligned} n_t &= D_1 \nabla^2 n - \alpha \nabla \cdot (n \nabla \rho) - \nabla \cdot (n \boldsymbol{u}_t), \\ \nabla &\cdot [(\mu_1 \boldsymbol{\varepsilon}_t + \mu_2 \theta_t \mathbf{I}) + (\boldsymbol{\varepsilon} + \nu' \theta \mathbf{I}) + \tau(n, V, \rho)\mathbf{I}] = s\rho \boldsymbol{u}, \\ \rho_t &+ \nabla \cdot (\rho \boldsymbol{u}_t) = 0 \end{aligned} \tag{6.101}$$

である.ここで,細胞牽引は,表皮の基底膜から発せられるモルフォゲン V に依存し,

$$\tau(n, V, \rho) = \tau n(\rho + \gamma \nabla^2 \rho)\frac{1 + \Gamma(V - V_0)}{1 + \lambda n^2} \tag{6.102}$$

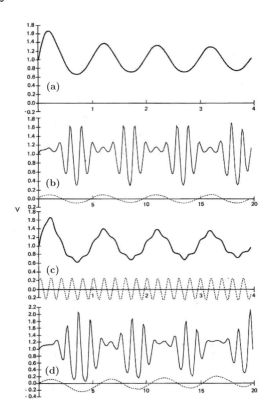

図 6.33 1 次元反応拡散系 (6.103) の V (実線) に関する解が, (a), (b), (c) に示されており, これらには真皮による強制の効果が現れている. パラメータ値は $D_V = 0.1$, $D_W = 4.5$, $A = 0.25$, $B = 0.75$ であり, 固定境界条件が用いられた. (a) では真皮による (表皮への) 影響がなく, すなわち $\delta = 0$ であるのに対し, (b) では $\delta = 0.4$, (c) では $\delta = 1.0$ が用いられた. 破線で示した曲線は, 強制関数 $A\delta(n-n_0)$ を示している. (d) では, 統合系 (6.101)–(6.103) のうち方程式 (6.101) と (6.102) とを簡略化した系について, その解が示されている. ただしパラメータ値は, $D_1 = 1.0$, $\mu_1 + \mu_2 = 5614$, $s = 0.22$, $\tau = 500$, $\lambda = 0.3$ である. 相互作用パラメータは, $\delta = 8.0$, $\Gamma = 0.1$ である. 簡約化した系では, 基質密度 ρ の効果が無視されており, すなわち $\alpha = \gamma = 0$, $\rho = \rho_0 = 1.0$ が成り立ち, かつ ρ に関する方程式は不要である. この場合もモルフォゲン V (実線) と $A\delta(n-n_0)$ (破線) が示されているが, これは解の一部である. 横軸は, V の波長を単位とした距離を表す (Nagorcka et al. (1987) より).

により与えられる. 各パラメータは, 以前の節におけるのと同様の意味をもつ.

表皮の基底膜に関して, 彼らが用いた反応拡散系は,

$$V_t = D_V \nabla^2 V + V^2 W - V + A[1+\delta(n-n_0)],$$
$$W_t = D_W \nabla^2 W - V^2 W + B \tag{6.103}$$

である. ここで A, B は定数であり, n_0 は系 (6.101) の定常状態解である. δ, Γ は 2 つの系の間の相互作用に関する尺度である. この相互作用モデルは, まさに式 (6.99) の形の特性方程式を与える.

Nagorcka et al. (1987) と Shaw and Murray (1990) は, $\delta \neq 0$, $\Gamma = 0$ の場合や $\delta = 0$, $\Gamma \neq 0$ の場合などの状況を考察した. $\delta \neq 0$, $\Gamma = 0$ のとき, 表皮は真皮に影響を及ぼすが逆は及ぼさないのに対し, $\delta = 0$, $\Gamma \neq 0$ のとき, 真皮は表皮に影響を及ぼすがその逆は及ぼさない. どちらの場合も, 解かなければならないのは 1 つのモデル方程式系のみである. 彼らはさらに, 表皮と真皮が互いに影響を及ぼし合う $\delta \neq 0$, $\Gamma \neq 0$ の場合も調べた. その場合には, 完全な相互作用系を解かなければならない.

図 6.33(d) におけるパラメータの下で完全な統合系を解いた結果は, 図 6.33(b) におけるパラメータの場合の結果とさほど変わらない. どちらも, n に関する低周波数の変動が, V に関する空間パターンに対して大きな変化を生み出している. V に関する高周波数の変動は, 真皮細胞密度 n に対してほとんど影響を及ぼさない. これらのシミュレーションにおいて, 波数は $k_V \gg k_n$ の関係をみたす. 一方, もし $k_V \ll k_n$ となるようなパラメータを選んだ場合には, V の変動が小さくなり, n の変動は大きくなると期待される.

これらの結果が示すのは, 2 つのメカニズム単独の波数の相対的な大きさに依存して, 真皮が表皮に与える影響, あるいはその逆の影響のどちらかをしばしば無視できることである. (例えば, k_n が k_V に比べて顕著に大きい場合, 真皮が表皮に与える影響を無視できる.) Nagorcka et al. (1987) は, 図 6.29 と図 6.30 のパターンに関連した 2 次元のシミュレーションを行う際, この事実を効果的に活用した.

6.10 複雑なパターン形成と組織間相互作用モデル

組織間相互作用メカニズム：細胞接着分子 (CAM)

これまでに議論した相互作用のモデルは，様々な詳細の生物学的仮説に基づいている．実際のプロセスがどのようなものかは判明しておらず，鍵となる要素さえ全てがわかっているわけではない．ここで，主に Gallin et al. (1986) による実験研究に基づいた別のモデルを記述する．彼らは，ニワトリの皮膚における神経細胞接着分子 (N-CAM) のバランスを乱すと，羽原基のパターン形成において劇的な変化が生じることを見出した．このことは今度は，表皮も真皮のパターンに影響を及ぼしうることを意味する．それのみならず，彼らの結果は，シグナル伝達のプロセスに細胞接着分子 (CAM) が関与することを示唆しているようだ．

上皮と間葉の間で指令をやりとりするためには，基本的には2種類の方法がありうる．1つ目は傍分泌シグナリング (paracrine signalling) などの化学的なシグナリングを介したもので，2つ目は互いに直接接触している上皮細胞と真皮細胞との間の力学的相互作用を介したものである．どちらか一方が関与することもあれば，両方が関与することもありうる．そこでここでは，Chuong and Edelman (1985) の実験研究に基づいた，CAM の関与する全く異なるメカニズムを記述する．彼らは，L-CAM 陽性表皮細胞によって産生される特定の因子——おそらくホルモンやペプチドだろう——が，真皮凝集の形成の引き金となることを示唆している．この因子は走化性物質として作用するようであり，N-CAM の発現を刺激して，N-CAM により結びつけられた乳頭を誘導する．これは，Gallin et al. (1986) による結果と一致している．Dhouailly (1975) による組織再結合実験の結果は，真皮で産生されたシグナルが表皮のパターン形成に関与することも示唆している．ゆえに，Chuong and Edelman (1985) は，表皮プラコードの形成が，発生途中の真皮凝集体が産生する因子によって誘導されることを提案した．誘導因子が修飾されることによって真皮凝集が止まると，羽原基の形成が完了する．これらの因子は，近傍の組織においてはまだ活性を維持しているので，周期的な羽原基パターンが自己伝播的に形成されるのだろう．

Cruywagen and Murray (1992) は，以下で詳細に記述する，組織間相互作用のモデルを開発した．このモデルは，Gallin et al. (1986) による研究に基づいており，その概略は図 6.34 に描かれている．

このメカニズムは7つの変数を含んでおり，反応拡散走化性系と力学的メカニズムが組み込まれている．時刻 t，位置 $\boldsymbol{x}$ において，表皮に関する変数は以下のように書ける：

$N(\boldsymbol{x},t) =$ 表皮細胞密度,
$\boldsymbol{u}(\boldsymbol{x},t) =$ 初めに位置 $\boldsymbol{x}$ にあった表皮の物質点に関する変位,
$\hat{e}(\boldsymbol{x},t) =$ 表皮中で産生されるモルフォゲンの表皮内濃度,
$\hat{s}(\boldsymbol{x},t) =$ 真皮から分泌されるモルフォゲンの表皮内濃度.

同様にして，真皮に関する変数も以下のように書ける：

$n(\boldsymbol{x},t) =$ 真皮細胞密度,
$e(\boldsymbol{x},t) =$ 表皮から分泌されるモルフォゲンの真皮内濃度,
$s(\boldsymbol{x},t) =$ 真皮中で産生されるモルフォゲンの真皮内濃度.

表皮層において特異的なモルフォゲン変数とパラメータは，ハット ($\hat{\cdot}$) で明記することによって，真皮層におけるそれらから区別される．

図 6.34 は以下に述べるシナリオをイラストに要約したものであり，理解の助けになる．上皮シートを2次元の平衡状態にある粘弾性連続体 (6.8 節を思い出されたい) とみなし，対流によってのみ移動すると考える．表皮細胞によって分泌される表皮内のモルフォゲン $\hat{e}(\boldsymbol{x},t)$ は，濃度の高い表皮内から，基底膜を通して濃度の低い真皮内へと拡散することを仮定する．すると真皮内では，モルフォゲン $e(\boldsymbol{x},t)$ が真皮細胞に対する化学誘引物質として作用し，真皮細胞の凝集を誘導して乳頭を形成する．同様にモルフォ

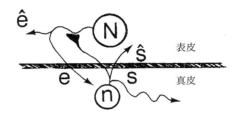

図 6.34　Cruywagen and Murray (1992) の組織間相互作用モデルの概略図．真皮細胞 n により産生されるモルフォゲン s は，表皮へと拡散していく．表皮に拡散したものは $\hat{s}$ によって表す．表皮内で $\hat{s}$ は細胞牽引を増加させ，細胞の凝集を引き起こす．同様にして，表皮細胞 N により産生される $\hat{e}$ は，真皮へと拡散していく．真皮に拡散したものは e によって表す．真皮では，e が真皮細胞に対する化学誘引物質として働き，真皮の凝集が引き起こされる．

ゲン $s(\boldsymbol{x},t)$ は，真皮細胞によって産生されるシグナルであり，これは基底膜を通して表皮層へと拡散していく．表皮に到達すると，そのモルフォゲンは $\hat{s}(\boldsymbol{x},t)$ によって表されるが，それは細胞牽引を増加させ，最終的にプラコード形成を誘導する細胞凝集を引き起こす．

図 6.34 に描かれた相互作用メカニズムの概略は，一見単純に見えるかもしれないが，そのモデルは実際には非常に複雑である．上記の定性的な説明を反映させた完全な方程式系を与えよう．これは，過度な単純化によってときに重要な側面が無視されうることを示すためでもある．モデルにおける様々な部分は，6.2 節と 6.8 節において既に導出したメカニズムと，反応拡散走化性方程式に基づく．

表皮に関しては，

$$\frac{\partial N}{\partial t} = -\underbrace{\nabla \cdot \left[N \frac{\partial \boldsymbol{u}}{\partial t} \right]}_{\text{対流}},$$

$$\nabla \cdot \left[\underbrace{\mu_1 \boldsymbol{\varepsilon}_t + \mu_2 \theta_t \mathbf{I}}_{\text{粘性}} + \underbrace{E'\left\{(\boldsymbol{\varepsilon} - \beta_1 \nabla^2 \boldsymbol{\varepsilon}) + \nu'(\theta - \beta_2 \nabla^2 \theta)\mathbf{I}\right\}}_{\text{弾性}} + \underbrace{\tau \hat{s}^2 (1+c\hat{s}^2)^{-1}\mathbf{I}}_{\text{細胞牽引}} \right] - \underbrace{\rho \boldsymbol{u}}_{\text{体積力}} = 0,$$

$$\frac{\partial \hat{e}}{\partial t} = \underbrace{\hat{D}_{\hat{e}} \nabla^2 \hat{e}}_{\text{拡散}} + \underbrace{f(N,\hat{s})}_{\text{産生}} - \underbrace{P_e(\hat{e}-e)}_{\text{真皮へのシグナル}} - \underbrace{\hat{\gamma} \hat{e}}_{\text{分解}}, \qquad (6.104)$$

$$\frac{\partial \hat{s}}{\partial t} = \underbrace{\hat{D}_{\hat{s}} \nabla^2 \hat{s}}_{\text{拡散}} + \underbrace{P_s(s-\hat{s})}_{\text{真皮からの寄与}} - \underbrace{\hat{\nu} N \hat{s}}_{\text{分解}}$$

が得られる．ただし，$\hat{D}_{\hat{e}}, \hat{D}_{\hat{s}}, \beta_1, \beta_2, P_e, P_s, \rho, \tau, \hat{\gamma}, \hat{\nu}, c$ は定数であり，再生産関数 $f(N,\hat{s})$ は N について増加関数，$\hat{s}$ について減少関数であるが，その具体的な形は重要ではない．(6.104) の第 1 式と第 2 式は，細胞牽引がモルフォゲン依存的であるように (6.7) と (6.72) における c を $\hat{s}$ に置き換えた方程式に等しい．またこの場合には，弾性項に関する長距離効果が重要となりうるので，それをモデルに含めた．第 3 式と第 4 式は，先ほどの生物学的シナリオに基づいて導入された各項からなる，典型的な反応拡散方程式である．

6.10 複雑なパターン形成と組織間相互作用モデル

真皮に関する方程式は,

$$
\begin{aligned}
\frac{\partial n}{\partial t} &= \underbrace{D\nabla^2 n}_{\text{拡散}} - \underbrace{\alpha \nabla \cdot n\nabla e}_{\text{走化性}} + \underbrace{rn(n_0 - n)}_{\text{細胞分裂}}, \\
\frac{\partial s}{\partial t} &= \underbrace{D_s \nabla^2 s}_{\text{拡散}} + \underbrace{g(n,e)}_{\text{産生}} - \underbrace{P_s(s - \hat{s})}_{\text{表皮へのシグナル}} - \underbrace{\nu N s}_{\text{分解}}, \\
\frac{\partial e}{\partial t} &= \underbrace{D_e \nabla^2 e}_{\text{拡散}} + \underbrace{P_e(\hat{e} - e)}_{\text{表皮からの寄与}} - \underbrace{\gamma n e}_{\text{代謝}}
\end{aligned}
\quad (6.105)
$$

のように書ける.ここで,D_e, D_s, γ, ν は定数である.またこの場合も,$g(n,e)$ の詳細な形は重要ではないが,これは s の産生を反映しており,n についての増加関数である.これらの方程式は,典型的な反応拡散方程式ではあるが,第1式は走化性の項も含む.再度強調するが,この一般的な形は先ほどの生物学的記述に基づいている.

これらのモデル方程式は,Cruywagen and Murray (1992) によって数値的に解析された (Cruywagen (1992) も参照).彼らはまた,6.4節に記した方程式数を減らすための考え方を用いて,微小歪み近似を行った系に対して非線形解析も行った.さらに彼らは,いくつかの定常状態解についても調べている.そして適切なパラメータ値を見つけるために,LPS法 (Bentil and Murray 1991) を用いた.ここではそのような解析を行うことはしないが,通常の線形解析を行うだけでも多くの有益な情報が得られる.それは読者への演習問題として残しておく(計算は複雑である).線形解析からわかることは,双方向の相互作用が,空間的なパターン形成にとって不可欠ということである.実際,空間パターンが発展するためには,化学シグナルによって誘導される表皮の牽引と真皮の走化性が大きく,各細胞の代謝が小さく,基底膜を通した化学物質の拡散が速いことが必要である.また,一貫したパターンを生成する上で,長距離の弾性復元力も重要であることが判明している.

このモデルは Cruywagen et al. (1992, 1993, 1994, 2000) によっても研究された.彼らは,そのモデルが逐次的なパターンを生成しうるかどうかに関心があった.前述したように,羽原基の形成は背側正中線から広がっていくのであった.そのようなパターン形成は確かに可能である.彼らは,再び戯画的なモデル (caricature model) を用いた.そのようなパターンの広がる速度と波長を定めるのは,困難だがやりがいのある問題である.この問題は,第3章で議論した走化性の波の問題よりもかなり難しい.以前に言及した Nagorcka et al. (1987) による他の相互作用モデルでも,効果的に2つのパターン発生器が結合している.

パターンのロバストネスと形態形成

発生には多数のプロセスが関与する.そのプロセスの多くは,遺伝子や細胞,組織などの様々なレベルで同時に起こる.驚くべきなのは,最終的な動物の(多かれ少なかれ似た)複製 (copies) を作り出すために,各々のプロセスが非常によく組織化されていることである.全体のプロセスは,目を見張るほどロバストである.特定のパターンに対するパラメータ領域について第2章などで議論した際にも,このことに触れた.また第4章で調べたように,そのパラメータ領域のサイズは,メカニズムがロバストであることの1つの指標であった.

有界範囲で興奮的な空間モードをもつような単一パターン形成モデルについての主要な問題の1つは,異なる波長をもつ2つ(以上)の異なる空間パターンの組合せにより構成されるような,複雑なパターンを生成しうるのかどうかということである.鱗パターンの多くでは,小さな鱗に囲まれた大きな鱗からなるような規則的な配列が見られる.アルマジロや多くのトカゲの外皮におけるパターンの例を,図6.30に示す.もし仮に,1種類のサイズの鱗しかないならば,原基のもつそのようなパターンを生成するため

には，目的のモードを与える単一パターン発生器でも十分だろう．単一パターン生成メカニズムが，目的とする2つのモードをおおよそ均等に与えるならば（既に見てきたように，先ほど議論した力学モデルにおいてそのような状況が見出される[†6]），最終的なパターンは初期条件に依存するだろう．発生中の生命体に存在するランダムさを考慮すれば，形成されるパターンは，両者の鱗パターンがランダムに分配されたものとなるだろう．

鱗や羽原基などの多くの器官発生において，組織間相互作用がきわめて重要であることには明らかな証拠があり，それゆえ，まさに Nagorcka et al. (1987) が行ったように，組織間相互作用系のモデルメカニズムのパターン形成能を調べるのは適切であると思われる．我々は，反応拡散パターン発生器と，もう1つのパターン発生器からの入力を表す空間変動する強制項，の2つを結合させたときの効果を調べた．これは，各々が目的とするパターン波長をもつような，2つのメカニズムを結合させた場合に対するモデルであった．Cruywagen-Murray (1992) モデルは，皮膚の器官原基に現れる複雑かつ規則的なパターンを生成するための完全な組織間相互作用モデル系である．Cruywagen と Murray は，（表皮と真皮の）両方のメカニズムがパターン形成過程において同時に関与することを示した．また，彼らのモデルからは，先ほど示したトカゲの外皮に見られるような規則的で複雑なパターンが形成された．

Murray (1990) による議事録記事（Cruywagen and Murray (1992) も参照されたい）では，生物学的・数学的観点の両方から組織間相互作用モデルを簡潔にまとめている．彼らは，2つのメカニズムの間の相互作用の強さに応じて，空間モードの選択がどのように変化するのかを示した．メカニズムを結合した場合に生成されるパターンは，どちらか片方のメカニズム単独により生成されるものよりも多様になるだろう，と考えるのは妥当であろう．このことは，先ほどの単純な線形理論からも予想されるかもしれない．しかし，一様な状態からの分岐近傍における非線形解析（Shaw and Murray (1990) を参照されたい）によれば——線形理論に基づく指数関数的成長の観点からは，その他のモードも定量的にはそのモードに近いかもしれないのとは対照的に——特定の1つのパターン，すなわち支配的に線形成長するモードが選択された．完全な非線形系に対する広範な数値シミュレーションによれば，とりうる解の多様性は常に非常に限られていた．すなわち，興奮的なモードの数は大いに減少していた．複合メカニズムによるパターンの多様性は，しばしば各々の発生器によって生成されうる各々のパターンを2つ足し合わせたものに比べて非常に狭いのである．このことは，組織間相互作用における最も興味深い側面の1つである．実際，Murray (1990) が指摘しているように，理論的にありうるパターンのうち，非常に限られた特定のサブセットに強く引き寄せるような吸引域が存在するようだ．非線形性とメカニズムの結合によって，特定のパターンに対する吸引力が強くなるのは明らかである．

典型的な組織パターン形成メカニズムが結合された場合に，とりうるパターンの数が減少することに関しては，重要な例外が存在する．疑う余地のない例外の1つは，どちらのメカニズムも単独ではパターンを生成できないものの，それらを結合するとパターンを生成するような場合である (Shaw and Murray 1990)．Cruywagen-Murray モデルはもう1つの例外ではあるが，そのモデルでは結合がメカニズムに本来備わっている部分であるとしており，組織間相互作用モデルではあるものの実質的には1つのメカニズムからなる．

空間非依存的な振動子の場合，それらを結合すると，特定の周期への位相同期が起きることはよく知られている．ここで起こっていることは，**空間位相同期 (space phase locking)** の一種である．本節および本節中の参照文献では，複数のモードの結合によって，モードの対称性が破れうることがわかる．さらなる複雑性を導入する代わりに，各々が独自の吸引域をもつような複数のパターン発生器を結合することは，実際にはとりうるパターンの種類を減少させる効果をもつ．それだけではなく，シミュレーションの結果によっても，これらのパターンが，片方のメカニズム単独によって生成されるパターン解と比べて，

[†6] （訳注） 図 6.9(e) を参照されたい．

6.10 複雑なパターン形成と組織間相互作用モデル

高度にロバストであることが示唆されている．

以上から，異なるメカニズムを動的に結合させることで，系全体がとりうる自由度は有意に減少し，その結果，形態形成のロバストネスに寄与することを提案する．もしこれが正しければ，結果的に，発生過程と進化過程に対する我々の理解は深まるだろう．

各々の固有関数モードがもう1つのメカニズムの対称性を破るような，複数の発生メカニズムの結合に対して，この推測をより広く適用できるかもしれないと我々は考える．いままで見てきたように，異なるメカニズムを結合させることは，組織間相互作用を導入する上で便利なのであった．我々はまた，異なる系における2つの線形モードが同時に存在する場合，各々のモードがその基本変数に関する異なる固有ベクトルを増幅させていくため，その状態空間内を広がっていくこと，そして同時に増幅された場合，2つのメカニズムが非線形的に結合されているときと全く同様に，それらのモードは対称性を互いに破り合うことも見た．このことは，Nagorcka et al. (1987), Shaw and Murray (1990), Cruywagen (1992), Cruywagen and Murray (1992) によって見出された．複数のモードが領域内に存在するとき，それらのモードを非線形的に結合させると，最初に見られる少数のモードとは全く独立な，最終的なパターンが生成されうる．言い換えれば，1つの系における複数のモードの結合は，複数の系の間のモードの結合と同様に，状態空間——あるいはパラメータ空間においてもほぼ確実に成り立つだろう——における吸引域を大きくし，ロバストな形態を生み出しうる．すなわち，発生に関連した異なる組織，あるいは異なるメカニズムの間の動力学的な結合は，順次的な対称性の破れと，それによる単純化・安定化効果によって，系のとりうる選択肢を減少させる．もしこのことが正しければ，発生の際にいかにしてパターンが発展するのかについての考えに対して，きわめて重要な示唆を与える．さらに，このことが次章で議論するような形態形成則のもう1つの例かもしれない，という仮説を立てることができよう．

結論として，発生において，メカノケミカルプロセスが関与しているのは疑う余地がない．本章で記述したモデル，あるいは引き続く章で記述するモデルは，反応拡散のプロセスとは大いに異なるアプローチによるものである．そのモデルの考え方は，物理的な力こそが，発生胚において組織のパターン形成と形状変化を適切な手順で行わせるための主要な要素であろうということを示唆している．モデルは単に，力学の法則を，組織細胞とそれを取り囲む環境に適用したものを反映しており，既知の生物学的・生化学的事実に基づいている．関連するパラメータは，（重要なことに）原則的には定量可能であり，そのうちのいくつかは既に評価されている．

これらのモデルが，なお（図6.34の複雑な組織間相互作用モデルでさえ）基本的な系であること，そして，モデルの可能性を完全に調べるためには相当の数学的解析が必要になることを付け加えておくべきだろう．同様にこのことは，現実的な生物学的モデリングにおいて通常なされるように，モデルを修正する必要があることを示唆するだろう．しかし，ここでの解析から得られる結果だけでも，幅広い豊かなパターンの数々が生じることを示し，数学的な難問を提示するためには十分である．これらのモデルは，目下の主な関心である様々な形態形成の問題に対して，現実的に応用されてきた．その問題のいくつかに関しては，引き続く章において記述する．その解析結果や基本的なアイデアによって相当数の実験的な調査が始まっており，胚発生に関する様々な問題に対して新たな見方が生まれ始めている．

演習問題

1 あるパターン形成の力学モデルは，細胞密度 $n(x,t)$，基質の変位 $u(x,t)$，基質密度 $\rho(x,t)$ に関する方程式

$$n_t + (nu_t)_x = 0,$$
$$\mu u_{xxt} + u_{xx} + \tau(n\rho + \gamma\rho_{xx})_x - s\rho u = 0,$$
$$\rho_t + (\rho u_t)_x = 0$$

からなる．ここで，μ, τ, γ, s は正のパラメータである．このモデルメカニズムには，どのような力学的な効果が含まれているのか，簡潔に述べよ．非自明な一様定常状態に関する分散関係 $\sigma(k^2)$ が，

$$\sigma(k^2) = -\frac{\gamma\tau k^4 + (1-2\tau)k^2 + s}{\mu k^2}$$

により与えられることを示せ．ここで，k は波数を表す．

分散関係 σ のグラフを k^2 の関数として描き，一様定常状態が線形不安定になるような，牽引の臨界値 τ_c を定めよ．非一様性への分岐における不安定モードの波長を定めよ．

系が線形不安定であるようなパラメータの領域を計算し，$(\gamma s, \tau)$ 平面に描け．最も速く成長する，線形不安定なモードの波長は，$(s/\gamma\tau)^{1/4}$ であることを示せ．以上から，γs を固定すると，最も速く成長する不安定モードの波長は，外部からの拘束の強さの冪根に逆比例することを示せ．

2 細胞外基質（密度 ρ，変位 u）の中の真皮細胞（密度 n）に関するパターン形成を支配する力学モデルメカニズムが

$$n_t = D_1 n_{xx} - D_2 n_{xxxx} - a(n\rho_x)_x$$
$$\qquad - (nu_t)_x + rn(1-n),$$
$$\mu u_{xxt} + u_{xx} + \tau\{n(\rho + \gamma\rho_{xx})\}_x = su\rho,$$
$$\rho_t + (\rho u_t)_x = 0$$

により表されている．ここで，全てのパラメータは非負である．各項が物理的に何を表しているのかを説明せよ．

自明な定常状態が不安定であることを示し，非自明な定常状態 $n = \rho = 1, u = 0$ に関する分散関係 $\sigma(k^2)$ を定めよ．

粘性効果を無視できるような状況において，様々な値の τ に対して，分散関係 σ のグラフを k^2 の関数として描け．空間パターンの生成という観点から，予想されることを簡潔に議論せよ．その上で，粘性パラメータ μ が $0 < \mu \ll 1$ の場合の分散関係のグラフを描き，$\mu = 0$ の場合との重要な違いを全て指摘せよ．

3 細胞質基質連続体に関する無次元方程式が

$$\nabla \cdot \left(\mu_1 \boldsymbol{\varepsilon}_t + \mu_2 \theta_t \mathbf{I} + \boldsymbol{\varepsilon} + \nu'\theta\mathbf{I} + \tau(c)\mathbf{I} \right) = s\boldsymbol{u},$$
$$\frac{\partial c}{\partial t} = D\nabla^2 c + \frac{\alpha c^2}{1 + \beta c^2} - c + \gamma\theta$$
$$\qquad = D\nabla^2 c + R(c) + \gamma\theta$$

によって与えられている．ここで，$\boldsymbol{\varepsilon}$ と θ はそれぞれ歪みテンソルと体積歪みを，$\boldsymbol{u}$ は細胞質基質の物質点の変位を，c は遊離カルシウム濃度を表す．能動的牽引関数 $\tau(c)$ は図 6.24 に描かれたようである．また，$\mu_1, \mu_2, \nu', \alpha, D, \gamma, \beta$ は定数である．

一様定常状態解 $c_i\,(i = 1,2,3)$ に関する線形安定性を調べ，分散関係 $\sigma = \sigma(k^2)$ (ここで，σ は時間に関する指数関数的な成長速度を，k は線形攪乱の波数を表す) が，

$$\mu k^2 \sigma^2 + b(k^2)\sigma + d(k^2) = 0,$$
$$b(k^2) = \mu D k^4 + (1 + \nu' - \mu R_i')k^2 + s,$$
$$d(k^2) = D(1 + \nu')k^4$$
$$\qquad + \{sD + \gamma\tau_i' - (1 + \nu')R_i'\}k^2 - sR_i'$$

ただし $\mu = \mu_1 + \mu_2$, $R_i' = R'(c_i)$,
$\tau_i' = \tau'(c_i)$, $i = 1,2,3$

で与えられることを示せ．

γ が十分大きい場合に，モデルから空間的な構造が生成されうることを示せ．分岐における臨界波数を定めよ．

第7章
進化，形態形成の規則，発生拘束と奇形

7.1　進化と形態形成

　胚発生におけるパターンや形を生み出すメカニズムに環境がどのように影響するか知ることなしには，決して進化の過程を完全には理解できない．自然淘汰は，発生プログラムに働きかけることで変化を引き起こすはずである．したがって，生物に見られる多様性を形態の変化により説明するような，従来の観察の水準を超えた進化の形態学的視点が必要である．本章の後半では，形態形成を実験的に攪乱することで進化的に祖先的な胚形態が生じるいくつかの具体例を議論する．本章には数学そのものは登場せず，おおむね他の章から独立して読むことができる生物学的な内容になっている．しかしながら，ここで展開される概念とその実用は前の章，とりわけ第2, 3, 4, 6章で述べたモデルとその解析に十分基づいている．

　自然淘汰は環境に最も適応したものが優先的に生き残るような進化の過程である．生物には莫大な多様性が見られ，同一種内においてそのような多様性は遺伝子のランダムな変異や組換えから生じる．したがって，なぜ，同一種内においてすら姿や形といったものが連続的に分布していないのかを考えなければならない．このことは，発生プログラムがある程度のランダムな変異に耐えるのに十分なくらいロバストでなければならないことを示唆している．例えば，ショウジョウバエ (*Drosophila*) についての広範な遺伝学的研究によると，比較的わずかな，限られた変異のみが許容されるようである．

　一般に通説として，進化が逆向き——ここでの進化の「方向」が何を指すのか定義するのは難しいかもしれないが——に進むことはないと考えられている．しかしながら，もし脊椎動物の足趾が3本から4本になるような進化が起きるとしたら，進化の形態学的な視点からは，適切な条件があれば，足趾が4本から3本に「戻る」ような変化が起こりえない理由はない．パターン形成メカニズムについての我々の研究によれば，3本趾と4本趾の違いは，単に順次的な分岐プログラムの違いにすぎない．7.4節では，形態形成メカニズムにおけるパラメータの変化を実験的に誘導することにより胚形態を生じる例を示す．この例は（一般に受け入れられている進化の方向に対して）逆向きに進化が進んだことを意味している．

　前章の6.6節でみた脊椎動物の肢の発生においては，上腕骨に続いて橈骨と尺骨の形成が起こり，さらにその後に指骨などの軟骨のパターン形成が，この順で連続的に進行するのであった．具体的な例として，上腕骨の形成が，肢芽の形状に影響することで，次の分岐を指示しうることを論じた．また，移植実験で，パターン形成イベントの順序がどのように変化しうるのかを調べ，力学的な視点から見たときにこの結果がいかに自然な帰結であるのかも示した．

　このように，1つ1つの発生イベントが分岐プログラムの概念と深く結びついているので，いくつかのパラメータが分岐値を跨ぐ際，あるパターンから別のパターンへと不連続な変化が生じるのである．種内において漸進的でない不連続な変化が起こりうるかどうかは，断続平衡説 (punctuated equilibrium) と系統漸進説 (phyletic gradualism) を巡っての，ここ数十年大いに物議を醸し，いまなお続く進化に関する論争の根底をなしている．端的に言うと，断続平衡説では進化的変化，すなわち種形成や形態の多様化が，地質学的時間スケールで即座に起きると考えるのに対し，系統漸進説では新たな種や形態はより緩徐

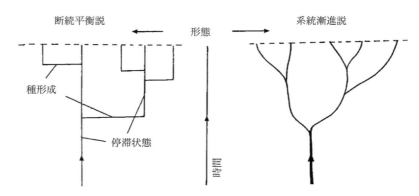

図 7.1 断続平衡説では，地質学的時間スケールにおいて，種形成における変化が均衡期間，すなわち種形成イベントの間隔に対してきわめて短時間で起こると考える．系統漸進説では，種形成と多様化を漸進的な進化の過程としている．

な進化で生じるとしている．どちらの説も化石データを論拠としており，それぞれの説を正当化するために異なるデータ——ときとして，同じデータさえも——が用いられる．図 7.1 はこれらの両極端の考えを模式的に示したものである．

厳密に観察だけに基づいてこの問題を解決するためには，現在発見されている数よりも，あるいは，まだ地中に眠っているであろうものも足し合わせた数よりも，ずっと多くの化石データが必要であろう．時々，種形成のイベントについて考古学的に微細な時間分解能を提供するような，新たな発掘現場が報告されることがある．例えば，Williamson (1981a, b) はケニア北部での軟体動物の化石について報告しており，彼の進化についての考えの論拠としてそれを用いている．Sheldon (1987) は中央ウェールズでの三葉虫（数 mm から数十 cm で海に棲むカニに似た生き物）の化石データを集め，その研究を基に漸進主義を主張した．歴史的に見ると，断続平衡説の概念は Darwin (1873) による『種の起原』(On the Origin of Species) 第 6 版以降の中で「それぞれの種は数多くの段階を経て変化してきたに違いないが，その変化に要した期間は，年数で測れば長くても，変化が生じなかった期間に比べれば短かったと思われる」（第 9 章末尾の要約，p.139）とはっきりと述べられている．（第 1 版ではこれに対応する一節は第 10 章の要約 (p.139) にあたる．）

以前の章におけるパターン形成メカニズムについての我々の研究に基づけば，この論争は見せかけのものに思われる．第 2〜6 章において我々は，ゆっくりとしたパラメータの変化が最終的なパターンに，連続的にも不連続的にも作用しうるということをみてきた．例として，3.3 節でのチョウの翅のパターン形成メカニズムを考えよう．例えば，翅の眼状紋の形成において，あるパラメータに連続的な変化を与えると，斑点の大きさの連続的な変化が生じる．斑点の半径に関する式（例えば，式 (3.24)）はモデルメカニズムのパラメータに連続的に依存している．実験室においては，例えば温度が変動するパラメータとなりうる．このような連続的な変化は，進化的変化に関する漸進主義的な見方と明らかに一致する．

一方，便利なように図 7.2(a), (b) として複写した図 2.14(b), (c) を考えよう．この図は，モデルメカニズムに関する無次元パラメータのうち 2 つと，不連続なパターンとの対応を要約したものである．もう 1 つの例として，第 4 章における歯原基の形成に関する図 4.21 が挙げられ，この場合もパラメータ空間において，形成されるパターンの断続的な変化が見られる．図 7.2 と図 4.21 はある特定の反応拡散メカニズムに関する分岐空間を示したものであるが，前章のメカノケミカルモデルや他のパターン形成メカニズムでも似たような分岐空間が得られる．前章の 6.6 節で，移植組織が発生途中の肢の軟骨パターンに及ぼす効果は，細胞増殖を高め，それにより実際の肢芽の大きさを増大させることであると述べた．説明のために，脊椎動物の肢の発生に注目しよう．図 7.2(a) において，細胞数を領域の大きさ γ と対応させれ

7.1 進化と形態形成

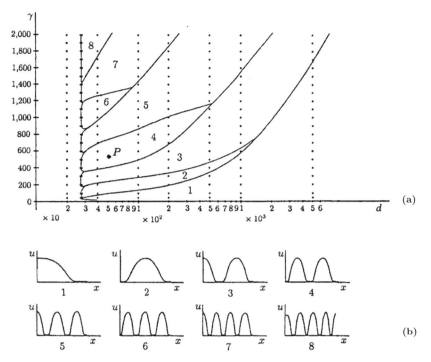

図 7.2 (a) 反応拡散系（第 2 章の系 (2.8)）における，様々な領域サイズ γ およびモルフォゲンの拡散係数比 d における解空間．(b) モルフォゲン濃度の空間パターンを (a) の各領域ごとに示した（Arcuri and Murray (1986) より）．

ば，d を例えば $d = 100$ に固定して γ を連続的に増加させていくと，図 7.2(b) のあるパターンから別のパターンに突然変わるような γ の分岐値が存在する．したがって，パラメータの連続的な変化が，ここでは最終的な空間パターンの不連続な変化を生み出している．このパターン変化は，進化に対する断続平衡的な見方と明らかに一致する．

このように，モデルメカニズムや着目する具体的なパターン形成の特徴によって，見た目上，漸進的な変化も不連続な変化も得られるのである．したがって，上で述べたことの繰り返しになるが，進化がどのように起こるのか理解するためには，関与する形態形成の過程を理解しなければならない．

種の多様性を理解する上で形態形成が重要であるという考えは 19 世紀中頃まで遡ることができるが，例えば Alberch (1980) や Oster and Alberch (1982) などによってより体系的に再提起されたのは比較的最近のことである．彼らの考えの一部を以下で簡単に説明する．Oster et al. (1988) は，前章で述べた形態学的な規則の概念に基づいた，脊椎動物の肢の形態についての詳細な研究を発表した．この論文は，進化的変化に対する彼らの形態形成的な見方を正当化するような実験的証拠を提示しており，本章の以降の部分で，彼らの考えとそれを支持する証拠の一部について述べる．

形態形成は，各段階が前の段階から続いたり，あるいは分岐したりしながら，順次的に発展していく複雑で動的な過程である．Alberch (1980, 1982) や Oster and Alberch (1982) は発生を，細胞学的およびメカノケミカルな相互作用に関するごく少数の法則——以前の章で，これらが複雑な形態を生成しうることを見てきた——のみが関与するものとみなすことができると示唆している．実際のモデルメカニズムを差し置いて，彼らは発生プログラムを，細胞集団やその遺伝子活性の間のますます複雑化する相互作用として捉えている．パターン形成過程のそれぞれの段階が独自の動力学（メカニズム）をもち，それが次々に，可能なパターンに一定の拘束を課す．このことは，特定のパターンを生み出すためにはパラメー

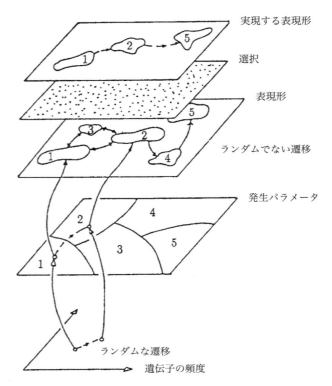

図 7.3 ランダムな遺伝子変異から安定な表現型が生じる様子を示した概略図．例えば，ここではランダムな遺伝子変異が発生における様々なパラメータの大きさを変化させるとする．パラメータが特定の領域——例えば領域 1——にあれば，次の段階として発生メカニズムにより特定のパターン——パターン 1，これは可能な表現型である——が生じる．ランダムな変異の大きさによっては，あるパラメータ領域から他のパラメータ領域へと移動し，異なる表現型を生じうる．したがって，有限個の実現可能な形態が存在する．その次の段階として淘汰が起こり，最終的に実現する（淘汰により減少した）いくつかの表現型が残る（Oster and Alberch (1982) より）．

タの値がパラメータ空間の特定の領域内に存在しなければならないとする，パターン形成モデルについての我々の研究から明らかである．例えば，図 7.2 を参照されたい．Alberch (1982) および Oster and Alberch (1982) は，発生プログラムと発生の分岐に関する彼らの考えを概略図にまとめた．その図を図 7.3 に示す．

もし，変異の数や大きさが十分大きい，あるいは現在の状態が分岐境界に十分近ければ，形態の質的な変化が起こりうる．パターン形成メカニズムについての我々の知識と図 7.3 から，どのようにして異なる安定領域が異なる表現型に対応し，また，どのようにして特定の遺伝子変異が大きな形態学的変化を生じ，他の変異は変化を生じないのかがわかる．加えて，異なる形態間の遷移が，各々の形態に対応するパラメータ領域の位置関係により制約を受ける様子が見てとれる．例えば，状態 1 と 2 の間の遷移は，状態 1 と 5 の間の遷移よりも起こりやすく，さらに，状態 1 から 5 へと移動するには介在する状態を経由しなければならない．注意すべき重要な点は，現存する形態は過去の形態の履歴に決定的に依存していることである．したがって，新奇な表現型の出現は無作為に起こるものではないが，不連続ではありうるという結論になる．Alberch (1980) が述べたように，「生物を，発生プログラムの産物で，発生的・機能的な相互作用による拘束を受けた統一体として見る必要がある．進化において，ゲームの勝者を決めるのは淘汰かもしれないが，そのゲームのプレイヤーであるためには発生というランダムでない制限がある」．

7.1 進化と形態形成

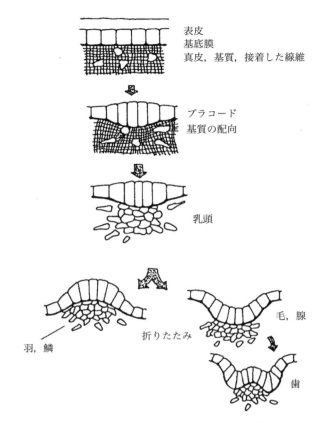

図 7.4　皮膚の器官原基の発生における，真皮と表皮での重要な力学的イベント（Oster and Alberch (1982) より）．

発生拘束

　これまでの章では，形態形成メカニズムに対して，形状やスケールが発生上の拘束を課していることを示してきた．例えば 3.1 節で，斑点模様の動物が縞模様の尾をもつことはありうるが，その逆は起こりえないと述べた．皮膚の器官原基と関連したパターン形成の場合にも，前章で論じたように，似たような発生拘束を示す力学モデルの例が存在するのであった．Holder (1983) は，4 つの綱[1]にわたる 145 種の四足脊椎動物の手足についての広範な観察研究を行った．彼はその中で，発生拘束が指パターンの進化において重要であると結論づけた．

　図 7.4（図 4.10 も参照されたい）は，羽，鱗，歯といった特定の皮膚器官の初期発生において重要な力学的な過程のいくつかを示している．6.6 節では，細胞の凝集パターンの生成について，乳頭と関連づけながら取り組んだ．また，6.8 節で議論した上皮シートモデルにおいて，空間的に非一様なパターンがどのように形成され，さらには真皮のパターンによって引き起こされうるかを見た．Odell et al. (1981) は，図 7.4 で見られるような細胞シートのねじれがどのようにして生じうるのか示した．発生が順次的に起こるという考えに基づくと，力学的イベントを乱すことで，発生系を異なる発生経路へと移行させることができるだろうかという疑問が生じる．例えば，皮膚の器官原基をレチノイン酸で処理することで鱗を生じる経路から羽を生じる経路への遷移が起こりうるという，Dhouailly et al. (1980) による実験的証拠

---

[1]（訳注）綱 (class) とは，分類階級の 1 つである．

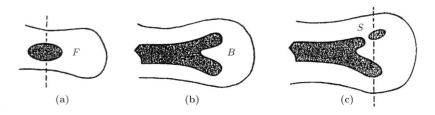

図 7.5　形態形成の規則：細胞凝集の基本 3 パターン，すなわち，(a) 単一凝集，あるいは，フォーカル凝集 F，(b) 枝分かれ分岐 B，および，(c) 分節的凝集 S．より複雑なパターンは，これらの 3 種の基本分岐の組合せで得られる．図 7.8，図 7.11 (cf. 図 6.18(e))，図 7.12 を参照されたい．

がある．彼らの実験ではヒナの足の鱗片から羽が生じた．

7.2　脊椎動物の肢の軟骨形成における進化と形態形成の規則

　前章の 6.6 節で我々は，力学モデルにより脊椎動物の肢の軟骨パターンがどのように形成されうるのか示した．その中で，肢軟骨パターンの主な特徴の確立に関する，一般的な形態形成則の基本セットを提示した．ここでは，これらの結果を基に，肢の形態についての比較研究と発生途中の肢の実験研究を利用して我々の（本質的に特定のメカニズムに依存しない）一般則を証拠立てる．続いて，この結果を進化的な文脈に当てはめる．以下の内容は，主に 1985 年の George Oster，故 Pere Alberch と著者の間の議論に端を発した Oster et al. (1988) の研究に基づいている．

　肢は脊椎動物において形態学的に最も多様な器官の 1 つであり，同時に最も研究が容易な発生系の 1 つであるため，発生学と進化生物学の両方で肢が大変重要であることは当然である．加えて，肢の多様性の進化（包括的な生物学的説明については，例えば Hinchliffe and Johnson (1980) を参照されたい）を記録した豊富な化石データも存在する．

　巨視的に見ると形態形成は決定論的に思えるが，微視的に見ると肢形成における細胞の活動はかなりのランダム性を伴っている．秩序は高確率で実現する平均的な結果として出現するのである．例えば，三叉が単一の軟骨形成凝集体から生じることのような，特定の形態形成のイベントはきわめて起こりにくいことを 6.6 節で議論した．もちろん数学的には，これらのイベントはメカノケミカルなものであれ反応拡散的なものであれ，パターン形成過程から考えて厳密に起こりえないというわけではなく，繊細な条件選択とパラメータの調整がないと実現しないためきわめて起こりにくいのである．これは，「発生拘束 (developmental constraint)」――「発生上の偏り (developmental bias)」という用語がより適切であろうが――の一例である．

　肢の軟骨パターン形成における「形態形成則」に関する，6.6 節での重要な結果を思い出そう．これらは，図 6.18(a)–(c) にまとめられており，そのうち重要な部分は，便利のために図 7.5 に複写した．

　形態形成の過程は，間葉細胞の一様な広がりから始まり，そこから間葉細胞の前軟骨性フォーカル凝集体が肢芽の近位領域に形成される．前章で論じた力学モデルの場合，これは細胞，細胞外基質およびその変位を含むモデルの帰結なのであった．Oster et al. (1985a, b) のモデルの場合，様々なメカノケミカルな過程も加えて含まれる．続いて起こる間葉細胞の分化は凝集の過程と密接に結びついている．分化と軟骨の形態形成は，しばしば互いに関連する現象であるようだ．この他にも，細胞分化を含んだ細胞走化性モデルが Oster and Murray (1980) により提案されたが，そのモデルにおいても凝集と分化が同時に起こる．

　軟骨形成フォーカスの周囲には漸増帯が形成される．すなわち細胞の凝集体は，周りの細胞を切り詰めながら，自己触媒的に凝集を促進している．これにより，フォーカスの周囲にはさらなる凝集を抑えるよ

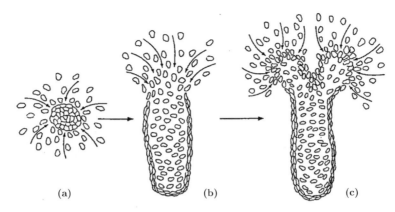

図 7.6　細胞凝集過程の概略図．(a) まず，細胞は中心フォーカスへと凝集する．(b) 軟骨要素の発生が凝集の遠位端での細胞の取り込みを妨げる．(c) 適切な条件の下では，凝集体に Y 分岐が生じる (Shubin and Alberch (1986) より)．

うな側抑制の場が生じる．近傍のフォーカス同士は細胞を奪い合うため，フォーカス間にはほとんど細胞が存在しない領域ができる．言い換えると，凝集フォーカスは新たなフォーカスの形成を抑制するような「誘導帯」を確立する．

　実際の軟骨形成の構成要素が発生するにつれて，細胞群が 2 つの領域に分かれるようである．外側の領域は同心円状に並んだ扁平な細胞からなる一方，内側の領域の細胞は円形である．外側の細胞は分化して，発生途中の骨を覆う軟骨膜を形成する．Archer et al. (1983) や Oster et al. (1985a, b) により示唆されているように，軟骨膜は軟骨の側方への成長を抑制し，軟骨を伸長させる．軟骨膜はまた，側方でのさらなる細胞の取り込みを制限するので，この初期凝集体の成長は主に遠位端においてさらなる間葉細胞が付加されることによって起こる．そのため軟骨は，図 7.6 に描かれているように線状に成長する．図 7.6 には凝集過程の一般的な特徴も示されている．

　6.6 節で述べたように，肢の形態形成パターンは大抵，組織全体にわたって同時にでなく，順次的に生じる (Hinchliffe and Johnson 1980)．パターンが同時に生じるようなやり方は，かなり不安定なのだろう．理論モデルからも，順次的なパターン生成のほうがずっと安定で再現性があることが示されている．前章の 6.5 節で論じた鳥に見られる六角形の羽原基や鱗配列に関するパターン形成はロバストであり，Perelson et al. (1986) によるモデルシミュレーションはそのことを支持しているのであった．それらと比較すると，3.1 節の動物の体表パターン形成に関連するシミュレーションにおいては，最終的なパターンが初期条件に依存していたことを思い出されたい．

　ほとんどのパターン形成は，基部から先端部へと向かうように順次的に進行するが，指弓の分化（図 7.11 を参照）は，前方から後方に向かって順次的に進行する．指弓の分化の開始は，突発的な肢芽遠位部の拡大およびヘラ状への扁平化と関連している．パターン生成メカニズムの典型的な分散関係（例えば 2.5 節の詳細な議論を思い出そう）を見ると，そのような形状の変化は独立したパターンを引きこすことが可能であり，この変化こそが順次的な発生という原則に対する見かけ上の例外を理解する鍵である．物理的にこのことは，領域が十分大きくなると独立した凝集体が生じ，また，その凝集体が周辺のより大きな凝集体から十分離れているため，周りから引きつけられる力に支配されることなく自身に細胞を取り込むことができるということを意味している．もちろん，他のモデルパラメータもまた，最終的なパターンとその順次的な生成や誘発において大切な要素である．重要な点は，軟骨形成凝集体が反応拡散的あるいはメカノケミカルいずれのモデルに従って形成されるかによらず，パターンを制御する上で，成長している肢芽の大きさや形を含むモデルパラメータがきわめて重要であることだ．この重要性は実験的操作に

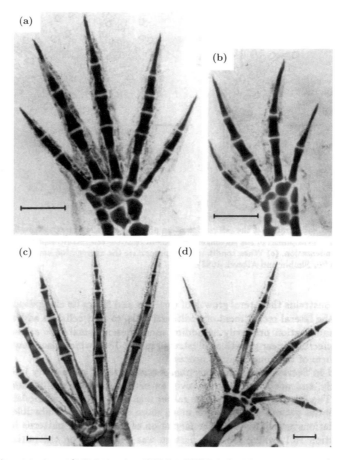

図 7.7 肢芽をコルヒチンで処理することで実験的に誘導されたメキシコサラマンダー (*Ambystoma mexicanum*) およびアフリカツメガエル (*Xenopus laevis*) の足の変化. (a) メキシコサラマンダーの正常な右足と, (b) コルヒチン処理された左足. (c) アフリカツメガエルの正常な右足と, (d) コルヒチン処理された左足 (写真は Pere Alberch 博士の厚意により, Alberch and Gale (1983) より).

よりはっきりと裏付けられている.

　Alberch and Gale (1983) は, 様々な肢芽を有糸分裂抑制剤であるコルヒチンで処理した. この化学物質は細胞分裂を減少させることで肢芽の大きさを小さくする. パターン生成モデルとその分散関係についての知見から予想される通り, そのような組織の大きさの減少は図 7.7 に示すように分岐の回数を減少させる.

　コルヒチンが取り込み領域の大きさに加え, 細胞牽引や運動性といった発生に関与する他のパラメータを変化させたことにより, 分岐の時期や回数に影響を与えている可能性は排除しきれないことに注意されたい. このような他のパラメータの変化があったとしても, もちろん理論と矛盾はしない. この段階では, 様々な可能性を峻別するためには, さらなる実験が必要である. 重要なのは, これらの実験から, 発生に関わるパラメータ (ここでは, 組織の大きさ) の変化が, 著しい肢の形態の変化を伴うような正常な分岐進行の変化を引き起こしうる, という原則が確かめられたことである.

　Oster et al. (1983) の軟骨パターン形成についての基本的な考え方を用いて, Shubin and Alberch (1986) は両生類, 爬虫類, 鳥類, 哺乳類に関する一連の比較実験を行い, 四足動物の肢の発生は, フォーカル凝集, 分節化, 枝分かれの過程の繰り返しからなるという仮説を確かめた. さらに彼らは, 前軟骨性

7.2 脊椎動物の肢の軟骨形成における進化と形態形成の規則　　　　　　　　　　　　　　　　　　327

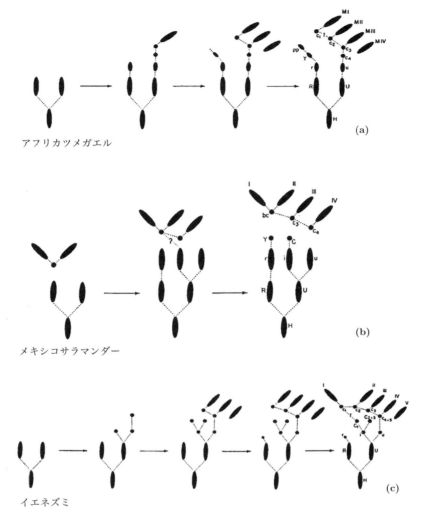

図 7.8　軟骨パターン形成における枝分かれと分節化の種ごとの比較例. (a) 両生類. アフリカツメガエル (*Xenopus laevis*) の前脚. (b) 爬虫類. メキシコサラマンダー (*Ambystoma mexicanum*) の前肢. (c) 哺乳類. イエネズミ (*Mus musculus*) の肢. これらは全て, 図 7.5 に示された 3 つの基本的な形態形成の規則を繰り返し用いることで構成されている.

凝集体のパターンが肢パターンの形成において目を見張る規則性の数々を呈することを示した. 図 7.8 はこれらの結果の一部を示している. この他の例は, Oster et al. (1988) に掲載されている.

いつ, どこで凝集が起こるのかはいくつかの要因に依存するものの, 凝集, 枝分かれ, および分節化は, 軟骨形成組織に内在する性質である. 凝集パターンの安定性や再現性は（パターンの）順次的な形成に大きく依存している. Patou (1973) は, いくつかの興味深い実験の中で, アヒルとニワトリの胚の脚芽から軟骨形成に関与する組織と細胞を取り除いて分離した. アヒルとニワトリそれぞれから取り出された肢芽は, 混合され, 空になった肢芽が元々あった場所に戻された. その結果生じた軟骨パターンは, 図 7.9 に見られるようにきわめて異常で, どちらの種の特徴も示さなかった. しかしながら, いずれの場合においても凝集パターンは, 図 7.5 に示したような, 凝集, 枝分かれ, 分節化という 3 つの基本的な過程の繰り返しにより生成されていた. この結果は, 枝分かれ, 分節化, および新たな凝集の発生が軟骨形成組織の基本的な細胞の性質を反映したものであるという, 理論的な結論を支持している.

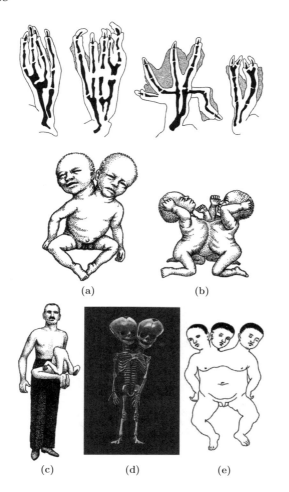

図 7.9 アヒルとニワトリの胚の肢芽から組織と細胞を取り出し，混合し，胎芽の元の場所に戻して得られた軟骨パターン（Patou (1973) より）．パターンは非常に異常であるが，依然として基本的な形態形成規則（図 7.5）の繰り返しにより生成されている．

図 7.10 (a)–(d) 基本的な 3 種類のヒト結合双生児の典型例．同等の形態が魚でもしばしば見られる．(a) では体軸の分岐から結合体が生じているが，より頻度の高い (b) では，結合体は癒合の結果生じたものである．この癒合は，体のどの部位でも起こりうる．(c) 胸部の癒合片の例 (Stockard (1921) より)．(d) 小さな男児の二頭体 (*Dicephalus*) の骨格（19 世紀）．(e) 三頭体 (*Tricephalus*) の例（19 世紀）．

ここまでの議論から，パターン形成メカニズムの研究によって「発生拘束」の内容をいかにより正確に定義できるのかがわかる．ただし，6.6 節および本章でのこれまでの肢の形態形成についての議論は単なる一例にすぎない．この議論は，最終的な肢の構造に反映される細胞凝集パターンを生み出すようなパターン形成過程の，順次性に基づいている．

7.3 奇 形

パターン形成の理論モデルについての我々の研究は，軟骨形成（や他の発生上の側面）で生じうるパターンにかなりの制約が存在することを示している．例えば，前章で述べた形態形成の規則によると，ある 1 つの要素が 3 つ以上の要素に枝分かれする可能性はきわめて低い．この理論は，1 つの要素が後の成長を経て 3 つへの分裂を引き起こすかもしれないものの，全ての枝分かれがはじめは二叉であることを示唆している．これは，三叉がきわめて狭い範囲のパラメータ値と条件の組合せの下でのみ起こりうるためである．非対称性をモデルに含めると，三叉はさらに起こりにくくなる．そのような要請たちの繊細な組合せが存在すると，モデルメカニズムに対する数値シミュレーションを行っても，ほとんど必ず不安定なパターンへと至る．

Alberch (1989) は，この三叉が起こりにくいという考えを，発生における内的拘束の他の例に当てはめた．彼は，これが三つ頭の奇形が存在しない理由であると主張した．二つ頭をもつヘビや他の爬虫類，シャム双生児などの例は多数存在する．図 7.10(a)–(c) は結合双生児に見られる 3 つの基本的な類型であ

7.3 奇形

る．一方，三つ頭の奇形の報告はほとんどなく，あったとしても，しばしばその信憑性は大いに疑問視されている．上述の形態形成則が示唆する分岐の制限，特に三叉がきわめて起こりにくいことに立ち戻って考えると，どのようにして三つ頭の奇形が生じるのかがわかる．つまり，三つ頭の奇形は，図 7.10(d) の骨格に見られるような体軸の分岐の後に，図 7.10(e) の例からわかるように，さらにそのうちの一方で分岐が起こることで生じるのである[*1]．

奇形の研究，すなわち奇形学には長い歴史がある．芸術（Hieronymus Bosch によるものは，特に良い資料である）や神話には，数多くの見事な奇形や新奇な形態が登場する．ある中世の記述によれば，三つ頭人間は，1 つの頭はヒト，もう 1 つの頭は狼のもので，最後の 1 つは皮膚のない血まみれの塊であったという．それは町議会の前に現れて一連の恐ろしい予言をした後，ついに息絶えたという．2 つの胴体が 1 つの頭と融合している仔牛の描かれた Dürer の絵画が存在するし，また，おびただしい数のヘビが巻きついたメデューサの頭——Rubens のものが有名である——もよく知られた主題である．

奇形は長い間人々を惹きつけてきた．奇形を分類しようとする初期の興味深い試みが，Ambroise Paré による 1573 年の寓話集 *Monsteres et Marveilles* でなされている．例えば彼は，男性と女性の配偶子が正常に交配できないことにより奇形が生じると考えた．彼は，異種間の配偶子の交配がケンタウロスのような人間と動物の混ざった形態を生じると考えた．Paré は，子宮の収縮が両性具有を生じうると示唆した．彼はまた，当時，そしていまもまだ一般的なように，神の天罰も奇形を生じるのに一役買っていると考えていた．Pallister (1982) の著書は，Paré の作品と彼の奇形の分類について論じている．

中世以降の文献には，現在の知識に照らすと全くありえないような，評判になった驚くべき奇形の誕生に関する記述が数多く見られる．しかしながら，そのうちの一部はサリドマイドによる奇形を思い起こさせる．それらの中にも（頭が何本かの角でできた例を除けば）三つ頭の奇形への言及はほとんどないが，多数の腕や指をもつ奇形の例はたくさん見られる．より風変わりな奇形の一部は，数人の教皇のめかけによるものだろう（当時のイングランドでは，教皇を笑いものにする機会を逃さなかったのだ）．文学というのものは世相を映し出すものとして魅力的である．その素晴らしい例の 1 つは William Turner 文学修士（オックスフォード大卒）による著書だが，それが出版された 1697 年当時，彼は Walberton で司教代理をしていた．これは，Newton（彼は，宗教に関する著作こそが自身の主な貢献であるとなぜか信じており，かなり意地悪な男だと思われる）といった科学の巨人が所属していたイギリス王立協会の創立から，30 年以上後のことである．当時は，長い題をつける時代であり，Turner の本の題名は以下のようである：

> 当世に起きた最も顕著な神意——裁きおよび慈悲——の全史．最高の作家からの抜粋，著者自身の観察，および三王国じゅうから著者のもとに届けられた物語の数々．自然および人為の作品における，あらゆる奇妙なものたちを収録．「牧師たちに戒めや説教のための話題を提供し，キリスト教徒の祈りの部屋や家族のために役立つ一冊」として推薦．

「奇形の誕生および人類の概念」についての彼の記述の例は以下のようである：

> ぎらぎらと燃え盛る目をした，眺めるに恐ろしい赤ん坊．口と鼻は雄牛のようで，長い角とイヌのように毛の生えた背中をもち，乳首があるはずの乳房にはサルの顔が存在する．臍の下には下腹

[*1] この例は 1980 年代半ばにオックスフォード大学の私のカレッジでの夕食時の会話の後に，同僚の歴史学者が見つけたものである．私は，中世の動物寓話でよく見られるような架空のものを除いて三つ頭の奇形が見られないことに言及した．彼は，三つ頭の奇形の例を見たことがあると言った——それが，ここに掲載してあるものである．私は懐疑的だったが，もしそれが本当に 1 つの体に 3 つの頭をもっているならば，その大まかな形を予測してみせると付け加えた．もし私の予測が正しければ（ラフなスケッチを封筒に入れて封をした）賭けたワイン一瓶を私が得られる，ということに我々は合意した．私は形態形成の規則についての研究をちょうど終えたところだったので，三つ頭が生じうるのは，この図のように，最初に体軸の分岐が起き，その後にどちらか一方でもう一度分岐が起きる場合だけのように思われた．私はワインを勝ち取った．

部にくくり付けられたネコの目があり，たいそう醜い．両肘の上と両膝の白骨にはイヌの頭があり，前方を見つめている．手足を広げており，足は白鳥のようで，尾は後ろ半エル[†2]ほどの長さで上向きに曲がっている．誕生後，4時間生きていたが，死の直前に「主を待て，神は現れる」との言葉を発した．

当時の主要な科学者の一人である Geoffroy Saint-Hilaire は，奇形という主題について詳しく論述しており，特に三つ頭の奇形が存在しないことに触れ，1836年に奇形学についての決定的な著作を生み出した．彼はまた，奇形の原因について様々な提案を行った．19世紀のとりわけ後半から20世紀の初頭にかけて，奇形に関するとても興味深い文献が存在する．1947年の CIBA シンポジウムは自然界 (Hamburger 1947) および芸術 (Born 1947) の奇形を特に扱っていた．Hamburger (1947) は，図7.10(c) によく似た，「ジェノバのコロレド兄弟」(Genovese Colloredo) として知られる胸部で癒合し，1つの頭，1本の足と，両手に3本の指をもつ，不完全な双子を含む，多くの奇形例の図説および写真を再現した．

Stockard (1921, その中の他の文献も参照されたい) は様々な奇形を詳しく研究し，魚の胚を塩化マグネシウムなどの薬品で処理する最初期の実験を行った．恐ろしいサリドマイドの催奇形作用は十分に裏付けられているし，以前の章では，より最近の例として，肢軟骨に奇形を生じさせるためにレチノイン酸が用いられることに触れた．Stockard (1921) は，一卵性双生児において，手もしくは足に余分の指をもつ多指症の発生率について詳細に調べた．というのも，一卵性双生児は，2つの胚の融合から起こるのではなく，二重奇形のように単一の胚から生じる現象であるからである．Hamburger (1947) はまた，ヒトにおける単眼症の発生について述べた．Stockard (1909) は，塩化マグネシウムなどの薬品を用いて人工的に単眼の奇形を生じさせた．

Aristotle から現在に至るまでの奇形学の歴史（例えば，架空の怪物が出てくる数多くのホラー映画に現れている）は現在も変わらず魅惑的な主題である．19世紀には，自然発生した奇形の骨格標本が特に人々の興味を惹いた．図7.10(d) の男児はその一例である．巨人や小人の骸骨は，本人が生きているうちからしばしば待望された．Hamburger (1947) はアイルランドの2.36mの巨人 Charles Byrne の事例を記述している．自分の体が死後に博物館行きになることを嫌った Byrne は，彼の亡骸が漁師によりアイルランド海峡に沈められるように用意し，自分の体が死後展示されないように様々な用心をした．しかしながら，（間違いなく高額の賄賂を使って）なんとか彼の亡骸を手に入れた有名な外科医 John Hunter により彼の望みは打ち砕かれ，彼の骸骨はいま，イングランド王立外科医師会のハンテリアン博物館で展示されている．

奇形学は，いったいなぜ自然界には見られない形態があるのか，という進化学における最も基本的な疑問を浮き彫りにする．これまで見てきたように，発生過程は系の進化を偏らせるような様々な拘束のシステムを含んでいる．したがって，前にも述べたように，進化を理解しようとするならば，外的ではなく，内的な要素の果たす役割を理解しなければならないのである．Alberch (1989) はこのアプローチの綿密な議論を行い，特に歴史的な文脈にこれを当てはめた．とりわけ（様々な）奇形は，発生過程で起こりうることについてのすぐれた情報源となるのだ．それらはまた，どのような奇形が起こりうるか，あるいは起こりえないかを示唆する．特定の形態が全く異なる種の間で見られることは，その発生の一部で何らかの共通する発生過程が存在することを示唆し，興味深い．

7.4 発生拘束，形態形成則と進化の行く末

変異と淘汰は，進化の過程の2つの基本的な構成要素である．遺伝子変異は集団の中で新奇な特徴を生み出す一方，自然淘汰はそのときの変異の量——通常，それはとても大きいが——による制限を受ける．

[†2]　(訳注)　1エル (ell) は約114 cm である．

7.4 発生拘束，形態形成則と進化の行く末

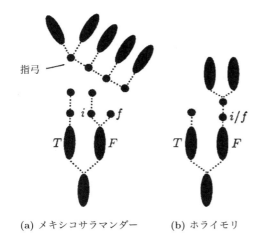

(a) メキシコサラマンダー　(b) ホライモリ

図 7.11　サラマンダー胚の前軟骨のつながりの比較．(a) メキシコサラマンダー (*Ambystoma mexicanum*)，および，(b) ホライモリ (*Proteus anquinus*)．前者では，腓骨 F が腓跗骨 f と中間骨 i に枝分かれする．一方，ホライモリでは，この F の枝分かれイベントが，1 つの要素 (これが腓跗骨であるか中間骨であるかという問いは，答えられないばかりか意味をなさない) への分節化で置き換えられている (Shubin and Alberch (1986) より)．

遺伝的な多様性と形態学的な多様性の間には，一般に直接の対応関係は存在しない．この対応関係の欠如は，例えば発生過程において見られるような，遺伝子 (型) から表現型への変換のプロセスの中から最終的な表現型に課せられる拘束を見つけ出す必要があることを示唆している．遺伝子がパターンや構造を決定するわけではないということを思い出そう．遺伝子は，分子の構造を変化させたり，細胞の振舞いを指定する他の遺伝子を制御することで，発生の指示書を書き変えるのだ．したがって，本章の最初に述べたことの繰り返しになるが，発生メカニズムの理解によってのみ，どのように遺伝子が秩序だった解剖学的構造を生み出すのかという中心的な問題に取り組むことができるのである．

進化において拘束が果たす役割はかなりの関心を集めており，「発生拘束 (developmental constraint)」という言葉が広く使われるようになってきている (例えば，Levinton (1986) の概説を参照されたい)．不幸にも，上で述べたような発生拘束の概念は，しばしば大雑把に，現象論的なパターンを記述するのに使われている (Williamson 1981b)．上の議論や肢の軟骨構造への形態形成則の適用から，我々は，形態形成が進化の過程でどのように変化しうるのかを理解し，形態の進化における「進化的拘束」のより正確な操作的定義を与えることができる．この視点から，成体の骨格と幾何学的に関係していると思われる骨格構造の進化的相同性——すなわち，最終的には異なる形態をもちながら，系統発生的には同じ起源をもつような現象——に関する謎を解き明かすことができる．

図 7.7 は，発生途中の肢に細胞分裂阻害剤を用いると，指や足根骨の数が少ない，小さな肢が決まって生じる様子を示している．この方法で発生を攪乱すると，特定の要素の欠損により特徴づけられる形態たちが生じる．このような要素の欠損は，成長している軟骨フォーカスで分節化や枝分かれが起こらなかった結果である．これらの実験で生じたパターンは，自然界に見られるほとんどの肢の変異と類似している．

細胞分裂阻害剤で処理されたサラマンダー (*Ambystoma*) の肢の実験的な変異体は，図 7.11 に示されているように，ホライモリ (*Proteus*) の幼形成熟型の肢進化のパターンと驚くべき類似を示した．このことは，ホライモリとサラマンダーが共通の発生メカニズムを共有しており，それゆえ，共通の発生拘束の組合せをもっていることを示唆している．この類似性は，形態形成において，先ほど形態形成則として挙げた 3 種類の空間的凝集だけが起こるように制限しているパターン形成過程の下で生じる，分岐の性質——むしろ，凝集塊が分岐できなかったというほうが正しいが——の観点から説明できる．

その背後にある発生プログラムについての知識なしに，幾何学的に似ている要素を関連づけるのは危険である．というのも，これらの要素を生み出した過程が互いに対応しているとは限らないのだ．例えば，図 7.7 のような指の欠損は，枝分かれ分岐の失敗によるものかもしれない．したがって，基本的な順序が

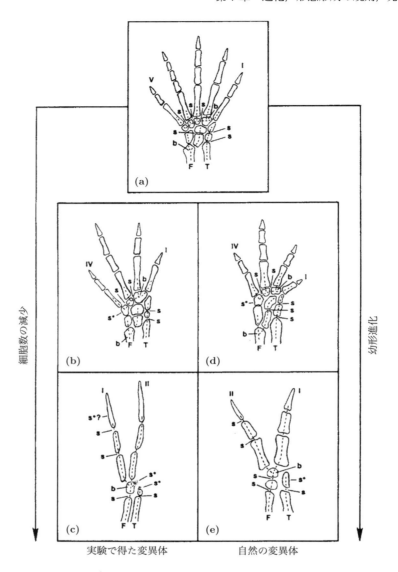

図 7.12　メキシコサラマンダー (*Ambystoma mexicanum*) の足を細胞分裂阻害剤コルヒチンで処理すると，骨格要素の数が減少する．例えば，4 つ指 (b) から 2 つ指 (c) へと変化する．コルヒチンは，肢の細胞数，ひいては，大きさを減少させる効果がある．破線は発生過程での分岐の種類を示している．ここで，b および s はそれぞれ図 7.5(b), (c) のような Y 分岐と分節的分岐を表す．発生の攪乱や進化的に派生した種における要素の欠損は大抵，フォーカスで枝分かれ分岐が起こらなくなることで生じる．アスタリスク ($*$) は分節化イベントの失敗を表す（Alberch (1988) より）．

変化しているのだから，どの指が失われたのかを尋ねることは意味をもたない（図 7.11 および図 7.12 を参照されたい）．図 7.12 では，Alberch (1989) が，図 7.5 にまとめてある形態形成の「規則」を用いて，どのようにして細胞分裂阻害剤による変化を説明できるか示している．

　これらの例から，軟骨要素そのものを比較することは困難であり，それらを生み出した形態形成過程をこそ比較すべきであることがわかる．肢体要素の発生は前軟骨性凝集体の分岐パターンを利用して比較することができ，進化的変化は，凝集，枝分かれ，および分節化といったイベントの繰り返しに分解することができるのである．

7.4 発生拘束, 形態形成則と進化の行く末

本章の冒頭で, 進化が逆行する可能性について触れた. 形態の進化を単に力学的な (あるいは機構論的な) パラメータの変化と捉えるならば, 進化の逆行は明らかに可能である. 図 7.12 は, この現象が, 形態形成の過程を変化させることだけで起こったことを示す, 決定的な例である. 進化的変化が常に同じ方向に進まなければならない必要は全くない. 環境条件の変化は, 明らかに, 形態形成メカニズムのパラメータに, また, それゆえ形成されるパターンに, 影響する. もう 1 つの例が, 鳥のメラニン色素についての興味深い論文で与えられている. Price and Pavelka (1996) は, 体の部位による制限とそれがパターンに及ぼす影響という視点を用いて, 歴史的, 発生的, 進化的な見地から, 色パターンの進化を調査した. 彼らは反応拡散論に基づいて議論しているが, パターン形成の力学理論や, 走化性系に基づいても構わなかっただろう. 彼らは, 多くの鳥類の間の比較解析を行い, 進化の中で様々なパターンの要素が失われ, 再獲得されてきたことを示した. 彼らは, これらの変化が単に閾値感受性の変化によって簡単に説明できるのではないか, という仮説を立てた. 発生メカニズムがそれぞれ近い祖先, 遠い祖先にどのように影響を及ぼしてきたのかを見ることによって, 淘汰と発生の果たす役割を分けることができるだろうと彼らは示唆した.

最後に, 分岐の反復に基づく形態形成則は, D'Arcy Thompson の「格子の変形説 (grid deformation)」を用いた肢の多様性の説明 (Thompson 1917) が誤解を招くものであることを示唆しているということに注意すべきである. 彼は, 例えば魚の形に格子を重ね合わせて, 単に格子構造を変形させることにより異なる種を派生させることができるとしているが, これは単に現象論的な説明を与えているにすぎない. この手の幾何学的な比較は, トポロジカルな変形に対してのみ正当であり, 枝分かれや新たな凝集を排除している. というのも, 枝分かれや新たな凝集の発生といった分岐は, この手法が拠り所とする連続性の仮定を壊してしまうからである.

結語

図 7.5 に要約された形態形成則の組合せは, 脊椎動物の肢形成のシナリオを与える. このような体系は, 進化的拘束が意味することをより緻密に考えることを可能にする. 現時点では, このリストが完全なものであるとか, 最終的なものだと言うつもりは全くない. しかしながら, これらの法則は, 肢の形態の研究に新たなアプローチを指し示し, また, 四肢動物の肢の形がどのように進化の中で拘束を受けてきたのか示唆している. これらの法則はまた, パターン形成メカニズムの研究が発生についての実用的な「規則」を考える上できわめて有用であることを示している.

肢はまず, 細い管状の境界の内側で発生する. この初期領域の形が 2 つの発生拘束を規定する. (i) 肢の発生は, その大部分において, 順次的でなければならない. (ii) 近位部の発生は, 単一のフォーカル凝集により開始する. 後に続く遠位部の発生は, 図 7.5 にある基本的な要素を用いて, このフォーカスから枝分かれや分節化により起こる.

肢芽の成長パターンはしばしば遠位部に幅の広いヘラ状の形を作る. その領域の内部には, フォーカル凝集および手根, 足根の要素への枝分かれや分節化が生じるスペースがある. 枝分かれは, 細胞の奪い合いにより, 相並んだ領域での別の枝分かれや分節化を抑制するため, 枝分かれや分節化は互い違いになる. もしヘラ状領域が十分に大きければ, 独立したフォーカス——指弓——が生じうる. 後に続く発生は, 前から後に向かって, つまり, 最も厚い部分から後ろの「更地」へ向かって起こる.

肢には固有の成長期があり, 最終的な大きさが制限されていることから, 枝分かれ分岐の回数も制限される. おそらく, このことが一般的に肢に多くとも 5 本から 6 本の指しか存在しない理由であろう. 前章の 6.6 節で見た通り, 肢指の重複が起きた移植実験 (図 6.16(a) および (b) 参照) では, 余分な指を維持するためにずっと大きな組織が必要になる.

形態形成過程について——肢だけに限らず——さらに研究することにより, (未だ) 小さな形態形成の

規則のリストに新しい規則を付け加えていくことができるだろう．各々の新しい規則が，肢の形態の進化にさらなる拘束を加えていくだろう．ここで採用した機構論的な視点が，進化における「発生拘束」のより具体的な定義を与えてくれるだろう．

第8章
血管網形成の理論

8.1 生物学的背景と動機

　in vivo での脈管形成 (vasculogenesis) は内皮細胞および血管芽細胞による血管の形成である．一方，血管新生 (angiogenesis) は既存の血管からの分枝による脈管構造の成長を指す．血管新生という言葉は，1935 年に初めて胎盤における新たな血管の形成に用いられた．本章で行うモデリングの動機は，脈管のようなパターンをもつ構造形成メカニズムの根底にある重要な要素を決定することである．*in vivo* の研究には様々な測定困難な問題があるため，この分野の実験的研究の多くは *in vitro* の（生物学的な）モデル系で行われてきた．血管新生の *in vitro* モデル実験系が進歩して，血管形成の研究がうまくできるようになった (Folkman and Haudenschild 1980)．合理的に考えて，もし *in vitro* の研究結果で *in vivo* で見られるパターンが再現できれば，この *in vitro* モデルから *in vivo* で起きているパターン形成メカニズムについての情報を得ることができると考えるのである．本章は基本的に平面的な網状パターンを考察するのだが，これは血管新生よりも脈管形成に近い．血管新生は 3 次元的であることがはっきりしている．

　一般には脈管の形成は，創傷治癒や腫瘍増殖の持続，形態形成などに根本的に重要である．固形がんの増殖には血管の侵入 (vascularization) が必要である．Folkman (1972) はいまでは固形がんの分野でおそらく最も重要な論文の 1 つと考えられており，その中で彼は新たな血管の侵入を抑制できれば，腫瘍の増殖を止めたりあるいは少なくとも増殖を抑制して直径 2, 3 mm ほどの休眠状態にすることができるのではないかという仮説を立てた（腫瘍の血管侵入についての概説として，Folkman (1976) も参照されたい）．このような血管新生の抑制はがん治療の新たな方法の基盤になると彼は考えた．彼は，腫瘍が新たな血管侵入を促す腫瘍血管新生因子と呼ばれる化学物質を産生するとする説得力のある証拠をいくつか提示した．彼の研究は，血管新生や腫瘍増殖の内因性阻害物質であるエンドスタチンや，アンジオスタチンといった抗血管新生因子が見つかった 1990 年代終わりごろまではほとんど顧みられることがなかった（それどころか嘲笑さえされた）(O'Reilly et al. 1997) [*1]．いまではサリドマイドさえも，血管新生を抑制すると示され，薬として復活しつつある (D'Amato et al. 1994)．Folkman (1972) はこの文献を締めくくるにあたり，適切な一連の医学的な問題を提示した．この問題は，いまなお重要であるどころか，今日の知見を鑑みるにこれまで以上に重要性を増している，様々なモデリングの課題を示唆するものであった[*2]．Folkman and Klagsbrun (1987) は，腫瘍で見つかったいくつかの血管新生関連因子について述べている．がん治療の観点から特に重要な見地は，薬剤耐性を誘発する化学療法（第 11 章を参照）

[*1] 1997 年にそのニュースが世界中に流れたとき，それはこれまで渇望されてきたがん治療の到来を告げるものとされ，これまでにない慎重さに欠ける予測をする人々が多く現れた．突撃インタビューとメディアによる誇張がおおかた収まったとき，Folkman は「もしあなたががんを患ったマウスなら，私の治療をしてあげられるでしょう」という妥当なコメントをした．

[*2] 私が読んだ Judah Folkman による論文は数多くの独創的な考えを含みきわめて明快に書かれていた．この学際分野で研究することを考えている者には彼の論文を読むことを強く薦める．これらの論文が述べている数多くのモデリング手法だけでなく，他にも得るものがあるだろう．

と異なり，抗血管新生治療はがんの実験で薬剤耐性の獲得を誘発しないということである (Boehm et al. 1997). Folkman (1995) による総説記事は，血管新生研究に関するいくつかの臨床応用について論じている．Kerbel (1997) による総説はさらに近年の進展についての概観を述べており，とりわけ Sage (1997a) は，いくつかの血管新生のタンパク制御因子について論じている．また Sage (1997b) は，ヒトメラノーマ細胞の腫瘍原性に関わる SPARC タンパクの役割についての研究結果を述べている．血管新生抑制の分野はいま急速に成長しており，モデリングが重要な価値をもつような領域も増えつつある．

1990 年代初頭の Folkman の初期の研究論文のいくつかを読んで，我々は血管新生における網状パターンに関与する生物学的な過程をモデリングする研究を始めた．がんとの関連がないとしても，前述の通り，これは重要かつ魅力的な問題である．本章では，メカノケミカル（ここでは，単にメカニカル（力学的）であるが）理論のパターン形成過程への応用について述べる．この応用は 1970 年代の Folkman の考えが動機となったものの，Sage, Vernon と彼らの共同研究者による実験 (Vernon et al. 1995) と直接関連している．これらの実験はまた理論と実験の比較にも用いられ，どのようなモデルを具体的な生物学的な問題に応用する際にも不可欠なパラメータ推定の土台となった．

8.2 脈管形成における細胞—基質間相互作用

in vitro の血管新生系の研究は，脈管形成において細胞外基質 (ECM) が果たす重要な力学的役割を示してきた．細胞外基質はとりわけ，細胞移動，細胞拡散，細胞周期の制御に重要な過程 (Brey 1992) および形態形成に必要な足場を提供する（例えば，Vernon (1992)）．細胞は ECM を産生し，また分解できるだけでなく，力学的作用を及ぼすことでその構造を変化させることができる．細胞は，基質の産生と分解を通して ECM の力学的な性質に影響を与えることができる．また，力学的作用を通して ECM の線維成分を，細胞が移動する通り道や移動の手がかりとして用いる基質の配列へと再構築することができる（第 10 章の詳細な議論も参考にされたい）．細胞—基質間相互作用が発生過程で複雑な空間パターンを形成するように統制される，このような力学的なシナリオにおいては，Murray-Oster 力学理論（第 6 章を参照）を適用することが有望と考えられる．細胞—基質間相互作用が基質の配列に，そしてひいては細胞の移動に影響を与えうるということは，発生過程においてかなりよく見られることである．このことについては Manoussaki (1996), Manoussaki et al. (1996) および Murray et al. (1998) で論じられている．重要な文献として，Little et al. (1998) により編集された（Folkman による適切な序文のついた）脈管の形態形成についての実験的，理論的な論文集が挙げられる．

力学的および流体力学的な作用は，脈管系の発生全体において重要な役割を果たしている．早くも 1893 年には，Thoma が発生時の血管の成長における（流体）力学的な要素の重要性を示唆した．血管新生における力学的作用についての総説の中で，Hudlická and Brown (1993) は，発生中の胚において脈管の成長が血流の速さと圧力の組合せの結果としてどのように起こるかについての Thoma による観察に言及している．それ以降，多くの研究が脈管発生における力学的作用の役割に注目している．力学的作用は，発生途中の肺の初期分枝にも関与している可能性がある (Lubkin and Murray 1995).

どのように力学的作用が脈管系の発生に影響するかについての研究は，おおむね 2 つの主要な流れに沿ってまとめることができる．一方は，巨視的な血管再構築を記述することに焦点を当てている．ここでの血管再構築とは，毛細血管の発生，退化により生じる血管の枝分かれによる変化に加え，血管壁の構造の変化を指す．例えば，血圧の変化が血管の様々な構造物の厚さに変化を引き起こすことがあり，高血圧時に肺動脈圧が上昇すると，血管の内膜（血管を裏打ちする膜のうち，最も内側のもの）および外層が肥厚する (Fung and Liu 1991). 血管壁の応力の変化は，血管網の再構築に重要かもしれない (Price and Skalak 1994). また，新たな物質の挿入で血管が成長し血管網の再構築が行われるのだが，血管のずり応力や血流の変化はこの血管網再構築を引き起こす要因の 1 つではないかと示唆されている (Patan et al.

8.2 脈管形成における細胞―基質間相互作用

1996).

もう1つのアプローチは，血管の細胞にかかる力学的作用が遺伝子発現を変化させるメカニズム (Ando and Kamiya 1996) や，分子がシグナル経路に及ぼす効果を解明することである．血流から生じるずり応力は細胞を変形させ，細胞骨格の構築に作用し，それがさらに細胞周期に影響することも示されている (Ingber et al. 1995). ずり応力は，内皮細胞の DNA 合成 (Ando et al. 1990) や（後で見るように）移動，そして増殖 (Ando et al. 1987) を促進する．

血管の発生と再構築における力学的作用の役割についての総説として，例えば Hudlická and Brown (1993) や Skalak and Price (1996) がある．

アプローチは大きく異なるが，Chaplain と彼の共同研究者の毛細血管網の研究は本章で議論するテーマと関連している．血管新生についての理論的な研究の総説や初期の研究の詳細およびその他の文献については，Chaplain and Anderson (1995) を参照されたい．彼らは主に腫瘍により誘発される血管新生を扱っている．彼らの連続体モデルは，走化性および走触性（haptotaxis; 第6章を参照）を示す細胞を含んでおり，そこでは細胞により分泌されるフィブロネクチンによる走触性構造が考慮されている．彼らのモデルはこの分野の実験的な研究と密接に結びついており，その包括的な総説として，どのように実験データが理論モデルと関連するかについて特に注目した Schor et al. (1999) がある．

ここでは，第6章の Murray-Oster メカノケミカルモデルの枠組みに基づく力学的なモデルメカニズムについて述べる．このメカニズムは，細胞および細胞外基質による力学的作用の主要な相互作用を捉えようと試みたもので，Manoussaki (1996), Manoussaki et al. (1996) および Murray et al. (1998) により展開された．我々は，観察されるパターンが純粋に力学的な理論によって説明できること，そして，どのように発生の際にパターンが実際に形成されるのかを示す．このような力学モデルは，事実上きわめて単純な力学の概念に基づいており，細胞や基質の具体的な種類に依存せずに，様々な構成要素の間で生じうる力学的な相互作用だけを考慮している．基本的に細胞は下層の基質に接着しており，細胞が及ぼす牽引力の結果，基質とそれに接着している細胞が変形する．これにより細胞と基質からなる凝集塊が形成される．基質や細胞の密度の非一様性により，細胞牽引による張力線が凝集塊の間に形成される．これらの張力線は整列した基質の線維に対応し，細胞がそれに沿って活発に動くため，凝集体の間の細胞の交通路をなす．

Tranqui and Tracqui (2000) による近年の論文は，特に本章の内容と関連しているが，この論文はとりわけ血管新生により関心を向けている．彼らはまた，自身の *in vitro* 実験に基づいた力学モデルを使用して，毛細血管様の構造を作りあげた．彼らのモデルは長距離弾性効果を含み，また細胞保存方程式には等方性の細胞拡散と走触性が含まれている（第6章を参照）．彼らは全てのモデルパラメータの推定値を得ることができた．とりわけ興味深いのは，パターンを生じさせるために解析的に導かれた臨界パラメータ値が，実験における変数の閾値と対応することを示していることである．彼らはモデルの1次元版を数値的にシミュレーションすることでフィブリンゲル (fibrin gel) および細胞の密度の空間パターンを得て，これを実験的に得られたものと比較している．

in vitro 血管網形成の実験モデル

Vernon, Sage と彼らの共同研究者は，*in vitro* 実験 (Vernon et al. 1992, 1995) により，種々の内皮細胞（具体的には，ウシ大動脈内皮細胞 (bovine aortic endothelial cells; BAEC)) や成人皮膚線維芽細胞 (adult human dermal fibroblasts), ヒト平滑筋細胞をゲル状基底膜（マトリゲル）上で培養すると，これらの細胞が基質を再構築し，網状パターンを生じることを示した．さらに，例えばⅠ型コラーゲンのような，別の基質の上で培養された細胞も，その基質が十分な展性をもっていれば網状パターンを形成する．彼らの研究および Tranqui and Tracqui (2000) の研究は，パターン形成メカニズムが特定の細胞や基質

に依存せず，力学的なメカニズムが網状パターン形成過程の一般性を説明しうることを示唆している．

細胞は厚さ 60〜600 μm のマトリゲル層の上に植えられた．マトリゲルとは，細胞との接着を助けるラミニン (laminin) に富んだ層状の網目構造の中にコラーゲン線維を含んだ基質である．どの細胞株においても経過はよく似ている．細胞が基質と接着し，指状の糸状仮足を通して基質を引っ張り始める．それにより，基質とそこに接着した細胞が移動し，最終的に，大量の基質をその下に伴う細胞の凝集塊が生じる．細胞牽引の結果として，凝集塊の周りに張力線が出現する．薄いシリコーンラバーに対して線維芽細胞が及ぼす牽引力は，第 6 章の図 6.3 に描かれているように，きわめてはっきりとした張力線を生じる (Harris et al. 1980)．次第に隣り合う凝集塊の間で張力線に沿って，基質成分が整列した基質からなる線維状の糸を形成する．いったん糸状構造が生じると，それと接触している細胞が糸状構造と平行に引き伸ばされて運動能が高まり，この基質でできた経路に沿って移動し，細胞の列なりができ上がる．最終的に，培養を始めてから約 24 時間後には，培養シャーレは細胞列を辺とするような多角形で敷き詰められる (Vernon et al. 1992)．時間の経過とともに，これらの多角形の一部は拡大し，また一部は縮みながら閉じてしまうので，より大きな多角形が生じる．この連続的な再構築は，対応するマトリゲルの厚さに歪みを伴う．図 8.1 は，実験的に観察される細胞列ネットワークの典型的な時空間的な発展を示している．図 8.1(i) は，そのような網状構造の拡大写真である．細胞の伸長と移動は，線維による細胞の通路上でのみ起こり，この通路が出現するまでは起こらなかった．また，明瞭な通路と接触していない細胞は，伸長することなく，ほぼ元の位置にとどまった．一部の通り道が挟み潰され，他のものは伸長したり，回転したりして，その結果として一部の多角形は成長し，他の多角形は縮小し，消滅しながら，パターンは絶え間なく発展を続けた．24 時間の培養の後，マトリゲルのほとんどは凝集塊に引き寄せられ，残りは凝集塊の間を結ぶ細胞列をなした．

コラーゲン（組織基質の材料）成分の量（の違い）は，おそらく基質の硬さを変化させ，それにより細胞による基質の牽引の効果を変化させることで，網状パターン形成に影響する．基質の厚さもまた，形成される網状パターンの大きさに影響する．基質が薄ければ，小さな網状パターンが形成されるか，そもそもパターン形成が起こらない．基質の厚さを徐々に増加させた勾配つきの培地では，基質が厚い領域で，より大きな網状パターンが形成される．後でモデルによる予見と実験結果を比較する際，これらの実験結果を再び取り上げる．

これらの結果は，力学的な相互作用が，パターンの発展に根本的に重要であることを示唆している．以下では，これらの相互作用を数理モデルにより定量化する．ここで提案したメカニズムに関する方程式の解は，後で見るように，力学的作用が網状パターン形成に果たす重要な役割を確かめるものである．したがって，この数理モデルは，どのようにパラメータがパターンの大きさを変化させうるのかに加え，ECM のどの力学的な性質がパターン形成過程を制御しているのかを評価する道具立てを提供する．このモデルはまた，基質ゲルの厚さや細胞密度といった実験的に変更できるパラメータの効果を際立たせるための様々な実験シナリオも提供する．実験で細胞を上に載せるゲルの厚さは，特に細胞—基質の広がりに対してきわめて薄いので，in vitro 実験との比較には 2 次元モデルで十分である．

血管網形成の力学的メカニズムのモデル

2 次元の数理モデルにより，基礎となる上述の実験的な力学的シナリオを定量化する．局所的な細胞密度を n（個/mm2）で表す．このモデルには細胞の増殖は含めない．これは，マトリゲル上の培養では 4 時間後に最初の細胞塊と張力線が現れ 24 時間後には網状構造が完成するのに対し，内皮細胞の有糸分裂の間隔は約 17 時間なので，パターン形成過程に影響を与える程の著しい細胞数の変化は起こらないと考えられるためである．細胞や基質の増殖は簡単にモデルに含めることができ，そのような研究が現在行われている．他の章，特に全層損傷の治癒を扱った第 10 章における力学的メカニズムのパターン形成へ

8.2 脈管形成における細胞―基質間相互作用

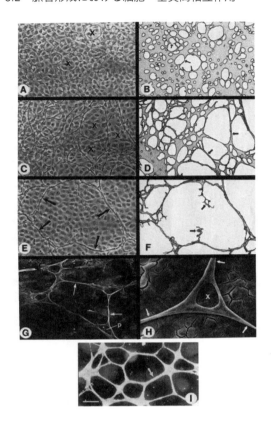

図 8.1 (a)–(h) 人工基質 (BMM, Matrigel) でできた基底膜の上で培養したウシ大動脈内皮細胞 (BAEC) による平面的な網構造の発展. 矢印は糸状の細胞列構造を指し, (a), (c), (h) の × はこれらの糸で囲まれた多角形を表す (写真は R. B. Vernon 博士の厚意により, 許可を得て複製). (i) マトリゲル層の上にサブコンフルエントな単層で培養した細胞が示す典型的な網構造. それぞれの糸状構造 (矢印で示した) がたくさんの細胞からなる. スケールバーは $200\,\mu m$ である. 画像は暗視野照明法により得られた (写真は Charles Little 博士の厚意により, 許可を得て複製).

の応用の経験から, モデルがとるであろう一般的な形を予想することができる. 以下では, Manoussaki (1996) および Murray et al. (1998) の研究を追っていく.

ここでは, 微小歪み近似の下でのみ考える. これは, 実験における状況と実際には異なるものの, このモデルが血管網のパターン形成に関わる過程であるのかどうかを明確に指し示してくれるはずである.

細胞密度の局所的な変化は主に2種類の運動, すなわち, 対流の流束密度と歪み依存的な異方的ランダム運動 (拡散) テンソルの組合せであると考える. $v(x,y,t)$ を時刻 t, 位置 (x,y) における基質の速度として, 対流の流束密度は $J_{対流} = nv$ である. ここで, 微小歪み近似の下では, u を基質の変位ベクトルとして $v = u_t$ である. (以前の章における歪みが微小でない状況での対流速度の形についての議論を参照.)

細胞運動による流束密度を, 基質の整列に沿ったバイアスをもった歪み依存的な異方的ランダム運動としてモデリングする. $\mathbf{D}(\varepsilon)$ を, 基質の歪み $\varepsilon = (1/2)(\nabla u + \nabla u^T)$ に依存するランダム運動拡散テンソルとする. すると, 能動的な運動による流束密度は

$$J_{拡散} = -\nabla(\mathbf{D}(\varepsilon)n) = -n\nabla \mathbf{D}(\varepsilon) - \mathbf{D}(\varepsilon)\nabla n$$

となる. $\mathbf{D}(\varepsilon)$ の形は, 歪んだ場の中で細胞がどのようにランダム運動するかについての具体的な仮定に依存する. 歪みが微小である場合とそうでない場合における $\mathbf{D}(\varepsilon)$ の具体的な形は, ある方向の伸長あるいはそれと垂直な方向の収縮によって運動のバイアスが増加するという仮定の下で, Cook (1995) により最初に導出された. 真皮の創傷治癒について扱う第 10 章, 特に 10.8 節で, $\mathbf{D}(\varepsilon)$ の様々な形を導く. 微小歪みに対しては, $\mathbf{D}(\varepsilon)$ は式 (8.2) で与えられる.

以上より細胞密度の保存則は

$$\underbrace{\frac{\partial n}{\partial t}}_{\text{細胞密度の変化率}} = \underbrace{-\nabla \cdot \left(n\frac{\partial \boldsymbol{u}}{\partial t}\right)}_{\text{対流}} + \underbrace{\nabla \cdot \nabla \cdot (\mathbf{D}(\boldsymbol{\varepsilon})n)}_{\text{歪みにより偏ったランダム運動}} \tag{8.1}$$

で与えられる．ここで，第 10 章の式 (10.54) より，(x, y) 平面において

$$\mathbf{D}(\boldsymbol{\varepsilon}) = D_0 \begin{pmatrix} 1 + \dfrac{\varepsilon_{11} - \varepsilon_{22}}{2} & \dfrac{\varepsilon_{12}}{2} \\ \dfrac{\varepsilon_{21}}{2} & 1 + \dfrac{\varepsilon_{22} - \varepsilon_{11}}{2} \end{pmatrix} \tag{8.2}$$

である．ただし，$\varepsilon_{11}, \varepsilon_{22}, \varepsilon_{12}, \varepsilon_{21}$ は歪みテンソル $\boldsymbol{\varepsilon}$ の成分で，D_0 は歪みが存在しないときの運動性を表す係数である．この拡散行列の導出の背後にある基本的な考え方は，細胞がランダムウォークする際，細胞は自身がいる場所の線維の接線方向に進む傾向があるというものであるが，実際の導出はこれよりも幾分複雑である．10.8 節の議論を参照されたい．

力の釣り合いの式

　微小歪みのみを考えているので，パターン形成過程の初期段階ではその性質が一定に保たれるような，線形粘弾性物質として基質をモデリングする．本書の他の箇所で使われている連続体の定式化に従い，それにもっともらしい仮定をいくつか追加する．上で述べたように，基質の広がりは基質の厚みに比べてずっと大きいので，基質を 2 次元の物質として近似する．さらに，細胞による牽引はシャーレの（すなわち，おおよそ基質の）表面と平行な平面内に限られているとする．言い換えると，物質は平面応力仮定 (plane stress assumption) に従うものと考える．基質の運動は基質とシャーレの接着によりかなりの抵抗を受ける．それに比べて in vivo の血管新生は，隣接する組織の線維や細胞部分との接着によるつながりにより影響される．

　組織に存在する力は，(i) 細胞による牽引，(ii) 基質-シャーレ間接着による抵抗，(iii) 細胞が引き起こす変形に対し抵抗する基質の粘弾性力である．パターン形成過程において慣性効果は他の力と比べて無視できるため，任意の点において力は釣り合い，

$$\underbrace{\boldsymbol{F}_{\text{基質}}}_{\text{粘弾性復元力}} + \underbrace{\boldsymbol{F}_{\text{細胞}}}_{\text{細胞による牽引}} + \underbrace{\boldsymbol{F}_{\text{接着}}}_{\text{シャーレへの接着}} = \boldsymbol{0} \tag{8.3}$$

となる．細胞の力と基質の応答は，基質培地の中でのそれぞれに対応する応力テンソルの発散として記述される．つまり，$\boldsymbol{\sigma}_{\text{細胞}}$ を細胞による牽引の応力テンソルとすると $\boldsymbol{F}_{\text{細胞}} = \nabla \cdot \boldsymbol{\sigma}_{\text{細胞}}$ であり，また，$\boldsymbol{\sigma}_{\text{基質}}$ を基質培地中の粘弾性応力テンソルとすると $\boldsymbol{F}_{\text{基質}} = \nabla \cdot \boldsymbol{\sigma}_{\text{基質}}$ が成り立つ．$\boldsymbol{F}_{\text{接着}}$ は，基質の変位に逆らうような，系の外からの（体積）力である．

　細胞による牽引力 $\boldsymbol{F}_{\text{細胞}}$ は，局所の細胞密度や，本書の様々な箇所（特に第 6 章，創傷治癒に関する第 10 章）で論じるその他の要素に依存する．本章の目的のためには，細胞による基質への応力に対するもっともらしい定性的な形，すなわち

$$\boldsymbol{\sigma}_{\text{細胞}} = \tau \frac{n}{1 + \alpha n^2} \mathbf{I} \tag{8.4}$$

をとれば十分である．ここで，τ (dyne/個) は細胞密度が小さいときに単一の細胞が基質に及ぼす応力を表し，α は近傍の細胞が牽引力に与える影響を定めるパラメータである．様々な関数形やそれらと実験データとの関連についての第 6 章の議論も参照されたい．ここで考えている密度では，応力テンソルはほぼ $\tau n \mathbf{I}$ に等しい．パラメータ α は細胞密度が大きいときの細胞牽引の低下を表し，総牽引力の上限を定め，また非現実的に大きな牽引力が生じることを防いでいる．

8.2 脈管形成における細胞—基質間相互作用

このモデルにおいて我々は式 (8.4) を用いるものの，これは単なる定性的にもっともらしい記述に過ぎないということを繰り返しておく．細胞牽引は前述の通り，細胞—基質間相互作用が複雑であることや，実際の生体組織で様々な力学的な効果を分離することが困難であることから，測定が難しいことが示されている．Ferrenq et al. (1997) による先駆的な論文では，内皮細胞による細胞外基質への力を測定するための強力な実験技術や一般的な方法論が述べられている．彼らの技術については第 6 章の記述を参照されたい．

微小歪みを考えているので，細胞牽引への応答として基質に生じる粘弾性応力 $\sigma_{基質}$ は，以前の章で用いた粘性応力と弾性応力が線形に足される線形フォークト形 (linear Voigt form) とする (Fung (1993) も参照)．したがって

$$\sigma_{基質} = \sigma_{粘性} + \sigma_{弾性} = \mu_1 \varepsilon_t + \mu_2 \theta_t \mathbf{I} + E'(\varepsilon + \nu \theta \mathbf{I}) \tag{8.5}$$

である．ここで，パラメータ μ_1, μ_2 (dyne/秒) はそれぞれずり粘性係数，体積粘性係数，$\theta = \nabla \cdot \mathbf{u}$ はシャーレの面に沿った基質の体積歪みを表し，$E' = E/(1+\nu)$，$\nu' = \nu/(1-2\nu)$ である．E は物体の硬さを定めるヤング率で，ν (mm/mm) は，ある方向へ単位長さだけ引き伸ばした際に，それと直交する方向にどれだけ収縮するのかを評価するポアソン比である．

今度は基質のシャーレへの接着を考えよう．実験から，基質の微小線維の一部はシャーレと接着し続ける一方，残りはその上を引きずられることが示唆される．シャーレへの微小線維の接着が基質の表面に及ぼす正味の影響は抵抗である．局所的な厚みが ρ であるような 3 次元ゲルを滑りを考慮しない 2 次元モデルで近似し，以下の式で表される粘性抗力として抵抗をモデリングする：

$$\boldsymbol{F}_{接着} = -\frac{s}{\rho} \boldsymbol{u}_t. \tag{8.6}$$

ここで，$\rho(x,y,t)$ (mm) は基質の厚さを表し，s は接着による抵抗の強さの指標である．細胞とシャーレの間の基質の層が厚ければ厚いほど（ρ が大きければ大きいほど），基質のシャーレへの接着が弱くなり，基質の再編成がなされやすいと仮定している．もし，in vitro であっても平面的でない場合，あるいは in vivo の状況のように基質の厚さが大きければ，モデルは 3 次元的になりこの外力はほとんどの場面でゼロとなるだろう．

基質の厚さ

この 2 次元のモデルでは垂直方向の応力が $\sigma_{zz} = 0$ なので，歪みの 3 方向の成分 $\varepsilon_{xx}, \varepsilon_{yy}, \varepsilon_{zz}$ の間に関係が得られる．3 次元のフックの法則より

$$0 = \sigma_{zz} = \frac{E}{1+\nu}\left(\varepsilon_{zz} + \frac{\nu}{1-2\nu}\theta\right) \quad \Rightarrow \quad \varepsilon_{zz} = -\frac{\nu}{1-2\nu}\theta$$

となる．z 方向の歪み ε_{zz} が存在するとき，厚さは $\rho(x,y,t) = \rho_0(x,y)(1+\varepsilon_{zz})$ を用いて計算され，そこから，厚さ ρ を位置と時間の関数として

$$\rho(x,y,t) = \rho_0(x,y)(1+\varepsilon_{zz}) = \rho_0\left(1 - \frac{\nu}{1-2\nu}\theta\right) \tag{8.7}$$

のように表せる．ここで，θ は体積歪みである．

モデル方程式の境界条件

実験からシャーレの縁に沿って基質が動くことはほとんどないということが示されている．このことを境界条件としてゼロ変位を仮定することでモデルに組み込む．すなわち，領域を B とすると ∂B 上の

(x, y) で $\boldsymbol{u}(x, y, t) = 0$ と表せる．したがって，辺の長さが a, b の長方形領域（円形ではなく長方形を用いたのは，単に数値計算プログラムを簡単にし，計算時間を短縮するためである）に対しては，この条件は以下のようになる：

$$\boldsymbol{u}(x=0, y, t) = \boldsymbol{u}(x=a, y, t) = \boldsymbol{u}(x, y=0, t) = \boldsymbol{u}(x, y=b, t) = 0. \tag{8.8}$$

ここで，$\boldsymbol{u}(x, y, t)$ は位置 $\boldsymbol{x} = (x, y)$ と時刻 t における変位を表す．細胞は当然シャーレの中にとどまるので，細胞についてゼロフラックス境界条件が成り立つ．この条件はここでは以下のように表される：

$$\boldsymbol{J}_\text{細胞} = n\boldsymbol{v} - \nabla \cdot (\mathbf{D}(\boldsymbol{\varepsilon})n) = 0, \qquad \boldsymbol{x} \text{ on } \partial B. \tag{8.9}$$

ここで上と同様に，我々がいま用いている近似において速度は $\boldsymbol{v} = \boldsymbol{u}_t$ であり，$\mathbf{D}(\boldsymbol{\varepsilon})$ は式 (8.2) により与えられる．

モデルメカニズムは，細胞保存方程式 (8.1) および力の釣り合いの式 (8.3) と，式 (8.2)，式 (8.4)–(8.7) により与えられる表式からなる．これらの方程式を，式 (8.8) および式 (8.9) の境界条件と実験の状況と一致するような細胞密度や基質の分布の初期条件の下で解かなければならない．

まず，方程式を無次元化するために，無次元変数

$$\begin{aligned}
&n^* = \frac{n}{n_0}, \quad \rho^* = \frac{\rho}{\rho_0}, \quad \boldsymbol{u}^* = \frac{\boldsymbol{u}}{L}, \quad \boldsymbol{r}^* = \frac{\boldsymbol{r}}{L}, \quad t^* = \frac{t}{T}, \quad s^* = \frac{s(1+\nu)L^2}{ET\rho_0}, \\
&\alpha^* = \alpha n_0^2, \quad \tau^* = \frac{\tau n_0(1+\nu)}{E}, \quad \nu^* = \frac{\nu}{1-2\nu}, \quad \boldsymbol{\varepsilon}^* = \boldsymbol{\varepsilon}, \quad \theta^* = \theta, \\
&D^* = \frac{DT}{L^2}, \quad D_0^* = \frac{D_0 T}{L^2}, \quad \mu_i^* = \frac{\mu_i(1+\nu)}{ET}, \quad i = 1, 2
\end{aligned} \tag{8.10}$$

を導入する．ここで，L および T は固有の長さおよび時間のスケールであり（例えば，L はシャーレの寸法としてもよい），n_0 は初期の細胞密度，ρ_0 は一様な基質の層の初期の厚さである．これより，表記の簡便のためにアスタリスク $(*)$ を省略すると，モデル系は

$$\begin{aligned}
&\frac{\partial n}{\partial t} + \nabla \cdot (n\boldsymbol{u}_t) = \nabla \cdot (\mathbf{D}(\boldsymbol{\varepsilon})n), \\
&\nabla \cdot \left(\mu_1 \boldsymbol{\varepsilon}_t + \mu_2 \theta_t \mathbf{I} + \boldsymbol{\varepsilon} + \nu\theta \mathbf{I} + \frac{\tau n \mathbf{I}}{1 + \alpha n^2}\right) = \frac{s}{\rho}\boldsymbol{u}_t, \\
&\rho(x, y, t) = 1 - \nu\theta
\end{aligned} \tag{8.11}$$

のようになる．無次元化された境界条件は，L を長さの単位にとっただけで，前述のものと形は変わらない．

8.3 パラメータの値

細胞の振舞いや基質の性質を記述するパラメータは，基質の応力および歪みに（それゆえ線維の方向にも）様々な程度に依存している．これは生体材料がもっているパラメータの推定をことのほか難しくしている特性である．全層損傷治癒について扱う第 10 章において，これらの依存関係がどれだけ複雑になるかを調べる．しかしながら異方性がパラメータ値に大きく影響しないという仮定の下では，基質の硬さ（ヤング率）やポアソン比，細胞のランダム運動の係数といった細胞の振舞いや基質の性質を記述するパラメータのほとんどについて，文献から推定することができる．これらの推定値は表 8.1 に与えられている．材料特性の特徴づけの一部は基質に対するクリープ・リラクゼーション実験により得られた (Fung 1993)．I 型コラーゲンゲル (Barocas et al. 1995) や，硝子体 (Lee et al. 1993, 1994a, b) のような組織由来のゲルの流体力学的な性質は，これらの文献にある低歪速度技術を用いることで記述された．これら

8.3 パラメータの値

の結果は Vernon et al. (1992) の実験で用いられた基質とよく似た構造をもつ組織に関するものであり，我々はこれらの結果を採用した．マトリゲルそれ自体の力学的性質に関する研究はなされていない．

基質の**硬さ (stiffness)** は物質の弾性係数 (elastic modulus) (E dyne/cm^2) で表され，主にその線維成分の種類，量および構造により決まる．例えば，ブタの前部硝子体およびウシの後部硝子体は似たようなコラーゲン成分をもつことがわかっているが，それぞれの弾性係数は 26.93 dyne/cm^2 と 8.01 dyne/cm^2 であった (Lee et al. 1994a, b)．血管網形成実験で用いられたコラーゲンゲルは上述の硝子体と類似のコラーゲン成分をもつので，ゲルの弾性係数は同じような範囲にあると考える．

ずり粘性係数 (shear viscosity) μ_1 は，クリープ試験により 2.1 mg/mL のⅠ型コラーゲンゲルで 7.4×10^6 Poise と測定された (Barocas et al. 1995)．一方，ウシの後部硝子体では 2.5×10^2 Poise であった (Lee et al. 1994)．値の不一致の原因はこれら 2 種のゲルの組成が異なり，前者がコラーゲン成分を約 14 倍多く含んでいることにあるかもしれない．モデルを用いれば，もちろん，粘性係数の変化が形成される網状パターンに及ぼす影響を予測することも可能であり，これは実際に行われている (Manoussaki 1996, Murray et al. 1998)．体積粘性係数に関してはずり粘性係数よりもかなり大きいと予想される．

1 細胞あたりの**牽引力 (traction)** τ dyne/個 はヒト臍帯静脈内皮細胞のそれに匹敵すると考える．コンフルエント（細胞が隙間なく詰まった状態）な単層のヒト臍帯静脈内皮細胞では牽引力はおおよそ 6.1×10^4 dyne/cm^2 である (Kolodney and Wysolmerski 1992)．細胞密度が $2.25 \sim 4 \times 10^5$ 個/cm^2 の場合の値から 1 細胞あたりの牽引力は $\tau \approx 0.15 \sim 0.27$ dyne/個 の範囲にあると推定する．Harris et al. (1980) は細胞牽引力が少なくとも 0.03 dyne/個 であると見積もった．

ポアソン比 (Poisson ratio) ν は無次元パラメータであり，理論的には物質を一定量だけ引き伸ばし，それに直交する方向の縮みを測定することで求めることができる．引き伸ばした量と縮みとの相対的な比がパラメータの大きさを与える．実際にはゲルの線維成分がゲルの水分と分離するにつれて ν の値が次第に変化するため，コラーゲンゲルのような柔らかい物質でのそのような測定はきわめて困難である．液相と固相の 2 つの相でポアソン比は異なるのである．そのような水分が分離しつつあるゲルの線維網のポアソン比は $\nu \approx 0.2$ と推定される (Scherer et al. 1991)．

内皮細胞の運動能 (cell motility) は遊走アッセイを用いて推定されてきた (Hoying and Williams 1996)．ゼラチン上の内皮細胞（ヒト微小血管内皮細胞）について報告された値は，内皮細胞成長因子の存在下では $9.5 \pm 1.2 \times 10^{-9}$ cm^2/秒，成長因子の非存在下では $2.6 \pm 0.6 \times 10^{-9}$ cm^2/秒 であり，また，フィブロネクチン上では $19.3 \pm 4.22 \times 10^{-9}$ cm^2/秒 であった．

接着の強さを表すパラメータ (anchoring parameter) s はモデリングの際に導入されたもので，この値についてのデータは存在しない．我々は基質の厚さが 1 cm 程度と大きいとき，$(s/\rho)\boldsymbol{u}_t$ がずり粘性係数の項と同じオーダーをもつとして s の値を推定した．この場合もシミュレーションによりこのパラメータを変化させることによる効果を定量化できる．

ここでの考察においては網状パターンが出現する初期段階を考えており，パラメータの値はほぼ一定のままであると考えることができる．

いかにしてパターンが形成されるか

初めはゲルと細胞が一様に分布しており，それに対して細胞密度に小さいランダムな変化を加えることを考えよう．これは，古典的な局所的活性化と側抑制（長距離抑制）のシナリオである．細胞による牽引力は細胞密度に従って増加するため，基質に作用する牽引力は細胞密度が高い領域でより大きくなる．したがって，これらの領域にある細胞が，細胞密度の低い周辺の領域から多くの基質を自身の周りに引き寄せる．これらの領域に基質が蓄積していく際，基質はそれに接着した細胞も一緒に運ぶ．そのため，牽引力が基質の弾性復元力を克服するのに十分なくらい大きければ，細胞密度の高い領域が形成され，それに

表 8.1　文献および実験から得たパラメータの推定値

パラメータ	値の範囲
1 細胞あたりの牽引力 τ	$0.03\sim0.7$ dyne/個
ヤング率 E	$8\sim27$ dyne/cm^2
ポアソン比 ν	0.2 (cm/cm)
ずり粘性係数 μ_1	$2.5\times10^2\sim7\times10^7$ dyne 秒/cm^2
体積粘性係数 μ_2	$10^5\sim10^9$ dyne 秒/cm^2
ランダム移動性 D_0	$4\sim9\times10^{-9}$ cm^2/秒
平均細胞密度 n_0	$4\times10^4\sim2\times10^5$ 個/cm^2
基質-シャーレ間の接着 s	$10^6\sim10^{11}$ dyne 秒/cm^3

より細胞密度および基質密度についての空間的な非一様性が生み出される．凝集塊間の張力により線維は細胞凝集塊同士を結ぶ方向に配向する．線維が配列したこれらの領域に接した細胞は配列している方向に沿って高い運動能を示し，線維が高度に整列した領域は細胞で満たされる．

8.4　モデル方程式の解析

上述のパターン形成シナリオや他の章での経験から，言うまでもなく適切な定常状態の周りでモデル方程式の線形安定性解析を，そしておそらく非線形安定性解析も行うことができる．ここで考える定常状態は

$$n_s = 1, \quad \rho_s = 1, \quad \boldsymbol{u}_s = \boldsymbol{0} \tag{8.12}$$

である．パターン形成が起こるパラメータ領域を決定し，系が空間パターンを生成するのに必要な主要な要素を拾い出し，またこのメカニズムのパターン生成能についての着想を得るために，ここでは線形安定性解析のみを行う．

式 (8.11) を一様な定常状態 (8.12) の周りで線形化する．$n = 1+\bar{n}, \rho = 1+\bar{\rho}, \boldsymbol{u} = \bar{\boldsymbol{u}}$ として表記の簡便さのためにバーを省略すると，線形化系は

$$\begin{aligned}
&n_t + \nabla\cdot\boldsymbol{u}_t = D_0\nabla^2\left(n + \frac{1}{2}\nabla\cdot\boldsymbol{u}\right), \\
&\nabla\cdot(\mu_1\boldsymbol{\varepsilon}_t + \mu_2\theta_t\mathbf{I} + \boldsymbol{\varepsilon} + \nu\theta\mathbf{I} + \tau_1 n) = s\boldsymbol{u}_t, \\
&\rho = -\nu\theta
\end{aligned} \tag{8.13}$$

のようになる．ここで，$n, \rho, \boldsymbol{u}$ は定常状態 $(1,1,\boldsymbol{0})$ からの微小な摂動を表し，

$$\tau_1 = \tau\frac{(1-\alpha)}{(1+\alpha)^2}$$

である．いつも通り，

$$(n, \rho, \boldsymbol{u}) \propto e^{\sigma t + i\boldsymbol{k}\cdot\boldsymbol{x}} \tag{8.14}$$

のような形の解を探そう．ここで σ と $\boldsymbol{k}$ はそれぞれ成長率と波数ベクトルである．煩雑な計算ののちヤコビ行列（ここでは $\boldsymbol{u}$ が 2 次元のベクトルなので 4×4 行列となる）が得られ，それにより σ についての特性方程式

$$\sigma\{(\mu_1 k^2 + 2s)\sigma + k^2\}\{(\mu k^2 + s)\sigma^2 + b(k^2)\sigma + c(k^2)\} = 0 \tag{8.15}$$

8.4 モデル方程式の解析

が得られる．ここで，$\mu = \mu_1 + \mu_2$, $k^2 = |\boldsymbol{k}|^2$ であり，また，

$$b(k^2) = \mu D k^4 + (sD + 1 + \nu - \tau_1)k^2, \quad c(k^2) = Dk^4\left(1 + \nu - \frac{1}{2}\tau_1\right) \tag{8.16}$$

である．

パラメータが何を表すのか見失わないように，式 (8.15), (8.16) のパラメータに関して無次元化を行う前の式を以下に示しておく：

$$s = \frac{s(1+\nu)L^2}{ET\rho_0}, \quad \tau_1 = \frac{\tau n_0(1+\nu)(1-\alpha n_0^2)}{E(1+\alpha n_0^2)^2},$$
$$\mu = \frac{(\mu_1 + \mu_2)(1+\nu)}{ET}, \quad \nu = \frac{\nu}{1-2\nu}, \quad D = \frac{D_0 T}{L^2}. \tag{8.17}$$

式 (8.15) には以下のような 4 つの解

$$\sigma_1, \sigma_2 = \frac{-b(k^2) \pm \sqrt{b^2(k^2) - 4(\mu k^2 + s)c(k^2)}}{2(\mu_1 k^2 + s)},$$
$$\sigma_3 = -\frac{k^2}{\mu_1 k^2 + 2s} \leq 0, \quad \sigma_4 = 0 \tag{8.18}$$

がある．以下で定義される Δ の符号により，式 (8.18) で与えられる解は実数にも複素数にもなりうる：

$$\Delta = b^2(k^2) - 4(\mu k^2 + s)c(k^2). \tag{8.19}$$

パターン形成とパラメータ領域

モデルメカニズムのパターン形成能についての全体像が，式 (8.18) で与えられる解 σ を詳しく調べることで得られる．一貫した空間パターンが生み出されるためには，$\sigma(k^2 = 0) \leq 0$ であり，かつ，$\mathrm{Re}\, \sigma(k^2) > 0$ をみたすような波数 $k^2 > 0$ が存在しなければならない．このことが正当であることの詳しい説明は第 6 章を参照されたい．基本的には，この条件は一様な定常状態が安定であるが，空間的な摂動に対しては不安定であり，一部の空間的摂動が初め指数関数的に成長することを保証している．式 (8.15) から $k^2 = 0$ についての 1 つ目の条件は明らかにみたされる．2 つ目の条件について簡潔に考察しよう．

式 (8.18) の解のうち実部が最大なのは σ_1 であるからそれだけを考えればよい．式 (8.16) より明らかだが，$b(k^2)$, $c(k^2)$ はどちらも，τ_1 やその他のパラメータおよび波数 $\boldsymbol{k}$ の相対的な大きさ次第で，正にも負にもなりうる．ここではこれらのうちいくつかの場合だけを議論し，完全な解析およびパターン形成が起こるパラメータ空間の定量化に関しては，教育的で生物学的に有用かつ実用的な演習問題として残しておく．

まず，細胞が拡散しない，すなわち $D = 0$ であるような特殊な場合を考えよう．式 (8.18) に式 (8.16) を代入すれば，最大の σ は

$$\sigma_1 = -\frac{b(k^2)}{\mu k^2 + s} = \frac{(\tau_1 - 1 - \nu)k^2}{\mu k^2 + s} \tag{8.20}$$

であり，したがって，もし細胞牽引のパラメータ τ_1 が $\tau_1 > 1 + \nu$ をみたせば，任意の $k^2 > 0$ に対して $\sigma_1 > 0$ であり，ゆえに（この線形理論においては）式 (8.14) に従って全ての空間モードが指数関数的に成長するだろう．全てのモードが不安定であるから，最終的なパターンは初期条件に密接に依存する．後で数値シミュレーションで示すように，形成されるパターンは，概してかなり無秩序だが，巨視的には一貫した構造をもっている．ここで興味深いのは，そこに現存する力，細胞牽引力，基質およびシャーレによる抵抗力および対流からの力の相互作用だけでパターンがつくられるという示唆である．しかしながら，このような空間パターンの生成に拡散が，必須だとは言わないまでも，きわめて重要であると，往々にして信じられているのである．

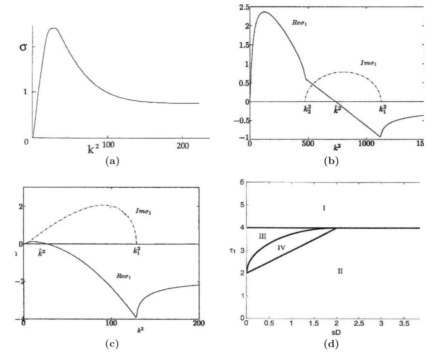

図 8.2　(a)–(c) 空間的不安定性の線形成長率を与える典型的な分散関係 $\sigma(k^2)$. (a) $\sigma(k^2)$ は実数で，任意の波数が不安定化している．パラメータ値は $s = 10, \alpha = 0.01, \mu = 1, \nu = 0.2, \tau = 5, D = 0.001$. (b) 不安定モードのうち一部が励起振動する解をもち，より複雑な（より興味深い）成長を示す．パラメータ値は $s = 10, \alpha = 0.01, \mu = 0.3, \nu = 0.2, \tau = 1.4, D = 0.001$. (c) 一部のモードが励起振動する．パラメータ値は $s = 10, \alpha = 0.01, \mu = 0.3, \nu = 0.2, \tau = 2.4, D = 0.001$ (Manoussaki (1996) より)．(d) $\nu = 1$ でのそれぞれの解の振舞いに対応するパラメータ領域の例．領域 I, II, III, IV は表 8.2 にまとめてある解の振舞いに対応している．

領域 I：パラメータ領域 $\tau_1 > 2(1 + \nu)$

$k^2 > 0$ の下で，式 (8.18) の σ_1 を式 (8.16) とともに考えよう．ここでは，もちろん $D \neq 0$ の場合を考える．もし $c(k^2) < 0$ であれば，$\sigma_1 > 0$ であり，一様定常状態は線形不安定である．したがって，もし $\tau_1 > 2(1+\nu)$ なら，全ての波数 $k^2 > 0$ は不安定で，この場合も最終的なパターンは初期条件に依存する．

式 (8.17) を用いて次元付きの変数で表すと，以下の条件のとき，一様定常状態からの細胞密度の小さな摂動が基質の不安定性をもたらし，細胞密度および基質密度に関する空間パターン形成を引き起こす：

$$\begin{aligned}
&\frac{\tau n_0 (1+\nu)(1-\alpha n_0^2)}{E(1+\alpha n_0^2)^2} > 2\left(1 + \frac{\nu}{1-2\nu}\right) \\
&\Rightarrow \quad \tau > \frac{2E(1-\nu)(1+\alpha n_0^2)^2}{n_0(1+\nu)(1-2\nu)(1-\alpha n_0^2)}.
\end{aligned} \tag{8.21}$$

このパラメータ領域内では，D および s の値によらず，全ての波数が不安定となる．このパラメータの範囲での典型的な分散関係が，図 8.2(a) に描かれている．

（混み合い効果が現れるような）コンフルエントな密度に対して，実験で用いた細胞密度は 0.1～0.4 のオーダーであったから，$(1+\alpha n_0^2)^2/(1-\alpha n_0^2) \approx 1$ であり，直前の条件は

$$\tau > \frac{2E(1-\nu)}{n_0(1+\nu)(1-2\nu)}$$

8.4 モデル方程式の解析

のように単純化される．

これより即座に，初期細胞密度 n_0 が大きければ大きいほどパターン形成が起こりやすくなるといった，実験において重要なパラメータの役割についての定性的な結果が得られる．どのようにパターンが形成されるかについてのその他の定性的な結果は，以下のより詳細な解析から得られる．

領域 II：パラメータ領域 $\tau_1 < 2(1+\nu), \tau_1 < sD + 1 + \nu$

この範囲では，任意の $k^2 > 0$ に対して $c(k^2) > 0$ であるから，不安定，すなわち $\mathrm{Re}\,\sigma_1 > 0$ となるのは $b(k^2) < 0$ の場合に限られる．もし，$\tau_1 < 2(1+\nu) \wedge \tau_1 < sD + 1 + \nu$ であれば，$O(k^2)$ の項の係数が常に正ゆえ，$b(k^2)$ は正であるから，一様な定常状態は常に安定でパターン形成は起こりえない．

領域 III：パラメータ領域 $1 + \nu + \sqrt{sD\{2(1+\nu) - sD\}} < \tau_1 < 2(1+\nu)$

$sD < 1 + \nu$ のとき，式 (8.19) と式 (8.16) から，Δ の根は

$$k_0^2 = 0, \quad k_1^2, k_2^2 = \frac{1}{\mu D}\left(1 + \nu - sD \pm \sqrt{\tau_1\{2(1+\nu) - \tau_1\}}\right) \tag{8.22}$$

である．これらより（少々計算することにより）パラメータが

$$\begin{aligned}&\tau_1 < 2(1+\nu), sD < 1+\nu, \\ & 1 + \nu + \sqrt{sD\{2(1+\nu) - sD\}} < \tau_1 < 2(1+\nu)\end{aligned} \tag{8.23}$$

をみたすとき，$k_2^2 < k^2 < k_1^2$ をみたす波数 k^2 に対して，式 (8.18) の分散関係 σ_1 は複素数である．具体的には，

$$\begin{aligned}&\mathrm{Re}\,\sigma_1(k^2) > 0 \quad (0 < k^2 < \bar{k}^2), \quad \mathrm{Re}\,\sigma_1(k^2) < 0 \quad (\bar{k}^2 < k^2 < \infty), \\ & \mathrm{Im}\,\sigma_1(k^2) > 0 \quad (k_2^2 < k^2 < k_1^2), \quad \mathrm{Im}\,\sigma_1(k^2) = 0 \quad (0 < k^2 < k_2^2, k^2 > k_1^2)\end{aligned} \tag{8.24}$$

となる．ここで，$\bar{k}^2$ は $\mathrm{Re}\,\sigma(k^2) = 0$ なる k^2 の値である．このパラメータの範囲での典型的な分散関係は，図 8.2(b) に示されている．この場合，不安定なモードは有限な範囲内にあり，最速で成長するモードは $\sigma(k^2)$ の形から決まることに注意されたい．$k_2^2 < k^2 < \bar{k}^2$ に対しては $\mathrm{Re}\,\sigma_1 > 0, \mathrm{Im}\,\sigma_1 \neq 0$ であるから，摂動が励起振動する可能性もある．

領域 IV：パラメータ領域 $sD + 1 + \nu < \tau_1 < 1 + \nu + \sqrt{sD\{2(1+\nu) - sD\}}$

同様の解析により，パラメータ領域

$$\begin{aligned}& \tau_1 < 2(1+\nu), \quad sD < 2(1+\nu), \\ & 1 + \nu + sD < \tau_1 < 1 + \nu + \sqrt{sD\{2(1+\nu) - sD\}}\end{aligned} \tag{8.25}$$

における分散関係の定性的な振舞いが得られる．この場合，

$$\begin{aligned}&\mathrm{Re}\,\sigma_1(k^2) > 0, 0 < k^2 < \bar{k}^2, \quad \mathrm{Re}\,\sigma_1(k^2) < 0, \bar{k}^2 < k^2 < \infty, \\ & \mathrm{Im}\,\sigma_1(k^2) > 0, 0 < k^2 < k_1^2, \quad \mathrm{Im}\,\sigma_1(k^2) = 0, k_1^2 < k^2, \\ & \bar{k}^2 = (\tau_1 - 1 - \nu - sD)/\mu D\end{aligned} \tag{8.26}$$

のようになる．ここで k_1^2 は式 (8.22) で与えられる．

この場合，不安定モードが有限の範囲に存在し，全ての不安定モードが励起振動する．この分散関係の例が図 8.2(c) に与えられている．

以上から，一様定常状態が不安定かどうか，モデルメカニズムが空間パターンを生じるか否かが，どのようにしてパラメータにより決まるのかについてのかなり完全な像が得られた．図 8.2(d) は，上のパラ

メータ領域 I, II, III, IV で分けられた τ_1-sD パラメータ空間を示している．パラメータ領域は，実際には無次元パラメータ $D, \mu_1, \mu_2, \nu, \tau_1, s$ からなり，6次元である．

表 8.2　図 8.2 で示した領域 I, II, III, IV におけるパラメータの条件と，形成される空間パターン．パラメータ $\tau_1 = \tau(1-\alpha n_0^2)^2$ であり，$\tau_a = 2(1+\nu)$, $\tau_b = 1+\nu+\sqrt{sD\{2(1+\nu)-sD\}}$, $\tau_c = 1+\nu+sD$.

領域	パラメータの範囲	線形解析における解の振舞い
I	$\tau_a < \tau_1$	任意の 0 でない波数が指数関数的に成長
II	$\tau_a > \tau_1$ $\tau_c > \tau_1$	パターンは形成されない
III	$\tau_b < \tau_1 \leq \tau_a$ $sD < 1+\nu$	一部の波数が励起（そのうち一部は励起振動）
IV	$\tau_c < \tau_1 \leq \tau_b$ $sD < 1+\nu$	一部の波数が励起振動

パラメータ変化がパターン形成に及ぼす効果

　線形解析は，指数関数的な成長，指数関数的な励起を伴う振動，およびそれらの混合といった，パラメータが様々な領域にあるときに起こりうる不安定性の種類の分類や不安定な波数の相対的な成長率を与えてくれる．

　表 8.2 は，様々なパラメータ領域における不安定性の種類をまとめたものである．次元付きの各パラメータの効果は表 8.2 の説明文で定義された τ_a, τ_b, τ_c と式 (8.17) の無次元パラメータの定義を用いることで与えられる．最も重要なパラメータが細胞牽引であるのは明らかである（これは無次元化前には，細胞牽引 τ の，基質のヤング率 E に対する比を含んでいる）．Manoussaki (1996) はパラメータの変化が成長率 σ に与える効果を解析した．解析に必要な全ての情報は σ についての上の表式に含まれており，ある 1 つのパラメータだけを動かし，残りのパラメータを固定して分散関係を描くだけでよい（3次元のパラメータ空間の場合には 2 つのパラメータを固定すればよい）．例えば，図 8.2(d) の領域 IV にある点に対応するパラメータ値の組合せを考えよう．このパラメータ値の組合せでは定常状態は不安定で，摂動は励起振動する．細胞接着のパラメータ s を除いた他のパラメータを全て固定し，s を増加させていくとする．図から，s が十分大きくなると，パラメータは安定な領域 II に移動していくことがわかる．したがって，このパラメータ値の組合せにおいて，基質のシャーレへの接着を高めると，パターン形成は抑制されるとわかる．これは直観的な予想と一致している．

　また直観的には，拡散を強めるとパターン形成が抑制されるだろうと期待される．しかしながら D が大きくなると小さな波数の成長が高まることはそれほど自明でない．D を増加させていくと図 8.2(a) の曲線は下に移動するが，同時に最速で成長するモードの範囲が狭まり，小さな波数，つまり大きな波長のモードが相対的に有利になる．粘性の増加がパターン形成を抑制することなど，（パラメータの変化による）多くの効果は直観的に予想できる．しかしながらその効果の定量化は，解析的に行われる必要がある．例えば，細胞牽引の増加によりパターンがより形成されやすくなることが期待される．細胞牽引が減少に従い大きな波数のモードの成長が減少し，最終的に有限範囲の不安定な波数のモードのみが，振動を伴うものと伴わないものどちらも混合しつつ成長することは，それほど明らかではない．これらのパラメータの変化による効果の解析は，線形安定性理論に基づいたものであり，非線形効果を勘案すると，定量的に同様の結果が得られるとは限らないことを強調しておく．非線形解析は今日まで行われていな

い．Zhu and Murray (1995) により用いられた手法が，これらの方程式にも使えるかもしれない．生物学的に現実的なパラメータ範囲で使おうとすると困難が生じるかもしれないが．

8.5 網状パターン：数値シミュレーションと結論

いまや，パターンが形成されるのかどうか，またどのようにパラメータの値がそのことに影響するのかについて直観的にかなりよくわかるようになった．実際に生じるパターンやそれがどのようにパラメータに依存するのかを決定するためには，数値的にモデル方程式を解かなければならない．そのような数値解はさらに有用な洞察を与え，様々な要素の相対的な重要度を評価しこれらの要素の変化がパターンの成長や形にどのように影響するのかを予測する助けになる．詳細な数値シミュレーションがManoussaki (1996) により行われた．本節では彼女の結果の一部を提示する．Manoussaki et al. (1996) および Murray et al. (1998) も参照されたい．

用いられた細胞密度の初期条件は，一様定常状態 $n = 1$ の周りでランダムな小さな摂動を与えたもの，あるいはランダムに小さな細胞の塊を分布させたものであった．基質は初め $\rho = 1$ の一様な定常状態にあるとした．いくつかのシミュレーションでは，パラメータとともに基質の厚さ（接着パラメータ s に影響する）を変化させ，これらの変化がパターン形成にかかる時間やパターンの特徴にどのように定量的に影響するのかを決定した．さらにマトリゲルの密度に傾斜があるような状況でもシミュレーションを行い，（傾斜に沿った）段階的な網状パターンを得た．これは後に実験的に検証され，シミュレーションによる予測は裏付けられた．ここでは一様定常状態の周りで，細胞密度にランダムな小さな摂動を与えた初期条件での結果のみを示す．

数値シミュレーションにおいては，上述した線形解析から得られたパラメータ値の制約やパラメータ領域に従った．予測通り，初期の細胞密度の小さな摂動が細胞および基質の密度に不安定性をもたらし，図8.3 に示したような空間パターンへと発展した．細胞の凝集塊が周囲の細胞を引きつけるにつれて，初めの非一様性が徐々に大きくなり，絶えず再構築が起こる．最終的には，細胞および基質の密度は細胞の列なりを辺とする不揃いな多角形の網構造を形成した．時間の経過とともにこの網構造が小さくなり最後には消滅し，あるいは融合してより大きな多角形を形成した．長い時間が経つと，細胞は（シミュレーション領域の）境界へと移動し，そこに堆積する．基質もまたその境界へと引っ張られる．時空間的な解の振舞いを記録した映像はこのことをはっきりと示しており，実際この映像は *in vitro* の実験を微速度撮影したものときわめてよく似ている．

ここでの結果を図 8.1 に示した典型的な実験におけるパターンと比較しよう．これらは驚くほどよく似ており，以下で述べる他の比較の観点と合わせて *in vitro* での網状パターン形成メカニズムとして我々の提示するモデルが，このパターン形成メカニズムの有力な候補であることを示唆している．少なくとも，そのようなメカニズムが含んでいなければならない，主要な要素の一部を捉えてはいるだろう．力学的メカニズムを支持する更なる証拠が，8.2 節で簡潔に述べた Tranqui and Tracqui (2000) の研究で与えられている．

細胞密度の一様定常状態からのずれがまだ小さく，基質が初め一様定常状態にあるとき，基質の厚さは細胞密度に完全に従う．細胞と基質のパターンが描かれている図 8.4 も参照されたい．これは，線形化方程式 (8.13) から得られる成長様式における予想——細胞と基質の密度は同じ位相で変化し，どちらも変位とは位相が異なる——と一致する．例えば，式 (8.13) の第 3 式と式 (8.14) の解から

$$\rho = -\nu\theta \propto ie^{\sigma t + i\boldsymbol{k}\cdot\boldsymbol{x}} = e^{\sigma t + i(\boldsymbol{k}\cdot\boldsymbol{x} + \pi/2)}$$

が成り立つ．式 (8.13) から n もまた変位と位相が異なっており，n と ρ が同位相であることが同様に示される．

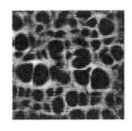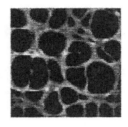

図 8.3 細胞パターンが網構造を展開する数値シミュレーションの代表例．基質は初め一様であるとした．図は左から右にそれぞれ，$t = 0$ における一様定常状態 $n = 1$ の周辺の小さなランダムな摂動，$t = 12$ および $t = 24$ におけるはっきりとした網構造への発展を示している（t は次元量で表した時刻）．白は高細胞密度の領域を，黒は細胞密度がきわめて低い領域を表す．毎回同じパターンが生じることは決してなかったが，網目の大きさにはかなり明確な範囲が存在する．正方形領域の辺の長さは $400\,\mu m$ である．次元付きパラメータ（無次元パラメータの値は式 (8.10) から求めることができる）の値は $\tau = 0.06\,\mathrm{dyne}/$細胞，$D = 0.4 \times 10^{-11}\,\mathrm{cm}^2/$秒，$\nu = 0.2$，$\mu_1 = 1.5 \times 10^7\,\mathrm{dyne}\,$秒$/\mathrm{cm}^2$，$\mu_2 = 0.9 \times 10^7\,\mathrm{dyne}\,$秒$/\mathrm{cm}^2$，$s = 10^{10}\,\mathrm{dyne}\,$秒$/\mathrm{cm}^3$，$\alpha = 4 \times 10^{-13}\,($細胞$/\mathrm{cm}^2)^{-2}$，$E = 20\,\mathrm{dyne}/\mathrm{cm}^2$ であり，$n_0 = 2 \times 10^4\,$細胞$/\mathrm{cm}^2$，マトリゲルの密度は $10\,\mu m \sim 14\,mm$ とした．基質密度の発展も基本的には同様である（Manoussaki et al. (1996) より）．

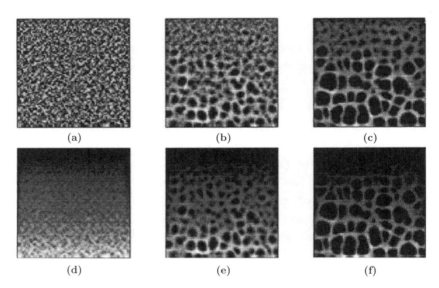

図 8.4 領域の上部から下部にかけて厚さを $\rho = 0.01$ から $\rho = 0.1$ まで線形に変化させた基質に細胞を並べた際の数値解．(a)–(c) は細胞密度を，(d)–(f) は基質の密度を示す．低密度領域は黒で（すなわち，黒は細胞や基質の密度がきわめて低いことを表す），高密度領域は白で表されている．パラメータ値は図 8.3 と同じものである（Manoussaki (1996) より）．

直観的に数値シミュレーションによる非線形な様式でも，細胞と基質のパターンの間に密接なつながりがあると期待できるだろう．実際にまさにそのような結果が得られ，基質のパターンの発展は，ほとんど図 8.3 で示した細胞のパターンと同じであった．線形化したモデル系から，細胞の拡散がない場合には式 (8.13) の細胞密度の保存方程式と基質密度の式は，ρ の式にパラメータ ν が現れていることの他は全く同じものになる．拡散係数に用いたパラメータ値の範囲では拡散の影響はとても小さく，細胞と基質が同じように発展するパターンを示すと予測できる．

細胞と基質のパターンの類似性は生物学的にも道理にかなっている．基質が細胞により変形させられると，基質は糸状になり網を形成する傾向がある．細胞は初めは基質上にほぼ均一に分布しているが，再構

8.5 網状パターン：数値シミュレーションと結論

築している基質に受動的に乗っかっているために，似たような網構造を形成するのである．もちろん細胞が基質上で均一に分布していなければ，細胞と基質の密度は一致しない．その場合，細胞が周りの基質を変形させ，その結果生じる変形はパラメータの値に定量的に依存する．

細胞と基質の密接なつながりがさらに裏付けられ，実験的にも見られるものとして，体積歪み $\theta = \nabla \cdot \boldsymbol{u}$ を描いたものがある．体積歪みが大きい領域では細胞および基質が少ないと考えられる．この場合，体積歪みのパターンは図8.3を反転させ，暗い領域が明るい領域になるようなものになると予想できる．ここでもまたこの予想通りの結果が得られた．

基質の厚さがパターンの大きさに影響する

実験から基質の厚さが，パターン形成の有無に加え，網目の大きさに影響することが示されている．基質が薄ければ多角形は小さくなり，臨界閾値を下回ると網状パターンが見られなくなる．我々のモデルでは基質の厚さは無次元化された接着パラメータ s に現れている（式 (8.10) を参照）．この結果を上での解析，特に図8.2(d) と関連づけると，もしパラメータ値の組合せがパターン形成領域——例えば領域III あるいは IV——にあるならば s を増加させる，すなわち ρ_0 を減少させると，パターンが全く形成されない領域 II に移動することがわかる．パラメータを変えることによる多角形パターンへの定量的な影響を調べるには，非線形解析が必要である．

実験において多角形パターンが基質の厚さに依存することから，厚さが負の勾配をもつような初期基質分布に対してモデル方程式を解いた．基質の厚さは一方の端で $\rho = 0.01$，他端で $\rho = 0.1$ となるよう線形に変化させた．初めは，全てのランダムな摂動がほとんど同じ速度で成長するように思われたが，そのすぐ後 $t = 6$ においては，端の基質が厚いところの細胞だけが網状パターンを形成し，基質が薄い端ではパターンが見られないままだった．基質が薄い端では，$t = 24$ と比較的時間が経つまでパターンが見られず，その後できたパターンは $t = 40$ まではきわめて小さかった．図8.4 はこれらのシミュレーションにおける細胞密度と基質密度の結果を示している．

初期の基質密度がより大きくてその端から端までの変化が $\rho = 0.5$ から $\rho = 1.5$ の場合，基質が厚い端のほうが薄い端と比べて大きな網目構造を生じたものの，基質密度がより小さい場合のシミュレーションと比べるとその違いはあまり目立たなかった．

我々は細胞牽引が十分大きければ，パターンが形成されることを見た．これは，表8.2 の領域 I であり，このとき無次元パラメータ τ_1 は $\tau_1 > \tau_a$ をみたす．無次元化前の項ではこの条件は式 (8.21) で与えられるが，その中には基質の厚さ ρ_0 は現れない．このことは，少なくとも早期においては，基質の厚さはパターンの成長率に影響しないことを示唆している．非線形効果が重要になるにつれて，基質の厚さが形成されるパターンの大きさに影響する．数値シミュレーションでは，調べたどの基質の厚さでもパターン形成は可能であったが，パターン形成に必要な時間は，基質が厚くなるにしたがって増加した．基質が厚ければ，非一様性が生じる前に，より多くの基質が移動しなければならないから，このことは予想通りである．

先に述べたように，実験では，長時間にわたる細胞と基質の再編成ののち，細胞と基質がシャーレの境界に堆積する傾向がある．数値シミュレーション (Manoussaki 1996) においても，長時間の後に似たような振舞いが見つかった．細胞と基質が，最終的に領域の境界に沿って高密度な領域を形成したのである．固定された境界に細胞が集まるこの現象は，線維でできた環境の中を移動する細胞が固定された物体に向かって移動する傾向，すなわち**接着走性 (desmotaxis)** のおそらく一例だろう．我々の研究では境界がその固定された物体の役割を果たしている．細胞は境界に固定された基質を引っ張るため，全ての変形が境界の影響を受けているのである．実際の数値シミュレーションにおいて，境界がパターンに大きく影響しているのは明らかである．

Manoussaki (1996) は，初期条件として小さな細胞の塊を置いた場合のシミュレーションも行った．直観的に，いまや我々は大まかには定性的に何が起こるのかわかる．初めに，細胞塊は周りの細胞を引きつけながら収縮し，その辺縁が少し細胞密度が高い状態となる．一方，基質は細胞塊の下に蓄積し，細胞塊の周りでは薄くなる．ついには細胞塊はばらばらになる．より興味深いのは，2つか3つの細胞塊を置いた場合である．その場合，もし細胞塊が互いに影響を及ぼすのに十分なほど近ければ，それらの間に細胞が集まって高速通路のようなもの (super-highway) が形成されると予想できる．

パラメータの変化の影響

パラメータ変化による効果の多くは予想と一致するものである．細胞牽引の場合，細胞牽引 τ を増加させるとパターン形成の速度が速まるという線形安定性解析からの予測が，シミュレーションでも確認された．細胞牽引が強ければ，2つの細胞塊が影響を及ぼし合うことができる距離の最大値が増加し，それにより培養系での実験で見られたように，より粗い網状パターンが形成される．

拡散が網状パターン形成の有無の決定にほとんど役割を果たしていないことは，一見何かしら意外である．しかしながら網状パターンを形成するのは主に，様々な力の相互作用であるから，考えてみればこれは当然のことである．もちろん，もし拡散係数 D が十分大きければ拡散は効果をもつ．網状パターンの広がりを観察するとその効果はかなり顕著である ($D \geq 10^{-2}$)．拡散がない場合 ($D = 0$) でも，細胞牽引が十分大きければパターンは形成される．細胞は，拡散がなくても基質が圧縮されている領域へと移動するのである．片寄った細胞移動が *in vivo* や *in vitro* でのパターン形成の要因かもしれないけれど，それは必須の特徴ではないことを我々は示した．

我々の解析の意外な結果の1つは，異方性がパターン形成に必須な条件ではないということである．このモデルにおいて細胞牽引は等方的であり，異方性を示す唯一の構成要素，すなわち特定の方向に拡散する傾向をもつ細胞運動は，パターンの形成にほとんど影響していない．この解析および数値シミュレーションは，等方性の細胞牽引と対流による運動が，少なくとも *in vitro* で見られるパターン形成を引き起こすのに十分であることを示している．第6章の Murray-Oster メカノケミカル理論の議論において，理論を適用するにあたっての1つの強みは細胞が仮足による牽引によって，自身を取り巻く空間的な環境を変え，それにより形成されるパターンに影響を与えることができる点であった．ここで議論していることはこの最重要な実例である．

粘性パラメータ μ_1 および μ_2 の変化はパターンが形成される速さに影響する．予想通り，粘性の値が大きいとパターン形成により長い時間がかかるが，パターンの見た目は変化しない．シャーレへの接着のパラメータ s を増加させても同様の効果である．もし s が十分大きく適切なパラメータ領域にあれば，前述の通りパターン形成が抑制される．

拡散（および異方性）はこれらの網状パターンの形成に必須でないので，$D = 0$ とすることで基本モデルを大きく単純化することができる．この場合，式 (8.11) は

$$
\begin{aligned}
&n_t + \nabla \cdot (n\boldsymbol{u}_t) = 0, \\
&\nabla \cdot \left(\mu_1 \boldsymbol{\varepsilon}_t + \mu_2 \theta_t \mathbf{I} + \boldsymbol{\varepsilon} + \nu\theta\mathbf{I} + \frac{\tau n \mathbf{I}}{1+\alpha n^2} \right) = \frac{s}{\rho}\boldsymbol{u}_t, \\
&\rho(x,y,t) = 1 - \nu\theta
\end{aligned}
\qquad (8.27)
$$

のようになる．n に関する方程式で微小歪み近似を用いて，$n=1$ の周りで線形化し，積分すると

$$
n_t + \nabla \cdot (\boldsymbol{u}_t) = 0 \quad \Rightarrow \quad n = 1 - \theta
$$

となる．これと ρ についての表式を力の釣り合いの式に代入すると，網状パターン形成のモデルメカニズ

8.5 網状パターン：数値シミュレーションと結論

ムについての単一の（ベクトル）方程式

$$\nabla \cdot \left(\mu_1 \boldsymbol{\varepsilon}_t + \mu_2 \theta_t \mathbf{I} + \boldsymbol{\varepsilon} + \nu\theta \mathbf{I} + \frac{\tau(1-\theta)\mathbf{I}}{1+\alpha(1-\theta)^2} \right) = \frac{s}{1-\nu\theta}\boldsymbol{u}_t \tag{8.28}$$

が得られる．そのパターン形成を調べるために，この方程式を $\theta = \boldsymbol{u} = 0$ の周りで線形化すると

$$\nabla \cdot \left(\mu_1 \boldsymbol{\varepsilon}_t + \mu_2 \theta_t \mathbf{I} + \boldsymbol{\varepsilon} + \nu\theta \mathbf{I} - \frac{\tau(1-\alpha)}{(1+\alpha)^2}\theta\mathbf{I} \right) = s\boldsymbol{u}_t \tag{8.29}$$

のようになる．公式 $\nabla \cdot \boldsymbol{\varepsilon} = \text{grad div }\boldsymbol{u} - \text{curl curl }\boldsymbol{u}$ を用いて，式 (8.29) の発散をとって，θ についてのスカラー方程式

$$\mu \nabla^2 \theta_t + \left(1 + \nu - \frac{\tau(1-\alpha)}{(1+\alpha)^2} \right) \nabla^2 \theta - s\theta_t = 0 \tag{8.30}$$

が得られる．ここで，$\mu = \mu_1 + \mu_2$ である．さて，

$$\theta \propto e^{\sigma t + i \boldsymbol{k} \cdot \boldsymbol{x}} \tag{8.31}$$

のような形の解を探そう．これを式 (8.30) に代入すると，分散関係

$$\sigma(k^2) = \frac{\left(\frac{\tau(1-\alpha)}{(1+\alpha)^2} - 1 - \nu \right) k^2}{\mu k^2 + s} \tag{8.32}$$

が得られる．したがって，任意の波数の摂動が不安定となる条件は

$$\tau > (1+\nu)\frac{(1+\alpha)^2}{1-\alpha} \approx 1 + \nu \quad (\alpha \ll 1) \tag{8.33}$$

となる．これは以前，$D=0$ のとき得た結果である．

初期条件は形成される具体的な網状パターンに大きく影響する．それがどの程度重要であるのかは，一部は分散関係の形に依存している．これまで議論してきた基本モデルと同様，不安定な波数帯が有界でなければ，初期条件はより重要になる．パターンの正確な形は初期の摂動に依存するものの，その定性的な特徴は変わらない．モデルパラメータが規定しているのは主にパターンの定性的な性質および成長率である．

ここで議論してきたモデルはパターン形成の Murray-Oster 力学理論のきわめて実用的な生物学的応用であり，しかも重要なことに，直接に関連する実験的な研究が存在するものである．これは脈管網の形成に対して，その細胞―基質間相互作用を初めて数学的に記述したものであり，構成される全ての変数は原理的には測定可能なものである．主要なパラメータを推定し，それにより *in vitro* の実験における網状パターンにきわめてよく似たパターンを得ることができたことは，おそらく，我々がこのパターン形成過程の重要な要素を確かに抽出していることを示唆している．

細胞―基質網状パターン形成についての本モデルや実験的な研究，そしてより重要なことに，*in vivo* での網状パターン形成に関連して未だ多くの未解決問題が存在する．ここでの解析の全ては線形解析に基づいている．Zhu and Murray (1995) で用いられたような複スケール漸近解析に基づく非線形解析を，非一様性が生じる分岐近傍でのパターン形成に適用できるが，それは分岐近傍のパターン形成のみに限定されている．ここでのモデルにおいては，この手法は一部のパラメータについての分岐にしか用いることができない．最終的には前述の通り，領域の境界の近傍に細胞と基質が集まるようなパターンとなる．しかしながら，非線形理論が，様々な2次元パターンのうちどれが安定あるいは準安定であるか――六角形だろうか――についての示唆を与えてくれるだろう．基本的な手法は Ermentrout (1991) により，反応拡散メカニズムについて開発された．

Zhu and Murray (1995) により提示されたいくつかのパターン形成メカニズムについての手法の本質は，$0 < \varepsilon \ll 1$ として，ε^2 のオーダーの小さな成長率の仮定である．従属変数に対して，一様定常状態の

周りで $O(\varepsilon)$ の小さな摂動を加える．想定した解の振幅関数の安定性を調べることで，長時間の間に生じるパターンを決定する．これは，Tyson (1996) によるバクテリアのパターンについての研究で用いられ，第5章で詳しく論じたのと同じ手法である．しかしながら前に述べたように，この手法を直接ここでのモデルに適用するにはいくつか問題があり，手法に変更を加えなければならないだろう．解析は可能かもしれないが，おそらくあまり容易ではないだろう．

モデルの改善すべき重要な点は，Cook (1995) が開発し，全層損傷治癒について扱う第10章で多少詳しく論じるような，基質についてのより現実的な記述を用いることだろう．このモデルは，より複雑になることは避けられないだろうが，in vivo の研究としてはより生物学的に現実的である．そのような定式化はを行うと組織の可塑性をもたらし，第10章での議論で示すように，ゼロ応力状態で歪みをもつような状況を可能にする．

モデルの重要な拡張は，in vivo の研究および，8.1節で述べた腫瘍の増殖の制御と関連づけた血管新生に重要なのは明らかである．そのような応用には新たな要件が必要である．また，さらなる in vitro での研究と関連したものとして，この理論は細胞から分泌される分子が，基質を構成する物質の性質や細胞増殖，細胞の分泌に与える影響を説明するように拡張できる．こうすると脈管形成や血管新生で働く要因の本当の重要性を評価する道具にすることができる．このモデルはまた，パラメータに空間的な変動がある場合のパターンに及ぼす影響を研究するためにも用いることができる．基質密度の勾配を導入した際の結果はその一例である．

このモデルが実験的な観察結果を模倣することに成功していることから，他の実験の結果，またうまくすれば，in vivo で実験的にパターン形成メカニズムを攪乱した際の結果を予測する指標として，我々はこのモデルを用いることができるだろうと楽観的に考えている．ここでのモデルは，脈管形成 (vasculogenesis) のモデルであって，血管新生 (angiogenesis) のモデルではないことを繰り返しておく．

実験の観察結果とモデル方程式の解との間に多くの一致が見られるものの，このモデルは決して現象の完全な記述ではない．仮定の最も深刻な点は，微小歪みと基質の可塑性の欠如である．それにもかかわらずこの基本モデルは確かに細胞―基質間相互作用の重要な側面を捉えており，基質の厚さに勾配をつけた場合のような変則的な網状パターン形成についても，このモデルによる詳細な多くの予見が実験的に確かめられているのである．

第9章
表皮の創傷治癒

9.1 創傷治癒の小史

　有史時代の文明には必ず，創傷の治癒や治療に言及した文献が残されている．医学や外科学に関する近代の歴史的文献が大量に存在するため，医学史は強固に確立された歴史学分野である．Loudon (1997) 編の専門家による論文集や，Lyons and Petrucelli (1978) によるさらに古典的で図解付きの著書には，西洋医学の概説が与えられている．Majno (1975) の興味深い著書は，古代の外科（とりわけ創傷）の歴史に関するものである．創傷の治療法に関する最古の記述の1つは，古代エジプト第13王朝期（紀元前2500年頃）のエドウィン・スミス・パピルスに見られる．図9.1は，こめかみの軟部組織の損傷（骨は損傷を受けていない）について記されたパピルスの例である．図9.2は，表題に始まり，診察，診断，そして推奨される治療で終わる症例研究の例（英語の訳文付き）である．

　人体の魅力や，（今日では外科と呼ばれる）障害や創傷の治療の魅力に言及した文献は膨大な数に上る．Nero は彼の母親である Agrippina を殺した後，急いでその死骸を調べ，酒を片手に，母親の四肢の良い点と悪い点について議論したと言われている．この話は，初期キリスト教の迫害者として悪名高い Nero の評判を貶めるために，中世に語られた．というのは，中世の考え方では，知識を得るために人体を切り開く行為は著しいタブーだったからである（いまもそのような共同体は数多く存在する）．機能を理解するために内臓を顕わにするのは，神を冒涜する行為であると考えられていた．偉大なる Galen（紀元後129～216年）の人体に関する教え以上に知ろうとすることは傲慢であるとも考えられていたからである．Galen の医学的助言はきわめて実用的だった．例えば，頭蓋骨手術について彼は「丸ノミを使用することの欠点は，ハンマーで打ちつけることによって頭部が強く揺さぶられてしまうことである」と述べた．彼の時代には，頭蓋骨の骨折は8種類に分類されていた．人間の血や組織を扱うことのできる怪しげな特権をもった外科医や理容師，死刑執行人により解剖学が導入されたのは，15世紀頃になってからである．14世紀の時点では，手術は医療の中の肉体仕事と考えられており，外科医のほとんどが「無学者，理容師，冒険家，放浪者，放蕩者，ごろつき，売春宿の亭主，偽医者」と見なされていた．読み書きのできる者はわずかだった．そして，外科学の状態はその手技と同じくらい悲惨だった．

　外科手術は——非常に身の毛がよだつものもあるが——何千年もの間行われてきた．中世には，野蛮で恐ろしい，しかしときには有効な場合もある，膨大な数の麻酔術が存在した．一例として以下のようなものがある：「アヘン，ヒヨス，マルベリージュース，レタス，ドクニンジン，マンドレイク，ツタを混ぜ合わせた液体にスポンジを浸し，乾かす．スポンジを湿らせて，患者に「吸入」させる（おそらく実際には飲み込ませていたのだろう）．フェンネルジュースを鼻孔に当てることで覚醒させる」．中世を通じて，マンドレイクは優れた催眠薬であり，アヘンやドクニンジンよりも好まれた．なぜなら，「第4度の冷」であるアヘンやドクニンジンとは違い，マンドレイクは「第3度の冷」だからである．放蕩者から詩人・聖職者へと転身した John Donne [*1] は「麻酔をかけることは，眠らせることと毒を盛ることの中間である」

[*1] 彼は以下の祈りを捧げたことで知られる：「主よ，我に貞操を――ただ，もうしばらくお待ちを」．

図 9.1 (a) エドウィン・スミス・パピルス（第 13 王朝期）からの抜粋．側頭部の軟部組織の損傷（骨は損傷を受けていない）について記されている．(b) ヒエログリフの翻字（Breasted (1930) より）．

と述べた．一方，Marlowe は『マルタ島のユダヤ人』(Act V, Scene i) の中で「私はケシと冷たいマンドレイクのジュースを飲んで眠ったが，おそらく彼らは私が死んでいると思ったろう」と書いた．

中世における外科学の大家は，Henri de Mondeville（紀元後 1260(?)〜1320 年頃）であった．フランスのカーン近郊のモンドヴィルに生まれ，外科医であり医学者であった．教養人であり，表向きは牧師をしていた．彼は「asthmaticus, tussiculosus, phthisicus」——喘息，咳嗽，そして結核で死んだ．彼は，中世の外科学に対する考え方やその技術を変えるために尽力した．また，外科学や解剖学について教授し執筆もした．例えば，創傷を迅速に治療するためには，針で探らずに清潔にし，刺激の強い軟膏を用いずに処置し，閉じるべきであると信じた．彼は磁石を用いて傷口から鉄片を除去した．（当時の慣習であった）食事量制限の代わりに，ワインや他の「受傷時のための飲料」を信じた．図 9.3(a) は（おそらく違うだろうが）Mondeville と言われている中世の絵画の複製である．

記念碑的で大きな影響力のある Mondevillen の著書『外科学 (*Chirurgie*)』（ラテン語の原書からの翻訳の中で，最も普及したのは仏語版である）は 1306 年より書かれ始め，1316 年に未完のまま残された．著者自身がそうであったように，率直に，辛辣に，かつ遠慮なく書かれている．彼は無知な同僚には我慢できず，「とても多くの外科医が傷の治し方よりも膿の作り方を知っている」と述べた．また，当時はまだ神聖化されていた（現在では廃れている）Galen の考えに異を唱えた．「Galen を産み出す際，神はその創造力を十分使わなかったはずだ」と彼は述べた．

彼の文章には，多くの実用的な哲学と助言が含まれ，「当代の外科医が外科の技術や科学，実務を知っていたところで，自分に利益をもたらすための知識と機転をもたなければ無益だろう」と述べた．彼はまた，裕福な人々には露骨に法外な料金を要求し，貧しい人々には無償で治療しようとした．彼の助言の中には，時代を反映したものもある．例えば「患者の気力が衰えないように，バイオリン曲や 10 弦プサルタの音色，あるいは患者の宿敵が死んだという偽の知らせを聞かせよ．患者が信心深ければ，司教に命ぜられたと伝えるのもよかろう」．彼は，失われた処女をいかに「取り戻す」のかについても教授し，これは当時は実入りの良い事業だった．その要領の良さを簡潔にまとめると，このようになる：「悪臭にひるま

9.2 生物学的背景：表皮の創

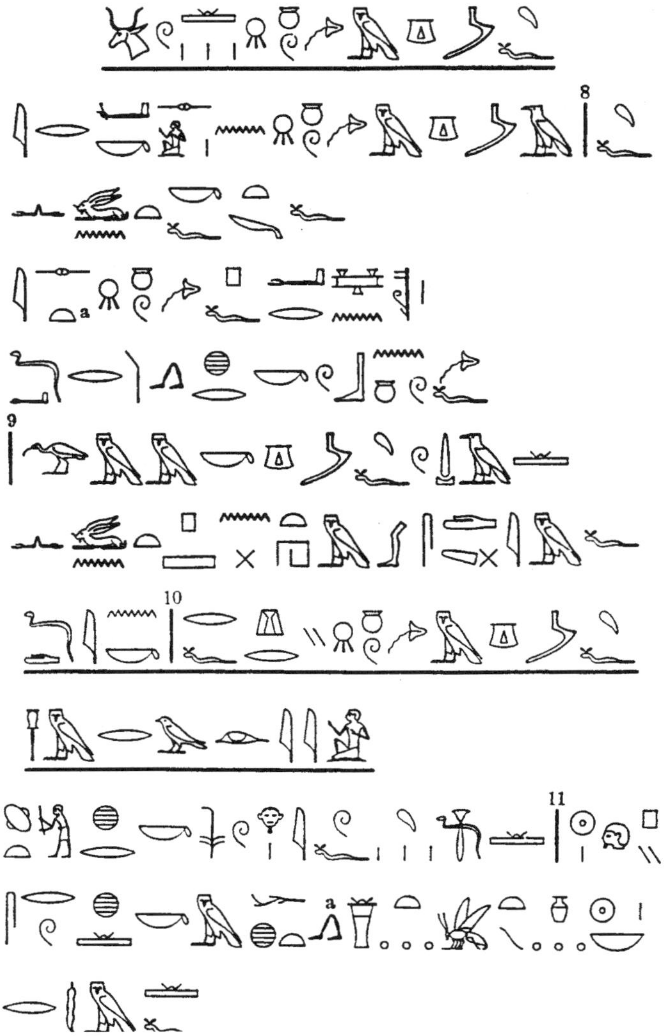

図 9.2 エドウィン・スミス・パピルス（第 13 王朝期）からの抜粋．(a) 表題：こめかみの傷に関する教え．(b) 診察：汝がこめかみを受傷した者を診察するならば，骨に達する深傷でなければ，傷を触診すべし．側頭骨が無傷ならば，骨折，穿孔，粉砕はなし（診断の確定）．(c) 診断：患者に申せ：「こめかみに傷が 1 つある．病気なので治療する」．(d) 治療：初日には新鮮な肉で傷を繋ぐべし．患者が回復するまで，毎日脂と蜂蜜で処置せよ（Breasted (1930) より）．

ないこと．肉屋のように切ったり殺したりする方法を知ること．礼儀正しく嘘をつけるようになること．贈り物や金を患者から上品にせしめる方法を知ること」．彼はまた，外科治療の有用性を強く信じ，偽内科医には批判的だった（外科医と対照的に内科医は非常に劣って教養がないと彼は信じており，確かにそのような内科医は多かった）．彼は『医術（Ars Medica）』の中で次のように記した：「外科学は科学であり技術でもある．外科学は，より安全で，より好ましく，高貴で，完全で，必要で，富をもたらし……」．

9.2 生物学的背景：表皮の創

基礎的なレベルで，組織が欠損した後に臓器の統合性を保つために創傷治癒は重要である．テーマとしては非常に幅広く，実質的に生物学の全分野の側面を射程に入れる．熱心な研究にもかかわらず，創傷治

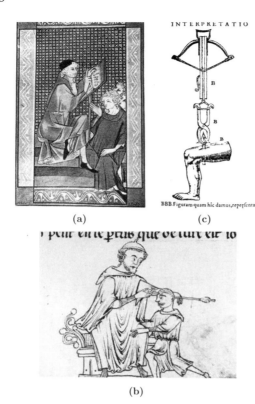

図 9.3 (a) 中世の偉大な外科医 Henri de Mondeville（紀元後 1260(?)～1320 年）の有名な絵画．外科学に関する彼の著書は，間違いなく中世後期で最も影響力のある本だった（Wellcome Trust 図書館の許可を得て複製）．(b) 中世の医学書からの絵．まるで治療不可能な病気などなかったかのようだ！ (c) 矢尻を取り除く方法として提示されたもの．手っ取り早いには違いない．

癒に関与する細胞学的，生化学的，生物物理学的現象の多様性と複雑性ゆえに，この重要な生物学的過程の制御に関する理解は乏しい．本章では，表皮の創傷治癒に関して提唱されてきた一部のモデルの導入を示すことしかできない．次章では，真皮を含むような全層性の創に対するモデルを紹介する．創傷治癒に関する現在のモデルの多くは——とりわけ本書で議論する題材は——Cook, Maini, Sherratt, Tracqui と彼らの共同研究者によるものである．参照文献は本章と次章の適切な場所で与える．我々は哺乳類の創にのみ関心がある．

　創傷治癒の過程は伝統的に 3 つの段階に分けられる．炎症（血栓形成，白血球の流入など），創閉鎖 (wound closure)，および瘢痕組織における細胞外基質の再構成である．全層性の創では，真皮とそれを覆う表皮の両方が受傷時に除去される．第 2 段階は，表皮細胞が創全体へと拡がる表皮移動 (epidermal migration) と，創収縮 (wound contraction)（創の本体が収縮し，創縁が内側に移動すること）によって達成される．表皮の創傷において，創閉鎖——再上皮化 (re-epithelialisation)——は専ら表皮移動によるものなので，真皮による創収縮とは独立した過程として研究できる．表皮の創傷治癒は，成人と胎生期では根本的な差異がある．次章では全層性の創傷治癒について議論するが，これはかなり複雑である．本章の残りでは，成人と胎児両方の表皮創傷治癒にのみ着目する．

　表皮移動の機構についてはまだ部分的にしか理解されておらず，当然ながら，それは考えられるモデルを研究する動機の 1 つになる．Sherratt (1991) は，表皮の創傷治癒に関する広範な総説である．通常の表皮細胞は運動しない．しかし，創に隣接した部位では顕著に細胞の表現型が変化し，指様の葉状仮足によって移動できるようになる (Clark 1988)．細胞運動を調節している主要因は接触抑制のようだが（例えば Bereiter-Hahn (1986)），走化性を介した増殖因子プロファイルや接触誘導，有糸分裂誘発性効果 (mitogenetic effect) による制御もおそらくあるだろう．自己抑制因子も関与しており，数多くの文献がある．臨床的意義について議論した簡潔な総説 Sherratt and Murray (1992) を参照されたい．後で，再上皮化を制御する活性因子と抑制因子の性質をモデルに含める．それは実験により示されている．

全体的に見ると，拡大する上皮層のうち進行する境界部分には扁平な1, 2個の細胞があり，一方，この前線より内側の表皮は2〜4細胞分の厚みがある．上皮層の移動に関しては，様々な機構が提唱されてきた．その1つに「回転機構」があり，先端の細胞が新たな基底細胞として次々と埋め込まれて球形や立方体の形になり，創表面にはめ込まれていくというものである．他の細胞はこれらの細胞の上を転がる．一方，「スライド機構」では，層内部の細胞が境界の細胞の牽引に受動的に反応する．しかし，全ての移動細胞が運動能を保持しており，例えば移動中の上皮層に穴が開いた場合，穴の境界の細胞が葉状仮足を伸ばし，穴を埋めるために内側へと移動する (Trinkaus (1984) は胚発生時に働く力に関する良書である)．哺乳類の表皮創傷治癒の形態に関するデータは，回転機構で説明するのが妥当に思えるが，決定的な証拠を欠く．一方，スライド機構は，両生類の表皮の創閉鎖のような比較的シンプルな系で支持されている (Radice 1980)．

創が生じても，細胞の増殖率が普段表皮で見られる分裂速度を即座に上回ることはないので，表皮移動とは既存の細胞が拡がることに他ならない．しかしながら，表皮移動の開始直後に，創縁付近の新たな表皮の帯状領域（約1mmの厚さ）で有糸分裂活性が上昇し，それを供給源として細胞集団がさらに付与される (Bereiter-Hahn 1986)．有糸分裂活性が実際に最も高いのは創縁であり，正常の表皮の15倍にもなる (Danjo et al. 1987)．帯を越えて外側に向かうにつれ，活性は急激に減少する．このような有糸分裂活性の上昇の引き金は未だに明らかでなく，様々な因子が提唱されてきた．確実に関与する因子が2つある．1つは接触抑制の消失であり，細胞運動と同様に有糸分裂にも当てはまると考えられる (Clark 1988)．もう1つは細胞の形の変化である．細胞が拡がるにつれて形が扁平になり，それによって分裂速度が上昇する傾向がある (Folkman and Moscona 1978)．有糸分裂を阻害する化学物質と有糸分裂を刺激する化学物質が表皮細胞から産生されるという，実験的な証拠があり，以降で簡単に述べる．

増殖を抑制する制御因子については，多数の証拠がある．確証のある表皮抑制因子が2つあり，細胞周期の異なる時点で作用する．それらの化学的性質は，Fremuth (1984) にまとめられている．用量反応関係を調べる実験により，一般的には，用量が増加すると抑制効果も増加することが示されている．（これ以上のことに関しては結論が定まっていない．）Yamaguchi et al. (1974) は，マウスの創縁付近における増殖率の経時的変化を調べ，抑制効果は細胞周期の3つの別々の時点で起こると結論づけた．Sherratt and Murray (1992) は，抑制因子の機能に関する議論を簡潔にまとめている．

表皮細胞自身により産生される表皮増殖活性因子については，その証拠が *in vivo* と *in vitro* のそれぞれに対して，Eisinger et al. (1998a, b) に与えられている．*in vivo* の研究では，培養表皮細胞からの抽出液を包帯の上からブタの創に滴下すると，表皮の移動速度が上昇することが示された．*in vitro* の研究では，同じ抽出液が，培養表皮細胞の増殖率を上昇させることが示された．

その後，Werner et al. (1994) は，有糸分裂の活性因子である角化細胞増殖因子が，表皮の創傷治癒における重要な制御因子であることを示した．この物質は真皮で産生されるが，受傷に対する早期の応答として，表皮シグナルに反応して作られる．

9.3 表皮の創傷治癒モデル

Sherratt and Murray (1990) は2つのシンプルなモデルを提唱したが，実験との比較により，以下のモデルのほうが生物学的により現実的であると結論づけた．良いほうのモデルは——実験結果とよりよく整合するモデルであるが——2つの保存則からなる．1つは単位面積あたりの上皮細胞密度 n に関するもので，もう1つは有糸分裂を制御する化学物質濃度 c に関するものである．前述したことを考慮して，2つの場合，すなわち，化学物質が有糸分裂を活性化する場合と抑制する場合を考える．表皮は十分薄いため，創は2次元であると考える．表皮厚は 10^{-2} cm のオーダーであるのに対して，創傷の長さは数 cm

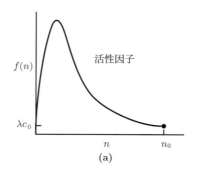 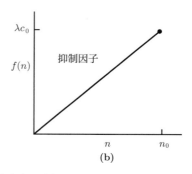

図 9.4 関数 $f(n)$ の定性的な形．表皮細胞 n の化学物質産生速度を反映している．(a) 活性因子, (b) 抑制因子.

のオーダーと考えるため，これは妥当な仮定である．モデル方程式を一般的な言葉で表すと

$$\text{細胞密度 } n \text{ の変化率} = \text{細胞運動} + \text{有糸分裂による細胞の産生} - \text{自然損失}, \tag{9.1}$$

$$\text{化学物質濃度 } c \text{ の増加率} = c \text{ の拡散} + \text{細胞による } c \text{ の産生} - \text{化学物質活性の減衰} \tag{9.2}$$

となる．

　細胞運動を制御する接触抑制をモデリングするために拡散項を用いる．第 6 章で議論したモデルにおける短距離の細胞拡散の表現に倣い，拡散係数は n によらず一定であるとする．Sherratt and Murray (1990) は，生化学的制御なしには，密度依存的な拡散項によって治癒過程の重要な側面を捉えられないことを示した．これは，Van den Brenk (1956), Crosson et al. (1986), Zieske et al. (1987), Lindquist (1946), Frantz et al. (1989) らの実験によっても示されている．これらの実験結果を以下の図 9.6 にまとめる．次に各反応項が数学的にどう表されるのかを考えよう．

　化学物質活性の経時的減衰は典型的に 1 次速度論によって支配されるので，この項をいつも通り $-\lambda c$ でモデリングする．ここで λ は正の速度定数である．

　細胞による化学物質の産生項 $f(n)$ は減衰項ほど単純ではない．この項は n の関数であり，細胞が存在しなければ何も産生されないので $f(0) = 0$ であり，受傷していない状態が定常状態となるように $f(n_0) = \lambda c_0$ とする．ここで，n_0, c_0 は受傷していない状態の細胞密度と化学物質濃度である．そのような状態でも化学物質の濃度は 0 にはならないと仮定する．さらに，$f(n)$ は，化学物質が有糸分裂を活性化するか抑制するかに応じて，損傷に対する適切な細胞応答を反映しなければならない．これら 2 つの場合における $f(n)$ の定性的な形として典型的なものを図 9.4 に示す．具体的には，これらの必要条件をみたす簡潔な関数形として

$$f(n) = \lambda c_0 \cdot \frac{n}{n_0} \cdot \left(\frac{n_0^2 + \alpha^2}{n^2 + \alpha^2}\right) \quad \text{(活性因子)} \tag{9.3}$$

$$f(n) = \frac{\lambda c_0}{n_0} \cdot n \quad \text{(抑制因子)} \tag{9.4}$$

を考える．ここで α は化学物質産生の最大速度に関連する正のパラメータである．

　細胞の自然損失速度は，表皮細胞の最外層が脱落することに由来するので，n に比例すると考えて kn と表す．ここで k は正のパラメータである．

　さて，化学物質によって制御される細胞分裂の関数形を考えなければならない．受傷していない状態の濃度 $c = c_0$ のときに，この項と細胞損失に関する前述の項の和（つまり n に関する右辺の速度項）が，ロジスティック型増殖の形 $kn(1 - n/n_0)$ になるようにこの項を選ぶ．これまで見てきたように，個体群生物学のモデルにおいて，シンプルな増殖に対してよく用いられる隠喩である．ここで k は線形有糸分裂率である．以上から，この項を $s(c)n(2 - n/n_0)$ によりモデリングする．ここで，$s(c)$ は化学物質によ

9.3 表皮の創傷治癒モデル

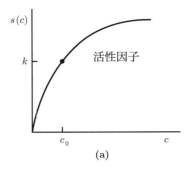
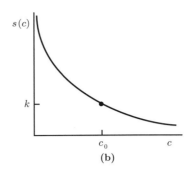

図 9.5 関数 $s(c)$ の定性的な形．化学物質による有糸分裂の制御を反映している．(a) 活性因子，(b) 抑制因子．ここで c_0 は受傷していない状態における化学物質濃度の定常状態値であり，k は細胞周期の逆数に等しいパラメータである．● は受傷していない定常状態の条件を示している．

る有糸分裂の制御を反映し，$s(c_0) = k$ である．$s(c)$ の定性的な形を，化学物質が有糸分裂を活性化する場合と抑制する場合のそれぞれについて図 9.5 に示す．活性化する場合，c が大きければ $s(c)$ は $s(0)$ へと減少すると仮定する．それは実験により観察されているためである (Eisinger 1988a)．このことはモデル方程式の解にはほとんど影響を及ぼさないことを後で見ていく．化学物質が有糸分裂を活性化する場合も抑制する場合も，$0 < s_\infty < s_{\max} = hk$ が必要である．ここで h は定数であり，$s_\infty = k/2$ とする．再び，以上の基準をみたすシンプルな関数形を考える．すなわち，活性因子については

$$s(c) = k \cdot \left(\frac{2c_m(h-\beta)c}{c_m^2 + c^2} + \beta \right), \quad \beta = \frac{c_0^2 + c_m^2 - 2hc_0c_m}{(c_0 - c_m)^2} \tag{9.5}$$

である．$c_m (> c_0)$ は化学物質による有糸分裂活性の最大水準に関連する定数パラメータである．抑制因子については

$$s(c) = \frac{(h-1)c + hc_0}{2(h-1)c + c_0} \cdot k \tag{9.6}$$

である．

前述の言葉の式 (9.1)，(9.2) の項に，これらの具体的な数式を代入すると，モデル方程式は

$$\frac{\partial n}{\partial t} = D\nabla^2 n + s(c)n\left(2 - \frac{n}{n_0}\right) - kn, \tag{9.7}$$

$$\frac{\partial c}{\partial t} = D_c\nabla^2 c + f(n) - \lambda c \tag{9.8}$$

となる．

さて，多くの実験を模倣するようなシナリオを考える．すなわち，表皮を除去することで創の領域を作る．初期条件は

$$t = 0 \text{ において，創の領域の内側で } n = c = 0 \tag{9.9}$$

であり，境界条件は

$$\text{任意の } t \text{ に対して，創の境界では } n = n_0, c = c_0 \tag{9.10}$$

である．

有糸分裂によって細胞運動が誘導されるか，それともその逆なのかに関しては，生物学的文献上の一致を見ない（例えば Potten et al. (1984), Wright and Alison (1984) を参照されたい）．以下で論じる，このモデルによる生物学的に妥当な結果は，実際には，どちらの過程も局所的な細胞密度に依存するという仮定に基づく．

9.4 モデルの無次元型,線形安定性,パラメータ値

いつものように,モデル方程式系を無次元化する.長さのスケール L(創の代表的長さ)を用い,時間のスケール $1/k$(細胞周期の時間が最も妥当なタイムスケールであろう)を選ぶ.そして,以下のような(アスタリスク $(*)$ で表される)無次元量を導入する:

$$n^* = \frac{n}{n_0}, \quad c^* = \frac{c}{c_0}, \quad \vec{r}^* = \frac{\vec{r}}{L}, \quad t^* = kt, \quad D^* = \frac{D}{kL^2}, \\ D_c^* = \frac{D_c}{kL^2}, \quad \lambda^* = \frac{\lambda}{k}, \quad c_m^* = \frac{c_m}{c_0}, \quad \alpha^* = \frac{\alpha}{n_0}. \tag{9.11}$$

これらの定義より,表記を簡潔にするためにアスタリスク $(*)$ を省略すると,無次元型のモデル方程式は,

$$\frac{\partial n}{\partial t} = D\nabla^2 n + s(c)n(2-n) - n, \tag{9.12}$$

$$\frac{\partial c}{\partial t} = D_c \nabla^2 c + \lambda g(n) - \lambda c \tag{9.13}$$

である.初期条件は

$$t = 0 \text{ において,創の領域内では } n = c = 0 \tag{9.14}$$

であり,境界条件は

$$\text{任意の } t \text{ において,創の境界で } n = 1, c = 1 \tag{9.15}$$

である.

ここで,活性因子については

$$g(n) = \frac{n(1+\alpha^2)}{n^2+\alpha^2}, \quad s(c) = \frac{2c_m(h-\beta)c}{c_m^2+c^2} + \beta, \quad \beta = \frac{1+c_m^2-2hc_m}{(1-c_m)^2} \tag{9.16}$$

であり,抑制因子については

$$g(n) = n, \quad s(c) = \frac{(h-1)c+h}{2(h-1)c+1} \tag{9.17}$$

である.$h > 1, c_m > 1$ と仮定している.

受傷していない状態は小さな攪乱に対して安定であるが,受傷した状態は不安定であることが必要である.単純な線形解析により(読者の演習問題とする),

$$s(0) > 1/2 \quad \Rightarrow \quad \begin{cases} c_m > (2h-1) + \left[(2h-1)^2 - 1\right]^{1/2} & \text{(活性因子)} \\ h > 1/2 & \text{(抑制因子)} \end{cases} \tag{9.18}$$

であれば,これらの条件がみたされることが示される.

パラメータ値

実験データから,いくつかのパラメータ,特に λ, k を評価できる.Brugal and Pelmont (1975) のデータを用いて,化学物質により有糸分裂が抑制される場合の λ を評価する.彼らは,上皮からの抽出物を注入後,12 時間にわたって腸上皮の増殖率が低下することを見出した.また,Hennings et al. (1969) は,12 時間ごとに上皮からの抽出物を繰り返し注入することで,表皮の DNA 合成を抑制し続けることができた.これらの研究に基づき,化学物質活性の半減期を 12 時間とする.式 (9.13) の減衰項のみを考えれば,これにより,半減期 $\lambda^{-1} \ln 2$ で指数関数的に減衰することになる.したがって,$\lambda = 0.05 \, (\approx (1/12) \ln 2/\text{時間})$ とする.

化学物質により有糸分裂が活性化される場合に関しては，定量的な実験データがほとんどない．しかし，創傷治癒における化学活性因子の研究 Eisinger et al. (1988a, b) と臨床研究 Rytömaa and Kiviniemi (1969, 1970) とを比較することにより，活性因子の活性のタイムスケールは抑制因子のそれの 6 倍である結果が示されるので，活性因子に対しては $\lambda = 0.3$/時間 となる．

パラメータ k は表皮の細胞周期の単なる逆数である．細胞周期は種により異なるが，典型的には約 100 時間 (Wright 1983) なので, $k = 0.01$/時間 とする．拡散係数 D, D_c に関しては，いまのところ評価に用いられるような直接的な実験データがないため，創傷治癒のデータに関する最適化解析に基づいて Sherratt and Murray (1990) により評価された．それにより，活性因子に対しては $D = 3.5 \times 10^{-10}$ cm^2/秒, $D_c = 3.1 \times 10^{-7}$ cm^2/秒, 抑制因子に対しては $D = 6.9 \times 10^{-11}$ cm^2/秒, $D_c = 5.9 \times 10^{-6}$ cm^2/秒 という値が得られた．これらの値は，細胞および比較的低分子量の生化学物質に対して，生物学的に非現実的というわけではない．

9.5　表皮の創傷治癒モデルの数値解

Sherratt and Murray (1990, 1991) は，放射対称領域において，モデル方程式系 (9.12), (9.13) を式 (9.14)–(9.18) の下で数値的に解き，*in vitro* と *in vivo* の両方の様々な実験データと比較した．その結果を再上皮化に関する実験から得られた定量的な結果とともに，図 9.6 に示す．例えば，Van den Brenk's (1956) の実験では，ウサギの耳から表皮全層を直径 1 cm 大の円形に切除した．毛包が一切残らないように特別の注意を払ったため，この場合，表皮細胞の「内的」供給源のない我々のモデルは適切である．そして創の半径の経時的変化が記録された．我々のモデルにおける「創の半径」を捉えるために，Sherratt and Murray (1990, 1991) は，細胞密度が無傷の状態の値の 80% に達した時点で（すなわち無次元方程式において $n = 0.8$ のとき）「治癒した」とみなした．80% という水準の選択はかなり恣意的だが，結果に重大な影響は及ぼさない．というのも，n, c の解は，以下で議論するように進行波解だからである．r に対する n, c のプロットを等時間間隔で並べたものを，図 9.7 に示す．

全体的にデータとよく一致しているだけでなく，数値解は，表皮の創傷治癒を特徴づける 2 相性（遅延相とその後の線形相）を示している（例えば Snowden (1984) を参照されたい）．線形相における（一定の）速度は，r に対する n のグラフから目分量でおおよそ計算できる．半径 0.5 cm の創では，次元付きの波の速度は，活性因子に対しては 2.6×10^{-3} mm/時間 であり，抑制因子に対しては 1.2×10^{-3} mm/時間 である．これらの数値は，例えば Van den Brenk (1956) の研究結果である 8.6×10^{-3} mm/時間 に対応する．

数値解とデータとを比較すると，（できるだけ妥当な値を定めた）これらのパラメータ値の場合，活性因子機構と抑制因子機構ではほぼ差がないという興味深い結果が得られる．これは，再上皮化の際にどちらが生じるのかに関して，意見が一致しない理由の 1 つである．以下で示すように，創傷治癒時間という観点からは，2 つの機構の間に違いがあり，創の形状が治癒時間に及ぼす影響を議論する際にも，やはり違いが明らかになる．

9.6　表皮モデルの進行波解

化学物質が活性因子/抑制因子のどちらの場合でも，線形相における解の定性的な形は，一定の形の波が一定の速度で動くものになる．そのような解は，治癒の進行波が存在することを示唆し，先ほど考えた 2 次元の放射対称領域の代わりに 1 次元領域を考えれば解析が容易になるかもしれない．治癒過程の大半では 1 次元によく近似できるため，このような状況は，通常の形状の大きな創であれば生物学的に妥当である．この 1 次元領域に対するモデル方程式の数値解は，図 9.6 や図 9.22 に示されているのとそれほど

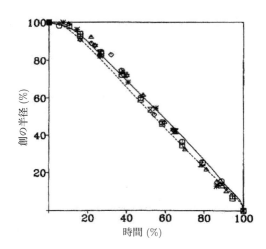

図 9.6 円形の創が通常通り治癒する場合の，創の半径の経時的な減少．時間は総治癒時間の比率として表す（実験データの多くがこの方法で表される）．結果は以下のよう：実線は活性化機構の場合，点線は抑制機構の場合を表す．比較のために，様々な種や様々な創の場所の実験データも与えるが，全てのデータにおいて創の直径は 1 cm であり，これはモデルの解を導出する際に用いた値である．データの情報源は以下のよう：□, ○ Van den Brenk (1956), △ Crosson et al. (1986), ◇ Zieske et al. (1987), ▽△ Lindquist (1946), ∗ Frantz et al. (1989). Lindquist (1946) の実験では，真皮の収縮があったため，収縮がない場合にまで外挿した．モデルシミュレーションの際に用いた無次元型のパラメータ値：（活性因子機構）$D = 5 \times 10^{-4}, D_c = 0.45, \lambda = 30, h = 10, \alpha = 0.1, c_m = 40$ （抑制因子機構）$D = 10^{-4}, D_c = 0.85, \lambda = 5, h = 10$. 興味深いことに，有糸分裂の制御機構がどちらの場合にも，モデル解は実験データとよく一致する (Sherratt and Murray (1992) より)．

違わない．無次元の波の速度は，活性因子の場合には約 0.05，抑制因子の場合には約 0.03 である．

$n(x,t) = N(z), c(x,t) = C(z), z = x + at$ の形の進行波解を見つけよう．ここで，a は波の速度であり，左方向に移動する波を考えるので，ここでは正である．これらの式をモデル方程式 (9.12), (9.13) へ代入すると，常微分方程式系

$$aN' = DN'' + s(C)N(2-N) - N, \tag{9.19}$$
$$aC' = D_c C'' + \lambda g(N) - \lambda C \tag{9.20}$$

が得られる．ここで，プライム (′) は z に関する微分を表す．生物学的に適切な境界条件は

$$N(-\infty) = C(-\infty) = 0, \quad N(+\infty) = C(+\infty) = 1, \quad N'(\pm\infty) = C'(\pm\infty) = 0 \tag{9.21}$$

である．

上記の常微分方程式系は 2 元 2 階なので，大域的に解析するのは容易でない．したがって，系の次元を落とすために 2 つの妥当な近似を考える．1 つ目は λ を無限大と考えるもので，2 つ目は D を 0 とするものである．いま用いているパラメータの値から，これらの無次元パラメータの値は，活性因子に対しては $D = 5 \times 10^{-4}, \lambda = 30$，抑制因子に対しては $D = 10^{-4}, \lambda = 5$ である．生物学的には，1 つ目の近似は常に平衡状態にある化学反応速度論に対応し，2 つ目の近似は細胞の拡散がないため細胞密度の増加が有糸分裂のみに依存することに対応する．

数値解では，任意の x と t に対して $c \ll c_m$ であり，したがって活性因子の場合に，$s(c)$ をシンプルな線形関数と仮定するのは良い近似である．具体的には

$$s(c) \approx \gamma c + 1 - \gamma, \quad \gamma = \frac{2(h-1)}{c_m - 2}$$

とする．この線形関数を用いて式 (9.12), (9.13) を数値的に解くと，元の関数の場合とは異なる結果が得られるが，その差は無視できる程度である．解析における計算がはるかに容易になるため，以後の解析でもこの線形近似を用いる．この近似は $c_m \gg 1$ であれば妥当である．

9.6 表皮モデルの進行波解

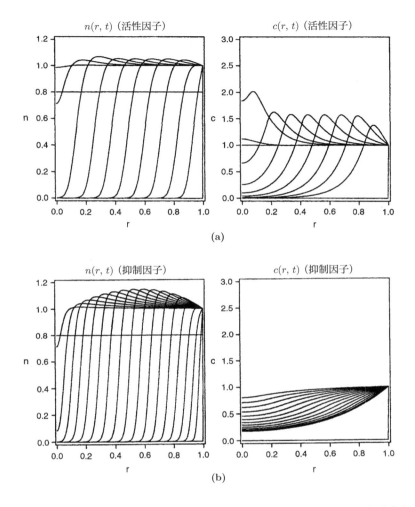

図 9.7 式 (9.12), (9.13) から得られた，直径 (r) の関数としての，等時間間隔ごとの細胞密度 (n) と化学物質濃度 (c). (a) 有糸分裂が生化学的に活性化されている場合のパラメータ値：$D = 5 \times 10^{-4}$, $D_c = 0.45$, $\lambda = 30$, $h = 10$, $\alpha = 0.1$, $c_m = 40$. (b) 有糸分裂が生化学的に抑制される場合のパラメータ値：$D = 10^{-4}$, $D_c = 0.85$, $\lambda = 5$, $h = 10$ (Sherratt and Murray (1990, 1991) より).

$\lambda \to \infty$ の場合の進行波解

ここで，第 2 式の微分項が反応項に比べて無視できると考える．直観的に，これは，抑制因子の場合 ($\lambda = 5$) には悪くない近似であるし，活性因子の場合 ($\lambda = 30$) も良い近似であるように思われる．すると，系 (9.21) は N についての 2 階常微分方程式に簡約化され，

$$N'' = \frac{a}{D} N' - \frac{1}{D} \psi(N), \quad \psi(N) = sNg(N)(2 - N) - N \tag{9.22}$$

となる．境界条件は式 (9.21) より $N(+\infty) = 1$, $N(-\infty) = 0$, $N'(\pm\infty) = 0$ となり，この条件の下で解を探す．当然ではあるが，常に $N \geq 0$ である．

区間 $(0, 1)$ に $\psi(N)$ をプロットすると，活性因子に対する式 (9.16) の場合も，抑制因子に対する式 (9.17) の場合も，$g(N)$ は実質的に放物線の形になることがわかる．したがって，この式は，入門編第 13 章で詳細に議論した，フィッシャー—コルモゴロフ方程式 $u_t = u_{xx} + u(1 - u)$ の進行波解の標準解

析と同様の手法で解析できる．波の速度 $a \geq a_{\min} = 2[D(2s(0)) - 1]^{1/2}$ の各々に対して，進行波型の解が唯一存在する．また，いつものやり方で，十分大きな z に対して $N = 1$ であり，十分小さな z に対して $N = 0$ であるような初期条件に対しては，$a = a_{\min}$ であるような進行波が発展することが期待される．いまの問題に対する生物学的に妥当な初期条件は，確かにこれらの条件をみたす．我々が用いるパラメータ値を代入することで，無次元の波の速度が，活性因子に対しては $a_{\min} = 0.01$，抑制因子に対しては $a_{\min} = 0.09$ と求まる．これらの値は，式 (9.12), (9.13) の数値解から各々見出される波の速度 0.05, 0.03 に対応する．値のずれは，化学平衡の近似が妥当ではなかった，つまり立式したような化学物質の減衰が妥当ではなかったことを示唆する．この近似により，活性因子の波の速度は小さく，抑制因子の波の速度は大きく評価されることは，直観的にも予想できるだろう．

抑制因子の場合には，進行波に対する近似解析解も得られる．独立変数 $\zeta = z/a$ を用いてスケーリングすると，式 (9.22) は

$$\varepsilon N'' - N' + \psi(N) = 0, \quad \varepsilon = D/a^2 \tag{9.23}$$

となる．プライム ($'$) は $d/d\zeta$ を表し，$\zeta = z/a$ である．これは，パラメータ ε が小さく $\varepsilon \approx 0.01$ のときには特異摂動問題のように見えるが，実際には正則摂動法によって解ける．入門編第 13 章でフィッシャー―コルモゴロフ方程式に対して進行波の問題を解析したのと似ている．しかし，いくつか重要な違いがあるので，本書の他の部分では用いない技術を導入して解析する．とはいえ，活性因子の場合には $\varepsilon \approx 5$ は小さくなくむしろ大きいので，この手法は失敗する．以上から，入門編第 13 章での手法に従い，式 (9.23) に対して

$$N(\zeta; \varepsilon) = N_0(\zeta) + \varepsilon N_1(\zeta) + \varepsilon^2 N_2(\zeta) + \cdots$$

の形の正則摂動解を見つけよう．上式を式 (9.23) に代入し，ε の同次の項の係数を比較することで

$$N_0' = \psi(N_0), \quad N_1' = N_1 \frac{d\psi(N_0)}{dN_0} + N_0'', \cdots$$

が得られる．

境界条件は

$$N_0(-\infty) = 0, \quad N_0(0) = 1/2, \quad N_0(+\infty) = 1,$$
$$N_i(-\infty) = N_i(0) = N_i(+\infty) = 0 \quad (i \geq 1)$$

である．$N(0)$ の値は任意であり，一意解を得るために特定の値を代入する必要がある（これは単に z, ζ の原点を定めるのと同等である）．$N(0) = 1/2$ とすると，抑制因子に対して

$$\zeta = \int_{1/2}^{N_0} \frac{d\xi}{\psi(\xi)}$$
$$= \left(\frac{1}{2h-1}\right) \ln(2N_0) - \left(\frac{2h-1}{3h-2}\right) \ln[2(1-N_0)] + \frac{(4h-3)(h-1)}{(2h-1)(3h-2)} \ln\left[\frac{2(h-1)N_0 + 2(2h-1)}{5h-3}\right]$$

が得られる．以前と同様に $h > 1$ と仮定する．この式は，単純なフィッシャー―コルモゴロフ方程式とは違い，陽には解けない．しかしながら，ζ が N_0 に関する単調増加関数であることに気づけば，ζ の代わりに N_0 を独立変数と考えることができる．いま，

$$\frac{dN_1}{d\zeta} = N_1 \frac{d\psi(N_0)}{dN_0} + \frac{d^2 N_0}{d\zeta^2}$$

の両辺を $dN_0/d\zeta$ で割ることで，

$$\frac{dN_1}{dN_0} = \frac{N_1}{dN_0/d\zeta} \cdot \frac{d\psi(N_0)}{dN_0} + \frac{d}{dN_0}\left(\frac{dN_0}{d\zeta}\right)$$
$$= \frac{N_1}{\psi(N_0)} \frac{d\psi(N_0)}{dN_0} + \frac{d\psi(N_0)}{dN_0} \quad \left(\frac{dN_0}{d\zeta} = \psi(N_0) を用いた\right)$$

9.6 表皮モデルの進行波解

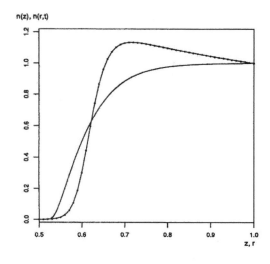

図 9.8 $N_0(z) (\approx n(z))$ (曲線) と抑制因子モデルにおける式 (9.12), (9.13) の数値解 $n(r,t)$ (点付きの曲線) の比較. 式 (9.23) の漸近解において, 主要項 N_0 に対する $O(\varepsilon)$ のオーダーの補正 εN_1 は非常に小さいため, ここでは見えない. パラメータ値: $D = 10^{-4}$, $D_c = 0.85$, $\lambda = 5$, $h = 10$.

が得られる. 両辺を $\psi(N_0)$ で割ることで,

$$\frac{d}{dN_0}\left[\frac{N_1}{\psi(N_0)} - \ln[\psi(N_0)]\right] = 0$$

が得られる. したがって, $N_0 = 1/2$ のとき ($\zeta = 0$ のとき) に $N_1 = 0$ なので

$$N_1 = \psi(N_0)\ln\left[\frac{\psi(N_0)}{\psi(1/2)}\right]$$

となる.

N_0 および $N_0 + \varepsilon N_1$ を z に対してプロットしたものを図 9.8 に示す. 創傷治癒における線形相の途中のある時点では, 式 (9.12), (9.13) の数値解に一致している. この図からは, 1 次補正項がもはやかなり小さく, フロント波の線形部分の傾きに関しては, 解析的な解が偏微分方程式の数値解によく一致することがわかる. しかし, フロント波の $n > 1$ の部分の重要な特徴に関しては再現できていない. これは近似 $\lambda \to \infty$ の不十分な点である.

$D = 0$ の場合の進行波解

前述の近似の短所を考慮して, ここでは $D = 0$ とした場合の近似を考える. 活性因子モデルでは $D = 5 \times 10^{-4}$ であり, 抑制因子モデルでは $D = 10^{-4}$ であることを思い出されたい. さて, 4 次の系 (9.19), (9.20) は 3 次の系

$$N' = -\frac{N}{a} + \frac{1}{a}s(C)N(2-N), \tag{9.24}$$

$$C'' = \frac{a}{D_c}C' + \frac{\lambda}{D_c}C - \frac{\lambda}{D_c}g(N) \tag{9.25}$$

に簡約化される. 我々は境界条件 $N(-\infty) = C(-\infty) = 0$, $N(+\infty) = C(+\infty) = 1$, $C'(\pm\infty) = 0$, 任意の z に対して $N, C \geq 0$ をみたす解を探す. これは容易な解析問題ではない.

Sherratt and Murray (1991) は, この系を数値的に解いたが, これも特に簡単な問題というわけではなかった (詳細には彼らの論文を参照されたい). 彼らが得た解を, 完全な偏微分方程式系 (9.12), (9.13) の数値解と比較したものを図 9.9 に示す. 活性因子モデルと抑制因子モデルの両方において, 良い一致が得られたことから, $D = 0$ という近似は良いことが示唆される.

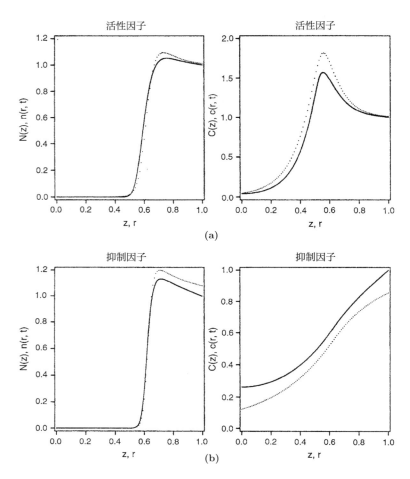

図 9.9 式 (9.12), (9.13) の数値解（滑らかな曲線）と式 (9.24), (9.25) の数値解（点線）の比較．(a) 活性因子モデル．パラメータ値：$D = 5 \times 10^{-4}$, $D_c = 0.45$, $\lambda = 30$, $h = 10$, $a = 0.1$, $c_m = 40$, $\alpha = 0.05$．(b) 抑制因子モデル．パラメータ値：$D = 10^{-4}$, $D_c = 0.85$, $\lambda = 5$, $h = 10$, $a = 0.03$．波の速度 a の値は式 (9.12), (9.13) の数値解より計算した．

活性因子モデルに対して相空間解析を用いると，波の速度の上限が得られる．式 (9.24), (9.25) の数値解は定常状態に単調に近づく．しかしながら，我々が用いているものに近いパラメータ値の場合，定常状態の周りでこれらの方程式の線形解析を行うと，負の実部をもつ固有値が 2 つあり，3 つ目の固有値は正の実数である．また，固有方程式が負の二重解をもつときの a の値を $a_{\max}$ とすると，$a \leq a_{\max}$ をみたさない限り，負の実部をもつ 2 つの固有値は複素数である（振動的振舞いを意味する）．さらに計算すると，この条件は $a_{\max}^2$ に関する 3 次方程式

$$\{[(1+\lambda)^2 - 4\Gamma]/(4D_c)\}a_{\max}^6 \\ + \{4\Gamma(3 + D_c^2) - 18(1+\lambda)\Gamma + 2(1+\lambda)^2(1+2\lambda)\}a_{\max}^4 \\ + D_c\{(1+\lambda)^2 + 3\Gamma(6\lambda + 2 - 9\Gamma)\}a_{\max}^2 + 4D_c^2\Gamma = 0$$

になる．ここで $\Gamma = \lambda[1 - s'(1)g'(1)]$ である．我々が用いるパラメータ値では，この式は $(0.0, 0.1)$ において唯一の解をもち，数値計算を行うと上限 $a_{\max} \approx 0.0546$ が得られる．この値は，式 (9.12), (9.13) の数値解として得られた無次元の波の速度 0.05 によく一致する．

パラメータ値を考慮し，活性因子モデルに対しては，再び正則摂動論を用いることで解析解が得られ

9.6 表皮モデルの進行波解

る．その過程は，より複雑な計算を要するものの，原則は同じである．この場合，式を

$$aN' = \varepsilon(C-1)N(2-N) + N(1-N), \tag{9.26}$$

$$D_c C'' - aC' - \lambda C = -\lambda \frac{(1+\alpha^2)N}{N^2 + \alpha^2} \tag{9.27}$$

と書ける．ただし，ここでは $\varepsilon (= 2(h-1)/(c_m-2) \approx 0.47)$ は小さなパラメータである．ε がこのような値であれば，厳密には $O(1)$ の解に $O(\varepsilon)$ の補正が必要である．前と同様に

$$\begin{aligned} N(z;\varepsilon) &= N_0(z) + \varepsilon N_1(z) + \varepsilon^2 N_2(z) + \cdots, \\ C(z;\varepsilon) &= C_0(z) + \varepsilon C_1(z) + \varepsilon^2 C_2(z) + \cdots \end{aligned} \tag{9.28}$$

の形で表される解を探す．これらの式を常微分方程式系 (9.26), (9.27) に代入し，独立変数を $\xi = e^{z/a}$ に変換し，ε の同次の項の係数を比較すると，$O(1)$ の項より

$$\xi N_0' = N_0 - N_0^2,$$

$$\kappa \xi(\xi C_0')' - \xi C_0' - \lambda C_0 = -\lambda \frac{(1+\alpha^2)N_0}{N_0^2 + \alpha^2}$$

が得られる．ここで，$\kappa = D_c/a^2$ であり，プライム $(')$ は $d/d\xi$ を表す．適切な境界条件は $N_0(+\infty) = C_0(+\infty) = 1$, $N_0(0) = C_0(0) = 0$ であり，一意性のために $N_0(1) = 1/2$ とする．N_0 に関する解は，平易に $N_0 = \xi/(1+\xi)$ である．C_0 については係数変化法により，

$$\kappa \xi[\xi y'(\xi)]' - \xi y'(\xi) - \lambda y(\xi) = F(\xi) \tag{9.29}$$

の一般解が $y(\xi) = \gamma_+(\xi)\xi^{q^+} + \gamma_-(\xi)\xi^{q^-}$ として得られる．ここで

$$\gamma_\pm' = \frac{\pm 1}{\sqrt{1+4\lambda\kappa}} \cdot \frac{F(\xi)}{\xi^{(q^\pm+1)}}, \quad q^\pm = \frac{1 \pm \sqrt{1+4\lambda\kappa}}{2\kappa}$$

である．これを用いることで

$$C_0 = \frac{\lambda(1+\alpha^2)}{\sqrt{1+4\lambda\kappa}} \left[\xi^{q^+} \int_\xi^\infty \frac{N_0(x)}{x^{(q^++1)}[N_0^2(x)+\alpha^2]} dx + \xi^{q^-} \int_0^\xi \frac{N_0(x)}{x^{(q^-+1)}[N_0^2(x)+\alpha^2]} dx \right]$$

となる．ここで，$\xi \to 0, \xi \to +\infty$ で収束するためには，2つの広義積分が収束することが必要である（しかし十分ではない）．

さて，$\xi \to 0, \xi \to +\infty$ のとき，C_0 に関する直前の式の積分の振舞いを調べることにより，収束を示唆する境界条件を検討する．

$$\begin{aligned} &\lim_{\xi \to +\infty} \xi^{q^+} \int_\xi^{+\infty} \frac{N_0(x)}{x^{(q^++1)}[N_0^2(x)+\alpha^2]} dx \\ &= \lim_{\theta \to 0} \frac{1}{\theta^{q^+}} \int_{1/\theta}^{+\infty} \frac{N_0(x)}{x^{(q^++1)}[N_0^2(x)+\alpha^2]} dx \\ &= \lim_{\theta \to 0} \frac{-\theta^{q^+}(1+1/\theta)(-1/\theta^2)}{q^+ \theta^{(q^+-1)}[\theta^{-2}+\alpha^2(1+1/\theta)^2]} \\ &= \frac{1}{q^+(1+\alpha^2)} \end{aligned}$$

が得られる．3つ目の式変形では，ロピタルの公式と N_0 に関する式を用いた．同様にして

$$\lim_{\xi \to +\infty} \xi^{q^-} \int_0^\xi \frac{N_0(x)}{x^{(q^-+1)}[N_0^2(x)+\alpha^2]} dx = \frac{-1}{q^-(1+\alpha^2)}$$

であり，ゆえに，$q^{\pm}$ に関する式を用いることで

$$C_0(+\infty) = \frac{\lambda(1+\alpha^2)}{\sqrt{1+4\lambda\kappa}} \cdot \frac{1}{1+\alpha^2} \cdot \left(\frac{1}{q^+} - \frac{1}{q^-}\right) = 1$$

となる．同様にして $\xi \to 0$ における条件がみたされる．

さて，ε に関する係数を比較することで，

$$\xi N_1' = N_1(1-2N_0) + (C_0 - 1)N_0(2-N_0)$$

$$\kappa\xi(\xi C_1')' - \xi C_1' - \lambda C_1 = -\lambda(1+\alpha^2)\left[\frac{\alpha^2 - N_0^2}{(\alpha^2 + N_0^2)^2}\right]N_1$$

で与えられる 1 次摂動を考える．適切な境界条件は，いま

$$N_1(0) = N_1(+\infty) = C_1(0) = C_1(+\infty) = N_1(1) = 0$$

である．最初の式に $N_0 = \xi/(1+\xi)$ を代入し，積分因子 $(1+1/\xi)^2$ を掛けて積分することにより，

$$N_1 = \frac{1}{\xi + 2 + 1/\xi} \int_1^\xi [C_0(x) - 1]\left(1 + \frac{2}{x}\right) dx$$

が得られる．上述のように，ロピタルの公式を再び用いることで，境界条件をみたすことが示される．そして式 (9.29) より C_1 が与えられ，これに再びロピタルの公式を用いることで，境界条件をみたすことが確認できる．この手順を繰り返すことによって（たいへん煩雑な計算ではあるが），展開における全ての項を導くことができ，とりわけ λ, D_c, a が展開式 (9.28) の各項，ゆえに全体としての解に現れるが，それはパラメータグループ $q^{\pm}$ および $\lambda/\sqrt{1+4\lambda\kappa}$ の中にのみ現れる．

パラメータ値を可能な限り実験に基づいて定めると，表皮の創傷治癒に対するこのような比較的シンプルなモデルが，化学物質が有糸分裂を活性化する場合と抑制する場合の両方で，円形の創が治癒する際の観測データによく一致することは励みになる．これらの結果は，有糸分裂の生化学的な制御が，創傷治癒における表皮移動の過程において根本的であるという考えを支持する．解を解析的に調べることができたのは，創傷治癒過程の大部分において，これらの数値解が進行波に近いからである．生化学的に妥当な 2 つの近似を解析すると，これらの近似がどの程度厳密であるかや，また有益なことに，創傷治癒の速さについて様々なモデルパラメータがもつ役割についても知ることができる．

9.7　表皮創傷治癒モデルからの臨床的示唆

入手可能な実験上の証拠から強く示唆されるのは，分裂の自己調節が表皮の創傷治癒における主要な制御機構であることであり，自己抑制因子や自己活性因子の存在については数多くの文献がある．受傷していない表皮では，増殖活性因子と抑制因子の間の相互作用によりホメオスタシスが維持されているようであり (Watt 1988a, b)，再上皮化におけるそのような制御因子の役割については，*in vitro* と *in vivo* の両方で実証されている (Eisinger et al. (1988a, b), Madden et al. (1989), Yamaguchi et al. (1974))．

これまで議論してきた表皮モデルによって，個々に調べたい基本的な生物学の重要な諸側面や，またパラメータ変動の効果――これは解析の結果から可能である――を選り分けることができる．モデルの結果が現存する実験データとよく一致しているため（図 9.6 を思い出されたい），新たな考え方や実験研究の方向性を提案してくれるような予測を引き続き行える．本節では，まさにこの予測を行う．その際，再上皮化に関する予測を論じた Sherratt and Murray (1992a, b) の研究を辿る．

有糸分裂制御因子の局所添加

表皮移動に関するモデルは，化学物質による細胞分裂の自己制御に焦点を当てるため，創面に対して有糸分裂を制御する化学物質を添加した場合の効果を調べることから始める．Sherratt and Murray

9.7 表皮創傷治癒モデルからの臨床的示唆

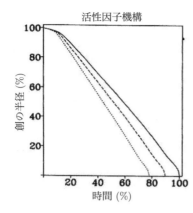
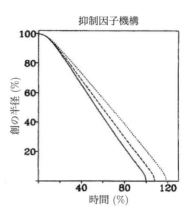

図 9.10　有糸分裂制御物質 c_{dress} を，治癒途上の表皮創に一定の割合で徐々に放出する効果をモデルで予測した．実線は，有糸分裂が自己活性化される場合と自己抑制される場合のそれぞれにおける，コントロールの創傷治癒のグラフを示しており，時間は総治癒時間の比率として表されている．破線は，創傷治癒の間中，物質を創面に添加した場合の治癒のグラフを示している．それぞれにおいて，結果は 2 通りの放出率に対して示している：活性因子の場合は，1 時間あたり $c_{\text{dress}} = 0.2$（破線），$c_{\text{dress}} = 0.5$（点線）であり，抑制因子の場合は，1 時間あたり $c_{\text{dress}} = 0.02$（破線），$c_{\text{dress}} = 0.05$（点線）である．次元付きの項で表すと，これらの値は受傷していない表皮における濃度，すなわち c_0 に対する比であり，式 (9.11) で用いられている通りである．

(1992a, b) は，活性因子や抑制因子を治癒過程の様々な時点で「1 回だけ」添加することによる効果をまず考えた．しかし，実験において非現実的なほど高濃度の物質を添加した場合でさえ，有意な影響はなかった．これは，直観的に予想できるように，添加した化学物質が創から拡散し，活性化状態の化学物質が指数関数的に減衰したためである．これにより，制御物質を創に徐々に放出するという，異なる方法が示唆された．この方法は，単離された化学物質溶液もしくは表皮細胞からの抽出液や滲出液に浸した被覆材を用いることで，実験的に行える．この技術は *in vivo* で Eisinger et al. (1988a, b), Madden et al. (1989) により用いられた．そのような化学物質の放出をモデルに組み込むと，図 9.10 に示すように，創傷治癒には有意な影響がもたらされる．活性因子や抑制因子の定常的放出を組み込んだ修正モデルは，式 (9.12) と，式 (9.13) の c に関する式の右辺に定数項 c_{dress} を加えたものからなる．これにより，制御物質を様々なレベルで添加できる．化学物質の放出率を所与のものとしたとき，活性因子の場合よりも抑制因子の場合のほうがその効果は大きい．なぜなら，実験データから示唆されるように，減衰率は活性因子のほうがはるかに大きいからである (Sherratt and Murray 1990)．

残念ながら，Eisinger et al. (1988a, b) と Madden et al. (1989) の実験は定性的なものにすぎない．しかしながら，図 9.10 に示されている予測は，同様の定量的研究のデータが入手可能ならば，それを用いて検証できる．それのみならず，この数学的定式化は，1 時間あたりの化学物質放出量と受傷していない皮膚に存在する化学物質の濃度の比にのみ依存する．したがって，総治癒時間を所与の分だけ変化させるために必要な化学物質放出率を実験的に測定することで，モデル解から，*in vivo* において受傷していない表皮に存在する有糸分裂制御因子の濃度を定量的に予測できるだろう．

様々な創の形状

これまでは単純化するために円形の創のみを考えたが，モデルは初期状態の創の形がいかなるものであれ（当然数値的に）簡単に解くことができる．モデリングの本来の目的の 1 つは，創の形が治癒過程に及ぼす影響を調べること，願わくば定量化することであった．これを行うためには，創の初期形状の定量的

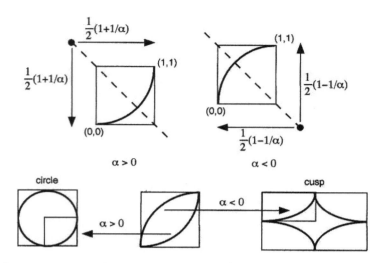

図 9.11　単一のパラメータ α（-1 から 1 までの値をとる）によりパラメータ表示された創の形状．$\alpha = 0$ のとき，ダイヤモンド型の創に対応する．各々の創の境界に対する数学的定義は式 (9.30) で与えられている．我々のモデル解では，創の中線の比を $3:2$ とする．

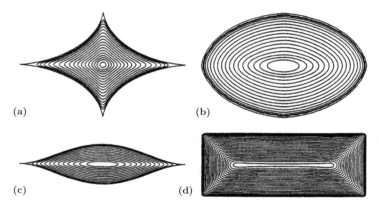

図 9.12　初期状態における様々な創の形状に対して，等時間間隔で重ねて描いた創縁．シミュレーションでは，全ての初期形状について，その面積は 1 とした．(a) 図 9.11 で説明されている関数族のうち，$\alpha = -0.8$ の四角星型創の，活性因子機構の下での治癒．(b) 図 9.11 で説明されている関数族のうち，$\alpha = +0.8$ の卵状創の，活性因子機構の下での治癒．(c) 抑制因子機構の場合で予測した，「目の形」の創の治癒．(d) 抑制因子機構の場合で予測した，長方形の創の治癒．パラメータ値は図 9.6 と同様である：活性因子機構の場合 $D = 5 \times 10^{-4}$, $D_c = 0.45$, $\lambda = 30$, $h = 10$, $\alpha = 0.1$, $c_m = 40$, 抑制因子機構の場合 $D = 10^{-4}$, $D_c = 0.85$, $\lambda = 5$, $h = 10$ （Sherratt and Murray (1992a, b) より）．

な側面を定める必要がある．長方形の創であれば，例えば初期状態での中線の比を選び，長方形の形状ごとの治癒時間を比較できる．あるいは，例として，x-y 座標系での境界関数を $y = x^p$ と定めることができる．ここで，$0 < p < \infty$ であり，$p = 1$ のときダイヤモンド型になり，p が増加するにつれて卵形になり，最終的に $p \to \infty$ のとき長方形になる．Sherratt and Murray (1992a, b) は，そのように形状を変化させた場合の結果を示しており，形状の変化が治癒時間に及ぼす影響を比較している．他の方法として，関数

$$y = f_{\text{shape}}(x; \alpha) = \frac{1}{2}\left(1 + \frac{1}{\alpha}\right) - \text{sign}(\alpha)\left[\frac{1}{2}\left(1 + \frac{1}{\alpha^2}\right) - \left(x + \frac{1}{2\alpha} - \frac{1}{2}\right)^2\right]^{1/2} \tag{9.30}$$

9.7 表皮創傷治癒モデルからの臨床的示唆

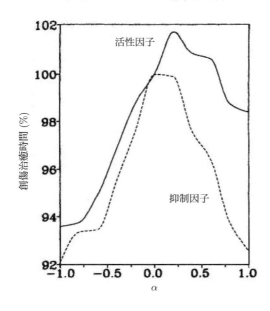

図 9.13 長方形の創において，縦横比変化に伴う創傷治癒時間の変化．細胞増殖が自己活性化される場合（実線）と自己抑制される場合（破線）の両方に対する，モデルからの予測．治癒時間は，$\alpha = 0$ で与えられるダイヤモンド型の創の治癒時間に対する比百分率として表される．パラメータ値は図 9.12 と同じであり，初期状態における創の無次元面積は常に 1 である (Sherratt and Murray (1992a, b) より)．

により定量化される，四角星型から卵型に至る (cusp-ovate) 境界関数の族を用いることもできる．ここで $-1 < \alpha < 1$ である．これは，中心 $((1/2) - (1/2\alpha), (1/2) + (1/2\alpha))$，半径 $[(1/2)(1 + (1/\alpha^2))]^{1/2}$ の円の弧を表す関数形である．$\alpha \to 1$ のとき四角星型に，$\alpha = 0$ のときダイヤモンド状になる．α が正のとき卵形になる．α によって形状がどのように変化するかを図 9.11 に示す．

4 つの異なる形状に対する解を図 9.12 に示す．これらの解により，モデルから，創の初期形状がもつ様々な側面に伴う創傷治癒時間の変化について予測できる．ある研究で，Sherratt and Murray (1992a, b) は，与えられた初期領域における長方形の創の縦横比が治癒時間に与える影響を考えた．彼らは，化学物質が有糸分裂を活性化する場合と抑制する場合の両方で予測を行った．予想通りに，辺の長さの比が増加するにつれて治癒時間は減少する．さらに，2 種類の化学制御の間では，結果に有意な差がないことを見出した．これらの結果は，定量的な実験データによる検証に基づいて吟味できる．

しかしながら，より興味深い研究は，創の初期形状を実際に変化させることである．これを定量的に行うために，式 (9.30) によって定義され（図 9.11 を参照），図 9.12 に描かれている，創の形状を表す単一パラメータ表示の関数族を考えた．単純化するために，この図に掲載されている創の形状は，全て中線の長さが等しいが，我々が解いたときには，初期状態の創の面積が等しくなる（すなわち 1 に規格化される）ように，所与の中線比の下で中線の長さを選んだ．パラメータ α が -1 から 1 へと増加するにつれ，初期状態の創の形状は，四角星型から，$\alpha = 0$ のとき菱形，そして卵形を経て，最終的には $\alpha = 1$ のとき楕円形になる．様々な値の α についてモデル方程式を解くことで，創の初期形状への創傷治癒時間の依存性を予測できる．その結果を図 9.13 に示す．この結果から，創が四角星型のとき ($\alpha < 0$) には，創の形状による治癒時間の変化は，有糸分裂の自己調節が活性因子/抑制因子のどちらの場合でも，同様である．しかし，創の形状が卵形のとき ($\alpha > 0$) には，治癒時間に大きく異なる変化を示す．創の形状を表す他の関数族でも，このような差が見出される．このことは，有糸分裂の自己活性化と自己抑制のどちらによって創傷治癒が制御されているのかを区別するための実験手法を提案しうる．

2 つの機構間のこのような差に対する説明は，治癒過程における創の形状の変化から示唆される．模式的に図 9.14 に示すように，創の初期形状が四角星型のときには，活性因子と抑制因子のいずれの場合でも，治癒の間に創縁が丸くなる．しかし，対照的に，創が卵形のときには治癒するにつれて扁平になる傾向があり，その傾向は活性因子機構の場合よりも抑制因子機構のほうが顕著である．扁平化が著しくなるほど，結果的に創の周長は長くなり，ゆえに治癒が速くなる．

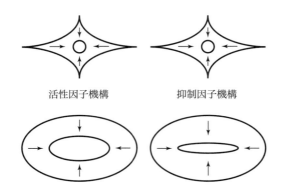

図 9.14 治癒過程における創の形状の変化の模式的説明．モデルから，活性因子/抑制因子の場合の両方で，四角星型の創は治癒する間に縁が丸くなり，卵形の創は治癒する間に扁平になることが予測される．さらに，この扁平化は活性因子機構の場合よりも，抑制因子機構の場合のほうが，はるかに程度が大きい（Sherratt and Murray (1992a, b) より）．

この説明は重要な問題を提起する．つまり，卵形の創が治癒過程でどの程度扁平化するのかを制御する重要な因子は何か，という問題である．これに答えるために，Sherratt and Murray (1992a, b) は完全なモデルの特徴を数学的に模倣した，とりわけシンプルな方程式

$$\frac{\partial n}{\partial t} = \nabla^2 n + \Gamma n(1-n) \tag{9.31}$$

を考えた．ここで，Γ は治癒過程に対する細胞分裂と細胞運動の相対的寄与を反映した，唯一の無次元パラメータである．Γ が大きいほど，有糸分裂による効果が大きくなる．

この式は生化学的効果を完全に無視しているので，治癒機構を定量的に表していると期待することはできない．しかし，このシンプルな模倣式を用いて，創の形状の変化が治癒過程の基本的な 2 つの側面にどの程度依存するのかを検証できる．その結果を図 9.15 に示す．Γ の増加は，有糸分裂が細胞運動に対して相対的に大きな役割を果たすことに対応する．創の初期形状は，中線の長さの比が 2 の卵形であった．Γ が増加するにつれ，治癒過程で創の形状が扁平になった．これより，治癒過程の形状の変化は，創を丸くさせる傾向を有する細胞運動と，創を扁平化させる傾向を有する細胞分裂との競合過程であることが示唆される．このシンプルな予測は，これら 2 つの過程のうち片方の相対的重要性を生化学的に変化させることで，実験により検証できる．

モデル (9.12), (9.13) が in vivo における再上皮化を著しく単純化したものであることは確かである．それにもかかわらず，有糸分裂制御因子を治癒途中の創傷に付与することの効果や，創の形状による治癒時間の変化に関する定量的な予測を行うことができたという意味で，このモデルは有用な 1 次近似であると思われる．後者の研究により，治癒過程における創の形状の変化を制御する機構としてありうるものを理解できた．重要なことは，全ての予測に対して実験による検証が可能で，さらにはそれら全てが，表皮創傷治癒における重要な機構に対する現在の理解を改善するかもしれない新たな実験を示唆することである．

再上皮化の臨床的側面についてはここでは議論しないが，皮膚の移植や代替に関する側面は非常に重要である．そのモデリングにおける側面は，形成外科学の分野において興味深く，挑戦し甲斐のある，さらにはタイムリーで，非常に実用的である可能性を秘めている．皮膚代替のほとんどは，下層の真皮まで含む全層性の創に関連するものの，皮膚代替に関する研究の数はますます増加している（例えば Green (1991), Bertolami et al. (1991) を参照）ので，それについてここで言及するのは適切であろう．次章では，全層性創傷治癒の，はるかに複雑な過程について議論する．

これらのモデルから得られた結果は，有糸分裂の生化学的な調節が再上皮化に大きな役割を果たしているという見解を支持するが，これから議論する創閉鎖の力学的機構の寄与を否定するものではない．

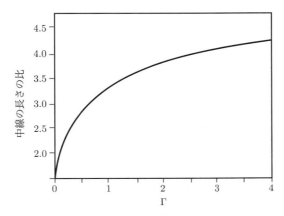

図 9.15　治癒途上の創の形状変化が，細胞分裂と細胞運動の相対的重要性にどの程度依存するのかを計測した一例．曲線は創が閉鎖しかけているとき——創の面積が初期値の 10% になったとき——の中線の比を示しており，完全なモデル (9.12), (9.13) の簡潔な模倣式 (9.31) によって，様々な Γ に対して予測されたものである．Γ が増加するにつれ，細胞運動の果たす役割よりも細胞分裂のほうが，治癒過程において重要になる．Γ が増加するにつれ，創はより扁平化する．いずれの場合でも，創の初期形状は，中線の比が 2 の楕円形である．初期状態における創の面積は常に 1 である（Sherratt and Murray (1992a, b) より）．

9.8　胎児の表皮の修復メカニズム

　哺乳類の胎児の表皮における創傷治癒は，成体の表皮の場合と非常に異なる．はっきりとは述べていなかったが，上述の我々のモデルは，成体における再上皮化に対するものである．成体の皮膚が受傷すると，創周辺の表皮細胞が内側に向けて移動し，創を閉じる．このよく確立されたメカニズムは，創縁に近い細胞たちの葉状仮足移動 (lamellipodial crawling) による．また，成体の表皮の創傷治癒のほぼ全ての側面において，生化学的な成長因子による制御がある．一部の詳細については未だに議論があるものの，その制御の重要な要素はかなり確立されており，これこそが我々がモデルに組み込んだものであった．一方，胎児の表皮の創傷治癒は，成体の場合と比べて非常に記録が少なく，また成体の場合と大いに異なる．これら 2 つのプロセスに関する簡潔な総説としては，Sherratt et al. (1992) がある．

　Martin and Lewis (1991, 1992) の実験は，胎児の表皮の創傷治癒のメカニズムが，成体とは全く異なることを示唆している．彼らはタングステン針で，ニワトリ 4 日胚の羽原基の背面の皮膚を 0.5mm 四方，深さ 0.1mm にわたり切除し，創を与えた．表皮，基底膜，その下の間葉からなる薄い層が取り除かれた．その創は，速やかに——典型的には 20 時間ほどで——完治した．治癒のためには，間葉の収縮も多少の役割を果たしたが，表皮もまた，間葉をまたぐように能動的に移動した．しかしながら，成体の表皮細胞の場合とは異なり，図 9.16(a) に示すように，葉状仮足は創縁には見られない．このことは，もう 1 つの重要な実験的観察とも一貫している．それは，胎児の皮膚を小さな島状に切り出して肢芽表面の露出部に移植すると，移植された表皮が，隣接するむき出しの間葉の上へ膨張するのではなく，間葉をむき出しにしたまま収縮した，というものである．この現象が示唆したことは，創の自由縁における壁周張力が巾着の紐のように働いて，創縁を内側へ引き寄せる，という表皮移動メカニズムの可能性であった．このメカニズムによって，表皮の島（移植片）も，また表皮の穴（創）も収縮するのだろう．

　巾着の紐効果が生じる理由を求めて，Martin and Lewis (1991, 1992) は，治癒過程の創におけるアクチン線維の分布を調べた．アクチン線維に選択的に結合する，蛍光標識したファロイジンを用いて，標本を染色した．すると，図 9.16(b), (c) のように，表皮の創縁周辺で，アクチンが基底細胞の最前列に局在

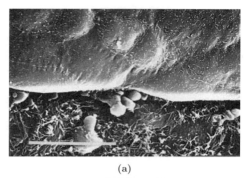

(a)

(b)

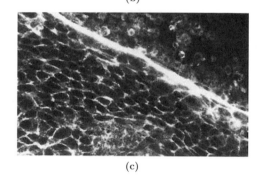

(c)

図 9.16 (a) ニワトリ胚の表皮の創縁の，受傷後 12 時間における走査型電子顕微鏡写真．孵化後 4 日胚の羽原基の背面から皮膚片を取り除き，創とした．写真上部は表皮で，写真下部は露出して平らになった間葉である．表皮の縁が滑らかであること，および指様の葉状仮足が見られないことに注意されたい．スケールバーは 10 μm．(b), (c) ニワトリ羽原基背部の表皮の創縁の，治癒開始から 12 時間時点での，共焦点レーザー走査型顕微鏡による光学切片．組織はローダミン標識したファロイジン（アクチン線維に結合する）で染色されており，切片は表皮面に平行である．左下に映っているのは表皮で，右上に映っているのは（切片の平面よりずっと奥にある）露出した間葉である．(b) 周皮 (periderm) の平面における，浅い切片．周皮の幅広く平らな細胞たちが，細胞皮層のアクチンによって縁どられている．(c) (b) より 4 μm 深い，基底表皮細胞の平面における切片．創縁にアクチンケーブルが見られる．(b), (c) のスケールバーは 50 μm（Sherratt et al. (1992) より．原典は Martin and Lewis (1991))．

して太いケーブルをなしている様子が明らかとなった．このケーブルは，非常に細い帯状に集積しており，ほとんどの場所では，細胞から細胞へと連続している——おそらく接着結合を介して——ように見える．これは受傷後 1 時間以内に観察されるようになり，創が閉じるまで見られる．また準備実験の結果によれば，アクチンケーブルは，上述した皮膚移植片における収縮する表皮の周囲にも形成される．肢芽の皮膚片を切除するには 5〜10 分を要するのに対し，肢の遠近軸に沿って切創を 1 つ与える（図 9.17）だけであれば，数秒で可能である．Sherratt et al. (1992) の総説で述べられている通り，切創に関するデータが示すところによれば，受傷後数分以内に，創縁の細胞たちが，各自のアクチンを 1 本のケーブル状に組織化し始める——ケーブルが完全な太さに達するまでは 1 時間以上かかるものの．以下では，アクチンケーブルという概念を組み入れたモデル，および，胎児の創におけるアクチンケーブルの役割を論じる．

成体と胎児の表皮で異なるこのような治癒のメカニズムは，数理モデリングを必要とする幾多の問題を提起している．もしかすると，胎児の創傷治癒において最も重要なのは，瘢痕を残すことなく治癒する点，そして，そのような治癒が上皮創だけでないという点であるかもしれない．成体と胎児でこのプロセスがいかに異なるかを理解できれば，臨床での創傷管理にも広範な理解をもたらすかもしれない（例えば Martin (1997) を参照されたい）．胎児手術は，一か八かの治療であり，多くの魅力もあれば危険もあり，複雑な倫理的問題を伴って大きな論争の的となっている．胎児手術は既に，二分脊椎 (spina bifida)

図 9.17　ニワトリ胚の表皮の切創の，術後すぐの走査型電子顕微鏡写真．孵化後 4 日（ステージ 22/23）の羽原基の背面に創を与えた．細い矢印は，表皮の創縁を示しており，一方太い矢印は，下部にある間葉の縁を示している．表皮は，下部の間葉よりも 30〜40 μm ほど後退している．スケールバーは 100 μm（Sherratt et al. (1992) より）．

の治療として行われているが（1998 年より），これはまだ始まりにすぎない．致死的でない疾患——例えば顔面奇形やその他の異常——の治療として胎児手術を支持する人は数多い．口蓋裂の治療への発展可能性については，既に第 4 章で述べた．Longaker and Adzick (1991) の総説，および，胎児の創傷治癒に関する寄稿に特化した彼らの編著 (Adzick and Longaker 1991) は，最初の読み物として良い．この論文集の中にある Ferguson and Howarth (1991) の記事は，有袋類の無瘢痕性創傷治癒 (scarless wound healing) を特に論じており，成体とは異なる胎児創傷治癒の特徴を，多数列挙している．有袋類を研究する理由の 1 つは，ほとんどの哺乳類とは異なり，彼らの仔は出産時に非常に未熟なためである．Martin (1997) の記事もまた，特にこのことと関連しており，彼は，完全（無瘢痕）皮膚再生 (perfect (scarless) skin regeneration) の観点で創傷治癒を論じている．データが豊富にあるこの分野には，多数の文献が存在する．

皮膚に関連した，創傷治癒のもう 1 つの側面としては，細胞浮遊液から細胞層を作る，という，実用化された技術がある．ばらばらの細胞たちは，急速に増殖し，集密的細胞単層 (confluent monolayers) を形成する．この細胞層は，火傷の治療や，形成手術などに用いられる．この分野を概観するには，*Scientific American* の記事 Green (1991) を参照されたい．この分野もまた，知識体系がますます大きくなってきている分野であり，細胞単層の形成に関するモデリングの問題が多数存在する．

9.9　胎児の創におけるアクチンの整列：力学モデル

Martin and Lewis (1991, 1992) の実験結果は，2 つの大きな問題を提起している．1 つは，アクチンケーブルがいかにして形成されるか，という問題で，もう 1 つは，アクチンケーブルが本当に創を閉じる機能をもつならば，それはいかにしてか，という問題である．ここでは，これらの問いのうち 1 つ目を考えよう．創縁における自由境界の形成に応じて，アクチンケーブルは形成されていく．本節では，この自由境界に対する力学的応答によって，創縁におけるアクチン線維の凝集および明らかな整列——これらがアクチンケーブルの基となる——の説明ができるかを検討する．

考えている発生段階においては，胎児の表皮は 2 層の細胞層からなり，皮膚表面にある石垣状の周皮層 (peridermal layer) と，立方状の基底層 (basal layer) からなる．アクチンケーブルは基底層において形成される．我々は，この層に対してモデリングを行う——図 9.16 も参照されたい．基底細胞は，その下の基底膜に接着し，集密的細胞シート (confluent sheet) を形成している．受傷後，これらの細胞の細胞骨格は数分の時間スケールで素早く変化し，アクチンケーブルが創縁に存在するような新たな準平衡状態に達する．この準平衡状態こそ，我々が解析を試みる対象である．もちろん，修復が進行するにつれて，この新たな「平衡」状態は変化していくだろうが，これは数時間のスケールである．ここでは，このような長い時間スケールのプロセスは検討しない．

全体の過程において，力が重大な役割を果たしていることは明らかであるので，受傷に対する初期応答

のモデリングにあたり，Murray and Oster (1984) が最初に提示した上皮シートの変形に対するメカノケミカルモデルを修正して用いる．彼らは上皮を，線形で等方的な粘弾性の連続体と見なし，生じている様々な力を含めた力の釣り合いの式を導出した——この基本的なモデルは第 6 章で議論した．このモデルにおいて，細胞牽引はカルシウムを介しているため，彼らはカルシウム濃度の方程式を系に含めた．ここでは，受傷後に基底細胞シートが到達する新たな平衡状態を調べるために，このモデルを修正する．我々は短期間の「平衡」状態にのみ関心があるため，粘性の影響は無視でき，これによりモデルは著しく簡約化される．しかしながら，Murray-Oster モデルに Sherratt (1991) が追加した重要な要素として，微小繊維の異方性の効果があり，後に見るように，これは我々の系，そして創傷治癒プロセスにおいて，重要な役割を担っている．

集密的細胞シートの力学的性質の大部分は，細胞内アクチン線維によって決定される (Pollard 1990)．上皮シートにおいて，細胞間の接着結合 (adherens junctions) がアクチン線維の結合部位となっており，ゆえに細胞内アクチン線維は，これらの結合部の膜貫通タンパク質を介して連結し，実質的に 2 次元状の細胞間ネットワークをなしている．このネットワークの平衡状態を，我々のモデルでは扱う．ある表皮細胞に対して，周囲の表皮細胞たちがアクチン線維ネットワークを介して及ぼす力は，弾性力と能動的収縮力の 2 種類に分けられる．ただし，浸透圧による効果は全て「収縮力」に含める．アクチン線維ネットワークの弾性は，長いアクチン線維が多数の細胞を貫通することにより生じており，アクチン線維たちを動きにくくしている (Janmey et al. 1988)．第 6 章で詳細に議論したように，細胞牽引力は広範な種類の細胞において観察されており，それらはパターン形成プロセスにおいて重要な役割を果たしている．第 6 章では，パターン形成メカニズムにおける弾性力の形式を詳細に議論したのであった．

平衡状態においては，これらの弾性力および牽引力は，下にある間葉との接着から生じる弾性復元力と釣り合っている．では，基底細胞シートにおける力の釣り合いをまとめよう．受傷後，上皮は下部の間葉に対して相対的に後退し，それは力学的な平衡状態に達するまで続く．受傷後の平衡状態では，シート上の各点において，周辺の細胞たちによる弾性応力および牽引応力が働いており，これらの弾性力および牽引力が，基質接着がもたらす復元力と釣り合っている．表皮の張力によって生じる間葉浅層の局所的な変形は，「ばね」の運動によって表される．実際には，間葉と表皮は基底膜で隔てられている．我々のモデルでは，間葉との接着は基底膜上に固定されており，受傷に応じて基底膜にしわが寄り（これにより基質接着は圧縮され），この圧縮が，細胞シートの圧縮をある程度反映するものと仮定している．したがって，受傷後に表皮のアクチン線維ネットワークが到達する新たな平衡状態配置を予測するモデル方程式は，一般的に

アクチン線維ネットワークがもつ弾性力 + アクチン線維による牽引力
= 基質接着がもたらす弾性復元力

となる．この方程式の各項を定量化しなくてはならない．これには，6.2 節の関連した議論を見直すと有益である．

平衡状態において，応力テンソル σ を

$$\sigma = \underbrace{G(E\varepsilon + \Gamma \nabla \cdot u \mathbf{I})}_{\text{弾性応力}} + \underbrace{\tau G \mathbf{I}}_{\text{能動的収縮応力}} \tag{9.32}$$

とモデリングする．ここで $u(r)$ は物質点（初期位置 r）の変位を表し，$\varepsilon = (1/2)(\nabla u + \nabla u^T)$ は歪みテンソル，$G(r)$ は初期位置 r の物質点における細胞内アクチン線維の密度，E, Γ は正の（弾性）パラメータ，そして $\mathbf{I}$ は単位テンソルである．以下で論じる通り，一般に牽引 τ は組織の局所的な圧縮度の関数である．ここでは平衡状態のみを考えるため，第 6 章で用いた一般形とは異なり，粘性項は登場しない．

次に，細胞接着を介して下部の基質がもたらす復元力を考える．復元力の重要性は，Hergott et al. (1989) の実験によって示された．第 6 章（および Murray and Oster (1984a, b)）の着想に則って，復

元力を $\lambda G \boldsymbol{u}$ とモデリングしよう．ただし λ は接着強度の尺度である．G はアクチン線維の密度を反映した比例定数で，後に見るように，実際には線維の向きを反映したものである．以上より，解くべき新たな平衡方程式は

$$\nabla \cdot \boldsymbol{\sigma} - \lambda G \boldsymbol{u} = \boldsymbol{0} \tag{9.33}$$

となる（$\boldsymbol{\sigma}$ は式 (9.32) で与えられる）．実験における創の大きさと比較して細胞シートは十分に広大なため，境界条件は

$$\boldsymbol{u}(\infty) = \boldsymbol{0}, \qquad 自由縁において \quad \boldsymbol{\sigma} \cdot \boldsymbol{n} = \boldsymbol{0} \tag{9.34}$$

で与えられる（$\boldsymbol{n}$ は創の境界に垂直な単位ベクトル）．また，最初の受傷していない状態における境界条件として，任意の場所において $\boldsymbol{u} = \boldsymbol{0}$ であるとする．この仮定は，発生胚においては全く自明というわけではない．しかし，細胞密度は一様であり，復元力を本質的に無視できるほど基質接着は急速に形成している，という実験結果に基づき，この仮定をおく．

モデリングにおいてきわめて重要な特色の 1 つは，ある点における微小繊維の密度 G を，その点や近傍の点における，初期位置からの変位 $\boldsymbol{u}$ がもたらす組織の膨張度や圧縮度といかにして関連させるか，である．この圧縮度を Δ で表す．ひょっとすると，例えば，創縁ではアクチンの重合が起こっているかもしれない．しかしその証拠が何も知られていない以上，我々は，受傷に対する応答において，そのような重合は起こっていないものと仮定し，ゆえに，アクチン線維の量は，任意の領域——受傷により変形を生じるが——において一定であると仮定する．これより，アクチンの密度関数 G は $G(\boldsymbol{r})(1-\Delta) = \kappa$（$\kappa$ は定数）をみたす．1 次近似 $\Delta \approx -\nabla \cdot \boldsymbol{u}$ を行うと，アクチンの保存則は

$$G(\boldsymbol{r})(1 + \nabla \cdot \boldsymbol{u}) = \kappa \tag{9.35}$$

となる．ここで κ は定数である．項 $\nabla \cdot \boldsymbol{u}$ は体積歪みであり，θ で表す．

アクチン線維が最大応力の方向に平行に整列するという実験結果は，Kolega (1986) の独創的な研究や Chen (1981) の初期の研究など，豊富に存在する．前者では，魚類の表皮細胞が張力に曝されると数秒のうちに整列することが示されており，後者では，ニワトリの線維芽細胞においてアクチン線維の再配列が 15 秒程度で起こることが示されている．歪みのない状態のアクチン線維ネットワーク（直観的にはスチールウールのようなもの）をまず考え，それに張力を加えると，張力線に沿った向きに線維の配列が生じ，それによってアクチン密度が上昇する（スチールウールが引っ張られた様子を考えると，個々の糸は，引っ張られた方向に整列する）．

アクチン線維が圧縮されると，ミオシン架橋形成により，個々の線維による牽引力の総和よりもそれらが一緒に働く場合の力のほうが強くなる（例えば Alberts et al. (1994) の著書を参照されたい）．Oster (1984), Oster and Odell (1984), Oster et al. (1985a) のモデルに倣い，圧縮がアクチン線維に及ぼす影響を，具体的に $\tau = \tau_0/(1 - \beta\Delta)$ と定量化することにする（β はパラメータ）．この式の下では，体積歪みの減少（すなわち圧縮度の増加）によって，アクチン線維密度の増加および相乗現象として 1 線維あたりの牽引応力の増加による，細胞牽引応力の増加がもたらされる．前者の効果のほうが大きいと直観的に予想されるため，パラメータ β に $\beta < 1$ を課すことにする．この制約の下では τ は有界である．なぜなら，領域を点に圧縮することはできないので $\Delta < 1$ であるためである．以下で行う解析では，$0 < \beta < 1$ とする．表皮の形態形成の連続型モデルを最初に提示した Murray and Oster (1984a, b) は，$\beta = 0$ としている．ここでは，再び圧縮度を $\Delta \approx -\nabla \cdot \boldsymbol{u}$ と近似し，それゆえ，能動的牽引を表す項 τ を体積歪みの関数として

$$\tau = \frac{\tau_0}{1 + \beta \nabla \cdot \boldsymbol{u}}, \quad \beta < 1 \tag{9.36}$$

とモデリングする．β は $0 < \beta < 1$ なるパラメータで，後に見るように，これは重要である．この式の下では，パラメータ β の制約により，近似 $\Delta \approx -\nabla \cdot \boldsymbol{u}$ が妥当である限りは τ が有限であることが保証されている．この近似が妥当でない状況は，例えば $\nabla \cdot \boldsymbol{u} < -1$ なる状況で，次節ではこれが現れるので取り扱いを余儀なくされる．

G, τ の式，および式 (9.32) より，モデル方程式 (9.33) は

$$\nabla \cdot \left\{ \frac{\kappa}{1 + \nabla \cdot \boldsymbol{u}} \left(E\boldsymbol{\varepsilon} + \Gamma \nabla \cdot \boldsymbol{u} \mathbf{I} + \frac{\tau_0 \mathbf{I}}{1 + \beta \nabla \cdot \boldsymbol{u}} \right) \right\} - \frac{\lambda \kappa \boldsymbol{u}}{1 + \nabla \cdot \boldsymbol{u}} = 0 \tag{9.37}$$

となる．

さて，式 (9.37) を無次元化するにあたって，無次元パラメータ

$$\boldsymbol{r}^* = \boldsymbol{r}/L, \quad \boldsymbol{u}^* = \boldsymbol{u}/L, \quad E^* = E/\tau_0, \quad \Gamma^* = \Gamma/\tau_0, \quad \lambda^* = \lambda L^2/\tau_0 \tag{9.38}$$

を導入しよう．ここで無次元量を $*$ で表し，L は創の大きさを代表する長さパラメータ——円形の創の場合は初期半径など——である．2 つの無次元パラメータ E^*, Γ^* は，上皮の微小繊維ネットワークの力学的性質を表しており，一方 λ^* は，表皮の変位に応じて下部の間葉から受ける抵抗の程度を表す．第 4 の（無次元）パラメータ β は，アクチン線維ネットワークの圧縮が 1 線維あたりの牽引力を増加させる程度を表している．上述した通り，アクチン線維が集まることで個々の線維が独立に働いた場合の牽引力の総和よりも大きな牽引力が生まれる，という相乗現象が，ある程度は直観的に期待される．というのは，線維の重なりの程度が増加するにつれ，ミオシン架橋が新たに形成されるためである (Oster and Odell 1984)．メカノケミカルモデルの他分野への応用とは異なり，ここでは，実験によるデータをパラメータ値の評価に利用することはできない．これらの変数を方程式 (9.37) に代入すると，無次元モデル方程式

$$\nabla \cdot \left\{ \frac{1}{1 + \nabla \cdot \boldsymbol{u}} \left(E\boldsymbol{\varepsilon} + \Gamma \nabla \cdot \boldsymbol{u} \mathbf{I} + \frac{\mathbf{I}}{1 + \beta \nabla \cdot \boldsymbol{u}} \right) \right\} - \frac{\lambda \boldsymbol{u}}{1 + \nabla \cdot \boldsymbol{u}} = 0 \tag{9.39}$$

が得られる．ただし，便宜のためアスタリスク $(*)$ は省いた．この方程式の解を，境界条件 (9.34)（この式は無次元版でも同じ）の下で求めたい．なお，表皮の形態形成モデルに関して Murray and Oster (1984a, b) が提示した力の釣り合いの式は，式 (9.37) で $\beta = 0$ としたものであるが，牽引 τ はカルシウム濃度の関数となっている（第 6 章参照）．

我々のモデルにおける，応力誘導性のアクチン線維の整列について，その重要性を再び強調しておくべきである．創縁において全ての微小繊維が縁と平行に整列して凝集することによって，アクチンケーブルが生じる．実験が示唆するところによれば，この整列は，創縁周辺において応力場が異方的である——これは創縁が自由境界なことによる——ことの直接の結果である．この現象の詳細な数学的解析は Sherratt and Lewis (1993) や Sherratt (1993) によって与えられている．ここでは我々は，主に Sherratt (1993) に沿って式 (9.39) の解析を行う．

1 次元のモデルの解とパラメータの制約条件

胎児の表皮の受傷に対する初期応答に関して最も詳細な定量的データは，切創を用いた実験から得られる．これは，方程式 (9.39) の 1 次元版，すなわち

$$\frac{d}{dx}\left[\frac{1}{1 + u_x} \left\{ (E + \Gamma) u_x + \frac{1}{1 + \beta u_x} \right\} \right] - \frac{\lambda u}{1 + u_x} = 0 \tag{9.40}$$

によってモデリングできる．式 (9.34) より，境界条件は

$$(E + \Gamma) u_x + \frac{1}{1 + \beta u_x} = 0 \quad (x = 0 \text{ において}), \qquad u = 0 \quad (x = \infty \text{ において}) \tag{9.41}$$

9.9 胎児の創におけるアクチンの整列：力学モデル

となる．ただし，創縁は $x=0$ である[†1]．この系を解析し，パラメータがしかるべき制約をみたす下で解 u が唯一存在することを示す．ここで用いられる技術は基本的であるが，計算は煩雑である．しかし，結果がもつ生物学的意義のためには，計算するだけの価値がある．

式 (9.40) を積分し，$x=\infty$ における境界条件を用いると，

$$\frac{1}{2}\lambda u^2 = P(u_x) \tag{9.42}$$

が得られる．ただし

$$P(u_x) = (E+\Gamma)\{u_x - \log(1+u_x)\} + \frac{1}{1-\beta}\log(1+u_x) \\ - \frac{2-\beta}{\beta(1-\beta)}\log(1+\beta u_x) - \frac{1}{\beta(1+\beta u_x)} + \frac{1}{\beta} \tag{9.43}$$

である．β は $\beta < 1$ をみたし，これは生物学的に現実的な範囲である．

式 (9.41) の，創縁 $x=0$ における境界条件は，

$$Q(u_x) \equiv (E+\Gamma)\beta u_x^2 + (E+\Gamma)u_x + 1 = 0 \tag{9.44}$$

と書け，これの実数解は $u_x < 0$ の範囲にしかない．一方，式 (9.42), (9.43) より $u_x = 0$ となるのは $u=0$ のときに限り，これと式 (9.41) の $x=\infty$ における境界条件より，解 u が x について単調減少であることがわかる．領域を 1 点に圧縮することはできないという物理的制約のため，$-1 < u_x \leq 0$ なる解にしか我々は関心がない，ということを思い出されたい．

さて，β の役割を考えよう．$E+\Gamma > 1/(1-\beta)$ の場合は，$u_x \to -1+0$ のとき $P(u_x) \to +\infty$ で，$E+\Gamma < 1/(1-\beta)$ の場合は，$u_x \to -1+0$ のとき $P(u_x) \to -\infty$ である．$E+\Gamma = 1/(1-\beta)$ の場合は，少し計算して

$$P(-1) = \frac{2-\beta}{\beta(1-\beta)}\left\{\frac{-2\beta}{2-\beta} - \log(1-\beta)\right\}$$

が得られ，これは $0 < \beta < 1$ ならば必ず正である．なぜならこのとき $(2-\beta)/(\beta(1-\beta)) > 0$ であり，また

$$\frac{d}{d\beta}\left\{\frac{-2\beta}{2-\beta} - \log(1-\beta)\right\} = \frac{\beta^2}{(2-\beta)^2(1-\beta)} > 0$$

および $\{(-2\beta)/(2-\beta) - \log(1-\beta)\}_{\beta=0} = 0$ より

$$\frac{-2\beta}{2-\beta} - \log(1-\beta) > 0$$

が $0 < \beta < 1$ にて成り立つためである．$P(u_x)$ を u_x で微分して

$$P'(u_x) = \frac{(E+\Gamma)u_x}{1+u_x} - \frac{\beta u_x}{(1+\beta u_x)^2} - \frac{u_x}{(1+u_x)(1+\beta u_x)}$$

より $P'(0)=0$ がわかり，再び微分して $P''(0) = E+\Gamma-(1+\beta)$ が得られる．ゆえに，u_x（の絶対値）が小さなときは，$P(u_x)$ の符号は $E+\Gamma-(1+\beta)$ の符号に一致する．

上式より，根 $u_x = 0$ を除いて

$$P'(u_x)=0 \iff (E+\Gamma)(1+\beta u_x)^2 = \beta(1+u_x) + (1+\beta u_x)$$
$$\iff u_x = \frac{1}{\beta(E+\Gamma)}\{1-(E+\Gamma) \pm \sqrt{(E+\Gamma)(\beta-1)+1}\}$$

[†1] （訳注） x が負の領域が創である．

が成り立つ．これらの根が実数である必要十分条件は $E + \Gamma < 1/(1-\beta)$ であり，これが成立するとき，$E + \Gamma > 1 + \beta$ ならば大きなほうの根が $[-1, 0)$ に含まれ，$E + \Gamma < 1 + \beta$ ならば正となる．一方，小さなほうの根は -1 未満である．これらはなぜなら，

$$\frac{1}{\beta(E+\Gamma)}\{1-(E+\Gamma)+\sqrt{(E+\Gamma)(\beta-1)+1}\} < 0$$
$$\iff \sqrt{(E+\Gamma)(\beta-1)+1} < E+\Gamma-1$$
$$\iff E+\Gamma > 1 \quad \text{かつ} \quad (E+\Gamma)(\beta-1)+1 < (E+\Gamma-1)^2$$
$$\iff E+\Gamma > 1+\beta$$

および

$$\frac{1}{\beta(E+\Gamma)}\{1-(E+\Gamma)+\sqrt{(E+\Gamma)(\beta-1)+1}\} > -1$$
$$\iff \sqrt{(E+\Gamma)(\beta-1)+1} > -\{(E+\Gamma)(\beta-1)+1\}$$

(最後の式は $E + \Gamma \neq 1/(1-\beta)$ ならば自明に成立し，等号成立の場合は根は -1 となる)，および

$$\frac{1}{\beta(E+\Gamma)}\{1-(E+\Gamma)-\sqrt{(E+\Gamma)(\beta-1)+1}\} < -1$$
$$\iff -\sqrt{(E+\Gamma)(\beta-1)+1} < -(E+\Gamma)(\beta-1)-1$$
$$\iff (E+\Gamma)(\beta-1)+1 < 1 \quad \left(E+\Gamma \leq \frac{1}{1-\beta} \text{ に注意}\right)$$
$$\iff \beta < 1$$

が成立するためである．

次に，境界条件 (9.44) の根 $q_\pm$，すなわち

$$q_\pm = \frac{1}{2\beta(E+\Gamma)}\{-(E+\Gamma) \pm \sqrt{(E+\Gamma)^2 - 4\beta(E+\Gamma)}\}$$

を考える．これらが実数となる必要十分条件は $E + \Gamma > 4\beta$ であり，これが成立するとき，これらの根はともに負である．しかし，$Q(0) = 1$, $Q(-1) = (E+\Gamma)(\beta-1)+1$ より，もし $E + \Gamma > 1/(1-\beta)$ ならば，$(-1, 0)$ 内には 2 次式 Q の根がちょうど 1 つ存在する．すなわち，

$$q_+ \in (-1, 0), \quad q_- < -1 \quad \left(E + \Gamma > \frac{1}{1-\beta} \text{ のとき}\right) \tag{9.45}$$

である．一方，もし $4\beta < E+\Gamma < 1/(1-\beta)$ ならば，少し計算して

$$-1 < q_+, q_- < 0 \quad \left(\beta > \frac{1}{2} \text{ のとき}\right), \quad q_+, q_- < -1 \quad \left(\beta < \frac{1}{2} \text{ のとき}\right) \tag{9.46}$$

がわかる．

こうして，$\beta < 1$ の下で方程式 (9.42)–(9.44) の解 $u(x)$ の性質を考察するにあたって必要な下調べが完了した．$E + \Gamma > 1/(1-\beta)$ の場合，式 (9.45) と $P(u_x)$ の形より，方程式 (9.42) (条件 (9.44) の下で) の単調減少解が唯一つ存在する．なぜなら，このとき $P(u_x)$ は区間 $(-1, 0]$ において $+\infty$ から 0 まで単調減少し，すなわち $u \geq 0$ と $u_x \in (-1, 0]$ が支配方程式 (9.42) によって一対一対応しており，そして境界条件 (9.44) の根 u_x のうち区間 $(-1, 0)$ 内にあるのはちょうど 1 つだからである．

$1 + \beta < E + \Gamma < 1/(1-\beta)$ の場合は，$\beta > 1/2$, $E + \Gamma > 4\beta$ ならば解が唯一存在する．ただし後者の条件は，$q_\pm$ が実数で $q_- < p_{\max} < q_+$ となることを保証している．ここで $p_{\max}$ は $P(u_x)$ の $(-1, 0)$ における最大値を与える u_x の値，すなわち

$$p_{\max} = \frac{1}{\beta(E+\Gamma)}\{1-(E+\Gamma)+\sqrt{(E+\Gamma)(\beta-1)+1}\}$$

9.9 胎児の創におけるアクチンの整列：力学モデル

を表す．$[p_{\max}, 0]$ においては，$P(u_x)$ は 0 まで減少する．したがって，$u \in [0, \sqrt{2P(p_{\max})/\lambda}]$ と $u_x \in [p_{\max}, 0]$ が式 (9.42) によって一対一対応している．また，境界条件 (9.44) の根 u_x のうち $(p_{\max}, 0)$ 内にあるのは 1 つである．$\beta > 1/2$ かつ $E + \Gamma > 4\beta$ より条件 $E + \Gamma > 1 + \beta$ が成り立つことに注意されたい．$E + \Gamma = 4\beta$ という特殊な場合を除き，$1 + \beta < E + \Gamma < 1/(1-\beta)$ のとき，上述の 3 条件は（解の存在のために）必須である．$E + \Gamma = 4\beta$ の場合は，$\beta > 1/2$ ならば $p_{\max} = q_+ = q_- = -(1/2\beta)$ となり，ゆえに唯一つ解が存在する．一方 $\beta < 1/2$ ならば $q_+ = q_- = -(1/2\beta) < p_{\max}$ となり，解は存在しない．

ここで，$4\beta < E + \Gamma < 1/(1-\beta)$ かつ $\beta > 1/2$ のとき，$q_- < p_{\max} < q_+$ となることを示す．

$$
\begin{aligned}
q_- < p_{\max} &\iff -\sqrt{(E+\Gamma)^2 - 4\beta(E+\Gamma)} \\
&\qquad < 2 - (E+\Gamma) + 2\sqrt{(E+\Gamma)(\beta-1)+1} \\
&\iff (E+\Gamma)^2 - 4(E+\Gamma)\beta \\
&\qquad > \{2 - (E+\Gamma) + 2\sqrt{(E+\Gamma)(\beta-1)+1}\}^2 \quad \text{または} \\
&\qquad 2 - (E+\Gamma) + 2\sqrt{(E+\Gamma)(\beta-1)+1} > 0 \\
&\iff 2\{(E+\Gamma)(\beta-1)+1\} \\
&\qquad < (E+\Gamma-2)\sqrt{(E+\Gamma)(\beta-1)+1} \quad \text{または} \\
&\qquad 2\sqrt{(E+\Gamma)(\beta-1)+1} > E+\Gamma-2 \\
&\iff 2\sqrt{(E+\Gamma)(\beta-1)+1} \neq E+\Gamma-2 \\
&\iff E+\Gamma \neq 4\beta
\end{aligned}
$$

および

$$
\begin{aligned}
p_{\max} < q_+ &\iff 2 - (E+\Gamma) + 2\sqrt{(E+\Gamma)(\beta-1)+1} \\
&\qquad < \sqrt{(E+\Gamma)^2 - 4\beta(E+\Gamma)} \\
&\iff \{2 - (E+\Gamma) + 2\sqrt{(E+\Gamma)(\beta-1)+1}\}^2 \\
&\qquad < (E+\Gamma)^2 - 4\beta(E+\Gamma) \quad \text{または} \\
&\qquad 2 - (E+\Gamma) + 2\sqrt{(E+\Gamma)(\beta-1)+1} < 0 \\
&\iff 2\{(E+\Gamma)(\beta-1)+1\} \\
&\qquad < (E+\Gamma-2)\sqrt{(E+\Gamma)(\beta-1)+1} \quad \text{または} \\
&\qquad 2\sqrt{(E+\Gamma)(\beta-1)+1} < E+\Gamma-2 \\
&\iff E+\Gamma > 4\beta
\end{aligned}
$$

が成立するので示された．ただし，$E + \Gamma > 4\beta$ と $\beta > 1/2$ より $E + \Gamma > 2$ となることを用いた．

$\beta < 1$ の下で，まだ考えていない唯一の場合分けは，$E + \Gamma = 1/(1-\beta)$ の場合である．このとき $P(-1)$ は正の有限値で，$P'(-1) = 0$ である．しかしながら，$E + \Gamma = 1/(1-\beta)$ のとき，式 (9.44) の Q の根は

$$
\begin{aligned}
q_+ &= -1, \quad q_- = 1 - \frac{1}{\beta} < -1 && \left(\beta < \frac{1}{2} \text{ のとき}\right) \\
q_- &= -1, \quad q_+ = 1 - \frac{1}{\beta} \in (-1, 0) && \left(\beta > \frac{1}{2} \text{ のとき}\right)
\end{aligned}
$$

をみたす．この場合 $P'(-1) = 0$ であるため，式 (9.42) より，$u(0) > 0, u_x(0) = -1$ であるとき $u_{xx}(0)$ が定義されず，それゆえ不適である．なぜなら，元の式 (9.40) は 2 階の方程式であるからである．結局 $E + \Gamma = 1/(1-\beta)$ の場合は，$\beta > 1/2$ のときに限り，$u_x > -1$ をみたす解が唯一つ存在する．

要約すると，生物学的に現実的な条件 $\beta < 1$ の下で，境界条件 (9.44) および物理的制約 $u_x > -1$ をみたすような方程式 (9.40) の単調減少解が唯一つ存在するための必要十分条件は，パラメータ E, Γ, β が

$$\begin{aligned}
\beta &< 1 - \frac{1}{E+\Gamma} \quad (1 \leq E+\Gamma \leq 2 \text{ のとき}), \\
\beta &\leq \frac{1}{4}(E+\Gamma) \quad (E+\Gamma > 2 \text{ のとき})
\end{aligned} \tag{9.47}$$

をみたすことである．Sheratt (1993) は，完全性を期するために，この解析を $\beta \geq 1$ の場合についても行った．

条件 (9.47) をみたすパラメータの範囲において，数値解と Martin and Lewis (1991) の実験データの比較がなされた．数値解は，創縁におけるアクチンの高度な凝集のみならず，細胞層の後退の程度をも再現していなければならない．（実験で見られた）後退は $60\,\mu\text{m}$ のオーダーである．広範なパラメータ値に対して，Sherratt (1991) は，この後退現象を再現する解を得ることに成功した（1次元モデルにおいて）．しかし，創の境界付近におけるアクチンの高度な凝集が再現される——すなわち，$G(x)$ が $x=0$ 付近に鋭いピークをもつ——ためには，$\beta < 1/2$ に加えて $E+\Gamma-1/(1-\beta)$ が小さな正の数である必要があった（(9.47) 第1式より $E+\Gamma > 1/(1-\beta)$ である）．切創の場合について，数値解では，数細胞長，およそ 14% の後退が見られ，また，2細胞長ほどにわたってアクチンケーブルが形成された．$E+\Gamma$ が下限 $1/(1-\beta)$ に近づくにつれ，解は次第に敏感となる．すなわち，与えられた $E+\Gamma$ に対して β の臨界値が存在し，式 (9.47) よりそれは $\beta_{\text{crit}} = 1 - 1/(E+\Gamma)$ で与えられる．

$\beta > 1/2$ のときには，後退のおよその程度や，創の境界でのアクチンの高度な凝集といった，重要な観察結果を捉えた解は得られなかった．このことから，パラメータの値は臨界分岐値に近くなくてはならないことが示唆される．実験と比較する際に生じるこれらの問題に対処するためのモデルの修正を論じる前に，まずは放射対称な解を考察しなければならない．これは，一般の2次元的な創を考察する場合にも関連している．

2次元の放射対称な場合の解

各パラメータや条件 (9.47) の生物学的関連性を論じる前に，創が円形であるような放射対称な場合を考える．円形の創で実験を行うのは，より困難である．なぜなら，表皮の断片の除去にかかる時間が，アクチンケーブルの形成にかかる時間と同程度になってしまうからである．今回の状況では，$\boldsymbol{u} = u(r)\vec{r}$ と書け（ただし $\vec{r}$ は半径方向の単位ベクトルを表す），また平面極座標系における無次元応力テンソルは

$$\boldsymbol{\sigma} = \begin{pmatrix} p(r) & 0 \\ 0 & q(r) \end{pmatrix} \tag{9.48}$$

と書ける．ここで $p(r), q(r)$ は，それぞれ半径方向，回転方向の主応力を表す．方程式 (9.32) を式 (9.38) で無次元化したものより，（式 (9.39) の中括弧 { } 内の項から）

$$\begin{aligned}
p(r) &= \frac{Eu' + \Gamma(u' + u/r) + \{1 + \beta(u' + u/r)\}^{-1}}{1 + u' + u/r}, \\
q(r) &= \frac{Eu/r + \Gamma(u' + u/r) + \{1 + \beta(u' + u/r)\}^{-1}}{1 + u' + u/r}
\end{aligned} \tag{9.49}$$

9.9 胎児の創におけるアクチンの整列：力学モデル

が得られる．ただしプライム ($'$) は r による微分を表す．また，放射対称平面極座標系において $\nabla \cdot \boldsymbol{u} = u' + u/r$ が成り立つことを用いた．そして

$$
\begin{aligned}
\nabla \cdot \boldsymbol{\sigma} &= \left(\vec{r}\frac{\partial}{\partial r} + \frac{1}{r}\vec{\boldsymbol{\theta}}\frac{\partial}{\partial \theta}\right) \cdot (p(r)\vec{r}\vec{r} + q(r)\vec{\boldsymbol{\theta}}\vec{\boldsymbol{\theta}}) \\
&= p'\vec{r} + \frac{p}{r}\left(\vec{\boldsymbol{\theta}} \cdot \frac{\partial \vec{r}}{\partial \theta}\right)\vec{r} + \frac{q}{r}\left(\vec{\boldsymbol{\theta}} \cdot \frac{\partial \vec{\boldsymbol{\theta}}}{\partial \theta}\right)\vec{\boldsymbol{\theta}} + \frac{q}{r}\frac{\partial \vec{\boldsymbol{\theta}}}{\partial \theta} \\
&= \left(p' + \frac{p}{r} - \frac{q}{r}\right)\vec{r}
\end{aligned}
\tag{9.50}
$$

である（$\vec{\boldsymbol{\theta}}$ は回転方向の単位ベクトル）．ここで

$$
\frac{\partial \vec{r}}{\partial r} = \boldsymbol{0}, \quad \frac{\partial \vec{\boldsymbol{\theta}}}{\partial r} = \boldsymbol{0}, \quad \frac{\partial \vec{r}}{\partial \theta} = \vec{\boldsymbol{\theta}}, \quad \frac{\partial \vec{\boldsymbol{\theta}}}{\partial \theta} = -\vec{r}
$$

を用いた．$p(r), q(r)$ をモデル方程式 (9.39) に代入して

$$
\begin{aligned}
&r\frac{d}{dr}\left[\frac{Eu' + \Gamma(u' + u/r) + \{1 + \beta(u' + u/r)\}^{-1}}{1 + u' + u/r}\right] \\
&\quad + E\frac{u' - u/r}{1 + u' + u/r} = \frac{r\lambda u}{1 + u' + u/r}
\end{aligned}
\tag{9.51}
$$

が得られる．ここで，無次元化の際に導入した次元付きの寸法 L を創の初期半径とすると，境界条件 (9.34) は

$$
Eu' + \Gamma(u' + u/r) + \{1 + \beta(u' + u/r)\}^{-1} = 0 \quad (r = 1 \text{ において}) \tag{9.52}
$$
$$
u = 0 \quad (r = \infty \text{ において}) \tag{9.53}
$$

となる．

寸法についての感覚をもっておくために，半径約 $500\,\mu\mathrm{m}$ の創を考えることにすると，実験におけるニワトリ胚の発生段階の典型的な細胞の直径は約 $10\,\mu\mathrm{m}$ であるため，無次元の細胞直径はおよそ 0.02 となる．

Sherratt (1991) は式 (9.51) を詳細に研究し，牽引が一定——すなわち $\beta = 0$ ——の下での方程式の解が，実験により観察される創縁周辺でのアクチンの高度な凝集を捉えられないことを示した．彼がより現実的な $\beta \neq 0$ なるモデルを研究し始めたのは，これが理由であった（Sherratt (1993) も参照されたい）．パラメータは $E, \Gamma, \lambda, \beta$ の4つあり，これらのパラメータへの解の依存性を詳細に調べた数値的研究により，1次元の場合と同様，パラメータがある条件をみたすとき，単調減少解が唯一つ存在することが示された．1次元の場合の結果から予想される通り，β の臨界値 β_{crit} がここでも存在し，これは他のパラメータ値に依存する．臨界値を超えると，解は存在しなくなる．2次元の場合の β_{crit} の値は，1次元の場合よりも小さい．Sherratt (1993) は λ が大きな場合を考察し，β_{crit} を他のパラメータを用いて解析的に漸近的評価を行った．これは数値的に得られる値によく一致した．

今回の放射対称な場合における，創縁におけるアクチン密度 $G(1)$ は，$G(1) = 1/\{1 + u'(1) + u(1)\}$ である．$u(1) > 0$ なので，$G(1)$ が大きいためには $u'(1) < -1$ である必要がある．しかしながら，このような解でもやはり，しかるべくして体積歪み $\nabla \cdot \boldsymbol{u}$ は -1 より大きい．方程式 (9.51)–(9.53) の典型的な解は図 9.18 に示した．

諸パラメータの生物学的解釈

パラメータ E, Γ は表皮シートの弾性に直接関わり，λ は表皮の基底層への接着の強度に関連している．これらの解釈は直観的に明らかである．パラメータ β は，アクチンケーブルの形成において重大な役割

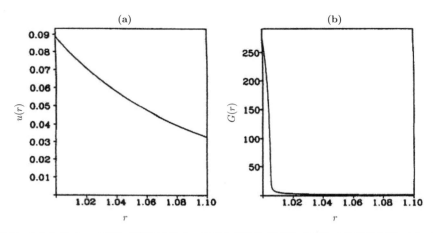

図 9.18　(a) β が β_{crit} に近い状況における，モデル方程式 (9.51)–(9.53) の典型的な解 $u(r)$．無次元アクチン密度 $G(r) = 1/(1 + \nabla \cdot \boldsymbol{u})$ を (b) に示した．パラメータ値は $\lambda = 3.0, E = 0.5, \Gamma = 0.8, \beta = 0.255$ である．次元量の創の半径は $L = 500\,\mu\text{m}$ である．創縁におけるアクチンの高度な凝集に注目されたい（Sherratt (1991) より）．

を果たしており，例えば以下のような解釈が可能である．β は牽引力にアクチン線維密度がどのように影響を与えるかの尺度であったことを思い出そう．前述した通り，Oster and Odell (1984) が細胞質基質の力学モデルにおいて提示したように，これはおそらくアクチン線維間のミオシン架橋形成による．ケーブル形成過程には数分のオーダーの時間を要するため，β は実際のところ，時間とともに増加していくと予想される．ゆえに，β の増加に伴うモデル方程式の解の変化は，受傷後の最初の数分間の表皮の変位の時間発展と思うことができる．アクチン線維の圧縮における物理的制約のため，β の値は臨界値 β_{crit} には達しない．以上のような β の解釈は，創縁におけるアクチン線維とミオシンの密度が受傷後に並行して増加していくことを示唆しているが，これは Bement et al. (1993) によって実験的に確かめられている．

9.10　2 次元における，アクチン線維の応力による整列の力学モデル

前節で述べた胎児の創傷治癒モデルは，実験で観察される創縁周辺でのアクチン密度の上昇を再現するという点でケーブルの形成を捉えているものの，創縁の後退を捉えてはいない（図 9.18(a)）——後退は多数の細胞分の長さである（細胞の無次元サイズは約 0.02）．これは，放射対称な場合のモデルを再考しなければならないことを意味する．さらに，前節のモデルには，その構想にも難点がある．というのは，$u'(1) < -1$ より創縁周辺の細胞は受傷後にその位置が変化して，すなわち受傷前に創縁に存在する細胞が受傷後にも創縁に存在するわけではない——この現象は実験では観察されない．この問題は，アクチン線維の圧縮度 Δ による相乗効果のモデリングから生じている．モデル方程式 (9.36) の牽引 τ を，局所的な圧縮度の増加関数として，具体的には $\tau = \tau_0/(1 - \beta \Delta)$ とおき，近似 $\Delta \approx -\nabla \cdot \boldsymbol{u}$ を用いることで，相乗効果をモデリングしたことを思い出されたい．ここで Δ は，受傷に対する初期応答として起こる細胞質基質の収縮によって減少した体積の割合に相当する．局所的な 2 次元歪みテンソル ε の主軸に両辺が平行な無限小の長方形を考えると，この長方形は変形によって異なる長方形となる．したがって，$\Delta = 1 - (1 + p_1)(1 + p_2)$ （ただし p_1, p_2 は主歪みに平行な変位ベクトル $\boldsymbol{u}$ の成分）となる．Segal (1997) の著書は，この題材に関する良い情報源である．前節のモデルでは，線形弾性理論に完全に則って $\Delta \approx -(p_1 + p_2) = -\nabla \cdot \boldsymbol{u}$ としていた．放射対称な創を扱った前節のように，p_i のいずれかが -1 に近づくや否や，この近似は十分正確ではなくなる．そこで本節では，モデル (9.33) の 2 次元の放射対称

9.10 2次元における，アクチン線維の応力による整列の力学モデル

な創の場合を，

$$\Delta = -(p_1 + p_2 + p_1 p_2) = -(u' + u/r + uu'/r) \tag{9.54}$$

の下で考える．

より正確なこの Δ の式を用いても，1次元の場合のモデル方程式は変化しない．というのは，片方の p_i しか 0 でない値をとらないためである．応力テンソルの線形式 (9.32) もやはり有効である (Segal (1977) を参照されたい)．2次元の場合は，式 (9.35), (9.36) の G, τ に影響がある．式 (9.48) の応力テンソルの主応力を，$p(r), q(r)$ と区別して Σ_r, Σ_θ と書くことにする．すると，式 (9.49) の代わりに

$$\begin{aligned}
\Sigma_r &= \frac{Eu' + \Gamma(u' + u/r) + \{1 + \beta(u' + u/r + uu'/r)\}^{-1}}{1 + u' + u/r + uu'/r}, \\
\Sigma_\theta &= \frac{Eu/r + \Gamma(u' + u/r) + \{1 + \beta(u' + u/r + uu'/r)\}^{-1}}{1 + u' + u/r + uu'/r}
\end{aligned} \tag{9.55}$$

となり，モデル方程式は（式 (9.50) を用いて）式 (9.51) の代わりに

$$\begin{aligned}
r\frac{d}{dr}&\left[\frac{Eu' + \Gamma(u' + u/r) + \{1 + \beta(u' + u/r + uu'/r)\}^{-1}}{1 + u' + u/r + uu'/r}\right] \\
&+ E\frac{u' - u/r}{1 + u' + u/r + uu'/r} = \frac{r\lambda u}{1 + u' + u/r + uu'/r}
\end{aligned} \tag{9.56}$$

となる．境界条件は，式 (9.52), (9.53) の代わりに

$$Eu' + \Gamma(u' + u/r) + \{1 + \beta(u' + u/r + uu'/r)\}^{-1} = 0 \quad (r = 1 \text{ において}) \tag{9.57}$$

$$u = 0 \quad (r = \infty \text{ において}) \tag{9.58}$$

となる．

Sherratt (1991) は上記の方程式を上記の境界条件の下で解き，またもや予想通り，臨界値 β_{crit} が存在し，それを超えると解が存在しなくなるということを見出した．彼はまた，広範なパラメータ値に対して，解において創縁でのアクチンの高度な凝集が見られることを発見した．しかしながら，アクチンケーブルの形成，および実験的に観察されるような創縁の約 10～15% の後退（創縁から 4～5 層分の細胞のみの後退）を再現することはできなかった．そこで，モデルをさらに修正しなければならないが，どのように修正するかが問題となる．我々は，アクチン線維ネットワークに圧縮が及ぼす影響について簡単に論じてきたが，その影響をスカラーとしてモデリングしてきており，線維の配列の向きは一切考慮していなかった．これは直観的に，顕著な影響をもたらす可能性がありそうである．そこで，再び Sherratt (1991) に倣い，モデルをさらに改変し，この概念を組み入れることにする．このアプローチについては，Sherratt et al. (1992) で簡潔にまとめられている．

図 9.19 は，理想化したアクチン線維ネットワークが応力によって配向する様子を示している．応力が等方的でないとき，線維はあらゆる方向を向くが，一般的に主応力の方向を向く傾向がある．

Chen (1981) と Kolega (1986) の実験的証拠によれば，アクチン線維の配向や再構成は数分のオーダーで起こるので，前節と同様，アクチン配向プロセスは応力に応じて即時に起こると再び考えることにする．線維の配向性を 2 次元の形状に取り入れると，大きな影響が生じる．

既に述べた通り，微小繊維ネットワークが異方的な応力場に曝されると，線維は最大応力の方向に沿って整列する傾向がある．この応力による配向を説明する生物学的なメカニズムについては詳細な情報がないが，直観的に妥当な仮定をいくつか立てることによって，この現象をモデリングする (Sherratt (1991), Sherratt et al. (1992), Sherratt and Lewis (1993))．（これと関連した，しかし非常に異なるアプローチを，全層性の真皮の創傷治癒に関する次章にて詳細に述べる．）ここで最も重要な仮定は，配向は応力の主

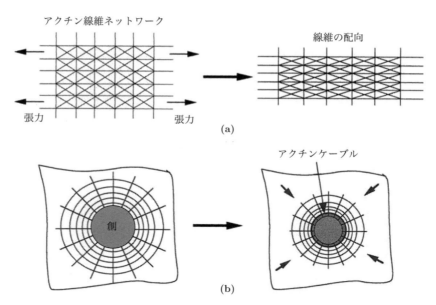

図9.19 応力がアクチン線維の配向に及ぼす影響を図示したもの．(a) は2次元の線維ネットワークを理想化した図であり，(b) は，円形の創とアクチンケーブルについて，類似の状況を図示したものである．

成分 σ_1, σ_2 の比にそのまま準じて起こる，というものである．応力テンソルの主成分は（式 (9.32) 参照）

$$\sigma_1 = \underbrace{G_1(E\varepsilon_1 + \Gamma\nabla \cdot \boldsymbol{u})}_{\text{弾性応力}} + \underbrace{G_1\tau}_{\text{能動的収縮応力}},$$
$$\sigma_2 = \underbrace{G_2(E\varepsilon_2 + \Gamma\nabla \cdot \boldsymbol{u})}_{} + \underbrace{G_2\tau}_{} \quad (9.59)$$

である．ただし G_1, G_2 は，応力の主軸に平行なアクチン線維の有効密度を表す．以前と同様に，$\boldsymbol{u}(\boldsymbol{r})$ は初期位置 $\boldsymbol{r}$ なる物質点の変位，$\varepsilon_1, \varepsilon_2$ は歪みテンソル $\boldsymbol{\varepsilon} = (1/2)(\nabla\boldsymbol{u} + \nabla\boldsymbol{u}^T)$ の主成分，E, Γ は正のパラメータである．応力テンソル $\boldsymbol{\sigma}$ と歪みテンソル $\boldsymbol{\varepsilon}$ の主軸は一致する．式 (9.59) は，第6章で詳細に論じた Murray-Oster の形態形成の力学理論における，平衡状態での応力の標準的な表式であり，Murray and Oster (1984a, b) で用いられている表式であるが，重要な相違点として，ここでは τ を局所的な圧縮度の関数として扱い，また以下で述べるような G_i の具体的な関数形が導出されている．

アクチン線維密度関数を

$$G_1 = G_0 \int_0^{\pi/2} F(\phi; \sigma_1/\sigma_2)\cos\phi\,d\phi, \quad G_2 = G_0 \int_0^{\pi/2} F(\phi; \sigma_1/\sigma_2)\sin\phi\,d\phi \quad (9.60)$$

とモデリングする (Sherratt et al. 1992)．ここで $G_0(\boldsymbol{r})$ は局所的な「スカラー」のアクチン線維密度を表し，$F(\phi; \sigma_1/\sigma_2)$ は，考えている点において，応力の主成分の比が σ_1/σ_2 である（放射対称な場合は $\sigma_{rr}/\sigma_{\theta\theta}$）ときに $\vec{r}$ 軸に対して ϕ 以上 $\phi + \delta\phi$ 以下の角度の方向を向いているアクチン線維の割合を表す．我々は，関数 F に以下の条件をみたすことを要請する．

(i) $F(\phi; 0) = \delta(\phi)$：応力が単方向性である場合，全てのアクチン線維はその方向を向く（δ はデルタ関数）．
(ii) $F(\phi; 1)$ は一定：応力が等方的なとき，微小繊維ネットワークはランダムに配向する．
(iii) 任意の σ_1, σ_2 に対して $\int_0^{\pi/2} F(\phi; \sigma_1/\sigma_2)d\phi = 1$：線維の配向は，線維の総量に影響を与えない．$F$ は確率密度関数であることを思い出されたい．

9.10 2次元における，アクチン線維の応力による整列の力学モデル

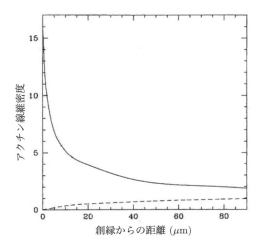

図 9.20 モデルから予測される，円形創の縁の周辺において半径方向 (- - -) および回転方向 (—) に配向したアクチン線維の密度．パラメータの値は，解が存在するパラメータ領域の境界に近接している．創縁からの距離を横軸にとり，アクチン線維密度は，受傷前の（一様な）密度との比で表している．無次元パラメータの値は $\lambda = 3.0$, $E = 0.5$, $\Gamma = 0.8$, $\beta = 0.48$ である．長さスケール L （創の半径）は $L = 500\,\mu m$ である（これらの放射対称な場合の結果は J. A. Sherratt 教授の厚意による）．

(iv) $F(\phi; \sigma_1/\sigma_2) = F((1/2)\pi - \phi; \sigma_2/\sigma_1)$ ：対称条件．

最後の条件より

$$\int_0^{\pi/2} F(\phi; \sigma_1/\sigma_2) \sin \phi \, d\phi = \int_0^{\pi/2} F(\phi; \sigma_2/\sigma_1) \cos \phi \, d\phi$$

が成り立つ．

これらの条件は非常に限定的であるが，F の形を具体的に定めるものではない．Sherratt and Lewis (1993) はこれらの条件をみたす F の形を創り出し，また

$$\int_0^{\pi/2} F(\phi; \sigma_1/\sigma_2) \cos \phi \, d\phi = \frac{\pi \sigma_1^p}{2\sigma_1^p + (\pi - 2)\sigma_2^p} \tag{9.61}$$

とよく近似されることを示した．正のパラメータ p は，応力場の変化に対する微小繊維ネットワークの感受性を反映している．以下では，計算を簡潔にするため $p = 1$ とする．線維の配向のないモデルは，単に $p = 0$ の場合にあたる．いま，我々が考えている受傷後の平衡状態においては，細胞層における応力テンソルの主成分は式 (9.59) で与えられ，アクチン線維密度 G_1, G_2 は，式 (9.60), (9.61) より

$$G_1 = G_0 \frac{\pi \sigma_1}{2\sigma_1 + (\pi - 2)\sigma_2}, \quad G_2 = G_0 \frac{\pi \sigma_2}{2\sigma_2 + (\pi - 2)\sigma_1} \tag{9.62}$$

で与えられる．

こうして新たにできたモデルは，$\boldsymbol{\sigma}$ が式 (9.59) で，アクチン密度 G_1, G_2 が式 (9.62) で与えられている下での，方程式 (9.33) である．放射対称な創の場合は，応力テンソルの主軸は，半径方向と回転方向の座標軸，すなわち r 方向と θ 方向に平行である．この場合 $\sigma_1 = \sigma_{rr}$, $\sigma_2 = \sigma_{\theta\theta}$, $\varepsilon_1 = \varepsilon_{rr}$, $\varepsilon_2 = \varepsilon_{\theta\theta}$ で，アクチン線維密度の半径方向成分と回転方向成分は $G_1 = G_r$, $G_2 = G_\theta$ となる．式 (9.59), (9.62) を，応力の成分について解くと，初等的計算を少し経て

$$\begin{aligned}
\sigma_{rr} &= \frac{E}{4-\pi}\{2u' - (\pi-2)u/r\} + \Gamma(u' + u/r) + \left\{1 + \beta\left(u' + \frac{u}{r} + \frac{uu'}{r}\right)\right\}^{-1}, \\
\sigma_{\theta\theta} &= \frac{E}{4-\pi}\{2u/r - (\pi-2)u'\} + \Gamma(u' + u/r) + \left\{1 + \beta\left(u' + \frac{u}{r} + \frac{uu'}{r}\right)\right\}^{-1}
\end{aligned} \tag{9.63}$$

が得られる．これらの式，および式 (9.62) を用いて得られる G_r, G_θ の式を，式 (9.33) に代入すると，

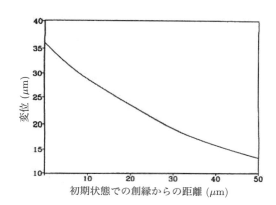

図 9.21 モデルから予測される，直線状の切創を与えた場合の，表皮細胞シートの受傷前の位置からの変位．モデルの予測による創縁の変位 ($36\,\mu$m) は，実験で観察された変位（図 9.16 参照）におよそ一致している．Sherratt (1993) が詳細に論じているモデル方程式の解析を行うと，直観的に期待される通り，創縁の変位は，弾性パラメータ E, Γ が増加するほど増加し，また接着パラメータ λ，牽引パラメータ τ_0 が増加するほど減少する．無次元の弾性パラメータ，接着パラメータの値は $\lambda = 3.0$, $E = 0.2$, $\Gamma = 0.75$, $\beta = 0.177$ である．長さスケールは $L = 500\,\mu$m である．これらのパラメータ値は，解が存在するパラメータ領域の境界に近接している (Sherratt et al. (1992) より)．

今度はもう少し計算を行い，式 (9.56) の代わりに，u に関する著しく非線形な常微分方程式が得られる:

$$u'' = \frac{1}{\{\Psi + 2E/(4-\pi)\}(r+u) + \Gamma(r - u^2/r)} \cdot \left[\lambda r u\left(1 + u' + \frac{u}{r} + \frac{uu'}{r}\right) \right. \\ \left. - \left(u' - \frac{u}{r}\right)\left\{\frac{2E}{4-\pi}\left(1 + \frac{u}{r} - u'^2 + \frac{uu'}{r}\right) + \Gamma(1 - u'^2) + \Psi(1 + u')\right\}\right]. \tag{9.64}$$

ただし

$$\Psi = \frac{(\pi - 2)Eu}{(4 - \pi)r} - \frac{1 + \beta + 2\beta(u' + \frac{u}{r} + \frac{uu'}{r})}{\{1 + \beta(u' + \frac{u}{r} + \frac{uu'}{r})\}^2} \tag{9.65}$$

である．境界条件は，創縁 $r = 1$ において $\sigma_{rr} = 0$，および $u(\infty) = 0$ である．

半径方向および回転方向のアクチン密度分布 $G_r(r)$, $G_\theta(r)$ は，式 (9.62) にて $\sigma_1 = \sigma_{rr}$, $\sigma_2 = \sigma_{\theta\theta}$ (σ_{rr}, $\sigma_{\theta\theta}$ は式 (9.63)) としたものにより与えられ，また創縁の後退は $u(1)$ として得られる．もちろん，方程式 (9.64) を解くには，Sherratt (1901) が行ったように，数値的手法に頼らなければならない (Sherratt et al. (1992), Sherratt (1993) も参照されたい)．

今回も，パラメータたちの値があるパラメータ領域内に位置するときに限り，特に，β がその領域のある境界付近に位置するとき，モデル方程式は解をもつ．図 9.22, 9.23 に示されているように，モデルの解には，創縁におけるアクチン線維の高度な凝集，および，それらの凝集した線維の顕著な配向が見られる．さらに，適切なパラメータの値に対して，モデルの解はまた，下部の間葉に対して表皮が後退した距離として，実験で見られた後退距離——すなわち 30〜40 μm——に近い値を予測している．予測されたアクチン線維密度と Martin and Lewis (1991) の実験結果の対応をより視覚的に見るために，Sherratt et al. (1992) は，モデルの解を用いて，蛍光標識したファロイジンで染色した表皮の基底層の光学切片をシミュレーションした．これを行うために我々は，モデルが予測したアクチン線維の分布を適切に正規化したものをファロイジン染色の際の強度分布と見なした．我々のシミュレーションの結果を図 9.22 に示す．これは，実験結果（図 9.16(b) 参照）によく対応している．

Sherratt et al. (1992) が指摘したように，我々のモデリングによって，胎児の表皮の創における初期のアクチンケーブルの形成は，受傷後の表皮細胞層における力学的平衡の単なる副産物として生じていることが示唆される．図 9.22, 9.23 に示されている通り，ケーブルの形成において，応力誘導性のアクチン線維の配向現象が中心的である．この配向現象は，正常な形態形成に含まれるいくつものプロセスにおいて重要な役割を果たしているかもしれないが，創に対するこのような応答に関しては，外部条件の変化，

9.10 2次元における，アクチン線維の応力による整列の力学モデル

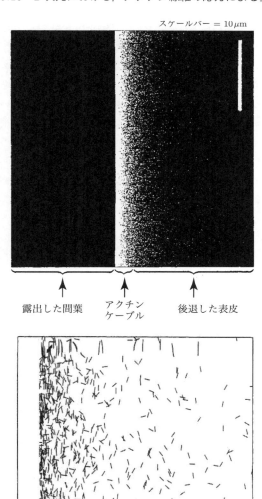

図 9.22 半径 $500\,\mu m$ の円形の創を与えた場合の，表皮の基底層の光学切片（蛍光標識したファロイジンを染色したもの）のシミュレーション（モデルの解が与える予測結果）．モデルの予測によるアクチン線維の（適切に正規化された）分布を，ファロイジン染色における確率分布として用いた．半径方向の座標をこの確率分布からランダムに選び，角度方向の座標を一様分布からランダムに選び，こうして 900 万点を選び出し，それらの受傷後の位置 $\{u(r)+r\}\vec{r}$ を図示した．無次元パラメータの値は $\lambda = 1.5$, $E = 0.29$, $\Gamma = 0.77$, $\beta = 0.2876$ であり，このとき $\beta_{\text{crit}} \approx 0.2878$ である．スケールバーは $10\,\mu m$ (Sherratt et al. (1992) より)．

図 9.23 モデルの解から予測される，直線状の切創に対する微小繊維ネットワークの応力誘導性の配向を図示したもの．モデルから予測されるアクチン線維の（適切に正規化された）分布を，図中の小さな線分たちの位置の分布として用いた．創縁に対する垂直方向の位置を，予測された分布からランダムに選び，創縁に対する平行位置を，一様分布からランダムに選び，こうして選ばれた 800 の点を中心に，800 の線分を描いた．これらの線分の方向は，前述したアクチン線維の方向の分布 F からランダムに選ばれている．無次元パラメータの値は $\lambda = 3.0$, $E = 0.26$, $\Gamma = 0.7$, $\beta = 0.22$ である．長さスケールは $L = 500\,\mu m$ である (Sherratt et al. (1992) より)．

すなわち受傷による自由境界の発生によって配向が起こる，という点で，どちらかといえば（重要な役割としての配向現象とは）異なる事例である．

結語：表皮の創傷治癒

表皮の創傷治癒に関しては，実用的で有益なモデリングを行う機会があふれている．本章では，我々は2つの重要な問題に焦点を当てた．それは，成体の表皮における有糸分裂の生化学的制御の役割，および，胎児の系におけるアクチンケーブルの形成メカニズムである．これらが提示する筋書きは非常に異なり，またこれらに対して必要となるモデルの種類も非常に異なる．すなわち，前者に対しては，創のフロントが進行する際の細胞と成長因子の保存に関する反応拡散モデルが必要となり，後者に対しては，細胞骨格における力の釣り合いを表現する力学モデルが必要となる．Sherratt et al. (1992) が述べているように，これらの 2 つのモデルは，創傷治癒の方法に関して相容れない概念を述べているわけではなく，この複雑なプロセスの相異なる側面を扱っている．とはいえ，2 つのモデルは，胎児の創傷治癒と成体の創傷

治癒の著しい違いに注意を喚起している．間違いなく，成体の創傷治癒において運動を引き起こす力は，アクチンケーブルによりもたらされるのではなく，そして，葉状仮足移動の過程によってアクチンケーブルは創縁周辺に永久に残存することができない．反対に，*in vitro* の胎児の細胞層は，巾着の紐メカニズムよりも葉状仮足移動によって治癒するということから，胎児の細胞は葉状仮足を用いて移動する能力をもつ．胎児と成体の創傷治癒において有糸分裂の制御が果たす役割については，考える創の大きさの違いゆえに生じる重要な相違点がいくつかあるかもしれない．創の大きさの他に顕著な違いとして，胎児の創では成体の創の場合よりも成長因子濃度がずっと低い (Whitby and Ferguson 1991)．しかし，修復する創の結合組織の運動に依存的なこれらの事象に対しては，また別種の数理モデルが必要となるだろう．

　これらの強い力学的な力は，いくつかの胚発生プロセスにおいて存在することが十分に示されている．例えば，胚の小部分が表皮層を突き破ると，収縮するアクチンケーブルによってその部分は最終的に切断される (Susan Bryant 博士との私信 2000) が，これは，ケーブルの「ボアコンストリクター (boa-constrictor)[†2]」様の側面や，それに関わる力学的な力の強さを示唆している．表皮の創傷治癒は，大雑把に研究するだけでも，モデリングすべき問題が多数存在していることがわかる．例えば，アクチン線維のケーブル形成に関しては，明らかに形状が重要な役割を果たしている．我々は，1 次元の場合と放射対称な場合しか形状を考えなかった．2 次元の非対称な形状の場合には，修復の筋書きは異なるものとなるかもしれない．また，胎児の創傷治癒に関する議論において，我々は平衡状態しか考えなかった．細胞分裂や，ケーブル形成の後に引き続く創閉鎖をモデルに含めるのは興味深いだろう．次章では，実際の創閉鎖を取り扱うが，真皮を含む全層性の創の場合において論じる．

---

†2　（訳注）爬虫綱有鱗目ボア科ボア属に分類されるヘビ．食性は動物食で，主に鳥類，哺乳類などの恒温動物を食べる．胴で絞める力が強く，種小名の constrictor は「絞め殺す者」の意．獲物に噛みついた後，胴体で獲物に巻き付いて絞め殺す．

第10章
真皮の創傷治癒

10.1 背景と動機――一般論と生物学

　前章で議論した表皮の創と異なり，真皮の創は皮膚の深部まで達する創であり，その治癒は，組織の欠損後に器官の統合性を保つためにきわめて重要である．こうした真皮の創はしばしば重度の瘢痕を残すが，このことは，出生後の哺乳類における創傷治癒が，再生 (regeneration) というよりもむしろ修復 (repair) の過程であることを生々しく示している．損傷を受けた部分の内部の組織では，初期の創傷治癒応答の間，再構築が続き，受傷から数カ月，あるいは数年経った後でさえ，肉眼的にも力学的にも周囲の皮膚と区別できる成熟瘢痕が残っている．さらに，創傷治癒はしばしば高度の収縮，あるいは受傷部位の面積の減少を伴うが，この収縮は瘢痕の醜さを目立たせ，機能障害を起こすことがある．これまでの数理モデルのほとんどは，収縮と瘢痕形成というこれら2つの創傷治癒の側面に主に焦点を当ててきた．真皮の創傷治癒は，表皮の創傷治癒と比べてさらに，生物学的な過程がずっと多様で，わかっていることはずっと少ない．深い創では，真皮の創傷治癒のみならず，再上皮化 (re-epithelialisation) も伴う．以下で述べる概説の多くは表皮の創傷治癒にも同様に当てはまる．

　創傷治癒の重要性は明らかである．例えば，深刻な熱傷は真皮の創である．アメリカ合衆国だけで毎年200万人以上が熱傷を負っている．ただし，創傷治癒は，もっと様々な事象に関わっている．例えば，瘢痕形成が Dupuytren 拘縮といった線維増殖性疾患と関連しているという証拠がある (Gabbiani and Majno 1972)．また，妊婦に見られる妊娠線の形成は，伸張の後に組織変形が生じるような例の1つである (Shuster 1979)．この現象についてのモデルについては，以下で少し触れる．真皮の創は，角膜に生じる傷――放射状角膜切開術においてきわめて重要である――と，多くの点で似ている (Jester et al. (1992), Petroll et al. (1993))．バルーン血管形成術による動脈硬化治療後の再狭窄（動脈の詰まり）では線維形成性の創傷治癒応答が関与している (Forrester et al. 1993)．細胞媒介性組織収縮に関連する疾患として，他にも例えば肝硬変，肺線維症，強皮症，牽引性網膜剥離を起こす疾患などがあり，枚挙に暇がない．しかしながら，創傷治癒の研究はさらに広い関連領域においても有用である．創傷治癒は医学と発生生物学との学際領域の研究対象になるという意味で独特である．真皮の創傷治癒には細胞の分化，移動，増殖の過程や，新たな組織の生成，組織内の細胞による組織の力学的変形といったものが含まれる．これらの各過程に類似する現象が発生過程にも存在しており，仮に組織修復という結果そのものは我々にとって重要でないとしても，創傷治癒の研究は，関連する発生過程に対する洞察を与えうるので追究する価値があるだろう．そのような発生過程の例として，骨発生，体節，皮膚原基および腎ネフロンの形成，そして血管形成などがある．生物学的あるいは数理モデリングの難題は尽きることがなく，この分野における学際的研究の正当性と必要性はきわめて明らかである．真皮の創の研究における至高の目標は瘢痕を残さない治癒である．

　前章の最初で歴史について簡潔に述べた際に言及したように，創傷治癒の研究にはきわめて長い歴史があり，最も古い科学分野の1つである (Majno 1975)．結果として，深い（真皮の）創について，炎症反

応，肉芽組織形成および瘢痕の再構築についての膨大な文献が存在する．狭い意味での科学的な創傷治癒の研究の他にも，特に，感染を制御したり，意図的に創を生じさせたり，移植したりすることなどに関する，創の管理のきわめてよく発達した技術がある．しかしながら，初期の研究者たちを悩ませた問題の多くは未解決のままである[*1]．例えば，なぜ丸い創は治りが遅く[*2]，治癒の結果もあまり満足できるものにならないのだろうか．肥厚性瘢痕やケロイドのような病的瘢痕が何により生じるのかまだわかっていない——前者は重度の熱傷の後にとても起こりやすいのだが．

創傷治癒の進行は，創の面積や収縮率を測定したり，創の強度を測定したりなど，様々なやり方で定量されてきた．瘢痕の質は主に細胞外基質のコラーゲンの構成を反映している．動物実験やヒトに生じた創の観察から，皮膚の張力線に沿った創はきれいに治りやすい，という経験則が得られている．このような知識がきわめて有用であることは疑う余地がない．しかしながら，自然な過程に介入できる方法が増え続けているいま，真皮の創傷治癒に関わるメカニズムを理解し，介入により生じる結果を予想できることがいっそう早急に必要とされてきている．創傷治癒の詳細に関する知識は急速に増えてはいるものの，現時点での我々の知識のほとんどは，臨床的に重要な巨視的な瘢痕の性質と関連づけるのが難しい段階にあると結論せざるをえない．数理モデリングが寄与できるところが大いにあると我々が信じているのはまさにこの点なのである．

創傷治癒の研究はいま，これまで以上に活発になっている．これは，一部には様々な分野の発展の結果であり，また，発生生物学と医学における創傷治癒研究の学際性によるところも明らかである．いくつかの出来事がこの分野の現在の熱狂状態をつくりだした．まず，1980年代初頭に，哺乳類の胎児の創が瘢痕を生じずに治癒することが発見された．前章で，胚の創傷治癒についてのSherrattや彼の共同研究者による研究の一部（Sherratt (1991, 1993)およびSherratt et al. (1992)を参照）について詳細に論じた．この胚の創傷治癒の発見は多くの研究者に，「時間を巻き戻」し成体に生じた創を瘢痕なしで治癒させることが可能かもしれないという希望を与えている．次に，かなり多くの研究努力がいま，成長因子に注がれている．成長因子は創傷治癒における最も重要な多くの過程の制御に関与している．成長因子の促進や抑制に関する臨床試験が現在進行中である．最後に，前章で述べたように，移植に用いるための人工皮膚の開発が大いに期待されている．

後に続く節で，真皮の創傷治癒についてのいくつかの数理モデルを論じ，その一部では，Murray et al. (1998), Tanquillo and Murray (1992, 1993), Tracqui et al. (1993), Cook (1995)（この学位論文は，残念なことにその大部分が未発表だが，真皮の傷修復に関するとりわけ完全に独創的かつ徹底的な研究であり，ほぼ間違いなく今日最も明解で優れた考察である）の説明を追っていく．生物医学的な背景を説明した後，これまでに発表されたいくつかの数理モデルについて簡単に批評する．ここで現在の文献についての網羅的な総説を与えることはできないからだ．我々はとりわけ時間とともに構造が発展していく組織の生体力学的なモデリングに関連した側面に注目する．それは，創傷治癒をより広い文脈に位置づけてくれる．また，将来の実験的，理論的な研究へ向けた他の方向性についても議論し，真皮の創傷治癒に関する数理モデルがもつ特別な有用性について意見を述べて本章を締めくくる．

[*1] 1994年，私は招待講演を行うため欧州組織修復学会の第4回年次総会に出席した．この総会には数千人もの人々が参加し，数百もの10分間の一般講演が行われていた．明らかであったのは，この分野には途方もない数の未解決問題が存在し，それらについて基礎的な科学研究がほとんど行われていないということであった．短い一般講演の多くは本質的に（多くは特許を念頭に置いて）自身の独占領域を示すもので，どのような化学物質を含んだ包帯をどのような種類の創に用い，何が起きたのかを記述するものだった．

[*2] このことはHippocrates自身により述べられていた．17世紀フランスの外科医Ambroise Paréは "L'ulcère rond ne reçoit cure, s'il ne prend une autre figure"，すなわち，丸い創は他の形をとらない限り治らない，と述べた．

10.1 背景と動機――一般論と生物学

生物医学における観察結果と問い

真皮の創傷治癒の大まかな経過は以下の通りである (Clark 1991). 受傷するとすぐに，元より存在する皮膚の張力により創の縁が退縮し，そこで炎症反応が起こる．この炎症反応により，線維芽細胞と呼ばれる特殊な細胞が増殖し，創に侵入し，基質を敷き詰め，その基質の上で収縮力を作用するよう誘導される．この過程により，創が埋め合わせられ，閉じられる．同時に，血管新生 (angiogenesis)（血管の形成）が起こる．この創を覆う鮮紅色の組織は肉芽組織と呼ばれる．創は侵入する上皮により徐々に覆われていくが，真皮と表皮での創傷治癒の過程は本質的に独立したものである (Peacock 1984). 細胞外基質 (ECM) は徐々に再構築される．再構築は，初めは急速であるが，その後何カ月もかけてゆっくりとした率で進む．多くの場合，周りの皮膚と見た目が異なる瘢痕が生じる．

創面積

多くの研究者たちが創の面積・周長を経時的に測定したり，創の退縮・収縮の最大強度を記録したりしてきた．そのうち特に McGrath and Simon (1983) のデータを，我々の理論から得られた結果との定量的な比較に用いる（図 10.5 を参照）．一般的に，受傷直後には，皮膚の張力によって創縁が退縮する．5日から 10 日の停滞期の後，創の内部での収縮活動の結果として，創面積は急速に（1 日に 5〜10%）減少する．収縮のペースはやがて底を打ち，それ以降は長い間，創面積がほとんど変化しない．収縮後の最終的な創面積は元の 1/5 ほどになる（この値は種や創によって異なる）．ときとして，遅れて，創縁が退縮することがある（この場合，瘢痕はわずかに広がる）．

創の形状

創の形状が収縮率に与える影響については若干議論の余地がある (McGrath and Simon (1983), Cook (1995))．創の収縮に伴う形状の変化は，創形成初期の形や皮膚の張力線に対する創の向きに強く依存しており，また，周囲の組織の柔らかさにも程度は弱いが依存している (Cook (1995) にさらなる議論が与えられている)．円形の創は周長を減少させながら（楕円形をとって）治癒していく一方，多角形の創では周長はほとんど変化しない傾向をもち，多角形の各辺が内側に向かって折り畳まれて星型の瘢痕を形成する．Bertolami et al. (1991) は皮膚上の入れ墨の跡の移動を記録することで，とりわけ皮膚移植後の組織収縮を研究した．

張　力

皮膚の張力線と平行な創は比較的きれいに治ることが一般に知られており，外科医は創を横切る向きの張力を最小限にとどめるよう様々な技法を用いている (Hinderer (1977) は目に余るような瘢痕化を避けるような外科的な処置について論じている)．皮膚の張力は収縮や退縮の程度や経過に影響し，また，病的瘢痕の形成への関与も示唆されている．過度の張力は大きな瘢痕を生じるが，適度な張力は瘢痕の強度を高めうる (Timmenga et al. 1991).

力学的な性質

創の治癒の過程において，創はより硬く，丈夫で，伸張しやすくなっていき，応力-歪み曲線の形（応力-歪み関係）は経時的に変化する．基質（特にコラーゲン）の構成との様々な相関性が観察されているものの，何がこの変化を規定しているのかはわかっていない．

病的瘢痕

肥厚性瘢痕やケロイドと呼ばれる病的瘢痕は，きわめてゆっくり成熟するか，あるいは全く成熟しないかのどちらかである (Kischer et al. 1990)．重症の熱傷においては，前者がほぼ必発である (Kischer et al. 1982)．どちらの種類も，しばしば小結節を引き起こす異常なコラーゲン組織，線維の配向，力学的性質が特徴である．創にかかる張力は，細胞外基質 (ECM) の構造の決定に関与しているようである．

理 論

Cook (1995) は，創の収縮と瘢痕形成に関する当時の様々な理論について広範な批判的論評を与えた．かなりの数の研究者たちが，創の収縮力については，通常の線維芽細胞が筋線維芽細胞より重要であるとは言わないまでも，筋線維芽細胞に加えて通常の繊維芽細胞が重要であると考えているが，近年の研究論文における主流は，収縮力は筋線維芽細胞によるものという考え方である (Ehrlich (1989), Grierson et al. (1988))．瘢痕組織と正常な皮膚との間には，その（線維の配向を含む）構成に明らかな違いが見られるが，病的瘢痕が形成される原因は未だ不明である．

10.2 創傷治癒の仕組みと最初のモデル

我々の知る限り，真皮の創の収縮において考えられるメカニズムに関する最初の数理モデルは Murray および Tranquillo によるものである (Murray et al. (1988), Tranquillo and Murray (1992, 1993))．これらのモデルは，第 6 章で詳しく議論し，本書の他の箇所でも用いてきた Murray-Oster 力学理論に基づいている．この理論は元来，発生におけるパターン形成において提案されたものであるが，発生および創傷治癒どちらの例においても，細胞と，粘弾性の細胞外基質 (ECM)——細胞は ECM の中にあり，ECM の中を移動する——との間の力学的な相互作用が重要な役割を果たしているため，この理論はとても自然に創傷治癒にも拡張される．基本モデルに変更を加えることで，細胞の移動（拡散，走化性，走触性，接触メカニズム），ECM の代謝回転，細胞の増殖と死，浸透力，組織層間の力学的な相互作用を考慮に入れることができる．

今日までの数理モデリングによる成果の 1 つは，創の収縮と瘢痕形成における重要な構成過程を抽出したことである．前章で議論した Sherratt (1991, 1993) による瘢痕形成についての先駆的な貢献はその一例である．創の収縮と瘢痕形成の仕組みの概要を図 10.1 に模式的に示す (Murray et al. 1998)．細胞外基質の中を移動し，その細胞外基質を変形（収縮）させることのできる，線維芽細胞と呼ばれる特殊な細胞が創に侵入する．この侵入は走化性や走触性あるいは接触誘導により促進されているかもしれない（これは第 8 章で論じた脈管形成および血管新生においてきわめて重要な側面である）．線維芽細胞は ECM の再構築（生成と分解）においても重要な役割を担っている．皮下組織との接着および ECM 自身が，線維芽細胞（あるいは特殊な表現型をもつ異型の筋線維芽細胞）により及ぼされる収縮応力に抵抗する．

我々は種々の鍵となる過程を以下のような数式に翻訳した．結果として得られる方程式は複雑なので，ここでもまずは，様々な要素がどのように組み合わさっているかを示す言葉の式を与える．ECM の構造を扱うモデルにおいては，追加の方程式が必要となる（特に 10.6 節やその後に続く 4 つの節を参照されたい）．

細胞密度変化率 = ECM の変形による（受動的）移動 + ECM に対する（能動的）運動
 + 増殖／分化,

ECM 密度変化率 = 変形による移動 + 生成 − 分解,

体積力 = 牽引力 + ECM の抵抗力.

10.2 創傷治癒の仕組みと最初のモデル

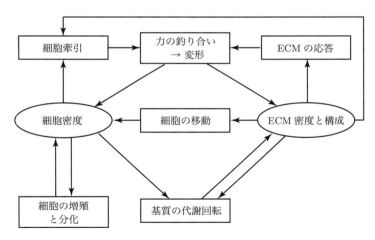

図 10.1 真皮の創傷治癒における重要な変数と過程．この構造が数理モデルの基礎となる．それぞれの変数に発展方程式が必要となり，それらの発展方程式のもつ項が種々の過程に対応する．力の釣り合いのボックスには，変数（運動量）の方程式と保存方程式の両方が関与する．この制約がもう 1 つの変数，すなわち，変形を決定する．ECM は細胞外基質を指す．

最後の式において，右辺の力は通常，応力（ここでは牽引応力と ECM 応力の和）の発散の形をしている．

ここで，この種のモデルの例として，また，なぜさらに複雑なモデルを開発する必要があったのかを強調するため，Murray et al. (1988) によるモデルの中心となる方程式を与える．細胞の力を含む，後に現れた数理モデルのほとんどは，このモデルが含む要素の多くを含んでいる．基本モデルの方程式は，固定された（オイラー）座標系での，細胞と ECM の保存，細胞と ECM の結合連続体の運動量の保存からそれぞれ導かれる．それらの方程式は，言葉の式と対応している．細胞は対流循環や拡散しながら，増殖する．また，ECM も対流循環する．細胞と ECM からなる連続体は，能動的な牽引力および皮下の層との弾性連結 (elastic tethering) による体積力を受ける．ECM の応答は線形粘弾性であるとする．現象のタイムスケールを考慮し，慣性効果は無視する．

細胞の保存方程式は

$$\frac{\partial n}{\partial t} + \nabla \cdot (n\boldsymbol{u}_t) = \nabla \cdot (D\nabla n) + rn(n_0 - n), \tag{10.1}$$

ECM の保存方程式は

$$\frac{\partial \rho}{\partial t} + \nabla \cdot (\rho \boldsymbol{u}_t) = 0, \tag{10.2}$$

力の釣り合いの式は

$$\nabla \cdot \left\{ \mu_1 \boldsymbol{\varepsilon}_t + \mu_2 \theta_t \mathbf{I} + E'(\boldsymbol{\varepsilon} + \nu'\theta \mathbf{I}) + \frac{\tau \rho n}{1 + \lambda n^2} \mathbf{I} \right\} = s\rho \boldsymbol{u} \tag{10.3}$$

で与えられる．ここで，n は細胞密度（n_0 を非受傷時の定常状態の値とする），ρ は基質密度，$\boldsymbol{u}$ は ECM の変位ベクトル，$\boldsymbol{\varepsilon} = (1/2)(\nabla \boldsymbol{u} + \nabla \boldsymbol{u}^T)$ は歪みテンソル，$\theta = \nabla \cdot \boldsymbol{u}$ は体積歪み，$\mathbf{I}$ は単位テンソル，$E' = E/(1+\nu)$（E はヤング率，ν はポアソン比），$\nu' = (\nu/(1-2\nu))$，μ_1, μ_2 はずり粘性係数および体積粘性係数，D は細胞の運動能係数，r は最大細胞分裂率，s は弾性連結係数，λ は細胞牽引の n への依存のしかたを定めるパラメータである．最後の方程式の左辺の最後の項は能動的な細胞牽引を表し，右辺は皮下との接着による体積力を表す．これらの方程式には ECM の代謝回転が含まれていないことに注意されたい．

どのように細胞牽引力を定量化するかという問題は重要であり，実験による研究が現在行われている．我々が選んだ定式化は定性的に妥当であるが，例として用いているにすぎない．この側面に対する大きな

貢献は Ferrenq et al. (1997) によるもので，生物学的なパラメータを用いて牽引力の具体的な式の形を与えている．Barocas and Tranquillo (1997a, b) や Barocas et al. (1995) による先駆的な研究は，細胞牽引と線維状網構造の変形との相互作用に関するいくつかの側面に関するものである．後者の研究はまた，以下でその一部を論じる Cook (1995) による細胞−基質間相互作用のモデリングの方法論と特に関連している．

無次元量を以下のように導入する：

$$n^* = \frac{n}{n_0}, \quad \rho^* = \frac{\rho}{\rho_0}, \quad \boldsymbol{u}^* = \frac{\boldsymbol{u}}{L}, \quad \boldsymbol{r}^* = \frac{\boldsymbol{r}}{L}, \quad t^* = \frac{t}{T}, \quad s^* = \frac{s\rho_0 L^2 (1+\nu)}{E},$$
$$\lambda^* = \lambda n_0^2, \quad \tau^* = \frac{\tau \rho_0 n_0 (1+\nu)}{E}, \quad r^* = rn_0 T, \quad \boldsymbol{\varepsilon}^* = \boldsymbol{\varepsilon}, \quad \theta^* = \theta, \qquad (10.4)$$
$$D^* = \frac{DT}{L^2}, \quad \mu_i^* = \frac{\mu_i (1+\nu)}{ET}, \quad i = 1, 2.$$

ここで，L および T は適切にとった長さと時間のスケールである．これにより方程式は，計算の便宜のためアスタリスク ($*$) を省略すると，以下のようになる：

$$\frac{\partial n}{\partial t} + \nabla \cdot (n\boldsymbol{u}_t) = \nabla \cdot (D\nabla n) + rn(1-n),$$
$$\frac{\partial \rho}{\partial t} + \nabla \cdot (\rho \boldsymbol{u}_t) = 0, \qquad (10.5)$$
$$\nabla \cdot \left\{ \mu_1 \boldsymbol{\varepsilon}_t + \mu_2 \theta_t \mathbf{I} + (\boldsymbol{\varepsilon} + \nu' \theta \mathbf{I}) + \frac{\tau \rho n}{1 + \lambda n^2} \mathbf{I} \right\} = s\rho \boldsymbol{u}.$$

この系の初期条件としては，初期の創境界の外側の $\boldsymbol{r}$ において $\boldsymbol{u} = 0$, $n = 1$, $\rho = 1$, 創境界の内側においては $n = 0$ である．ECM の産生がないので，創の内部でも $\rho(\boldsymbol{r}, 0) = 1$ であると仮定しなければならない．このことは実質的に，（フィブリンからなる）血餅が収縮期の長さに比して即座に形成されることを仮定していることになるが，不合理なことではない (Clark 1985)．さらに，Murray et al. (1988) では，傷口の基質の力学的な性質が周囲の基質のそれと同じであり，細胞による生合成により基質が修飾されてもその性質に変化がないと仮定した．

あらゆるモデルと同じく，パラメータ値が重要な役割を演じる．この基本モデルにおいては，含まれているパラメータはある制約条件をみたさなくてはならない．特に，一様定常状態は従属変数への摂動に対して安定でなければならない．本書の中で多くの安定性解析を行ってきたいまとなっては，モデル方程式系 (10.5) に対して，一様な（非受傷時の）定常状態 $n = 1$, $\rho = 1$, $\boldsymbol{u} = 0$ の周りで線形解析を行うことはお決まりの作業である．この定常状態が安定であるための必要十分条件が

$$s + r\left(1 - \frac{\tau}{1+\lambda}\right) < 0 \quad \vee \quad 1 + \mu r - \frac{2\tau}{(1+\lambda)^2} < 0$$

であることを示すのは，演習問題として残しておく．創傷治癒に関する定量的な研究のほとんどは動物で行われてきたが，動物とヒトの創傷治癒には，ある基本的な違いがある．動物は真皮の下にヒトには存在しない肉様層 (panniculus carnosus) という皮膚器官をもっているのである．この器官が，動物の皮膚に応力に対する大きな可動性を与えている．動物では，最大で創面積の 100% が収縮により閉鎖する．ヒトにおける標準の 20〜30% 増しの値である．それでも，両者の創傷治癒のメカニズムは似ていると信じられている．動物の創は，最も早く閉じ，瘢痕が最も小さいような創の形状を決定しようとして研究もされている．これは，切創ができた後に，入れ墨を用いて創の境界に印をつけることで上皮化と収縮を区別し，創の面積を測定することによりしばしば行われる（例えば，Bertolami et al. (1991) による文献を参照されたい）．我々の結果を実験と比較するために最も適した定量的な研究の 1 つに，ラットにおける真皮の創についての McGrath and Simon (1983) による研究がある．彼らは，創傷治癒には急速な退縮期

10.2 創傷治癒の仕組みと最初のモデル

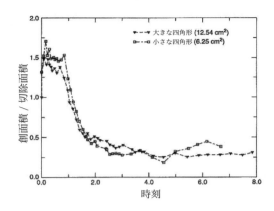

図 10.2 ラットの全層損傷における切除面積に対する相対的な創面積のグラフ（データは McGrath and Simon (1983) による）．A_0 は収縮開始時の創面積，A_f は収縮完了後に残った創面積，$A_c = A_0 - A_f$ は収縮した面積である．

の後，停滞期，収縮期があり，これらは

$$A(t) = A_f + (A_0 - A_f)\exp(-k_c t) \tag{10.6}$$

で与えられる時間に依存するシンプルな指数関数で記述できることを示した．ここで，A_0 は収縮開始時の創の面積，A_f は収縮完了後に残っている創の面積であり，どちらの面積も切除面積に対する比として表されている．k_c は収縮率定数である．図 10.2 は McGrath and Simon (1983) の実験結果を示している．

Murray et al. (1988) では，先ほどの基礎モデルが，初期条件として与えられた創傷の状態から発展する，安定な非一様定常状態解を生じることが示された．しかしながら，調べられたパラメータ値の範囲において，その解は入手できる創収縮に関するデータ，とりわけ図 10.2 に示したデータと定性的にはつじつまが合わなかった．大概，創の境界の内向きの収縮（すなわち，1 次元では $u < 0$）ではなく，創の境界が外側へ向かう一時的な退縮 ($u > 0$) と，変位のない状態 ($u = 0$) へと戻るような内向きの緩和が見出された．このことは疑いなく，数理モデルにおける重大な不備である．したがって，真皮の創傷治癒に適用できる最小の性質の組合せであると我々が考えていたものは，創の収縮を再現するには不十分であるようだ．

確かに我々は，モデル系 (10.5) の導出にあたり，微小歪み近似や ECM 産生がないといった，いくつかの強い仮定をした．Tranquillo and Murray (1992) ではより詳細にこのモデルの不備を議論し，修正モデルを研究した．Tranquillo and Murray (1993) ではそのモデリングの臨床的な意義について論じている．ここでは，教育的な理由から，それらの修正についての概要を述べる．後に続く節で我々は，より現実的な修正版モデルについて述べるが，それらも同じ基本的な発想を含んでいる．Murray et al. (1988) が取り組んだのは，上述のモデルをより生物学的に現実的なものにするためにどのように修正するかという問題であった．加えられた修正は，いずれも細胞の機能と ECM の性質に対するものだった．ECM の生合成の項を除けば，これらの修正は，炎症誘導性生化学メディエーターが線維芽細胞の機能に与える影響（広く認められている）によって，合理的に動機づけられるものである．これらはきわめて複雑になることもあり，多くのことが未だに不明である．その影響のいくつかの側面をモデルに組み込む 1 つの可能性は，そのような生化学メディエーターについての一般的な方程式を含めることである．Murray et al. (1988)，Tranquillo and Murray (1992, 1993) はそうせずに，実験的な証拠に基づいて，細胞牽引の項に

$$\tau = \tau_0 \left(1 + \frac{\tau_f c}{1+c}\right)$$

のようにメディエーターに対する依存性を組み込んだ．ここで，τ_f は牽引促進パラメータ，τ_0 は基礎細胞牽引である．そして彼らは生化学メディエーターの濃度分布を次のような関数として与えた：

$$c = c_0 \exp(-x^2/\sigma).$$

ここで，c_0 は創の中心における濃度，x は創の中心からの距離，σ は創の中心からのメディエーターによる空間的な影響を定めるパラメータである．Tranquillo and Murray (1992) はこの修正モデルを詳細に研究し，適切なパラメータ範囲に対して，組織の変位の解が実験結果とかなりよく一致することを見出した．彼らはさらに，化学走性，ECM の生合成，細胞増殖の変動を含むような，考えうる他の修正版モデルの議論に取り掛かった．

これらのモデルに対する重要な批判として，メディエーターの濃度勾配を，炎症のモデルから自律的に決定するのでなく，あらかじめ規定していることがある．そのことが，結果と実験データの比較を幾分説得力のないものにしている．そのことはまた，創収縮の原因因子や根本的な調節制御の問題に触れないで済ませている．しかしながら，この修正モデルは，炎症メディエーターによる線維芽細胞の機能の調整が，どのようにして上で述べたような創傷治癒のシナリオを生じうるのかを示しているのだ．Tranquillo and Murray (1992) はこのモデリングのシナリオ内で細胞牽引力の効果を調べた．

炎症応答と関連するものの他にも，上の定式化には細胞および ECM の生合成の省略など，いくつかの明らかな不備がある．また，この理論は微小歪み下での粘弾性体の定式化に基づいているが，in vivo での創収縮では有限の大きさの歪みが関与している．したがって，より現実的な応力-歪み関係を表す構成則，特に，前章の胎児における上皮の創傷治癒で扱ったような，異方性の線維配列を考慮したものが必要である．これは，全層損傷においてはずっと複雑なものとなる．これらの難点があるにもかかわらず，この枠組みの中で論じたシンプルなモデルは，既知または推測される，細胞増殖，移動，牽引応答，ECM の流体力学的な性質が個別もしくは協同的に起こす効果を考察するための 1 つの方法を提供した．以下の節では，上述のモデリングの発想に基づいてこれまでに提案・研究されてきた，より現実的なモデルのいくつかについて述べる．

10.3　その後の発展の概説

ここでは Murray et al. (1998) の総説を手短に要約する．最初の創傷治癒モデルが発表されてから，数理モデリングは相当に進化した．上述のモデルをより複雑にした修正版は，複数の細胞の型（間の分化を伴う）や ECM の型あるいは相（それらは相互作用し，異なる力学的性質をもち，細胞に対して異なる効果を及ぼす）を含んでいる．別のモデルは，細胞の増殖，運動，収縮といった振舞いを調整する化学物質（成長因子など）についての追加の方程式を含んでいる．発展していく ECM の力学的性質を相当に現実的にモデリングしようとすれば，さらに方程式が必要になる．

Maini, Sherratt と彼らの共同研究者らは以下の内容を含むきわめて興味深い結果を報告した．Olsen et al. (1995) は，線維芽細胞と牽引力を促進する筋線維芽細胞との間の相互転換を陽に含み，かつより複雑な炎症メディエーターの動力学を含むよう Murray-Tranquillo モデルを拡張した．このモデルは実験的に観察された筋線維芽細胞および成長因子の密度の時間変化を捉えている．ECM の再構築が（ゆっくりと）起きている間，創は過渡的に収縮したままである．Olsen et al. (1996) は力学モデルとかなり単純な戯画を用いて，病的瘢痕の形成を別の定常状態の存在と関連づけた．例えば，成長因子の産生率が大きければ，創全体や周りの組織への病的な状態の伝搬が引き起こされうる．この研究を補完するように，Dale et al. (1996) は非力学モデルを用いて TGF のアイソフォームによる制御（瘢痕の質の変化に対して局所的に働く）に注目し，瘢痕組織における III 型コラーゲンに対する I 型コラーゲンの比率（この比率は線維の厚さおよび瘢痕の質と関連することが知られている）を調べた．

Maini-Sherratt のグループによる細胞外基質の動力学に関する近年の仕事 (Dallon et al. 1999) は，組織の再生および再編成や，瘢痕形成一般の研究に対する重要な貢献である．彼らは細胞を離散的なもの，基質を連続体として捉え，細胞と線維の配向がそれらの過程を支配すると考えている．Edelstein-Keshet および彼女の共同研究者らによる細胞配向性についての研究 (Edelstein-Keshet and Ermentrout 1990)，

10.3 その後の発展の概説

Mogilner and Edelstein-Keshet (1996) およびその中の参照文献を参照) はとりわけこのアプローチに当てはまる．Dallon et al. (1999; その中の他の参照文献を参照) は，どのように細胞の移動が細胞外基質により方向付けられ，それにより，今度はどのように細胞が細胞外基質を再配列するのかを示した．彼らは，様々な生物学的仮定の下での大量の数値シミュレーションを行うことで，細胞の移動率や細胞の接触誘導の影響，基質線維の元の配向，線維の産生と分解といった多様な効果を定量化することができた．彼らはこれらの様々な要素が最終的な線維の配列パターンに及ぼす影響を，視覚的な画像による結果として提示した．創傷治癒において細胞の流量が組織の配列にとってとりわけ重要な要素であると彼らは結論づけた．

Tracqui et al. (1995) は Murray-Oster 力学理論を，早期の暫定的な基質が成熟瘢痕に特徴的なコラーゲン性の基質で置き換えられるような，異なる2種類の細胞外基質を含むものに拡張した．このモデルの重要な特徴は，ECM の代謝回転が可塑的な振舞いを生み出し，それにより創は炎症応答が収まった後ずっと収縮したままになることである．Barocas and Tranquillo (1994, 1997a) は，間質液と，ECM を構成する線維網とを別々に考慮した（これは創よりもずっと早く収縮しうるコラーゲンゲルの分析において重要である可能性がある）．彼らの創傷治癒モデルでは，彼らはゼロ抵抗極限で考えた．それにより系は効果的に1相モデルに還元される．彼らはこれだけでなく，さらに重要な拡張を加えた．すなわち，彼らは応力テンソルに基づく方向テンソルを介して基質の異方性を考慮することができるようにした．線維の方向テンソルが細胞の移動（接触誘導）と牽引（最も線維が配向している方向に最も強い）を支配する．円形の創では，細胞が円周状に配列する（そして引っ張る）ため，接触誘導が創収縮の程度を減少させうる (Barocas and Tranquillo 1997a)．

Cook (1995) は主に，発展する異方性の ECM による有限歪に関するより現実的な力学および構造を導入し，またそれに関連する線維の方向テンソルを導入することで，Murray et al. (1988) や Tranquillo and Murray (1992) のモデルを拡張した．線維の方向は，瘢痕の質の尺度を提供することに加え，(i) 細胞移動（接触誘導による細胞の流束は Barocas and Tranquillo (1997a) のモデルと似たような仕方で有効歪に依存するが，Cook による導出は偏りのあるランダムウォークによるものであった），(ii) 細胞牽引（線維が配向している向きに最も強い収縮力が生じる）にフィードバックして影響を与える．Cook (1995) は直交異方性の皮膚張力（および皮膚の張力線に対する相対的な傷の向き）も考慮した．これまでのモデルとは対照的に，収縮力は創の外側でゼロ，瘢痕形成の終盤でもゼロと仮定されていた．さらに，これは2次元における方程式の数値解に挑んだ最初の研究である（軸対称解は大きく異なる性質をもつ）．

Cook (1995) の結果は以下を含んでいる：

(i) 創の形，収縮率および線維の配列の変化の研究（創の方向が重要だと示された），
(ii) 真の可塑性：炎症メディエーターやその他，外部から課された，皮膚と成熟瘢痕との間の違いが無くても，創は収縮したままとなる（そして，線維の配列は異方的となる），
(iii) 強い接触誘導：接触誘導は病的瘢痕における配列したコラーゲン線維の小結節を思わせるような不安定性（パターン形成）を生み出しうる．

さらに，線形弾性に基づくきわめて単純化されたモデルは，（実験と合致して）円型の創が非常にゆっくりと収縮するはずであることを示唆した．創の形の役割については完全モデルでもまだ十分に取り組まれていない．

発展する組織の生物力学

初期の創傷治癒モデルは，皮膚原基（毛，羽，鱗）の位置決めや，肢の発生における前軟骨パターン形成といった，発生過程に関する第6章での Murray-Oster 力学モデルから派生した．創傷治癒は，発生の

際にも成体においてもどちらでも見られるような，組織の成長と再構築を伴う多くの形態形成過程の単なる1つとしてみることができる．Taber (1995) はその包括的な総説の中で，骨や骨格筋，心臓，血管において，関連する過程がどのように起こっているのかを記述している．彼は，成長と再構築の生物力学を連続体力学の枠組みに乗せることを可能にした多くの理論的な進歩についても述べている．

　古典的な弾性理論では，歪み場は，基準状態での質量点の位置と変形した状態での位置との対応関係を特徴づける．物質の力学的な性質は，応力を歪みと関連づける構成関係に組み込まれている．最後に，加えられた体積力および境界力が，物質内の応力に拘束条件を与える平衡方程式を通して大域的な変形を決定する．有限歪みおよび非線形の構成関係によって複雑ではあるが，古典的な粘弾性理論を生体物質に適用することは非生体物質に対して古典的な弾性理論を適用するのと何も変わらない．力学的に異なるそれぞれの構成要素について適切な構成関係を決定するような実験が計画されさえすれば（それはきわめて難しい仕事だが）あらゆる類の生物力学的な問題を解決できる（Fung (1993) が多くの例を与えている）．

　しかしながら，生体組織には，古典的な連続体力学の拡張を必要とするような，2つの特性がある．まず，生体物質は残留歪みをもちうる．全ての外力を取り除いた場合にも，組織内に歪みが存在するかもしれないのである．残留歪みは組織の切片を切り出し，その変形を記録することで間接的に観察することができる（例えば Fung and Liu (1989) を参照）．残留歪みの存在は，古典的な弾性理論における「基準状態においてはいかなる点においても応力が存在しない」という仮定を破ってしまう．2つ目の問題は，生体組織は，形や構造に加えて物質としての性質までもが，自然な発生過程の一部として（成長がその例である）あるいは他のシグナル（創や加えられた応力など）に対する応答として変化しうるということである．したがって，組織の成長および再構築に対応するように古典的な力学を拡張しなければならない．

　真皮の創傷治癒という特定の具体例に関しても，Cook (1995) を含め，多くの科学者がこれらの問題に取り組んできた．Rodriguez et al. (1994) はテンソル表記を用いて残留歪みおよび体積的な組織成長・再構築（骨で起こるような表面成長は Skalak et al. (1982) により記述されている，他の参照文献は Taber (1995) を参照）を両方組み込んだ弾性生体物質に関する一般的な有限歪み理論を記述した．Rodriguez の理論は真皮の創傷治癒を含む広範にわたる重要な生物医学的な過程への応用を含んでいる．

　創傷治癒のモデリングに関するこれらの興味深い進歩の全てを論じることは無理である．創傷治癒のモデリングに深く興味を抱いた読者には，上で挙げた文献は必読である．我々は議論を主に Tracqui et al. (1995) による研究の一部および，特に Cook (1995)——そのほとんどは未発表であるため——に限定する．

10.4　線維芽細胞駆動性の創傷治癒モデル：残留歪みと組織再構築

　本節では Tracqui et al. (1993) による力学モデルを論じる．これは真皮の創傷治癒における収縮期および緩和期に関するモデルである．考える真皮の創傷治癒は，移動する線維芽細胞／筋線維芽細胞により及ぼされる牽引力の細胞外制御に基づくものである．これらの細胞—細胞外基質間相互作用は，損傷部位で初めに形成される暫定基質と，同時に新たに合成され分泌されるコラーゲン性の基質との，両方の粘弾性的な性質により制御されているものと仮定する．加えて重要なことに，我々は細胞牽引に対するコラーゲン性基質の可塑的応答を含める．この力学モデルは，実験的に見られる，経時的な創境界の移動における異なる相を説明するものである．さらに，このモデルは細胞外基質の可塑的応答や再構築から生じる残留歪みおよび残留応力の定量化を与え，創傷治癒における瘢痕組織形成を特徴づけるのに役立つかもしれない．

　ここで記述するモデルでは，経時的な創収縮およびそれに関係する創辺縁の変位に注目する．このモデルは，それらの相互作用を通して少なくとも定性的に創辺縁の動力学を考慮するのに十分であるような，主要な生物学的な要素のいくつかを特徴づけようとするものである．本節では1次元版のみを考える．

10.4　線維芽細胞駆動性の創傷治癒モデル：残留歪みと組織再構築

我々が考える創傷治癒過程を手短に要約しよう．さらなる生物学的な詳細は後に与える．元の創境界が損傷の中心へと移動（創収縮）するのは線維芽細胞／筋線維芽細胞と周囲の細胞外基質との間の力学的な相互作用によるものである．優れた概要が Jennings et al. (1992) により与えられている．皮膚創傷においては，この創面積の減少は，皮膚に通常存在する内在性の張力により生じる創境界の退縮の後に起こる．退縮に引き続いて，その間大きな移動が起こらないような停滞期の相が現れる．そして，図 10.2 に示したような創面積の指数関数的な減少により収縮期の相が特徴づけられる．その後，不完全な緩和期の相が生じ，創の持続的な収縮に至る．McGrath and Simon (1983) のデータから得られる図 10.2 はこれらの各相を示している．停滞期の相は 1 週間ほど続き，指数関数的な減少が見られる収縮期の相は 6 週目の初め頃まで続く．上皮化は 3 週目の初め頃に始まり，最終的に 8 週目頃に真皮の創傷治癒と合流する．

我々は既に創境界の内向きの移動を考慮するための様々な仮説を論じてきた．Welch et al. (1990) も参照されたい．実験結果は，「創辺縁の内向きの移動は創床の再生した組織に生じる力による」という引き込み説を支持しているようだ．本節では我々は，創傷での細胞外基質の性質の違いによる，線維芽細胞／筋線維芽細胞が生じさせる牽引力の調節に基づいた創収縮に関するモデルについて述べる．

様々な実験データがこの概念的な枠組みを支持している．まず，線維芽細胞の牽引によって生じた，コラーゲンを含む様々な基質の歪みは，本書でも頻繁に言及されている Harris et al. (1981) による古典的な論文の中にしっかりと記録されている（Guidry (1992) も参照）．また，創傷治癒初期の細胞外基質の再構築におけるいくつかの段階については，Guidry and Grinnel (1986) により特徴づけられている．凝固によりフィブリンが活性化され，フィブリンは架橋しフィブリン塊という初期基質を形成する．さらに，様々な血漿タンパクがこの多孔性のゲル様の網に捕らえられる．フィブロネクチンは，初め血漿に可溶型として存在し，その後線維芽細胞により局所的に供給されるが，これは，フィブリン，コラーゲン，ヒアルロン酸 (HA)，線維芽細胞の表面の受容体と結合することができ，それゆえ線維芽細胞の移動と牽引のための足場を提供する（例えば，Jennings et al. (1992)）．他にも，Stern et al. (1992) や Tranquillo and Murray (1992) により示唆されるように，HA のフィブリンへの結合は，フィブリンゲルの体積を安定化し，それを増加させ，多孔性の高い基質を生み出す．こうして構成された HA-フィブリン基質は創の内部でその中を線維芽細胞や筋線維芽細胞が移動，増殖できるような粘弾性の変形可能な環境を提供する．同時に，これらの細胞はこの暫定基質を分解し，異なる性質をもつ新たなコラーゲン性基質を分泌する (Welch et al. 1990)．

変形可能な細胞外基質の中での細胞凝集を扱うために第 6 章で開発したモデリングの枠組みで検討し，10.1 節で用いたのは，いま述べたこの生物学的なシナリオである．我々はその定式化のいくつかの欠点を指摘した．その中で最も重要なのは外部から課された生化学的な濃度勾配である．ここで我々は，創収縮の動力学が，どのようにして創傷での細胞外基質に備わっている非線形な力学的性質から生じうるのかを調べる．

細胞牽引力に対する ECM の可塑的応答

このモデルもまた，細胞移動，有糸分裂および ECM に対する細胞牽引力を考慮している．しかしながら，これまで議論してきたモデルとは基本的な違いがある．4 つの従属変数，すなわち，時刻 t における位置 x の線維芽細胞／筋線維芽細胞濃度 $n(x,t)$，コラーゲン性細胞外基質濃度 $\rho(x,t)$，創の内部における暫定基質の濃度 $m(x,t)$ および ECM の変位 $u(x,t)$ を考える．ここでは x 軸に沿った 1 次元空間において，$x=0$ が創中心，$x=1$ が初期の創辺縁となるような半径（半分の長さ）L の領域内での創を考える．

このモデルでは慣用の保存方程式および力の釣り合いの式を仮定する．線維芽細胞に関しては，ランダムな移動，受動的な対流循環および有糸分裂によるロジスティック型増殖を仮定する．暫定基質に関する方程式の導入は，上述の議論および実験的な文献に基づいている．暫定基質については，分解し，粘弾性

等方性基質であり，空間に分布した細胞牽引応力をもち，皮下との結合をもたないものとした．コラーゲン性基質——初期のモデルにおける ECM——については，生合成を考慮し，等方性の非線形弾塑性粘性基質であり，空間に分布した細胞牽引応力と，弾性皮下接着をもつものとした．

細胞牽引により生み出された力に対する応答としての，コラーゲン性基質の弾塑的な振舞いを組み込むことは，きわめて重要である．それは主に線維芽細胞が水和したコラーゲンゲルを収縮させる実験により支持されている．Guidry and Grinnell (1986) は収縮させられたゲルから細胞を取り除いても細胞の周りや間に編成されたコラーゲン原線維の束の枠組みがそのまま保れることを示した．同様の振舞いは，細胞が存在しない場合でも，ゲルを遠心した際に観察されている．これまでの力の釣り合いの式と大きく異なるのは，この振舞いのモデリングである．

細胞—ECM 間の力学的相互作用

ここでも，基質の力の一般的な釣り合いの式は応力の発散が外力と等しいとおくことで与えられる．すなわち，

$$\nabla \cdot (\boldsymbol{\sigma}_{\text{ECM}}(x,t) + \boldsymbol{\sigma}_{\text{細胞}}(x,t)) = s\rho u(x,t) \tag{10.7}$$

である．ここで，$\boldsymbol{\sigma}_{\text{ECM}}(x,t)$ は ECM の応力テンソルを表し，$\boldsymbol{\sigma}_{\text{細胞}}$ は細胞により ECM に及ぼされる牽引応力である．$s\rho u(x,t)$ の項は皮下接着を介した（系の外部である）下層との接続によるコラーゲン性基質への制約をモデリングしている（実質的に単純なばねのようなものである）．この効果を表す式の形は式 (10.5) とよく似ており，正のパラメータ s は接着の強さを表す．

応力 $\boldsymbol{\sigma}_{\text{ECM}}$ は弾塑性と粘性の部分からなる：

$$\boldsymbol{\sigma}_{\text{ECM}} = \boldsymbol{\sigma}_{\text{弾塑性}} + \boldsymbol{\sigma}_{\text{粘性}}. \tag{10.8}$$

重要であり，これまでと異なるのは，テンソル $\boldsymbol{\sigma}_{\text{弾塑性}}$ のモデリングである．この応力は，暫定基質の受動的な弾性的性質と，コラーゲン性基質の非線形な弾塑的特性とによるものである．基質の非線形な弾性的振舞いを記述するために，応力-歪み関係の増分形に基づく亜弾性的な定式化を用いる．この定式化において，応力の状態は，現在の歪みの状態だけでなく，その状態に至るまでの応力の経路にも依存する．テンソル表記での構成関係の一般形は Chen and Mizuno (1990) により

$$d\sigma_{ij} = C_{ijkl}(\varepsilon_{pq})d\varepsilon_{kl} \tag{10.9}$$

のように与えられる．ここで C_{ijkl} はしばしば物体の接線剛性テンソルと呼ばれる．

我々は亜弾性モデルの最も単純なものを用いる．このモデルにおいては，弾性定数を，歪み不変量の関数とした可変の接線弾性係数で置き換えることで，等方性の線形弾性モデルの拡張として増分的な応力-歪み関係を直接定式化する．我々は応力 σ と歪み ε との間の増分についての（1 次元の）関係が

$$d\sigma(x,t) = E_T(\varepsilon, \rho, m)\, d\varepsilon(x,t) \tag{10.10}$$

のように与えられると考える．ここで，接線剛性係数 $E_T(\varepsilon, \rho, m)$ は歪み ε と時間変動する ECM 密度の関数である．さらに，コラーゲンゲルでの実験 (Guidry and Grinnell 1986) からコラーゲン性基質の可塑的効果はその基質密度 ρ および暫定基質密度 m に依存することが示唆されている．それゆえ，我々は接線剛性係数 $E_T(\varepsilon, \rho, m)$ の時空間的変化を次の関係式で記述する：

$$\frac{\partial E_T}{\partial t} = (S - P)E_{0\rho} - QE_{0m} + \alpha \left(\rho \frac{\partial |\varepsilon|}{\partial t} + S|\varepsilon| \right). \tag{10.11}$$

定数 $E_{0\rho}$, E_{0m} はコラーゲン性基質および暫定基質にそれぞれ固有の弾性係数である．これらはそれぞれの物質の規格化密度の Lamé 係数 λ, μ に関連づけることができる（例えば，Chen and Mizuno (1990)

10.4 線維芽細胞駆動性の創傷治癒モデル：残留歪みと組織再構築

や Landau and Lifshitz (1970) を参照．項 $S(n,\rho,m)$ および $P(n,\rho,m)$ はそれぞれ分泌および分解によるコラーゲン性基質量の変動に対応しており，$Q(n,\rho,m)$ は分解された暫定基質量である．係数 α は増加する伸長あるいは増加する圧縮（荷重）の下でのコラーゲン性基質の可塑的応答の大きさを定める正の定数である．伸長や圧縮が減少（除荷）する際は，α は 0 である．

これらの仮定の下で，応力 $\sigma_{\text{弾塑性}}$ は

$$\sigma_{\text{弾塑性}}(x,t) = \int_0^t E_T(\varepsilon,\rho,m)\frac{\partial \varepsilon(x,t')}{\partial t'}\,dt' \;-\; \sigma_R(x,t) \tag{10.12}$$

のようになる．接線剛性係数 $E_T(\varepsilon,\rho,m)$ の増加は ECM 内部に $\sigma_R(x,t)$ を生み出す．この大きさは除荷段階の最初における式 (10.10) から評価できる．

応力テンソル $\sigma_{\text{粘性}}$ は以前（例えば，式 (10.3) の中で）用いた一般形

$$\sigma = \mu_1 \frac{\partial \varepsilon}{\partial t} + \mu_2 \frac{\partial \theta}{\partial t} \tag{10.13}$$

により与えられる．ここで，μ_1, μ_2 はそれぞれずり粘性係数および体積粘性係数で，θ は体積歪みである．粘性係数 μ_1, μ_2 は ECM 密度と歪み ε に依存する．単純化のために，これらの係数は 1 つのパラメータを介して弾性係数と比例関係にあるものとする．この近似はしばしば用いられる．弾性および粘性応力がそれぞれ ε と $\partial \varepsilon/\partial t$ について対称な構造をもつことを利用している (Landau and Lifshitz 1970)．

我々は細胞により基質に及ぼされる牽引力を，創傷基質密度 $\rho(x,t)$, $m(x,t)$ に比例する関係式

$$\sigma_{\text{細胞}} = \tau_{\text{細胞}} = \frac{n}{1+\gamma n^2}(\tau_0 \rho + \tau_1 m) \tag{10.14}$$

としてモデリングする．ここで，定数 τ_0, τ_1 は牽引の強さを定め，γ は細胞密度の増加に伴う牽引応力の飽和の尺度である．

基質と細胞の保存方程式

コラーゲン性基質密度の保存を方程式

$$\frac{\partial \rho}{\partial t} + \frac{\partial}{\partial x}\left(\rho \frac{\partial u}{\partial t}\right) = bn(\rho_0 - \rho) \tag{10.15}$$

によってモデリングする．この方程式において，細胞によるコラーゲン性基質の生合成率は，正の増殖率 b を介して飽和閾値 ρ_0 周辺に自己調節されているものとした．

初めに創傷内に存在する暫定基質に関する方程式は，対流循環と 1 次除去に従う細胞による分解を含み，

$$\frac{\partial m}{\partial t} + \frac{\partial}{\partial x}\left(m \frac{\partial u}{\partial t}\right) = -\omega n m \tag{10.16}$$

のように与えられる．ここで ω は正の減衰定数である．暫定基質の持続的な生成はないと仮定した．暫定基質は受傷後ごく初期段階にのみ形成される．

細胞保存方程式は，通常の項たち，すなわち，拡散係数 D の拡散，速度 $\partial u/\partial t$ の ECM に伴う対流循環と，細胞密度が高いときの細胞有糸分裂の抑制からなる．その抑制は今回も，ロジスティック型増殖曲線 $rn(n_0-n)$ により定性的にモデリングされている．ここで r は有糸分裂率である．速度 $\partial u/\partial t$ は対流速度の近似である（以下の議論を参照されたい）．したがって，細胞の保存方程式は

$$\frac{\partial n}{\partial t} + \frac{\partial}{\partial x}\left(\frac{\partial u}{\partial t}\right) = D\frac{\partial^2 n}{\partial x^2} + rn(n_0 - n) \tag{10.17}$$

となる．以上により，モデルメカニズムは 4 つの従属変数 n, ρ, m, u についての 4 つの方程式 (10.7), (10.15)–(10.17) により与えられる．式 (10.7) のそれぞれの項は式 (10.8)–(10.14) で与えられている．

10.5 モデル方程式の解と，実験との比較

いつも通り，まず方程式を無次元化し，適切な境界条件と初期条件を決定する必要がある．この無次元化は演習問題として残しておくが，それは実に標準的である．創 ($0 \leq x \leq 1$) の初期状態は，線維芽細胞が存在せず，暫定基質で満たされているものとする．これが，暫定基質についての方程式 (10.16) が産生項をもたない理由である．周りの真皮は幅 $L > 1$ の領域として近似する．我々は，細胞とコラーゲン性基質が初め創の外側にのみ存在するものと仮定する．境界条件として以下のようにおく：

$$u(0,t) = 0, \quad \frac{\partial n(0,t)}{\partial x} = 0, \quad \frac{\partial \rho(0,t)}{\partial x} = 0, \quad \frac{\partial m(0,t)}{\partial x} = 0,$$
$$u(L,t) = 0, \quad \frac{\partial n(L,t)}{\partial x} = 0, \quad \frac{\partial \rho(L,t)}{\partial x} = 0, \quad \frac{\partial m(L,t)}{\partial x} = 0.$$

モデルのパラメータに代入できるような現在利用可能なデータはほとんど存在しない．我々は Tranquillo and Murray (1992) に倣い，図 10.2 に与えられている McGrath and Simon (1983) により実験的に得られた曲線と定性的に一致するようなパラメータ値を選ぶ．上述の通り，ラットにおける切除による全層損傷の収縮期の相では，創の面積 $A(t)$ を式 (10.6) で与えられる単純な指数関数的な時間依存性により記述できる．暫定基質の流体力学的な性質についての十分な情報が存在しないため，Tracqui et al. (1995) の数値解では式 (10.11) の中の弾性係数 $E_{0\rho}$ と E_{0m} に同じ値を用いた．彼らはパラメータ α を様々な値にとり，コラーゲン性基質の可塑性が創収縮の動力学に与える影響を調べた．我々が以下で示すのは彼らの結果である．

まず可塑性がない場合，すなわち，式 (10.11) で $\alpha = 0$ とした場合を考える．創に再び線維芽細胞／筋線維芽細胞が増殖する（図 10.3(a)）と，線維芽細胞は創での暫定基質を分解し（図 10.3(d)），新たなコラーゲン性基質を分泌する（図 10.3(c)）．図 10.3(b) は創の辺縁の移動を時間に対してプロットしたものである．創はいったん拡大した後に停滞期の相に入り，その後，式 (10.6) により記述できる指数関数的な収縮期の相に入る．このモデルの重大な欠点は，我々が予期したように，このモデルが実験的に見られる収縮の持続 ($u(1,\infty) < 0$) を示さず，創面積がその初期値に向かって緩和してしまうことである．この場合，創の辺縁における応力-歪み曲線は，予期される通り，ほぼ直線となる．

より興味深く，生物学的に重要な非線形弾塑性をもつ場合 ($\alpha \neq 0$) には，新たに分泌された基質は，能動的な収縮が緩和した際に，ゼロ応力状態まで完全には緩和しない．図 10.4(a) に示された創面積の経時変化の初期段階は，やはり図 10.2 の実験的な曲線と定性的に一致している．さらに興味深いことに，最終的な拡大を含めて，シミュレーションによる創面積の時間発展は全体的に，いくつかの実験的な状況（例えば，McGrath and Simon (1983) や Madison and Gronwall (1992)）で観察されてきた振舞いと一致している．ECM 複合体の収縮は，創に移動してきた細胞が多くなり，暫定基質がコラーゲン性基質で置換された後も継続する．これは，接線弾性係数 E_T の変動（図 10.4(c)）と，それに対応する残留応力 σ_R の増加（図 10.4(d)）によるものである．図 10.4(b) は創境界における関連する非線形な応力-歪み曲線を示している．時間の方向に注意されたい．

図 10.5 では，図 10.4(a) の解を McGrath and Simon (1983) による実験的なデータと比較した．

本節で議論してきたモデルは，非常に重要なことに，ある弾塑性効果を含んでいた．この効果は，最終的な定常状態として創が治癒したときのような皮膚の変形が現れるためには不可欠であると我々が考えたものであった．このモデルはまた，実験的に見られるような，皮膚の創傷治癒における退縮（拡大）期，停滞期，収縮期，緩和期の相を再現している．

与えられた創面積の時間変化に関連する残留応力および残留歪みを定めることは，創収縮を誘導する牽引力と，組織の機能的な性質の完全な復元を妨げうるような張力との間のバランスの尺度を提供する

10.6 Cook (1995) の創傷治癒モデル

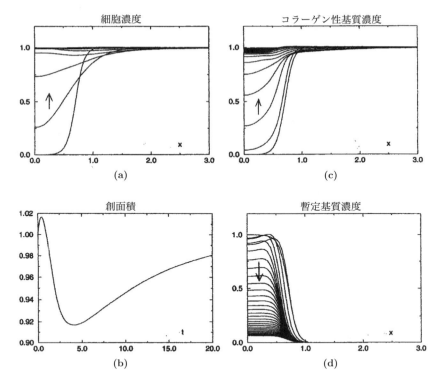

図 10.3 可塑性がない場合 ($\alpha = 0$) のモデルによる代表的な予測結果．(a) 線維芽細胞／筋線維芽細胞濃度，(c) コラーゲン性基質濃度，および，(d) 暫定基質濃度の時空間プロファイルを拡大したもの．これらは受傷から一定時間ごとに，創の中心からの距離に対して描いたものである．各曲線は時刻 $t = 1, 2, 3, \cdots$ に対応する．サイズ $L = 5$ の内側における創の片側半分の大きさは 1 である．(b) 関連する相対創面積を時間の関数として描いたもの．パラメータ値は $b = 0.5$, $\omega = 0.1$, $D = 0.1$, $\tau_0 = 0.5$, $\tau_1 = 1.0$, $r = 1.0$, $s = 1.0$, $\gamma = 1.0$, $E_{0m} = E_{0\rho} = 1.0$ である（Tracqui et al. (1995) より）．

(Dunn et al. 1985). 線維芽細胞期の相が完了した後にコラーゲン性基質に残る歪みが瘢痕の重度の尺度を与えると我々は考えている．図 10.6 は受傷後の線形弾性応答と，組織の残留変位をもたらす非線形可塑的応答の違いを示している．もちろん，もしこの種のモデルが，*in vivo* および *in vitro* のデータからの対応するいくつかのパラメータ値を用いて，様々な仮説を調べるための一般的な基礎を構成できるのであれば，それはきわめて有用なことだっただろう．このモデルに対する改良が創収縮の管理の新たな治療戦略の設計につながるということは確かにありうることである．後に続く 10.6〜10.10 節で我々は，いくらか同様の考え方をもつ，組織基質内の残留歪みを定める別のアプローチについて議論する．そこでは，ここで論じたモデルのいくつかの欠点についても扱う．

10.6 Cook (1995) の創傷治癒モデル

Murray et al. (1988) の数理モデルをはじめとして真皮創傷治癒モデルのほとんどには，次に挙げるような単純化の仮定が含まれ，その一部についてはすでに言及した：(1)（可塑的変形を考えないフォークトモデルに基づく）微小歪み，すなわち線形粘弾性，(2) ECM の等方性，(3) 収縮応力の等方性，(4) ECM の代謝回転や再構成を，（ゼロ応力状態や残留応力/歪みを含めた）力学的性質の変化に関係づけないこと．前節で議論したモデルは仮定 (4) に関する特例になっており，より複雑な応力-歪み関係が現れた．

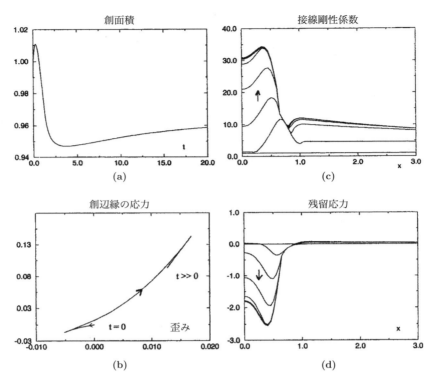

図 10.4 可塑性をもつ ($\alpha \neq 0$) モデルによる代表的な予測結果. (a) 相対創面積の時間変動, (b) 創辺縁における応力-歪みプロファイル, (c) 接線剛性係数, および, (d) 残留応力の時空間プロファイル. 矢印は時間の進行方向を表す. 表記とパラメータ値は, $\alpha = 500$, $\tau_1 = 2.0$ 以外は, 図 10.3 で定義されたものと同じである (Tracqui et al. (1995) より).

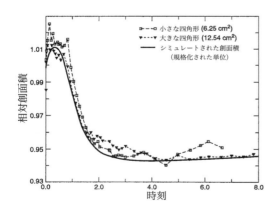

図 10.5 図 10.4(b) で示された可塑性モデル解による創面積の時間変動と, 図 10.2 の Mc-Grath and Simon (1983) によるデータとの比較. 表記とパラメータ値は, $\alpha = 500$, $\tau_1 = 2.0$ 以外は, 図 10.3 で定義されたものと同じである.

Cook (1995) は, 残留歪みや線維配向性を考慮し, 有限な変形の場合を考察することにより, これらの限界全てに初めて挑戦した. これから論じるのは彼によるモデリングのいくつかについてである. その仕事は 2 次元モデルを扱うので非常に込み入っているものの, 瘢痕を伴う創傷治癒の幾何的特性の効果を定量化するのに直接的に用いることができるということは重要である. 本節の題材は, Murray et al. (1998) の創傷治癒研究についての議論をさらに完全にするものである.

概略としては, 空間の各点において, 基質密度, 残留歪み, 線維配向分布が対応するものとする. Cook (1995) のモデルでは, これらの変数により瘢痕が特徴づけられ, また (微小構造に基づく構成方程式によって) ECM の力学的性質や異方的な収縮応力テンソル, そして最終的に細胞の動きが規定される. 再

10.6 Cook (1995) の創傷治癒モデル

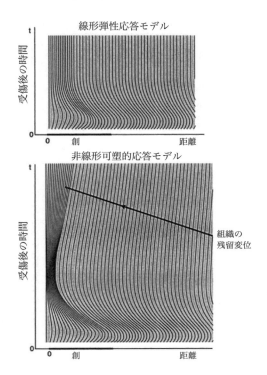

図 10.6 可塑性がある場合 ($\alpha \neq 0$) とない場合 ($\alpha = 0$) とでのモデルの解の比較．パラメータ値は，$\alpha = 500, \tau_1 = 2.0$ 以外は，図 10.3 で定義されているものと同じである．

構成や成長を説明するには，原則的に ECM 密度，配向，残留歪みに関する発展方程式が必要であるが，配向分布がゼロ応力状態において一様であると近似することにより単純化できる．追加されるのは残留歪みの方程式だけになる．オイラー表示でこれらの方程式を導くことにし，解説を簡単にするため歪みが小さいという近似を用いるが，有限歪みの状況にも言及する．その前段階として，いくつかの初歩的な結果を導いておく必要がある．

ここで鍵となる要素は，残留歪みの定量化と，それをどのように基質の性質に関係づけるかである．Cook (1995) による解析の全ての詳細に立ち入るのは無理である．ECM 構造の発展や構成線維の配向や運動の効果に関する包括的な非線形理論を Cook は展開した，と述べるにとどめることにする．ここでは彼による解説の比較的短い概略を与えるにとどめ，彼のモデル系の1つを導き，対照されるものとして，また，将来の研究課題になりうるものとして，他のモデル系を与える．そのために，行列演算に関する予備的結果が必要である．

基質変形に関する予備的結果

u_i を変位とし，点 x_i を点 $y_i = x_i + u_i$ に移す一般的変形を考える．この点の微小近傍は

$$\begin{pmatrix} dx_1 \\ dx_2 \end{pmatrix} \to \begin{pmatrix} 1 + \frac{\partial u_1}{\partial x_1} & \frac{\partial u_1}{\partial x_2} \\ \frac{\partial u_2}{\partial x_1} & 1 + \frac{\partial u_2}{\partial x_2} \end{pmatrix} \begin{pmatrix} dx_1 \\ dx_2 \end{pmatrix} = (I + \nabla \boldsymbol{u}) d\boldsymbol{x} = d\boldsymbol{y} \tag{10.18}$$

に従って変換される．ここで I は単位行列である．ベクトル $d\boldsymbol{x}$ を，変形状態を用いて表せば，

$$d\boldsymbol{x} = (I - \nabla_y \boldsymbol{u}) d\boldsymbol{y} = M d\boldsymbol{y}$$

となる．行列 M は

$$M = (I - \nabla_y \boldsymbol{u}) = \begin{pmatrix} 1 - \dfrac{\partial u_1}{\partial y_1} & -\dfrac{\partial u_1}{\partial y_2} \\ -\dfrac{\partial u_2}{\partial y_1} & 1 - \dfrac{\partial u_2}{\partial y_2} \end{pmatrix} = \dfrac{\partial x_i}{\partial y_j} \tag{10.19}$$

により与えられる．この変換の下で，例えば円 $d\boldsymbol{x}^T I d\boldsymbol{x} = 1$ は楕円 $d\boldsymbol{y}^T M^T M d\boldsymbol{y} = 1$ に写される（変形される）．さらに，$P^T P = I$ をみたす回転行列 P によって，「応力」行列である対称行列 $M^T M$ を対角化できる．$d\boldsymbol{z} = P^T d\boldsymbol{y}$ とおけば，

$$d\boldsymbol{z}^T P^T M^T M P d\boldsymbol{z} = d\boldsymbol{z}^T \Lambda d\boldsymbol{z} = 1$$

を得る．$\Lambda = \mathrm{diag}(\Lambda_1, \Lambda_2)$ は対角行列で，Λ_i は応力行列 $M^T M$ の固有値であり，P は規格化された固有ベクトルからなっている．

Cook (1995) が導出した配向/伸展分布は，緩和した線維が一様に分布している初期状態を用いて，一般変形の条件下で得られるものである．彼は続いて線維密度，線維の配向分布，伸展分布の発展方程式を導いた．その導出は，（ラグランジュ表示の）速度 $v = D\boldsymbol{u}/Dt$（$\boldsymbol{u}$ の全微分）に基づいたものである．そして，物質速度 v については，一次近似で $v = \partial \boldsymbol{u}/\partial t$ とした．

可塑性，ゼロ応力状態，有効歪み

真皮創傷治癒の現実的なモデルを立てる際の問題は，既に述べたように ECM の可塑性を取り入れなければならないことである．力学的可塑性は，変形の最中に化学結合の形成あるいは切断を引き起こし，組織が変形前の元の状態に戻ることはない．しかし，創傷治癒においてより重要なのは，細胞による組織再構成が可塑性を再構成するということであり，これは変形の最中ばかりでなくその後にも当てはまる．前節で論じたモデルでは，新たな基質が形成され，（損傷領域を元々埋めていた）暫定基質の分解が続く．既に言及したが，ヒトの皮膚にはよく知られた（形成外科医にも利用される）張力線[3]が存在し，それゆえ創傷治癒が完了した後も皮膚が完全に弛緩することはない．したがって創傷治癒モデルは，平衡状態における応力や非一様な線維分布の存在を許すものでなければならない．組織の可塑性に関する *in vivo* や *in vitro* での現在の知見の段階では，ECM の構造変数に関する発展方程式を導出するためには，多くの単純化の仮定に頼らなければならない．配向/伸展分布の詳細は直接的には取り入れられないが，それらはゼロ応力状態からの発展を介した有効歪みや塑性効果によって，間接的に示される．

局所的には，基質を変形させて応力が存在しないようにすることができる．これは，**ゼロ応力状態 (zero stress state)** という，局所的には基質に応力が働いていない変形状態を意味する．これはそれぞれの点において可能なのであって，組織全体を応力のない状態に戻すような変形が構成できるということを意味しない．

損傷領域の再構成過程では基質が生成・分解されるため，しばらくすると元の基準状態との結びつきがほとんど失われてしまう．我々は**有効歪み (effective strain)** という概念を導入する．これは，ゼロ応力状態に対する相対的な歪みを表す．さらに**残留歪み (residual strain)** を，元の形状に対する相対的なゼロ応力状態の歪みとして導入しよう．有効歪みは，図 10.7 に模式的に示されているように，残留歪みと元の基準状態に対する実際の変形から計算される．

---

[3] これら張力線の解剖は Langer によりきわめて詳細に研究された（1862 年のドイツ語の論文．Langer(1978a, b, c, d) にある英訳を参照）．彼は皮膚の開裂性と張力線について語り，人間の体表図の上にその向きを正確に描いた．それらはランガー線として知られている．これらの割線はコラーゲン線維の配向を反映しており，妊娠などの伸展応力下を除いて成人以後生涯保たれる．

10.6 Cook (1995) の創傷治癒モデル

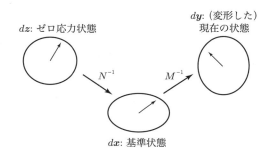

図 10.7 ゼロ応力状態から基準状態へ，そして基準状態から現在の変形状態へと移り変わる組織要素の模式図．変形行列 M, N については本文で説明されている．

線維密度を扱うことを避けるために，ゼロ応力状態において線維は一様に分布し，伸展していないという仮定による近似を追加するが，これは必ずしも不合理とはいえない仮定である．Cook (1995) はこの仮定を緩めた，より洗練されたアプローチについて論じている．

さて，図 10.7 を参照してほしい．基準状態，ゼロ応力状態，現在の変形状態における空間座標をそれぞれ x_i, z_i, y_i とする．基準状態におけるある特定の点の周りの微小要素 $d\boldsymbol{x}$ を考え，これに対応するゼロ応力状態，変形状態におけるの微小要素をそれぞれ $d\boldsymbol{z}, d\boldsymbol{y}$ としよう．それぞれが模式的に図 10.7 に示されている．これらの間の線形変換を

$$d\boldsymbol{z} = N d\boldsymbol{x}, \quad d\boldsymbol{x} = M d\boldsymbol{y} \tag{10.20}$$

と書こう．$y_i = x_i + u_i, x_i = z_i + v_i$ とすれば，行列 M, N は

$$M = (I - \nabla_y \boldsymbol{u}) = \begin{pmatrix} 1 - \dfrac{\partial u_1}{\partial y_1} & -\dfrac{\partial u_1}{\partial y_2} \\ -\dfrac{\partial u_2}{\partial y_1} & 1 - \dfrac{\partial u_2}{\partial y_2} \end{pmatrix},$$

$$N = (I - \nabla_x \boldsymbol{v}) = \begin{pmatrix} 1 - \dfrac{\partial v_1}{\partial x_1} & -\dfrac{\partial v_1}{\partial x_2} \\ -\dfrac{\partial v_2}{\partial x_1} & 1 - \dfrac{\partial v_2}{\partial x_2} \end{pmatrix} \tag{10.21}$$

により与えられる（式 (10.19) 参照）．ゼロ応力状態から現在の状態への実質的変形は，

$$d\boldsymbol{z} = NM d\boldsymbol{y} \tag{10.22}$$

をみたさなければならない．この式により，**有効歪み行列 (effective strain matrix)**

$$M^T N^T N M = M^T Z M \tag{10.23}$$

が与えられる．$Z = N^T N$ は**残留歪み行列 (residual strain matrix)** であり，ゼロ応力状態を基準状態と関係づける．我々が計算したいのはこの残留歪み行列 Z である．

微小歪み近似

微小歪みの表式を計算しよう．

$$Z_{ij} = \delta_{ij} + 2z_{ij}, \quad M_{ij} = \delta_{ij} - u_{i,j}, \quad |z_{ij}|, |u_{i,j}| \ll 1 \tag{10.24}$$

とおく．δ_{ij} は $i = j$ ならば $\delta_{ij} = 1$, $i \neq j$ ならば $\delta_{ij} = 0$ であるものとし，添字にあるコンマは微分を表すものとする．この場合は

$$(M^T Z M)_{ij} = \delta_{ij} + 2z_{ij} - u_{i,j} - u_{j,i} \tag{10.25}$$

となる．ところが，極小歪み ε_{ij} が有効歪み行列 $M^T Z M$ と次のような関係をもつ：

$$(M^T Z M)_{ij} = \delta_{ij} - 2\varepsilon_{ij} \quad \Rightarrow \quad \varepsilon_{ij} = \frac{1}{2}(u_{i,j} + u_{j,i}) - z_{ij} = e_{ij} - z_{ij} \tag{10.26}$$

したがって，残留歪みと実際の歪みとがいずれも微小であるという微小歪み近似の下では，有効歪みは実際の歪み e_{ij} から残留歪み z_{ij} を差し引いたものに等しい．以下に示す創傷治癒モデルの方程式にはこの近似を用いることにする．

10.7 基質の生成と分解

　モデル方程式が書けるためには，新たな基質の産生とその除去を検討する必要がある．これに関連する方程式を導く上では，やはり様々な線維密度を用いるのでなく，その平均を用いることにする．

　線維の喪失は応力に影響するが，線維の喪失は全ての線維に対して同等に影響を及ぼすと仮定するならば，残留歪みに影響はない．線維が必ず弛緩した状態で生成され，かつ産生と分解が常に起きているとすれば，最終的に基質は完全に弛緩した状態になるだろうが，このような状況は現実の皮膚や瘢痕組織では見られない．そこで，基質密度の増大に伴い，新たなコラーゲンのうちますます高い割合が既存の線維に追加されるという仮説を立てるとする．既存の線維に追加されなかったコラーゲンは，応力を受けていない線維を形作るものとする．

　前節の議論を思い出せば，有効歪みは楕円 $d\boldsymbol{y}^T M^T Z M d\boldsymbol{y} = 1$ で表されると考えることができ，その主軸は $M^T Z M$ の固有ベクトル方向，長さは $1/\sqrt{\Lambda_i}$ である．新たな線維の追加は，有効歪みの固有値を緩和させて 1 に近づける効果をもつ．固有ベクトルは元のままである．そこで，線維を追加したときの残留歪みについての変化を導くが，これはモデルを作る上で重要なステップである．

　時刻 t における有効歪みを $M^T Z(t) M$，その固有値を $\Lambda_i(t)$ とし，

$$\frac{D\Lambda_i}{Dt} = f(\Lambda_i) \tag{10.27}$$

とする．ただし $f(\Lambda_i)$ は $f(1) = 0$ をみたす非増加関数で，一般に基質の分泌率と密度に依存する．具体的な関数形は後で導く．ここでは $D\Lambda/Dt$ は全微分を表す．回転行列 P は

$$P^T M^T Z(t) M P = \Lambda(t) \tag{10.28}$$

をみたす．$\Lambda(t)$ は対応する固有値 $\Lambda_i(t)$ からなる対角行列である．仮定 (10.27) より

$$\Lambda_i(t + dt) = \Lambda_i(t) + dt\{f(\Lambda_i(t))\} \tag{10.29}$$

が成り立ち，

$$P^T M^T Z(t+dt) M P = \Lambda(t+dt) = \Lambda(t) + dt\{\mathrm{diag}[f(\Lambda_1), f(\Lambda_2)]\} \tag{10.30}$$

である．ゆえに，

$$Z(t+dt) = (M^{-1})^T P[\Lambda(t) + dt\{\mathrm{diag}[f(\Lambda_1), f(\Lambda_2)]\}]P^T M^{-1} \tag{10.31}$$

となる．こうして，固有値緩和による Z の発展方程式は

$$\frac{DZ}{Dt} = (M^{-1})^T P\{\mathrm{diag}[f(\Lambda_1), f(\Lambda_2)]\} P^T M^{-1} \tag{10.32}$$

となる．以下で行うように，内側の 3 つの行列を単純化すれば，この式は残留歪みに対する発展方程式を与える土台となる．オイラー表示の下では対流項を付け加えなければならないし，またもちろん，次で行うように，関数 $f(\Lambda_i)$ を定める必要がある．

10.7 基質の生成と分解

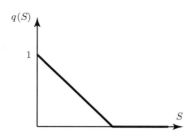

図 10.8 新規コラーゲンのうち応力を受けない線維として寄与する割合 $q(S)$ の，基質密度 S の関数としての典型的な形．高密度では全ての新規コラーゲンが既存の線維に加わって，コラーゲンの分泌と分解の過程による緩和がそれ以上起きない．

さて $f(\Lambda_i)$ を考えよう．基質分泌を，それが固有値を平均化するものと考えることにより近似することができる．固有値を

$$l_i = \Lambda_i^{-1/2} \tag{10.33}$$

と定義し直そう．時刻 t における主軸の長さは $l_i(t)$ である．微小な時間増分 dt の間に，応力を受けない新たな線維の密度増加分は $q(S)(dS/dt)dt$ であり，既存の線維に追加されたコラーゲンの密度増加分は $(1-q(S))(dS/dt)dt$ である．ただし dS/dt は局所的な基質分泌率を表している．$q(S)$ によって，新たに加わる線維のうち応力を受けない状態におかれるものの割合が具体的に決まるが，これは組織の成熟の尺度である基質密度 S の関数である．このことに関しては後に再び触れる．時刻 $t+dt$ における主固有値は

$$l_i(t+dt) = \frac{(S+(1-q(S))(dS/dt)dt)l_i(t) + (q(S)(dS/dt)dt)(1)}{S+(dS/dt)dt} \tag{10.34}$$

となり，

$$\frac{Dl_i}{Dt} = \frac{q(S)}{S}\frac{dS}{dt}(1-l_i) \tag{10.35}$$

が導かれる．この式は主軸の長さが 1 に緩和していく様子を示している．直前の式と (10.33) より，固有値の変化率の式，すなわち

$$\frac{D\Lambda_i}{Dt} = 2\frac{q(S)}{S}\frac{dS}{dt}(1-\sqrt{\Lambda_i})\Lambda_i = f(\Lambda_i) \tag{10.36}$$

を得る．この方程式が，式 (10.32) で必要とされた関数 $f(\Lambda_i)$ を定める．もう 1 つの方法は，平均化が l ではなく Λ に起きると仮定するものであり，同様の議論によって

$$\frac{D\Lambda_i}{Dt} = \frac{q(S)}{S}\frac{dS}{dt}(1-\Lambda_i) = f(\Lambda_i) \tag{10.37}$$

を得る．前の式と似ているが，こちらのほうがやや簡単な形をしている．この場合，$\mathrm{diag}[f(\Lambda_1), f(\Lambda_2)] = (q(S)/S)(dS/dt)[I - \mathrm{diag}(\Lambda_1, \Lambda_2)]$ であるので，残留歪み行列 Z の発展方程式は，

$$\frac{DZ}{Dt} = \frac{q(S)}{S}\frac{dS}{dt}[(M^{-1})^T M^{-1} - Z] \tag{10.38}$$

により与えられる．わかる通り，式 (10.36) と (10.37) は微小歪みの極限では一致し，(10.38) は Z の発展についての微小歪み近似に等しい．関数 $q(S)$ のシンプルな形としては，図 10.8 に描くような 2 本の直線からなる関数がある．

残留歪みに対する微小歪み近似

式 (10.38) に着目し，(10.21) で与えた M の式 (10.24) と同じ微小歪みの定義を用いよう．$(M^{-1})^T M^{-1} = (MM^T)^{-1}$ と $Z = \delta_{ij} + 2z_{ij}$ を用いると，少し計算すれば (10.38) の線形化形が

$$\frac{Dz_{ij}}{Dt} = \frac{q(S)}{S}\frac{dS}{dt}[e_{ij} - z_{ij}] \tag{10.39}$$

により与えられることが示される．これは残留歪み z_{ij} が実際の歪み $e_{ij} = (1/2)(u_{i,j} + u_{j,i})$ に向かって緩和することを明確に示している．線形化する式として (10.38) のみを考えたが，実は (10.37) の線形化も全く同じ結果を与える．

Cook (1995) はこれら全てをより一層詳細に議論し，軟部組織の構造構成方程式の導出に至っている．本章の主題としては，(10.39) が我々のモデルに必要な発展方程式である．

10.8 向き付けられた環境中における細胞運動

細胞が実際どのようにして損傷後の創に侵入するのかを知ることが，モデルにとって必要であることは明らかである．この過程は，走化性，(第 6 章で議論した) 走触性，接触誘導といった様々な過程が関与しうるため，全くよく理解されていない．接触誘導は細胞が細胞外基質の中の経路に沿って移動する過程である．その役割は多くの研究者により論じられてきた．例えば Bard (1990) の著書とそこで与えられている参照文献を参照されたい．Manoussaki et al. (1996) および Murray et al. (1998) は第 8 章で論じた血管網形成モデルに接触誘導を取り入れている．我々の知るように，線維芽細胞が引き起こす牽引力 (第 6 章を参照) は，非常に様々な形態形成の状態に関与しており，その多くの場合に見られる方向性運動は，走触性によるものである．それは，本質的に接着勾配を昇る運動である．この系統の最近のモデリングについては，チョウの翅にある鱗片の配列の模倣に見られる (Sekimura et al. 1999)．

方向性の刺激は両方向性なので，細胞運動はどちら向きにも起きると期待されるが，多くの発生系では一方向性の運動が観察されている．ここでは接触誘導現象について手短に議論するが，再び Cook (1995) を追いながら，基質全体の密度が一定のとき (ゆえに走触性を除外したとき) であっても，走化性物質のないときであっても，方向性の刺激が変化するような基質内では方向性運動が期待されることを示す．言い換えると，方向性の刺激は一方向性運動を引き起こしうる．基質変形が細胞牽引から生じうるということはしっかり確証されたことであり (Harris et al. 1984, 第 6 章も参照)，既に見たように (第 6 章を参照) それが受動的対流を引き起こすことになる．ゆえに創傷治癒においては，基質変形と組み合わさって，能動的・受動的細胞運動の両方が現れやすい．

鍵となるステップは，基質変形とその再構成に関する情報が細胞運動とどのように関係するのかを理解することにある．このことは根本的であり，複雑であるが，必須である．ここで考察するのは非常に簡単な状況のみであるが，本章の説明にはこれで十分である．やはり Cook (1995) は問題の全体に深く踏み込んでいる．以下ではこれまでと同じ表記を用いる．

一様な環境でのシンプルなランダムウォークは，細胞密度 n についての発展方程式

$$\frac{\partial n}{\partial t} = n_{,ii} \tag{10.40}$$

を与える．簡単のため，拡散行列を単位行列とした．拡散領域が変形し，変形状態に関して密度を測定するものとしよう．言うなれば，細胞がある空間でランダムウォークしている様子を，我々は別の変形状態において観察するのである．この空間において拡散がどのように見えるのかを知りたい．拡散の起きている元の空間が，変換 $x_i \to y_i$，変形行列 $m_{ij} = \partial x_i/\partial y_j$ に従って変形されるとしよう．領域のスケール

10.8 向き付けられた環境中における細胞運動

因子は $1/|m_{ij}|$ であるから細胞密度は

$$n(\boldsymbol{x},t) = \frac{N(\boldsymbol{y},t)}{|m_{ij}|} \tag{10.41}$$

により関係づけられる．細胞密度 N の発展に関する方程式は，これを (10.40) の $n(\boldsymbol{x},t)$ に代入して

$$\frac{\partial N}{\partial t} = m^{sj}|m_{ij}|\left[\left(\frac{N}{|m_{ij}|}\right)_{,r} m^{rj}\right]_{,s} \tag{10.42}$$

として得る．m^{ij} は行列 m_{ij} の逆行列を表し，重複する添字は和を意味する．これを標準的な保存則の形

$$\frac{\partial N}{\partial t} = [A_{ij} N_{,j} + B_i N]_{,i} \tag{10.43}$$

に表す必要がある．行列式を $\Delta = |m_{ij}|$，また

$$C_{ij} = \begin{pmatrix} x_{2,2} & -x_{1,2} \\ -x_{2,1} & x_{1,1} \end{pmatrix} \tag{10.44}$$

として，$m^{ij} = C_{ij}/\Delta$ とおこう．この定義から

$$C_{ij,i} = 0 \tag{10.45}$$

である．この式を用いると

$$m^{sj}\Delta\left[\left(\frac{N}{\Delta}\right)_{,r} m^{rj}\right]_{,s} = \left[m^{ik}m^{jk}N_{,j} - m^{ik}m^{jk}\frac{\Delta_{,j}}{\Delta}N\right]_{,i} \tag{10.46}$$

が確かめられる．そして，

$$D_{ij} = m^{ik}m^{jk} \tag{10.47}$$

と定義すれば，N についての方程式 (10.42) は

$$\frac{\partial N}{\partial t} = \left[D_{ij}N_{,j} + \left(\frac{D_{ij}|D|_{,j}}{2|D|}\right)N\right]_{,i} = \left[\frac{D_{ij}}{|D|^{1/2}}\left(|D|^{1/2}N\right)_{,j}\right]_{,i} \tag{10.48}$$

なる形に書け，これは保存則の形である．ここで，$M = m_{ij}$ であるから

$$D = m^{ik}m^{jk} = (M^T M)^{-1}, \quad |D| = |D_{ij}| = \Delta^{-2} \tag{10.49}$$

である．(10.43) に対して，拡散方程式の通常の形式は

$$\frac{\partial N}{\partial t} = [D_{ij}N_{,j}]_{,i} \tag{10.50}$$

である．基本的な違いは (10.48) における対流項，すなわち中央の式の第2項が存在することである．これは，細胞の高圧縮領域への移流が存在することを意味している．$N = $ (定数) はもはや解ではない．両方向性の誘導刺激が集団レベルで一方向性運動をもたらしえないという考えは，全くの誤りである．$\boldsymbol{x}$-空間における定常状態は $n \equiv$ (定数) であるのに対して，$\boldsymbol{y}$-空間のそれは $N = $ (定数)$|D|^{1/2}$ であることに注意されたい．

歪んだ場における拡散係数行列

式 (10.49) の D_{ij} の式を得るために，非線形な歪み行列 $M^T M$ を用いることができる．しかしここでは，再び微小歪み近似の場合のみを評価する．歪みが微小なので，$e_{ij} = \varepsilon_{ij}$ により

$$M = m_{ij} = \delta_{ij} \approx \delta_{ij} - \varepsilon_{ij} = \delta_{ij} - u_{i,j} \tag{10.51}$$

であり，近似式

$$M^T M = \delta_{ij} - 2\varepsilon_{ij} \tag{10.52}$$

を得る．ここで，$\varepsilon_{ij} = (\partial u_i/\partial y_j + \partial u_j/\partial y_i)/2$ は，線形歪みテンソルである．すると，(10.52) の下で，(10.49) により

$$m^{ik} m^{jk} = (M^T M)^{-1} = \frac{1}{2}\begin{pmatrix} 2+\varepsilon_{11}-\varepsilon_{22} & 2\varepsilon_{12} \\ 2\varepsilon_{12} & 2+\varepsilon_{22}-\varepsilon_{11} \end{pmatrix} \tag{10.53}$$

であるから，拡散行列 $\mathbf{D}$ の式として

$$\mathbf{D} = \frac{D}{4}\begin{pmatrix} 2+\varepsilon_{11}-\varepsilon_{22} & 2\varepsilon_{12} \\ 2\varepsilon_{12} & 2+\varepsilon_{22}-\varepsilon_{11} \end{pmatrix} \tag{10.54}$$

を得る．Cook (1995) は，線維の配向分布をもつある環境中に細胞が存在し，またそれらが線維の向きに従わない状況において，やはり線維の微視的性質から，細胞の流束 $\boldsymbol{J}$ の様々な形を導いている．彼は，細胞が与えられた向きに運動する確率を与える確率分布を定め，それを用いて，流束の表式と，関連する N の拡散方程式を導出した．細胞が線維の向きに従わない場合において，彼は拡散の式

$$\frac{\partial N}{\partial t} = -\nabla \cdot \boldsymbol{J} = [D_{ij} N]_{,ij} \tag{10.55}$$

を得ている．やはり一様細胞密度はこの方程式の定常状態解でない．この式についての別の注意点は，変化する拡散係数が両方の微分の中に現れていることである．この形の拡散項は以下で述べる最初のモデルにおけるメカニズムや，後に議論する数値シミュレーションにおいて用いられる．

10.9 組織構造をもつ真皮創傷治癒のモデル

さて，我々は Cook (1995) の有限歪みモデルのメカニズムの支配方程式を与える．その次に，その微小歪み近似を与える．10.4 節および 10.5 節の Tracqui et al. (1993) のモデルでそうであったように，そのモデリングにおける鍵となる要素は，ECM の構造と，特にその細胞運動に対する影響である．変形と応力場を生成するのは細胞牽引であるということが，それらに関する議論の基礎にはあるものの，速度 $\boldsymbol{v}$ の受動的対流があることも念頭におかなければならない．この側面についてはこれ以降でさらに論じていく．

細胞密度 (N)，ECM 密度 (S)，変位 (u)，残留歪み (Z_{ij})，そして力の釣り合いについての方程式（その具体的詳細はすぐ後に述べる）は，これまでのものと詳細が全く異なり，

$$\begin{aligned}
\frac{\partial N}{\partial t} &= [D_{ij} N]_{,ij} - [N v_i]_{,i} + f(N), \\
\frac{\partial S}{\partial t} &= -[S v_i]_{,i} + g_1(N,S) - g_2(N,S), \\
\frac{\partial u_i}{\partial t} &= v_i - v_j u_{i,j}, \\
\frac{\partial Z_{ij}}{\partial t} &= \frac{q(S)}{S} g_1(N,S) \left[(MM^T)^{-1} - Z_{ij} \right] - v_k Z_{ij,k}, \\
[\sigma_{ij} + \tau_{ij}]_{,j} &= b_i(S, u_i)
\end{aligned} \tag{10.56}$$

10.9 組織構造をもつ真皮創傷治癒のモデル

で与えられる．実際の変形勾配（変形状態に関する）や有効歪み/応力，拡散行列，牽引についての式は

$$M_{ij} = \delta_{ij} - u_{i,j}, \quad \varepsilon_{ij} = \frac{1}{2}(I - M^T Z M), \quad \sigma_{ij} = S\chi[2\varepsilon_{ij} + \delta_{ij}\varepsilon_{\alpha\alpha}],$$
$$D_{ij} = \frac{D}{Tr + 2\sqrt{\Delta}}\left[(Tr + \sqrt{\Delta})\delta_{ij} - M^T Z M\right], \quad \tau_{ij} = T(N,S) D_{ij}/D, \quad (10.57)$$
$$Tr = \text{Trace}[M^T Z M], \quad \Delta = \text{Det}[M^T Z M]$$

である．重複する α は和を意味し，ここでは $\varepsilon_{\alpha\alpha} = \varepsilon_{11} + \varepsilon_{22}$ である．また M は (10.19) で定義される変形行列であり，歪み行列 Z は (10.23) で定義される．(10.56) の様々な関数や (10.57) の $T(N,S)$ について議論する前に，方程式の諸項が何を表しているのか思い起こそう．

細胞密度 N の式

拡散行列を含む第 1 項は，線維による接触誘導効果を取り入れた，歪みの関数であり，(10.55) で用いた形である．接触誘導が線維の向きに沿っていると想定するならば，この項は異なるものになる．その場合拡散行列は (10.49) の下で (10.48) により与えられる．右辺第 2 項は，細胞―基質連続体が物質速度 $\boldsymbol{v}$ で変形するときの細胞の受動的対流による流束からの寄与である．最後の項 $f(N)$ は細胞増殖の寄与であり，細胞死，分化，脱分化を考慮する．細胞の形が分裂に影響を及ぼす（例えば細胞が扁平になりすぎると分裂しにくい）ことがよく知られているので，これもまた歪みの関数であろう．

N についての発展方程式は保存則に基づき，また書かれている通り（ラグランジュ基準系に対して）オイラー基準系を用いる．すなわち，座標系は固定されており，物質はその中を流れる．これは保存則の式を書く通常の方法である．物質速度 $\boldsymbol{v}$ と，固定基準系における点の変位の微分である $\partial \boldsymbol{u}/\partial t$ との間には差がある．有限歪みを考えるときこれらは等しくないので，もう 1 つの式すなわち (10.56) の第 3 式が必要である．ただし微小歪み近似の場合，両者は等しい．

基質密度 S の式

組織は細胞―基質連続体の一部であるため，対流によって運ばれる．基質の分泌 g_1 と分解 g_2 とを分けたのは，モデルの分泌項のみが歪み行列 Z を介して力学的可塑性に影響を及ぼすからである．

残留歪み行列 Z の式

残留歪みテンソル Z がどのように変化するのかを記述するこの方程式には，可塑的再構成について上で導いた特定の形を用いる．関数 $q(S)$ は，新たに分泌された基質のうちで組織の新たな線維を形成する割合を表す．最後の項である対流項は細胞の式のものと似ているが，これはラグランジュ基準系からオイラー基準系への移行による寄与である．残留歪み Z と変形行列 M が得られさえすれば，(10.57) の第 2 式の定義から有効歪みが求まる．

力の釣り合いの式

これは，力が常に準平衡状態にあるという従来の方程式である．我々が用いる応力-歪み関係の形は，応力テンソル σ_{ij} を定義する (10.57) の第 3 式により与えられる．細胞牽引 τ_{ij} に対して選んだ具体的な形は (10.57) により与えられる．体積力 b_i および $T(N,S)$ については，後に論じる．

具体的な関数および (10.57) の形を選んだ理由について考えよう．決定的な要素の 1 つは細胞牽引である．第一の仮定として，拡散行列が線維配向に関連しているのと同様に，細胞牽引が線維配向存在下での細胞運動に直接関係づけられるとする．これについては，細胞がその線維環境に応じて自らの向きを整列

させる傾向があるという，細胞—基質間相互作用に関する注目すべき実験的裏付けが存在する（例えば，Vernon et al. 1992, 1995 による実験研究や，第 8 章の議論を参照せよ）．他の因子も関与しているのは間違いないが，それらを定式化に取り入れるための実験上の証拠がまだ不十分である．我々が取り入れる効果が重要なものであることは確かである．こうして（異方的）細胞牽引テンソルを

$$\tau_{ij} = T(N,S)\frac{D_{ij}}{D}$$

によりモデリングする．牽引の大きさ $T(N,S)$ は具体的に定める必要がある．

細胞牽引が細胞密度の関数であることは確かだが，その依存性は，創の外側では細胞牽引が実質的に 0 になるようなものである．牽引が基質密度 S にどのように依存するかに関する生物学的データはないものの，細胞牽引への主な影響は，その直近の近傍であると仮定する．このようにして，牽引は

$$\tau_{ij} = T(N,S)\frac{D_{ij}}{D}, \quad T(N,S) = \tau_0 S N \left(1 - \frac{N}{\overline{N}}\right)^\theta \tag{10.58}$$

により与えられると考える．θ は正の（偶数の）定数であり，τ_0 は細胞あたりの牽引力である．この形により，$N = \overline{N}$ のとき牽引力は 0 である．

創傷治癒においてもそうであるように，ECM の合成と分解についてもまたあまりよく理解されていないので，ECM の生産が細胞密度に比例し，分解が基質密度 S に比例するという，単純な線形の関数形を採用する．すなわち

$$g_1(N,S) = \kappa_1 N, \quad g_2(N,S) = \kappa_2 N S \tag{10.59}$$

とする．第 1 式は，無傷の（創から離れた）真皮における細胞は創の内部においてと同じ速さで ECM を作ると仮定したことを意味している．しかし，ECM が成熟するとその効果は弱まると仮定するので，組織の成熟度の尺度として基質密度 S を用いる．成熟の効果は生産関数 $q(S)$ に反映されており，これは新規の線維を構成する新たに分泌されたコラーゲンに関する減少関数である．$q(S) \to 0$ のとき，ECM の代謝回転の効果は，密度を一定のレベルに保つことのみになる．これを反映するシンプルな関数は

$$q(S) = \begin{cases} 1 - \dfrac{S}{\beta} & (S < \beta \text{ のとき}) \\ 0 & (\text{それ以外}) \end{cases} \tag{10.60}$$

である．β はパラメータである．(10.56) の第 2 式より，(10.59) の形は基質密度 $\overline{S} = \kappa_1/\kappa_2$ の一様定常状態の存在を示していることに注意されたい．これは，創の内部と外部との基質密度の違いを全く考慮しないことを意味している．ECM を構成する線維の，有効歪みを介した配向が，瘢痕の質を測る唯一の尺度である．

最後に，b_i に反映される真皮下への接着力をモデリングしなければならない．接着力は組織変形に対抗する．この力は変位に比例すると仮定するため，

$$b_i(S,\boldsymbol{u}) = \alpha S u_i \tag{10.61}$$

とする．α は定数である．ECM の応答と牽引が正である力の釣り合いの式の下では，これは $\alpha > 0$ を意味する．α を定数にとったが，3 次元版モデルでは間違いなく創の深さに依存する．

以上により，これら全ての関数を合わせて，真皮の創傷治癒についての Cook (1995) の有限歪みモデルが (10.56) と (10.57) により与えられる．その細胞増殖，基質分泌，基質分解，牽引の大きさ，体積力

10.9 組織構造をもつ真皮創傷治癒のモデル

表 10.1　(10.62) の下で (10.56), (10.57) により与えられる，真皮創傷治癒の有限歪みモデルについての記号とパラメータの定義.

記号	定義
$\overline{N}$	定常状態における細胞密度
D	拡散係数
r	低密度における成長率
κ_1	ECM 分泌率
κ_2	ECM 分解率
β	基質成熟閾値
τ_0, θ	牽引パラメータ
χ	基質の剛性
α	体積力の強さ

および新規線維の割合についての関数は，

$$f = rN\left(1 - \frac{N}{\overline{N}}\right), \quad g_1 = \kappa_1 N, \quad g_2 = \kappa_2 NS,$$

$$T = \tau_0 SN\left(1 - \frac{N}{\overline{N}}\right)^\theta, \quad b_i = \alpha S u_i, \quad q = \begin{cases} 1 - \dfrac{S}{\beta} & (S < \beta \text{ のとき}) \\ 0 & (\text{それ以外}) \end{cases} \tag{10.62}$$

により定義される．便利のために，含まれるパラメータについては，表 10.1 に一覧を与える．

　問題を完結させる上で，初期条件は直交異方的に伸展している組織片からなるとする．これは伸展を受ける前の状態においても初期歪みが存在することを意味しており，ある張力下にある正常な皮膚に対応している．そして，損傷時の退縮を考慮したものである．Cook (1995) の計算では，組織境界は退縮および収縮の間固定された．これは我々が上皮の創傷治癒に関連して論じた筋書きとはかなり異なる．

　過程の最初の相において，組織を切り取ることにより創が作られる．これは ECM 密度を下げることを意味する．その後，創が退縮してゆく過程として，力の釣り合いの式を解く．退縮は即座に起こるとするため，唯一起きている過程は細胞と ECM の対流である．実際の創傷治癒過程は ECM が低密度に広がっている領域，すなわち創として定義される領域で開始する．創の外側では細胞は増殖可能な状態であり，創に移動して新たな ECM を構築する．このモデルは，細胞密度の式の $f(N)$ を介して創の内部で細胞が産生されることを意味している．全体を通して，組織の辺縁を横切る細胞および基質の流束は 0 である．

創傷治癒の微小歪みモデル

微小歪みの場合，モデル方程式は幾分か単純化される．(10.56), (10.57) からモデル方程式は

$$\begin{aligned}
\frac{\partial N}{\partial t} &= [D_{ij}N]_{,ij} - [Nv_i]_{,i} + f, \\
\frac{\partial S}{\partial t} &= -[Sv_i]_{,i} + g_1 - g_2, \\
\frac{\partial u_i}{\partial t} &= v_i, \\
\frac{\partial z_{ij}}{\partial t} &= \frac{q(S)}{S} g_1 (e_{ij} - z_{ij}) - v_k z_{ij,k}, \\
[\sigma_{ij} + \tau_{ij}]_{,j} &= b_i
\end{aligned} \tag{10.63}$$

により与えられる．それぞれの関数は以前と同じであり，(10.62) により与えられるが，ECM の応力，拡散行列，有効歪み，実際の歪み，能動的収縮応力テンソルは

$$\begin{aligned}
\sigma_{ij} &= S\chi[2\varepsilon_{ij} + \delta_{ij}\varepsilon_{\alpha\alpha}], \\
D_{ij} &= D[2\varepsilon_{ij} + (2-\varepsilon_{\alpha\alpha})\delta_{ij}], \\
\varepsilon_{ij} &= e_{ij} - z_{ij}, \\
e_{ij} &= \frac{1}{2}\left(\frac{\partial u_i}{\partial x_j} + \frac{\partial u_j}{\partial x_i}\right), \\
\tau_{ij} &= T\frac{D_{ij}}{D}
\end{aligned} \qquad (10.64)$$

により与えられる．

ここで手短に要約するのがよいだろう．とりわけ Murray et al. (1988) の枠組みに対する（また Tracqui et al. (1993) のモデルに対してはより程度の小さい）重要な拡張は，ECM の応力 σ_{ij}，拡散行列 D_{ij}，能動的収縮応力テンソル τ_{ij} の全てが，有効歪み ε_{ij} に依存するという点であり，この歪みは微小歪み理論の下では単に実際のコーシー歪み e_{ij} から，残留歪み z_{ij} を引いたものである．残留歪みは，ゼロ応力状態の変化による有効歪みに対する「補正」を表す．z_{ij} についての発展方程式には ECM の代謝回転に依存する項と（オイラー基準系で考えているので）対流項が含まれる．ECM の代謝回転の項の形式を正当化しているのは，（たとえ持続的な ECM 代謝回転があっても皮膚の張力が維持されるように，）新規の ECM のうちある割合 q だけが，歪みのない状態にある既存の線維ネットワークに追加されるという仮定である．

能動的細胞運動についての拡散様の項は，接触誘導の一形式を表している．「拡散行列」D_{ij} は両方の微分の作用する形で現れているので，拡散的要素だけでなく対流的要素ももつ．この式は，運動方向が（有効歪みに依存している）線維の配向に依存する条件下でのランダムウォークについての議論から導かれる．収縮応力の項 τ_{ij} にも同じテンソルが現れていることに注意されたい．細胞がちょうど線維の配列方向に運動するとき，より大きな力をその方向に及ぼす．

Cook (1995) は，上で述べた初期条件と境界条件の下でこの微小歪みモデルを数値計算を用いて調べた．我々が想定しているさらに複雑な形状への拡張という視点から特に興味があるのは，2 次元の状況である．シミュレーションによって，皮膚の張力の向きに対して創が異なる方向をとる場合における瘢痕内部の線維配向がどのように時間発展すると期待できるかが示された．図 10.9 は楕円形の創に対して線維の配向がどのように変化するかという例である．楕円形の創は皮膚の張力（垂直方向）に対して直角な方向である．図 10.9(a) では創は収縮開始前の退縮状態にあることが示されており，図 10.9(c) は損傷後 25 日を経過した時点での収縮状態を示している．それぞれの図は線維の配列の場を示している．グレースケールは明るい領域ほど異方性が高くなるように異方性の程度を示している．右側のスケールがその差異を定量化している．

図 10.9(a) は創が退縮した状態および創の境界における周囲の線維の配列を示す．皮膚の張力方向と創の長軸が平行であるとき，創は延長するというより，むしろ開大した．図 10.9(b) が示す 5 日目までには，創は収縮を開始した．線維の配列は創の長軸に沿う傾向があった．創の外側の配列の様子や，収縮の影響がいかに遠くまで表れているかに注意されたい．25 日目までに創は少し退縮した．創の内側の主要な線維配列は皮膚の張力方向に一致している．創の長軸を皮膚の張力方向と平行な向きにして開始した場合の時間的振舞いは，異なる修復の筋書きである．

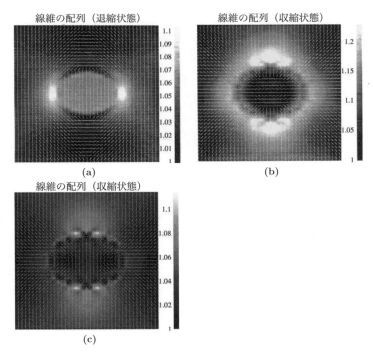

図10.9 皮膚の張力に直角に向き付けられた楕円形の創．グレースケールは異方性の程度を示し，明るい領域ほど強く配列している．(右側のスケールに注意)．(a) 修復開始前の退縮した創．(b) 受傷後5日目の創．(c) 受傷後25日目．パラメータ値は，領域 = $10\,\mathrm{cm} \times 10\,\mathrm{cm}$, 創 = $4.8\,\mathrm{cm} \times 3.6\,\mathrm{cm}$, 初期歪み = 2.5% および 1.25%, $D = 4 \times 10^{-6}\,\mathrm{m^2/}$日, $\theta = 2$, $\tau_0 = 3$, $\chi = 1$, $r = 0.05\,/$日 (倍増時間である14日に対応), $\kappa_1 = \kappa_2 = 0.04\,/$日．初期条件：創内部は無細胞かつ ECM 80% 喪失．

10.10 病的瘢痕の構造についての1次元モデル

肥厚性瘢痕 (Kischer et al. 1982) などの病的瘢痕に見られるコラーゲンや細胞の凝集について洞察を得られるかどうかを確かめるために，これらのモデルが接触誘導と細胞牽引によってパターンを生成しうるかどうかを調べることは興味深い．接触誘導は細胞を圧縮領域へと方向付ける．そして，圧縮領域は細胞が高密度である結果生じるのであるから，不均一性を促進し，その結果，安定な空間パターンを生成する通常の正のフィードバック（または局所的活性化と側抑制）が存在する可能性がある．第8章で議論したネットワークモデルに関しては，これが可能であることを見た．妊娠による伸展線（妊娠線）は，妊娠第3期間中の伸展の結果として瘢痕をもたらす．これらはきわめて規則的でほとんど平行な線をなすことが多い．ここで論じてきたモデルは，部分的説明を与えうると我々は考えている．これらの伸展線は，全層性創修復の間に起きる組織再構成過程に直接関連のある，組織再構成の例たりえるだろう．妊娠中には多くの生理学的変化が起き，伸展線は腹部に限られない（例えば Elling and Powell (1997) による論文を参照）．

これらのモデルを用いて，Cook (1995) は1次元の創を調べ，また細胞による塑性基質の変形も調べた．ここでは，再びその1次元の状況を詳細に吟味するが，その理由は，そこでは，ECMに相対的な細胞運動，細胞牽引と基質抵抗との釣り合いによる細胞—基質連続体の変形，変形の結果としての細胞と基質の対流のみを考慮しているということによる．細胞増殖および基質合成／分解は含めない．f, g_1, g_2 が0なので残留歪み z_{ij} についての方程式は必要でなく，したがってこれを無視でき，この場合有効歪み

と実際の歪みは等しい．これらの状況下で，(10.57) の下でのモデル系 (10.56) に沿ったモデリングの方針をとると，パターン形成の可能性を調べるのに適した最初のモデルは

$$\begin{aligned}
N_t &= (D(u_x)N)_{xx} - (Nv)_x, \\
S_t &= -(Sv)_x, \\
u_t &= v(1 - u_x), \\
[\sigma(u_x, N, S) &+ \tau(u_x)]_x = \alpha Su
\end{aligned} \tag{10.65}$$

である．ただし

$$D(u_x) = D_0(1 + \gamma u_x), \quad \sigma(u_x) = S\chi u_x, \quad \tau_{ij} = \tau_0 SN(1 + \delta u_x) \tag{10.66}$$

であり，γ と δ はそれぞれ運動と牽引に対する線維配列の影響の尺度である．一方 $D(u_x)$ はやはり両方の微分の中に現れており，接触誘導を反映した（ランダムウォークによる導出における）出発点依存型の運動を反映している．D_0 は定数である．

我々は (10.66) の下での (10.65) に対して，本書でこれまで何度も行った（例えば第 3 章または第 6 章を参照）ように，標準的な線形安定性解析を行う．まず系を無次元化し，一様定常状態解の周りの摂動を求める．代表的な長さ L と時間 T を導入し，

$$\begin{aligned}
n^* &= N/\overline{N}, \quad s^* = S/S_0, \quad t^* = t/T, \quad x^* = x/L, \\
D_0^* &= D_0 T/L^2, \quad \chi^* = \chi/\alpha L^2, \quad \tau_0^* = \tau_0 \overline{N}/\alpha L^2
\end{aligned} \tag{10.67}$$

と書こう．$\overline{N}$ と S_0 は非摂動時の一様な細胞密度および基質密度である．長さと時間スケールを次元パラメータに関係づけるように選び，パラメータの個数をさらに減らすことが可能である．例えば，長さスケール L を，基質剛性 χ および皮下への接着の強さ α と関連させるように $L = \sqrt{\chi/\alpha}$ と選べば，$\chi^* = 1$ となる．さらに時間 T を拡散時間と関連させるように $T = L^2/D_0 = \chi/(\alpha D_0)$ と選べば $D_0^* = 1$ とできる．すると唯一の無次元パラメータ $\tau_0^* = \tau_0 \overline{N}/\chi$ が残ることになる．長さと時間スケールを (10.67) のように柔軟に選べるようにしておけば，便宜上アスタリスク $(*)$ を落として，モデル系 (10.65) は

$$\begin{aligned}
n_t &= [D_0(1 + \gamma u_x)n]_{xx} - (nu_t)_x, \\
s_t &= -(su_t)_x, \\
[s\chi u_x &+ \tau_0(1 + \delta u_x)sn]_x = su
\end{aligned} \tag{10.68}$$

となる．ただし，(10.65) 第 3 式の変位の方程式に，$v = u_t$ として線形化を既に用いた．

非摂動時の皮膚を表す (10.68) の適切な一様定常状態解は $(n, s, u) = (1, 1, 0)$ であり，我々は (10.68) の線形化系，すなわち

$$\begin{aligned}
n_t &= D_0 u_{xxx} + D_0\gamma n_{xx} - u_{xt}, \\
s_t &= -u_{xt}, \\
\chi u_{xx} &+ \tau_0(n_x + s_x + \delta u_{xx}) = u
\end{aligned} \tag{10.69}$$

について $[n, s, u]^T \propto \exp(\lambda t + ikx)$ の形の解を探す．各モード k についての成長率 λ に対する分散関係は

$$\begin{vmatrix} \lambda + D_0 k^2 & 0 & ik\lambda + iD_0\gamma k^3 \\ 0 & \lambda & ik\lambda \\ ik\tau_0 & ik\tau_0 & -k^2(\chi + \delta\tau_0) - 1 \end{vmatrix} = 0 \tag{10.70}$$

により与えられ，これは

$$\lambda = \frac{-D_0 k^2 [k^2(\chi + \delta\tau_0 - \gamma\tau_0 - \tau_0) + 1]}{k^2(\chi + \delta\tau_0 - 2\tau_0) + 1} \tag{10.71}$$

の形に単純化される．$\lambda(k^2) > 0$ となるようなパラメータ範囲と波数 k により空間パターンの成長がもたらされる．

(10.71) から，k^2 が小さくかつ 0 でないならば $\lambda < 0$ であるとわかり，長い波長に対応する小さな波数は安定である．$k^2 \gg 1$ ならば

$$\lambda \approx \frac{-D_0 k^2 (\chi + \delta\tau_0 - \gamma\tau_0 - \tau_0)}{(\chi + \delta\tau_0 - 2\tau_0)} \tag{10.72}$$

である．ゆえにパラメータ $\chi, \tau_0, \gamma, \delta$ が適当な領域にあれば，λ が正となり得，よって，定常状態が不安定になる．例えば $\gamma + 1 > \delta > 2$ ならば，直前の式より，$\lambda > 0$ であるためには $\tau > \chi/(\gamma - \delta + 1)$ が必要である．

接触誘導が細胞牽引とともに十分大きいならば，組織が不安定化し，空間的に成長する不安定性が細胞と組織の凝集として現れることは明らかである．分散関係から定性的な観察をすることができる．γ がより大きい，すなわち線維配列に対する運動の応答が強いほど，不安定化するのに必要な牽引はより小さい．接触誘導は不安定化効果があると考えられることから，これは直観的に期待されることである．これは，不安定性からネットワークが形成された第 8 章の状況でもあった．一方，圧縮のあるとき牽引は圧縮方向に減少する傾向があるため，パラメータ δ を介した配列に対する牽引の応答は安定化効果をもつ．

分散関係 (10.72) の形から，ある臨界値 k_c^2 に対してパラメータが $\lambda = 0$ を与えるとき，モード $k^2 > k_c^2$ は全て不安定であり，最速で成長するモードはとりうる最大のモード，すなわち最も小さな波長をもつ摂動である．例えば $\delta > 2$ の場合を考えてみよう．$\tau_0 > \chi/(1 + \gamma - \delta)$ ならば，(10.71) より $k_c^2 = 1/[\tau_0(1 + \gamma - \delta) - \chi]$ より大きな波数は全て不安定であることが示される．既に見たように，線形理論は最終的な空間パターンを予測できない．初期条件が決定的役割を果たす．有限領域問題においてさえも，初期条件が最終パターンに重要な役割を果たす．大きな波数が無限に成長する問題は第 6 章で論じた力学モデルの一部で現れたが，そこでは牽引が点のある近傍で事実上平均化されていた．ここでは，ζ をパラメータとする因子 $s + \zeta s_{xx}$ を牽引項に与えて（第 6 章を参照）長距離効果を導入することによりこれを達成することができる．

妊娠時の伸展線の問題に戻ろう．上述の 1 次元の解析により，空間的不安定性が形成されうることが示された．パターン形成メカニズムに関する我々の経験から，その不安定性は細胞密度の高低をなす一続きの波を形作るだろう．第 8 章では，接触誘導によって，細胞がそれに沿って運動するような組織のランダムネットワークが生じることを見た．その状況との類似性はあるが，*in vivo* で皮膚は張力下にあるという点が決定的な違いであって，ゆえにここで論じた様々な歪みの効果は，同等の 2 次元の問題において影響をもつに違いない．変形により引き起こされる皮膚組織と張力との相互作用が，向きのある瘢痕性伸展線を生み出すと考えられる．*in vivo* における線の不規則性は，おそらく通常のランダムな初期条件と，そしてもちろん，膨張した（初めは膨張していなかった）皮膚に一般的な 2 次元不均一性によって生じるのであろう．

10.11 創傷治癒についての未解決問題

上述の有限歪みモデルは，瘢痕の構造および形成に重要な物質の異方性の問題をより徹底的に扱っている．より一般の理論では，向き付けと有効歪みが独立して扱われる．この分野には膨大な量の仕事が残されている．このモデルは複雑であるものの，Cook (1995) の仕事を Rodriguez et al. (1994) の有限歪みの（ただし等方的成長）理論や Cowin (1986) および Cowin et al. (1992) の構造テンソルの理論と結びつけたならば，相当の一般性と柔軟性を達成できるだろう．Tozeren and Skalak (1988) も参照されたい．Rodriguez et al. (1994) による，有限歪み下での成長と変形についての記述は，創傷治癒や他の多くの力学的拘束をもつ形態形成過程について広範囲にわたり関わりのあるものである．Murray et al. (1998) は非常に手短に（むしろ目立たない形で）成長と再構成に関するこの一般理論について説明している．これらのモデルでは，いくつかの項の関数形が重要な要素である．その中には実験に由来するものもあれば，

前章で論じた胎児の受傷に関する Sherratt and Lewis (1993) の研究における，フィラメントの向き付けに対する力の関数の依存性の場合のように，基礎的な理論的方法に由来するものもある．ときには，重合と断片化の両方を伴うアクチンフィラメントの動態をモデル化した Edelstein-Keshet and Ermentrout (1998) や Ermentrout and Edelstein-Keshet (1998) のアイデア（これらの論文の他の引用文献を参照）を用いた，より微視的なアプローチにより導かれる場合もある．Spiros and Edelstein-Keshet (1998) が，アクチン構造のダイナミクスについての彼らのモデルを既存の実験データに関連づけ，パラメータを評価していることは重要である．アクチン重合により細胞の運動性がいかに駆動されうるのかに関する Mogilner and Oster (1996) の研究も，ここで説明したモデリングに関連している．

上述したように，創傷治癒は非常に複雑であり，かつ非常に重要である．問題は損傷である．Cook (1995) の仕事はこの分野に大きく貢献した．そして，扱いやすい，非常に適切な方法で全層性の創を研究するための，数多くの新たな道を切り開いた．彼の方法に関しては，まだ探究されていない多くの方向性がある．Murray et al. (1998) は理論的，実験的な将来の研究に向けられたいくつかの未解決問題や他の分野の一部を以下に示すようにリストアップして示した．

細胞の源，増殖，分化，移動

議論したモデル全てにおいて，細胞は（皮膚平面内における）周囲の組織から，創内部へと移入した．しかし，線維芽細胞および筋線維芽細胞の源は完全にはわかっていない．それらは組織のうち損傷の軽い小区画に由来するかもしれないし，下層から創へ移入することさえあるかもしれない．また，複数の表現型が関与すると思われるものの，分化と脱分化の制御や，細胞群の間の性質の相違についての理解は乏しい．また細胞運動を方向付けるシグナルについても，もっと知る必要がある．そのシグナルとしては，ランダム運動，走化性，走触性，接触運動，そして接触誘導の全てが示唆されてきた．我々は，全層性の創傷治癒の過程について想定しうるあらゆる環境に対して，細胞がどのように応答するのかを知る必要がある．（Barocas and Tranquillo (1994) などの）コラーゲンゲル制御下での実験がその点で洞察を与えてくれるだろう．

収縮応力

収縮応力の静的生成と動的生成の差異について我々は議論した．そのタイミングと制御（飽和がなぜ起きるのか，ECM 構造からのフィードバックは何か，など）についてより一層知る必要があり，また，細胞の収縮と，半永久的な局所的再構成を介した ECM への応力の蓄積との区別についても知る必要がある．細胞牽引力の定量および細胞—基質間相互作用の統合に関する Tracqui とその共同研究者の仕事（例えば Ferrenq et al. (1997) および Tranqui and Tracqui (2000)）は，重要な新しいアプローチであり，とりわけ創傷治癒と関係している．

ECM 構造，代謝回転，力学

我々は，ECM の代謝回転とその構造，力学の関係性を理論的側面から扱ってきた．理想的には，発展する組織の材料特性が，創傷治癒のあらゆる段階における生物力学的実験の対象とされることが望ましい．例えば，瘢痕組織が（受動的に）粘弾性的であるのはどのような時間スケールにおいてであろうか．また，残留応力は何であろうか．この場合，小さな創を何度も作って実験を重ねていくことが，唯一の選択肢であるように思われる．複数の相や線維の型を考える必要はあるだろうか．また我々は，新規の線維の配列と伸展が何によって定まるのかを知り，その産生を分解とは区別して考える必要がある．実験から得られている情報はきわめて少ない．角膜の創傷とコラーゲンゲルの実験が洞察を与えるだろう．Maini

10.11 創傷治癒についての未解決問題

と Sherratt，その共同研究者による仕事は特に関連性がある（例えば Dale et al. (1995, 1996), Olsen et al. (1995, 1996), Dallon et al. (1999)）．瘢痕組織の真皮への結合性の変化を考慮するためには，理論的拡張が必要である．瘢痕組織面内の ECM 再構成に対するアプローチと類似のアプローチを用いることは適切であろう．これが創収縮の可塑性の重要な側面であるということは，収縮している創の辺縁を損傷すると辺縁が退縮するという実験によって実証されている．

生化学的相互作用

創傷治癒の様々な部分過程を制御するのに関わる反応物や拡散物質（例えば成長因子）が，膨大な数に上ることは確かである．これらの各物質の効果を分離するのは，時間のかかる面倒な道程ではあるが，この仕事に関与している多くのグループが存在しており，その結果を解釈するためには数理モデルが要求されるだろう．

形　状

我々は，様々な形状や大きさ，配向，移植や代用皮膚の効果を調べて，より完全な 2 次元系の理論研究を行う必要がある．移植の効果については Green の仕事が直接関連している．例えば Green (1991) による総説を参照されたい．彼は，熱傷や他の創傷に対する移植に用いるための，ヒトの細胞の新しい培養法を開発した．線維芽細胞のパターンに関する彼の初期の仕事 (Green and Thomas 1978) もまた，非常に興味深い．3 次元のシミュレーションを行えば，創の深さや皮下層への結合性の変化をより現実的に見ることができるだろう．また，皮膚の表面に隆起する病的瘢痕を調べることもできるだろう（そして境界条件を変化させることにより，圧迫療法について調べられるだろう）．

計算および解析

有限要素法の範囲内で成長組織についての一般モデルを構築することは有用な理論研究であろう．今日までのあらゆるモデルは，有限差分法を用いて計算されているが，有限要素法がより自然であるという議論もできるだろう．解析の最先端では，創傷治癒モデルの中で不安定性が現れる可能性について研究する必要がある．単純化されたモデルの線形安定性解析は，例えば収縮応力が高い状況下において，一様に近い瘢痕環境においてさえも一様解は期待できないことを示唆している．配列線維の密なバンドの発生の予測を 2 次元系の研究が示せば，病的瘢痕に見られる結節の説明となるかもしれない．このことについては前節で手短に触れた．第 8 章で論じた脈管形成に関する仕事が力学的システムの典型なのであれば，これに関して我々は楽観的になれる．そこでは，基質に埋め込まれた細胞のネットワーク構造の中で，接触誘導が重要な役割を果たす．原則，不安定性は，パターンのスケールが数値計算における格子で解像できなければならないということに関する数値計算上の問題を引き起こしうる．また，不安定性により，ある有限な長さスケールがゆえに，支配的な安定パターンが現れないならば，モデル自体がロバストでないのかもしれない．

数理モデルにより取り組めるタイプの問題には，きわめて重要な生物学的・臨床的問題の数々が含まれる．既に言及した問題もある．標準的な創に関しては，数理モデルを用いて，次のような事項を研究できる：(i) 退縮（退縮した創の程度と形状），(ii) 収縮曲線（退縮の遅延，急速な退縮の相が線形なのか，指数関数的なのか，あるいは他の関数形なのか，そして退縮の後期相），(iii) 収縮した創の形状，(iv) 創の内外における瘢痕化（これは例えば線維配列と歪みの最大値により測られる）である．基礎研究では次のような事項について考える：(i) 創のサイズ効果，(ii) 領域のサイズ（取り囲む組織のサイズ）の効果，(iii) 皮膚張力の効果，(iv) 創の（皮膚の張力線に対する相対的）方向の効果，(v) 創の形状の効果（円，三角

形，長方形など），(vi) 細胞増殖の変化（成長促進因子），(vii)（走化性の効果およびフィラメント誘導性運動の役割を考慮した）細胞移動の変化，(viii) 基質の代謝回転の変化，(ix) 基質剛性に相対的な牽引の変化，(x) モデルの様々な関数の形の質的変化である．取り組めるかもしれない他の側面としては，(i) 創内部における組織片の移植および除去，(ii) 創の固定と開放，(iii) 力学的不安定性に関連する病的瘢痕形成，(iv) 基質の発展を反映する塑性を伴う皮下接着の導入といったものがある．もちろん，これらのうちいくつかはモデルの大幅な修正を要求するが，本章と前章におけるモデリングの経験を踏まえると，これらの修正がどのようなものになりうるかについて，少なくとも，生物学的にもっともらしい予備的な提案をすることはできる．

10.12　結語：創傷治癒について

　以前 (Murray et al. 1998) も述べたことであるが，創傷治癒のような非常に複雑で理解に至っていない事柄を研究するのに数学を用いる理由については，何度問い直しても足らない．基礎にあるメカニズムを理解することから予測可能な科学へと真に転化しようと考えるならば，数学の使用は必然であると我々は論じている．数学は，知識の大部分が蓄積している（細胞以下に関する）レベルと，外科医や患者に直接関係する瘢痕自体に関する巨視的レベルの間のギャップを埋めるために要求される．数理的アプローチによって，創傷治癒の論理を探究することが可能である．たとえメカニズムがよく理解されていたとしても——現時点では全くその段階にはないのだが——，どのような特別な創傷治療の筋書きでも，それに関連する様々なパラメータの操作の結果を検討するのに，数学は必要とされるだろう．特定の治療手順を実用する前に，それをシミュレートする方法を見出さなければ，次々と利用可能になる選択肢は創傷治療を行う者にとって手に負えない数にのぼってしまうだろう．

　モデルから生じる重要な論点として，瘢痕にはそれ自体の歴史が含まれていることも覚えておくべきである．創傷治癒過程の治療における我々の役割を，土木工事との類比 (Murray et al. 1998) の下で考えよう．橋を造るのに千トンの鉄鋼が必要で，それより少しでも少なければ橋の構造が脆弱になるし，またそれより少しでも多ければ硬くなりすぎるというのと，働き手に部品の最適な組み立て方を指示するのとは全く別の事柄である．組織修復に関与する細胞は，正しい要素の集合と初めの正しい指示を与えられれば，瘢痕組織よりも皮膚らしく見える結果となるように深い皮膚創を修復することを成しうるに足る「専門技術」をもっていると考えられる．このことは，創の局部に塗布する成長因子の最適な組合せについて研究している人々に希望を与えるかもしれない．しかしながら，この洗練された細胞活動全ての大域的効果は，組織修復の間に発生する一連の出来事に対する感受性が非常に強い可能性があると思われる．我々は管理者として，まずまず許容できる完成品を生み出すように創傷治癒過程を向かわせるために，作業要員との限られた意思疎通の機会を，どのように活用するかに関心をもつべきである．これはきわめて達観した視点に思われるかもしれないが，文献における瘢痕形成理論を一瞥しただけでも，それらが安易な説明に執着していることがわかる．例えば，病的瘢痕はコラーゲンの合成または分解の障害により生じるということが様々な形で言われてきた．我々は，瘢痕形成を説明するためには，その説明においていかなる特定の部分過程における機能不全も必要ないと考える．組織修復は，そもそも発生とは本質的に異なる．身体は「規則」の限られた集合のみを有し，それをもって無数のありうる修復「問題」に立ち向かわなければならない．

　実際の創の信頼に足るシミュレーションをできる状況からは程遠いところに我々がいることは確かである．鍵となる過程における能動的な細胞制御の理解が乏しいだけでなく，同じ身体の異なる場所に類似の創を与えても，異なる速度で修復され，結果も異なるため，創の複製も難しい．これらの制限にもかかわらず，現在の知見のレベルであろうとも，創傷治癒の論理の探究には価値があると我々は主張する．それによって，数理モデルの形で，仮説的メカニズムを採用した場合の帰結について調べることが可能にな

10.12 結語：創傷治癒について

り，予測を行ったり，そのモデルの妥当性を支持したり，否定したりするような実験を提案することができる．モデルの妥当性が否定される場合であっても，生物学的問題の解明に役立つ．実際，数理モデルを構成する過程自体が有用な場合がある．我々はある特定のメカニズムに取り組まなければならないだけでなく，創傷治癒の過程で真に本質的なもの，すなわち，鍵となるプレイヤー（変数）とそれらの発展のための鍵となる過程について考えさせられている．我々は，創傷治癒の理解が拠って立つべき枠組みの構築にこのような形で関与する．方程式や，それに続く数理解析，数値シミュレーションは，その論理構造の帰結を定性的にも定量的にも明らかにするのに寄与してくれる．

創傷治癒研究に関わる数理モデルのメカニズムの活用によって，既に，かつて理解の乏しかったいくつかの問題に解明の光が当てられた．バイオテクノロジーの急速な進歩は，より高度な実験を実現している．そのような研究は，細胞—基質間相互作用に対する理解の発展，成長因子や生物材料の利用の発展，より強力な計算の発展，先進的な細胞培養技術の発展の上に成り立っている．以前に言及した Green (1991) による実験研究のような実験研究や，代用皮膚に関する Bertolami et al. (1991) による技術はその中の2例にすぎない．手に入る情報を用いれば，数理モデルを使って，微視的な現象と巨視的な現象の現実的な関連性を見出そうとすることができる．この方向性に沿った Cook (1995) の仕事は，創傷収縮や基質再構成の最中に起きる肉芽組織や瘢痕の形成についての重要な問題を研究する基礎となっている．病的瘢痕は ECM の構造異常に関係している (Dunn et al. 1985). Dale et al. (1995) や Olsen et al. (1995) の仕事がここでは特に重要である．これらのモデルはまた，張力線や創の形状に関して，瘢痕化を最小限にするような創の向きに関する外科的問題にも我々を真剣に取り組ませ始めている．巨視的モデルを定めるように微視的（細胞レベル）からモデルを作るという，我々がここで行ったような方法は，1つの実りあるアプローチだと信じている．現実的なモデルは，最終的に有限歪みを取り入れなければならない．このことは生物材料に関する適切な構成方程式の開発を特に危急のものとしている．このために重要なのは，生物組織の内部における細胞の牽引力を微視的・巨視的に測定することである．これは例えば Delvoye et al. (1991) や Ferrenq et al. (1997), Tranqui and Tracqui (2000) によっていくつか成されている．

たとえ創収縮と瘢痕形成のみの観点から考えたとしても，我々が議論した個々のモデルのいずれも，またそれらを全て合わせたものでさえも，真皮創傷治癒の完全なモデルと考えることはできないだろう．しかし，それぞれのモデルは真皮創傷治癒の過程の異なる側面に解明の光を当てたものである．そして，我々はいまや，完全なモデルについて最も重要な要素が何でなければならないかについて述べることができる．これらの研究は我々の知識の欠陥を浮き彫りにし，有益な実験の導く方向を示唆する働きをしてきた．これらの理論的構築物にとっての重要な試金石は，実験研究の世界に与える影響である．いまやこの分野はある成熟したレベルに達しているので，実験研究者と応用数学者との将来の対話が，瘢痕のない創傷治癒という目標に向かって我々を非常に速く導いてくれることを確信している．

第 11 章
脳腫瘍の増殖と制御

脳外科手術の簡潔な歴史

　脳や頭蓋骨の手術には信じがたいほど長い歴史があり，おそらく外科的処置の中でも最も古いものである．Greenblatt (1997) や Walker (1951) 編の論文集は興味深い読み物である．古くは古代エジプト（紀元前 2500 年頃）のエドウィン・スミス・パピルスに，頭部を損傷した際の治療法が記されている．その中には，処置の 1 つとして穿頭術 (trephining, trepanning) が記述されている．穿頭術とは，頭蓋骨から骨の一部を取り除く外科手術である．開頭術後に回復したことを示す頭蓋骨が数多く発見されており，穿頭術が常に致死的な処置であったわけでは決してなく，ある程度成功していたことがわかる．

　Verano とその共同研究者ら（Verano et al. (1999, 2000) や Arriaza et al. (1998)，それらの論文の参照文献を参照されたい）は，ペルーやインカといった沿岸地帯で行われていた，穿頭術や，足の切断術などのその他の主要な外科手術に関する，出土品からの興味深い例を論じている．Arriaza et al. (1998) に注目すべき写真が掲載されている．それはインカの頭蓋骨（クスコの考古学博物館所蔵）の写真であり，患者の存命中に 4 箇所の穿頭術の跡が十分治癒していたことを示している．この頭蓋骨に残された穿頭術の跡は，いずれも直径 5 cm 程度である．

　頭部の外科手術が描かれた絵画や木版画は，中世の頃から数多く存在する（第 9 章の外科手術と創傷治癒に関する歴史についての議論も参照されたい）．そのような穿頭術の手法は多岐にわたる．図 11.1(a) は中世の写本からの引用であり，当時はこのようにして穿頭術が行われていたのかもしれない．図 11.1(b) は他の中世の写本からの引用であり，成功に終わった外科手術の最後の場面を示している（患者がいくらか怪訝で悲しげな表情を見せているが）．図 11.1(c) は中世後期の外科手術の風刺画の例であり，動物の外科医集団によって手術が行われており，当時の人々が外科手術をどのように考えていたのかを示す．表皮の創傷治癒の章で言及したように，Galen——彼は穿頭術を行ったに違いない——は以下のような非常に実用的な助言を残している：「丸ノミを使用することの欠点は，ハンマーで打ちつけることによって頭部が強く揺さぶられてしまうことである」．

　Parma の Rogerius は自身の著書 *Practica Chirurgiae*『外科手術の実践』(1170)（Valenstein (1997) を参照されたい）で以下のように書いている：「躁病やうつ病の患者に対しては，頭頂部に十字型の切開を施し，有害物質が外部に排気されるように頭蓋骨に穴を開ける．患者を鎖につなぎ，前述のように傷を治療する」．謎に満ちた Hieronymus Bosch により 15 世紀末から 16 世紀初頭にかけて描かれた古典絵画『愚（狂気）の治療，石の除去術』（マドリードのプラード美術館所蔵）には，椅子に座っている男の頭皮に切り込みを入れているもう 1 人の男が描かれている．この絵画の題字は以下のように訳されている（Cinotti (1969) による）：「主よ，愚の石を掘り起こしてくれ，我が名は『去勢されたダックスフント (casrated dachshund)』である」．当時，「去勢されたダックスフント」は愚者を表す言葉としてよく使用されていた．愚行は，頭の中の石により引き起こされるとしばしば信じられていた．美術史家らは長きにわたり議論を重ねてきたが，この絵画の解釈に関しては意見が割れている．例えば，穿頭術を用いて狂気

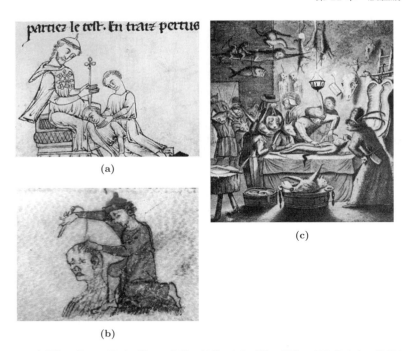

図 11.1 (a) 穿頭術を始める場面を描いた中世の挿絵. (b) 手術の最後に頭を縫合する場面を描いた中世後期の写本. (c) 大勢の動物の「外科医」によって行われている脳外科手術. 中世の人々は手術を蔑視していたことがよくわかる (ロンドンの Wellcome Trust Medical Library の厚意により許可を得て複写).

や様々な病気を「治して」放浪する中世の偽医者を嘲笑していると言う者もいれば, Bosch の絵画の主題としてよくある, 人間の騙されやすさや愚かさを寓喩していると言う者もいた. Robert Burton (1652) による古典『憂鬱の解剖』には以下の一節がある:「煙のガスを排出するために道具を用いて頭蓋骨に穴を開けるのは間違いではない……. サヴォワで Guierius はある貴族を治療した. 彼が行ったのは, 頭蓋骨に穴を開け, 1 カ月間開けたままにするだけである. それにより, 彼は 2 年後には憂鬱と狂気から解放された」.

外科手術の行われる場所が病院内へと移動する 19 世紀初期から, 穿頭術の件数は減少した. なぜなら, 当時の病院は感染症が大流行していたため, 死亡率が劇的に上昇したからである. (感染症に罹った場合の生存率が昔に比べてはるかに高くなっているとしても, いまなお院内感染は患者を死に至らしめる深刻な問題である.)

先住民族による穿頭術は, 現在に至るまで, 精神障害やうつ病, 行動障害などの様々な問題に対して用いられてきた. (ロボトミーはいまなお多くの病院で熟練した外科医により行われている[†1].) 強打 (例えば陥没骨折) や木からの転落, あるいはまぐさ石 (door lintel) への打撲などによる頭部損傷の症状を緩和するためにも行われてきた. Margetts (1967) や, 特に Furnas et al. (1985) の興味深い論文 (その中の参照文献も参照されたい) では, ケニアのキシー族で伝統的な開頭術師により日常的に行われてきた開頭術に関して, その医学の詳細が魅力的に記されている (実際の手術写真が多数掲載されている). 開頭術師 (オモバリと呼ばれる) は非常に尊敬されており, 高い技術力を有している. 彼らは様々なハーブや薬

[†1] (訳注) ロボトミー (lobotomy) とは前頭葉を切除, あるいは前頭葉と他の脳領域を接続する神経線維を切断する手術のこと. 精神疾患の患者に効果があるとされ, 1950 年台までは広く行われていたが, 術後に人格水準の低下や感情鈍麻などの症状が報告され, 精神疾患に対する薬物療法が出現し始めた 1960 年台から急速に下火となった. 本邦では, 1975 年に日本精神神経学会がロボトミー手術の廃止を宣言し, 現在では事実上この術式は行われていない.

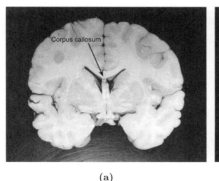 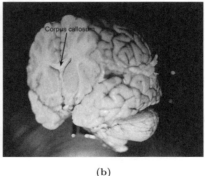

図 11.2　ヒトの脳の断面図（2 枚）．左右の大脳半球を繋ぐ脳梁 (corpus callosum) と白質線維束を示す（E. C. Alvord, Jr. 博士の厚意による）．

剤を用いて治療の助けとしたり感染症を防いだりしている．手術は大抵野外で行われる．彼らは一連の道具を用いておよそ 5 cm 四方ほど頭蓋骨を削り，非常に薄い層のみを残す．そして鋭いピックを用いてこの最後の膜を破り，硬膜を露出させる．しかし人によってはドリルや弓のこも用いる．治療の目的は，例えば（頭部を強打することによって生じた）骨片を除去したり，うつ病や深刻な頭痛を軽減したりすることである．死亡率は低く，患者は手術結果に満足しているようである．

11.1　医学的背景

　1 個以上の細胞に変異が入り，大抵の場合それらが非制御下で急速に増殖することで，悪性腫瘍（悪性新生物）が生じる．その結果，正常組織の機能が損なわれる．特徴が異なる様々な種類のがんが存在するが，本章では脳腫瘍，特に原発性脳腫瘍と診断される症例の半分ほどを占める神経膠腫と膠芽腫に注目する[†2]．それらはとりわけ悪性度の高い腫瘍であり，予後は惨憺たるものである．神経膠腫は浸潤性が高く，周囲の組織に浸潤する．コンピュータ断層撮影法 (CT; computerized tomography) や核磁気共鳴画像法 (MRI; magnetic resonance imaging) による腫瘍の検出能は過去 20 年間で飛躍的に向上し（しかしこれから見ていくように未だに全く不十分である），神経膠腫をより早期に発見できるようになった．このような進歩にもかかわらず，早期治療による利益はほとんど得られていない（例えば Silbergeld et al. (1991), Alvord and Shaw (1991), Kelley and Hunt (1994), Cook et al. (1995), Burgess et al. (1997) を参照されたい）．例えば，おおまかに腫瘍が見える範囲よりも十分に外側を広範囲に外科的切除しても，切除断端付近から腫瘍が再発し，最終的には死に至る（例えば，Matsukado et al. (1961), Kreth et al. (1993), Woodward et al. (1996) やその中の参照文献を参照されたい）．このように外科的切除による治療が失敗に終わる様子は，山火事の前線の後方から消火しようとする様に似ている．火の手（腫瘍の増殖）は主に辺縁部で上がっているのである．

　脳は基本的に 2 種類の組織（灰白質と白質）によって構成されている．灰白質は，脳の活動を制御する神経細胞と神経膠細胞の細胞体から成り，皮質は（「樹皮」のように）脳を覆う灰白質の層である．白質線維束は有髄神経の軸索の束であり，脳の内部の随所に存在する．この線維束は灰白質の領域同士を繋ぐ経路である．脳梁は左右の大脳半球を繋ぐ白質線維の厚い束である．各半球の内部でも，皮質と脳の深部の核を繋ぐ複数の白質線維路が存在する（図 11.2 を参照されたい）．図 11.2 にヒトの脳の 2 枚の写真を示す．灰白質と白質の分布や脳梁 (corpus callosum) が見てとれる．

[†2]　（訳注）　本邦では，原発性脳腫瘍の 25% 程度を占める．

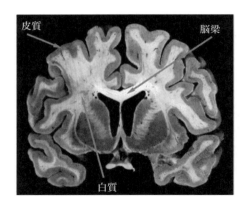

図 11.3 ヒトの脳の断面図．皮質は灰白質からなり，白質線維束によって他の灰白質領域と繋がっている．脳梁は，左右の大脳半球を繋ぐ白質線維束である（Paul Pietsch 教授の許可を得て複製．出典は T. H. Williams, N. Gluhbegovic and J. Y. Jew Virtual Hospital 表 5～30. http://www.vh.org/Providers/Textbooks/BrainAnatomy/BrainAnatomy.html).

　神経膠腫は神経膠細胞（細胞分裂可能な神経系の細胞）由来の悪性新生物であり，大抵大脳半球の上側に生じるが，脳の至る部分で生じうる (Alvord and Shaw 1991)．最もよく見られる神経膠腫は，異常に増殖した星状膠細胞に由来する星細胞腫である．悪性度（グレード）に応じて，星細胞腫はさらに複数のカテゴリーに分けられる[3]．星細胞種は最も悪性度が低く（最も低いグレード），退形成性星細胞腫は星細胞腫よりも悪性度が高く（中程度のグレード），（多形性）膠芽腫が最も悪性度が高い（最も高いグレード）．腫瘍のグレードは悪性度の高さを表し，顕微鏡下でがん細胞の中にどの程度退形成（すなわち細胞の振舞いや形態の異常）が見られるのかに基づいている．神経膠腫には大抵様々なグレードの細胞が含まれているが，最も高いグレード（最も悪性）の細胞によってその腫瘍のグレードが決まる．より低いグレードの細胞がその腫瘍の大半を占めているとしてもである．グレードの評価に関する臨床的な統一見解はまだない．

　一般的に，グレードが高い細胞であるほど，正常組織への浸潤がより可能であり，そのため悪性度が高い．しかしながら，浸潤能をもっていたとしても，神経膠腫が脳の外に転移することはめったにない．

　神経系に影響を及ぼすような悪性新生物をもつ患者の予後は多くの要素に依存する．予後を予測する際の最も重要な要素は，腫瘍の解剖学的位置や様々な治療法の有効性などを考慮に入れた，時空間的な浸潤の定量的評価である．

　本章で開発するモデルは患者の治療と実用的な関連があるので，現実的な医学モデルを構築する上で重要だと思われる，より詳細な医学的知識を導入する必要がある．

脳腫瘍の治療の難しさ

　神経膠腫の治療がなぜこれほど難しいのかを理解するために，膨大な実験研究といくつかの理論研究がなされてきた．他の多くの腫瘍と異なり，神経膠腫には高度なびまん性が見られることがある[4]．実験によれば，ラットの脳に腫瘍を移植してから 7 日以内に，神経膠腫細胞が中枢神経系の至る所で確認されたという (Silbergeld and Chicoine 1997)．最初にがん組織が移植された場所において，局所的に密な腫瘍増殖が見られたが，孤立した腫瘍細胞は中枢神経系の至る所で確認された (Silbergeld and Chicoine (1997), Silbergeld との私信 (1998))．ほとんどの神経膠腫の治療は，腫瘍塊を標的に局所的に行われるが，実際は，腫瘍の増殖や浸潤は至る所で起きている．

　神経膠腫の治療に通常用いられる手法は様々であり，主に化学療法，放射線療法，外科手術がある．切除術（手術によって到達可能な腫瘍を除去する方法）には惨憺たる歴史がある．切除断端から腫瘍増殖が

---

[3] （訳注）星状膠細胞系腫瘍は，悪性度に応じてびまん性星細胞腫，退形成性星細胞腫，膠芽腫の3つに分類される．本書での「星細胞腫」は，文脈に応じて星状膠細胞系腫瘍全体，あるいはその中で最も悪性度が低いびまん性星細胞腫を指して用いられている．

[4] （訳注）びまん性 (diffuse) とは，病変が広範囲に広がっている状態を指す．

再燃する現象は，神経膠腫の研究においてよく記述されてきた (例えば，Silbergeld and Chicoine (1997)，Woodward et al. (1996), Kreth et al. (1993), Kelly and Hunt (1994) やその中の参照文献を参照されたい)．実験家や理論家はどちらも，手術後の腫瘍再発は，離れた場所に浸潤したがん細胞があるためだと考えている (Chicoine and Silbergeld (1995), Silbergeld and Chicoine (1997))．（切除後にも残った）がん細胞の密度は切除断端で最大なので，この場所でがん細胞の再増殖が起こるのが最も妥当に思える．一方で，Silbergeld and Chicoine (1997) は，切除部位の損傷を受けた脳組織が，びまん性に浸潤した腫瘍細胞を集めるサイトカインを放出するという仮説を提示し，現在検証中である．しかし，どちらの解釈も，神経膠腫のびまん性に浸潤する性質が，切除部位での腫瘍再発の原因であるという点では一致している．異なる点は，前者が力学モデルであるのに対し，後者はより生化学的なモデルである点である．本章では外科手術の（基本的には非常に単純で，線形でさえある）モデルについて検証し，外科手術がなぜ大抵失敗するのかを示す．これから示すように，外科手術による余命の延長は微々たるものである．我々は，モデルの結果と予測を患者のデータと比較する．

本来，化学療法とは，腫瘍細胞に毒性を発揮する特殊な化学物質を用いる治療法である．しかし，脳は血液脳関門と呼ばれる複雑な毛細血管構造により，元々様々な化学物質から守られている．水溶性の薬剤やイオン，タンパクは血液脳関門を通過できないが，脂溶性の物質は通過できる．最近では，一時的に血液脳関門を破綻させるように設計された薬剤が開発されている．多くの化学療法が細胞周期依存的であり，細胞周期の特定の段階で薬剤が作用するように設計されている．Silbergeld and Chicoine (1997) では，腫瘍塊から離れて運動している腫瘍細胞は有糸分裂期に入らないため，細胞周期特異的な薬剤や標準的な放射線療法の効果に限界があることが観察されている．それのみならず，神経膠腫はしばしば不均一な腫瘍である．がん細胞の不均一性によく関連づけられる薬剤耐性ゆえに，がん細胞に到達した薬剤ですらその作用が妨げられる．1つのタイプの細胞が治療に対して感受性をもち，死滅しても，別のタイプの細胞が腫瘍内で優位を占めるべく待ち構えている．このような現象に対しては，薬剤耐性を獲得するような変異が細胞に入るのを考慮に入れたモデル，すなわち多クローンモデルが必要である．以下では，化学療法に対するそのようなモデルを記述・解析し，そこでも結果と患者のデータを比較する．

神経膠腫がもつ生物学的な複雑性が原因で，治療が困難になる．有効な（もしくはそのように思える）治療戦略を考える上では，腫瘍の増殖率や浸潤の特徴に関する情報は重要である．数理モデルは，悪性の神経膠腫の増殖と拡散に対して，外科的切除や化学療法，放射線療法（放射線によって腫瘍細胞を死滅させようとする手法）がどの程度有効なのかを定量化するのに役立つだろう．本章では，患者に対する，より良い（さらには最適な）治療計画を定める際に役立つことを目的として，脳腫瘍の治療に関する複数の側面に光をあてた．主目的は，特定の腫瘍に対する様々な治療戦略の効果を調べられるような対話型コンピュータモデルを開発することである．本章で記述する研究は，いくらかこの目的を達成する助けになると我々は信じている．しかしそうは言っても，上述の治療法の全てがほぼ失敗に終わっている．我々には，神経膠腫を治療する上での根本的に異なるアプローチが強く求められており，いくつかのアプローチは現在研究途上である．

11.2 神経膠腫の増殖と浸潤の基本的な数理モデル

あらゆる腫瘍と同様に，神経膠腫の生物学的，臨床的側面は複雑であり，その時空間的な増殖の詳細はまだそれほど明らかになっていない．したがって，モデルを立てる際には，いくつか大きな仮定を行わねばならない．その際に，1990年代初頭から共同研究を行っている E. C. Alvord 博士（ワシントン大学の神経病理学教授）による医学的助言を大いに利用した．彼の研究グループには大勢の学生とポスドクがおり，全員が以下に述べる参照文献（詳細な医学情報が与えられている）のいずれかに名を連ねている．ここで詳細に議論するのは，主に彼らの仕事とそれに関連した脳腫瘍の医学研究である．

本書の哲学に従い，妥当な限り最もシンプルなモデルから始め，徐々に複雑にしていく．最もシンプルな理論モデルは，腫瘍の増殖（大抵の場合，指数関数的，ゴンペルツ型，あるいはロジスティック型と仮定する）を考え，腫瘍内の細胞の総数のみを扱っている (Swan (1987), Marusic et al. (1994))．そのようなモデルでは，特定の解剖学的部位における細胞の空間的な配置や，がん細胞の空間的拡散は考慮されていない．がん細胞の空間的側面によって，腫瘍の浸潤性や見かけ上の境界が決まるので，腫瘍の増殖を見積もる際にそれは重要である．外科的切除によって期待される利益を推測するといった大抵の治療の場面では，腫瘍の浸潤の程度を定める必要がある (Alvord 1991)．本章で記述する仕事がなされる前までは，ヒトの神経膠腫が増殖し再発する様子を説明するためのシンプルなモデルさえなかったため，外科的切除による治療効果がなぜこれほどにも期待外れなのかを説明するのが困難であった (Nazzarro and Neuwelt (1990), Kreth et al. (1993))．ここで記述する研究の驚くべき側面の1つは，非常にシンプルな（線形）決定論的モデルによって，患者の治療に直接関係するような重要かつ有用な臨床的情報が得られる点である．

本節では，腫瘍増殖の時空間的ダイナミクスの数理モデルを開発する．重要なことであるが，患者の連続 CT 画像から得た臨床データや，それとは独立に行われた実験によって，がん細胞の増殖率や拡散係数などのモデルパラメータを評価できる．これについては化学療法に関する 11.10 節で記述する．そこでは，CT 画像によって何がわかり，どのようにしてそれを用いるのかも記述する．

いったん組織切片から浸潤の動態を再構築する方法を確立すれば，別の患者から得た同様のデータを用いて，増殖パターンや形状の異なる別の神経膠腫，そして様々な治療法（外科的切除，化学療法，放射線療法）の効果についても調べることができよう．増殖パターンとは，本来，様々な悪性度に分けられるような古典的腫瘍のみならず，「混合神経膠腫」や「多発生源神経膠腫」についても肉眼的・顕微鏡的な性質を規定するものである (Alvord 1992)．

これまでの数理モデリング (Tracqui et al. (1995), Cruywagen et al. (1995), Cook et al. (1995), Woodward et al. (1996), Burgess et al. (1997)) では，増殖と拡散という2つの性質を取り出すことで，治療を施した場合と施さなかった場合の神経膠腫の浸潤能を記述するための理論的枠組みが用いられた．ここでの拡散とは，神経膠腫細胞の活発な運動能を指す．これらのモデルにより，生死を決める上で腫瘍の増殖率よりも拡散のほうが重要であることが示された．*in vivo* の研究では，ラットに移植された悪性の神経膠腫細胞が白質線維束を経由して拡散し，移植した部位とは反対側の脳半球に急速に浸潤することが示された (Kelly and Hunt 1994, Silbergeld and Chicoine 1997)．白質中の神経膠腫細胞の拡散は灰白質中のそれとは異なり，より現実的なモデルではそのことも考慮されている．

基本モデルでは，神経膠腫の細胞集団の発展は，主に増殖と拡散によって支配されていると考える．そして，腫瘍細胞は指数関数的に増殖すると仮定する．これらの仮定は，患者が死亡するまでのタイムスケールにおいては，生物学的事実を妥当に反映している．壊死性中心（死滅した細胞が存在する領域）の形成が一部の神経膠腫では明らかに見られるが，増殖能が高く拡散能が低い腫瘍のみが，特に壊死の影響を強く受けると考えられる．我々はこれをモデルに含めないが，含めるように修整することはできるだろう．また，典型的なロジスティック型増殖モデルのほうが，厳密にはより正確だろうが，我々が最も興味があるのは，腫瘍の拡散する性質と医学的に意味のあるタイムスケールである．ロジスティック型増殖は容易に組み込めるだろう．（乳がんの場合には，Hart et al. (1998), Shochat et al. (1999) が，指数関数的な増殖モデルが妥当な近似ではないことを示している．）Silbergeld and Chicoine (1997) は，拡散によって腫瘍細胞の運動能をよく近似できるという考えを提唱した．神経膠腫の浸潤に関する非常に良い総説が Giese and Westphal (1996) によって与えられている．後で，*in vitro* で観察される細胞の分散のダイナミクスが，拡散によって適切にモデリングされていることを示す．

位置 $\bar{x}$，時刻 $\bar{t}$ における細胞数を $\bar{c}(\bar{x}, \bar{t})$ とする．基本モデルとして，次元を含む形式で，以下の保存

11.2 神経膠腫の増殖と浸潤の基本的な数理モデル

則を表す式を考える：

$$\frac{\partial \bar{c}}{\partial \bar{t}} = \bar{\nabla} \cdot \boldsymbol{J} + \rho \bar{c} \tag{11.1}$$

ここで ρ (/時間) は，増殖と死亡（すなわち損失）を含んだ，細胞の正味の増殖率を表す．細胞の拡散流束密度 $\boldsymbol{J}$ は，細胞の密度勾配に比例すると考えると

$$\boldsymbol{J} = \bar{D}\bar{\nabla}\bar{c} \tag{11.2}$$

となる．ここで $\bar{D}$ (長さ^2/時間) は脳組織中における細胞の拡散係数である．上述のように，この理論モデルでは脳組織を均一なものと考えるので，腫瘍細胞の拡散と増殖率は脳のどこでも一定であるとする．当然ではあるが，灰白質から白質への腫瘍浸潤を考慮する際にはこれは成立しない．拡散が一定であるとすると，支配方程式 (11.1), (11.2) は

$$\frac{\partial \bar{c}}{\partial \bar{t}} = \bar{D}\bar{\nabla}^2\bar{c} + \rho \bar{c} \tag{11.3}$$

となる．これから見ていくように，このモデルは，その元となる CT 画像によく合致しており，様々な治療戦略下での生存期間を驚くほど正確に予測できる (Tracqui et al. (1995), Cruywagen et al. (1995), Cook et al. (1995), Woodward wt al. (1996), Burgess et al. (1997))．以下で，モデルとその結果について詳細に議論する．このモデルは（全体を均して単純化する仮定を行ったことを考えると）驚くほど良い結果を与えるが，Swanson (1999), Swanson et al. (2000) によってなされたように，いまとなっては再考すべき根本的な単純化が含まれる．例えば，既存のモデルのほとんどでは，ある位置に神経膠腫細胞の湧き出しが存在するとしたときに，計算を単純化する（そして解剖学的な境界を無視する）ために，検出可能な細胞集団の「フロント」がその位置から対称的に広がると考えた．当然のことながら，臨床的・実験的観察に基づけば，実際には腫瘍が対称には増殖しないことが知られていた．ここで議論する最初のモデルは，組織の不均一性だけでなく，この観点も考慮している．

白質は，灰白質領域の間を神経膠腫細胞が浸潤する際の通り道としての役割を果たす．白質における神経膠腫細胞の拡散係数（運動性）は，灰白質のそれよりも大きい．*in vivo* の研究では，ラットに移植された悪性の神経膠腫細胞が白質線維束を経由して反対側の脳半球へと急速に浸潤する様子が確認された (Chicoine and Silbergeld (1995), Silbergeld and Chicoine (1997), Kelly and Hunt (1994))．我々がいま研究するモデルでは，組織の不均一性が細胞の拡散や腫瘍の増殖率に及ぼす効果を組み込むことによって，臨床的・実験的に観察されているような，肉眼的に確認できる腫瘍の境界の非対称性をより正確に再現できるようになる．

空間的非一様性のあるモデル

拡散 $\bar{D}$ を空間変数 $\bar{\boldsymbol{x}}$ の関数とすることで，モデルに空間的非一様性を組み込むことができ，それにより白質と灰白質の領域を分けて考えることができる．これより，式 (11.3) は

$$\frac{\partial \bar{c}}{\partial \bar{t}} = \bar{\nabla} \cdot (\bar{D}(\bar{\boldsymbol{x}})\bar{\nabla}\bar{c}) + \rho \bar{c} \tag{11.4}$$

となる．脳と脳室の解剖学的な境界にゼロフラックス境界条件を課す．すると，式 (11.4) を解くべき脳領域を B とすると，境界条件は ∂B 上の $\boldsymbol{x}$ について

$$\boldsymbol{n} \cdot \bar{D}(\bar{\boldsymbol{x}})\bar{\nabla}\bar{c} = 0 \tag{11.5}$$

である．ここで，$\boldsymbol{n}$ は B の境界 ∂B の単位法線ベクトルである．解剖学的に正確な脳——それを実際にいまから用いる——は形状が複雑なので，2 次元の場合でさえ，解析的に非常に難しく数値的にも非自明になる．我々は EMMA (Extensible MATLAB Medical Analysis) から得られた，解剖学的に正確な白

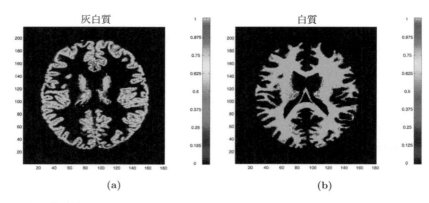

図 11.4 脳の水平断における，灰白質と白質の分布．図は Collins et al. (1998) が開発した EMMA (Extensible MATLAB Medical Analysis) を用いて作られた（下の図 11.10 の括弧内の説明を参照されたい）．

質と灰白質の分布データを用いて，2 次元と 3 次元の両方でこの問題を研究した．EMMA とは，マコーネル脳イメージングセンター（モントリオール神経学研究所）の Collins et al. (1998) により開発された，医療画像解析用のプログラムパッケージである．図 11.4 に，EMMA によって作成された，脳の水平断における白質と灰白質の分布の一例を示す．

2 次元モデルの場合は，Swanson (1999) が，白質と灰白質の領域をマッピングし，元の 2 次元モデル (11.3) を構築するための材料として用いられた CT 画像からの臨床データをシミュレーションした．当初の目的は，シミュレーションを行い，一様な脳組織を考えていた元のモデルよりも，定性的により厳密に CT 画像を再現できるようにすることであった．この単純化にもかかわらず，上述のように，様々な巨視的な医学的測定値や患者データと一致する結果が得られた．我々にとって特に興味があるのは，白質と灰白質の分布によって，神経膠腫の増殖や浸潤にどのような影響が生じるのかということである．

我々はまず，ラットの脳を解剖学的に単純化した領域を考える．この単純な場合の数値シミュレーションと解析結果を，ワシントン大学医学部の神経病理学教室の（我々の共同研究者である）Ellsworth Alvord Jr. 博士（神経病理学教室教授）と Daniel Silbergeld 博士（神経外科）が取得し解析した実験データと後で比較する．その後に，解剖学的に正確なヒトの脳領域に関するモデルを，2 次元と 3 次元の両方で詳細に考える．

まず，空間的非一様性を備えたモデルを無次元化し，いつものように系の実効パラメータ数を減らすことで，（単位は無視して）様々な項の相対的な重要性について何らかの見解を得よう．モデルに含まれる数量について大まかなイメージを与えると，小さな腫瘍の中には 10^{11} のがん細胞が存在し，拡散係数は $10^{-4}\,\mathrm{cm^2/日}$ のオーダーである．パラメータの評価は，後でいくつかの表に与える．

拡散係数は一定であるが，白質と灰白質の 2 組織間では異なるとする．したがって，我々が解くべきは

$$\frac{\partial \bar{c}}{\partial \bar{t}} = \bar{\nabla} \cdot (\bar{D}(\bar{\boldsymbol{x}})\bar{\nabla}\bar{c}) + \rho\bar{c}, \tag{11.6}$$

ただし

$$\bar{D}(\bar{\boldsymbol{x}}) = \begin{cases} D_w & (\bar{\boldsymbol{x}} \text{ が白質内の場合}) \\ D_g & (\bar{\boldsymbol{x}} \text{ が灰白質内の場合}) \end{cases} \tag{11.7}$$

である．∂B 上の $\bar{\boldsymbol{x}}$ において，ゼロフラックス境界条件

$$\boldsymbol{n} \cdot \bar{D}(\bar{\boldsymbol{x}})\bar{\nabla}\bar{c} = 0 \tag{11.8}$$

を課す．初期条件は $\bar{c}(\bar{\boldsymbol{x}},0) = \bar{f}(\bar{\boldsymbol{x}})$ とする．$\bar{f}(\bar{\boldsymbol{x}})$ をどのような関数にすべきかは後で議論する．

11.2 神経膠腫の増殖と浸潤の基本的な数理モデル

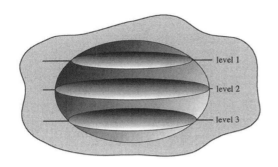

図 11.5 3つの高さでの理想的な CT 画像を示す．検出可能ながん細胞の3領域から，腫瘍の概形を再構築し，体積を概算できる．実際の CT 画像の一例を図 11.12 に示す．

以下のような無次元変数を導入する：

$$\boldsymbol{x} = \sqrt{\frac{\rho}{D_w}}\bar{\boldsymbol{x}}, \quad t = \rho\bar{t}, \quad c(\boldsymbol{x},t) = \frac{D_w}{\rho N_0}\bar{c}\left(\sqrt{\frac{\rho}{D_w}}\bar{\boldsymbol{x}}, \rho\bar{t}\right). \tag{11.9}$$

ここで $N_0 = \int \bar{f}(\bar{x})\,d\bar{x}$ は，モデル時刻 $\bar{t}=0$ における脳内の腫瘍細胞数を表す．これより式 (11.6) は

$$\frac{\partial c}{\partial t} = \nabla \cdot (D(\boldsymbol{x})\nabla c) + c, \tag{11.10}$$

ただし，

$$D(\boldsymbol{x}) = \begin{cases} 1 & (\boldsymbol{x} \text{ が白質内の場合}) \\ \gamma = \dfrac{D_g}{D_w} & (\boldsymbol{x} \text{ が灰白質内の場合}) \end{cases} \tag{11.11}$$

となる．また，$c(\boldsymbol{x},0) = f(\boldsymbol{x}) = (D_w/\rho N_0)\bar{f}(\sqrt{(\rho/D_w)}\bar{\boldsymbol{x}})$，および ∂B 上の $\boldsymbol{x}$ について $\boldsymbol{n}\cdot D(\boldsymbol{x})\nabla c = 0$ である．このような無次元化により，白質での拡散の空間スケールと腫瘍増殖の時間スケールを基準にして，拡散を考える．

さて，初期条件としてどのような関数が適当であるか，つまり $f(\boldsymbol{x})$ がどのような関数であるかを考えよう．理論上は，1つのがん細胞から腫瘍が生じるが，その最初のがん細胞がいつ出現するのかや初期のがん細胞の増殖の様式や拡散についてはわかっていない．最初に CT 画像を撮るときには既に，がん細胞の拡散によって，以前の（ことによると一様な）細胞の分布は損なわれていると仮定する．したがって，がん細胞は腫瘍の中心 $\boldsymbol{x}_0$ で細胞密度が最大値 a をとる正規分布に従う．つまり

$$c(\boldsymbol{x},0) = a\exp\left(\frac{-|\boldsymbol{x}-\boldsymbol{x}_0|^2}{b}\right) \tag{11.12}$$

である．ここで，b は腫瘍細胞の拡がりの指標である．

生存期間の解析的評価

臨床的には，腫瘍細胞の密度が非常に低い段階ではそれらを検出できない．CT 画像では，腫瘍の輪郭は，解像可能な一定のシグナルレベル以上の部位として定義され，それは細胞密度 c^*（約 40,000 個/cm^2）に対応する．この閾値を下回れば，がん細胞はイメージング技術では検出されない．典型的な連続 CT 画像は基本的には，腫瘍が存在する様々な高さで撮像した一連の脳画像である．それを基に，3次元での腫瘍の概形が構築される．図 11.5 は，3つの高さでの理想的な腫瘍の撮像の概念図である．これにより，腫瘍の大きさと，それに相当する球面半径を概算できる．11.10 節では，腫瘍の大きさや増殖の程度を定めるパラメータを評価するために，患者の CT 画像を直接用いているので参照されたい．

腫瘍の増殖率 ρ が一定で，拡散も一様 ($\bar{D}(\bar{x}) = D$) な場合，$\bar{x} = 0$ に N_0 個の初期がん細胞の湧き出しがある（デルタ関数で表される）とすると，空間 2 次元における方程式 (11.3) は，

$$\bar{c}(\bar{x}, \bar{t}) = \frac{N_0}{4\pi D \bar{t}} \exp\left(\rho \bar{t} - \frac{\bar{r}^2}{4D\bar{t}}\right) \tag{11.13}$$

を解にもつ．ここで $\bar{r}$ は軸対称動径座標である．検出可能な密度の閾値を $\bar{c}^*$ とすれば，そのときの腫瘍の輪郭の半径 $\bar{r}^*$ は，式 (11.13) において $\bar{c}(\bar{x}, \bar{t}) = \bar{c}^*$ とすることで，大きな t に対しては

$$\bar{r}^* = 2\sqrt{D\rho}\,\bar{t}\sqrt{1 - \frac{1}{\rho \bar{t}}\ln\left(4\pi D\bar{t}\frac{\bar{c}^*}{N_0}\right)} \sim 2\sqrt{D\rho}\,\bar{t} \tag{11.14}$$

と求まる．この式は当然ながら，軸対称のフィッシャー—コルモゴロフ方程式の放射進行波の漸近型であり，進行波の速度は $2\sqrt{D\rho}$ である（入門編第 13 章を参照されたい）．したがって，腫瘍が半径 $\bar{r}_{検出時}$ で検出され，半径 $\bar{r}_{死亡時}$ で致死的になるとすると，治療を行わない場合の生存期間は

$$生存期間 = \bar{t}_{死亡時} - \bar{t}_{検出時}$$
$$\approx \frac{1}{2\sqrt{D\rho}}(\bar{r}_{死亡時} - \bar{r}_{検出時})$$

と概算できる．この式は，D, ρ が生存期間を定める上で重要なパラメータであり，D か ρ のいずれかが増加すると生存期間が短縮することを示す．腫瘍が検出される平均半径（あるいは相当半径 (equivalent radius)）は 1.5 cm，致死的な半径は 3.0 cm と評価されている (Burgess et al. 1997)．検出可能な腫瘍の半径と致死的な腫瘍の半径の評価は，臨床的な観察結果を平均したものにすぎない (Blankenberg et al. 1995)．そのため評価幅はかなり広い．これらの推定半径を用いると，治療を行わない場合の生存期間はおおよそ $3/(4\sqrt{D\rho})$ となる．このモデルにより，グレードの高い腫瘍の場合（パラメータ値は 11.5 節の表 11.5 で与えられている），治療を行わない場合の生存期間はおおよそ 200 日であると評価される．この値は，膠芽腫を治療した場合の平均生存期間が 6 カ月から 12 カ月であるという観察結果と整合する (Alvord 1991)．

式 (11.9) で定義された無次元変数を用いると

$$r^* = 2t\sqrt{1 - \frac{1}{t}\ln \psi t}, \quad \psi = 4\pi \frac{D\bar{c}^*}{\rho N_0} \tag{11.15}$$

である．パラメータ ψ の値に依存して，観察される腫瘍半径が時間経過に伴い単調増加するか，あるいは，がんが生じてからその進行が画像で見えるまでの間に遅延が生じる．この遅延の期間は，しばしば確立相 (establishment phase) と呼ばれる．基本的には，腫瘍が拡散し始めるまでの確立に要する時間のことである．

確立相の長さ t_e は，式 (11.15) において単に $r^* = 0, t = t_e$ とおくことで計算でき，

$$t_e = \ln \psi t_e \tag{11.16}$$

である．確立相は $\psi > e$ の場合にのみ存在する．曲線 $\psi = e^{t_e}/t_e$ を描くと $t_e = 1$ のときに最小値 e をとるので，$\psi > e$ のときにのみ解が存在することに注意すれば即座にわかる．これにより，全てのパラメータに関する関係式が定義でき，実験の観察結果とモデルのパラメータとを関連づけるのに役立つ．式 (11.16) より，ψ の増加に伴い確立相の長さは増加し，$\psi \propto D/\rho$ であることから，D/ρ の増加に伴い確立相の長さは増加する．

ψ を固定すると，検出可能な無次元腫瘍半径 r^* は単一の曲線として与えられる．したがって，比 D/ρ（すなわち ψ）を固定した上で，グレードの高い腫瘍（つまり ρ, D が大きい）とグレードの低い腫瘍（ρ, D が小さい）を考えてみよう．検出可能な腫瘍半径 r^* はどちらのグレードの腫瘍でも同様に大きくなる

11.3 *in vitro* での腫瘍の拡散：パラメータの評価

が，グレードの低い腫瘍が致死的な大きさになるまでにかかる時間はグレードの高い腫瘍よりも長い．ψ が固定されていると，空間的な浸潤の特徴は同じだが，それが生じるタイムスケールは大いに異なりうる．

非一様な環境における空間的拡散は主に生態学の文脈で研究されてきた．例えば，Cantrell and Cosner (1991) は，非一様な環境に生息する個体群の動態を，増殖率が空間的に変化するような拡散ロジスティック型方程式によりモデリングした．彼らは，好適・不適パッチの空間配置が，環境全体での適合性に及ぼす影響に関心があった．Cruywagen et al. (1996) は，空間非一様な環境に反応拡散モデルを用いて，遺伝子組換え生物が分散するリスクをモデリングした．拡散率と環境収容力が空間周期的に変動する場合に，生物が外部環境へと侵入する条件が決定された．彼らの研究は第 1 章で議論した．Shigesada and Kawasaki (1997) は生物学的侵入に関する著書で，空間的に変動する区分的に一定な拡散係数に従う場合の分散を議論している．その際，好適パッチと不適パッチの並びからなる環境を仮定している．彼らは，拡散とロジスティック型増殖を空間周期的にした場合に，周期的な進行波解が存在することを示している．

不均一な領域における脳腫瘍の空間的拡散に関しては，Swanson (1999) が，灰白質の無限領域の中に白質の小さな $O(\varepsilon)$ の領域が埋め込まれているような空間領域において，モデル方程式 (11.10), (11.11) の 1 次元解析を行った．境界条件は，灰白質と白質の境界において細胞密度と細胞の流束が連続であるとした．白質の拡散係数は灰白質のそれよりも大きいので，解析的に確認されたように，漸近的な観点からは，$\varepsilon \ll 1$ の下で白質における細胞密度はほぼ一定であると直観的に予想できるだろう．

11.3 *in vitro* での腫瘍の拡散：パラメータの評価

in vivo での振舞いを特徴づけるために，*in vitro* での実験がしばしば用いられる．必然的に，いくつかのパラメータ値は，そのような *in vitro* での実験結果から評価される．実験データからパラメータを評価する根底には，モデリングの手法やモデルそのものがこれらの実験に当てはまるという一般的な仮定がある．本節では，パラメータの評価を行うための 2 つの実験を考える．患者に施行しうる治療について予測する上で，パラメータの評価は特に重要なので，いくらか詳細に議論する．

正常な神経膠細胞の運動率は非常に低いが (Silbergeld and Chicoine 1997)，神経膠腫細胞は異常に高い運動率を示しうる (Chicoine and Silbergeld (1995), Giese et al. (1996a, b, c), Giese and Westphal (1996), Pilkington (1997a, b), Silbergeld and Chicoine (1997), Amberger et al. (1998), Giese et al. (1998))．微速度顕微鏡撮影 (time-lapse video microscopy) などの技術を用いて，Chicoine and Silbergeld (1995) は，*in vivo* と *in vitro* で脳腫瘍細胞の運動性と浸潤能を定量化した．その結果，*in vitro* におけるヒト神経膠腫細胞の平均線速度は $12.5\,\mu$m/時，*in vivo* における最小線速度は $4.8\,\mu$m/時であった．

Chicoine and Silbergeld (1995) による *in vitro* での実験：細胞の運動性

Chicoine and Silbergeld (1995) は「放射状ディッシュアッセイ (radial dish assay)」として知られる，腫瘍細胞の運動性を調べるアッセイを開発した．基本的には，直径 8 cm のシャーレの中心に置かれた直径 2 cm のディスクに，2×10^4 個の細胞を培養する．細胞分裂は阻害されており，シャーレを顕微鏡で毎日観察することで，細胞集団が空間的に拡散する様子がわかる．前述のモデルはこの実験に当てはまるので，*in vitro* での神経膠腫細胞の拡散係数を評価するためにそのモデルを用いることができる．

今回の実験の状況下では増殖は起こらないので $\rho = 0$ であり，拡散の非一様性はないため $\bar{D}(\bar{x}) = D$ である．すると（放射対称な）次元付きモデル (11.3) は

$$\frac{\partial \bar{c}}{\partial \bar{t}} = D \bar{\nabla}^2 \bar{c} \qquad (11.17)$$

となり，ゼロフラックス境界条件は $\bar{r} = R_0$ において

$$\bar{\boldsymbol{n}} \cdot \bar{\nabla} \bar{c}(\bar{r}, \bar{t}) = 0 \tag{11.18}$$

となる．ここで R_0 はシャーレの半径であり，今回のアッセイでは $R_0 = 4\,\mathrm{cm}$ である．最初細胞は，シャーレ中心の半径 R の円領域に一様に分布しているので

$$\bar{c}(\bar{r}, 0) = \bar{c}_0 H(R - \bar{r}) \tag{11.19}$$

である．ここで，H はヘビサイド関数であり，Chicoine et al. (1995) では $R = 1\,\mathrm{cm}$ である．細胞分裂が阻害されているため，細胞の増殖は起こらず，シャーレ上の細胞の総数 $N = \bar{c}_0 \pi R^2$ は実験を通して不変である．

さて，

$$\boldsymbol{x} = \frac{\bar{\boldsymbol{x}}}{R_0}, \quad t = \frac{D}{R_0^2}\bar{t}, \quad c(\boldsymbol{x}, t) = \frac{\bar{c}\left(\frac{\bar{\boldsymbol{x}}}{R_0}, \frac{D}{R_0^2}\bar{t}\right)}{\bar{c}_0} \tag{11.20}$$

とおいて，モデルを無次元化する．ここで $N = \bar{c}_0 \pi R^2$ は $t = 0$ における腫瘍細胞数である．放射対称の無次元モデルには動径座標 r のみが含まれ，

$$\begin{aligned} \frac{\partial c}{\partial t} &= \frac{\partial^2 c}{\partial r^2} + \frac{1}{r}\frac{\partial c}{\partial r} \quad (0 < r < 1) \\ c(r, 0) &= H(\lambda - r), \quad \frac{\partial c}{\partial r} = 0 \ (r = 1) \end{aligned} \tag{11.21}$$

となる．ここで $\lambda = R/R_0$ である．放射状ディッシュアッセイの実験では $\lambda = 1/4$ である．

細胞密度 $c(r, \theta, t)$ の漸近近似

シャーレが十分に大きい ($R_0 \gg R$) と仮定できるならば，式 (11.13) に $\rho = 0$ を代入することで，無限領域における単純拡散方程式の解を見積もることができる．しかし，$\lambda = 1/4$ は小さくないので，より正確な近似を行う必要がある．

式 (11.21) の解はベッセル関数を含む古典的なもので，標準的な手法で求められる．例えば Kevorkian (1999) や Carslaw and Jaeger (1959) を参照されたい．その解は，半径 r_0 の円環の細胞に対する基本解を 0 から λ まで積分することで得られる．

我々は主に t が大きい場合に興味があるので，必要なのは解の漸近近似のみである．半径 r_0 の円環の細胞に対する解は

$$c_{\mathrm{ring}}(r, t; r_0) = \frac{1}{4\pi t} \exp\left(-\frac{r^2 + r_0^2}{4t}\right) I_0\left(\frac{rr_0}{2t}\right) \tag{11.22}$$

で与えられる．ここで I_0 は変形ベッセル関数である．$rr_0/2t$ が小さいとき，漸近的にこの解は

$$c_{\mathrm{ring}}(r, t; r_0) \sim \frac{1}{4\pi t} \exp\left(-\frac{r^2 + r_0^2}{4t}\right) \left\{1 + \frac{1}{4}\left(\frac{rr_0}{2t}\right)^2 + O\left(\left(\frac{rr_0}{2t}\right)^4\right)\right\} \tag{11.23}$$

と近似される．$r_0 = 0$ のときには，当然ではあるが，原点の1点のみに細胞の湧き出しがある場合の厳密解が得られる．

半径 R の円板上に細胞が分布しているので

$$c(r, 0) = H(\lambda - r) = 2\pi \int_0^\lambda c_{\mathrm{ring}}(r, 0; r_0)\, r_0\, dr_0$$

11.3 *in vitro* での腫瘍の拡散：パラメータの評価

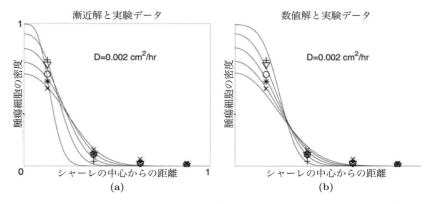

図 11.6 *in vitro* での実験から得られた細胞密度（Chicoine and Silbergeld (1995) より）と，(a) 漸近近似 (11.24) および，(b) 式 (11.22) の数値解との比較（Swanson (1999) より）．細胞密度は，混合神経膠腫細胞に対する放射状ディッシュアッセイから観察された結果である．漸近近似は厳密には t がほどほどで，r が小さい（つまり $r\lambda/2t$ が小さい）場合にのみ成立する．各々の曲線は，実験における観察時刻の違い（$t = 24, 48, 72, 96, 120$ 時）に対応する．

である．これと近似式 (11.23) を組み合わせると，円板状の初期条件の下で，式 (11.21) の解は，$v = r\lambda/2t$ が小さいとき

$$c(r,t) = 2\pi \int_0^\lambda c_{\text{ring}}(r,t;r_0)\, r_0\, dr_0 \\
\sim e^{-\frac{r^2}{4t}}\left(1 - e^{-\frac{\lambda^2}{4t}}\right) + \frac{r^2}{4t}e^{-\frac{r^2}{4t}}\left\{1 - \left(1 + \frac{\lambda^2}{4t}\right)e^{-\frac{\lambda^2}{4t}}\right\} + \cdots \tag{11.24}$$

となる．Chicoine and Silbergeld (1995) の実験では $v = r/8t$ である．

さて，神経膠腫細胞の拡散係数を *in vitro* で評価するために，近似解 (11.24) を用いる．r が小さく，t が $O(1)$ かそれよりも大きいときに，最も正確な推定値が得られると予想される．図 11.6(a) は，Chicoine and Silbergeld (1995) による放射状ディッシュアッセイでの実験的な測定結果，および，$D = 0.002\,\mathrm{cm}^2/$時 の場合の（次元型の）漸近解 (11.24) を，様々な実験時刻において描いたものである．Swanson (1999) は，$D = 0.002\,\mathrm{cm}^2/$時 として式 (11.22) の数値解析を行った．その結果と図 11.6(a) と同一の実験データを，図 11.6(b) に示す．2 つの図を比較すると，パラメータの推定値を定める上で漸近近似 (11.24) が非常に正確であることがわかる．

初期移植片からの細胞の平均距離 $\langle r \rangle$ の漸近近似

Chicoine and Silbergeld (1995) は，放射状ディッシュアッセイを用いて神経膠腫細胞の原点からの平均距離 $\langle r \rangle$ も計算した．$\langle r \rangle$ を定めるためには，全ての r に対する解を積分しなければならない．漸近解 (11.24) は，$r\lambda/2t$ が小さい場合にのみ厳密に妥当だが，$r\lambda/2t$ は任意の大きな r に対して小さな値にはならない．したがって，$\langle r \rangle$ を完全に計算しなければならない．

時間 t における細胞の分布を $c(r,t)$ とすると，細胞の原点からの平均半径 $\langle r \rangle$ は

$$\langle r \rangle = \frac{\int_0^\infty r^2 c(r,t)\,dr}{\int_0^\infty r c(r,t)\,dr} = \frac{2}{\lambda^2}\int_0^\infty r^2 c(r,t)\,dr \tag{11.25}$$

で与えられる．ここで $c(r,t)$ は式 (11.24) の積分式で与えられる．(11.25) は積分式として与えられており，t が大きい場合と小さい場合について近似する．それには，小さなパラメータや大きなパラメータを

含む積分を評価するためにラプラス法を直接適用し，いくらか計算する必要がある（例えば，教育的な議論については Murray (1984) を参照されたい）．t が小さい場合，$A = 1/4t$ を用いて

$$\langle r \rangle \sim \frac{3+2A\lambda^2}{6A\lambda}\left\{1+\mathrm{erf}\left(\sqrt{A}\lambda\right)\right\} - \frac{5}{6\lambda^2\sqrt{A^3\pi}} + \frac{5+2A\lambda^2}{6\sqrt{\pi}A\lambda^2}e^{-A\lambda^2}$$
$$= \frac{6t+\lambda^2}{3\lambda}\left\{1+\mathrm{erf}\left(\frac{\lambda}{2\sqrt{t}}\right)\right\} - \frac{20}{3\lambda^2}\sqrt{\frac{t^3}{\pi}} + \frac{10t+\lambda^2}{3\sqrt{\pi}\lambda^2}e^{-\frac{\lambda^2}{4t}} \qquad (11.26)$$
$$\sim \frac{2\lambda}{3} + \frac{4t}{\lambda} + \cdots \qquad \left(A = \frac{1}{4t} \to \infty\right)$$

を得る．

$t \to 0 \, (A \to \infty)$ のとき，$\langle r \rangle$ は $2\lambda/3$ に漸近し，それは細胞の初期分布における厳密な（無次元）平均半径に一致する．

t が大きい場合（A が小さい場合）の平均半径は

$$\langle r \rangle = \sqrt{\pi t}\left(1 + \frac{\lambda^2}{16t} - \frac{\lambda^4}{768t^2} + \cdots\right) \qquad (11.27)$$

で与えられる．t が大きいときには，細胞の湧き出しが原点の1点にある場合の半径に，平均半径が収束する．つまり $\langle r \rangle = \sqrt{\pi t}$（次元型では $\langle \bar{r} \rangle = \sqrt{\pi D t}$）である．これが意味することは，長時間経過すると，拡散によって細胞が十分に拡がるため，初期分布がわからなくなるということである．しかしながら，長時間経過する場合には，シャーレの境界効果が重要になる．Chicoine and Silbergeld (1995) の実験では，シャーレ内の細胞は増殖が阻害されているので，$t \to \infty$ では細胞密度が一様定常状態 $c \to \lambda^2$（次元型では $\bar{c} \to \bar{c}_0\lambda^2$）へと近づく．したがって，長時間経過した後の細胞の振舞いに対するより正確な漸近的評価として，この定常状態を用いて平均半径を計算すればよい：

$$\langle r \rangle = \frac{2}{\lambda^2}\int_0^\infty r^2 c(r,t) dr \to \frac{2}{\lambda^2}\int_0^1 \lambda^2 r^2 dr = \frac{2}{3}. \qquad (11.28)$$

これが，シャーレの実験における長時間経過後の極限値である．実験結果と比較すると，t が小さい場合の近似は良いが，どちらの近似も非常に正確というわけではない．

Chicoine and Silbergeld (1995) は実際には，ここで行ってきたのとは少し異なる方法で「平均半径」を計算した．半径 R の初期細胞の円環の内部に含まれる細胞の寄与を無視したのである．すなわち，式 (11.25) の積分範囲の下限である 0 を単に λ に置換した．この新たな「平均半径」を $\langle r^* \rangle$ と表すと，

$$\langle r^* \rangle = \frac{\int_\lambda^\infty r(r-\lambda)c(r,t)dr}{\int_\lambda^\infty rc(r,t)dr} = \frac{2\pi}{1-\lambda^2}\int_\lambda^\infty r(r-\lambda)c(r,t)dr \qquad (11.29)$$

をみたす．$\langle r \rangle$ に対して行ったのと同様の近似法を用いて，Swanson (1999) は，t が小さい（A が大きい）場合に

$$\langle r^* \rangle \sim \frac{2\pi t^2}{1-\lambda^2} + \frac{40}{3(1-\lambda^2)}\sqrt{\pi t^3} + \cdots \qquad (11.30)$$

であることを示した．実験においては，$R = 1\,\mathrm{cm}$ が $\lambda = 1/4$ に相当することを思い出されたい．

膠芽腫細胞は 96 時間以内にシャーレの縁に到達する様子が観察されており，図 11.7(c) において t が大きい場合には，漸近近似の結果が実際の値よりも過剰に大きくなっている．

t が小さい場合のみ厳密には妥当であるような漸近式 (11.30) を用いて，実験の観察結果から計算される平均半径 $\langle r^* \rangle$ をプロットしたものを図 11.7 に示す．この図は，退形成性星細胞腫，混合膠腫，多形性膠芽腫の拡散係数が，それぞれ $1.6 \times 10^{-4}\,\mathrm{cm}^2/$時，$2 \times 10^{-3}\,\mathrm{cm}^2/$時，$3 \times 10^{-3}\,\mathrm{cm}^2/$時 と評価されることを示す．したがって，悪性度が増すにつれ，細胞の運動性が増すことがわかる．実際，*in vitro* では，

11.3 *in vitro* での腫瘍の拡散：パラメータの評価

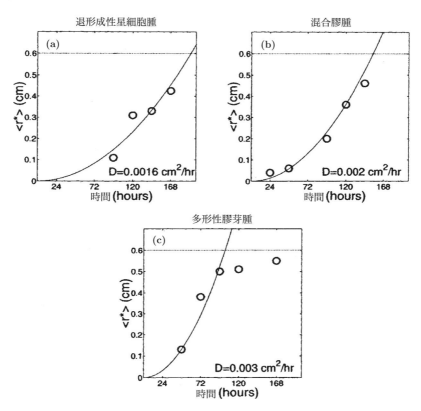

図 11.7 式 (11.30) による平均半径 $\langle r^* \rangle$ の漸近近似を時刻に対して示す．(a) 退形成性星細胞腫 ($D = 1.6 \times 10^{-3}\,\mathrm{cm^2/}$時)，(b) 混合膠腫 ($D = 2 \times 10^{-3}\,\mathrm{cm^2/}$時)，(c) 多形性膠芽腫 ($D = 3 \times 10^{-3}\,\mathrm{cm^2/}$時)．一様な定常状態解は，$t \to \infty$ のときに式 (11.31) から得られる $\langle r^* \rangle$ である (Swanson (1999) より)．

グレードが高い膠芽腫の運動性は，グレードが中程度の退形成性星細胞腫の運動性のおよそ 2 倍であることが示唆される．

図 11.7 を見ると，膠芽腫の場合，$\bar{t} > 96$ 時間 では，漸近展開の式 (11.30) からの値が実際の平均半径よりも過剰に大きくなることがわかる．これは，膠芽腫細胞は非常に速く運動するため 96 時間以内にシャーレの縁に到達でき，そのため境界の効果が重要になるという，Chicoine and Silbergeld (1995) の観察結果からも予想されることである．一方，退形成性星細胞腫や混合膠腫の場合，96 時間以内にはシャーレの縁に到達できない．

$\langle r \rangle$ の計算からは，シャーレ中の腫瘍細胞集団には定常状態極限が存在した．すなわち，長時間経過すると $c \to \lambda^2$ であった．この定常状態が $\langle r^* \rangle$ の極限値に及ぼす影響を計算でき，$t \to \infty$ のとき

$$\langle r^* \rangle \to \frac{\int_\lambda^1 r(r-\lambda)\lambda^2 dr}{\int_\lambda^1 \lambda^2 r\, dr} = \frac{2 - 3\lambda + \lambda^3}{3(1-\lambda^2)} \tag{11.31}$$

である．この極限値は図 11.7 に示されており，図 11.7(c) では，漸近近似 (11.30) を用いた場合に多形性膠芽腫細胞の $\langle r^* \rangle$ が過大評価されることが明らかである．

Giese et al. (1996a, b, c) の in vitro での実験：細胞の運動性と増殖

前述のように，灰白質よりも白質のほうが神経膠腫細胞の運動性は高い．Giese et al. (1996b) は in vitro の実験で，白質の重要な構成成分であるミエリンにおいて，神経膠腫細胞の運動性が増加することを記述した．彼らの実験は Chicoine and Silbergeld (1995) の実験に似るが，40 時間から 100 時間というより短いタイムスケールの実験であった．また重要な相違点は，実験中に細胞が増殖しうることである．彼らは，腫瘍細胞の半径が増加する様子を表にまとめた．さらに，細胞を初めに移植する領域を，Chicoine and Silbergeld (1995) の実験よりも小さくした．以上より，この実験をモデリングする上で

$$\frac{\partial \bar{c}}{\partial \bar{t}} = \bar{D}\bar{\nabla}^2 \bar{c} + \rho \bar{c} \quad (\bar{r} \leq R_0). \tag{11.32}$$

がより適切であると予想される．ここで，R_0 は細胞が運動できるディッシュの半径であり，ラプラス作用素は軸対称である．ゼロフラックス境界条件は，$\bar{r} = R_0$ において

$$\boldsymbol{n} \cdot \bar{\nabla}\bar{c}(\bar{r}, \bar{t}) = 0 \tag{11.33}$$

である．ただし，$\boldsymbol{n}$ はディッシュの縁における外向きの法線ベクトルである．最初は，原点の 1 点に N 個の細胞の湧き出しがあるので

$$\bar{c}(\bar{r}, 0) = N\delta(\bar{r}) \tag{11.34}$$

である．R_0 が十分大きいならば，解は近似的に式 (11.13) のようになる．すなわち

$$\bar{c}(\bar{r}, \bar{t}) \sim \frac{N}{4\pi D\bar{t}} \exp\left(\rho \bar{t} - \frac{\bar{r}^2}{4D\bar{t}}\right) \tag{11.35}$$

である．

実験データから拡散係数を評価するために，フィッシャー―コルモゴロフ近似を用いる．入門編第 13 章で詳細に研究した空間 1 次元のフィッシャー―コルモゴロフ方程式の場合，D と ρ をそれぞれ拡散係数と線形増殖率として，進行波の速度は $v = 2\sqrt{\rho D}$ で与えられるのを調べた．したがって，増殖と拡散のみで支配される個体群は，長時間経過した後には $2\sqrt{\rho D}$ の速度で拡散する．式 (11.32)–(11.34) が 2 次元系の場合，ディッシュを無限領域と近似できるくらいに境界 R_0 が原点から離れていれば，腫瘍細胞密度は式 (11.35) で与えられる．腫瘍細胞密度が検出レベル c^* を超えている領域は，実験により追跡できるので，これを直前の方程式に代入して D について解くことで

$$D = \frac{\bar{r}^2}{4\bar{t}}(\rho \bar{t} - \ln(4c^*\pi D\bar{t}/N))^{-1}$$
$$\approx \frac{\bar{r}^2}{4\rho \bar{t}^2} \quad (\rho \bar{t} \gg \ln \bar{t} \text{ より，大きな } \bar{t} \text{ に対して成立})$$

を得る．

検出可能な領域のフロントの速度を $v = \bar{r}/\bar{t}$ とすると，

$$D \approx \frac{v^2}{4\rho} \tag{11.36}$$

となる．したがって，白質と灰白質における拡散係数 $D_w = v_w^2/4\rho$, $D_g = v_g^2/4\rho$ を，実験により観察される各々の線速度 v_w, v_g に関連づけることができる．拡散係数の推定値を導くためには，腫瘍細胞の増殖率を定める必要がある．では，この近似式 (13.36) を実験結果に対して用いよう．

ここで警告を喚起する．これまでの導出から，フィッシャー―コルモゴロフ近似による評価では，線速度が大きく増殖率が非常に低い場合，灰白質と白質での腫瘍細胞の拡散係数が非常に高くなることが示唆

11.3 in vitro での腫瘍の拡散：パラメータの評価

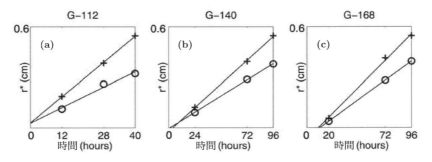

図 11.8 3種の膠芽腫の細胞株について，Giese et al. (1996b) が実験的に観察した，検出可能な半径 $\langle r^* \rangle$ のモデルによる予測値．(a) G-112, (b) G-140, (c) G-168. 用いた基質は，○では細胞外基質，＋では白質ミエリンである（Swanson (1999) より）．

表 11.1 図 11.8 に示された Giese et al. (1996a) のデータに対して，線形最小二乗法を用いて得られた回帰直線の傾きによって定義された，検出可能な腫瘍半径の速度 v. このデータにより，今回の実験の条件下では，ECM の拡散係数とミエリンのそれとが2倍から3倍異なることが示唆される．

セルライン	ミエリン上の線速度 (cm/時)	ECM上の線速度 (cm/時)	ミエリンとECMの拡散係数の比
	v_m	v_{ECM}	D_m/D_{ECM}
G-112	2.6×10^{-3}	1.5×10^{-3}	3.00
G-140	1.9×10^{-3}	1.3×10^{-3}	2.14
G-168	3.5×10^{-3}	2.5×10^{-3}	1.96

される．以下で示すように，一般的に腫瘍の増殖率と運動率は悪性度と（正の）相関をもつため，線速度の大きな腫瘍細胞集団は非常に高い増殖率をもちうる（少なくとも小さくはない）．もちろん，ρ が小さく D が大きいグレードが中程度の腫瘍が，ρ が（もし増加したとしても）わずかにしか増加せず，D はいっそう増加するような部分集団を生み出すことはあるかもしれない．

Giese et al. (1996b) は，ミエリン上での細胞集団の経時的な拡散範囲を測定した．すなわち，検出可能な閾値 c^* が与えられ，検出可能な腫瘍細胞領域の半径が時間の関数として記録された．式 (11.14) より，t が大きい場合には，検出可能な腫瘍細胞集団の半径 r^* は

$$r^* \sim 2\sqrt{D\rho}\, t \tag{11.37}$$

で与えられる．図 11.8 は，3種の膠芽腫の細胞株 (G-112, G-140, G-168) について Giese et al. (1996b) が実験的に観察した，検出可能な半径の経時的なデータに，線形最小二乗法を適用したものである．直線の傾きは $2\sqrt{\rho D}$ に等しいようにした．したがって，増殖率 ρ の推定値を用いることにより，データに対する線形最小二乗法の結果から，拡散係数 D の値を算出できる．

図 11.8 に示した回帰直線の傾きを表 11.1 に示す．ミエリン上，あるいは対照である細胞外基質 (ECM) の上を細胞が運動する際に，ρ は変化しないと仮定すれば，表 11.1 の傾きを用いることで，ECM とミエリンにおける拡散係数の関係を導くことができる．ECM 上の細胞の拡散係数と線速度をそれぞれ D_{ECM}, v_{ECM} で表す．同様に，ミエリン上の細胞の拡散係数と線速度をそれぞれ D_m, v_m で表す．各々の線速度は，

$$v_{ECM} = 2\sqrt{\rho D_{ECM}}, \quad v_m = 2\sqrt{\rho D_m} \quad \Rightarrow \quad \frac{D_m}{D_{ECM}} = \left(\frac{v_m}{v_{ECM}}\right)^2 \tag{11.38}$$

をみたす．表 11.1 に与えた線速度の値から，ECM での拡散係数に対するミエリンでの拡散係数の比は，

表 11.2 検出可能な腫瘍半径の ECM における速度 v_{ECM} と増殖率 ρ に関する，Giese et al. (1996b) の実験結果．v_{ECM}, ρ より，フィッシャー―コルモゴロフ近似 $D = v^2/4\rho$ を用いて拡散係数が評価される．各列でわずかに実験条件（細胞に与えるウシ胎児血清の量）が異なる．

実験番号	ECM 上の速度 v_{ECM} (cm/時)	増殖率 ρ (1/日)	拡散係数 D_{ECM} (cm^2/時)
1	6×10^{-4}	0.075	3×10^{-5}
2	1.2×10^{-3}	0.1	9×10^{-5}
3	1.55×10^{-3}	0.2	7×10^{-5}
4	1.15×10^{-3}	0.575	10^{-5}

表 11.3 中程度のグレード（退形成性星細胞腫）から高いグレード（多形性膠芽腫）の神経膠腫に対する in vitro でのパラメータ推定値（Swanson (1999) より）．

パラメータ	文字	値の範囲	単位
ECM における線速度	v_{ECM}	$0.6 \sim 2.1 \times 10^{-3}$	cm/時
ミエリンにおける線速度	v_m	$1.8 \sim 3.0 \times 10^{-3}$	cm/時
ECM における拡散係数	D_{ECM}	$1.0 \sim 9.0 \times 10^{-5}$	cm^2/時
ミエリンにおける拡散係数	D_m	$0.2 \sim 2.0 \times 10^{-4}$	cm^2/時
正味の増殖率	ρ	$0.075 \sim 0.575$	/日

およそ 2 であることがわかる．D_{ECM} を灰白質における拡散係数と考えると，白質における拡散係数は灰白質におけるそれの 2 倍であると推測できる．in vitro での実験条件は in vivo で観察される条件とは異なるが，この結果から，灰白質と白質の拡散係数では少なくとも 2 倍の差があることが予想される．

あらゆる実験結果に言えることだが，シャーレにおいて観察される振舞いが，in vivo での振舞いに類似するのかに関しては疑問がある．この問題に対処するために，しばしば幅広い実験条件が検討される．表 11.2 に，Giese et al. (1996b) による別の実験結果を示す．表 11.2 の各列は，実験条件（細胞に与えるウシ胎児血清の量）がわずかに異なっている．血清濃度が（実験 1 から実験 4 へと）増加するにつれ，腫瘍細胞の増殖率は増加するが，運動性は最大値に達した後減少に転じる．様々な実験条件から，t が大きいときの波の速度に対するフィッシャー―コルモゴロフ近似から得られる拡散率の近似，つまり $2\sqrt{\rho D}$（式 (11.37) を t に関して微分したもの）を用いて，$D = v^2/4\rho$ から膠芽腫細胞の拡散係数を算出する．

では，上述の結果を全て考慮し，in vitro での神経膠腫細胞のパラメータ推定値を定めよう．上述の in vitro での実験条件から得られた様々な推定値を，表 11.3 にまとめる．

11.4 ラットの脳における腫瘍の浸潤

in vivo での腫瘍の拡散のダイナミクスを調べるために，ラットがよく用いられる．神経膠腫の場合，典型的にはラットの脳の皮質に腫瘍を移植する．するとその腫瘍は増殖し，拡散する．しばらくの後，マウスを殺し，腫瘍のダイナミクスを見積もる．ラットを用いた神経膠腫の実験から，腫瘍細胞の最小線速度の推定値が得られる．神経膠腫細胞は直線的に移動するわけではないが，ラットの死亡時に，初めに移植した場所から離れた場所で腫瘍細胞が発見されれば，その距離を移動する最小線速度が得られる．細胞密度の検出閾値が非常に低い場合，この線速度は，腫瘍の検出可能半径の拡大する速度に相当すると考えられる．ラットにおける in vivo での腫瘍細胞のダイナミクスを記述するモデル方程式は，11.2 節で導出した空間非一様なモデルであり，次元型は方程式 (11.4) で与えられている．

11.4 ラットの脳における腫瘍の浸潤

表 11.4 ラットのモデルに対してフィッシャー―コルモゴロフ近似 (11.36) と D. L. Silbergeld との私信 (1998) により得られた線速度，Alvord and Shaw (1991) により得られた倍増時間を用いることで導かれたパラメータの推定値．

パラメータ	文字	値の範囲	単位
灰白質における線速度	v_g	36 ± 12	μm/時
白質における線速度	v_w	70 ± 15	μm/時
灰白質における拡散係数	D_g	$0.008 \sim 3.3$	cm^2/日
白質における拡散係数	D_w	$0.032 \sim 12.0$	cm^2/日
腫瘍倍増時間	t_d	$0.25 \sim 12$	カ月
正味の増殖率	ρ	$0.001 \sim 0.1$	/日

ラットの脳における *in vivo* でのパラメータの評価

微速度顕微鏡撮影などの技術を用いて，Chicoine and Silbergeld (1995), Silbergeld and Chicoine (1997) は，ラットにおける脳腫瘍細胞の運動性と浸潤能を *in vivo* で定量化した．その結果から，ラットにおける *in vivo* での最小線速度は $4.8\,\mu$m/時 である．

我々は特に，白質領域と灰白質領域におけるパラメータ値の違いに興味がある．灰白質と白質における平均線速度 v_g, v_w は，それぞれ $36\,\mu$m/時, $70\,\mu$m/時 であることが示されている (D. L. Silbergeld との私信 1998)．これらの値は前節の推定値よりも大きいが，運動性を評価するための新たな実験技術が進歩していることを示す．このことは，最も信頼できるパラメータ推定値を定める際の，現在進行中の問題を浮き彫りにする．理論的には最良の技術であったとしても，日々革新する実験技術に頼らざるをえないため，パラメータ推定値が変化するのは避けられない．

神経膠腫細胞は直線的には拡散しないので，神経膠腫の運動性をモデリングする際にランダムウォークを用いる．線速度 v，増殖 ρ，およびランダムウォーク拡散 D を関連づけるために，Burgess et al. (1997) も行ったように，再び式 (11.36) のフィッシャー―コルモゴロフ近似 $D \approx v^2/4\rho$ を用いる．今回も，白質と灰白質の拡散係数 $D_w = v_w^2/4\rho, D_g = v_g^2/4\rho$ を，実験的に観察される線速度 v_w, v_g に関連づける．拡散係数の推定値を求めるためには，腫瘍細胞の増殖率を定める必要がある．Alvord and Shaw (1991) は，*in vivo* で神経膠腫が 2 倍になるのに要する時間は 1 週間～1 カ月であるとしている．結果として得られた，ラットにおける *in vivo* でのパラメータ推定値を，表 11.4 に示す．これらと（前節で述べた）フィッシャー―コルモゴロフ近似を用いると，増殖率が非常に小さく線速度が大きい場合は，灰白質と白質のどちらにおいても腫瘍細胞の拡散率の推定値は非常に大きくなる．前述のように，増殖率と運動能は悪性度と一般的に（正の）相関をもつので，腫瘍細胞集団の線速度が大きいほど，増殖率は大きくなりうる（少なくとも小さくはない）．したがって，表 11.4 に与えられた，非常に値の大きな拡散係数は正確とは言えないかもしれない．

ラットの脳における腫瘍の浸潤の数値シミュレーション

治療を行わない場合の腫瘍の浸潤に関する初期研究 (Burgess et al. 1997) では，脳を均一なものとみなしていた．Swanson (1999) は，白質と灰白質という脳の不均一性を導入することで，腫瘍の浸潤能が増加することを調べた．まず，図 11.9 に描かれたような単純なラットの脳の形状に注目した．彼女は説明のために，白質での拡散係数は灰白質での拡散係数の約 10 倍であると仮定した．表 11.4 のパラメータ推定値から，白質での拡散係数は灰白質での拡散係数の 2 倍から 100 倍であることが実験的にわかって

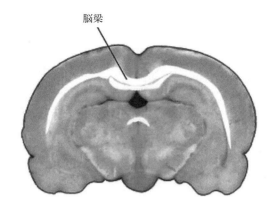

図 11.9 ラットの脳の冠状断におけるトポロジー. 白質は白く見え, 灰白質は濃い灰色に見える. 脳梁は左右の大脳半球を結ぶアーチ型の白質線維である. 脳の幅は約 1.5 mm である (Toga et al. (1995) を複写).

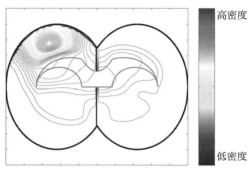

図 11.10 小さな腫瘍を導入し, モデルに従って拡散させた. 白質線維路を経由して浸潤が明らかに増している. 脳梁は急速にがん細胞で埋め尽くされる. モデルのパラメータは $D_g = 1.3 \times 10^{-3} \mathrm{cm}^2/$日, $D_w = 10 D_g$, $\rho = 1.2 \times 10^{-2}/$日 である (Swanson (1999) より). スケールは元々はカラーだったもの (低密度では青色で, 密度が大きくなるにつれて黄色, 赤色となる) を白黒コピーしたものである. 外側の線から腫瘍の中心に向かって密度が大きくなっている.

いる.

腫瘍細胞は脳梁を通じて反対側の大脳半球へと浸潤することが, 広く認められている. 図 11.9 に示すより単純なラットの脳の冠状面において, 左右の大脳半球を結ぶアーチ型の密な白質線維束が脳梁である. シミュレーションの際には, ラットの脳の脳梁を図 11.10 の曲線で囲まれる定領域 (一対の角のように見える領域) で近似する.

予備的なシミュレーションでは, 図 11.11(a)–(d) に示すように, ブーメラン型の脳梁と灰白質皮質とが, 脳梁から放射状に伸びる白質線維により接続されている. 脳梁は白質線維の厚い束であることを思い出されたい. 脳梁から皮質へと走る線維路は, 脳梁よりもはるかに狭い. これらの線維路は脳梁から伸びる直線として表されている. ヒトの脳においては, 皮質と脳梁を繋ぐ (曲線状の) 路の一部が, がん細胞の通った後の細い路として確認されている. Swanson (1999) は, 11.2 節で論じたゼロフラックス境界条件および連続性, 保存則の下で, 式 (11.10), (11.11) で定義されるモデル系のシミュレーションを行い, このような細い線維路や脳梁があることにより, 腫瘍の浸潤がどのくらい促進されるのかを示した. これらの線維路は, 腫瘍細胞がより遠くの領域へとより速く移動するのを助けることで, 腫瘍の浸潤を促進する. Giese and Westphal (1996) の総説には, ヒトの脳において脳梁が腫瘍の拡散を促進する例がいくつか示されている.

小さな腫瘍を導入し, それがモデルに従って増殖・拡散する場合のシミュレーション結果を, 図 11.10 に示す. 白質が存在することで, 腫瘍がより遠くの領域まで浸潤でき, 浸潤能が劇的に増加する様子が示されている. 比較的短時間で腫瘍細胞は脳梁を事実上埋め尽くし, それはヒトの脳において実験的に, そして臨床的にも観察されていることである (Giese and Westphal (1996) を参照されたい).

実験において一般的に指摘されていることであるが, 腫瘍細胞は脳梁を横切って左右に移動する. 神経膠腫細胞が選択的に脳梁の白質繊維束に沿って移動する傾向があると考えられているのは, この左右方向

11.5 ヒトの脳における腫瘍の浸潤

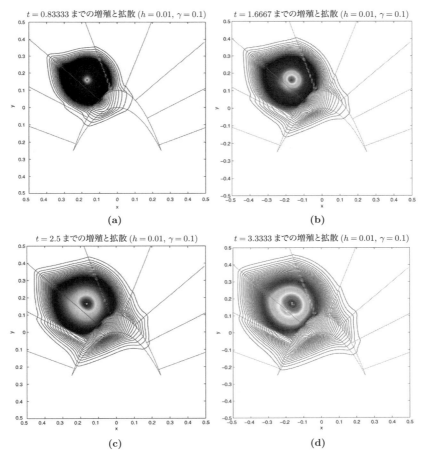

図 11.11 白質からなる脳梁が存在する場合の，ラットの脳のモデルのシミュレーション．パラメータ値：$D_g = 1.3 \times 10^{-3} \mathrm{cm}^2/$日, $D_w = 10 D_g$, $\rho = 1.2 \times 10^{-2}/$日, (a) $t \approx 0.83$, (b) $t \approx 1.67$, (c) $t \approx 2.5$, (d) $t \approx 3.3$ (Swanson (1999) より).

の浸潤のためである（例えば Giese and Westphal (1996) を参照されたい）．図 11.10 のシミュレーションは，脳梁を横切って腫瘍の境界が側方へと移動するためには，拡散の非等方性が不要であることを示している．白質と灰白質で拡散係数が異なることが，ある種の異方性であると論じることも可能である．この左右方向の浸潤は，脳梁付近における脳の物理的構造によっていっそう増大する——脳梁の下部にある脳室と，上部にある皮質の裂溝とが，左右方向の浸潤を容易にする．

図 11.11 は，図 11.9 に示す空間非一様な灰白質と白質の分布に沿った解剖学的境界があるラットの脳に対して，シミュレーションを行ったものである．ラットの脳の皮質領域の制約により，腫瘍細胞は境界付近に集積している．さらに，脳梁の位置は脳室と皮質の間にあるため，脳梁を通じた反対側の半球への浸潤はさらに増加することが期待される．

11.5 ヒトの脳における腫瘍の浸潤

単純な形状をしているラットの脳は，皮質が平坦なヒト胎児の脳トポロジーの良きモデルである．複雑な形状をしている大人のヒトの脳では，我々がラットの脳の形状で見てきた効果が増強されるだけである．灰白質と白質が不均一に分布しているために，境界効果が増大し，浸潤のパターンがより複雑になる

と予想される．さて，ヒトの脳の形状に対してモデルを適用することを議論し，仮想的な腫瘍が導入された場合に，それが非一様に拡散することによる影響を調べる．

腫瘍の浸潤に関する我々のモデルをヒトの脳に適用する上で大いなる役割を果たしたのが，前述した Brain Web データベース[*1](Collins et al. 1998) と EMMA である．簡単に言えば，EMMA (Extensible MATLAB Medical Analysis) とは医療画像を扱うためのツールである．Brain Web データベースは，MRI シミュレーターを用いて構築されたものであり，脳内の白質と灰白質の分布を $181 \times 217 \times 181$ のグリッドで3次元空間上に示したものである．圧縮された画像を MATLAB 上で視覚化するために構築されたデータベースであり，それにより画像をうまく処理し分析できる．本節では，Swanson et al. (2000) によって提唱されたモデル系 (11.10), (11.11) の数値シミュレーションについて述べる．提示のしやすさを考慮し，ここでは2次元スライスに対する結果を示す．3次元での研究も行われており，そのいくつかは後述する．

パラメータの評価

パラメータの評価は，中程度から高いグレードの星細胞腫（多形性膠芽腫）のデータを用いて行われている．高いグレードの星細胞腫は，全星細胞腫の約 50% を占め，星細胞腫は，全原発性脳腫瘍の約 50% を占める (Alvord and Shaw 1991)．

神経膠腫が倍増する時間の評価として，Alvord and Shaw (1991) による1週間〜12カ月という値を用いる．したがって，高グレードの星細胞腫が増殖する際には，60 日という倍増時間に対応する増加率 $\rho = 0.012$/日 で増加すると考える．

前節では，ラットにおける in vitro と in vivo での神経膠腫細胞の顕著な運動性について議論し，モデルのパラメータを評価するために，Chicoine and Silbergeld (1995), Silbergeld and Chicoine (1997) の実験データを用いた．

ヒトの脳のモデルでは，白質と灰白質領域におけるパラメータ値の違いに興味がある．実際には，患者において腫瘍が増殖したり浸潤したりする様子を示すデータは，CT や MRI などの医療画像から得られる．前述したように，これらの医療画像によって，腫瘍の検出可能な部分の輪郭がおおよそわかる．図 11.5 は理想的な CT 画像の形式であるが，実際の CT 画像ははるかに不鮮明である．この研究は元々，退形成性星細胞腫の患者の末期の1年における CT 画像の解析から始まった．患者は，11.10 節で詳細に議論するような，様々な化学療法や放射線療法を受けた．そのような CT 画像の一例を図 11.12 に示す．

前節と同様に，フィッシャー—コルモゴロフ近似を用いて，線速度 v と増殖率 ρ から D を近似する．すると，実験的に観測される線速度 v_w, v_g に対して，それぞれ $D_w = v_w^2/4\rho$, $D_g = v_g^2/4\rho$ が成り立つ．そこで，実際の患者のデータから v_w, v_g を定めなければならない．患者の脳にて腫瘍が浸潤する様子を知る上で最も利用しやすい情報は，CT や MRI などの走査画像によって得られる．灰白質と白質における腫瘍のフロントの速度を測定するために，元のモデル（図 11.12 を参照されたい）の開発に用いた CT 画像を用いる．右半球では，検出可能な腫瘍の縁は 180 日で 1.5 cm 動いた (Tracqui et al. 1995, Woodward et al. 1996)．つまり平均速度は $v = 8.0 \times 10^{-3}$ cm/日 である．増殖率は $\rho = 0.012$/日 であるので，フィッシャー—コルモゴロフ近似より，拡散係数は $D = v^2/4\rho = 1.3 \times 10^{-3}$ cm^2/日 である．深層の大脳核（右半球の灰白質）の付近まで浸潤していたので，この値を灰白質の拡散係数と関連づけることにする．つまり $v_g \approx 8.0 \times 10^{-3}$ cm/日 (Tracqui et al. 1995), $D_g \approx 1.3 \times 10^{-3}$ cm^2/日 である．CT 画像より，腫瘍の縁が脳梁（白質）を横切る際の速度は，（主に）灰白質を進む際の速度の2倍から3倍であったので，$v_w > 2v_g \approx 1.6 \times 10^{-2}$ cm/日, $D_w > 4D_g \approx 4.2 \times 10^{-3}$ cm^2/日 と評価する．シミュ

[*1] http://brainweb.bic.mni.mcgill.ca/brainweb/

11.5 ヒトの脳における腫瘍の浸潤

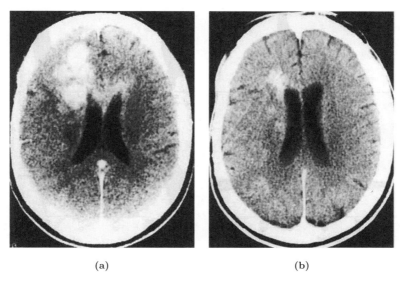

図 11.12 化学療法と放射線療法を受けた退形成性星細胞腫の患者の末期 1 年間の CT 画像．左側の画像は右側の画像の約 180 日後に撮影された（画像は Tracqui et al. (1995) より）．

表 11.5 高いグレードのヒト神経膠腫の患者データから得られたパラメータ推定値（Swanson (1999) より）．

パラメータ	文字	値の範囲
灰白質における線速度	v_g	8.0×10^{-3} cm/日
白質における線速度	v_w	$> 1.6 \times 10^{-2}$ cm/日
灰白質における拡散係数	D_g	1.3×10^{-3} cm^2/日
白質における拡散係数	D_w	$> 4.2 \times 10^{-3}$ cm^2/日
腫瘍倍増時間	t_d	2 カ月
正味の増殖率	ρ	1.2×10^{-2}/日

レーション上では，白質の拡散係数が灰白質のそれの 5 倍であると一般に仮定し，$D_w = 5D_g$ であるとする．

（2 次元空間における）原点からの 2 乗平均平方根 (RMS) 距離を用いて，個々の神経膠腫細胞の線速度から拡散係数を評価できる．すなわち

$$\langle \bar{r}^2 \rangle = 4D\bar{t}$$

である．この定義には増殖が含まれていないので，腫瘍の輪郭の拡大に関する実験データを用いてこの数式から計算した D の値は，実際の拡散係数よりも大きく見積もられてしまうだろう．$\bar{t}$ が大きい場合にのみ妥当であるが，フィッシャー―コルモゴロフ近似による推定値のほうが神経膠腫の拡散係数のより正確な値を近似できるだろう．高いグレードの神経膠腫において，（患者のデータを元に）評価されたパラメータ値は表 11.5 に列挙されている．

モデル系の数値シミュレーション：仮想的な腫瘍の浸潤

解剖学的に正確な領域においてモデル系を解くには，非常に複雑な計算を要する．我々のシミュレーション (Swanson (1999), Swanson et al. (2000)) では，様々な腫瘍のグレードに応じて ρ, D の値を 10 倍変化させた．つまり，グレードが高い腫瘍であれば ρ, D の値は大きく，グレードが中程度の腫瘍であ

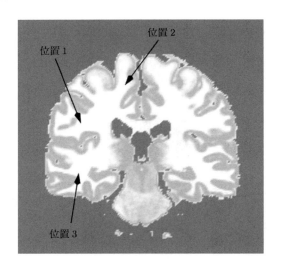

図 11.13 コンピュータ上の領域に腫瘍の位置を示す．灰白質と白質はそれぞれ灰色と白色に見える．位置 1 は前頭頭頂の下方領域であり，位置 2 は前頭頭頂の上方領域，位置 3 は側頭葉である．

れば ρ の値が大きく D の値が小さいか，ρ の値が小さく D の値が大きく，グレードが低い腫瘍であれば ρ, D の値は小さい．Woodward et al. (1996) は，様々なタイプの神経膠腫の増殖と浸潤において，このようなパラメータ値の変化の範囲がとてもよく一致していることに気づいた．数値シミュレーションを行うことで，任意の場所に源を発し，初期状態の大きさも任意である仮想的な腫瘍の浸潤を追跡できる．

図 11.13 は，我々がモデルシミュレーションを行う領域として EMMA によって得られた，ヒトの脳の冠状断である．図では，白質と灰白質はそれぞれ白色と灰色に見える．我々が特に考える，腫瘍の存在する 3 つの場所が図 11.13 に示されている．位置 1 は前頭頭頂の下方領域であり，位置 2 は前頭頭頂の上方領域，位置 3 は側頭葉である．これらの場所のそれぞれにおいて，グレードが異なる 4 種類の腫瘍を考え，増殖率 ρ と拡散係数 D の値が 10 倍異なるとする．4 種類の腫瘍とは，グレードが高い腫瘍（ρ, D の値が大きい），グレードが中程度の腫瘍（ρ の値が大きく D の値が小さい，または，ρ の値が小さく D の値が大きい），グレードが低い腫瘍（ρ, D の値が小さい）である．

腫瘍の初期位置の関数としての腫瘍の浸潤

図 11.13 で明らかなように，脳組織の構成や皮質の形状が不均一であるために，腫瘍塊の位置によって，浸潤のダイナミクスは大きく変わりうる．その腫瘍のグレードが与えられても，つまり ρ, D が固定されても，図 11.14〜11.16 に見られるように，腫瘍がどこに存在するかによって浸潤の度合が変わる．また，局所的に灰白質と白質がどのように分布しているのかや，解剖学的境界への近さにも浸潤の度合は依存している．

図 11.15 は，脳内の位置 2（図 11.13 で定義されている）にある高いグレードの腫瘍（ρ, D の値が大きい）のシミュレーション結果を表している．図 11.15(a) は，造影 CT において検出可能な腫瘍の部分がどの部位にあるかを表している．ここで，検出可能な腫瘍，つまり腫瘍のうち検出閾値を超えた部分が，直径 3 cm の円に相当する面積になったときに診断されると仮定する．はっきりと限局して存在しているように見える腫瘍だが，検出能を 20 倍高め（数学的には，閾値は任意の正の値に設定できる），1 cm^2 あたり 500 個の細胞が検出できる状態にすると，図 11.15(b) のように，右脳葉を越えて，脳梁を横切り，反対側の半球にまで劇的に腫瘍が浸潤しているのがわかる．140 日後，患者が死亡したときに撮られた造影 CT における，検出可能な腫瘍の部分を図 11.15(c) に示す．ここで，検出可能な腫瘍（ここでも，これは検出閾値を超えた密度をもつ腫瘍の一部である）が直径 6 cm の円に相当する大きさになったときに，患者に死が訪れると仮定している．検出能を 500 個/cm^2 まで高めると，現在の造影 CT の技術では認めら

11.5 ヒトの脳における腫瘍の浸潤

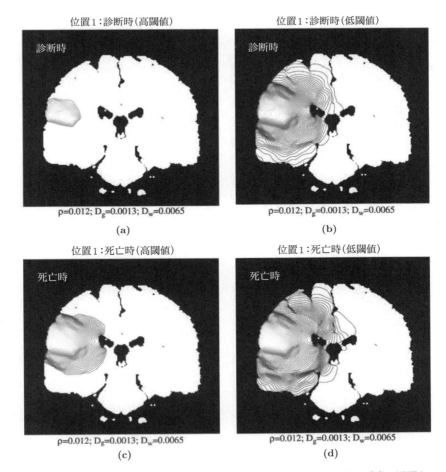

図 11.14　大脳半球の下方領域の位置 1 に高グレードの神経膠腫がある場合の腫瘍の浸潤をシミュレーションした．(a), (b) 診断時．(c), (d) 死亡時．(a), (c) は CT 画像で見られた通りのものであり，(b), (d) は細胞密度の検出閾値を CT で検出できる（境界）閾値の 5% にして計算したものである（Swanson et al. (2000) より）．（図 11.10 の括弧内の注釈を参照されたい．）

れなかった周囲に広がる浸潤が図 11.15(b), (d) にはっきりと示されている．図 11.15(b), (d) は，腫瘍が浸潤している範囲を全て表しているというわけではなく，理論上の画像処理技術に関連する検出能の向上の結果を表していることに注意されたい．

また，Swanson (1999) は，図 11.13 における位置 3 に高いグレードの腫瘍が最初に位置していた場合の腫瘍の浸潤のシミュレーション結果と，Burger et al. (1988) が検死時に脳全体を顕微鏡で解析した，臨床的に観察される浸潤の結果を比較した．そして，図 11.16(b), (d) に示されているシミュレーション上の高グレード腫瘍の CT 閾値下の浸潤の様子が，（検死の結果と）類似していることがわかった．

腫瘍の位置の関数としての未治療の場合の生存期間

表 11.6 は，4 種類のグレードの仮想的な腫瘍について，腫瘍の位置が生存期間にどのような影響を与えるのかを示すものであり，増殖率 ρ や拡散係数 D_g, D_w の値は，グレードによって 10 倍の開きがある．

表 11.6 において，診断が下されるのは，検出可能な腫瘍が $1.5^2\pi\,\mathrm{cm}^2$ の大きさになったとき，つまり半径 $1.5\,\mathrm{cm}$ の円に相当する大きさに腫瘍が増殖したときであると定義している．また，患者が死亡する

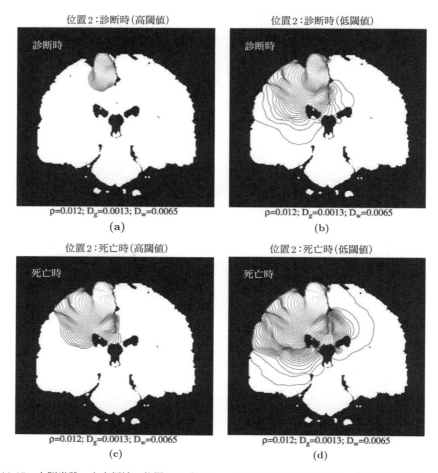

図 11.15　大脳半球の上方領域の位置 2 に高グレードの神経膠腫がある場合の腫瘍の浸潤をシミュレーションした．(a), (b) 診断時．(c), (d) 死亡時．(a), (c) は CT 画像で見られた通りのものであり，(b), (d) は細胞密度の検出閾値を CT で検出できる（境界）閾値の 5% にして計算したものである（Swanson et al. (2000) より）．（図 11.10 の括弧内の注釈を参照されたい．）

表 11.6　図 11.13 に与えられているようなヒトの脳の様々な場所に様々なグレードの神経膠腫が存在するとした場合の生存期間．それぞれのグレードの腫瘍において，白質の拡散係数 D_w は灰白質の拡散係数 D_g の 5 倍である（Swanson (1999) より）．

グレード	増殖率 $\rho(1/日)$	灰白質での拡散係数 D_g $(cm^2/日)$	生存期間 t_s (日) 位置		
			1	2	3
高い (HH)	1.2×10^{-2}	1.3×10^{-3}	109.7	137.5	172.7
中程度 (HL)	1.2×10^{-2}	1.3×10^{-4}	398.2	494.9	581.9
中程度 (LH)	1.2×10^{-3}	1.3×10^{-3}	55.5	259.3	347.2
低い (LL)	1.2×10^{-3}	1.3×10^{-4}	1097.2	1375.0	1726.9

11.5 ヒトの脳における腫瘍の浸潤

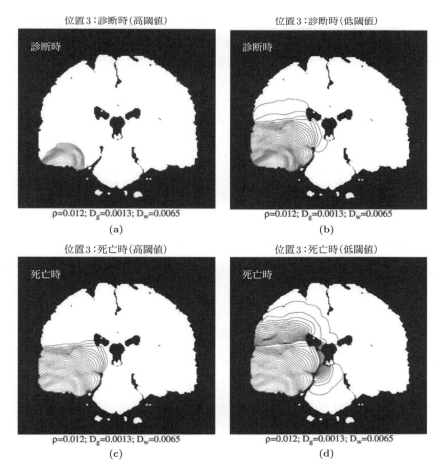

図 11.16 側頭葉の位置 3 に高グレードの神経膠腫がある場合の腫瘍の浸潤をシミュレーションした. (a), (b) 診断時. (c), (d) 死亡時. (a), (c) は CT 画像で見られた通りのものであり, (b), (d) は細胞密度の検出閾値を CT で検出できる (境界) 閾値の 5% にして計算したものである (Swanson et al. (2000) より). (図 11.10 の括弧内の注釈を参照されたい.)

のは, 検出可能な腫瘍が $3^2\pi\,\text{cm}^2$ の大きさになったとき, つまり半径 3.0 cm の円に相当する大きさに腫瘍が増殖したときであると定義している. 臨床的に定義できる生存期間 t_s は, 診断が下されてから死亡するまでの時間である. 表 11.6 に列挙されている各グレードの腫瘍において, 白質の拡散係数を灰白質のそれの単純に 5 倍にしていることに注意されたい. また, 側頭葉に腫瘍が位置している場合には, 診断が下された後の未治療の場合の生存期間が長いことにも注意されたい.

脳組織が均一であり, 拡散係数がどこでも一定であるという仮定の下で, 11.2 節で生存期間の近似値を得た. すなわち

$$\text{生存期間} \approx \frac{1}{2\sqrt{D\rho}}(\bar{r}_{\text{死亡時}} - \bar{r}_{\text{検出時}}) \tag{11.39}$$

である. この近似値と表 11.6 の結果を大まかに比較できる. $\bar{r}_{\text{死亡時}} - \bar{r}_{\text{検出時}} = 1.5\,\text{cm}$ であるとし, 高グレードの腫瘍の場合を考えよう. つまり, 増殖率は $\rho = 1.2 \times 10^{-2}$/日 であり, 拡散係数, つまり灰白質と白質間の運動性は $1.3 \times 10^{-3} \leq D \leq 6.5 \times 10^{-3}\,\text{cm}^2$/日 であるとする. 式 (11.39) を用いると, 生存期間の推定値は 85 日から 190 日となる. 低グレードの腫瘍の場合, つまり, 増殖率は $\rho = 1.2 \times 10^{-3}$/日 であり, 拡散係数は $1.3 \times 10^{-4} \leq D \leq 6.5 \times 10^{-4}\,\text{cm}^2$/日 であるとすると, 生存期間の評価は 849 日から 1899 日となる. これらの推定値の上限の値は, 表 11.6 の値 (位置 3 に存在する高グレード腫瘍お

よび低グレード腫瘍の生存期間の値）とかなり近い．一般的に，この非常に大まかな評価は，2つ（灰白質と白質）の拡散係数のうち小さいほうの値を用いれば，飛び抜けて非現実的にはならない．Burgess et al. (1997) は，球対称な完全な3次元モデルを解き，高グレードの腫瘍の場合 ($\rho = 1.2 \times 10^{-2}$/日, $D = 1.3 \times 10^{-3}\,\mathrm{cm^2}$/日) には生存期間が179日であり，低グレードの腫瘍の場合 ($\rho = 1.2 \times 10^{-3}$/日, $D = 1.3 \times 10^{-4}\,\mathrm{cm^2}$/日) には余命期間が1796日であるという結果を得た．この概算を一様な条件下での結果と比較すると，きわめてよく一致している．位置3に腫瘍が存在する場合の生存期間の予測が最も長いが，他の位置に腫瘍が存在する場合には（一様な条件下で得られた）予測値は生存期間をかなり過大評価している．高グレード腫瘍が位置1に存在する場合にはおよそ50%，低グレード腫瘍が位置1に存在する場合にはおよそ85%値を大きく見積もっている．

図11.13から，側頭葉の白質の形状によって腫瘍細胞が深層の大脳核（灰白質）に入りやすくなっており，それによって位置3からの腫瘍の浸潤が抑制され，最も予後が良くなっていることがわかる（表11.6を参照せよ）．同様に，図11.13と図11.15を比較すると，位置2に存在する腫瘍は脳の上部と内側には制限されており，放線冠と脳梁の白質に直接接触していることがわかる．位置1の腫瘍は最も予後が悪いが，これは，放線冠の白質に近接しており，解剖学的境界との相互作用が小さく，横方向に浸潤する際しか制限されないからである．

予想されたように，表11.6の結果は，グレードが高い神経膠腫は一般に最も予後が悪いが，グレードが低い神経膠腫は最も予後が良く，グレードが中程度の神経膠腫は前の2つの腫瘍の中間程度の生存期間であることを示唆する．しかしながら，グレードが中程度の神経膠腫でも，増殖率が高いタイプの腫瘍のほうが拡散係数が高いタイプの腫瘍よりも予後が良く，位置1に存在する拡散係数が高いタイプの腫瘍は，位置1に存在するグレードが高い腫瘍よりも予後がさらに悪い．これから，増殖率よりも拡散能のほうが，より強力な予後予測因子であることが示唆される．とは言うものの，患者を元気づけられる予後などないのだが．

さて，腫瘍のグレードと位置に基づいて，理論的な生存曲線を評価しよう．各グレードの腫瘍において，増殖率 ρ と運動性 D の値を，表11.6に掲載されている値から $\pm 50\%$ 変化させる．これにより，増殖率と拡散係数の値の組合せが異なる4種類のグレードそれぞれに対して，9人の仮想的な患者が定義される．腫瘍の存在する場所が異なる場合の生存期間が図11.17に与えられている．各グレードの腫瘍に対して3本の曲線があり，神経膠腫と診断された未治療の仮想的な患者9人の生存期間を示すものである．図11.17(a) は，増殖率 ρ と拡散係数 D の値が大きい，グレードが高い腫瘍 (HH) の場合である．それとは正反対に，グレードが低い腫瘍 (LL) の場合が図11.17(d) に示されている．ρ, D の組合せが，大きい/小さいタイプの腫瘍 (HL) と小さい/大きいタイプの腫瘍 (LH) の場合が図11.17(b), (c) に示されている．側頭葉（位置3）に存在する腫瘍は一貫して予後が最も良いことに注意されたい．曲線は非常に似ているように見えるが，それぞれの図のタイムスケールは大きく異なる．我々の知る限りでは，臨床データを比較に用いることはできない．なぜならば，我々がシミュレーションを行っている腫瘍は未治療だからである．（様々な治療も考慮に入れたモデルは後で議論する．）しかしながらいまでは，前述したように，外科的切除を行った後においても，神経膠腫の存在する場所の違いに関係した臨床的な結果の違いを見出すことができる．

予想されたことではあるが，拡散係数が大きくなり，増殖率が減少するにつれて，造影CTによって検出できる腫瘍の割合が減少する．増殖率を固定すると，拡散係数が大きくなるにつれて，より遠くまで腫瘍細胞は移動する．したがって，拡散によって，神経膠腫細胞の空間的な分布が平坦になるのである．拡散係数を固定すると，増殖率が小さくなるにつれて，腫瘍細胞が検出レベルにまで増殖する見込みが小さくなる．興味深いことに，増殖率と拡散係数の比を固定すると（ただし ρ, D は変化できる），検出可能な腫瘍の割合は固定する．このような関係性は，拡散係数と増殖率のパラメータを独立に評価することが非現実的な個々の患者の事例を調べる上では，非常に重要になりうる．

11.5 ヒトの脳における腫瘍の浸潤

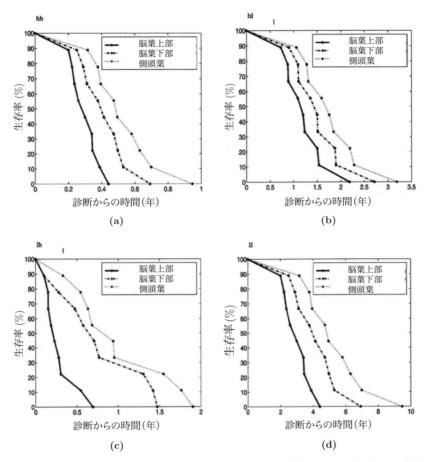

図 11.17 様々なグレードの未治療の神経膠腫に対する理論的な生存曲線. (a) 増殖率 (ρ) と拡散係数 (D_g, D_w) が大きい高グレードの腫瘍. (b) 増殖率 (ρ) が大きく拡散係数 (D_g, D_w) が小さい中程度のグレードの腫瘍. (c) 増殖率 (ρ) が小さく拡散係数 (D_g, D_w) が大きい中程度のグレードの腫瘍. (d) 増殖率 (ρ) と拡散係数 (D_g, D_w) が小さい低グレードの腫瘍.

我々は検出閾値として 40,000 個/cm^2 という腫瘍細胞密度を用いている. この閾値を超えていれば,腫瘍は造影 CT で観察できるが, 下回っていれば観察できない. 神経膠腫は拡散する性質があるので, 現在利用できるイメージング技術では, 実際の腫瘍のごく一部しか「検出」できない. これは, Chicoine and Silbergeld (1995) や Silbergeld and Chicoine (1997) が, 腫瘍塊から遠く離れた, 組織学的には正常な脳から腫瘍細胞を培養したことにより実証されてきた.

数理モデリングを行うことのメリットは, 理論的に任意のパラメータを変えることができ, その効果を分析することにより, 仮想的な実験のシミュレーションを行える点である. 我々のモデルの検出閾値を数学的に減少させることで, 医療画像における検出能を高めることの有用性を視覚化できる. 図 11.18 は, 検出閾値を減少させると, 実際に検出できる腫瘍の割合にどのような影響が及ぼされるのかを表している. 検出能が高まれば高まるほど, 検出できる腫瘍の量は増えるが, その増加率は腫瘍の位置やグレードによって変化する. グレードが高い腫瘍と低い腫瘍の検出率は等しいことに注意されたい. このことから, 増殖率 ρ と拡散係数 D の比が, 検出可能な腫瘍の割合を決定する上で重要であることが示唆される. この結果からも, 腫瘍の浸潤性は比 D/ρ によって規定されることが示唆される. したがって, D, ρ を個別に評価する必要はないので, このモデルを実際に患者に適用するのが容易になる. 当然のことながら,

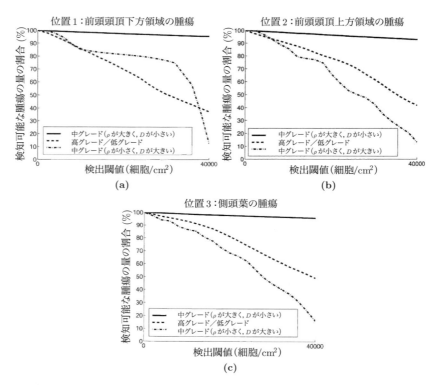

図 11.18 検出可能な腫瘍の量の割合を，検出閾値の関数として，様々な位置の腫瘍について示す．40,000 個/cm² は CT 画像における検出閾値を表す（Swanson et al. (2000) より）．

ここでの問題は D/ρ を評価する方法である．

図 11.18 において，増殖が遅く拡散が速い，中程度のグレードの腫瘍が，診断時に検出できる腫瘍の割合が最も小さいことに注意されたい．これは明らかに，この腫瘍のきわめて強力な浸潤能によるものである．検出閾値の関数としてみたときに，グレードが高い腫瘍と低い腫瘍では，検出できる腫瘍の割合は同じである．両者の違いは，増殖や浸潤が起こるタイムスケールである．グレードが高い腫瘍の場合は，浸潤にかかる時間が非常に短い．グレードが低い腫瘍は，グレードが高い腫瘍が浸潤する際と同じ経過を辿るだろうが，その速度ははるかに遅い．

本節で提示されている全ての結果は，脳の矢状断，冠状断，水平断のどれからでも得られる．

いま考えなければならない重要な問題は，モデルの 3 次元シミュレーションがどのようにこれらの結果に影響するのかということである．数値シミュレーションがはるかに複雑であることは明らかである．Burgess et al. (1997) は，3 次元定拡散球対称的な状況を研究し，外科的切除を行う場合と行わない場合の両方で，空間的拡散における増殖率と拡散係数の相互作用について検討した．彼らはとりわけ，摘出された腫瘍の大きさが生存期間の延長に及ぼす影響を定量化することに関心があった．ここで見てきたより正確なモデルを用いて 3 次元シミュレーションも行われてきた．図 11.19 は，位置 3（図 11.13 を参照されたい）に原発巣がある未治療の腫瘍のシミュレーション結果の一例であり，死亡時の細胞分布が示されている．

モデルの前提と限界に関する要約

様々な治療のシナリオについて議論する前に，モデリングをした際の前提条件を思い出しておくべきだろう．モデルでは，神経膠腫細胞は一定の増殖率 ρ で増殖すると仮定しており，腫瘍中心が壊死するよう

11.5 ヒトの脳における腫瘍の浸潤

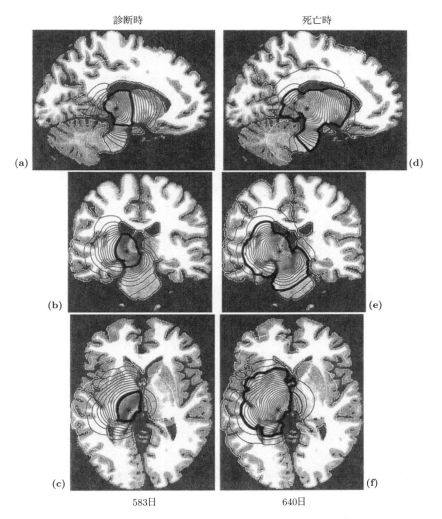

図 11.19 アスタリスク (*) で示された位置 3 (図 11.13) に仮想的な腫瘍を導入した場合の，死亡時におけるがん細胞の空間的分布．3 次元的な腫瘍を，腫瘍の場所で交差するように矢状断，冠状断，水平断の 3 つの断面で切断した．(a)–(c) は診断時，(d)–(f) は死亡時のものである．濃い線は CT 画像で検出できる腫瘍の縁を表しており，検出閾値は 40,000 個/cm^2 である (Swanson et al. (2000) より).

な現象についてはモデルに含めていない（細胞がロジスティック型増殖に従うと考えることでモデルに組み込める）．神経膠腫によっては，そのような現象が顕著に起きるが，壊死によって多大な影響を受けるのは，増殖率が高く，拡散が遅い腫瘍のみである．実際，我々の実験データは壊死を起こさない腫瘍（退形成性星細胞腫）から得た．Tracqui et al. (1995), Woodward et al. (1996), Burgess et al. (1997) は，我々のモデルにおいて，細胞がロジスティック型増殖に従う際の結果と指数関数的に増殖する際の結果がほぼ変わらないことを示した．Tracqui et al. (1995) は，腫瘍がロジスティック型増殖に従うと考えると，腫瘍だと同定されるまでの時間が減少し，壊死細胞の密度が減少するにつれて生存期間が短くなることを示した．

拡散は 23 世代後，つまり腫瘍に約 4×10^3 個 の細胞が含まれるようになる頃から始まる．この時点から，モデル方程式 (11.6) が腫瘍の増殖と拡散を支配し始めるとする．このような制約がなければ，局所

的な腫瘍塊は形成され始めないであろう——大脳神経膠腫症の一部の症例において，そのような現象が起きることが知られている[†5]．

　白質における拡散係数を灰白質におけるそれの（例として）約5倍だとしてきた．個々の白質線維束に沿った拡散には，おそらくある程度の異方性があるだろうが，線維網は脳全体で考えれば非常に複雑である．脳梁のように，左右方向の拡散を促進するいくつかの経路が存在し，前頭―頭頂方向にもわずかながら，そのような経路が存在する．全体の拡散係数を変更するだけで，白質における神経膠腫の運動性の増加をシミュレーションするのに十分かもしれない．Burgess et al. (1997) の結果と患者のデータがよく一致しているという観点からも，この可能性はある程度正しいだろう．

　造影CTにおける検出閾値に一致した臨界密度40,000個/cm^{2}を超えていれば，腫瘍は検出できる．この値は，解剖によって得られた組織切片や末期状態におけるCT画像などの患者のデータを解析することによって決められた (Tracqui et al. 1995)．平均的には，検出可能な領域が $1.5^2\pi$ cm^2（半径1.5 cmの円と同等の面積）に達すると，腫瘍は診断される．診断時の2倍の半径の腫瘍（つまり面積としては 9π cm^2）が検出されれば，その腫瘍は致死的である．これらの数値は，大多数の患者のCT画像や解剖によって得られた組織切片における神経膠腫の平均的な大きさに基づいて選択されたが，この値の範囲は非常に広い．

　脳の境界や組織の不均一性は考慮に入れているが，腫瘍細胞が浸潤することによる正常組織の破壊に関しては何も規定していない．腫瘍が存在する場所から離れた正常脳実質を腫瘍細胞が破壊し，それが死亡までの期間に影響を与えているかどうかについては，現在実験における議論の的となっている．

　我々のシミュレーションは2次元と3次元の両方で行える．当然のことながら，3次元でのシミュレーションは2次元のそれと比べるとより良いものであり，2次元的なCT画像やMRI画像よりもはるかに視覚化しやすい．実用的には，モデルを，患者の2次元的なCT画像（図11.5に模式的に示されている）から得られたデータに当てはめたい．2次元での計算を行うことは，不適切というわけでは決してない．

　モデルには多くの仮定が含まれているものの，臨床的に有用になりうる多くの結果が得られている．特に，側頭葉の腫瘍は前頭葉や頭頂葉の腫瘍よりも予後が良いかもしれないことを我々は突き止めた．側頭葉の腫瘍と前頭葉や頭頂葉の腫瘍の生存期間の差は，臨床研究においては統計的に有意でないかもしれないが，少なくとも，臨床的に差が生じる側面の一部を説明するものではあるだろう．また，非対称的な腫瘍の形状を説明するために，脳組織に不均一性という重要な尺度を組み込むことにもなった．臨床的に観察される腫瘍の形状に対してシミュレーションを行うことで，患者の生存期間を評価することも可能となってきた．当然のことながら，この評価には，シミュレーションが臨床データと整合性があるかどうかを検証するためのさらなる臨床的分析が必要である．脳全体において灰白質と白質の局在構成の詳細な描写が利用できることにより，このモデルは未知なる可能性を多分に秘めている．その一部については以降の節で論じていく．

11.6　治療のシナリオのモデリング：総評

　既に述べたように，神経膠腫の患者の予後は芳しくなく，腫瘍の種類や悪性度のグレードなどの多くの要因に依存する．我々が提唱する比較的単純な数理モデルでは，神経膠腫の増殖率や拡散係数，組織の不均一性が考慮されている．これまで見てきたように，前節までの結果は臨床データとかなりよく一致している (Cruywagen et al. (1995), Tracqui et al. (1995), Cook et al. (1995), Woodward et al. (1996), Burgess et al. (1997), Swanson et al. (2000))．したがって，外科的切除や放射線療法，化学療法などの

　　[†5]　（訳注）大脳神経膠腫症 (gliomatosis cerebri) では，神経膠腫細胞が腫瘤形成をせずにびまん性に脳組織に浸潤する．非常に高い浸潤能をもつため，手術は不可能であり，予後は不良である．

様々な種類の治療を行った後の患者の生存期間の予測を，このモデルを用いて行えるだろう．

現在の治療戦略の大きな問題は，治療は局所的な病巣に対して行われるのに対して，腫瘍の増殖や浸潤は脳の他のところで起きているということである（例えば Gaspar et al. (1992), Liang and Weil (1998) を参照されたい）．神経膠腫治療のレジメンが失敗に終わっていることは，臨床的，実験的文献の大部分に記載されている（例えば，Yount et al. (1998) や，そこに記載されている参照文献を参照されたい）．当然のことながら，局所的な治療は，腫瘍に圧迫されることにより誘発される症状の主要因である腫瘍塊を縮小するには望ましい治療法である．しかしながら，腫瘍の再発を引き起こす，運動性をもった浸潤細胞を制御することはできない (Silbergeld and Chicoine 1997)．

目の前に提示された神経膠腫に対する最も適切な治療法は，患者に残された人生の生活の質 (QOL) を考慮しようとしまいと，大抵の場合全く明確ではない．神経膠腫には浸潤するという性質があるため，悪性の神経膠腫が外科的切除や放射線療法のみで治癒することはめったにない．抗腫瘍ウイルスのように，全く異なる治療法に関する新たな研究は数多くある．様々な程度の外科的切除が，多形性膠芽腫の患者の生存期間をわずかながら延長させることが示されている．しかし一般に外科的切除が大きな効果を発揮するのは，グレードがより低い（退形成性）星細胞腫である．外科的切除のみでは大抵の場合失敗するので，患者の生存期間を延長させるために，外科的切除や放射線療法，化学療法などの治療法を組み合わせた複合治療が開発されてきた．Giese and Westphal (1996) は，この総説記事で抗浸潤療法の展望について議論している．数多くの臨床研究が，様々な治療や，それらを組み合わせた際の有効性を立証しようとしてきた（例えば，Ramina et al. (1999) や，そこに掲載されている数多くの参照文献を参照されたい）．直観に反するが，一部の治療の組合せは，様々な理由により，それらを単独で行った場合に比べて有効性が低いことが示されてきた．ごく最近であるが，特定の膠芽腫細胞では，化学療法によって誘導される細胞死（アポトーシス）が電離放射線によって阻害されるということが発見された (Yount et al. 1998)．（実際にはがん細胞が自身の破壊を防ぐために抗酸化物質を活用しているかもしれないという示唆もある．）この類の複合治療の失敗は，過酷な化学物質や放射線に暴露した細胞に変異が誘発される現象によるものと考えられる．定義上は，がん細胞は変異した「正常」細胞なので，変異が蓄積すると，がん細胞は徐々に悪性度が増し，治療にも抵抗性をもつようになる．化学療法について考えるために基本モデルを後で改良するが，その際に多クローンモデルについて議論する．

患者が耐えられる治療には閾値があり，最適かつ最小限の治療戦略を決定することが非常に重要であることは明らかである．それだけでなく，腫瘍の大きさや組織学的な悪性度，解剖学的部位が似通っていたとしても，治療の有効性には個人差が生じる．普遍的な治療法というものは存在しないが，患者に対する最善の治療方針を定める上で，治療を開始する前に，がんに関して利用できる全ての情報を考慮に入れる必要がある．現実的なモデリングは，治療を行った場合と行わない場合の仮想的な神経膠腫の振舞いを定量化することによって，この複雑な問題を扱うのに役立つと思われる．

これから見ていくが，比較的わずかな変更を加えるだけで，我々のモデルは，化学療法や放射線療法，外科的切除が腫瘍の時空間的な振舞いに対して及ぼす効果を考慮に入れることができる．これにより，様々な治療シナリオ下で予想される，腫瘍の増殖や浸潤を比較でき，最善の治療方針に関する何らかの見通しが得られるだろう．特定の腫瘍の位置や大きさ，形，拡散係数，増殖率などの情報が得られれば，我々のモデルは，生存期間，つまり診断が下されてから死亡するまでの期間を最大化するような最良な治療の種類を提案する助けになりうるだろう．

11.7　均一な組織における腫瘍切除のモデリング

Cook (J. Cook 博士との私信 1994), Woodward et al. (1996), Burgess et al. (1997) による我々のモデルを用いた初期の研究では，空間2次元での空間一様モデル (11.3) において，外科的切除が患者の生

存期間に及ぼす影響を研究した．彼らの解析により，外科手術を行っても生存期間が2カ月あまりしか延長しないことが示唆されている．（CT画像上の）腫瘍の再発は，肉眼的に見える腫瘍の場所から遠く離れた，低密度の腫瘍浸潤細胞によるものである．

数学的には，外科的切除は定められた部位の全腫瘍細胞の除去により模倣された．患者に死が訪れるのは，目に見える腫瘍が定義された半径に達したときか，がん細胞の総数が臨界値に達したときであると仮定した．最初の腫瘍の大きさ，グレード，位置が与えられれば，このモデルは，切除範囲の大きさや形状が生存期間に及ぼす影響についてシミュレーションを行うことができる．Woodward et al. (1996) は初期条件として式 (11.12) を用い，腫瘍が，CT画像で検出できる大きさが半径 1.5 cm の円に相当する面積になったときに，切除されるとした．Woodward et al. (1996) は前述したものとは異なる手法で拡散係数を評価した．その手法は Cruywagen et al. (1995), Tracqui et al. (1995) に詳細に記述されている．彼らは腫瘍の3つのレベル（図 11.5 に理想的な図が描かれている）を撮影したような患者の CT 画像を用いて，各レベルにおける腫瘍の面積を計算した．増殖率パラメータ ρ が与えられているとき，モデル方程式を数値的に解いて，その細胞密度が各レベルにおける CT 画像に最もフィッティングするように拡散係数を定めた．これにより各レベルにおいて1つの拡散係数が得られ，全体で3つの拡散係数が得られるので，その平均をとった．興味深いことに（そして実際には非常に重要なことであるが），D の値は撮像レベル間で顕著な差が見られなかった．手法に関しては 11.10 節で詳細に議論する．

モデルのパラメータの推定値を用いて，Woodward et al. (1996) は，腫瘍の CT で検出できる大きさが直径 3 cm に達したときに，仮想的に様々な直径の腫瘍片を切除することを行った．腫瘍切除が行われたこの状態を初期状態として，再発した腫瘍が致死的な大きさ，すなわち直径 6 cm の円に相当する大きさになる時刻まで，モデル方程式を数値的に解いた．当然のことながら，腫瘍の形はもはや円盤状ではなく，中心部および中心部から遠く離れた位置で細胞密度が低いようなリング状であった．脳室が含まれるような解剖学的制約条件を加味して，シミュレーションが行われた（これは，Tracqui et al. (1995), Cruywagen et al. (1995) が化学療法のモデリングを行う際にも行われた）．前節で見たように，この制約条件は結果に多大なる影響を与えた．制限領域内でのみ細胞が集積するような状態は，腫瘍が空間的に拡散するのを効果的に抑制する．Cook (J. Cook 博士との私信 1994) はこの問題を研究するための解析的手法を開発し，診断前の細胞の分布が，後に起こるのと同様の増殖特性によって定まるときの，パラメータ値の制約を得た．彼の結果については次節で議論する．

Woodward et al. (1996) は切除片の直径 S として $S = 3, 4, 5$ cm の3種類を考えた．いずれの場合でも，切除片の外側の領域の細胞密度は当然のことながら検出レベルよりも低い．$S = 3$ cm とは，医学的には，腫瘍の「肉眼的全摘術」のシミュレーションを行っていることになる．したがって，より大きく切除するということは，より徹底的に腫瘍を取り除くということである．肉眼的に検出できる領域が半径 3 cm の円に相当する面積にまで広がったときに患者は死亡すると仮定しているが，そのときの腫瘍の体積は約 113 cm^3 である．

図 11.20(a) は，3種類の ρ の値と3種類の D の値を組み合わせた合計9通りの理想化された患者からなる同一の患者群を仮定した際の累積的な生存曲線である．各患者群には4通りの範囲で外科的切除を行なっている．$S = 0$ は「生検のみ」（外科的切除は行っていない）を，$S = 3$ は「肉眼的全摘術」を表しており，$S = 4, S = 5$ は切除する腫瘍のマージンを増やしていることを表す．直径 6 cm は致死的な大きさだと仮定しているので，$S = 6$ は考えない．図 11.20(b) は，算出された生存曲線と，Kreth et al. (1993) によって報告された 115 人の実際の患者のデータとを比較したものである．115 人の膠芽腫の患者は2つのグループからなり，一方のグループは生検と放射線療法を受けており（58 人の患者），もう一方のグループは外科的切除と放射線療法を受けている（57 人の患者）．患者は全員 100 週間以内に死亡した．生検が行われたグループの生存期間の中央値は 32 週間であり，外科的切除が行われたグループのそれは 39.5 週間である．$S = 0$ cm から $S = 4$ cm にかけて生存期間の中央値が 7.7 週間増えているのは，

11.7 均一な組織における腫瘍切除のモデリング

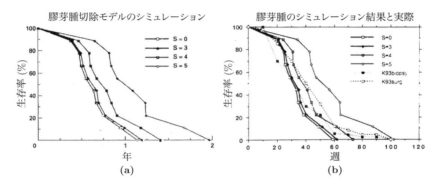

図 11.20 (a) 増殖率と拡散係数がともに高い 9 人の患者に関する累積的な生存期間をシミュレーションした．4 本の曲線は，腫瘍と周囲の浸潤組織をそれぞれ直径 $S = 0, 3, 4, 5$ の円領域だけ切除した場合を表す．各々の曲線は，増殖率 $\rho = 0.8 \times 10^{-2}, 1.2 \times 10^{-2}, 2.4 \times 10^{-2}$/日 と拡散係数 $D = 4.32 \times 10^{-4}, 1.0 \times 10^{-4}, 1.3 \times 10^{-3}\,\mathrm{cm}^2/$日 の全ての組合せに対応した 9 人の患者から構成されている．生存期間の中央値は，切除なし ($S = 0$) で 33.4 週，切除ありで 35.0, 41.1, 52.6 週である．(b) Kreth et al. (1993) より得られた実際の生存曲線を重ねたものである．一方は生検のみをした群 (K93 生検)，もう一方は広汎に外科的切除を行った群 (K93 手術) で，双方の群の患者は術後に X 線照射も受けている（Woodward et al. (1996) より）．

Kreth et al. (1993) によって発見された中央値の差が 7.5 週間であることとよく一致する．しかしながら，我々のシミュレーションには，直径がさらに 1 cm 長くなるように腫瘍片を切除したデータが必要であった．その結果は，細胞数の閾値の推定値や，もちろん，Kreth et al. (1993) における切除範囲が実際にどの程度であったのかにより説明できるかもしれない．脳の境界は含めているものの，組織は一様だと考えているような，比較的シンプルなモデルであるにもかかわらず，結果が患者のデータとよく相関するのは驚くべきことである．

Woodward et al. (1996) はは続いて，前述したような ρ, D の値が大きなタイプの腫瘍 (HH) から両方の値がともに小さいタイプの腫瘍 (LL) まで腫瘍のグレードが 4 種類存在する状況を模倣するために，ρ, D の値を，図 11.20 で用いている大きな値から小さな値まで 10 倍変化させたときの効果を調べた．それぞれのグレードの 9 人の仮想的な患者は，増殖率や拡散係数が 50% 以内で変化してもよいとして，各グレードの患者群の生存期間を計算した．図 11.21 に結果を示す．図 11.21(a) はグレードが最も高い腫瘍であり，図 11.20(a) と同一のもので，他と比較するために加えている．図 11.21(d) はグレードが最も低い腫瘍の結果である．

図 11.21 の曲線は非常に類似しているように見えるが，タイムスケールが大きく異なる．ρ, D の値が大きい腫瘍から，ρ, D の値が小さい腫瘍になるにしたがって，曲線は徐々に傾きが緩くなっていく．全ての曲線を同じタイムスケール上に描けば，Alvord (1992) がまとめた実際の患者データと直接比較することができる．彼の結果は，当然のことながらここでのモデルの結果からも見出されることであるが，神経膠腫の振舞いが幅広く変化することを示している．神経膠腫を医学的にどのように格付けするのかには統一見解がないことは付け加えておくべきだろう．もしかすると，理論の利用の別な可能性として，そのような分類に対する基礎を与えることが考えられるだろう．

図 11.22 は，検出可能な腫瘍の大きさが半径 3 cm に達すると致死的になるという仮定の下で，切除する腫瘍片の半径を変えると術後の生存期間にどのような影響が及ぼされるのかを示すものである．前述の議論から予想できたように，拡散が遅い神経膠腫のみが外科的切除によって大きく影響を受けることが図より示唆される．ここでも，拡散というのは，神経膠腫の治療が難しいことや再発してしまうことの根底をなすものであることが見出される．

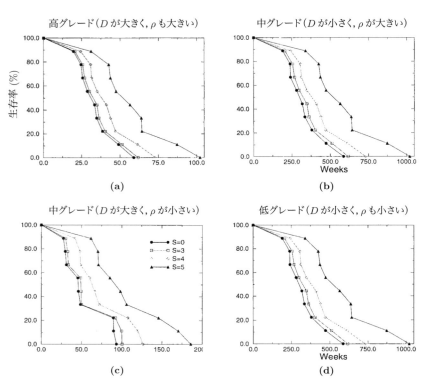

図 11.21 増殖率と拡散係数に 50% の変化を許した仮想的な 9 人の患者に対して様々な範囲の外科的切除を行った後の生存期間．それぞれの図の 4 本の曲線は，腫瘍とその周囲の浸潤組織を様々な範囲（直径 $S = 0, 3, 4, 5$ cm）で切除した場合を表す．(a) 高いグレード，すなわち ρ, D がどちらも大きい (HH)，(b) 中程度のグレード，すなわち ρ が大きく D が小さい (HL)，(c) 中程度のグレード，すなわち ρ が小さく D が大きい (LH)，(d) 低いグレード，すなわち ρ, D がどちらも小さい (LL) (Woodward et al. (1996) より)．

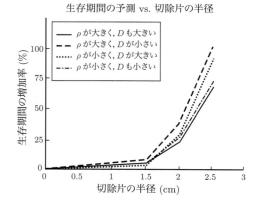

図 11.22 空間的に均一なモデルにおいて，様々な範囲で外科的切除を行うと，生存期間の延長が見られた（Woodward et al. (1996) より）．

上述の詳細な解析や患者データとの比較によって導き出される重要な結論の 1 つが，少なくとも，グレードが中程度の星細胞腫やグレードが高い星細胞腫では，外科的切除が生存期間を延長させるという明確な証拠がないということである．これは，過去 50 年間の 33 報の主要な報告を再検討した Nazzaro and Neuwalt (1990) の結論でもある．Kreth et al. (1993) は，7.5 週間という統計的には有意でない生存期間の延長に言及した．Kreth et al. (1993) は，グレードが低い腫瘍ですら外科的切除の有用性を見出すことが同様に難しいことに気づいたと述べた．

我々は，腫瘍細胞の増殖率を変化させたが，各腫瘍に対しては増殖率は一定であると仮定した．Woodward et al. (1996) が批評したように，腫瘍の辺縁にはあまり悪性度が高くない細胞が含まれていると一般に考えられているが，それらの細胞はがん細胞であることに変わりはなく，(CT で) 見ることができる腫瘍の外側の組織をどれほど多く切除しようとも，そのような細胞が増殖すると一般的には考えられている．

11.8 切除後の腫瘍の再発に対する解析的解法

Cook (J. Cook 博士との私信 1994) は，一様な組織において腫瘍を切除したときの効果を解析的に検討した．前述したように，数学的には，外科的切除は腫瘍を中心とする定められた領域内の全ての腫瘍細胞を除去することであるとみなせる．ここでは彼の解析を紹介する．既に説明したように，目に見える腫瘍の大きさが半径 3 cm の円相当になったときか，がん細胞の総数が臨界値に達したときにがんは致死的になると仮定する．外科的切除の大部分の効果は均一な組織を考えていても合理的に定量化できると思われるが，腫瘍の位置や局所的な組織の不均一性といった詳細がこれらの結果に影響しているかもしれない．以下ではこの状況について議論する．

ここで用いる無次元モデルは，11.2 節で導出したものであり，式 (11.10), (11.11) と境界条件 (11.8) により定義される．無次元化は式 (11.9) で与えられている．拡散係数に空間的非一様性がない場合，すなわち $D(\boldsymbol{x}) \equiv 1$ のとき，モデル方程式は

$$\frac{\partial c}{\partial t} = \nabla^2 c + c \tag{11.40}$$

となる．外科的切除の前でも後でも腫瘍細胞集団はこの方程式をみたすが，初期条件が異なる．

単純化のため，また前述の 2 次元における研究から (患者データと比較した際に) 非常に良い結果が得られたことを考慮して，空間 2 次元の極座標系で外科的切除後の問題を考える．原点に N 個の細胞が存在する状況から腫瘍形成が始まると考えるので，外科的切除を行う前の問題については，$0 < t < t_r$ において式 (11.40) が成り立つ．ここで t_r は外科的切除が行われる時刻である．初期条件は $c_{切除前}(r, \theta, 0) = N\delta(r)$ である．無限領域の場合には，その解は式 (11.13) で与えられ，時刻 t_r においては，無次元型で

$$c_{切除前}(r, \theta, t_r) = \frac{N}{4\pi t_r} \exp\left(t_r - \frac{r^2}{4t_r}\right) \tag{11.41}$$

となる．切除時には腫瘍の中心から半径 R_r 以内の領域が除去されるので，外科的切除後の問題では $t > t_r$ において式 (11.40) が成り立ち，初期条件 $(t = t_r)$ は

$$\begin{aligned} c_{切除後}(r, \theta, t_r) &= F(r, \theta) \\ &= H(r - R_r) c_{切除前}(r, \theta, t_r) \\ &= H(r - R_r) \frac{N}{4\pi t_r} \exp\left(t_r - \frac{r^2}{4t_r}\right) \end{aligned} \tag{11.42}$$

となる．ここで H はヘビサイド関数である．

重ね合わせにより，このような初期条件を有する外科的切除後の問題の解は，積分を用いて

$$c_{切除後}(r,\theta,t) = \int_0^{2\pi}\int_0^{\infty} K(r,\theta,t;\xi,\alpha,t_r)\,F(\xi,\alpha)\,\xi\,d\xi\,d\alpha \quad (t > t_r)$$

と表せる．ここで K は，$t=t_r$ において $(r,\theta)=(\xi,\alpha)$ に腫瘍の点発生源がある場合の式 (11.40) の基本解であり

$$K(r,\theta,t;\xi,\alpha,t_r) = \frac{1}{4\pi(t-t_r)}\exp\left(t-t_r - \frac{r^2+\xi^2-2r\xi\cos(\theta-\alpha)}{4(t-t_r)}\right)$$

である．よって

$$c_{切除後}(r,\theta,t) = N\frac{\exp\left(t-\frac{r^2}{4(t-t_r)}\right)}{(4\pi)^2 t_r(t-t_r)}\int_{R_r}^{\infty}\xi\exp\left(-\frac{\xi^2}{4t_r}-\frac{\xi^2}{4(t-t_r)}\right)\\
\left\{\int_0^{2\pi}\exp\left(\frac{2r\xi}{4(t-t_r)}\cos(\theta-\alpha)\right)d\alpha\right\}d\xi$$

である．

中括弧 { } の中の積分について考える．この積分を $\mathcal{I}$ とおき，$v=\theta-\alpha$ のように変数変換を行うと

$$\mathcal{I} = \int_0^{2\pi} e^{A\cos(\theta-\alpha)}d\alpha = \int_{\theta-2\pi}^{\theta} e^{A\cos v}dv \tag{11.43}$$

となる．ここで $A=2r\xi/\{4(t-t_r)\}$ である．結局は，$\xi=R_r$ から $\xi=\infty$ まで $\mathcal{I}$ を積分した結果に興味があり，A は ξ に比例するので，A を十分大きくした場合の極限に興味がある．さらに，数値シミュレーションにより，我々が考える増殖率 ρ の範囲では，無次元時間 $t=\rho\bar{t}$ はせいぜい $O(1)$ のオーダーであることがわかった．これら 2 つの観察事実は，A を十分大きくした場合の極限を活用してもよいことを立証している．A が十分大きい場合には，$\mathcal{I}$ を近似するためにラプラス法を用いることができる（例えば Murray (1984) を参照されたい）．この方法は，積分値が指数の最大値付近の範囲の寄与によって支配されるという事実を利用している．$\cos v$ の最大値は 1 なので，$v=0$ または $v=2\pi$ で最大値をとる．$v=0$ の近傍でリスケーリングすると，A が大きなとき

$$\mathcal{I}\sim 2\int_0^{\varepsilon} e^{A(1-(v^2/2)\cdots)}dv \sim e^A\int_{-\infty}^{\infty} e^{-A(v^2/2)}dv = e^A\sqrt{\frac{2\pi}{A}}$$

となる．これにより，$A\to\infty$ において

$$c_{切除後}(r,\theta,t) \sim N\frac{\sqrt{2\pi}\exp\left(t-\frac{r^2}{4(t-t_r)}\right)}{16\pi^2 t_r(t-t_r)}\int_{R_r}^{\infty}\frac{\exp\left(-\frac{\xi^2}{4t_r}-\frac{\xi^2}{4(t-t_r)}+\frac{r\xi}{2(t-t_r)}\right)}{\sqrt{\frac{r\xi}{2(t-t_r)}}}\xi\,d\xi$$

$$= N\frac{e^t}{8t_r\sqrt{r\pi^3(t-t_r)}}\int_{R_r}^{\infty}\sqrt{\xi}\exp\left(-\frac{\xi^2}{4t_r}-\frac{(r-\xi)^2}{4(t-t_r)}\right)d\xi$$

となる．$\mathcal{J}$ を

$$\mathcal{J} = \int_{R_r}^{\infty}\sqrt{\xi}\exp\left(-\frac{\xi^2}{4t_r}-\frac{(r-\xi)^2}{4(t-t_r)}\right)d\xi = \int_{R_r}^{\infty} g(\xi)e^{-xh(\xi)}d\xi$$

と定義する．ここで $g(\xi)=\sqrt{\xi}$，$h(\xi)=(\xi^2/r)+(rt_r/t)-2(\xi t_r/t)$，$x=rt/\{4t_r(t-t_r)\}$ であり，x が大きい場合には，ラプラス法を再度用いることによって近似できる．これは，「$t\approx t_r$ かつ $r\sim O(1)$」または「$t\gg t_r$ かつ $r\gg 4t_r$」と仮定することに等しい．漸近的な寄与は，$h(\xi)$ の最小値を与える $\xi=rt_r/t$ の周りから生じる．可能性としては 2 つある．

11.8 切除後の腫瘍の再発に対する解析的解法

(i) 最小値は積分区間の範囲内にあり，$(rt_r/t) > R_r$ である．新たな変数 $w = \xi - (rt_r/t)$ を導入し，大きな x について展開すると

$$\mathcal{J} \sim \sqrt{4\pi r(t-t_r)}\frac{t_r}{t}e^{-r^2/4t_r} + O\left(\left\{\frac{4t_r(t-t_r)}{rt}\right\}^{3/2} e^{-r^2/4t_r}\right) \quad (x \to \infty) \quad (11.44)$$

が得られる．

(ii) 最小値は積分区間の範囲内には存在せず，$rt_r/t < R_r$ である．新たな変数 $w = \xi - R_r$ を導入し，大きな x について展開すると

$$\mathcal{J} \sim \frac{2t_r(t-t_r)\sqrt{R_r}}{R_r t - rt_r} \exp\left(-\frac{R_r^2}{4t_r} - \frac{(r-R_r)^2}{4(t-t_r)}\right)$$
$$+ O\left(\exp\left(-\frac{R_r(R_r t - t_r r)}{4(t-t_r)}\right) \left[\frac{4t_r(t-t_r)}{rt}\right]^2\right) \quad (x \to \infty) \quad (11.45)$$

が得られる．

外科的切除後の解を得るために，これらの結果をまとめると，

$$c_{切除後}(r,\theta,t) \sim \begin{cases} \dfrac{N}{4(R_r t - rt_r)}\sqrt{\dfrac{(t-t_r)R_r}{r\pi^3}} e^{t-(R_r^2/4t_r)-(r-R_r)^2/(4(t-t_r))} & \left(r < \dfrac{t}{t_r}R_r\right) \\ \dfrac{N}{4\pi t}e^{(t-(r^2/4t_r))} & \left(r > \dfrac{t}{t_r}R_r\right) \end{cases} \quad (11.46)$$

となる．これは厳密には，$(t/2t_r)[rR_r/\{2(t-t_r)\}]$ および $rR_r/\{2(t-t_r)\}$ が大きい場合にのみ妥当である．この解から，切除された領域には無関係に，解は最終的に（指数関数的に）臨界サイズにまで増加することは明らかである．

我々が主に興味があるのは，外科的切除を行った場合と行わなかった場合とで，どれだけ腫瘍細胞集団の増殖や浸潤に差が生じるのかということである．したがって，腫瘍塊の縁よりも外側に広がった，組織を浸潤する腫瘍細胞のフロントを見よう．漸近解 (11.46) より，外科的切除の結果として，腫瘍細胞の先頭が浸潤する速度がどれほど遅くなるのかを評価できる．$r > (t/t_r)R_r$ の場合には，切除後の漸近解が

$$c_{切除後}(r,\theta,t) \sim \frac{N}{4\pi t}\exp\left(t - \frac{r^2}{4t_r}\right) = c_{非切除}(r,\theta,t)\exp\left(-\frac{r^2}{4t_r} + \frac{r^2}{4t}\right) \quad (11.47)$$

と書ける．ここで

$$c_{非切除}(r,\theta,t) = \frac{N}{4\pi t}\exp\left(t - \frac{r^2}{4t}\right) \quad (11.48)$$

は，外科的切除が行われなかった場合の解析解である（式 (11.41) を参照されたい）．したがって，外科的切除後には，切除された領域の外側の腫瘍細胞密度は $\exp(-(r^2/4t_r) + r^2/4t)$ 倍に抑えられる．これは（上で定義した）漸近的なパラメータが十分に大きい場合のみに成り立つ．細胞密度は閾値 c^* で（CTで）検出できると仮定すると，検出可能な腫瘍の外側の半径は $t_r < t < (r/R_r)t_r$ において

$$r^2_{切除後} \sim 4tt_r\left(1 - \frac{\ln(4\pi tc^*/N)}{t}\right) < 4t^2\left(1 - \frac{\ln(4\pi tc^*/N)}{t}\right) = r^2_{非切除} \quad (11.49)$$

をみたす．図 11.23 は，式 (11.49) の漸近形を用いて，外科的切除がある場合とない場合における検出可能な腫瘍の半径を示している．

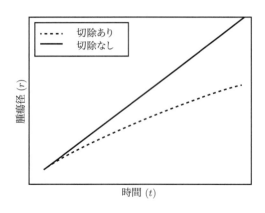

図 11.23 式 (11.49) から得られた，外科的切除がある場合とない場合の腫瘍の半径．

11.9 脳組織が不均一である場合の外科的切除のモデリング

Swanson (1999) は，前述したような解剖学的に正確な脳の場合の外科的切除について再考した．基本方針は前節と同じだが，数学的な問題がさらに複雑になる．相違点は，脳内に白質と灰白質が分布していることによる，拡散係数の空間的非一様性である．前述のように，外科的切除後も，腫瘍細胞集団は 11.2 節で扱ったモデル系の支配下にある．外科的切除に対する数学的問題は，$t > t_r$ において無次元系

$$\frac{\partial c}{\partial t} = \nabla \cdot (D(\boldsymbol{x})\nabla c) + c \tag{11.50}$$

で与えられる．ここで

$$D(\boldsymbol{x}) = \begin{cases} 1 & (\boldsymbol{x} \in 白質) \\ \gamma = \dfrac{D_g}{D_w} & (\boldsymbol{x} \in 灰白質) \end{cases} \tag{11.51}$$

である．外科的切除後の細胞の初期分布は $c(\boldsymbol{x}, t_r) = F(\boldsymbol{x})$ であり，∂B（脳の境界）上の $\boldsymbol{x}$ について $\boldsymbol{n} \cdot D(\boldsymbol{x})\nabla c = 0$ である．

ここで興味があるのは，外科的切除が腫瘍の増殖や浸潤に及ぼす影響である．未治療の腫瘍の増殖に対する前述の手法により，脳内の様々な位置の腫瘍に外科的切除がどのような影響を及ぼすのかを見ることができる．解は数値的に求める他はない．具体例として，位置 1（前頭頭頂葉下方）の腫瘍に注目し，グレードの高い，つまり増殖率と拡散係数が大きい腫瘍のみを考える．Swanson (1999) は，全てのグレードの腫瘍についてさらに結果を与えている．増殖率 ρ は無次元モデルには現れないが，もちろん無次元化に際して登場する（式 (11.9) を参照されたい）．

図 11.24 は，肉眼的全摘術後の，つまり腫瘍のうち（CT により）検出できる部分を除去した後の，位置 1（図 11.13 を参照されたい）に存在するグレードの高い神経膠腫の反応に関するシミュレーションである．図 11.25 は，広範囲切除後，つまり検出可能領域の 2 倍の範囲を除去した後の，同じ腫瘍の進展を示すものである．肉眼的全摘術は，半径 1.5 cm の円と同等の領域，つまり（CT 画像上で見られる）総切除面積が $(1.5)^2 \pi \, \mathrm{cm}^2$ の腫瘍を除去することに対応することを思い出されたい．前述のように，「肉眼的全摘」とは，腫瘍の除去に成功し，術直後の段階では CT 画像上の増強として検出可能な腫瘍が存在しない状況を表すのに，脳神経外科医がよく用いる語である．最大広範囲切除とは，半径 3 cm の円と同等の領域，つまり（CT 画像上で見られる）総切除面積が $3^2 \pi \, \mathrm{cm}^2$ の腫瘍を除去することである．Woodward et al. (1996) の研究における最大切除面積は $(2.5)^2 \pi \, \mathrm{cm}^2$ であった．この筋書きは，検出可能な腫瘍だけではなく，肉眼で明らかな腫瘍の領域を囲む一見正常な組織も含めて切除するという，最近の風潮を表している．それは，最終結果にほとんど違いをもたらさない．

11.9 脳組織が不均一である場合の外科的切除のモデリング

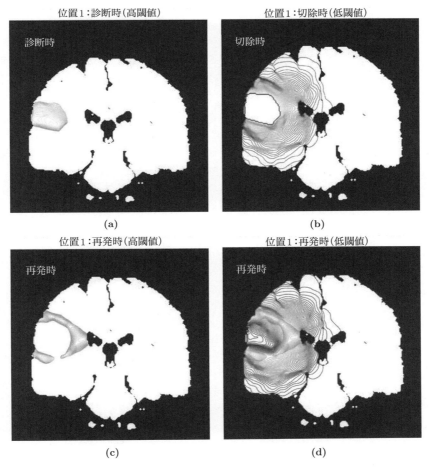

図 11.24 前頭頭頂葉下方の位置 1 において，グレードの高い神経膠腫に対する肉眼的全摘術後の腫瘍浸潤をシミュレーションした．(a) 診断時（切除前）．(b) 検出可能な腫瘍を切除（肉眼的全摘術）した直後．(c), (d) 再発時（術後 60 日）．(a), (c) は CT 画像で見られるものであり，(b), (d) は検出閾値を CT により定義される細胞密度の 5% として計算したものである（Swanson (1999) より）．（図 11.10 の説明文を参照されたい．）

図 11.24(a) は，診断時，つまり $t = t_r$ において（CT 画像上で）検出できる腫瘍の範囲を表している．この直後に肉眼的全摘術が行われた．図 11.24(b) には，11.7 節で考えた閾値を用いて，実際に存在する腫瘍の範囲を示している．外科的切除は，腫瘍の全体積のほんの一部分（実際のところ 36.9%）しか取り除けなかった（表 11.7 を参照されたい）．60 日後，腫瘍の検出可能な部分が占める面積は 0 から $(1.5)^2 \pi \, cm^2$ に増加した．すなわち，腫瘍の再発である．再発腫瘍は，腫瘍床を囲む，検出可能な腫瘍の円環領域として表されているが，これはヒトの神経膠腫によく見られる特徴である．腫瘍の CT で検出可能な範囲と実際の範囲は，それぞれ図 11.24(c), (d) に示されている．他に治療を行わないと仮定すれば，切除後 130 日で腫瘍は致死的となる．

広範囲切除を行うと（図 11.25(b) を参照されたい），腫瘍の全体積の 86.7% が除去される（表 11.7 を参照されたい）．腫瘍は 225 日後に再発する．再発した腫瘍は，腫瘍床周囲に円環を形成することはなく，切除断端縁の近傍に，孤立した腫瘍の島を形成する（図 11.25(c) を参照されたい）．広範囲切除後の腫瘍再発は，明らかに脳の境界の影響を受けている．再発腫瘍の 3 つの島は，境界上か境界付近に位置している．外科的切除後の腫瘍細胞の濃度は非常に低いので，単一の腫瘍塊が形成されることはない．外科的切

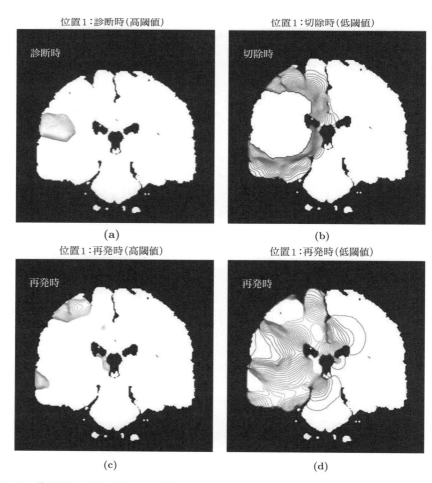

図 11.25 前頭頭頂の下方領域である位置 1 に高グレードの神経膠腫がある場合の，(CT で) 検出可能な腫瘍の辺縁を超えて広範囲切除した後の腫瘍浸潤をシミュレーションした．(a) 診断時 (切除前)．(b) 検出可能な腫瘍の外側の領域まで拡大切除した後．(c), (d) 再発時 (術後 253 日)．(a), (c) は CT 画像で見られるものであり，(b), (d) は検出閾値を CT により定義される細胞密度の 5% として計算したものである (Swanson (1999) より)．(図 11.10 の説明文を参照されたい．)

表 11.7 高グレードと 2 種類の中等度グレードの腫瘍に対して肉眼的全摘術を行った際の，切除された腫瘍体積の割合と生存期間を，全ての位置について示す (Swanson (1999) より)．

位置	ρ (/日)	$D\,(\mathrm{cm}^2/日)$	切除された腫瘍の比率 %	生存期間 (日)
1	1.2×10^{-2}	1.3×10^{-3}	36.9	127.3
	1.2×10^{-2}	1.3×10^{-4}	95.5	420.8
	1.2×10^{-3}	1.3×10^{-3}	12.5	129.6
2	1.2×10^{-2}	1.3×10^{-3}	41.3	169.0
	1.2×10^{-2}	1.3×10^{-4}	92.9	525.5
	1.2×10^{-3}	1.3×10^{-3}	13.1	462.9
3	1.2×10^{-2}	1.3×10^{-3}	48.3	185.6
	1.2×10^{-2}	1.3×10^{-4}	95.8	613.9
	1.2×10^{-3}	1.3×10^{-3}	15.9	486.1

表 11.8 高グレードと 2 種類の中等度グレードの腫瘍に対して広範囲切除術を行った際の，切除された腫瘍体積の割合と生存期間を，全ての位置について示す（Swanson (1999) より）．

位置	ρ (/日)	D (cm^2/日)	切除された腫瘍の比率 %	生存期間（日）
1	1.2×10^{-2}	1.3×10^{-3}	86.7	253.7
	1.2×10^{-2}	1.3×10^{-4}	99.9	868.5
	1.2×10^{-3}	1.3×10^{-3}	55.7	1078.7
2	1.2×10^{-2}	1.3×10^{-3}	92.4	337.0
	1.2×10^{-2}	1.3×10^{-4}	99.9	945.0
	1.2×10^{-3}	1.3×10^{-3}	44.2	1046.3
3	1.2×10^{-2}	1.3×10^{-3}	96.2	438.0
	1.2×10^{-2}	1.3×10^{-4}	99.8	985.6
	1.2×10^{-3}	1.3×10^{-3}	52.8	1078.7

除後も残存する腫瘍細胞は拡散し続け，境界に至ると腫瘍細胞の集積が生じる．臨床で観察される多巣性の再発例を，図 11.26 に示す．シミュレーション上では，他の治療を行わない場合，切除後 253 日で腫瘍は致死的になる．すなわち，肉眼的全摘に比べて生存期間が 123 日，あるいは約 100% 延長する．広範囲切除後にこのような再発が起きると，切除された腫瘍とは異なる「新たな」腫瘍と考えられることもしばしばある．モデルの検討は，このように再出現した腫瘍が実は同じ腫瘍の一部分であること，すなわち後になって検出可能になるびまん性に浸潤した腫瘍の一部分であることを示唆する．

不均一な媒質における腫瘍切除後の生存期間

びまん性に浸潤した腫瘍細胞が患者の生存期間に直接影響することは明らかだが，これまでの研究で用いてきた理想化された致死腫瘍サイズを通して，モデルが何を示唆するのか考えることが有意義である．我々は前述のと同様のシミュレーションを，図 11.13 に印がついている他の位置，すなわち位置 2, 3 の腫瘍について行った．その結果は Swanson (1999) に与えられている．図 11.27 は，1 種類の高グレードの腫瘍と 2 種類の中等度グレードの腫瘍について，腫瘍が存在する場所ごと（全部で 3 箇所）の生存期間を示すものである．低グレードの神経膠腫の場合には，タイムスケールがはるかに小さくなるだけで，基本的な振舞いは高グレードの腫瘍の場合と同じなので示さない．

表 11.7, 11.8 は，生存期間と切除についての結果を要約したものである．肉眼的全摘術もしくは広範囲切除術によって除去された腫瘍体積の割合を表にしている．我々のモデルの仮定に従えば，診断時には腫瘍は既にかなり拡散しているので，肉眼的全摘術によって全体の 12% しか除去できない．広範囲切除術であれば半分以上の腫瘍を除去できる．当然のことだが，外科的切除の効果は，拡散係数 D と増殖率 ρ の比率に依存する．また，既に述べたように，境界に対する腫瘍の位置は，モデルから推測される生存期間に大きな影響を及ぼす．

腫瘍の切除量と生存期間との関係が多くの要因に依存することは明白である．とりわけ，境界との近接性や，白質・灰白質の分布など，腫瘍の位置の物理的環境を考慮することがきわめて重要である．そのような情報が与えられれば，この方法を用いて，切除療法の効果をより正確に推測できる．他の治療法も存在し，その中でも主要な位置を占める化学療法について次に議論する．

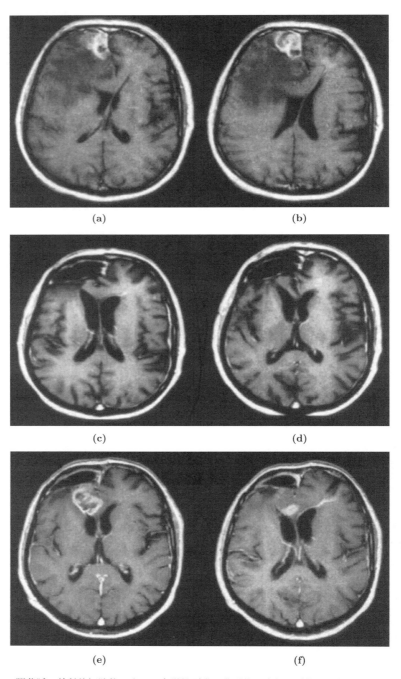

図 11.26 膠芽腫の外科的切除後に生じる多巣性再発の典型的な症例．画像は膠芽腫と診断された 58 歳男性のものである．(a), (b) は組織学的浸潤を示す．(c), (d) は放射線療法と化学療法後に行われた肉眼的全摘術を示す．(e), (f) は 6 カ月後の局所再発を示す（データと画像は Alf Giese 博士の厚意により提供）．

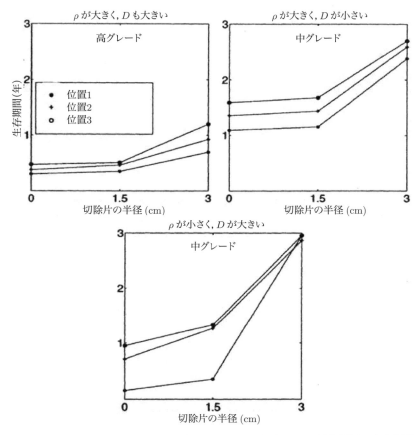

図 11.27 切除半径の関数として表される生存期間を示す．低グレードの神経膠腫の生存期間は高グレードの場合の 10 倍である（Swanson (1999) より）．

11.10 化学療法が腫瘍増殖に及ぼす影響のモデリング

　本節では，Cruywagen et al. (1995), Tracqui et al. (1995) が開発した，化学療法が腫瘍増殖に及ぼす影響を定量化するためのモデルを説明する．このモデルは，神経膠腫患者の脳組織切片の定量的な画像解析，具体的には，化学療法中の連続 CT 画像による断面積・体積の測定に基づく．我々は，シミュレーション上の腫瘍面積を CT 画像データにフィッティングさせる最適化手法を用いて，モデルのパラメータを評価した．脳の形状（脳室と頭蓋骨のみ）や，それによる拡散の障害を考慮に入れた 2 次元領域上で数値シミュレーションを行った．その結果は，化学療法が腫瘍の時空間的な増殖に及ぼす効果を定めるのに用いられた．(Shochat et al. (1999) は，様々な基本的な常微分方程式モデルのコンピュータシミュレーションを用いて，乳がんに対する化学療法プロトコルの効果を評価した．)

　この研究を議論する理由の 1 つは，これまでと幾分異なるアプローチが用いられており，放射線療法と化学療法を受けた退形成性星細胞腫患者の連続 CT 撮像による臨床データから，モデルのパラメータを評価する方法が示されていることにある．他の手法や独立のデータが利用できない場合にも，この手法は実行可能である．以前と同様に，治療の時間経過をモデルに組み込み，モデルの応答を実験データに最適化させる方法を用いることで，腫瘍細胞の死亡率を表すパラメータを定め，化学療法の有効性を評価した．

　前述の議論と全く同様に，ひとたび組織学的切片から浸潤の動力学的事象の一部を再構築できるように

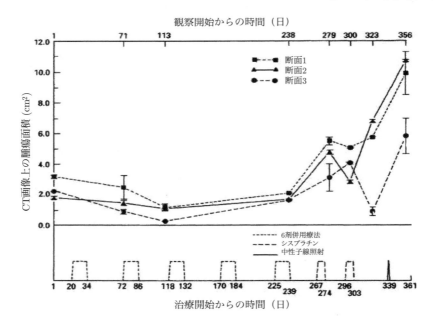

図 11.28 患者が死亡する前の 12 カ月間で撮像された 8 組の CT 画像において，レベル 1, 2, 3 と表現される 3 つの異なるレベル（図 11.5 を思い出されたい）における腫瘍面積を測定した．同時期に患者は 6 剤（UW プロトコル）を 5 サイクル，シスプラチンを 2 サイクル，そして中性子線照射を受けた（Tracqui et al. (1995) より）．

なれば，そのようなモデリングを用いることで増殖パターンや形状の異なる他の神経膠腫を調べたり，他の患者から得た同種のデータを用いて様々な治療法の効果を調べたりすることができると期待される．

実験データ

脳腫瘍の患者の多くは，腫瘍が検出された後あまりにも早く死亡し，十分な CT 画像を追跡して撮像できない．そのため，3 年も前に退形成星細胞腫と診断され，放射線療法を受けた 1 人の患者を研究できたのは幸運だった．腫瘍は再発し，化学療法による再度の治療が行われ，ある程度は成功した．その後患者は死亡したが，死亡する前の 12 カ月間にわたり，繰り返し CT 画像が撮像された．その CT 画像からは 1 つ以上の腫瘍が見つかった．デジタルタブレットとコンピュータ処理による面積測定技術を用いて，最大の腫瘍片 a の面積を，脳の 3 つの異なるレベル（レベル 1, 2, 3 と表す，図 11.5 を思い出されたい）で測定した．面積が記録されたレベルは全ての CT 画像にわたって厳密に同じではないので，データ点の一部は隣り合う上下のレベル間で線形補間をすることで得た．

最後の 1 年間に，その患者は 2 種類の異なる化学療法を受けた（図 11.28 を参照されたい）．1 つ目は，6 種類の薬剤からなるコース（6-チオグアニン，プロカルバジン，ジブロモズルシトール，CCNN，5-フルオロウラシル，ヒドロキシウレアを 15 日間投与し，骨髄の回復を待つために 6〜8 週間ごとにこれを繰り返した）を 5 回行うもので，2 つ目は，シスプラチン投与のコースを 1 カ月の間隔で 2 回行うものであった．さらに，患者は最後の 3 週間に中性子線照射を受けた．

腫瘍細胞密度は，最初の撮像の時期に生検で得た組織を画像解析することで定められた．腫瘍 $1\,\mathrm{mm}^2$ あたりに検出される核の個数を，5 枚の画像にわたり平均した．この細胞密度をモデルの初期条件として用いた．剖検材料に基づき，他の方法でも腫瘍細胞密度の評価が行われた．剖検組織からは，正常組織 $1\,\mathrm{mm}^2$ あたりに検出される核の個数を，5 枚の画像にわたり平均した．この細胞密度は，それ以上の密度

11.10 化学療法が腫瘍増殖に及ぼす影響のモデリング

の領域を腫瘍と定めるための，モデルの閾値として用いられた．

数理モデル

ここでは組織を一様，すなわち，拡散係数と増殖率のパラメータを一定とする．化学療法の効果を含めない基本的な数理モデルは，式 (11.3) と，脳の境界上のゼロフラックス境界条件によって与えられる．

いま，化学療法の効果を定量化しなければならない．そのために，化学療法による細胞の死亡率は，線形除去率 $K(t)c(\boldsymbol{x},t)$ によりモデリングできると仮定する．ここで関数 $K(t)$ は治療の経時的変化を表す．さらに，ここで考えているタイムスケールにおいては，化学療法の効果は第一近似として，一定の大きさのステップ関数によって近似できると仮定する．すなわち

$$K(t) = \begin{cases} k_1 & (t_{1,i} \leq t \leq t_{1,i+1}, \quad i = 1, 3, \ldots, 9) \\ k_2 & (t_{2,j} \leq t \leq t_{2,j+1}, \quad j = 1, 3) \\ 0 & (その他) \end{cases} \tag{11.52}$$

である．ここで図 11.29 に示すように，$t_{1,i}, t_{1,i+1}$ は，最初に行われる6剤療法の5回の治療それぞれの開始時刻および終了時刻であり，$t_{2,j}, t_{2,j+1}$ は，その次に行うシスプラチン療法それぞれの開始時刻および終了時刻に対応する．これと式 (11.3) より，(単一細胞種の) 基本方程式は

$$\frac{\partial c}{\partial t} = D\nabla^2 c + \rho c - K(t)c \tag{11.53}$$

となる．

さて，初期条件と境界条件が必要である．理論的には腫瘍は1個のがん細胞から生じるが，この最初の細胞がいつ出現するのか，また，初期がん細胞がどのような増殖および拡散の様式をとるのかは未知である．大まかな初期条件を与えるために，前述のように，最初に CT 画像を撮像するときには既に，拡散過程により，以前に存在していたであろう均一な細胞分布は崩れていると仮定する．したがって，細胞密度は，CT 画像で評価されているレベルでの腫瘍中心 $\boldsymbol{x}_0$ で最大密度 a をとるような正規分布に従うと仮定した．すなわち

$$c(\boldsymbol{x}, 0) = a \exp\left(\frac{-|\boldsymbol{x} - \boldsymbol{x}_0|^2}{b}\right) \tag{11.54}$$

である．ここで，b は腫瘍細胞の拡がりの尺度である．

境界条件として，脳の外，あるいは脳室への細胞の流束が0であることが必要なので，領域の境界でやはり

$$\boldsymbol{n} \cdot \nabla c(\boldsymbol{x}, t) = 0 \tag{11.55}$$

が成り立つとする．ここで $\boldsymbol{n}$ は境界に対する単位法線ベクトルである．

細胞集団が単一という仮定の下で，上述のモデルを用いて腫瘍の時空間的な変化を表現しようという，最初の試みは失敗した．なぜなら，臨床データで見られるような腫瘍の振舞いの定性的な変化を，このモデルでは説明できなかったからである．特に，図 11.28 に見られるような，最初の化学療法終了時における，治療の失敗を示す腫瘍面積の急激な上昇を再現できなかった．これは，細胞の変異を組み込んだ多クローンモデルが必要で，いまのモデルに対する妥当な最初の修正であることを示唆する．

ゆえに，2つの細胞集団を含むようにモデルを修正する必要がある．1つ目の細胞種は $c_1(\boldsymbol{x},t)$ で定義され，最初に行う化学療法（6剤を投与する UW プロトコル）と次に行う化学療法（シスプラチンを投与）の両方に感受性があり，最初に CT 画像を撮像する時点においては，腫瘍の大半を占めている（実際には 90% 以上を占めるという計算がある）．2つ目の細胞種は $c_2(\boldsymbol{x},t)$ で定義され，最初に行う化学療法には耐性をもつが，次に行う化学療法にはおそらく感受性があり，がん細胞集団の残りを占めている．化

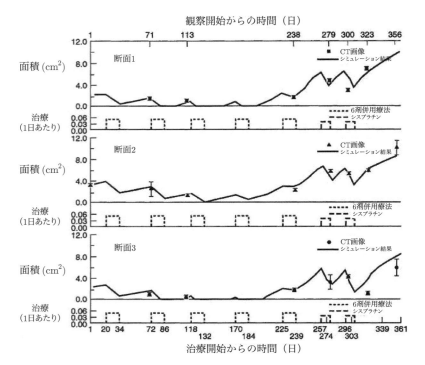

図 11.29 考えている脳の 3 つのレベルそれぞれにおける腫瘍の面積の経時的変化をシミュレーションした．モデル系 (11.56)–(11.59) を，各レベルにおいて異なる脳と脳室の境界を考慮に入れた 2 次元格子上で，数値的に解いた．シミュレーション上の腫瘍面積と CT 画像データとを最小二乗法でフィッティングさせる最適化手法により，パラメータが決定された．各レベルにおける化学療法の効果も示す (Tracqui et al. (1995) より)．

学療法の効果をモデリングするにあたり，化学療法の施行中には，それに対して感受性のある細胞数に比例して細胞が死ぬものとした．2 つ目の細胞種は，自発的にまたは 3 年前の放射線治療により誘発された，以前の遺伝子変異により生じたかもしれないし，あるいは，化学療法自体の開始時に誘発された類似の変異により生じたのかもしれない．この仮定の下では，2 つ目の細胞集団の増殖は，その細胞の初期密度によって定められる．Goldie and Coldman (1979) が示しているように，細胞分裂ごとの変異確率を取り入れた異なる仮説を検討するモデルもある．我々はさらに，両方の細胞集団は，拡散に関しては同じ性質をもつが，増殖率は異なる可能性があると仮定した．

2 細胞集団モデル

このモデルでは，2 つ目の細胞集団を，変異ではなくそれ自体で独立した細胞系とみなす．多クローン性に関して議論する次節では，そのようなモデルを記述する．ここで，2 種類の細胞集団 $c_1(\boldsymbol{x}, t)$, $c_2(\boldsymbol{x}, t)$ は，等しい拡散係数 D と，異なる値をとりうる増殖率 r_1, r_2 を有するものとしよう．モデル (11.53) を基礎にすれば，2 細胞集団モデルは

$$\begin{aligned}\frac{\partial c_1}{\partial t} &= D\nabla^2 c_1 + r_1 c_1 - K_1(t)c_1 - K_2(t)c_1, \\ \frac{\partial c_2}{\partial t} &= D\nabla^2 c_2 + r_2 c_2 - K_2(t)c_2\end{aligned} \quad (11.56)$$

11.10 化学療法が腫瘍増殖に及ぼす影響のモデリング

である．ここで，第 1 の細胞種 c_1 は両方の化学療法に感受性があり，第 2 の細胞種 c_2 は最初の化学療法には耐性があるが，その次に行う投薬コースには感受性があると仮定する．すなわち，

$$K_1(t) = \begin{cases} k_1 & (t_{1,i} \leq t \leq t_{1,i+1}, \quad i = 1, 3, 5, 7, 9) \\ 0 & (その他) \end{cases},$$

$$K_2(t) = \begin{cases} k_2 & (t_{2,1} + 4 \leq t \leq t_{2,2} + 6) \\ k_2 & (t_{2,3} \leq t \leq t_{2,4} + 2) \\ 0 & (その他) \end{cases} \tag{11.57}$$

とする．時刻 $t_{1,i}, i = 1, \ldots, 10$ と $t_{2,j}, j = 1, \ldots, 4$ は図 11.29 に与えられた時刻と直接対応している．ここで（さらに数値シミュレーションにおいても），最初の化学療法は治療を開始してから終了するまで効果を発揮するが，2 番目に行う化学療法は治療を開始して 0 日後から 4 日後までは効果を発揮し始めず，また，最後に投与してから 2 日後までは依然として効果を発揮すると考える．正確なタイミングはわからないが，この仮定により臨床データとより合致する．

関連する境界条件（式 (11.55) を参照）は

$$\boldsymbol{n} \cdot \nabla c_1 = 0, \quad \boldsymbol{n} \cdot \nabla c_2 = 0 \tag{11.58}$$

である．また，空間的初期条件は（式 (11.54) を参照）

$$c_1(\boldsymbol{x}, 0) = a_1 \exp\left(\frac{-|\boldsymbol{x} - \boldsymbol{x}_0|^2}{b}\right), \quad c_2(\boldsymbol{x}, 0) = a_2 \exp\left(\frac{-|\boldsymbol{x} - \boldsymbol{x}_0|^2}{b}\right) \tag{11.59}$$

である．パラメータ $a = a_1 + a_2$ は最大初期細胞密度（腫瘍の中心 $\boldsymbol{x}_0$ に位置する）であり，パラメータ b は腫瘍細胞の拡がりの尺度である．

a, b の初期値は，最初の CT 撮像時の生検材料から定められた細胞密度と，その CT 画像上での腫瘍面積を用いて推定された．そのため，最初の CT 撮像時には，シミュレーション上の腫瘍面積は，実際に測定される値にほぼ等しい．さらに，パラメータ a_1（第 1 の細胞集団の最大初期細胞密度）を評価しなければならない．境界から遠く離れた腫瘍が均一に 3 次元的に拡散すると仮定して，最初に CT 画像を撮像したときに測定された初期面積に応じて，レベルごとに異なる細胞密度の初期条件を設定した．したがって，腫瘍中心での初期細胞密度 a は，レベル 1 や 3 よりもレベル 2 のほうが大きい．それに応じて，細胞の初期拡散を特徴づける拡散係数 b は，レベル 1 や 3 よりもレベル 2 のほうがわずかに大きい．表 11.9 は，それぞれのレベルにおけるパラメータの推定値を比較したものである．

数値解析の手法と結果

2 種類の細胞集団 $c_1(\boldsymbol{x}, t), c_2(\boldsymbol{x}, t)$ は，モデル系 (11.56)–(11.59) を数値積分することで得られた．当面の問題は，パラメータに代入する値である．CT 画像から腫瘍面積を評価したときのように，シミュレーションによる面積を数値的に定めるためには，細胞密度の閾値 c_th を設ける必要がある．数学的には任意の値を選べる．しかし，ここでは臨床データと結びついたモデルを扱っているので，異なるアプローチを採る．剖検からの組織切片と末期状態における CT 画像とを比較することで得られたデータにより，規格化された閾値を生検時の密度の 40% とする．これは妥当な評価ではあるが，脳の CT 画像から独立に閾値を評価するほうがずっと良いだろうことは明らかである．しかし我々は，閾値の変化がモデルパラメータに及ぼす効果を定量的に示すことができる．例えば，検出閾値を 25% も減少させても，他のパラメータ値は 10% 以下しか変動しない（D, k_1 の値はわずかに大きくなり，増殖率 r_1, r_2 の値はわずかに小さくなる）．これについては後で戻って議論する．数値シミュレーションの詳細は Tracqui et al. (1995), Cruywagen et al. (1995) に与えられている．

表 11.9 各レベルにおけるパラメータ値．シミュレーション上の面積と CT 画像上の面積とを最小二乗法でフィッティングさせる最適化法によって定められた．D は細胞の拡散係数，r_1, r_2 は増殖率，Td_1, Td_2 は細胞の倍増時間である．パラメータ k_1, k_2 は，2 種類の化学療法を行う際の細胞の死亡率である．最初の CT 画像撮像時（「初期」状態）には，腫瘍中心の細胞密度 a，初期状態の細胞の拡がりの尺度 b をパラメータとする正規分布に従うと仮定する．2 種類目の細胞の初期比率は最適化法により決定される．シミュレーション上の腫瘍面積と CT 画像上の面積との当てはまりの良さの基準には，重み付き最小誤差平方和が用いられた（Tracqui et al. 1995 より）．

	レベル 1	レベル 2	レベル 3
モデルパラメータ			
$D\,(\mathrm{cm}^2/\text{日})$	1.11×10^{-2}	1.08×10^{-2}	1.05×10^{-2}
$D\,(\mathrm{cm}^2/\text{秒})$	1.29×10^{-7}	1.24×10^{-7}	1.21×10^{-7}
$r_1\,(/\text{日})$	1.05×10^{-2}	1.03×10^{-2}	1.07×10^{-2}
$Td_1\,(\text{日})$	66.0	67.4	64.7
$r_2\,(/\text{日})$	1.24×10^{-2}	1.10×10^{-2}	1.14×10^{-2}
$Td_2\,(\text{日})$	55.7	63.2	60.6
$k_1\,(/\text{日})$	3.91×10^{-2}	5.5×10^{-2}	5.10×10^{-2}
$k_2\,(/\text{日})$	2.85×10^{-2}	2.99×10^{-2}	3.23×10^{-2}
初期状態			
a	706	1120	814
$b\,(\mathrm{cm}^2)$	5.68	5.68	5.68
2 種類目の細胞の初期比率 (%)	6.66	7.95	9.09
最小誤差平方和	1480	158	155

　観察されるデータによく合致する結果を与えるモデルパラメータの初期値は，発見的に定められた．パラメータの値は，これまでの節で記述した文献等からある程度見当をつけられるが，ここでは，Alvord and Shaw (1991) からの細胞倍増時間の実験データや，Chicoine and Silbergeld (1995) からの *in vitro* での運動性に関する実験データから独自に評価した．表 11.9 に示すモデルパラメータは，最適化法により得られたものである．引き続いて，6 つの未知のモデルパラメータの最適化[*2]を通して，モデル解のデータへのフィッティングを改善するための大域的手法が用いられた．

　未知のパラメータは，拡散係数 D，2 種類の細胞集団の各々の増殖率 r_1, r_2，2 種類の異なる化学療法を行う際の細胞集団の死亡率を特徴づける値 k_1, k_2 である．開始時刻（最初に CT 画像を撮像した時刻）における 2 種類の細胞の割合も未知のパラメータである．

　がん細胞の総密度 $c(\boldsymbol{x},t) = c_1(\boldsymbol{x},t) + c_2(\boldsymbol{x},t)$ は数値解によって得られた．また，各々のレベルで頭蓋骨と脳室の解剖学的境界を考慮に入れた．

　図 11.29 は，各レベル 1, 2, 3 での腫瘍面積の時間発展をシミュレーションしたものである．シミュレーションでは，最初の化学療法が始まるまで腫瘍面積は増加する．最初の化学療法の効果を表す値 k_1 が大きいほど腫瘍面積は減少し，一方で，拡散係数 D や増殖率 r_1 の値が大きいほどその逆の効果が見

[*2] 最小化の基準として最小二乗関数 F が用いられたが，各項はデータ点の分散で重み付けされた (Ottaway 1973)．すなわち，

$$F = \sum_{i=1}^{m} \frac{\sum_{j=1}^{n}(S_{ij} - S_i^*)^2}{\sum_{j=1}^{n}(S_{ij} - \overline{S_i})^2}$$

である．m はデータ点の数，n は各データ点における測定数，$\overline{S_i}$ は面積の平均値，S_i^* は各データ点においてシミュレーションされた面積である．最適化アルゴリズムを，各観測時刻でシミュレーション値を与える数値積分と連立させた．

11.10 化学療法が腫瘍増殖に及ぼす影響のモデリング

られるのは，予想通りである．最初の化学療法が終わる前に腫瘍面積が増加するようにするには，k_1 の効果が第 2 の細胞集団の増殖率 r_2 により相殺されなければならない．2 番目に行われる化学療法の効果の指標は k_2 である．これらのパラメータ値は，腫瘍の初期構成と同様に，腫瘍の時空間的な変化を定める上で重要である．物理的な脳の境界や脳室の位置をモデルに含めることは，結果に大きく影響する．制限された領域への細胞の蓄積により，境界の存在が腫瘍細胞密度を高める方向に働くだけでなく，腫瘍面積には明らかに最大値（脳室を除く脳の面積）が存在する．

モデルのシミュレーションによる腫瘍領域の発展は，実験データとよく一致する．3 つのレベル全てにおいて良い合致が得られ，それは実験の後半，すなわち第 2 の化学療法中にはデータ点間の変動が大きいこと（図 11.28 を参照されたい）を考えると，モデルの妥当性に希望が持てる．各レベル間で細胞の振舞いや特性には差がないという仮定から予想できるように，検討している 3 つのレベルの各々でほぼ等しいパラメータ値が得られていること（表 11.9 を参照されたい）も，同様に励みになる結果である．化学療法の有効性の指標である k_1, k_2 に関しては，各レベル間で大きな差が観察された．しかしながら，治療を繰り返す結果として生じる図 11.29 の鋸歯状の曲線は，化学療法の各段階をモデリングするステップ関数の開始時刻と終了時刻のわずかな変化に敏感である．したがって，時間経過に伴う化学療法の効果をより正確にモデリングするための，治療動態の詳細な情報がない状況では，各レベル間で k_1, k_2 に差が生じることは予想通りである．

Tracqui et al. (1995) は，検出閾値を 25% 減少させ，本質的に同様の最適化基準値を用いて最適化を再度実行し，パラメータの評価にどのような影響が及ぼされるのかを調べた．彼らは，他のパラメータの推定値にはずっと小さな変化（10% 以下）しか起こらないこと，すなわち D, k_1 の値がわずかに大きく，増殖率 r_1, r_2 の値がわずかに小さいだけであることを明らかにした．また彼らは，がん細胞の総数および 2 種類の細胞集団についての時空間的な変化を与えるシミュレーションを行った．モデルの基礎から予想される通り，第 1 種の細胞が減少する一方で，第 2 種の細胞は増加することがわかったので，患者の死が第 2 種の細胞の部分集団の出現によることは明らかである．

図 11.30 は，シミュレーションされた腫瘍の 2 次元画像，そして比較のために 113 日目と 300 日目に撮像された腫瘍画像を示す．媒質は一様と仮定しているので，シミュレーションによって得られた腫瘍の形状は，観察されたものよりも整っている．撮像するレベルが撮像の度に変動し，それに伴い脳室の位置も変化してしまうため，腫瘍の形の発展を正確に追跡するのが難しくなる．この問題は上で議論した Swanson (1999) の手法では生じなかったものである．

前述のように，モデルのパラメータは臨床データから評価された．細胞の増殖や拡散に関する基本的なパラメータは，値を少し変化させても定量的に類似する結果が得られる点でロバストである．他方で，化学療法の治療の強さや継続時間の指標となるパラメータは，少しの変化にも敏感である．各レベル間でパラメータ値が一致することよりもさらに重要なのは，シミュレーションで用いられた値と，他の実験や表 11.5, 11.6 に示す様々な生物学的データから得られる観測値とが一致することである．これはパラメータを評価するための手法に，さらなる信頼性を与える．

初期細胞密度（1 日目）は，最初の撮像の後に行われた生検で測定された平均値 1026 個/mm^2 に対応する．モデルから得られる，シミュレーション時間の最後（356 日目）における細胞密度は，平均値 710 個/mm^2 であり，これは，剖検時に測定された細胞密度である平均 750 個/mm^2 に非常に近い．

モデルから評価される第 2 種の細胞集団の増殖率は，第 1 種の細胞集団のそれと大きく違わない．第 1 種の細胞集団の細胞倍増時間は 66 日であり，第 2 種の細胞集団では 60 日である（表 11.9 を参照されたい）．これらの値は，この種の腫瘍において報告されている値と合致する (Alvord and Shaw 1991)．

表 11.9 の拡散係数の値（ここでは単位は cm^2/日）は，CT 画像に対する実際の脳の大きさの倍率 $(5/2.2)^2$ を用いて定められた．モデルから割り出された拡散係数の平均値は 1.25×10^{-7} cm^2/秒 である．この値は，*in vitro* でのがん細胞の移動速度の推定値と比較できる (Chicoine and Silbergeld 1995)．

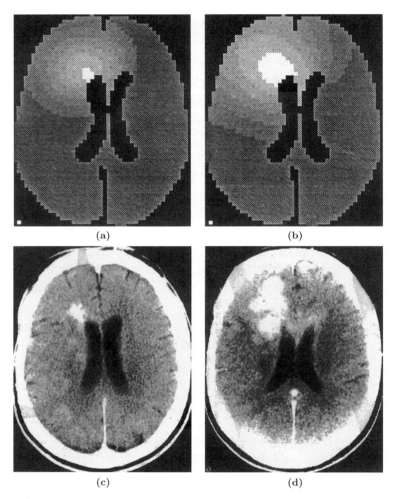

図 11.30 脳内部の腫瘍の空間的拡散を示す画像. (a) 113 日目, (b) 300 日目. 比較として, 同時期の CT 画像を (c), (d) に示す (Tracqui et al. 1995 より).

速度の実験値 $v = 15\,\mu\mathrm{m}/$時 と, モデルから割り出される増殖率の平均値 $\rho = 1.2 \times 10^{-2}/$日 を用いると, 拡散係数の推定値として $D = v^2/4\rho = 3.13 \times 10^{-7}\,\mathrm{cm}^2/$秒 が得られる. 表 11.5 も参照されたい.

今回の場合に定めた様々なパラメータについて, それがとりうる値の範囲を定めるためには, 他の症例についても分析しなければならないのは明らかである. 他の症例を分析するためには, 生検や剖検で得た腫瘍とその境界の組織標本だけでなく, 一定期間に及ぶ (1 年以上が望ましい) 少なくとも数枚の MRI 画像や CT 画像が必要である. 星細胞腫の倍増時間の推定値は, 一般的には組織学的な悪性度と相関して 1 週間〜1 年以上と幅があるので, それに対応する r_1, r_2 の差が他の症例のモデリングにより定められると期待される. 当然, 星細胞腫の放射線療法や化学療法に対する反応もまた様々なので, それに対応する k_1, k_2 の差も定められると期待される.

おそらく最も重要な問題の 1 つは, 拡散係数 D が神経膠腫の種類によってどの程度異なるのかということである. また, 細胞密度や細胞の種類が独立に D に寄与するのかという問題もある.

現在行われている神経膠腫の治療は, X 線照射に対する脳の正常組織の耐性や, 化学療法に対する造血組織の耐性による制約を受けている. しかし, モデルパラメータを定めることは, 新たな治療法が開発された際にその用量やタイミングを計画するのに役立つと期待するのは妥当である.

11.11　腫瘍の多クローン性と細胞の変異のモデリング

腫瘍の治療に対する反応を予測するという目標を達成するのに，数理モデルは有用である．この利点は特に化学療法に当てはまるように思われる．現行の化学療法は，薬物動態に関する知見の不足や，大きな細胞集団内における薬剤耐性部分集団の存在（両方とも患者によって異なる）という問題を抱えている．与えられたある種類の脳腫瘍に関する一般的なモデルパラメータ値がわかれば，慣行の治療に腫瘍増殖がどのように反応するのかを評価できるだろう．治療中の患者の新たな CT 画像や MRI 画像から得られる特定のデータにパラメータをその都度当てはめることで，薬剤投与の最適なパターンに向けて必要な修正がわかるだろう．

モデルの使用に関する注意点を再度述べる．最適な臨床戦略を得るためには，モデルの予測を慎重に分析し，妥当性を確認するという大きな一連の作業が必要である．しかし，全くの新薬の発見に頼ることなく，むしろ既存の薬剤の最適な使用と in situ での評価を示唆することで，このような手法はがん治療成績の向上をもたらす．

当然のことながら，モデルには明らかな限界がいくつかある．腫瘍増殖のダイナミクスに影響を与える特定の動力学や競争的相互作用をもつ様々な細胞集団を考えることで，腫瘍の非一様性を考慮に入れることは可能である (Michelson et al. 1987)．治療スケジュールを変えることによる効果は，化学療法をモデリングするステップ関数の時間境界を変更することで容易に調べられるし，治療薬の薬物動態に関する追加の知見を取り込むことで，その関数形に修正を施すこともできる．腫瘍の切除量が異なる場合の影響については，Woodward et al. (1996) が，より最近では Swanson (1999), Swanson et al. (2000) がこの類のモデルを用いて検討した．重要なことに，彼らは白質線維束の方向に沿った促進拡散を含むモデルを考えた．我々は細胞の運動性を拡散によりモデリングしてきたが，腫瘍は正常な脳組織の中を受動的に拡散しないかもしれない．なぜなら，正常な脳組織は非常に粘性が高いため，受動的な拡散がそれほどはできないからだ．その代わり，実験で示されたように (Chicoine and Silbergeld 1995)，腫瘍細胞はおそらく能動的なアメーバ様の過程により移動するのだろう．本章のモデルを開発するための数学的な枠組みは，本書で記述した個体群動態の様々なモデルで体現されているように，こうした特殊例を定式化できるほどに十分一般的である．Tracqui (1995) は，本節で議論したアプローチを，細胞の運動性と牽引力を結びつける最も簡素な仮説と比較することで，この側面を論じている．モデルの限界や，改善するための示唆は，他にも Tracqui et al. (1995) で与えられている．

ここで導入したパラメータの評価のアプローチに関連して，腫瘍を 3 次元的な物体としてモデリングすることでモデルパラメータ（とりわけ拡散係数）の推定値がどれほど有意に修正されるのかを定めるためには，さらなる研究が必要である．Swanson (1999), Swanson et al. (2000) の研究は，この問題に大きく貢献した．彼女は自身の手法 (Swanson 1999) を化学療法の問題にも応用した．ただし，現象をより正確に記述するためには，灰白質と白質の非一様な分布を考慮し，脳および脳室境界を 3 次元的に解析する必要があるだろう．

11.11　腫瘍の多クローン性と細胞の変異のモデリング

11.10 節を除けば，腫瘍細胞集団は均一であり，1 種類の細胞しか含まれていないと仮定してきた．切除後の平均生存期間のようなデータと定量的によく合致しているものの，前節で，神経膠腫が化学療法の薬剤に対して様々な感受性を示すので，腫瘍細胞が不均一なモデルを考える必要があることを見た．神経膠腫は不均一（多クローン）な腫瘍として知られており，その不均一性は一般的にグレードが高くなるにつれて増大する．悪性度の高い細胞であるほど，変異しやすい傾向にあり，不均一性が増大すると考えられている．したがって，腫瘍内に様々な種類の細胞が存在することが予想される（例えば Pilkington (1992) を参照されたい）．前節で見たように，拡散係数と増殖率が異なりうる 2 種類（以上）の細胞集団を腫瘍内に作るだけで，腫瘍が多クローンの場合を考えられるように基本モデルを拡張できる．モデル方

程式 (11.3)（均一組織を考えている状況）における細胞密度 $\bar{c}$ はベクトル $\bar{\boldsymbol{c}}$ になり, 拡散係数 D と増殖率 ρ はそれぞれ拡散係数と増殖率からなる対角行列になる. ある位置と時刻 $(\bar{\boldsymbol{x}}, \bar{t})$ における総腫瘍細胞数は, ベクトル $\bar{\boldsymbol{c}}$ の成分の和である. 前節の化学療法モデルでは, 2 種類の細胞集団はそれぞれ独立しているものとして考えた. しかしながら, 部分集団が独立ではないことはよくあり, 細胞集団 i のがん細胞が細胞集団 j のがん細胞へと変化するような変異現象により部分集団間は関連している. がん細胞集団の多クローン性を考慮に入れた, きわめて一般的だが基本的なモデルは次元型で

$$\frac{\partial \bar{\boldsymbol{c}}}{\partial \bar{t}} = \bar{\nabla} \cdot (D \bar{\nabla} \bar{\boldsymbol{c}}) + \rho \bar{\boldsymbol{c}} + T \bar{\boldsymbol{c}} \tag{11.60}$$

と書ける. ここで T は部分集団間の遷移を示す行列である. 数学的問題を完成させるために, 初期条件と境界条件

$$\bar{\boldsymbol{n}} \cdot D \bar{\nabla} \bar{\boldsymbol{c}} = 0 \quad \bar{\boldsymbol{x}} \in \partial B \text{ (脳の境界)},$$
$$\bar{\boldsymbol{c}}(\bar{\boldsymbol{x}}, 0) = \bar{\boldsymbol{f}}(\bar{\boldsymbol{x}}) \quad \bar{\boldsymbol{x}} \in B \text{ (脳領域)}$$

を用いる. 多様な細胞集団を腫瘍内に導入することによって, シミュレーションを行う腫瘍の増殖パターンにさらなる不均一性が生じることが予想される. 臨床データや実験結果からは, 目に見える腫瘍が指状に伸びていたり, 枝分かれしていたりすることが示されている.

本節では, 例として, 腫瘍内に 2 種類のクローン部分集団が存在し, 変異が生じることによって一方の細胞集団から他方の細胞集団へと移行する状況を考える. 具体的には, 一方の細胞集団は増殖率が大きく拡散係数が小さいが, 他方の細胞集団は増殖率は中くらいで拡散係数が大きいと仮定する. 他にも様々なシナリオが考えられる. さて,

$$\bar{\boldsymbol{c}} = \begin{pmatrix} \bar{u} \\ \bar{v} \end{pmatrix}, \quad D = \begin{pmatrix} D_1 & 0 \\ 0 & D_2 \end{pmatrix}, \quad \rho = \begin{pmatrix} \rho_1 & 0 \\ 0 & \rho_2 \end{pmatrix}, \quad T = \begin{pmatrix} -k & 0 \\ k & 0 \end{pmatrix}$$

とする. ここで, D, ρ, k は定数パラメータであり, 式 (11.60) は

$$\begin{aligned} \frac{\partial \bar{u}}{\partial \bar{t}} &= \bar{\nabla} \cdot (D_1 \bar{\nabla} \bar{u}) + \rho_1 \bar{u} - k \bar{u}, \\ \frac{\partial \bar{v}}{\partial \bar{t}} &= \bar{\nabla} \cdot (D_2 \bar{\nabla} \bar{v}) + \rho_2 \bar{v} + k \bar{u} \end{aligned} \tag{11.61}$$

となる. 初期条件は $\bar{u}(\bar{\boldsymbol{x}}, 0) = \bar{f}(\bar{\boldsymbol{x}}), \bar{v}(\bar{\boldsymbol{x}}, 0) = \bar{g}(\bar{\boldsymbol{x}})$ である. $\bar{u}$ は増殖速度がより速い細胞集団, $\bar{v}$ は拡散がより速い細胞集団であり, $D_2 > D_1, \rho_1 > \rho_2$ が成り立つ. さらに, 初期状態においては, $\bar{u}$ の細胞のみが腫瘍内に存在すると仮定する ($\bar{f}(\bar{\boldsymbol{x}}) > 0, \bar{g}(\bar{\boldsymbol{x}}) = 0$). 低い確率 $k \ll \rho_1$ で $\bar{u}$ の細胞に変異が入って $\bar{v}$ の細胞に変化する. ここではモデルに含めないが, 各々の細胞集団は, 白質領域では拡散が速いという性質を保持しているとしてもよい.

最初は, 正常細胞が変異することによって $\bar{u}$ の腫瘍細胞が供給される. この細胞は, 隣接する正常細胞よりも速く増殖するので, 腫瘍を形成し始める. k は, 腫瘍細胞 $\bar{u}$ が変異して, 速く拡散する腫瘍細胞 $\bar{v}$ になる確率の指標と考えることができる.

無次元変数

$$\boldsymbol{x} = \sqrt{\frac{\rho_1}{D_1}} \bar{\boldsymbol{x}}, \quad t = \rho_1 \bar{t}, \quad \beta = \frac{\rho_2}{\rho_1} < 1, \quad \alpha = \frac{k}{\rho_1}, \quad \nu = \frac{D_2}{D_1}, \tag{11.62}$$

$$u(\boldsymbol{x}, t) = \frac{D_1}{\rho_1 u_0} \bar{u}\left(\sqrt{\frac{\rho_1}{D_1}} \bar{\boldsymbol{x}}, \rho_1 \bar{t}\right), \quad v(\boldsymbol{x}, t) = \frac{D_1}{\rho_1 u_0} \bar{v}\left(\sqrt{\frac{\rho_1}{D_1}} \bar{\boldsymbol{x}}, \rho_1 \bar{t}\right) \tag{11.63}$$

を導入する. ここで, 元のがん細胞集団の総数は $u_0 = \int \bar{f}(\bar{\boldsymbol{x}}) d\bar{\boldsymbol{x}}$ である. 増殖はがん細胞集団 $\bar{u}$ が増殖するタイムスケールで評価され, 拡散はがん細胞集団 $\bar{u}$ が拡散する空間スケールで測られる.

11.11 腫瘍の多クローン性と細胞の変異のモデリング

さて，式 (11.61) は

$$\frac{\partial u}{\partial t} = \nabla^2 u + u - \alpha u, \tag{11.64}$$

$$\frac{\partial v}{\partial t} = \nu \nabla^2 v + \beta v + \alpha u \tag{11.65}$$

となる．パラメータ $\alpha = k/\rho_1 \ll 1$ は，1 種類目の細胞集団の増殖のうち，変異によって失われる割合である．

無限領域の 1 次元空間においては解析解を書き下すことができ，以下で見るように，その解から興味深く重要な結論が導ける．空間 1 次元の場合の方程式系は

$$\frac{\partial u}{\partial t} = \frac{\partial^2 u}{\partial x^2} + u - \alpha u, \tag{11.66}$$

$$\frac{\partial v}{\partial t} = \nu \frac{\partial^2 v}{\partial x^2} + \beta v + \alpha u \tag{11.67}$$

である．腫瘍細胞 u の初期の湧き出しを $u(x,0) = \delta(x)$ とし，$v(x,0) = 0$ とする．がん細胞集団 v は u よりも速く拡散するので，$\nu > 1$ である．がん細胞集団 u の増殖率は v のそれよりも大きいので，$\beta < 1$ である．u の増殖率は変異率よりもはるかに高いので，$\alpha \ll 1$ である．

(11.66) の解は v の方程式とは分離して解くことができ，解は

$$u(x,t) = \frac{1}{\sqrt{4\pi t}} \exp\left((1-\alpha)t - \frac{x^2}{4t}\right) \tag{11.68}$$

である．この結果を v の方程式 (11.67) に代入すると

$$\frac{\partial v}{\partial t} = \nu \frac{\partial^2 v}{\partial x^2} + \beta v + \alpha \frac{1}{\sqrt{4\pi t}} \exp\left((1-\alpha)t - \frac{x^2}{4t}\right) \tag{11.69}$$

が得られる．

この方程式を解くために，空間変数 x に関してフーリエ変換を行う．フーリエ変換とその逆変換は

$$\mathcal{F}[f(x,t)](t;\omega) = \int_{-\infty}^{\infty} f(x,t) e^{-i\omega x} dx,$$

$$\mathcal{F}^{-1}[F(t;\omega)](x,t) = \frac{1}{2\pi} \int_{-\infty}^{\infty} F(t;\omega) e^{i\omega x} d\omega$$

で定義される．これを用いて変換した v の方程式は

$$\frac{\partial V}{\partial t} = \nu(i\omega)^2 V + \beta V + \alpha e^{(1-\alpha-\omega^2)t}, \quad V(t=0;\omega) = 0$$

である．ここで $V(t;\omega) = \mathcal{F}[v(x,t)]$ とする．すると V に関する解は

$$V(t;\omega) = \frac{\alpha\left\{e^{(1-\alpha-\omega^2)t} - e^{(\beta-\nu\omega^2)t}\right\}}{1-\alpha-\beta+\omega^2(\nu-1)} \tag{11.70}$$

となる．逆変換を行うと，少々計算することで，$v(x,t)$ は

$$\begin{aligned}
v(x,t) &= \mathcal{F}^{-1}[V(t;\omega)] \\
&= \alpha \mathcal{F}^{-1}\left[e^{(1-\alpha-\omega^2)t} - e^{(\beta-\nu\omega^2)t}\right] * \mathcal{F}^{-1}\left[\frac{1}{1-\alpha-\beta+\omega^2(\nu-1)}\right] \\
&= \alpha e^{(1-\alpha)t} \int_{\xi=-\infty}^{\infty} \frac{\exp\left(-\frac{(x-\xi)^2}{4t}\right)}{\sqrt{4\pi t}} \frac{\exp(-A|\xi|)}{A(\nu-1)} d\xi \\
&\quad - \alpha e^{\beta t} \int_{\xi=-\infty}^{\infty} \frac{\exp\left(-\frac{(x-\xi)^2}{4\nu t}\right)}{\sqrt{4\pi\nu t}} \frac{\exp(-A|\xi|)}{A(\nu-1)} d\xi
\end{aligned} \tag{11.71}$$

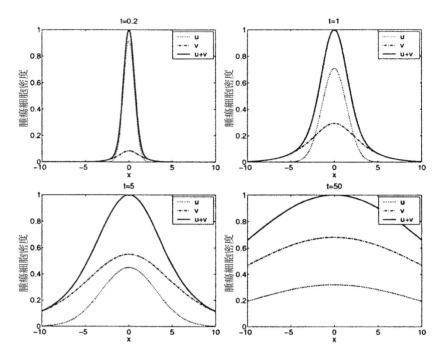

図 11.31 支配的な細胞集団が u から v へと移行する．$t = 0.2$ と $t = 50$ の間において，支配的な細胞集団が，高い増殖能をもつ部分集団 u から，速く拡散する部分集団 v へと移行する．パラメータ：$\alpha = 0.5, \nu = 10, \beta = 0.1$（Swanson (1999) より）．

と求まる．いま，$1 - \alpha - \beta > 0$ と仮定すると，畳み込み積分を計算することで

$$v(x,t) = \frac{\alpha \exp\left(\frac{\nu(1-\alpha-\beta)}{\nu-1}t\right)}{2A(\nu-1)} \left[e^{-Ax}\left\{\mathrm{erf}\left(\frac{x-2At}{2\sqrt{t}}\right) - \mathrm{erf}\left(\frac{x-2A\nu t}{2\sqrt{\nu t}}\right)\right\} \right. \\ \left. - e^{Ax}\left\{\mathrm{erf}\left(\frac{x+2At}{2\sqrt{t}}\right) - \mathrm{erf}\left(\frac{x+2A\nu t}{2\sqrt{\nu t}}\right)\right\}\right] \quad (11.72)$$

となる．ここで $A = \sqrt{(1-\alpha-\beta)/(\nu-1)}$ である．この解が示唆する重要なことは，α が特定の値をとるとき，最初は部分集団 v が存在しなくても，最終的には v が腫瘍の増殖を支配しうることである．Swanson (1999) は，この解を用いて 2 つのがん細胞集団をコンピュータで計算した．図 11.31 は，腫瘍の多数を占める細胞集団が，速く増殖する細胞集団 u から，速く拡散する細胞集団 v へと移行する様子を示している．初期状態の腫瘍には u の細胞しか含まれていないが，長時間経過すると，変異率のパラメータ α の値に応じて，部分集団 v が支配的になりうる．またしても，神経膠腫の増殖や浸潤にとって重要なのは，細胞の増殖よりも拡散であることがわかる．

支配的な細胞集団が移行するという現象には，関連する 2 つの見方がある：(i) 時間が経過すると，総腫瘍体積がより攻撃的な 2 種類目の部分集団 v に支配される．(ii) v は，例えば腫瘍の中心付近において，1 点もしくはその近傍を支配するが，必ずしも腫瘍全体を埋め尽くさない．

腫瘍に対して生検を実施する際，腫瘍内の大体ランダムな場所から，組織サンプルが採取される．この組織切片を解析することによって，腫瘍の組成を正確に知ることができると期待される．多くの場合グレードが異なる腫瘍細胞は組織学的（物理的）に明確に区別できるので，病理学者は，生検した組織において特定のグレードの腫瘍がどの程度の割合で存在するのかを定量化できる．とりわけ，生検を行うことで，腫瘍全体におけるがん細胞集団のクローンの分布に関する情報が明らかになると思われ，そして検死解剖時に可能な腫瘍全体の解析結果と大きく変わらないだろうと予想される．以下で述べる Swanson

(1999) の解析や，局所的にあるいは腫瘍全体で支配的な細胞集団が移行するという我々の議論から，実際のところ，生検によって腫瘍細胞全体の組成（腫瘍の体積）の正確な記述が与えられるかどうかは非自明である．

与えられた場所での支配的な細胞集団の移行

ある場所——例えば生検が行われるであろう腫瘍の中心 $x = 0$ としよう——において，最終的に部分集団 v が腫瘍の組成を支配するのかを定めるために，2つの部分集団の比 $v(x,t)/u(x,t)$ を考える．初めは u のみが存在するので，t が小さい場合はこの比が確かに 1 よりも小さくなる．この比が $v/u > 1$ になると，部分集団 v が支配的になる．

t が大きい場合には，2つの部分集団の比は

$$\frac{v(x,t)}{u(x,t)} \sim \frac{2\alpha}{1-\alpha-\beta} - \frac{\alpha(\nu-1)}{(1-\alpha-\beta)^2}\left(\frac{1}{t}\right) - \frac{\alpha x^2\{x^2(1-\alpha-\beta) - 4(\nu-1)\}}{16(1-\alpha-\beta)}\left(\frac{1}{t^2}\right) + O\left(\frac{1}{t^3}\right) \quad (11.73)$$

で近似される．

したがって，十分な時間が経過すれば，比は一定値 $2\alpha/(1-\alpha-\beta)$ に収束する．$2\alpha/(1-\alpha-\beta) > 1$ ならば，部分集団 v は十分時間が経過した後に支配的になる．すると，ある地点 $(x = 0)$ において，速く拡散する部分集団 v が支配的になる条件は，

$$\frac{2\alpha}{1-\alpha-\beta} > 1 \quad \Rightarrow \quad \beta > 1 - 3\alpha \quad (11.74)$$

となる．

このパラメータ条件は，u, v の拡散係数の比である ν には依存しないことに注意されたい．支配的な細胞集団の移行が生じる時間を評価するために，漸近的表式 (11.73) を用いることもできる．式 (11.73) を 1 に等しいとして t について解くと，$x = 0$ において支配的な細胞集団が移行する時刻を $t_{支配}$ とおき，

$$t_{支配} \sim -\frac{\alpha(\nu-1)}{(2\alpha+\beta-1)^2 - \alpha} \quad (11.75)$$

と近似できる．この値は ν に依存しており，ある地点において支配的な細胞集団が移行する条件 (11.74) がみたされるのであれば，正である．ν が大きい場合には，v の拡散係数が u のそれよりもはるかに大きく，支配的な細胞集団が移行するまでに長い時間がかかる．一方，パラメータ α, β がパラメータ条件 (11.74) をみたし，かつ，両者の拡散係数がほぼ等しければ ($\nu \approx 1$)，移行するまでの時間は非常に短くなりうる．

腫瘍全体における支配的な細胞集団の移行

腫瘍全体を解析でき，u と v の各々の細胞が占める体積の割合を定められるような状況を考える．これは，生物学的には，検死解剖時に脳全体を詳細に解析するのと類似している．今回の場合，v によって占められる体積が，u によって占められる体積を超えると，支配的な細胞集団の移行が起こる．

モデル方程式 (11.66), (11.67) は，部分集団 u, v の時空間的なダイナミクスを表す．これらの数式を全空間で積分すると，腫瘍細胞集団の体積が経時的にどう変化するのかを定めることができる．u, v によって占められる腫瘍の体積を，それぞれ $V_u(t), V_v(t)$ と定義すると，

$$V_u(t) = \int_{-\infty}^{\infty} u(x,t)dx, \quad V_v(t) = \int_{-\infty}^{\infty} v(x,t)dx \quad (11.76)$$

となる．式 (11.66), (11.67) を全空間（無限領域）で積分すると，

$$\frac{dV_u}{dt} = (1-\alpha)V_u, \quad V_u(0) = 1,$$
$$\frac{dV_v}{dt} = \beta V_v + \alpha V_u \quad V_v(0) = 0$$

が得られる．第 1 式を解くと

$$V_u(t) = e^{(1-\alpha)t} \tag{11.77}$$

が得られる．すると V_v は

$$\frac{dV_v}{dt} = \beta V_v + \alpha e^{(1-\alpha)t}, \quad V_v(0) = 0 \tag{11.78}$$

をみたし，解は

$$V_v(t) = \frac{\alpha \left\{ e^{(1-\alpha)t} - e^{\beta t} \right\}}{1 - \alpha - \beta} \tag{11.79}$$

となる．

ある有限時刻において，比が $V_v/V_u = 1$ となるならば，体積的に支配的な細胞集団の移行が起こる．したがって

$$\frac{V_v}{V_u} = 1 \quad \Rightarrow \quad e^{(1-\alpha-\beta)t} = \frac{\alpha}{2\alpha + \beta - 1}$$
$$\Rightarrow \quad t_{支配} = \frac{1}{1-\alpha-\beta} \ln\left(\frac{\alpha}{2\alpha+\beta-1}\right) \tag{11.80}$$

となる．ここで，

$$1 - \alpha - \beta > 0, \quad 2\alpha + \beta - 1 > 0$$

ならば，支配的な細胞集団が移行する時刻（つまり正の時刻）が存在することになる．同値変換すると，体積的に支配的な細胞集団の移行が起きるためのパラメータ条件は

$$1 - 2\alpha < \beta < 1 - \alpha \tag{11.81}$$

となる．

図 11.32 は，局所的において，総腫瘍体積において，そしてその双方の支配的な細胞集団の移行が起きるパラメータ領域（(α, β) 平面）を示している．図 11.32(a) の影がついた領域は，ある地点（例えば原点）において支配的な細胞集団の移行が起きるようなパラメータ領域を示す．一方，図 11.32(b) は，体積的に支配的な細胞集団の移行が起こりうるパラメータ値を示している．ある地点における支配的な細胞集団の移行は起きるが，体積的なそれは起きないような α, β の値があることは明らかである．これより，腫瘍を正確に生検できていないことが示唆される．腫瘍の中心から取り出した組織片を解析しても，必ずしも腫瘍全体の実際の組成は明らかにならない．

腫瘍の多クローン性を含む多細胞モデル

いま，全部で n 系の細胞があり，ある系から別の系へと変化するような変異が存在する，均一な拡散を含めたシンプルなモデルを手短に考えよう．式は上述したものと似るが，はるかに複雑な時空間的ダイナミクスが存在する可能性がある．一般的な問題を適切な無次元型で表すと

$$\frac{\partial \boldsymbol{c}}{\partial t} = \nabla \cdot (D\nabla \boldsymbol{c}) + P\boldsymbol{c} + T\boldsymbol{c} \tag{11.82}$$

となる．$\boldsymbol{c}$ は

$$\boldsymbol{n} \cdot D\nabla \boldsymbol{c} = 0 \ (\partial B \text{ 上の } \boldsymbol{x}), \quad \boldsymbol{c}(\boldsymbol{x}, 0) = \boldsymbol{f}(\boldsymbol{x}) \tag{11.83}$$

11.11 腫瘍の多クローン性と細胞の変異のモデリング

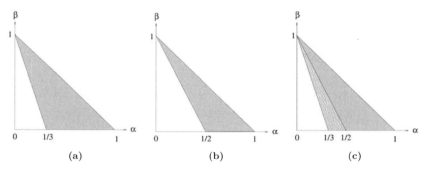

図 11.32 支配的な細胞集団の移行が生じるパラメータ領域を示す．(a) ある場所（ここでは $x = 0$ とする）における移行，(b) 体積的な移行，(c) 双方の移行 (Swanson (1999) より)．

をみたす．ここで，D, P, T はそれぞれ拡散係数行列，増殖率行列，細胞集団間の遷移行列である．

固有値問題は

$$\nabla \cdot (D\nabla \boldsymbol{W}) + K^2 \boldsymbol{W}(\boldsymbol{x}) = 0, \quad \boldsymbol{n} \cdot D\nabla \boldsymbol{W} = 0 \tag{11.84}$$

により定められる．ここで K は固有値を表す．いま

$$\boldsymbol{c}(\boldsymbol{x}, t; K_i) \propto e^{(P+T-K^2 I)t} \boldsymbol{c}(t = 0) \tag{11.85}$$

の形の解を探す（第 2 章参照）．ここで，K_i は離散的固有値であり，I は単位行列である．指数関数の指数は行列であることに留意されたい．線形解析に基づくと，時空間的な振舞いは固有値 $\sigma(\rho_i, K_i, D_i)$ によって定まる．ここで，ρ_i, D_i はそれぞれ増殖行列と拡散行列の成分である．固有値は

$$\left| P + T - (K_i^2 + \sigma)I \right| = 0 \tag{11.86}$$

によって与えられる．

この解の時空間的な振舞いの解析は，本書の多くの章で広範に議論してきた 2 種系モデルを一般化したものである．この種のモデルで支配される腫瘍の増殖や浸潤から，どのような示唆が得られるのかはまだ調べられていない．

結　語

がんは単一の疾患ではない．我々は，脳腫瘍の増殖や制御に関する，いくつかの基本モデルのみを考えてきた．本章で議論したような単純な線形モデルでさえ，応用可能な結果が驚くほど多く含まれていることを見てきた．このようなモデリングのアプローチによってできることがまだ多いのは明白である．

他の腫瘍のモデルに関する文献も豊富にあり，それら全てに言及するのは不可能である．初めの第一歩としては，Chaplain et al. (1999) 編の本に記載されているがんやそれに関連する話題についての数報の論文が良いだろう．他の腫瘍には，血管新生や毛細血管網 (Chaplain and Anderson 1999)，がん細胞とマクロファージのダイナミクスにおけるパターン形成 (Owen and Sherratt 1997)，阻害剤と細胞接着の役割 (Byrne and Chaplain (1995, 1996))，細胞牽引 (Holmes and Sleeman 2000) などの幅広い生物現象が関与しうる．現実に即したモデルを用いることが，悪性腫瘍が増殖する際に起こる数多くの複雑な過程を解明する（もしくは，少なくとも，有益な問題を提起する）のに役立ちうることは非常に明らかであると思える．医学的状況との関連が密接なほど，そのモデルから得られる結果はより有益になる．

実験と理論との密接な連係がいかに生産的であるかを示す非常に良い例は，がん，特にメラノーマの新たな治療戦略である．それは Jackson と彼女の共同研究者らによって開発された (Jackson (1998), Jackson et al. (1999a, b, c))．彼女の研究は，がんを治療する際の化学療法の効果を高めることを目指

している．それには 2 段階のプロセスが含まれ，身体への毒性を最小限にしつつ，がんへの毒性を最大限にするように設計されている．その治療では，プロドラッグ (prodrug) と組み合わせて酵素結合抗体 (ECA) を用いる．つまり，腫瘍関連抗原に結合する抗体に，宿主には存在しない酵素を結合し，血流に注入する．ECA は身体全体の組織に分布し，ある程度時間が経過すると，高い結合親和性ゆえに腫瘍内に局在化する．その後プロドラッグが体内に注射されると，酵素によってプロドラッグが毒性型に変換される．このようにして，正常組織や血流への浸透を最小限に抑えつつ，薬剤が腫瘍内に浸透する．そのモデリングの過程には，このシナリオや基本的な生化学を考慮し，*in vitro* で実験的に検証できる現実的なモデルを構築することが含まれる．そのモデルメカニズムは時間と空間を考慮したものであり，全く異なる非線形連立偏微分方程式系が現れる．学際的な実験協力のおかげで，Jackson (1998) は現実的なパラメータ値をモデルに代入することができた．それにより，実験との妥当な比較が可能になり，彼女の手法が重要性を帯びてくる．彼女のモデルと実験は，定量的によく合致した（実験の一部は理論により動機づけられた）．このことは，様々ながんに対する化学療法の投薬計画において，このアプローチが有望であることを示すが，残念なことに脳腫瘍には応用できない．

第 12 章
パターン形成の神経モデル

様々な空間パターン形成プロセスの中でも，複雑であることが最も明らかなのが，おそらく，パターン認識や視覚情報の脳への伝達など，神経系の関わるパターン形成であろう．この研究分野は非常に広大である．本章では，神経細胞に関係する，パターン発生器として提示されてきたモデルのうちのいくつかについて，その概説のみを行う．神経活動という概念において基本的なのが，神経細胞，もしくはニューロンである．ニューロンは，細胞体，樹状突起，軸索，シナプスからなる．少しばかり樹木に似ており，根にあたるのが樹状突起であり，根元には細胞体があり，幹は軸索，多数の枝はシナプスである．細胞は，樹状突起を通じて他の細胞から情報を受け取り，軸索を通じてシナプスへメッセージを送り，シナプスは，また別の細胞の樹状突起へと信号を伝達する．このような神経プロセスは，脳が機能する上での中核をなしている．軸索は接続線であり，脳の白質を形成している．一方，樹状突起とシナプスは灰白質を形成している．前章の図 11.4 に，ヒトの脳における白質と灰白質の分布が示されている．

まず 12.1 節では，説明のためにシンプルな 1 次元モデルを用いて，基本概念を導入し，神経系のモデルからどのように空間パターンが生じるのかについて述べる．12.2 節では，視覚野における，神経活性化に基づいた縞模様形成——眼優位縞——に対するモデルを導出する．一方 12.3 節では，幻覚パターンの理論について論じる．12.4 節では，神経活動の理論の，軟体動物の殻のパターン形成への応用について述べ，またその解析を行う．最後に 12.5 節では，薬物誘発性幻覚パターンが旧石器時代の岩絵やシャーマニズムと関係している可能性について議論を行う．

12.1 シンプルな活性化—抑制モデルによる，神経発火の空間パターン形成

神経細胞は，自発的に発火しうる——すなわち，活動が突発的に生じうる．また神経細胞は，一定の発火率で繰り返し発火し続けることもある．細胞が発火するか否かは，細胞の自律発火率，および，近傍の細胞から受け取る興奮性や抑制性の入力に依存している——近傍以外から入力を受ける，すなわち長距離相互作用が存在する場合もある．入力は正の場合と負の場合があり，正の場合には活動が誘発され，負の場合には活動が抑制される．入門編 11.5 節にて，これと類似した概念が組み込まれた積分方程式 (11.41) を我々は手短に論じた．拡散型のモデルと積分方程式がいかに関連しているかを示し，また，これを用いて長距離拡散という概念を導入した．本節では，これを再び，より詳細に論じる．それは，本章で後に議論するモデルにおける重要な材料を導入するためである．本節のモデルは，主に啓蒙的な目的のためのものであり，具体的現象のモデルというわけではないが，後の節で論じる神経モデルの特殊な場合と数学的に密接に関連していることがわかっている．

細胞（の状態）が x と t のみの関数として表される，1 次元的な状況を考えよう．細胞の発火率を $n(x,t)$ と表すことにする．近傍からの影響が何も存在しないとき，各細胞は，静止状態にあるか一定の発火率——正規化により 1 とする——で自律的に発火している，と仮定しよう．また，そのような状態か

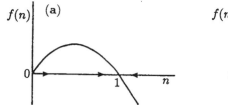 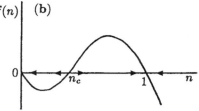

図 12.1　発火率の変化率 $f(n)$ を表す関数形．(a) 安定な定常状態発火率が 1 つのみの場合．代表例：$f(n) = rn(1-n)$．(b) 線形安定な定常状態発火率として $n=1$ と 静止状態 $n=0$ をもつ，双安定な閾の動力学の例．$n=0$ から $n>n_c$ への摂動により，$n \to 1$ となる．代表例：$f(n) = rn(n-n_c)(1-n)$．

ら発火率が摂動を受けたとき，発火率は

$$\frac{dn}{dt} = f(n) \tag{12.1}$$

に従って時間発展するものとしよう．ただし，関数 $f(n)$ は根 $n=0,1$ をもち——これらは定常状態発火率である——，図 12.1(a) のような形をしているものと仮定する．この場合，安定な定常状態は $n=1$ のみである．一方，$f(n)$ の形によっては，双安定な閾の動力学となる場合もある．すなわち，不安定な閾値定常状態 n_c が存在し，$n>n_c$ のときには $n \to 1$ となり，$n<n_c$ のときには $n \to 0$ となる，という具合である．このような双安定系となる典型的な $f(n)$ の形を図 12.1(b) に示す．発火の動力学 (12.1) は，初期発火率 n が与えられると，以後の発火率を定める．双安定動力学において $n(x,0)=0$ の場合，近傍の細胞からの入力によって発火率が一時的に $n>n_c$ まで上昇する可能性があり，その場合には，細胞は最終的に一定の発火率 $n=1$ で発火するようになりうる．

次に，空間変動を考慮することにし，位置 x の細胞の発火率に対して，近接する位置 x' の細胞が及ぼす影響をモデルに組み入れよう．近い近傍の細胞からの影響は，より遠くの近傍の細胞からの影響よりも大きいと仮定する．空間変動は，$|x-x'|$ の関数である重み付け関数 w に組み入れる．全ての近接する細胞から受ける発火率への影響を足し合わせなければならず，我々はこれを，影響核関数との畳み込み積分によってモデリングする．

具体的に，$f(n)$ は図 12.1(a) のようであるとしよう．正の定常状態は $n=1$ のみである．いま，式 (12.1) を修正し，$w>0$ なる位置の近傍の細胞から，$n>1$ ならば正の寄与を，$n<1$ ならば負の寄与を，発火率が受けるようにしよう．こうして，メカニズムのモデリングの最初の一歩となる積分微分方程式系ができ上がる：

$$\begin{aligned}\frac{\partial n}{\partial t} &= f(n) + \int_D w(x-x')[n(x',t)-1]dx' \\ &= f(n) + w*(n-1).\end{aligned} \tag{12.2}$$

D は空間領域であり，影響核関数 $w(x)$ は D 上の関数である．また，記号 $*$ は畳み込み——上式で定義される——を表す．方程式 (12.2) の時点で，$n=1$ は必ず解である．モデリングを完了するためには，影響核関数 w を定める必要がある．これは対称と仮定するため，

$$w(|x-x'|) = w(x-x') = w(x'-x)$$

である．非対称な核関数が生じる場合もある．例えば，何らかの勾配が重なった結果として 生じる場合が考えられる．n が常に非負であることを保証するため，n が小さなときには必ず $n_t>0$ となるようにしたい．このことより，

$$\int_D w(|x-x'|)dx' < 0 \tag{12.3}$$

12.1 シンプルな活性化—抑制モデルによる，神経発火の空間パターン形成

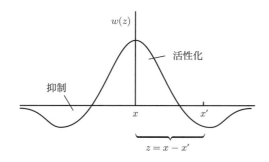

図 12.2 局所的活性化と長距離抑制が組み込まれた，典型的な核関数 $w(z)$．$w(z)$ は，位置 x' の細胞が位置 x の細胞に及ぼす影響の尺度を与える．ここに $z = x - x'$ である．

が要請される．なぜなら，$n \to 0$ に対して $f(n) \to 0$ であり，このとき式 (12.2) より

$$\frac{\partial n}{\partial t} \sim -\int_D w(|x-x'|)dx' > 0$$

であるためである．実際に応用する際に用いることになる典型的な核関数は，条件 (12.3) をみたしている．例えば，後述する（核関数の）例 (12.13) の解析を参照されたい．

このモデルでは，各細胞が短距離の活性化効果および長距離の抑制効果をもつような状況を想定している．このような細胞の振舞いは，以下の節で論じられる様々なモデルにおいても典型的なものである．局所的活性化および側抑制（長距離抑制）に基づくパターン形成概念は，これまでの章で十分に論じられてきた．このような細胞間相互作用は，図 12.2 に示したような形の核関数に組み込まれる．無限領域において，$w(z)$ は変数 $z = x - x'$ についての対称な連続関数であり，

$$|z| \to \infty \quad \text{に対して} \quad w(z) \to 0 \quad (z = x - x') \tag{12.4}$$

をみたす．$w(z)$ の形が図 12.2 のようであるとき，メカニズム (12.2) は空間パターンをどのように形成し始めるであろうか．これは，直観的に理解できる．具体的に，$f(n)$ は図 12.1(a) の形のものを考えることにする．このとき，系 (12.2) において $n = 1$ は空間的に一様な定常状態解である．いま，$n = 1$ に対して，空間的に非一様な小さな摂動を与える．もし x の周囲の $w > 0$ なる小領域において $n > 1$ となれば，積分項の結果，その小領域内で n は自己触媒的に増大し，一方，小領域のすぐ外側の $w < 0$ なる部分は抑制を受ける．こうして，定常状態を上回るような摂動は増大を始め，一方，定常状態を下回るような摂動はさらに大きく定常状態を下回るようになるだろう．すなわち，非一様性が増大すると考えられる．これは，空間パターン形成をもたらす，活性化と抑制の関わる古典的状況である．言うまでもなく，成長の様子やパターンの波長を解析的に定量し，モデル中のパラメータによって表したい．

無限領域の場合を考えることにする．まず，正の定常状態 $n = 1$ の周りで式 (12.2) を線形化する：

$$\begin{aligned} u &= n - 1, \quad |u| \ll 1 \\ \Rightarrow \quad u_t &= -au + \int_{-\infty}^{\infty} w(|x-x'|)u(x',t)dx', \quad a = |f'(1)|. \end{aligned} \tag{12.5}$$

いつものように，以下の形をした解を探す：

$$u(x,t) \propto \exp[\lambda t + ikx]. \tag{12.6}$$

k は波数，λ は成長速度である．これを式 (12.5) に代入し，積分変数を $z = x' - x$ に置換して両辺を $\exp[\lambda t + ikx]$ で割ると，λ を k の関数として表した式，すなわち分散関係式

$$\lambda = -a + \int_{-\infty}^{\infty} w(z)\exp[ikz]dz = -a + W(k) \tag{12.7}$$

が得られる．この式で定義された $W(k)$ は，単に核関数 $w(z)$ のフーリエ変換であることに注意されたい．また，我々が考えている核関数は $w(z) = w(|z|)$ をみたすことを思い出されたい．なお，方程式

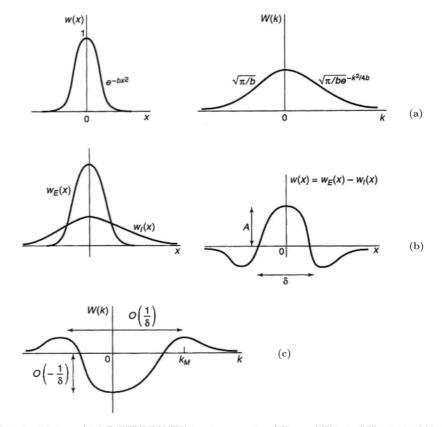

図 12.3 (a) シンプルな指数関数的核関数と，そのフーリエ変換．x 空間と k 空間における幅と高さが，互いに関係し合っている様子に注目されたい．(b) 典型的な活性化核関数 w_E と抑制核関数 w_I．これらを組み合わせると，局所的活性化 ($w>0$) と長距離抑制 ($w<0$) の両者を備える混合核関数 $w = w_E - w_I$ が得られる．(c) $w_E - w_I$ のフーリエ変換，$W(k) = W_E(k) - W_I(k)$ の概形．(b) の核関数の高さと幅が，変換後の高さと幅とどのような関係にあるか，再び注目されたい．

(12.5) をフーリエ変換して，積分項に対しては畳み込み定理を用いることによっても，もちろん一般的に解くことができる．これは，式 (12.6) の u を（式 (12.7) で求めた $\lambda(k)$ を用いつつ）あらゆる k にわたって足し合わせることと等価である．

図 12.2 のようなシンプルな対称形の核関数は，例えば

$$\exp[-bx^2], \quad b > 0 \tag{12.8}$$

のような形の指数関数を組み合わせることによって構成できる．この指数関数のフーリエ変換は

$$\int_{-\infty}^{\infty} \exp[-bx^2 + ikx] dx = \left(\frac{\pi}{b}\right)^{1/2} \exp\left[\frac{-k^2}{4b}\right] \tag{12.9}$$

である．これら両者の概形を図 12.3(a) に示す．

我々にとって特に重要となるフーリエ変換の性質を，2 つ述べておこう．x 空間において元の関数が高く幅の狭いものになればなるほど，k 空間における変換後の関数が低く幅広いものとなる．図 12.3(b) は，短距離活性化と長距離抑制を備える核関数を，独立した 2 つの核関数を用いて構成する方法を示している．図 12.3(c) は，そのような核関数の，フーリエ変換後の関数 $W(k)$ を示している．$W(k)$ は元の核関数 $w(x)$ とよく似た形をしているが，上下が逆さまになっている．

12.1 シンプルな活性化―抑制モデルによる，神経発火の空間パターン形成

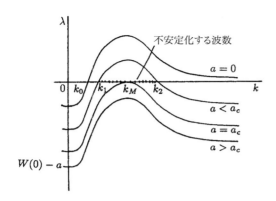

図 12.4 分岐パラメータ a が様々な値をとるときの，波数 k に関する分散関係 $\lambda(k)$（式 (12.7) より）．図 12.3(c) に示した $W(k)$ から，$W(k_M)$ と k_M が定まる．

さて，成長速度 $\lambda = \lambda(k)$ を与える分散関係式 (12.7) を考察しよう．第 2 章，特に 2.5 節における，分散関係についての網羅的な議論より，我々は，モデルがもつ豊かなパターン形成能を決定することができる．活性化―抑制型の核関数の変換後の概形（図 12.3(c)）より，λ を k の関数としてプロットすると図 12.4 のようになる．式 (12.7) より，パラメータ $a(>0)$ が十分に大きければ（もっとも，方程式 (12.5) より a は明らかに安定化要因であるが），全ての波数 k に対して $\lambda < 0$ となり，一様解 $n = 1$ は，あらゆる空間的摂動に対して線形安定となる．パラメータ a を減少させていくと，やがて $\lambda = 0$ となる k が生じ始める臨界分岐値 a_c に到達する．そして $a < a_c$ のときには，ある有界な k の範囲内において $\lambda > 0$ となる．臨界分岐値 a_c は，核関数の形に依存する．その値は，図 12.3(c) から求まる——式 (12.10) により k_M が定まり，式 (12.7) より $a_c = W(k_M)$ と定まる．$a < a_c$ のとき，図 12.4 の $k_1 < k < k_2$ なる各 k に対して $\lambda(k) > 0$ であり，対応する式 (12.6) の形の解 $u(x,t)$ は，時間に対して指数関数的に，$\exp[\lambda(k)t]$ の速度で励起する．それらのうち，最速で励起するモード——その波数 k_M は式 (12.10) で定まる——が存在し，それは線形解を支配する．しかし，最終的には線形理論は成り立たなくなり，式 (12.2) 中の非線形項によって，解は上から抑えられる．その結果，空間的に非一様な定常状態へと解は発展する．これまでの章で論じられてきた他のパターン形成メカニズムにおいてもそうであったように，空間が 1 次元の場合には，最終的な定常状態である有限振幅パターンの構造は，最速で励起する線形モードの波長と密接に関連する．

$0 < a < a_c$ としよう．このとき，方程式 (12.5) の解 $u(x,t)$ のうち，t の増加に伴って支配的となる部分は，式 (12.6) の形をした指数関数的に励起するモード——図 12.4 において波数が k_1 以上 k_2 以下のモード——たちの総和であり，すなわち

$$u(x,t) \sim \int_{k_1}^{k_2} A(k) \exp[\lambda(k)t + ikx] dk$$

と表される．ただし $A(k)$ は初期条件によって定まる．上式に現れていないその他のモードは，$\lambda(k) < 0$ であるため，指数関数的に 0 へと収束する．ラプラス法を用いると，積分の漸近展開（Murray (1984) を参照されたい）より

$$u(x,t) \sim A(k_M) \left\{ \frac{-2\pi}{t\lambda''(k_M)} \right\}^{1/2} \exp[\lambda(k_M)t + ik_M x]$$

が得られる．λ の最大値は $\lambda(k_M)$ であり，ここに k_M は $\lambda'(k_M) = 0$ をみたし，また k_M は $W(k)$ の最大値をも与える．すなわち，

$$\lambda_M = \lambda(k_M), \quad W'(k_M) = 0, \quad W''(k_M) < 0 \tag{12.10}$$

が成り立つ．図 12.4 の分散関係の下での空間パターンの出現は，第 2 章で論じた基本形の分散関係の場合とほぼ同様ながらも，完全に同様というわけではない．$a \to 0$ のときの振舞いが大きく異なる．式

(12.7) より $a = 0$ のとき $\lambda = W(k)$ であり，このとき図 12.3(c) から明らかなように，不安定化する波数の範囲が，$W(k_0) = 0$ なる k_0 の右側に無限に広がる．言い換えると，波数の非常に大きな——波長の非常に小さな——任意の摂動が不安定化する．この状況において，最終的な定常状態たる空間的構造は，大抵の場合，決定的に初期条件に依存する．以降の節で取り扱うモデルの数値シミュレーションによれば，2 次元の場合でさえも，不規則な縞状パターンが支配的となりうる．この状況下での最終的なパターンの形成は，真に非線形現象である．

入門編第 11 章では，積分による定式化（式 (12.2) のような）を，拡散によって空間的相互作用が実現する反応拡散微分方程式系へと関連づけたのであった．入門編第 11 章の議論と絡めて解析を行いたいので，無限領域上で方程式 (12.2) を考えることにし，また w は対称とする．$z = x' - x$ とおくと

$$n_t = f(n) + \int_{-\infty}^{\infty} w(z)[n(x+z,t) - 1]dz \tag{12.11}$$

となる．もしも核関数による影響が $z = 0$ の周りの狭い範囲に限られる場合は，$n(x+z)$ をテイラー級数へと展開して

$$n_t = f(n) + [n(x,t) - 1]\int_{-\infty}^{\infty} w(z)dz + n_x \int_{-\infty}^{\infty} zw(z)dz \\ + \frac{n_{xx}}{2}\int_{-\infty}^{\infty} z^2 w(z)dz + \frac{n_{xxx}}{3!}\int_{-\infty}^{\infty} z^3 w(z)dz + \cdots$$

を得る．式中の積分項たちは，$w(z)$ のモーメントである．核関数 $w(z)$ の対称性より，その奇数次のモーメント（z の奇数べきが被積分関数に含まれている積分項）は 0 である．ゆえに

$$n_t = f(n) + w_0(n - 1) + w_2 n_{xx} + w_4 n_{xxxx} + \cdots \\ w_{2m} = \frac{1}{(2m)!}\int_{-\infty}^{\infty} z^{2m} w(z)dz, \quad m = 0, 1, 2, \ldots \tag{12.12}$$

となる（w_{2m} は核関数 w の $2m$ 次のモーメントである）．各モーメントの符号は，w の形に決定的に依存する．

一例として，

$$w(z) = b_1 \exp\left[-\left(\frac{z}{d_1}\right)^2\right] - b_2 \exp\left[-\left(\frac{z}{d_2}\right)^2\right], \quad b_1 > b_2, \quad d_1 < d_2 \tag{12.13}$$

という核関数を考えることにしよう（b_1, b_2, d_1, d_2 は正のパラメータ）．この核関数は，図 12.3(b) のような概形をもつ．この核関数のフーリエ変換は（式 (12.9) と比較されたい）

$$W(k) = \int_{-\infty}^{\infty} w(z) \exp[ikz]dz \\ = \sqrt{\pi}\left\{b_1 d_1 \exp\left[-\frac{(d_1 k)^2}{4}\right] - b_2 d_2 \exp\left[-\frac{(d_2 k)^2}{4}\right]\right\} \tag{12.14}$$

となる．これは，

$$W(0) < 0 \quad (\iff \quad b_1 d_1 - b_2 d_2 < 0) \tag{12.15}$$

であれば図 12.3(c) のような形となる．このとき，図 12.3(c) や式 (12.10) 中の k_M が存在し，それは $W'(k) = 0$ の 0 でない解として与えられる．すなわち，

$$k_M^2 = \frac{4}{d_2^2 - d_1^2}\ln\left[\frac{b_2}{b_1}\left(\frac{d_2}{d_1}\right)^3\right] > 0 \tag{12.16}$$

である（最後の不等号は $d_2/d_1 > 1$ および $b_2 d_2/b_1 d_1 > 1$ より）．

式 (12.12) で定義されるモーメント w_{2m} は，核関数 (12.13) に対しては，以下のようにして厳密に求めることができる．式

$$I(b) = \int_{-\infty}^{\infty} \exp[-bz^2]dz = \left(\frac{\pi}{b}\right)^{1/2} \qquad (12.17)$$

に注目し，この式の両辺を b で繰り返し微分することにより，偶数次のモーメントがすぐに求まる．例えば，

$$I'(b) = -\frac{1}{2}\left(\frac{\pi}{b^3}\right)^{1/2} = -\int_{-\infty}^{\infty} z^2 \exp[-bz^2]dz$$

といった具合である．このようにして，式 (12.13) で与えられた核関数 $w(z)$ のモーメントは

$$w_0 = \sqrt{\pi}(b_1 d_1 - b_2 d_2), \quad w_2 = \frac{\sqrt{\pi}}{4}(b_1 d_1^3 - b_2 d_2^3), \quad \ldots \qquad (12.18)$$

と求まる．これらの値は，パラメータ次第で正にも負にもなりうる．式 (12.12) の展開をどこで打ち切るべきかは，モーメントの相対的な大きさ次第である．核関数がもつ空間的影響が幅広い場合ほど，必要となる展開項の数も増加する．

核関数 (12.13) が条件 (12.15) をみたすとき，$w_0 < 0$ かつ $w_2 < 0$ である．$w_0 < 0$ なので，この核関数は，系 (12.2) の解 n が常に非負であり続けることを保証する条件 (12.3) をみたしている．また，n が負にならないことは，式 (12.12) において n が小さく空間非依存的な状況を考えることによっても直ちにわかる．なぜならこのとき

$$f(n) + w_0(n-1) \sim -w_0 > 0$$

であるためである．もし $w_2 < 0$ ならば，すなわち拡散が負であるならば，この項（2 次の項）は**不安定化**をもたらす．一方，もし $w_4 < 0$ ならば，すなわち長距離拡散が負であるならば，この項（4 次の項）は**安定化**作用をもつ．以下の 12.4 節で論じるモデルの派生版において，このような状況が生じる．$w_2 < 0$, $w_4 < 0$ の下での式 (12.12) のような，高次の方程式における，空間的構造を有する解の時間発展は，Cohen and Murray (1981) によって詳細に解析された．彼らの解析手法は，モデルメカニズム (12.2) に対しても応用できる．

基本的な概念の導入は以上である．ここからは，いくつかの現実的な神経モデルを，具体的に考察していく．

12.2 視覚野における縞形成のメカニズム

視覚情報は，両眼の網膜の細胞から，視神経を通して，外側膝状体 (lateral geniculate nucleus) と呼ばれる中継地点を経て，視覚野へと伝達される．左右の眼からの入力は，別々に伝送され，皮質の特定の層——第 IVc 層——へと投射する．ネコやサルの視覚野から電気生理学的に記録を行った実験により，右眼への刺激に応答する視覚野の神経細胞，すなわちニューロンたちが，縞状の空間パターンを形成しており，それらの縞は左眼（からの入力）により刺激されうるニューロンの縞と織り交ざっていることが示された．既に述べた通り，これらのニューロンは，枝分かれしてシナプス（神経パルスがニューロンから別のニューロンへと伝わる部位）を形成している．皮質内で電極を移動させていき，左右の眼からの入力に対する応答を調べていくと，縞の幅および間隔はおよそ $350\,\mu m$ であることがわかった．この縞は**眼優位縞 (ocular dominance stripes)** と呼ばれる．この縞の説明は D. H. Hubel と T. N. Wiesel の両名によってなされ (Hubel and Wiesel 1977)，彼らはこの研究で 1981 年にノーベル賞を受賞している．図 12.5(a) は，マカクザルで観察された眼優位縞の空間パターンを示したものである．

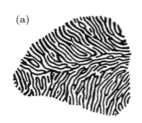

図 12.5 (a) マカクザルの視覚野における，眼優位縞の空間パターン．黒い部分は，片方の眼から入力を受ける領域を表し，白い部分は，他方の眼から入力を受ける領域を表す（Hubel and Wiesel (1977) より）．(b) グレビーシマウマの腰部に見られる縞状パターン（図 3.3(a) も参照されたい）．(c) 典型的な，ヒトの指紋パターン．

眼優位縞が，シマウマの縞模様（図 12.5(b)）や指紋（図 12.5(c)）など自然界に見られるその他様々なパターンと類似していることには，驚かずにはいられない．もちろん，この類似性に意味を見出しすぎてはならない．神経系のモデルによって動物の体表パターンが実際に生じている可能性はあるかもしれない（ただし私は非常に怪しいと考えている）が，指紋の形成に関しては，確実にその可能性はない．指紋形成メカニズムとして有力な候補の 1 つは，第 6 章で論じたメカノケミカルメカニズムであり，6.7 節で用いた．

サルの場合，初期のパターン形成プロセスは出生前に開始しているようであり，出生の直前には明白なものとなっている．またパターン形成プロセスは，6 週齢までに完了する．実際の縞状パターンは，形成が完了するまでの間であれば，手を加えて変化させることができる (Hubel et al. 1977)．例えば，生後約 7 週にわたって一方の眼を遮蔽，または除去することにより，そちらの眼からの入力を反映する縞の幅が狭くなり，対側の眼からの入力を反映する縞の幅は広くなる．なお両眼を盲目にした場合は，縞にはほとんど影響が及ばないようである．このような単眼視 (monocular vision) への変化に関しては，臨界期が存在するように思われる．なぜなら，縞の形成が完了した後に遮蔽を行っても影響がないためである．これらの実験を，パターン形成が完了するおよそ 2 カ月齢以降に行うと，パターンには何の影響も生じないように見える．

Hubel et al. (1977) は，発生の間，皮質において視神経終末たちが競合することによって縞が形成されるのではないか，と提案した．すなわち，右眼の情報を伝達するシナプスたちによってある領域が支配されているとき，その領域では，左眼の情報を送るシナプスの形成が阻害されており，同時に右眼の情報を送るシナプスの形成が促進されている，というアイデアである．これは，2 種が関わる活性化—抑制メカニズムに類似している．皮質に非特異的シナプスが一様に分布している初期状態から，この競合によって空間パターンがどのようにして形成されるのかを直観的に理解できる．また，このアイデアは発達中の眼遮蔽に関する実験結果とも合致しており，魅力的である．例えば片眼を遮蔽すると，他方の眼の神経終末に対して阻害が起こらないため，縞が生じない．Swindale (1980) は，その独創的な論文の中で，Hubel et al. (1977) によるこのアイデアに基づいたモデルメカニズムを提案した．本節では，彼のモデルを詳細に論じる．

眼優位縞の形成に関するモデルメカニズム

ここで考えるモデルは，実質的には，前節で論じたモデルの拡張なのであるが，2 種類の異なるクラスの細胞を考えるという点が前節と異なる．眼優位縞が形成されている視覚野の（第 IVc）層を，2 次元領域 D と見なし，時刻 t，位置 r における左眼，右眼の情報を送るシナプスの密度を，それぞれ $n_L(r,t)$,

12.2 視覚野における縞形成のメカニズム

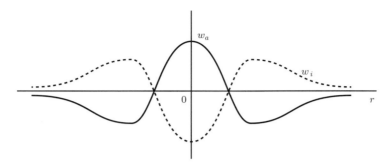

図 12.6 眼優位縞の形成における，典型的な活性化核関数 $w_a(r)$ と抑制核関数 $w_i(r)$．原点の周りの活性化領域は $200\,\mu m$ のオーダーであり，抑制領域は $400\,\mu m$ のオーダーである．

$n_R(\boldsymbol{r}, t)$ と表すことにしよう．近傍の細胞（ニューロン）からの影響を表す刺激関数は，正の項と負の項からなり，それぞれ細胞の成長を促進，抑制する．前節と同様，これらは重み付け核関数 (w) と細胞密度 (n) の積の和として表される．そして，（例えば）右眼の情報を送るシナプス n_R の成長率に対する，近傍のシナプスから受ける（正および負の）刺激は，次式のような 2 つの畳み込みの和 s_R で与えられる：

$$w_{RR} * n_R = \int_D n_R(\boldsymbol{r}^*) w_{RR}(|\boldsymbol{r} - \boldsymbol{r}^*|) d\boldsymbol{r}^*,$$
$$w_{LR} * n_L = \int_D n_L(\boldsymbol{r}^*) w_{LR}(|\boldsymbol{r} - \boldsymbol{r}^*|) d\boldsymbol{r}^*, \quad s_R = w_{RR} * n_R + w_{LR} * n_L. \tag{12.19}$$

左眼の情報を送るシナプス n_L に対する刺激関数 s_L も，上式と同様に定義する．また，通常の発生条件の下では，両タイプのシナプスによる促進や抑制の効果は，対称，すなわち

$$w_{RR} = w_{LL} = w_a, \quad w_{RL} = w_{LR} = w_i$$

をみたすと仮定するのが合理的である．これらの重み付け核関数としては，図 12.2 のように短距離活性化および長距離抑制（側抑制）を備えるものであって，その活性化領域の幅が縞の幅の半分程度，すなわち $200\,\mu m$ 程度，また抑制領域の幅がおよそ $200\sim600\,\mu m$ 程度のものを想定している．一方の眼の情報を送るシナプスが，同側の眼の情報を送るシナプスの成長を局所的に促進し，対側の眼の情報を送る側方のシナプスを抑制する，という上述したアイデアに則れば，核関数 w_a, w_i の定性的な形は図 12.6 のようになる．

細胞密度 n_R, n_L は，もちろん非負でなければならないし，また，上限密度 N が存在すると仮定する．これらの制約は，モデルの定式化に必ず含めなければならない．ここでは，刺激関数に密度依存的な乗数を掛けることによって，これらの制約を課す．こうして，モデルメカニズムは以下のようになる：

$$\frac{\partial n_R}{\partial t} = f(n_R)[w_a * n_R + w_i * n_L],$$
$$\frac{\partial n_L}{\partial t} = f(n_L)[w_a * n_L + w_i * n_R]. \tag{12.20}$$

ただし，$f(n)$ は根 $n = 0, N$ をもち，$f'(0) > 0, f'(N) < 0$ であるとする．例えばロジスティック型の関数は，このような $f(n)$ として，この段階では適している．

モデルの解析

$f(n)$ が定性的に前述のような形をしているとき，メカニズム (12.20) では，明らかにシナプスの成長が制限されており，これは例えば，シナプス密度の増加に伴ってシナプスの成長率を減少させる何らかの

因子の存在を反映している．このモデルはまた，皮質内のある領域から一方の眼に対応するシナプスがいったん消失してしまえば，それがそこに再び出現することは決してない，ということを含意している．

最後に述べた性質は，定常状態 $n_R = 0, n_L = N$ および $n_L = 0, n_R = N$ は安定である，と言い換えられる．例えば，n_R に注目することにして，定常状態 $n_R = 0, n_L = N$ の安定性を (12.20) の第 1 式から考察しよう．例えば，$f(n) = n(N-n)$ としよう．ある領域内において n_R が小さいとき，近傍の n_L によって n_R の成長は抑制される．すなわち，(12.20) の第 1 式において $w_i * n_L < 0$ である．ゆえにこの領域内では，n_R の 1 次項までを考えると

$$\frac{\partial n_R}{\partial t} \approx N n_R w_i * N < 0$$

となり，ゆえに定常状態 $n_R = 0, n_L = N$ は安定である．なお，以上と対称の議論により，定常状態 $n_L = 0, n_R = N$ が線形安定であることも示される．

実際に行われた数値シミュレーションの多くでは，各点における総密度 $n_R + n_L$ が定数，特に N に等しいような初期分布が用いられた．これは，皮質上にシナプス結合部位が一定数存在し，それらが常にどちらかの眼に対応するシナプスによって占拠されている，と仮定するならば，適切な初期分布であろう．このような仮定の下では，$\partial n_R/\partial t = -\partial n_L/\partial t$ である．(12.20) の 2 つの方程式を，一方の密度のみを用いて表したとき，それらは完全に一致しなければならない．これより，$w_a = -w_i$ が必要であることがわかる．この式により，モデルは以下のように著しくシンプルになる：

$$\frac{\partial n_R}{\partial t} = f(n_R)[w_a * (2n_R - N)] = f(n_R)[2w_a * n_R - K],$$
$$n_L = N - n_R, \quad K = N \int_D w_a(|\boldsymbol{r} - \boldsymbol{r}^*|) d\boldsymbol{r}^*. \tag{12.21}$$

すなわち，n_R に関するスカラー方程式へと簡約化される．この方程式は，前節で詳細に論じた共通の特徴をいくらか備えている．例えば，核関数 $w_a(r)$ は図 12.6 の実線のような概形をもつとしているのであったが，これは図 12.2 の核関数と類似している．

方程式 (12.21) の定常状態は，

$$n_R = 0, n_L = N; \quad n_R = N, n_L = 0; \quad n_R = n_L = \frac{N}{2} \tag{12.22}$$

の 3 つ存在する．既に示したように，前者 2 つは線形安定である．

では，両方の眼に対応するシナプスが同数ずつ分布している，3 つ目の定常状態の安定性について検討しよう．この定常状態は，直観的には不安定であるように思われる．この定常状態に対する小さな摂動 $u(\boldsymbol{r},t)$ を考え，これを (12.21) の第 1 式に代入し，u に関する 1 次の項のみを残すことにより，

$$u_t = \frac{1}{2}N^2[w_a * u] \tag{12.23}$$

が得られる．この方程式は，方程式 (12.5) において $a = 0$ なる場合と類似している．次に，この方程式の解として，式 (12.6) の形をした（ただし今回はその 2 次元版の）解を探そう．すなわち，

$$u(\boldsymbol{r},t) \propto \exp[\lambda t + i\boldsymbol{k} \cdot \boldsymbol{r}] \tag{12.24}$$

とする．ただし $\boldsymbol{k}$ は固有ベクトルであり，その波長は $2\pi/k$ $(k = |\boldsymbol{k}|)$ で与えられる．式 (12.24) を方程式 (12.23) へ代入すると，分散関係式

$$\lambda = \frac{1}{2}N^2 W_a(k), \quad W_a(k) = \int_D w_a(|\boldsymbol{r} - \boldsymbol{r}^*|) \exp[i\boldsymbol{k} \cdot \boldsymbol{r}^*] d\boldsymbol{r}^* \tag{12.25}$$

が得られる．ここで $W_a(k)$ は，単に核関数 w_a の皮質領域におけるフーリエ変換であることに注意されたい．

12.2 視覚野における縞形成のメカニズム

図 12.7 (a) 総シナプス密度が定数 N であり, 2 つの核関数が反対称 ($w_a = -w_i$) である下での (すなわち, 式 (12.21) による), モデルの数値解. 式 (12.13) と類似した, $w_a = A\exp[-r^2/d_1^2] - B\exp[-(r-h)^2/d_2^2]$ を核関数として用いた. パラメータ値: $A = 0.3$, $B = 1.0$, $d_1 = 5$, $d_2 = 1.4$, $h = 3.7$. 黒い部分と白い部分は, 最終的な定常状態におけるシナプス密度 n_R, n_L に対応している. (b) パターン形成中に, 領域が単一の方向へ 20% 成長する状況下での, シミュレーションによるパターン. ここでは, n_R と n_L は独立に変化できるものとしている. 核関数 w_a, w_i は (a) と同じ形のものを用いた. w_a のパラメータ値: $A = 1$, $B = 0.9$, $d_1 = 3$, $d_2 = 10$, $h = 0$. w_i のパラメータ値: $A = -1$, $B = -1$, $d_1 = 4$, $d_2 = 10$, $h = 0$ (Swindale (1980) より複写).

空間が 1 次元の場合を考えることにする. $W_a(k)$ は図 12.3(c) の $W(k)$ と類似した形をしている. なぜなら, w_a が図 12.3 の $w(x)$ と類似しているためである. 図 12.4 を参照すれば, 不安定化する波数が無限の範囲にわたって存在することがわかる. 最大の励起率 $\lambda = \lambda_M$ を与える波数 k_M は存在するが, 非線形効果が入ってくると, そのモードが支配的となるかどうかは明らかでない. 実際, 数値シミュレーションによれば, 初期条件への強い依存性——不安定モード帯が無限の範囲にわたるときには必ずのようであるが——が見られる. 空間が 2 次元の場合も, 線形不安定化するモードを与える波数ベクトル $\boldsymbol{k}$ の範囲が無限に広がるという点で 1 次元の場合と同様である. 式 (12.24) の形のモード ($\lambda(k)$ は式 (12.25) で与えられる) を, 不安定化する波数ベクトル $\boldsymbol{k}$ (すなわち $W_a(k) > 0$ なる $\boldsymbol{k}$) 全体——これは無限領域をなす——にわたって積分したものが, 解のうち支配的な部分である. 不安定化した状態は, やがて空間的に非一様な定常状態へと発展していく.

モデルメカニズムの数値シミュレーションによってこのことは確認されており, 図 12.7(a) のような空間パターンが生成される. 図は計算結果の一例を示したものである.

眼優位縞が発達する数週間の間には, 視覚野も著しく成長する. この成長が, モデルメカニズムによって形成される縞状パターンに何らかの影響を与える可能性がある. 図 12.7(b) に示されているように, 数値シミュレーションによれば, (視覚野が) 成長する方向に縞ができる傾向がある.

本節で構築したモデルを用いて, 様々な「実験」を行うことができる. 単眼遮蔽はその一例である. これを行うには, 発生中のある時期の間, 一方の眼からの入力を制限すればよい. Swindale (1980) は, この状況をシミュレーションし, 遮蔽が重要な役割を果たす臨界期が存在することを示した. 彼の結果は, 実際の実験によって得られた様々な結果と合致している.

このモデルや他の神経モデルが, 縞状パターンを形成しやすい傾向にあるのに対し, 反応拡散モデルは, 広大な領域において斑点パターンをより形成しやすい. この事実は面白い. また, そうなる理由を考えることは, 数学的に興味深い. Zhu and Murray (1995) は, いくつかの異なるパターン形成メカニズム (本節のモデルは含まれないが) について, それらが斑点や縞を形成する条件を導出した. 線形解析を行うと, 不安定化するモードの固有値の範囲が, $k = 0$ を含まず正の下限をもつものの, 上限をもたないことがわかる. このことが, 線形不安定性に関して, 今回の分散関係と第 2 章の分散関係との主要な相違点の 1 つである. 不安定化する波数の範囲が非有界 ($0 < k < \infty$) となるような分散関係をもつあるモデ

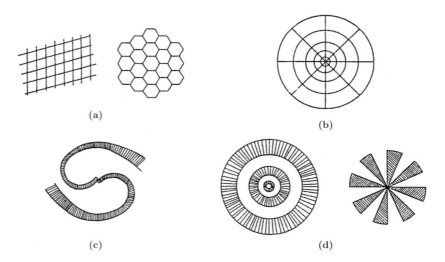

図 12.8　幻覚患者が知覚する，4 つの基本パターンの典型例．(a) 格子，(b) クモの巣，(c) 螺旋，(d) トンネルや煙突（Ermentrout and Cowan (1979) より）．

ルが，どのような場合に散在するパッチよりも不規則な縞を形成しやすいのか，を決定することは興味深いであろう．

12.3　幻視パターンを生み出す脳機構のモデル

　幻覚症状は，片頭痛，てんかん，進行した梅毒など，幅広い様々な状況で生じる．特に 1960 年代以降は，きわめて危険な LSD やメスカリン（サボテンの一種ペヨーテから抽出される）などの薬物によって，外的刺激による幻覚も見られるようになった．幻覚に関する一般的な説明は Oster (1970) を，さらに詳細な説明については Klüver (1967) を参照されたい．

　幻覚誘発薬を使用すると，現実の知覚が変化したかのように感じられ，そのため，幻覚誘発薬は神秘的なものと考えられるようになった．Klüver (1967) による薬物誘発性幻覚に関する広範な研究によると，初期の段階では，薬物使用者はシンプルな幾何学的パターンの系列を知覚するようである．それらのパターンは，以下の 4 つの種類 (Klüver 1967) に大別される：(i) 格子，ネットワーク，六角形格子，(ii) クモの巣，(iii) 螺旋，(iv) トンネル，煙突，円錐．これら 4 種類のパターンの典型例を，図 12.8 に示す．図 12.8(a) の紋様は，単位構造の繰り返しによる正平面充填によって特徴づけられる．図 12.8(b) のクモの巣は，図 12.8(a) を歪曲したような形をしている．

　幻覚は，末梢からの入力に非依存的である．例えば，実験により，LSD が盲目の使用者に対しても幻視を引き起こす場合があることが示されている．この実験や，電極を皮質下に設置して視覚体験を起こす実験などによれば，幻覚パターンは視覚野で生じていると考えられる．Ermentrout and Cowan (1979) の独創的な論文では，皮質で幻覚が生じるという仮定に基づき，基本パターンを生み出すようなニューラルネットモデルが提示，解析されている——大きなスケールの神経活動に関する Cowan (1982) の議論や，もっと非技術的で生理学寄りな Cowan (1987) の解説も参照されたい．Ermentrout and Cowan (1979) は，視覚野の神経活動の不安定性からパターンが生じることを示唆している．本節では，彼らのモデルを詳細に検討する．

視覚野で生じる基本パターンの形状

網膜に映る視像は，皮質上の領域へと等角的に投射される．網膜上の像（極座標 (r,θ) で表す）は，皮質へと転写される際に歪曲し，皮質上の像（デカルト座標 (x,y) で表す）となる．このような皮質への投射パターンの形成メカニズムを，我々はモデリングしなければならない．網膜神経節細胞（視覚野への中継である外側膝状体を介して像を伝送する細胞）の密度は，（視野の）中心から離れるほど減少する．そのため，視野の中心部に映る小さな物体は，皮質平面上に写像されると，より大きな像となる．このように，皮質平面上の面積素片 $dx\,dy$ が，網膜円盤上の面積 $Mr\,dr\,d\theta$ なる微小領域に対応するものとしよう．ただし M は拡大率を表すパラメータであり，r, θ の関数である．Cowan (1977) は，生理学的測定に基づいて，網膜—皮質間の（視像の）変換式を具体的に導出した．それは

$$x = \alpha \ln[\beta r + (1+\beta^2 r^2)^{1/2}], \quad y = \alpha\beta r\theta(1+\beta^2 r^2)^{-1/2} \qquad (12.26)$$

というものであった（α, β は定数）．視野の中心（中心窩）付近，すなわち r が小さな場所では，この変換式は

$$x \sim \alpha\beta r, \quad y \sim \alpha\beta r\theta, \quad r \ll 1 \qquad (12.27)$$

と近似できる．一方，中心から十分に（およそ立体角で 1° 以上）離れた，r の大きな場所では，

$$x \sim \alpha \ln[2\beta r], \quad y \sim \alpha\theta \qquad (12.28)$$

と近似できる．つまり，中心窩に非常に近い場所を除けば，複素座標 z で表される網膜上の一点は，式

$$w = x + iy = \alpha \ln[2\beta r] + i\alpha\theta = \alpha \ln[z], \quad z = 2\beta r \exp[i\theta] \qquad (12.29)$$

に従って，複素座標 w で表される視覚野上の点へと写像される．これは，複素対数関数に他ならない．この写像は，網膜—皮質間拡大率 M との関連で特に議論されてきている．図 12.9 は，網膜平面上の典型的なパターン，および，それらに対して変換 (12.29) を施した結果得られる，皮質平面上のパターンを示したものである．この変換に関しては，複素平面上の等角写像について述べた複素関数論の文献を参照されたい．もしくは，円や長方形など様々な図形に対して，実際に変換 (12.29) を行ってみるとよい．かくして，図 12.9 より，メカニズムが生み出せなければならない皮質上のパターンは以下の通りである：(i) 正方格子，六角形格子，(ii) 一定の方向に沿った起伏パターン．これらはいずれも平面を充填するパターンであり，平面における二重周期的パターンのクラスに属している．2.4 節では，反応拡散メカニズムによって，少なくとも一様状態から非一様な状態への分岐の近傍では，上記のパターンと類似したパターンが形成される，ということを見た．

神経モデルメカニズム

Ermentrout and Cowan (1979) のモデルは，薬物（に限らず，幻覚を誘発するあらゆる原因）によって視覚野の神経活動に不安定性が生じる結果，薬物使用者が視覚パターンを体験する，という基本的な仮定の下に成り立っている．彼らのモデルでは，皮質に存在するニューロン（神経細胞）として興奮性のものおよび抑制性のものを考えており，それらが互いの活動度（発火率）に影響を及ぼし合っている，と仮定している（12.1 節の議論を思い出されたい）．興奮性細胞たち，抑制性細胞たちがなす，発火率の連続的空間分布を，それぞれ $e(\boldsymbol{r},t), i(\boldsymbol{r},t)$ と表すことにし，前節にて活性化核関数や抑制核関数を用いて述べた通り，時刻 t における位置 $\boldsymbol{r}$ の細胞は，自身およびその近傍の細胞へ，興奮的にあるいは抑制的に影響を与える，と仮定する．

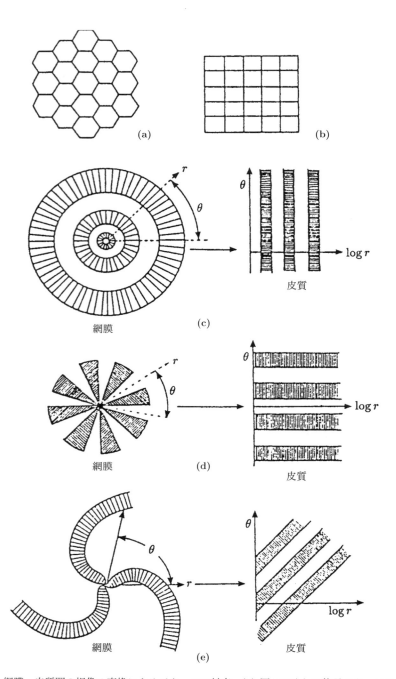

図 12.9 網膜―皮質間の視像の変換によるパターンの対応．(a) 図 12.8(a) の格子パターンは，歪曲することを除けば，実質的に変化しない．その他のパターンについては，視野内の幻覚パターンを左側に，それに対応する皮質上の像を右側に示す：(c) トンネル，(d) 煙突，(e) 螺旋 (Ermentrout and Cowan (1979) より)．

12.3 幻視パターンを生み出す脳機構のモデル

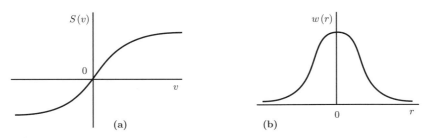

図 12.10 (a) 典型的な閾値応答関数 $S(v)$. (b) モデルメカニズム (12.31) における，典型的な核関数 $w(\bm{r})$.

時刻 t における活動は，厳密には，それまでの活動の履歴に依存すると考えられる．そこで，従属変数として発火率 e, i の代わりに，時間粗粒化活動度 (time coarse grained activities)

$$\begin{pmatrix} E(\bm{r},t) \\ I(\bm{r},t) \end{pmatrix} = \int_{-\infty}^{t} h(t-\tau) \begin{pmatrix} e(\bm{r},t) \\ i(\bm{r},t) \end{pmatrix} d\tau \tag{12.30}$$

を導入する．ただし $h(t)$ は時間応答関数で，これには減衰時間と遅延時間が組み込まれている．$h(t)$ は時刻についての減少関数であり，典型的には，減衰する指数関数 $\exp[-at]$ ($a > 0$) で近似される．

活動度が，E による自己活性化および I による抑制に依存している，ということを示唆する生理学的証拠は存在する（例えば Ermentrout and Cowan (1979) を参照されたい）．活動度 E および I もまた，時刻に対して指数関数的に減衰するため，モデルメカニズムは

$$\begin{aligned} \frac{\partial E}{\partial t} &= -E + S_E(\alpha_{EE} w_{EE} * E - \alpha_{IE} w_{IE} * I), \\ \frac{\partial I}{\partial t} &= -I + S_I(\alpha_{EI} w_{EI} * E - \alpha_{II} w_{II} * I) \end{aligned} \tag{12.31}$$

となる．ただし関数 S_E, S_I は，生理学的証拠に基づいて導入した，図 12.10(a) 中の S のような典型的な閾値関数である．定数 α たちは，生理学的機構，および薬物の用量などに依存する．なお，関数 S が有界であること，および $S(0) = 0$ であることに注意されたい．畳み込みは 2 次元皮質領域にわたって行い，核関数は図 12.10(b) のように，距離に応じて減衰する対称な非負関数とする――対称に減衰する指数関数 $\exp[-(x^2+y^2)]$ はその一例である．相互作用関数，例えば S_E の引数は，局所的興奮による重み付けられた活性化と，抑制性細胞による局所的抑制との差を表している．一方，抑制性細胞の活動は，w_{EI} との畳み込みを介して，I の方程式中の関数 S_I の引数を通して促進される．抑制性細胞はまた，w_{II} との畳み込みを介して，自身の活動を阻害する．このモデルは前節のモデルと類似しているが，前節のモデルでは活性化と抑制の効果は各々の核関数の中に含まれており，その点で本節のモデルと異なっている．

安定性解析

では，系 (12.31) の空間的に一様な定常状態，すなわち静止状態 $E = I = 0$ の線形安定性を考察しよう．系 (12.31) の中で非線形性をもつものは関数 S のみであるため，E と I が小さい状況下において (12.31) を線形化したものは

$$\begin{aligned} \frac{\partial E}{\partial t} &= -E + S'_E(0)(\alpha_{EE} w_{EE} * E - \alpha_{IE} w_{IE} * I), \\ \frac{\partial I}{\partial t} &= -I + S'_I(0)(\alpha_{EI} w_{EI} * E - \alpha_{II} w_{II} * I) \end{aligned} \tag{12.32}$$

となる．図 12.10(a) のグラフの概形より，微分係数 $S'_E(0), S'_I(0)$ は正の定数である．次に，前節や前々節と同様にして，空間的構造をもった解を探したいが，ここで扱っている系は ((12.5) や (12.23) のよう

な）単一の方程式ではないので，

$$\begin{pmatrix} E(\bm{r},t) \\ I(\bm{r},t) \end{pmatrix} = \exp[\lambda t + i\bm{k}\cdot\bm{r}]\bm{V} = \exp[\lambda t + ik_1 x + ik_2 y]\bm{V} \tag{12.33}$$

なる形の解を探そう．$\bm{k}$ は波数ベクトルであり，その成分 k_1, k_2 はそれぞれ x 軸，y 軸方向の波数を表している．λ は成長速度であり，$\bm{V}$ は固有ベクトルである．いつも通り，与えられた $\bm{k}$ に対して $\lambda > 0$ となるならば，その固有関数は線形不安定化する．

式 (12.33) を線形系 (12.32) へ代入すると，分散関係 $\lambda = \lambda(k)$（ただし $k = |\bm{k}| = (k_1^2 + k_2^2)^{1/2}$）を与える 2 次方程式が得られる．例えば，式 (12.33) を代入すると

$$\begin{aligned}
w_{EE} * E &= \int_D w_{EE}(|\bm{r} - \bm{r}^*|) \exp[\lambda t + i\bm{k}\cdot\bm{r}^*] d\bm{r}^* \\
&= \exp[\lambda t] \int_D w_{EE}(|\bm{u}|) \exp[i\bm{k}\cdot\bm{u} + i\bm{k}\cdot\bm{r}] d\bm{u} \\
&= \exp[\lambda t + i\bm{k}\cdot\bm{r}] \int_D w_{EE}(|\bm{u}|) \exp[i\bm{k}\cdot\bm{u}] d\bm{u} \\
&= W_{EE}(\bm{k}) \exp[\lambda t + i\bm{k}\cdot\bm{r}]
\end{aligned} \tag{12.34}$$

となる．ここで $W_{EE}(\bm{k})$ は，関数 $w_{EE}(\bm{r})$ の皮質領域 D における 2 次元フーリエ変換である．核関数 w とそのフーリエ変換の典型例を，以下に示しておく：

$$\begin{aligned}
w(\bm{r}) &= \exp[-b(x^2+y^2)] \\
&\Rightarrow W(\bm{k}) = \frac{\pi}{b} \exp[-k^2/4b], \quad k^2 = k_1^2 + k_2^2.
\end{aligned} \tag{12.35}$$

式 (12.33) を式 (12.32) に代入し，両辺を $\exp[\lambda t + i\bm{k}\cdot\bm{r}]$ で割ると，λ に関する 2 次方程式が，特性方程式

$$\begin{vmatrix} -\lambda - 1 + S'_E \alpha_{EE} W_{EE} & -S'_E \alpha_{IE} W_{IE} \\ S'_I \alpha_{EI} W_{EI} & -\lambda - 1 - S'_I \alpha_{II} W_{II} \end{vmatrix} = 0 \tag{12.36}$$

の形で得られる．計算の便宜上，微分係数 $S'_E(0), S'_I(0)$ はパラメータ α たちに含めてしまおう．あるパラメータ p が増加していく際に，空間的構造をもつ解が出現し始める分岐を予測したい．そこで，今回もやはり単純な仮定をおくことにしよう．パラメータ α たちに p が掛かることによって，p 依存的にメカニズムが変化するような状況を考えよう．つまり，α を pa と書き直そう．薬物誘発性幻覚を考える場合には，p は薬物の用量に関連したパラメータだと考えられる．この書き直しによって

$$\begin{aligned}
S'_E \alpha_{EE} &= pa_{EE}, \quad S'_E \alpha_{IE} = pa_{IE}, \\
S'_I \alpha_{II} &= pa_{II}, \quad S'_I \alpha_{EI} = pa_{EI}
\end{aligned} \tag{12.37}$$

となり，λ に関する方程式 (12.36) は

$$\begin{aligned}
&\lambda^2 + L(\bm{k})\lambda + M(\bm{k}) = 0, \\
&L(\bm{k}) = 2 - pa_{EE} W_{EE}(\bm{k}) + pa_{II} W_{II}(\bm{k}), \\
&M(\bm{k}) = 1 + p^2 a_{IE} a_{EI} W_{IE}(\bm{k}) W_{EI}(\bm{k}) - pa_{EE} W_{EE}(\bm{k}) \\
&\qquad - p^2 a_{EE} a_{II} W_{EE}(\bm{k}) W_{II}(\bm{k}) + pa_{II} W_{II}(\bm{k})
\end{aligned} \tag{12.38}$$

となる．

式 (12.33) の形の解は，いつも通り，$\mathrm{Re}\,\lambda < 0$ ならば線形安定であり，$\mathrm{Re}\,\lambda > 0$ ならば不安定である．ここでは，空間的構造をもつ不安定性によって生じる空間パターンに興味があるため，空間非依存的な問題では定常状態が安定であることを要請しよう．すなわち，$\mathrm{Re}\,\lambda(0) < 0$ を要請しよう——2.3 節の関連箇所を思い出されたい．これが成立するのは

$$\mathrm{Re}\,\lambda(k=0) < 0 \quad \Longleftrightarrow \quad L(0) > 0 \quad \text{かつ} \quad M(0) > 0 \tag{12.39}$$

12.3 幻視パターンを生み出す脳機構のモデル

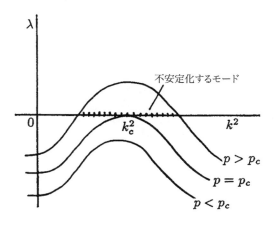

図 12.11 波数 $k = |\boldsymbol{k}|$ に対して励起率 $\lambda(k)$ を与える，分散関係の基本形．分岐パラメータとして p を考えている（p は例えば薬物の用量の尺度と見なせる）．空間的に一様な解から空間的に非一様な解へと分岐する $p = p_c$ における，臨界波数は $k_c = (k_{1c}^2 + k_{2c}^2)^{1/2}$ である．

のときのみである．これらは式 (12.38) 中のパラメータたちに対する制約を与える．

次に，式 (12.38) の解である分散関係 $\lambda = \lambda(k)$ を考察しよう．式 (12.35) のような核関数の典型的な形からわかるように，$\boldsymbol{k} \to \infty$ に対して $W(\boldsymbol{k}) \to 0$ であり，そのため式 (12.38) は

$$\lambda^2 + 2\lambda + 1 \approx 0 \Rightarrow \lambda < 0 \quad (k \to \infty \text{ のとき})$$

となる．ゆえに，波数の大きな（$k \gg 1$ なる）解，つまり波長の小さな解は，線形安定である．このことおよび条件 (12.39) のおかげで，分散関係は図 12.11 のように，空間パターンを形成する「基本形」となっている．ここでは，パラメータ p を分岐パラメータとして特に検討する．

すると，今回の空間パターン形成メカニズムは，ここまで議論してきた他のパターン形成メカニズムと非常に類似している．すなわち，パラメータ p が分岐値 p_c を超えるとパターンが形成されるようになり，このとき，ある有界範囲に含まれる波数のモードが不安定化し，時間とともに $O(\exp[\lambda(k)t])$ で指数関数的に励起する（有界範囲内では $\lambda(k) > 0$ である）．$0 < \varepsilon \ll 1$ の下で $p = p_c + \varepsilon$ なる場合，形成される空間パターンの解は，第 2 章において線形固有値問題（式 (2.46) のような）の解を考えたのと同様，線形系 (12.32) の解によって近似的に与えられる．これを証明するために，いまや漸近法が標準的に用いられる．例えば，Lara-Ochoa and Murray (1983) は同等な反応拡散系に対して漸近法を用いた．また Zhu and Murray (1995) は，走化性拡散系や力学的系を含む，その他のいくつかのパターン形成メカニズムに対して漸近法を適用した．

ではいよいよ，線形系 (12.32) によって形成されるパターンの種類を考察し，図 12.9 に示した幻覚パターンと比較しよう．分岐値近傍なる状況下では，空間的に非一様な解は，式 (12.33) の形の指数関数解

$$\exp i[k_1 x + k_2 y]\boldsymbol{V}, \quad k_1^2 + k_2^2 = k_c^2 \tag{12.40}$$

によって構成される．ここに，$\boldsymbol{V}$ は固有値 k_c に対応する固有ベクトルであり，k_1, k_2 は座標軸方向の波数である．我々はいま，縞や六角形など，平面を充填する単位構造上の解に特に興味がある．それらの解，および，正六角形，正方形，菱形といった基本的な対称グループとの関連について吟味した 2.4 節の後半を思い出されたい．それらの解は全て，

$$\exp i[k_c x], \quad \exp i[k_c y], \quad \exp i[k_c (y \cos \phi + x \sin \phi)] \tag{12.41}$$

のような基本単位の組合せによって構成される．これらはそれぞれ，x 軸方向，y 軸方向，そして，直線 $y \cos \phi + x \sin \phi = 0$（$x$ 軸に対して $\pm \phi$ の角をなす）に垂直方向に周期 $2\pi/k_c$ をもつ．

まず，視覚野における最もシンプルな周期的構造，すなわち図 12.9(c)–(e) の右側の図の構造を考察し

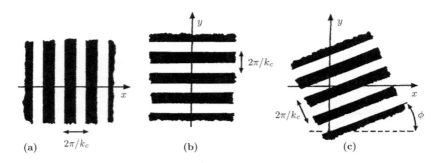

図 12.12 (a) 式 (12.42) で表される，E, I の縦縞（の起伏）状の定常状態解．(b) は横縞，(c) は角度 ϕ の縞であり，それぞれ解 (12.43), (12.44) で表される．これらの図と，図 12.9 で示した視覚野のパターン，および，それらに対応する視像を比較されたい．

よう．振幅の小さな E, I の定常状態を表す式は，縦縞の場合は

$$\begin{pmatrix} E(x,y) \\ I(x,y) \end{pmatrix} = \cos(a + k_c x)\boldsymbol{V}(p_c, k_c^2) \tag{12.42}$$

となる．ここで a は，原点（での値）を定めるだけの定数である．このパターンは周期 $2\pi/k_c$ をもち，図示すると図 12.12(a) となる――これは，図 12.9(c) の右側の図と対応している．直線 $x =$（定数）上で，E, I は一定である．同様にして，図 12.12(b) の横縞を表す式は

$$\begin{pmatrix} E(x,y) \\ I(x,y) \end{pmatrix} = \cos(a + k_c y)\boldsymbol{V}(p_c, k_c^2) \tag{12.43}$$

となり，こちらは図 12.9(d) の右側の図に対応する．一方，図 12.9(e) の右側の図に対応するのは図 12.12(c) であり，これは

$$\begin{pmatrix} E(x,y) \\ I(x,y) \end{pmatrix} = \cos(a + k_c x \cos\phi + k_c y \sin\phi)\boldsymbol{V}(p_c, k_c^2) \tag{12.44}$$

で表される．ここでも a は定数である．

では次に，正六角形対称なる単位解，すなわち図 12.9(a) のようなパターンを考察しよう．正六角形の回転作用素 H に対して不変な解 E, I を構成しなければならない．極座標 (r, θ) を用いると，これはすなわち

$$H[E(r,\theta)] = E\left(r, \theta + \frac{\pi}{3}\right) = E(r,\theta) \tag{12.45}$$

でなければならないことを意味している．このような解には，指数関数

$$\exp\left[ik_c\left(\frac{\sqrt{3}y}{2} \pm \frac{x}{2}\right)\right]; \quad k_{1c} = \pm\frac{k_c}{2}, \quad k_{2c} = \frac{k_c\sqrt{3}}{2}$$
$$\exp[ik_c x]; \quad k_{1c} = k_c, \quad k_{2c} = 0$$

が含まれており，解 E, I は以下の式で与えられる（2.4 節の式 (2.47) も参照）：

$$\begin{pmatrix} E(x,y) \\ I(x,y) \end{pmatrix} = \Big\{\cos\Big[a + k_c\Big(\frac{\sqrt{3}y}{2} + \frac{x}{2}\Big)\Big] \\ + \cos\Big[b + k_c\Big(\frac{\sqrt{3}y}{2} - \frac{x}{2}\Big)\Big] + \cos[c + k_c x]\Big\}\boldsymbol{V}(p_c, k_c^2). \tag{12.46}$$

a, b, c は定数である．極座標を用いると，解は

$$\begin{pmatrix} E(x,y) \\ I(x,y) \end{pmatrix} = \{\cos[a + k_c r \sin(\theta + \pi/6)] \\ + \cos[b + k_c r \sin(\theta - \pi/6)] + \cos[c + k_c r \cos\theta]\}\boldsymbol{V}(p_c, k_c^2) \tag{12.47}$$

12.3 幻視パターンを生み出す脳機構のモデル

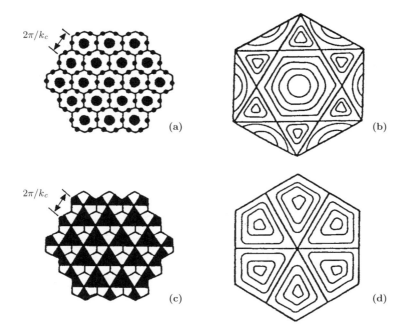

図 12.13 分岐近傍における解 (12.46) の六角形状パターン．2 組の異なるパラメータ値 a, b, c に対して示す．黒い領域では $E > 0$ であり，白い領域では $E < 0$ である．等高線上では，$I(x, y)$ も $E(x, y)$ も一定である．(a) $a = b = c = 0$ の場合．単一の六角形セル内の等高線を (b) に示す．(c) $a = \pi/2, b = c = 0$ の場合．単一のセル内の等高線を (d) に示す．これらのパターンを，図 12.9(a) の幻覚パターンと比較されたい (Ermentrout and Cowan (1979) より)．

と書き換えられ，正六角形の回転作用素に対する不変性 (12.45) が直ちにわかる[†1]．

その他のパターン，すなわち正方形状パターンや菱形状パターンの構成法は明らかであろう．図 12.9(b) のような正方形状パターンの解は

$$\begin{pmatrix} E(x,y) \\ I(x,y) \end{pmatrix} = \{\cos[a + k_c x] + \cos[b + k_c y]\} \boldsymbol{V}(p_c, k_c^2) \tag{12.48}$$

であり (2.4 節の式 (2.48) とも比較されたい)，菱形状パターンの解は

$$\begin{pmatrix} E(x,y) \\ I(x,y) \end{pmatrix} = \{\cos[a + k_c x] + \cos[b + k_c (x\cos\phi + y\sin\phi)]\} \boldsymbol{V}(p_c, k_c^2) \tag{12.49}$$

である (式 (2.49) と比較されたい)．a, b は定数である．これらの解を図 12.14 に示す．

視覚野において興奮性および抑制性の神経細胞の活動が空間パターンを形成するための神経ネットワークモデル (12.31) に対して，上述のように線形解析を行った結果は，図 12.9 に見られる基本の幻覚パターンを生み出すのに必要なパターンを，このメカニズムが形成できることを示している．お馴染みの，図 12.11 のような分散関係の下での空間パターン形成の場合と同様に，これらの幻覚パターンは，生理学的なパラメータ p が分岐値を通過すると生じるようになる．本節で行ったモデリングは，前節でのモデリングと様々な点で類似している．このことが示唆するように，幻覚パターンに関連する実際のパターンの寸法は，前節のそれに匹敵する値，つまりおよそ 2 mm であることが，生理学的観点からは期待される．(本節の内容の) 応用や生理学的意義に関するさらなる議論を，Cowan (1987) が行っている．

[†1] (訳注) 不変性 $E(r, \theta + \pi/3) = E(r, \theta)$ を確認する際，a, b, c を新たにとり直す必要があることに注意されたい．具体的には，$E(r, \theta + \pi/3; a, b, c) = E(r, \theta; b, -c, a)$ が成り立つ．

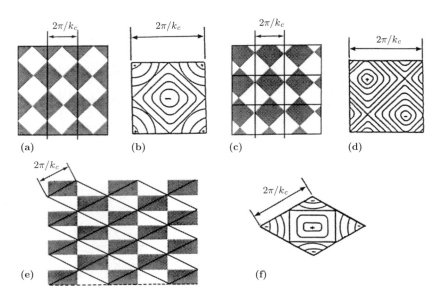

図 12.14 正方形や菱形のセル単位で領域が充填される，格子パターン．網掛けの部分では $E > 0$ であり，白い部分では $E < 0$ である．等高線上では $I(x,y), E(x,y)$ は一定である．(a) $a = b = 0$ の下での解 (12.48)．単一のセル内の等高線を (b) に示す．(c) $b = -a = \pi/2$ の下での解 (12.48)．単一のセル内の等高線を (d) に示す．これらのパターンと，図 12.9(b) の幻覚パターンを比較されたい．(e) $a = b = \pi$ の下での，菱形セル上の解 (12.49)．単一の菱形セル内の等高線を (f) に示す (Ermentrout and Cowan (1979) より)．

このモデルメカニズムで幻覚パターンを説明しようというのであれば，上述した解たちが安定でなければならない．安定性の問題は，易しい問題というわけではなく，とりあえず現段階では，完全な非線形系を数値シミュレーションするのが概して最も有益であるように思われる．しかし，分岐解析および漸近解析によって強力な示唆が得られるのである（Zhu and Murray (1995) を参照されたい）．これらの解析は，Ermentrout and Cowan (1979) によって行われた．

Tass (1995) は，てんかん発作に見られる自発的なパターン形成の研究に，本節の内容と関連したモデルを用いている．Cowan and Ermentrout (1979) のモデルでは，活性因子および抑制因子の被刺激性が増大した状況を考えていたが，Tass (1955) は，抑制因子が活性因子へ与える影響が減弱した状況を考えた．このようにした理由は，抑制性ニューロンが興奮性ニューロンに与える影響の減少がてんかん発作の原因である，という知見 (Klee et al. 1991) が実験により得られていたためである．Tass (1995) の独創的な論文によれば，モデルの大規模な数値シミュレーションによって，活性因子によるパターン，およびそれに対応する幻覚パターンが観察された．さらに彼は，ノイズが皮質上の像にどのように影響を与えるかを調査し，例えば星状模様 (stars) や螺旋模様 (spirals) は確率的に回転を呈し，一方，環状模様 (rings) は確率的に脈動を呈する[†2]，といったことを明らかにした．彼の研究成果は，幻覚パターンに――興味深くまた重要である――動的要素を与え，扱えるパターンの範囲を著しく広げるものである．

12.4 殻のパターンに関する神経活動モデル

軟体動物がもつ殻に見られる複雑でカラフルなパターンは，チョウの翅のパターンに負けず劣らず劇的なものである――例えば図 12.15 を見られたい．しかし，チョウの翅の場合と異なり，これらのパターン

[†2] （訳注）星状模様，螺旋模様，環状模様：それぞれ図 12.8 の「煙突」「螺旋」「トンネル」に同じ．

12.4 殻のパターンに関する神経活動モデル

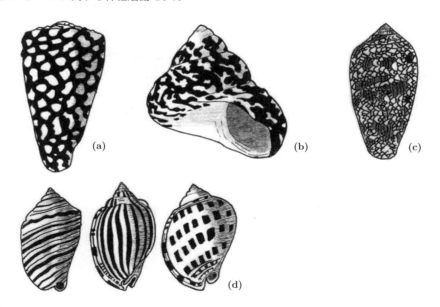

図 12.15　よく見られる，殻のパターンの例．(a) ナンヨウクロミナシ (*Conus marmoreus*), (b) チャウダーガイ (*Cittarium pica*), (c) ベニシリダカ (*Tectus conus*), (d) カタツムリの殻などによく見られるパターン．

が生じる理由は，幾分謎に包まれている．というのは，壮観なパターンをもつこれらの種の多くは，泥に埋もれて生活するためである．

なぜこれほど多くの多様なパターンが特定の種内で観察されるのか，ということに関して，Ermentrout et al. (1986) は，これらの模様が適応的意義を一切もたないからではないか，と述べている．Ermentrout et al. (1986) によって提案された斬新なモデル——本節ではこのモデルを数学的に詳細に検討する——では，離散時間モデル（入門編第 2～4 章を参照されたい）の要素と，ここまでの節で扱ったような連続的な空間変動の要素が組み合わされている．軟体動物の殻に見られるパターンを再現しようというモデリングの試みは，他にもいくつかなされてきた．例えば，Waddington and Cowe (1969) や Wolfram (1984) はセルオートマトンによる現象論的なアプローチを用いた．一方 Meinhardt and Klingler (1987) は，活性因子—抑制因子反応拡散モデルを用いた．このモデルは，殻のパターンを扱う視覚的に美しい Meinhardt (1995) の著書の中でも用いられている．これらのモデルはいずれも，一般的な殻のパターンを多数再現することができる．したがって，幾度も述べているように，どれが良いメカニズムであるかを決定する唯一の方法は，各メカニズムから示唆される様々な実験を行うことである．根拠のある決定を下すためには，そうするしかないのである．とは言うものの，殻のパターンが形成されるには数年の歳月を要するため，これほど長い期間にわたって，反応拡散系が必要なだけの統一性を保っていられるとすれば驚異であろう．一方で神経系は，一生を通じて軟体動物の生理機能にとって不可欠な部分である．セルオートマトンモデルは，軟体動物の成長や発達の基になるいかなる生物学的プロセスとも，関連がありそうにない．

典型的な殻は，円錐形の螺塔をもち，螺塔は，動物の内臓塊を格納する渦巻き状の管構造からなる．この渦巻きは，中央の芯の周りを回転しながら 1 段ずつ下に降りていき，最終的に開口部に終わる——図 12.16(a) を参照されたい．軟体動物の生物学に関する，読みやすい入門的な概説としては，教科書 Barnes (1980) の記述がある．殻の直下には，殻の成長に必要な物質を分泌する上皮細胞からなる外套膜がある．図 12.16(b) は，外套膜周辺の解剖学的構造を簡略化した図である．Ermentrout et al. (1986) のモデルにおける基本的な仮定は，上皮細胞による分泌は神経活動によって制御されており，これらの細胞は中枢神経節（神経細胞の集合体であり，脳のようなもの）からの支配を受ける，というものである．

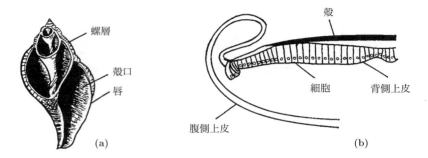

図 12.16 (a) 典型的な，螺旋状の殻の構造．(b) 殻の外套膜周辺の，基本的な解剖学的部位（Ermentrout et al. (1986) より）．

細胞たちは，分泌細胞と神経節の間を接続する神経ネットワークによって，活性化を受けたり抑制を受けたりする．

殻のパターン形成に関する神経モデル

我々が以下で詳しく論じるモデルでは，次のことを前提としている：

(i) 外套膜の辺縁の細胞たちは，物質を断続的に分泌する．
(ii) 分泌は (a) 外套膜の周辺領域からの神経系による刺激 S，および (b) 分泌細胞内への抑制性物質の蓄積 R に依存している．
(iii) 神経系によって分泌細胞が受ける刺激とは，周囲の組織から受ける興奮性入力と抑制性入力の差である（前節，前々節の議論を思い出されたい）．

殻の形成は，断続的に進行することが知られている．各分泌期の最初に，外套膜が過去に形成されたパターンに沿って整列し，パターンを延長させる，と仮定する．この整列は，前回の分泌期に着色された領域（および着色されなかった領域）を**センシング**する（味見する）ことによって進行する．あるいは，前回の分泌期に形成された着色領域が，局所的に外套膜のニューロンを刺激し，そうしてパターンの延長が進行する，という可能性もある．

それでは，これらの仮定を，離散時間連続空間モデルメカニズムへ組み入れよう．図 12.17 を参照するとよい．外套膜の辺縁を，直線状に並ぶ分泌細胞（色素細胞）群と見なし，直線に沿った位置を座標 x で表す．時刻 t（分泌の周期を時間 1 とする）に位置 x の細胞が分泌する色素量を $P_t(x)$ で表す．$A_t(x)$ を，外套膜の神経ネットワークによる平均活動度とし，$R_t(x)$ を，細胞が生成する抑制性物質の量とする．また，関数 $S[P]$ で，神経系による刺激を表すことにする．これは，前回の分泌期中に分泌された色素量 P_{t-1} に依存する．最終的にでき上がるパターンは 2 次元であるが，それが形成される過程を考えてみれば，実質的に 1 次元のモデルを我々は考察することになる．

神経活動度に関するモデル方程式は，

$$A_{t+1}(x) = S[P_t(x)] - R_t(x) \tag{12.50}$$

で与えられる．この式は，神経活動度が前回の分泌期の際の神経系による刺激 ($S[P_t]$) によって増大し，前回の分泌期の際の抑制性物質 (R_t) によって減少する，ということを述べているにすぎない．抑制性物質 R_t は，前回の分泌期に分泌された色素量に対して線形に依存しており，かつ，線形に一定の減衰率 δ で減衰していくものと仮定しよう．すると，R_t を支配する保存則は

$$R_{t+1}(x) = \gamma P_t(x) + \delta R_t(x) \tag{12.51}$$

12.4 殻のパターンに関する神経活動モデル

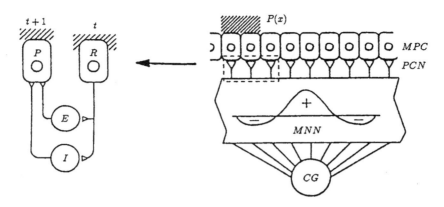

図 12.17 神経の活性化と色素分泌の制御に関する概念図. 詳説は本文を参照されたい. MPC は外套膜色素細胞 (mantle pigment cells), PCN は色素細胞ニューロン (pigment cell neurons), MNN は外套膜神経ネットワーク (mantle neural net), CG は中央神経節 (central ganglion) である. R は t 期間目に沈着した色素をセンシングする受容細胞, P は $t+1$ 期間目に色素を分泌する色素細胞, E は興奮性ニューロン, I は抑制性ニューロンを表す (Ermentrout et al. (1986) より).

となる. ただし, (P に対する R の) 増加率 γ, および (R 自身の) 減衰率 δ は, 正かつ 1 未満のパラメータである. 上式は差分方程式 (入門編第 2 章参照) であるため, 減衰項が正であることに注意されたい. 例えば $\gamma = 0$ のとき, $0 < \delta < 1$ ならば R_t は各タイムステップごとに減少する. 一方 $\delta > 1$ ならば, R_t は増加していく.

次に, 外套膜の活動度がある閾値 A^* を超えたときに限って色素が分泌される, と仮定することにする. すなわち

$$P_t(x) = H(A - A^*) \tag{12.52}$$

とする. ただし H はヘビサイド関数であり, すなわち $A < A^*$ ならば $H = 0$, $A > A^*$ ならば $H = 1$ である.

ここで, 色素分泌 P_t が活動度 A_t に単に比例するものと仮定し, 閾の振舞いを刺激関数 $S[P_t]$ の中に組み入れてしまうのが妥当であろう. すると, モデルは

$$P_{t+1}(x) = S[P_t(x)] - R_t(x) \tag{12.53}$$
$$R_{t+1}(x) = \gamma P_t(x) + \delta R_t(x) \tag{12.54}$$

と単純化される. 以下では, このモデルを詳細に考察する.

まず, 神経系による刺激を表す汎関数 $S[P_t]$ について検討しよう. これは, 興奮性と抑制性の影響からなる. 時刻 $t+1$ における分泌は, 時刻 t から $t+1$ までの期間の興奮にのみ依存するが, 各期間の興奮は, 直前の着色パターンのセンシングの結果生じる刺激に依存する. 神経相互作用の時定数が, 殻の成長のそれよりもずっと速いと仮定するのは合理的であり, したがって, 外套膜の神経の平均発火率を用いる. 興奮 $E_{t+1}(x)$ および抑制 $I_{t+1}(x)$ を, 畳み込み積分を用いて

$$\begin{aligned} E_{t+1}(x) &= \int_\Omega w_E(|x' - x|) P_t(x') dx' = w_E * P_t, \\ I_{t+1}(x) &= \int_\Omega w_I(|x' - x|) P_t(x') dx' = w_I * P_t \end{aligned} \tag{12.55}$$

によって定めよう. ここで Ω は外套膜の領域を表し, 考えている殻の形状次第で, 円形の場合も有界区間の場合もありうる. 興奮性の核関数 w_E および抑制性の核関数 w_I は, 位置 x' の細胞と位置 x の細胞

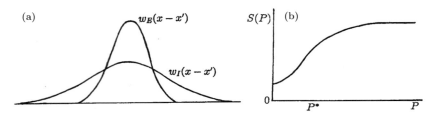

図 12.18 (a) 式 (12.55) における活性化核関数 w_E と抑制核関数 w_I の概形. 抑制核関数は, 活性化核関数よりも幅が大きい――図 12.3(b) と比較されたい. (b) モデル方程式 (12.53) の刺激関数 $S[P]$ がもつべき, 典型的な閾の振舞い. 式 (12.52) の活性化閾値 A^* に対応するおおよその閾値が P^* である.

の間の神経連絡によって生じる影響の尺度を表す. これらの核関数は, 本章のここまでの節でお馴染みとなった, 非局所空間的効果をもつ. 図 12.18(a) に, これらの核関数の一般的な形を図示する. また図 12.17 には, これらの核関数を合わせた影響, すなわち, 外套膜神経ネットワーク (MNN; mantle neural net) における興奮 (+) と抑制 (−) が描かれている.

12.1〜12.3 節の解析 (および, これまでの経験に基づく直観) より, 抑制核関数 w_I の幅は, 活性化核関数 w_E の幅よりも大きいものとしよう (図 12.18(a) 参照). Ermentrout et al. (1986) は, 図解を目的とした数値シミュレーションのためだけに, 以下のような核関数を用いた:

$$|x| > \sigma_j \text{ のとき} \quad w_j = 0, \quad (j = E, I)$$
$$|x| \leq \sigma_j \text{ のとき} \quad w_j = q_j\{2^p - [1 - \cos(\pi x/\sigma_j)]^p\}. \quad (j = E, I) \tag{12.56}$$

ただし q_j は,

$$\int_\Omega w_j(x)dx = \alpha_j, \quad j = E, I \tag{12.57}$$

となるように定めた. パラメータ σ_j は, 核関数の及ぶ範囲を定めている――我々のモデルでは $\sigma_I > \sigma_E$ である. パラメータ p (興奮性, 抑制性でそれぞれ異なる値 p_j とすることももちろんできる) は, ピークの鋭さを定めている. p が小さければ, 核関数は鋭いピークをもち, p が大きければ, ほぼ長方形状になる. 興奮性および抑制性の核関数の振幅は, α_j が定めており, 我々の系では, $\alpha_E > \alpha_I$ であるとしている.

刺激の汎関数 S は, 興奮性の刺激と抑制性の刺激の差として定められる. 解析を行う上では, 図 12.18(b) のような概形が定まっていれば十分であるが, 数値シミュレーションを行う場合には, 閾の振舞いを呈するような S の関数形が具体的に必要となる. Ermentrout et al. (1986) は,

$$S[P_t(x)] = S_E[E_t(x)] - S_I[I_t(x)],$$
$$S_j(u) = \{1 + \exp[-\nu_j(u - \theta_j)]\}^{-1}, \quad j = E, I \tag{12.58}$$

を用いた. ν_j は, 閾値 θ_j におけるスイッチの急激さを定めており, ν_j を増加させると, 急激さ $S'_j(\theta_j)$ が増加する――θ_j は, 図 12.18(b) の点 P^* に相当する.

数値シミュレーションに用いられた, 完全なモデル系は, 式 (12.53)–(12.58) によって与えられる. これには 11 個――式 (12.56) にて p を 2 種類考えるならば 12 個――のパラメータが含まれる. リスケーリングを行えばその個数を減らすことができ, そのとき他のパラメータは積の形でのみ現れる. 影響関数の形を定めるパラメータは α, σ, p である. 発火閾値に関わるパラメータは ν, θ である. ダイナミクスに直接関わるパラメータは δ, γ である. いよいよ, このモデルがいかにして空間パターンを形成するかを, 解析的に吟味していこう.

12.4 殻のパターンに関する神経活動モデル

線形安定性解析

方程式 (12.53), (12.54) は，単一のスカラー方程式にまとめることができる．式 (12.53) に式 (12.54) を代入し，再び式 (12.53) を代入すると，

$$\begin{aligned} P_{t+2} &= S[P_{t+1}] - \gamma P_t - \delta(S[P_t] - P_{t+1}) \\ &= S[P_{t+1}] + \delta P_{t+1} - \delta S[P_t] - \gamma P_t \end{aligned} \quad (12.59)$$

が得られる．ただし，表記を簡単にするため $P_t(x)$ を P_t と表すなどした．

いつも行っている線形安定性解析と同様に，まず一様な定常状態 P_0 を求め，それに対して線形摂動を与え，そうして得られた線形方程式を解析する．式 (12.59) より，一様な定常状態 P_0 は

$$\begin{aligned} P_0 &= S[P_0] + \delta P_0 - \delta S[P_0] - \gamma P_0 \\ \Rightarrow P_0 &= \frac{(1-\delta)S[P_0]}{1+\gamma-\delta} \end{aligned} \quad (12.60)$$

をみたす．この式と図 12.18(b) の $S[P]$ の概形より，正の定常状態は少なくとも 1 つ存在する——これは，上式の両辺のグラフを P_0 の関数として描けばわかる．次に，

$$P_t(x) = P_0 + u_t(x) \qquad (|u_t| \text{ は小さい}) \quad (12.61)$$

とおき，P_0 の周りで線形化を行う．式 (12.59) に上式を代入し，u に関する線形項のみを残すと

$$\begin{aligned} &u_{t+2} - L_0[u_{t+1}] - \delta u_{t+1} + \delta L_0[u_t] + \gamma u_t = 0, \\ &L_0[u] = S'_E(P_0) w_E * u - S'_I(P_0) w_I * u \end{aligned} \quad (12.62)$$

が得られる．ここで，L_0 は積分（畳み込み）からなる線形作用素である．長さ L の環状領域上の L_0 の固有関数は，$\exp[2\pi inx/L]$ $(n=1,2,\dots)$ である．我々が考えている有界線形区間のサイズ——すなわち殻の唇部 (shell lip) の長さ—— L は核関数の幅よりもずっと大きいものとしているため，前述の（環状領域の場合の）固有関数を，長さ L の有界区間の場合の固有関数とみなして構わない．

線形方程式 (12.62) は，時刻 t に関しては離散的であり，位置 x に関しては連続的であるので，

$$u_t \propto \lambda^t \exp[ikx] \quad (12.63)$$

の形の解を探すことにする．これを式 (12.62) に代入すると

$$\begin{aligned} \lambda^{t+2}\exp[ikx] &- \lambda^{t+1}L_0[\exp[ikx]] - \delta\lambda^{t+1}\exp[ikx] \\ &+ \delta\lambda^t L_0[\exp[ikx]] + \gamma\lambda^t\exp[ikx] = 0 \end{aligned} \quad (12.64)$$

となる．ここで

$$\begin{aligned} L_0[\exp[ikx]] &= S'_E(P_0)\int_\Omega w_E(|x'-x|)\exp[ikx']dx' \\ &\quad - S'_I(P_0)\int_\Omega w_I(|x'-x|)\exp[ikx']dx' \\ &= \exp[ikx]\{S'_E W_E(k) - S'_I W_I(k)\} \\ &= \exp[ikx]L^*(k) \end{aligned} \quad (12.65)$$

である．ただし，$L^*(k)$ を（最後の等号により）定義した．また，$W_E(k), W_I(k)$ は，$w_E(x), w_I(x)$ の領域 Ω におけるフーリエ変換

$$W_j(k) = \int_\Omega w_j(z)\exp[ikz]dz, \quad j=E,I \quad (12.66)$$

である．式 (12.65) を式 (12.64) に代入し，$\lambda^t \exp[ikx]$ で両辺を割ることにより，λ に関する特性方程式

$$\lambda^2 - \lambda(L^*(k) + \delta) + (\delta L^*(k) + \gamma) = \lambda^2 + a(k)\lambda + b(k) = 0 \tag{12.67}$$

が得られる（$a(k), b(k)$ は本式で定義する）．これの解 $\lambda = \lambda(k)$ こそが，線形系 (12.62) の分散関係である．

以前のモデルたちと異なり，このモデルでは時刻が離散的であるので，線形安定なる必要十分条件は $|\lambda(k)| < 1$ である（入門編第 2 章を思い出されたい）．すなわち，式 (12.63) の形の解が安定であるためには，式 (12.67) から求まる $\lambda(k)$ が，複素平面上の単位円の内部になければならない．式 (12.67) より

$$\lambda = \frac{1}{2}[-a \pm (a^2 - 4b)^{1/2}] \tag{12.68}$$

であり，ここで簡単な計算により，$|\lambda| < 1$ となる必要十分条件は，図 12.19(a) のような (a, b) 平面上の三角形内に点 $(a(k), b(k))$ が存在することだとわかる．

では，$|\lambda|$ が分岐値 1 を通過するときに起こる，空間的な解の不安定化について考察しよう．$|\lambda|$ が 1 を超えるとはすなわち，λ が複素平面上の単位円の内部から外部へ出ていくことを意味する．今回のような分散関係の下で生じるパターンの発展は，これまで扱ってきた様々な場合よりも，やや微妙な様相を呈し，モデルが離散時間であることに直接関連した新たな側面が見られる．図 12.19(b) は，分散関係の典型例を示したものであり，一方の図には（ある k について）$\lambda > 1$ である状況が，もう一方の図には（ある k について）$\lambda < -1$ である状況が描かれている．後者の場合には，不安定化するモード (12.63) たちが時間経過とともに振動しながら成長していき，波数 $k = 0$ のモードは最速で成長する——すなわち，空間的に一様な状態は安定でない．こちらの場合に関しては，後で再び立ち戻ることにする．

式 (12.67) に記された a, b の定義式に従って，(a, b) パラメータ空間内の点 (a_0, b_0) が，モデル中のパラメータたち——これには活性化核関数 w_E や抑制核関数 w_I の形状（を定めるパラメータ）ももちろん含まれる——の値によって定まる．図 12.19(a) において，点 (a_0, b_0) が三角形領域内にあるならば，$|\lambda| < 1$ であり，そのため $t \to \infty$ に対して $u_t(x) \to 0$ となるため，定常状態 P_0 は安定である[†3]．パラメータ（たち）が変化し，点 (a_0, b_0) がこの安定三角形領域の外部へ移動すると，定常状態は不安定化する．本節のモデルで導入された，活性化核関数と抑制核関数による効果を合わせたものは，局所的活性化（短距離活性化）および長距離抑制（側抑制）を備える単一の核関数，すなわち（12.2 節の）$w(x)$ が及ぼす効果と同等である——前節までで扱ったモデルやその解析を思い出されたい．$w(x)$ およびそのフーリエ変換 $W(k)$ は，それぞれ，式 (12.62) で定義される線形畳み込み作用素 $L_0[u(x)]$ に登場する混合核関数，および，式 (12.65) で定義されるそのフーリエ変換 $L^*(k)$ と，性質が類似している．図 12.20(a) は，$L_0(x)$ に含まれる 2 つの寄与（の和）と等価な混合核関数 $L(x)$ の典型例，およびそのフーリエ変換 $L^*(k)$ を示したものである．図 12.3(b), (c) に，これと類似の形があったことを思い出されたい．

さて，パラメータが臨界分岐値を通過する，すなわち λ が図 12.19(a) の単位円の内部から外部へと移動すると，どのようなパターンが形成されるだろうか．λ が単位円周を横切る仕方としては，本質的に 3 つの異なる場合が存在する．それはすなわち，(i) $\lambda = 1$ を通過する場合，(ii) $\lambda = -1$ を通過する場合，そして (iii) $\lambda = \exp[i\phi]$（ただし $\phi \neq 0, \pi$）を通過する場合，である．これらそれぞれの場合において，パターンの発展を考察しよう．

(i) 分岐の際に $\lambda = 1$ を通過する場合

図 12.19(c)，およびこの図を得るために解析した式 (12.68) より，$a(k) < 0$ かつ $b(k) < 0$ なる状況に

[†3]（訳注）ここでは，特定のモード（モード k）の摂動が成長するか減衰するか，という観点で P_0 の安定性を議論している（全てのモードの摂動に対して P_0 が安定である必要十分条件は，全ての k に対して (a_0, b_0) が三角形領域内に存在することである）．

12.4 殻のパターンに関する神経活動モデル

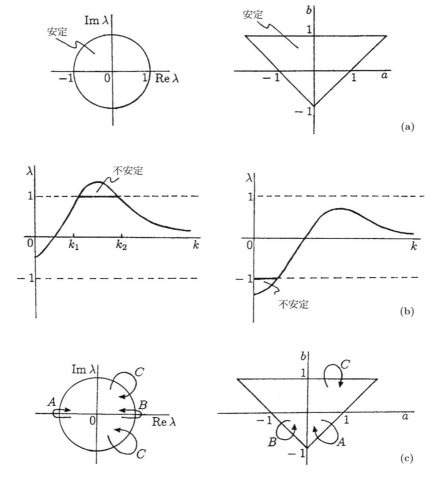

図 12.19 (a) λ 平面上の単位円板と，(a, b) パラメータ平面上の安定領域．(b) 空間的不安定性を示す，分散関係 λ(k) の典型例．解 (12.63) の形が時間に関して離散的なので，不安定である条件は $|\lambda| > 1$ である．説明のため，ここでは λ が実数の場合を考えている――λ が複素数の場合は図 12.20(b) を参照されたい．(c) 三角形の安定領域から外部へ不安定化する分岐の仕方（3 通り）それぞれに対応する，λ 平面上の (λ の) 軌跡．これらは，解 λ を与える式 (12.68) および，a, b の符号を考察することにより得られる．

おいて点 (a, b) が第 3 象限中で分岐直線を横切った場合に，λ が 1 を通過するということがわかる[†4]．

[†4] （訳注）λ が 1 を通過する必要十分条件は，点 (a, b) が三角形領域の「左下の辺」を横切ることである（$b(k) < 0$ は必要でない）．式 (12.69) の主張は $b(k) < 0$ の仮定の下では正しいが，この仮定に意義はない．また，以降で行われる「式 (12.69) が成り立つならば固有関数が成長する」という議論にも誤りが含まれる．
　本小節の出典である Ermentrout et al. (1986) の内容を踏まえた上で，修正を行った議論を以下に述べる．
　(i) 分岐の際に $\lambda = 1$ を通過する場合
　λ が 1 を通過する必要十分条件は，図 12.19 において点 (a, b) が軌跡 B のように三角形領域の左下の辺を横切ることであり，すなわち $a + b + 1 < 0$ となることである．a, b の定義式 ((12.67) 参照) を代入すると，この条件は

$$L^* > (1 - \delta + \gamma)/(1 - \delta) \tag{12.69'}$$

と同値であることがわかる．このような分岐が起こった後には，ある範囲の k についてこの条件がみたされるようになる．このとき，図 12.21(b) のように，規則的な間隔をもつ静的な縞状パターンが得られる．
　(ii) 分岐の際に $\lambda = -1$ を通過する場合
　λ が −1 を通過する必要十分条件は，図 12.19 において点 (a, b) が軌跡 A のように三角形領域の右下の辺を横切ることで

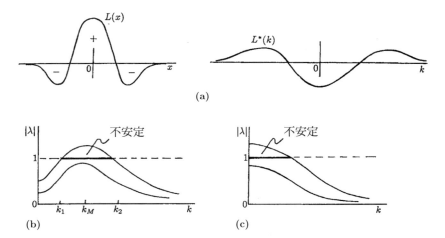

図 12.20 (a) 式 (12.62) の畳み込み作用素 $L_0(x)$ ——興奮性の畳み込み項と抑制性の畳み込み項の差を与える——中に含まれる混合核関数 $L(x)$, およびそのフーリエ変換 $L^*(k)$ の概形. 図 12.3(c) と比較されたい. (b), (c) 空間パターンをもたらす, 典型的な分散関係. (b) の場合には, 固有関数 (12.63) のうち有界範囲 $(0<)k_1 < k < k_2$ に含まれる波数をもつものが不安定化する. 一方 (c) の場合には, 不安定化するモードのうちにはモード $k = 0$ が含まれ, これは最速で成長する固有関数である.

このようなとき, 式 (12.67) にて行った a, b の定義より, ある範囲内の波数 k について

$$\delta > -L^*(k) > \frac{\gamma}{\delta} \Rightarrow \delta^2 > \gamma \tag{12.69}$$

となっている. 図 12.20(a) の右側の図より, 式 (12.69) をみたしうる波数 k の範囲は, $k = 0$ の近傍であることがわかる.

式 (12.61), (12.63) より

$$P_{t+1}(x) - P_0 \propto \lambda^t \exp[ikx] \tag{12.70}$$

であり, この右辺の固有関数は, その波数 k が条件 (12.69) をみたすならば, 時間とともに成長する. それらのうち, 最小の波数 k をもつ固有関数が最速で成長し, 解を支配する[†5]. $k = 0$ である場合,

$$P_{t+1}(x) - P_0 \propto \lambda^t \tag{12.71}$$

あり, すなわち $-a + b - 1 < 0$ となることである. a, b の定義式を代入すると, この条件は

$$L^* < -(1 + \delta + \gamma)/(1 + \delta) \tag{12.72'}$$

と同値であることがわかる. $L^*(k)$ の概形より (図 12.20(a) 参照), この条件が最初に成立するようになるのは必ず $k = 0$ のときであるため, 一様なパターンが発展する. しかし λ^t の符号が 1 タイムステップごとに反転するため, 規則的な間隔をもつ水平な縞が得られる.

(iii) 分岐の際に $\lambda = \exp[i\phi]$ ($\phi \neq 0, \pi$) を通過する場合

λ が $\exp[i\phi]$ を通過する必要十分条件は, 図 12.19 において点 (a, b) が軌跡 C のように三角形領域の上の辺を横切ることであり, すなわち $b - 1 > 0$ となることである. b の定義式を代入すると, この条件は

$$L^* > (1 - \gamma)/\delta \tag{12.75'}$$

と同値であることがわかる. この場合には, 図 12.21 (c) のような時間空間的パターン (斜めの縞や市松模様) が得られる.

なお, $(1 - \gamma)/\delta > 1 + \gamma/(1 - \delta)$ は $\delta < 1 - \sqrt{\gamma}$ と同値である. ゆえに, +1 での分岐が複素固有値での分岐よりも先に生じる必要十分条件は $\delta < 1 - \sqrt{\gamma}$ である.

[†5] (訳注) 不安定化するモード帯の中で最小の k が最大の $|\lambda|$ を与えるとは限らない (むしろ, そのようなことが起こるのは $k = 0$ が不安定化する場合に限られる).

12.4 殻のパターンに関する神経活動モデル　　517

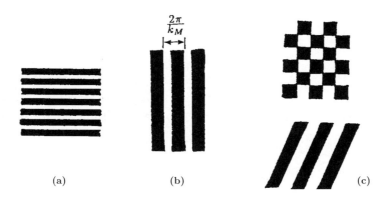

図 12.21　(a) $\lambda = +1$ で起こる分岐によって，解 (12.71) がもたらす横縞の色素パターン．(b) 分岐が $\lambda = -1$ で起こる場合に，解 (12.74) がもたらす縦縞の空間パターン．(c) 虚数の λ における分岐によって生じる，解 (12.76) がもたらすパターン．

となる．このような場合でも，実際には規則的な間隔をもつ水平な縞模様パターンが殻上に形成される（一様な縞が殻の縁と平行に生じる）．これらは時間とともに増加する縞であり，それぞれの縞は，単純に，各タイムステップに形成された一様な色素帯である――図 12.21(a) や，図 12.15(d) の中央の殻のパターンを参照されたい．$k \neq 0$ である場合には，次のケースで見るように，空間的非一様性が生じる．

(ii) 分岐の際に $\lambda = -1$ を通過する場合

図 12.19(c)，式 (12.68) より，$a(k) > 0$ かつ $b(k) < 0$ なる状況において，点 (a, b) が第 4 象限内にて分岐直線を横切ったときに λ が -1 を通過する，ということがわかる[†6]．このようなとき，式 (12.67) にて行った a, b の定義より，

$$-L^*(k) > \max\left[\delta, \frac{\gamma}{\delta}\right] \qquad (0 < k_1 < k < k_2 \text{ のとき}) \tag{12.72}$$

が成り立つ．式 (12.61), (12.63) より

$$P_{t+1}(x) - P_0 \propto \lambda^t \exp[ikx] \tag{12.73}$$

であり，この右辺の固有関数は，その波数 k が k_1, k_2 の間の値であるならば，時間とともに成長する．また，それらの k から定まる λ のうち $|\lambda|$ が最大となるものを，$\lambda_M = \lambda(k_M)$ と表すことにする（図 12.20(b) も参照されたい）．このとき，しばらく時間が経過した後に，解のうち支配的となる部分は

$$P_{t+1}(x) - P_0 \propto \lambda_M^t \exp[ik_M x] \tag{12.74}$$

である．λ_M は 1 より大きな実数であるので，λ_M^t は常に正の値であり，そのため各ステップにおいて形成される色素パターンは，直前のステップに形成された色素パターンと一致する．ゆえに式 (12.74) は，垂直な規則的間隔の縞状パターンを生み出す．図 12.21(b) に示されているように，波長は $2\pi/k_M$ で与えられる．これは，実際の殻によく見られる基本的な縦縞パターンに対応している．

(iii) 分岐の際に $\lambda = \exp[i\phi]$ ($\phi \neq 0, \pi$) を通過する場合

図 12.19(c)，式 (12.68) より，今回の場合は，点 (a, b) が第 1 象限または第 2 象限内で三角形領域の外側へ抜けるような場合に限られる．したがって，$b(k) > 0$ であり，$a(k)$ は正も負もありうる．以下では，具体的に $a(k) > 0$ としよう．このとき，式 (12.67) にて行った a, b の定義より，

$$-L^*(k) > \delta, \quad \delta L^*(k) + \gamma > 0 \quad \Rightarrow \quad \delta^2 < \gamma \tag{12.75}$$

[†6] （訳注）λ が -1 を通過する必要十分条件は，点 (a, b) が三角形領域の「右下の辺」を横切ることである（$b(k) < 0$ は必要でない）．式 (12.72) の主張は $b(k) < 0$ の仮定の下では正しいが，この仮定に意義はない．上記訳注も参照されたい．

である．このタイプの分岐では

$$P_{t+1}(x) - P_0 \propto \lambda^t \exp[ikx] \tag{12.76}$$

である．今回は λ が虚数であるため，各タイムステップごとに，パターンは x 軸に沿って距離 $\arg \lambda$ ずつ移動していく．したがって，図 12.21(c) のような，一定の傾きをもつ縞状パターン，あるいは市松模様状のパターンが形成される．斜めの縞模様もまた，殻のパターンにおいて基本的に見られるパターンの 1 つである．

パラメータの値やスケール次第で，形成されるパターンが定まる．パラメータがパターンの決定に果たす役割がすぐにわかる例としては，例えば δ, γ が式 (12.69) や (12.75) の矢印右側の条件をみたす場合を考えてみればよいであろう．前者の場合には，図 12.21(a) のような増加する縞，後者の場合には，図 12.21(c) のような斜めの縞が形成される[†7]．δ および γ はそれぞれ，式 (12.53), (12.54) に従う抑制性物質 R_t の，分解速度および生成速度を定めるパラメータであった．この (δ, γ) 平面上に，分岐曲線 $\delta^2 = \gamma$ が存在し，これを横切ると，形成されるパターンが，増加する縞から斜めの縞や市松模様へと変化する．いま，殻に市松模様が形成されつつある状況だとしよう．すなわち $\delta^2 < \gamma$ である．もし，抑制性物質 (R_t) の生成速度が突然減少すれば，すなわち γ が突然減少すれば，その後に形成されるパターンは水平な縞模様となる．このようにパターンが突然変化する現象は，多くの殻において実際に見られる——図 12.22(d) はその一例である．

神経モデルが生み出す空間パターン

もちろん，図 12.21 のようなパターンの予測図は，線形理論に基づいたものにすぎず，最終的に生じる安定なパターンは，完全な非線形モデルから得られるものであり，これは数値的に求められる (Ermentrout et al. 1986)．しかしながら，線形解析は，完全な非線形系によって生み出される有限振幅パターンに関して良い予測を与える．以下に紹介するシミュレーションでは，核関数 w には式 (12.56) が，刺激関数 S には式 (12.58) が用いられ，2 つの ν には等しい値が用いられた．メカニズムは 1 元 2 階差分方程式 (12.59) の形に表され，ランダムな初期条件の下で，解が計算された．

形成されるパターンは，パラメータの値に依存する．パラメータ空間内には，分岐曲線や分岐曲面が存在し，それらを横切るときにパターンの分岐が生じる．図 12.22(a)–(c) は，縦縞，市松模様，斜め縞が 1 つの種内で観察される，という例を示したものである．一方，図 12.15(d) の中央の殻は，増加する縞の好例である．発達の最中に，パラメータ点が分岐曲面を横切った場合には，パターンの急激な変化が生じる——図 12.22(d) はその一例である．

斜め縞の方向もまた，パラメータの値に依存する．我々のモデルでは，外套膜の成長中パラメータの値は一定であるものとしていた．しかし，パラメータの値が外套膜上で勾配をなしている，という状況は想像に難くなく，そのような状況では，縞の方向に歪みが生じうる．この勾配のおかげで，成長に伴い縞の方向が変化し，その結果，縞状パターンの途中で方向変化が生じることがある．これらによって，図 12.23 のような二又パターン (divaricate pattern) が生じる．図 12.23 には，シミュレーションによる再現図も併載してある．

このモデルは，実際の殻で一般的に観察される様々なパターンを，幅広く再現することができる（本節で扱えなかったパターンの例については Ermentrout et al. (1986) を参照されたい）．それらの中には，波状の縞模様，市松模様，変則的な縞模様，テント模様なども含まれる．図 12.24(a) は，変則的に曲がりくねった縞模様の一例であり，図 12.24(b) は，ツボイモでよく見られる，典型的なテント模様を示し

[†7] （訳注） 式 (12.69), (12.75) の矢印右側の式は，それぞれの種類の縞が生じる必要十分条件としては不適切である．上記訳注中の式 (12.69'), (12.75') を代わりに参照されたい．

12.4 殻のパターンに関する神経活動モデル　　　　　　　　　　　　　　　　　　　　　*519*

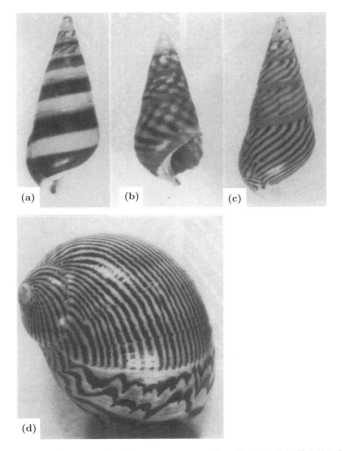

図 12.22　(a)–(c) はチグサガイモドキ (*Bankivia fasciata*) の殻に見られる基本的な色素パターンの例である．(a) 縦縞，(b) 市松模様，(c) 斜めの縞．(d) シマカノコ (*Neritina turrita*) の殻に見られる，殻の途切れ目とそれに続くパターンの急激な再組織化 (Ermentrout et al. (1986) より．写真は J. Campbell の厚意による)．

たものである．後者のシミュレーションでは，やや幅の広い核関数が用いられた．シミュレーションの結果，興奮閾値，および抑制性物質 R_t に関わる速度論のパラメータたちが，形成されるパターンの決定に際して特に重要な役割を果たす，ということが示唆される．

モデル (12.53), (12.54) は，ある制約条件の下では，Wolfram (1984) によって研究されておりカオス的パターンやテント模様を呈するセルオートマトンメカニズムへと簡約化されることが示された (Ermentrout et al. 1986)．それらと類似したカオス的パターンが，本節のモデルによって形成されることが期待される——図 12.24 のパターンは，その例となりうる．本節で扱ったような離散時間神経モデルがもつパターン形成能について，本節では，基本パターンに関してしか検討していない．もし，実際に殻のパターン形成を支配しているメカニズムが本節のモデルのようなものであれば，殻の模様は，外套膜の神経活動のハードコピー（印字出力）となっており，神経活動と殻の形状との相互作用の様子がそこからわかる．

本節の導入部分で述べた通り，反応拡散モデルによっても，類似のパターンを再現することは可能である．これは驚くべきことではない．なぜなら，以前に示した通り，このタイプのメカニズムは，短距離活性化と長距離抑制によって表現することができるためである．第 6 章で論じたようなメカノケミカルモデルもまた，類似のパターンを形成することができる．

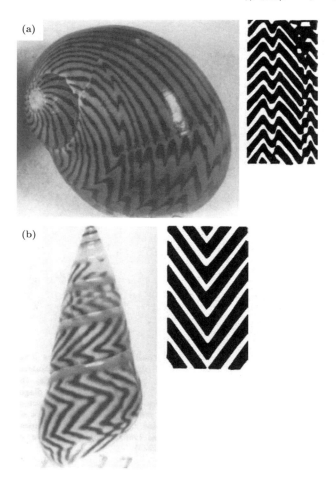

図 12.23　二又パターン (divaricate pattern) の例．(a) シマカノコ (*Neritina turrita*) の殻に見られる波状の縞，およびそのモデルのシミュレーション結果．パラメータ値：$\theta_E = 1, \theta_I = 100, \alpha_E = 5, \alpha_I = 4, \sigma_E = 0.05, \sigma_I = 0.2, \gamma = 0.8, \delta = 0.4, \nu = 2$．(b) チグサガイモドキ (*Bankivia fasciata*) の殻に見られるパターン，および対応するシミュレーション結果 (Ermentrout et al. (1986) より．写真は J. Campbell の厚意による)．

本節で扱った離散時間モデルは，連続時間モデルとどのような関わりをもつだろうか．以下では，ここまで検討してきた離散型モデルを連続近似して得られるモデルを，手短に考察する．

連続時間モデル

式 (12.53), (12.54) の両辺から，それぞれ P_t, R_t を引くと

$$P_{t+1}(x) - P_t(x) = S[P_t(x)] - R_t(x) - P_t(x)$$
$$R_{t+1}(x) - R_t(x) = \gamma P_t(x) + \delta R_t(x) - R_t(x)$$

が得られ，これらの式と類似した，次のような連続時間モデルが示唆される：

$$\frac{\partial P}{\partial t} = S[P] - R - P, \tag{12.77}$$

$$\frac{\partial R}{\partial t} = \gamma P - (1 - \delta)R. \tag{12.78}$$

12.4 殻のパターンに関する神経活動モデル

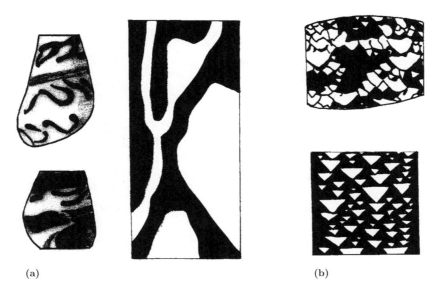

図 12.24 (a) チグサガイモドキ (*Bankivia fasciata*) に見られる，変則的に曲がりくねった縞模様の 2 つの例，およびモデルのシミュレーション結果．パラメータ値：$\theta_E = 4.5$, $\theta_I = 0.32$, $\alpha_E = 15$, $\alpha_I = 0.5$, $\sigma_E = 0.1$, $\sigma_I = 0.15$, $\gamma = 0.1$, $\delta = 0.8$, $\nu = 8$. (b) タガヤサンミナシやツボイモに見られる，典型的なテント状の模様（写真の殻片は *Conus episcopus* のものである——図 12.15(c) も参照されたい），および対応するシミュレーション結果．パラメータ値：$\theta_E = 5.5$, $\theta_I = 5.5$, $\alpha_E = 10$, $\alpha_I = 4$, $\sigma_E = 0.1$, $\sigma_I = 0.2$, $\gamma = 0.3$, $\delta = 0.2$, $\nu = 8$ (Ermentrout et al. (1986) より)．

ただし $R(x,t)$, $P(x,t)$ は，連続な空間，そして連続な時間上で定義された関数である．また $S[P]$ は，図 12.18(b) のような S 字型の概形をもつ．また，元の系の定式化の際に $\gamma < 1$ かつ $\delta < 1$ と仮定したことを思い出されよ．式 (12.58) における，興奮性，抑制性の汎関数 S_E, S_I を同一のものとすれば，式 (12.55) より

$$S[P] = S(w_E * P - w_I * P) = S(w * P) \tag{12.79}$$

と書ける．ただし $w(x)$ は，局所的活性化と側抑制を備える，図 12.20(a) のような典型的な核関数である．こうして，連続時間モデルメカニズム (12.77)–(12.79) ができあがった．これは積分微分方程式系である．

さて，ここでは核関数の影響が，x の周りの小さな近傍の内部にだけ限定されているものとしよう．このとき，12.1 節で行ったのと同様にして，式 (12.79) 中の積分を展開することができる：

$$\int w(|x'-x|)P(x')dx' = \int w(z)P(x+z)dz \\ \approx M_0 P + M_2 \frac{\partial^2 P}{\partial x^2} + M_4 \frac{\partial^4 P}{\partial x^4} + \cdots. \tag{12.80}$$

ただし，核関数が偶関数であることを用いた．また，核関数のモーメントは

$$M_{2m} = \frac{1}{(2m)!} \int z^{2m} w(z) dz, \quad m = 1, 2, \ldots \tag{12.81}$$

により定義される．もしも核関数が非常に幅の狭いものであれば，高次のモーメントの大きさ $|M_{2m}|$ ($m \geq 2$) は，$|M_0|$ や $|M_2|$ よりも小さくなる．また，式 (12.79) の S のテイラー級数展開と比較しても

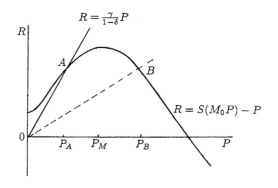

図 12.25 反応拡散系 (12.82), (12.83) における, 相平面上のヌルクライン $f(P,R)=0$, $g(P,R)=0$ の概形. γ が減少するにつれ, 定常状態は A から B へと右に移動していく.

小さくなる. このとき, 方程式 (12.77), (12.78) は, おなじみの反応拡散型の方程式

$$\frac{\partial P}{\partial t} = S(M_0 P) - R - P + D\frac{\partial^2 P}{\partial x^2} = f(P,R) + D\frac{\partial^2 P}{\partial x^2}, \tag{12.82}$$

$$\frac{\partial R}{\partial t} = \gamma P - (1-\delta)R = g(P,R) \tag{12.83}$$

へと簡約化される. ただし, 上式にて動力学関数 f, g を定義した. また, D は拡散係数であり, M_2 に等しい. S の概形は図 12.18(b) のようであったため, この系のヌルクラインは, およそ図 12.25 のようになる. この図より, 正の定常状態が少なくとも 1 つ存在することがわかる.

我々は第 2 章にて, 反応拡散系を詳細に解析し, ある適切な条件の下で, 反応拡散系が空間パターンを形成することを学んだ (2.3 節を参照されたい). ここでは, 系 (12.82), (12.83) が拡散誘導不安定性をもち空間パターンを形成しうるか否かを, 手短に調べてみることにしよう. まず, もし図 12.25 中の点 B が (単一の) 定常状態である場合, いかなる条件下でも空間パターンが生じないことがわかる (第 2 章参照). 以下では, 図 12.25 において $P_A < P_M$ をみたす点 A が定常状態であるような状況を考えよう[†8].

図 12.25 中の定常状態 A の周りでの分散関係 $\lambda = \lambda(k)$ は, 特性方程式

$$\lambda^2 + a(k)\lambda + b(k) = 0, \tag{12.84}$$

$$\begin{aligned}a(k) &= Dk^2 - (f_P + g_R), \\ b(k) &= -g_R Dk^2 + (f_P g_R - f_R g_P)\end{aligned} \tag{12.85}$$

により与えられる (ただし $f(P,R), g(P,R)$ の偏微分係数は, その一様定常状態 A における値を考える). この特性方程式の導出は, 読者への復習問題として残しておこう. 式 (12.83) より $g_R = -(1-\delta) < 0$ であり, 一方 f_P は正も負もありうる. 我々は, この系がチューリング的な意味で空間パターンを形成するような状況を考えたいので,

$$f_P + g_R < 0, \quad f_P g_R - f_R g_P > 0 \tag{12.86}$$

を要請することにする (2.3 節を参照). すると, これらの式より, 任意の k に対して $a(k) > 0$ となり, また $g_R < 0$ より, 任意の k に対して $b(k) > 0$ となる. したがって, 方程式 (12.84) の解 λ は $\mathrm{Re}\,\lambda < 0$ をみたすことになり, ゆえにこの系は, 空間パターンを形成しない. しかしながら, 話はこれで終わりというわけではない.

式 (12.80) の積分展開 (integral expansion) を 2 次のモーメント M_2 までで打ち切れば, 通常の反応拡散系が得られる. もし活性化および抑制がより非局所的な場合には, 第 6 章で行ったように, 高次の

[†8] (訳注) 図 12.25 において P_A, P_B は, それぞれ点 A, B での P の値を表す. また, P_M は曲線 $R = S(M_0 P) - P$ の極大点を表す.

12.4 殻のパターンに関する神経活動モデル

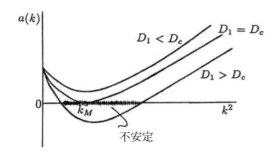

図 12.26 式 (12.89) の $a(k)$ のグラフ．$a(k) < 0$ のとき，系 (12.87), (12.88) における分散関係 $\lambda(k)$ は $\mathrm{Re}\,\lambda > 0$ をみたす．そのような波数 k をもつモードは線形不安定化する．（より一般に）$a(k) < 0$ または $b(k) < 0$ ならば $\mathrm{Re}\,\lambda > 0$ であり，空間パターンが生じる．

モーメントを含めなければならない．それだけでなく，我々は式 (12.82) 以降，暗黙のうちに $D = M_2$ が正であるものと仮定していた．これがその通りであるとは限らない．実際，これは活性化—抑制型の核関数の形に依存する．もしも側抑制が，より広範囲かつより強力に及ぶ場合，式 (12.81) 中の M_2 は負になりうる．このように M_2 が負なる核関数の場合，我々は，少なくとももう 1 つ高次のモーメントを，すなわち $M_4 \partial^4 P / \partial x^4$ を，モデルに含める必要がある．もし M_4 が正の場合は，さらにもう 1 つ高次のモーメントを含めなければならない．これらのことは，次の理由による．すなわち，もし $D = M_2 < 0$ であれば，式 (12.82) 中の拡散項は不安定化をもたらす（入門編 11.5 節，および本編第 6 章で行った議論を思い出されたい）．また，M_4 が関わる長距離拡散項をモデルに含める場合，長距離拡散項は，$M_4 < 0$ であれば安定化をもたらす．系 (12.82), (12.83) に長距離拡散項を含めた場合，これらの式は

$$\frac{\partial P}{\partial t} = S(M_0 P) - R - P - D_1 \frac{\partial^2 P}{\partial x^2} - D_2 \frac{\partial^4 P}{\partial x^4}, \quad (12.87)$$

$$\frac{\partial R}{\partial t} = \gamma P - (1-\delta) R = g(P, R) \quad (12.88)$$

となる．ただし $D_1 = -M_2 > 0$ および $D_2 = -M_4 > 0$ は拡散係数を表す．4 階の微分は，非局所的，すなわち長距離の拡散を表している．

上式 (12.87), (12.88) に対して線形解析を行うと，分散関係を与える特性方程式 (12.84) の係数は

$$\begin{aligned} a(k) &= D_2 k^4 - D_1 k^2 - (f_P + g_R) \\ &= D_2 k^4 - D_1 k^2 - (f_P - 1 + \delta), \\ b(k) &= -D_2 g_R k^4 + g_R D_1 k^2 + (f_P g_R - f_R g_P) \\ &= D_2 (1-\delta) k^4 - (1-\delta) D_1 k^2 - [(1-\delta) f_P + \gamma f_R] \end{aligned} \quad (12.89)$$

となることがわかる．ある範囲の 0 でない波数 k に対して，$a(k)$ または $b(k)$ が負となるならば，$\mathrm{Re}\,\lambda > 0$ となり，そのため定常状態は空間的に不安定である．上式にて，$a(k), b(k)$ は両者とも k^2 に関する 2 次式であり，どちらも k^2 の係数は負である．図 12.26 は，$a(k)$ のグラフを模式的に描いたものである．$b(k)$ も，定性的には $a(k)$ と同様のグラフとなる．明らかに，D_1，すなわち不安定化項が十分に大きければ，系は線形不安定となる．

式 (12.89) の $a(k), b(k)$ は，$k_m^2 = D_1 / 2D_2$ にて，その最小値

$$\begin{aligned} a(k_m) &= -\frac{D_1^2}{4D_2} - (f_P - 1 + \delta), \\ b(k_m) &= -(1-\delta) \frac{D_1^2}{4D_2} - [f_P (1-\delta) + \gamma f_R] \end{aligned} \quad (12.90)$$

をとる．ゆえに，

$$D_c^2 = \min\left[-4D_2 (f_P - 1 + \delta),\, 4D_2 \left(f_P + \frac{\gamma f_R}{1-\delta}\right)\right] \quad (12.91)$$

なる D_c に D_1 が一致するときに，定常状態が不安定化する分岐が起こる．右辺の括弧内の 2 項は，式 (12.86) よりどちらも正である．$D_1 > D_c$ のときには，$a(k) < 0$ または $b(k) < 0$ により $\mathrm{Re}\,\lambda(k) > 0$ となっているような波数 $k\ (\neq 0)$ からなる，不安定モード帯が存在する（図 12.26 参照）．ゆえに，系 (12.87), (12.88) は空間パターン形成能をもつ．この連続時間モデルによって，パラメータたち——例えば本小節の解説で分岐パラメータとして用いた D_1 ——の緩慢な変化によって殻の成長に伴い殻のパターンが発展していく様子を，想像することができるだろう．しかしながら，成長のタイムスケールとパターン形成のタイムスケールは類似しているため，第 4 章で論じたタイプのモデルを用いるほうが，より適切かもしれない．

本章で論じた全てのモデルは，局所的活性化と長距離抑制の要素に依存したものである．様々な点において，積分による定式化のほうが伝統的な微分方程式による定式化よりも勝っている．なぜなら，前者のほうが直観的にたやすく生物学的な着想と関連しているためである．また，空間パターンがいかにして出現するのかも，直観的に理解することができる．12.2〜12.4 節で扱ったメカニズムはいずれも，何らかの生理学的根拠に基づいたものではあるが，これらの正当化の根拠となるような実験研究が，今後もまだまだ必要である．

12.5 シャーマニズムと岩絵

12.3 節にて，幻視パターンの形成に関する，興奮性と抑制性のニューロンによるモデルメカニズム——活性因子—抑制因子モデル——を論じた．図 12.9 では，いくつかの幻視パターンと，それらに対応する視覚野のパターンを示した．眼を閉じてリラックスしてみれば容易にわかる通り，視覚は，もちろん光に依存するものではない．眼を閉じたまま，両眼の縁を指で押せば，さらに複雑なパターンが見られる——押す力次第で，様々なパターンが見られる．このような自発的な発光パターンは，**フォスフェン (phosphene)** と呼ばれ（Oster (1970) と Klüver (1967) による一般向け記事，および，以下で挙げる文献を参照されたい），これは光と独立した何らかのメカニズムによって，眼と脳において生み出される像である．既に述べた通り，幻覚誘発薬，てんかん，片頭痛，いくつかの精神疾患，そして（その他の）様々な疾患もまた，幻覚パターンを生み出す．フォスフェンと，これらの薬物誘発性幻覚との間には，確固たる繋がりがありそうである．生理学的，生化学的，心理学的観点による総説を Asaad and Shapiro (1986) が与えている．

世界の様々な地域の原住民は，ある種の植物——例えばメスカリン——が幻覚や恍惚 (trance) を引き起こすことを，相当以前から知っていた．これらの植物やその派生物がもつ，麻酔薬や幻覚薬としての性質は，シャーマンによって，治療のため，および宗教的儀式のために，幅広い様々な独立した文化において，先史時代より利用されてきた．Wellmann (1978) によれば，北米のインディアンの岩絵 (rock paintings) は，これらの幻覚誘発薬を使用しているシャーマンが造ったものである可能性があるという．彼は特に 2 つの地域に着目した．1 つはカリフォルニア州のチュマシュ族とヨクーツ族が住む地域で，この地域の多色刷りの絵に見られるモチーフが，チョウセンアサガオ (*Datura*) による恍惚状態で知覚されるモチーフと類似している．もう 1 つの地域は，テキサス州のペコス川下流域である．この地域のシャーマニズム的な絵には，グレートプレーンズのインディアンたちによって執り行われていたメスカルビーン (*Sophora secundiflora*) の儀式 (mescal bean cult) と概念的に類似していると思しき光景が見られる．

Kellogg et al. (1965) は，ある範囲の民族出身の 2〜4 歳の多数の子どもが描いた落書きを研究し，それらには，いくつかの相異なるフォスフェンの特徴が見られることがわかった．彼女らは，幾度も現れるパターンを，15 の相異なるグループに分類することができた．Kellogg とその仲間たちは，子どもたちの落書きがフォスフェンに由来しており，それらは大人において電気的に誘発されるフォスフェンとも類似している，という可能性を示唆した．Kellogg et al. (1965) が結論するところによれば，子どもたちが

12.5 シャーマニズムと岩絵

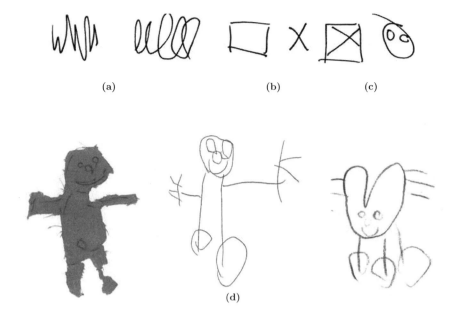

図 12.27 子どもたちの落書きの例.(a) のような基本的な落書きから,(b) のような図形となり,それらが (c) のように組み合わさって集合体となり,やがてヒトや動物の絵画的表現へと発展する.(d) にある「ヒト」の例のうちの 1 つ目は,布片を切って色を塗っ(て私を表現し)たものであり,娘の Sarah Robertson (Murray) が 6 歳のときに作った.2 つ目は,彼女の娘 Isabella Mazowe Robertson が 4 歳半のときに(やはり私を)描いたものであり,彼女は「ネコ」も描いた.Kellogg et al. (1965) は,(落書きに対する)完全な分類を,例示とともに与えている.

幾何学的パターンを描く——というより落書きする——能力を発達させるのは 3 歳以降であるが,3 歳を過ぎると,彼らはほんの数個の基本パターンだけを用いてたくさんの様々なパターンを描く能力を急速に発達させる.さらに彼女らは,それらの絵画が,あらかじめ形成された視覚系の神経ネットワークの活性化がきっかけとなって生じる可能性を提示した(視覚野の縞の形成に関する 12.2 節の議論を思い出されたい).これらの基本パターンが,次のように発展していく.すなわち,基本的な落書きから始まり,形状が生じ,それらが組み合わさって集合体となり,やがて実際の生き生きした絵画となる——いくつかの例を図 12.27 に示した.

これらの幾度も現れるパターンのいくつかや,植物や薬による幻覚がもたらすフォスフェンに見られる遍在性から,ヨーロッパや北米の洞窟壁画の再検討が行われることになった.これら後期旧石器時代芸術に見られる記号 (sign) は,長らくの間,考古学的文献において,民族誌学的に解釈されてきた.20 世紀後半の間に,多数の著者(例えば Wellmann (1978), Lewis-Williams and Dowson (1988), Hedges (1992, 1993) や,それらで与えられている多数の参照文献を参照されたい)が,幻覚誘発薬の作用下にあるシャーマンによってこの絵画が造られた可能性を示唆した.これらの著者は,基本的なフォスフェン,岩絵,そして,幻覚誘発剤使用時と類似の模様との間に対応があるという,説得力ある証拠を提示している.

Lewis-Williams and Dowson (1988) は,いまや膨大となった文献の総説を行うとともに,後期旧石器時代の記号を,いかなる民族誌学的解釈にも頼ることなく分類するモデルを提示した.彼らはまた,仮説を実証するために,南アフリカで実践されているシャーマニズムを研究した.ヒトの神経系から生じうる視覚パターン(薬物誘発性か否かによらず)は限られているため,文化的背景によらず,幻覚状態にある人が見るパターンが類似している,と仮定するのは,不合理なことではない.しかしながら,異なる文化

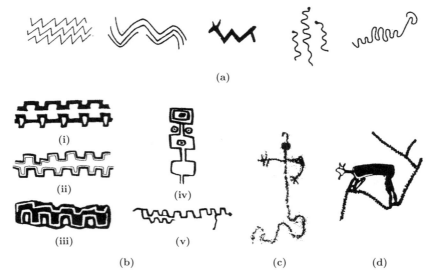

図 12.28 (a) 南アフリカのサンの岩絵（2, 3, 5 番目）や，カリフォルニアのショショーニ族のコソの岩絵（4 番目）に見られる，宗教的儀式の絵画 (cult drawings) へと発展していく基本パターンの例 (Lewis-Williams and Dowson (1988) より複写)．(b) フォスフェンに見られる，鈍い鋸状の基本のデザインと，関連した洞窟絵画のモチーフの例．(i) は片頭痛に見られるパターン，(ii) はコロンビアのトゥカノ族のシャーマニズム的絵画に見られる幻覚パターン，(iii) はバハ・カリフォルニア州のモンテビデオの岩絵，(iv) はアリゾナ州中央のホホカム族の岩絵，(v) はネバダ州のグレープバインキャニオンの岩絵．(c) カリフォルニア州のマッコイスプリングの岩絵 (Hedges (1992) より)．(d) サンの岩絵（南アフリカ）に見られる，崖下を覗き込むヒトの絵 (Lewis-Williams and Dowson (1988) より)．((b), (c) は K. Hedges の厚意による．)

に属するシャーマンは，彼らの経験という文脈の下でそれらのパターンを解釈する．それらのパターンは実質的には，変種の関係にあり，12.3 節にて議論したモデルや Tass (1995) によるその拡張に基づいた基本パターン（やその組合せ）の，地域ごとの文化的解釈である．彼は皮質上の像にノイズが与える影響を研究し，それによって，現実的に生じうる幻覚パターンの範囲が劇的に広がった．それらの中には，多くの岩絵に見られるパターンも存在する．

　我々の現在の知識を以てすればそれほど驚くべきことではないが，興味深いこととして，北米西部，ヨーロッパ旧石器時代の洞窟，そして南アフリカという，広く分散した地理的範囲の岩絵の中に，これらのモチーフは頻繁に現れている．基本のパターンには，科学的に妥当に説明可能な，明確な普遍性が存在するように思われる．図 12.28(a) では，南アフリカのサンの岩絵と，カリフォルニアのグレートベースンに暮らすショショーニ族のコソの岩絵に共通のテーマの一例へ――もしかすると図 12.28(c) の絵のテーマへさえも――，基本のパターンがいかにしてたやすく発展していくのかがわかる．図 12.28(b)–(d) は，様々な地域の古代の岩絵に見られる別の例である．フォスフェンのパターンと擬人化 (anthropomorph) の関連を示唆するさらに複雑な例として，図 12.29 を示す．（岩絵に見られる）基本のパターンの多くやそれに関連した変種は，今日のアメリカインディアンの芸術において一般的である．

　シンプルなパターンやそれらの動的変動に対して，変形したり，ほんの少しの，あるいは位相幾何学的に妥当な変更を加えたりすることで，岩絵に見られるパターンが生じうるとはいうものの，それらが数個の基本のモチーフから生じる，という仮説は，このことだけからは正当化できない．しかしながら，広範に注意深く行われた研究たちから得られた証拠は，非常に有力な正当化となる．これは明らかに，考古学的文献に見られる多数の凝り固まった見方に基づく解釈を，全く変えてしまう．Hedges (K. Hedges 博

12.5 シャーマニズムと岩絵

図 12.29 カリフォルニア，コソ山脈のレネゲードキャニオンに見られる，擬人化の例 (b) は，明らかに，12.3 節で述べたパターンに由来するパターンたちからなるフォスフェンのパターン (a) (Walker 1981) と類似している（図は K. Hedges の厚意により，Hedges (1992) より）．

士との私信 2000) によれば，

> 岩絵についていい加減に理解されてきたことの多くは，シャーマニズムと視像の文脈でもっともうまく解釈できる．ほとんどの岩絵は具象画である——我々は，ただ，そこに何が表現されているかを決定しなければならない……．シャーマンは，トランス状態を経験する際に，隔てられた現実へと進入する．岩絵に描かれているのは，我々がまだ理解し始めたばかりである，この隔てられた現実での像なのだ．

最後に述べておくこととして，多くの岩絵とフォスフェンのパターン——誘発方法によらず——の間に対応が見られることは，12.3 節で述べた比較的シンプルな機械論的アプローチによって生成される基本パターンと岩絵との繋がりを確証するものではない．しかしながら，この対応は，子どもからシャーマンまでのヒトの精神におけるパターン形成現象のいくつかをよりよく理解するのに役立つ，潜在的に重要な示唆を与えている．

演習問題

1 積分方程式モデル
$$\frac{\partial n}{\partial t} = f(n) + \int_{-\infty}^{\infty} w(x-x')[n(x',t)-1]dx'$$
を考える．ただし $n=1$ は $f(n)=0$ の解で，$f'(1) < 0$ をみたすとする．活性化—抑制型の核関数 w を，(i) シンプルな矩形波を組み合わせて構成せよ．(ii) $\exp[-|x|/a]$ 型の指数関数を組み合わせて構成せよ．分散関係 $\lambda(k)$ を描き，空間的構造をもった解が出現するようになる臨界パラメータ値を決定せよ．線形不安定な解に含まれる，最速励起モードの波長を求めよ．

2 左眼，右眼に対応するシナプスの密度を n_R, n_L で表すことにし，眼優位縞のモデル
$$\frac{\partial n_R}{\partial t} = f(n_R)[w_{RR} * n_R + w_{LR} * n_L],$$
$$\frac{\partial n_L}{\partial t} = f(n_L)[w_{LL} * n_L + w_{RL} * n_R]$$
を考える．ただし $*$ は畳み込みを表し，$f(n) = n(N-n)$ とし，N は一定の総シナプス密度とする——すなわち $n_R + n_L = N$ とする．相互作用核関数である w たちは，図 12.6 のような形をしているとする．

まず，総シナプス密度の保存則より
$$w_{RR} = -w_{RL}, \quad w_{LL} = -w_{LR}$$
が成り立つことを示せ．
$$u = n_R - n_L, \quad w = w_{RR} + w_{LL},$$
$$K = N * (w_{RR} - w_{LL})$$
とおくと，モデルメカニズムが単一の畳み込み方程式
$$\frac{\partial u}{\partial t} = (N^2 - u^2)(w * u + K)$$
へと簡約化されることを示せ．【両眼に対称性を認めるならば，$w_{RR} = w_{LL}$ より $K=0$ となる．】

初期状態で $n_R = n_L$ であれば，t が小さなとき，u は小さいので
$$\frac{\partial u}{\partial t} = N^2(w * u + K)$$
となる．空間が 1 次元領域，すなわち $x \in (-\infty, \infty)$ のとき，分散関係を決定，解析することにより，空間パターンを伴う解 $u(x,t)$ が発展することを示せ．

両眼からの入力が対称である場合について，核関数 w が式 (12.13) で与えられるとき，最速励起モードの波長をパラメータたちを用いて表せ．

3 殻のパターンに関するモデルの 1 つに，系 (12.53)，(12.54) がある．式 (12.56) の刺激関数 S としてヘビサイド関数を用い，式 (12.55) の興奮性核関数 w_E や抑制核関数 w_I として矩形関数を用いる——抑制は興奮よりも広範囲でなくてはならない，という要請を忘れぬよう．このとき，色素パターン $P_t(x)$ および抑制性物質 $R_t(x)$ を支配する区分線形系を導出せよ．

この区分線形モデルから，P_t による R_t の生成がないとしてよい——すなわち $\gamma = 0$ としてよい——ような大きな t に関して，$P_t(x)$ を支配する方程式を導出せよ．

第13章
地理的拡散と防疫

　流行病の地理的な拡散は，感染症や流行病の時間発展や抑制方法と比べてあまり理解されておらず，研究もずっと少ない．感染症，薬物濫用の流行，噂，デマなど，対象は何であれ，これらの時空間的な発展についての現実的なモデルの有用性は明らかである．重要な問題は，どのように空間的な影響を含めて定量化するのかである．本章では，一般の流行病の地理的広がりに対する拡散モデルについて述べ，それをよく知られた歴史的な感染症流行――すなわち，いまなお興味深い1347～1350年の黒死病――に適用する．続いて，現在の狂犬病の流行――大陸ヨーロッパ全体に広がりつつあり，いまではフランスの北海岸にまで近づいている――に対する実用的なモデルを議論する．これらの種類のモデルは，もちろん，特定の疾患のみに限られるものではない．

13.1　流行の空間的拡散の単純モデル

　ここでは，入門編10.2節で詳しく論じた流行モデルをより単純にしたものを考える．集団全体は互いに相互作用する感染個体群 $I(\boldsymbol{x},t)$ および感受性個体群 $S(\boldsymbol{x},t)$ の2種類のみからなるとする．しかしながら，入門編第10章と異なり，ここでは I と S は時刻だけでなく空間変数 $\boldsymbol{x}$ にも依存する関数である．I と S の空間的な広がりを単純拡散でモデリングし，まずは，感染個体と感受性個体がともに等しい拡散係数 D をもつと考える．前と同様，r を定数パラメータとし，感受性個体から感染個体への遷移が rSI に比例すると考える．この形では，rS が1感染個体から病気が伝染する感受性個体の数を表す．パラメータ r は感染個体から感受性個体への疾患の伝染効率の尺度である．感染個体群は，この感染症により aI の死亡率をもつとする．$1/a$ が感染個体の平均余命である．これらの仮定から，病気の発展とその空間的拡散の基本モデルメカニズムは

$$\begin{aligned}\frac{\partial S}{\partial t} &= -rIS + D\nabla^2 S,\\ \frac{\partial I}{\partial t} &= rIS - aI + D\nabla^2 I\end{aligned} \tag{13.1}$$

のようになる．ここで，a, r, D は正の定数である．これらの方程式は，入門編10.2節の式(10.1), (10.2)に単に拡散項を加えたものである．ここで関心をもっている問題は，初めは均一な感受性個体密度 S_0 の集団に，いくらかの感染個体を導入し，感染症の時空間的な広がりを決定することである．
　ここでは1次元問題だけを考えるが，後ほど2次元の研究結果を提示する．以下のように系を無次元化する：

$$\begin{aligned} I^* &= \frac{I}{S_0}, \quad S^* = \frac{S}{S_0}, \quad x^* = \left(\frac{rS_0}{D}\right)^{1/2} x,\\ t^* &= rS_0 t, \quad \lambda = \frac{a}{rS_0}, \end{aligned} \tag{13.2}$$

ここで，S_0 は個体密度の基準値 である．モデル (13.1) は，表記を簡便にするためアスタリスク ($*$) を省

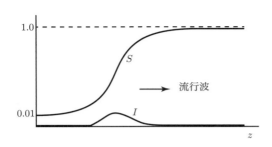

図 13.1 $\lambda = 0.75$ とし，式 (13.6) をみたす（つまり，コンパクト台をもつ）初期条件の下で偏微分方程式系 (13.3) から計算された，一定の形のまま伝播する流行の進行波．感染個体群 I のパルスが $c = 1$（式 (13.2) の次元付きの項で表すと $\sqrt{rS_0 D}$）の速さで感受性個体群 S へと移動している．この速度は，$\lambda = a/rS_0 = 0.75$ として式 (13.11) から解析的に求めたものと一致している．

略すると，

$$\frac{\partial S}{\partial t} = -IS + \frac{\partial^2 S}{\partial x^2},$$
$$\frac{\partial I}{\partial t} = IS - \lambda I + \frac{\partial^2 I}{\partial x^2} \tag{13.3}$$

となる．次元付きモデルでの r, a, D の 3 つのパラメータは，1 つの無次元数 λ にまとめられた．感染個体の基本再生産数（入門編 10.2 節を参照）は $1/\lambda$ となる．$1/\lambda$ の意味については他にもいくつかの等価な説明ができる．例えば，$1/\lambda$ は感受性個体群の中で 1 人の 1 次感染個体から伝染する 2 次感染個体の数である．$1/\lambda$ はまた，伝染に要する時間 $1/(rS_0)$ と感染個体の平均余命 $1/a$ という 2 つの時間スケールの尺度でもある．

ここで調べるのは，均一な感受性個体群への伝染病の流行波の空間的な広がりである．そのような進行波が存在する条件を決定し，また，それが存在するならばその伝播速度を求めたい．

いつも通り（第 1 章を参照），

$$I(x,t) = I(z), \quad S(x,t) = S(z), \quad z = x - ct \tag{13.4}$$

とおいて進行波解を探そう．ここで，c は求めたい波の速度である．これは，形が一定のまま x 軸正方向に進行する波を表す．これらを式 (13.3) に代入すると，常微分方程式系

$$I'' + cI' + I(S - \lambda) = 0, \quad S'' + cS' - IS = 0 \tag{13.5}$$

が得られる．ここで，プライム (') は z に関する微分を表す．固有値問題は，正の波の速度 c と

$$I(-\infty) = I(\infty) = 0, \quad 0 \leq S(-\infty) < S(\infty) = 1 \tag{13.6}$$

をみたす非負の解 I, S が存在するような λ の値の範囲を決定することである．I に関する条件は，感染個体のパルス波が未感染個体群へと伝播することを意味している．図 13.1 は，そのような波を示したものである．狂犬病の流行波の広がりに関連する図 13.5 もそうした波の一例だが，そこでは感染個体群 I のみが拡散する．

系 (13.5) は 4 次相空間系である．入門編 13.2 節でフィッシャー—コルモゴロフ方程式の波動解について用いたのと同じ手法を用いることで，波の速さ c の下限を決定することができる．系 (13.5) の第 1 式を波の先端 ($S \to 1$, $I \to 0$) の周りで線形化すると

$$I'' + cI' + (1 - \lambda)I \approx 0 \tag{13.7}$$

が得られ，その解は

$$I(z) \propto \exp\left(\left(-c \pm \sqrt{c^2 - 4(1-\lambda)}\right) z/2\right) \tag{13.8}$$

となる．$I(z) > 0$ の下で $I(z) \to 0$ でなければならないから，解は $I = 0$ の周りで振動することはない．もし $I = 0$ の周りで振動すれば，ある z について $I(z) < 0$ となってしまう．したがって，進行波解が存在するならば波の速度 c および λ は

$$c \geq 2\sqrt{1-\lambda}, \quad \lambda < 1 \tag{13.9}$$

をみたさなければならない．もし $\lambda > 1$ なら波動解は存在しないので，これが流行波が伝播するために必要な閾値条件である．式 (13.2) から，次元付きの項での閾値条件は

$$\lambda = \frac{a}{rS_0} < 1 \tag{13.10}$$

となる．これは，入門編 10.2 節における，流行が空間的に一様な状況で存在するための閾値条件と同じである．

我々のフィッシャー—コルモゴロフ方程式についての経験から，元の非線形系で計算した際のこのような進行波も，例外的な状況を除いて，最小速度 $c = 2\sqrt{1-\lambda}$ で進行する波形へと発展していくと考えられる．次元付きの項では，式 (13.2) を用いて，波の速度 V は

$$V = \sqrt{rS_0 D}\, c = 2(rS_0 D)^{1/2} \left(1 - \frac{a}{rS_0}\right)^{1/2}, \quad \frac{a}{rS_0} < 1 \tag{13.11}$$

で与えられる．

進行波解 $S(z)$ は極大値をもちえない．これは，極大値では $S' = 0$ となるが，このとき式 (13.5) の第 2 式から $S'' = IS > 0$ であり，これは極小を意味しているためである．したがって，$S(z)$ は z に関して単調増加する関数である．式 (13.5) の第 2 式を $z \to \infty$ で線形化し，$S = 1 - s$ とおくと，s を微小量として，

$$s'' + cs' + I = 0$$

が得られる．これから，式 (13.8) の $I(z)$ を用いると，

$$S(z) \sim 1 - O\left(\exp\left(\left(-c \pm \sqrt{c^2 - 4(1-\lambda)}\right) z/2\right)\right)$$

が示される．したがって，$z \to \infty$ のとき，指数関数的に $S(z) \to 1$ となる．

式 (13.10) の閾値条件にはいくつかの重要な含意がある．例えば，流行波が生じるための臨界最小個体密度 $S_c = a/r$ が存在することがわかる．一方，ある個体密度 S_0 と死亡率 a が与えられたとき，それ以下では感染の広がりが起こらない臨界伝染係数 $r_c = a/S_0$ が存在する．さらに，伝染係数と個体密度が与えられたとき，それを超えると流行が起こらない死亡率の閾値 $a_c = rS_0$ も得られる．したがって，伝染病の感染から死亡までの期間が短いほど，集団に流行波が広がる可能性は少なくなる．これら全てに，防疫戦略における意義がある．感受性個体の数は，ワクチンや殺処分により減らすことができる．このことや，免疫の効果について，この後論じる．また，ある死亡率と個体密度 S_0 が与えられたとき，もし，隔離や医療行為などにより疾患の伝染係数 r を減少させることができれば，式 (13.10) の条件をみたさず，伝染病の広がりを防ぐことができるかもしれない．また，閾値条件 $a/(rS_0) < 1$ から，感受性個体の突然の流入が S_0 を S_c より高め，流行を引き起こしうることを指摘しておく．

ここでは単純な 2 種流行モデルのみを扱った．3 種の SIR 系へと解析を拡張することもできるが，もちろん解析はより複雑になる．13.5〜13.9 節では，現在のヨーロッパにおける狂犬病の流行でのそのようなモデルについて詳しく議論する．

13.2 1347〜1350 年のヨーロッパにおける黒死病の蔓延

黒死病と 20 世紀の疫病の歴史に関する余談

14 世紀中頃にヨーロッパを襲い，壊滅的な大流行を起こした黒死病への関心はときが経っても褪せることがない．1947 年に出版された Albert Camus の *The Plague* は，そのことを示す現代における例の 1 つである．事実に基づくものであろうとそうでなかろうと，数世紀にわたる，黒死病についての多くの

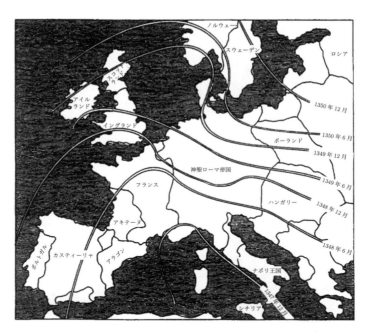

図 13.2　1347〜1350 年のヨーロッパにおける黒死病の年代ごとの広がりの概観（Langer (1964) を改変）．

記述において，ぞっとするような大量死，手のつけようのない放蕩生活，勇気と愛他主義による信じられない行為，驚くべき宗教的弁明といった光景が描かれている．

　黒死病は主に腺ペスト (bubonic plague) を指すが，これはペスト菌 (*Bacillus pestis*) により引き起こされ，ノミにより媒介され，主にクロネズミからヒトに伝染する．感染すると大抵の場合は致死的である．Langer (1964) の論文は写実的な記述と，いくつかの関連する統計的事実を述べている．McEvedy (1988) の歴史に関する論文では，大流行の進展を議論し，腺ペストの周期的な発生に関する現在の考え方の一部を概観している．ペストは，1347 年 12 月頃に，当時既に猛威を振るっていた東洋からの船により，イタリアにもたらされた．その後数年間，ペストはおおよそ毎年 200〜400 マイル（約 320〜640 km）の速さでヨーロッパ全土へと広がった．全人口の 1/3 から 1/4 が死に，ペストに罹った人のうち約 80% が 2〜3 日のうちに亡くなった．図 13.2 は，ペストのフロント波の時空間的な広がりを示している．

　黒死病の大流行が去った 1350 年頃以降，2 度目のペストの大流行が 1356 年ドイツで発生した．1347 年の黒死病大流行ほどの深刻さはなかったものの，それ以降，周期的な大流行が数年に一度起きていたようである．13.4 節では，流行波が去った後の人口の部分的な回復を考慮に入れるような，本節で扱う単純モデルへの拡張について述べる．この拡張により，図 13.6，図 13.7 で見られるような，主要なフロントの後に続く，小さく周期的な流行が生じる．狂犬病の流行の空間的な広がりにおける 3 種モデルを考えた 13.5 節の図 13.9，図 13.10 は，最初の流行の後に続く，さらに劇的な周期的流行を示している．そのモデルでは，流行の周期を解析的に評価することができる．

　中世以降のヨーロッパでは，（現在ペストや AIDS の流行に対して見られるのと同様に）ペストに対して実に様々な反応が見られた[*1]．自らの半裸の体を鞭打ち，世界の終わりを説いて回る懺悔者の一群が田園地方を彷徨っていた．いくつかの，裕福な苦行者向けの，上品で美しい彫刻が施された象牙の鞭の柄

[*1] 神学者で，類まれなほど興ざめな男で，我が強く，独善的であった John Calvin は，悪魔の手先となった魔女が彼の住んでいたジュネーブへとペストを持ち込んだと信じ込んでいた．恐怖心から彼は流行を逃れ，（残念なことに）なんとか生き延びた．彼の残した悪影響はいまでもスコットランドの精神や社会に明らかに見られる．スコットランド人の外国への大量の移住は，彼の憂鬱，決定論的で過酷な世界観から逃れるために起きたのではないかと私は確信している．

13.2 1347〜1350年のヨーロッパにおける黒死病の蔓延

が残されている．この時期は様々なペストの治療法が溢れかえっていた．ドイツ北部の Westfalen-Lippe で近年発見された15世紀終わり頃のある治療法は，以下のようなものであった：

> まず，孵化寸前の卵の先を切り落とし，ひなを卵から流し出す．残った卵黄に生サフランを混ぜ合わせ，元の殻で卵に蓋をする．その後，卵を褐色になるまで炒める．さらに，同じ量の白マスタード，少々のディル，ツルのくちばしとセリアック（当時のにせ医者がよく用いた薬である）を混ぜる．ペスト患者は，この混合物を飲み込み，その後7時間は何も食べてはならない．

この治療にどのくらい効果があったかについての記録は残されていない！

ペストは，腺ペスト，肺ペスト，ペスト敗血症の3種類に分けられ，ノミにより媒介され，ラットやネズミ，その他の多くの動物に宿る桿菌により引き起こされる．ペスト敗血症では，菌が患者の血中できわめて速く増殖し，治療してもしなくても（いまでも）致死的である．患者はすぐに，またしばしば突然に，死亡する．ペスト敗血症は，伝染性が強い肺ペストからしばしば進展する．突然座り込み，卒倒し死亡したペスト患者の記録が残されている．これらの記録は，肺ペスト患者の咳から感染したペスト敗血症の症例であろう．1664〜1666年のロンドンの黒死病大流行（1665年に最高潮に達した）当時の子どもたちは，よく知られているイギリスの童謡を歌っていた：

Ring-a ring o'roses	バラの花輪だ　手をつなごうよ
A pocket full of posies	ポケットに　花束さして
A-tishoo, A-tishoo	ハックション！　ハックション！
We all fall down	みいんな　ころぼ

この歌は，その頃に起源をもつと考えられている．花束や鳥のような医者の仮面で，玉ねぎとニンニクを鼻に当てて，病気の原因と考えられていた悪い臭気が入ってくるのを防いだ．

1347〜1350年の黒死病の大流行と比べて，1665年のロンドンでのペストの大流行については，かなり多くのデータと情報が存在する．しかしながら，人々の反応は，14世紀のときと似たようなものであった——公然での度を超えた懺悔者の数はあるいは減っていただろうか．日記作家の Samuel Pepys はオックスフォードの光景をみだらでふしだらな態度だと記述している．人間変わっているようで，何も変わっていないのである．流行病についての Daniel Defoe の日記（1722）は，当時のイメージを鮮やかに描いた魅力的な読み物である：「そのとき，彼は草のごとく萎れ，彼の短い今生の存在が儚い幻となった．病は道みちに蔓延り，その結果は教会の墓地に亡骸が収まりきらないくらい壊滅的なものであった．復讐する天使の焼きごてが天罰として解き放たれたかのようであった」．

ペストは，ロンドンの大流行の後，ほぼ収束したと広く信じられている．しかしながら，Gregg (1985) の著書の中で明らかに記録されているように，そのようなことは決してなかった．最後のペストの大流行は1850年頃の中国，雲南省で起こり，世界保健機関によると公式に収束したのは1959年のことである．これにより1300万人以上が死亡し，世界中の大部分が影響を受けた．1959年以降に報告された例（報告された被害の数値は無知や政治的な方便のため歪められており，下限であると考えるべきだろう）は，ペストの流行はいまでも起こりうることを明白に示している．ベトナム戦争の間，特に1965年から1975年にかけて，数千人がペストで死亡したことは印象的である．

ペストは，1990年頃，船によりアメリカ北西部にもたらされた．1906年の地震の直後に起きた，3年にわたるサンフランシスコのペスト流行では，約200人が死亡した．Risse (1992) による論文は，このサンフランシスコでの流行を特に取り上げている．この流行の結果，アメリカ合衆国西部，特にニューメキシコ州は，現在世界で（マウス，特にハタネズミの）ペストが残っている二大中心地の1つである——もう一方はロシアに存在する．ペスト菌は西海岸から東へと着実に広がり，1984年には，中西部の動物の間

で見られた．流行波の前線は平均して毎年約35マイルの速さで移動した．ペストは多くの土着の野生動物により媒介された．ラットが単一の宿主という訳では決してなく，ペスト菌はリス，シマリス，コヨーテ，プレイリードッグ，ネズミ，ハタネズミ，家庭で飼われたペットやコウモリなど30種類近くの様々な哺乳類で見つかっている．比較的少ないペストによる年間死亡者数について現在ある安心感は，正当化できるものではない．ペストがアメリカ東海岸の大都市圏にたどり着くとしたら，あるいはむしろ，たどり着くときには，深刻な大流行の可能性が考えられるだろう．例えば，ニューヨークにはヒト1人あたり1匹のラットが存在すると見積もられており，ラットと同様ペストの宿主となるマウスはおそらくそれより多く存在するだろう．一般の人々のペストについての懸念と知識の欠如は危険である．ペストの症状はしばしば見落とされ，診断されたとしても手遅れなことが多い．したがって，感染した者——特に，最も感染力の高い病気の1つである肺ペストの場合——は，かなり多くの人々をペストに暴露させてしまう．

モデリングに話を戻し，我々の単純流行モデルを黒死病の大流行の広がりに当てはめてみよう．まず，関連するパラメータを評価しなければならない．これは，当時の社会情勢についての信頼できる情報の不足により，簡単な作業ではない．Noble (1974) は我々のようなモデルをペストの拡散の研究に用い，既知の事実を調べあげて，パラメータの推定値を提案した．その一部を我々も採用する．

1347年のヨーロッパにはおよそ8500万人が住んでおり，人口密度は $S_0 \approx 50$/平方マイルであった．伝染係数 r と拡散係数 D を評価するのは特に難しい．知らせの広がりが，拡散係数 D の拡散により規定されているとしよう．このとき，純粋な拡散により L マイルの距離を広がるのにかかる時間は，$O(L^2/D)$ 年となる．当時の限定された通信手段からして，知らせやくだらないゴシップが毎年およそ100マイルの速さで伝わると仮定すると，$D \approx 10^4$ 平方マイル/年となる．ペストが伝染するためには，ノミがラットからヒトへと飛び移って，ヒト同士は相手を感染させるのに十分なくらい接近していなければならない．このことが r の値に反映されている．Noble (1974) は r を 0.4 平方マイル/年と評価した．彼は，平均感染期間を2週間と見積もり（おそらく長すぎるだろう），そこから，死亡率 $a \approx 15$ /年とした．これらの結果から，$\lambda = a/(rS_0) \approx 0.75$ となる．式 (13.11) でモデルのパラメータを用いて与えられる波の速度から，ペストの伝播速度 V は

$$V = 2(rS_0 D)^{1/2}\left(1 - \frac{a}{rS_0}\right)^{1/2} \approx 140 \text{ マイル/年}$$

となる．この結果は Langer (1964) による毎年200〜400マイルという速度より幾分小さいものの，未知で決定不可能なパラメータに対して用いた大雑把な概算を考慮すれば，不合理なものとは言えないだろう．

もちろん，このようなモデルはきわめて単純であり，人口密度の非一様性や確率的な要素など，様々な要因を考慮に入れていない．しかしながら，流行病の地理的拡散についてのいくつかの包括的な特徴をたしかに示唆している．入門編10.2節で指摘したように，Raggett (1982) による，1665〜1666年の Eyam 村でのペストの流行についての確率モデルでは，決定論的モデルのようなデータとの一致が見られなかった．確率的な要素は，空間モデルにおいて，とりわけ関与する個体数が少ない場合には，より重要となる．

Keeling and Gillgan (2000) は腺ペスト（毎年数千人の死者がいる）[*2]の発生の時空間的広がりについての興味深い新モデルを提案した．ペストは動物からヒトへと伝染する人獣共通感染症 (zoonosis) であり，ペストが蔓延する地域の多くでは，ラットが関わっていることが示されている．彼らのモデルは，ヒトに加えてラットを組み込み，確率的な振舞いを含んでいる．彼らは，ペストがラットの一部の集団にとどまることができ，それにより長い間ペストが残存することを示した．彼らは決定論的モデルと確率的モ

[*2] 私が1985年，ニューメキシコ州にあるロスアラモス国立研究所を訪れた際，近隣の村に住む14歳の男の子が，丸太を木材置場（その中で少し前にシマリスがペストで死んでいた）から運ぶ際にペストに感染し亡くなった．彼はペスト敗血症に罹り，3日のうちに死んだ．

デルの両方を議論し，空間的な確率論的振舞いを組み込むためにセルオートマトンモデルを用いている．彼らのモデルの解析から，とりわけ，ラットの個体数という観点からヒトにおける流行の広がりの基準を得た．彼らは北アメリカの齧歯類の個体数のデータと最新のパラメータ推定値を用いた．

13.3 狂犬病の略歴：事実と神話

狂犬病──中世の景色

狂犬病はおそらく，最も恐ろしい病であろう．患者は長くぞっとするような苦痛の中で亡くなるまでの間，恐ろしい悪夢のような日々を送ることになる．St. Augustine of Hippo は彼が編集した災いのリスト（狂気，収監，破産などを含む）の中に狂犬病を含めた．狂犬病をもつ動物と接触した直後の接種であってもその効果が確立されているほどの効果的な狂犬病ワクチンが登場したにもかかわらず，狂犬病の恐怖はこれまでと変わらず蔓延している．あるヒトが実際に狂犬病発症期に至ったら，すなわち臨床症状を呈したら，治療法はなく，これまでに治癒した症例の信頼できる記録も残っていない．狂犬病の歴史的視点について研究してきた Patricia Morrison 博士（私信 1992）は，8世紀の Liège の司教，St. Hubert についての以下の逸話を語った[*3]：

Hubert の死の 100 年後，彼の死体は掘り起こされ（うわさによれば腐敗していなかったという），Ardennes の粗末な修道院へと移された．その修道院の修道院長や修道士たちは，巡礼者を惹きつけ，修道院に名声を与え，士気を高めるための聖遺物を渇望していたのだ．Hubert の亡骸はまさに聖遺物であり，さほど驚くことでもないが，その到着以降，多くの巡礼者に奇跡的な回復が起こった．St. Hubert des Ardennes の街は，修道院を中心としてにわかに活気づいた．修道院の中の院長室にある観光案内所には，この聖人と彼の転向についてのリーフレットが置かれている．若い貴族であった Hubert は狩りの最中，枝角の間に十字架像をもったオスの白シカを見た．キリストが彼に近づき，彼は教会へ行くことに決めたという．どうやらこれは完全な剽窃のようで，*The Life of St. Eustace* から直接盗用されたものだろう．St. Hubert は狩人の守護聖人である．この街で現在行われている儀式において，彼が狂犬病の歴史において果たした役割はこれまでほとんど言及されてこなかった．

11 世紀，狂犬病をもつ（と思われる）動物（一般に，イヌやオオカミ）に噛まれたヒトを St. Hubert の祭壇に連れていく習慣があった，と修道士は記している．僧侶が巡礼者の額を切り，St. Hubert のストールから取った糸を差し込むという処置が行われた．僧侶たちは後年，このストールは聖母マリアにより織られ，天使により届けられたものだとした．この糸を用いた儀式（*la taille* と呼ばれた）と狂犬病との関係は，狂犬病が，イヌの肛門や舌下に存在する寄生虫により起きると考えられていたという事実によるかもしれない．したがって，聖人のストールからの糸は，狂犬病に対するある種の予防接種と考えられていた．大きな中世の外套が──糸を取られて小さくなったようにはとても見えないが──いまでも教会の聖遺物庫の中に保管されており，この外套は巡礼者の間のこの修道院の人気の拠り所となっている．18 世紀初頭，吸血鬼伝説（下を参照）の絶頂期に，1956 人が *la taille* を受けたことを示す記録がある．1920 年代にも *la taille* の信奉者がまだ存在しており，おそらくいまでも存在するだろう[*4]．この教会の St. Hubert の祭壇の近くには，身悶えし，叫び，うなり，怒鳴り，痙攣している哀れな狂犬病患者を縛り

[*3] この会話は意外にもオックスフォード大学の私のカレッジであるコープス・クリスティ・カレッジの晩餐でのことだった．ロンドンの *Financial Times* 紙の美術評論家である Morrison 博士はこの会話の後，後で述べるモデリングや当時の現状，St. Hubert の逸話を論じた記事を新聞に掲載した（"A saintly 'cure' for rabies," *Financial Times*, 1992 年 8 月 29〜30 日）．これは，学問領域を気軽に混ぜ合わせることのもう 1 つの意義であると感じている．もちろん，もし高級フランス料理が，大学の教職員とその賓客専用の High Table のように，並の価格だったらとても助かるのだが．

[*4] Morrison 博士によれば，彼女がこの教会を訪れた際，警備員に *la taille* のことを尋ねたところ，その警備員は，いまではそのような馬鹿げたものを信じている者は誰もいないと答えたが，狂犬病に罹ったと思われるイヌに噛まれた後ワクチンを受けた人が *la taille* を求めてやってきた事例を知っていると，確かに付け加えたそうである．

付けておくための鉄の輪がある．時々，患者が回復することがあるが，その場合は，St. Hubert が味方をして間をとりなしてくれたと考えられた．動物の狂躁型狂犬病の症状の多くを示し，周りの人々が患者の狂犬病発症に気づくような狂犬病ヒステリー症はよく記録されてきた．もし，鉄の輪につながれた哀れな患者が，9日間の猶予の間に回復しなければ，St. Hubert が間をとりなさないと決めたと考えられた．これは，St. Hubert と修道院どちらにとってもきわめて好都合な状況であった．

狂犬病と吸血鬼伝説

吸血鬼は 17 世紀の第 4 四半期に初めて言及され，その存在は広く信じられた．吸血鬼は墓から出てきて蘇った死体で，寝ている人間の血を吸って養分にすると考えられていた．18 世紀には，特にバルカン半島一帯で，彼らはとても恐れられ，Voltaire によると，1730〜1735 年にかけては会話はその話題で持ちきりだったという．Gómez-Alonso (1998) は，吸血鬼伝説についての興味深い論文の中で，この伝説の信仰を説明するものの 1 つとして狂犬病が考えられるとした．以下の話の主要な部分は彼の研究によるものである．彼の論文には新旧織り交ぜた包括的な文献のリストが含まれている．（より恐ろしい記述の多くは省略したものの，ホラーが苦手な読者は，ここから先は読まないほうがよいかもしれない．）

吸血鬼伝説は 17 世紀末期の，おそらく人間や動物から取られたと思われる鮮血にまみれた屍の報告から始まった．ある村人たちは，イヌの姿をした幽霊を，また，別の者たちは，ぞっとするような醜い男を見たと主張したが，そのどちらも，人の首を掴み，襲ってきたという．他にも不愉快で生々しい記述が報告の中で挙げられている．話はさらに大きくなり，1731〜1732 年，セルビアの村 Medvedja での農民たちの死亡が吸血鬼によるものだとされた．吸血鬼の所業の痕跡が，掘り返した 17 体の屍体（それらは，杭を突き刺され，首を落とされ，火葬された）に見つかった．これが，Voltaire の言うところの「話題」に火をつけ，多くの著名な啓蒙運動の活動家に拾い上げられた．文学や映画によく登場するドラキュラが初めて現れるのは，19 世紀の終わり頃になってからのことである．

吸血鬼は，自らの墓石から抜け出し，性交渉をもったり，血を求めて無実の人を殺したりするなど，様々な嗜好をもつとされた．吸血鬼により襲われたり，吸血鬼に殺された動物を食べたり，狂犬病やペストで死んだり，さらには，性技が巧みであったりすると，人は吸血鬼になってしまうことがある．この他にも吸血鬼になってしまうきっかけが数多くあった．また，当然のことながら，吸血鬼になることを防ぐための多くの方法が存在した．ある屍体が吸血鬼であることを見分ける徴は，性器の突出と身体の腫脹，口からしたたる血液であるとされた．

狂犬病は，脊椎動物からヒトへと伝染しうる人獣共通感染症であり，その発症期には，予期できない暴力や攻撃的な振舞いを引き起こすことがある．大脳辺縁系の特定の疾患は，性行動にも影響しうる．冷たく湿った場所に埋葬された屍体は，皮下組織がろう状になり，しばしば分解が遅くなる．液状の血液に関しては，特定の疾患は凝固を遅延させるが，内臓の腐敗とともに分解が実際に始まると，それにより生じたガスが，性器や顔など身体の様々な部位を膨張させ，舌の突出を起こし，口から血の泡を吐くようになる．

さて，ヒトが狂犬病に罹患した際の症状を考えよう．ほとんどのヒトは麻痺型よりも狂躁型狂犬病を起こし，不眠症，コントロールできない興奮，恐水症（昔は狂犬病はこの名前で呼ばれていた），筋肉の痙攣，鏡で自身を見ることへの恐怖などのきわめて奇妙で恐ろしい症状を起こす．表情筋の筋痙攣により，唇が引っ込み，しかめっ面で歯がむき出しになり，理解できない音を発することがある．狂犬病を発症したヒトが，あたかも狂犬病を発症したイヌのように人々に急に突進し，（噛み付きを含む）猛襲をしたという話が多くある．発作の間の無活動期には，患者は口から血を滴らせていた．継続的な勃起，性交渉頻度の増加，強姦の試みを伴う性欲亢進が生じることもある（例えば Warrell (1977) を参照）．

狂犬病は動物（やヒト）による咬傷，性器の粘膜など様々な経路でヒトからヒトへと伝染しうる (Warrell

13.3 狂犬病の略歴

1977). 吸血鬼伝説については，単なる迷信から統合失調症であるという見方まで，様々な説が唱えられてきた．狂犬病が流行していた頃，屍体がときとして地面から浅い墓に埋められたため，それがイヌやオオカミにより掘り起こされ，吸血鬼が墓から出てきたという考えを生んだのかもしれない．19世紀以前の外を彷徨い歩く狂犬病発症者もまた，その攻撃性と性欲の高さから吸血鬼伝説を証拠立てるものとされたかもしれない．Gómez-Alonso (1998) は，彼のよくまとまった論文の中で，狂犬病が吸血鬼伝説を生み出したというきわめて妥当で魅力的な説を提示した．狂犬病の歴史と，狂犬病に対する人々の感じ方は，魅力的であり，しばしばぞっとするようで，また，ときとして滑稽である．

18～19世紀の中央イングランドでの狂犬病

Ritvo (1987) は，ヴィクトリア朝イングランドにおける動物―ヒトの社会学についての優れた著書の中で，19世紀イングランドにおけるいくつかの驚くべき事実と狂犬病に対する人々の感じ方についての魅力的な洞察を与えている．当時の人々の見方や信仰の一部はひどく面白い．

19世紀のイングランドにおいて何度か（実際のところ回数はとても少ない）流行が発生し，それらの流行が大混乱をもたらし，滑稽な法律と考えを生んだ．著名な獣医 George Fleming は，彼の専門書 *Rabies and Hydrophobia* の中で，「強い性的興奮が狂犬病を生じるとする仮説を支持するいくらかの根拠があるといってよいだろう」と述べた．性や罪と狂犬病との関連が控えめに示唆されている．ヴィクトリア朝時代の人々はその考えを好んだ．野良犬や雑種犬のような低級とされた犬はとりわけ狂犬病にかかりやすいと考えられた．

死者数がきわめて多くなることはなかったものの，19世紀の間，狂犬病の地理的な範囲とその発生頻度は増加傾向にあった．例えば，1875年には47人，1877年には79人，1879年には35人が狂犬病で死んだ（これらの値から，狂犬病による死亡は100万人に2人となる）．19世紀後半の平均的なイングランドの住人は殺人で殺される確率のほうが，狂犬病で死ぬ確率よりも10倍以上高かったのである．Ritvo (1987) は恐水症（狂犬病）を「男性に取り憑き，彼らにイヌを抹殺するよう駆り立てるような奇妙な狂気」と定義した *Kennel Review* などに見られたようないくつかの滑稽な意見を引用している．似たような見方は医務総監 Charles Alexander Gordon によっても（上院議会の狂犬病に関する委員会における彼の証言の中で）述べられていた．

果ては中世にまで及ぶ，ずっと昔の見方の名残が20世紀後半になっても存在しており，間違いなく現在もまだ残っているだろう．

狂犬病の現状

狂犬病はいまでも重篤な疾患であり，地域によりその深刻さは異なるものの，イギリス，アイルランド，スウェーデン，オーストラリア，ニュージーランドおよびその他いくつかの国々を除いて世界中の実質的に全ての国に存在している．世界保健機関 (World Health Organization, WHO 1998) はこの疾患の優れた情報源で，これに基づいて，狂犬病についての現存する問題を考える材料となる最新（1994年）の世界規模の統計が作られた．全世界での推定ヒト有病者数は35,000～45,000人で，その内訳はヨーロッパに10～20人，北アメリカに4～8人，ラテンアメリカに200～400人，アフリカに500～5,000人，アジアに35,000～45,000人，インドに30,000～40,000人である．例えば，バングラデシュでは1994年に3,000例が報告されている一方，アメリカ合衆国では1994年に6例，1995～1997年は4例であった．フランスでは1994年に1例，1995, 1996年には各3例報告されている．動物の狂犬病症例数は，もちろんこれよりずっと多い．例えば，アメリカ合衆国では1994年に8,224例が確認されており，また，バングラデシュでは960例が検査により確認され，3,500例の未確認例が報告されている．

ヨーロッパの一部の地域ではワクチンが主な防疫戦略となっている．Aubert (1997) はフランスにおいて 1986 年以降行われてきたワクチン活動（餌を用いて 2 年連続で春と夏に投与した）の結果として，狂犬病の現状を述べている．1989 年から 1996 年まで，ワクチン実施地域では動物の狂犬病はほぼ完全に根絶した．フランスはイギリス海峡からスイスにかけて，ワクチンによるバリアを設け，狂犬病の南への進行を食い止めた．過去 20 年間のイヌ狂犬病の症例は全て輸入動物で見られたもので，最後に見られたのは 1995 年であるが，これらは検疫の強化により防ぐことができただろうと彼は指摘した．

Pastoret (1998) はベルギーにおける狂犬病の状況を論じ，狂犬病はいったんある期間なくなったものの，1994 年に再発したことを指摘した．Barrat and Aubert (1993) はフランスにおける，1989 年のピークからの狂犬病の減少について論じ，この減少の一部は，モデルでも見られるような振動によるものだとした．

地球規模の広範囲にわたる人や動物の移動があるので，これまで狂犬病が無かった国々へと狂犬病がもたらされていくことは避けられない．イギリスの狂犬病に対する偏執は英仏海峡トンネルの存在や，コウモリが病気を媒介しうることから，とどまるところを知らない．狂犬病に感染したコウモリがベルギーの一部で見つかっている．Tuelières and Saliou (1995) によれば，1970〜1993 年にかけてのフランスでは，国内での狂犬病発生はなかったものの，流行地で感染した患者が 14 例死亡した．ヒトへのワクチン接種プロトコルは 1988 年以降，筋肉注射で行われ，0 日目に異なる 2 箇所に接種した後，7 日目と 21 日目に補強注射を行うもので，いままで一度も失敗は報告されていない．アトランタにあるアメリカ疾病予防管理センター (Centers for Disease Control and Prevention; CDC) は，流行地の住人には 7, 28, 365 日後に補強注射を行うことを推奨している．この予防法は 3 年間有効である．

吸血コウモリはメキシコやラテンアメリカといった地域において畜牛の狂犬病流行の原因となっており，重要なウイルス保有宿主である．アジア，ラテンアメリカおよびアフリカでは，主に風土性のイヌ狂犬病が重大な問題である．ほとんどの場合，ヒトは狂犬病を発症した動物による噛み傷や引っ掻き傷で狂犬病に感染するが，感染したコウモリのいる洞窟での空気感染もまた考えられる．アメリカ合衆国では狂犬病は稀であるが，狂犬病の発生例のほとんどは感染したコウモリからの噛み傷によるものである．1980 年から 1999 年の間に起きた 25 例のうち，3 例を除いて全てはコウモリからの感染だった．起きている間にコウモリに噛まれればそのことに気がつくが，寝ている間に噛まれると，コウモリの歯は針状で，ほぼ体に噛み傷を残さず，また，痛みもほとんど感じないため，気がつきにくい．ほとんどの患者は，このように睡眠中にコウモリに噛まれたのだろう．アメリカ疾病予防管理センター (CDC) は，もし目が覚めたとき部屋にコウモリを見かけたらワクチン接種（4 週間にわたる腕への 5 回の注射である）を受けることを推奨している．

狂犬病を発症したイヌに性器を舐められて伝染した 14 歳の女の子のような，奇怪で悲劇的な狂犬病伝染のエピソードもある．人から人への伝染もまた起こりうる．狂犬病に感染していた男性から角膜の移植を受けた女性の例 (Houff et al. 1979) は特に恐ろしい．2 人の目から狂犬病ウイルスが検出されたのは 2 人が麻痺型狂犬病で亡くなった後のことだった．クロイツフェルトーヤコブ病——感染したウシの肉を食べることで伝染するヒト型狂牛病 (BSE)——の場合でも，角膜移植が人から人への伝染の原因として示唆されている (Duffy et al. 1974)．

13.4　狂犬病のキツネへの蔓延 I：背景と単純モデル

狂犬病は，前節で述べたように世界中に広く分布し，その流行はきわめてよく見られる．過去数百年間に，ヨーロッパは幾度となく狂犬病の流行に見舞われてきた．なぜ，現在の流行が始まる 50 年ほど前に，ヨーロッパで狂犬病が見られなくなったのかはわかっていない．しかしながら，ここでのモデルの解析が，その理由の 1 つの可能性を提示してくれる．

13.4 狂犬病のキツネへの蔓延 I：背景と単純モデル

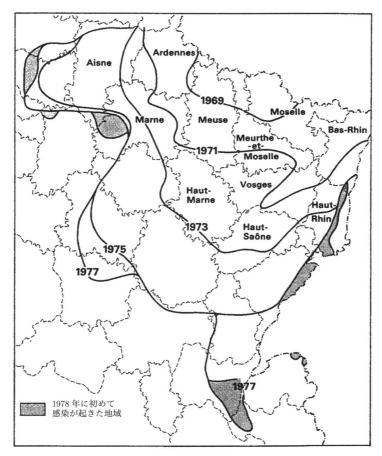

図 13.3　1969～1977 年のフランスにおける狂犬病の流行の空間的進行．空間的な広がりの（不均一な）波状の特徴に注意されたい（データはフランス国立狂犬病研究センターより）．

現在のヨーロッパにおける狂犬病の流行は，1939 年頃にポーランドで始まったようで，そこから着実に毎年 30～60 km の速さで西へと移動してきている．川や高い山，高速道路などの障壁により速度が緩慢になるが，これは一時的なものにすぎない．アカギツネが現在ヨーロッパで流行している狂犬病の主要な宿主であり犠牲者である．狂犬病の広がりは，図 13.3 に示したように，進行波に似ている．

狂犬病は，中枢神経系のウイルス感染であるが，直接接触により伝染し，ヒトに媒介するのは主にイヌである．前述した通り，ヒトにおける狂犬病の発生は，少なくとも欧米では，現在は年に数人が死亡する程度と稀だが，開発途上国ではかなり多く見られる．家畜化された動物や野生のその他の哺乳類への狂犬病の影響は深刻である．フランスでは 1980 年だけで家畜で 314 例，野生動物で 1280 例の感染が報告された．狂犬病は重大な懸念であり，13.6 節で議論するテーマである制御戦略の包括的な研究と開発が必要とされている．

図 13.3 はフランス国立狂犬病研究センター (*Centre National d'Études sur la Rage*) のデータによる 1969 年から 1977 年までの 2 年ごとのフランス北東部における狂犬病流行の進行を示している．Macdonald (1980) は当時のフランスの状況をより詳細に議論し，ワクチン接種の効果と，それが中止されたときに何が起こったのか描写している．しかしながら，その時以来，餌を用いたワクチンによる制圧のための断固とした努力がなされ，ヨーロッパのいくつかの国々では非常に成功している．

狂犬病の流行はアメリカ東海岸でも急激に広がりつつある．ここでの主要な宿主はラクーンである．こ

の流行においては，ジョージア州やフロリダ州からバージニア州への（狩猟クラブによる）感染したラクーンの持ち込みがその進行を相当早めた．

図 13.1 に再び言及すると，入門編第 10 章で議論した空間的に一様な流行病の系と同様，流行が過ぎ去った後，感受性個体の一部が生き残っていることがわかる．空間的なモデルにおいて，この生存率を解析的に評価することができると有用だろう．この後の，狂犬病の空間的な広がりについての単純ではあるものの啓発的なモデルで，このことが可能になる．

アカギツネは西ヨーロッパで記録された症例のうち約 70% を占めている．イギリスは 1900 年頃からほとんど狂犬病が起きていないものの，愛玩動物の違法な持ち込みや，ヨーロッパ大陸からの感染したコウモリによって，狂犬病が近い将来再びもたらされる可能性がある．イギリスにおいては，都市部および地方にキツネ，イヌ，ネコが密集しているため，この問題はとりわけ深刻である．例えば，キツネの密度は地方では $2\sim4$ 匹$/\text{km}^2$ であるのに対し，ブリストルでは 12 匹$/\text{km}^2$ のオーダーとなっている．キツネと狂犬病についての Macdonald (1980) の著書は，イギリスにおける多くの事実とデータを提供している．ヨーロッパの狂犬病についての一般的なデータはフランスの国立狂犬病研究センターから得ることができる．Kaplan (1977) および Bacon (1985) の著書は，特に狂犬病の個体群動態に着目し，狂犬病についてのいくらかのデータとともに，生物学的，生態学的背景を提供している．

どのように狂犬病の流行の前線が未感染地域へと進行していくのか，いかなる制圧方法でそれを食い止めることができるのか，そして，様々なパラメータがどのように影響するのかを理解することが重要である．本章の残りの節では，これらの空間的な問題を扱う．題材は主に Murray et al. (1986) のモデルからとったが，本節ではずっと単純だがその分非現実的な Källén et al. (1985) のモデルも扱う．13.6 節および 13.9 節で我々が提案するモデルと防疫戦略は，現在のヨーロッパにおける狂犬病の流行に即したものであるが，この種類のモデルは空間的に伝播する他の多くの流行にも適用することができる．

流行の空間的な伝播は大抵きわめて複雑な過程であり，狂犬病の流行も例外ではない．このような複雑な過程をモデリングする際，できるだけ多くの事実を組み込もうとすることもできるが，その場合，どうしても，存在するデータから評価を得るのが困難な，多くのパラメータが含まれてしまう．もう 1 つのアプローチとして，重要な要素を捉え，かつ，パラメータの数が少なくその値を見積もることができるような，できるだけ単純なモデルから始めることもできる．モデルは包括的だが，複雑でパラメータの評価が困難になることと，パラメータが合理的に評価できるようなより単純なアプローチとの間のトレードオフが存在する．本章で扱うモデルでは，後者の戦略を採用した．単純ではあるものの，これらのモデルは意義深い実用的な問題を提示し，感染症の空間的な伝播における様々な重要な特徴についての評価を与えてくれる．本節ではとりわけ単純なモデルについて述べ，解析するが，ここから有用な解析的結果を得ることができるのである．

実際には多くの動物が関与しているものの，基本となる合理的な仮定として，主要な媒介者たるキツネの生態が狂犬病の広がりの動態を決定するものとする．さらに，流行の空間的な伝播は，主に狂犬病に感染したキツネのランダムな移動によるものとする．感染していないキツネは，自身の縄張りから遠く離れて彷徨うことはない (Macdonald 1980)．キツネの集団を感受性個体群と狂犬病感染個体群の 2 つに分ける．このモデルは流行の空間的な伝播の一面を捉えてはいるものの，ウイルスへの曝露から発症するまでに 12〜150 日かかり，長い潜伏期間をもつという狂犬病の基本的な特徴を無視している．13.5 節のより現実的なモデルでは，このことを含める．

狂犬病の広がりを制圧し，理想的には予防するために，どのように狂犬病が広がるかを多少とも理解し，可能な防疫戦略の効果を評価することが重要である．このことを念頭に置いて，まずは，とりわけ単純な流行モデル系 (13.1) を修正したものを考察する．このモデルは，キツネの集団の中での狂犬病の広がりにおいていくつかの重要な様子を捉えている．そして，このモデルを用いて，狂犬病の流行波の本質的な事実についての評価を導く．

13.4 狂犬病のキツネへの蔓延 I：背景と単純モデル

キツネが2つの集団，感染個体群 I と感受性個体群 S に分けられるとする．感染個体群には，狂犬病を発症したものと潜伏期にあるものが含まれる．主な仮定は以下の通りである：

(i) 狂犬病ウイルスは感染したキツネの唾液に含まれ，感染個体から感受性個体に伝染する．感受性個体は，1匹あたり平均 rI の比率で感染する．ここで，r は2つの集団の間の接触の頻度を測る伝染係数である．

(ii) 狂犬病は必ず致死的であり，感染したキツネは1頭あたり a の速度で死亡する．すなわち，感染したキツネの平均余命は $1/a$ である．

(iii) キツネは縄張り行動をし，その縄張りは国じゅうを重複のない領域に分割している．

(iv) 狂犬病ウイルスは中枢神経系に侵入し，キツネの行動に変化を引き起こす．ウイルスが脊髄に侵入した場合は麻痺を引き起こすが，ウイルスが大脳辺縁系に侵入した場合には一過性の攻撃性を誘発し，その間キツネは縄張りの感覚を失いランダムに彷徨い歩く．したがって，$D\,\mathrm{km}^2/$年の拡散係数で拡散するのは感染個体のみであると考える．

これらの仮定の下では，我々のモデルは式 (13.1) から感受性個体群の拡散を除いたものとなる．ここでは，若キツネの縄張りを求めての移動は考えない．若キツネは移動の際，元の縄張りのなるべく近くにとどまろうとするとするのである．したがって，1次元のモデル系は

$$\begin{aligned}\frac{\partial S}{\partial t} &= -rIS, \\ \frac{\partial I}{\partial t} &= rIS - aI + D\frac{\partial^2 I}{\partial x^2}\end{aligned} \tag{13.12}$$

のようになる．前節での解析から，この系も伝播速度がパラメータに深く依存するような進行波解をもつことが期待される．パラメータの数はごくわずかであるものの，その値の現実的な評価は重要だが簡単ではない．

式 (13.2) の無次元化を行うと，系 (13.12) は（式 (13.3) を参考にして）

$$\begin{aligned}\frac{\partial S}{\partial t} &= -IS, \\ \frac{\partial I}{\partial t} &= IS - \lambda I + \frac{\partial^2 I}{\partial x^2}\end{aligned} \tag{13.13}$$

のようになる．ここでは S, I, x, t は無次元であり，前節と同様に $\lambda = a/rS_0$ は死亡率と接触の頻度との比率である．以前と同様，接触の頻度が重要であるが，この値を確信をもって決定することはできない．閾値がここでも $\lambda = 1$ であると期待されるが，このことを確かめてみよう（演習問題2も参照のこと）．

系 (13.13) の進行波解は

$$S(x,t) = S(z), \quad I(x,t) = I(z), \quad z = x - ct \tag{13.14}$$

のような形をしている．ここで，c は波の速度である．境界条件

$$S(\infty) = 1, \quad S'(-\infty) = 0, \quad I(\infty) = I(-\infty) = 0 \tag{13.15}$$

をみたすような解を探す．期待される波の概形については図 13.1 を参照されたい．感受性個体群の一部——その数はまだわからないが——が流行を生き残ると考えられるから，$z \to -\infty$ で0に近づくのは $S(z)$ そのものでなくそれを微分したものであることに注意されたい．式 (13.14) から，系 (13.13) は

$$\begin{aligned}cS' &= IS, \\ I'' + cI' + I(S - \lambda) &= 0\end{aligned} \tag{13.16}$$

となる．

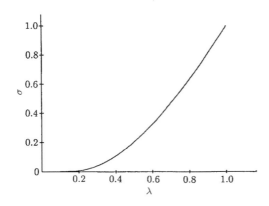

図 13.4 流行波が通り過ぎた後に生き残る感受性個体の割合 σ を流行の深刻さ λ の関数として描いた．元の次元量で表すと，$\sigma = S(-\infty)/S_0, \lambda = a/(rS_0)$ である．

前節で行ったのと全く同じように $I = 0, S = 1$ の周りで系を線形化し，I が常に非負であるという要請から $\lambda < 1$ が必要となる．この場合，波の速度 c は

$$c \geq 2(1-\lambda)^{1/2}, \quad \lambda < 1 \tag{13.17}$$

をみたす．

このモデルでは，さらに解析を進めて，流行を生き残る感受性個体の割合を求めることができる．系 (13.16) の第 1 式から，$I = cS'/S$ であり，これを第 2 式に代入して，

$$I'' + cI' + \frac{cS'(S-\lambda)}{S} = 0$$

が得られる．この両辺を積分すると

$$I' + cI + cS - c\lambda \ln S = 定数$$

となる．式 (13.15) にある通り $z \to \infty$ での境界条件は $S = 1, I = 0, I' = 0$ であるから，この定数は c に定まる．今度は $z \to -\infty$ を考えると，再び式 (13.15) から $I = I' = 0$ であり，狂犬病の流行波が去った後に生き残る感受性個体の割合 σ についての超越方程式

$$\sigma - \lambda \ln \sigma = 1, \quad \lambda < 1, \quad \sigma = S(-\infty) \tag{13.18}$$

が得られる．これは c に依存しない．これを変形すると，

$$\frac{\sigma - 1}{\ln \sigma} = \lambda < 1 \Rightarrow 0 < \sigma < \lambda < 1 \tag{13.19}$$

となる．

式 (13.19) から，例えば $\lambda = 0.4$ のとき $\sigma = 0.1$ であり，また，$\lambda = 0.7$ のとき $\sigma = 0.5$ となる．λ は流行の深刻さの指標となっている．λ が小さいほど生き残る感受性個体が少なく，すなわち，流行がより過酷になる．図 13.4 は式 (13.18) から感染性個体の生存率 σ を λ の関数として描いたものである．この曲線は λ を σ の関数として描くことで得られた．

λ の臨界閾値は $\lambda = 1$ であるが，これは次元付きの項で表すと，式 (13.2) から，$a/(rS_0) = 1$ を意味する．もし $\lambda > 1$ であれば，進行波の伝播は起こらない．$a > rS_0$ は死亡率が新たな感染個体の補充速度よりも大きいことを意味しているから，これは期待通りである．前と同様，この分岐の存在は，r, a が与えられたとき，個体密度がそれを下回ると狂犬病がキツネの集団中に存続できず，どれほど感染個体が導入されようと流行が起こらないような臨界最小個体密度 $S_c = a/r$ が存在することを意味している．

$\lambda < 1$ で狂犬病が存続できるとき，流行波の伝播速度は許容される速度の最小値，すなわち $c = 2\sqrt{1-\lambda}$ であり，これは，次元付きの系で表すと，式 (13.17) および式 (13.2) から，

$$c = 2\sqrt{D(rS_0 - a)} \tag{13.20}$$

13.4 狂犬病のキツネへの蔓延 I：背景と単純モデル

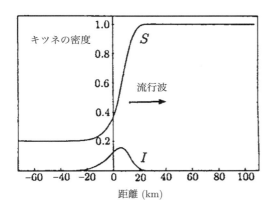

図 13.5 式 (13.13) の数値計算で得た，感受性個体群 (S) および感染個体群 (I) の無次元化した流行波解．ここでは，$\lambda = 0.5$，波の速度 $c = \sqrt{2}$ とした．図 13.1 との定性的な類似性に注意されたい．

となる．図 13.5 は式 (13.13) から数値計算で得られた $\lambda = 0.5$ の場合の S および I の進行波解の例を示している．図 13.4 の $\lambda = 0.5$ での値から，感受性個体の生存率は $\sigma \approx 0.2$ である．

さて，図 13.5 の流行における感受性個体数の定性的な形を図 13.6 の大陸ヨーロッパで得られたデータと比べてみよう．2 つの図のフロントの後ろでの振舞いには明らかな違いがある．モデル (13.13) は流行波の通過だけを扱うように作られているが，当然ながら，流行波が通過した後，キツネはより収容力の高い環境に置かれるため感受性個体は再び増加し始めるだろう．言い換えれば，モデル (13.13) の時間スケールは図 13.6 の振動のそれよりもずっと短いのである．我々のモデルに，流行波の通過後に起こる状況を含めるためには，キツネの繁殖の項を含めなければならない．これを単純なロジスティック型増殖でモデリングすれば，感受性個体群の式は，モデル (13.13) の第 1 式の代わりに，

$$\frac{\partial S}{\partial t} = -rIS + BS\left(1 - \frac{S}{S_0}\right) \tag{13.21}$$

のようになる．ここで，B は線形増殖率である．以前と同じ無次元化 (13.2) を用いると，このモデルは

$$\begin{aligned}\frac{\partial S}{\partial t} &= -IS + bS(1-S), \\ \frac{\partial I}{\partial t} &= I(S - \lambda) + \frac{\partial^2 I}{\partial x^2}\end{aligned} \tag{13.22}$$

となる．ここで，b は $b = B/rS_0$，すなわち線形増殖率と感染個体あたりの伝染速度との比である．図 13.7 は数値的に式 (13.22) を解くことで得られた感受性個体と感染個体の流行波の例を示している．今度はこのモデルの結果と図 13.6 のデータとの間によい定性的な相関が見られる．振動は徐々に減衰し，最終的に，フロントのずっと後ろでは式 (13.22) の定常状態解である $S \to \lambda, I \to b(1-\lambda)$ となる．

準周期的な時間的および空間的な発生の間隔は数値解から得られるものの，より複雑なこのモデル (13.22) からでも，いくつかの有用な結果を解析的に得ることができる．モデル (13.22) の次元付き版である

$$\begin{aligned}\frac{\partial S}{\partial t} &= -rSI + BS\left(1 - \frac{S}{S_0}\right), \\ \frac{\partial I}{\partial t} &= rSI - aI + D\frac{\partial^2 I}{\partial x^2}\end{aligned} \tag{13.23}$$

から始めよう．無次元量

$$\begin{aligned}U &= \frac{S}{S_0}, \quad V = \frac{rI}{BS_0}, \quad t^* = BT, \quad x^* = \left(\frac{B}{D}\right)^{1/2}x, \\ \lambda &= \frac{a}{rS_0}, \quad \alpha = \frac{rS_0}{B}\end{aligned} \tag{13.24}$$

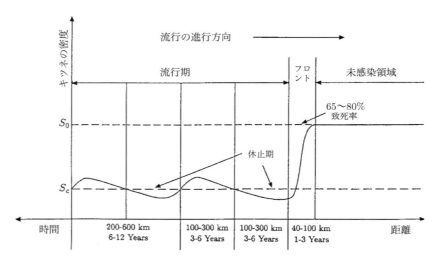

図 13.6 フランス国立狂犬病研究センターの 1977 年のデータに見られる狂犬病流行の通過に伴う感受性個体密度の変動。S_0 は流行波が到達する前の未感染の感受性個体密度である。最初の大きな流行波フロントの後に続く，徐々に減衰していく周期的な S の変動に注意されたい (Macdonald (1980) を改変).

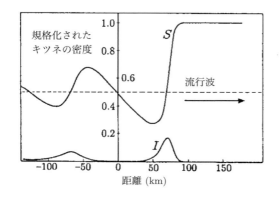

図 13.7 感受性個体群でロジスティック型増殖を考慮したモデル (13.22) から数値計算で得られた，感受性個体群 (S) および感染個体群 (I) の流行の進行波解。パラメータ値は $b = 0.05$, $\lambda = 0.5$ とした。図 13.6 に示したデータとの定性的な類似に注意されたい。初めの流行波フロントの後に，小さな流行の再発が続いている (Källén et al. (1985) より).

を導入すると，無次元モデルは，表記の簡便のためにアスタリスク ($*$) を省略すると

$$U_t = U(1 - U - V),$$
$$V_t = \alpha V(U - \lambda) + V_{xx} \tag{13.25}$$

となる。これらの式は，第 1 章の式 (1.3) で，被食者の拡散を除き，a, b を α, λ で置き換えたものとなっており，1.2 節で詳しく調べた系である。系 (13.25) の定常状態解は，$(0, 0)$, $(1, 0)$, $(\lambda, 1 - \lambda)$ であり，そのうち最後のものは，$\lambda < 1$ の場合にのみ第 1 象限に存在する。普段通り進行波解を探せば (式 (1.5) も参照)，$W = V'$ として，3 次元相空間 (U, V, W) の解析が 1.2 節で与えられている。その中で，$\lambda < 1$ ならば定常状態 $(1, 0)$ と $(\lambda, 1 - \lambda)$ とを結ぶ進行波解が存在することを示した。さらに，定常状態 $(\lambda, 1 - \lambda)$ への収束が $\alpha > \alpha^*$ では振動的になり，$\alpha < \alpha^*$ では単調になる (図 1.3 を参照) ような α の閾値 α^* が存在することも示した。図 13.7 の数値解は $\alpha > \alpha^*$ の場合の例である。

13.2 節での，最初の黒死病大流行の後に続いたペスト流行の発生の話に戻ろう。モデル (13.1) の感受性個体群の式を，人口の回復を含むように修正すれば，図 13.6 や図 13.7 に示したものと似た，初めの流行の後に起こる周期的な流行が得られる。実際には黒死病の流行を支配しているのはヒト，ノミ，ラットなどの集団の相互作用なのだから，ここでの説明は簡便に過ぎるものではあるだろう。ここで議論したモ

デルは単純ではあるものの，そこから得られた結果は観察された主要な現象のいくつかを定性的に捉えている．いままで議論してきた数多くのモデルと同様，このように単純なやり方でも本質的な問題を引き出すことができるのである．

13.5　狂犬病のキツネへの蔓延 II：3 種 (SIR) モデル

モデルが感染流行の空間的な広がりを抑える防疫戦略を開発するために実践的で有用であるためには，既知のデータとの定量的な比較が可能で，より確かに実際的な予測を行えるような，より現実的で，それゆえさらに複雑なモデルを考えなければならない．前節のモデルは，流行の広がりについてのいくつかの側面を捉えてはいたものの，定量的な議論のためには幾分単純すぎる．前のモデルで無視していた重要なものの 1 つは，前述のように 12 日から 150 日にもなる，長い潜伏期間である．本節では，特にこのことを考慮に入れた，より現実的なモデルを考える．それにより，疫学および公衆衛生で重要な様々な時間や距離を定量的に評価することができる．

本節では，前節に続いて狂犬病に感染したキツネを空間的な伝染の主要な原因と考え，3 種モデルを考察する．狂犬病に感染した野生のキツネの移動についてのデータは不十分だが，全く存在しない訳ではない．重要な拡散係数の評価を行う際に，それらの一部を用いる．

ここで展開するモデルはまだ比較的単純であるが，それでも，パラメータの一部は利用できるデータのみから評価するのが困難である．こういったパラメータの評価はあらゆる現実的なモデルで必要となるから，キツネの生態や狂犬病がキツネの振舞いに及ぼす影響についての更なる研究が，パラメータの見積もりを改善するために重要である．

ここでのモデル，解析，その結果は，Murray et al. (1986) に基づいており，その中ではさらなる詳細や結果が与えられている．これは，時間への依存だけを考えた Anderson et al. (1981) の研究に空間の効果——具体的には，感染したキツネの空間的拡散，および，後の 13.9 節では全てのキツネの拡散——を加えた拡張である．

キツネの集団を感受性個体群 S，感染したが感染性のない潜伏期の個体群 I [†1]，狂犬病発症個体群 R の 3 つに分ける，3 種 SIR モデルを考える．少なくとも 3 種が必要なのは，主に，その間動物は正常に振舞い，病気を伝染しないような，12 日から 150 日の感染動物内でのウイルスの潜伏期間があり，その後発症すると，(1 日から 10 日の) 比較的短い臨床経過を辿るからである．

モデルの基本的な前提は，前節のそれと密接に関連しているが (ここでは少し異なる表記を用いる)，便宜のためにここでもう一度繰り返しておく．前提は以下のようである：

(i) 狂犬病の非存在下では，キツネの個体数の動態は単純なロジスティック型増殖

$$\frac{dS}{dt} = (a-b)S\left(1 - \frac{S}{K}\right)$$

で近似できる．ここで，a は線形出生率，b は固有の死亡率，K は環境収容力を表す．パラメータ a, b, K は生息地ごとに異なるかもしれないが，ここでは定数とする．後でイングランドを想定した実験の数値計算の結果を示す際には，実際にイングランドで場所ごとに大きく異なる値をとるのと同様に，K を変化するものとして扱う．

(ii) 狂犬病は，狂犬病発症個体から感受性個体へと，キツネ同士の直接接触により——大抵，噛みつくことで——伝染する．感受性個体は，発症個体の数に比例する 1 頭あたり平均 βR の割合で感染したが未発症の個体になる．ここで，伝染係数 β は，ここでは定数であり，これら 2 種の間の接触の尺度である．

[†1]　(訳注)　本書では感染性の獲得と発症を等価と仮定している．以下では I を「感染未発症個体群」と表記する．

(iii) 感染未発症個体は，1頭あたり平均 σ の割合で発症個体になる．$1/\sigma$ は，平均潜伏期間である．
(iv) 狂犬病は必ず致死的であり，発症個体は，1頭あたり平均 α の割合で死んでいく．$1/\alpha$ は発症後の平均余命である．
(v) 狂犬病に感染した個体も環境に圧力を与え続け，狂犬病以外の原因で死亡することもあるが，健康な子孫を残すことは無視できるほど少ないとする．これらの効果は小さいが，モデルを完全にするために含めてある．

空間的な効果を含めるために，さらに以下の前提を設ける．

(vi) キツネは縄張り行動をし，縄張りは国じゅうを重複のない領域に分割している．
(vii) 狂犬病は中枢神経系に作用し，発症したキツネの約半数は，いわゆる狂躁型狂犬病を起こし，この疾患に典型的な凶暴症状を示す一方，残りの半数ではウイルスが脊髄を侵し麻痺を起こす．凶暴性狂犬病のキツネは攻撃的になり混乱して縄張りの感覚と縄張り行動を失いランダムに彷徨い歩く．これを狂犬病の空間的拡散の主な原因と考える．

これらの前提から，狂犬病の流行の時空間的な発展の，以下のようなモデルが示唆される：

$$\begin{aligned}
\frac{\partial S}{\partial T} &= aS - bS - \frac{(a-b)NS}{K} - \beta RS, \\
\frac{\partial I}{\partial T} &= -bI - \frac{(a-b)NI}{K} + \beta RS - \sigma I, \\
\frac{\partial R}{\partial T} &= -bR - \frac{(a-b)NR}{K} + \sigma I - \alpha R + D\frac{\partial^2 R}{\partial X^2}.
\end{aligned} \quad (13.26)$$

ここで，総個体数は

$$N = S + I + R \quad (13.27)$$

である．それぞれの項の意味を強調するために方程式をこのような形で表記した．唯一の湧き出し項は，感受性個体の誕生である．全ての個体は自然に死ぬ．平均余命は $1/b$ 年である．各式の項 $(a-b)N/K$ は全てのキツネによる食物の消費を表している．感受性個体群から感染未発症個体群への遷移は項 βRS により，また，感染未発症個体群から発症個体群への遷移は項 σI により表される．発症個体は狂犬病によっても死に，これは項 αR により表される．狂犬病を発症したキツネの平均余命は $1/\alpha$ である．発症個体は拡散係数 D で拡散する．きわめて重要である D を除いた典型的なパラメータの値は，表 13.1 で与えられる．空間的な効果を無視すれば，系 (13.26) の式を足し合わせて，

$$\frac{dN}{dT} = aS - bN - \frac{(a-b)N^2}{K} - \alpha R \quad (13.28)$$

が得られるが，これは，総個体数のロジスティック型増殖に相当する．

ここでは方程式を1次元の形で書いたが，後で議論するイングランドでの仮想的な流行にこのモデルを適用する際は，2次元の形を用いる．

このモデルは，縄張りを探している間に噛まれて，狂犬病を発症するまでの間に狂犬病を運ぶ可能性がある若い放浪キツネによる狂犬病の空間的拡散を無視しているが，このことに対しては狂犬病は成体と比べて若い個体にはずっと少ないという弁明ができる (Artois and Aubert (1982), Macdonald (1980))．

系 (13.26) の空間的に一様な，0でない定常状態解は，いくらかの計算をすると，

$$\begin{aligned}
S_0 &= \beta^{-1}\{\sigma\beta K - a(a-b)\}^{-2}[\{(\alpha+b)\beta K \\
&\quad + (a-b)(\alpha+a)\}\{\sigma\beta K(\sigma+b) + \alpha(a-b)(\sigma+a)\}], \\
I_0 &= \{\sigma\beta K - a(a-b)\}^{-1}\{(\alpha+b)\beta K + (a-b)(\alpha+a)\}R_0, \\
R_0 &= [\beta\{\sigma\beta K - a(a-b)\}]^{-1}(a-b)\{\sigma\beta K - (\sigma+a)(\alpha+a)\}
\end{aligned} \quad (13.29)$$

13.5 狂犬病のキツネへの蔓延 II：3 種 (SIR) モデル

表 13.1　キツネの狂犬病におけるパラメータ値（Anderson et al. (1981) より）．

パラメータ	文字	値
平均出生率	a	1 匹/年
種固有の平均死亡率	b	0.5 匹/年
発症後の平均余命	$1/\alpha$	5 日
平均潜伏期間	$1/\sigma$	28 日
臨界環境収容力	K_T	1 匹/km^2
狂犬病の伝染係数	β	80 km^2/年
環境収容力	K	0.25〜4.0 匹/km^2

となる．

空間的に一様な状況 ($D = 0$) では，健康なキツネの安定な集団に狂犬病がもたらされたとき，3 通りの振舞いが起こりうる．どの振舞いが起こるかは，直前の式の定常状態での値 R_0 が非零となる条件から得られる臨界環境収容力 K_T，すなわち

$$K_T = \frac{(\sigma + a)(\alpha + a)}{\sigma \beta} \tag{13.30}$$

に対する K の大きさにより決まる．もし K が流行が起こる環境収容力の閾値 K_T より小さければ，狂犬病は最終的に消滅し ($R \to 0, I \to 0$)，個体数はその初期値 $S = K$ に戻る．一方，もし K が K_T より大きければ，個体数は定常状態 (S_0, I_0, R_0) の周りで振動する．この定常状態の標準的な線形安定性解析から，もし K が K_T よりもそれほど大きくなければ定常状態は安定であり，摂動は振動しながら収束することが（いくらかの計算により）示される．一方，K が K_T よりも十分大きければ，リミットサイクル解が存在する．したがって，K については 2 つの分岐値，すなわち，K_T と，安定定常状態とリミットサイクル振動との間の K の臨界値が存在する．

疫学的な証拠から，環境収容力が 0.2〜1.0 匹/km^2 であれば狂犬病は消滅するようである (WHO 報告 (1973), Macdonald (1980), Steck and Wandeler (1980), Anderson et al. (1981), Boegel et al. (1981))．狂犬病を発症した個体と感受性個体との接触率を表すパラメータ β は，これらの接触の観察が難しいために，直接評価することができない．K_T および，β 以外のパラメータは評価できるため，Anderson et al. (1981) は式 (13.30) を用いて β を間接的に評価した．パラメータ評価はいかなる現実的なモデリングにおいても常に重要な側面である．Murray et al. (1986) は，これらのパラメータが狂犬病の空間的拡散に与える影響について詳細に論じているが，そこでは，推定値の周りの範囲内では多くのパラメータの変化に対してモデルはきわめてロバストであった．観測の制約の中でパラメータについての情報を得る別の方法が Bentil and Murray (1991) で与えられている．

$K > K_T$ のとき，表 13.1 に挙げたパラメータ値では，3〜5 年周期の振動と，狂犬病感染個体の 0〜4% の均衡残存 (equilibrium persistence) が見られた．ここで，均衡残存率 p は

$$p = \frac{R_0 + I_0}{S_0 + I_0 + R_0} \tag{13.31}$$

で定義される．これらの数値は疫学的な証拠 (Toma and Andral (1977), Macdonald (1980), Steck and Wandeler (1980), Jackson and Schneider (1984)) と一致している．

流行の進行波とその伝播速度

以下のように無次元量を導入する：

$$s = \frac{S}{K}, \quad q = \frac{I}{K}, \quad r = \frac{R}{K}, \quad n = \frac{N}{K},$$
$$\varepsilon = \frac{a-b}{\beta K}, \quad \delta = \frac{b}{\beta K}, \quad \mu = \frac{\sigma}{\beta K}, \quad d = \frac{\alpha+b}{\beta K}, \quad (13.32)$$
$$x = \left(\frac{\beta K}{D}\right)^{1/2} X, \quad t = \beta K T.$$

これにより，モデル方程式 (13.26), (13.27) は

$$\begin{aligned}
\frac{\partial s}{\partial t} &= \varepsilon(1-n)s - rs, \\
\frac{\partial q}{\partial t} &= rs - (\mu + \delta + \varepsilon n)q, \\
\frac{\partial r}{\partial t} &= \mu q - (d + \varepsilon n)r + \frac{\partial^2 r}{\partial x^2}, \\
n &= s + q + r
\end{aligned} \quad (13.33)$$

となる．この系は，式 (13.29) の (S_0, I_0, R_0) を K で割って得られる正の一様定常状態解 (s_0, q_0, r_0) をもつ．式 (13.30) の流行が起こる条件，すなわち $K > K_T$ は

$$0 < d < \left(1 + \frac{\delta + \varepsilon}{\mu}\right)^{-1} - \varepsilon \quad (13.34)$$

となる．

元の次元付きの系には7つのパラメータが存在したが，この系 (13.33) は4つの無次元パラメータ ε, δ, μ, d のみに依存する．これらの無次元パラメータの値は表 13.1 にあるパラメータ a, b, α, σ, K, β の推定値から得られる．例えば，環境収容力として $K = 2$ 匹$/$km^2 をとれば，$\varepsilon = \delta = 0.003$, $\mu = 0.08$, $d = 0.46$ が得られる．ε, δ が $1, \mu, d, 1-d$ のいずれと比べても小さいということを用いてモデル系 (13.33) の解析を簡略化することができ，このことが有用な解析的な結果の導出を可能にしている．以下の議論および Murray et al. (1986) を参照されたい．

パラメータをまとめることで，等価な効果をもたらす実際の次元付きパラメータの変化がわかるという，無次元化の大きな恩恵をここで再び指摘しておくのが適当だろう．例えば，ε, δ の値が小さければ，それは，流行の際に感染率が，出生率および狂犬病以外の原因による死亡率に対してきわめて大きいということを意味している．

一定の速度 v で狂犬病がまだ広がっていない領域へと進行するような，狂犬病の流行を表す系 (13.33) の進行波解を見つけよう．（計算を簡略化するために，本章の前で用いたのと異なる表記を採用する．）つまり，単一の変数 $\xi = x + vt$ の関数として

$$\begin{aligned}
vs' &= \varepsilon(1-n)s - rs, \\
vq' &= rs - (\mu + \delta + \varepsilon n)q, \\
vr' &= \mu q - (d + \varepsilon n)r + r'', \\
n &= s + q + r
\end{aligned} \quad (13.35)$$

をみたすような解 (s, q, r) を求める．ここで，プライム ($'$) は ξ についての微分を表し，流行波が押し寄せる前，すなわち $\xi \to -\infty$ では，$s \to 1, q \to 0, r \to 0$ である．当然のことながら，いつも通り，我々は非負の解にのみ興味がある．これ以降では，$\varepsilon \ll 1, \delta \ll 1$ であることを用いる．

13.5 狂犬病のキツネへの蔓延 II：3種 (SIR) モデル

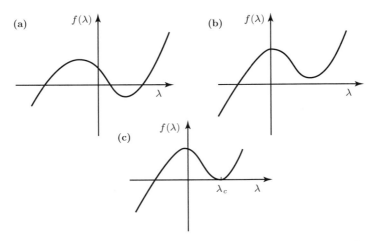

図 13.8 式 (13.37) の固有関数 $f(\lambda)$. この関数の零点は $(1, 0, 0)$ の周りで線形化した系の固有値になる. この関数は，(a) 2 つの正の根，(b) 2 つの $\mathrm{Re}\,\lambda > 0$ な虚数根，あるいは (c) 重根 λ_c をもつ.

系 (13.35) は，3 つの可能な非負の定常解 $(s, q, r) = (1, 0, 0), (0, 0, 0), (s_0, q_0, r_0)$ をもつ．ここで，s_0, q_0, r_0 は式 (13.29) を K で割ることで得られる．ε と δ は微小であるから，ε, δ について 1 次で近似して，

$$s_0 = d + \left(\varepsilon + \frac{\varepsilon d + \delta}{\mu}\right) d, \quad q_0 = \frac{\varepsilon d (1 - d)}{\mu}, \quad r_0 = \varepsilon (1 - d) \tag{13.36}$$

となる．(s_0, q_0, r_0) の近似前の表式から，式 (13.34) の閾値条件がみたされたときのみ s_0, q_0, r_0 が全て非負となる．

要請された性質をみたす系 (13.35) の進行波解は，平衡点 $(1, 0, 0)$ から残り 2 つの平衡点 $(0, 0, 0)$, (s_0, q_0, r_0) のいずれかへと入るような 4 次相空間上の軌跡となる．ここでの計算は入門編および本編を通して用いてきたいつも通りのものなので，計算の全てをここで説明はせず，いくつかの手順を簡潔に述べ，詳細は読者への演習問題として残しておくことにする．

系 (13.35) を (s, q, r, r') についての 4 元連立 1 階常微分方程式系として書き直し，まず，臨界点 $(s, q, r, r') = (1, 0, 0, 0)$ の周りで線形化する．通常，ここから，その解が固有解 $\boldsymbol{x}_i \exp(\lambda_i \xi)$ の線形結合で表されるような線形系が得られる．ここで，$\boldsymbol{x}_i, \lambda_i$ は安定行列の固有ベクトルおよび固有値である．可能な固有解の線形結合を全て検討することで，臨界点の周りの解の振舞いを決定することができる．もし $\mathrm{Re}\,\lambda_i < 0$ ならば $\xi \to \infty$ において $\boldsymbol{x}_i \exp(\lambda_i \xi) \to 0$ となり，軌跡は臨界点へと近づく一方，$\mathrm{Re}\,\lambda_i > 0$ ならば軌道は臨界点から離れる．したがって，臨界点を離れていくような軌道は，$\mathrm{Re}\,\lambda_i > 0$ をみたす固有解の線形結合で表される．もし固有値が複素数であれば，その固有解は振動する．多少の計算から，この線形系の $(1, 0, 0, 0)$ の周りの 4 つの固有値は $\lambda = -\varepsilon/v < 0$ と，3 次式

$$f(\lambda) = \lambda^3 + \left(\frac{\mu + \delta + \varepsilon}{v} - v\right)\lambda^2 - (d + \mu + \delta + 2\varepsilon)\lambda + \frac{\mu(1 - d - \varepsilon) - (\delta + \varepsilon)(d + \varepsilon)}{v} \tag{13.37}$$

の根であることがわかる．$\lambda \to \infty$ で $f(\lambda) \to \infty$，$\lambda \to -\infty$ で $f(\lambda) \to -\infty$ となることに注意されたい．さらに，式 (13.34) が成り立てば $f(0) > 0$ であり，また $f(\lambda)$ は $\lambda = 0$ で負の傾きをもつ．パラメータの値により，$f(\lambda)$ は図 13.8 に示した形のいずれかを取る．

全てのパラメータの値を固定し，速度 v を変えていくと，$f(\lambda)$ は順にこれらの形に変化していく．したがって，閾値条件 (13.34) がみたされる限り，f は 1 つの負の実数解と，波の速度により 2 つの正の実数解あるいは 2 つの複素数解をもつ．もし速度 v が式 (13.37) が複素数解をもつような値であれば，このとき解は振動し，このことは負の人口を意味するから，このような波は物理的に起こりえない．現実的な

解と非現実的な解の間の v の分岐値 v_c は，式 (13.37) が図 13.8(c) のように重解をもつときの値である．したがって，可能な進行波の速度の範囲が v_c により規定される．この値は，$f=0, df/d\lambda=0$ とし，λ を消去して得た v_c についての方程式で与えられる．かなり長い計算により，ε, δ について 0 次で近似して，v_c は $g(v_c^2)$ の正の実数根で与えられることがわかる．ここで，$g(z)$ は

$$\begin{aligned}g(z) = & \left\{4\mu + (d-\mu)^2\right\}z^3 + 2\left\{3\mu(1-d)(3d+\mu)+(d+\mu)^2(2d+\mu)\right\}z^2 \\ & + \mu^2\left\{(d+\mu)^2 - 6(1-d)(3d+\mu) - 27(1-d)^2\right\}z \\ & - 4\mu^4(1-d)\end{aligned} \tag{13.38}$$

である．閾値条件 (13.34) が成り立つとき，$z=0$ において $g(z)$ は負で d^2g/dz^2 は正である．$g(z)$ の概形から，$g(z)$ は正の解を唯一つもち，これが流行波の可能な最小速度に対応する．

さて，臨界点 $(1,0,0)$ から原点 $(0,0,0)$ へと入るような軌跡が存在しえないことを示そう．式 (13.35) を原点の周りで線形化し，さらに計算すると，固有解

$$\begin{bmatrix} s \\ q \\ r \\ r' \end{bmatrix} = \boldsymbol{a}\exp\left(-\frac{(\mu+\delta)\xi}{v}\right), \quad \boldsymbol{b}\exp\left(\left\{\frac{v}{2}\pm\left(d+\frac{v^2}{4}\right)^{1/2}\right\}\xi\right), \quad \boldsymbol{c}\exp\left(\frac{\varepsilon\xi}{v}\right)$$

が得られる．ここで，

$$\boldsymbol{a}^T = \left[0, \frac{d-\mu-\delta}{\mu} - \frac{(\mu+\delta)^2}{\mu v^2}, 1, -\frac{\mu+\delta}{v}\right],$$
$$\boldsymbol{b}^T = \left[0, 0, 1, \frac{v}{2}\pm\left(d+\frac{v^2}{4}\right)^{1/2}\right], \quad \boldsymbol{c}^T = [1,0,0,0]$$

であり，上付きの T は転置を表す．原点の十分近くでは，原点に近づく軌跡は負の指数をもつ 2 つの固有解の線形結合となり，したがって，$s=0$ の平面内で原点へと近づく．系 (13.35) において，ξ を $-\xi$ で置き換えて，いかなる軌跡も遡ることができるという意味で，「時間」は可逆的である．系 (13.35) で $\tau=-\xi$ とおき，初め $s=0$ とすると，r,q の初期値によらず，任意の正の τ に対して $s=0$ となることがわかる．このことは，ある ξ において $s=0$ となるような軌跡はそれ以前およびそれ以降の ξ においても $s=0$ であることを意味している．したがって，$s=1$ から平面 $s=0$ に入り，そこから原点に近づくような軌跡は存在しえない．

このことは，$(1,0,0)$ から臨界点 (s_0,q_0,r_0) への軌跡が存在するときのみ進行波が生じうることを意味しており，そのためには，当然ながら条件 (13.34) の成立が必要である．この臨界点に近づく際の波の振舞いを決定するために，系 (13.35) を (s_0,q_0,r_0) の周りで線形化し，固有値は，ε, δ について 0 次で近似して，

$$\lambda_1, \lambda_2 = \frac{1}{2}\left[v - \frac{\mu}{v} \pm \left\{\left(v-\frac{\mu}{v}\right)^2 + 4(\mu+d)\right\}^{1/2}\right], \tag{13.39}$$

および，ε, δ について 1 次で近似して，

$$\begin{aligned}\lambda_3, \lambda_4 = & \pm\frac{i}{v}\left\{\frac{\varepsilon\mu d(1-d)}{\mu+d}\right\}^{1/2} \\ & - \varepsilon d\left\{2v(\mu+d)^2\right\}^{-1}\left\{\mu(1-d)\left(\frac{\mu}{v^2}-1\right)+(\mu+d)^2\right\}\end{aligned} \tag{13.40}$$

となる．λ_1 は正であるから，臨界点の近傍では，$\xi\to\infty$ で (s_0,q_0,r_0) へと近づくような軌跡は，$\lambda_2, \lambda_3, \lambda_4$ に対応する固有解の線形結合である．$|\lambda_2|\gg|\text{Re}(\lambda_3,\lambda_4)|$ ゆえ，λ_2 に対応する固有解は，λ_3, λ_4 に対応する固有解と比べてずっと速く減衰する．したがって，波のフロントのはるか後ろでは（すなわち，ξ

13.5 狂犬病のキツネへの蔓延 II：3種 (SIR) モデル

が十分大きいときは），λ_3, λ_4 に対応する解が進行波の振舞いを支配する．これらの固有値に対応する固有ベクトルは

$$\begin{bmatrix} s - s_0 \\ q - q_0 \\ r - r_0 \\ r' \end{bmatrix} = \begin{bmatrix} 1 \\ \pm i \left\{ \frac{\varepsilon d(1-d)}{\mu(\mu+d)} \right\}^{1/2} \\ \pm i \left\{ \frac{\varepsilon \mu(1-d)}{d(\mu+d)} \right\}^{1/2} \\ \frac{\varepsilon \mu(1-d)}{v(\mu+d)} \end{bmatrix}$$

で与えられ，十分大きな ξ に対して，これらの固有解の実数係数の線形結合をとって，

$$\begin{aligned} s - s_0 &\sim \{A \cos \omega \xi/v + B \sin \omega \xi/v\} \exp(-\lambda \xi/v), \\ q - q_0 &\sim \frac{\omega}{\mu} \{A \sin \omega \xi/v - B \cos \omega \xi/v\} \exp(-\lambda \xi/v), \\ r - r_0 &\sim \frac{\omega}{d} \{A \sin \omega \xi/v - B \cos \omega \xi/v\} \exp(-\lambda \xi/v) \end{aligned} \quad (13.41)$$

となる．ここで，ω は複素数の固有値の虚部を v 倍することで得られた波の角振動数であり，λ はこれらの固有値の実部を v 倍して得られた振幅の減衰率である．A, B は軌跡の (s_0, q_0, r_0) への近づき方により決まる定数であり，この値は当然ながら線形解析からは決定できない．

ε, δ が微小であることを用いて，有用な漸近解析による近似を求めよう (Murray et al. 1986)．近似的な定常状態 (13.36) から，狂犬病を発症したキツネの個体密度 r_0 は $r_0 = \mu q_0/d$ である．さらに，式 (13.41) から，波のフロントのずっと後ろ，すなわち ξ が大きいとき，$r - r_0 \sim \mu(q - q_0)/d$ となる．つまり，感染未発症個体密度と発症個体密度の動態は，そのスケールだけが異なり，よく似ているのである．図 13.9 や図 13.10 のような，完全非線形系のシミュレーションにおいても，進行波全体でこの驚くべき動態の類似性が成り立っている．この驚くべき事実は，3種モデルの複雑性を鑑みるに，3種モデルの進行波の問題を2種モデルへと高度に近似できるような条件を解析的に求めることができれば，きわめて有用であろうことを示唆している．これは，例えば，感受性個体，感染未発症個体，発症個体からなる3種 SIR モデルを感受性個体と発症個体のみからなる2種モデルで置き換えられるということである．その場合，感染未発症個体数は，発症個体数を単に定数倍するだけ，すなわち，

$$q(\xi) \sim \frac{d}{\mu} r(\xi) \quad (13.42)$$

で与えられる．特定の条件下では，なぜこのような現象が起こるのか解析的に説明できるが，このことはモデル系 (13.35) から自明という訳ではない．この数学的解析は，μ が d および無次元化した波の速度 v のどちらに対しても微小だが，ε, δ に対しては大きいことに基づいている．この特異摂動解析はかなり複雑で，Murray et al. (1986) で詳しく述べられている．

実際の流行のフロント進行波解を得るためには，全ての点で $s = 1$（つまり，次元付きの項で感受性個体密度 S が環境収容力 K に等しい）とし，原点に少数の発症個体を置いて，偏微分方程式系 (13.33) を数値的に解かなければならない．閾値条件 (13.34) がみたされたとき，流行波が形成され，その波は初め発症個体が集中していたところから，ほぼ一定の速度で外側へ進んでいく．もちろん，もし閾値条件 (13.34) がみたされなければ，狂犬病は消滅し，個体密度は環境収容力の値に回復する．図 13.9 は大陸ヨーロッパでの現在の狂犬病流行に合わせたパラメータ値で得られた進行波の例である．この波形は，最も多くのキツネが狂犬病で死ぬような狂犬病流行のフロントと，その後に続く，振動するすそからなる．このすそでの振動の振幅は，後に行けば行くほど徐々に小さくなっていく．この振動は徐々に消滅して，人口は非負の一定値に，感染未発症個体および感染個体は 0 に，それぞれ収束する．図 13.10 は，イングランドの例にあわせたパラメータ値での狂犬病流行におけるキツネの個体密度の変動を示している．感受性個体群の変動が図 13.9 と比べて大きいことに注意されたい．

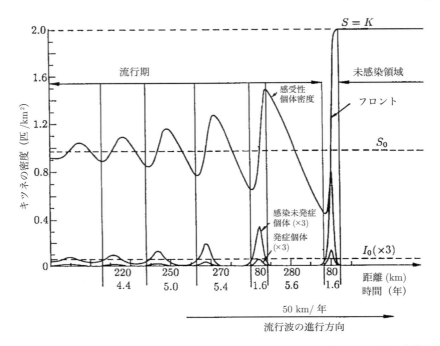

図 13.9 モデルメカニズム (13.37)–(13.40) の数値シミュレーションから得られた，狂犬病流行波の通過に伴う感受性個体，感染未発症個体，発症個体の密度の変動．流行波フロントの手前の未感染領域の個体密度は環境収容力と等しい 2 匹/km² とした．これは，大陸ヨーロッパのほとんどで典型的な（年周期の平均をとった）値である．再発する流行間の時間的および空間的な間隔および波の速度は表 13.1 の推定値および拡散係数 $D = 200\,\text{km}^2/$年を用いてモデルから得た（Murray et al. (1986) より）．

表 13.1 のパラメータ値においては，閾値条件 (13.34) はみたされており，

$$\varepsilon, \delta \ll 1, d, \mu, 1 - d \tag{13.43}$$

である．この状況の下では，フロント波の後に振動するすそが続く．解析的に，速度の下限は，z を 3 次式 (13.38) の唯一の正の根として，$v = z^{1/2}$ で与えられる．$0 \le d \le 1$ での v の概形を図 13.11 に示す．数値解で見られた全ての波は，この下限速度 v――次元付きの形で表すと，式 (13.32) より

$$V = (D\beta K)^{1/2} v \tag{13.44}$$

で進行しているようである．例えば，表 13.1 のパラメータ値で，拡散係数を $200\,\text{km}^2/$年，環境収容力を 2 匹/km² として，d, μ の値を式 (13.32) から求めて，図 13.11 から v の値を読み取ると，次元付きの形で，$V = 51\,\text{km}/$年という伝播速度が得られる．

上述した (s_0, q_0, r_0) の周りの線形解析は，十分大きな時刻において，波は式 (13.41) のような減衰振動に落ち着くということを示している．元の変数 (x, t) を用いると，これらの解は，ε, δ について 0 次で近似して，

$$\begin{aligned} s(x,t) &= s_0 + A\cos(\omega(t + x/v) + \psi)\exp(-\lambda(t + x/v)), \\ q(x,t) &= q_0 + \frac{1}{\mu}(s - s_0)', \\ r(x,t) &= r_0 + \frac{\mu}{d}(q - q_0) \end{aligned} \tag{13.45}$$

13.5 狂犬病のキツネへの蔓延 II：3 種 (SIR) モデル

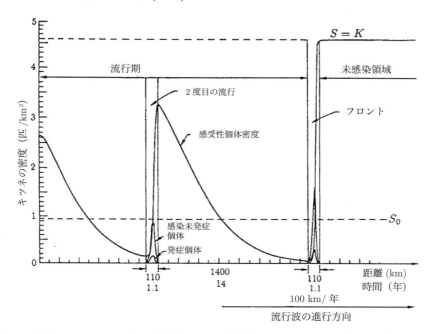

図 13.10 流行波フロントの手前の個体密度および環境収容力を 4.6 匹$/\text{km}^2$（イングランドの一部で一般的な値である）とした際の，狂犬病流行波の通過に伴う各個体群密度の変動．拡散係数は $D = 200 \text{ km}^2/$年とし，その他のパラメータは表 13.1 の値を用いた．フロントの後ろに続く，再発する流行同士の間の波長および周期が図 13.9 と異なることに注意されたい．イングランドにおける流行はより深刻である（Murray et al. (1986) より）．

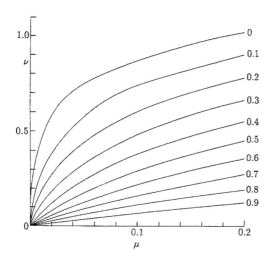

図 13.11 流行のフロントの無次元伝播速度 v を無次元パラメータ μ の関数として様々な d の値に対して描いた．μ は狂犬病ウイルスの潜伏期間と関連し，d は感染性をもつ発症期の持続時間と関連していることを思い出されたい（式 (13.32) を参照）．次元付きの波の速度は $V = (\beta K D)^{1/2} v$ により与えられる．$d \geq 1$（環境収容力が臨界値以下であることに対応する）に対しては，$v = 0$ であることに注意されたい（Murray et al. (1986) より）．

の形で表される．ここで，プライム (') は $(t + x/v)$ についての微分を表し，無次元化した角振動数 ω は

$$\omega = \varepsilon^{1/2} \left\{ \frac{\mu d(1-d)}{\mu + d} \right\}^{1/2} + O(\varepsilon^{3/2}) \tag{13.46}$$

で，減衰率は

$$\lambda = \frac{\varepsilon d}{2(\mu + d)^2} \left\{ \mu \left(\frac{\mu}{v^2} - 1 \right) (1-d) + (\mu + d)^2 \right\} \tag{13.47}$$

で，それぞれ与えられる．A および ψ は定数である．感受性個体の振動は感染未発症個体および感染個体のそれに対して $90°$ 位相がずれていることに注意されたい．（この対称性は，ε, δ について次の次数ま

で考慮すると崩壊してしまう．）上で指摘したように，r と q の比例関係 (13.42) は，数値シミュレーションから示唆されるように，物理的に合理的なパラメータ値が用いられた際には普遍的に成り立つようである．

Murray et al. (1986) の特異摂動解析は，流行についてのいくつかの有用な概算を与えてくれる．例えば，最初の流行における感染未発症個体および発症個体の最大密度は

$$r_{\max} \approx \mu \left(\ln d + \frac{1-d}{d} \right),$$
$$q_{\max} \approx d \left(\ln d + \frac{1-d}{d} \right) \tag{13.48}$$

で与えられ，これは，次元付きの項では，

$$R_{\max} \approx \frac{\sigma K_T}{\alpha} \left\{ \ln \left(\frac{K_T}{K} \right) + \frac{K}{K_T} - 1 \right\},$$
$$Q_{\max} \approx K_T \left\{ \ln \left(\frac{K_T}{K} \right) + \frac{K}{K_T} - 1 \right\} \tag{13.49}$$

となる．もし $K \leq K_T$ であれば流行が全く起こらないから，$K = K_T$ では $R_{\max}, Q_{\max}$ はともに 0 となる．K が K_T から増加するに従って $R_{\max}, Q_{\max}$ はどちらも増加することに注意されたい．

式 (13.38) から無次元化した波の速度 $v (= z^{1/2})$ が得られれば，それを用いて式 (13.37) から減衰率 λ を決定することができる．λ は常に正であることがわかる．このことは，モデル (13.26) から拡散を除いた，すなわち $D = 0$ としたもので，十分大きい $K > K_T$ で見られることがあるリミットサイクル的振舞いが，拡散を考慮に入れると消滅することを意味している．振動は定常状態 (s_0, q_0, r_0) へと常に減衰するのである．次元付きの減衰率は $\beta K \lambda$ となる．流行の再発の次元付き周期は以下のようになる：

$$T = \frac{2\pi}{\beta K \omega}.$$

ここで，ω は式 (13.46) で与えられる．式 (13.32) を用いて，元の次元付きパラメータで表すと，周期 T は

$$T = 2\pi \left[(\alpha + \sigma + b) \left\{ (a - b)(\alpha + b)\sigma \left(1 - \frac{\alpha + b}{\beta K} \right) \right\}^{-1} \right]^{1/2} \tag{13.50}$$

である．T は K が増加するにつれて減少することに注意されたい．したがって，一般に，狂犬病が出現する前に個体密度が高ければ，フロントのずっと後ろでは，周期的な流行の頻度は少なくなる．このことは，いくつかの観察結果と一致する (Macdonald 1980)．しかしながら，非線形効果が重要となるフロントの付近では，周期的な流行の間隔は K が増加するにつれて増加することがある．図 13.9 および図 13.10 を参照されたい．次元付きの速度 V と周期 T から，次元付きの波長 $L = VT$ が得られる．

拡散係数 D の評価と，波の速度と波長の D の変化に対する感受性

流行波の現実の次元付き速度 V，さらに，最初の流行の後に繰り返す流行の周期と波長を計算するために，発症個体がその放浪の中で土地を広がる速さの尺度である拡散係数を評価することが必要である．野生の狂犬病を発症したキツネの振舞いについてはほとんどわかっておらず，このことが D の評価をきわめて困難にしている．

Andral et al. (1982) は，3 匹の狂犬病を発症した成体のキツネを野生で追跡した．彼らは捕まえたキツネに狂犬病ウイルスを接種し，そのキツネに発信器を取り付け，捕まえた場所で放すことで，これを実現した．彼らは，まず，潜伏期間のキツネの移動を追跡することで処置したキツネたちの縄張りや普段の

13.5 狂犬病のキツネへの蔓延 II：3 種 (SIR) モデル

行動を調べ，続いて，発症期の，狂犬病により誘発された行動変化を観察した．キツネたちが狂犬病を発症すると，その日々の行動のパターンが変化した．それぞれのキツネについて潜伏期間の行動範囲と発症後の主な移動を描くと，3匹全てが発症期間中のどこかで自身の縄張りを離れたが，どれもあまり遠くまでは移動しなかった．

Murray et al. (1986) は，かなり原始的なやり方で，

$$D \approx \frac{1}{N} \sum_{j=1}^{N} \frac{(始点からの直線距離)^2}{4 \times (観察開始からの時間)}$$

のような式から，Andral et al. (1982) の結果を拡散係数の評価に用いた．この式で，和は全てのキツネについてとるものとする．発症開始時の位置から死んだ地点までの距離と，狂犬病を発症していた期間のおおよその長さから，$50 \, \mathrm{km}^2/$年という D の推定値が得られた．3匹のうち2匹のキツネはたまたま，普段の始点からの平均距離と比べてずっと始点の近くで死んだため，この値は D の下限だろう．きわめて粗野な考え方ではあるが，D の上限は，3匹の個体の，始点からの距離の最大値から得られると考えることができる．狂犬病発症期の中ごろに，ある1匹のキツネが始点から $2.7 \, \mathrm{km}$ 離れたところに移動したので，そこから，$330 \, \mathrm{km}^2/$年という D の上限の評価が得られる．

他のやり方で拡散係数を見積もることもできる．例えば，縄張りの大きさの平均 A と狂犬病を発症したキツネが縄張りを去る率の平均 k の積として D を評価することもできる．Källén et al. (1985) による2種モデルにおいては，感染したキツネが狂犬病を発症すると考えられる1カ月の潜伏期間の終わりに縄張りを去ると仮定した．縄張りの平均サイズを $5 \, \mathrm{km}^2$ とし，彼らは $D = 60 \, \mathrm{km}^2$ という値を得た．我々の3種モデルにおいて D を決定するためには，臨床症状が出た後に，キツネが単位時間あたりに自身の縄張りを去る割合の平均値を見積もる必要がある．もし N 匹の狂犬病を発症したキツネが観察され，j 番目のキツネが発症から t_j だけ時間が経って縄張りを離れたとすると，k は

$$\frac{1}{N} \sum_{j=1}^{N} \frac{1}{t_j}$$

で評価することができる．発症したキツネのうちだいたい半数は麻痺を起こし，おそらく自身の縄張りを離れることはないので，t_j は約 $N/2$ 匹のキツネで無限である．狂犬病により攻撃的になった残りのキツネのうち半数は自身の縄張りを離れないとし，残りのキツネは発症後6日間に均等に縄張りを離れるとすると，

$$k \approx \frac{1}{N} \sum_{j=1}^{N/4} \frac{1}{t_j} = \frac{1}{24} \sum_{j=1}^{6} \frac{1}{j \, \mathrm{日}} = 40 \, /年$$

と評価できる．縄張りの大きさの平均が $5 \, \mathrm{km}^2$ であるという評価 (Toma and Andral (1977); Macdonald (1980)) を再び用いると，$D = 190 \, \mathrm{km}^2/$年となる．

もう1つの方法は，平均自由行程 (mean free path) と狂犬病を発症したキツネの速度を評価することである．狂犬病発症期にキツネが一日で移動する総距離の平均は，Andral et al. の観察によれば，$9 \, \mathrm{km}$ である．この値が定型的なものだとし，また，例えば，狂犬病を発症したキツネが $100 \, \mathrm{m}$ 直進すると気まぐれに向きを変えるとすれば，このとき，$D = (速度) \times (経路長)$ により，$330 \, \mathrm{km}^2/$年の拡散係数が得られるが，これは，上で評価した上限と等しい．これらの全ての評価法は，原理的には，狂犬病を発症したキツネの行動を十分に観察することができれば，同じ値を与えるはずである．現段階では，良い推定値を与えるのに十分なほど狂犬病を発症したキツネの行動がわかっていないのである．

波の速さは $D^{1/2}$ に比例するので，D を 50 から $330 \, \mathrm{km}^2/$年に変えると，V は 2.6 倍になる．表 13.2 は $D = 200 \, \mathrm{km}^2/$年における伝播速度と波長を環境収容力の関数として示したものである．

表 13.2 伝播速度と漸近的な波長（つまり，再発する流行間の距離）の環境収容力への依存．パラメータ値は，表 13.1 および $D = 200\,\mathrm{km^2/年}$ を用いて計算した．

環境収容力 K（匹/km^2）あるいは K/K_T※	流行の伝播速度 V（km/年）	再発する流行間の距離 L（km）
1.5	35	150
2.0	50	210
2.5	70	220
3.0	80	250

※ パラメータ β, K は表 13.1, 13.2 の計算において，積 βK としてしか現れない．式 (13.30) から $\beta K = (K/K_T)(\sigma + a)(\alpha + a)/\sigma$ であり，したがって，この結果を得るためには，実際の環境収容力の臨界値に対する比の値についての情報のみで十分なのである．

　評価が難しいもう 1 つのパラメータは，伝染係数 β である．上述の通り，この値は閾値条件 (13.30) からの逆算により評価できる．しかしながら，キツネの個体密度の絶対値を実際に得るのは難しい．個体密度は大抵，死亡，銃殺，ガス殺が報告されたキツネの数と，これらのキツネが全個体に占める割合についての仮定からの評価や，既にキツネの密度が知られた土地との比較により得られたものである．このことはすなわち K_T の評価がとりわけ困難であることを意味しており，文献 (WHO 報告 (1973), Steck and Wandeler (1980), Macdonald et al. (1981), Gurtler and Zimen (1982)) の値から評価すると K_T は 0.2〜1.2 匹/km^2 の範囲内のいかなる値にもなりうる．K/K_T の値は個体数同士の比較なので，この比は K, K_T を別々に求めるよりも簡単に得られるかもしれない．

　ここで問題になるのは，定性的な結果がパラメータの不確かさに対してどれくらい敏感であるのかということである．この観点およびその他のパラメータの評価における困難は，Murray et al. (1986) で議論されている．

13.6　未流行地帯への伝播に基づく制御戦略：狂犬病バリアの幅の評価

　ここでは，Murray et al. (1986) で展開されている見込みのある防疫戦略の 1 つ，すなわち，流行波が進行してくる前の地域で感受性個体の密度を臨界最小個体密度 K_T 以下に減らすことで狂犬病の流行の広がりを防ぐ障壁を作るという戦略を議論する．この戦略は例えば，デンマークの Jutland で成功している．これはイタリアおよびスイスの一部の地域でも実践されたが，そこではその遂行の不断の努力にもかかわらず明暗まちまちの結果となった (Macdonald (1980), Westergaard (1982))．このようなバリアは，殺処分あるいはワクチンにより作ることができる．殺処分は，その縄張りを開放するため，流行波が来るより早く，その土地に若キツネが住みつき，かえって病気の広がりを悪化させうる．ワクチンは，生態系への攪乱が少なく，ほぼ確実により効果的で，また，おそらくより実用的だろう．

　狂犬病の食い止めを効果的なものにするためには，バリアの幅およびその中での許される感受性個体密度の合理的な見積もりが不可欠である．ここでは，その先へと狂犬病の流行が超えていくのを防ぐために必要な保護用の障壁地帯の幅の解析的な評価を導出する．系 (13.33) の完全な数値シミュレーションから得られたいくつかの結果も提示する．これ以降，「感染個体」という言葉を，感染性の有無によらず，全ての狂犬病に感染した個体を指して用いる．

　ある固定された地点での狂犬病の流行波の通過を観察すると，それぞれの流行の後に，その間ほとんど狂犬病が起こらないような長い無活動期が続くことに気づくだろう（図 13.9 および図 13.10 を参照されたい）．空間的および時間的スケールは，2 度目の流行波は十分後ろに離れており，2 度目の波がやってくる頃には 1 度目の波はバリアを越えているか，あるいは，実質的に消滅しているようなものである．後続

13.6 未流行地帯への伝播に基づく制御戦略

の流行波は，その前のものより小さい．したがって，最初の流行を根絶するような個体数減少計画は，それ以降に続く全ての流行を止めるのにも有効であろうと考えるのが合理的だろう．よって，最初の流行を防ぐためにどのくらいバリアの幅が必要であるかのみを考えればよい．バリア幅はその中の感受性個体密度の大きさに依存する．

空間的な広がりを決定論的な単純拡散でモデリングしたので，厳密な数学的視点から，感染個体の密度が消えてしまうことはどの場所でもありえない．このことは，個体密度を，1個体ずつ扱うのではなく，時間および空間に対して連続なものとして扱い，狂犬病発症個体の広がりのモデリングに古典的な拡散を用いていることから生じている．したがって，流行波を有限な幅のバリアの中へと進出させ，そのバリアの反対側で感染個体の密度が0となっているかどうかを決定することはできない．バリアの反対側での感染個体密度は，指数関数的に小さくとも，常に正なのである．それゆえ，いかにバリアの幅が広くとも，最終的にはその向こう側に流行を起こすのに十分な数の感染個体が漏れていってしまう．よって，代わりに，感染個体がバリアの反対側にたどり着く確率が差し支えない程度に小さくなるのはどのようなときかを考えなければならない．

どのような防疫戦略もその目標は個体密度を小さく保つことにあるのだから，バリア区域が流行発生の閾値 K_T 以下の環境収容力をもつものとし，流行波が到着するより十分前から個体密度がこの値まで減らされているものとする．バリア幅の見積もりを得るために，個体密度を減じた区域が $x=0$ から正方向に無限に広がっているときのモデルの振舞いを調べる．ここでは，まず最初にモデル系 (13.33) の完全な数値シミュレーションの結果を示し，後で近似的な解析による結果を得る．

図 13.12 および図 13.13 は，左からやってきた流行波がバリア区域にぶつかった際の様子を示している．流行波は環境収容力が臨界値 K_T 以下では伝播できないことを思い出そう．また，感染個体の密度が最大となるのは $x=0$ だろう．流行波が $x>0$ の範囲へと進出していくにつれて，その波は広がり，その振幅は減衰し，感染個体の総数は減少する．最終的に，p をある小さな値として，残った感染個体の密度は p 匹/km^2 より小さくなるだろう．$t_c(p)$ をこれが起こる瞬間の時刻としよう．p の値を，発症個体がこれ以降感受性個体に出会う確率が無視できるほどの十分小さな値にとる．流行波は，バリア区域を伝播することができないので単に減衰し，任意の時刻において感染個体の密度は波の先端で最大となり，その密度は x の増加に従い——実際には後で示すように，x^2 に対して指数関数的に——減衰していく．バリア幅を，感染個体の密度が原点での値に対して小さな定数 m 倍となるような点 x_c にとる．すなわち，

$$I(x_c, t_c) + R(x_c, t_c) = m(I(0, t_c) + R(0, t_c)) \tag{13.51}$$

である．

入手可能な証拠は，ある区域から全てのキツネを排除することは未だかつて不可能であることを示唆している——個体数の 70% 減少が，おおよそ実現できる限界である (Macdonald 1980)．図 13.14 は様々な発症後平均余命 $1/\alpha$ におけるバリア幅のバリア内での個体数減少率に対する依存関係を示している．

図 13.14 の曲線の数値シミュレーションにおいて，バリアの外部での βK の値は 160/年，臨界時刻における感染個体の数は $p = 0.5$ 匹/km^2，式 (13.51) 中の比 m は根拠はないが恣意的に 10^{-4} とし，α を除くその他のパラメータは表 13.1 の値とした．これらの仮定の下で，式 (13.32) の無次元型で，$d = (\alpha + 0.5 \text{ 年}^{-1})/(160 \text{ 年}^{-1})$ となり，式 (13.30) からバリアの外部での環境収容力は $K = 149/(\alpha + 0.5 \text{ 年}^{-1})$ 匹/km^2 となる．例えば，発症期間が平均 3.8 日続くとすれば，バリアの外側では，$d = 0.6$, $K = 1.5$ 匹/km^2 となる．もし，個体数減少計画により，流行波が到着する十分前にバリア区域内の環境収容力を 0.4 匹/km^2 まで減らすことができれば，$s_b = 0.26$ となり，図 13.14 から $x_c = 15$ となる．拡散係数を 200 km^2/年とすると，式 (13.32) から，予想されるバリア幅は 17 km となる．もちろん，p および m のとり方は，我々がどれだけ慎重でありたいかによって決まる．Murray et al. (1986) では，これらの変化に対するモデルの感受性について論じている．いずれの計算においても，時刻 t_c で

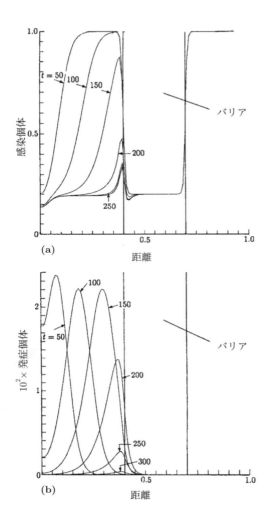

図 13.12　感受性個体群を減じたバリアと接触した際の流行のフロント進行波の振舞い．これらの図は，流行波がバリアに近づき，止まり，消えていく際の一連の時刻における (a) 感受性個体，および，(b) 感染個体の密度を示している．これらは環境収容力を図の縦線の外側の領域で 2 匹/km^2，縦線で囲まれた間の領域で 0.4 匹/km^2 とし，方程式 (13.37)–(13.40) を数値的に解くことにより得られた．その他のパラメータ値は表 13.1 のものを用いた．バリアのすぐ外側では感受性個体の数が他の場所よりわずかに多くなっていることに注意されたい．これは，右側からこの領域に流れ込む発症個体がほとんど存在しないためである．13.5 節で指摘したように，潜伏期間にある個体の密度は発症個体の密度に比例する．ここで用いたパラメータ値では，潜伏期間にある個体の密度は発症個体の密度の 5.6 倍であった．時間と距離は，計算モデル内部で規格化されたものである (Murray et al. (1986) より).

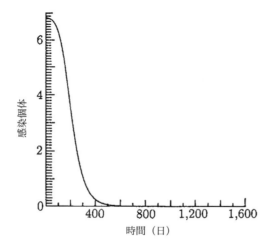

図 13.13　図 13.12 で示した場合において，流行のフロントがバリアに初めて到達したときからの，総感染個体数 (感染個体 $I + R$ を x について積分したもの) を時刻の関数として示した (Murray et al. (1986) より).

13.7 狂犬病バリアの幅についての解析的な近似

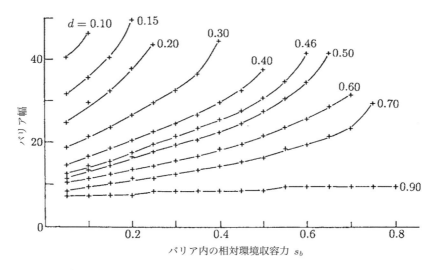

図 13.14 モデルにより予測された，バリア内での初期感受性個体密度に対するバリア幅の依存関係．様々な発症後平均余命 $1/\alpha$ ($d \approx \alpha/\beta K$) において，バリアの内部と外部での環境収容力の比に対して，無次元量で表したバリア幅が描かれている．これらの曲線は系 (13.33) を総感染個体数が 0.5 匹/km になるまで数値的に解くことで得られた．本文中で述べたように，我々はこれらの曲線をバリア幅（無次元化 (13.32) を用いて次元付きの形に変換できる）の算出に用いた．次元付きのバリア幅 X_c は，x_c を $m = 10^{-4}$ での無次元バリア幅として，$(D/\beta K)^{1/2} x_c$ により与えられる．βK を 160/年とし，その他のパラメータ値は α を除いて全て表 13.1 のものを用いた．例えば，もし $1/\alpha = 5$ 日とすると，$d = 0.46$ であり，バリアの外側の環境収容力は 2 匹/km^2 である．もしバリア内部の環境収容力を 0.4 匹/km^2 とすれば，$s_b = 0.2$ であり，この図から $x_c = 18$ と予想される．$D = 200$ km^2/年とすれば，予測によるバリア幅 X_c は 20 km となる（Murray et al. (1986) より）．

の $I + R$ の最大値は 0.15 匹/km^2 以下になるだろう．m を $m = 10^{-2}$ という大きな値にとっても，バリアの向こう側では，感染個体は 0.0015 匹/km^2 以下の密度でしかない．

13.7 狂犬病バリアの幅についての解析的な近似

バリア幅のパラメータの値への依存の概算を解析的に決定することができる．流行波がやってきた後のバリア内の個体群の振舞いは，全ての領域で環境収容力をバリア内の初期個体密度と同じ値にし，$t = 0$ で流行波の I, R の総数と同じだけの感染未発症個体および発症個体を $x = 0$ に導入したときの状況と類似しているはずである．したがって，以下の理想化した問題を調べることで，バリア幅の見積もりを得ることができる．全ての x に対して環境収容力を 0 とする．このことは，感受性個体密度 $s = 0$ を意味している．$\delta(x)$ をディラックのデルタ関数として，時刻 $t = 0$ において，$r = r_0 \delta(x)$, $q = q_0 \delta(x)$ とする（つまり，r_0 の発症個体は，初め全て $x = 0$ に集中しているとする）．

まずは，$x \geq 0$ において，全ての感受性個体は，例えば，免疫を獲得させたり，殺処分したりすることで，除去されているとする．ここでの解析においては，さらに，感染未発症個体および発症個体についての方程式の非線形項は無視できるものとする．パラメータ ε, δ は微小なので，この近似は妥当だろう．さらに，これらの近似を正当化できる理由として，バリア幅の数値計算において，計算されたバリア幅がこれらの項を無視したとしても変わらなかったのである．これらの仮定の下で，式 (13.33) は

$$\begin{aligned}\frac{\partial q(x,t)}{\partial t} &= -\mu q(x,t), \\ \frac{\partial r(x,t)}{\partial t} &= \mu q(x,t) - dr(x,t) + \frac{\partial^2 r(x,t)}{\partial x^2}\end{aligned} \quad (13.52)$$

のような線形の方程式となる．対称性から，$x=0, t=0$ におけるデルタ関数型の供給源から $x \geq 0$ の領域へと感染個体が移動していく問題を考える代わりに，初期条件を

$$q(x,0) = 2q_0\delta(x), \quad r(x,0) = 2r_0\delta(x) \tag{13.53}$$

で置き換え，領域 $-\infty < x < \infty$ を考える．感染個体のバリアへの伝播は初期条件 (13.53) の下で式 (13.52) により記述できる．ここで特に興味があるのは，バリア内での個体密度が定数 p まで減少する時刻 t_c であり，これは

$$\left(\frac{KD}{\beta}\right)^{1/2} \int_0^\infty (q(x,t_c) + r(x,t_c))\, dx = p \tag{13.54}$$

により陰に定義される．また，上で議論したバリア幅 x_c は

$$q(x_c, t_c) + r(x_c, t_c) = m(q(0,t_c) + r(0,t_c)) \tag{13.55}$$

で陰に定義される．

まずは t_c を評価する．式 (13.52) を x について 0 から ∞ まで積分すると，2 つの常微分方程式

$$\begin{aligned}\frac{dQ^*(t)}{dt} &= -\mu Q^*(t), \\ \frac{dF^*(t)}{dt} &= -dF^*(t) + dQ^*(t)\end{aligned} \tag{13.56}$$

が得られる．ここで，

$$Q^*(t) = \int_0^\infty q(x,t)\, dx, \quad F^*(t) = \int_0^\infty (q(x,t) + r(x,t))\, dx$$

である．式 (13.56) の初期条件は $F^*(0) = q_0 + r_0$, $Q^*(0) = q_0$ である．式 (13.56) の第 1 式は，$Q^*(t)$ について自明に解くことができ，その結果を第 2 式に用いることで，F^*——すなわち，領域 $x > 0$ に存在する全個体の（規格化された）総数——についての方程式

$$\frac{dF^*}{dt} = -dF^* + dq_0 e^{-\mu t} \tag{13.57}$$

が得られる．与えられた初期条件の下では，方程式の解は

$$F^*(t) = \left(q_0 + r_0 - \frac{dq_0}{d-\mu}\right)e^{-dt} + \frac{dq_0}{d-\mu}e^{-\mu t} \tag{13.58}$$

となる．臨界時刻 t_c は，式 (13.54) から，式

$$F^*(t_c) = p\left(\frac{\beta}{KD}\right)^{1/2}$$

を解くことで決定できる．

式 (13.58) の右辺の 2 つの項それぞれが指数関数を含んでいることに注意されたい．パラメータが $d > \mu$, $d - \mu = o(1/t_c)$ をみたすような合理的な値の場合においては，t_c が十分大きければ，これらの項のうち前者は後者と比べて無視できる．まずこの状況が成立すると仮定し，後からそのことを確かめよう．最初の項を無視した方程式を解くと，

$$t_c \approx \frac{1}{\mu}\ln\left(\frac{d\left(\frac{KD}{\beta}\right)^{1/2}q_0}{p(d-\mu)}\right) \tag{13.59}$$

が得られる．

13.7 狂犬病バリアの幅についての解析的な近似

d, μ の典型的な値は $d = 0.46, \mu = 0.08$ である．$(KD/\beta)^{1/2}q_0$ は図 13.13 および $q \approx dr/\mu$ であることから概算することができ，感染個体の総数は

$$\int_0^\infty (I+R)\,dX = \left(\frac{KD}{\beta}\right)^{1/2}\left(1+\frac{\mu}{d}\right)q_0$$

をみたす．図 13.13 から，

$$\int_0^\infty (I+R)\,dX \approx 6.9\,\text{匹/km}$$

であり，ここから，$(KD/\beta)^{1/2}q_0 \approx 5.9$ 匹/km となる．$p = 0.5$ 匹/km とすると，式 (13.59) から $t_c \approx 33$ と評価され，したがって，2 つの指数関数 $\exp(-dt_c)$ と $\exp(-\mu t_c)$ の比は約 3×10^{-6} で，ここから，式 (13.58) で小さいほうの指数関数を無視したことを正当化できる．

さて，バリア幅 x_c の推定値を導出しよう．そのためには，方程式 (13.52) を初期条件 (13.53) の下で解く必要がある．式 (13.52) の第 1 式から

$$q(x,t) = 2q_0\delta(x)e^{-\mu t} \tag{13.60}$$

が得られる．これを第 2 式に代入すると

$$\frac{\partial r}{\partial t} = -dr + \frac{\partial^2 r}{\partial x^2} + 2q_0\mu\delta(x)e^{-\mu t} \tag{13.61}$$

が得られる．この解は，初期条件 (13.53) の下で，

$$r(x,t) = \frac{2r_0}{\sqrt{\pi t}}\exp\left(-\frac{x^2}{4t}-dt\right) + e^{\mu t}r^*(x,t)$$

のような形をしている．ここで，$r^*(x,t)$ は

$$\frac{\partial r^*}{\partial t} = (\mu-d)r^* + \frac{\partial^2 r^*}{\partial x^2} + 2q_0\mu\delta(x) \tag{13.62}$$

の，一様な初期条件の下での解である．この方程式はラプラス変換を用いて解くことができる．

r^* をラプラス変換したものを ρ とおく．すなわち，

$$\rho(x,s) = \int_0^\infty r^*(x,t)e^{-st}dt, \quad \text{Re}\,s > 0$$

とする．このとき，ρ は以下の非斉次常微分方程式をみたす：

$$\frac{d^2\rho}{dx^2} + (\mu-d-s)\rho = -\frac{2q_0\mu\delta(x)}{s}, \quad -\infty < x < \infty, \quad \text{Re}\,s > 0. \tag{13.63}$$

我々は $x > 0$ における解にのみ興味があるが，これは

$$\rho(x,s) = \mu q_0\frac{\exp(-(s+d-\mu)^{1/2}x)}{s(s+d-\mu)^{1/2}}$$

で与えられる．逆変換して，

$$r^*(x,t) = \frac{\mu q_0}{2\pi i}\int_C \frac{\exp(-(s+d-\mu)^{1/2}x)e^{st}}{s(s+d-\mu)^{1/2}}ds \tag{13.64}$$

が得られる．ここで C はブロムウィッチ積分路である．被積分関数の特異点は $s = 0$ での極と，$s = -(d-\mu)$ の分岐点である．負の実軸に沿って，分岐点の左まで分岐切断がとれるので，積分路が負の実軸の上と下に存在するように変形することができる．必要なのは $t = t_c$ における $r^*(x,t)$ の値の評価だけであるから，式 (13.64) において $t \gg 1$ としてよい．最急降下法 (例えば，Murray (1984) の第 6 章

を参照）を用いれば，この積分の値に対する主要な寄与は $s=0$ の極の residue によるもので，以下の条件の下では，分岐切断からの寄与は，それと比較すると指数関数的に小さい：

$$\left(\frac{x}{2t}\right)^2 \ll d-\mu. \tag{13.65}$$

この不等式の成立は後ほど示す．したがって，$r(x,t)$ の漸近解

$$r(x,t) \sim \frac{r_0}{\sqrt{\pi t}} \exp\left(-\frac{x^2}{4t} - dt\right) + \frac{\mu q_0}{\sqrt{d-\mu}} \exp\left(-\mu t - (d-\mu)^{1/2} x\right) \tag{13.66}$$

が得られた．

式 (13.60) より，$q(x,t)$ は常にデルタ関数を含んでいるため，バリア幅を見積もるために式 (13.55) を直接用いることができないことに注意しよう．代わりに，式 (13.55) を

$$r(x_c, t_c) = mr(0, t_c) \tag{13.67}$$

で置き換える．式 (13.65) の仮定および $t \gg 1$ から式 (13.66) の第 1 項を第 2 項と比べて無視することの妥当性を示すことができる．式 (13.66), (13.67) より，バリア幅の評価は

$$x_c \sim (d-\mu)^{1/2} \ln\left(\frac{1}{m}\right) \tag{13.68}$$

で与えられる．

以前に t_c の評価に用いたパラメータ値とともに，$m = 10^{-4}$ とすると，$t = t_c$, $x = x_c$ で式 (13.65) が成り立つことは，$(x_c/2t_c)^2 \approx 0.05$, $d-\mu \approx 0.38$ であるから容易に確かめられる．

少なくとも最高次では，x_c の式は臨界時刻 t_c に依存しないことに注意されたい．t_c の計算は，解析全体で用いられた「t が大きい」という仮定を確認するためだけに必要なのである．

次元付きの項で表すと，式 (13.68) は，式 (13.32) を用いて，

$$X_c \sim -\frac{1}{\beta K} - \left(\frac{D}{\alpha+b-\sigma}\right)^{1/2} \ln m \tag{13.69}$$

となる．パラメータの典型的な値は表 13.1 で与えられている．

式 (13.68) において，x_c の d および m への依存はおおむね図 13.14 と一致している．式 (13.68) はまた，バリア幅が p に対してあまり敏感でないことを示唆している．これは，Murray et al. (1986) で示されているように，バリア内の環境収容力が臨界値にあまり近くないときに成立する．

13.8　2 次元流行波とキツネの空間依存的な個体密度の影響：イングランドの狂犬病流行についての定量的な予測

一般に，キツネの個体密度は一様でなく，局所環境の居心地の良さや収容力により変化する．このことは，興味深いことにブリストルのような都市で（2〜3 倍もの）高い個体密度が見られるイングランドで，非常によく当てはまる．

まず，周囲の環境と異なる収容力の局所領域に流行波が出会った際に起こる結果を示そう．モデル系はここでも系 (13.26) を用いるが，ここで扱う 2 次元モデルでは，狂犬病発症個体の方程式での拡散項を $D\nabla^2 R$ で置き換えてある．環境収容力 K および初めの感受性個体密度は正方形領域内で中心の小さな部分を除いて，どの点でも同じ値をもつとする．ここで，一様な密度の感染個体を正方形の 1 辺に沿って導入し，1 次元的な流行波フロントが正方形を横切るようにして，モデル方程式を数値的に解く．図 13.15

13.8 2次元流行波とキツネの空間依存的な個体密度の影響

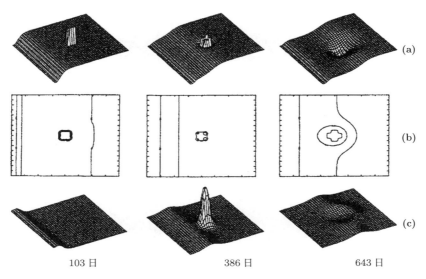

図 13.15 初期感受性個体密度が（それゆえ，環境収容力も）より大きい小領域に出会った際に流行フロントが受ける影響．正方形領域上で感染個体が存在せず環境収容力が中心の矩形領域（その内部では環境収容力が 1.7 倍に高められている）を除いて一様である初期条件の下で式 (13.37)–(13.40) を解いた．流行波が一方からやって来るとき，高密度小領域を通過するとき，および通過した後の 3 つの時刻についての結果が示されている．(a) 感受性個体密度の 3 次元プロット．(b) 最大値を 1 に規格化し，等高線の間隔を 0.1 とした，感受性個体密度の等高線プロット．(c) 各格子点における発症個体密度の 3 次元プロット（Murray et al. (1986) より）．

は，中心部の初期感受性個体密度を周りよりも大きくした際の感染個体および感受性個体の密度の結果を示している．

図 13.15(b) から，フロントは，経験的な予測通り，環境収容力の大きい領域をより速く通過することがわかる．最初の流行が過ぎ去った後に残った個体密度は，K が大きい小領域で，その周囲と比べて，若干小さかった．小領域の K が周囲より小さければこれらと逆の結果が得られる．興味深い特徴は，個体密度の低い小領域は，隣接する領域にある種の保護を提供していることである．小領域の周りの環状の領域では，狂犬病発症数が最も小さく，最終的な感受性個体密度はそこから遠く離れた場所よりも大きかった．前節のバリア領域もこの特徴を示しているが，これは低個体密度領域からは，その周辺に拡散していく感染個体があまり発生しないためである．実質的に，拡散は特定の方向に起こりやすいのだ．個体密度が大きい小領域は逆の効果をもつ．その場合，流行がフロントより先に高密度小領域へと進む．図 13.15(c) の中央を参照されたい．このフォーカス効果により，フロントに先立って起こる狂犬病流行の一部の例が説明できるかもしれない．これらの効果が，図 13.3 に示したカメ型の流行フロントの原因のようだ．

前述の通り，イングランドは主に厳しい検疫法[*5]と狂犬病の潜在的な危険に対する人々の高い関心のおかげで，（第 1 次世界大戦後の小規模な流行を除き）未だ狂犬病が蔓延していない．フランス北部まで狂犬病が近づいてきており，大陸ヨーロッパとイギリスの間での私営のボートによる交通が増えているため，近い将来，狂犬病がイギリスに持ち込まれることは避けられないだろう．上で述べたように，イングランドの都市部および地方でキツネの個体密度が高いため，イギリスでの狂犬病の出現はとりわけ深刻となるだろう．さらなる不安材料は，これらの都会に存在するキツネとネコの間でウイルスが相互に伝染することである (Macdonald 1980)．もし防疫対策が何も取られなければ——もちろん，そのようなことは

[*5] 2000 年に一部のカントリーでは，ワクチン接種を受け，血液検査やタグ付けといったその他の一連の対策を講じられて疑いなく狂犬病がないと確認された動物に対しては，これらの検疫が緩和された．

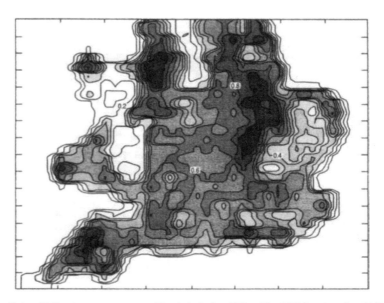

図 13.16 我々の数値シミュレーションで用いられたイングランドの南半分のキツネの個体密度．実際の等高線プロットでは値は 0 から 1 の間になるようスケールされており，1 が春季の成体キツネ 2.4 匹/km^2 あるいは通年平均 4.6 匹/km^2 に対応する．これらの値は Macdonald (1980) による評価に基づいているが，彼は，この個体密度地図がおそらくあまり正確でなく，むしろ経験的な推測に基づいたものであることを強調している．

ないだろうが——流行は急速にイングランド全域へと進行するだろう．キツネの個体群の中に狂犬病が導入された際の流行波フロントの位置に関する大雑把な見積もりを得るために，ここでのモデルを用いることができる．

　Macdonald (1980) は（都市の高密度小領域を除いた）イングランドのキツネの推定個体密度の地図を与えている．Murray et al. (1986) では，イングランドの南半分をグリッドで覆い，この地図での値を元にしてそれぞれの正方形メッシュに個体密度を割り当てた．0 から 1 に規格化したこれらの個体密度の等高線が用いられた．図 13.16 は濃淡で個体密度を表した地図である．1 という値は，春季に 1 km^2 あたり 2.4 匹の成体が存在する密度に対応している．ここで考察するモデルでは，実際のところ，キツネの個体密度として年内の平均値を考える．狂犬病が存在しなければ，出産期直後に個体数は年内の最大値まで増加し，それ以降，徐々に減少し，成体の春季個体数へと戻る．平均密度はおおよそ出産期の直前と直後の平均値となる．オスとメスの比は約 1.2 : 1 で，メスは平均して毎年 3.7～4.2 匹の仔キツネを産む (Lloyd et al. 1976)．したがって，平均個体密度は春季の成体の密度の約 1.9 倍であり，図 13.16 で最も濃く塗られている規格化した際の 1 という値は，4.6 匹/km^2 の環境収容力に対応する．

　図 13.16 に示した環境収容力（と初期個体密度）を用いて，説明のためにサウサンプトン付近で狂犬病流行が始まったと仮定し，モデル系 (13.33) の 2 次元型を数値的に解いた．表 13.1 のパラメータ値を用い，拡散係数は 200 km^2/年とした．数値シミュレーションには，ロスアラモス国立研究所の CRAY XMP-48 で約 120 分かかった．この結果は図 13.17，図 13.18 に示されている．図 13.17 には 120 日ごとの流行のフロントの位置が示されている．このようにキツネの個体密度が高いと，流行がきわめて速く今回調べた地域のほとんどに到達することがわかる．4 年以内に，フロントは事実上マンチェスターまで達する．図 13.18 の一連の図は，一様な密度の場合と同様，狂犬病のほとんどはフロントの狭い帯に集中していることを示している．感受性個体は流行により大量に死亡し，次の流行波が再びやってくる前に部分的に回復する．図 13.18 は，初めの流行から約 7 年後，サウサンプトンから進んでいる 2 度目の流行を示

13.8 2次元流行波とキツネの空間依存的な個体密度の影響

図 13.17 モデル (13.33) および空間的に非一様なキツネ個体密度（すなわち，いくつかのパラメータが空間依存的である）から予測される 120 日ごとのフロント波の位置．ここでは，拡散係数として $200\,\text{km}^2/\text{年}$ が用いられ，その他のパラメータ値は表 13.1 の値を用いた（Murray et al. (1986) より）．

している．

　これらの定量的な予測は，もちろん，雑な評価にすぎないかもしれない．Macdonald (1980) は，彼の地図でのキツネの個体密度は，キツネの生態についての彼の知識に基づいた推測にすぎないことを強調している．上述の通り，拡散係数の正確な推定値を得るために十分なほどには狂犬病を発症したキツネの行動が知られておらず，このことは，流行波の速度が我々の計算した値の半分から 4/3 の間のいかなる値でもありうることを意味している．さらに，例えば川には流行の通路となる傾向があり，その岸に沿った方向の流行の広がりを早め，一時的にそこを直接越えるのを妨げる性質があるが，そういった地理的な要素も我々は無視している．しかしながら，この比較的単純な SIR モデルは，もし万が一流行が妨げられずに進行した際の，イングランドでの狂犬病の進行の妥当な初めての定量的評価を与えている．このモデルはまた，狂犬病の広がりを少なくとも大幅に遅らせるであろう，現実的なバリア幅を見積もる手段も与えてくれる．

　我々が調べてきたモデルは狂犬病やキツネの生態の主要な特徴の多くを組み込んでいる．このモデルは十分単純であり，可能な値に広がりがある拡散係数を除き，全てのパラメータのかなり正確な評価が可能である．このモデルの解析から，様々な環境での流行波の振舞いのある程度の予測が得られ，そこから，流行の空間的拡散とその広がりの原因となる伝染機序についての定量的洞察を与えてくれる．例えば，流行の空間的拡散の主要な原因が，我々の想定通り縄張りの感覚を失った狂犬病発症個体の領域侵犯であるのか，それとも，発症前に病気を運ぶ若キツネの移住によるものなのか，あるいは両方の機序が同程度に重要なのかはわかっていない．これらの機序のうち片方を分離することで，もしこれが空間的拡散の主要な要因だとしたら流行波がどのように振る舞うのかを決定することができ，その結果を大陸ヨーロッパでの観察結果と比較して，それが本当に支配的な要因となりうるのか確かめることができる．我々の結果は，混乱して彷徨い歩く狂犬病発症個体が現在の流行の振舞いの大部分を説明するのに十分であることを示唆している．若キツネの移住が狂犬病の空間的拡散の主要な原因であるようなモデルを調べるのも興味深いだろう．また，一定の割合のキツネは狂犬病に対して免疫をもつことが知られている．この効果はここでのモデルの枠組みに組み込むことができ，次の節ではこれを調べることにする．

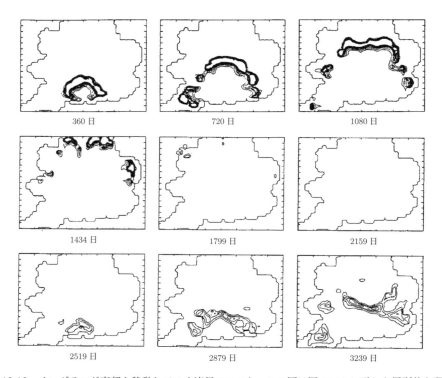

図 13.18　イングランド南部を移動していく流行フロント．この図は図 13.16 に示した局所的な環境収容力および初期感受性個体密度の下でモデル (13.33) を数値的に解くことで得られた．初め，南海岸のサウサンプトンに局所的に狂犬病発症個体を導入した．流行波がその供給源から外側へと移動していく際の一連の時刻における発症個体密度の等高線プロットが与えられている．1 次元の場合と同様，フロントの後ろにはほとんど発症個体が存在しないことに注意されたい．また，初めの流行の約 7 年後に開始する，より弱い 2 度目の流行波にも注意されたい．ここでは，拡散係数として $200\,\mathrm{km}^2/$年 が用いられ，その他のパラメータ値は表 13.1 の値を用いた（Murray et al. (1986) より）．

　拡散係数の大きさが不確かであるにもかかわらず，我々のモデルは利用可能な疫学的な証拠ときわめてよく一致している．大陸の多くで報告されているのとよく似た，2 匹$/\mathrm{km}^2$ の初期個体密度と合理的な拡散係数の値においては，モデルから得られた流行のフロントの速度 $25\sim65\,\mathrm{km}/$年 は通常観察される $30\sim60\,\mathrm{km}/$年 の範囲を包含している．個体密度が増加するに従い流行波の速度も加速し，個体密度が臨界値まで減少すると速度は 0 まで落ちる．このモデルはまた，最初の流行の後 5 年間にわたって狂犬病が実質的に消滅し，その後再発するが，2 度目の流行は最初のものよりも弱いと予測している．これは，ヨーロッパの多くの地域で起こったこととよく相関している．モデルから現れるもう 1 つの興味深い特徴は，フロントよりも先に，高密度領域へと狂犬病流行がより速く進行してくることである．我々が示唆したように，このことはなぜときとして中心的な流行にかなり先立って流行が発生するのか説明する助けになるかもしれない．

　感受性個体密度が低い帯状領域が流行の進行を阻止し，フロントが到達する前に未流行地域を守ることが可能である．この防疫法を効率的に適用するには，効果的な障壁地帯の幅の目安が必要である．我々のモデル防疫計画では，図 13.14 がこの幅について無次元化した量での評価を与えている．もし，個体密度が初め 2 匹$/\mathrm{km}^2$ で，個体数減少計画が 80% の効果を発揮したとすると，図 13.14 から，バリア幅は拡散係数の値により $10\sim25\,\mathrm{km}$ の範囲となる．これは，デンマークやスイスの一部で効果が示されたバリア幅の規模と一致している．デンマークでは，$20\,\mathrm{km}$ 幅の領域で徹底的な防疫戦略がとられ，それと接する $20\,\mathrm{km}$ 幅の領域ではそれより多少手ぬるい処置が行われた．

流行を抑えるためにどのような方法が用いられるべきかという問題は興味深い．ここでのモデルは，ワクチンがガスや毒による殺処分よりも効果的であることを示唆している．というのも，前者は感染したキツネの拡散を制限するのに役立つが，後者は拡散を促進してしまうのである．ワクチンを染み込ませたヒヨコの頭はオンタリオでは十分効果的であることが示されたようだ．これはキツネが効率的にこの頭をあさって食べることを当てにしており，このことは都会のキツネでは必ずしも期待できない[*6](Stephen Harris 博士との私信 1988)．ワクチンについてのもう１つの一般的な問題は，アカギツネ (*Vulpes vulpes*) とハイイロギツネ (*Urocyon cinereoargenteus*) の場合のように，ある種にとって免疫をもたせる濃度のワクチンがときとして他の種では病気を引き起こしてしまうかもしれないことである．

狂犬病が最終的にイングランドやその他の未感染地域に到達する可能性は決して少なくない．狂犬病がやってくる十分前に，狂犬病およびその伝染，拡散の方法について，できるだけ理解を深めておくことがきわめて重要である．イングランドにおけるキツネの密度は大陸ヨーロッパの多くの地域と比べてずっと高く，イングランドでの流行の進行は大陸と異なるかもしれない．図 13.17, 図 13.18 は特定の拡散係数および，イングランドの南半分の現在のキツネの個体数の評価の下でのモデルによる予測の一部をまとめたものである．おそらく，これらの結果の最も恐ろしいところは，流行が中央の地域を 100 km/年 もの速さで進行するかもしれないことである．流行のフロントが通過した数年後に起こる流行の再出現もまた同様に恐ろしい．比較的狂犬病が少ない期間が，間違いなく油断を生むだろう．

13.9 狂犬病の空間的拡散におけるキツネの免疫の効果

一定の割合のキツネは，狂犬病に対する免疫を自然に獲得していることが知られている．この免疫の狂犬病の空間的拡散への効果を定量化しようとするのは興味深いことである．免疫の効果の定量化は，Murray and Seward (1992) により行われたが，我々がここで手短に考えるのは，前節で議論したモデルに彼らが修正を加えたものである．その詳細や，前に得た結果とのより完全な比較については，彼らの論文を参照されたい．彼らは，免疫をもつ個体数についての合理的な推定値の下では，免疫は狂犬病の初めの流行波の伝播速度にはほとんど影響しないが，振動するすそにおける周期的な流行の振舞いには影響することを示した．彼らはまた，流行を抑えるために必要なバリア幅への免疫の影響を研究し，感受性個体および感染未発症個体の空間的拡散の効果も含めた．彼らは最後に，バリアが殺処分により作られたか，狂犬病に対するワクチンの接種により作られたかに依り必要なバリア幅が異なるという仮説を調べた．空間的拡散の速度が大きく，そしてもちろん，免疫をもつ個体の割合がかなり増加しない限りは，バリア幅はあまり大きく変わらないことがわかった．この方法論は狂犬病の空間的拡散に限られるものではないので，彼らのモデルを議論する．このことを念頭に置いて，全ての集団の拡散を含めることにする．

前節の *SIR* モデル系では狂犬病を発症した個体は全て死亡すると仮定した．実際には，一部の個体は狂犬病から回復し，そのうちの一部は狂犬病に対する免疫を獲得することがわかっている．Steck and Wandeler (1980) は数多くの実験的研究から，感染したアカギツネ全体のうち約 2% が免疫を獲得することを発見した．野生のキツネの免疫獲得状況を評価するのはより困難である．Steck and Wandeler (1980) はまた，流行フロントの通過を生き延びたキツネのうち，実際に狂犬病に対する免疫を獲得したのは，多くとも 8% であることを示唆するデータを提示している．しかしながら，狂犬病がハイイロギツネおよびアカギツネの両方により拡散されるアメリカ合衆国においては，免疫をもつキツネの割合が 20% にものぼるという評価もある．（種の混合のため，パラメータの値を適切に選べば拡張できるかもしれないものの，我々のモデルをこの場合に直接当てはめることはできない．）Wandeler (1987) は，野生動物

[*6] 興味深いことに，都市部のキツネの寿命は地方のキツネと比べて著明に短い．きっと彼らがファストフードを日々食しているからに違いない．

から集めた血清ではしばしば狂犬病ウイルス中和抗体の存在が報告されているのに対して，実験的あるいは自然に感染した動物での狂犬病からの回復の記録が少なく，また，これらの報告が狂犬病を発症しそこから回復したことを実際に示しているのかどうかは明らかでないことを指摘している．これらを合わせると，免疫の獲得は起こりうるが，そのことは狂犬病の拡散にはあまり影響していないようである．したがって，13.5 節のモデルに免疫をもつ個体群を導入することによる効果を調べることは興味深い．免疫をもつ個体の割合が小さければ，免疫を含むように修正したモデルから得られた結果は元のモデルの結果とほとんど変わらないことが期待される．そのようなモデルを開発するのは，教育的な理由のみならず，この考えを確かめ，免疫をもつ個体が増加することの狂犬病拡散への影響や，仔キツネへの免疫移入の効果を定量化するために興味深い．

キツネの集団を，感受性個体群 S，感染未発症個体群 I，発症個体群 R，免疫獲得個体群 Z の4種類に分ける．この分け方もまた，感染した動物内での狂犬病ウイルスの 12〜135 日の長い潜伏期間に基づいている．上述の通り，潜伏期間においては動物は通常通りに振る舞い，病気を伝染しない．狂犬病の病期は 1〜10 日と短いことを思い出そう．

重要な前提は 13.5 節で挙げた (i)–(vi) と，以下のものである：

(i) 狂犬病は必ずしも致死的とは限らない．発症個体は1匹あたり単位時間に，平均 α の確率で死んでいき（$1/\alpha$ が発症後の平均余命を表す），平均 γ の確率で免疫を獲得する．γ の値は，発症個体のうち免疫を獲得するものの割合 p から

$$p = \frac{\gamma}{\alpha + \gamma}$$

を用いて得られる．免疫を獲得することなしに回復した個体が感受性個体に占める割合は非常に少ないと考えられるので，ここでは考えない．

(ii) 狂犬病に感染した個体は環境に圧力を与え続け，狂犬病以外の原因でも死亡することがあるが，これらの個体が残す健康な子孫の数は無視できるほどわずかである．

(iii) 免疫獲得個体は狂犬病に感受性をもつ，あるいは，免疫をもつ子孫を残す．ここでは，全ての子孫が感受性個体である場合と，全ての子孫が免疫獲得個体であるという2つの極端な場合のみを調べる．

13.5 節のものと，これらの新たな前提 (i)–(iii) から，モデル (13.26) の代わりに

$$\begin{aligned}
\frac{\partial S}{\partial T} &= (a-b)\left(1 - \frac{N}{K}\right)S + a^* Z - \beta RS, \\
\frac{\partial I}{\partial T} &= \beta RS - \sigma I - \left\{b + (a-b)\frac{N}{K}\right\}I, \\
\frac{\partial R}{\partial T} &= \sigma I - \alpha R - \gamma R - \left\{b + (a-b)\frac{N}{K}\right\}R + D_R \frac{\partial^2 R}{\partial X^2}, \\
\frac{\partial Z}{\partial T} &= \gamma R + (a - a^*)Z - \left\{b + (a-b)\frac{N}{K}\right\}Z
\end{aligned} \quad (13.70)$$

のような修正モデルが考えられる．ここで，総個体数は

$$N = S + I + R + Z$$

である．もし免疫獲得個体が狂犬病に感受性をもつ子孫だけを残す場合，$a^* = a$ となり，免疫をもつ子孫だけを残す場合，$a^* = 0$ となる．ここでの主な関心は免疫獲得個体を含めることによる狂犬病の空間的拡散の変化を調べることであるから，ここでは1次元問題だけを考える．特に，免疫効果を含めることによる (i) 流行波の速度，(ii) 前節で示した最初の流行が過ぎ去った後に起こる流行の再発の振舞い，(iii) 防疫戦略の3つに対する影響を考えることができる．

13.9 狂犬病の空間的拡散におけるキツネの免疫の効果

狂犬病流行波の伝播速度

式 (13.29) と同じ無次元量を用いて系を無次元化するが，免疫の効果を表す量を 1 つ加えなければならない．参照しやすいように，それらをここに複写しておく：

$$s = \frac{S}{K}, \quad q = \frac{I}{K}, \quad r = \frac{R}{K}, \quad z = \frac{Z}{K}, \quad n = \frac{N}{K},$$
$$\varepsilon = \frac{a-b}{\beta K}, \quad \delta = \frac{b}{\beta K}, \quad \mu = \frac{\sigma}{\beta K}, \quad d = \frac{\alpha+b}{\beta K}, \quad v = \frac{\gamma}{\beta K}, \quad (13.71)$$
$$x = \left(\frac{\beta K}{D}\right)^{1/2} X, \quad t = \beta KT.$$

これにより，モデル系は

$$\frac{\partial s}{\partial t} = \varepsilon(1-n)s + (\varepsilon+\delta)^* z - rs,$$
$$\frac{\partial q}{\partial t} = rs - (\mu + \delta + \varepsilon n)q,$$
$$\frac{\partial r}{\partial t} = \mu q - (v + d + \varepsilon n)r + \frac{\partial^2 r}{\partial x^2}, \quad (13.72)$$
$$\frac{\partial z}{\partial t} = vr + \{(\varepsilon+\delta) - (\varepsilon+\delta)^*\}z - (\delta + \varepsilon n)z$$

のようになる．ここで，$n = s + q + r + z$ であり，もし免疫獲得個体が狂犬病に感受性をもつ子孫だけを残すなら $(\varepsilon+\delta)^* = (\varepsilon+\delta)$，免疫をもつ子孫だけを残すなら $(\varepsilon+\delta)^* = 0$ である．

狂犬病感染個体のうち回復し免疫を獲得する個体の割合 p をある範囲内で変化させた場合を調べたい．無次元グルーピング v に含まれるパラメータ γ は

$$p = \frac{\gamma}{\alpha + \gamma}$$

から与えられる．この他の式 (13.70) に登場する次元付きパラメータは表 13.1 の値を用い，拡散係数は $D_R = 200 \, \text{km}^2/\text{年}$ とした．拡散係数を評価するのは難しいことを思い出されたい．

まずは免疫獲得個体が狂犬病に感受性をもつ子孫を産む場合を考える．Murray and Seward (1992) は，免疫獲得率 p の値を $p = 2\%, 5\%, 10\%, 15\%, 20\%$ として，4 種モデルを数値的に解いた．このモデルでは，大きな p の値はヨーロッパの状況としては不適切であると考えられるが，モデルによる予測に与える効果を調べるために含めることにした．最初の流行波およびその後繰り返す流行の形には，3 種モデルと 4 種モデルの間で，ほとんど違いが見られなかった．いずれの結果も図 13.9，図 13.10 のような形をしていたのである．しかしながら，免疫獲得個体を導入することにより以下のような効果が見られた：

(i) 最初の流行波の速度が減少する．
(ii) 初めの流行での感染個体数が減少する．
(iii) 流行が発生した際の感受性個体の減少が穏やかになる．
(iv) 最初の流行の後繰り返す流行の間隔が短縮する．

これらのうち初めの 3 つは直観的な予想と一致し，4 つ目の点はこれらの結果から従う．これらの効果は免疫獲得率が増加するにつれてより顕著になる．13.5 節の 3 種モデル系の漸近解析および数値計算の結果から，初めの流行波の速度は $K = 2 \, \text{匹}/\text{km}^2$ のとき $51 \, \text{km}/\text{年}$，$K = 4.6 \, \text{匹}/\text{km}^2$ のとき $103 \, \text{km}/\text{年}$ であった．4 種モデルでの伝播速度の計算結果を表 13.3 に示した．

免疫獲得個体（その子孫は感受性個体）を含めることによる主な効果は初期の流行の後のすそに現れる．3 種モデルにおいては，感受性個体密度が 2 度目の流行が起こるのに十分なほど回復するまでに，

表 13.3 様々な免疫獲得率および個体密度における狂犬病の流行フロントの速さ（Murray and Seward 1992 より）．

$K = 2$ 匹/km^2		$K = 4.6$ 匹/km^2	
免疫獲得率 (%)	波の速さ (km/年)	免疫獲得率 (%)	波の速さ (km/年)
0	51	0	103
2	49	2	102
5	47	5	100
10	43	10	96
15	40	15	92
20	36	20	89

表 13.4 2 度目の流行までの時間と，その感受性子孫に対する依存（Murray and Seward 1992 より）．

$K = 2$ 匹/km^2		$K = 4.6$ 匹/km^2	
免疫獲得率 (%)	感受性個体の回復時間（年）	免疫獲得率 (%)	感受性個体の回復時間（年）
0	5.0	0	11.0
2	4.8	2	7.8
5	4.3	5	5.8
10	3.8	10	4.1
15	3.2	15	3.2
20	3.0	20	2.7

$K = 2$ 匹/km^2 のとき 5 年，$K = 4.6$ 匹/km^2 のとき 11 年かかるが，4 種モデルの場合，表 13.4 に示したように，2 度目の流行がずっと短い周期で起こる．Murray and Seward (1992) は，3 種モデルと比べて 4 種モデルでは最初の流行で感受性個体がそれほど減少しておらず，また個体密度がずっと速く回復することを指摘したが，このことが流行再発の間隔が短縮した原因だろう．

4 種モデルで発見されたもう 1 つの顕著な違いは，流行波のすそでの振動の減衰がより大きくなっていることである．空間的に一様な状況，すなわち式 (13.70) で $D_R = 0$ としたとき，式 (13.70) で $a^* = a$ とすると，非自明な定常状態が存在する．3 種モデルにおいて，すなわち式 (13.70) で $Z = 0, \gamma = 0$ としたとき，この非自明な定常状態 (13.29) が存在するための式 (13.30) で与えられる臨界環境収容力 K_T が存在する．定常状態の値と K_T はどちらも簡単な計算により求められる．4 種モデルにおいては，解析的に解を得るのは難しいが，数値的に定常状態と臨界環境収容力 K_T を評価するのは容易である．Murray and Seward (1992) は免疫獲得率が増加するに従って，数値解がより短時間で定常状態へと至ることを発見した．

免疫獲得個体が免疫を既にもつ子孫のみを残すとして，前の場合と同じ環境収容力 K および免疫獲得率 p でモデルを解いた．免疫獲得個体の子孫が免疫をもつとする仮定は，最初の流行の伝播には何も影響しなかった．伝播速度は表 13.2 の値と同じになることが数値的に確認された．免疫獲得個体は最初の流行が過ぎ去るまで存在しないのだから，この結果は予測通りのものである．

ここでもまた，主な効果は最初の流行波のすそで見られる．ここでは免疫獲得個体が感受性個体を産むような 4 種モデルや 3 種モデルとの違いが顕著である．最初の流行が過ぎ去った後，免疫獲得個体は全個体の中でかなりの割合を占め，このことが後に続く流行をかなり減衰させる効果をもつ．環境収容力

13.9 狂犬病の空間的拡散におけるキツネの免疫の効果

表 13.5 子孫が免疫をもつ場合の 2 度目の流行までの時間 (Murray and Seward 1992 より).

$K = 2$ 匹/km^2	
免疫獲得率 (%)	感受性個体の回復時間 (年)
0	5.0
2	5.4
5	5.6
10	6.2
15	6.8
20	8.1

が $K = 2$ 匹/km^2 のとき 2 度目の流行が起こるまでの時間は 3 種モデルの場合よりも長く，表 13.5 に示したように，免疫獲得率が増えるにつれて延長していく．2 度目の流行は，$K = 4.6$ 匹/km^2, $p = 2$% のとき 18 年後，$p = 5$% では 21 年後に起こる．得られる個体密度の経時変化のグラフはここでも，$K = 4.6$ 匹/km^2 のとき，p が 5% 以上の全ての値においてよく似通っていた．

これらの違いは系 (13.70) の $a^* = 0$ での定常状態解を考えることで説明できる．$a^* = 0$ の場合，I, R が正となる物理的に現実的な定常状態が存在しない．モデルが定常状態に達するためには狂犬病の流行が消滅することを要請しており，この場合，系 (13.70) は単に狂犬病に感染していない個体群の合計 $S + Z$ についてのロジスティック型増殖を表す．定常状態解は $S_0 + Z_0 = K$ となり，S_0, Z_0 の値はそれぞれの初期値により決まる．系がこの定常状態に近づくのにかかる時間は，環境収容力と免疫獲得率に依存する．K あるいは p が増加すれば，系はより速く定常状態に近づく．

免疫獲得個体の子孫が免疫をもつか，狂犬病に感受性をもつかによらず，4 種モデルを用いても，最初の狂犬病流行の伝播にはほとんど影響しないことがわかった．免疫獲得個体の割合が高い場合に限って，伝播速度が顕著に変化する．したがって，4 種モデルの主要な効果は最初の流行波のすそで見られる．免疫獲得個体の子孫が狂犬病に対して感受性をもつか，それとも，免疫をもつかによりその効果は大きく異なる．

前述の通り，全ての子孫が免疫をもつ，あるいは感受性をもつという前提は単純化したものである．とりわけ，免疫獲得個体と感受性個体の間で交配すると考えられ，免疫をもって生まれる個体の割合は免疫獲得個体と感受性個体の相対的な数に依存するだろう．遺伝性についての方程式をモデルに組み込むことも可能だが，ここでの 3 種モデルや 4 種モデルよりもずっと複雑なものになるだろう．ここでのモデルから得られた，2〜5% という低率で自然に免疫を獲得した個体が存在したとしても伝播速度にはほとんど影響しないという予測は，免疫の欠如がキツネの間での狂犬病の拡散に寄与する要素の 1 つであるという観察結果（例えば，Blancou (1988) を参照）と一致している．低免疫獲得率での免疫の最も顕著な効果は，$K = 4.6$ 匹/km^2 のときに 2 度目の流行が起こるまでの間隔が短縮することである．

バリアを用いた防疫対策への免疫の影響

感染症の拡散についてのモデルの重要な使い道に，感染症を抑えるための様々な防疫戦略を評価することがある．13.6 節で議論したように，防疫対策の候補の 1 つとして最初の流行波に先立ってバリアを導入する方法がある．バリアを，感受性個体が環境収容力以下に減少させられ，流行波の持続的な伝播が起こらないような領域としたことを思い出そう．あるパラメータ値の範囲で必要なバリア幅を評価するためにここでのモデルを用いることができる．

現実にはバリアは，狩猟をより増やしたり出産期にキツネのねぐらに毒ガスを撒いたりすることでキツ

ネを殺処分したり——デンマークで行われた——(Wandeler 1987)，あるいは，ワクチン——スイスで用いられ成功を収めた——(Wandeler et al. 1987) により作ることができる．我々はこれらの 2 つの方法をここでのモデルを用いて比較することができる．前にも述べた通り，殺処分の潜在的な問題は，個体密度の減少がその領域へのキツネの拡散を促進し，バリアの有効性を減じる可能性があることである．この拡散は，感受性個体および感染未発症個体にも拡散項を導入すること，すなわち 3 種モデルの最初の 2 つの式にそれぞれ $D_S(\partial^2 S/\partial X^2)$, $D_I(\partial^2 I/\partial X^2)$ を含めることで，モデリングできる．これらの拡散項の効果はバリアの内外の個体密度を平均化することである．Yachi et al. (1989) は感受性個体および感染未発症個体に拡散を含めた 3 種モデルを，3 種全てが同じ拡散係数をもつと仮定して研究し，流行波の伝播速度の顕著な増加が生じうることを発見した．Murray and Seward (1992) は感受性個体および感染未発症個体の拡散係数が発症個体のそれと比べて小さいと考えた．ワクチン接種によるアプローチは，4 種モデルにおいて初期免疫獲得個体密度 Z を 0 でない値にしてワクチンを受けた個体を表すことでモデリングできる．

ここでもまた，個体密度が減少した領域が $x = 0$ から x 軸正方向に無限に広がっているとしてモデル方程式を数値的に解くことで，必要なバリア幅を見積もることができる．流行波がこの領域へ進んでいく際，最終的に残った感染個体の総数が F 匹/km 以下になる．ここで，感染個体とは，発症しているかどうかによらず狂犬病ウイルスをもつ個体を指す．F としては狂犬病の臨界環境収容力より十分小さな値をとる．$t_c(F)$ をこのことが起こる時刻としよう．ここでも，バリア幅は感染個体密度が $x = 0$ での値の小さな定数 m 倍になるような点 x_c にとる．すなわち（式 (13.51) を思い出そう），

$$q(x_c, t_c) + r(x_c, t_c) = m(q(0, t_c) + r(0, t_c))$$

である．前述の通り，個体密度が減少した領域をモデリングするのに，環境収容力 K を減少させるか，初期感受性個体密度 S を減少させるという 2 つの方法がある．K を減少させることは感受性個体が一定の期間低く保たれるような継続的な防疫対策に対応しており，このアプローチは 13.6 節で用いられた．バリア内の環境収容力，パラメータ d, F, m へのバリア幅の依存関係は 13.6 節の図 13.14 に示されている．

S の初期値だけを減少させた場合，この状況は継続的な防疫対策ではなく，バリアを作る一度きりの試みに対応する．直観的にこの後者のアプローチは流行波の拡散を止めるための効率的な方法とはあまり思えないが，計算結果はどちらの場合でも似たようなバリア幅を示した．バリア幅を計算する我々の方法——13.6 節のものと本質的に同じである——をもう少し詳しく説明した後で，この効果を議論する．

Murray and Seward (1992) では最初に 3 種モデルを用いて，すなわち免疫獲得個体なしで，全ての個体の拡散の効果を考えた．この場合のモデルは式 (13.70) で $Z = \gamma = 0$ とし，S, I に拡散項を加えた

$$\begin{aligned}
\frac{\partial S}{\partial T} &= (a-b)\left(1 - \frac{N}{K}\right)S - \beta RS + D_S \frac{\partial^2 S}{\partial X^2}, \\
\frac{\partial I}{\partial T} &= \beta RS - \sigma I - \left\{b + (a-b)\frac{N}{K}\right\}I + D_I \frac{\partial^2 I}{\partial X^2}, \\
\frac{\partial R}{\partial T} &= \sigma I - \alpha R - \left\{b + (a-b)\frac{N}{K}\right\}R + D_R \frac{\partial^2 R}{\partial X^2}
\end{aligned} \quad (13.73)$$

のようなものになる．これは Yachi et al. (1989) が検討した系でもある．上で議論したように，拡散係数を見積もるのはきわめて難しい．13.5 節の手順に従って，縄張りの平均サイズとキツネが巣を離れる度合の積をとることで，大雑把な評価を行うことができる．縄張りの平均サイズとして 5 km^2，出生率 1 匹/年を巣を離れる割合として用いると，$D_S = D_I = 5$ km^2/年となる．これは過小評価であろう．例えば，Garnerin et al. (1986) は狂犬病の拡散についての離散型モデルに基づいて，若キツネが拡散する限界距離を 8 km と評価した．数値計算の結果は 5 km^2/年，20 km^2/年，50 km^2/年，および純粋な好奇心から，200 km^2/年で計算された．

13.9 狂犬病の空間的拡散におけるキツネの免疫の効果

13.6 節でのバリア幅の計算方法をバリア外からバリアへの拡散による流入を含むように拡張する必要がある．Murray and Seward (1992) は $F = 0.5$ 匹/km, $m = 10^{-4}$ として，13.6 節の方法を用いて拡散なしでバリア幅を再計算した．これらのバリア幅の値を求めた後，2 つの通常の個体密度の領域の間に，計算によって得られた幅のバリアを設置したような状況でモデルを走らせ，バリアへと進んでいく流行波を観察した．もちろん，上述の通り，拡散により狂犬病は最終的にバリアを超えて出現するが，バリアがない場合と比べるとそれまでにはるかに長い時間がかかる．それから，彼らは $K = 2$ 匹/km^2 においてバリアでの感受性個体数を減じる「一度きり」のアプローチとバリアでの環境収容力を低くする継続的なアプローチという 2 つのシナリオを評価した．バリア幅はどちらの場合でも同じようであった．それどころか，拡散係数 $D_S = D_I = 200\,\mathrm{km}^2$/年の場合，初期感受性個体密度だけを減らすほうが明らかにより効果的であった．バリアを作るのに用いたアプローチに依らず流行波がバリアを超えるのにかかる時間がほぼ同じであるという意味で，2 つの戦略は等しく効果的である．数値計算で結果を求めた時間，すなわち積分時間は，物理的な時間で約 1 年に対応し，バリアは流行波が届く約 3 カ月前に作られた．もし「一度きり」のアプローチが流行波がやってくる 3 カ月前よりさらに前もって行われたら，その効果は弱まるだろう．また，「一度きり」のアプローチでは，バリアでの感受性個体密度が 1.2 匹/km^2 のとき総感染個体数を $F = 0.5$ 匹/km まで減らすことができなかった．様々な拡散係数および環境収容力での様々なバリアの戦略をとった際の数多くのグラフが Murray and Seward (1992) に与えられている．

ワクチンの効果を明らかにするために，4 種モデルで免疫獲得個体 Z がワクチンを受けた個体を表すとしてワクチンによる影響を考える．この場合，バリア幅は 13.6 節での基本的な方法で評価する．感受性個体密度を $S(X, 0)$ に減じ，代わりにワクチンを受けた個体 $Z(X, 0) = K - S(X, 0)$ を導入したバリア領域への流行波の伝播のモデル方程式を解いた．これらのワクチンを接種された個体の子孫が狂犬病に感受性をもつとすると，バリアは本質的に「一度きり」のアプローチで作られたことになる．ワクチンの接種は初期の個体群に一度だけ行われる．ワクチンを接種された個体が免疫獲得個体を産むとすると，継続的なワクチンプログラムをほぼモデリングすることができる．

図 13.19 は，$K = 2$ 匹/km^2 のときの 3 種モデルと 4 種モデルとの基本バリア幅（拡散なし，自然に獲得した免疫なし）の比較結果を示している．4 種モデルでのバリア幅のほうが一般に広いことがわかる．ワクチンを接種された個体が感受性個体を産むことは，バリアの中に感受性個体が拡散していくようなものなのである．図 13.20 に示されているように，3 種モデルで拡散係数を 20〜50 km^2/年とするとバリア幅は 4 種モデルでのそれとよく似た値となる．継続的なワクチンプログラムが殺処分よりも効果的でない理由はそれほどはっきりしていない．上で述べたように，4 種モデルにおいては最初の流行での感染個体数がそれほど多くない．しかしながら，この感染個体数の減少速度は 3 種モデルと比べてゆっくりしているようなのである．結果として，総感染個体数が F 以下まで下がるのには長い時間がかかり，感受性個体を減少させても狂犬病は少し遠くまで広がり，計算されるバリア幅は広くなる．この広がりのうちどれだけが微分方程式の性質によるもので，どれだけが実際に環境中の免疫獲得個体の効果によるものなのかを判断するのは難しい．継続的なワクチンプログラムは，「一度きり」のアプローチに対し，バリア幅が少し狭く，また，おそらくより重要なことに，バリア内の個体密度をより高くできるという，2 つの利点があることを指摘しておく．

$K = 4.6$ 匹/km^2 のとき，バリアを作るのはより困難である．ワクチンを受けた個体が感受性個体を産む場合，バリア内個体密度を 0.4 匹/km^2 以上にすることはできない．ワクチンを受けた個体が免疫獲得個体を産むとすると，バリア内の個体密度を 1.38 匹/km^2 に減少させ，$F = 1.5$ 匹/km としたとき，バリア幅は 36 km となる．この個体密度では $F = 0.5$ 匹/km でのバリアは作ることができない．

もし自然に免疫を獲得した個体を 4 種モデルに含めるとバリア幅は減少すると考えられるが，そのような個体の割合が 2〜5% と少なければその変化は小さい．20% の個体が自然に免疫を獲得するとすると，その子孫が感受性をもっていても，免疫を獲得していても，必要なバリア幅は 5〜10 km 狭くなる．この

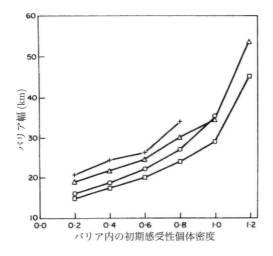

図 13.19 バリア外部の環境収容力 $K = 2$ 匹 /km^2 における 3 種モデル（殺処分によるバリア）および 4 種モデル（ワクチンによるバリア）により予測されたバリア幅の比較．ここでは，継続的な防疫プログラムおよび「一度きり」のアプローチについて，バリア幅 (km) がバリア内の感受性個体密度に対して描かれている．これらの結果は，3 種モデルにおいては狂犬病発症個体のみが拡散し，4 種モデルにおいては自然獲得免疫を考えない，最も基本的な場合におけるものである．凡例：□：3 種，継続的なプログラム，○：3 種，一度きりのアプローチ，△：4 種，継続的なプログラム，＋：4 種，一度きりのアプローチ（Murray and Seward (1992) より）．

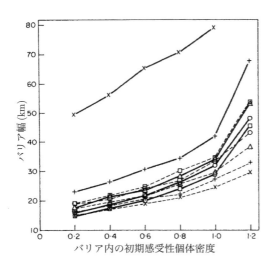

図 13.20 様々な拡散係数での 3 種モデル（実線）および様々な免疫の自然獲得率における 4 種モデル（点線）のバリア幅の比較．バリア幅 (km) がバリア内での初期感受性個体に対して描かれている．バリア外での環境収容力は $K = 2$ 匹/km^2 とした．いずれの場合においても，バリアは継続的な防疫プログラムにより（すなわち，3 種モデルにおいては環境収容力を減じることで，4 種モデルにおいては子孫が免疫をもつとすることで）作られた．3 種モデルでは，拡散係数の増加につれてバリア幅が広くなることがわかる．4 種モデルでは，大方予想できる通り，自然獲得率が増加するにつれてバリア幅が減少する．凡例：□：拡散および免疫獲得なし，○：5 km^2/年あるいは 5％，△：20 km^2/年あるいは 10％，＋：4 種，50 km^2/年あるいは 15％，×：200 km^2/年あるいは 20％（Murray and Seward (1992) より）．

結果については，子孫が免疫を獲得している場合（継続的な防疫対策）の例が，図 13.20 に示されている．

　これらの数理モデルは単に必要なバリア幅の大雑把な評価を与えるにすぎないということを念頭におきつつ，次のような考察が得られる．バリアを作るための最も効果的な戦略はキツネを間引きする計画を実行することである．この間引きがバリア内への周囲のキツネの著しい拡散を招くときに限り，ワクチンプログラムを用いた方がより効果的である．高い環境収容力をもつ領域にバリアを作るのは難しい．継続的な防疫計画は，「一度きり」の対策と比べて，一般に若干狭いバリア幅を与え，バリアをより高い個体密度で作ることを可能にする．

　ここでは主に流行の空間的拡散に感心を払ってきたが，例えば狂犬病が既に地域に存在する際の防疫戦略に関連する，重要で興味深い問題が存在する．この状況に対応するような興味深くきわめて実用的なモデルが，コロンビアの都市部におけるイヌの狂犬病を扱うために Frerichs and Prawda (1975) により提案された．入門編第 10 章で牛結核の防疫戦略と，ウシと結核の宿主であるアナグマとの相互作用について論じた際に，彼らのアプローチを修正したものを適用した．

　本章で議論した種類のモデルはペスト，アフリカナイズドミツバチ（南アメリカでの拡散についてのデータは Taylor (1977) を参照されたい），動物，植物などに広く適用することができる．

13.9 狂犬病の空間的拡散におけるキツネの免疫の効果

いくつかの注意

流行の空間的拡散に関するこれらの種類のモデルの研究から明らかなことは，このモデルがきわめて複雑であるにもかかわらず，それでも重要な仮定をしなければならないということである．バリアについての問題そのものが，バリアの中での個体数の消滅とは何を意味するのかについての 13.6 節での議論を提起する．その議論は本節でのモデリングにも密接に関連している．

これらの連続型モデルは感染症の伝染と空間的な動力学の理解を助け，有用な定性的，そしてしばしば定量的な予測を提供するものの，多くの正当な批判が向けられうる．例えば，Mollison (1991) は決定論的連続型モデルと確率論的モデルについての的を射た指摘をしている．ここで議論した（比較的）単純なモデルでさえ，確率論的振舞いを含めるとずっと難しくなるだろう．多くの場合，決定論的連続型モデルと異なり，確率論的モデルでは，調べたい状況に対して何もできないのである．それでも，確率論的振舞いの効果についての研究は明らかに啓発的だろう．

合理的に考えて，（パラメータの評価はより難しくなるものの）離散型モデルのほうがより現実に近づけることができるだろうと主張できる．また，キツネは家族ごとに別々の縄張りで生活するため，感染は家族全体に広がる可能性が高い．他のキツネの行動の側面と同様に，繁殖は連続的というより離散的である．そのような効果は，空間的には連続で時間が離散的なモデルで含めることができる．

全てのモデリングにおいて常に，単純だがパラメータが容易に評価できることと，多くの視点を含むがパラメータの評価およびその解から何が予測できるのか評価し解釈するのが困難になることの間のトレードオフが存在する．ここでのモデルの明らかな欠点は，個体数が感染個体が消滅するようなレベルにあるときの病気の保菌宿主の問題である．これは離散型モデルでも問題となる．関連するもう 1 つの問題は，実際には潜伏期間は大きくばらついているにもかかわらず，平均潜伏期間 $(1/\sigma)$ が存在するという仮定を置いていることである．稀ではあるものの，イングランドの検疫所で 6 カ月後に狂犬病を発症したイヌの症例がある．最後の 2 つの点は明らかに互いに関連している．近年の興味深い論文の中で，Flower (2000) は 13.6 節で議論したモデルを再考し，潜伏と絶滅というこれら 2 つの見地について研究し，潜伏期間のばらつきにより，狂犬病の消滅が起こらない理由を説明できることを示した．彼はさらに最小感染個体密度の漸近的な評価を得た．野外では明らかに確率論的な振舞いが見られるが，こうして絶滅も連続型モデルに組み込むことができるのである．

演習問題

1 流行モデルの無次元型
$$S_t = -IS + S_{xx},$$
$$I_t = IS - \lambda I + I_{xx}$$
を考える．ただし $\lambda > 0$ とする．このとき，$z = x - ct$ として，
$$S'(-\infty) = 0, \quad S(\infty) = 1,$$
$$I(-\infty) = I(\infty) = 0$$
をみたすような進行波解 $S(z), I(z)$ を求めよ．

$-\infty < z < \infty$ の任意の z について $S'(z) > 0$ が成り立つことを示すことで，任意の有限の z に対して $0 < S < 1$ であることを証明せよ．また，$(S+I)' > 0$ であり，ゆえに，$-\infty < z < \infty$ の任意の z について $S(z) + I(z) < 1$ であることを示せ．

さらに，
$$\int_{-\infty}^{\infty} I(z')\,dz' > \int_{-\infty}^{\infty} I(z')S(z')\,dz' = \lambda \int_{-\infty}^{\infty} I(z')\,dz'$$
であり，それゆえ，流行の進行波解が存在するための閾値条件が $\lambda < 1$ であることを示せ．

2 感受性個体 S のロジスティック型増殖と感染個体 I の拡散を含む狂犬病のモデルは
$$\frac{\partial S}{\partial t} = -rIS + bS\left(1 - \frac{S}{S_0}\right),$$
$$\frac{\partial I}{\partial t} = rIS - aI + D\frac{\partial^2 I}{\partial x^2}$$
のようになる．ここで，r, b, a, D, S_0 は正の定数パラメータである．
$$u_t = u_{xx} + uv - \lambda u,$$
$$v_t = -uv + bv(1 - v)$$
となるように系を無次元化せよ．ただし u は I に，v は S にそれぞれ対応する．$u > 0, v > 0$ をみたすような進行波解を見つけ，$v \to 1, u \to 0$ となるようなフロント波のずっと前で線形化することで，$\lambda < 1$ であれば進行波解が存在することができ，その場合の波の最小速度が $2\sqrt{1-\lambda}$ であることを示せ．波のずっと後ろでの定常状態はどのようなものだろうか？

第14章
オオカミの縄張り，オオカミとシカの相互作用と生存

14.1　序論，オオカミの生態学

　縄張りは，多くの哺乳動物の生態学における基本的な一面である．とりわけ，オオカミやライオン，ハイエナ，リカオン，アナグマのような肉食動物ではそうであり，幅広く調べられてきた．オオカミを考える場合，彼らが主に捕食するのはムース[†1]やシカであるが，もしも土地が捕食者たちの縄張りで分けられているなら，どのようにして捕食者と被食者が共存するのかという疑問が即座にわいてくる[*1]．すると今度は，いかにして縄張りが決まり，維持されるのかという問題に至る．この問題は，上述のような肉食動物の生態学にとって明らかに重要である．本章では，とりわけオオカミに適用できるような，哺乳動物の縄張り形成に関する疑問や，大量のデータが存在する，オオカミとシカの生存に対して縄張りが果たす役割について考える．群れの縄張りがいかにして形成され，維持されるのかに関する研究は膨大にあるのにもかかわらず，機構論的に扱われるようになったのは1990年代の中頃からである．Lewis and Murray (1993), White (1995), White et al. (1996a, b), Lewis et al. (1997, 1998), Moorcroft et al. (1999), Lewis and Moorcroft (2001) は，縄張りの形成や，その維持，オオカミとシカの生存に及ぼす時空間的な影響を，数理モデリングによって調べている．我々が本章で詳細に記述する事柄のほとんどが彼らの研究に基づくものである．まずは，背景にあるオオカミの生態について紹介する．

　40年近くオオカミを研究してきた Mech (1991) による著書（美しい写真が多数掲載されている）は，オオカミの生物学や生態学の一般的な入門書としては最適である．オオカミの行動や社会組織に関する主要な面が明快に概説されており，オオカミを保護する上での実用的な面についても議論されている．Mech は，研究を通じて，これらの素晴らしい動物に対してよく抱かれている従来の（誤った）考えを変えようと，様々なことを行ってきた．オオカミがヒトを襲ったという話のほとんどが作り話であることも指摘している．彼は以下のように述べている：「群れであれば言うまでもないが，1匹のオオカミでも誰かを殺したいと思うならば，何の苦労もなく殺せるだろう．獲物を殺そうと忍び寄るオオカミを見たことがあるが，音も立てず，俊敏な動きをしていた．何回かかなり強く咬まれれば，ヒトは死ぬだろう．しかしながら，北米のオオカミはいわれなく凶暴であると思われているが，そうではない．ヒトに重症を負わせたな

[*1] 私がこの疑問に初めて興味を示したのは，1970年代後半にブリティッシュコロンビア大学に滞在していた時のことであった．夕食を食べながら動物の知能について議論していたのだが，オオカミがどれほど賢く，利口かという話が出た．それについては少なくともローマ時代からは度々言及されているものである．カナダに生息するオオカミの主食は，大抵ムースである．オオカミが非常に賢いならば，いかにしてムースは生き延びる算段をしているのかと思い始めた．1990年代の初頭になってようやく，Mark Lewis と私は，数理モデルという観点からこの問題を眺めるようになり，ほどなくして Jane White も加わった．

[†1]　（訳注）　シカ科ヘラジカ属に分類され，角は最大で2mにも達するシカ科最大種である．中でも北アメリカのヘラジカをムース (moose) と呼ぶ．

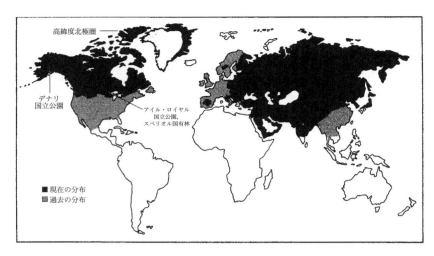

図 14.1 過去と現在のオオカミの地理的分布 (Mech (1991) より) (著作権所有者である Voyageur Press Inc. の許可を得て複製). オオカミの群れが, アメリカ合衆国西部, とりわけイエローストーン国立公園に最近になって導入されたために, 分布域が, カナダとアメリカ合衆国の国境である北緯 49 度線を越えて拡大している.

どという記録は, これまでないのである」.

オオカミは, かつて北半球において最も広範囲に分布する動物のうちの 1 つであった. 図 14.1 に, 過去と現在のオオカミの分布域を示す.

オオカミは社会的な肉食動物であり, 一般に 3〜15 匹のオオカミで構成された家族単位の群れに属している. ミネソタ州の北東部に生息する様々な群れに対して行われてきた広範な野外調査——ラジオトラッキング技術がしばしば用いられる——によって, オオカミがどこの土地を利用しているのかに関して, 様々な群れからの情報が得られてきた. 群れの縄張りは, それぞれが空間的にすみ分けて, 重なり合うことはめったになく, 数年以上維持されている. 図 14.2 を参照されたい.

群れ間の衝突が起こる可能性を減らすために, 縄張りの境界にはオオカミは大抵近づかない. 群れの間で衝突が起これば, 大抵の場合, 群れのリーダー (アルファ) が 1 匹以上死に, それはすなわち群れの崩壊につながりうるのである. ミネソタ州の北東部においては, 縄張りの面積は 100〜310 km^2 である. 隣り合う群れの縄張りの間には「緩衝地帯」として知られている境界領域が存在し, そこには群れのメンバーはめったに訪れない. 緩衝地帯は一種の「無人地帯 (no-mans-land)」であり, 幅が約 2 km で, 利用可能な領域の 25〜40% にもなる.

オオカミの縄張りにおいて明白に見られる, 非常に際立った空間パターンが, Mech (1973), van Ballenberghe et al. (1975) によって記述されており, それは, 比較的近接した領域においてオオカミとその獲物となる動物が共存する機構についてのモデリングの基礎となる情報を与えている (Lewis and Murray (1993), White (1995), White et al. (1996a, b, 1998)). 我々の目標は, とりわけミネソタ州北東部におけるオオカミの生態系に見られる明白な空間パターンを生み出すモデルで, オオカミの動きやマーキング, 相互作用を組み込んだ, 機構論的で空間明示的なモデルを開発することである. 多くの社会性哺乳類の生態を理解しようとするならば, 群れによる縄張り形成や行動圏のパターンを理解することは非常に重要である. 当然のことながら, 社会組織や交尾, 個体群統計学などのような他の側面も重要である (例えば Clutton-Brock (1989) を参照されたい). それらの文献は多岐におよび, その量も膨大なので, ここでは参照文献をいくつか紹介するにとどめる (ここで紹介する文献で引用されている膨大な参照文献を参照されたい). White (1995) には広範な文献やモデル研究の総説が書かれており, Lewis et al.

14.1 序論，オオカミの生態学

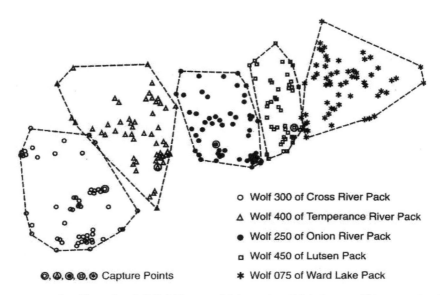

図 14.2 1971 年の夏にミネソタ州北東部にてラジオトラッキングされた 5 つの群れのシンリンオオカミ（成熟個体と幼若個体）の，電波発信位置と行動圏の境界（van Ballenberghe et al. (1975) より複写，著作権所有者である Wildlife Society の許可を得て複製）．

(1997) や Moorcroft and Lewis (2001) には，本章で議論する機構論的モデルを用いた，最近の理論的研究が書かれている．なお，後者の本には，コヨーテについての興味深い野外データがある．

機構論的モデルを構築する際に用いられる生物学的背景やデータは，大半が，過去 25 年間にわたってミネソタ州北東部のオオカミ *Canis lupus* に対して行われてきた，広範囲なラジオマーキング研究に基づいている．これらの研究は，オオカミの縄張りを観察する上で大いに役立ってきた．しかしながら，オオカミの個体数に関する，よく知られた非常に詳細な定量的研究は，アイル・ロイヤルプロジェクト (Isle Royale Project) によるものである．

200 平方マイルを超える面積をもつアイル・ロイヤル国立公園は，ミネソタ州とオンタリオ州の州境に近いスペリオル湖に浮かぶ島である．しかし，とりわけ寒さが厳しかった 1949 年の冬に，アイル・ロイヤル島は本土と氷でつながり，数匹のオオカミが島に渡ってきた．オオカミはムース（ヘラジカ）を主食にして，島で繁殖した．1959 年から，オオカミとムースの実個体数が，他の種のデータ（例えばビーバーのコロニー数やカワウソの個体数）とともに記録されてきた．それにより，オオカミとムースの相互作用や生存に関する膨大なデータが得られてきた．Rolf Peterson 博士 (School of Forestry and Wood Products, Michigan Technical University, Houghton, Michigan 49931-1295, U.S.A.) はそのプロジェクトディレクターである．1998 年から 1999 年までの 1 年分の報告 (Peterson 1999) には，島の生態に関する概要や定量的に詳細なデータが掲載されている．オオカミとムースの個体数やオオカミの群れの縄張りに関するデータの一部は以下で示される．40 年以上も続くこの長期研究はきわめて重要なものであり，多種多様な研究を可能にしてきた．例えば，オオカミの個体数や縄張りの分布の他にも，島の他の動物の個体数や相互作用と同様に，近親交配の影響や疾患の病理学などにも，現在非常に関心が高まっている．個体群相互作用を調べるためのモデリングを行う上で，プロジェクトのデータは素晴らしい情報源なのである．図 14.3 に，1999 年のアイル・ロイヤルにおける，オオカミとムースの個体数，オオカミの群れの縄張り，およびムースの分布を示す．

オオカミは 24 時間で 50 km を走破できるので，1 日で自らの縄張りの大部分を見回ることができるといえる．しかし，そうだとしても，群れの大きさからみて，ミネソタ州北東部の縄張りの大きさでは，そ

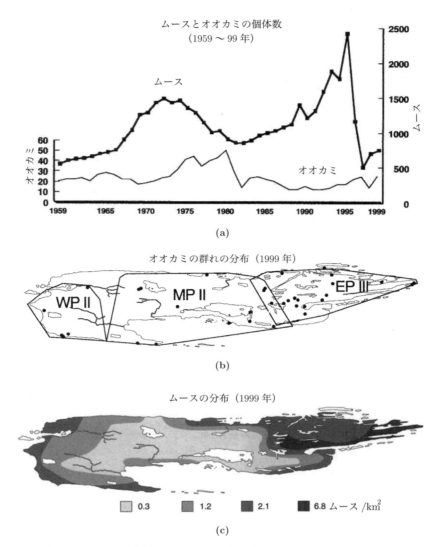

図14.3 アイル・ロイヤル国立公園での，(a) 1959年以降のオオカミとムースの個体数．(b) 1999年の冬の時点での，オオカミの群れの縄張り．群れの中のオオカミの個体数は，東部の群れIII (EPIII)では11匹，中部の群れII (MPII)では10匹，西部の群れII (WPII)では2匹であった．(c) 1999年2月に行われた個体数調査でのムースの密度分布（図はPeterson (1999)より引用，Rolf Peterson博士の許可を得て複製）．

の場にいることで防御するだけでは，縄張りを守るための十分な防御機構にはならないであろう．長年にわたる野外観測に基づいて，Mech (1991)は，2つの警告システム——匂いによるマーキングと，遠吠え——とともに，群れ間の互いの攻撃によって，オオカミの縄張りが形成され維持されると示唆している．また，それによって，オオカミの分布域を縄張りがモザイク状に覆うことになると示唆している．遠吠えをすることで，一時的には，群れの位置に関する情報を発信できるであろうが，匂いによるマーキングの精巧な空間パターンは，群れのメンバーが1匹もいなくても，縄張りに関する正確な情報を知らしめるのに役立つのである．我々は，匂いによるマーキングをモデルに含めることにする．

14.1 序論．オオカミの生態学

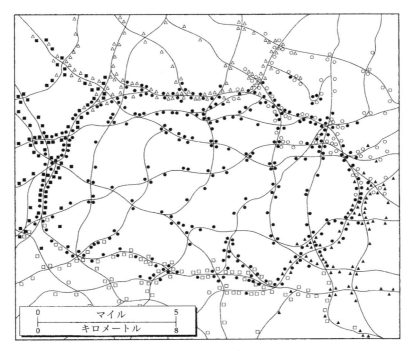

図14.4 ミネソタ州北東部において，1つのオオカミの群れの縄張りの内部および周囲に見られる，RLUによるマーキングの典型的な分布．その群れに属するオオカミと，隣りの群れに属するオオカミの，匂いによるマーキングの密度は，どちらも縄張りの境界周辺で最大になる．それぞれの記号（黒四角や白四角，黒丸，白丸，黒三角，白三角）が，それぞれの群れのオオカミによるマーキングを表す (David Mech 博士の許可を得て，Peters and Mech (1975) より複製)．

他の肉食動物でもそうだが，嗅覚（匂い）は最も重要な感覚である[*2]．オオカミは様々な嗅覚サインを用いるが，行動研究によって，足上げ排尿行動 (RLU; raised leg urination) が，縄張りのマーキングと維持に最も重要なものであることが示唆されている．RLUによるマーキングは，オオカミの歩く路に沿って，縄張りのあちこちで行われるが，さらに重要なことは，緩衝地帯の周囲でマーキングの回数が著しく増え，その結果，さらに，この緩衝地帯周辺のあらゆる群れによってRLUによるマーキングが高密度に行われることになることである．図14.4に，1つの群れの縄張りのあちこちで見られる，RLUマーキングの典型例を示す．オオカミが用いる他の嗅覚サインと異なり，RLUは群れに属する個体数とはほとんど相関しない．なぜならば，それぞれの群れにおいてRLUを行うのは，序列の高い，成熟したオオカミ数匹だけだからである．生殖を行い，群れの中の他のオオカミを支配するアルファ個体がその筆頭である．オオカミの群れは高度に社会化されているのである．観察の結果，近隣の群れが行ったRLUからの匂いを忌避することも示唆されている．

オジロジカは，ミネソタ州北東部のオオカミの主食であり，季節によってその分布は変動する．夏の間は，広大な領域に分散しているが，冬の間は，限られた場所（それはヤード (yard) と呼ばれている）に集まる傾向がある．その様子を図14.5に示す．調査地域には，食料や生息環境が比較的均一であるにもかかわらず，夏の間と冬の間は，シカは縄張りの境界領域である緩衝地帯にとどまる傾向がある．このようにシカの分布に不均一性が見られるのは，オオカミが形成する縄張りの性質として，場所によって捕食

[*2] 第2章で述べたように，家畜化されたカイコガ (Bombyx mori) のオスは，メスが放出した性誘引物質 Bombykol の分子を検出するために，最適設計されたアンテナを使う．カイコガのオスは飛べないので，メスを見つけるために，濃度勾配にしたがって歩いて行かねばならない．ある実験では，1 km も風上へと歩いたのである！

第 14 章　オオカミの縄張り，オオカミとシカの相互作用と生存

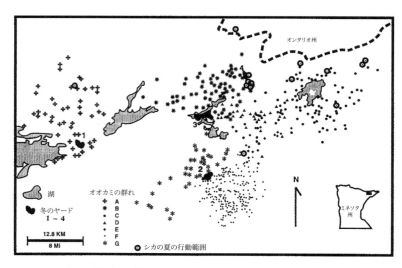

図 14.5　オオカミの群れの縄張りに関連した，ラジオトラッキングされたシカの冬の生息地（ヤード）および夏の行動範囲（Wildlife Society（著作権者）の許可を得て，Hoskinson and Mech (1976) より複製）．

率が異なるようになるからであろう．

　前述したように，ここで説明する研究の主な動機は，ミネソタ州北東部のオオカミとシカのデータに起因する．1 つの群れ——協同的な拡大家族集団——のラジオマーキングされた個々の個体の動きを追跡することで，オオカミの分布に明瞭な空間パターンが存在することが明らかになってきた．オオカミは，図 14.2, 14.3 に示されているように，縁が少々重なり合っているものの，明確に定まった縄張りの中にとどまるのが典型的である (Mech (1973), Van Ballenberghe et al. (1975))．このような縄張りによって，空間的に分布した餌資源の利用が事実上分割されるのである．

　オオカミの行動や生態に関する詳細な点は，生息地の局所的な条件によって異なる．例えば，アイル・ロイヤルにおける生息地と本土におけるそれとでは，基本的な差異がある．我々はミネソタ州北東部に注目しているが，主要な結果は，他の地域や，縄張りを張る他の動物にも適用できるであろう．後述するが，Moorcroft et al. (1999) によってなされた，コヨーテ (Canis latrans) に関する興味深い研究によって，それが事実であることが示されている．オオカミの活動は，年ごとや季節ごと，日ごとと様々なタイムスケールで起こる．したがって，これらのオオカミの活動をモデリングする上での重要な要素の 1 つは，適切なタイムスケールを設定することである．

　季節性というのは，オオカミとシカの双方の生態において重要な役割を果たしており，とりわけ生殖行動においてはそれが顕著である．オオカミは子どもを春に産む．4 月か 5 月に産まれた仔オオカミは，夏の間は巣穴の周りが活動の中心となる．シカは子どもを初夏に産む．1 年を通して，この時期を除けば，個体数のいかなる変動も，個体の死亡か他の個体群との間の移出入によってのみ生じる．群れに属するオオカミが助け合って子どもを養うことが知られており (Mech 1970)，大人のオオカミが毎日出かけていき，食べ物を持って帰ってくる．晩夏になると，仔オオカミはたくましくなり，地上の集結地を好んで，巣穴は見捨てられる．秋や冬になると，仔オオカミは移動できるようになり，群れとともに広範囲を動き回れるようになる．そして，めったに巣穴や集結地に戻らなくなる．群れの縄張りのダイナミクスをモデリングする際には，毎年の出生や死亡は含めないことにする (White (1995) を参照されたい)．その代わりに，オオカミの短期的な行動や移動のダイナミクスに注目することにする．

　モデルを構築する際には，オオカミの縄張りそのものの大きさや広がりについては，潜在的にも仮定を

14.2 オオカミの群れの縄張り形成モデル：単一の群れの行動圏モデル

おかない．縄張りのパターンが，モデル式の安定な定常解として自然に生じることを示す．このような，数学的に導出された縄張りのパターンは，隣接した群れの間に緩衝地帯（オオカミが少ない地帯）が存在することと，縄張りの境界に近い場所で匂いによるマーキング密度が増加することなどの点で，野外観察で見られるパターンと，重要な特徴が一致している．本章では，モデルを開発し，それを詳細に解析する．なかでも，他の群れの匂いのマーキングに対する応答行動が，いかにして，最終的に形成される空間的な縄張りの定性的な形を定めるのか，を我々は示す．

空間を巡る競争が重要な要素である場合の，縄張りの空間ダイナミクスを説明する定量的なモデルは，ほとんど提案されていない．我々が知る限り，ここで述べるモデルやその修正モデル (Lewis and Murray (1993), White (1995), White et al. (1996a, b)) においてのみ，空間的に明示的な定式化が行われている．そのモデルでは，行動の相互作用に基づいて群れの縄張りが時間が経つとともにどのように形成されるのかを示している．その一方で，群れの縄張りに関する野外研究は広範に行われており，オオカミ以外にも，ライオンやアナグマ，ハイエナ，リカオンなどの様々な肉食哺乳動物についても，観察による野外研究が行われてきた（これら全て White et al. (1998) を参照されたい）．

14.2　オオカミの群れの縄張り形成モデル：単一の群れの行動圏モデル

オオカミとシカの振舞いや生態は複雑であるにもかかわらず，ミネソタ州北東部で観察される群れの縄張りやオオカミとシカの分布が安定していることから，生態系の空間構造やダイナミクスが基本的なメカニズムで支配されているであろうことが示唆される．前節で記述した背景の詳細な事柄は，これからモデリングを議論する上での基礎となる．モデリングを行う主な動機は，行動に関するシンプルな規則が，下記の疑問を（全てを本章で取り扱うわけではないが）解明する上で役に立つかどうかを知りたいからである．

(i) どのようにして群れの縄張りが形成され，その大きさが決まるのかを示せるか？　また，なぜ長年にわたってそれらが安定しているのかを説明できるか？

(ii) モデルに餌としてのシカを含めた場合に，なぜ群れの縄張りの間に存在する緩衝地帯で主にシカが見つかるのかを示せるか？

(iii) 季節的な変動に伴い，なぜ冬になると，オオカミの緩衝地帯への不法侵入やオオカミ同士の争い，オオカミの飢餓，縄張りの変化が増えるのかを説明できるか？

(iv) 冬のシカの個体数が少ない場合のオオカミのダイナミクスを予測できるか？

(v) 行動に関するパラメータに基づいて，個体群動態や縄張りの大きさ，緩衝地帯の大きさ，季節的な変動を定量的に予測できるか？　行動の変化に対して，これらの予測はどれほど変化しやすいのか？

(vi) 緩衝地帯はシカの避難場所となることにより，オオカミとシカの相互作用を安定化しているのか？　もしそうだとすれば，避難場所が存在することによって，個体数の振動が減衰したり，絶滅を防いだり，それら両方が起きたりするのであろうか？

(vii) 半年ごとの移住は，オオカミとシカの相互作用の安定化要因として機能するのであろうか？

前述したように，オオカミの生態には季節性変動がある．我々がここで主に興味があるのは縄張り形成なので，夏の間の縄張りの形成と維持について考えることにし，毎年の出生過程は考慮しないことにする．したがって，モデルはオオカミの行動パターンとシカの行動パターンに注目したものになる．後の節で，オオカミの行動パターンと，オオカミの捕食によるシカの死亡率とを結びつけることにする．

双方の種とも個体数が少ないために，縄張り領域がオオカミ（もしくはシカ）によって占領されていない期間がかなりありうる．このことを考慮すると，状態変数として位置 x，時刻 t におけるオオカミの期待密度を用いる確率的な手法は賢明である——野外観察をじかに行っても，大体の場合，正確な密度は得

られない．

　縄張りを描き出す手段として，確率的な手法をとり，RLU によるマーキングを選ぶとすると，2 つのオオカミの群れに関するモデルは，以下のような状態変数を含むであろう：

$$u(\boldsymbol{x}, t) = 群れ 1 のオオカミの期待密度,$$
$$v(\boldsymbol{x}, t) = 群れ 2 のオオカミの期待密度,$$
$$p(\boldsymbol{x}, t) = 群れ 1 のオオカミによる RLU の期待密度,$$
$$q(\boldsymbol{x}, t) = 群れ 2 のオオカミによる RLU の期待密度.$$

　夏の間は，群れのメンバーは巣穴を周辺を中心に行動するが，食料を調達する際には，巣穴から離れて遠出に時間を取らねばならない．最も単純化して予想すれば，他の群れのオオカミに反応しない場合には，下記の 2 つによってオオカミの行動は規定される：

(i) 食料を探したり，(RLU によるマーキングなどの) 他の活動をするために，分散する．
(ii) 仔オオカミを世話するために，社会組織の中心である巣穴へと戻ってくる．

したがって，このシナリオに RLU とシカを含めなければ，単一の群れに関する言葉の式は，典型的に

オオカミの期待密度の変化率
　　= オオカミが巣へと向かう動きによる変化率
　　+ 食料を探すためにオオカミが高密度の領域から分散することによる変化率

となる．ここで重要な問題は，このような空間的移動をいかにしてモデリングするかである．

　野外研究によって，オオカミは認知地図を有しており，縄張りの中における自らの相対的な位置を認識していることが示唆されている．したがって，巣のある場所へと戻る動きは，程度の差はあれ，直線的になる傾向がある．数学的には，そのような動きは，有向運動，もしくは対流として表すことができ，u に対する流束密度 $\boldsymbol{J}_u$ は

$$\boldsymbol{J}_u|_{対流} = -c_u(\boldsymbol{x} - \boldsymbol{x}_u)u \tag{14.1}$$

を用いて表せる．ここで $\boldsymbol{x}_u$ は巣の位置を表し，$c_u(\boldsymbol{x} - \boldsymbol{x}_u)$ は空間依存的な動きの速度である．Okubo (1986) は昆虫の分散に関するモデルにおいて，同様の形の式を用いた．これについては入門編第 11 章で議論したのだが，そこでは我々は，動きの速度 c_u を定数として，不連続関数 $c_u(x - x_u) = c_u \text{sgn}(x - x_u)$ を用いた．オオカミが巣に接近するにつれ減速していき最終的には停止する様子を表す，式 (14.1) の連続関数版として，

$$c_u(\boldsymbol{x} - \boldsymbol{x}_u) = c_u \tanh(\beta r)\frac{\boldsymbol{x} - \boldsymbol{x}_u}{r} \tag{14.2}$$

がある．ただし $r = \|\boldsymbol{x} - \boldsymbol{x}_u\|$ である．ここでは，パラメータ c_u は，巣へと戻る際のオオカミの速度の最大値を表しており，パラメータ β は，巣に近づくときの対流速度の変化の大きさを表す．$\beta \to \infty$ と極限をとると，式 (14.2) は不連続関数の形に収束する．他の群れの RLU の存在下では，動きの速度を表す係数が，それへの反応を含むように修正されるであろう．これについては後で述べる．

　さて，捕食活動による動きを考えよう．まずは，食料供給が豊富かつ均一であると仮定し，続いて，後で議論するように，シカの密度をモデルに明示的に組み込む．

　まずは，最もシンプルな仮定として，餌を調達しに行く方向に偏りがない，ランダムウォークをオオカミが行うと考える．これは，領域内に餌が一様に分布しているならば起こりうるであろう．この仮定を拡張して，オオカミは密度依存的に動くとする．既知ではあるが，数学的には，そのような動きは，オオカミの群れ u に対する拡散による流束密度 $\boldsymbol{J}_u$，すなわち

$$\boldsymbol{J}_u|_{拡散} = -D(u)\nabla u \tag{14.3}$$

14.2 オオカミの群れの縄張り形成モデル：単一の群れの行動圏モデル

により表すことができる．ここで $D(u) = d_u u^n$ (d_u は定数，$n > 0$) とし，これは密度依存的な拡散係数である．n が正なので，密度依存性は以下のように解釈できる：オオカミの群れにとって身近な領域であるほど，その領域内を動く速度が増す．

最もシンプルな，1 つの孤立したオオカミの群れが存在するような状況を考えよう．仔オオカミを世話するために巣へと戻る動きである式 (14.1) と，餌を調達しに巣から離れる動きである式 (14.3) を組み合わせると，モデルの保存則は

$$\frac{\partial u}{\partial t} + \nabla \cdot \boldsymbol{J}_u = 0 \quad \Rightarrow \quad \frac{\partial u}{\partial t} = \nabla \cdot [c_u(\boldsymbol{x} - \boldsymbol{x}_u)u + D_u(u)\nabla u] \tag{14.4}$$

となる．

さて，適切な初期条件と境界条件を考えねばならない．生物学的に現実的な境界条件は，局所的な移動ダイナミクスを含むものであろう．しかしながら，最もシンプルであろう境界条件は，Ω で定義された，いま興味がある領域において，オオカミの出入りはないと仮定し，後でその Ω を決定するというものである．つまり，u に対してゼロフラックス境界条件，すなわち

$$\text{境界} \quad \partial\Omega \quad \text{上で} \quad \boldsymbol{J}_u \cdot \boldsymbol{n} = 0 \tag{14.5}$$

を課す．ここで，$\boldsymbol{n}$ は領域の境界 $\partial\Omega$ の外向きの単位法線ベクトルである．初期条件，すなわち考察する期間のうち最初の時点での期待密度の空間的分布は，

$$u(\boldsymbol{x}, 0) = u_0(\boldsymbol{x}) \tag{14.6}$$

で与えられる．任意の時刻における，領域 Ω 内のオオカミの総個体数は

$$Q = \int_\Omega u(\boldsymbol{x}, t) d\boldsymbol{x} \tag{14.7}$$

である．

式 (14.4) を用いて

$$\frac{\partial}{\partial t} \int_\Omega u(\boldsymbol{x}, t) d\boldsymbol{x} = \int_\Omega \frac{\partial}{\partial t} u(\boldsymbol{x}, t) d\boldsymbol{x} = -\int_\Omega \nabla \cdot \boldsymbol{J}_u d\boldsymbol{x} = -\int_{\partial\Omega} \boldsymbol{J}_u \cdot \boldsymbol{n} \, ds = 0 \tag{14.8}$$

であることがわかる．したがって，ゼロフラックス境界条件 (14.5) は，領域 Ω 内のオオカミの群れの総個体数が一定であることを保証している．

領域 Ω 内にいるオオカミの平均密度 U_0 は

$$U_0 = \frac{1}{A} \int_\Omega u_0(\boldsymbol{x}) \, d\boldsymbol{x} \tag{14.9}$$

となる．ここで A は領域 Ω の面積である．これで数学的問題は完全に定式化された．

時間非依存的な問題を考えてみよう．式 (14.4) は

$$0 = \nabla \cdot [c_u(\boldsymbol{x} - \boldsymbol{x}_u)u + D_u(u)\nabla u] \tag{14.10}$$

となる．

説明のために，1 次元の場合を考え，ゼロフラックス境界条件 (14.5) と連続的な対流の式 (14.2) を用い，群れの大きさの関数として，定常状態の密度分布と縄張りの大きさを求めよう．さらに，密度依存的な拡散係数を $D_u(u) = d_u u^n$ で与えられるとする．このとき，式 (14.10) は，x について積分を行うことにより

$$c_u u \tanh \beta(x - x_u) + d_u u^n \frac{du}{dx} = \text{定数} \tag{14.11}$$

となる．

線形拡散 ($n=0$)

ここでは $D(u) = d_u$ （定数）である．ゼロフラックス境界条件を用いると，積分することによって，1次元における定常解がただちに得られ

$$u_s(x) = \frac{B}{[\cosh\beta(x-x_u)]^{c_u/(d_u\beta)}} \tag{14.12}$$

である．ここで B は積分定数であり，保存条件 (14.7) と，群れの中に存在するオオカミの個体数 Q より得られ，

$$B \int_\Omega \frac{dx}{[\cosh\beta(x-x_u)]^{c_u/(d_u\beta)}} = Q \tag{14.13}$$

である．

非線形拡散 ($n>0$)

式 (14.11) を積分すると

$$u_s(x) = \begin{cases} \left[\dfrac{c_u n}{d_u \beta} \ln\left(\dfrac{\cosh\beta x_b}{\cosh\beta(x-x_u)}\right)\right]^{1/n} & (|x-x_u| \leq x_b) \\ 0 & (その他) \end{cases} \tag{14.14}$$

が得られる．ここで群れの領域の半径 x_b は

$$\int_{x_u-x_b}^{x_u+x_b} \left[\frac{c_u n}{d_u \beta} \ln\left(\frac{\cosh\beta x_b}{\cosh\beta(x-x_u)}\right)\right]^{1/n} dx = Q \tag{14.15}$$

によって陰に与えられる．ここで Q は，式 (14.7) で定義したように，群れの中に存在するオオカミの個体数である．（式 (14.14) は，$x = x_u \pm x_b$ を除く全ての点で式 (14.11) をみたすという意味で，式 (14.11) の弱解である．）入門編第 11 章でも，拡散係数の指数 n を正にとれば，類似の結果が得られた．

2 つの解 ($n=0$ と $n>0$) の重要な違いは，捕食活動を通常のフィックの拡散法則 ($n=0$) で表せば，明確な縄張りの境界が形成されないのに対して，密度依存的な拡散 ($n>0$) で表せば，境界をもつ有界な縄張りが形成されるということである（入門編第 11 章の詳細な議論を思い出されたい）．式 (14.4) を数値的に解くことで得られる，$n>0$ の場合のオオカミの分布の定常状態への時間発展の一例を，図 14.6(a) に示す．

図 14.6(d) は，式 (14.14), (14.15) にパラメータの代表値を代入することによって得られる，群れの大きさと縄張りの大きさの関係の一例である．White (1995) は野外データからパラメータ値を評価し，$0.25 \leq n \leq 0.5, 0.006 \leq \beta \leq 0.02, 0.5 \leq d_u \leq 2.08$ が妥当な推定値であり，群れが大きくなるにつれて拡散係数が大きくなり，それゆえに縄張りが大きくなるということを示した．

図 14.6(d) に示された関係は，McNab (1963), Okubo (1980) の考えを連想させるものである．彼らは，哺乳類の行動圏の大きさ R は，動物 1 匹あたりに必要なエネルギー摂取量と関係があり，つまり体重 W と関係があり，べき乗則 $R = aW^b$ (a は定数, $b \approx 0.75$) が成り立つことを提唱した．

14.3 複数の群れのオオカミの縄張りモデル

隣接する群れに対する反応は，主に RLU によるマーキングを通じて起こる．（オオカミの動きに関する）この反応の特徴的な性質はよくわかっておらず，2 つの異なる反応がある．1 つ目は，他の群れの

14.3 複数の群れのオオカミの縄張りモデル

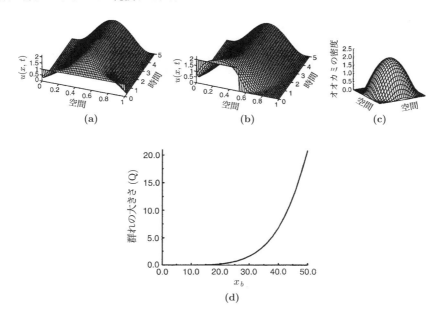

図 14.6 1 次元空間上の単一の群れが密度依存的拡散 ($n = 0.5$) をした場合の，定常解への時間発展．(a) と (b) では初期条件が異なるが，定常解は同じである．パラメータ値は $\beta = 1$，$c_u = 1$，$d_u = 0.03$ である．(c) 単一の群れに関する放射対称な定常解．パラメータ値は $n = 1$，$\beta = 1$，$c_u = 1$，$d_u = 0.05$ である．(d) 陰的な関係式 (14.15) より得られる，オオカミの密度と群れの縄張りの大きさとの関係．代表的なパラメータ値として $n = 0.5$，$\beta = 0.001$，$c_u = 1$，$d_u = 2$ を用いている．(White (1995) より．)

RLU によるマーキングがあると，巣のある領域（縄張りの中心部）へと戻る速度が速まり，それと同時に自らが所属する群れの RLU によるマーキングを増加させるようになるというものである．2 つ目は，オオカミは他の群れの RLU によるマーキングの密度勾配に反応し，マーキングが高密度な領域から離れていくが，それと同時に，自らの匂いによるマーキングを増加させるというものである．どちらの筋書きでも類似の振舞いであるが，後で述べるように，いくつかの相違点がある．

RLU は，群れの中の成熟した優位な数匹のオオカミによって行われるので，RLU によるマーキングのパターンを決める上で，これらのオオカミがいる場所が重要である．これをモデリングするために，そのような優位なオオカミがどの場所にいるかを，地点 $\boldsymbol{x}$，時刻 t でオオカミが存在する確率を定める確率密度関数で表現する．どの群れにおいても，この確率密度関数を，RLU によるマーキングを行うオオカミの個体数分だけ足し合わせる．これにより，地点 $\boldsymbol{x}$，時刻 t における，群れ内の，RLU によるマーキングが行えるオオカミの期待密度が得られる．以降では，この量を，群れ内のオオカミの局所的な期待密度として扱う．

2 つの隣接した，相互作用する（実際には競争し合う）オオカミの群れのモデルにおいて，適切な状態変数は，群れ 1 のオオカミの局所的な期待密度 $u(\boldsymbol{x}, t)$，群れ 2 の局所的期待密度 $v(\boldsymbol{x}, t)$，群れ 1 による RLU の期待密度 $p(\boldsymbol{x}, t)$，群れ 2 の RLU の期待密度 $q(\boldsymbol{x}, t)$ である．

さて，他の群れによる RLU に対するオオカミの反応を反映した，RLU の密度に関する数式をモデルに含めねばならない．上述したことに基づき，ある群れのオオカミが隣接する群れによる RLU に遭遇した場合，そこから離れること，巣へと戻ること，それと同時に，自らの RLU によるマーキングの頻度を増やすことと仮定する．隣接する群れ同士が出会った際には，死に至る闘いが繰り広げられることもありうるが，そのような致死的な状況の相互作用は非常に稀であり，考えているモデルの期間内ではオオカミの個体数は一定であると仮定する．我々は夏の間のことだけを考えていることを思い出されたい．

すると，（群れ1の）オオカミのダイナミクスに関する言葉の式は

オオカミ（群れ1）の期待密度の変化率
= 群れ1のオオカミが巣へと戻ることによる変化率
+ 群れ1のオオカミが分散することによる変化率
+ 群れ2によるRLUから群れ1のオオカミが逃げることによる変化率

となり，次に各々の項を定量的に表さなければならない．最初に，他の群れのRLUによるマーキングに対して反応する動きを考えよう．RLUの密度に依存する動きをモデリングするにあたり，2つの反応を検討する．1つ目は，反応によって，巣のある場所まで戻る速度が速くなると仮定する．最も極端な例を考えれば，巣に戻る動きが，競合する群れのRLUが存在するときにのみ生じると仮定することもできる．一方，隣接する群れには非依存的に動きが生じるようにモデルを修正することもできる．いずれにせよ，前節で述べた対流の流束密度 $\boldsymbol{J}_{c_u}$ (14.1) は

$$\boldsymbol{J}_{c_u} = -c_u(\boldsymbol{x}-\boldsymbol{x}_u, q)u \tag{14.16}$$

のように修正される．ここで，他の群れのRLUに依存していることを示すために，q の関数として $c_u(\boldsymbol{x}-\boldsymbol{x}_u, q)$ と表した．他の群れのRLUの存在下でオオカミは巣の場所へと逃げるので，$dc_u/dq \geq 0$ である．関数 $c_u(\boldsymbol{x}-\boldsymbol{x}_u, q)$ は，典型的には q に関する有界な単調増加関数である——定性的に $Aq/(B+q)$ （A, B は定数）のような関数が妥当である．

2つ目のRLUへの反応として，オオカミが他の群れによるRLUの密度の勾配を下りていく場合を考える．この場合には

$$\boldsymbol{J}_{a_u} = -a_u(q)u\nabla q \tag{14.17}$$

で与えられる流束密度 $\boldsymbol{J}_{a_u}$ を用いて，その動きを数学的にモデリングできる．ここで $a_u(q)$ は新たな単調非減少関数である．これらを合わせると，群れ1のオオカミに関する保存則が

$$\frac{\partial u}{\partial t} + \nabla \cdot [\boldsymbol{J}_{c_u} + \boldsymbol{J}_{d_u} + \boldsymbol{J}_{a_u}] = 0 \tag{14.18}$$

と得られる．ここで流束密度はそれぞれ

$$\boldsymbol{J}_{c_u} = -uc_u(\boldsymbol{x}-\boldsymbol{x}_u, q), \quad c_u(0) \geq 0, \quad \frac{dc_u}{dq} \geq 0,$$

$$\boldsymbol{J}_{d_u} = -d_u(u)\nabla u, \quad d_u(0) \geq 0, \quad \frac{dd_u}{du} \geq 0,$$

$$\boldsymbol{J}_{a_u} = -a_u(q)u\nabla q, \quad a_u(0) \geq 0, \quad \frac{da_u}{dq} \geq 0$$

で与えられる．

群れ2のオオカミの動きに関する式は，群れ1のそれを真似して

オオカミ（群れ2）の期待密度の変化率
= 群れ2のオオカミが巣へと戻ることによる変化率
+ 群れ2のオオカミが分散することによる変化率
+ 群れ1によるRLUから群れ2のオオカミが逃げることによる変化率

で与えられる．この式を数式化すると

$$\frac{\partial v}{\partial t} + \nabla \cdot [\boldsymbol{J}_{c_v} + \boldsymbol{J}_{d_v} + \boldsymbol{J}_{a_v}] = 0 \tag{14.19}$$

14.3 複数の群れのオオカミの縄張りモデル

となり，ここで

$$\boldsymbol{J}_{c_v} = -vc_v(\boldsymbol{x} - \boldsymbol{x}_v, p), \quad c_v(0) \geq 0, \quad \frac{dc_v}{dp} \geq 0,$$

$$\boldsymbol{J}_{d_v} = -d_v(v)\nabla v, \quad d_v(0) \geq 0, \quad \frac{dd_v}{dv} \geq 0,$$

$$\boldsymbol{J}_{a_v} = -a_v(p)v\nabla p, \quad a_v(0) \geq 0, \quad \frac{da_v}{dp} \geq 0$$

である．

さて，RLU の密度である p, q の変化をモデリングしなければならない．RLU によるマーキングの空間的分布は，それを行うオオカミの空間的位置によって直接決まる．野外研究によって，（オオカミの歩いた路に沿って）縄張り全体では連続的に RLU によるマーキングが低頻度に行われているが，他の群れによってマーキングされた場所付近では，マーキングの割合が高まっていることが示唆されている．（獲物を仕留めた場所付近でもマーキングの割合が高まっている．）加えて，RLU の効力は時間が経つにつれて減衰する．ここでは 1 次速度論の減衰率を仮定するが，この減衰率は基本的に環境条件（降水量や気温，積雪量など）にも依存するであろう．これら 3 つの要素を統合すると，群れ 1 の RLU の密度分布を規定する式が

$$\frac{\partial p}{\partial t} = u[l_p + m_p(q)] - f_p p \tag{14.20}$$

と得られる．ここで l_p, f_p は定数であり，それぞれ，低頻度で行われる RLU によるマーキング，および，1 次速度論的減衰を表している．関数 $m_p(q)$ は，有界な単調非減少関数——ここでも，典型的に $Aq/(B+q)$（A, B は定数）のような——と仮定するのが妥当である．このことは，尿の産生率が無限大に達することは決してないが，ただし，少なくともマーキングの密度が低い場所では，他の群れによる RLU の密度が高ければ，それによって惹起される反応も強くなるということを意味する．群れ 2 に関しても同様の式を立てることができ

$$\frac{\partial q}{\partial t} = v[l_q + m_q(p)] - f_q q \tag{14.21}$$

となる．

2 つのオオカミの群れのモデルの数学的定式化を完了するためには，境界条件と初期条件が必要である．単一の群れに関するモデルの場合のように，生物学的に現実的な境界条件は，境界上で局所的な移動を含むようなものであろう．しかしながら，考えうる最もシンプルな境界条件は，ここでもオオカミの出入りがない領域 Ω を仮定することで得られる．境界 $\partial\Omega$ 上での u, v に関するゼロフラックス境界条件，すなわち

$$\partial\Omega \text{ において} \quad [\boldsymbol{J}_{c_u} + \boldsymbol{J}_{d_u} + \boldsymbol{J}_{a_u}] \cdot \boldsymbol{n} = 0, \tag{14.22}$$

$$\partial\Omega \text{ において} \quad [\boldsymbol{J}_{c_v} + \boldsymbol{J}_{d_v} + \boldsymbol{J}_{a_v}] \cdot \boldsymbol{n} = 0 \tag{14.23}$$

をここでも考える．ここで $\boldsymbol{n}$ は解領域の境界 $\partial\Omega$ の外向きの単位法線ベクトルである．初期条件は，考察する期間の最初の時点でのオオカミと RLU によるマーキングの期待密度の空間分布を表しており，

$$u(\boldsymbol{x}, 0) = u_0(\boldsymbol{x}), \quad v(\boldsymbol{x}, 0) = v_0(\boldsymbol{x}), \quad p(\boldsymbol{x}, 0) = p_0(\boldsymbol{x}), \quad q(\boldsymbol{x}, 0) = q_0(\boldsymbol{x}) \tag{14.24}$$

で与えられる．

ゼロフラックス境界条件 (14.22), (14.23) により，領域 Ω におけるそれぞれのオオカミの群れの個体数が一定に保たれることを，今回も示すことができる．任意の時刻における，領域 Ω 内のオオカミの群れ 1 の総個体数は

$$\int_\Omega u(\boldsymbol{x}, t) d\boldsymbol{x}$$

である．ゆえに，式 (14.18) より，発散定理を用いると，群れ 1 に関して

$$\frac{\partial}{\partial t}\int_\Omega u(\boldsymbol{x},t)d\boldsymbol{x} = \int_\Omega \frac{\partial}{\partial t}u(\boldsymbol{x},t)d\boldsymbol{x}$$
$$= -\int_\Omega \nabla\cdot[\boldsymbol{J}_{c_u}+\boldsymbol{J}_{d_u}+\boldsymbol{J}_{a_u}]d\boldsymbol{x} = -\int_{\partial\Omega}[\boldsymbol{J}_{c_u}+\boldsymbol{J}_{d_u}+\boldsymbol{J}_{a_u}]\cdot\boldsymbol{n}\,ds = 0$$

が得られる．同様の議論が群れ 2 についても行える．

領域 Ω の面積は

$$A = \int_\Omega d\boldsymbol{x}$$

で与えられる．すると，領域 Ω 全体での，オオカミの群れ 1 と 2 のオオカミの平均密度は

$$U_0 = \frac{1}{A}\int_\Omega u_0(\boldsymbol{x})d\boldsymbol{x}, \quad V_0 = \frac{1}{A}\int_\Omega v_0(\boldsymbol{x})d\boldsymbol{x} \tag{14.25}$$

で与えられる．

さて，モデル系 (14.18)–(14.21) や境界条件・初期条件 (14.22)–(14.24) を無次元化する．これを行うことで，オオカミの密度や領域の大きさを正規化し，いつものようにパラメータ数を減らすことができる．解領域の次元を m ($m=1$ または $m=2$) とし，長さ $L = A^{1/m}$ を定義する．そして，無次元量（アスタリスク ($*$) をつけて表す）を

$$u^* = \frac{u}{U_0}, \quad v^* = \frac{v}{V_0}, \quad p^* = \frac{pf_p}{U_0 l_p}, \quad q^* = \frac{qf_p}{V_0 l_q}, \quad t^* = tf_p, \quad \boldsymbol{x}^* = \frac{\boldsymbol{x}}{L}, \tag{14.26}$$

$$c_u^* = \frac{c_u}{Lf_p}, \quad c_v^* = \frac{c_v}{Lf_p}, \quad d_u^* = \frac{d_u}{L^2 f_p}, \quad d_v^* = \frac{d_v}{L^2 f_p}, \tag{14.27}$$

$$a_u^* = \frac{a_u V_0 l_q}{L^2 f_p^2}, \quad a_v^* = \frac{a_v U_0 l_p}{L^2 f_q^2}, \quad m_p^* = \frac{m_p}{l_p}, \quad m_q^* = \frac{m_q}{l_q}, \quad \phi = \frac{f_q}{f_p} \tag{14.28}$$

と導入する．

無次元量の定義を適切たらしめるために，双方の群れは最初から存在しており ($U_0 > 0$, $V_0 > 0$)，領域 Ω の大きさは 0 よりも大きく ($L > 0$)，双方のオオカミの群れによって低頻度な RLU によるマーキングが行われ ($l_p > 0$, $l_q > 0$)，RLU の効力は時間が経つにつれて減衰する ($f_p > 0$, $f_q > 0$) と暗に仮定する．表記を簡潔にするためにアスタリスク ($*$) を省くと，無次元系は

$$\frac{\partial u}{\partial t} + \nabla\cdot[\boldsymbol{J}_{c_u}+\boldsymbol{J}_{d_u}+\boldsymbol{J}_{a_u}] = 0, \tag{14.29}$$

$$\frac{\partial v}{\partial t} + \nabla\cdot[\boldsymbol{J}_{c_v}+\boldsymbol{J}_{d_v}+\boldsymbol{J}_{a_v}] = 0, \tag{14.30}$$

$$\frac{\partial p}{\partial t} = u[1+m_p(q)] - p, \tag{14.31}$$

$$\frac{\partial q}{\partial t} = v[1+m_q(p)] - \phi q \tag{14.32}$$

となる．ここで流束密度は

$$\boldsymbol{J}_{c_u} = -uc_u(\boldsymbol{x}-\boldsymbol{x}_u,q), \quad \boldsymbol{J}_{d_u} = -d_u(u)\nabla u, \quad \boldsymbol{J}_{a_u} = -a_u(q)u\nabla q, \tag{14.33}$$

$$\boldsymbol{J}_{c_v} = -vc_v(\boldsymbol{x}-\boldsymbol{x}_v,p), \quad \boldsymbol{J}_{d_v} = -d_v(v)\nabla v, \quad \boldsymbol{J}_{a_v} = -a_v(p)v\nabla p \tag{14.34}$$

で与えられる．関数 $c_u, c_v, d_u, d_v, a_u, a_v$ は，前述したように，全て非負の関数（もしくは定数）である．

境界条件 (14.22), (14.23) は変化しない．初期値の適切な無次元化は

$$u_0^* = \frac{u_0}{U_0}, \quad v_0^* = \frac{v_0}{V_0}, \quad p_0^* = \frac{p_0 f_p}{U_0 l_p}, \quad q_0^* = \frac{q_0 f_p}{V_0 l_q}$$

14.3 複数の群れのオオカミの縄張りモデル

であり，初期条件 (14.24) もまたアスタリスク (*) を省けば変化しない．空間を無次元化したことによって，無次元領域 Ω の面積が 1 になったことにも注意されたい．また，この無次元化によって

$$\int_\Omega u(\boldsymbol{x},t)d\boldsymbol{x} = \int_\Omega v(\boldsymbol{x},t)d\boldsymbol{x} = 1 \tag{14.35}$$

となる．すなわち，任意の時刻において，$u(\boldsymbol{x},t), v(\boldsymbol{x},t)$ はオオカミの位置についての確率密度関数である．

さて，モデル式に含まれる相互作用関数の形を適切に定めておかなければならない．Lewis et al. (1997) は，マーキングの増加を定める関数 m が典型的に前述したようなもの（とりわけ，匂いによるマーキングの密度に関して上に凸の関数）ならば，式 (14.29)–(14.32) の時間に依存しない解が，空間を独立変数とする常微分方程式系をみたすことを示している．積分に関する条件 (14.35) は，常微分方程式の初期条件に変換される．結果として得られる，オオカミの期待密度関数は，巣がある場所から離れるにしたがって単調減少するような関数である．緩衝地帯（巣穴と巣穴の中間において $u+v$ が最小値をとる場所）が存在するための十分条件は，移動の速度を表す関数 c_u もまた他の群れの匂いによるマーキングの密度に関して上に凸の関数であることである．

説明のため，および，解析を単純にするため，彼らは，領域の両端に巣があるような ($x_u = 0, x_v = 1$) 1 次元系を考え，また他の群れによる RLU に反応する動きは省いた．したがって，式 (14.29)–(14.32) の定常解は

$$0 = [J_u]_x, \quad J_u = -d_u u_x - c_u(r_u, q)u, \tag{14.36}$$
$$0 = [J_v]_x, \quad J_v = -d_v v_x + c_v(r_v, p)v, \tag{14.37}$$
$$0 = u[1 + m_p(q)] - p, \tag{14.38}$$
$$0 = v[1 + m_q(p)] - \phi q, \tag{14.39}$$

をみたす．ここで r_u, r_v は，それぞれの巣からの距離である．境界条件 (14.22) は

$$x = 0, 1 \text{ において} \quad J_v, J_u = 0 \tag{14.40}$$

となり，保存条件 (14.35) は

$$\int_0^1 u(x)dx = \int_0^1 v(x)dx = 1 \tag{14.41}$$

となる．

一般に，任意の u, v の値に対して，m の関数形についての（前述の）仮定より，p, q が u, v の関数として一意に定まる．

まとめると，彼らが示したのは，$m_p(q), m_q(p)$ が上に凸の関数ならば，縄張りは，2 つの常微分方程式からなる系と $x=0$ における初期値によって決まるということである．それぞれの群れのオオカミの期待密度は上と下に有界であり，それゆえ，それぞれの群れの匂いによるマーキングの期待密度が正であり上に有界であることを彼らは示した．$m_p(q), m_q(p)$ の関数形を選ぶ際には注意しなければならない．Lewis and Murray (1993) が以前に記述した例——m_p, m_q を 1 次関数とした——では，パラメータの範囲によっては p, q の「爆発」が生じうる．このことは生物学的には驚くべきことではない．なぜなら，m_p, m_q が 1 次関数であるということは，匂いによるマーキングの頻度がいかなる高い値にもなりえるからである．

群れ間の緩衝地帯の存在

さて，緩衝地帯，つまり $u+v$ が領域内部で最小となるような場所が，移動反応関数に関するかなり一般的な仮定の下で出現することを示す．計算を単純にするため，および説明上，1 次元空間を考え，同

質の 2 つの群れが相互作用する（つまり $d_u = d_v = d$, $\phi = 1$ など）状況を考える．ここでも，領域の両端に巣穴があるとし，また移動反応関数 c は明示的に空間依存性をもたないと仮定する．妥当な仮定として，（2 つの）マーキング関数 m の形は同じであるとする．式 (14.36), (14.37) を積分し，境界条件 (14.40) を用いると，式 (14.36)–(14.39) は

$$\frac{du}{dx} = -\frac{1}{d}c(q)u, \quad \frac{dv}{dx} = \frac{1}{d}c(p)v, \quad p = u[1+m(q)], \quad q = v[1+m(p)]$$

となる．ただし積分拘束条件 (14.41) をみたす必要がある．

x を $1-x$ に取り替え，u と v, p と q を入れ替えても，この系の解は不変なので，中点 $x = 1/2$ について対称である．したがって $x = 1/2$ において

$$u = v, p = q, \quad 0 > \frac{du}{dx} = -\frac{dv}{dx}, \quad \frac{dp}{dx} = -\frac{dq}{dx},$$

$$\frac{d(u+v)}{dx} = 0, \quad \frac{dq}{dx} = \frac{1+m(p)}{1+vm'(p)}\frac{dv}{dx} > 0$$

および

$$\begin{aligned}
(u+v)_{xx} &= \frac{1}{d}\{c(p)v - c(q)u\}_x \\
&= \frac{2}{d}\{c'(p)up_x - c(p)u_x\} \\
&= \frac{2u^2}{d}\frac{d}{dx}\left\{\frac{c(p)}{p}\frac{p}{u}\right\} \\
&= \frac{2u^2}{d}\frac{d}{dx}\left\{\frac{c(p)}{p}(1+m(q))\right\} \\
&= \frac{2u^2}{d}\left\{\frac{d}{dp}\left(\frac{c(p)}{p}\right)[1+m(q)]p_x + \frac{c(p)}{p}m'(q)q_x\right\}
\end{aligned}$$

である．上式の右辺の最終行が正であるための十分条件は，$c(p)$ が上に凸であることである．そのような場合，$x = 1/2$ で $u+v$ は最小となり，これは相互作用する群れの緩衝地帯に対応する．

Lewis et al. (1997) は，これらのモデルの他の解析的側面についても議論している．例えば，以下のような反応行動に縄張りが依存しているかどうかである．

(i) 他の群れの RLU に反応してのマーキングはしない．
(ii) 他の群れの RLU に反応してマーキングする．
(iii) 他の群れの RLU に反応して動き方が切り替わる．
(iv) 他の群れの RLU に反応してマーキングする頻度が切り替わる．

ここで「切り替わる (switching)」とは，例えば動き方の場合では，他の群れの匂いによるマーキングが閾値 q_c に達するまでは，巣へと戻るような動きはせず（つまり $c(\boldsymbol{x} - \boldsymbol{x}_u, q) = 0$），閾値 q_c に達すると c は最終値に跳ね上がる，ということを意味する．このような状況は，$c(q) = c_\infty H(q - q_c)$ と表すことができる．マーキング反応関数 $m(q)$ に対しても，他の群れの RLU に対する同様の切り替わり反応を組み込むことができる．これらの関数形は，図 14.7 に示したような一定の傾きをもつ関数形の $c(q), m(q)$ の代案といえる．White (1995), White et al. (1996a, b), Lewis et al. (1997) も，これらのモデル系の数値解を，1 次元と 2 次元の両方で，いくらか詳細に調べている．彼らの数値解の一部は，後述の図 14.9 および次節において述べる．

これらの一般形に基づいて，White et al. (1998) が議論した 2 つの具体例について考えよう．

14.3 複数の群れのオオカミの縄張りモデル

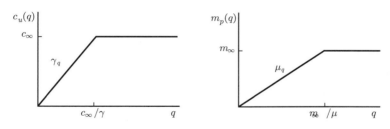

図 14.7 区分的に線形な移動関数 $c_u(q)$. $c_v(p)$ も同様の形をしている．RLU によるマーキング関数 $m_p(q), m_q(p)$ も同様の形をしている．

他の群れの RLU が巣へと戻る動きに影響する

ここでは，他の群れの RLU によるマーキングに出くわすと，自身の RLU の頻度が増加するのに加えて，巣がある場所へと戻る動きが増加するような状況を考える．また，食料を探して分散する効果を，単純な拡散として考える．このシナリオに従えば，式 (14.29)–(14.32) は

$$\frac{\partial u}{\partial t} = \nabla \cdot [c_u(\boldsymbol{x} - \boldsymbol{x}_u, q)u + d_u \nabla u], \tag{14.42}$$

$$\frac{\partial v}{\partial t} = \nabla \cdot [c_v(\boldsymbol{x} - \boldsymbol{x}_v, p)v + d_v \nabla v], \tag{14.43}$$

$$\frac{\partial p}{\partial t} = u[1 + m_p(q)] - p, \tag{14.44}$$

$$\frac{\partial q}{\partial t} = v[1 + m_q(p)] - \phi q \tag{14.45}$$

となる．

シンプルな状況として，c, m は図 14.7 に示されたような区分的に線形な関数で与えられるとし，またも巣は 1 次元領域の両端にあるとする $(x_u = 0, x_v = 1)^{\dagger 2}$．ゼロフラックス境界条件および図 14.7 の関数形の下で，式 (14.42)–(14.45) の定常解は，

$$p = \frac{u(1 + \mu v)}{1 - \mu^2 uv}, \quad q = \frac{v(1 + \mu u)}{1 - \mu^2 uv} \tag{14.46}$$

および，式 (14.42), (14.43) を積分することで得られる

$$0 = \gamma \frac{uv(1 + \mu u)}{1 - \mu^2 uv} + du_x, \quad 0 = -\gamma \frac{uv(1 + \mu v)}{1 - \mu^2 uv} + dv_x \tag{14.47}$$

によって与えられる．ここで μ, γ は図 14.7 で定義された関数の傾きである．

$$\Gamma(w) = \int_0^w \frac{dw}{1 + \mu w} = \frac{1}{\mu} \log(1 + \mu w) \tag{14.48}$$

と書くならば，式 (14.47) より

$$\Gamma(u) + \Gamma(v) = \Gamma(u(0)) + \Gamma(v(0)) = k(u(0), v(0)) \quad :\text{定数} \tag{14.49}$$

であることがわかる．したがって

$$(1 + \mu u)(1 + \mu v) = \exp(\mu k) \tag{14.50}$$

---

†2 （訳注）さらに $\phi = 1, d_u = d_v(= d)$ を仮定する．

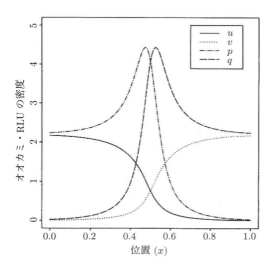

図 14.8 図 14.7 の区分的に線形な関数を用いた場合の, 式 (14.42)–(14.45) の定常解. この解は, オオカミおよび RLU の密度に関する式 (14.46), (14.47) の解析解に対応する. 群れの境界付近では匂いによるマーキングが増加していることに注意されたい. 式 (14.51) より, 直線 $u = 1/\mu$ と $u(x)$ のグラフが交わる場所が, 群れ u の RLU 密度である p が最大となる点である. 同様に, 直線 $v = 1/\mu$ と $v(x)$ のグラフが交わる場所が, 群れ v の RLU 密度である q が最大となる点である. モデルのパラメータは $d_u = d_v = 0.333$, $\mu = 1.1$, $\gamma = 1$ である (γ は図 14.7 の関数 c の傾きである) (Lewis et al. (1997) より).

より u を v によって表すことができ, その逆もまたしかりである. $\mu = 0$ という特殊な場合には, 式 (14.47) から

$$0 = \gamma uv + du_x, \quad 0 = -\gamma uv + dv_x \quad \Rightarrow \quad du_x + \gamma u(K - u) = 0$$

となる. ここで $K = u(0) + v(0)$ は正の定数である. この式は解

$$u(x) = \frac{L}{1 + Me^{\gamma Kx/d}}$$

をもつ. ここで M と $L = (1 + M)u(0)$ は定数である[†3]. この解は x についての単調減少関数である.

さて $\mu \neq 0$ の場合に戻ると, 式 (14.50) を式 (14.47) に代入することで, u, v についてのそれぞれ独立した微分方程式が得られ, これは解くことができる. 式 (14.50) を微分することで

$$0 = \frac{v_x}{1 + \mu v} + \frac{u_x}{1 + \mu u}$$

が得られる. これを用いて, 式 (14.46) から導かれる p_x, q_x に関する式を簡約化でき,

$$p_x = \frac{(1 + \mu u)(\mu u - 1)}{(1 - \mu^2 uv)^2} v_x, \quad q_x = \frac{(1 + \mu v)(\mu v - 1)}{(1 - \mu^2 uv)^2} u_x \tag{14.51}$$

となる.

$u(x), v(x)$ は, 巣の場所からの距離についての単調減少関数であるので, 領域の内部で $p(x), q(x)$ が最大値をとるのは, それぞれ $u(x) = 1/\mu, v(x) = 1/\mu$ のときのみである. したがって, 領域の内部で p が最大値をもつための必要十分条件は $u(0) \geq 1/\mu \geq u(1)$ であり, 領域の内部で q が最大値をもつための必要十分条件は $v(0) \leq 1/\mu \leq v(1)$ である. 言い換えれば, 行動反応関数 m の傾きが十分に急であれば, $1/\mu$ は十分に小さく, このとき, 匂いによるマーキングの密度は, 図 14.8 に示したようなお椀型 (bowl-shaped) となる.

White et al. (1998) が説明に用いている 2 番目のモデルでは, 他の群れの RLU に対して反応する動きが走化性を用いて組み込まれ, さらに, 巣へと戻る動きや, 拡散に基づく捕食活動の動きが組み込まれ

[†3] (訳注) 定数 L は, 任意定数ではなく, 前述の K に一致している必要がある.

14.3 複数の群れのオオカミの縄張りモデル

ている．彼らが考察したモデルは式 (14.29)–(14.34) から得られ，

$$\begin{aligned}
\frac{\partial u}{\partial t} &= \nabla \cdot [c_u(\bm{x}-\bm{x}_u)u + D_u(u)\nabla u + a_u(q)u\nabla q], \\
\frac{\partial v}{\partial t} &= \nabla \cdot [c_v(\bm{x}-\bm{x}_v)v + D_v(v)\nabla v + a_v(p)v\nabla p], \\
\frac{\partial p}{\partial t} &= u[l_p + m_p(q)] - f_p p, \\
\frac{\partial q}{\partial t} &= v[l_q + m_q(p)] - f_q q
\end{aligned} \quad (14.52)$$

となる．式 (14.26)–(14.28) で与えられているのと同様の無次元化を用いて

$$\frac{\partial u}{\partial t} = \nabla \cdot [c_u(\bm{x}-\bm{x}_u,q)u + d_u\nabla u + a_u(q)u\nabla q], \quad (14.53)$$

$$\frac{\partial v}{\partial t} = \nabla \cdot [c_v(\bm{x}-\bm{x}_v,p)v + d_v\nabla v + a_v(p)v\nabla p], \quad (14.54)$$

$$\frac{\partial p}{\partial t} = u[1 + m_p(q)] - p, \quad (14.55)$$

$$\frac{\partial q}{\partial t} = v[1 + m_q(p)] - \phi q \quad (14.56)$$

が得られる．

ここでも，時間非依存的な系——それは常微分方程式の組である——を解析することによって，2 つの群れの中間に緩衝地帯が発達するための基準が得られる．さらなる研究によれば，RLU によるマーキングに対する上述のような行動反応によって，オオカミの期待密度が最大となる場所——それは巣の地点であった——が，さらに相手の群れから遠ざかる方向へとずれることが示唆されている．

このモデルはまた，他の群れの RLU によるマーキングへの反応——他の群れの縄張りと重なり合うのを避けるための——によって，群れの分裂がどのようにして起こりうるのかを示している．これは以下のような単純化された状況を考えればわかる．すなわち，1 つの群れだけが（例えば群れ 2 のみが）他の群れの RLU によるマーキングに反応して忌避行動を示すが，どちらの群れも他の群れの RLU によるマーキングに反応して自らの RLU によるマーキングの量を増加させたりはしないとする．

$$a_u(q)=0, \quad a_v(p)=\chi_v, \quad m_p(q)=0, \quad m_q(p)=0, \quad d_u(u)=d_u, \quad d_v(v)=d_v \quad (14.57)$$

とすると，1 次元の時間非依存的な系に関して，（式 (14.55), (14.56) より）

$$p(x) = u(x), \quad q(x) = \frac{v(x)}{\phi}$$

および，式 (14.2) を用いて式 (14.53), (14.54) より

$$\begin{aligned}
0 &= c_u u \tanh\beta(x-x_u) + d_u u_x, \\
0 &= c_v v \tanh\beta(x-x_v) + d_v v_x + \chi_v v u_x
\end{aligned} \quad (14.58)$$

が得られる．式 (14.58) の解は

$$u(x) = \frac{A}{[\cosh\beta(x-x_u)]^{c_u/(\beta d_u)}}, \quad (14.59)$$

$$v(x) = e^{-\psi[\cosh\beta(x-x_u)]^{-\gamma_u}} \frac{C}{[\cosh\beta(x-x_v)]^{\gamma_v}} \quad (14.60)$$

となり，

$$\psi = \frac{A\chi_v}{d_v}, \quad \gamma_u = \frac{c_u}{d_u\beta}, \quad \gamma_v = \frac{c_v}{d_v\beta} \quad (14.61)$$

である．オオカミの群れの大きさに関する保存則 (14.35) より

$$\int_\Omega \frac{A}{[\cosh\beta(x-x_u)]^{c_u/(\beta d_u)}} dx = 1,$$
$$\int_\Omega e^{-\psi}\cosh^{-\gamma_u}\beta(x-x_u) \frac{C}{\cosh^{\gamma_v}\beta(x-x_v)} dx = 1 \tag{14.62}$$

が得られる．

関数 $v(x)$ は図 14.9(a), (b) に示された 2 つの関数形のどちらかとなり，極大値を 1 つ，もしくは 2 つもつ．いずれの場合でも，$x > x_u$ をみたすある x で極大値をとる（$x_u < x_v$ であることを仮定している）．群れ 1 の分布は，ここでも，巣の場所に関して対称であることに注意されたい．条件

$$A = u(x_u) < \frac{c_v d_u}{c_u \chi_v}$$

が成り立つとき，群れ 2 は唯一つの極大値をもつ．これにより，群れを密着させる相対的な強さに臨界値が存在し，それを超えてしまうと，他の群れの RLU によるマーキングに大きく反応する方の群れは，縄張りの分裂を強いられる，という可能性が示唆される．

図 14.9(c), (d) は，3 つの相同な群れに対する系 (14.53)–(14.56) の定常解を，累積 RLU 密度（3 つの群れ全てによる RLU の密度）とともに示したものである．群れの境界に沿って，RLU によるマーキングの密度が高い領域があることが明確にわかる．

14.4 オオカミとシカの捕食者―被食者モデル

さて，シカをダイナミクスの変数として含めねばならない．シカの個体群を明示的にモデルに含めることで，我々が前にランダムな拡散としてモデリングしたオオカミの捕食行動を，より詳細にすることができる．ここでは，捕食に関わる移動を，シカの密度に対して直接的にオオカミが反応するものとして表現する．最もシンプルな形は，餌への走性 (prey-taxis) を「シカの勾配」に対する局所的な反応として表すことである．言い換えれば，シカの密度がより高い領域へとオオカミが動くということである（これは，シカの集団がより密集しているところほど，狩りが成功する確率が増すということを仮定している）．これがひどい単純化であることは明白だが，より現実的なシカに対する反応の定式化への最初の枠組みを与えてくれる．数学的には，この類の走性は流束密度として表せる．例えば，群れ 1 のオオカミ (u) に対して

$$\boldsymbol{J}_{\text{deer}} = \sigma_u u \nabla h \tag{14.63}$$

と表せる．ここで，h はシカの期待密度であり，σ_u は走性の強さを定量化するパラメータである．

シカの期待密度を決定するモデル式は，いくらかシンプルなものである．シカはオオカミに襲われれば逃げるが，積極的にオオカミの個体群を避けているという証拠はないことを考慮し，夏の間はシカは大きく移動することはないと仮定する．したがって，シカの密度分布はオオカミの捕食レベルによって規定されるので，シカの個体群は

$$\frac{\partial h}{\partial t} = -(\alpha_u u + \alpha_v v) g(h) \tag{14.64}$$

とモデリングできる．ここで α_u, α_v は定数であり，$g(h)$ は典型的な非線形の飽和関数であり，例えば $g = ah/(1+bh)$，あるいは $g = ah^m/(1+bh^m)$（$m > 1$，a, b は正の定数）などである．自然死亡の項（例えば $-kh$ のようなもの）を加えることもできるが，夏の間の自然死亡はオオカミによる（主に仔ジカの）捕食によって見かけ上小さくなっている．

以上で，オオカミとシカの相互作用，および縄張り形成における両者の役割に関する基本モデルを書き下すことができる．上述のオオカミ同士の相互作用モデルの要素と，シカに関する先ほどの 2 式を組み合

14.4 オオカミとシカの捕食者―被食者モデル

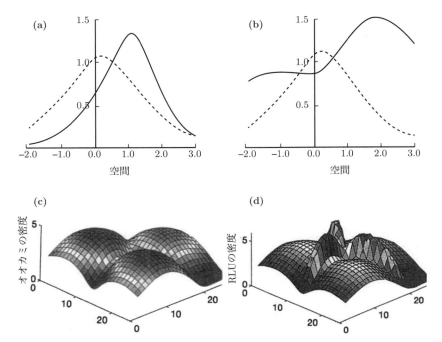

図14.9 群れ2（巣の位置は $x_v = 0.8$）のみが他の群れのRLUに反応して移動するとした場合の，式(14.53)–(14.56) の定常解．群れ1の分布は群れ2の存在に影響を受けず，巣の場所である $x_u = 0.2$ に関して対称である．(a) では，群れ1を密着させる相対的な強さが，群れ2を分断するほど大きくないので，群れ2の密度は，その巣の付近において単一の極大値をとる．しかしながら (b) では，群れ2の密度分布は極大値を2つもち，これが群れの分断に相当する．モデルのパラメータ値は $c_u = d_u = d_v = x_v = \beta = 1$ であり，(a) では $c_v = 2$ であり，(b) では $c_v = 0.5$ である．破線は $u(x)$ を，実線は $v(x)$ を表す．(c)，(d) 3つの同一の群れが存在した場合の式 (14.53)–(14.56) の拡張版の数値シミュレーション結果を表す，オオカミ密度とRLU密度の定常状態での3次元グラフ．$c_u = 0.5, \beta = 0.5, n = 0, \alpha_u(q) = 0.25q/(1+q), \phi = 1, m(q) = 2q/(5+q)$ である．群れの境界領域においてRLUの密度が大きいことに注意されたい（White et al. (1996a, 1998) より）．

わせる．オオカミの群れが2つの場合，（次元付きの形では）

$$\begin{aligned}
\frac{\partial u}{\partial t} &= \nabla \cdot [c_u(x - x_u)u - \sigma_u u \nabla h], \\
\frac{\partial v}{\partial t} &= \nabla \cdot [c_v(x - x_v)v - \sigma_v v \nabla h], \\
\frac{\partial p}{\partial t} &= u[l_p + m_p(q, h)] - f_p p, \\
\frac{\partial q}{\partial t} &= v[l_q + m_q(p, h)] - f_q q, \\
\frac{\partial h}{\partial t} &= -(\alpha_u u + \alpha_v v)g(h)
\end{aligned} \qquad (14.65)$$

となる．

このモデルは，RLUによるマーキングを行うことに関して，シカの密度への反応が関与しているという点において，上述した一般型とは大きく異なる．これは，オオカミがシカを捕食した場所では，RLUによるマーキングの頻度が増加するということを示唆する野外研究による (Peters and Mech (1975), Schmidtとの私信 (1994))．

シカの場合と同様に，例えば，飢餓や群れ間の衝突によるオオカミの死亡を表す項を式に加えることは合理的である．例えば u に関する式では，右辺にそれぞれ $-\alpha_u u f_u(h)$（f_u は h についての正の減少関

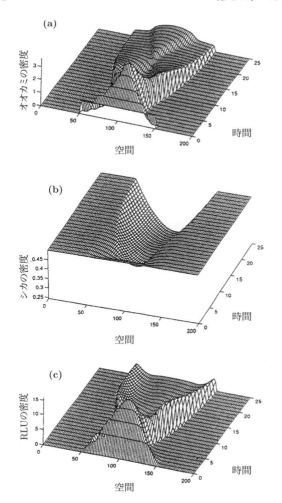

図 14.10　1次元空間に単一の群れが存在するとした場合の，系 (14.65) の解．ただし $v = q \equiv 0$ であり，$c_u = 3.5, \beta = 0.001, \sigma_u = 0.2, \alpha_u = 0.02, m_p(h) = 10h^{10}/(0.45^{10} + h^{10})$ である．(a) はオオカミの密度分布の時間変化，(b) はシカの密度分布の時間変化，(c) は RLU の密度分布の時間変化である．シミュレーションは 24 週間に相当する時間走らせ，その期間を通じての死亡率はおおよそ 18.5% であった (White et al. (1996a) より)．

数) と $-k_u uv$ の形の項を加えられるであろう．しかしながら本章で考えているモデルは夏の間のものであり，飢餓や群れ間の衝突は稀であるため，解析を行う際にはこれらの項を 0 とするのも合理的である．以下で提示するシミュレーションは，限られた期間内での解の時間発展を示したものである．(14.65) 第 5 式から，シカの個体数が時間経過に伴って減少し，最終的には絶滅するであろうことは明白である．例えば，図 14.10 に示されたシミュレーションは 24 週間に相当する期間のものである．シカの繁殖は季節的に起こるが，それを含む，より完全なモデルは White et al. (1996b) によって議論されている．そこではシカの絶滅の問題が議論されている．

パラメータの評価

パラメータは，縄張り形成と生存の両方の観点において，オオカミとシカの相互作用に重要な役割を果たす．大まかな評価であろうとも，パラメータのいくつかは評価するのが困難である．というのも，それには動物の行動反応や社会組織に関する知識が必要となるからである．White (1995) は現存する文献からいくつかの推定値を得た．

群れの大きさの妥当な評価としては，おおよそ 3〜15 匹である．これは式 (14.7) の Q の値の範囲となる．縄張りの妥当な推定値は 100〜300 km^2 であり，これより面積は $A = (100〜300)n$ となる．ここで n はオオカミの群れの数である．

14.4 オオカミとシカの捕食者—被食者モデル

野外データ (Peters and Mech 1975) によれば，RLU によるマーキングが新しいものであるほど，さらなるマーキングが行われる傾向が強いようである．ここから，RLU を検知できる期間は典型的にはおよそ 1 週間であり，したがって，減衰率を表すパラメータの推定値は $f_p \approx (1/7)/$日 となる．オオカミの移動速度は，大抵 5〜8 km/時 である．我々が考えるタイムスケールは日単位なので，c_u の推定値は $c_u \approx 5 \sim 30$ km/日 となる．つまり，オオカミは 1 日で縄張りの直径よりも長い距離を移動することはなさそうである．また，実際に狩りをする際を除けば，巣へと戻る速度とシカを探して動く速度はそれほど違わないと考えることは妥当であろう．これにより，餌への走性は km^2/日 のスケールほどはおそらく大きくないので，餌への走性のパラメータ σ_u は小さいと考えられる．

シカの死亡率 α_u を評価するために，式 (14.64) において $g(h) = h, v = 0$ とすると，

$$h(\boldsymbol{x}, t) = h(\boldsymbol{x}, 0) \exp\left[-\alpha_u \int_0^t u(\boldsymbol{x}, s) ds\right]$$

となる．夏の間は，シカの生存率は比較的高いが，仔ジカの生存率は低い．Nelson and Mech (1991) のデータを用いれば，夏の間の総死亡率を 30% と評価するのは合理的である．1 日に換算すると，死亡率は 0.2% となる．群れの大きさが一定であるとすれば，$\alpha_u = O(10^{-2})$ となる．当然のことながら，これは，単一の群れがシカを捕食する場合の推定値である．考慮する群れの数に応じて変化させねばならない．

これらの推定値は，パラメータの大きさに関する大まかな目安でしかないことを繰り返し述べておくべきであろう．以下で示す数値シミュレーションではこれらの値が用いられている．コヨーテの縄張り形成に関する詳細な野外研究から，Moorcroft et al. (1999) はパラメータの推定値を得ている．以下で簡潔に彼らの研究について議論する．

White (1995), White et al. (1996a, b, 1998), Lewis et al. (1997) は，上で議論した様々なモデルの方程式系に関して広範に数値シミュレーションを行っている．単一のオオカミの群れ，被食者のシカ，および RLU によるマーキングに関するモデル，すなわち，(14.65) の第 1, 3, 5 式からなるモデルに関してそのようなシミュレーションを行った一例を図 14.10 に示す．

オオカミとシカの相互作用やそれぞれの生存に関する本質的な特徴，そして，どのように縄張りが発達し，境界が引かれるかを明確に理解するためには，少なくとも 3 つのオオカミの群れとシカの個体群を考える必要がある．これは，2 次元空間における 7 つの式からなる連立偏微分方程式が必要であることを意味する．オオカミの期待密度に対して 3 つの式が，それらに関連した RLU の密度に対して 3 つの式が，そしてシカの個体群に対して 1 つの式が必要である．図 14.11 に，3 つの（同質な）オオカミの群れについての 1 つのシミュレーションを示す．縄張りの空間分布とともに，シカが主に見つかる場所が明確に示されている．シカは，互いに敵対するオオカミの群れの間にある緩衝地帯に主にいることがわかる．

図 14.10 から明らかにわかることは，食料資源が縄張り構造の形成と維持に重要な役割を果たしており，オオカミとシカの両方の生存に関して説明する上で大いに役立つということである．このオオカミとシカの系について，広範な数値シミュレーションが White (1995), White et al. (1996a, b), Lewis et al. (1997) によって行われ，以下のような興味深い特徴が示されている：

(i) 図 14.10 に描かれているように，遠くまで拡散する前は，オオカミは最初，巣がある領域に集まる傾向がある．これは，シカの初期密度分布が一様であり，その場合には，オオカミの動きに関する方程式が，巣へと戻る対流項によって主に規定されるためである．もしもシカの勾配が生じなければ，オオカミは巣がある場所に集まるであろう．こうした意味で，オオカミとシカの相互作用が，オオカミの群れの縄張りを作るメカニズムを与えているのである．

(ii) RLU の密度は，縄張りの縁周辺で最大になる．そのようなことが起きるのは，その場所ではシカの密度が他の場所に比べて高く，結果的にシカを狩る機会が増え，狩りの場所ではしばしば匂いによるマーキングがなされるためである．しかし，狩りの場所であるとの理由で，高いレベルの

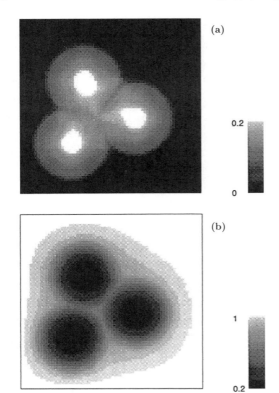

図 14.11 2次元平面上に3つのオオカミの群れと1つのシカの群れが存在するとした場合の数値シミュレーション．(a) にはオオカミの密度を，(b) にはシカの密度を示す．数式は，(14.65) を3つの群れのバージョンに拡張したものと，巣へと戻る動きを表す式 (14.2) を組み合わせた．どれほどシカが主に緩衝地帯，つまり全ての群れの累積的な RLU が多い領域に集まっているかに注意されたい．パラメータ値はどの群れでも等しく，$c_u = 0.2$，$\beta = 0.5$，$\alpha_u = 0.25$，$\sigma_u = 0.1$，$m(p,h) = 10h^{10}/(0.45^{10} + h^{10})$ である．巣は，70×70 の格子上の，(19.5, 19.5)，(24.5, 44.5)，(44.5, 29.5) に位置している（White et al. (1996a) より）．

RLU によるマーキング密度が縄張りの端で見出されるというのは，ありそうにないことではあるが，それでも，この空間分布にいくらかの役割を果たしている可能性はある．

(iii) 単一の群れのモデルにおいて見られた，密度分布の対称性は，複数の群れが相互作用する場合には壊れる——3つの群れの場合が図 14.11 に示されている．この場合の興味深い結果は，群れの縄張りの間に緩衝地帯が出現し，そこでシカの密度が最大になるということである．実のところ，群れとシカの間の相互作用があれば，それだけで RLU によるマーキングがなくても，このようなパターンが形成されるに十分である．そのようなモデルでこのようなことが起こるのは，オオカミはシカの局所的な勾配を上っていき，そして，2つの隣り合う群れが，異なる方向からシカの個体群に近づくと，シカの密度のピークが群れの間に出現するような勾配になるからである．生態学的には，ある群れのオオカミがこの獲物の勾配（のピーク）を越えて動くべき理由はない．なぜならば，シカの密度は反対側に行くと下がるであろうし，その上，群れ間の衝突が起こるリスクが高まるからである．

14.5 オオカミの縄張り形成とシカの生存に関するまとめ

これまで我々が議論してきた機構論的モデルは，ミネソタ州の北東部における，オオカミとシカの相互作用およびオオカミの縄張り形成に関する裏付けのある記録に主に動機づけられている．モデルは様々あったが，その全てが，動物に関するシンプルな行動規則に基づいており，その解は，縄張り形成やその形，大きさ，維持などの観点から，野外観察のデータと比較された．これらのモデルやその変種のモデルに関するさらなる解析については，本章の至る所に掲載した参照文献に与えられている．さらなる研究に値する様々な側面が，まだ多数残っているのである．

14.5 オオカミの縄張り形成とシカの生存に関するまとめ

偏微分方程式のモデルから明らかとなった時空間的性質の重要な1つの面は，あらかじめ定められた境界がなくても，縄張りは自然に形成されるというものである．孤立した群れが巣の場所から遠ざかったり近づいたりする状況では，14.2節で議論した最もシンプルなモデル (14.4) より，群れの大きさの関数として行動圏の大きさが予測できる（図14.6）．この結果は，イエローストーン国立公園など北米の多くの場所で現在検討されている，もしくは進行中である，オオカミの再導入の過程において潜在的に重要である．いかなる孤立した群れにおいても，しっかりとした縄張りが作られていることを示唆するような証拠が，野外研究で見つかっている．単一の群れの行動圏に関するモデルは，この観察結果を再現しており，群れの縄張りは，最適な群れの大きさによって説明される．最適な群れの大きさとは，多くの獲物を狩るのに十分な大きさであり，かつ，それでもなお，必要な社会的接触が行えるような大きさである．当然のことながら，このシンプルなモデルから形成される縄張りは，巣の場所に関して対称である．

RLU によるマーキングに対するオオカミの反応の性質が異なるような，複数の群れのモデルについても議論した．全ての場合で，単一の群れの系で観察された縄張りの対称性が，群れ間の相互作用によって失われた．おそらく，これらのモデルで最も重要な面は，群れの縄張り間に緩衝地帯を形成することができるということであろう．詳細な解析（その一部は White et al. (1996a, b), Lewis et al. (1997) の引用文献に見られる）によって，緩衝地帯の有無は，匂いによるマーキングに対する応答関数の形や傾きに依存することが示されている．また，2次元空間における数値シミュレーションによって，行動の応答関数と，匂いによるマーキングの応答関数の両者に切り替わり (switching) があることが，現実的な縄張りおよび緩衝地帯，そして緩衝地帯における高密度の匂いによるマーキングが生じるのに必要であることが示唆されている．これらの結果は，異なるレベルの RLU 密度に対するオオカミの反応——RLU を行うことと，マーキングからの逃避の反応——を野外実験で調べるのが有意義であることを示唆している．これらの反応が縄張り形成に本当に重要なのであれば，既に他の群れによるマーキングに慣れているオオカミを用いて，両方の反応について，切り替わりの挙動が野外で観察されるべきである．

14.4節で議論した，餌への走性に関する解析は，RLU によるマーキングへの反応の群れ間での差異を調べるのに，このモデルをいかに用いることができるかを示している．そこで取り上げられた例では，ある群れが，縄張りの狭い隣の群れ（巣の場所にて見つかる確率が高い）と比較して，他の群れの RLU によるマーキングに対して著しく高いレベルで反応する場合，その群れは分裂しうるようである．これに関するさらなる理論的研究は White (1995) に見られる．

匂いによるマーキングは縄張りの維持に重要な役割を果たしているが，前述したように，遠吠えも縄張りを防御する機構として重要である．このような，一時的ながら長距離に届くシグナルの効果を考慮したような研究を今後行うことで，縄張り形成に関する我々の理解が深まることは明確であり，より高度なモデルにそれを組み込むことができるであろう．

オオカミとシカの相互作用に関する我々の解析により，ミネソタ州北東部で観察される縄張り構造の大部分が説明できると思われる．群れ同士の間に獲物の密度勾配が生じることによって，シカの密度がより高い領域へとオオカミが移動することが，競争する捕食者たち（隣の群れ）と餌（シカ）が空間的に棲み分けるという結果をもたらす．さらに，緩衝地帯の周辺で RLU によるマーキングの頻度が増加するのは，部分的にはおそらく，そこでシカの密度が高まっており，オオカミがシカを殺すため（それにより，RLU によるマーキングがある程度引き起こされる）であるといえよう．本書の哲学に倣い，含まれていると考えられる過程についてある程度の理解を得ることを目指して，最初に構築するモデルを，正確に記録されている行動の特徴のみからなるものにしようと努めてきた．これらのモデルにはかなり根本的な仮定がいくつか含まれるが，それらはまだあまり洗練されていない．それにもかかわらず，これらのモデルは，縄張りを有する捕食者についての捕食者—被食者相互作用に関する大いに有意義な問いを，野外生態学者に対して投げかけている．何が求められており，何がさらなる生態学的研究を必要としているのかが一度わかれば，より洗練されたモデルを立てることができるであろう．

本書で見てきたように，当然のことながら，非線形偏微分方程式は様々な生態学の文脈の中で用いられてきた．しかしながら，本章で記述したモデリングは，縄張り形成の行動面を記述し理解するための新たな手法を提示していると考えられる．モデルの要素に何を選ぶのかは，個体の動きを観察することによってわかることよりかは，他の生態学的研究から決められた．この流れにのっとって，より定量的な研究で現在行われているいくつかのものを次節で述べる．ここで提示されたモデルには，非常に一般的な仮定がいくつか含まれるが，少数の比較的シンプルな行動規則を適用することで，オオカミの縄張り形成や維持，オオカミとシカの生存に関する一見複雑な性質が説明できることを示唆している．次節で記述するコヨーテに関する研究は，上述のモデリングに基づいており，この考えを強力に支持するものである．新たな要素が Lewis and Moorcroft (2001) による興味深い論文で導入された．彼らは，進化ゲーム理論の考えを，オオカミの行動圏モデルに関する上述の機構論的理論に導入している．関連するパラメータの評価を行い，パラメータの適切な選択によっては他の行動戦略が進化的に侵入できない場合の縄張りが得られることを示している．

14.6 コヨーテの行動圏パターン

モデル解析により予測された，オオカミとシカの空間分布に関する定性的な特徴は，野外観察と幅広く一致しているが，Moorcroft et al. (1999)（Moorcroft (1997) も参照されたい）による独創的な論文では，上述のモデリングをより定量的かつ実用的に応用している．彼らはコヨーテ (*Canis latrans*) の行動圏パターンを研究した．彼らの研究でも，土地（資源）の分布が肉食動物とその獲物の両方の空間分布に重要な役割を果たすさらなる証拠が提示されている．彼らの研究は，野外研究からパラメータを評価可能な実証的な行動圏モデルへこの理論を応用した最初の例であり，上述してきた一般的な機構論的アプローチの正しさを裏付けているように思える．

Moorcroft et al. (1999) は，そのような（理論と実証の）組み合さった研究の利点をいくつか指摘している．利点の1つは，モデルによるフィッティングにより，土地資源の空間分布や研究している種のダイナミクスに関して立てた様々な仮説を評価することができるという点にある．他にも，動物社会に対する外的攪乱や資源利用による影響を予測できるという利点がある．

Moorcroft et al. (1999) は上述のモデル，特に Lewis and Murray (1993) によって提唱されたものを用いて，アメリカ合衆国ワシントン州にあるハンフォード乾燥地生態系保護区内に生息するコヨーテの行動圏の特徴を調べた．Moorcroft et al. (1999) が行ったことは，基本的に言えば，コヨーテの動きに影響を与える重要なモデルの要素が何であるかを明らかにしたことである．すなわち，他の群れの RLU に出くわすことは，コヨーテを巣へと戻るように動かす効果をもち，また，自らの RLU の頻度を増加させる効果をもつということを示したのである．とりわけコヨーテに関連した詳細な解析や生態学的研究は Moorcroft (1997) に見られる．

Moorcroft et al. (1999) は，2つの別個の解析を行った．第一に，ラジオトラッキングを用いて，単一の群れの個々のコヨーテの動きを追跡し，コヨーテの行動圏に関する Lewis and Murray (1993) のモデルにそのデータを当てはめた．第二に，再び Lewis and Murray (1993) のモデルを用いて，6つの隣接する群れの空間パターンを調べた．彼らは単一の群れに関する解のフィッティングを用いて，縄張りにおける匂いによるマーキングの期待分布，および，個体の動きがなす空間パターン，そして，群れをその行動圏から取り除いた場合の効果について調べた．彼らは，観察される行動圏の空間パターン——その位置や，隣接する群れとの間の境界など——をモデルが捉えていることを示した．図 14.9(d) で見たように，3つの群れが存在する場合には，匂いによるマーキングの密度が最大となる場所は中心部になると期待される．これは Moorcroft et al. (1999) でも観察されている．

本章で論じたモデリングの枠組みや解析の結果——行動圏，RLU によるマーキング，そして，肉食の

14.7 チペワ族とスー族の部族間抗争（1750〜1850年頃）

捕食者とその獲物がなす空間的分布に関する——は，オオカミとシカの系への適用において，観察結果と比較して定性的に妥当な結果であった．Moorcroft et al. (1999) による研究の重要な点は，以下のことを示したことである：「行動圏を分析するための機構論的な枠組みによって，動物の行動圏パターンに関する理論的研究と実証的研究を直接統合する手段が与えられる．モデルを定式化して適用する——そうすることで，空間使用のパターンについての予測を，個体レベルの動きや相互作用の記述から形式的に評価することができる——ことで，これまでの記述的アプローチとは対照的に，行動圏のパターンを規定する要素に関する仮説を直接検証するための方法論が与えられるのである．これは，個体の振舞いや，攪乱の後の行動圏パターンの変化について予測できることとあいまって，動物の行動圏パターンの定量的かつ還元論的な理解を進歩させてくれる」．この研究や，これと関係する縄張りの機構論的モデルについての議論が，Moorcroft and Lewis (2001) に与えられている．

14.7　チペワ族とスー族の部族間抗争（1750〜1850年頃）

本章で提示してきた一般的な機構論的理論の，十分に立証されたヒトへの応用例がある．それは，生き抜くための伝統的な方法として，部族間抗争を正当化しかねないものである．Morgan (1887) は，部族間の緩衝地帯や紛争地帯の存在が，部族社会に共通する特徴であるということを示唆した[*3]．各部族が認めたそれぞれの縄張りの間には緩衝地帯が存在し，一般的に，どちらの部族の人々も居住することなく，部族間抗争が起こるリスクが高いために，かなりの人数（15〜20人）で構成された狩猟集団しか立ち入らない傾向にあった．Hickerson (1965) による興味深い論文では，18世紀の下半期から19世紀の上半期にかけて，猟の獲物であるオジロジカを奪い合うことによって生じた，ミシシッピ川上流の部族間の緩衝地帯に理論を適用した状況が特に議論されている．以降の内容は彼の研究から抜粋したものである．

ウィスコンシン州とミネソタ州にまたがって居住している，昔から敵対するチペワ族とスー族の場合には，広大な森林で覆われた緩衝地帯が存在していた．そこは獲物となる動物，とりわけオジロジカの逃げ場となっていた．図 14.12 に，チペワ族の集落とスー族の集落の間に存在する，大まかな部族間の境界や緩衝地帯を示す．緩衝地帯は一般的に 20 マイル以上の幅があった．狩猟民が狩りをしたりワナを仕掛けたりするために緩衝地帯に入れるのは，休戦状態のわずかな期間だけであった．Hickerson (1965) が指摘しているように，禁猟期間になる前は，たとえ経済的・生態的に落ち着いた時期ですら，この緩衝地帯にどちらかの部族が数日以上居住するということはおそらくなかった．チペワ族とスー族の緩衝地帯は，駆け引きに富む領域であったのである．

Hickerson (1965) が注釈しているように，この緩衝地帯は非常に安定しており，おおよそチペワ族が居住し始めてから禁猟区域になるまでの 1750 年頃から 1850 年頃まで存在していた．Hickerson (1965) は，紛争地帯の境界を定めたのはシカであったと指摘している．緩衝地帯に生息する狩猟の獲物を巡って生じた 2 部族間の抗争によって，彼らの最も重要な食料資源であるシカの絶滅が防がれた．

1825 年に Prairie du Chien において 2 部族間での境界協定が締結された．しかしながら，協定を違反したとする報告が数多くあがった．その報告は，同意に至った領土の境界を侵略したとして部族がお互いを告発し合うというものであった．1831 年，（はるかに攻撃的な）スー族によって再び交戦状態となったが，チペワ族が耐え忍んだことで，全体を巻き込んでの戦争だけは避けられた．

1828 年には，スー族の集落とチペワ族の集落の両方で飢饉が報告された．一種の休戦状態を締結した協定からわずか 3 年後であった．飢饉は 1831 年に頂点に達し，1835 年から 1838 年にかけて再び頂点に達した．これらの飢饉の際には，獲物を探して両方の部族が境界を侵害しているという報告が頻繁にあ

[*3] 幼少期はスコットランドの田舎で育ったのだが，中世の頃の縄張り形成や境界維持の名残として，'Riding of the Marches' という公式行事が毎年行われていた．その行事では，現地の騎手の一団が小さな町の正式な境界の周囲を馬に乗って行進していた．

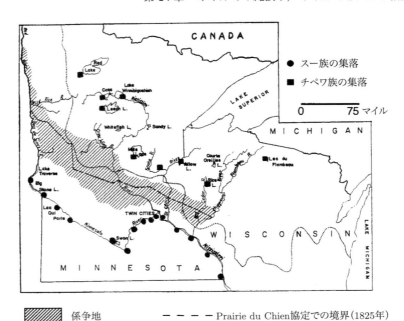

図14.12 1750年頃から1880年代中頃まで，ウィスコンシン州とミネソタ州に存在した，チペワ族とスー族の居住区域の間の部族間緩衝地帯（アメリカ科学振興協会（著作権者）の許可を得て，Hickerson (1965) より複製）．

がった．協定の遵守に対して責任がある政府職員の記述によれば，領域内の両部族の状況はすさまじかったという．攻撃やそれに対する反撃は大抵容赦なかった．1838年のチペワ族の紛争の後の1839年夏には，スー族が，政府職員への訪問から帰るチペワ族を100人以上殺した．この攻撃の後も交戦状態は続いたが，緩衝地帯は1826年当時の状態を取り戻し，それは1850年代の禁猟期間に至るまで変わりなかった．

明白なことは，どのような長さの休戦期間においても，緩衝地帯の獲物（他の獲物に比べて捕まえやすかったので，ほとんどがオジロジカであった）が急速に枯渇し，結果として飢饉が起こったということである．そして再び交戦状態が始まり，緩衝地帯が復活した．緩衝地帯が存在する限り——それは基本的に部族間抗争が続いていたことにより維持されていたのだが——，シカはこの紛争地帯で，その両側の部族に十分な食料を供給できるほどの数が生存することができた．Hickerson (1965) は以下の言葉で締めくくっている：「緩衝地帯の維持は，すなわち交戦状態によって最良のシカの生息地である緩衝地帯が維持されていたわけだが，それはチペワ族とスー族の維持に必要であったのである．長期にわたる休戦期間には，St. Croix River valley のような非常に限られた領域ですら，緩衝地帯で狩猟が行われると，シカ肉の供給が枯渇し，飢饉への反応として戦争が復活したのである」．

付録 A
有界領域におけるラプラシアン作用素に関する一般的結果

2.9 節にて，我々は以下の結果を用いた：関数 $u(x)$ が $x=0,1$ において $u_x=0$ をみたすとき

$$\int_0^1 u_{xx}^2 dx \geq \pi^2 \int_0^1 u_x^2 dx \tag{A.1}$$

が成立する．また，より一般に，B を有界領域，∂B をその境界であり単連結であるものとし，B 上の関数 $\boldsymbol{u}(\boldsymbol{r})$ が ∂B 上でゼロフラックス条件（ノイマン条件）をみたすならば——すなわち，$\boldsymbol{n}$ を ∂B に対する外向き単位法線ベクトルとするとき $\boldsymbol{n}\cdot\nabla\boldsymbol{u}=0$ をみたすならば，

$$\int_B |\nabla^2\boldsymbol{u}|^2 d\boldsymbol{r} \geq \mu \int_B \|\nabla\boldsymbol{u}\|^2 d\boldsymbol{r} \tag{A.2}$$

が成立する．ただし，式 (A.2) において μ は，∂B 上でノイマン条件をみたすような ∇^2 の正の固有値のうち最小のものであり，また $\|\cdot\|$ はユークリッドノルムを表す．ユークリッドノルムとはすなわち，例えば（空間が 3 次元であれば）

$$\|\nabla\boldsymbol{u}\| = \left[\sum_{i,j}\left(\frac{\partial u_i}{\partial x_j}\right)^2\right]^{1/2} \tag{A.3}$$
$$\boldsymbol{r}=(x_j),\quad j=1,2,3;\quad \boldsymbol{u}=(u_i),\quad i=1,2,\ldots,n$$

で定義される．本節では，これらの命題を証明する．(A.1) は (A.2) の特殊な場合（$\boldsymbol{u}$ がスカラー，$\boldsymbol{r}$ が 1 次元空間変数である場合）である．

説明の便宜上，まずは 1 次元における結果 (A.1) の導出を丁寧に行い，その後，一般的な結果である (A.2) を証明する．

1 次元空間変数 x についてのスカラー関数 $w(x)$ に関する方程式

$$w_{xx} + \mu w = 0 \tag{A.4}$$

を考えよう．ただし，ノイマン境界条件

$$w_x(x) = 0 \quad (x=0,1) \tag{A.5}$$

をみたすような解を考えることにし，μ は，一般的な固有値を表している．方程式 (A.4), (A.5) に対する，直交固有関数系 $\{\phi_k(x)\}$ およびその固有値 $\{\mu_k\}$ ($k=0,1,2,\ldots$) は，

$$\phi_k(x) = \cos\mu_k^{1/2}x,\quad \mu_k = k^2\pi^2,\quad k=0,1,\ldots \tag{A.6}$$

で与えられる．我々が興味のある，ゼロフラックス条件 (A.5) をみたす任意の解 $w(x)$ は，これらの固有関数 $\phi_k(x)$ に関する（フーリエ）級数展開の形で表示することができる．また，その導関数も（存在するものと仮定する），同様の形に表示することができる．そこで，以下のようにおこう：

$$w_{xx}(x) = \sum_{k=0}^{\infty} a_k \phi_k(x) = \sum_{k=0}^{\infty} a_k \cos(k\pi x). \tag{A.7}$$

ここで，通常通り

$$a_k = 2\int_0^1 w_{xx}(x)\cos(k\pi x)dx, \quad k > 0$$

$$a_0 = \int_0^1 w_{xx}(x)dx = \Big[w_x(x)\Big]_0^1 = 0$$

である．式 (A.7) を 2 回積分し，さらに条件 (A.5) を用いると

$$w(x) = \sum_{k=1}^{\infty} -\frac{a_k}{\mu_k}\phi_k(x) + b_0\phi_0$$

が得られる（b_0, ϕ_0 は定数）．よって，$a_0 = 0$ に注意すると

$$\begin{aligned}
\int_0^1 w_x^2(x)dx &= \Big[ww_x\Big]_0^1 - \int_0^1 ww_{xx}dx \\
&= -\int_0^1 ww_{xx}dx \\
&= \int_0^1 \left[\sum_{k=1}^{\infty}\frac{a_k}{\mu_k}\cos(k\pi x)\right]\left[\sum_{k=1}^{\infty}a_k\cos(k\pi x)\right]dx + b_0\phi_0\int_0^1 \left[\sum_{k=1}^{\infty}a_k\cos(k\pi x)\right]dx \\
&= \frac{1}{2}\sum_{k=1}^{\infty}\frac{a_k^2}{\mu_k} \\
&\leq \frac{1}{2\mu_1}\sum_{k=1}^{\infty}a_k^2 \\
&= \frac{1}{\mu_1}\int_0^1 w_{xx}^2 dx = \frac{1}{\pi^2}\int_0^1 w_{xx}^2 dx
\end{aligned}$$

となり（μ_1 は，固有値 μ_k のうち最小の正の固有値であることに注意されたい），これは (A.1) に他ならない．

一般的な結果 (A.2) の証明は，1 次元空間スカラー版の証明をただ模倣しただけのものである．

再び，関数列 $\{\boldsymbol{\phi}_k(\boldsymbol{r})\}$ ($k = 0, 1, 2, \ldots$) を，方程式

$$\nabla^2 \boldsymbol{w} + \mu \boldsymbol{w} = 0$$

の正規直交固有関数系とする．ただし $\boldsymbol{w}(\boldsymbol{r})$ は，空間変数 $\boldsymbol{r}$ に関するベクトル関数であり，また μ は固有値を一般的に表している．$\{\boldsymbol{\phi}_k\}$ に対応する固有値を $\{\mu_k\}$ ($k = 0, 1, \ldots$) とし，$\mu_0 = 0 < \mu_1 < \mu_2 < \cdots$ と順に並べるとしよう．このようにおいたため，$\boldsymbol{\phi}_0$ は定ベクトルであることに注意されたい．

関数 $\boldsymbol{w}(\boldsymbol{r})$ は領域 B 上で定義されており，境界 ∂B 上の $\boldsymbol{r}$ に対してはゼロフラックス条件 $\boldsymbol{n}\cdot\nabla\boldsymbol{w} = 0$ をみたすものとする．このとき，以下のように表示できる：

$$\begin{aligned}
\nabla^2 \boldsymbol{w} &= \sum_{k=0}^{\infty} a_k \boldsymbol{\phi}_k(\boldsymbol{r}), \\
a_k &= \int_B \langle \nabla^2 \boldsymbol{w}, \boldsymbol{\phi}_k\rangle d\boldsymbol{r}, \\
a_0 &= \left\langle \boldsymbol{\phi}_0, \int_B \nabla^2 \boldsymbol{w} d\boldsymbol{r}\right\rangle = \left\langle \boldsymbol{\phi}_0, \int_{\partial B} \boldsymbol{n}\cdot\nabla \boldsymbol{w} d\boldsymbol{r}\right\rangle = 0.
\end{aligned} \tag{A.8}$$

ここで $\langle \cdot \rangle$ は内積（スカラー積）を表す．$\nabla^2 \boldsymbol{w}$ を 2 回積分し，

$$\boldsymbol{w}(\boldsymbol{r}) = \sum_{k=1}^{\infty} -\frac{a_k}{\mu_k} \boldsymbol{\phi}_k(\boldsymbol{r}) + b_0 \boldsymbol{\phi}_0$$

が得られる（$b_0, \boldsymbol{\phi}_0$ はそれぞれ定数と定ベクトル）．この展開式，および $\nabla^2 \boldsymbol{w}$ の展開式より，部分積分を用いて

$$\begin{aligned}
\int_B \|\nabla \boldsymbol{w}\|^2 d\boldsymbol{r} &= \int_{\partial B} \langle \boldsymbol{w}, \boldsymbol{n} \cdot \nabla \boldsymbol{w} \rangle d\boldsymbol{r} - \int_B \langle \boldsymbol{w}, \nabla^2 \boldsymbol{w} \rangle d\boldsymbol{r} \\
&= \sum_{k=1}^{\infty} \frac{a_k^2}{\mu_k} \\
&\leq \frac{1}{\mu_1} \sum_{k=1}^{\infty} a_k^2 \\
&= \frac{1}{\mu_1} \int_B |\nabla^2 \boldsymbol{w}|^2 d\boldsymbol{r}
\end{aligned}$$

がわかり，ここで μ_1 は最小の正の固有値であったため，これは (A.2) を与えている．

監修者あとがき

本書『マレー数理生物学応用』は，James D. Murray, *Mathematical Biology I: An Introduction*, 2002【邦訳：『マレー数理生物学入門』三村昌泰総監修，丸善出版，2014年】に続いて出版された第 2 分冊 *Mathematical Biology II: Spatial Models and Biomedical Applications*, 2003 の全訳である．原著は複雑な時間空間分布をもつ生物システムに向けて数学モデルから解明するという数理生物学を多くの例を交えて書かれた書物である．既にポーランドやロシア等で翻訳されていることから，いまや世界的によく知られた数理生物学のバイブルである．

著者である James D. Murray 氏は医学，心理学，生態学，疫学，発生生物学等，数理生物学の様々な分野において，実験家との共同研究を通して，モデルを構築し，その解析から，機構の解明，予測を行ってきた現在の数理生物学の確立に貢献する偉大な研究者の 1 人であろう．さらに，彼は一般向けの科学雑誌である *Scientific American* に掲載された "How the Leopard gets its spot"（その和訳は日経サイエンス 1988 年 5 月号において「ヒョウの斑点はどのように決まるか」で紹介されている）や米国数学会月刊誌に掲載された "Why are there no 3-headed monsters? Mathematical modeling in biology" 等に執筆していることからわかるように，数理生物学の世界だけではなく，数学・数理科学がいかに生物学に貢献しているかという学際的な視点から情熱を注いでいる研究者である．現在は，プリンストン大学応用・計算数学教室の上級研究者として活躍している．

この書物と既に出版された『マレー数理生物学入門』との大きな違いは，生物システムの空間構造の理解に大きな力点を置いていることである．疫病の病原・伝染経路の解明，悪性腫瘍細胞の増殖およびその制御，重大疾患の予防，治療などは，未だ完全には解決されず，我々社会にとって緊急課題になっているが，それに向けて数学モデルから挑戦することの必要性が既にこの書で述べられている．この状況からも，我が国においてこの訳書の出版は重要であると言ってよいであろう．さらに，本書が数理生物学の我が国における数理生物学のさらなる発展の一助になればと願っている．

翻訳作業は，勝瀬一登，吉田雄紀，青木修一郎，清田正紘，半田剛久，宮嶋望の 6 名の方々が翻訳した．彼らは数理生物学を身に付けて医学の世界で活躍している新しいタイプの若き医師，研究者たちである．最初の翻訳後の監修には我が国の数理生物学分野をリードしている研究者たちにお願いした．第 1 章は河内一樹（灘中学・高等学校），第 2 章は池田幸太（明治大学），第 3 章は関村利朗（中部大学），第 4 章は上田肇一（富山大学），第 5 章は中山悦史（東京医科歯科大学），第 6 章は森下喜弘（理化学研究所），第 7 章は昌子浩登（京都府立大学），第 8 章は本多久夫（神戸大学），第 9 章は梯正之（広島大学），第 10 章は瀬野裕美（東北大学），第 11, 12 章は柴田達夫（理化学研究所），第 13 章は稲葉寿（東京大学），第 14 章は川崎廣吉（同志社大学），付録 A は出原浩史（宮崎大学）の諸氏である．最後の全章を通じた校正は訳者の中から勝瀬，吉田，青木，清田の 4 名によって行われた．訳書はほぼ 650 ページになったため，この作業にかなりの時間をかけることになったが，最終稿の文責は三村にある．しかしながら不備な点があるかもわからない．『マレー数理生物学入門』と同様に，読者の方々からのご意見をお聞きし，改善したいと思っている．

終りに，本書出版の意義について深く理解し様々なアドバイスをくださった，丸善出版 (株) 企画・編集部の堀内洋平さん，および，LaTeX による自家組版にご助力くださった寺田侑祐さんに，お礼を申し上げたい．

三村昌泰（総監修者）

2016 年 11 月

参照文献

[1] N. S. Adzick and M. T. Longaker, editors. *Fetal Wound Healing*. Elsevier, New York, 1991.

[2] K. I. Agladze and V. I. Krinskii. Multi-armed vortices in an active chemical medium. *Nature*, 286: 424–426, 1982.

[3] K. I. Agladze, E. O. Budrene, G. Ivanitsky, and V. I. Krinskii. Wave mechanisms of pattern formation in microbial populations. *Proc. R. Soc. Lond. B*, 253: 131–135, 1993.

[4] P. Alberch. Ontogenesis and morphological diversification. *Amer. Zool.*, 20: 653–667, 1980.

[5] P. Alberch. Developmental constraints in evolutionary processes. In J. T. Bonner, editor, *Evolution and Development, Dahlem Conference Report*, volume 20, pages 313–332. Springer-Verlag, Berlin-Heidelberg-New York, 1982.

[6] P. Alberch. The logic of monsters: evidence for internal constraint in development and evolution. *Geo. Bios, Mémoire Spéciale*, 12: 21–57, 1989.

[7] P. Alberch and E. Gale. Size dependency during the development of the amphibian foot. Colchicine induced digital loss and reduction. *J. Embryol. Exp. Morphol.*, 76: 177–197, 1983.

[8] B. Alberts, D. Bray, J. Lewis, M. Raff, K. Roberts, and J. D. Watson. *Molecular Biology of The Cell (3rd edition)*. Garland, New York and London, 1994. 【『細胞の分子生物学』中村桂子・松原謙一監訳, ニュートンプレス, 2010 年 (第 5 版)】

[9] M. A. Allessie, F. I. M. Bonke, and F. G. J. Schopman. Circus movement in rabbit atrial muscle as a mechanism of tachycardia. *Circ. Res.*, 33: 54–62, 1973.

[10] M. A. Allessie, F. I. M. Bonke, and F. G. J. Schopman. Circus movement in rabbit atrial muscle as a mechanism of tachycardia. II. The role of nonuniform recovery of excitability in the occurrence of unidirectional block, as studied with multiple microelectrodes. *Circ. Res.*, 39: 168–177, 1976.

[11] M. A. Allessie, F. I. M. Bonke, and F. G. J. Schopman. Circus movement in rabbit atrial muscle as a mechanism of tachycardia. III. The 'leading circle' concept: a new model of circus movement in cardiac tissue without the involvement of an anatomical obstacle. *Circ. Res.*, 41: 9–18, 1977.

[12] W. Alt and D. A. Lauffenburger. Transient behaviour of a chemotaxis system modelling certain types of tissue inflammation. *J. Math. Biol.*, 24: 691–722, 1987.

[13] E. C. Alvord, Jr. Simple model of recurrent gliomas. *J. Neurosurg.*, 75: 337–338, 1991.

[14] E. C. Alvord, Jr. Is necrosis helpful in grading of gliomas? *J. Neuropathol. and Exp. Neurology*, 51: 127–132, 1992.

[15] E. C. Alvord, Jr. and C. M. Shaw. Neoplasms affecting the nervous system in the elderly. In S. Duckett, editor, *The Pathology of the Aging Human Nervous System*, pages 210–281. Lea and Febiger, Philadelphia, 1991.

[16] V. R. Amberger, T. Hensel, N. Ogata, and M. E. Schwab. Spreading and migration of human glioma and rat C6 cells on central nervous system myelin *in vitro* is correlated with tumor malignancy and involves a metalloproteolytic activity. *Cancer Res.*, 58: 149–158, 1998.

[17] T. Amemiya, S. Káár, P. Kettunen, and K. Showalter. Spiral wave formation in three-dimensional excitable media. *Phys. Rev. Lett.*, 77: 3244–3247, 1996.

[18] R. M. Anderson, H. C. Jackson, R. M. May, and A. M. Smith. Population dynamics of fox rabies in Europe. *Nature*, 289: 765–771, 1981.

[19] J. Andersson, A.-K. Borg-Karlson, and C. Wiklund. Sexual cooperation and conflict in butterflies: A male-transferred anti-aphrodisiac reduces harassment of recently mated females. *Proc. R. Soc. Lond. B*, 267: 1271–1275, 2000.

[20] J. Ando and A. Kamiya. Flow-dependent regulation of gene expression in vascular endothelial cells. *Japanese Heart J.*, 37: 19–32, 1996.

[21] J. Ando, T. Komatsuda, C. Ishikawa, and A. Kamiya. Fluid shear stress enhanced DNA synthesis in cultured endothelial cells during repair of mechanical denudation. *Biorheology*, 27: 675–684, 1990.

[22] J. Ando, H. Nomura, and A. Kamiya. The effect of fluid shear stress on the migration and proliferation of cultured endothelial cells. *Microvascular Res.*, 33: 62–70, 1987.

[23] L. Andral, M. Artois, M. F. A. Aubert, and J. Blancou. Radio-tracking of rabid foxes. *Comp. Immun. Microbiol. Infect. Dis.*, 5: 285–291, 1982.

[24] J. L. Aragón, C. Varea, R. A. Barrio, and P. K. Maini. Spatial patterning in modified Turing systems: application to pigmentation patterns on marine fish. *Forma*, 13: 213–221, 1998.

[25] C. Archer, P. Rooney, and L. Wolpert. The early growth and morphogenesis of limb cartilage. In J. Fallon and A. Kaplan, editors, *Limb Development and Regeneration*, pages 267–276, part A. A. R. Liss, New York, 1983.

[26] P. Arcuri and J. D. Murray. Pattern sensitivity to boundary and initial conditions in reaction-diffusion models. *J. Math. Biol.*, 24: 141–165, 1986.

[27] B. T. Arriaza, P. Cárdenas-Arroyo, E. Kleiss, and J. W. Verano. South American mummies: culture

[27] and disease. In A. Cockburn, E. Cockburn, and T. A. Reyman, editors, *Mummies, Diseases and Ancient Cultures*, pages 190–236. Cambridge University Press, Cambridge, UK, 1998.

[28] M. Artois and N. F. A. Aubert. Structure des populations (age et sexe) de renard en zones indemnés ou attaintés de rage. *Comp. Immun. Microbiol. Infect. Dis.*, 5: 237–245, 1982.

[29] G. Asaad and B. Shapiro. Hallucinations: theoretical and clinical overview. *Amer. J. Psychiatry*, 143: 1088–1097, 1986.

[30] M. Aubert. Current status of animal rabies in France. *Medicine Tropicale*, 57: 45–51, 1997.

[31] P. J. Bacon, editor. *Population Dynamics of Rabies in Wildlife*. Academic, New York, 1985.

[32] J. T. Bagnara and M. E. Hadley. *Chromatophores and Colour Change: The Comparative Physiology of Animal Regenration*. Prentice-Hall, New Jersey, 1973.

[33] J. B. L. Bard. A unity underlying the different zebra striping patterns. *J. Zool. (Lond.)*, 183: 527–539, 1977.

[34] J. B. L. Bard. A model for generating aspects of zebra and other mammalian coat patterns. *J. Theor. Biol.*, 93: 363–385, 1981.

[35] J. B. L. Bard. *Morphogenesis: The Cellular and Molecular Processes of Developmental Anatomy*. Cambridge University Press, Cambridge, UK, 1990.

[36] M. Barinaga. Looking to development's future. *Science*, 266: 561–564, 1994.

[37] F. R. Barkalow, R. B. Hamilton, and R. F. Soots. The vital statistics of an unexploited gray squirrel population. *J. Wildl. Mgmnt.*, 34: 489–500, 1970.

[38] F. S. Barkalow. A record Grey squirrell litter. *J. Mammal.*, 48: 141, 1967.

[39] R. D. Barnes. *Invertebrate Zoology*. Saunders, Philadelphia, 1980.

[40] V. H. Barocas and R. T. Tranquillo. Biphasic theory and *in vitro* assays of cell-fibril mechanical interactions in tissue-equivalent gels. In V. C. Mow, F. Guilak, R. Tran-Son-Tay, and R. M. Hochmuth, editors, *Cell Mechanics and Cellular Engineering*, volume 119. Springer-Verlag, New York, 1994.

[41] V. H. Barocas and R. T. Tranquillo. An isotropic biphasic theory of tissue-equivalent mechanics: the interplay among cell traction, fibrillar network deformation, fibril alignment and cell contact guidance. *J. Biomech. Eng.*, 119: 137–145, 1997a.

[42] V. H. Barocas and R. T. Tranquillo. A finite element solution for the anisotropic biphasic theory of tissue-equivalent mechanics: the effect of contact guidance on isometric cell traction measurement. *J. Biomech. Eng.*, 119: 261–268, 1997b.

[43] V. H. Barocas, A. G. Moon, and R. T. Tranquillo. The fibroblast-populated collagen microsphere assay of cell traction force—Part 2: Measurement of the cell traction parameter. *J. Biomech. Eng.*, 117: 161–170, 1995.

[44] J. Barrat and M. F. Aubert. Current status of fox rabies in Europe. *Onderstepoort J. Veterinary Res.*, 60: 357–363, 1993.

[45] R. A. Barrio, C. Varea, and J. L. Aragón. A two-dimensional numerical study of spatial pattern formation in interacting systems. *Bull. Math. Biol.*, 61: 483–505, 1999.

[46] W. M. Bement, P. Forscher, and M. S. Mooseker. A novel cytoskeletal structure involved in purse string wound closure and cell polarity maintenance. *J. Cell Biol.*, 121: 565–578, 1993.

[47] E. Ben-Jacob. From snowflake formation to growth of bacterial colonies II: Cooperative formation of complex colonial patterns. *Contemporary Physics*, 38: 205–241, 1997.

[48] E. Ben-Jacob, I. Cohen, I. Golding, and Y. Kozlovsky. Modeling branching and chiral colonial patterning of lubricating bacteria. In P. K. Maini and H. G. Othmer, editors, *Mathematical Models for Biological Pattern Formation*, pages 211–253. Springer-Verlag, New York, 2000.

[49] E. Ben-Jacob, O. Shochet, I. Cohen, A. Tenenbaum, A. Czirók, and T. Vicsek. Cooperative strategies in formation of complex bacterial patterns. *Fractals*, 3: 849–868, 1995.

[50] G. Ben-Yu, A. R. Mitchell, and B. D. Sleeman. Spatial effects in a two-dimensional model of the budworm-balsam fir ecosystem. *Comp. and Maths. with Appls. (B)*, 12: 1117–1132, 1986.

[51] D. E. Bentil. *Aspects of Dynamic Pattern Formation in Embryology and Epidemiology*. PhD thesis, University of Oxford, 1990.

[52] D. E. Bentil and J. D. Murray. Pattern selection in biological pattern formation mechanisms. *Appl. Maths. Letters*, 4: 1–5, 1991.

[53] D. E. Bentil and J. D. Murray. On the mechanical theory of biological pattern formation. *Physica D*, 63: 161–190, 1993.

[54] C. Berding. On the heterogeneity of reaction-diffusion generated patterns. *Bull. Math. Biol.*, 49: 233–252, 1987.

[55] J. Bereiter-Hahn. Epidermal cell migration and wound repair. In J. Bereiter-Hahn, A. G. Matoltsy, and K. S. Richards, editors, *Biology of the Integument*, volume 2 (*Vertebrates*), pages 443–471. Springer-Verlag, Berlin-Heidelberg-New York, 1986.

[56] H. C. Berg. *Random Walks in Biology*. Princeton University Press, Princeton, NJ, 1983.

[57] H. C. Berg and L. Turner. Chemotaxis of bacteria in glass capillary arrays. *Biophys. J.*, 58: 919–930, 1990.

[58] C. N. Bertolami, V. Shetty, J. E. Milavec, D. G. Ellis, and H. M. Cherrick. Preparation and evaluation of a nonpropietary bilayer skin subsitute. *Plastic and Reconstructive Surg.*, 87: 1089–1098, 1991.

[59] J. Blancou. Ecology and epidemiology of fox rabies. *Rev. Infect. Dis.*, 10(Suppl. 4): S606–S609, 1988.

[60] F. G. Blankenberg, R. L. Teplitz, W. Ellis, M. S. Salamat, B. H. Min, L. Hall, D. B. Boothroyd, I. M. Johnstone, and D. R. Enzmann. The influence of volumetric tumor doubling time, DNA ploidy, and histologic grade on survival of patients with intracranial astrocytomas. *Amer. J. Neuroradiology*, 16: 1001–1012, 1995.

[61] K. Boegel, H. Moegle, F. Steck, W. Krocza, and L. Andral. Assessment of fox control in areas of wildlife rabies. *Bull. WHO*, 59: 269–279, 1981.

[62] T. Boehm, J. Folkman, T. Browder, and M. S.

O'Reilly. Antiangiogenic therapy of experimental cancer does not induce acquired drug resistance. *Nature*, 390: 404–407, 1997.

[63] S. Bonotto. *Acetabularia* as a link in the marine food chain. In S. Bonotto, F. Cinelli, and R. Billiau, editors, *Proc. 6th Intern. Symp. on Acetabulria. Pisa, 1984*, pages 67–80, Mol, Belgium, 1985. Belgian Nuclear Center, C.E.N.-S.C.K.

[64] W. Born. Monsters in Art. *CIBA Symp.*, 9: 684–696, 1947.

[65] R. H. Brady. The causal dimension of Goethe's morphology. *J. Social Biol. Struct.*, 7: 325–344, 1984.

[66] P. M. Brakefield and V. French. Eyespot development on butterfly wings: the epidermal response to damage. *Dev. Biol.*, 168: 98–111, 1995.

[67] D. Bray, editor. *Cell Movements*. Garland Publishing, New York, 1992.

[68] J. H. Breasted. *Edwin Smith Surgical Papyrus*. University of Chicago Press, Chicago, 1930.

[69] M. P. Brenner, L. S. Levitov, and E. O. Budrene. Physical mechanisms for chemotactic pattern formation by bacteria. *Biophys. J.*, 74: 1677–1693, 1998.

[70] J. F. Bridge and S. E. Angrist. An extended table of roots of $J'_n(x)Y'_n(bx) - J_n(bx)Y'_n(x) = 0$. *Math. Comp.*, 16: 198–204, 1962.

[71] N. F. Britton. *Reaction-Diffusion Equations and Their Applications to Biology*. Academic, New York, 1986.

[72] N. F. Britton and J. D. Murray. Threshold wave and cell-cell avalanche behaviour in a class of substrate inhibition oscillators. *J. Theor. Biol.*, 77: 317–332, 1979.

[73] G. Brugal and J. Pelmont. Existence of two chalone-like substances in intestinal extract from the adult newt, inhibiting embryonic intestinal cell proliferation. *Cell Tiss. Kinet.*, 8: 171–187, 1975.

[74] E. O. Budrene and H. C. Berg. Complex patterns formed by motile cells of *Escherichia coli*. *Nature*, 349: 630–633, 1991.

[75] E. O. Budrene and H. C. Berg. Dynamics of formation of symmetrical patterns of chemotactic bacteria. *Nature*, 376: 49–53, 1995.

[76] B. Bunow, J.-P. Kernevez, G. Joly, and D. Thomas. Pattern formation by reaction-diffusion instabilities: application to morphogenesis in *Drosophila*. *J. Theor. Biol.*, 84: 629–649, 1980.

[77] P. C. Burger, E. R. Heinz, T. Shibata, and P. Kleihues. Topographic anatomy and CT corrrelations in the untreated glioblastoma multiforme. *J. Neurosurg.*, 68: 698–704, 1988.

[78] P. K. Burgess, P. M. Kulesa, J. D. Murray, and E. C. Alvord, Jr. The interaction of growth rates and diffusion coefficients in a three-dimensional mathematical model of gliomas. *J. Neuropath. and Exp. Neurology*, 56(6): 704–713, June 1997.

[79] R. Burton. *The Anatomy of Melancholy*. J. M. Dent, London, 1652.

[80] H. M. Byrne and M. A. J. Chaplain. Mathematical models for tumour angiogenesis: numerical simulations and nonlinear wave solutions. *Bull. Math. Biol.*, 57: 461–486, 1995.

[81] H. M. Byrne and M. A. J. Chaplain. On the role of cell-cell adhesion in models for solid tumour growth. *Math. Comp. Modelling*, 24: 1–17, 1996.

[82] R. S. Cantrell and C. Cosner. The effects of spatial heterogeneity in population dynamics. *J. Math. Biol.*, 29: 315–338, 1991.

[83] G. A. Carpenter. Bursting phenomena in excitable membranes. *SIAM J. Appl. Math.*, 36: 334–372, 1979.

[84] S. B. Carroll, J. Gates, D. N. Keyes, S. W. Paddock, G. R. F. Panganiban, J. E. Selegue, and J. A. Williams. Pattern formation and eyespot determination in butterfly wings. *Science*, 265: 109–114, 1994.

[85] H. S. Carslaw and J. C. Jaeger. *Conduction of Heat in Solids*. Clarendon Press, Oxford, second edition, 1959.

[86] V. Castets, E. Dulos, J. Boissonade, and P. De Kepper. Experimental evidence of a sustained standing Turing-type nonequilibrium chemical pattern. *Phys. Rev. Lett.*, 64: 2953–2956, 1990.

[87] M. A. J. Chaplain and A. R. A. Anderson. Modelling the growth and form of capillary networks. In M. A. J. Chaplain, G. D. Singh, and J. C McLachlan, editors, *On Growth and Form. Spatio-Temporal Pattern Formation in Biology*, pages 225–249. John Wiley, New York, 1999.

[88] M. A. J. Chaplain, G. D. Singh, and J. C. McLachlan, editors. *On Growth and Form. Spatio-Temporal Pattern Formation in Biology*. John Wiley, New York, 1999.

[89] G. Chauvet. Hierarchical functional organisation of formal biological systems: a dynamical approach. I, II and III. *Phil Trans. Roy. Soc. Lond. B*, 339: 425–481, 1993.

[90] W. F. Chen. Mechanism of retraction of the trailing edge during fibroblast movement. *J. Cell Biol.*, 90: 198–200, 1981.

[91] W. F. Chen and E. Mizuno. *Nonlinear Analysis in Soil Mechanics*. Elsevier, New York, 1990.

[92] M. R. Chicoine and D. L. Silbergeld. Assessment of brain tumor cell motility *in vivo* and *in vitro*. *J. Neurosurg.*, 82: 615–622, 1995.

[93] D. G. Christopherson. Note on the vibration of membranes. *Quart. J. Math. Oxford Ser.*, 11: 63–65, 1940.

[94] C. M. Chuong and G. M. Edelman. Expression of cell-adhesion molecules in embryonic induction. I, Morphogenesis of nestling feathers. *J. Cell Biol.*, 101: 1009–1026, 1985.

[95] M. Cinotti. *The Complete Works of Bosch*. Rizzoli, New York, 1969.

[96] R. A. F. Clark. Cutaneous tissue repair: basic biological considerations. *J. Amer. Acad. Dermatol.*, 13: 701–725, 1985.

[97] R. A. F. Clark. Overview and general considerations of wound repair. In R. A. F. Clark and P. M. Henson, editors, *The Molecular and Cellular Biology of Wound Repair*, pages 3–33. Plenum, New York, 1988.

[98] R. A. F. Clark. Wound repair. *Curr. Op. Cell Biol.*, 1: 1000–1008, 1989.

[99] R. A. F. Clark. Cutaneous wound repair. In L. A. Goldsmith, editor, *Physiology, Biochemistry, and Molecular Biology of the Skin*, pages 576–601. Oxford University Press, New York, 1991.

[100] R. A. F. Clark and P. M. Henson, editors. *The

Molecular and Cellular Biology of Wound Repair. Plenum, New York, 1988.

[101] T. Clutton-Brock. Mammalian mating systems. *Proc. R. Soc. Lond. B*, 236: 339–372, 1989.

[102] G. Cocho, R. Pérez-Pascual, J. L. Rius, and F. Soto. Discrete systems, cell-cell interactions and color pattern of animals. I. Conflicting dynamics and pattern formation. II. Clonal theory and cellular automata. *J. Theor. Biol.*, 125: 419–447, 1987.

[103] E. A. Coddington and N. Levinson. *Theory of Ordinary Differential Equations*. McGraw-Hill, New York, 1972.

[104] D. S. Cohen and J. D. Murray. A generalized diffusion model for growth and dispersal in a population. *J. Math. Biol.*, 12: 237–249, 1981.

[105] D. S. Cohen, J. C. Neu, and R. R. Rosales. Rotating spiral wave solutions of reaction-diffusion equations. *SIAM J. Appl. Math.*, 35: 536–547, 1978.

[106] D. L. Collins, A. P. Zijdenbos, V. Kollokian, J. G. Sled, N. J. Kabani, C. J. Holmes, and A. C. Evans. Design and construction of a realistic digital brain phantom. *IEEE Trans. Medical Imaging*, 17(3): 463–468, June 1998.

[107] J. Cook. *Mathematical Models for Dermal Wound Healing: Wound Contraction and Scar Formation*. PhD thesis, Department of Applied Mathematics, University of Washington, Seattle, WA, 1995.

[108] J. Cook, D. E. Woodward, P. Tracqui, and J. D. Murray. Resection of gliomas and life expectancy. *J. Neuro-Oncol.*, 24: 131, 1995.

[109] J. D. Cowan. Some remarks on channel bandwidths for visual contrast detection. *Bull. Neurosci. Res.*, 15: 492–515, 1977.

[110] J. D. Cowan. Spontaneous symmetry breaking in large-scale nervous activity. *Intl. J. Quantum Chem.*, 22: 1059–1082, 1982.

[111] J. D. Cowan. Brain mechanisms underlying visual hallucinations. In D. Paines, editor, *Emerging Syntheses in Science*. Addison-Wesley, New York, 1987.

[112] S. C. Cowin. Wolff's law of trabecular architecture at remodelling equilibrium. *J. Biomech. Engr.*, 108: 83–88, 1986.

[113] S. C. Cowin, A. M. Sadegh, and G. M. Luo. An evolutionary Wolff law for trabecular architecture. *J. Biomech. Engr.*, 114: 129–136, 1992.

[114] E. J. Crampin, E. A. Gaffney, and P. K. Maini. Reaction diffusion on growing domains: scenarios for robust pattern formation. *Bull. Math. Biol.*, 61: 1093–1120, 1999.

[115] J. Crank. *The Mathematics of Diffusion*. Clarendon Press, Oxford, 1975.

[116] C. E. Crosson, S. D. Klyce, and R. W. Beuerman. Epithelial wound closure in the rabbbit cornea wounds. *Invest. Ophthalmol. Vis. Sci.*, 27: 464–73, 1986.

[117] G. C. Cruywagen. *Tissue Interaction and Spatial Pattern formation*. PhD thesis, University of Oxford, 1992.

[118] G. C. Cruywagen and J. D. Murray. On a tissue interaction model for skin pattern formation. *J. NonlinearSci.*, 2: 217–240, 1992.

[119] G. C. Cruywagen, P. Kareiva, M. A. Lewis, and J. D. Murray. Competition in a spatially heterogeneous environment: modelling the risk of spread of a genetically engineered population. *Theor. Popul. Biol.*, 49: 1–38, 1996.

[120] G. C. Cruywagen, P. K. Maini, and J. D. Murray. Sequential pattern formation in a model for skin morphogenesis. *IMA J. Maths. Appl. in Medic. and Biol.*, 9: 227–248, 1992.

[121] G. C. Cruywagen, P. K. Maini, and J. D Murray. Sequential and synchronous skin pattern formation. In H. G. Othmer, P. K. Maini, and J. D. Murray, editors, *Experimental and Theoretical Advances in Biological Pattern Formation*, volume 259 of *NATO ASI Series A: Life Sciences*, pages 61–64. Plenum, New York, 1993.

[122] G. C. Cruywagen, P. K. Maini, and J. D. Murray. Travelling waves in a tissue interaction model for skin pattern formation. *J. Math. Biol.*, 33: 193–210, 1994.

[123] G. C. Cruywagen, P. K. Maini, and J. D. Murray. An envelope method for analyzing sequential pattern formation. *SIAM J. Appl. Math.*, 61: 213–231, 2000.

[124] G. C. Cruywagen, D. E. Woodward, P. Tracqui, G. T. Bartoo, J. D. Murray, and E. C. Alvord, Jr. The modeling of diffusive tumours. *J. Biol. Systems*, 3(4): 937–945, 1995.

[125] H. Cummins and C. Midlo. *Fingerprints, Palms and Soles. An Introduction to Dermatoglyphics*. Blakiston, Philadelphia, 1943.

[126] A. I. Dagg. External features of giraffe. *Extrait de Mammalia*, 32: 657–669, 1968.

[127] T. F. Dagi. The management of head trauma. In S. H. Greenblatt, editor, *A History of Neurosurgery*, pages 289–344. American Association of Neurological Surgeons, Park Ridge, IL, 1997.

[128] F. W. Dahlquist, P. Lovely, and D. E. Koshland. Qualitative analysis of bacterial migration in chemotaxis. *Nature, New Biol.*, 236: 120–123, 1972.

[129] P. D. Dale, J. A. Sherratt, and P. K. Maini. Corneal epithelial wound healing. *J. Biol. Sys.*, 3: 957–965, 1995.

[130] P. D. Dale, J. A. Sherratt, and P. K. Maini. A mathematical model for collagen fibre formation during foetal and adult dermal wound healing. *Proc. R. Soc. Lond. B*, 263: 653–660, 1996.

[131] J. C. Dallon and H. G. Othmer. A discrete cell model with adaptive signalling for aggregation of *Dictyostelium discoideum*. *Phil. Trans. R. Soc. Lond. B*, 352: 391–417, 1997.

[132] J. C. Dallon and H. G. Othmer. A continuum analysis of the chemotactic signal seen by *Dictyostelium discoideum*. *J. Theor. Biol*, 194: 461–484, 1998.

[133] J. C. Dallon, J. A. Sherratt, and P. K. Maini. Mathematical modelling of extracellular matrix dynamics using discrete cells: fiber orientation and tissue regeneration. *J. Theor. Biol*, 199: 449–471, 1999.

[134] R. J. D'Amato, M. S. Loughmman, E. Flynn, and J. Folkman. Thalidomide is an inhibitor of angiogenesis. *Proc. Nat. Acad. Sci. USA*, 91: 4082–4085, 1994.

[135] S. Danjo, J. Friend, and R. A. Throft. Conjunctival epithelium in healing of corneal epithelial wounds.

[135] ... *Invest. Opthalmol. Vis. Sci.*, 28: 1445–1449, 1987.

[136] C. Darwin. *The Origin of Species*. John Murray, London, sixth edition, 1873. 【『種の起原』八杉龍一訳, 岩波書店, 1990 年】

[137] D. Davidson. The mechanism of feather pattern development in the chick. I. The time of determination of feather position. II. Control of the sequence of pattern formation. *J. Embryol. Exp. Morph.*, 74: 245–273, 1983.

[138] P. De Kepper, Q. Ouyang, J. Boissonade, and J. C. Roux. Sustained coherent spatial structures in a quasi-1D reaction-diffusion system. *React. Kinet. Cat. Lett.*, 42: 275–288, 1990.

[139] P. De Kepper, J.-J. Perraud, B. Rudovics, and E. Dulos. Experimental study of stationary Turing patterns and their interaction with traveling waves in a chemical system. *Intern. J. Bifurcation & Chaos*, 4: 1215–1231, 1994.

[140] G. Dee and J. S. Langer. Propagating pattern selection. *Phys. Rev. Letters*, 50: 383–386, 1983.

[141] D. C. Deeming and M. W. J. Ferguson. Environmental regulation of sex determination in reptiles. *Phil. Trans. R. Soc. Lond. B*, 322: 19–39, 1988.

[142] D. C. Deeming and M. W. J. Ferguson. The mechanism of temperature dependent sex determination in crocodilians: a hypothesis. *Am. Zool.*, 29: 973–985, 1989a.

[143] D. C. Deeming and M. W. J. Ferguson. In the heat of the nest. *New Scientist*, 25: 33–38, 1989b.

[144] D. C. Deeming and M. W. J. Ferguson. Morphometric analysis of embryonic development in *Alligator mississippiensis*, *Crocodylus johnstoni* and *Crocodylus porosus*. *J. Zool. Lond.*, 221: 419–439, 1990.

[145] Daniel Defoe. In E. W. Brayley, editor, *A Journal of the Plague Year; or Memorials of the Great Pestilence in London in 1665*. Thomas Tegg, London, 1722.

[146] P. Delvoye, P. Wiliquet, J. L. Leveque, B. Nusgens, and C. Lapiere. Measurement of mechanical forces generated by skin fibroblasts embedded in a three-dimensional collagen gel. *J. Invest. Dermatol.*, 97: 898–902, 1991.

[147] E. J. Denton and D. M. Rowe. Bands against stripes on the backs of mackerel, *Scomber scombrus L. Proc. R. Soc. Lond. B*, 265: 1051–1058, 1998.

[148] D. Dhouailly. Formation of cutaneous appendages in dermoepidermal recombination between reptiles, birds and mammals. *Wilhelm Roux Arch. EntwMech. Org.*, 177: 323–340, 1975.

[149] D. Dhouailly, M. Hardy, and P. Sengel. Formation of feathers on chick foot scales: a stage-dependent morphogenetic response to retinoic acid. *J. Embryol. Exp. Morphol.*, 58: 63–78, 1980.

[150] R. Dillon and H. G. Othmer. A mathematical model for outgrowth and spatial patterning of the vertebrate limb bud. *J. Theor. Biol.*, 197: 295–330, 1999.

[151] M. R. Duffy, N. F. Britton, and J. D. Murray. Spiral wave solutions of practical reaction-diffusion systems. *SIAM J. Appl. Math.*, 39: 8–13, 1980.

[152] P. Duffy, J. Wolf, et al. Possible person-to-person transmission of Creitzfeldt-Jakob disease. *N. Engl. J. Med.*, 290: 692–693, 1974.

[153] S. R. Dunbar. Travelling wave solutions of diffusive Lotka-Volterra equations. *J. Math. Biol.*, 17: 11–32, 1983.

[154] S. R. Dunbar. Travelling wave solutions of diffusive Lotka-Volterra equations: a heteroclinic connection in R^4. *Trans. Amer. Math. Soc.*, 268: 557–594, 1984.

[155] M. G. Dunn, F. H. Silver, and D. A. Swann. Mechanical analysis of hypertropic scar tissue: structural basis for apparent increased rigidity. *J. Investig. Derm.*, 84: 9–13, 1985.

[156] G. M. Edelman. Cell adhesion molecules in the regulation of animal form and tissue pattern. *Annu. Rev. Cell Biol.*, 2: 81–116, 1986.

[157] B. B. Edelstein. The dynamics of cellular differentiation and associated pattern formation. *J. Theor. Biol.*, 37: 221–243, 1972.

[158] L. Edelstein-Keshet and G. B. Ermentrout. Models for contact-mediated pattern formation: cells that form parallel arrays. *J. Math. Biol.*, 29: 33–58, 1990.

[159] L. Edelstein-Keshet and G. B. Ermentrout. Models for the length distributions of actin filaments: I. Simple polymerization and fragmentation. *Bull. Math. Biol.*, 60: 449–475, 1998.

[160] A. G. Edmund. Dentition. In C. Gans, A. d'A. Bellairs, and T. S. Parson, editors, *Biology of the ReptiliaI*, volume *Morphology A*, pages 115–200. Academic, London, 1960a.

[161] A. G. Edmund. Evolution of dental patterns in the lower vertebrates. In *Evolution: Its Science and Doctrine. R. Soc. Can. Studia Varia. Ser. 4*, pages 45–52, 1960b.

[162] H. P. Ehrlich. Wound closure: evidence of cooperation between fibroblasts and collagen matrix. *Eye*, 2: 149–157, 1989.

[163] M. Eisinger, S. Sadan, I. A. Silver, and R. B. Flick. Growth regulation of skin cells by epidermal cellderived factors: implications for wound healing. *Proc. Nat. Acad. Sci. USA*, 85: 1937–1941, 1988a.

[164] M. Eisinger, S. Sadan, R. Soehnchen, and I. A. Silver. Wound healing by epidermal-derived factors: Experimental and preliminary chemical studies. In A. Barbul, E. Pines, M. Caldwell, and T. K. Hunt, editors, *Growth Factors and Other Aspects of Wound Healing*, pages 291–302. Alan R. Liss, New York, 1988b.

[165] S. V. Elling and F. C. Powell. Physiological changes in the skin during pregnancy. *Clin. Dermatol.*, 15: 35–43, 1997.

[166] T. Elsdale and F. Wasoff. Fibroblast cultures and dermatoglyphics: the topology of two planar patterns. *Wilhelm Roux Arch.*, 180: 121–147, 1976.

[167] I. R. Epstein and K. Showalter. Nonlinear chemical dynamics: oscillations, patterns, and chaos. *J. Phys. Chem.*, 100: 13132–13147, 1996.

[168] C. A. Erickson. Analysis of the formation of parallel arrays in BHK cells *in vitro*. *Exp. Cell Res.*, 115: 303–315, 1978.

[169] B. Ermentrout, J. Campbell, and G. Oster. A model for shell patterns based on neural activity. *The Veliger*, 28: 369–388, 1986.

[170] G. B. Ermentrout. Stable small amplitude solutions in reaction-diffusion systems. *Q. Appl. Math.*, 39: 61–86, 1981.

[171] G. B. Ermentrout. Stripes or spots? Nonlinear effects in bifurcation of reaction diffusion equations on the square. *Proc. R. Soc. Lond. A*, 434: 413–417, 1991.

[172] G. B. Ermentrout and J. Cowan. A mathematical theory of visual hallucination patterns. *Biol. Cybern.*, 34: 137–150, 1979.

[173] G. B. Ermentrout and L. Edelstein-Keshet. Models for the length distributions of actin filaments: II. Polymerization and fragmentation by gelsolin acting together. *Bull. Math. Biol.*, 60: 477–503, 1998.

[174] C. R. Etchberger, M. A. Ewert, J. B. Phillips, and C. E. Nelson. Environmental and maternal influences on embryonic pigmentation in a turtle (*Trachemys scripta elegans*). *J. Zool. Lond.*, 230: 529–539, 1993.

[175] R. F. Ewer. *The Carnivores.* Cornell University Press, Ithaca, NY, 1973.

[176] M. W. J. Ferguson. The structure and composition of the eggshell and embryonic membranes of *Alligator mississippiensis*. *Trans Zool. Soc. Lond.*, 36: 99–152, 1981a.

[177] M. W. J. Ferguson. The structure and development of the palate in *Alligator mississippiensis*. *Arch. Oral Biol.*, 26: 427–443, 1981b.

[178] M. W. J. Ferguson. Developmental mechanisms in normal and abnormal palate formation with particular reference to aetiology, pathogenesis and prevention of cleft palate. *Brit. J. Orthodont.*, 8(3): 115–137, 1981c.

[179] M. W. J. Ferguson. Review: The value of the American alligator (*Alligator mississippiensis*) as a model for research in craniofacial development. *J. Craniofacial Genetics*, 1: 123–144, 1981d.

[180] M. W. J. Ferguson. Reproductive biology and embryology of the crocodilians. In C. Gans, F. Billet, and P. Maderson, editors, *Biology of the Reptilia*, volume 14A, pages 329–491. JohnWiley, New York, 1985.

[181] M. W. J. Ferguson. Palate development. *Development Suppl.*, 103: 41–61, 1988.

[182] M. W. J. Ferguson. Craniofacial malformations: towards a molecular understanding. *Nature Genetics*, 6: 329–330, 1994.

[183] M. W. J. Ferguson and G. F. Howarth. Marsupial models of scarless fetal wound healing. In N. S. Adzick and M. T. Longaker, editors, *Fetal Wound Healing*, pages 95–124. Elsevier, New York, 1991.

[184] J. A. Feroe. Existence and stability of multiple impulse solutions of a nerve equation. *SIAM J. Appl. Math.*, 42: 235–246, 1982.

[185] I. Ferrenq, L. Tranqui, B. Vailhé, P. Y. Gumery, and P. Tracqui. Modelling biological gel contraction by cells: Mechanocellular formulation and cell traction force quantification. *Acta Biotheoretica*, 45: 267–293, 1997.

[186] R. J. Field and M. Burger, editors. *Oscillations and Travelling Waves in Chemical Systems*. John-Wiley, New York, 1985.

[187] R. A. Fisher. The wave of advance of advantageous genes. *Ann. Eugenics*, 7: 353–369, 1937.

[188] J. Folkman. Anti-angiogenesis: new concept for therapy of solid tumors. *Ann. Surg.*, 175: 409–416, 1972.

[189] J. Folkman. The vascularization of tumors. *Sci. Amer.*, 234: 58–73, 1976.

[190] J. Folkman. Clinical applications of research on angiogenesis. *New Eng. J. Med.*, 333: 1757–1763, 1995.

[191] J. Folkman and C. Haudenschild. Angiogenesis *in vitro*. *Nature*, 288: 551–556, 1980.

[192] J. Folkman and M. Klagsbrun. Angiogeneic factors. *Science*, 235: 442–447, 1987.

[193] J. Folkman and A. Moscona. Role of cell shape in growth control. *Nature*, 273: 345–349, 1978.

[194] R. M. Ford and D. A. Lauffenburger. Analysis of chemotactic bacterial distributions in population migration assays using a mathematical model applicable to steep or shallow attractant gradients. *Bull. Math. Biol.*, 53: 721–749, 1991.

[195] J. S. Forrester, M. Fishbein, T. R. Helfan, and J. Fagin. A paradigm for restenosis based on cell biology: clues for the development of new preventive therapies. *J. Amer. Coll. Cardiology*, 17: 758–769, 1993.

[196] A. C. Fowler. The effect of incubation time distribution on the extinction characteristics of a rabies epizootic. *Bull. Math. Biol.*, 62: 633–655, 2000.

[197] J. M. Frantz, B. M. Dupuy, H. E. Kaufman, and R. W. Beuerman. The effect of collagen shields on epithelial wound healing in rabbits. *Am. J. Ophthalmol.*, 108: 524–8, 1989.

[198] F. Fremuth. Chalones and specific growth factors in normal and tumor growth. *Acta Univ. Carol. Mongr.*, 110, 1984.

[199] V. French. Pattern formation on butterfly wings. In M. A. J. Chaplain, G. D. Singh, and J. C. McLachlan, editors, *On Growth and Form. Spatio-Temporal Pattern Formation in Biology*, pages 31–46. John Wiley, New York, 1999.

[200] V. French and P. M. Brakefield. Eyespot development on butterfly wings: The focal signal. *Dev. Biol.*, 168: 112–123, 1995.

[201] R. R. Frerichs and J. Prawda. A computer simulation model for the control of rabies in an urban area of Colombia. *Management Science*, 22: 411–421, 1975.

[202] Y. C. Fung. *Biomechanics. Mechanical Properties of Living Tissue*. Springer-Verlag, Berlin, 1993.

[203] Y. C. Fung and S. Q. Liu. Change of residual strains in arteries due to hypertrophy caused by aortic constriction. *Circ. Research*, 65: 1340–1349, 1989.

[204] Y. C. Fung and S. Q. Liu. Changes of zero-stress state of rat pulmonary arteries in hypotoxic hypertension. *J. Appl. Physiol.*, 70: 2455–2470, 1991.

[205] D. W. Furnas, M. Ashraf Sheikh, P. van den Hombergh, and I. M. Nunda. Traditional craniotomies of the Kisi tribe of Kenya. *Annals Plastic Surg.*, 15: 538–556, 1985.

[206] G. Gabbiani and G. Majno. Dupuytren's contracture: fibroblast contraction? An ultrastructural study. *Amer. J. Pathol.*, 66: 131–146, 1972.

[207] W. J. Gallin, C.-M. Chuong, L. H. Finkel, and G. M. Edelman. Antibodies to liver cell adhesion molecules perturb inductive interactions and alter feather pattern and structure. *Proc. Natl. Acad. Sci. USA*, 83: 8235–8239, 1986.

[208] P. Garnerin and A.-J. Hazout, S. Valleron. Es-

timation of two epidemiological parameters of fox rabies: the length of incubation period and the dispersion distance of cubs. *Ecol. Mod.*, 33: 123–135, 1986.

[209] L. E. Gaspar, B. J. Fisher, D. R. Macdonald, D. V. LeBer, E. C. Halperin, S. C. Schold, and J. G. Cairncross. Supratentorial malignant glioma: patterns of recurrence and implication for external beam local treatment. *Intern. J. Radiation Oncol. Biol. Phys.*, 24: 55–57, 1992.

[210] V. Gáspár, J. Maselko, and K. Showalter. Transverse coupling of chemical waves. *Chaos*, 1: 435–444, 1991.

[211] I. Geoffroy Saint-Hilaire. *Traité de Tératologie*, volume 1–3. Bailliére, Paris, 1836.

[212] A. Gerber. Die embryonale und postembryonale Pterylose der Alectromorphae. *Rev. Suisse Zool.*, 46: 161–324, 1939.

[213] R. G. Gibbs. Travelling waves in the Belousov-Zhabotinskii reaction. *SIAM J. Appl. Math.*, 38: 422–444, 1980.

[214] A. Gierer and H. Meinhardt. A theory of biological pattern formation. *Kybernetik*, 12: 30–39, 1972.

[215] A. Giese and M. Westphal. Glioma invasion in the central nervous system. *Neurosurgery*, 39(2): 235–252, 1996.

[216] A. Giese, L. Kluwe, B. Laube, H. Meissner, M. Berens, and M. Westphal. Migration of human glioma cells on myelin. *Neurosurgery*, 38(4): 755–764, 1996a.

[217] A. Giese, B. Laube, S. Zapf, U. Mangold, and M. Westphal. Glioma cell adhesion and migration on human brain sections. *Anticancer Res.*, 18: 2435–2448, 1998.

[218] A. Giese, M. A. Loo, N. Tran, D. Haskett, S. W. Coons, and M. E. Berens. Dichotomy of astrocytoma migration and proliferation. *Intern. J. Cancer*, 67: 275–282, 1996b.

[219] A. Giese, R. Schroder, A. Steiner, and M. Westphal. Migration of human glioma cells in response to tumour cyst fluids. *Acta Neurochirurgica*, 138: 1331–1340, 1996c.

[220] J. H. Goldie and A. J. Coldman. A mathematical model for realting the drug sensitivity of tumors to their spontaneous mutation rate. *Cancer Treatment Rep.*, 66: 439, 1979.

[221] R. Goldschmidt. *Die quantitativen Grundlagen von Vererbung und Arbildung*. Springer-Verlag, Berlin, 1920.

[222] S. Goldstein and J. D. Murray. On the mathematics of exchange processes in fixed columns. III. The solution for general entry conditions, and a method of obtaining asymptotic expressions. IV. Limiting values, and correction terms, for the kinetic-theory solution with general entry conditions. V. The equilibrium-theory and perturbation solutions, and their connection with kinetic-theory solutions, for general entry conditions. *Proc. R. Soc. Lond. A*, 257: 334–375, 1959.

[223] J. Gómez-Alonso. Rabies. a possible explanation for the vampire legend. *Amer. Acad. Neurology*, 51: 856–859, 1998.

[224] B. C. Goodwin, J. D. Murray, and D. Baldwin. Calcium: the elusive morphogen in *Acetabularia*. In S. Bonotto, F. Cinelli, and R. Billiau, editors, *Proc. 6th Intern. Symp. on Acetabularia. Belgian NuclearCenter, C.E.N.-S.C.K. Mol, Belgium, 1984*, pages 101–108, Pisa, 1985.

[225] Gould, S. J. Anscheulich (Atrocious). *Natural History*, March: 42–49, 2000.

[226] H. Green. Cultured cells for the treatment of disease. *Sci. Amer.*, 265(5): 96–102, 1991.

[227] H. Green and J. Thomas. Pattern formation by cultured human epidermal cells: development of curved ridges resembling dermatoglyphs. *Science*, 200: 1385–1388, 1978.

[228] J. M. Greenberg. Spiral waves for λ-ω systems. *Adv. Appl. Math.*, 2: 450–455, 1981.

[229] S. H. Greenblatt, editor. *A History of Neurosurgery*. American Association of Neurological Surgeons, Park Ridge, IL, 1997.

[230] H. W. Greene. *Snakes: The Evolution of Mystery in Nature*. University of California Press, Berkeley, CA, 2000.

[231] C. T. Gregg. *Plague: An Ancient Disease in the Twentieth Century*. University of New Mexico Press, Albuquerque, 1985.

[232] I. Grierson, J. Joseph, M. Miller, and J. E. Day. Wound repair: the fibroblasts and the inhibition of scar formation. *Eye*, 2: 135–148, 1988.

[233] P. Grindrod. *The Theory and Applications of Reaction-Diffusion Equations—Patterns and Waves*. Oxford University Press, New York, 1996.

[234] P. Grindrod, M. A. Lewis, and J. D. Murray. A geometrical approach to wave-type solutions of excitable reaction-diffusion systems. *Proc. R. Soc. Lond. A*, 433: 151–164, 1991.

[235] P. Grindrod, J. D. Murray, and S. Sinha. Steady state spatial patterns in a cell-chemotaxis model. *J. Maths. Appl. Medic. and Biol.*, 6: 69–79, 1989.

[236] C. Guidry. Extracellular matrix contraction by fibroblasts: peptide promoters and second messengers. *Cancer Metast. Rev.*, 11: 45–54, 1992.

[237] C. Guidry and F. Grinnell. Contraction of hydrated collagen gels by fibroblasts: evidence for two mechanisms by which collagen fibrils are stabilized. *Collagen Rel. Res.*, 6: 515–529, 1986.

[238] G. H. Gunaratne, Q. Ouyang, and H. L. Swinney. Pattern formation in the presence of symmetries. *Phys. Rev. E*, 50: 2802–2820, 1994.

[239] W. Gurtler and E. Zimen. The use of baits to estimate fox numbers. *Comp. Immun. Microbiol. Infec. Dis.*, 5: 277–283, 1982.

[240] E. Haeckel. *Die Radiolaren*. Georg von Reimer, Berlin, 1862. (Vol. I) 1862, (Vol. II) 1887.

[241] E. Haeckel. *Art Forms in Nature*. Dover, New York, 1974.【『生物の驚異的な形』戸田裕之訳，河出書房新社，2014 年】

[242] P. S. Hagan. Spiral waves in reaction diffusion equations. *SIAM J. Appl. Math.*, 42: 762–786, 1982.

[243] P. A. Hall and D. A. Levinson. Assessment of cell proliferation in histological material. *J. Clin. Pathology*, 43: 184–192, 1990.

[244] V. Hamburger. Monsters in Nature. *CIBA Symposium*, 9: 666–683, 1947.

[245] A. K. Harris. Traction, and its relations to contraction in tissue cell locomotion. In R. Bellairs, A. Curtis, and G. Dunn, editors, *Cell Behaviour*, pages 109–134. Cambridge University Press, Cam-

bridge, UK, 1982.

[246] A. K. Harris, D. Stopak, and P. Warner. Generation of spatially periodic patterns by a mechanical instability: A mechanical alternative to the Turing model. *J. Embryol. Exp. Morph.*, 80: 1–20, 1984.

[247] A. K. Harris, D. Stopak, and D. Wild. Fibroblast traction as a mechanism for collagen morphogenesis. *Nature*, 290: 249–251, 1981.

[248] A. K. Harris, P. Ward, and D. Stopak. Silicone rubber substrata: a new wrinkle in the study of cell locomotion. *Science*, 208: 177–179, 1980.

[249] L. G. Harrison, J. Snell, R. Verdi, D. E. Vogt, G. D. Zeiss, and B. D. Green. Hair morphogenesis in *Acetabularia mediterranea*: temperature-dependent spacing and models of morphogen waves. *Protoplasma*, 106: 211–221, 1981.

[250] D. Hart, E. Shochat, and Z. Agur. The growth law of primary breast cancer as inferred from mammography screening trials data. *British J. Cancer*, 78: 382–387, 1998.

[251] H. Hasimoto. Exact solution of a certain semi-linear system of partial differential equations related to a migrating predation problem. *Proc. Japan Acad.*, 50: 623–627, 1974.

[252] A. Hastings, S. Harrison, and K. McCann. Unexpected spatial patterns in an insect outbreak match a predator diffusion model. *Proc. R. Soc. Lond. B*, 264: 1837–1840, 1997.

[253] E. Hay. *Cell Biology of the Extracellular Matrix*. Plenum, New York, 1981.

[254] K. Hedges. Shamanistic aspects of California rock art. In L. Bean, editor, *California Indian Shamanism*, pages 67–88. Ballena, Menlo Park, CA, 1992.

[255] K. Hedges. Origines chamaniques de l'art rupestre dans l'Ouest Américain. *L'Anthropologie (Paris)*, 97: 675–691, 1993.

[256] K. Henke. Vergleichende und experimentelle Untersuchungen an Lymatria zur Musterbildung auf dem Schmetterlingsfluegel. *Nachr. Akad. Wiss. Goettingen, Math.-Physik. (KI)*, pages 1–48, 1943.

[257] H. Hennings, K. Elgio, and O. H. Iversen. Delayed inhibition of epidermal DNA synthesis after injection of an aqueous skin extract (chalone). *Virchows Arch. Abt. B Zellpath.*, 4: 45–53, 1969.

[258] I. Herán. *Animal Colouration: The Nature and Purpose of Colours in Invertebrates*. Hamlyn, London, 1976.

[259] G. J. Hergott, M. Sandig, and V. I. Kalnins. Cytoskeletal organisation of migrating retinal pigment epithelial cells during wound healing in organ culture. *Cell Motil*, 13: 83–93, 1989.

[260] H. Hickerson. The Virginia deer and intertribal buffer zones in the upper Mississippi valley. In A. Leeds and A. Vayta, editors, *Man, Culture and Animals. The Role of Animals on Human Ecological Adjustments*, pages 43–65. Amer. Assoc. Adv. Sci., Washington, DC, 1965.

[261] J. Hinchliffe and D. Johnson. *The Development of the Vertebrate Limb*. Clarendon, Oxford, 1980.

[262] U. T. Hinderer. Prevention of unsatisfactory scarring. *Clinics in Plast. Surg.*, 4(2): 199–205, 1977.

[263] N. Holder. Developmental constraints and the evolution of the vertebrate digit patterns. *J. Theor. Biol.*, 104: 451–471, 1983.

[264] J. Holm. *Squirrels*. Whittet, London, 1987.

[265] M. J. Holmes and B. D. Sleeman. A mathematical model of tumour angiogenesis incorporating cellular traction and viscoelastic effects. *J. Theor. Biol.*, 202: 95–112, 2000.

[266] R. L. Hoskinson and L. D. Mech. White-tailed deer migration and its role in wolf predation. *J. Wildl. Manag.*, 40: 429–441, 1976.

[267] Y. Hosono. Singular perturbation analysis of travelling waves for diffusive Lotka-Volterra competitive models. In *Numerical and Applied Mathematics Part II (Paris, 1988) (IMACS Ann. Comput. Appl. Math., 1, 2)*, pages 687–692, Baltzer, Basel, 1989.

[268] S. A. Houff and R. C. Burton. Human-to-human transmission of rabies virus by corneal transplantation. *N. Engl. J. Med.*, 300: 603–604, 1979.

[269] L. N. Howard and N. Kopell. Slowly varying waves and shock structures in reaction-diffusion equations. *Studies in Appl. Math.*, 56: 95–145, 1977.

[270] A. H. Howe. *A Theoretical Inquiry into the Physical Cause of Epidemic Diseases*. J. Churchill, London, 1865.

[271] J. B. Hoying and S. K. Williams. Measurement of endothelial cell migration using an improved linear migration assay. *Microcirculation*, 3(2): 167–174, 1996.

[272] D. H. Hubel and T. N. Wiesel. Functional architecture of macaque monkey visual cortex. *Proc. R. Soc. Lond. B*, 198: 1–59, 1977.

[273] D. H. Hubel, T. N. Wiesel, and S. LeVay. Plasticity of ocular dominance columns in monkey striate cortex. *Phil. Trans. R. Soc. Lond. B*, 278: 131–163, 1977.

[274] J. Hubert. Embryology of the Squamata. In C. Gans and F. Billet, editors, *Biology of the Reptilia*, volume 14, pages 1–34. John Wiley, New York, 1985.

[275] J. Hubert and J. P. Dufaure. Table de developpment de la vipère aspic: Vipera aspis. *Bull. Soc. Zool. France*, 93: 135–148, 1968.

[276] O. Hudlická and M. D. Brown. Physical forces and angiogenesis. In G. M. Rubanyi, editor, *Mechanoreceptionby the Vascular Wall*, pages 197–241. Futura, Mount Kisco, NY, 1993.

[277] A. Hunding. Turing structures of the second kind. In M. A. J. Chaplain, G. D. Singh, and J. C. McLachlan, editors, *On Growth and Form. Spatiotemporal Pattern Formation in Biology*, pages 75–88. John Wiley, New York, 1999.

[278] A. Hunding and R. Engelhardt. Early biological morphogenesis and nonlinear dynamics. *J. Theor. Biol.*, 173: 401–413, 1995.

[279] A. Hunding and P. G. Sørensen. Size adaption of Turing prepatterns. *J. Math. Biol.*, 26: 27–39, 1988.

[280] N. Ikeda, H. Yamamoto, and T. Sato. Pathology of the pacemaker network. *Math. Modelling*, 7: 889–904, 1986.

[281] D. E. Ingber, D. Prusty, Z. Sun, H. Betensky, and N. Wang. Cell shape, cytoskeletal mechanics, and cell cycle control in angiogenesis. *J. Biomechanics*, 28: 1471–1484, 1995.

[282] H. C. Jackson and L. G. Schneider. Rabies in the Federal Republic of Germany, 1950–81: the influence of landscape. *Bull. WHO*, 62: 99–106, 1984.

[283] T. L. Jackson. *Mathematical Models in Two-Step Cancer Chemotherapy*. PhD thesis, Department of Applied Mathematics, University of Washington, Seattle, WA, 1998.

[284] T. L. Jackson, S. R. Lubkin, and J. D. Murray. Theoretical analysis of conjugate localization in two-step cancer treatment. *J. Math. Biol.*, 39: 335–376, 1999a.

[285] T. L. Jackson, S. R. Lubkin, S. R. Siemens, N. O. Kerr, P. D. Senter, and J. D. Murray. Mathematical and experimental analysis of localization of anti-tumor anti-body-enzyme conjugates. *Br. J. Cancer*, 80: 1747–1753, 1999b.

[286] T. L. Jackson, P. D. Senter, and J. D. Murray. Development and validation of a mathematical model to describe antibody enzyme conjugates. *J. Theor. Medic.*, 2: 93–111, 1999c.

[287] P. A. Janmey, S. Hvidt, J. Peetermans, J. Lamb, J. D. Ferry, and T. P. Stoggel. Viscoelasticity of F-actin and F-actin/gelsolin complexes. *Biochemistry*, 27: 8218–27, 1988.

[288] R. W. Jennings and T. K. Hunt. Overview of postnatal wound healing. In N. S. Adzick and M. T. Longaker, editors, *Fetal Wound Healing*, pages 25–52. Elsevier, New York, 1991.

[289] J. V. Jester, W. M. Petroll, W. Feng, J. Essepian, and H. D. Cavanagh. Radial keratotomy. 1. The wound healing process and measurement of incisional gape in two animal models using *in vivo* confocal microscopy. *Investig. Opthal. and Visual Sci.*, 33: 3255–3270, 1992.

[290] D. W. Jordan and P. Smith. *Nonlinear Ordinary Differential Equations*. Oxford University Press, Oxford, third edition, 1999.

[291] A. K. Jowett, S. Vainio, M. W. J. Ferguson, P. T. Sharpe, and I. Thesleff. Epithelial-mesenchymal interactions are required for *msx1* and *msx2* gene expression in the developing murine molar tooth. *Development*, 117: 461–470, 1993.

[292] A. Källén, P. Arcuri, and J. D. Murray. A simple model for the spatial spread and control of rabies. *J. Theor. Biol.*, 116: 377–393, 1985.

[293] C. Kaplan, editor. *Rabies: The Facts*. Oxford University Press, Oxford, 1977.

[294] P. Kareiva. Population dynamics in spatially complex environments—Theory and data. *Phil. Trans. R. Soc. Lond. B*, 330: 175–190, 1990.

[295] G. B. Karev. Digital dermatoglyphics of Bulgarians from northeastern Bulgaria. *Amer. J. Phys. Anthrop.*, 69: 37–50, 1986.

[296] W. L. Kath and J. D. Murray. Analysis of a model biological switch. *SIAM J. Appl. Math.*, 45: 943–955, 1986.

[297] S. A. Kauffman, R. Shymko, and K. Trabert. Control of sequential compartment in *Drosophila*. *Science*, 199: 259–270, 1978.

[298] K. Kawasaki, A. Mochizuki, M. Matsushita, T. Umeda, and N. Shigesada. Modeling spatio-temporal patterns generated by *Bacillus subtilis*. *J. Theor. Biol.*, 188: 177–185, 1997.

[299] M. J. Keeling and C. A. Gilligan. Bubonic plague: a metapopulation model of a zoonosis. *Proc. R. Soc. Lond. B*, 267: 2219–2230, 2000.

[300] J. Keener and J. Sneyd. *Mathematical Physiology*. Springer, New York, 1998.【『数理生理学』中垣俊之監訳，日本評論社，2005年】

[301] J. P. Keener. Waves in excitable media. *SIAM J. Appl. Math.*, 39: 528–548, 1980.

[302] J. P. Keener. A geometrical theory for spiral waves in excitable media. *SIAM J. Appl. Math.*, 46: 1039–1056, 1986.

[303] J. P. Keener and J. J. Tyson. Spiral waves in the Belousov-Zhabotinskii reaction. *Physica D*, 21: 307–324, 1986.

[304] E. F. Keller and G. M. Odell. Necessary and sufficient conditions for chemotactic bands. *Math. Biosci.*, 27: 309–317, 1975.

[305] E. F. Keller and L. A. Segel. Initiation of slime mold aggregation viewed as an instability. *J. Theor. Biol.*, 26: 399–415, 1970.

[306] E. F. Keller and L. A. Segel. Travelling bands of chemotactic bacteria: a theoretical analysis. *J. Theor. Biol.*, 30: 235–248, 1971.

[307] P. J. Kelley and C. Hunt. The limited value of cytoreductive surgery in elderly patients with malignant gliomas. *Neurosurgery*, 34: 62–67, 1994.

[308] R. Kellogg, M. Knoll, and J. Kugler. Form-similarity between phosphenes of adults and pre-school children's scribblings. *Nature*, 208: 1129–1130, 1965.

[309] C. R. Kennedy and R. Aris. Traveling waves in a simple population model involving growth and death. *Bull. Math. Biol.*, 42: 397–429, 1980.

[310] R. S. Kerbel. A cancer therapy resistant to resistance. *Nature*, 390: 335–336, 1997.

[311] L. D. Ketchum, I. K. Cohen, and F. W. Masters. Hypertrophic scars and keloids: A collective review. *Plast. Recon. Surg.*, 53: 140–154, 1974.

[312] J. Kevorkian. *Partial Differential Equations: Analytical Solution Techniques (2nd edition)*. Springer-Verlag, New York, 1999.

[313] J. Kevorkian and J. D. Cole. *Multiple Scale and Singular Perturbation Methods*. Springer-Verlag, New York, 1996.

[314] J. Kingdon. *East African Mammals. An Atlas of Evolution in Africa. IIIA. Carnivores*. Academic, London, 1978.

[315] J. Kingdon. *East African Mammals. An Atlas of Evolution in Africa. IIIB. Large mammals*. Academic, London, 1979.

[316] C. W. Kischer, J. Pindur, P. Krasovitch, and E. Kischer. Characteristics of granulation tissue which promote hypertrophic scarring. *Scan. Microscopy*, 4: 877–888, 1990.

[317] C. W. Kischer, M. R. Shetlar, and M. Chvapil. Hypertrophic scars and keloids: a review and new concept concerning their origin. *Scan. Electron Microscopy*, 4: 1699–1713, 1982.

[318] L. M. Klauber. *Rattlesnakes: Their Habits, Life Histories, and Influence on Mankind*. University of California Press, Berkeley, CA, 1998.

[319] M. R. Klee, H. D. Lux, and E.-J. Speckmann, editors. *Physiology, Pharmacology and Development ofEpileptogeneic Phenomena*. Springer-Verlag, Berlin, Heidelberg, New York, 1991.

[320] H. Klüver. *Mescal and Mechanisms of Hallucinations*. University of Chicago Press, Chicago, 1967.

[321] A. J. Koch and H. Meinhardt. Biological pattern formation: from basic mechanisms to complex structures. *Rev. of Modern Phys.*, 66: 1481–1507,

[322] E. J. Kollar. The induction of hair follicles in embryonic dermal papillae. *J. Invest. Dermatol.*, 55: 374–378, 1970.

[323] J. Kolega. Effects of mechanical tension on protrusive activity and microfilament and intermediate filament organization in an epidermal epithelium moving in culture. *J. Cell Biol.*, 102: 1400–11, 1986.

[324] E. J. Kollar. The inductionof hair follicles in embryonicdermal papillae. *J. Invest. Dermatol.*, 55: 374–378, 1970.

[325] M. S. Kolodney and R. B. Wysolmerski. Isometric contraction by fibroblasts and endothelial cells in tissue culture: a quantitative study. *J. Cell Biol.*, 117: 73–82, 1992.

[326] S. Kondo and R. Asai. A reaction-diffusion wave on the skin of the marine angelfish *Pomacanthus*. *Nature*, 376: 765–768, 1995.

[327] N. Kopell and L. N. Howard. Plane wave solutions to reaction-diffusion equations. *Studies in Appl. Math.*, 42: 291–328, 1973.

[328] N. Kopell and L. N. Howard. Target patterns and spiral solutions to reaction-diffusion equations with more than one space dimension. *Adv. Appl. Math.*, 2: 417–449, 1981.

[329] F. W. Kreth, P. C. Warnke, R. Scheremet, and C. B. Ostertag. Surgical resection and radiation therapy versus biopsy and radiation therapy in the treatment of glioblastoma multiforme. *J. Neurosurg.*, 78: 762–766, May 1993.

[330] V. I. Krinsky. Mathematical models of cardiac arrhythmias (spiral waves). *Pharmac. Ther. (B)*, 3: 539–555, 1978.

[331] V. I. Krinsky, A. B. Medvinskii, and A. V. Parfilov. Evolutionary autonomous spiral waves (in the heart). *Mathematical Cybernetics. Popular Ser. (Life Sciences)*, 8: 1–48, 1986. In Russian.

[332] J. E. Kronmiller, W. B. Upholt, and E. J. Kollar. EGF antisense oligodeoxynucleotides block murine odontogenesis *in vitro*. *Dev. Biol.*, 147: 485–488, 1991.

[333] A. Kühn and A. von Engelhardt. Über die Determination des Symmetriesystems auf dem Vorderflügel von Ephestia kuehniella. *Z. Wilhelm Roux Arch. Entw. Mech. Org.*, 130: 660–703, 1933.

[334] P. M. Kulesa. *A Model Mechanism for the Initiation and Spatial Patterning of Teeth Primordia in theAlligator*. PhD thesis, Department of Applied Mathematics, University of Washington, Seattle, WA, 1995.

[335] P. M. Kulesa and J. D. Murray. Modelling the wave-like initiation of teeth primordia in the alligator. *Forma*, 10: 259–280, 1995.

[336] P. M. Kulesa, G. C. Cruywagen, S. R. Lubkin, M. W. J. Ferguson, and J. D. Murray. Modelling the spatial patterning of teeth primordia in the alligator. *Acta Biotheoretica*, 44: 349–358, 1996a.

[337] P. M. Kulesa, G. C. Cruywagen, S. R. Lubkin, P. K. Maini, J. Sneyd, M. W. J. Ferguson, and J. D. Murray. On a model mechanism for the spatial patterning of teeth primordia in the alligator. *J. Theor. Biol.*, 180: 287–296, 1996b.

[338] P. M. Kulesa, G. C. Cruywagen, S. R. Lubkin, P. K. Maini, J. Sneyd, and J. D. Murray. Modelling the spatial patterning of the teeth primordia in the lower jaw of *Alligator mississippiensis*. *J. Biol. Systems*, 3: 975–985, 1993.

[339] K. Kuramoto. Instability and turbulence of wavefronts in reaction-diffusion systems. *Prog. Theor. Phys.*, 63: 1885–1903, 1980.

[340] K. Kuramoto and S. Koga. Turbulized rotating chemical waves. *Prog. Theor. Phys.*, 66: 1081–1085, 1981.

[341] L. Landau and E. Lifshitz. *Theory of Elasticity*. Pergamon, New York, second edition, 1970.

[342] D. C. Lane, J. D. Murray, and V. S. Manoranjan. Analysis of wave phenomena in a morphogenetic mechanochemical model and an application to post-fertilisation waves on eggs. *IMA J. Math. Applied Medic. and Biol.*, 4: 309–331, 1987.

[343] K. Langer. On the anatomy and physiology of the skin. I. the cleavability of cutis (original 1862, in German). *Br. J. Plast. Surg.*, 31: 3–8, 1978a.

[344] K. Langer. On the anatomy and physiology of the skin. II. Skin tension (original 1862, in German). *Br. J. Plast. Surg.*, 31: 93–106, 1978b.

[345] K. Langer. On the anatomy and physiology of the skin. III. The elasticity of the cutis (original 1862, in German). *Br. J. Plast. Surg.*, 31: 185–199, 1978c.

[346] K. Langer. On the anatomy and physiology of the skin. IV. The swelling capabilities of the skin (original 1862, in German). *Br. J. Plast. Surg.*, 31: 185–199, 1978d.

[347] W. L. Langer. The Black Death. *Sci. Amer.*, pages 114–121, February 1964.

[348] I. R. Lapidis and R. Schiller. Model for the chemotactic response of a bacterial population. *Biophys. J.*, 16: 779–789, 1976.

[349] F. Lara-Ochoa. A generalized reaction diffusion model for spatial structureformed by mobile cells. *Biosystems*, 17: 35–50, 1984.

[350] F. Lara-Ochoa and J. D. Murray. A nonlinear analysis for spatial structure in a reaction-diffusionmodel. *Bull. Math. Biol.*, 45: 917–930, 1983.

[351] D. A. Lauffenburger and C. R. Kennedy. Localised bacterial infection in a distributed model for tissue inflammation. *J. Math. Biol.*, 16: 141–163, 1983.

[352] N. M. Le Douarin. *The Neural Crest*. Cambridge University Press, Cambridge, UK, 1982.

[353] B. Lee, L. Mitchell, and G. Buchsbaum. Rheology of the vitreous body. Part 1: Viscoelasticity of human vitreous. *Biorheology*, 29: 521–533, 1993.

[354] B. Lee, L. Mitchell, and G. Buchsbaum. Rheology of the vitreous body: Part 2. Viscoelasticity of bovine and porcine vitreous. *Biorheology*, 31: 327–338, 1994a.

[355] B. Lee, L. Mitchell, and G. Buchsbaum. Rheology of the vitreous body: Part 3. Concentration of electrolytes, collagen and hyaluronic acid. *Biorheology*, 31: 339–351, 1994b.

[356] R. Lefever and O. Lejeune. On the origin of tiger bush. *Bull. Math. Biol.*, 59: 263–294, 1997.

[357] O. Lejeune and M. Tlidi. A model for the explanation of vegetation stripes (tiger bush). *J. Veg. Sci.*, 10: 201–208, 1999.

[358] T. Lenoir. The eternal laws of form: morphotypes and the conditions of existence in Goethe's biolog-

ical thought. *J. Social Biol. Struct.*, 7: 317–324, 1984.

[359] S. A. Levin. Models of population dispersal. In S. Busenberg and K. Cooke, editors, *Differential Equations and Applications to Ecology, Epidemics and Population Problems*, pages 1–18. Academic, New York, 1981a.

[360] S. A. Levin. The role of theoretical ecology in the description and understanding of populations in heterogeneous environments. *Amer. Zool.*, 21: 865–875, 1981b.

[361] J. Levinton. Developmental constraints and evolutionary saltations: a discussion and critique. In G. Stebbins and F. Ayala, editors, *Genetics and Evolution*. Plenum, New York, 1986.

[362] A. E. Leviton and S. C. Anderson. Description of a new species of *Cyrtodactylus* from Afghanistan with remarks on the status of *Gymnodactylus longpipes* and *Cyrtodactylus fedtschenkoi*. *J. Herpes*, 18: 270–276, 1984.

[363] M. A. Lewis. Variability, patchiness, and jump dispersal in the spread of an invading population. In D. Tilman and P. Kareiva, editors, *Spatial Ecology. The Role of Space in Population Dynamics and Interspecific Interactions*, pages 46–69. Princeton University Press, Princeton, NJ, 1997.

[364] M. A. Lewis and P. Moorcroft. ESS analysis of mechanistic models for territoriality: The value of signals in spatial resource partitioning. *J. Theor. Biol.*, 210: 449–461, 2001.

[365] M. A. Lewis and J. D. Murray. Analysis of stable two-dimensional patterns in contractile cytogel. *J. Nonlin. Sci.*, 1: 289–311, 1991.

[366] M. A. Lewis and J. D. Murray. Modelling territoriality and wolf-deer interactions. *Nature*, 366: 738–740, 1993.

[367] M. A. Lewis and G. Schmitz. Biological invasion of an organism with separate mobile and stationary states: modeling and anlaysis. *Forma*, 11: 1–25, 1996.

[368] M. A. Lewis, G. Schmitz, P. Kareiva, and J. T. Trevors. Models to examine containment and spread of genetically engineered organisms. *J. Mol. Ecol.*, 5: 165–175, 1996.

[369] M. A. Lewis, K. A. J. White, and J. D. Murray. Analysis of a model for wolf territories. *J. Math. Biol.*, 35: 749–774, 1997.

[370] J. D. Lewis-Williams and T. A. Dowson. The signs of all times. Entopic phenomena in upper palaeolithic art. *Current Anthropol.*, 29: 201–245, 1988.

[371] B. C. Liang and M. Weil. Locoregional approaches to therapy with gliomas as the paradigm. *Current Opinion in Oncology*, 10: 201–206, 1998.

[372] S. Lindow. Competitive exclusion of epiphytic bacteria. *Appl. Envt. Microbiol.*, 53: 2520–2527, 1987.

[373] G. Lindquist. The healing of skin defects. an experimental study of the white rat. *Acta Chirurgica Scandinavica*, 94: 1–163, 1946. Supplement 107.

[374] P. L. Lions. On the existence of positive solutions of semilinear elliptic equations. *SIAM. Rev.*, 24: 441–467, 1982.

[375] C. D. Little, V. Mironov, and E. H. Sage, editors. *Vascular Morphogenesis: In Vivo, In Vitro and In Mente*. Birkhäuser, Boston, 1998.

[376] H. G. Lloyd. Past and present distribution of red and grey squirrels. *Mamm. Res.*, 13: 69–80, 1983.

[377] H. G. Lloyd, B. Jensen, J. L. Van Haaften, F. J. J. Niewold, A. Wandeler, K. Boegel, and A. A. Arata. Annual turnover of fox populations in Europe. *Zbl. Vet. Med.*, 23: 580–589, 1976.

[378] D. Z. Loesch. *Quantitative Dermatoglyphics: Classification, Genetics, and Pathology*. Oxford University Press, Oxford, 1983.

[379] M. T. Longaker and N. S. Adzick. The biology of fetal wound healing: A review. *Plastic and Reconstructive Surg.*, 87: 788–798, 1991.

[380] I. Loudon, editor. *Biomathematics and Cell Kinetics*. Oxford University Press, Oxford, 1997.

[381] S. R. Lubkin and J. D. Murray. A mechanism for early branching in lung morphogenesis. *J. Math. Biol.*, 34: 77–94, 1995.

[382] D. Ludwig, D. G. Aronson, and H. F. Weinberger. Spatial patterning of the spruce budworm. *J. Math. Biol.*, 8: 217–258, 1979.

[383] A. S. Lyons and R. J. Petrucelli. *Medicine: An Illustrated History*. Harry N. Abrams, New York, 1978.

[384] D. W. MacDonald. *Rabies and Wildlife: A Biologist's Perspective*. Oxford University Press, Oxford, 1980.

[385] A. MacKenzie, M. W. J. Ferguson, and P. T. Sharpe. Expression patterns of the homeobox gene, Hox-8, in the mouse embryo suggest a role in specifying tooth initiation and shape. *Development*, 115: 403–420, 1992.

[386] A. MacKenzie, J. L. Leeming, A. K. Jowett, M. W. J. Ferguson, and P. T. Sharpe. The homeobox gene, Hox-7.1 has specific regional and temporal expression patterns during early murine craniofacial embryogenesis, especially tooth development *in vivo* and *in vitro*. *Development*, 111: 269–285, 1991.

[387] K. MacKinnon. Competition between red and grey squirrels. *Mamm. Res.*, 8: 185–190, 1978.

[388] M. R. Madden, E. Nolan, J. L. Finkelstein, R. W. Yurt, J. Smeland, C. W. Goodwin, J. Hefton, and L. Staiano-Coico. Comparison of an occlusive and a semi-occlusive dressing and the effect of the wound eudate upon keratinocyte proliferation. *J. Trauma*, 29: 924–31, 1989.

[389] P. F. A. Maderson. Some developmental problems of the reptilian integument. In C. Gans, F. Billet, and P. F. A. Maderson, editors, *Biology of the Reptilia*, volume 14, pages 523–598. John Wiley, New York, 1985.

[390] J. B. Madison and R. R. Gronwall. Influence of wound shape on wound contraction in horses. *Am. J. Vet. Res.*, 53: 1575–1577, 1992.

[391] P. K. Maini. Travelling waves in biology, chemistry, ecology and medicine. Part 1. *FORMA (SpecialIssue: P. K. Maini, editor)*, 10: 145–280, 1995.

[392] P. K. Maini. Travelling waves in biology, chemistry, ecology and medicine. Part 2. *FORMA (Special Issue: P. K. Maini, editor)*, 11: 1–80, 1996.

[393] P. K. Maini. Bones, feathers, teeth and coatmarkings: a unified model. *Science Progress*, 80: 217–229, 1997.

[394] P. K. Maini. Some mathematical models for biological pattern formation. In M. A. J. Chaplain, G. D. Singh, and J. C. McLachlan, editors, *On Growth*

and *Form. Spatio-Temporal Pattern Formation in Biology*, pages 111–128. John Wiley, New York, 1999.

[395] P. K. Maini and J. D. Murray. A nonlinear analysis of a mechanical model for biological pattern formation. *SIAM J. Appl. Math.*, 48: 1064–1072, 1988.

[396] P. K. Maini and H. G. Othmer, editors. *Mathematical Models for Biological Pattern Formation*. Springer-Verlag, New York, 2000.

[397] P. K. Maini, M. R. Myerscough, K. H. Winters, and J. D. Murray. Bifurcating spatially heterogeneous solutions in a chemotaxis model for biological pattern formation. *Bull. Math. Biol.*, 53: 701–719, 1991.

[398] G. Majno. *The Healing Hand. Man and Wound in the Ancient World*. Harvard University Press, Cambridge, 1975.

[399] V. S. Manoranjan and A. R. Mitchell. A numerical study of the Belousov-Zhabotinskii reaction using Galerkin finite element methods. *J. Math. Biol.*, 16: 251–260, 1983.

[400] D. Manoussaki. *Modelling Formation of Planar Vascular Networks in vitro*. PhD thesis. Department of Applied Mathematics, University of Washington, Seattle, WA, 1996.

[401] D. Manoussaki, S. R. Lubkin, R. B. Vernon, and J. D. Murray. A mechanical model for the formation of vascular networks *in vitro*. *Acta Biotheoretica*, 44: 271–282, 1996.

[402] E. L. Margetts. Trepanation of the skull by the medicine-men of primitive cultures, with particular reference to present-day native East African practice. In D. Brothwell and A. T. Sandison, editors, *Diseases in Antiquity*, pages 673–701. Charles C. Thomas, Springfield, IL, 1967.

[403] P. Martin. Wound healing—Aiming for perfect skin regeneration. *Science*, 276: 75–81, 1997.

[404] P. Martin and J. Lewis. The mechanics of embryonic skin wound healing-limb bud lesions in mouse and chick embryos. In N. S. Adzick and M. T. Longaker, editors, *Fetal Wound Healing*, pages 265–279. Elsevier, New York, 1991.

[405] P. Martin and J. Lewis. Actin cables and epidermal movement in embryonic wound healing. *Nature*, 360: 179–183, 1992.

[406] M. Marusic, Z. Bajzer, J. P. Freyer, and S. Vuk-Pavlovic. Analysis of growth of multicellular tumour spheroids by mathematical models. *Cell Prolif.*, 27: 73–94, 1994.

[407] H. Matano. Asymptotic behaviour and stability of solutions of semilinear diffusion equations. *Publ. Res. Inst. Math. Sci. Kyoto*, 15: 401–454, 1979.

[408] Y. Matsukado, C. S. McCarthy, and J. W. Kernohan. The growth of glioblastoma multiforme (asytrocytomas, grades 3 and 4) in neurosurgical practice. *J. Neurosurg.*, 18: 636–644, 1961.

[409] M. M. Matsushita, J. Wakita, H. Itoh, T. Arai, T. Matsuyama, H. Sakaguchi, and M. Mimura. Formation of colony patterns by a bacterial population. *Physica A*, 274: 190–199, 1999.

[410] M. M. Matsushita, J. Wakita, H. Itoh, I. Rifols, T. Matsuyama, H. Sakaguchi, and M. Mimura. Interface growth and pattern formation in bacterial colonies. *Physica A*, 249: 517–524, 1998.

[411] T. Matsuyama and M. Matsushita. Fractal morphogenesis by a bacterial cell population. *Crit. Rev. Microbiol.*, 19: 117–135, 1993.

[412] C. McEvedy. The bubonic plague. *Sci. Amer.*, pages 74–79, February 1988.

[413] M. H. McGrath and R. H. Simon. Wound geometry and the kinetics of wound contraction. *Plast. and Reconst. Surg.*, 72: 66–73, 1983.

[414] H. P. McKean. Nagumo's equation. *Adv. in Math.*, 4: 209–223, 1970.

[415] B. K. McNab. Bio-energetics and the determination of home range size. *Am. Nat.*, 97: 133–140, 1963.

[416] L. D. Mech. *The Ecology and Behavior of an Endangered Species*. Natural History Press, Garden City, NY, 1970.

[417] L. D. Mech. Wolf numbers in the Superior National Forest of Minnesota. Technical Report, US Forest Service, 1973. Research Paper NC-97.

[418] L. D. Mech. *The Way of the Wolf*. Voyageur, Stillwater, MN, 1991.

[419] H. Meinhardt. *Models of Biological Pattern Formation*. Academic, London, 1982.

[420] H. Meinhardt. Hierarchical inductions of cell states: a model for segmentation of *Drosophila*. *J. Cell Sci.*, 4: 357–381, 1986. (Suppl.).

[421] H. Meinhardt. *The Algorithmic Beauty of Sea Shells*. Springer-Verlag, Berlin, 1995.

[422] H. Meinhardt. On pattern and growth. In M. A. J. Chaplain, G. D. Singh, and J. C. McLachlan, editors, *On Growth and Form. Spatio-Temporal Pattern Formation in Biology*, pages 129–148. John Wiley, New York, 1999.

[423] H. Meinhardt. Beyond spots and stripes: generation of more complex patterns and modifications and additions of the basic reaction. In P. K. Maini and H. G. Othmer, editors, *Mathematical Models for Biological Pattern Formation*, pages 143–164. Springer-Verlag, New York, 2000.

[424] H. Meinhardt and M. Klingler. A model for pattern generation on the shells of molluscs. *J. Theor. Biol.*, 126: 63–89, 1987.

[425] J. H. Merkin, V. Petrov, S. K. Scott, and K. Showalter. Wave-induced chemical chaos. *Phys. Rev. Letters*, 76: 546–549, 1996.

[426] S. Michelson and J. Leith. Autocrine and paracrine growth factors in tumor growth: a mathematical model. *Bull. Math. Biol.*, 53: 639–656, 1991.

[427] S. Michelson, B. E. Miller, A. S. Glicksman, and J. Leith. Tumor micro-ecology and competitive interactions. *J. Theor. Biol.*, 128: 233–246, 1987.

[428] A. S. Mikhailov and V. I. Krinsky. Rotating spiral waves in excitable media: The analytical results. *Physica D*, 9: 346–371, 1983.

[429] M. Mimura and T. Tsujikawa. Aggregating pattern dynamics in a chemotaxis model including growth. *Physica A*, 230: 499–543, 1996.

[430] M. Mimura and M. Yamaguti. Pattern formation in interacting and diffusing systems in population biology. *Adv. Biophys.*, 15: 19–65, 1982.

[431] M. Mimura, H. Sakaguchi, and M. Matsushita. Reaction-diffusion modelling of bacterial colony patterns. *Physica A*, 282: 283–303, 2000.

[432] M. Mina and E. J. Kollar. The induction of odontogenesis in non-dental mesenchyme combined with

early murine mandibular arch epithelium. *Archs. Oral Biol.*, 32(2): 123–127, 1987.

[433] J. E. Mittenthal and R. M. Mazo. A model for shape generation by strain and cell-cell adhesion in the epithelium of an arthropod leg segment. *J. Theor. Biol.*, 100: 443–483, 1983.

[434] A. Mogilner and L. Edelstein-Keshet. Spatio-angular order in populations of self-aligning objects: formation of oriented patches. *Physica D*, 89: 346–367, 1996.

[435] A. Mogilner and G. F. Oster. Cell motility driven by actin polimerization. *Biophys. J.*, 71: 3030–3045, 1996.

[436] D. Mollison. Dependence of epidemic and population velocities on basic parameters. *Math. Biosci.*, 107: 255–287, 1991.

[437] P. R. Montague and M. J. Friedlander. Morphogenesis and territorial coverage by isolated mammalian retinal ganglion cells. *J. Neurosci.*, 11: 1440–1457, 1991.

[438] P. Moorcroft. *Territoriality and Carnivore Home Ranges*. PhD thesis, Princeton University, Princeton, NJ, 1997.

[439] P. Moorcroft and M. A. Lewis. *Home Range Patterns: Mechanistic Approaches to the Analysis of Animal Movement*. Princeton University Press, Princeton, NJ, 2001.

[440] P. Moorcroft, M. A. Lewis, and R. Crabtree. Analysis of coyote home range using a mechanistic home range model. *Ecology*, 80: 1656–1665, 1999.

[441] L. H. Morgan. *Ancient Society*. Charles H. Kerr, Chicago, 1877.

[442] S. C. Müller, T. Plesser, and B. Hess. The structure of the core of the spiral wave in the Belousov-Zhabotinskii reaction *Science*, 230: 661–663, 1985.

[443] S. C. Müller, T. Plesser, and B. Hess. Two-dimensional spectrophotometry and pseudo-color representation of chemical patterns. *Naturwiss.*, 73: 165–179, 1986.

[444] S. C. Müller, T. Plesser, and B. Hess. Two-dimensional spectrophotometry of spiral wave propagation in the Belousov-Zhabotinskii reaction. I. Experiments and digital representation. II. Geometric and kinematic parameters. *Physica D*, 24: 71–96, 1987.

[445] J. D. Murray. Singular perturbations of a class of nonlinear hyperbolic and parabolic equations. *J. Maths. and Physics*, 47: 111–133, 1968.

[446] J. D. Murray. Perturbation effects on the decay of discontinuous solutions of nonlinear first order wave equations. *SIAM J. Appl. Math.*, 19: 273–298, 1970a.

[447] J. D. Murray. On the Gunn effect and other physical examples of perturbed conservation equations. *J. Fluid Mech.*, 44: 315–346, 1970b.

[448] J. D. Murray. On Burgers' model equations for turbulence. *J. Fluid Mech.*, 59: 263–279, 1973.

[449] J. D. Murray. Non-existence of wave solutions for a class of reaction diffusion equations given by the Volterra interacting-population equations with diffusion. *J. Theor. Biol.*, 52: 459–469, 1975.

[450] J. D. Murray. On travelling wave solutions in a model for the Belousov-Zhabotinskii reaction. *J. Theor. Biol.*, 52: 329–353, 1976.

[451] J. D. Murray. *Nonlinear Differential Equation Models in Biology*. Clarendon, Oxford, 1977.

[452] J. D. Murray. A pattern formation mechanism and its application to mammalian coat markings. In *'Vito Volterra' Symposium on Mathematical Models in Biology. Accademia dei Lincei, Rome, Dec. 1979*, volume 39 of *Lect. Notes in Biomathematics*, pages 360–399. Springer-Verlag, Berlin-Heidelberg-New York, 1980.

[453] J. D. Murray. On pattern formation mechanisms for Lepidopteran wing patterns and mammalian coat markings. *Phil. Trans. R. Soc. Lond. B*, 295: 473–496, 1981a.

[454] J. D. Murray. A pre-pattern formation mechanism for animal coat markings. *J. Theor. Biol.*, 88: 161–199, 1981b.

[455] J. D. Murray. Parameter space for Turing instability in reaction diffusion mechanisms: a comparison of models. *J. Theor. Biol.*, 98: 143–163, 1982.

[456] J. D. Murray. On a mechanical model for morphogenesis: Mesenchymal patterns. In W. Jäger and J. D. Murray, editors, *Conference on: Modelling of Patterns in Space and Time, Heidelberg 1983*. Lecture Notes in Biomathematics series, 55: 279–291, Springer-Verlag, Berlin-Heidelberg-New York, 1983.

[457] J. D. Murray. *Asymptotic Analysis*. Springer-Verlag, Berlin-Heidelberg-New York, second edition, 1984.

[458] J. D. Murray. How the leopard gets its spots. *Sci. Amer.*, 258(3): 80–87, 1988.

[459] J. D. Murray. Modelling the pattern generating mechanism in the formation of stripes on alligators. In B. Simon, A. Truman, and I. M. Davies, editors, *IXth Intern. Congr. Mathematical Physics 1988*, pages 208–213, 1989. Adam Hilger, Bristol.

[460] J. D. Murray. Complex pattern formation and tissue interaction. In J. Demongeot and V. Capasso, editors, *1st Europ. Confer. on Applics. Maths. to Medic. and Biol. 1990*, pages 495–505, Winnipeg, Canada, 1993. Wuerz Publishing.

[461] J. D. Murray and G. C. Cruywagen. Threshold bifurcation in tissue interactionmodels for spatial pattern formation. *Proc. R. Soc. Lond. A*, 443: 1–16, 1994.

[462] J. D. Murray and C. L. Frenzen. A cell justification for Gompertz' equation. *SIAM J. Appl. Math.*, 46: 614–629, 1986.

[463] J. D. Murray and P. M. Kulesa. On a dynamic reaction-diffusion mechanism: the spatial patterning of teeth primordia in the alligator. *J. Chem. Soc., Faraday Trans.*, 92: 2927–2932, 1996.

[464] J. D. Murray and P. K. Maini. A new approach to the generation of pattern and form in embryology. *Sci. Prog. (Oxf.)*, 70: 539–553, 1986.

[465] J. D. Murray and M. R. Myerscough. Pigmentation pattern formation on snakes. *J. Theor. Biol.*, 149: 339–360, 1991.

[466] J. D. Murray and G. F. Oster. Cell traction models for generating pattern and form in morphogenesis. *J. Math. Biol.*, 19: 265–279, 1984a.

[467] J. D. Murray and G. F. Oster. Generation of biological pattern and form. *IMA J. Math. Appl. in Medic. and Biol.*, 1: 51–75, 1984b.

[468] J. D. Murray and W. L. Seward. On the spatial spread of rabies among foxes with immunity. *J.*

Theor. Biol., 156: 327–348, 1992.

[469] J. D. Murray, D. C. Deeming, and M. W. J. Ferguson. Size-dependent pigmentation-pattern formation in embryos of *Alligator mississippiensis*: Time of initiation of pattern generation mechanism. *Proc. R. Soc. Lond. B*, 239: 279–293, 1990.

[470] J. D. Murray, P. K. Maini, and R. T. Tranquillo. Mechanical models for generating biological pattern and form in development. *Physics Reports*, 171: 60–84, 1988.

[471] J. D. Murray, D. Manoussaki, S. R. Lubkin, and R. B. Vernon. A mechanical theory of *in vitro* vascular network formation. In C. D. Little, V. Mironov, and E. H. Sage, editors, *Vascular Morphogenesis: In Vivo, In Vitro and In Mente*, pages 173–188, Birkhaüser, Boston, 1998.

[472] J. D. Murray, G. F. Oster, and A. K. Harris. A mechanical model for mesenchymal morphogenesis. *J. Math. Biol.*, 17: 125–129, 1983.

[473] J. D. Murray, E. A. Stanley, and D. L. Brown. On the spatial spread of rabies among foxes. *Proc. R. Soc. Lond. B*, 229: 111–150, 1986.

[474] J. D. Murray and J. E. R. Cohen. On nonlinear convection dispersal effects in an interacting population model. *SIAM J. Appl. Math.*, 43: 66–78, 1983.

[475] J. D. Murray and R. P. Sperb. Minimum domains for spatial patterns in a class of reaction diffusion equations. *J. Math. Biol.*, 18: 169–184, 1983.

[476] J. D. Murray and K. R. Swanson. On the mechanical theory of biological pattern formation with applications to wound healing and angiogenesis. In M. A. J. Chaplain, G. D. Singh, and J. C. McLachlan, editors, *On Growth and Form: Spatio-Temporal Pattern Formation in Biology*, pages 251–285, John Wiley, Chichester, UK, 1999.

[477] J. D. Murray, J. Cook, S. R. Lubkin, and R. C. Tyson. Spatial pattern formation in biology: I. Dermal wound healing. II. Bacterial patterns. *J. Franklin Inst.*, 335: 303–332, 1998.

[478] M. R. Myerscough and J. D. Murray. Analysis of propagating pattern in a chemotaxis system. *Bull. Math. Biol.*, 54: 77–94, 1992.

[479] M. R. Myerscough, P. K. Maini, J. D. Murray, and K. H. Winters. Two-dimensional pattern formation in a chemotactic system. In T. L. Vincent, A. I. Mees, and L. S. Jennings, editors, *Dynamics of Complex Interconnected Biological Systems*, pages 65–83. Birkhauser, Boston, 1990.

[480] H. Nagawa and Y. Nakanishi. Mechanical aspects of the mesenchymal influence on epithelial branching morphogenesis of mouse salivary gland. *Development*, 101: 491–500, 1987.

[481] B. N. Nagorcka. The role of a reaction-diffusion system in the initiation of skin organ primordia. I. The first wave of initiation. *J. Theor. Biol.*, 121: 449–475, 1986.

[482] B. N. Nagorcka. A pattern formation mechanism to control spatial organisation in the embryo of *Drosophila melanogaster*. *J. Theor. Biol.*, 132: 277–306, 1988.

[483] B. N. Nagorcka and D. A. Adelson. Pattern formation mechanisms in skin and hair: Some experimental tests. In M. A. J. Chaplain, G. D. Singh, and J. C. McLachlan, editors, *On Growth and Form: Spatio-Temporal Pattern Formation in Biology*, pages 89–110, John Wiley, Chichester, UK, 1999.

[484] B. N. Nagorcka and J. R. Mooney. The role of a reaction-diffusion system in the formation of hair fibres. *J. Theor. Biol.*, 98: 575–607, 1982.

[485] B. N. Nagorcka and J. R. Mooney. The role of a reaction-diffusion system in the initiation of primary hair follicles. *J. Theor. Biol.*, 114: 243–272, 1985.

[486] B. N. Nagorcka and J. R. Mooney. From stripes to spots: prepatterns which can be produced in the skin by reaction-diffusion systems. *IMA J. Math. Appl. Med. and Biol.*, 9: 249–267, 1992.

[487] B. N. Nagorcka, V. S. Manoranjan, and J. D. Murray. Complex spatial patterns from tissue interactions—An illustrative model. *J. Theor. Biol.*, 128: 359–374, 1987.

[488] J. M. Nazzaro and E. A. Neuwelt. The role of surgery in the management of supranterorial intermediate and high-grade astrocytomas in adults. *J. Neurosurg.*, 73: 331–344, 1990.

[489] M. E. Nelson and L. D. Mech. Wolf predation risk associated with white-tailed deer movements. *Can. J. Zool.*, 69: 2696–2699, 1991.

[490] P. C. Newell. Attraction and adhesion in the slime mold *Dictyostelium*. In J. E. Smith, editor, *Fungal Differentiation: A Contemporary Synthesis*, pages 43–71. Marcel Dekker, New York, 1983.

[491] H. F. Nijhout. Wing pattern formation in Lepidoptera: a model. *J. Exp. Zool.*, 206: 119–136, 1978.

[492] H. F. Nijhout. Pattern formation in Lepidopteran wings: determination of an eyespot. *Devl. Biol.*, 80: 267–274, 1980a.

[493] H. F. Nijhout. Ontogeny of the color pattern formation on the wings of Precis coenia (Lepidoptera: Nymphalidae). *Devl. Biol.*, 80: 275–288, 1980b.

[494] H. F. Nijhout. Colour pattern modification by coldshock in Lepidoptera. *J. Embryol. Exp. Morph.*, 81: 287–305, 1984.

[495] H. F. Nijhout. The developmental physiology of colour patterns in Lepidoptera. *Adv. Insect Physiol.*, 18: 181–247, 1985a.

[496] H. F. Nijhout. Cautery-induced colour patterns in *Precis coenia* (Lepidoptera: Zool. Nymphalidae). *J. Embryol. Exp. Morph.*, 86: 191–302, 1985b.

[497] H. F. Nijhout. *The Development and Evolution of Butterfly Wing Patterns*. Smithsonian Institution Press, Washington, DC, 1991.

[498] J. V. Noble. Geographic and temporal development of plagues. *Nature*, 250: 726–728, 1974.

[499] B. Obrink. Epithelial cell adhesion molecules. *Exp. Cell Res.*, 163: 1–21, 1986.

[500] G. Odell, G. F. Oster, B. Burnside, and P. Alberch. The mechanical basis for morphogenesis. *Dev. Biol.*, 85: 446–462, 1981.

[501] M. Ohgiwara, M. Matsushita, and T. Matsuyama. Morphological changes in growth phenomena of bacterial colony patterns. *J. Phys. Soc. Japan*, 61: 816–822, 1992.

[502] M. Okajima. A methodological approach to the development of epidermal ridges. *Prog. in Dermatol. Res.*, 20: 175–188, 1982.

[503] M. Okajima and L. Newell-Morris. Development

of dermal ridges in volar skin of fetal pigtailed macaques *Macaca nemestrina*. *Amer. J. Anat.*, 183: 323–327, 1988.

[504] A. Okubo. *Diffusion and Ecological Problems: Mathematical Models*. Springer-Verlag, Berlin-Heidelberg-New York, 1980.

[505] A. Okubo. Dynamical aspects of animal grouping: swarms, schools, flocks and herds. *Adv. Biophys.*, 22: 1–94, 1986.

[506] A. Okubo, P. K. Maini, M. H. Williamson, and J. D. Murray. On the spatial spread of the grey squirrel in Britain. *Proc. R. Soc. Lond. B*, 238: 113–125, 1989.

[507] L. Olsen, J. A. Sherratt, and P. K. Maini. A mechanochemical model for adult dermal wound contraction and the permanence of the contracted tissue displacement profile. *J. Theor. Biol.*, 177: 113–128, 1995.

[508] L. Olsen, J. A. Sherratt, and P. K. Maini. A mathematical model for fibro-proliferative wound healing disorders. *Bull. Math. Biol.*, 58: 787–808, 1996.

[509] M. S. O'Reilly, T. Boehm, Y. Shing, N. Fukai, G. Vasios, W. S. Lane, E. Flynn, J. R. Birkhead, B. R. Olsen, and J. Folkman. Endostatin: an endogenous inhibitor of angiogenesis and tumor growth. *Cell*, 88: 277–285, 1997.

[510] M. S. O'Reilly, L. Holmgren, C. C. Chen, and J. Folkman. Angiostatin induces and sustains dormancy of human primary tumors in mice. *Nature Medicine*, 2: 689–692, 1996.

[511] P. J. Ortoleva and S. L. Schmidt. The structure and variety of chemical waves. In R. J. Field and M. Burger, editors, *Oscillations and Travelling Waves in Chemical Systems*, pages 333–418. John Wiley, New York, 1985.

[512] J. W. Osborn. New approach to Zahnreihen. *Nature, Lond.*, 225: 343–346, 1970.

[513] J. W. Osborn. The ontogeny of tooth succession in *Lacerta vivpara Jacquin*. *Proc. R. Soc. Lond.*, B179: 261–289, 1971.

[514] J. W. Osborn. Morphogenetic gradients: fields versus clones. In P. M. Butler and K. A. Joysey, editors, *Development, Function and Evolution of Teeth*, pages 171–201. Academic, London and New York, 1978.

[515] J. W. Osborn. Amodel simulating toothmorphogenesis without morphogenes. *J. Theor. Biol.*, 165: 429–445, 1993.

[516] G. F. Oster. 'Phosphenes'—The patterns we see when we close our eyes are clues to how the eye works. *Sci. Amer.*, pages 82–88, February, 1970.

[517] G. F. Oster and G. M. Odell. The mechanochemistry of cytogels. *Physica D*, 12: 333–350, 1984.

[518] G. F. Oster. On the crawling of cells. *J. Embryol. Exp. Morphol.*, 83: 329–364, 1984. (Suppl.).

[519] G. F. Oster and P. Alberch. Evolution and bifurcation of developmental programs. *Evolution*, 36: 444–459, 1982.

[520] G. F. Oster and J. D. Murray. Pattern formation models and developmental constraints. *J. Exp. Zool.*, 251: 186–202, 1989.

[521] G. F. Oster, J. D. Murray, and A. K. Harris. Mechanical aspects of mesenchymal morphogenesis. *J. Embryol. Exp. Morphol.*, 78: 83–125, 1983.

[522] G. F. Oster, J. D. Murray, and P. K. Maini. A model for chondrogenic condensations in the developing limb: the role of extracellular matrix and cell tractions. *J. Embryol. Exp. Morphol.*, 89: 93–112, 1985a.

[523] G. F. Oster, J. D. Murray, and G. M. Odell. The formation of microvilli. In *Molecular Determinants of Animal Form*, pages 365–384. Alan R. Liss, New York, 1985b.

[524] G. F. Oster, N. Shubin, J. D. Murray, and P. Alberch. Evolution and morphogenetic rules. The shape of the vertebrate limb in ontogeny and phylogeny. *Evolution*, 42: 862–884, 1988.

[525] H. Othmer. *Interactions of Reaction and Diffusion in Open Systems*. PhD thesis, Chemical Engineering Department and University of Minnesota, 1969.

[526] H. G. Othmer. Current problems in pattern formation. *Amer. Math. Assoc. Lects. on Math. in the LifeSciences*, 9: 57–85, 1977.

[527] H. G. Othmer, P. K. Maini, and J. D. Murray, editors. *Mathematical Models for Biological Pattern Formation*. Plenum, New York, 1993.

[528] J. H. Ottaway. Normalization in the fitting of data by iterative methods: application to tracer kinetics and enzyme kinetics. *Biochem. J.*, 134: 729–736, 1973.

[529] H. Otto. Die Beschuppung der Brevilinguir und Ascaleten. *Jenaische Zeit. Wiss.*, 44: 193–252, 1908.

[530] Q. Ouyang and H. L. Swinney. Transition from a uniform state to hexagonal and striped Turing patterns. *Nature*, 352: 610–612, 1991.

[531] Q. Ouyang, V. Castets, J. Boissonade, J. C. Roux, P. De Kepper, and H. L. Swinney. Sustained patterns in chlorite-iodide reactions in a one-dimensional reactor. *J. Chem. Phys.*, 95: 352–360, 1990.

[532] Q. Ouyang, G. H. Gunaratne, and H. L. Swinney. Rhombic patterns: broken hexagonal symmetry. *Chaos*, 3: 707–711, 1993.

[533] M. R. Owen and J. A. Sherratt. Pattern formation and spatiotemporal irregularity in a model for macrophage-tumour interactions. *J. Theor. Biol.*, 189: 63–80, 1997.

[534] K. J. Painter. Models for pigment pattern formation in the skin of fishes. In P. K. Maini and H. G. Othmer, editors, *Mathematical Models for Biological Pattern Formation*, pages 59–82. Springer, New York, 2000.

[535] K. J. Painter, P. K. Maini, and H. G. Othmer. Stripe formation in juvenile *Pomacanthus* explained by a generalised Turing mechanism with chemotaxis. *Proc. Nat. Acad. Sci. USA*, 96: 5549–5554, 1999.

[536] J.-L. Pallister. *Introduction to "On Monsters and Marvels" by Ambroise Paré*. University of Chicago Press, Chicago, 1982.

[537] A. M. Partanen, P. Ekblom, and I. Thesleff. Epidermal growth factor inhibits morphogenesis and cell differentiation in cultured mouse embryonic teeth. *Dev. Biol.*, 111: 84–94, 1985.

[538] M. Pascual. Diffusion-induced chaos in a spatial predator-prey system. *Proc. R. Soc. Lond. B*, 251: 1–7, 1993.

[539] P. P. Pastoret. Evolution of fox rabies in Belgium

[540] S. Patan, L. L. Munn, and R. K. Jain. Intussusceptive microvascular growth in a human colon adenocarcinoma xenograft: a novel mechanism of tumor angiogenesis. *Microvascular Research*, 51: 229–249, 1996.

[541] E. Pate and H. G. Othmer. Applications of a model for scale-invariant pattern formation. *Differentiation*, 28: 1–8, 1984.

[542] M. Patou. Analyse de la morphogenèse du pied des oiseaux a l'aise de melanges cellulaires interspecifiques. I. Étude morphologique. *J. Embryol. Exp. Morphol.*, 29: 175–196, 1973.

[543] E. E. Peacock. *Wound Repair*. W. B. Saunders, Philapdelphia, 1984.

[544] R. Penrose. The topology of ridge systems. *Ann. Hum. Genet. Lond.*, 42: 435–444, 1979.

[545] A. S. Perelson, P. K. Maini, J. D. Murray, J. M. Hyman, and G. F. Oster. Nonlinear pattern selection in a mechanical model for morphogenesis. *J. Math. Biol.*, 24: 525–541, 1986.

[546] A. J. Perumpanani, D. L. Simmons, A. J. H. Gearing, K. M. Miller, G. Ward, J. Norbury, M. Scheemann, and J. A. Sherratt. Extracellular matrix-mediated chemotaxis can impede cell migration. *Proc. R. Soc. Lond. B*, 265: 2347–2352, 1998.

[547] R. Peters and L. D. Mech. Scent-marking in wolves. *Am. Nat.*, 63: 628–637, 1975.

[548] R. O. Peterson. Ecological studies of wolves on Isle Royale. Technical Report, School of Forestry, Michigan Technical University, 1999.

[549] W. M. Petroll, H. D. Cavanagh, P. Barry, P. Andrews, and J. V. Jester. Quantitative analysis of stress fibre orientation during corneal wound contraction. *J. Cell Sci.*, 104: 353–363, 1993.

[550] V. Petrov, S. K. Scott, and K. Showalter. Excitability, wave reflection, and wave splitting in a cubic autocatalysis reaction-diffusion system. *Phil. Trans. R. Soc. A*, 347: 631–642, 1994.

[551] B. R. Phillips, J. A. Quinn, and H. Goldfine. Random motility of swimming bacteria: Single cells compared to cell populations. *AIChE J.*, 40: 334–348, 1994.

[552] G. J. Pilkington. Glioma heterogeneity *in vitro*: the significance of growth factors and gangliosides. *Neuropathol. Appl. Neurobiol.*, 18: 434–442, 1992.

[553] G. J. Pilkington. The paradox of neoplastic glial cell invasion of the brain and apparent metastatic failure. *Anticancer Res.*, 17: 4103–4106, 1997a.

[554] G. J. Pilkington. *In vitro* and *in vivo* models for the study of brain tumor invasion. *Anticancer Res.*, 17: 4107–4110, 1997b.

[555] R. I. Pocock. Description of a new species of cheetah (*Acinonyx*). *Proc. R. Soc. Lond.*, 1927: 245–252, 1927.

[556] T. D. Pollard. Actin. *Curr. Op. Cell Biol.*, 2: 33–40, 1990.

[557] A. Portmann. *Animal Forms and Patterns. A Study of the Appearance of Animals. (English translation)*. Faber and Faber, London, 1952.

[558] C. S. Potten, W. J. Hume, and E. K. Parkinson. Migration and mitosis in the epidermis. *Br. J. Dermatol.*, 111: 695–699, 1984.

[559] R. J. Price and R. Skalak. Circumferential wall stress as a mechanism for arteriolar rarefaction and proliferation in a network model. *Microvascular Research*, 47: 188–202, 1994.

[560] T. Price and M. Pavelka. Evolution of a colour pattern: history, development, and selection. *J. Evol. Biol.*, 9: 451–470, 1996.

[561] G. Prota. *Melanins and Melanogenesis*. Academic, London, 1992.

[562] E. Purcell. Life at low Reynolds number. *Amer. J. Phys.*, 45: 1–11, 1977.

[563] G. Radice. The spreading of epithelial cells during wound closure in *Xenopus* larvae. *Dev. Biol.*, 76: 26–46, 1980.

[564] La Rage. *Centre Nationale d'Études sur la Rage*. CERN, Paris, 1977.

[565] G. F. Raggett. Modelling the Eyam plague. *Bull. Inst. Math. and its Applic.*, 18: 221–226, 1982.

[566] R. Ramina, M. C. Neto, M. Meneses, W. O. Arruda, S. C. Hunhevicz, and A. A. Pedrozo. Management of deep-seated gliomas. *Critical Rev. Neurosurg.*, 9: 34–40, 1999.

[567] M. Rawles. Tissue interactions in scale and feather development as studied in dermal-epidermal recombinations. *J. Embryol. Exp. Morph.*, 11: 765–789, 1963.

[568] J. C. Reynolds. Details of the geographic replacement of the red squirrel (*Sciurus vulgaris*) by the grey squirrel (*Sciurus carolinensis*) in Eastern England. *J. Animal Ecology*, 54: 149–162, 1985.

[569] M. K. Richardson, A. Hornbruch, and L. Wolpert. Pigment patterns in neural crest chimeras constructed from quail and guinea fowl embryos. *Dev. Biol.*, 143: 309–319, 1991.

[570] M. K. Richardson and G. Keuck. A question of intent: when is a 'schematic' illustration or fraud? *Nature*, 410: 144, 2001.

[571] R. D. Riddle and C. J. Tabin. How limbs develop. *Scientific American*, pages 54–59, February 1999.

[572] J. Rinzel. Models in neurobiology. In R. H. Enns, B. L. Jones, R. M. Miura, and S. S. Rangnekar, editors, *Nonlinear Phenomena in Physics and Biology*, pages 345–367. Plenum, New York, 1981.

[573] J. Rinzel and J. B. Keller. Traveling wave solutions of a nerve conduction equation. *Biophys. J.*, 13: 1313–1337, 1973.

[574] J. Rinzel and D. Terman. Propagation phenomena in a bistable reaction-diffusion system. *SIAM J. Appl. Math.*, 42: 1111–1137, 1982.

[575] G. B. Risse. A long pull, a strong pull and all together—San Francisco and bubonic plague 1907–1908. *Bull. Hist. Med.*, 66: 260–286, 1992.

[576] H. Ritvo. *The Animal Estate. The English and Other Creatures in the Victorian Age*. Harvard University Press, Cambridge, 1987.

[577] E. K. Rodriguez, A. Hoger, and A. D. McCulloch. Stress-dependent finite growth in soft elastic tissues. *J. Biomech.*, 27: 455–467, 1994.

[578] A. S. Romer. *Vertebrate Palaeontology*. University of Chicago Press, Chicago, 1977.

[579] E. Röse. Ueber die Zahnentwicklung der Crocodile. *Morph. Arbeit.*, 3: 195–228, 1894.

[580] T. Rytömaa and K. Kiviniemi. Chloroma repression induced by the granulocytic chalone. *Nature*, 222: 995–996, 1969.

[581] T. Rytömaa and K. Kiviniemi. Regression of gener-

alised leukemia in rat induced by the granulocytic chalone. *Eur. J. Cancer*, 6: 401–410, 1970.

[582] E. H. Sage. Pieces of eight: bioactive fragments of extracellular proteins as regulators of angiogenesis. *Trends in Cell Biol.*, 7: 182–186, 1997a.

[583] E. H. Sage. Terms of attachment: SPARC and tumorigenesis. *Nature Medicine*, 3: 171–176, 1997b.

[584] D. Savic. Models of pattern formation in animal coatings. *J. Theor. Biol.*, 172: 299–303, 1995.

[585] B. Schaumann and M. Alter. *Dermatoglyphics in Medical Disorders*. Springer-Verlag, New York, 1976.

[586] G. W. Scherer, H. Hdach, and J. Phalippou. Thermal expansion of gels: A novel method for measuring permeability. *J. of Non-Crystalline Solids*, 130: 157–170, 1991.

[587] S. Schmidt and P. Ortoleva. Asymptotic solutions of the FKN chemical wave equation. *J. Chem. Phys.*, 72: 2733–2736, 1980.

[588] J. Schnackenberg. Simple chemical reaction systems with limit cycle behaviour. *J. Theor. Biol.*, 81: 389–400, 1979.

[589] A. M. Schor, S. L. Schor, and R. Baillie. Angiogenesis: experimental data relevant to theoretical analysis. In M. A. J. Chaplain, G. D. Singh, and J. C. McLachlan, editors, *On Growth and Form. Spatio-Temporal Pattern Formation in Biology*, pages 201–224. John Wiley, New York, 1999.

[590] B. N. Schwanwitsch. On the ground-plan of wing-pattern in nymphalids and other families of rhopalocerous Lepidoptera. *Proc. Zool. Soc. (Lond.)*, 34: 509–528, 1924.

[591] V. Schwartz. Neue Versuche zur Determination des zentralen Symmetriesystems bei Plodia interpunctella. *Biol. Zentr.*, 81: 19–44, 1962.

[592] A. G. Searle. *Comparative Genetics of Coat Colour in Mammals*. Academic, London, 1968.

[593] L. A. Segel, editor. *Mathematics Applied to Continuum Mechanics*. Macmillan, New York, 1977.

[594] T. Sekimura, P. K. Maini, J. B. Nardi, M. Zhu, and J. D. Murray. Pattern formation in lepidopteran wings. *Comments in Theor. Biol.*, 5: 69–87, 1998.

[595] T. Sekimura, M. Zhu, J. Cook, P. K. Maini, and J. D. Murray. Pattern formation of scale cells in Lepidoptera differential origin-dependent cell adhesion. *Bull. Math. Biol.*, 61: 807–827, 1999.

[596] P. Sengel. *Morphogenesis of Skin*. Cambridge University Press, Cambridge, UK, 1976.

[597] L. J. Shaw and J. D. Murray. Analysis of a model for complex skin patterns. *SIAM J. Appl. Math.*, 50: 279–293, 1990.

[598] P. R. Sheldon. Parallel gradualistic evolution of Ordovician trilobites. *Nature*, 330: 561–563, 1987.

[599] J. A. Sherratt. *Mathematical Models of Wound Healing*. PhD thesis, University of Oxford, 1991.

[600] J. A. Sherratt. Actin aggregation and embryonic epidermal wound healing. *J. Math. Biol.*, 31: 703–716, 1993.

[601] J. A. Sherratt. Chemotaxis and chemokinesis in eukaryotic cells: the Keller-Segel equations as an approximation to a detailed model. *Bull. Math. Biol.*, 56: 129–146, 1994.

[602] J. A. Sherratt and J. Lewis. Stress-induced alignment of actin filaments and the mechanics of cytogel. *Bull. Math. Biol.*, 55: 637–654, 1993.

[603] J. A. Sherratt and J. D. Murray. Models of epidermal wound healing. *Proc. R. Soc. Lond. B*, 241: 29–36, 1990.

[604] J. A. Sherratt and J. D. Murray. Mathematical analysis of a basic model for epidermal wound healing. *J. Math. Biol.*, 29: 389–404, 1991.

[605] J. A. Sherratt and J. D. Murray. Epidermal wound healing: A theoretical approach. *Comm. Theor. Biol.*, 2: 315–333, 1992a.

[606] J. A. Sherratt and J. D. Murray. Epidermal wound healing: the clinical implications of a simple mathematical model. *Cell Transplant*, 1: 365–371, 1992b.

[607] J. A. Sherratt, M. A. Lewis, and A. C. Fowler. Ecological chaos in the wake of invasion. *Proc. Nat. Acad. Sci. USA*, 92: 2524–2528, 1995.

[608] J. A. Sherratt, P. Martin, J. D. Murray, and J. Lewis. Mathematical models of wound healing in embryonic and adult epidermis. *IMA J. Math. Appl. Med. & Biol.*, 9: 177–196, 1992.

[609] J. A. Sherratt, E. H. Sage, and J. D. Murray. Chemical control of eukaryotic cell movement: a new model. *J. Theor. Biol.*, 162: 23–44, 1993b.

[610] M. Shibata and J. Bureš. Reverberation of cortical spreading depression along closed pathways in rat cerebral cortex. *J. Neurophysiol.*, 35: 381–388, 1972.

[611] M. Shibata and J. Bureš. Optimum topographical conditions for reverberating cortical spreading depression in rats. *J. Neurobiol.*, 5: 107–118, 1974.

[612] N. Shigesada and K. Kawasaki. *Biological Invasions: Theory and Practice*. Oxford University Press, Oxford, 1997.

[613] N. Shigesada, K. Kawasaki, and E. Teramoto. Travelling periodic waves in heterogeneous environments. *Theor. Popul. Biol.*, 30: 143–160, 1986.

[614] E. Shochat, D. Hart, and Z. Agur. Using computer simulation for evaluating the efficacy of breast cancer chemotherapy protocols. *Math. Models and Methods in Appl. Sciences*, 9: 599–615, 1999.

[615] N. Shubin and P. Alberch. A morphogenetic appraoch to the origin and basic organisation of the tetrapod limb. In M. Hecht, B. Wallace, and W. Steere, editors, *Evolutionary Biology*, volume 20, pages 319–387. Plenum, New York, 1986.

[616] S. Shuster. The cause of striae distensae. *Acta Dermato-Venereologica*, 59: 161–169, 1979. (Supplement 85).

[617] A. Sibatani. Wing homeosis in Lepidoptera: a survey. *Devl. Biol.*, 79: 1–18, 1981.

[618] D. L. Silbergeld and M. R. Chicoine. Isolation and characterization of human malignant glioma cells from histologically normal brain. *J. Neurosurg.*, 86: 525–531, March 1997.

[619] D. L. Silbergeld, R. C. Rostomily, and E. C. Alvord, Jr. The cause of death in patients with glioblastoma is multifactorial: Clinical factors and autopsy findings in 117 cases of supratentorial glioblastoma in adults. *J. Neuro-Oncol.*, 10: 179–185, 1991.

[620] R. Skalak and R. J. Price. The role of mechanical stresses in microvascular remodeling. *Microcirculation*, 3: 143–165, 1996.

[621] R. Skalak, G. Dasgupta, M. Moss, E. Otten, P. Dullemeijer, and H. Vilmann. Analytical descrip-

[621] ...tion of growth. *J. Theor. Biol.*, 94: 555–577, 1982.

[622] J. M. W. Slack. *From Egg to Embryo. Determinative Events in Early Development.* Cambridge University Press, Cambridge, UK, 1983.

[623] J. L. R. M. Smeets, M. A. Allessie, W. J. E. P. Lammers, F. I. M. Bonke, and J. Hollen. The wavelength of the cardiac impulse and the reentrant arrhythmias in isolated rabbit atrium. The role of heart rate, autonomic transmitters, temperature and potassium. *Circ. Res.*, 73: 96–108, 1986.

[624] J. C. Smith and L. Wolpert. Pattern formation along the anterioposterior axis of the chick wing: the increase in width following a polarizing region graft and the effect of X-irradiation. *J. Embryol. Exp. Morph.*, 63: 127–144, 1981.

[625] J. Smoller. *Shock Waves and Reaction-Diffusion Equations.* Springer-Verlag, Berlin-Heidelberg-New York, 1983.

[626] J. Sneyd, A. Atri, M. W. J. Ferguson, M. A. Lewis, W. Seward, and J. D. Murray. A model for the spatial patterning of teeth primordia in the Alligator: Initiation of the dental determinant. *J. Theor. Biol.*, 165: 633–658, 1993.

[627] J. M. Snowden. Wound closure: an analysis of the relative contributions of contraction and epithelialization. *J. Surg. Res.*, 37: 453–463, 1984.

[628] M. K. Sparrow and P. J. Sparrow. *Topological Approach to the Matching of Single Fingerprints: Development of Algorithms for Use on Rolled Impressions.* US Govt. Printing Office (NBS/SP-50/124), Washington, DC, 1985.

[629] A. Spiros and L. Edelstein-Keshet. Testing a model for the dynamics of actin structures with biological parameter values. *Bull. Math. Biol.*, 60: 275–305, 1998.

[630] F. Steck and A. Wandeler. The epidemiology of fox rabies in Europe. *Epidem. Rev.*, 2: 71–96, 1980.

[631] O. Steinbock, P. Kuttunen, and K. Showalter. Chemical wave logic gates. *J. Chem. Phys.*, 100: 18970–18975, 1996.

[632] M. G. Stern, M. T. Longaker, and R. Stern. Hyaluronic acid and its modulation in fetal and adult wound. In N. S. Adzick and M. T. Longaker, editors, *Fetal Wound Healing*, pages 189–198. Elsevier, New York, 1992.

[633] C. R. Stockard. The artificial production of one-eyedmonsters and other defects, which occur in nature, by the use of chemicals. *Proc. Assoc. of Amer. Anatomists*, III(4): 167–173, 1909.

[634] C. R. Stockard. Development rate and structural expression: an experimental study of twins, "double monsters" and single deformities, and the interaction among embryonic organs during their origin and development. *Amer. J. Anatomy*, 28: 115–266, 1921.

[635] S. H. Strogatz. *Nonlinear Dynamics and Chaos: with Applications in Physics, Biology, Chemistry, and Engineering.* Addison-Wesley, Reading, MA, 1994. 【『非線形ダイナミクスとカオス』田中久陽・中尾裕也・千葉逸人訳，丸善出版，2015 年】

[636] F. A. Stuart, K. H. Mahmood, J. L. Stanford, and D. G. Pritchard. Development of diagnostic test for, and vaccination against, tuberculosis in badgers. *Mammal Review*, 18: 74–75, 1988.

[637] F. Suffert. Zur vergleichenden Analyse der Schmetterlingszeichnung. *Bull. Zentr.*, 47: 385–413, 1927.

[638] G. W. Swan. Tumour growth models and cancer therapy. In J. R. Thomson and B. W. Brown, editors, *Cancer Modeling*, pages 91–104. Marcel Dekker, New York, 1987.

[639] K. R. Swanson. *Mathematical Modeling of the Growth and Control of Tumors.* PhD thesis, University of Washington, Seattle, WA, 1999.

[640] K. R. Swanson, E. C. Alvord, Jr, and J. D. Murray. A quantitative model for differential motility of gliomas in grey and white matter. *Cell Prolif.*, 33: 317–329, 2000.

[641] N. V. Swindale. A model for the formation of ocular dominance stripes. *Proc. R. Soc. Lond. B*, 208: 243–264, 1980.

[642] L. A. Taber. Biomechanics of growth, remodeling, and morphogenesis. *Appl. Mech. Rev.*, 48: 487–545, 1995.

[643] P. Tass. Cortical pattern formation during visual hallucinations. *J. Biol. Phys.*, 21: 177–210, 1995.

[644] O. R. Taylor. The past and possible future spread of Africanized honeybees in the Americas. *Bee World*, 58: 19–30, 1977.

[645] L. Teulières and P. Saliou. Rabies in France, 100 years after Pasteur. *Presse Medicale*, 24: 134–135, 1995.

[646] I. Thesleff and A. M. Partanen. Localization and quantitation of 125I-epidermal growth factor binding in mouse embryonic tooth and other embryonic tissues at different developmental stages. *Dev. Biol.*, 120: 186–197, 1987.

[647] R. Thoma. *Untersuchungen ber die Histogenese und Histomechanik.* Enkeverlag, Stuttgart, 1893.

[648] D. Thomas. Artificial enzyme membranes, transport, memory, and oscillatory phenomena. In D. Thomas and J.-P. Kernevez, editors, *Analysis and Control of Immobilized Enzyme Systems*, pages 115–150. Springer-Verlag, Berlin-Heidelberg-New York, 1975.

[649] D'Arcy W. Thompson. *On Growth and Form.* Cambridge University Press, Cambridge, UK, 1917.

[650] P. Thorogood. Morphogenesis of cartilage. In B. K. Hall, editor, *Cartilage: Development, Differentiationand Growth*, volume 2. Academic, New York, 1983.

[651] C. Tickle. Development of the vertebrate limb: a model for growth and patterning. In M. A. J. Chaplain, G. D. Singh, and J. C McLachlan, editors, *On Growth and Form. Spatio-Temporal Pattern Formation in Biology*, pages 13–29. John Wiley, New York, 1999.

[652] C. Tickle, J. Lee, and G. Eichele. A quantitative analysis of the effect of all-trans-retinoic acid on the pattern of chick wing development. *Dev. Biol.*, 109: 82–95, 1985.

[653] D. Tilman and P. Kareiva, editors. *Spatial Ecology. The Role of Space in Population Dynamics and Interspecific Interactions.* Princeton University Press, Princeton, NJ, 1997.

[654] E. J. F. Timmenga, T. T. Andreassen, H. J. Houthoff, and P. J. Klopper. The effect of mechanical stress on healing skin wounds: an experimental

[654] study in rabbits using tissue expansion. *Brit. J. Plastic Surg.*, 44: 514–519, 1991.

[655] E. C. Titchmarsh. *Eigenfunctions Expansions Associated with Second-Order Differential Equations.* Clarendon, Oxford, 1964.

[656] A. W. Toga, E. M. Santori, R. Hazani, and K. Ambach. A 3D digital map of the rat brain. *Brain Res. Bull.*, 38: 77–85, 1995.

[657] B. Toma and L. Andral. Epidemiology of fox rabies. *Adv. Vir. Res.*, 21: 15, 1977.

[658] A. Tozeren and R. Skalak. Interaction of stress and growth in a fibrous tissue. *J. Theor. Biol.*, 130: 337–350, 1988.

[659] P. Tracqui. From passive diffusion to active cellular migration in mathematical models of tumour invasion. *Acta Biotheoretica*, 43: 443–464, 1995.

[660] P. Tracqui, G. C. Cruywagen, D. E. Woodward, G. T. Bartoo, J. D. Murray, and E. C. Alvord, Jr. A mathematical model of glioma growth: the effect of chemotherapy on spatio-temporal growth. *Cell Proliferation*, 28: 17–31, 1995.

[661] P. Tracqui, D. E. Woodward, G. C. Cruywagen, and J. D. Murray. A mechanical model for fibroblastdriven wound healing. *J. Biol. Syst.*, 3: 1075–1085, 1993.

[662] L. Tranqui and P. Tracqui. Mechanical signalling and angiogenesis. the integration of cell-extracellular matrix couplings. *C. R. Acad. Sci. Paris, Science de la Vie*, 323: 31–47, 2000.

[663] R. T. Tranquillo and D. A. Lauffenburger. Stochastic model of leukocyte chemosensory movement. *J. Math. Biol.*, 25: 229–262, 1987.

[664] R. T. Tranquillo and J. D. Murray. Continuum model of fibroblast-driven wound contraction: inflammation mediation. *J. Theor. Biol.*, 158: 135–172, 1992.

[665] R. T. Tranquillo and J. D. Murray. Mechanistic model of wound contraction. *J. Surg. Research*, 55: 233–247, 1993.

[666] R. W. Treadwell. Time and sequence of appearance of certain gross structures in *Pituophis melanoleucussayi* embryos. *Herpetologica*, 18: 120–124, 1962.

[667] J. P. Trinkaus. Formation of protrusions of the cell surface during tissue cell movement. In R. D. Hynes and C. E. Fox, editors, *Tumor Cell Surfaces and Malignancy*, pages 887–906. Alan R. Liss, New York, 1980.

[668] J. P. Trinkaus. *Cells into Organs. The Forces that Shape the Embryo.* Prentice-Hall, Englewood Cliffs, NJ, 1984.

[669] T. Tsujikawa, T. Nagai, M. Mimura, R. Kobayashi, and H. Ikeda. Stability properties of traveling pulse solutions of the higher dimensional FitzHugh-Nagumo equations. *Japan J. Appl. Math.*, 6: 341–366, 1989.

[670] A. M. Turing. The chemical basis of morphogenesis. *Phil. Trans. R. Soc. Lond. B*, 237: 37–72, 1952.

[671] W. Turner. *A Compleat History Of the Most Remarkable Providence, both of Judgement and Mercy, Which have hapened in this Present Age.* John Duynton, Raven, Jewet Street, London, 1697.

[672] J. J. Tyson and P. C. Fife. Target patterns in a realistic model of the Belousov-Zhabotinskii reaction. *J. Chem. Phys.*, 75: 2224–2237, 1980.

[673] J. J. Tyson and J. P. Keener. Singular perturbation theory of travelling waves in excitable media (a review). *Physica D*, 32: 327–361, 1988.

[674] J. J. Tyson, K. A. Alexander, V. S. Manoranjan, and J. D. Murray. Cyclic-AMP waves during aggregation of *Dictyostelium* amoebae. *Development*, 106: 421–426, 1989a.

[675] J. J. Tyson, K. A. Alexander, V. S. Manoranjan, and J. D. Murray. Spiral waves of cyclic-AMP in a model of slime mold aggregation. *Physica D*, 34: 193–207, 1989b.

[676] R. C. Tyson. *Pattern Formation by E. coli—Mathematical and Numerical Investigation of a Biological Phenomenon.* PhD thesis, Department of Applied Mathematics, University of Washington, Seattle, WA, 1996.

[677] R. C. Tyson, S. R. Lubkin, and J. D. Murray. A minimal mechanism for bacterial pattern formation. *Proc. R. Soc. Lond. B*, 266: 299–304, 1998.

[678] R. C. Tyson, S. R. Lubkin, and J. D. Murray. Model and analysis of chemotactic bacterial patterns in liquid medium. *J. Math. Biol.*, 38: 359–375, 1999.

[679] S. Vainio, I. Karanvanova, A. Jowett, and I. Thesleff. Identification of BMP-4 as a signal mediating secondary induction between epithelial and mesenchymal tissues during early tooth development. *Cell*, 75: 45–58, 1993.

[680] E. S. Valenstein. History of psychosurgery. In S. H. Greenblatt, editor, *A History of Neurosurgery*, pages 499–516. American Society of Neurological Surgeons, Park Ridge, IL, 1997.

[681] V. van Ballenberghe, A. W. Erickson, and D. Byman. Ecology of the timber wolf in Northeastern Minnesota. *Wildl. Monogr.*, 43: 1–43, 1975.

[682] H. A. S. Van den Brenk. Studies in restorative growth processes in mammalian wound healing. *Br. J. Surg.*, 43: 525–550, 1956.

[683] J. W. Verano, L. S. Anderson, and R. Franco. Foot amputation by the Moche of ancient Peru: osteological evidence and archaeological context. *Int. J. Osteoarchaeol.*, 10: 177–188, 2000.

[684] J. W. Verano, S. Uceda, C. Chapdelaine, R. Tello, M. I. Paredes, and V. Pimentel. Modified human skulls from the urban sector of the pyramids of Moche, northern Peru. *Latin American Antiquity*, 10: 59–70, 1999.

[685] R. B. Vernon and E. H. Sage. Between molecules and morphology. extracellular matrix and creation of vascular form. *Amer. J. of Pathol.*, 147: 873–883, 1995.

[686] R. B. Vernon, J. C. Angello, M. L. Iruela-Arispe, T. F. Lane, and E. H. Sage. Reorganization of basement membrane matrices by cellular traction promotes the formation of cellular networks *in vitro*. *Laboratory Investigation*, 66: 536–547, 1992.

[687] R. B. Vernon, S. L. Lara, M. L. Drake, M. L. Iruela-Arispe, J. C. Angello, C. D. Little, T. N. Wight, and E. H. Sage. Organized type I collagen influences endothelial patterns during "spontaneous" angiogenesis *in vitro*: Planar cultures as models of vascular development. *In Vitro Vascular and Dev. Biol.*, 31: 120–131, 1995.

[688] C. H. Waddington and J. Cowe. Computer sim-

ulations of a molluscan pigmentation pattern. *J. Theor. Biol.*, 25: 219–225, 1969.

[689] V. Walbot and N. Holder. *Developmental Biology*. Random House, New York, 1987.

[690] H. Walker, editor. *A History of Neurological Surgery*. Williams and Wilkins, Baltimore, 1951.

[691] J. Walker. About phosphenes: luminous patterns that appear when the eyes are closed. *Scientific American*, 244: 174–184, 1981.

[692] M. Walter, A. Fournier, and M. Reimers. Clonal mosaic model for the synthesis of mammalian coat patterns. *Graphics Interface '98 (Intern. Computer Graphics Conf. Vancouver)*, pages 82–91, 1998.

[693] A. Wandeler. Rabies virus. In M. J. Appel, editor, *Virus Infections of Carnivores*, pages 449–461. Elsevier Science, Amsterdam, 1987.

[694] D. A. Warrell. Rabies in man. In C. Kapalan, editor, *Rabies: the Facts*, pages 32–52. Oxford University Press, Oxford, 1977.

[695] F. M. Watt. The extracellular matrix and cell shape. *Trends in Biochem. Sci.*, 11: 482–485, 1986.

[696] F. M. Watt. Proliferation and terminal differentiation of human epidermal keratinocytes in culture. *Biochem. Soc. Trans.*, 16: 666–668, 1988a.

[697] F. M. Watt. The epidermal keratinocyte. *Bioessays*, 8: 163–167, 1988b.

[698] G. T. Watt. Wound shape and tissue tension in healing. *Brit. J. Surg.*, 47: 555–561, 1959.

[699] M. P. Welch, G. F. Odland, and A. F. Clark. Temporal relationships of F-actin bundle formation, collagen and fibronectin matrix assembly, and fibronectin receptor expression to wound contraction. *J. Cell Biol.*, 110: 133–145, 1990.

[700] K. F. Wellmann. North American Indian rock art and hallucinogenic drugs. *J. Amer. Medical Assoc.*, 239: 1524–1527, 1978.

[701] B. J. Welsh, J. Gomatam, and A. E. Burgess. Three-dimensional chemical waves in the Belousov-Zhabotinskii reaction. *Nature*, 304: 611–614, 1983.

[702] S. Werner, H. Smola, X. Liao, M. T. Longaker, T. Krieg, P. H. Hofschneider, and L. T. Williams. The function of KGF in epithelial morphogenesis and wound reepithelialization. *Science*, 266: 819–822, 1994.

[703] N. Wessells. *Tissue Interaction in Development*. W. A. Benjamin, Menlo Park, CA, 1977.

[704] B. Westergaard and M. W. J. Ferguson. Development of the dentition in *Alligator mississippiensis*. early embryonic development in the lower jaw. *J. Zool. Lond.*, 210: 575–597, 1986.

[705] B. Westergaard and M. W. J. Ferguson. Development of the dentition in *Alligator mississippiensis*. later development in the lower jaws of embryos, hatchlings and young juveniles. *J. Zool. Lond.*, 212: 191–222, 1987.

[706] B. Westergaard and M. W. J. Ferguson. Development of the dentition in *Alligator mississippiensis*. upper jaw dental and craniofacial development in embryos, hatchlings, and young juveniles. with a comparison to lower jaw development. *Amer. J. Anatomy*, 187: 393–421, 1990.

[707] J. M. Westergaard. Measures applied in Denmark to control the rabies epizootic in 1977–1980. *Comp. Immunol. Microbiol. Infect. Dis.*, 5: 383–387, 1982.

[708] D. J. Whitby and M. W. J. Ferguson. The extracellular matrix of lip wounds in fetal, neonatal and adult mice. *Development*, 112: 651–668, 1991.

[709] K. A. J. White. *Territoriality and Survival in Wolf-Deer Interactions*. PhD thesis, Department of Applied Mathematics, University of Washington, Seattle, WA, 1995.

[710] K. A. J. White, M. A. Lewis, and J. D. Murray. A model for wolf-pack territory formation and maintenance. *J. Theor. Biol.*, 178: 29–43, 1996a.

[711] K. A. J. White, M. A. Lewis, and J. D. Murray. Wolf-deer interactions: a mathematical model. *Proc. R. Soc. Lond. B*, 263: 299–305, 1996b.

[712] K. A. J. White, M. A. Lewis, and J. D. Murray. On wolf territoriality and deer survival. In J. Bascompte and R. V. Sole, editors, *Modeling Spatiotemporal Dynamics in Ecology*, pages 105–126. Springer-Verlag, New York, 1998.

[713] M. H. Williamson. *Biological Invasions*. Chapman and Hall, London, 1996.

[714] M. H. Williamson and K. C. Brown. The analysis and modelling of British invasions. *Phil. Trans. R. Soc. Lond. B*, 314: 505–522, 1986.

[715] P. G. Williamson. Palaeontological documentation of speciation in Cenozoic molluscs from Turkana Basan. *Nature*, 293: 437–443, 1981a.

[716] P. G. Williamson. Morphological stasis and developmental constraints: real problems for neo-Darwinism. *Nature*, 294: 214–215, 1981b.

[717] A. T. Winfree. Spiral waves of chemical activity. *Science*, 175: 634–636, 1972.

[718] A. T. Winfree. Rotating chemical reactions. *Sci. Amer.*, 230(6): 82–95, 1974.

[719] A. T. Winfree. The rotor in reaction-diffusion problems and in sudden cardiac death. In M. Cosnard and J. Demongeot, editors, *Lect. Notes in Biomathematics (Luminy Symposium on Oscillations, 1981)*, volume 49, pages 201–207, Berlin-Heidelberg-New York, 1983a. Springer-Verlag.

[720] A. T. Winfree. Sudden cardiac death: a problem in topology. *Sci. Amer.*, 248(5): 144–161, 1983b.

[721] A. T. Winfree. *The Timing of Biological Clocks*. Scientific American Books, New York, 1987a.【生物時計』鈴木善次・鈴木良次訳, 東京化学同人, 1992 年】

[722] A. T. Winfree. *When Time Breaks Down: The Three-Dimensional Dynamics of Electrochemical Wavesand Cardiac Arrhythmias*. Princeton University Press, Princeton, NJ, 1987b.

[723] A. T. Winfree. Electrical turbulence in three-dimensional heart muscle. *Science*, 266: 1003–1006, 1994a.

[724] A. T. Winfree. Persistent tangled vortex rings in generic excitable media. *Nature*, 371: 233–236, 1994b.

[725] A. T. Winfree. Mechanisms of cardiac fibrillation. *Science*, 270: 1222–1225, 1995.

[726] A. T. Winfree. Heart muscle as a reaction diffusion medium: the roles of electrical potential diffusion, activation front curvature, and anisotropy. *Internat. J. Bifurc. and Chaos Appl. Sci. Engrg.*, 7: 487–526, 1997.

[727] A. T. Winfree. *The Geometry of Biological Time*. Springer-Verlag, Berlin-Heidelberg-New York, 2nd edition, 2000.

[728] A. T. Winfree and S. H. Strogatz. Organising centres for three-dimensional chemical waves. *Nature*, 311: 611–615, 1984.

[729] A. T. Winfree, G. Caudle, P. McGuire, and Z. Szilagyi. Quantitative optical tomography of chemical waves and their organising centers. *Chaos*, 6: 617–626, 1996.

[730] K. H. Winters, M. R. Myerscough, P. K. Maini, and J. D. Murray. Tracking bifurcating solutions of a model biological pattern generator. *IMPACT of Computing in Sci. and Eng.*, 2: 355–371, 1990.

[731] R. Wittenberg. *Models of Self-Organisation in Biological Development*. Master's thesis, University of Cape Town, 1993.

[732] M. W. Woerdeman. Beitrage zur Entwicklungsgeschichte von Zahnen und Gebiss der Reptilien. Beitrag I. Die Anlage und Entwicklung des embryonalen Gebisses als Ganzes. *Arch. mikrosk. Anat.*, 92: 104–192, 1919.

[733] M. W. Woerdeman. Beitrage zur Entwicklungsgeschichte von Zahnen und Gebiss der Reptilien. Beitrag IV. Uber die Anlage und Entwicklung der Zahne. *Arch. mikrosk. Anat.*, 95: 265–395, 1921.

[734] S. Wolfram. Cellular automata as models of complexity. *Nature*, 311: 419–424, 1984.

[735] D. J. Wollkind and L. E. Stephenson. Chemical Turing pattern formation analyses: Comparison of theory and experiment. *SIAM J. Appl. Math.*, 61: 387–431, 2000a.

[736] D. J. Wollkind and L. E. Stephenson. Chemical Turing patterns: a model system of a paradigm for morphogenesis. In P. K. Maini and H. G. Othmer, editors, *Mathematical Models for Biological Pattern Formation*, pages 113–142. Springer-Verlag, New York, 2000b.

[737] D. J. Wollkind, V. S. Manoranjan, and L. Zhang. Weakly nonlinear stability analyses of prototype reaction-diffusion model equations. *SIAM Rev.*, 36: 176–214, 1994.

[738] L. Wolpert. Positional information and the spatial pattern of cellular differentiation. *J. Theor. Biol.*, 25: 1–47, 1969.

[739] L. Wolpert. Positional information and pattern formation. *Curr. Top. Dev. Biol.*, 6: 183–224, 1971.

[740] L. Wolpert. The development of pattern and form in animals. *Carolina Biol. Readers*, 1(5): 1–16, 1977.

[741] L. Wolpert. Positional information and pattern formation. *Phil. Trans. R. Soc. Lond. B*, 295: 441–450, 1981.

[742] L. Wolpert and A. Hornbruch. Positional signalling and the development of the humerus in the chick limb bud. *Development*, 100: 333–338, 1987.

[743] L. Wolpert and W. D. Stein. Molecular aspects of early development. In G. M. Malacinski and S. V. Bryant, editors, *Proc. Symp. on Molecular Aspects of Early Development (Annual Meeting Amer. Soc. Zoologists, Louisville, 1982)*, pages 2–21, MacMillan, New York, 1984.

[744] D. E. Woodward, J. Cook, P. Tracqui, G. C. Cruywagen, J. D. Murray, and E. C. Alvord, Jr. A mathematical model of glioma growth: the effect of extent of surgical resection. *Cell Proliferation*, 29: 269–288, 1996.

[745] D. E. Woodward, R. C. Tyson, J. D. Murray, E. O. Budrene, and H. Berg. Spatio-temporal patterns generated by *Salmonella typhimurium*. *Biophysical J.*, 68: 2181–2189, 1995.

[746] N. A. Wright. Cell proliferation kinetics of the epidermis. In L. A. Goldsmith, editor, *Biochemistry and Physiology of the Skin*, pages 203–229. Oxford University Press, Oxford, 1983.

[747] N. A. Wright and M. Alison. *Biology of Epithelial Cell Populations*. Clarendon, Oxford, 1984.

[748] T. Wyatt. The biology of *Oikopleura dioica* and *Fritillaria borealis* in the Southern Bight. *Mar. Biol.*, 22: 137–158, 1973.

[749] Y. Xu, C. M. Vest, and J. D. Murray. Holographic interferometry used to demonstrate a theory of pattern formation in animal coats. *Appl. Optics.*, 22: 3479–3483, 1983.

[750] S. Yachi, K. Kawasaki, N. Shigesada, and E. Teramoto. Spatial patterns of propagating waves of fox rabies. *Forma*, 4: 3–12, 1989.

[751] H. Yagisita, M. Mimura, and M. Yamada. Spiral wave behaviors in an excitable reaction-diffusion system on a sphere. *Physica D*, 124: 126–136, 1998.

[752] T. Yamaguchi, T. Hirobe, Y. Kinjo, and K. Manaka. The effect of chalone on the cell cycle in the epidermis during wound healing. *Exp. Cell Res.*, 89: 247–254, 1974.

[753] A. Yoshikawa and M. Yamaguti. On some further properties of solutions to a certain semi-linear system of partial differential equations. *Publ. RIMS, Kyoto Univ.*, 9: 577–595, 1974.

[754] D. A. Young. A local activator-inhibitor model of vertebrate skin patterns. *Math. Biosciences*, 72: 51–58, 1984.

[755] G. L. Yount, D. A. Haas-Kogan, K. S. Levine, K. D. Aldape, and M. A. Israel. Ionizing radiation inhibits chemotherapy-induced apoptosis in cultured glioma cells: implications for combined modality therapy. *Cancer Res.*, 58: 3819–3825, 1998.

[756] A. N. Zaikin and A. M. Zhabotinskii. Concentration wave propagation in two-dimensional liquid-phase self-organising system. *Nature*, 225: 535–537, 1970.

[757] L. R. Zehr. Stages in the development of the common garter snake *Thamnophis sirtalis sirtalis*. *Copeia*, 1962: 322–329, 1962.

[758] M. Zhu and J. D. Murray. Parameter domains for generating spatial pattern: a comparison of reactiondiffusion and cell-chemotaxis models. *Intern. J. Bifurcation & Chaos*, 5: 1503–1524, 1995.

[759] J. D. Zieske, S. C. Higashijima, S. J. Spurr-Michaud, and I. K. Gipson. Biosynthetic response of the rabbit cornea to a keratectomy wound. *Invest. Ophthalmol. Vis. Sci.*, 28: 1668–1677, 1987.

[760] R. G. Zweifel. Genetics of color pattern polymorphism in the California king snake. *J. Heredity*, 72: 238–244, 1981.

[761] V. S. Zykov. *Modelling of Wave Processes in Excitable Media*. Manchester University Press, Manchester, 1988.

索　引

和文索引

■英数字・記号
21 トリソミー　291
BZ 反応　2, 28, 55
Dupuytren 拘縮　393
FHN モデル　33, 56
FKN モデル　2, 44, 62
Gierer-Meinhardt 反応拡散系　62
λ-ω 系　50
Lamé 係数　404
LPS 法　292, 315
Murray-Oster 力学理論　166, 252, 336, 352, 353, 396, 401
Schnakenberg (1979) の化学反応　62
SIR モデル　545

■あ
アイコナール法　44
アイル・ロイヤルプロジェクト　579
亜塩素酸塩―ヨウ化物―マロン酸反応拡散系　83
アカギツネ　539, 567
アカダイショウ　197
アクチン　297, 375
足上げ排尿行動　581
アスパラギン酸塩　204
アスプクサリビ　190
アセタブラリア属　147, 165
圧縮度　379
アミメキリン　122
アメリカタテハモドキ　133, 145, 165
アリクイ　125
アリゲイター　157
アルマジロ　315

■い
イオン交換カラム　10
閾
　　―の挙動　33
　　―の動力学　299, 490
　　―の波　4, 38, 56, 137
位置情報　58, 171
遺伝子活性化　134
遺伝子組換え細菌　18
遺伝子組換え生物　17
糸状仮足　258
異方性　262, 352, 400
異方的ランダム運動　339
移流　9
岩絵　524

■う
ウェスタンタソックモス　107
ウガンダキリン　123
ウスムラサキタテハ　147

■え
永年項　233
液体培地　204, 214
枝分かれ分岐　286, 324
エドウィン・スミス・パピルス　355, 429
エンジェルフィッシュ　166
炎症反応　395

■お
応力-歪み関係　262, 400, 417
応力テンソル　262, 340, 378, 384, 404, 417
　　能動的収縮―　420
オオカミ　10, 577, 583
　　―の再導入　601

■か
ガ　131
ガーターヘビ　194
回転螺旋波　43
外套膜　509
外胚葉性頂堤　282
灰白質　431
カオス　2, 53
化学的プレパターン　→ プレパターン
化学波　28
化学誘引物質　203
化学螺旋波　44
化学療法　432
拡延性抑制　44
核関数　490
拡散　257, 259, 363, 434
拡散係数　14, 145, 176, 209, 441, 554
拡散係数比　63, 118
拡散走化性誘導不安定性　227
拡散モデル　529
拡散誘導不安定性　61, 65, 118, 177, 179, 227
拡散律速凝集　246
核磁気共鳴画像法　431
確率的変動　247
確率論的モデル　575
カサノリ　165
渦状紋　289
可塑性　401, 406
可塑的応答　402
硬さ（基質の）　343
活性因子―抑制因子系　62, 176, 489, 524
活性化―抑制モデル　489
殻　508
カリフォルニアキングヘビ　189, 194, 195
カルシウムイオン　148
カルシウム波　44, 302
カルシウム誘発性カルシウム放出　299

■が
雁木　205
環境収容力　14, 211
感受性個体群　529
緩衝地帯　578, 583, 591, 603
眼状紋　133, 142, 165
慣性効果　397
感染個体群　529
感染未発症個体群　545
眼優位縞　495
間葉　168, 256

■き
キイロショウジョウバエ　115
キイロタマホコリカビ　3, 46, 113, 207
奇形　127, 328
基質阻害系　62
寄生虫　71
キタリス　10
忌避物質　203
基本再生産数　530
弓状紋　289
狂犬病　535
恐水症　→ 狂犬病
競争係数　14
競争波　17
競争排除　12
漁業　112
局所的活性化　64, 214, 343, 491
極性化活性域　284
曲率効果　44
キリン　122
均衡残存　547
筋線維芽細胞　396, 402

■く
空間位相同期　316
空間的非一様性　435
区分線形近似　35, 56, 301
クランク・ニコルソン法　181
グレビーシマウマ　120, 496
クローンモデル（歯芽形成の）　173
クロマトグラフィー　10

■け
形態形成　57, 251
形態形成則　286, 324, 330
系統漸進説　319
ケープヤマシマウマ　122
ケーブル方程式　34
外科手術　432
外科的切除　462
血液脳関門　433
血管形成　393
血管新生　335, 395
決定流　132
決定論的連続型モデル　575
ケロイド　394, 396

原基形成　279
幻視　500

■こ
口蓋裂　167
膠芽腫　431
交差拡散　9
構成関係　262, 400, 402, 404
抗体　488
好適パッチ　18, 439
興奮性　33
興奮波　35
コウモリ　540
合流型超幾何関数　216
黒死病　531, 533, 544
枯草菌　246
コハク酸塩　203
固有値問題　127, 151
コヨーテ　602
コラーゲン　338
コルヒチン　326, 332
コンピュータ断層撮影法　431
ゴンペルツ型成長　170

■さ
最急降下法　201, 561
サイクリック AMP　→ cAMP
再上皮化　358, 393
最大線形成長率　154
細胞―基質間相互作用　261, 336, 353, 354, 398
細胞運動　358
細胞外基質　258
細胞凝集　175, 180, 279, 324
細胞牽引　263, 268, 340, 401, 417
細胞牽引テンソル　418
細胞接着分子　313
細胞走化性拡散系　160
細胞走化性モデルメカニズム　191
殺処分　531, 556, 567, 572
サバ　167
サバンナシマウマ　120
サビモンキシタアゲハ　141
サラマンダー　331
サルモネラ　203
サンゴヘビ　194
三叉　291, 324, 328
サンショウウオ　286
暫定基質　402
残留応力　402, 405, 406
残留歪み　402, 406, 408, 410

■し
ジェネット　121
シカ　577, 583
肢芽　282
視覚野　495
歯牙源　178
歯牙原基　157, 167
刺激物質　204
翅室　134
自然淘汰　319, 330
肢発生　282, 324
縞　81, 121, 189, 195, 229, 499
　　縦―　195
　　横―　195
翅脈　134
翅脈依存パターン　140
指紋　288, 496
シャーマニズム　524
ジャガー　121
弱非線形解析　228

シャドウストライプ　158, 165
周期的バースト現象　35
収縮波　301
シュードモナス・シリンゲ　17
収率　213
受精後の波　302
上皮　168, 296
ショック様の解　9
進化　319
神経膠腫　431
神経細胞　→ ニューロン
進行波　94, 160, 199, 272, 274, 301, 365, 530, 548
進行波列　2, 40
進行平面波列解　40
人獣共通感染症　534, 536
心臓細動　45
心臓突然死　45
伸展刺激活性化　299
伸展線　421
浸透圧　304
侵入進行波　11

■す
スイッチ機構　135
スウォームリング　205, 240
スー族　603
スケール　137
スケール因子　118, 176
スケールパラメータ　85
スジコナマダラメイガ　133, 138
ステファン問題　32, 56
ストライプ　205, 234
スペーシング仮説　148
スポット　205, 214, 224, 234, 243
スミナガシ　132
ずり粘性係数　262, 341, 343

■せ
生化学メディエーター　399
星細胞腫　432
星状膠細胞　432
生態制御戦略　102
成長因子　394
成長する領域　96, 157, 170, 176
世代間隔　212
接触メカニズム　396
接触誘導　257, 396, 401
接触抑制　257, 358
接線剛性係数　404
接線剛性テンソル　404
接線弾性係数　404
接着結合　378
接着走性　351
セル　79
ゼロ応力状態　410
ゼロフラックス境界条件　16, 65, 178, 585, 605
線維芽細胞　395, 396, 402
線維配向分布　408
漸近解析　551
漸近摂動法　229
線形安定性解析　19, 65, 344, 422, 513, 547
線形境界値問題　229
線形粘弾性　262, 340, 397
線形フォークト形　341, 407
センシング　510
全層損傷　400
穿頭術　429
潜伏期間　540, 545

■そ
創
　真皮の―　393
　―の収縮　393
　表皮の―　357
霜害　17
走化性　161, 210, 256, 261, 396
走化性因子　161
走化性応答関数　210
走化性凝集　207
相空間解析　368
創傷治癒　355, 393
走触性　257, 260, 396
増殖率　444
　最大瞬間―　212
　線形―　543
　内的―　13
走電性　257, 261
創閉鎖　358
相平面解析　5, 12, 104
側抑制　64, 214, 343, 491
組織間相互作用　169, 296, 300, 307
ゾル―ゲル転移　297

■た
ターゲットパターン　2
退形成性星細胞腫　432
体積粘性係数　262, 341
体積歪み　262, 379
体積力　264, 298
大腸菌　203
大脳皮質　44
体表パターン　116
タイリクシマヘビ　195
対流　9, 102, 256, 259, 339, 415
対流輸送　27
ダウン症候群　291
卓越風　103
多クローンモデル　433, 481
畳み込み　490
タテハチョウ　132
単一種モデル　1
単純拡散　32
弾性係数　298, 343
弾性連結　397
断続平衡説　319

■ち
チーター　121
遅延効果　2
チグサガイモドキ　519
チペワ族　603
中央部対称パターン　132, 137
チューリング不安定性　65
チューリングメカニズム　116
チューリング領域　86, 153
チョウ　131
長距離拡散　259, 489
長距離効果　259, 264, 423
長距離走触性効果　260
長距離抑制　64, 343, 491
直交異方性　401
治療戦略　461

■つ
追跡逃避波　7

■て
蹄状紋　289
てんかん　508
テンソル　294
電流保存の方程式　34

■と
統合メカニズム（真皮―表皮の） 308
動的モデル 171
トウヒノシントメハマキ 1, 100, 112
頭部損傷 430
等方性 262
動力学の限界的状態 89
遠吠え 580, 601
トカゲ 315
特異摂動解析 39, 551, 554
トポロジー指数 294
トラ 122

■な
縄張り 577, 583, 603
軟骨形成 282, 324

■に
肉芽組織 395
肉様層 398
乳頭 180, 279
ニューロン 489
ニワトリ 279, 375
妊娠線 393, 421

■ね
ネズミチフス菌 203, 224
熱傷 393, 396
粘性係数 298
粘弾性応力 341

■の
ノイマン条件 16, 605
脳腫瘍 431
　　　―の悪性度 432
　　　―の確立相 438
　　　―の浸潤 431
能動的牽引 298
脳梁 431

■は
ハーマン錯視 65
ハイイロギツネ 567
ハイイロリス 10
白質 431
バクテリア叢 205, 225, 240
爆発 10
波数 67
　　　―の急速な集中化 273
波数ベクトル 193
パターン形成 57, 115
パターン形成の伝播 199
パターン形成領域 86
パターン不定領域 234
パターン要素 131
発火率 490
発生拘束 286, 323, 324, 328, 330, 331
バテイレーサー 198
波動誘起カオス 32
羽原基 279
パルス進行波 33, 241
ハレギチョウ属 147
半固体培地 204, 224
瘢痕 393, 396
バンディバンディ 194
斑点 81, 116, 121, 189, 195, 229, 499
反応拡散 1, 32, 57, 63, 115, 116, 246, 255, 283, 308, 320
反応拡散走化性メカニズム 252
反応拡散方程式 1, 61, 176

■ひ
ヒアルロン酸 403
非一様性関数 82, 108
ヒガシダイヤガラガラヘビ 198
肥厚性瘢痕 394, 396, 421
皮骨板 307
微絨毛 302
微小焼灼 132
微小歪み近似 277, 339, 352, 411
非自励的反応拡散方程式 176
歪みテンソル 261
歪み場 402
歪み不変量 404
非線形解析 230, 277
ヒマワリ型螺旋 205
びまん性 432
びまん性星細胞腫 432
ヒョウ 118, 120
表皮 296
　　　胎児の― 375
　　　―の創 357
ヒョウヘビ 197
ヒル方程式 22

■ふ
フィールド―ケレシュ―ノイズモデル
　　　→ FKN モデル
フィックの法則 203, 209, 259, 586
フィッシャー―コルモゴロフ方程式 1, 6, 12, 18, 29, 56, 243, 365, 438, 444, 530
フィッツヒュー―南雲方程式　→ FHN モデル
フィブリン 403
フィブロネクチン 403
フーリエ級数 24, 216
フーリエ変換 483, 491
フーリエモード 200
不応期 38
フォーカル凝集 286, 324
フォスフェン 524
複数種系 1
複スケール漸近解析 230, 353
部族間抗争 603
フックの法則 341
不適パッチ 18, 439
フマル酸塩 203
ブラウンスネーク 196
フラクタル 246
プラコード 168, 175, 180, 279
ブラックホール 53
プランクトン―草食動物系 6
プルキシタアゲハ 141
ブルスネーク 191
プレパターン 59, 116, 252
　　　―モデル 171
プロドラッグ 488
ブロムウィッチ積分路 561
フロント進行波 1, 161, 245, 302, 532
分散関係 21, 51, 69, 84, 152, 193, 200, 226, 244, 267, 274, 292, 306, 310, 325, 346, 422, 493
分節的凝集 286, 324

■へ
平均自由行程 555
平面応力仮定 340
平面充填パターン 78, 501
ペスト 532, 544
　　　―菌 532
　　　腺― 532, 533
　　　肺― 533

―敗血症 533
ベッセル関数 152, 440
ヘビ 189
ヘリブトキシタアゲハ 141
ベルクアダー 195
ベルテッドギャロウェイ 124
ベロウソフ―ジャボチンスキー反応 → BZ 反応
変異 330

■ほ
ポアソン比 262, 341, 343
方向テンソル 401
放射状ストライプ 205
放射状スポット 205
放射状ディッシュアッセイ 439
放射線療法 432
放物型方程式の最大値原理 30
傍分泌シグナリング 313
飽和関数 211
ホジキン―ハクスリーモデル 33
ホシボシタテハ 147
捕食者―被食者 4, 71, 596
ホップ分岐 40
ホメオボックス遺伝子 171
ホライモリ 331

■ま
マーキング 580
マイマイガ 133
マカクザル 495
マサイキリン 123
マッハの帯 65
マトリゲル 338
マルオアマガサ 194

■み
ミエリン 444
ミオシン 297, 379
ミツアナグマ 124
密集分枝パターン 246
脈管形成 335

■む
無位相 53
ムース 10, 577
ムラサキワモンチョウ 132

■め
メカノケミカルモデル 155, 166, 173, 252, 255, 320, 352, 378
メスカリン 500
メラノーマ 487
メラノサイト 118, 160
免疫 567
免疫獲得個体群 568

■も
毛状枝 148
網膜 501
モード選択 89
モルフォゲン 58, 115, 134, 171, 255, 284, 308

■や
ヤード 581
ヤギ 124
野生型細菌 18
ヤング率 262, 341

■ゆ
有限差分法　181
有限振幅定常状態解　194
有効歪み　410
有糸分裂　359
　　　——の活性因子　358
　　　——の抑制因子　358

■よ
葉状仮足　258, 358, 375

■ら
ラーテル　124
ラウス—フルビッツの条件　244, 292
ラクーン　539
螺旋波　2, 43
ラット　446
ラプラス法　442, 466, 493
ランダウ方程式　233
ランダム運動拡散テンソル　339

■り
リアプノフ関数　5
離散型モデル　575
リボンヘビ　194
リミットサイクル　2, 40, 547
流行モデル　529
隆線　289
臨界安定性仮説　201
臨界境界集合　228
臨界パラメータ集合　231
臨界領域サイズ　77
リング模様　196
鱗翅目　131
輪生パターン　147

■れ
励起振動　347
レスリー行列　13
レチノイン酸　284, 323

■ろ
ロジスティック型増殖　4, 11, 178, 192, 211, 249, 258, 360, 405, 459, 543, 546
ロトカ—ヴォルテラ系　4, 55, 113
ロトカ—ヴォルテラの競争系　11, 18
ロバストネス　186, 315
ロボトミー　430
論理パラメータ探索法　→ LPS法

■わ
湧き出し　175
ワクチン　531, 556, 567, 572

欧文索引

■A
Acetabularia　147, 165
Acinonyx jubatis　121
adherens junctions　378
advection　9
AER　282
Alberch　321
Alligator mississippiensis　157
Alvord　436
Ambystoma　331
Anderson　545
angiogenesis　335, 395
apical ectodermal ridge　→ AER
arches　289

■B
Bacillus pestis　532
Bacillus subtilis　246
bacterial lawn　205
bad patch　18
Bankivia fasciata　519
Belousov-Zhabotinskii reaction　28
Belted Galloway cow　124
Bentil　291
Berg　203
Bitis atropos atropos　195
blow up　10
bubonic plague　532
Budrene　203
bulk viscosity　262
Bungarus fasciatus　194

■C
CAM　173, 313
cAMP　155, 207
Canis latrans　602
Capra aegragrus hircus　125
cell　79
cell adhesion molecule　→ CAM
central symmetry pattern　132
Cethosia　147
chemoattractant　203
chemotactic aggregative　207
chemotaxis response function　210
chevrons　205
chromatography　10
Clostera curtula　139
Coluber hippocrepis　198
computerized tomography　→ CT
contact guidance　257
contact inhibition　257
contraction wave　301
convection　9
convective transport　27
Cook　394, 396, 408, 465
corpus callosum　431
Cowan　501
Crenidomimas concordiae　147
cross diffusion　9
Crotalus adamanteus　198
Cruywagen　17, 313, 473
CT　431
curvature effect　44

■D
Darwin　130, 320
dense-branching pattern　246
desmotaxis　351
developmental constraint　324, 331
Dichorragia nesimachus　132
Dictyostelium discoideum　3, 46, 113, 207
diffusion driven instability　61
diffusion-chemotaxis-driven instability　227
diffusion-limited aggregation　246
dilation　262
dispersion relation　69
Drosophila melanogaster　115

■E
ECM　258, 396
effective strain　410
Elaphe guttata　197
Elaphe quatuorilineata　195
Elaphe situla　197
elastic modulus　262, 343
elastic tethering　397
Ephestia kuhniella　133
epidermis　296
epithelium　296
equilibrium persistence　547
Equus burchelli　120
Equus grevyi　120
Equus zebra zebra　122
Ermentrout　41, 509
Escherichia coli　203
establishment phase (brain tumor)　438
excitable wave　35
extracellular matrix　→ ECM
eyespots　133

■F
feather germ　279
Felis tigris　122
Ferguson　157
filopodia　258
Fisher-Kolmogoroff equation　33
Folkman　335

■G
Galen　355
galvanotaxis　257
generation time　212
Genetta genetta　121
Geoffroy Saint-Hilaire　330
Giraffa camelopardis　123
Giraffa camelopardis reticulata　123
good patch　18
Goodwin　148

■H
Haeckel　251
Hamanumida daedalus　147
haptotaxis　257
Hickerson　603
Hill's equation　22
Hopf bifurcation　40
Hubel　495

■I
Isle Royale Project　579

■K
Kawasaki　247
Keener　38
Koga　51
Kuramoto　52

■L
lamellapodia　258
Lampropeltis getulus californiae　189, 194, 195
Landau equations　233
Lewis　375, 583, 592, 599
limb bud　282
limb development　282
linear Voigt form　341
loops　289
LSD　500
Lymantria dispar　133

■M
magnetic resonance imaging　→ MRI
Manoussaki　337

marginal kinetics state   89
marginal stability hypothesis   201
Martin   375
mean free path   555
Mech   577
Mellivora capensis   124
mesenchyme   256
Micrurus   194
Mimura   3, 207
mode selection   89
Moorcroft   602
Morgan   603
morphogenesis   57, 252
morphogenetic rules   286
MRI   431
multi-scale asymptotic analysis   230
Mycalesis maura   144

■ N
Nijhout   131
nymphalids   132

■ O
ocelli   133
ocular dominance stripes   495
Odell   296
Okubo   11
osteoderm   307
Oster   252, 302, 321

■ P
panniculus carnosus   398
Panthera onca   121
Panthera pardus   120
papilla   279
paracrine signalling   313
pattern elements   131
phaseless   53
phosphene   524
phyletic gradualism   319
Pituophis melanoleucus sayi   191
placode   279
plane stress assumption   340
Poisson ratio   262, 343
Pomacanthus   166
positional information   58
post-fertilization waves   302
Precis coenia   133, 145, 165
prey-taxis   596
Proteus   331
Pseudojata monesta   196

Pseudomonas syringae   17
Psodos coracina   139
punctuated equilibrium   319

■ R
radial dish assay   439
radial spots   205
raised leg urination   → RLU
re-epithelialisation   358, 393
refractory phase   38
repellent   203
residual strain   410
Reynolds   15
RLU   581
Rodriguez   402

■ S
Salmonella typhimurium   203
saturating function   211
Sciurus carolinensis   10
Sciurus vulgaris   10
Scomber scombus L.   167
secular terms   233
shear viscosity   262, 343
Sherratt   375
Shigesada   19, 246
shock solution   9
Silbergeld   436
space phase locking   316
spiral wave   43
spreading depression   44
Stefan problem   32, 56
Stichophthalma camadeva   132
stiffness   343
stimulant   204
stress-strain relation   262
stretch activation   299
sunflower type spirals   205
Swanson   436
swarm ring   205
Swindale   496

■ T
Taenaris domitilla   144
Tamandua tetradactyl   125
target pattern   2
Thamnophis sauritus sauritus   194
Thamnophis sirtalis sirtalis   195
threshold wave   4, 38
tooth source   178
topological index   294

Tracqui   402, 473
travelling pulse   241
travelling wave train   2, 40
travelling waves of invasion   11
trepanning   429
trephining   429
triradii   291
Troides haliphron   141
Troides hypolitus   141
Troides prattorum   141
Turing   61, 115, 252
Turing space   86
Tyson   209, 214, 232

■ U
undetermined region   234
Urocyon cinereoargenteus   567

■ V
Valais goat   124
vasculogenesis   335
Vermicella annulata   194
Vipera aspis   190
Vulpes vulpes   567

■ W
wave-induced chaos   32
wavenumber   67
waves of pursuit and evasion   7
weakly nonlinear analysis   228
Westergaard   168
western tussock moth   107
White   583, 592, 599
whorls   289
Wiesel   495
Winfree   43
Wolpert   171, 252, 284
Woodward   207, 245, 462
wound closure   358

■ Y
yard   581
yield coefficient   213
Young's modulus   262

■ Z
Zahnreihe   173
zero stress state   410
zone of polarizing activity   → ZPA
zoonosis   534
ZPA   284

マレー数理生物学 応用編
——パターン形成の数理とバイオメディカルへの応用

平成 28 年 12 月 30 日　発　行

監修者　　三　村　昌　泰

発行者　　池　田　和　博

発行所　　丸善出版株式会社
　　　　　〒101-0051 東京都千代田区神田神保町二丁目17番
　　　　　編集：電話 (03) 3512-3265／FAX (03) 3512-3272
　　　　　営業：電話 (03) 3512-3256／FAX (03) 3512-3270
　　　　　http://pub.maruzen.co.jp/

Ⓒ Masayasu Mimura, 2016

組版印刷・製本／三美印刷株式会社

ISBN 978-4-621-30062-6　C 3045　　　　Printed in Japan

本書の無断複写は著作権法上での例外を除き禁じられています．